国防科技大学建校70周年系列著作

航天飞行器再入动力学与制导

张洪波　赵汉元　著

科学出版社

北京

内 容 简 介

航天飞行器再入动力学与制导主要研究飞行器再入地球大气层后的运动及控制规律，是航天器能够安全返回地球的重要保证。本书针对弹头、返回式卫星、飞船、升力式航天器、运载火箭一子级等各类再入器，系统深入地介绍了再入运动建模、运动方程的求解、再入轨道设计与制导、弹道仿真和精度分析等内容。本书共10章，内容主要包括绪论、再入飞行器运动方程及其简化、再入飞行器运动方程的近似解、再入飞行器的最佳弹道、不同飞行器的再入轨道设计及制导方法等。

本书可作为高等院校中航空航天、自动化、电子信息等专业的高年级本科生及研究生的专业参考书，也可供从事再入飞行器总体设计与控制系统设计等相关工作的研究人员参考使用。

图书在版编目(CIP)数据

航天飞行器再入动力学与制导 / 张洪波，赵汉元著.—北京：科学出版社，2024.6

(国防科技大学建校70周年系列著作)

ISBN 978-7-03-076297-9

Ⅰ.①航… Ⅱ.①张… ②赵… Ⅲ.①航天器再入-动力学②航天器再入-再入制导 Ⅳ.①V525②V448.235

中国国家版本馆CIP数据核字(2023)第169555号

责任编辑：胡文治 / 责任校对：谭宏宇
责任印制：黄晓鸣 / 封面设计：无极书装

科学出版社 出版
北京东黄城根北街16号
邮政编码：100717
http：//www.sciencep.com

南京展望文化发展有限公司排版
苏州市越洋印刷有限公司印刷
科学出版社发行 各地新华书店经销

*

2024年6月第 一 版 开本：720×1000 1/16
2024年6月第一次印刷 印张：39 3/4
字数：671 000

定价：280.00元

（如有印装质量问题，我社负责调换）

总　　序

国防科技大学从 1953 年创办的著名“哈军工”一路走来，到今年正好建校 70 周年，也是习主席亲临学校视察 10 周年。

七十载栉风沐雨，学校初心如炬、使命如磐，始终以强军兴国为己任，奋战在国防和军队现代化建设最前沿，引领我国军事高等教育和国防科技创新发展。坚持为党育人、为国育才、为军铸将，形成了“以工为主、理工军管文结合、加强基础、落实到工”的综合性学科专业体系，培养了一大批高素质新型军事人才。坚持勇攀高峰、攻坚克难、自主创新，突破了一系列关键核心技术，取得了以天河、北斗、高超、激光等为代表的一大批自主创新成果。

新时代的十年间，学校更是踔厉奋发、勇毅前行，不负党中央、中央军委和习主席的亲切关怀和殷切期盼，当好新型军事人才培养的领头骨干、高水平科技自立自强的战略力量、国防和军队现代化建设的改革先锋。

值此之年，学校以“为军向战、奋进一流”为主题，策划举办一系列具有时代特征、军校特色的学术活动。为提升学术品位、扩大学术影响，我们面向全校科技人员征集遴选了一批优秀学术著作，拟以“国防科技大学迎接建校 70 周年系列学术著作”名义出版。该系列著作成果来源于国防自主创新一线，是紧跟世界军事科技发展潮流取得的原创性、引领性成果，充分体现了学校应用引导的基础研究与基础支撑的技术创新相结合的科研学术特色，希望能为传播先进文化、推动科技创新、促进合作交流提供支撑和贡献力量。

在此，我代表全校师生衷心感谢社会各界人士对学校建设发展的大力支持！期待在世界一流高等教育院校奋斗路上，有您一如既往的关心和帮助！期待在国防和军队现代化建设征程中，与您携手同行、共赴未来！

国防科技大学校长

2023 年 6 月 26 日

前　言

飞行力学是研究飞行器在外力作用下运动与控制规律的学科，与飞行器的方案论证、总体设计、型号研制、飞行试验、性能评估、使用维护等有密切关系。根据研究对象的不同，飞行力学又可分为飞机飞行力学、远程火箭弹道学、卫星轨道力学等，本书研究的是再入飞行器的飞行力学问题。

再入飞行器是一类特殊的航天器，它是指一类经火箭加速进入太空后，因任务需要再次重返大气层，并按期望的运动规律安全达到某一运动状态的飞行器。按照这一定义，再入飞行器包括普通弹头、机动弹头、高超声速滑翔飞行器、返回式卫星、载人飞船、可重复使用运载器等。我国航天事业经过几十年的发展，特别是随着载人航天工程、探月工程、可重复使用运载器等任务的实施，已经在再入飞行器的研制、试验及应用领域有了深厚的积累，掌握了各类飞行器的再入飞行控制技术。这些航天任务的实施，也对航天飞行器再入动力学与制导技术的积累与传承提出了迫切需求。

1997年，国防科技大学的赵汉元教授编著的《飞行器再入动力学与制导》一书出版，在国内再入动力学研究领域产生了广泛影响，赞誉颇多，经常有国内同行来电来函惠询索书。但由于出版时间已久，已停止印刷，原著很难买到。此外，该书出版以来，课题组仍一直参与国家重大工程中与飞行器再入制导有关的工作，在探月飞船、升力式再入航天器、运载火箭一子级回收、高超声速滑翔飞行器等各类飞行器再入问题的研究中有了新的技术积累。鉴于以上两点考虑，2013年起，我就与赵汉元教授展开了讨论，准备重写再入动力学与制导方面的著作。但原书电子版已不存，又有诸多烦冗事务掣肘，且原书珠玉在前，实恐新增内容狗尾续貂，故一直延宕至今方才完稿。屈指算来，前后竟已有十年，想来颇觉汗颜，另外也不禁百感交集。

全书共10章。第1章绪论,介绍飞行器再入时的特点及飞行器再入动力学与制导研究的内容。第2章建立再入飞行器的运动方程,是全书研究的基础。第3章研究飞行器再入时运动方程的近似解,有助于定性及部分定量地理解飞行器再入运动的特点。第4章讨论飞行器再入时的最佳弹道问题。第5~10章分别以各类再入飞行器为对象,讨论机动弹头、返回式卫星、近地载人飞船、探月飞船、升力式航天器及运载火箭一子级返回再入时的弹道设计及制导问题。

与《飞行器再入动力学与制导》一书相比,本书改动较大之处有:第2章增加了动力学建模的背景知识,从知识体系上来看更加完整;第3章增加了跳跃式(振荡式)再入、平衡滑翔再入的解析解;第6章增加了航天器离轨制动窗口的设计方法和离轨制动的闭路制导方法;第8章是新增内容,主要以月球取样返回为背景,讨论以超圆速度跳跃式再入的轨道设计与制导问题;第9章对原有内容进行较大幅度扩充,补充了工程型号实例、预测制导、仿真实例等内容;第10章是新增内容,以运载火箭一子级回收为背景,重点讨论基于凸优化理论的轨迹在线生成及预测制导方法。为便于使用,附录里增加了再入问题研究中常用的相关知识。这些内容都是作者十余年来科研工作的总结,相关方法经过较充分的仿真验证,具有较好的学术价值和工程应用价值。此外,还统一了全书的符号表示,修订了原书中的一些错误,改进和删减了部分叙述。

新增的内容有很多是课题组研究生参与的研究成果,包括罗宗富(第8章)、李广华(第2章)、曾亮(第8章和第9章)、王涛(第9章)、周祥(第10章)、谢磊(第8章和第10章)、严翔宇(第9章)等,在此对他们表示感谢。特别感谢研究生熊静炜在本书最终成稿和校稿阶段的工作及贡献。国防科技大学的汤国建教授一直是作者参与相关工作的引领者与指导者,定稿后,汤国建教授又审阅了全书,感谢自不必多言。

本书沿用了《飞行器再入动力学与制导》一书的绝大部分内容,在该书的成书过程中,除了作者外,程国采、陈克俊、何力、汤国建、郭振云、曾国强等人也有很大贡献。

本书相关内容的研究得到了国家自然科学基金、空间智能控制技术全国重点实验室开放基金,以及中国空间技术研究院(航天五院)502所、中国运载火箭技术研究院(简称航天一院)研发中心、上海航天技术研究院(简称航天八院)805所等相关项目的支持,在此表示感谢。在多年的项目合作中,作者与航天五院的胡军研究员、杨鸣研究员,以及航天一院的杨业研究员、李永远研究员建立了良好的合作关系,特别是在与胡军、杨鸣两位研究员的交流中获益匪浅。四位老师也在本书初稿阶段提出了宝贵的建议,特此致谢。

本书定稿后,赵汉元教授甘为人梯、奖掖后进,坚持当前的署名顺序。前辈的高风亮节必当激励我在今后夕惕朝乾,做好教研室飞行力学专业方向的传承与发扬工作。2023年,恰逢国防科技大学建校70周年,本书有幸入选“国防科技大学建校70周年系列著作”,我与赵汉元教授都是学校培养的学生。赵汉元教授是中国人民解放军军事工程学院,即“哈军工”二期学员,至今与我谈论起在军工操场参加开学典礼时的情形,仍眉飞色舞。从我来学校学习算起,也已有廿余年。谨以本书作为校庆贺礼,祝愿母校越来越好。

由于作者学识和水平有限,书中不足之处在所难免,敬请读者不吝指正(zhanghb1304@nudt.edu.cn)。

张洪波

2023年6月于长沙

目　　录

主 要 符 号 表

a	大气声速;加速度;椭圆的长半轴
a_k	科氏加速度
a_e	牵连加速度
a_E	地球参考椭球的长半轴
a_D	阻力加速度
a_L	总升力加速度
A	轴向力;大地方位角
b	椭圆短半轴
b_E	地球参考椭球的短半轴
B	大地纬度
C_A、C_N	轴向力系数、总法向力系数
C_{x_1}、C_{y_1}、C_{z_1}	轴向力系数、法向力系数、横向力系数
C_L、C_D	总升力系数、阻力系数
C_x、C_y、C_z	阻力系数、升力系数、侧力系数
D	阻力
e	再入点;轨道偏心率
E	总能量;归一化能量
f	终点;开伞点
g	引力加速度
G	万有引力常数;重力
h	几何高度;飞行高度
H	位势高度;哈密顿函数
i	轨道倾角

I_{x_1}、I_{y_1}、I_{z_1}	绕体系 x_1轴、y_1轴、z_1轴的转动惯量
J	目标函数
$J_n(n=2, 3, 4, \cdots)$	地球引力势的 n 阶带谐项系数
k_s	驻点热流系数
l	飞行器特征长度
L	总升力
m	质量
$\dot{m}$	质量秒消耗量
$m_{x_1\mathrm{st}}$、$m_{y_1\mathrm{st}}$、$m_{z_1\mathrm{st}}$	滚转、偏航、俯仰力矩系数
$m_{x_1d}^{\bar{\omega}_{x_1}}$、$m_{y_1d}^{\bar{\omega}_{y_1}}$、$m_{z_1d}^{\bar{\omega}_{z_1}}$	无因次滚转、偏航、俯仰阻尼力矩系数导数
M	力矩
Ma	马赫数
M_{x_1}、M_{y_1}、M_{z_1}	滚转力矩、偏航力矩、俯仰力矩
M_{st}	静稳定力矩
M_{d}	阻尼力矩
M_c	控制力矩
n	过载系数
N	总法向力
o	返回制动点;原点
o_1	飞行器质心
O_E	地心
p	压强
P	发动机推力
q	动压;热流
q_s	驻点热流
Q	总吸热量
r	地心距
R	空气动力
R_T	(总)航程
R_L	纵程
R_C	横程

Re	雷诺数
R_E	地球平均半径
R_o	返回坐标系原点的地心距
S	飞行器最大横截面积
T	动能;轨道周期;温度
v	飞行速度
v_r	径向速度
v_β	周向速度
V	位能
W	视速度;风速
$\dot{W}$	视加速度
x_g	飞行器头部顶点到质心的距离
x_p	飞行器头部顶点到压心的距离
X、Y、Z	空气阻力、空气升力、空气侧力
X_1、Y_1、Z_1	空气动力的轴向力、法向力、横向力
Z	查普曼变量
α	攻角(迎角)
α_E	地球椭球扁率
β	侧滑角;航程角
γ	滚转角
δ	舵偏角
δ_φ、δ_ψ、δ_γ	俯仰、偏航、滚转通道的等效舵偏角
η	总攻角
η_{tr}	配平攻角
θ	速度倾角
θ_T	飞行路径角
Θ	当地速度倾角(速度方向相对当地水平面的夹角)
Θ_e	再入角
κ	倾斜角
λ	经度
μ_E	地心引力常数
ρ	空气密度;目标与飞行器质心间的距离

σ	航迹偏航角
σ_T	飞行方位角
φ	俯仰角
ϕ	地心纬度
ψ	偏航角
ψ_z	制动角
ω	角速度;角频率
ω_E	地球自转角速度
χ	倾侧角
Ω	角速度

第1章　绪　　论

1.1　飞行力学与再入飞行动力学

1.1.1　飞行力学的定义与分类

1. 飞行力学的定义

飞行力学(flight mechanics)的定义有不同的说法,最一般的说法是飞行力学是研究飞行器运动规律的一门技术科学,是应用力学的一个分支。它是按照力学的基本原理结合具体对象——飞行器来分析、研究在有控制或无控制的情况下飞行器运动特性的一门学科。

首先讨论“飞行”这个词。飞行一词定义为穿过流体介质或在真空中的运动,而“飞行器”一词是指通过某种方式连接在一起的、可以飞行的人造物体。这样定义飞行和飞行器,则弹丸是最简单的飞行器,可视为一个单一的理想刚体;而飞机则是一个复杂的飞行器,它包含机体主体、旋转部分(喷气发动机)、操纵部分、液体部分等。

按照上述定义,飞行器可分为弹丸、飞机(又细分为各种飞机,如直升机、战斗机、轰炸机、民用飞机、无人机等)、导弹(又细分为各种类型的导弹,如弹道导弹、巡航导弹、地空导弹、反舰导弹等)、运载火箭、航天器(又细分为人造地球卫星、飞船、空间站、航天飞机、深空探测器等)等。在本书中,航天飞行器一词特指航天领域内的各类飞行器,包括卫星、飞船、航天飞机、弹道导弹、运载火箭等,比航天器的范围要广。

针对不同的飞行器,相应地就有外弹道学、飞机飞行力学、导弹飞行力学、航天器飞行力学,也可以称为飞机飞行动力学、导弹飞行动力学、航天器飞行动力学。在本书中,飞行力学与飞行动力学不加以区别,只是习惯问题。但不管飞行器的种类多么复杂,除了弹丸的外弹道学外,可以将上述各种飞行力学统称为飞行器飞行力学。

从力学的观点来看,飞行器飞行力学与理论力学中的质点系动力学并无本质的区别。理论力学给出一般力学对象做机械运动时应遵循的普遍规律和描述其运动的微分方程,而飞行器的运动只是在所受的约束和外力性质方面存在某些特点。例如,飞行器一般在三维空间内运动;飞行器所受的外力与运动状态、飞行器构造及变形等有关,例如,在大气层内飞行时的空气动力、喷气发动机的推力与飞行状态有关;此外,对有控飞行器而言,人们可以通过控制飞行器的受力情况,进而改变其运动规律。因此,飞行力学是根据力学的普遍规律,深入分析飞行器这一特定对象做机械运动时的特殊规律,建立描述其运动的微分方程,揭示飞行器运动的客观规律,并运用这些规律来解决工程实际问题。

因为飞行器的运动与飞行器所受的空气动力、发动机推力、飞行器弹性变形、改变其运动规律的控制力有密切关系,所以飞行力学的发展很自然地与相应的学科产生了联系,这些学科包括:一般力学、空气动力学、结构力学、推进技术、自动控制理论和应用数学等。计算机和信息技术的发展,又为飞行力学研究提供了有效和快速的手段,促进了飞行仿真技术的发展,所有这些都大大丰富了飞行器飞行力学的研究内容。

随着航空航天技术的进步,飞行力学已经不单纯是一个力学学科的分支,而是已经发展成为一门多学科交叉的综合性学科。它不仅涉及刚体力学、弹性力学和空气动力学方面的广泛知识,而且还要应用控制工程、系统工程、生物力学、计算机科学、应用数学、仿真技术、人工智能等学科的最新成果。从广义上来讲,可以认为飞行力学是研究飞行器在气动力、惯性力、弹性力和控制力作用下的运动规律及这四种力之间相互关系的学科。近年来,控制学科在飞行力学的研究中越来越重要,此种意义上,又可以将飞行力学定义为一门研究飞行器运动、控制及外力三者之间相互关系的技术学科。当前,已逐渐地将飞行力学改称为飞行动力学与控制。

2. 飞行力学的分类

随着航空航天技术的进步和人类航天活动的开展,飞行器的种类越来越多,活动范围越来越大,由大气层内进入太空,乃至飞出太阳系。另外,飞行速度的跨度也越来越大,由亚声速提高到第三宇宙速度。由于各种飞行器的特性和飞行环境的不同,相应的飞行力学所要研究的问题也不完全相同,飞行力学可以按不同的方法加以分类。

按照飞行器种类,可以区分为飞机飞行力学、导弹飞行力学和航天器飞行力学三大类,每一大类又可按各自特点区分成若干种。飞机飞行力学又细分为固定翼飞机飞行动力学、旋翼飞机飞行动力学等;导弹飞行力学又细分为弹道导弹飞行力学、巡航导弹飞行力学、地空导弹飞行力学等;航天器飞行力学又细分为航天器轨道动力学、航天器姿态动力学等。

按照飞行器飞行环境,可以区分为只在大气层内飞行的飞行力学(如大气飞行动力学和大气飞行器姿态动力学)和只在大气层外飞行的飞行力学(如宇宙飞行力学和人造地球卫星轨道力学)。当然,也有既讨论大气层内飞行又讨论大气层外飞行的飞行力学,如远程火箭弹道学。

按研究飞行器质心运动和绕质心运动加以分类,只研究飞行器质心运动的有轨道动力学、飞机飞行性能计算等,而只研究绕质心运动的有飞行器姿态动力学等。

3. 飞行力学的研究内容

由于飞行器是一个复杂的系统,描述其运动的微分方程组十分复杂。如果不根据需要进行适当的简化,研究问题将十分困难,也没有必要。根据飞行器运动的特点,在工程上常将飞行器的运动分成质心运动和绕质心运动两部分,相应地,各种飞行器飞行力学也分为两部分来研究,但名称各异。

在飞机飞行力学中,将研究质心运动的部分称为飞机飞行性能计算,具体工作包括:分析质心运动规律,确定飞机的基本飞行性能、机动性能、续航性能、起落性能,设计合理的飞行剖面等。将研究绕质心运动的部分称为飞机飞行动力学,主要是飞机的稳定性和操纵性,着重分析飞机在外界扰动和操纵作用下的运动特性,即飞机的飞行品质,包括如何实现平衡飞行、平衡飞行状态受到外界扰动后的运动稳定性、飞机对于控制的响应等。

导弹飞行力学将分析质心运动规律的部分称为弹道学,此时将导弹看作可控质点,即假定控制系统工作是理想的,导弹的质量集中在质心上,在飞行的任一瞬间作用在导弹上的合外力矩为零,即瞬时平衡假设。这样,研究作用在导弹上的力和运动之间的关系,就可以求出质心运动轨迹,得到飞行速度、位置、过载等飞行参数。将研究绕质心运动规律的部分称为导弹动态特性,也可称为导弹姿态动力学、弹体稳定性和操纵性等。此时,将导弹当作质点系来研究其运动情况,不仅要考虑作用在质心上的力,更主要的是考虑作用的力矩,并把导弹看作控制系统的一个环节——控制对象,研究其动态特性,即在干扰作用下能否保持原来的飞行状态,在操纵机构作用下改变飞行状态的能力如何,也就是研究稳定性与操纵性问题。研究导弹的动态特性时,如果只考虑导弹弹体本身的动态特性,认为舵固定或者以某种形式输入考察飞行器运动参数的变化,则称为弹体的动态特性或弹体的稳定性和操纵性。如果考虑控制系统工作,研究导弹对干扰的反应和有误差输入时的响应,则称为导弹的动态特性或导弹的稳定性和操纵性,此时更多的是分析其落点精度或命中点精度,即精度分析。

航天器飞行动力学还可称为航天器运动理论、航天动力学等,更多的是航天动力学(astrodynamics)。航天动力学中研究质心运动的部分称为轨道动力学或轨道力学,主要研究内容有轨道确定、轨道摄动、轨道设计及优化、轨道测量、变轨机动及控制、轨道保持、交会对接等。将研究绕质心运动的部分称为航天器姿态动力学,实际上也可以称为航天器稳定性和操纵性,主要研究内容有姿态确定、姿态保持、姿态控制等。在航天动力学与控制的相关文献中有一套专门的术语:轨道控制和姿态控制,简称轨控和姿控。轨道控制是对航天器质心位置和速度的控制,而姿态控制是对航天器绕其质心的转动角和转动角速度的控制。轨道控制又可分为导航和制导两部分,导航的任务是确定航天器在飞行轨迹上的位置和速度,制导的任务是按一定的规律控制航天器按要求的飞行轨迹做运动。

1.1.2 飞行力学的作用

飞行力学与飞行器的工程设计和实际应用有非常密切的关系,它是飞行器总体方案论证、型号设计、性能和使用条件确定、精度评估、攻防对抗、飞行仿真、飞行试验和任务的理论基础。飞行力学的作用包括以下几个方面[1]:

(1) 飞行力学是型号设计的重要理论基础;

(2) 飞行力学决定飞行器的飞行性能和使用条件,与飞行器的总体设计、制导和控制系统设计、结构设计有密切关系,是新型号设计和改进飞行器性能的关键技术之一;

(3) 飞行力学是研究飞行器的可靠性、精度、攻防对抗、作战效能和飞行规划的理论基础;

(4) 飞行力学是飞行器计算机辅助设计、飞行仿真和飞行试验的理论基础;

(5) 飞行力学是研究飞行器作为武器时战斗使用问题的理论基础。

关于飞行力学的作用,中国科学院和中国工程院院士、国家最高科学技术奖获得者顾诵芬总结为:飞行器能否达到预期的战术技术性能、能否易于操作和安全使用,其最直接的评定手段是靠飞行力学的研究。

飞行力学与其他学科的关系和作用如图 1-1 所示。

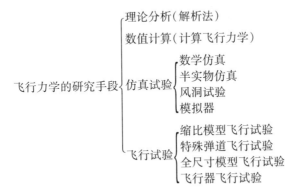

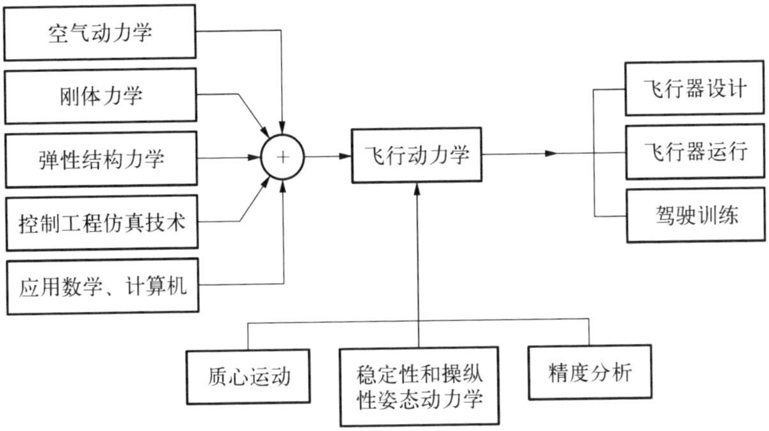

图 1－1　飞行力学与其他学科的关系和作用

1.1.3　飞行力学的主要研究手段

在解决飞行器设计、运行和人员训练方面所用的飞行力学的研究手段归纳起来有四种：理论分析（解析法）、数值计算、仿真试验和飞行试验。以上四种研究手段的细分如图 1－2 所示[1]。

飞行力学的研究手段
- 理论分析（解析法）
- 数值计算（计算飞行力学）
- 仿真试验
  - 数学仿真
  - 半实物仿真
  - 风洞试验
  - 模拟器
- 飞行试验
  - 缩比模型飞行试验
  - 特殊弹道飞行试验
  - 全尺寸模型飞行试验
  - 飞行器飞行试验

图 1－2　飞行力学的研究手段

理论分析中所用的知识除理论力学外，主要还涉及应用数学中的相关理论，特别是微分方程稳定性理论、随机过程和最优化理论等。

随着计算机技术的发展，数值计算这一研究手段得到了迅速地发展，有学者将其称为计算飞行力学,它改变了过去为得到解析解而把问题加以简化的做法,因为目前的计算速度可以使以前认为无法解决的弹道优化问题、系统设计问题变得十分简单。当前,飞行器的任务越来越复杂,飞行器的构型与组成也越来越复杂,这使得能采用解析法处理的飞行力学问题变得越来越少。而随着高性能芯片和高效数值算法的发展,计算能力越来越强,因此数值计算已经成为飞行力学研究的主要手段。

仿真试验与飞行试验是飞行力学研究的另外两种技术手段。近 20 年来,通用高性能计算机的计算速度和存储容量都有了极大提高,计算技术和仿真技术快速发展,使得在实验室里进行实时的六自由度数学仿真和半实物仿真成为可能,改变了过去主要依靠飞行试验的情况。利用计算机和仿真技术,飞行训练模拟器和工程模拟器为驾驶人员的培训、飞行品质的研究提供了研究工具。与此同时,飞行器的飞行试验技术也有很大的发展,如大容量的遥测设备、高精度遥控传感器和光测/雷测设备,以及自动化的数据处理技术,大大提高了飞行器飞行试验数据采集的数量和质量,这就有可能在仿真系统中建立飞行器的飞行试验数据库,并在参数辨识和模型验证的基础上完成飞行器的弹道重构,实现飞行试验和仿真试验的一体化,大大改进飞行器系统的试验和鉴定工作。

1.1.4 再入飞行动力学

随着导弹技术的发展,导弹的射程越来越远,对落点精度的要求越来越高,特别是突防的要求越来越迫切,这些要求使得导弹的战斗部——弹头进入大气层后的环境,包括力学环境、热环境越来越恶劣,弹头再入大气层后的飞行力学越来越受到人们的重视。特别是近年来随着弹道导弹防御技术的成熟,高超声速滑翔弹头成为研究的热点,带来了一系列新的飞行力学问题。同时,随着航天技术的发展,载人太空飞行已成为经常的航天活动。为保证航天员的安全,由太空返回地球的过程中,对所受到的过载和热流的限制要求越来越高;为便于搜救,对航天器着陆点精度的要求也越来越高;着陆方式也由一次性的垂直着陆朝多次重复使用水平无损着陆方式发展。这些问题使航天器的返回着陆问题也受到越来越多的重视,形成了航天器再入动力学[2]。为降低发射成本,国内外开始发展运载火箭有动力垂直回收技术,在气动力与发动机推力的双重减速作用下,实现运载火箭的定点软着陆,也提出了新的飞行力学问题,可称为火箭有动力再入动力学。

虽然弹头再入飞行力学、航天器再入动力学和火箭有动力再入动力学有着不完全相同的研究内容,但却有一个共同点,就是高速再入大气层带来的一系列问题,其中与再入弹道(轨道)设计、再入制导与控制有关的问题的研究便形成了飞行力学的一个新分支——再入飞行动力学(reentry flight dynamics),也称为飞行器再入动力学或再入飞行器动力学。严格地讲,再入飞行器动力学还应包括再入飞行器发射段、自由飞行段运动规律的研究,但习惯上只研究其再入段的运动。在本书中,三个名称通用,再入飞行动力学主要研究飞行器再入大气层的运动规律,包括如何保证进入大气层和进入大气层后的运动特性。

如前所述,飞行器的含义很广,本书的研究对象特指航天领域内的相关再入飞行器,它可以是常规弹头、机动弹头、高超声速滑翔弹头、卫星、近地飞船、探月飞船、航天飞机、运载火箭等性质各异的多种再入飞行器。

按照定义,广义飞行力学的研究内容包括轨道设计、制导规律、控制方法、弹道仿真和精度分析。但目前的图书中,例如,《航天器轨道动力学与控制》[3]中称轨道动力学主要针对航天器在重力场和其他外力作用下的质点动力学问题进行研究;而航天器轨道控制则研究对航天器质心主动施加外力,使之按需要改变运动轨道的理论和技术。另外《空间飞行器动力学与控制》[4]也有类似的观点。同样,对于飞行力学中的姿态动力学,按广义飞行力学的定义,其已经包括姿态机动的内容,但目前常用的说法仍称为姿态动力学与控制,如《卫星姿态动力学与控制》[5]《大型航天器动力学与控制》[6]。按照这种习惯,本书也可以定名为《航天飞行器再入动力学与控制》,但为了突出制导方法研究在飞行力学中的地位,且不过多涉及具体姿态控制系统的内容,本书定名为《航天飞行器再入动力学与制导》。

1.2 飞行器再入时的特点

再入飞行动力学的研究内容包括弹头再入飞行力学、航天器再入动力学和火箭有动力再入动力学等,这三者的主要区别是由研究对象的任务和气动外形的不同造成的。对弹头和航天器而言,要借助气动力实现减速或弹道控制,因此外形的长细比设计得较小。火箭的长细比较大,仅靠气动力减速无法实现软着陆,因此要靠发动机推力反推辅助减速。火箭为长杆状构型,再入时的气动力特性相对简单,复杂之处在于发动机推力的设计,具体方法在第10章单独研究,下面主要讨论弹头和航天器再入时的特点。

1.2.1 弹道导弹弹头再入的特点

1. 弹头再入的特点

弹头是弹道导弹的有效载荷,用于毁伤目标。弹头的质量、威力、命中精度和突防能力等都是弹道导弹的主要战术技术指标。减小弹头的质量是提高导弹地面机动能力的关键;足够的突防能力是弹头突破防御方拦截,保证到达目标上空进行作战的前提;弹头的威力,在很大程度上决定了导弹的打击能力[7]。

弹头的种类可以按不同的原则加以分类:按飞行弹道的不同,可分为惯性弹头和机动弹头。其中,惯性弹头又称无控弹头,它与弹体分离后,依赖其弹体获得的能量作惯性飞行,飞行弹道主要取决于分离点弹头的位置、速度和弹道倾角。机动弹头在与弹体分离后,可根据需要改变飞行弹道。通过改变飞行弹道来躲避敌方拦截的机动弹头称为躲避型机动弹头。不仅改变飞行弹道,而且通过末制导系统来提高命中精度的机动弹头称为精确型机动弹头或高级机动弹头。与弹体分离后不久即再次进入大气层,借助气动力实现远程滑翔或多次跳跃的弹头称为高超声速滑翔弹头。

无论是惯性弹头还是机动弹头,从飞行力学的角度来看,都有如下特点。

(1) 弹头再入环境异常恶劣。弹头再入时以高超声速飞行(例如,射程为3 000 km的弹头再入时的马赫数约为18,射程10 000 km时马赫数约为25),再入大气层后,造成高温、高压环境,噪声、振动、冲击、过载都十分严重。总的看来,热、力环境比主动段严重数十倍乃至百倍。

(2) 攻防对抗使弹头技术复杂化。弹道导弹是进攻性武器,由于反导系统的出现和发展,弹头在飞行过程中可能遭到拦截。为避免拦截,可以采取反识别技术或反拦截技术,以提高突防概率。反识别技术包括隐身技术、干扰技术、诱饵技术等。反拦截技术可以采取多个弹头同时攻击一个目标,使反导导弹的拦截能力饱和。另一种反拦截手段是进行机动躲避,弹头的机动弹道可降低反导武器杀伤概率,机动弹头的主要目的就在于此。

除上述两点外,还有如下特点:弹头系统难以在地面进行综合考核;弹头结构是多层复合结构;弹头设计制约条件多、协调面广等,使得弹头技术受到世界各国的重视。

就战略导弹弹头而言,其从笨重的单弹头发展成为小型化的分导式多弹头;从单一的弹道式弹头发展成为再入机动弹头;从惯性飞行发展到有精确末制导技术的飞行;从无突防能力的弹头发展到具有突防能力的弹头;从核弹头发展到具有核、常兼顾的弹头。目前，战略导弹弹头的发展趋势可归纳为小型化、高精度、强突防、全天候和机动飞行，特别是具有高超声速滑翔能力的全程机动弹头成为近年来研究的重点和热点。

小型化需要解决滚转控制问题，这涉及再入体的姿态动力学、稳定性分析等；提高再入精度涉及弹头性能参数优化选取、再入弹道设计等飞行力学问题；对于末端制导的高精度弹头，飞行力学还与再入制导控制技术密切相关；为保证弹头具有较强的突防能力，不仅要研究攻防对抗中各种再入体、诱饵的飞行程序弹道、空域分布、突防效果等，还要研究防御方拦截器导引和飞行等问题；全天候技能要解决天气浸蚀对弹头飞行性能和弹道的影响；而机动飞行与机动弹道设计、制导和控制规律研究有着密切关系。上述这些问题，无一不是飞行力学要致力解决的问题。

2. 弹头再入飞行力学的作用

弹头型号从可行性论证开始，经历方案论证、方案和模样设计、初样设计、试样设计、飞行试验，直到产品定型、交付使用，在每一研制阶段都有十分繁重的飞行力学专业任务。

飞行力学参与弹头设计、使用的主要工作如下。

(1) 总体设计：包括性能计算与分析、参数优化与选择、弹道设计与计算，提供载荷、强度、防热、控制、突防、气动热、遥测及战斗部等专业的设计计算依据等。

(2) 飞行试验：包括试验弹道设计、飞行试验方案制定、试验测量要求等工作。

(3) 试验结果分析：包括参数辨识与弹道重建、性能参数分析与评结、方案评判(弹头方案、试验方案)等工作。

(4) 定型使用：包括性能鉴定(如射程、精度、爆高、毁伤)，以及射表/模型、装定参数、修正量等参数的计算，作战效能评估等工作。

1.2.2 航天器再入大气层的特点

1. 航天器再入的特点

航天器是指在地球大气层以外的宇宙空间基本上按照天体力学规律运行的各类飞行器，人造地球卫星、载人飞船、空间站、航天飞机、深空探测器等都是航天器。

航天器可分为再入式航天器和非再入式航天器两类。再入式航天器是指执行完任务后，再入大气层并在地球表面着陆的航天器，如返回式卫星、载人飞船、航天飞机、地外天体采样返回器等。但有一类航天器,在执行完任务后,由于受地球引力和大气阻力的作用,按航天动力学规律逐渐下降,再入并通过地球大气层,最终在地球硬着陆,这类再入是天然的、无目的的和不受控制的进入过程,称为陨落,如发射失败后卫星的自然陨落,这不是本书研究的范畴。

航天器从环绕地球的运行轨道到返回地面一般要经历以下五个阶段:制动前的调姿段、制动段、过渡段、再入段和着陆段。其中,再入段是返回轨道中环境最恶劣和最复杂的一段,再入段是由再入点开始的,可将由空气动力引起的加速度和当地引力加速度之比达到某一选定的小百分数 f_e 的点定义为再入点,f_e 的一般取值范围是 0.005~0.05。

还有一类航天器,它们从另一个天体(或其引力作用范围)沿抛物线轨道或双曲线轨道直接进入地球大气层,而不经历近地离轨过程,这类再入方式称为直接再入(direct reentry)。直接再入的再入速度接近或超过第二宇宙速度,因此再入段的力热环境更加复杂。

航天器再入时的恶劣环境同战略导弹弹头再入时的恶劣环境基本相似,这是由航天器高速再入带来的(例如,近地航天器的离轨再入马赫数约为 28,探月飞船的直接再入马赫数约为 39)。不同的是,弹头再入时的再入角 $|\Theta_e|$ 较大(可达几十度),而航天器受减速过载、气动加热的限制,$|\Theta_e|$ 较小而已(一般小于 8°)。

再入段是航天器返回过程中最具独特性的飞行段。它是利用地球大气层这一天然资源,使航天器的返回部分(称再入航天器、再入飞行器或再入器)在再入过程中减速下降,并消耗巨大的能量。再入器再入大气层后,受到与其飞行速度相反的气动阻力作用而减速,此时再入器及其内部的航天员和有效载荷将受到巨大的减速过载作用。同时,再入器以很高的速度穿越大气层时,其对大气产生强烈压缩和摩擦,使一部分机械能转换为周围空气的热能,这部分热能又以对流和激波辐射传热的方式部分地传给再入器,使其表面的温度急剧升高,从而导致结构损坏。再入过程中,再入器还可以通过某种方式产生升力,通过控制升力的大小和方向控制再入器的速度,从而使其着陆在预定的着陆点。减速过载、气动加热和着陆精度是航天器再入过程中关注的三个主要问题。

2. 再入航天器的分类

从最简单的弹道式返回的人造地球卫星,发展到升力式返回水平着陆的航天飞机轨道飞行器,可以说再入式航天器有各式各样,可以按不同的方法加以分类，例如，用是否载人加以分类、按用途加以分类、按再入速度加以分类等，最常用的是按照航天器的返回部分（再入器）在再入段的气动力特征来加以分类。

按再入时气动力特征的不同，再入航天器可以分为三类：弹道式再入航天器，弹道-升力式再入航天器和升力式再入航天器。

1）弹道式再入航天器

弹道式再入航天器返回大气层时，只产生阻力不产生升力，其升阻比为零；或者虽产生升力，但对升力的大小和方向不加以控制。离轨制动后，弹道式再入航天器的返回轨道就已确定，受干扰后不对轨道加以控制，即再入轨道是不能进行调整的。这类再入器的最大特点是下降速度快、再入弹道比较陡。由于减速很快，会产生很大的减速过载，同时会产生较大的热流，但再入飞行时间和航程短，总吸热量较小。

由于弹道式再入航天器的再入轨道不能控制，其在太空运行轨道的误差、离轨制动的误差及再入过程中的各种误差，均对着陆点散布有较大的影响。着陆点的散布常达数十千米，有时达上百千米。人类的第一颗返回式航天器，即美国于 1960 年 8 月 10 日回收的“发现者 13 号”卫星就是弹道式再入航天器。苏联的第一代载人飞船“东方号”（图 1－3）、美国的第一代载人飞船“水星号”、我国的“实践十号”返回式卫星（图 1－4）都是弹道式再入航天器。

图 1－3　苏联“东方号”飞船成员舱

图 1－4　我国“实践十号”返回式卫星

弹道式再入航天器又可分为升力不控制的弹道式再入航天器和无升力弹道式再入航天器。

升力不控制的弹道式再入航天器一般不载人,其再入过载允许达到较高的值。例如,对于只载有仪器的返回式卫星,允许的再入过载峰值约为 20g。另外,对再入器着陆精度的要求也较低,可允许达到几十千米,甚至一百多千米的范围。一般的返回式卫星的再入器大都采用升力不控制的弹道式再入轨道,以简化设计、降低研制和生产费用。这类再入器再入大气层后,其姿态和轨道均不进行控制,再入器以其自身的稳定性,维持其头部朝前的姿态运动或较快地转到头部朝前的姿态运动。对于无升力弹道式再入航天器,除在标准情况下的升阻比 L/D 等于 0 外,还要求实际再入时也以接近 L/D 等于 0 的状态飞行。在工程上实现无升力弹道式再入,一般比实现升力不控制的弹道式再入要复杂和困难,其原因是需要在更多的环节上进行姿态控制。

首先,对于无升力弹道式再入航天器,必须在返回轨道的过渡段进行姿态控制,以保证再入器以升力为 0 且对质心的气动力矩为 0 的攻角再入大气层边界。

其次,无升力弹道式再入航天器再入大气层后,也需要姿态控制才能始终维持 $L/D=0$ 的运动状态,尤其对于再入器是动不稳定的情况(如"水星号"飞船),则不但要在再入航天器再入大气层前由姿态控制系统将其调整和稳定在以零攻角再入的状态,而且在再入段的全过程都需要姿态控制系统工作,以将俯仰和偏航速率限制在一定的范围内。从工程角度看,虽然再入航天器的质心设计在其纵轴上,但由于测试误差等,可能会有质心横移;由于加工因素,再入航天器的气动外形可能会不对称,当然,如果防热系统设计不完善,气动烧蚀更会导致气动外形不对称。这样,再入器在大气层中飞行时就会产生一个随机的平衡攻角和升力,为了避免这个随机升力影响再入轨道的运动参数和落点,可以由姿态系统在再入器再入前提供一定的、不大的再入滚转速率。例如,美国的"水星号"飞船的再入器在再入大气层前,达到一个俯仰角为 1.5°的再入姿态,然后保持这个姿态,直到经受 0.05g 的负加速度为止,即以零攻角再入大气层。飞船的再入器再入大气层时,由再入器上的姿态控制系统给再入器提供 10°/s 的再入滚转速率,以减小着陆点散布,并且在再入期间由姿态控制系统限制俯仰和偏航的振荡速率不大于 2°/s,这样才能保证再入器以较低的角振荡速率和较小的着陆点散布,实现弹道式再入返回地面。

由于弹道式再入航天器的升阻比 $L/D=0$,再入器在大气层内的运动无控制,再入轨道由再入点位置、再入速度大小 v_e 和方向 Θ_e 所决定,而再入状态是由过渡段轨道决定的,过渡段轨道又由制动段的制动点位置和制动参数所决定。因此,一旦制动点位置和制动参数确定后,整个返回轨道便确定了,是无法调整的，这样，运行轨道的偏差、制动点位置偏差、制动姿态的偏差、制动参数的偏差、质量偏差和空气动力系数偏差等都会造成很大的落点参数偏差，使着陆点产生很大的散布。此外，弹道式再入减速快，最大过载值和最大热流值高。理论上讲，为了减小最大过载和最大热流，可以减小再入角和再入速度，但实际上用减小再入速度的办法来减小最大过载和最大热流是不可取的，因为再入速度的减小有赖于制动速度的增大，这将使制动火箭的总冲增大，所以控制弹道式再入最大过载的主要办法就是减小再入角的大小。例如，为了使航天员所承受的过载值不超过$(8\sim10)g$的容许值，再入角大小要控制在3°以下，这对制动离轨段的要求是很高的。由于弹道式再入航天器无升力，其再入走廊也很狭窄。

尽管弹道式再入航天器存在落点散布大和再入走廊狭窄等主要问题，但由于再入大气层不产生升力或不控制升力，再入轨道比较陡峭，所经历的航程和时间较短，气动加热的总量也较小，防热问题相对而言较易处理。此外，其气动外形也不复杂，可设计成简单的旋成体。上述两点都使得其结构和防热设计大为简化，因而成为载人飞船最早采用的一种再入方式。

根据弹道式再入航天器再入轨道的特点，其着陆方式属垂直着陆类，着陆系统采用降落伞着陆系统，采用这种着陆系统，着陆时有相当大的冲击过载。如果要减小冲击过载，在着陆系统上要增加缓冲装置，但这样做会增加航天器的质量和复杂性。

2）弹道-升力式再入航天器

在弹道式再入航天器的基础上，通过配置再入器质心的办法，使再入器再入大气层时产生一定的升力，这种再入方式称为弹道-升力式再入。采用弹道-升力式再入的航天器，其质心不配置在再入器的中心轴线上，而是配置在横向偏离中心轴线一小段距离的地方，这样配置质心，使再入器再入大气时产生一个不大的攻角，同时产生一个不大的升力，如图 1-5 所示。通过这样偏离中心轴线配置质心的方式在平衡状态下产生的攻角 η 称为配平攻角，所产生的升力一般不到阻力的一半，即升阻

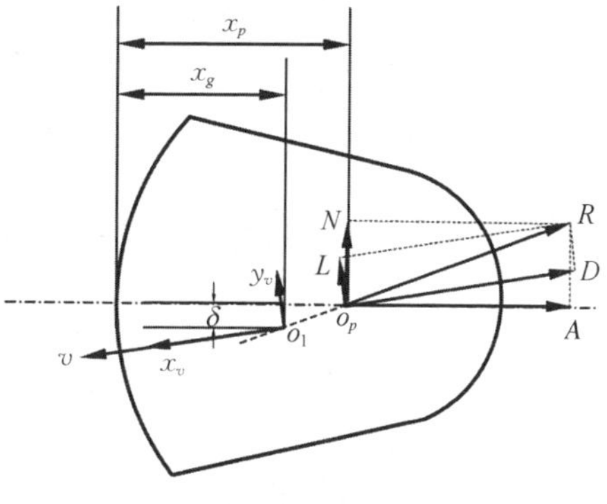

图 1-5　飞船以配平攻角飞行时的空气动力示意图

比 L/D 小于0.5。在再入过程中,可以通过调整倾侧角 χ 来改变其升力的方向,从而在一定程度上调整其再入轨道,使其具有一定的机动能力。有的文献中也将这类航天器称为半弹道式再入航天器。

与弹道式再入相比,有一定升力的再入器,可以利用其升力增加再入走廊的宽度,改善再入状况。在相同的再入条件下,弹道-升力式再入可以使再入过程中的下降速度变缓,轨道平缓一些,可以减小过载峰值和热流峰值,但其飞行时间和航程变长,总吸热量增加。此外,对于弹道-升力式再入航天器,在再入段可通过滚转控制改变升力矢量的方向,从而能在一定程度上调整再入器在大气中的轨道,保障再入器有一定的机动飞行能力,这样可以大大减小再入器的着陆点散布,有可能将再入器的着陆点控制在一定的区域内,落点散布为十千米量级,由此大大降低了地面回收救援的组织复杂性和成本。美国的“双子星座号”飞船首次采用了弹道-升力式再入方式,飞船可以在纵向 1 200 km、横向 110 km 的范围内调整着陆点。与采用弹道式再入的“水星号”载人飞船比较,“双子星座号”飞船的返回性能大大改善,再入角由 3°增大到 7°,最大过载由 $10g$ 下降到 $5g$ 以下,着陆点散布从百千米级下降到十千米级。

采用弹道-升力式再入的再入器既保持了弹道式再入航天器结构简单和防热问题易于处理的优点,又能适当地利用升力,在一定程度上克服了弹道式再入的缺点,因此在需要降低最大减速过载和减小着陆点散布的场合下,弹道-升力式再入方式得到了广泛采用,典型的例子有苏联的“联盟号”飞船、美国的“双子星座号”飞船、“阿波罗 14 号”飞船(图 1-6),我国的“神舟八号”飞船(图 1-7)、“嫦娥”探月返回器等。

图 1-6　美国“阿波罗 14 号”飞船返回舱

图 1-7　我国“神舟八号”飞船返回舱

弹道-升力式再入器产生的升力不大，还不能使再入轨道的着陆段平缓到可以使再入器水平着陆的程度。因此，和弹道式再入航天器一样，这种再入器也是垂直着陆再入器，着陆系统也是降落伞着陆系统。

3）升力式再入航天器

弹道-升力式再入航天器虽然有升力，也可调整轨道，但由于升阻比较小，升力还不足以使再入器水平着陆，仍需采用末端有降落伞辅助的垂直着陆方式，这样必然带来冲击过载；同时，其机动能力有限，控制落点能力不够，所以落点精度仍不够高。要求再入器水平着陆是为了避免垂直着陆的两大缺点，即会造成再入器及其有效载荷损伤的着陆冲击过载和范围过大的落点散布，从而为实现无损的、定点的着陆和实现再入器的多次重复使用创造条件。

能够实现水平着陆的升力式再入器的升阻比一般都大于 1，也就是说再入器的升力大于阻力，这样大的升力不能再用偏离中心对称轴线配置质心的办法获得，因此升力式再入器不能再用旋成体，只能采用非轴对称的升力体。升力体又可分为带翼和不带翼两种，都能产生大于 1 的升阻比，但是不带翼的升力体全靠形体产生，会使形体复杂化，并增大尺寸和质量，因此一般不在航天器中采用。现有的和正在研制的升力式再入器，都是带翼的升力体，形状和飞机类似。图 1－8 所示是美国航天飞机（空间运输系统）的可多次重复使用的轨道飞行器，简称轨道器，它是一个带翼的升力式再入器，主要由机翼产生升力，并控制该升力以完成机动飞行、下滑和水平着陆。

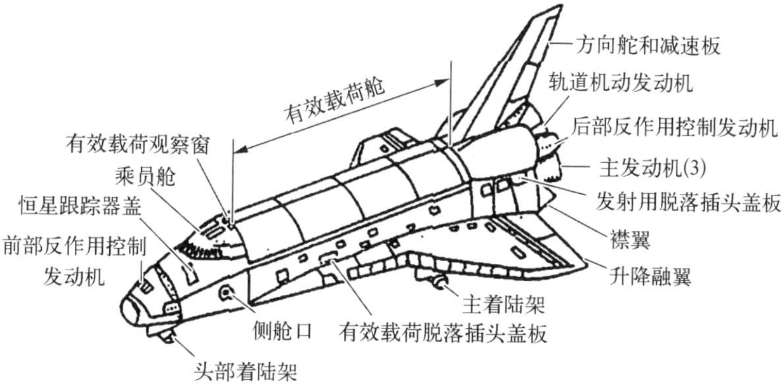

图 1－8　美国航天飞机的轨道飞行器

由于升力式再入器再入段比较平缓，再入航程和飞行时间都比弹道式和弹道-升力式再入器长得多，虽然最大热流值和最大减速过载都小，但总的加热量大且作用时间长。此外，这种再入器构型比弹道式复杂得多，再加上多次重复使用的要求，使得这种再入器的气动力问题、防热问题和结构问题变得十分复杂，这些问题是设计这种再入器的关键，为此要付出很大的代价。此外，升力式再入航天器具有较强的横向机动能力，因此可以不再要求着陆点位于空间轨道平面附近，从而扩大了返回再入的窗口。

升力式再入航天器通过调整再入轨道和采用水平着陆的方式，可实现定点无损、多次重复使用，其落点精度可提高到米级。升力式再入航天器的例子有美国“发现号”航天飞机的轨道飞行器（图 1－9）、X－37B 空天飞机（图 1－10）。

图 1－9 美国“发现号”航天飞机轨道飞行器

图 1－10 美国 X－37B 空天飞机

3. 航天器按返回轨道形状分类

航天器脱离运行轨道返回地球并着陆到地球表面的过程中，其质心运动的轨迹称为航天器的返回轨道。返回轨道设计和制导方法研究是航天器总体设计、控制系统设计的一部分，它与防热系统设计、结构设计、动力系统设计和气动外形设计都有密切的关系。

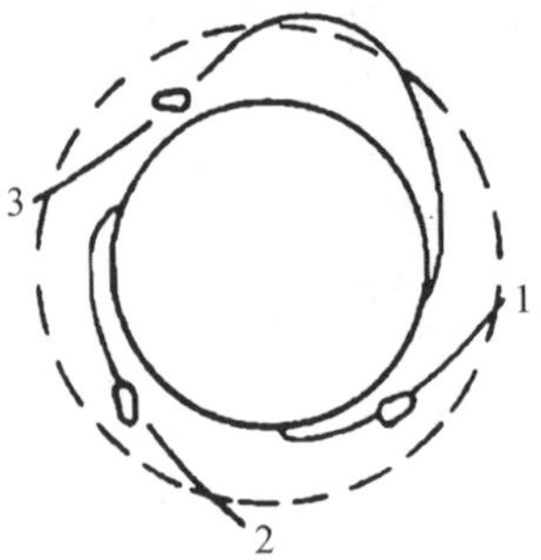

图 1－11 三种再入轨道

1－弹道式轨道；2－升力式轨道；3－跳跃式轨道

按其形状分类时，航天器的返回轨道可分为弹道式轨道、升力式轨道、跳跃式轨道和椭圆衰减式轨道，前三种轨道的示意图如图 1－11 和图 1－12 所示，第四种轨道如图 1－13 所示。

1）弹道式轨道

弹道式再入航天器返回时的轨道称弹道式轨道。再入器再入大气层后，保持升力为零的状态飞行,或虽有升力,但不控制升力的方向,再入器将沿着单调下降的飞行路线返回地面。这种再入技术比较简单,较易实现,但在再入过程中由空气动力引起的过载较大,落点精度也较差。美国和苏联的第一代载人飞船(美国的“水星号”、苏联的“东方号”)都是采用弹道式轨道。

2) 升力式轨道

弹道-升力式再入航天器和升力式再入航天器返回时的轨道统称升力式轨道。再入器再入大气层后,利用其在大气层中运动时产生的升力,使其按一条较平缓的轨道下降。与弹道式轨道相比,升力式轨道的减速时间长,因而承受的过载大大减小;通过控制升力的方向和大小,纵向和横向都可以作适当的轨道机动,以提高落点精度。与弹道式轨道相比,升力式轨道的再入走廊也比较宽。美国的“双子星座号”飞船、苏联的“联盟号”飞船和美国的航天飞机都采用升力式轨道。

3) 跳跃式轨道

航天器以较小的再入角再入大气层后,依靠升力冲出大气层,作一段弹道式飞行,然后再次进入大气层;也可以多次出入大气层,每再入一次大气层就利用大气进行一次减速。这种返回轨道的高度有较大起伏变化,故称跳跃式轨道(skip trajectory)。对于再入大气层后虽不再跳出大气,但靠升力使飞行高度有较大起伏变化的轨道,本书中也称为跳跃式轨道(有的国外文献中称为 loft trajectory)。以接近第二宇宙速度再入大气层的航天器多采用跳跃式再入轨道,以减小再入过载并保证能在较大范围内调整落点。苏联的“探测器 6 号”在实现绕月飞行后以跳跃式再入轨道返回地面,其示意图如图 1-12 所示。美国的

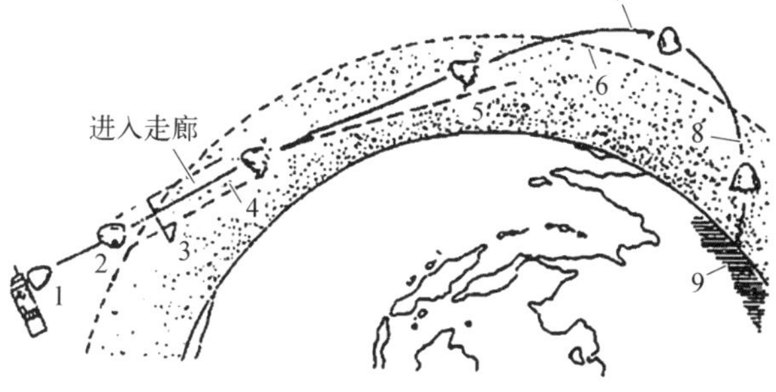

图 1-12 跳跃式再入示意图

1-再入器与航天器的其他部分分离;2-再入器调整到再入姿态;3-再入走廊的边界;4-第一次再入;5-假定的第一次再入的再入轨道;6-假定的大气层上边界;7-第一次再入后又跳出大气层;8-第二次再入;9-着陆区

"阿波罗"月球飞船在完成月球任务后也以跳跃式再入轨道返回地球。

4）椭圆衰减式轨道

这种再入轨道也称为"制动椭圆"式轨道。以接近第二宇宙速度返回到地球附近的航天器,假定没有地球大气层,则沿一条开普勒轨道运动,该开普勒轨道的近地点称作虚近地点。如果虚近地点离地面太高,则航天器只受到稀薄大气层的微弱阻力,那就不足以使航天器向地球降落。由于减速不多,航天器又会穿出大气层,形成绕地球运行的大椭圆轨道。过了一圈后,又进入大气层并再稍作减速,重新进入尺寸稍小、位置略变的椭圆轨道。由于飞入和穿出大气层的方向之间有偏差,椭圆轨道的长轴转过了某一角度,如图 1－13 所示(图中夸大了转过的角度)。原则上讲,可以用许多这种"制动椭圆"来降低很大的初始再入速度。椭圆衰减式再入的缺点是无法预先选定着陆点,需要很长的制动时间,对于载人航天器,周期性地穿过地球辐射带还会损害航天员的健康。因此,载人飞船从月球或行星返回时,一般不用这种方法,只有在遇到紧急情况时,才将此方法作为应急方法使用[8]。

图 1－13 椭圆衰减式轨道

4. 航天器再入动力学要解决的问题

航天器再入动力学的主要任务可归纳为保证再入器的安全返回[2],即假定着陆系统工作正常的条件下,再入器能够在再入走廊内进入地球大气层,通过大气层时的最大减速过载及其持续时间在规定范围之内,气动加热带来的热流和总吸热量不会损坏再入器,且再入器能在指定的区域或地点着陆。如何减小最大过载、减小气动热带来的热流和总吸热量、以较高的精度着陆在选定的地点是再入轨道设计、制导律设计、气动热设计和防热设计要共同解决的技术问题。

航天器再入动力学的主要研究内容包括：返回轨道设计、再入制导律设计和再入落点精度分析。

1）返回轨道设计

航天器返回轨道设计是航天器总体设计的一部分。通过返回轨道设计实现总体优化并为防热设计、结构设计、控制系统设计和动力系统设计提供返回轨道参数,同时也为地面测控系统、回收系统提供返回轨道资料。

航天器返回轨道设计的内容主要有轨道参数的选择、偏差量设计、仿真数学模型和飞行试验验证等。

（1）参数选择主要包括：制动参数的选择，对弹道式再入航天器，还包括起旋和消旋转速的选择；对弹道-升力式再入航天器，还包括配平攻角的选择和再入大气层后控制程序的选择，对升力式再入航天器，还包括再入走廊边界的确定和飞行剖面的设计等。

（2）返回轨道的偏差量设计包括：常用的航天器返回轨道最大偏差量的种类及用途、计算返回轨道最大偏差量时应考虑的干扰因素、返回轨道最大偏差量的计算方法等。

（3）仿真数学模型：建立返回轨道计算用的六自由度数学模型，供数学仿真和分析精度使用。

2）再入制导律设计

制导律设计是航天器控制系统总体设计要解决的问题，主要包括以下两方面的内容。

（1）制动段的制导律设计问题。制动段的标准轨道设计根据标准情况确定了制动发动机推力大小、制动角和制动发动机工作时间等。但实际上，运行轨道存在误差，制动时的初始条件、航天器结构参数不是标准值，制动发动机工作时，其推力大小、方向也均存在着误差。当存在上述误差时，会导致制动结束后的飞行参数不等于设计的标称值，进而影响再入点运动参数，所以再入式航天器都要解决制动段制导律设计问题，使再入点的运动参数满足设计要求。

如果忽略大气阻力等摄动力的影响，制动段可以看作单推力弧段的轨道机动问题。制导律设计就是要确定制动发动机的开关机时间和发动机工作时推力的方向。根据是否依赖离轨前设计的标准轨道，制导方法可分为摄动制导法和闭路制导法。摄动制导法实时测量航天器的运动参数，并将实际运动参数与对应的设计参数进行比较，导引方程依据两者之差给出控制信号，操纵制动发动机的推力方向，使实际轨道保持在设计轨道附近，当运动参数满足关机方程后，给出关机信号。若对再入点运动参数的精度要求不高，可以不用导引方程，仅设计关机方程。闭路制导法是一种基于需要速度概念的制导方法，星载计算机根据导航系统给出的当前运动状态参数和终端条件，实时计算出满足要求的飞行轨道和需要速度，操纵发动机的推力方向，使当前速度趋近于需要速度，当两者相等时，给出关机信号。

两种制导方法相比，摄动制导法的制导律简单可靠、在线计算量小，但误差较大时的制导精度较差,甚至会出现无法关机的现象。闭路制导法的制导精度高、鲁棒性好,能适应大误差情况,但要在线实时计算离轨轨道,对星载计算机的要求较高。

(2) 再入制导律设计问题。由于弹道式再入器对升力不进行控制,当然也就无制导律设计问题。对于弹道-升力式和升力式再入航天器,由于有一定的升力进行机动飞行,便有一个根据什么规律来调整其升力变化的问题,这便是制导律设计问题。

在标准轨道设计中,已经选择好攻角 α、侧滑角 β 和倾侧角 χ 的变化规律,通过计算就确定了标准轨道状态参数的变化。但实际飞行中以再入点为初始点,在再入段的飞行中存在着初始条件偏差(包括位置和速度偏差)、再入环境偏差(如大气密度偏差和风等)、结构和空气动力系数偏差(如质量偏差、空气动力系数偏差)等。所有这些偏差均会使实际飞行轨道偏离设计的标准轨道,从而造成落点偏差。为了减小落点偏差,保证实际飞行的最大过载和最大热流不超过允许值,要选择好再入时的制导方法。

再入制导方法可以分为两类:一类是利用标准轨道的制导方法,称为标准轨道法;另一类是利用预测能力对落点航程进行预测的制导方法,称为预测制导法。

标准轨道法(在弹道学中称为摄动制导法)是在航天器的计算机中预存标准再入轨道参数,它们既可以是时间 t 的函数,也可以是速度 v 或航程 R_T 的函数。当航天器再入大气层后,由于上述各种误差的影响,实际轨道参数会偏离标准轨道参数,此时导航系统可以测出再入器的实时速度和位置,将实测的轨道参数与标准轨道参数进行比较,产生误差信号,以此误差信号为输入,通过姿态控制系统调整再入器的姿态角,从而改变升力方向,实现再入器再入轨道的控制。

预测制导法,又称预测-校正制导法,它是在航天器的星载计算机内存储理论落点的特征参数,根据导航系统测量的再入器状态参数实时进行落点计算,并将计算结果与理论落点参数进行比较,形成误差控制信号,输入计算机的制导方程,再按规定的制导规律控制再入器的姿态角,改变升力的大小和方向,以实现再入器着陆点的控制。

从以上叙述可以看出,不论采取哪种制导方法,利用导航系统计算航天器的速度和位置都是必需的。目前最常用的是惯性导航系统,惯性器件加速度表和陀螺均存在误差,故导航计算出来的速度和位置也是有误差的,根据它进行制导和控制也必然会产生落点误差，所以惯性器件的测量误差也是产生落点误差的因素之一。

对比预测制导法和标准轨道法：前者着眼于控制每时每刻实际再入轨道的预测落点与理论落点的误差，并根据这一误差值和最大过载、最大热流的限制产生控制指令，实现对航天器的轨道控制；标准轨道法则着眼于实测轨道参数和标准轨道参数的比较，实时形成误差信号，以误差信号为输入，控制实际再入轨道参数逼近标准值，达到控制着陆点的目的。预测制导法的优点是可以达到比标准轨道法更高的落点精度，并且对再入初始条件不敏感；但预测制导要求航天器上的计算机有较快的计算速度和较大的存储容量，而且控制方案也更复杂一些。标准轨道法的优点是控制律简单、容易实现、对计算机速度和容量的要求可适当降低；其缺点也很明显，落点控制精度较低，落点误差受再入初始条件误差及空气动力系数误差影响较大。

近几十年来，星载计算机技术取得了飞越式发展。1969 年，“阿波罗”飞船的制导计算机采用了当时最先进的技术，是第一次采用小规模集成电路的计算机，但其主频仅为 2.048 MHz，随机存储器(random access memory, RAM)为 1 KB，只读存储器(read-only memory, ROM)为 12 KB[9]。到 2014 年，一颗微纳卫星星载计算机的主频就可达 200 MHz，同时携带有多级存储系统，包括 1 MB 的静态随机存储器(static random access memory, SRAM)、8 MB 的 Flash 存储器、4 GB 的 Micro SD 卡存储单元[10]。星载计算能力的提升使得闭路制导、预测制导等基于在线轨道生成的制导算法成为未来制导技术的发展趋势。

3）再入落点精度分析

设计好标准返回轨道、选择好制导律，给定各种干扰量的大小后，便可以进行轨道计算(或者说弹道仿真)，求出落点误差。

弹道计算可以采用两种数学模型。一种是三自由度的简化数学模型，这种模型假定航天器是一可控制质点，控制系统是理想的，力矩随时处于平衡状态，此时只分析质心运动。当飞行器绕质心运动进行不剧烈时，这种简化模型的误差是较小的，但有些误差不便于分析。另一种是六自由度的数学模型，这时应给出姿态控制系统的结构图和数学模型，可以更多地考虑各种误差因素，包括惯性器件的误差、姿控发动机的误差等。

计算落点误差既可以采用最大误差法，也可以采用蒙特卡洛随机抽样统计法。采用最大误差法可分析每项误差对落点误差的影响，而采用蒙特卡洛法可分析各误差源的综合影响。

1.3 本书的主要内容

本书中涉及的再入飞行器可进一步细分为惯性弹头、再入机动弹头、返回式卫星、近地飞船、探月飞船、升力式再入航天器(如航天飞机轨道飞行器等)、运载火箭一子级等,可统一简称为再入器。飞行器再入动力学与制导就是研究再入器再入大气层前后的运动规律,主要包括:制动段轨道设计和制导方法、再入段轨道设计和制导方法、落点精度计算和分析等。

与卫星在大气层外的运动或弹道导弹的运动不同,飞行器再入时的运动特点与气动力特性关系密切,而气动力又与再入器的外形、质量密切相关,因此不同再入器的再入运动往往差别很大,要结合再入器的情况具体分析。本书针对弹头、飞船(又分为近地离轨再入和探月轨道直接再入)、升力式再入航天器、运载火箭一子级这几类特性完全不同的再入器,分别研究其动力学特性和制导律设计方法。重点讨论:再入机动弹道的优化设计问题;再入机动弹头的导引规律和速度控制问题;航天器离轨轨道设计和制导律研究;飞船、升力式再入航天器、运载火箭一子级等再入任务的轨道设计、制导律研究;飞行器六自由度弹道仿真和精度分析。

1) 再入飞行器运动方程及其简化

飞行器的运动方程可以在任何一本飞行力学书籍中找到,它是研究飞行器运动规律的基础,都是从矢量形式的动力学方程投影到所需的特定坐标系得到的。本书将运动方程投影到返回坐标系和半速度坐标系,实际上只是矢量形式的质心运动方程在上述两坐标系的投影,转动方程只投影到体坐标系。

本书在建立运动方程和简化时突出几点:① 在建立坐标系间的转换关系时,既有按 3-2-1 次序转动,也有按 2-3-1 次序转动,因为这两种转换方式在实际应用中各有优点,甚至一条弹道中两种转动次序都需要;② 因为再入机动弹头、航天器姿态运动的转动角度大,为避免方程出现奇异,引进四元数描述方法,建立相应的转换矩阵及四元数微分方程;③ 运动方程简化是工程上必需的。本书注意阐明三自由度弹道仿真与六自由度弹道仿真的区别及联系,着重阐明控制变量的变化。

2) 飞行器再入运动方程的近似解

求运动方程的近似解,在各种飞行力学中均占有重要的位置。近似解一般为解析解或无因次形式的近似解，它关系明确，便于找出各设计参数与运动参数之间的联系，在初步设计和总体设计时得到了广泛的应用。再入运动方程的近似解也不例外，在计算机速度未达到十分快时，求近似解得到了不少学者的重视，对弹头的再入近似解以艾伦（Allen）等的研究最为著名，航天器的再入近似解以查普曼（Chapman）、罗赫（Loh）、维赫（Vinh）等的研究最为著名。因再入角 Θ_e 和升阻比 L/D 不同，近似解有简单的、复杂的形式，近似程度既有高的也有低的。目前，计算机速度很快、也很普及，计算三自由度的质心弹道已经不是困难的事，可以用编好的程序进行大量计算，再用复杂的公式求近似解已无必要。本书只讨论较简单的近似解，且其结论对阐述问题、总体设计十分有用。

本书的特点如下：① 弹头再入时运动方程的近似解，除引入艾伦等的结果外，还把近似解推广到阻力系数 C_D 不是常数，而是马赫数 Ma 和高度 h 的函数的情况；② 查普曼方程的近似解并不是解析解，但它是无因次形式的微分方程，可以通过数值计算得到不同再入角 Θ_e、不同升阻比 L/D 对过载、热流和总吸热量的影响，作为经典内容，了解它是有益的；③ 对于升阻比 L/D 不等于零的轨道，罗赫的一阶近似解最简单明了，便于分析问题，得到了应用；④ 讨论跳跃式再入、平衡滑翔等特殊再入弹道的解析解问题。

3）飞行器再入时的最佳弹道

最佳弹道问题是典型的飞行力学问题。飞行器飞行时，除受到一些约束，如过载、热流、攻角限制外，还希望某些性能指标最佳，如飞机的最大续航问题、最佳爬高问题等。对于再入飞行器，除攻角、过载、热流受限制外，也可以提出满足各种性能指标的最佳弹道问题，如机动弹头落地速度最大（或某一点速度最大）、航天器再入时总吸热量最小、横向距离最大等。本书仅讨论用极小值原理求最佳弹道问题，最佳的再入机动弹道既可以是空间的，也可以是平面的。用极小值原理求解最佳弹道必然遇到计算两点边值问题，本书讨论了改进的邻近极值算法，其计算思路明确、应用简单。另外，讨论了再入机动弹道的工程设计法，工程设计法的最佳弹道与理论最佳弹道可以互为补充。

4）机动弹头的弹道设计和制导方法

一类机动弹头是以突防为主，通过程序控制改变再入弹道，躲避防御方的拦截；另一类既通过弹道机动进行突防，同时还增加末制导系统，以提高其落点精度。本书讨论第二类机动弹头的弹道设计和制导方法。

机动弹头的弹道是非惯性弹道，要选择一个导引规律以保证命中目标。由于末制导系统的要求（如图像匹配的要求），弹道导弹的再入机动弹头对命中目标时的速度方向有约束，如要求垂直于地面，所以机动弹头弹道设计有以一定速度方向命中目标的导引律设计问题。不同的机动弹头，为达到良好的爆炸效果，其落地速度大小也有不同的要求，因此还有速度大小控制问题。机动弹头的一个重要战术技术指标是命中精度，在三自由度和六自由度情况下，讨论弹道仿真的数学模型、研究干扰作用下的精度，是飞行力学的重要任务。

本书主要讨论机动弹头的最优导引律、理想速度曲线设计和速度大小的控制、机动弹头三自由度弹道仿真模型建立及精度分析、机动弹头控制系统综合设计及六自由度弹道仿真和精度分析等问题。

5）航天器返回轨道设计与制导方法

本书讨论的航天器包括卫星、飞船和航天飞机轨道器，按再入段升阻比的大小，对应升阻比等于0、小升阻比和大升阻比三种情况，飞船又对应第一宇宙速度和第二宇宙速度再入两种情形。对升阻比为0的返回轨道，主要是制动段的关机方案设计；对小升阻比的弹道-升力式再入和大升阻比的升入式再入，除存在制动段关机方案设计外，主要的问题是再入段的标称轨道设计与制导方法选择。近年来，随着太空探索技术（SpaceX）公司“猎鹰”火箭一子级的成功回收与重复使用，运载火箭的有动力回收着陆控制成为研究者关注的热点，本书也将其纳入讨论的范围。

再入段是返回过程中最重要，也是最复杂的一段，其轨道设计和制导方法选择是航天器返回过程中重点研究的问题。着陆点的落点精度是航天器返回过程的重要技术指标之一，它与控制系统、制导系统和惯性器件精度有密切的关系，牵涉到着陆场区的选择、搜索队伍的布置等。大升阻比的航天飞机轨道器返回轨道设计和制导方法有其特点，先确定再入走廊，然后在再入走廊内选择满足主射程要求的飞行剖面，而再入段的制导同飞船的再入制导方法相比，增加了末端能量管理段的控制。运载火箭的子级着陆控制则面临全新的问题，末端着陆段是最关键的一环，需要解决变推力火箭发动机推力大小和方向的实时确定问题。本书针对不同的再入飞行器和再入场景，分几章分别讨论以下几个问题。

（1）航天器返回制动段研究及卫星再入轨道设计。航天器要返回地面，必须改变其速度的大小和方向，用推力来减小其速度，有推力大小、方向和工作时间的选择问题，可以从能量最省和航程最短的角度得到制动方向。有干扰作用时，为保证再入点的误差较小，制动段关机方程设计是航天器制导系统设计的任务之一。若星载计算机能力较强，则可以采用闭路制导方法提高再入点精度。

（2）近地和探月飞船再入轨道设计及制导方法。如何选择最合适的再入角 Θ_e，以及设计再入段倾侧角 χ 的变化规律，以保证在标准情况下落点满足总体设计要求是再入轨道设计的重要工作。再入制导方法设计、最佳增益系数的确定直接关系到着陆点的精度，三自由度和六自由度弹道仿真模型的建立是精度分析的基础。分别讨论了近地和探月飞船的再入轨道设计与制导方法：由于近地飞船的再入航程较短，标准轨道制导方法可以满足精度要求。探月飞船以第二宇宙速度再入，为降低过载和热流、增大航程，要采用跳跃式再入弹道，航程通常较大，为满足精度要求，要采用预测制导方法。

（3）航天飞机轨道器的标准轨道设计及再入制导方法研究。再入走廊的确定、飞行剖面的选择、最佳反馈增益系数的确定、预测制导方法、着陆点的精度分析、末端能量管理段制导方法等是轨道飞行器轨道设计和再入制导方法要解决的主要问题。

（4）运载火箭垂直回收返回轨迹设计与制导方法。返回段标准轨道设计、初期再入段的轨迹跟踪制导方法、着陆段基于凸优化的轨迹在线生成及制导方法、着陆点精度分析是运载火箭垂直回收返回轨迹设计与制导方法要解决的主要问题。

第 2 章　再入飞行器运动方程及其简化

为了全面地描述再入飞行器从制动开始到进入大气层的运动，提供准确的运动状态参数，需要建立完整的运动方程。由于制动过程中有燃料消耗，再入飞行器从制动、再入到落地的全过程是一个变质量质点系，应该用变质量质点系的质心动力学方程和绕质心转动动力学方程来建立再入飞行器的运动方程。关于这部分内容，在文献[2]、[11]、[12]有详细讨论，本书将直接引用文献[11]和[12]等著作的结果来建立再入飞行器的运动方程。

飞行器返回再入地球大气的过程中，主要受到地球引力、气动力、火箭发动机推力的作用，这些力的计算、飞行器运动方程的建立，都要在特定的坐标系中进行，因此本章首先介绍这部分内容。在返回再入任务的系统仿真中，可能还会用到时间系统，这里不再介绍，可参考文献[13]。

2.1　再入运动环境与矢量运动方程

再入飞行器主要在地球大气层内运动，因此其运动主要与地球自身的运动及形状、地球大气层的特性有关。

2.1.1　地球的运动及形状

1. 地球的运动

地球是太阳的八大行星之一。地球的质量为 5.972×10^{24} kg，平均密度为 5.518 g/cm^3，海平面平均重力加速度为 9.806 65 m/s^2。

地球既有绕太阳的公转运动，也有绕自身轴的自转运动。地球公转轨道的形状近似为一椭圆，长半轴为 $1.495\ 979\times10^8$ km，偏心率为 0.016 71，公转周期为 365.256 4 天，记为 1 年。公转的平均轨道速度为 29.783 km/s，公转的轨道平面为黄道面,常用作其他天体公转运动的参考平面。

地球绕地轴进行自转运动。地轴与地球表面相交于两点,分别称为地理北极和地理南极。地球自转角速度矢量与地轴重合,指向地理北极。地球自转的周期为 23.934 470 h,自转角速度为 $7.292\ 115 \times 10^{-5}$ rad/s,赤道的自转线速度为 465.10 m/s。

与地球自转轴垂直的平面称为赤道面,赤道面与黄道面存在 23°26′21″的夹角,称为黄赤交角。赤道面与黄道面的交线与地球公转轨道有两个交点,称为春分点和秋分点。春分点是太阳相对于地心的周年视运动(沿黄道)中,由南向北穿过赤道面的点;秋分点则是由北向南穿过赤道面的点。

地球自转轴在惯性空间中的指向不是固定的,而是不断发生变化。地轴的长周期运动称为岁差,短周期运动称为章动。岁差主要是由于太阳、月球对地球的吸引造成的。月球公转的轨道面称为白道面,白道面与黄道面不重合,有一个平均值约为 5°9′的夹角。由于黄道、赤道和白道不重合,太阳和月球对地球赤道隆起部分的吸引产生不可抵消的力偶作用,从而使地球自转轴在惯性空间中绕黄道轴进动。地轴的进动方向与地球自转方向相反,进动速度是每年 50.37″, 进动周期约为 25 700 年。地轴的进动引起春分点的西移,这就使太阳周年视运动通过春分点的时刻总比回到恒星间同一位置的时刻早一些,导致回归年的长度比恒星年要略短,因此将这一现象称为岁差。月球对地球引力的周期性变化是形成章动现象的主要原因,表现为地轴作若干短周期的微小摆动。若忽略微小的振动,则章动主要运动的周期为 18.6 年。

考虑岁差与章动后,春分点在惯性空间中的位置会不断变化,称为真春分点。若只考虑岁差的影响,得到的春分点称为平春分点。平春分点在惯性空间中也不是固定的,实际使用中,为建立惯性坐标系,常选用某一特殊瞬间的平春分点作为参考,这一特殊瞬间称为历元。从 1984 年起,天文年历中采用的标准历元是 J2000.0,它对应的时刻是 2000 年 1 月 1.5 日质心力学时(barycentric dynamical time, TDB)。

地球自转轴相对于地球本体也是运动的,由此造成地球极点在地球表面上的位置随时间发生变化,这种现象称为极移。极移的原因是地球内部和外部的物质移动。极移有两个主要的周期运动: 一个是周期为 427 天的自由振荡,另一个是周期为 1 年的受迫振荡。极移的范围很小,两种主要周期成分之和不超过 24 m×24 m 的范围。

此外,地球的自转角速率也并不恒定,主要表现为长期变慢的趋势、周期变化和不规则起伏。

由上述简介可见，地球的运动是非常复杂的。在研究飞行器返回再入段的运动时，由于运动时间较短，除地球自转外，上述地球运动的因素对飞行器运动的影响都是极小的，均可不予考虑。因此，本书以后的讨论中认为地球的自转轴在惯性空间中的指向不变，且相对于地球本体的位置也不变，地球以常值角速度 $\omega_E = 7.292\,115 \times 10^{-5}$ rad/s 绕地轴自转。

2. 地球的形状

由于自转的影响，地球的外形是一个两极半径略小于赤道半径的近似椭球体。地球上的平原、山川、海洋等各类地形差异很大，物理表面极不规则，导致无法用数学模型描述真实的物理表面。地球表面近 71%的面积被海水覆盖，当不考虑海浪、洋流等海水运动时，静止的海平面是一个等重力位面，重力方向沿当地法线方向。将实际的海洋静止表面向陆地内部延伸，形成一个连续的、封闭的、没有褶皱和裂痕的等重力位面，称为大地水准面。通常所说的地球形状是指大地水准面的形状，由于地球内部质量分布不均匀，大地水准面也是一个无法用数学模型描述的复杂曲面。实际应用中，往往选择一个形状简单的物体来近似地球的形状，要求该物体的表面与大地水准面的差别尽可能小，并且在此表面上进行计算没有困难。

一百多年来，世界各国均选用一个绕短轴旋转的椭球来近似地球，称为地球椭球。一个大小、形状和相对于地球的位置、方向都已确定的地球椭球称为参考椭球。早期大地测量的资料较少，不同国家建立的参考椭球仅与本国局部的大地水准面最为密合，椭球的中心也很难与地球的质心重合。随着测地卫星的应用，可以收集到全球的测量资料，测量精度也大幅提高。2009 年，欧洲航天局(European Space Agency, ESA)发射了地球重力场与稳态洋流探测卫星(Gravity Field and Steady-State Ocean Circulation Explorer, GOCE)，大地水准面的确定准确度达到 1 cm。根据大量的测地数据，能够确定在全球范围内与大地水准面密合的参考椭球，称为总地球椭球。目前所说的地球参考椭球一般是指总地球椭球，总地球椭球与大地水准面的最大偏差约为几十米，大地水准面与地球椭球的关系见图 2－1。

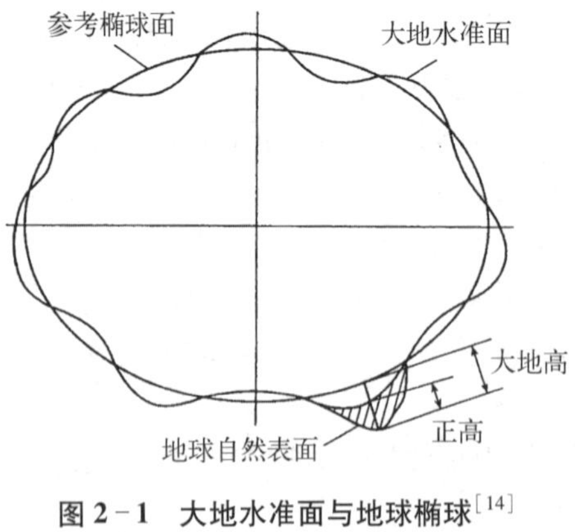

图 2－1 大地水准面与地球椭球[14]

表 2－1 给出了三种地球参考椭球的参数，分别是 1975 年国际大地测量学与地球物理学联合会(International Union of Geodesy and Geophysics, IUGG)推荐的地球参考椭球、美国 WGS－84 坐标系和我国 CGCS2000 国家大地坐标系采用的地球参考椭球。表中，地球椭球扁率 α_E 的定义为

$$\alpha_E = \frac{a_E - b_E}{a_E} \tag{2-1-1}$$

由此可得到椭球的短半轴 $b_E = 6\ 356\ 755$ m，比长半轴约短 21 km。

表 2－1　三种地球参考椭球参数

坐标系	长半轴 a_E/m	椭球扁率 α_E	地心引力常数 μ_E/(m^3/s^2)	地球自转角速度 ω_E/(rad/s)
IUGG 1975	6 368 140	1/298.257	$3.986\ 005 \times 10^{14}$	$7.292\ 115 \times 10^{-5}$
WGS－84	6 378 137	1/298.257 223 564	$3.986\ 005 \times 10^{14}$	$7.292\ 115 \times 10^{-5}$
CGCS2000	6 378 137	1/298.257 222 101	$3.986\ 004\ 418 \times 10^{14}$	$7.292\ 115 \times 10^{-5}$

作为一级近似，可以认为地球是一圆球，其体积等于地球体积，圆球体的半径为 $R_E = 6\ 371\ 004$ m。

描述地球附近某一点相对于地球的位置时，常用经度、纬度和高度来描述。地球形状模型不同时，这三个参数的定义也不同，如表 2－2 所示。

表 2－2　三类经纬度的比较

坐标名称	参照物	基准线	经度	纬度	高度	作　用
天文经纬度	大地水准面	铅垂线	天文经度	天文纬度	正高	测量
大地经纬度	参考椭球面	法线	大地经度	大地纬度	大地高	位置计算、地图投影、描述飞行器运动
地心经纬度	参考圆球面	地心连线	地心经度	地心纬度	—	描述飞行器运动

表 2－2 中，大地经度、大地纬度也分别称为地理经度、地理纬度，是描述飞行器运动时最常用的一组坐标，一般所说的经度、纬度和高度就是指这组坐标。地心经度、地心纬度、地心距是飞行器在地心固连坐标系中的球坐标。一般认为地心经度与地理经度相同，用 λ 表示。地心纬度用 ϕ 表示，大地纬度用 B 表

示,对于参考椭球面上的点,两者的关系为

$$\tan B_0 = \left(\frac{a_E}{b_E}\right)^2 \tan \phi_0 \tag{2-1-2}$$

2.1.2 地球大气

1. 地球大气概况

由于地球的引力作用,在地球周围聚集了大量的气体,构成地球大气层。大气总质量的99.9%在50 km高度以内,大气层的上界为2 000~3 000 km,与行星际空间没有明显的过渡。再入飞行器要以极高的速度穿过地球大气,从而在运动过程中产生减速、加热等物理过程,这是再入运动区别于飞行器其他运动阶段的主要特征。由于120 km以上的大气已经极为稀薄,对返回再入运动的影响很小,一般以120 km作为地球大气的上界,研究再入飞行器的运动。有时也以中间层的上界,即86~100 km高度作为地球大气层的上界。

对再入飞行器运动产生影响的主要大气参数有:气温、气压、密度、湿度、风和垂直气流等。由于地球自转的影响,地球大气参数在水平方向相对比较均匀,而在垂直方向呈现明显的分层现象。根据大气温度的垂直分布特性,可以把地球大气层分为对流层(0~11 km)、平流层(11~50 km)、中间层(50~86 km)和热层(86~500 km),500 km以上称为外大气层或散逸层[15]。

1)对流层

对流层是地球大气最低的一层,其厚度在低纬度地区平均为17~18 km,中纬度地区平均为10~12 km,高纬度地区平均为8~9 km。对流层集中了整个地球大气80%以上的质量和几乎全部的水汽,云、雾、降水、雷暴等气象现象都出现在该层中,是天气变化最为复杂的层次。对流层有三个特点:一是气温随高度递减,高度每升高100 m,气温约下降0.65℃;二是具有强烈的垂直混合,上下层的空气可以借此充分交换;三是大气参数的垂直分布具有很大的非均匀性。对流层最下面厚度约为1 km的气层,称为行星边界层(又称摩擦层、大气边界层)。在该层中,由气体黏性造成的内摩擦力对空气运动有明显的影响,大气参数的日变化很大。行星边界层中紧贴地表面、厚度为50~100 m的一层,称为贴地层。在贴地层中,下垫面的影响最为强烈,气温、风速和湿度的垂直梯度很大,该层的性质与空气动力学中的附面层类似。行星边界层以上的气层,称为自由大气。在自由大气中可以不考虑气体的黏性,从而把空气视为理想气体。

2）平流层

平流层位于对流层之上，顶界可伸展到 50 km 左右。在平流层中，随着高度的升高，气温最初保持不变或稍有上升，称为同温层；到 30～35 km 高度以上，气温则开始随高度急剧上升。气温的这种分布，与其受地表温度的影响很小及该层中臭氧的分布有关，这种温度分布对垂直运动和湍流的发展是不利的。平流层的空气湿度很小，极少有云形成。

3）中间层

中间层位于平流层上方，其顶界为 80～86 km，该层约含有大气总质量的 0.99‰。在该层中，气温随高度递减，中间层顶的气温为 160～180 K。

4）热层

热层位于中间层之上，空气已经很稀薄，所含的空气质量仅为空气总质量的 1×10^{-5}，温度可达 500～2 000 K。

5）外大气层或散逸层

热层以上的大气层称为外大气层或散逸层，该层大气极为稀薄，同时受地球引力作用很小，因此大气分子不断向行星际空间逃逸。

根据大气成分的垂直分布特性，可以将大气层分为匀和层（0～86 km）和非匀和层（86 km 以上）。在匀和层中，湍流混合作用占主导地位，各种大气成分的比例在垂直和水平方向基本不变，是定常的，平均摩尔质量为常数，因此可以用流体静力平衡方程和理想气体状态方程描述静态大气的状态。在非匀和层，重力分离和分子扩散作用逐渐占据主导地位，各种大气成分的比例随高度而变化，气体中重的成分很快随高度递减，因此平均摩尔质量随高度逐渐减小。一般认为，120 km 以上，大气处于分子扩散平衡状态，应根据扩散平衡状态方程求解大气状态；86～120 km 之间是完全混合到扩散平衡的过渡层。在非匀和层，由于电离作用，中性分子基本被电离成带电粒子；受光化学作用影响，出现了大量的原子氧；空气十分稀薄，空气分子间的距离已不能忽略不计，空气介质不再允许看作连续的；飞行器在其中的飞行也不再遵循一般空气动力学规律，而转为受稀薄空气动力学规律支配。由此可见，匀和层和非匀和层的大气有着本质的区别，研究大气对飞行器运动的影响时应当加以区分。

在弹道学的研究中，常约定中间层顶以下的大气，即匀和层为稠密层大气；而中间层顶以上的大气，即非匀和层为稀薄层大气。两者的分界高度可粗略取为 86～100 km，一般只考虑稠密层大气对再入飞行器运动的影响。

地球大气的密度和压强随高度 h 的增加而大致按 e 的指数规律减小。海平面大气密度的标准值为 $\rho_0 = 1.225\,0\ kg/m^3$，在 120 km 以下，大约每升高 16 km，大气密度降低一个数量级；120 km 以上，降低一个数量级对应的高度间隔逐渐增大；从地面到 200 km 高度，大气密度约降低了 10 个数量级。

大气的密度、温度、压强和组成成分等合称大气状态，描述大气状态及其变化过程的模型称为大气模式。在航天工程中，常用的大气模式有标准大气和参考大气。标准大气反映了中纬度地区大气的年平均状态，目前最常用的是美国 1976 标准大气。参考大气反映了大气随纬度、季节、地方时和太阳活动的变化，目前多是理论与观测数据相结合的半经验模型，如 Jacchia 模型、质谱计非相干散射(mass spectrometer incoherent scatter, MSIS)模型等。

2. 标准大气

飞行器在大气中飞行时受到的空气动力和发动机的工作状况，与大气状态密切相关，在不同的大气条件下，对飞行器进行空气动力或弹道计算将得到不同的结果。为便于衡量飞行器的飞行特性，往往需要采用某种模式化的大气参数场作为空气动力和弹道计算的共同基础，这种模式化的大气参数场(不包括风和大气垂直运动)即标准大气。目前使用最广泛的是 1976 年美国标准大气，即美国 1976 标准大气。美国 1976 标准大气给出了中等太阳活动期间，从地面到 1 000 km 高度理想化、静态的中纬度平均大气结构，是对目前已知的平衡静态大气较为完善的表示。

下面简单介绍美国 1976 标准大气的主要内容，主要介绍 86 km 以下匀和层部分的内容[16]。

1) 基本假设

假定空气是干洁的，在 86 km 高度以下，大气是均匀混合物，因此空气的平均分子量 M 是一常数，其数值取为 $M = 28.964\,4$ kg/kmol。假定空气是完全气体，遵循理想气体状态方程：

$$p = \frac{\rho R^* T}{M} \tag{2-1-3}$$

式中，p 为压强；ρ 为大气密度；T 为温度；$R^* = 8.314\,472$ J/(mol·K) 是理想气体常数。实际使用中，气体状态方程常采用的形式是

$$p = R\rho T \tag{2-1-4}$$

式中，$R = R^*/M = 287.05$ J/(kg·K) 是干洁空气的比气体常数。

假定空气遵循流体静力平衡方程，即重力与大气静压力平衡，则有

$$dp = -\rho g dh \tag{2-1-5}$$

式中，h 为高度；g 为重力加速度。根据气体状态方程有

$$\rho = \frac{p}{RT}$$

将上式代入式(2－1－5)，则有

$$\frac{dp}{p} = -\frac{g}{RT}dh$$

对上式积分，可得

$$p = p_0\exp\left(-\frac{1}{R}\int_0^h \frac{g}{T}dh\right) \qquad (2-1-6)$$

式中，p_0为海平面压强。重力加速度 g 也随高度 h 变化，积分不方便，为便于计算，引入位势高度 H：

$$H = \frac{1}{g_0}\int_0^h g dh \qquad (2-1-7)$$

式中，$g_0 = 9.806\,65\ \mathrm{m/s^2}$，是北纬 45°32′11″ 处海平面高度上的重力加速度，因此位势高度是用位势度量的垂直高度，在均匀重力场中，位势高度 H 处的势能与真实重力场中几何高度 h 处的势能相同。位势高度的单位是位势米(gpm)，1 gpm = 9.806 65 J/kg。位势高度总是小于几何高度，但两者在高度不大时差别较小。

由式(2－1－7)可得

$$g_0 dH = g dh$$

代入式(2－1－6)作变量替换，可得

$$p = p_0\exp\left(-\frac{g_0}{R}\int_0^H \frac{dH}{T}\right) \qquad (2-1-8)$$

式(2－1－8)又称为压强-高度公式。

2）温度-高度廓线

温度-高度廓线即大气温度 T 随位势高度 H 的变化曲线。规定从海平面到 86 km 高度范围内，温度-高度廓线由 7 条相连接的线段组成，如图 2－2 所示，这些直线段的方程为

$$T = T_b + L_b(H - H_b) \qquad (2-1-9)$$

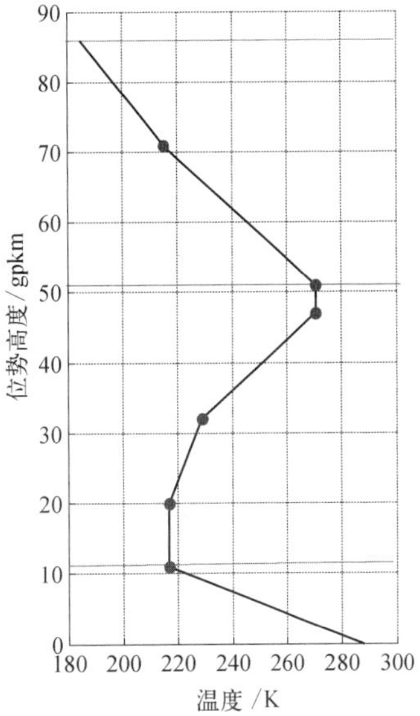

图 2－2　温度-高度廓线

式中,b 是 0~7 的整数; T_b 是某个层次下界的温度; L_b 是某个层次中的温度垂直递减梯度; H_b 是所讨论气层的底高。0~86 km 范围内,各层的 H_b、L_b 的值如表 2-3 所示。

表 2-3 标准大气的参考高度和温度-高度廓线的梯度值

下标 b	位势高度 H_b/gpkm	温度梯度 L_b/(K/gpkm)
0	1	−6.5
1	11	0.0
2	20	+1.0
3	32	+2.8
4	47	0.0
5	51	−2.8
6	71	−2.0
7	84.852 0	—

3) 压强和密度的计算

将温度表达式[式(2-1-9)]代入压强-高度公式[式(2-1-8)],积分即可得到压强 p 随高度 H 的变化情况。再将温度 T、压强 p 代入方程(2-1-4),即可求得大气密度 ρ 随高度的变化情况。美国 1976 标准大气的密度、压强随几何高度 h 的变化如图 2-3 所示,附录 B 也给出了 0~120 km 的标准大气表。

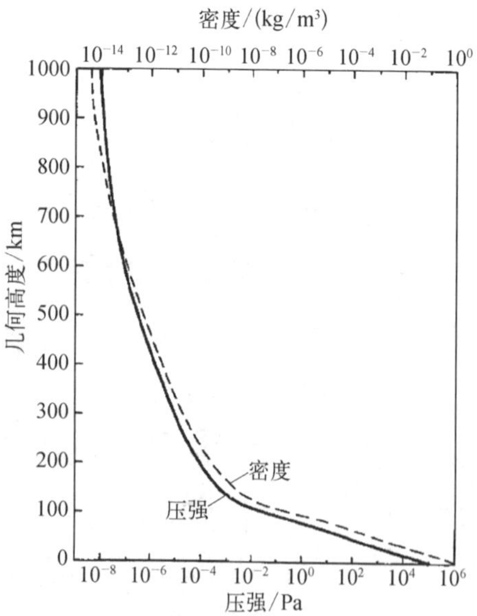

图 2-3 美国 1976 标准大气的密度与压强

分析再入飞行器的基本运动规律时,有时为了简便,还将压强和密度的计算作进一步近似,认为在某一高度范围(H_1~H_2)内为等温过程。根据式(2-1-4)、式(2-1-8),可得

$$\frac{\rho}{\rho_0}=\frac{T_0}{T}\exp\left(-\frac{g_0}{R}\int_0^H\frac{\mathrm{d}H}{T}\right) \tag{2-1-10}$$

对于 H_1~H_2内的等温过程,则有

$$\frac{\rho_2}{\rho_1}=\frac{p_2}{p_1}=\exp\left[-\frac{g_0}{RT_1}(H_2-H_1)\right]\triangleq\exp\left(-\frac{H_2-H_1}{H_{M1}}\right)\quad(2-1-11)$$

式中，$H_{M1}=RT_1/g_0$ 称为基准高或标高。

在推导再入飞行器的运动解析解时，常认为 0~86 km 高度范围都可以用公式(2-1-11)近似计算大气参数。取 $H_{M1}=7\,200\text{m}$，$\beta=1/H_{M1}$，则有

$$\frac{p}{p_0}=\frac{\rho}{\rho_0}=e^{-\beta h}\quad(2-1-12)$$

式中，$p_0=101\,325$ Pa，$\rho_0=1.225$ kg/m^3，分别是海平面的压强和密度。可以通过调整参数 ρ_0 和 β 的值，使式(2-1-12)在感兴趣的高度范围内的拟合程度更高。

3. 大气风场

空气运动的水平分量，或者说空气的水平运动称为风。风会影响飞行器相对于空气的速度，进而影响气动力、气动热的计算，在飞行器速度较低时的影响尤为明显。大气风场主要受空气状态、作用在空气上的力和下垫面性质的影响，变化比较复杂，在行星边界层的变化尤为复杂。考虑到再入飞行器的弹道特性，这里主要讨论自由大气中的风场[17]。

风用风速矢量 $\boldsymbol{W}$ 来表示，风速矢量的模 $|\boldsymbol{W}|=W$ 称为风速，表达风的大小；风的来向常用风向角 α_W 表示，以北向为0，顺时针旋转为正。在飞行力学中，常用当地地理坐标系来描述风速矢量。坐标系的 y_T 轴沿当地垂线方向，指向天顶为正；x_T 轴取经线圈的切线方向，指向北为正；z_T 轴沿纬线圈的切线方向，指向东为正，构成右手坐标系。风速矢量 $\boldsymbol{W}$ 在 x_T 轴和 z_T 轴上的投影称为风速的经向和纬向分量，分别为

$$\begin{cases}W_N=W\cos\alpha_W\\W_L=-W\sin\alpha_W\end{cases}\quad(2-1-13)$$

由式(2-1-13)可见，经向风分量是北风为正，南风为负；规定纬向风分量的符号是西风为正，东风为负。

在稠密层大气中，作用在大气上的力有重力、气压梯度力、地转偏向力(地球自转引起的科氏力的水平分量)和摩擦力，前两种力可以使静止的空气发生运动，而后两种力只能使已发生的运动产生偏离或受到阻滞。如果以 $\boldsymbol{W}$ 表示空气相对于地球的运动速度，则可以得到空气的相对运动方程为

$$\frac{\mathrm{d}\boldsymbol{W}}{\mathrm{d}t}=\boldsymbol{G}-\frac{1}{\rho}\nabla p-2\boldsymbol{\omega}_E\times\boldsymbol{W}+\boldsymbol{F} \tag{2-1-14}$$

式中,等号右侧的四项依次为作用在单位质量空气上的重力、气压梯度力、地转偏向力和摩擦力;ρ 为大气密度;p 为大气压强。将式(2-1-14)投影至当地地理坐标系,并略去高阶小量及相对其他项来说量级很小的量,可得简化的标量方程组[17]:

$$\begin{cases}\dfrac{\mathrm{d}W_N}{\mathrm{d}t}=\dfrac{1}{\rho}\dfrac{\partial p}{\partial x_T}+2\omega_E W_L\sin\phi+F_{x_T}\\[2ex]\dfrac{\mathrm{d}W_V}{\mathrm{d}t}=-g-\dfrac{1}{\rho}\dfrac{\partial p}{\partial y_T}+F_{y_T}\\[2ex]\dfrac{\mathrm{d}W_L}{\mathrm{d}t}=-\dfrac{1}{\rho}\dfrac{\partial p}{\partial z_T}-2\omega_E W_N\sin\phi+F_{z_T}\end{cases} \tag{2-1-15}$$

式中,ϕ 为当地纬度。方程组(2-1-15)仍然很难求解,为便于讨论,研究中常常根据观测事实,将空气运动区分为地转运动和非地转运动两类。

若假定等压线是平直的,空气运动是等速、水平的,且没有摩擦作用,则式(2-1-15)变为

$$\begin{cases}0=\dfrac{1}{\rho}\dfrac{\partial p}{\partial x_T}+2\omega_E W_L\sin\phi\\[2ex]0=-\dfrac{1}{\rho}\dfrac{\partial p}{\partial z_T}-2\omega_E W_N\sin\phi\end{cases} \tag{2-1-16}$$

这种摩擦力等于零的空气水平直线等速运动称为地转风。本质上,它是水平气压梯度力和地转偏向力相平衡时的空气水平运动。由式(2-1-16)可得地转风 $\boldsymbol{W}_g$ 的纬向和经向分量为

$$\begin{cases}W_{gN}=-\dfrac{1}{2\rho\omega_E\sin\phi}\cdot\dfrac{\partial p}{\partial z_T}\\[2ex]W_{gL}=-\dfrac{1}{2\rho\omega_E\sin\phi}\cdot\dfrac{\partial p}{\partial x_T}\end{cases} \tag{2-1-17}$$

实际观测表明,自由大气中的风是十分接近地转风的。统计数据显示,在1.5~9 km 高度,实际风与地转风矢量的角偏差为 $\pm 9°\sim 11°$,实际风速与地转风速间的相关系数为0.8~0.9。

由于地转偏向力随着纬度的减小而减小，当纬度足够低时，地转偏向力会小得无法与气压梯度力相平衡。一般认为，当纬度小于 15°时，地转风的概念便失去意义。

所有不满足地转风假定的空气水平运动，统称为非地转运动，主要包括梯度风、三力平衡风和空气做加速运动时的非地转风，详细内容可参考文献[17]。

除赤道附近(南北纬 15°之间)的地区外，自由大气中空气的水平运动可看作准地转的，即自由大气中风随高度的分布可近似看作地转风随高度的分布，地转风随高度的变化可以用两个高度上的地转风矢量差表示。如果约定用下标“1”和“0”分别代表上层和下层，则地转风的矢量差可以表示为

$$\boldsymbol{W}_H = \boldsymbol{W}_{g1} - \boldsymbol{W}_{g0} \tag{2-1-18}$$

式中，$\boldsymbol{W}_H$ 称为热成风。

自由大气中风随高度变化的主要原因是存在水平温度梯度(水平方向上单位距离内温度的变化值)[15]，其变化满足一个共同规律，即不论下层地转风的风向如何，随着高度的增加，风向最终总是趋向于热成风的方向，即趋向于同平均温度场的等温线平行。

在北半球的对流层中，中纬度地区平均来说是北边冷南边暖，所以热成风的方向为自西向东。因此，不论边界层中的风向如何，随着高度的增加，风向终将与热成风的方向一致，即中纬度地区的高空盛行西风。至于风速，开始时随高度的增加可能增大，也可能减小；但转为偏西风后，风速便随高度的增加而增大，在到达对流层顶附近时出现西风最大值(即西风急流)。进入平流层后，因平均温度水平梯度变向(南边冷、北边暖)，热成风的方向变为自东向西，所以西风风速随着高度的增加而逐渐减小，到某一高度变为零值，在该高度以上转为东风，与平流层中的热成风趋于一致。到达平流层顶附近时，出现东风最大值，形成东风急流。由平流层顶再向上到中间层，重新转为北冷、南暖，随着高度的增加，风向转为偏西，又出现西风。在低纬度地区，由于赤道附近的气温比副热带地区低，热成风的方向平均来说为从东指向西，造成低纬度上空盛行东风。但到中间层以后，水平温度梯度方向变为与中纬度地区相同，所以低纬度中间层也是西风。以上是北半球夏季 100 km 以下的风随高度分布的大致情况。冬季，由于温度分布与夏季不同，除了低纬度和极地附近平流层低层以下为东风外，其他高度的地区均为西风。图 2－4 是北半球从赤道到极地，冬夏两季 100 km 高度以下的纬向风分布图。图中，风速的单位是 m/s，正值表示西风，负值表示东风。

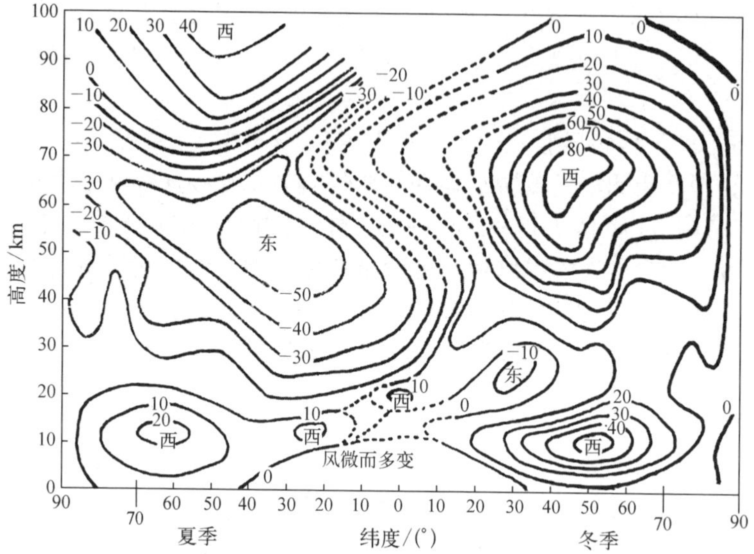

图 2－4　北半球平均纬向风分布图[17]

自由大气中的实际风除有纬向分量外，还有经向分量（即南风和北风）。经向风的分布除与纬度、高度和季节有关外，还与海陆分布、地形等因素有关。经向风的分布比纬向风的分布复杂得多，但经向风较小，在数值上约比纬向风小一个量级。

2.1.3　再入飞行器矢量形式的动力学方程

基于再入飞行器的运动环境，运用理论力学和飞行力学的相关知识，可以列写再入飞行器的动力学方程。由理论力学可知，再入飞行器的运动可以通过再入飞行器质心的平移运动和绕质心的转动运动合成，相应地有质心动力学方程和绕质心转动的动力学方程。因为再入飞行器矢量形式的动力学方程与远程火箭矢量形式的动力学方程是一样的，所以这里直接将其写出来[11, 12]。

1. 质心动力学方程

在惯性坐标系中，以矢量描述的再入飞行器的质心动力学方程如下：

$$m\frac{\mathrm{d}^2\boldsymbol{r}}{\mathrm{d}t^2}=\boldsymbol{P}+\boldsymbol{R}+\boldsymbol{F}_c+m\boldsymbol{g}+\boldsymbol{F}'_k \tag{2-1-19}$$

式中，$\boldsymbol{r}$ 为再入飞行器质心在惯性坐标系中的位置矢径；$\boldsymbol{P}$ 为作用在飞行器上的推力矢量；$\boldsymbol{R}$ 为空气动力矢量；$m\boldsymbol{g}$ 为引力矢量；$\boldsymbol{F}_c$ 为控制力矢量；m 为飞行器的质量；$\boldsymbol{F}'_k$ 为附加科氏力。

附加科氏力 $\boldsymbol{F}'_k$ 的计算表达式为

$$\boldsymbol{F}'_k = -2\dot{m}\boldsymbol{\omega}_T \times \boldsymbol{\rho}_e \tag{2-1-20}$$

式中，$\dot{m} = |\mathrm{d}m/\mathrm{d}t|$ 为质量秒消耗量；$\boldsymbol{\omega}_T$ 为再入飞行器相对于惯性坐标系（或平移坐标系）的角速度矢量；$\boldsymbol{\rho}_e$ 为再入飞行器质心 O_1 到发动机喷口截面中心的矢量。

附加科氏力的量级较小，在再入飞行器飞行中可略去其影响，故本书不考虑附加科氏力的作用。

2. 绕质心转动的动力学方程

再入飞行器在惯性坐标系（或平移坐标系）下以矢量形式描述的绕质心转动动力学方程为

$$\bar{\boldsymbol{I}} \cdot \frac{\mathrm{d}\boldsymbol{\omega}_T}{\mathrm{d}t} + \boldsymbol{\omega}_T \times (\bar{\boldsymbol{I}} \cdot \boldsymbol{\omega}_T) = \boldsymbol{M}_{\mathrm{st}} + \boldsymbol{M}_d + \boldsymbol{M}_c + \boldsymbol{M}'_{\mathrm{rel}} + \boldsymbol{M}'_k \tag{2-1-21}$$

式中，$\boldsymbol{\omega}_T$ 为再入飞行器相对于平移坐标系的转动角速度矢量；$\boldsymbol{M}_{\mathrm{st}}$ 为作用在飞行器上的空气动力稳定力矩矢量；$\boldsymbol{M}_d$ 为再入飞行器相对于大气有转动引起的阻尼力矩矢量；$\boldsymbol{M}_c$ 为作用在再入飞行器上的控制力矩矢量；$\boldsymbol{M}'_{\mathrm{rel}}$ 为附加相对力矩矢量；$\boldsymbol{M}'_k$ 为附加科氏力矩矢量。

$$\bar{\boldsymbol{I}} = \begin{bmatrix} I_x & -I_{xy} & -I_{xz} \\ -I_{xy} & I_y & -I_{yz} \\ -I_{xz} & -I_{yz} & I_z \end{bmatrix} \tag{2-1-22}$$

式中，$\bar{\boldsymbol{I}}$ 称为惯量张量；I_x、I_y、I_z 为转动惯量；I_{xy}、I_{xz}、I_{yz} 为惯量积。

附近相对力矩 $\boldsymbol{M}'_{\mathrm{rel}}$ 和附近科氏力矩 $\boldsymbol{M}'_k$ 的计算表达式分别为

$$\boldsymbol{M}'_{\mathrm{rel}} = -\dot{m}\boldsymbol{\rho}_e \times \boldsymbol{u}_e \tag{2-1-23}$$

$$\boldsymbol{M}'_k = -\frac{\delta\bar{\boldsymbol{I}}}{\delta t} \cdot \boldsymbol{\omega}_T - \dot{m}\boldsymbol{\rho}_e \times (\boldsymbol{\omega}_T \times \boldsymbol{\rho}_e) \tag{2-1-24}$$

式中，$\boldsymbol{u}_e$ 为火箭发动机的平均排气速度。因该两项力矩的量级较小，在再入飞行器飞行中可以略去其影响，故本书不考虑附加相对力矩和附加科氏力矩的作用。

采用上述简化后,实际在再入飞行器动力学中采用的质心动力学方程为

$$m\frac{\mathrm{d}^2 r}{\mathrm{d}t^2}=\boldsymbol{P}+\boldsymbol{R}+\boldsymbol{F}_c+m\boldsymbol{g} \tag{2-1-25}$$

绕质心转动的动力学方程为

$$\bar{\boldsymbol{I}}\cdot\frac{\mathrm{d}\boldsymbol{\omega}_T}{\mathrm{d}t}+\boldsymbol{\omega}_T\times(\bar{\boldsymbol{I}}\cdot\boldsymbol{\omega}_T)=\boldsymbol{M}_{\mathrm{st}}+\boldsymbol{M}_c+\boldsymbol{M}_d \tag{2-1-26}$$

上述两个方程是用矢量形式表示的,矢量方程给人以简洁、清晰的观念,但对这些微分方程求解,必须将其投影到选定的坐标系进行。

2.2 常用坐标系及其转换关系

前面得到了质心运动和绕质心运动的矢量动力学方程。为了建立再入飞行器空间运动的标量方程,研究其运动特性,需要定义一些坐标系。坐标系的选取及定义可以根据习惯和研究问题的方便性而定,并无统一要求。但由于选取的坐标系不同,所建立的运动方程的形式和复杂程度也有所不同,这就会直接影响运动方程求解的难易程度和运动参数的直观程度,因此选取合适的坐标系是十分重要的。

为了得到标量方程,需要把外力和外力矩投影到所要求的坐标系上去,而外力和外力矩是根据其特性定义在不同的坐标系中。为此,应当进行坐标系之间的转换,给出需要的各坐标系之间的转换矩阵。

2.2.1 坐标系间转换关系的表示法

1. 坐标系间的方向余弦阵

设有两个坐标系 P 系和 Q 系,两坐标系的原点重合,但各轴的方向不重合。P 系各轴的单位向量为 $\boldsymbol{x}_p^0$、$\boldsymbol{y}_p^0$、$\boldsymbol{z}_p^0$,而 Q 系各轴的单位向量为 $\boldsymbol{x}_q^0$、$\boldsymbol{y}_q^0$、$\boldsymbol{z}_q^0$。有一空间矢量 $\boldsymbol{r}$,在 P 系各轴上的分量(即坐标)为 $[x_p \quad y_p \quad z_p]^{\mathrm{T}}$,而在 Q 系各轴上的分量为 $[x_q \quad y_q \quad z_q]^{\mathrm{T}}$,则 $\boldsymbol{r}$ 在两坐标系中坐标间的关系可用如下矩阵形式表示:

$$\begin{bmatrix} x_p \\ y_p \\ z_p \end{bmatrix} = \begin{bmatrix} a_{11} & a_{12} & a_{13} \\ a_{21} & a_{22} & a_{23} \\ a_{31} & a_{32} & a_{33} \end{bmatrix} \begin{bmatrix} x_q \\ y_q \\ z_q \end{bmatrix} \tag{2-2-1}$$

式中，a_{ij} 是对应的两个坐标系各轴之间夹角的方向余弦，故可得

$$\begin{bmatrix} a_{11} & a_{12} & a_{13} \\ a_{21} & a_{22} & a_{23} \\ a_{31} & a_{32} & a_{33} \end{bmatrix} = \begin{bmatrix} \boldsymbol{x}_p^0 \cdot \boldsymbol{x}_q^0 & \boldsymbol{x}_p^0 \cdot \boldsymbol{y}_q^0 & \boldsymbol{x}_p^0 \cdot \boldsymbol{z}_q^0 \\ \boldsymbol{y}_p^0 \cdot \boldsymbol{x}_q^0 & \boldsymbol{y}_p^0 \cdot \boldsymbol{y}_q^0 & \boldsymbol{y}_p^0 \cdot \boldsymbol{z}_q^0 \\ \boldsymbol{z}_p^0 \cdot \boldsymbol{x}_q^0 & \boldsymbol{z}_p^0 \cdot \boldsymbol{y}_q^0 & \boldsymbol{z}_p^0 \cdot \boldsymbol{z}_q^0 \end{bmatrix} \triangleq \boldsymbol{P}_Q \tag{2-2-2}$$

可将式(2-2-2)简记为

$$\boldsymbol{P}_Q = [a_{ij}], \quad i, j = 1, 2, 3 \tag{2-2-3}$$

式中，

$$a_{11} = \boldsymbol{x}_p^0 \cdot \boldsymbol{x}_q^0 = \cos\langle \boldsymbol{x}_p^0, \boldsymbol{x}_q^0 \rangle$$

$$a_{12} = \boldsymbol{x}_p^0 \cdot \boldsymbol{y}_q^0 = \cos\langle \boldsymbol{x}_p^0, \boldsymbol{y}_q^0 \rangle$$

其余类推。

$\boldsymbol{P}_Q$ 矩阵是把 Q 系下的坐标 $[x_q \quad y_q \quad z_q]^{\mathrm{T}}$ 转换到 P 系下的坐标 $[x_p \quad y_p \quad z_p]^{\mathrm{T}}$ 的转换矩阵。因该矩阵的 9 个元素由两坐标系坐标轴夹角的方向余弦值所组成，故将该转换矩阵称为方向余弦阵。易证，方向余弦阵是正交矩阵，即 $\boldsymbol{P}_Q^{\mathrm{T}} = \boldsymbol{Q}_P = \boldsymbol{P}_Q^{-1}$。同时，方向余弦阵还满足传递性，即 $\boldsymbol{P}_Q = \boldsymbol{P}_R \cdot \boldsymbol{R}_Q$。

因方向余弦阵 $\boldsymbol{P}_Q$ 为正交矩阵，故该阵的 9 个元素中只有 3 个元素是独立的，这是因为这 9 个元素满足每行(列)自点乘等于 1，行与行(或列与列)之间互相点乘等于 0，共有 6 个关系式。

2. 方向余弦阵的欧拉角表示法(三参数法)

如果将坐标系视为刚体，则可以通过 3 次转动使两坐标系的相应轴重合，即能以 3 个转动角作为独立变量来描述两个坐标系间的转换关系。方向余弦阵的 9 个元素就可以用 3 个角度的三角函数来表示，这 3 个角度称为此两坐标系间的欧拉角。当两坐标系位置确定时，因为转动次序不同，其欧拉角的大小也不同，总共有 6 种转动次序，故有 6 组不同的欧拉角，但其转换矩阵中的 9 个元素值却是唯一的。

下面分析 3 个欧拉角与方向余弦阵各元素之间的相互关系。因为这种相

互关系的具体形式与转动次序有关，而转动次序的选择与传统习惯、测量方式和测量量的物理意义有关，所以在应用这种关系时应事先确定转动次序，以免弄错。下面介绍飞行力学中常用的两种转动次序的相互关系。

1) 第一种常用的关系式

设有原点重合的两右手直角坐标系 P、Q，如图 2-5 所示。为了使两坐标系重合，可以考虑将 Q 坐标系先绕 oz_q 轴转 φ 角（$-\pi < \varphi \leqslant \pi$），得 $o-x_1y_1z_q$ 系，再绕 oy_1 轴转 ψ 角得 $o-x_py_1z_1$ 系（$-\pi/2 < \psi \leqslant \pi/2$），最后绕 ox_p 轴转 γ 角（$-\pi < \gamma \leqslant \pi$），即得到 $o-x_py_pz_p$ 坐标系，这种转动次序可简称按 3-2-1 次序转动。易知，此时的方向余弦阵为

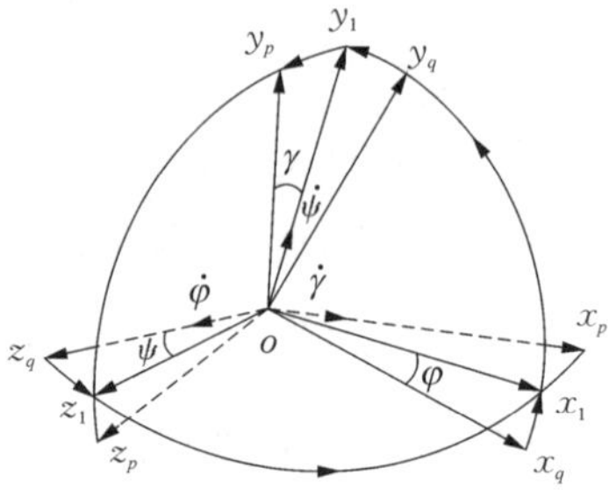

图 2-5 按 3-2-1 次序转动的两坐标系间的欧拉角关系

$$
\begin{aligned}
\boldsymbol{P}_Q &= \boldsymbol{M}_1[\gamma]\boldsymbol{M}_2[\psi]\boldsymbol{M}_3[\varphi] \\
&= \begin{bmatrix} \cos\varphi\cos\psi & \sin\varphi\cos\psi & -\sin\psi \\ \cos\varphi\sin\psi\sin\gamma - \sin\varphi\cos\gamma & \sin\varphi\sin\psi\sin\gamma + \cos\varphi\cos\gamma & \cos\psi\sin\gamma \\ \cos\varphi\sin\psi\cos\gamma + \sin\varphi\sin\gamma & \sin\varphi\sin\psi\cos\gamma - \cos\varphi\sin\gamma & \cos\psi\cos\gamma \end{bmatrix} \\
&\triangleq \begin{bmatrix} a_{11} & a_{12} & a_{13} \\ a_{21} & a_{22} & a_{23} \\ a_{31} & a_{32} & a_{33} \end{bmatrix}
\end{aligned}
\tag{2-2-4}
$$

式中，$\boldsymbol{M}_1$、$\boldsymbol{M}_2$、$\boldsymbol{M}_3$ 分别表示绕 x 轴、y 轴、z 轴转动的基本方向余弦阵：

$$
\boldsymbol{M}_1[\gamma] = \begin{bmatrix} 1 & 0 & 0 \\ 0 & \cos\gamma & \sin\gamma \\ 0 & -\sin\gamma & \cos\gamma \end{bmatrix},\ \boldsymbol{M}_2[\psi] = \begin{bmatrix} \cos\psi & 0 & -\sin\psi \\ 0 & 1 & 0 \\ \sin\psi & 0 & \cos\psi \end{bmatrix}
$$

$$
\boldsymbol{M}_3[\varphi] = \begin{bmatrix} \cos\varphi & \sin\varphi & 0 \\ -\sin\varphi & \cos\varphi & 0 \\ 0 & 0 & 1 \end{bmatrix}
$$

式(2-2-4)表示已知三个欧拉角 φ、ψ、γ 可得到两坐标系间的方向余弦阵。反之，若已知方向余弦阵的各元素 a_{ij}，利用式(2-2-5)可以得到三个欧拉角的大小：

$$
\begin{cases}
\psi = \arcsin(-a_{13}), & -\pi/2 < \psi \leqslant \pi/2 \\
\varphi = \arctan(a_{12}/a_{11}), & -\pi < \varphi \leqslant \pi \\
\gamma = \arctan(a_{23}/a_{33}), & -\pi < \gamma \leqslant \pi
\end{cases}
\tag{2-2-5}
$$

2）第二种常用的关系式

仍设原点重合的两右手直角坐标系 P、Q，如图 2－6 所示。

可以将 Q 坐标系先绕 oy_q 轴转 ψ 角得 $o-x_1y_qz_1$ 系（$-\pi<\psi\leqslant\pi$），再绕 oz_1 轴转 φ 角得 $o-x_py_1z_1$ 系（$-\pi/2<\varphi\leqslant\pi/2$），最后绕 ox_p 轴转 γ 角得 $o-x_py_pz_p$ 坐标系（$-\pi<\gamma\leqslant\pi$）。这种转动次序可以简称按 2－3－1 次序转动。易知，此时的方向余弦阵为

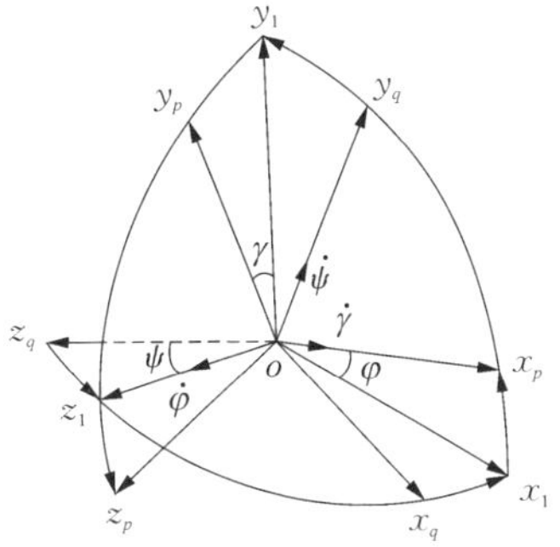

图 2－6　按 2－3－1 次序转动的两坐标系间的欧拉角关系

$$
\boldsymbol{P}_Q = \boldsymbol{M}_1[\gamma]\boldsymbol{M}_3[\varphi]\boldsymbol{M}_2[\psi]
$$

$$
= \begin{bmatrix}
\cos\varphi\cos\psi & \sin\varphi & -\cos\varphi\sin\psi \\
-\cos\gamma\sin\varphi\cos\psi+\sin\gamma\sin\psi & \cos\gamma\cos\varphi & \cos\gamma\sin\varphi\sin\psi+\sin\gamma\cos\psi \\
\sin\gamma\sin\varphi\cos\psi+\cos\gamma\sin\psi & -\sin\gamma\cos\varphi & -\sin\gamma\sin\varphi\sin\psi+\cos\gamma\cos\psi
\end{bmatrix}
$$

$$
\triangleq \begin{bmatrix}
b_{11} & b_{12} & b_{13} \\
b_{21} & b_{22} & b_{23} \\
b_{31} & b_{32} & b_{33}
\end{bmatrix}
\tag{2-2-6}
$$

式(2－2－6)也表示已知 3 个欧拉角 ψ、φ、γ，可以得两坐标系之间的方向余弦阵。反之，若已知方向余弦阵的各元素 b_{ij}，利用式(2－2－7)可得 3 个欧拉角大小：

$$
\begin{cases}
\varphi = \arcsin(b_{12}), & -\pi/2 < \varphi \leqslant \pi/2 \\
\psi = \arctan(-b_{13}/b_{11}), & -\pi < \psi \leqslant \pi \\
\gamma = \arctan(-b_{32}/b_{22}), & -\pi < \gamma \leqslant \pi
\end{cases}
\tag{2-2-7}
$$

分析上面两种不同次序的转动过程，可以发现有如下规律。图 2－5 和图 2－6 中两个坐标系的三轴方位关系是任意的，这种情况可称为“不相干”。第一次转动是要把两个坐标系转到“面含轴”的状态，例如，图 2－5 中是要把第二次转动所绕的 oy_1 轴转到 y_poz_p 面内，图 2－6 中则是把第二次转动所绕的 oz_1 轴转到 y_poz_p 面内；第二次转动是要把两个坐标系转到“轴重合”的状态，即两个

坐标系有一个坐标轴重合，如图 2－5 中是旋转到 ox_p 轴重合；第三次转动绕重合轴旋转即可。

3. 方向余弦阵的四元数表示法（四参数法）

早在 1843 年，随着空间技术、计算技术，特别是捷联惯导技术的发展，哈密顿（Hamilton）在数学中引入了四元数，其优越性日渐引起人们重视，四元数理论得到了广泛应用。这里直接将后面要用的公式写出，有兴趣的读者可参考文献［18］、［19］。

四元数是由一个实数单位和三个虚数单位 i^0、j^0、k^0 组成的超复数：

$$\bar{Q} = q_0 + q_1 i^0 + q_2 j^0 + q_3 k^0 \tag{2-2-8}$$

式中，q_0、q_1、q_2、q_3 均为实数。若 $q_0^2 + q_1^2 + q_2^2 + q_3^2 = 1$，则称此四元数 $\bar{Q}$ 为规范化四元数，今后只讨论这类四元数。

原点重合的两坐标系 P 和 Q 之间可用三个欧拉角来确定其方向余弦阵。除上述办法外，由理论力学知，对于坐标系 P 和 Q，一定能够找到一个瞬时旋转轴 OR 和一个角度 α，使得坐标系 Q 绕 OR 轴转过角度 α 后，与坐标系 P 重合。设 OR 轴与 x 轴、y 轴、z 轴之间的夹角分别为 β_1、β_2、β_3，而 OR 轴的方向余弦为

$$p_i = \cos\beta_i,\quad i = 1,\ 2,\ 3 \tag{2-2-9}$$

现取：

$$q_0 = \frac{\cos\alpha}{2},\quad q_i = p_i\frac{\sin\alpha}{2},\quad i = 1,\ 2,\ 3 \tag{2-2-10}$$

构成四元数：

$$\bar{Q} = q_0 + q_1 i^0 + q_2 j^0 + q_3 k^0 \tag{2-2-11}$$

这个四元数就能表示坐标系 P 和 Q 的关系。四元数虽有四个参数，但实际上只有三个独立参数，因为还有一个约束条件：

$$q_0^2 + q_1^2 + q_2^2 + q_3^2 = 1 \tag{2-2-12}$$

如果已知两坐标系间的转动四元数 $\bar{Q}$，则其方向余弦阵可以写成如下形式：

$$\begin{bmatrix} x_P \\ y_P \\ z_P \end{bmatrix} = \begin{bmatrix} q_0^2 + q_1^2 - q_2^2 - q_3^2 & 2(q_1q_2 + q_0q_3) & 2(q_1q_3 - q_0q_2) \\ 2(q_1q_2 - q_0q_3) & q_0^2 - q_1^2 + q_2^2 - q_3^2 & 2(q_0q_1 + q_2q_3) \\ 2(q_1q_3 + q_0q_2) & 2(q_2q_3 - q_0q_1) & q_0^2 - q_1^2 - q_2^2 + q_3^2 \end{bmatrix} \begin{bmatrix} x_Q \\ y_Q \\ z_Q \end{bmatrix} \tag{2-2-13}$$

下面给出四元数和欧拉角之间的关系。

1）采用 3－2－1 转动次序时欧拉角与四元数的关系

已知欧拉角求四元数的公式为

$$\begin{bmatrix} q_0 \\ q_1 \\ q_2 \\ q_3 \end{bmatrix} = \begin{bmatrix} \cos\frac{\varphi}{2}\cos\frac{\psi}{2}\cos\frac{\gamma}{2} + \sin\frac{\varphi}{2}\sin\frac{\psi}{2}\sin\frac{\gamma}{2} \\ \cos\frac{\varphi}{2}\cos\frac{\psi}{2}\sin\frac{\gamma}{2} - \sin\frac{\varphi}{2}\sin\frac{\psi}{2}\cos\frac{\gamma}{2} \\ \cos\frac{\varphi}{2}\sin\frac{\psi}{2}\cos\frac{\gamma}{2} + \sin\frac{\varphi}{2}\cos\frac{\psi}{2}\sin\frac{\gamma}{2} \\ -\cos\frac{\varphi}{2}\sin\frac{\psi}{2}\sin\frac{\gamma}{2} + \sin\frac{\varphi}{2}\cos\frac{\psi}{2}\cos\frac{\gamma}{2} \end{bmatrix} \tag{2-2-14}$$

反之,当已知四元数,可用式(2－2－15)求解欧拉角:

$$\begin{cases} \sin\psi = -2(q_1q_3 - q_0q_2), & -\pi/2 < \psi \leqslant \pi/2 \\ \tan\varphi = \dfrac{2(q_1q_2 + q_0q_3)}{q_0^2 + q_1^2 - q_2^2 - q_3^2}, & -\pi < \varphi \leqslant \pi \\ \tan\gamma = \dfrac{2(q_2q_3 + q_0q_1)}{q_0^2 - q_1^2 - q_2^2 + q_3^2}, & -\pi < \gamma \leqslant \pi \end{cases} \tag{2-2-15}$$

利用式(2－2－13)与式(2－2－4)的对应元素相等,就可以得到式(2－2－15)。

2）采用 2－3－1 转动次序时欧拉角与四元数的关系

已知欧拉角求四元数的公式为

$$\begin{bmatrix} q_0 \\ q_1 \\ q_2 \\ q_3 \end{bmatrix} = \begin{bmatrix} \cos\frac{\gamma}{2}\cos\frac{\varphi}{2}\cos\frac{\psi}{2} - \sin\frac{\gamma}{2}\sin\frac{\varphi}{2}\sin\frac{\psi}{2} \\ \cos\frac{\gamma}{2}\sin\frac{\varphi}{2}\sin\frac{\psi}{2} + \sin\frac{\gamma}{2}\cos\frac{\varphi}{2}\cos\frac{\psi}{2} \\ \cos\frac{\gamma}{2}\cos\frac{\varphi}{2}\sin\frac{\psi}{2} + \sin\frac{\gamma}{2}\sin\frac{\varphi}{2}\cos\frac{\psi}{2} \\ \cos\frac{\gamma}{2}\sin\frac{\varphi}{2}\cos\frac{\psi}{2} - \sin\frac{\gamma}{2}\cos\frac{\varphi}{2}\sin\frac{\psi}{2} \end{bmatrix} \tag{2-2-16}$$

反之当已知四元数,可用式(2－2－17)求欧拉角:

$$\begin{cases}\sin\varphi = 2(q_1q_2 + q_0q_3), & -\pi/2 < \varphi \leqslant \pi/2 \\ \tan\psi = \dfrac{-2(q_1q_3 - q_0q_2)}{q_0^2 + q_1^2 - q_2^2 - q_3^2}, & -\pi < \psi \leqslant \pi \\ \tan\gamma = \dfrac{-2(q_2q_3 - q_0q_1)}{q_0^2 + q_2^2 - q_1^2 - q_3^2}, & -\pi < \gamma \leqslant \pi \end{cases} \tag{2-2-17}$$

利用式(2-2-13)与式(2-2-6)的对应元素相等,就可以得到式(2-2-17)。

剩下一个问题:当已知方向余弦阵的各元素,能否直接写出四元数 q_0、q_1、q_2、q_3 的表达式。设两坐标系 P 和 Q 的方向余弦阵为 $\boldsymbol{P}_Q(a_{ij})$(以 3-2-1 转动次序为例),则可以得

$$\boldsymbol{P}_Q = \begin{bmatrix} a_{11} & a_{12} & a_{13} \\ a_{21} & a_{22} & a_{23} \\ a_{31} & a_{32} & a_{33} \end{bmatrix} = \begin{bmatrix} q_0^2 + q_1^2 - q_2^2 - q_3^2 & 2(q_1q_2 + q_0q_3) & 2(q_1q_3 - q_0q_2) \\ 2(q_1q_2 - q_0q_3) & q_0^2 + q_2^2 - q_1^2 - q_3^2 & 2(q_2q_3 + q_0q_1) \\ 2(q_1q_3 + q_0q_2) & 2(q_2q_3 - q_0q_1) & q_0^2 - q_1^2 - q_2^2 + q_3^2 \end{bmatrix} \tag{2-2-18}$$

从式(2-2-18)中找出不相关的三个等式,再加上 q_0、q_1、q_2、q_3 应满足 $q_0^2 + q_1^2 + q_2^2 + q_3^2 = 1$,就可直接由方向余弦阵求出 q_0、q_1、q_2、q_3。

2.2.2 坐标系间矢量导数的关系

对同一个物体运动的描述,可以在不同的坐标系中进行,如既可以在地心惯性坐标系,也可以在地面坐标系建立再入飞行器的运动方程,它们间的关系涉及坐标系间矢量导数的转换问题[13]。

设有两个原点重合的坐标系 A 和 B,其中 A 系相对于 B 系以角速度 $\boldsymbol{\omega}$ 转动。对任意矢量 $\boldsymbol{r}$,在转动坐标系 A 中可以表示为

$$\boldsymbol{r} = x_A\boldsymbol{i}_A + y_A\boldsymbol{j}_A + z_A\boldsymbol{k}_A \tag{2-2-19}$$

在 B 坐标系中对式(2-2-19)求微分可得

$$\frac{\mathrm{d}\boldsymbol{r}}{\mathrm{d}t} = \frac{\mathrm{d}x_A}{\mathrm{d}t}\boldsymbol{i}_A + \frac{\mathrm{d}y_A}{\mathrm{d}t}\boldsymbol{j}_A + \frac{\mathrm{d}z_A}{\mathrm{d}t}\boldsymbol{k}_A + x_A\frac{\mathrm{d}\boldsymbol{i}_A}{\mathrm{d}t} + y_A\frac{\mathrm{d}\boldsymbol{j}_A}{\mathrm{d}t} + z_A\frac{\mathrm{d}\boldsymbol{k}_A}{\mathrm{d}t} \tag{2-2-20}$$

定义:

$$\frac{\delta \boldsymbol{r}}{\delta t}=\frac{\mathrm{d}x_A}{\mathrm{d}t}\boldsymbol{i}_A+\frac{\mathrm{d}y_A}{\mathrm{d}t}\boldsymbol{j}_A+\frac{\mathrm{d}z_A}{\mathrm{d}t}\boldsymbol{k}_A \tag{2-2-21}$$

则 $\delta \boldsymbol{r}/\delta t$ 是与转动坐标系 A 固连的观测者看到的矢量 $\boldsymbol{r}$ 随时间的变化率。对于该观测者而言,单位矢量 $\boldsymbol{i}_A$、$\boldsymbol{j}_A$、$\boldsymbol{k}_A$ 是固定不变的。但对于 B 系内的观测者来说,由于坐标系 A 的旋转造成 $\boldsymbol{i}_A$ 是变化的,速度是 $\mathrm{d}\boldsymbol{i}_A/\mathrm{d}t$。由转动刚体上固连矢量的泊松公式可知:

$$\frac{\mathrm{d}\boldsymbol{i}_A}{\mathrm{d}t}=\boldsymbol{\omega}\times\boldsymbol{i}_A,\quad \frac{\mathrm{d}\boldsymbol{j}_A}{\mathrm{d}t}=\boldsymbol{\omega}\times\boldsymbol{j}_A,\quad \frac{\mathrm{d}\boldsymbol{k}_A}{\mathrm{d}t}=\boldsymbol{\omega}\times\boldsymbol{k}_A \tag{2-2-22}$$

将式(2-2-22)代入式(2-2-20),可得

$$\frac{\mathrm{d}\boldsymbol{r}}{\mathrm{d}t}=\frac{\delta \boldsymbol{r}}{\delta t}+\boldsymbol{\omega}\times\boldsymbol{r} \tag{2-2-23}$$

式中,将 $\delta \boldsymbol{r}/\delta t$ 称为相对导数,它是在转动坐标系中看到的矢量变化率;$\mathrm{d}\boldsymbol{r}/\mathrm{d}t$ 称为绝对导数,它是在固定坐标系(假定的而非绝对的)中看到的矢量变化率。需要注意的是,上面的推导中并未假定 B 系是惯性坐标系,因此式(2-2-23)对任意两个坐标系都是成立的。

在本书中,讨论两个坐标系间的转换关系时,并不一定要求两个坐标系的原点重合。当原点不重合时,可将某一坐标系的原点移至另一坐标系的原点,各坐标轴的指向保持不变,从而使两坐标系原点重合。经过上述平移过程,两坐标系间的方向余弦阵及矢量导数间的关系不变。当矢量的起点与坐标系原点不重合时,也可以通过类似的平移过程将矢量起点移至坐标系原点,矢量的坐标保持不变。

2.2.3 常用坐标系的定义

1. 地心惯性坐标系 $O_E-X_IY_IZ_I$(简记为坐标系 I)

该坐标系原点在地心 O_E 处,O_EX_I 轴在赤道面内指向春分点或某一固定点。O_EZ_I 轴垂直于赤道平面,与地球自转轴重合,指向北极。O_EY_I 轴的方向是使得该坐标系成为右手直角坐标系的方向。本书认为此坐标系为惯性坐标系。

该坐标系可用来描述再入飞行器的轨道及进行导航计算。

2. 地心固连坐标系 $O_E-X_EY_EZ_E$(简记为坐标系 E)

该坐标系原点在地心 O_E,O_EX_E 轴在赤道平面内指向某子午线与赤道平面

的交点,如零度子午线,或者制动时刻飞行器质心所在的子午面对应的子午线。O_EZ_E 轴垂直于赤道平面,指向北极,$O_E-X_EY_EZ_E$ 组成右手直角坐标系。该坐标系随地球一起转动,因此为一动参考系。

地心固连坐标系对于确定再入飞行器相对于地球表面的位置很有用。

3. 返回坐标系 $o-x_oy_oz_o$(简记为坐标系 O)

该坐标系也称为地面坐标系,它是与地球固连的动参考系。该坐标系原点是再入飞行器质心在制动时刻的地心矢径与地球参考椭球体表面的交点 o;oy_o 轴沿点 o 与制动时刻再入飞行器质心 o_1 连线的方向。ox_o 轴在返回制动时刻再入飞行器运动的轨道平面内,且与 oy_o 轴相互垂直,并指向再入飞行器的运动方向。oz_o 轴与 ox_o 轴、oy_o 轴构成右手直角坐标系,如图 2-7 所示。此坐标系的作用与远程火箭弹道学中的发射坐标系类似,利用该坐标系可以建立再入飞行器相对于地面(地球)的运动方程。

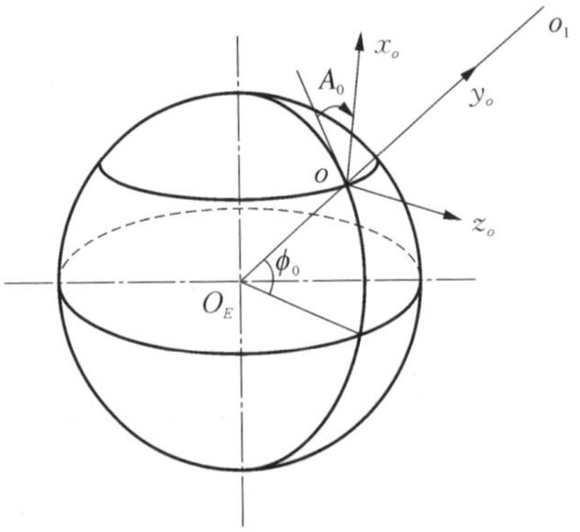

图 2-7 返回坐标系

4. 返回惯性坐标系 $o_A-x_Ay_Az_A$(简记为坐标系 A)

该坐标系的原点 o_A 与返回制动时刻返回坐标系的原点 o 重合,各坐标轴与返回坐标系各轴也相应重合。制动以后,点 o_A 及各轴的方向在惯性空间保持不动。

该坐标系可用来进行导航计算。

5. 平移坐标系 $o_T-x_Ay_Az_A$(也简记为坐标系 A)

该坐标系的原点 o_T 选择在再入飞行器质心 o_1,o_T 始终与 o_1 重合,但其坐标轴与返回惯性坐标系各轴始终保持平行。

该坐标系用来建立绕质心转动的动力学方程。

6. 地理坐标系 $o_T-x_Ty_Tz_T$(简记为坐标系 T)

该坐标系的原点取为地心 O_E 和再入飞行器质心 o_1 的连线与标准地球椭球体表面的交点 o_T,o_T 可以看作再入飞行器的星下点。o_Ty_T 轴在地心 O_E 与质心 o_1 的连线方向上,指向上方为正;o_Tx_T 轴在过点 o_T 的子午面内垂直于 o_Ty_T 轴,指向北极为正;o_Tz_T 轴与 o_Tx_T 轴、o_Ty_T 轴构成右手直角坐标系,指向正东。易知,$x_To_Tz_T$ 平面为星下点处的当地水平面。根据地理坐标系三轴的指向,又常称其为北天东坐标系。

按照定义，地理坐标系显然是非惯性参考系，即使地球不旋转，由于再入飞行器的运动，坐标系除位置变化外，其方向也要发生变化；反之，假设再入飞行器不动，由于地球旋转，该坐标系的位置和方向相对于地心惯性坐标系也要发生变化。

该坐标系可用来建立再入段的质心运动方程。

7. 飞行器体坐标系 $o_1-x_1y_1z_1$（简记为坐标系 B）

该坐标系原点为再入飞行器质心 o_1，o_1x_1 轴为再入飞行器纵轴，指向头部。o_1y_1 轴在再入飞行器的主对称面内垂直于 o_1x_1 轴，o_1z_1 轴垂直于主对称面，沿运动方向看去，o_1z_1 轴指向右方，$o_1-x_1y_1z_1$ 构成右手直角坐标系。针对不同的飞行器，该坐标系可称为箭体坐标系、弹体坐标系、星体坐标系、机体坐标系，也可简称为体坐标系。

该坐标系的位置可以用来描述再入飞行器的空间姿态。

8. 速度坐标系 $o_1-x_vy_vz_v$（简记为坐标系 V）

该坐标系原点在再入飞行器的质心 o_1，o_1x_v 轴沿再入飞行器的速度方向，o_1y_v 轴在再入飞行器主对称面内垂直于 o_1x_v 轴，o_1z_v 轴垂直于 $x_vo_1y_v$ 平面，顺着运动方向看去，o_1z_v 轴指向右方。$o_1-x_vy_vz_v$ 构成右手直角坐标系。

用该坐标系与其他坐标系的关系，可以描述再入飞行器速度矢量的状态，也常在该坐标系中计算飞行器受到的气动力。

9. 半速度坐标系 $o_1-x_hy_hz_h$（简记为坐标系 H）

该坐标系的原点为再入飞行器的质心 o_1，o_1x_h 轴沿再入飞行器速度方向，与速度坐标系的 o_1x_v 轴方向重合。o_1y_h 轴有两种定义方式：一种方式为基于返回坐标系定义，o_1y_h 轴在返回坐标系的 x_ooy_o 平面内垂直于 o_1x_h 轴（返回坐标系与速度坐标系采用 3－2－1 转序），或在 x_hoy_o 平面内垂直于 o_1x_h 轴（返回坐标系与速度坐标系采用 2－3－1 转序）；另一种方式为基于地理坐标系定义，o_1y_h 轴在 x_hoy_T 平面内垂直于 o_1x_h 轴。采用第一种定义方式时，o_1y_h 轴在返回坐标系原点处的铅垂面内；采用第二种定义方式时，o_1y_h 轴在飞行器当前时刻星下点处的当地铅垂面内。$o_1-x_hy_hz_h$ 构成右手直角坐标系。

该坐标系又称弹道坐标系、航迹坐标系。在该坐标系建立运动方程时，微分方程左边有简单的形式。

10. 再入坐标系 $e-x_ey_ez_e$（简记为坐标系 e）

在研究再入飞行器的运动时，有时不存在返回制动段和过渡段，人们只研究再入段的运动,如弹道式导弹的弹头再入及机动弹头再入;有时人们只对再入飞行器的再入运动特性感兴趣,专门研究飞行器再入段的运动特性。出于方便,不从返回制动段开始建立运动方程,只建立再入段的运动方程,为此引入再入坐标系 $e-x_e y_e z_e$。

再入坐标系的原点选在再入时刻地心 O_E 和再入飞行器质心 o_1 的连线与标准地球椭球体表面的交点 e,点 e 随地球一起转动。ey_e 轴在地心 O_E 与再入飞行器质心 o_1 的连线上,指向质心 o_1 为正向。ex_e 轴在过点 e 垂直于 ey_e 的平面内,但其指向可以有不同的定义:可以类似返回坐标系 $o-x_o y_o z_o$ 的 ox_o 轴,ex_e 轴指向再入飞行器运动方向;也可以定义在由再入点 e、标准开伞点 $\tilde{f}$ 和地心 O_E 构成的平面内,垂直于 ey_e 轴,即 ex_e 轴指向开伞点,这样定义是为了满足载人飞船制导的需要;还可以定义 ex_e 轴在过点 e 的子午面内垂直于 ey_e 轴,此时的再入坐标系就是再入时刻的地理坐标系。ez_e 轴由右手法则确定,使 $e-x_e y_e z_e$ 构成右手直角坐标系。因为坐标系原点随地球旋转,所以再入坐标系 $e-x_e y_e z_e$ 为一非惯性的动坐标系。

此坐标系用来描述飞行器在再入段相对于地球的运动,类似于返回坐标系。

11. 再入惯性坐标系 $e_A-x_A y_A z_A$(简记为坐标系 A)

该坐标系原点 e_A 与再入时刻的再入坐标系原点 e 重合,各坐标轴也与再入时刻再入坐标系的各轴重合。但再入时刻以后,$e_A-x_A y_A z_A$ 不随地球旋转,不改变原点 e_A 的位置和各轴的方向,其坐标轴指向在惯性空间保持不变。此坐标系可用来建立绕质心转动的动力学方程。

2.2.4 各坐标系间的转换关系

1. 地心惯性坐标系与地心固连坐标系间的方向余弦阵 $\boldsymbol{E}_I$

由定义可知,这两个坐标系的 $O_E Z_E$ 轴重合,但 $O_E X_I$ 轴指向平春分点,而 $O_E X_E$ 轴指向制动时刻飞行器质心所在的子午面对应的子午线,故两坐标系之间仅相差一个角度 $\Omega_G+\lambda_0+\omega_E T$,其中 Ω_G 是平春分点和制动时刻格林尼治天文台所在子午线与赤道面交点之间的夹角,λ_0 是制动时刻再入飞行器质心所在处的经度,T 是从制动时刻算起的时间,ω_E 是地球自转角速度。

因为两坐标系仅存在一个欧拉角 $\Omega_G+\lambda_0+\omega_E T$,不难写出两坐标系间的转换关系:

$$\begin{bmatrix} \boldsymbol{x}_E^0 \\ \boldsymbol{y}_E^0 \\ \boldsymbol{z}_E^0 \end{bmatrix} = \boldsymbol{E}_I \begin{bmatrix} \boldsymbol{x}_I^0 \\ \boldsymbol{y}_I^0 \\ \boldsymbol{z}_I^0 \end{bmatrix} \tag{2-2-24}$$

$$\boldsymbol{E}_I = \begin{bmatrix} \cos(\Omega_G + \lambda_0 + \omega_E T) & \sin(\Omega_G + \lambda_0 + \omega_E T) & 0 \\ -\sin(\Omega_G + \lambda_0 + \omega_E T) & \cos(\Omega_G + \lambda_0 + \omega_E T) & 0 \\ 0 & 0 & 1 \end{bmatrix} \tag{2-2-25}$$

2. 地心固连坐标系与返回坐标系之间的方向余弦阵 $\boldsymbol{E}_O$

如前所述,讨论地心固连坐标系与返回坐标系间的方向余弦阵时,可以将返回坐标系的原点平移至地心。

如图 2-8 所示,返回坐标系 ox_o 轴与正北方向的夹角为 A_0,称为制动方位角,A_0 从正北方向逆 oy_o 轴看去,顺时针度量为正,而制动时刻的地心纬度为 ϕ_0,要使返回坐标系各轴与地心固连坐标系各轴重合,可以先绕 oy_o 轴正转 $(90° + A_0)$,然后再绕新的 ox' 轴转动 $-\phi_0$(即反向转动 ϕ_0),再绕 oz_o 轴正转 90°,就可以得到地心固连坐标系。此时的转换关系为

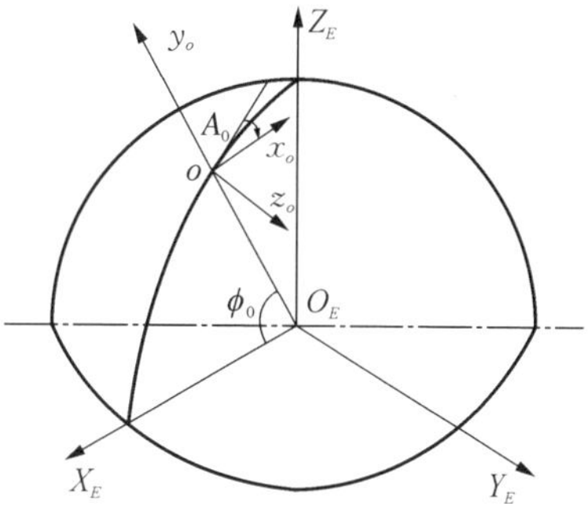

图 2-8 地心固连坐标系和返回坐标系间的关系

$$\begin{bmatrix} \boldsymbol{x}_E^0 \\ \boldsymbol{y}_E^0 \\ \boldsymbol{z}_E^0 \end{bmatrix} = \boldsymbol{E}_O \begin{bmatrix} \boldsymbol{x}_o^0 \\ \boldsymbol{y}_o^0 \\ \boldsymbol{z}_o^0 \end{bmatrix} \tag{2-2-26}$$

$$\begin{aligned} \boldsymbol{E}_O &= \boldsymbol{M}_3[90°]\boldsymbol{M}_1[-\phi_0]\boldsymbol{M}_2[90° + A_0] \\ &= \begin{bmatrix} -\sin\phi_0\cos A_0 & \cos\phi_0 & \sin\phi_0\sin A_0 \\ \sin A_0 & 0 & \cos A_0 \\ \cos A_0\cos\phi_0 & \sin\phi_0 & -\cos\phi_0\sin A_0 \end{bmatrix} \end{aligned} \tag{2-2-27}$$

3. 返回惯性坐标系与返回坐标系之间的方向余弦阵 $\boldsymbol{O}_A$

如图 2-9 所示,可将返回惯性坐标系 $o_A - x_A y_A z_A$ 转到制动时刻的地心固连

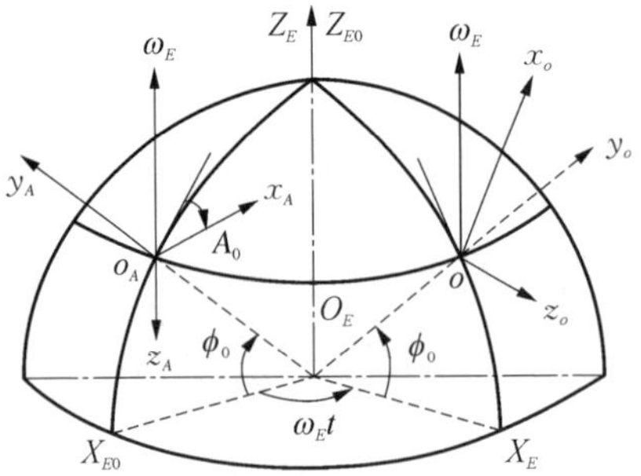

图 2-9 返回惯性坐标系与返回坐标系之间的关系

坐标系 $O_E-X_{E0}Y_{E0}Z_{E0}$，则有

$$\begin{bmatrix}\boldsymbol{x}_{E0}^0\\ \boldsymbol{y}_{E0}^0\\ \boldsymbol{z}_{E0}^0\end{bmatrix}=\boldsymbol{E}_O\begin{bmatrix}\boldsymbol{x}_{A}^0\\ \boldsymbol{y}_{A}^0\\ \boldsymbol{z}_{A}^0\end{bmatrix} \tag{2-2-28}$$

同时将返回坐标系 $o-x_oy_oz_o$ 转到地心固连坐标系 $O_E-X_EY_EZ_E$，则：

$$\begin{bmatrix}\boldsymbol{x}_{E}^0\\ \boldsymbol{y}_{E}^0\\ \boldsymbol{z}_{E}^0\end{bmatrix}=\boldsymbol{E}_O\begin{bmatrix}\boldsymbol{x}_{o}^0\\ \boldsymbol{y}_{o}^0\\ \boldsymbol{z}_{o}^0\end{bmatrix} \tag{2-2-29}$$

再将 $O_E-X_{E0}Y_{E0}Z_{E0}$ 绕 O_EZ_E 轴转 ω_ET 角，则：

$$\begin{bmatrix}\boldsymbol{x}_{E}^0\\ \boldsymbol{y}_{E}^0\\ \boldsymbol{z}_{E}^0\end{bmatrix}=\begin{bmatrix}\cos(\omega_ET) & \sin(\omega_ET) & 0\\ -\sin(\omega_ET) & \cos(\omega_ET) & 0\\ 0 & 0 & 1\end{bmatrix}\begin{bmatrix}\boldsymbol{x}_{E0}^0\\ \boldsymbol{y}_{E0}^0\\ \boldsymbol{z}_{E0}^0\end{bmatrix} \tag{2-2-30}$$

故：

$$\begin{bmatrix}\boldsymbol{x}_{o}^0\\ \boldsymbol{y}_{o}^0\\ \boldsymbol{z}_{o}^0\end{bmatrix}=\boldsymbol{E}_O^{\mathrm{T}}\begin{bmatrix}\boldsymbol{x}_{E}^0\\ \boldsymbol{y}_{E}^0\\ \boldsymbol{z}_{E}^0\end{bmatrix}=\boldsymbol{E}_O^{\mathrm{T}}\begin{bmatrix}\cos(\omega_ET) & \sin(\omega_ET) & 0\\ -\sin(\omega_ET) & \cos(\omega_ET) & 0\\ 0 & 0 & 1\end{bmatrix}\cdot\boldsymbol{E}_O\begin{bmatrix}\boldsymbol{x}_{A}^0\\ \boldsymbol{y}_{A}^0\\ \boldsymbol{z}_{A}^0\end{bmatrix}=\boldsymbol{O}_A\begin{bmatrix}\boldsymbol{x}_{A}^0\\ \boldsymbol{y}_{A}^0\\ \boldsymbol{z}_{A}^0\end{bmatrix} \tag{2-2-31}$$

即

$$\boldsymbol{O}_A=\boldsymbol{E}_O^{\mathrm{T}}\begin{bmatrix}\cos(\omega_ET) & \sin(\omega_ET) & 0\\ -\sin(\omega_ET) & \cos(\omega_ET) & 0\\ 0 & 0 & 1\end{bmatrix}\boldsymbol{E}_O=\boldsymbol{O}_A(\phi_0,\ A_0,\ \omega_ET) \tag{2-2-32}$$

因为 ω_E 较小，在实际计算中可以简化[11]。

4. 返回坐标系与飞行器体坐标系之间的欧拉角及方向余弦阵 $\boldsymbol{B}_O$

这两个坐标系间的关系用以反映飞行器本体相对于返回坐标系的姿态角。

为了方便,可将体坐标系平移到返回坐标系的原点 o 上。

两个坐标系间的方向余弦阵可以用三个欧拉角描述,但转动次序可以不同,在飞行力学中常用两种转动次序。

一种是先绕 oz_o 轴转动 φ,然后绕新的 oy' 轴转动 ψ,最后绕新的 ox_1 轴转 γ 角,即按 3－2－1 次序转动,称这种转动次序为先俯仰、后偏航、再滚转,图 2－10 画出了两坐标系间的欧拉角关系。

欧拉角 φ 称为俯仰角,是飞行器纵轴在 x_oy_o 平面上的投影与 ox_o 轴之间的夹角;ψ 称为偏航角,是 ox_1 轴与 x_oy_o 平面间的夹角;γ 称滚转角,为飞行器绕 ox_1 轴转动的角度。俯仰角 φ、偏航角 ψ、滚转角 γ 的正负号可按形成该角的角速度方向来定,如与瞬时转动轴同向,则定义该角为正,反之为负,图 2－10 所示的 φ、ψ、γ 均为正角。

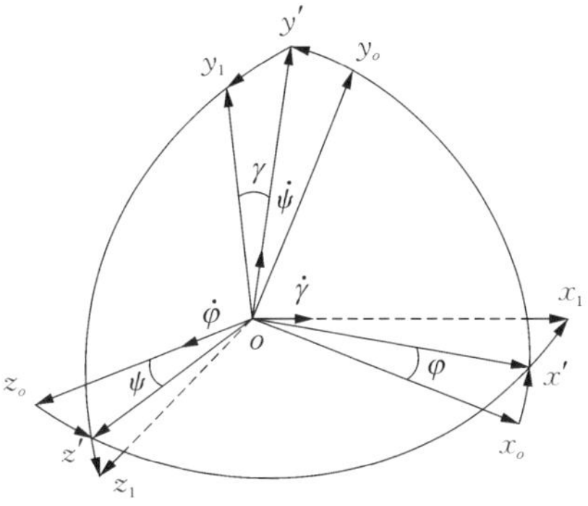

图 2－10　返回坐标系与飞行器体坐标系间的欧拉角关系图(按 3－2－1 次序转动)

其转换关系利用式(2－2－4)不难写出:

$$\begin{bmatrix} \boldsymbol{x}_1^0 \\ \boldsymbol{y}_1^0 \\ \boldsymbol{z}_1^0 \end{bmatrix} = \boldsymbol{B}_O \begin{bmatrix} \boldsymbol{x}_o^0 \\ \boldsymbol{y}_o^0 \\ \boldsymbol{z}_o^0 \end{bmatrix} \tag{2-2-33}$$

$$\boldsymbol{B}_O = \boldsymbol{M}_1[\gamma]\boldsymbol{M}_2[\psi]\boldsymbol{M}_3[\varphi]$$

$$= \begin{bmatrix} \cos\varphi\cos\psi & \sin\varphi\cos\psi & -\sin\psi \\ \cos\varphi\sin\psi\sin\gamma - \sin\varphi\cos\gamma & \sin\varphi\sin\psi\sin\gamma + \cos\varphi\cos\gamma & \cos\psi\sin\gamma \\ \cos\varphi\sin\psi\cos\gamma + \sin\varphi\sin\gamma & \sin\varphi\sin\psi\cos\gamma - \cos\varphi\sin\gamma & \cos\psi\cos\gamma \end{bmatrix} \tag{2-2-34}$$

另一种转动次序是先绕 oy_o 轴转偏航角 ψ,然后绕新的 oz' 轴转俯仰角 φ,最后绕 ox_1 轴转滚转角 γ,即按 2－3－1 次序转动,称这种转动次序为先偏航、后俯仰、再滚转,图 2－11 画出了两坐标系间的欧拉角关系。

此时的俯仰角 φ 是飞行器纵轴与 x_oz_o 平面的夹角,偏航角 ψ 是 ox_1 轴在 x_oz_o 平面的投影与 ox_o 轴之间的夹角,滚转角 γ 是飞行器绕 ox_1 轴的转动角。ψ、

φ、γ 的正负号的定义与前一种转动方式相同,图 2-11 的 φ、ψ、γ 均为正角。其转换关系利用式(2-2-6)不难写出:

$$\begin{bmatrix} \boldsymbol{x}_1^0 \\ \boldsymbol{y}_1^0 \\ \boldsymbol{z}_1^0 \end{bmatrix} = \boldsymbol{B}_O \begin{bmatrix} \boldsymbol{x}_o^0 \\ \boldsymbol{y}_o^0 \\ \boldsymbol{z}_o^0 \end{bmatrix} \tag{2-2-35}$$

$$\begin{aligned} \boldsymbol{B}_O &= \boldsymbol{M}_1[\gamma]\boldsymbol{M}_3[\varphi]\boldsymbol{M}_2[\psi] \\ &= \begin{bmatrix} \cos\varphi\cos\psi & \sin\varphi & -\cos\varphi\sin\psi \\ -\cos\gamma\sin\varphi\cos\psi+\sin\gamma\sin\psi & \cos\gamma\cos\varphi & \cos\gamma\sin\varphi\sin\psi+\sin\gamma\cos\psi \\ \sin\gamma\sin\varphi\cos\psi+\cos\gamma\sin\psi & -\sin\gamma\cos\varphi & -\sin\gamma\sin\varphi\sin\psi+\cos\gamma\cos\psi \end{bmatrix} \end{aligned} \tag{2-2-36}$$

5. 返回坐标系与速度坐标系之间的欧拉角及方向余弦阵 $\boldsymbol{V}_O$

为便于描述,可将返回坐标系的原点平移至飞行器质心 o_1,使两坐标系原点重合。类似飞行器体坐标系与返回坐标系的关系,返回坐标系与速度坐标系之间的三个欧拉角也有不同的转动次序。

一种转动次序是先绕 oz_o 轴转动 θ 角,然后绕新轴 oy' 转动 σ 角,最后绕 ox_v 轴转动χ 角,即按 3-2-1 次序转动,图 2-12 给出了两坐标系间的欧拉角关系。

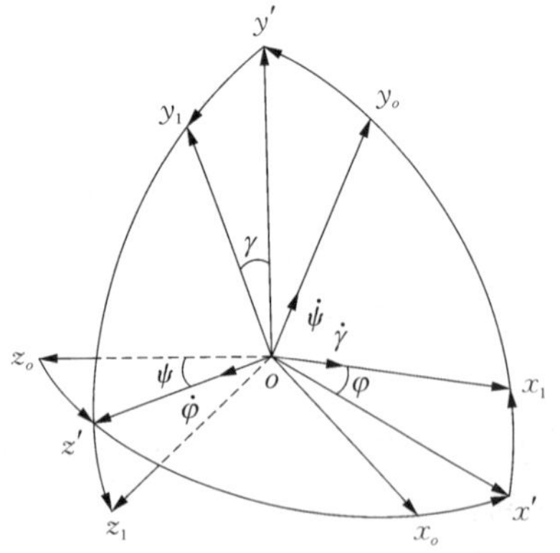

图 2-11 返回坐标系与飞行器体坐标系间的欧拉角关系图(按 2-3-1 次序转动)

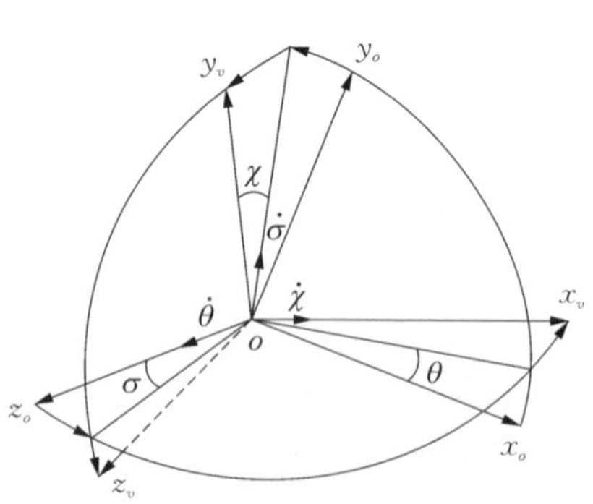

图 2-12 按 3-2-1 次序转动时返回坐标系和速度坐标系间的欧拉角

欧拉角 θ 称速度倾角，是速度方向在 $x_o o y_o$ 平面上的投影与 ox_o 轴间的夹角；σ 称航迹偏航角，是速度方向与 $x_o o y_o$ 平面间的夹角；χ 称为倾侧角，是绕速度轴 ox_v 转动的角度，有时也称为速度滚转角。

θ、σ、χ 符号的定义与 φ、ψ、γ 的定义类似。图 2-12 所示的 θ、σ、χ 角均为正值。类似式(2-2-4)和式(2-2-34)，可得如下关系：

$$\begin{bmatrix} \boldsymbol{x}_v^0 \\ \boldsymbol{y}_v^0 \\ \boldsymbol{z}_v^0 \end{bmatrix} = \boldsymbol{V}_O \begin{bmatrix} \boldsymbol{x}_o^0 \\ \boldsymbol{y}_o^0 \\ \boldsymbol{z}_o^0 \end{bmatrix} \tag{2-2-37}$$

$$\begin{aligned} \boldsymbol{V}_O &= \boldsymbol{M}_1[\chi]\boldsymbol{M}_2[\sigma]\boldsymbol{M}_3[\theta] \\ &= \begin{bmatrix} \cos\theta\cos\sigma & \sin\theta\cos\sigma & -\sin\sigma \\ \cos\theta\sin\sigma\sin\chi-\sin\theta\cos\chi & \sin\theta\sin\sigma\sin\chi+\cos\theta\cos\chi & \cos\sigma\sin\chi \\ \cos\theta\sin\sigma\cos\chi+\sin\theta\sin\chi & \sin\theta\sin\sigma\cos\chi-\cos\theta\sin\chi & \cos\sigma\cos\chi \end{bmatrix} \end{aligned} \tag{2-2-38}$$

另一种转动次序是先绕 oy_o 轴转 σ 角，然后绕新轴 oz' 轴转 θ 角，最后绕 ox_v 轴转 χ 角，即按 2-3-1 次序转动，即先航迹偏航角、后速度倾角、再倾侧角的次序，图 2-13 给出了两坐标系间的欧拉角关系。

速度倾角 θ 是速度方向相对于 $x_o o z_o$ 平面的倾斜角，反映了速度方向对 $x_o o z_o$ 平面倾斜的程度。航迹偏航角 σ 是速度方向在 $x_o o z_o$ 平面的投影与 ox_o 方向的夹角，它反映了速度方向对预定航向 ox_o 的偏航。倾侧角 χ 实际上反映了升力对铅垂面 $x' o y_o$ 的倾斜，后面将详细说明。

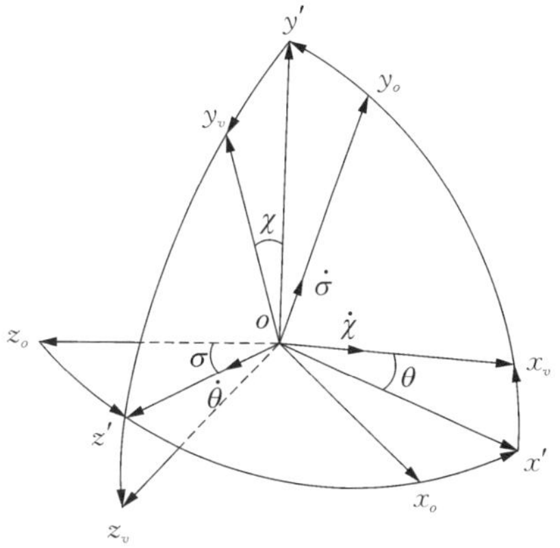

图 2-13　按 2-3-1 次序转动时返回坐标系与速度坐标系间的欧拉角

类似式(2-2-6)和式(2-2-36)，不难写出：

$$\begin{bmatrix} \boldsymbol{x}_v^0 \\ \boldsymbol{y}_v^0 \\ \boldsymbol{z}_v^0 \end{bmatrix} = \boldsymbol{V}_O \begin{bmatrix} \boldsymbol{x}_o^0 \\ \boldsymbol{y}_o^0 \\ \boldsymbol{z}_o^0 \end{bmatrix} \tag{2-2-39}$$

$$
\boldsymbol{V}_O=\boldsymbol{M}_1[\chi]\boldsymbol{M}_3[\theta]\boldsymbol{M}_2[\sigma]
$$

$$
=\begin{bmatrix} \cos\theta\cos\sigma & \sin\theta & -\cos\theta\sin\sigma \\ -\cos\chi\sin\theta\cos\sigma+\sin\chi\sin\sigma & \cos\chi\cos\theta & \cos\chi\sin\theta\sin\sigma+\sin\chi\cos\sigma \\ \sin\chi\sin\theta\cos\sigma+\cos\chi\sin\sigma & -\sin\chi\cos\theta & -\sin\chi\sin\theta\sin\sigma+\cos\chi\cos\sigma \end{bmatrix} \tag{2-2-40}
$$

上面详细地介绍了两种不同转动次序的俯仰角 φ、偏航角 ψ、滚转角 γ 和速度倾角 θ、航迹偏航角 σ、倾侧角χ 的定义及其方向余弦阵。一般来讲,第二种转动次序多用在水平飞行状态较多的飞机飞行力学和飞航式导弹飞行力学。若 $x_o oz_o$ 为地平面,则速度倾角 θ 反映速度对地平面的倾斜,航迹偏航角 σ 反映对航线的偏航。但这种定义对弹道式导弹垂直发射阶段不适用,如纵轴稍微偏离 $x_o oy_o$ 平面,则 ox_1 轴在平面 $x_o oz_o$ 上的投影垂直于 ox_o 轴,偏航角为90°,显然不合理;而若采用第一种转动方式,则偏航角很小,所以弹道式导弹飞行力学及惯性导航中多采用第一种转动方式。如果飞行中既有水平飞行状态,又有垂直飞行状态,如后面介绍的再入机动弹头的飞行轨迹,这时为了减小误差,甚至在不同阶段采用不同的转动次序。

6. 速度坐标系与飞行器体坐标系间的欧拉角和方向余弦阵 $\boldsymbol{B}_V$

按照定义,速度坐标系的 o_1y_v 轴在再入飞行器的主对称面 $x_1o_1y_1$ 内,属于“面含轴”的情况,因此这两个坐标系只存在两个欧拉角,而且只有一种转动次序,即将速度坐标系先绕 o_1y_v 轴转侧滑角 β,再绕新轴 o_1z_1 轴转攻角 α,则两坐标系重合。图 2-14 给出了两坐标系欧拉角的关系,图中 α、β 均为正值。

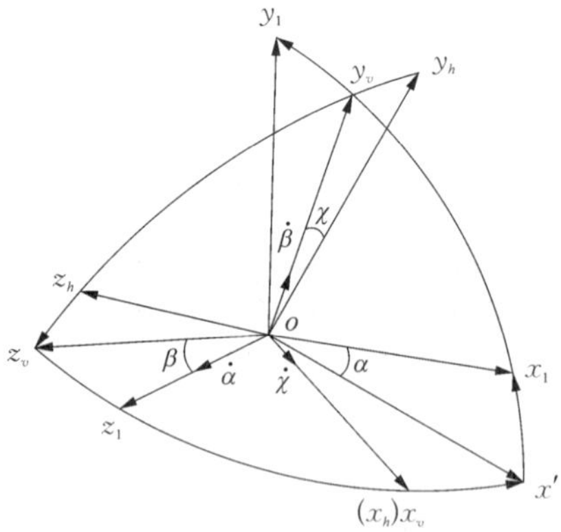

图 2-14 速度坐标系与飞行器体坐标系间的欧拉角关系图

这两种坐标系的转换关系为

$$
\begin{bmatrix} \boldsymbol{x}_1^0 \\ \boldsymbol{y}_1^0 \\ \boldsymbol{z}_1^0 \end{bmatrix}=\boldsymbol{B}_V\begin{bmatrix} \boldsymbol{x}_v^0 \\ \boldsymbol{y}_v^0 \\ \boldsymbol{z}_v^0 \end{bmatrix} \tag{2-2-41}
$$

$$\boldsymbol{B}_V = \boldsymbol{M}_3[\alpha]\boldsymbol{M}_2[\beta] = \begin{bmatrix} \cos\beta\cos\alpha & \sin\alpha & -\sin\beta\cos\alpha \\ -\cos\beta\sin\alpha & \cos\alpha & \sin\beta\sin\alpha \\ \sin\beta & 0 & \cos\beta \end{bmatrix} \tag{2-2-42}$$

7. 半速度坐标系与速度坐标系间的欧拉角和方向余弦阵 $\boldsymbol{V}_H$

不论半速度坐标系采用何种定义方式,其与速度坐标系都属于“轴重合”的情形,因此只有一个欧拉角。按定义,速度坐标系 $o_1-x_v y_v z_v$ 是将半速度坐标系 $o_1-x_h y_h z_h$ 再绕 o_1x_v 轴(即 o_1x_h 轴)转动倾侧角χ,故转换关系为

$$\begin{bmatrix} \boldsymbol{x}_v^0 \\ \boldsymbol{y}_v^0 \\ \boldsymbol{z}_v^0 \end{bmatrix} = \boldsymbol{V}_H \begin{bmatrix} \boldsymbol{x}_h^0 \\ \boldsymbol{y}_h^0 \\ \boldsymbol{z}_h^0 \end{bmatrix} \tag{2-2-43}$$

$$\boldsymbol{V}_H = \boldsymbol{M}_1[\chi] = \begin{bmatrix} 1 & 0 & 0 \\ 0 & \cos\chi & \sin\chi \\ 0 & -\sin\chi & \cos\chi \end{bmatrix} \tag{2-2-44}$$

8. 半速度坐标系与返回坐标系间的欧拉角及方向余弦阵 $\boldsymbol{H}_O$

假设半速度坐标系采用第一种定义方式,可知其与返回坐标系间的欧拉角为速度倾角 θ 和航迹偏航角 σ。若转动次序为 3-2,根据方向余弦阵的传递性,由式(2-2-38)和式(2-2-44)可得

$$\boldsymbol{H}_O = \boldsymbol{H}_V \cdot \boldsymbol{V}_O = \boldsymbol{M}_2[\sigma]\boldsymbol{M}_3[\theta] = \begin{bmatrix} \cos\theta\cos\sigma & \sin\theta\cos\sigma & -\sin\sigma \\ -\sin\theta & \cos\theta & 0 \\ \cos\theta\sin\sigma & \sin\theta\sin\sigma & \cos\sigma \end{bmatrix} \tag{2-2-45}$$

若转动次序为 2-3,则由式(2-2-40)和式(2-2-44)可得

$$\boldsymbol{H}_O = \boldsymbol{H}_V \cdot \boldsymbol{V}_O = \boldsymbol{M}_3[\theta]\boldsymbol{M}_2[\sigma] = \begin{bmatrix} \cos\theta\cos\sigma & \sin\theta & -\cos\theta\sin\sigma \\ -\sin\theta\cos\sigma & \cos\theta & \sin\theta\sin\sigma \\ \sin\sigma & 0 & \cos\sigma \end{bmatrix} \tag{2-2-46}$$

9. 地理坐标系与半速度坐标系间的欧拉角及方向余弦阵 $\boldsymbol{H}_T$

假设半速度坐标系采用第二种定义方式,因为 o_1y_h 轴在过 o_1y_T 轴的铅垂

面内，属于“面含轴”的情况，故两坐标系之间仅有两个欧拉角 σ_T、θ_T，且规定按第二种转动方式，即先绕 oy_T 轴转 σ_T，再绕 oz_h 轴转 θ_T，使两坐标系重合，如图 2-15 所示。

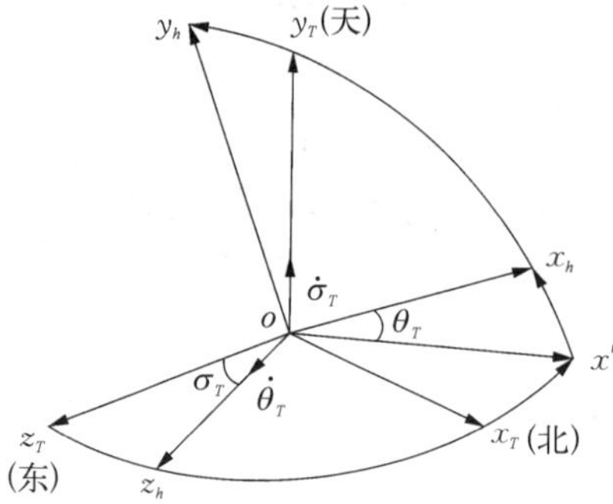

图 2-15 地理坐标系和半速度坐标系间的欧拉角关系

欧拉角 θ_T 描述的是飞行速度方向与当地水平面 x_Toz_T 之间的夹角，在当地水平面上方时为正，称为飞行路径角(flight path angle)，又称当地速度倾角、弹道倾角，也用 Θ 表示；欧拉角 σ_T 描述的是飞行速度矢量在当地水平面的投影与正北方向 o_Tx_T 轴的夹角，逆 o_Ty_T 轴看去逆时针为正，也即向西为正，称为飞行方位角(flight azimuth)，又称弹道偏角。

两坐标系间的转换关系为

$$\begin{bmatrix} \boldsymbol{x}_h^0 \\ \boldsymbol{y}_h^0 \\ \boldsymbol{z}_h^0 \end{bmatrix} = \boldsymbol{H}_T \begin{bmatrix} \boldsymbol{x}_T^0 \\ \boldsymbol{y}_T^0 \\ \boldsymbol{z}_T^0 \end{bmatrix} \tag{2-2-47}$$

$$\boldsymbol{H}_T = \boldsymbol{M}_3[\theta_T]\boldsymbol{M}_2[\sigma_T] = \begin{bmatrix} \cos\sigma_T\cos\theta_T & \sin\theta_T & -\sin\sigma_T\cos\theta_T \\ -\cos\sigma_T\sin\theta_T & \cos\theta_T & \sin\sigma_T\sin\theta_T \\ \sin\sigma_T & 0 & \cos\sigma_T \end{bmatrix} \tag{2-2-48}$$

需要说明的是，方位角正向的定义往往是从正北方向量起，顺时针为正，但根据图 2-15 中的旋转方向，则是逆时针为正，这与坐标系的定义方式有关。航空航天领域中常用坐标系的定义有美式坐标系和俄式坐标系之分，主要区别在于竖轴(也即 y 轴)的方向，美式坐标系的 y 轴多以指向下方为正，而俄式坐标系多以指向上方为正，图 2-15 中就是俄式坐标系的定义方式。若采用美式坐标系定义，则坐标系转换时方位角就是从正北方向量起，顺时针为正[20]。不论采用何种定义方式，只要逻辑一致，都可以用来描述飞行器的运动。

10. 地理坐标系与再入坐标系间的欧拉角及方向余弦阵 $\boldsymbol{T}_e$

前已说明再入坐标系 $e-x_ey_ez_e$ 的 ex_e 轴可以根据需要确定。为便于后面建立运动方程，可令 ex_e 轴的方向在再入时刻的 o_1x_T 方向，即取再入时刻的地理坐标系为再入坐标系，图 2－16 表示了两坐标系间的关系。

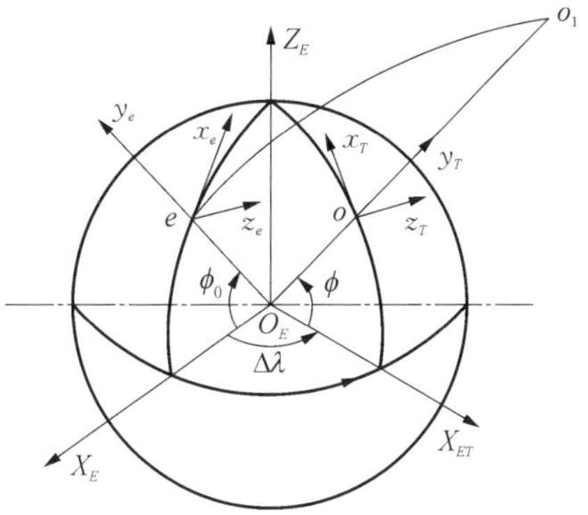

图 2－16　地理坐标系与再入坐标系的关系

将两坐标系的原点移至地心 O_E，先将再入坐标系 $e-x_ey_ez_e$ 绕 ez_e 轴转 ϕ_0 角，再绕地轴转经度角差 $\Delta\lambda$，再绕 ez_T 轴反转 ϕ，便与 $o-x_Ty_Tz_T$ 坐标系重合，利用前面的关系易知：

$$\begin{bmatrix} \boldsymbol{x}_T^0 \\ \boldsymbol{y}_T^0 \\ \boldsymbol{z}_T^0 \end{bmatrix} = \boldsymbol{T}_e \begin{bmatrix} \boldsymbol{x}_e^0 \\ \boldsymbol{y}_e^0 \\ \boldsymbol{z}_e^0 \end{bmatrix} \quad (2-2-49)$$

$$\boldsymbol{T}_e = \begin{bmatrix} \sin\phi\cos\Delta\lambda\sin\phi_0 + \cos\phi\cos\phi_0 & -\sin\phi\cos\phi_0\cos\Delta\lambda + \cos\phi\sin\phi_0 & -\sin\phi\sin\Delta\lambda \\ -\cos\phi\cos\Delta\lambda\sin\phi_0 + \sin\phi\cos\phi_0 & \cos\phi\cos\phi_0\cos\Delta\lambda + \sin\phi\sin\phi_0 & \cos\phi\sin\Delta\lambda \\ \sin\Delta\lambda\sin\phi_0 & -\sin\Delta\lambda\cos\phi_0 & \cos\Delta\lambda \end{bmatrix}$$
$$(2-2-50)$$

如果要求地理坐标系和再入惯性坐标系的关系，只需要将 $\Delta\lambda$ 换成 $\Delta\lambda_a = \Delta\lambda + \omega_E t_e$ 即可，t_e 是从再入时刻开始计算的时间。

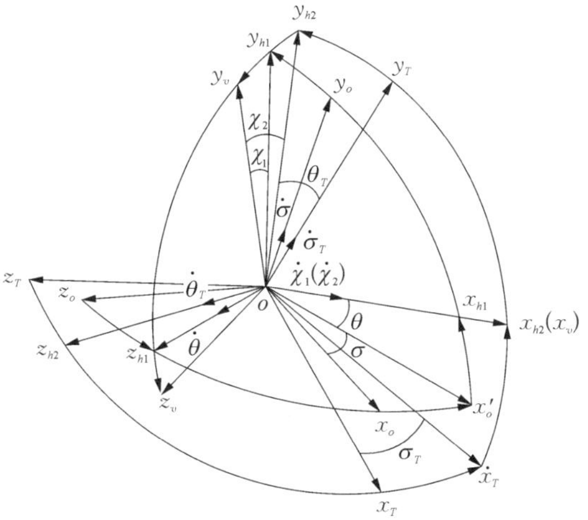

图 2－17　两种半速度坐标系的定义

需要说明的是，半速度坐标系采用不同的定义方式时，得到的倾侧角 χ 的值是不同的，坐标系间的关系及欧拉转换角见图 2－17 和图 2－18。实际上，在特定的使用场景中，只会采用一种定义方式，也即两种定义方式不会同时出现，因此不会出现倾侧角定义混淆的问题。

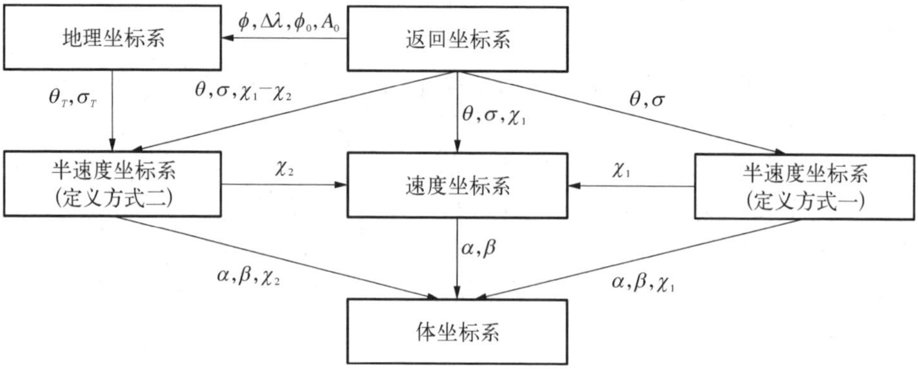

图 2-18　不同坐标系之间的欧拉角

2.3　在返回坐标系建立运动方程

2.1 节中，建立了由式(2-1-25)、式(2-1-26)描述的矢量形式的质心和绕质心动力学方程。要通过数值计算求解这些微分方程，必须将其投影到选定的坐标系。文献[11]、[12]中根据远程火箭的运动特性，将其投影到发射坐标系和速度坐标系来描述其空间运动。原则上讲，文献[11]、[12]中的两组空间弹道方程也适用于返回再入段的弹道计算和分析。但由于返回坐标系的定义并不完全等同于发射坐标系，有些假设也不相同，空气动力的表现形式也不完全一样，这里根据再入飞行器的特点在返回坐标系建立运动方程。

2.3.1　返回坐标系中的质心动力学方程

由于返回坐标系为一动参考系，其相对于惯性坐标系以角速度 $\boldsymbol{\omega}_E$ 转动，由矢量导数法则可知：

$$m\frac{\mathrm{d}^2\boldsymbol{r}}{\mathrm{d}t^2}=m\frac{\delta^2\boldsymbol{r}}{\delta t^2}+2m\boldsymbol{\omega}_E\times\frac{\delta\boldsymbol{r}}{\delta t}+m\boldsymbol{\omega}_E\times(\boldsymbol{\omega}_E\times\boldsymbol{r})$$

将其代入式(2-1-25)并整理得

$$m\frac{\delta^2 \boldsymbol{r}}{\delta t^2} = \boldsymbol{P} + \boldsymbol{R} + m\boldsymbol{g} + \boldsymbol{F}_c - m\boldsymbol{\omega}_E \times (\boldsymbol{\omega}_E \times \boldsymbol{r}) - 2m\boldsymbol{\omega}_E \times \frac{\delta \boldsymbol{r}}{\delta t}$$
$$= \boldsymbol{P} + \boldsymbol{R} + m\boldsymbol{g} + \boldsymbol{F}_c - m\boldsymbol{a}_e - m\boldsymbol{a}_k \tag{2-3-1}$$

式中,$\boldsymbol{a}_e$为离心(牵连)加速度;$\boldsymbol{a}_k$为科氏加速度。

为了在返回坐标系建立质心动力学方程,应将式(2-3-1)中的各个矢量投影到返回坐标系。

1. 相对加速度 $\delta^2\boldsymbol{r}/\delta t^2$

设 $[v_x, v_y, v_z]^{\mathrm{T}}$ 为飞行器质心相对于返回坐标系的相对速度在返回坐标系各轴上的分量,则:

$$\frac{\delta \boldsymbol{r}}{\delta t} = \begin{bmatrix} v_x \\ v_y \\ v_z \end{bmatrix}, \quad \frac{\delta^2 \boldsymbol{r}}{\delta t^2} = \begin{bmatrix} \dfrac{\mathrm{d}v_x}{\mathrm{d}t} \\ \dfrac{\mathrm{d}v_y}{\mathrm{d}t} \\ \dfrac{\mathrm{d}v_z}{\mathrm{d}t} \end{bmatrix} \tag{2-3-2}$$

2. 推力 $\boldsymbol{P}$

设推力无偏斜,可将发动机的推力沿飞行器体坐标系 $o_1 - x_1y_1z_1$ 分解,设推力在各轴上的投影分别为 P_{x_1}、P_{y_1}、P_{z_1},则推力在返回坐标系的投影 P_x、P_y、P_z 为

$$\begin{bmatrix} P_x \\ P_y \\ P_z \end{bmatrix} = \boldsymbol{O}_B \begin{bmatrix} P_{x_1} \\ P_{y_1} \\ P_{z_1} \end{bmatrix} \tag{2-3-3}$$

式中,$\boldsymbol{O}_B$ 为飞行器体坐标系与返回坐标系的方向余弦阵,假定两者之间采用 3-2-1 的次序转动,$\boldsymbol{O}_B$ 的表达式见式(2-2-34)。

3. 地球引力 $m\boldsymbol{g}$

根据文献[11]知,地球引力可沿地心矢径 $\boldsymbol{r}$ 和地轴 $\boldsymbol{\omega}_E$ 方向分解:

$$m\boldsymbol{g} = mg_r\boldsymbol{r}^0 + mg_{\omega_E}\boldsymbol{\omega}_E^0 \tag{2-3-4}$$

式中,

$$\begin{cases} g_r = -\dfrac{\mu_E}{r^2}\left[1 + J\left(\dfrac{a_E}{r}\right)^2 (1 - 5\sin^2\phi)\right] \\ g_{\omega_E} = -2\dfrac{\mu_E}{r^2}J\left(\dfrac{a_E}{r}\right)^2 \sin\phi \end{cases} \tag{2-3-5}$$

式中，$\mu_E = GM_E$ 称为地心引力常数；G 为万有引力常数；M_E 为地球质量；$J = \dfrac{3}{2}J_2 = 1.623\,95 \times 10^{-3}$；$a_E$ 为地球参考椭球体的长半轴；ϕ 为地心纬度。

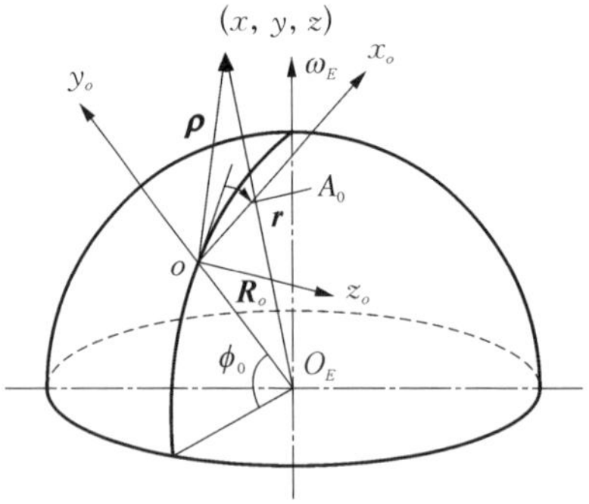

图 2－19 飞行器质心与返回坐标系原点间地心矢径的关系

由图 2－19 知：

$$\boldsymbol{r} = \boldsymbol{\rho} + \boldsymbol{R}_o \tag{2-3-6}$$

式中，$\boldsymbol{r}$ 为任一时刻再入飞行器质心的地心矢径；$\boldsymbol{\rho}$ 为任一时刻再入飞行器质心相对于返回坐标系原点的矢径；$\boldsymbol{R}_o$ 为返回坐标系原点 o 的地心矢径。故 $\boldsymbol{r}$ 在返回坐标系各轴的分量为

$$\begin{cases} \boldsymbol{r} = x\boldsymbol{x}_o^0 + (y + R_o)\boldsymbol{y}_o^0 + z\boldsymbol{z}_o^0 \\ r = [x^2 + (y + R_o)^2 + z^2]^{1/2} \end{cases} \tag{2-3-7}$$

式中，R_o 为返回坐标系原点 o 的地心距，可用式(2－3－8)计算：

$$R_o = \frac{a_E b_E}{\sqrt{a_E^2\sin^2\phi_0 + b_E^2\cos^2\phi_0}} \tag{2-3-8}$$

式中，ϕ_0 为点 o 的地心纬度。

地球自转角速度 $\boldsymbol{\omega}_E$ 在返回坐标系各轴的分量为

$$\boldsymbol{\omega}_E = \begin{bmatrix} \omega_{Ex} \\ \omega_{Ey} \\ \omega_{Ez} \end{bmatrix} = \boldsymbol{O}_E \begin{bmatrix} 0 \\ 0 \\ \omega_E \end{bmatrix} = \begin{bmatrix} \cos A_0 \cos\phi_0 \\ \sin\phi_0 \\ -\sin A_0 \cos\phi_0 \end{bmatrix} \omega_E \tag{2-3-9}$$

将式(2－3－7)、式(2－3－9)代入式(2－3－4)，可得

$$m\boldsymbol{g} = m\begin{bmatrix} g_x \\ g_y \\ g_z \end{bmatrix} = m\frac{g_r}{r}\begin{bmatrix} x \\ y+R_o \\ z \end{bmatrix} + m\frac{g_{\omega_E}}{\omega_E}\begin{bmatrix} \omega_{Ex} \\ \omega_{Ey} \\ \omega_{Ez} \end{bmatrix} \tag{2-3-10}$$

4. 离心惯性力 $-m\boldsymbol{a}_e$ 和科氏惯性力 $-m\boldsymbol{a}_k$

离心加速度 $\boldsymbol{a}_e$ 与科氏加速度 $\boldsymbol{a}_k$ 的表达式为

$$\begin{cases} \boldsymbol{a}_e = \boldsymbol{\omega}_E \times (\boldsymbol{\omega}_E \times \boldsymbol{r}) \\ \boldsymbol{a}_k = 2\boldsymbol{\omega}_E \times \boldsymbol{v} \end{cases} \tag{2-3-11}$$

由式(2-3-7)、式(2-3-9)和式(2-3-2)可得

$$\boldsymbol{a}_e = \begin{bmatrix} a_{ex} \\ a_{ey} \\ a_{ez} \end{bmatrix} = \boldsymbol{A}\begin{bmatrix} x \\ y+R_o \\ z \end{bmatrix} \tag{2-3-12}$$

$$\boldsymbol{a}_k = \begin{bmatrix} a_{kx} \\ a_{ky} \\ a_{kz} \end{bmatrix} = \boldsymbol{B}\begin{bmatrix} v_x \\ v_y \\ v_z \end{bmatrix} \tag{2-3-13}$$

式中，矩阵 $\boldsymbol{A}$、$\boldsymbol{B}$ 为由 ω_{Ex}、ω_{Ey}、ω_{Ez}、ω_E 组成的 3 × 3 阶矩阵：

$$\boldsymbol{A} = \begin{bmatrix} \omega_{Ex}^2 - \omega_E^2 & \omega_{Ex}\omega_{Ey} & \omega_{Ez}\omega_{Ex} \\ \omega_{Ex}\omega_{Ey} & \omega_{Ey}^2 - \omega_E^2 & \omega_{Ey}\omega_{Ez} \\ \omega_{Ez}\omega_{Ex} & \omega_{Ey}\omega_{Ez} & \omega_{Ez}^2 - \omega_E^2 \end{bmatrix} \tag{2-3-14}$$

$$\boldsymbol{B} = \begin{bmatrix} 0 & -2\omega_{Ez} & 2\omega_{Ey} \\ 2\omega_{Ez} & 0 & -2\omega_{Ex} \\ -2\omega_{Ey} & 2\omega_{Ex} & 0 \end{bmatrix} \tag{2-3-15}$$

故：

$$\boldsymbol{F}_e = \begin{bmatrix} F_{ex} \\ F_{ey} \\ F_{ez} \end{bmatrix} = -m\boldsymbol{A}\begin{bmatrix} x \\ y+R_o \\ z \end{bmatrix} \tag{2-3-16}$$

$$\boldsymbol{F}_k = \begin{bmatrix} F_{kx} \\ F_{ky} \\ F_{kx} \end{bmatrix} = -m\boldsymbol{B}\begin{bmatrix} \dot{x} \\ \dot{y} \\ \dot{z} \end{bmatrix} \tag{2-3-17}$$

5. 空气动力 $\boldsymbol{R}$

在飞行力学中,空气动力 $\boldsymbol{R}$ 可以按照下面两种形式分解。

一种是在飞行器体坐标系 $o_1 - x_1y_1z_1$ 中分解:

$$\boldsymbol{R} = \boldsymbol{X}_1 + \boldsymbol{Y}_1 + \boldsymbol{Z}_1 \tag{2-3-18}$$

式中,$\boldsymbol{X}_1$ 为轴向力,$\boldsymbol{Y}_1$ 为法向力,$\boldsymbol{Z}_1$ 为横向力,其大小可按如下公式计算:

$$\begin{cases} X_1 = C_{x_1}\rho v^2 S/2 = C_{x_1}qS \\ Y_1 = C_{y_1}\rho v^2 S/2 = C_{y_1}qS \\ Z_1 = C_{z_1}\rho v^2 S/2 = C_{z_1}qS \end{cases} \tag{2-3-19}$$

式中,ρ 为大气密度,可以查大气表或按近似公式计算;v 是飞行器相对于大气的速度;S 为特征面积;C_{x_1}、C_{y_1}、C_{z_1} 依次为飞行器的轴向力系数、法向力系数、横向力系数,均为无因次量;$q = \rho v^2/2$ 是动压,或称速度头。

另一种是在速度坐标系 $o_1 - x_v y_v z_v$ 中分解:

$$\boldsymbol{R} = \boldsymbol{X} + \boldsymbol{Y} + \boldsymbol{Z} \tag{2-3-20}$$

式中,$\boldsymbol{X}$ 为阻力,$\boldsymbol{Y}$ 为升力,$\boldsymbol{Z}$ 为侧力,其大小可按如下公式计算:

$$\begin{cases} X = C_x \rho v^2 S/2 = C_x qS \\ Y = C_y \rho v^2 S/2 = C_y qS \\ Z = C_z \rho v^2 S/2 = C_z qS \end{cases} \tag{2-3-21}$$

式中,C_x、C_y、C_z 分别为阻力系数、升力系数、侧力系数,其余符号的意义同式(2-3-19)。

根据速度坐标系和飞行器体坐标系间的方向余弦阵,空气动力 $\boldsymbol{R}$ 在两坐标系的分量有如下关系:

$$\begin{bmatrix} -X \\ Y \\ Z \end{bmatrix} = \boldsymbol{V}_B \begin{bmatrix} -X_1 \\ Y_1 \\ Z_1 \end{bmatrix} \tag{2-3-22}$$

一般来讲，空气动力研究部门给出的 C_{x_1}、C_x 都是正值，而阻力 $\boldsymbol{X}$ 沿速度轴的反方向，轴向力 $\boldsymbol{X}_1$ 沿体轴的反方向，因此式(2-3-22)中要加负号。

通常，又称 $\boldsymbol{Y}_1+\boldsymbol{Z}_1=\boldsymbol{N}$，$N=(Y_1^2+Z_1^2)^{1/2}$ 为总法向力，则有

$$\boldsymbol{R}=\boldsymbol{X}_1+\boldsymbol{N} \tag{2-3-23}$$

$$R=\sqrt{X_1^2+N^2} \tag{2-3-24}$$

称 $\boldsymbol{Y}+\boldsymbol{Z}=\boldsymbol{L}$，$L=(Y^2+Z^2)^{1/2}$ 为总升力，则有

$$\boldsymbol{R}=\boldsymbol{X}+\boldsymbol{L} \tag{2-3-25}$$

$$R=\sqrt{X^2+L^2} \tag{2-3-26}$$

下面讨论总攻角、总法向力和总升力的定义问题。

对某些再入飞行器，如弹头、返回式卫星、飞船返回舱等都是轴对称体，空气动力研究部门常常以总攻角的形式给出空气动力系数。下面讨论以总攻角形式给出空气动力系数时，空气动力如何投影。

首先讨论几个术语的表示问题。在本书中轴向力用 X_1 表示，而在有的国内外文献中用 A 表示；法向力用 Y_1 表示，而在有的文献中用 N 表示；横向力都用 Z_1 表示。阻力用 X 表示，而在很多文献中常用 D 表示；升力用 Y 表示，而在有的文献中用 L 表示；侧力都用 Z 表示。为避免混淆，在本书的后续叙述中作如下规范。

当使用总法向力描述气动力时，总法向力用 N 表示，轴向力用 A、轴向力系数用 C_A 表示；否则，轴向力用 X_1、轴向力系数用 C_{x_1} 表示，与法向力 Y_1、横向力 Z_1 配套使用。

当使用总升力描述气动力时，总升力用 L 表示，阻力用 D、阻力系数用 C_D 表示；否则，阻力用 X、阻力系数用 C_x 表示，与升力 Y、侧力 Z 配套使用。

如图 2-20 所示，总攻角定义为速度轴 o_1x_v 与飞行器纵轴 o_1x_1 的夹角，记作 η，η 的取值范围规定为区间 $[0, \pi]$。对轴对称体，空气动力 $\boldsymbol{R}$ 在 $x_1o_1x_v$ 平面内，称 $x_1o_1x_v$ 平面为总攻角平面。

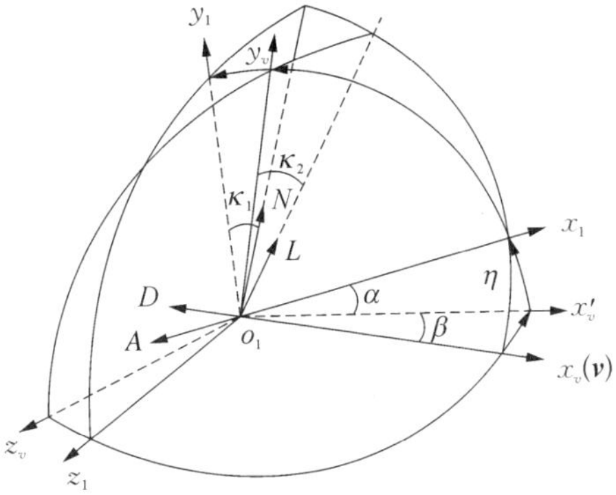

图 2-20　总攻角、总法向力、总升力的示意图

显然,在总攻角平面内,空气动力 $\boldsymbol{R}$ 可以分解成总法向力和轴向力之和,即

$$\boldsymbol{R}=\boldsymbol{N}+\boldsymbol{A} \tag{2-3-27}$$

同理,在总攻角平面内,空气动力 $\boldsymbol{R}$ 还可以分解成总升力和阻力之和,即

$$\boldsymbol{R}=\boldsymbol{L}+\boldsymbol{D} \tag{2-3-28}$$

1)轴向力、总法向力和阻力、总升力之间的关系

因 A、N、L 和 D 均在总攻角平面内,易知:

$$\begin{cases}D=N\sin\eta+A\cos\eta\\ L=N\cos\eta-A\sin\eta\end{cases} \tag{2-3-29}$$

换成空气动力系数的形式,有

$$\begin{cases}C_D=C_N\sin\eta+C_A\cos\eta\\ C_L=C_N\cos\eta-C_A\sin\eta\end{cases} \tag{2-3-30}$$

2)总法向力 N 与法向力 Y_1、横向力 Z_1 之间的关系

利用图 2-20,可得总攻角 η 与攻角 α、侧滑角 β 间满足如下关系:

$$\cos\eta=\cos\alpha\cdot\cos\beta \tag{2-3-31}$$

设总法向力 N 与 o_1y_1 轴间的夹角为 κ_1,且规定沿 o_1x_1 轴方向由总法向力 N 转向法向力 Y_1 的 κ_1 为正值,图示的 κ_1 为正值,由图 2-20 知:

$$\begin{cases}\sin\kappa_1=\sin\beta/\sin\eta\\ \cos\kappa_1=\cos\beta\sin\alpha/\sin\eta\end{cases} \tag{2-3-32}$$

$$\boldsymbol{R}=\begin{bmatrix}R_{x_1}\\ R_{y_1}\\ R_{z_1}\end{bmatrix}=\begin{bmatrix}-X_1\\ Y_1\\ Z_1\end{bmatrix}=\begin{bmatrix}-A\\ N\cos\kappa_1\\ -N\sin\kappa_1\end{bmatrix}=\begin{bmatrix}-A\\ N\cos\beta\sin\alpha/\sin\eta\\ -N\sin\beta/\sin\eta\end{bmatrix} \tag{2-3-33}$$

亦可写成空气动力系数形式:

$$\begin{cases}C_{y_1}=C_N\cos\beta\sin\alpha/\sin\eta\\ C_{z_1}=-C_N\sin\beta/\sin\eta\end{cases} \tag{2-3-34}$$

3）总升力 L 与升力 Y、侧力 Z 之间的关系

设总升力 L 与 o_1y_v 轴间的夹角为 κ_2，由图 2-20 可得

$$\begin{cases}\sin\kappa_2 = \cos\alpha\sin\beta/\sin\eta \\ \cos\kappa_2 = \sin\alpha/\sin\eta\end{cases} \tag{2-3-35}$$

$$\boldsymbol{R} = \begin{bmatrix} R_{xv} \\ R_{yv} \\ R_{zv} \end{bmatrix} = \begin{bmatrix} -X \\ Y \\ Z \end{bmatrix} = \begin{bmatrix} -D \\ L\cos\kappa_2 \\ -L\sin\kappa_2 \end{bmatrix} = \begin{bmatrix} -D \\ L\sin\alpha/\sin\eta \\ -L\cos\alpha\sin\beta/\sin\eta \end{bmatrix} \tag{2-3-36}$$

亦可写成空气动力系数的形式：

$$\begin{cases} C_y = C_L\sin\alpha/\sin\eta \\ C_z = -C_L\cos\alpha\sin\beta/\sin\eta \end{cases}$$

在本节的运动方程推导中，假定空气动力系数是以 C_N 和 C_A 的形式提供，现将空气动力投影到返回坐标系各轴上：

$$\begin{bmatrix} R_x \\ R_y \\ R_z \end{bmatrix} = \boldsymbol{O}_B\begin{bmatrix} R_{x_1} \\ R_{y_1} \\ R_{z_1} \end{bmatrix} = \boldsymbol{O}_B\begin{bmatrix} -C_AqS \\ C_NqS\cos\beta\sin\alpha/\sin\eta \\ -C_NqS\sin\beta/\sin\eta \end{bmatrix} \tag{2-3-37}$$

6. 控制力 F_c

控制力的计算与产生控制力的设备和安装方式有关，它可以是火箭发动机，也可以是空气舵，例如，飞船返回舱是用姿态控制发动机，而机动弹头和航天飞机进入大气层后则主要采用空气舵。这里先写出一般表达式：

$$\boldsymbol{F}_c = [F_{cx} \quad F_{cy} \quad F_{cz}]^{\mathrm{T}} \tag{2-3-38}$$

式中，F_{cx}、F_{cy}、F_{cz} 为控制力在返回坐标系各轴的分量。

7. 返回坐标系质心动力学方程

将式（2-3-2）、式（2-3-3）、式（2-3-10）、式（2-3-16）、式（2-3-17）、式（2-3-37）和式（2-3-38）代入式（2-3-1），可以得到在返回坐标系 $o-x_oy_oz_o$ 中建立的质心动力学方程：

$$m\begin{bmatrix} \mathrm{d}v_x/\mathrm{d}t \\ \mathrm{d}v_y/\mathrm{d}t \\ \mathrm{d}v_z/\mathrm{d}t \end{bmatrix} = \boldsymbol{O}_B\begin{bmatrix} P_{x_1} \\ P_{y_1} \\ P_{z_1} \end{bmatrix} + m\frac{g_r}{r}\begin{bmatrix} x \\ y+R_o \\ z \end{bmatrix} + \frac{mg_{\omega_E}}{\omega_E}\begin{bmatrix} \omega_{Ex} \\ \omega_{Ey} \\ \omega_{Ez} \end{bmatrix} + \boldsymbol{O}_B\begin{bmatrix} -C_AqS \\ C_NqS\cos\beta\sin\alpha/\sin\eta \\ -C_NqS\sin\beta/\sin\eta \end{bmatrix}$$

$$+\begin{bmatrix} F_{cx} \\ F_{cy} \\ F_{cz} \end{bmatrix} - m\boldsymbol{A}\begin{bmatrix} x \\ y+R_o \\ z \end{bmatrix} - m\boldsymbol{B}\begin{bmatrix} \dot{x} \\ \dot{y} \\ \dot{z} \end{bmatrix} \tag{2-3-39}$$

质心运动学方程为

$$\begin{bmatrix} \mathrm{d}x/\mathrm{d}t \\ \mathrm{d}y/\mathrm{d}t \\ \mathrm{d}z/\mathrm{d}t \end{bmatrix} = \begin{bmatrix} v_x \\ v_y \\ v_z \end{bmatrix} \tag{2-3-40}$$

2.3.2 飞行器体坐标系中的绕质心动力学方程

将式(2-1-26)中的各项在飞行器体坐标系内分解，得到飞行器的绕质心动力学方程：

$$\bar{\boldsymbol{I}}\frac{\mathrm{d}\boldsymbol{\omega}_T}{\mathrm{d}t} + \boldsymbol{\omega}_T \times (\bar{\boldsymbol{I}} \cdot \boldsymbol{\omega}_T) = \boldsymbol{M}_{\mathrm{st}} + \boldsymbol{M}_c + \boldsymbol{M}_d$$

1. 角加速度的分解

$$\frac{\mathrm{d}\boldsymbol{\omega}_T}{\mathrm{d}t} = \begin{bmatrix} \mathrm{d}\omega_{Tx_1}/\mathrm{d}t \\ \mathrm{d}\omega_{Ty_1}/\mathrm{d}t \\ \mathrm{d}\omega_{Tz_1}/\mathrm{d}t \end{bmatrix} \tag{2-3-41}$$

式中，$\boldsymbol{\omega}_T$ 为飞行器的绝对角速度，即相对于惯性坐标系的角速度，可以取相对于返回惯性坐标系的角速度，也即相对于平移坐标系 $o_1-x_Ay_Az_A$ 的角速度；ω_{Tx_1}、ω_{Ty_1}、ω_{Tz_1} 分别为再入飞行器的绝对角速度在飞行器体坐标系各轴上的分量。

设再入飞行器相对于返回坐标系的角速度为 $\boldsymbol{\omega}$，则有

$$\boldsymbol{\omega} = \boldsymbol{\omega}_T - \boldsymbol{\omega}_E \tag{2-3-42}$$

飞行器相对于返回坐标系的角速度 $\boldsymbol{\omega}$ 在飞行器体坐标系的分量为

$$\begin{bmatrix} \omega_{x_1} \\ \omega_{y_1} \\ \omega_{z_1} \end{bmatrix} = \begin{bmatrix} \omega_{Tx_1} \\ \omega_{Ty_1} \\ \omega_{Tz_1} \end{bmatrix} - \boldsymbol{B}_O\begin{bmatrix} \omega_{Ex} \\ \omega_{Ey} \\ \omega_{Ez} \end{bmatrix} \tag{2-3-43}$$

2. $\boldsymbol{\omega}_T \times (\bar{\boldsymbol{I}} \cdot \boldsymbol{\omega}_T)$ 的分解

$$\bar{\boldsymbol{I}} \cdot \boldsymbol{\omega}_T = \begin{bmatrix} I_x & -I_{xy} & -I_{xz} \\ -I_{xy} & I_y & -I_{yz} \\ -I_{xz} & -I_{yz} & I_z \end{bmatrix} \begin{bmatrix} \omega_{Tx_1} \\ \omega_{Ty_1} \\ \omega_{Tz_1} \end{bmatrix} = \begin{bmatrix} I_x\omega_{Tx_1} - I_{xy}\omega_{Ty_1} - I_{xz}\omega_{Tz_1} \\ I_y\omega_{Ty_1} - I_{yz}\omega_{Tz_1} - I_{xy}\omega_{Tx_1} \\ I_z\omega_{Tz_1} - I_{xz}\omega_{Tx_1} - I_{yz}\omega_{Ty_1} \end{bmatrix} \tag{2-3-44}$$

故有

$$\boldsymbol{\omega}_T \times (\bar{\boldsymbol{I}} \cdot \boldsymbol{\omega}_T) = \begin{bmatrix} (I_z - I_y)\omega_{Ty_1}\omega_{Tz_1} + I_{yz}(\omega_{Tz_1}^2 - \omega_{Ty_1}^2) + I_{xy}\omega_{Tx_1}\omega_{Tz_1} - I_{xz}\omega_{Tx_1}\omega_{Ty_1} \\ (I_x - I_z)\omega_{Tz_1}\omega_{Tx_1} + I_{xz}(\omega_{Tx_1}^2 - \omega_{Tz_1}^2) + I_{yz}\omega_{Tx_1}\omega_{Ty_1} - I_{xy}\omega_{Ty_1}\omega_{Tz_1} \\ (I_y - I_x)\omega_{Tx_1}\omega_{Ty_1} + I_{xy}(\omega_{Ty_1}^2 - \omega_{Tx_1}^2) + I_{xz}\omega_{Ty_1}\omega_{Tz_1} - I_{yz}\omega_{Tx_1}\omega_{Tz_1} \end{bmatrix} \tag{2-3-45}$$

3. 空气动力矩 $\boldsymbol{M}_{\mathrm{st}}$

因为再入飞行器的质心 o_1 和空气动力 $\boldsymbol{R}$ 作用的压心 o_p 不重合，会产生稳定力矩 $\boldsymbol{M}_{\mathrm{st}}$，将其分解到飞行器体坐标系 $o_1 - x_1y_1z_1$ 各轴上，可得

$$\boldsymbol{M}_{\mathrm{st}} = \begin{bmatrix} M_{x_1\mathrm{st}} \\ M_{y_1\mathrm{st}} \\ M_{z_1\mathrm{st}} \end{bmatrix} = \begin{bmatrix} m_{x_1\mathrm{st}}qSl \\ m_{y_1\mathrm{st}}qSl \\ m_{z_1\mathrm{st}}qSl \end{bmatrix} \tag{2-3-46}$$

式中，$M_{x_1\mathrm{st}}$、$M_{y_1\mathrm{st}}$、$M_{z_1\mathrm{st}}$ 分别为滚转力矩、偏航力矩和俯仰力矩；$m_{x_1\mathrm{st}}$、$m_{y_1\mathrm{st}}$、$m_{z_1\mathrm{st}}$ 分别为滚转力矩系数、偏航力矩系数、俯仰力矩系数；l 为特征长度。

$m_{x_1\mathrm{st}}$、$m_{y_1\mathrm{st}}$、$m_{z_1\mathrm{st}}$ 的计算与压心和质心的相对位置有关。压心 o_p 一般在飞行器的纵轴上。质心的位置有两种情况：一种如弹头、返回式卫星，质心 o_1 设计在纵轴上，若不在纵轴上，则认为是误差；另一种如载人飞船返回舱，为了达到产生升力的目的，人为地将质心偏离纵轴。

质心位于纵轴上时，稳定力矩 $\boldsymbol{M}_{\mathrm{st}}$ 的计算公式为

$$\boldsymbol{M}_{\mathrm{st}} = \begin{bmatrix} M_{x_1\mathrm{st}} \\ M_{y_1\mathrm{st}} \\ M_{z_1\mathrm{st}} \end{bmatrix} = \begin{bmatrix} 0 \\ Z_1(x_p - x_g) \\ -Y_1(x_p - x_g) \end{bmatrix} \tag{2-3-47}$$

式中，x_p、x_g 分别为压心、质心至飞行器头部理论尖端的距离，将式(2-3-33)代入式(2-3-47)可得

$$\boldsymbol{M}_{st}=\begin{bmatrix}0\\-N\dfrac{\sin\beta}{\sin\eta}(x_p-x_g)\\-N\dfrac{\sin\alpha\cos\beta}{\sin\eta}(x_p-x_g)\end{bmatrix}=\begin{bmatrix}0\\-C_NqSl(\bar{x}_p-\bar{x}_g)\dfrac{\sin\beta}{\sin\eta}\\-C_NqSl(\bar{x}_p-\bar{x}_g)\dfrac{\sin\alpha\cos\beta}{\sin\eta}\end{bmatrix}\tag{2-3-48}$$

式中，$\bar{x}_p=x_p/l$；$\bar{x}_g=x_g/l$。

质心偏离纵轴时，稳定力矩 $\boldsymbol{M}_{st}$ 的计算与质心如何偏移有关。设质心沿 o_1y_1 方向偏移 δ，如图 2-21 所示，则：

$$\boldsymbol{M}_{st}=\begin{bmatrix}M_{x_1st}\\M_{y_1st}\\M_{z_1st}\end{bmatrix}=\begin{bmatrix}C_NqS\delta\dfrac{\sin\beta}{\sin\eta}\\-C_NqSl(\bar{x}_p-\bar{x}_g)\dfrac{\sin\beta}{\sin\eta}\\-C_NqSl(\bar{x}_p-\bar{x}_g)\dfrac{\sin\alpha\cos\beta}{\sin\eta}-C_AqS\delta\end{bmatrix}\tag{2-3-49}$$

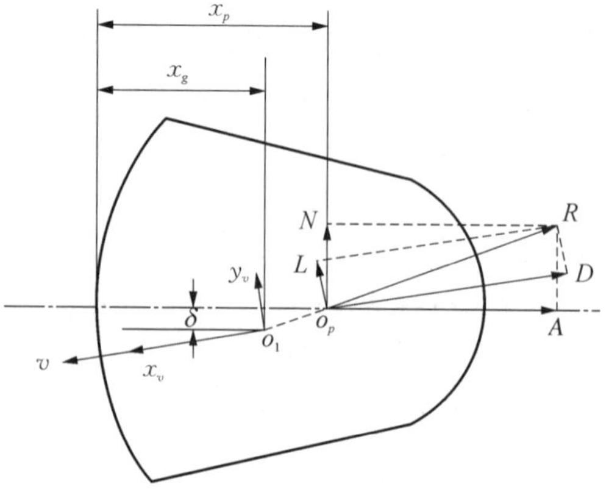

图 2-21　作用在再入飞行器上的空气动力 *R* 及其分量示意图

4. 阻尼力矩 $\boldsymbol{M}_d$

当飞行器绕体坐标系各轴转动时，会相应地产生阻尼力矩，常用阻尼力矩系数导数的形式给出阻尼力矩。

滚转阻尼力矩：

$$M_{x_1d} = m_{x_1d}^{\bar{\omega}_{x_1}} qSl\bar{\omega}_{x_1} \tag{2-3-50}$$

偏航阻尼力矩：

$$M_{y_1d} = m_{y_1d}^{\bar{\omega}_{y_1}} qSl\bar{\omega}_{y_1} \tag{2-3-51}$$

俯仰阻尼力矩：

$$M_{z_1d} = m_{z_1d}^{\bar{\omega}_{z_1}} qSl\bar{\omega}_{z_1} \tag{2-3-52}$$

式中，$\bar{\omega}_{x_1}=\omega_{x_1}l/v$，$\bar{\omega}_{y_1}=\omega_{y_1}l/v$，$\bar{\omega}_{z_1}=\omega_{z_1}l/v$，称为无因次角速度；$m_{x_1d}^{\bar{\omega}_{x_1}}$ 称为滚转阻尼力矩系数导数，$m_{y_1d}^{\bar{\omega}_{y_1}}$ 为偏航阻尼力矩系数导数，$m_{z_1d}^{\bar{\omega}_{z_1}}$ 为俯仰阻尼力矩系数导数，三个导数均为无因次量。阻尼力矩系数导数一般为负值，其大小与飞行器的具体形状有关，例如，对于轴对称的无翼飞行器，$m_{z_1d}^{\bar{\omega}_{z_1}}=m_{y_1d}^{\bar{\omega}_{y_1}}$，而 $m_{x_1d}^{\bar{\omega}_{x_1}}$ 较小，甚至可忽略。但对于飞机型再入飞行器，如航天飞机的轨道飞行器，$m_{x_1d}^{\bar{\omega}_{x_1}}$ 就不一定很小，一般分析中应该考虑。

飞行器绕体坐标系各轴转动时，除会引起对应轴的阻尼力矩外，还会引起交叉力矩，它也是以力矩系数导数的形式给出。在一般情况下，只考虑四个交叉力矩：① 由滚转角速度 ω_{x_1} 引起俯仰力矩 $m_{z_1d}^{\bar{\omega}_{x_1}} qSl\bar{\omega}_{x_1}$；② 由滚转角速度 ω_{x_1} 引起的偏航力矩 $m_{y_1d}^{\bar{\omega}_{x_1}} qSl\bar{\omega}_{x_1}$；③ 由偏航角速度 ω_{y_1} 引起的滚转力矩 $m_{x_1d}^{\bar{\omega}_{y_1}} qSl\bar{\omega}_{y_1}$；④ 由俯仰角速度 ω_{z_1} 引起的滚转力矩 $m_{x_1d}^{\bar{\omega}_{z_1}} qSl\bar{\omega}_{z_1}$。其中，$m_{x_1d}^{\bar{\omega}_{y_1}}$、$m_{x_1d}^{\bar{\omega}_{z_1}}$、$m_{y_1d}^{\bar{\omega}_{x_1}}$、$m_{z_1d}^{\bar{\omega}_{x_1}}$ 称为旋转导数。至于由偏航角速度 ω_{y_1} 引起的俯仰力矩、由俯仰角速度 ω_{z_1} 引起的偏航力矩均不考虑。

常将 3 个阻尼力矩系数导数 $m_{x_1d}^{\bar{\omega}_{x_1}}$、$m_{y_1d}^{\bar{\omega}_{y_1}}$、$m_{z_1d}^{\bar{\omega}_{z_1}}$ 和 4 个交叉力矩系数旋转导数 $m_{x_1d}^{\bar{\omega}_{y_1}}$、$m_{x_1d}^{\bar{\omega}_{z_1}}$、$m_{y_1d}^{\bar{\omega}_{x_1}}$、$m_{z_1d}^{\bar{\omega}_{x_1}}$ 统称为空气动力矩的动导数。7 个动导数符号的含义：下标表示对坐标系 $o_1-x_1y_1z_1$ 哪一个轴的力矩，而上标表示由绕哪一个轴的转动角速度引起的力矩。动导数一般是马赫数 Ma、攻角 α、侧滑角 β 及飞行器外形的函数，动导数的计算和实验是空气动力学的一个难题，往往给出的量值误差较大，甚至无法给出。

综合上述分析，由转动角速度引起的总力矩为

$$\boldsymbol{M}_d = \begin{bmatrix} m_{x_1d}^{\bar{\omega}_{x_1}} & m_{x_1d}^{\bar{\omega}_{y_1}} & m_{x_1d}^{\bar{\omega}_{z_1}} \\ m_{y_1d}^{\bar{\omega}_{x_1}} & m_{y_1d}^{\bar{\omega}_{y_1}} & 0 \\ m_{z_1d}^{\bar{\omega}_{x_1}} & 0 & m_{z_1d}^{\bar{\omega}_{z_1}} \end{bmatrix} \begin{bmatrix} \bar{\omega}_{x_1} \\ \bar{\omega}_{y_1} \\ \bar{\omega}_{z_1} \end{bmatrix} qSl \tag{2-3-53}$$

与飞行器转动运动有关的气动力矩还有两个由洗流延迟产生的力矩 $m_{z_1}^{\dot{\alpha}}\dot{\alpha}$ 和 $m_{y_1}^{\dot{\beta}}\dot{\beta}$，这里不再讨论，可参考文献[21]和[22]。

5. 控制力矩 $\boldsymbol{M}_c$

控制力矩 $\boldsymbol{M}_c$ 的计算与控制力 $\boldsymbol{F}_c$ 的计算一样，与产生控制力矩的设备及安装方式有关，后面有关章节有具体讨论，这里先给出一般的表达式：

$$\boldsymbol{M}_c = \begin{bmatrix} M_{x_1c} \\ M_{y_1c} \\ M_{z_1c} \end{bmatrix} \tag{2-3-54}$$

6. 再入飞行器绕质心转动的动力学方程

将式(2-3-41)、式(2-3-45)、式(2-3-49)、式(2-3-53)、式(2-3-54)代入式(2-1-26)可得

$$\begin{bmatrix} I_x & -I_{xy} & -I_{xz} \\ -I_{xy} & I_y & -I_{yz} \\ -I_{xz} & -I_{yz} & I_z \end{bmatrix} \begin{bmatrix} \dot{\omega}_{Tx_1} \\ \dot{\omega}_{Ty_1} \\ \dot{\omega}_{Tz_1} \end{bmatrix} = -\omega_T \times (\bar{\boldsymbol{I}} \cdot \omega_T) + \begin{bmatrix} M_{x_1\mathrm{st}} \\ M_{y_1\mathrm{st}} \\ M_{z_1\mathrm{st}} \end{bmatrix} + \begin{bmatrix} M_{x_1d} \\ M_{y_1d} \\ M_{z_1d} \end{bmatrix} + \begin{bmatrix} M_{x_1c} \\ M_{y_1c} \\ M_{z_1c} \end{bmatrix} = \begin{bmatrix} d_1 \\ d_2 \\ d_3 \end{bmatrix} \tag{2-3-55}$$

式中，

$$\begin{cases} d_1 = M_{x_1\mathrm{st}} + M_{x_1d} + M_{x_1c} - (I_z - I_y)\omega_{Ty_1}\omega_{Tz_1} - I_{yz}(\omega_{Tz_1}^2 - \omega_{Ty_1}^2) - I_{xy}\omega_{Tx_1}\omega_{Tz_1} + I_{xz}\omega_{Tx_1}\omega_{Ty_1} \\ d_2 = M_{y_1\mathrm{st}} + M_{y_1d} + M_{y_1c} - (I_x - I_z)\omega_{Tz_1}\omega_{Tx_1} - I_{xz}(\omega_{Tx_1}^2 - \omega_{Tz_1}^2) - I_{yz}\omega_{Tx_1}\omega_{Ty_1} + I_{xy}\omega_{Ty_1}\omega_{Tz_1} \\ d_3 = M_{z_1\mathrm{st}} + M_{z_1d} + M_{z_1c} - (I_y - I_x)\omega_{Tx_1}\omega_{Ty_1} - I_{xy}(\omega_{Ty_1}^2 - \omega_{Tx_1}^2) - I_{xz}\omega_{Ty_1}\omega_{Tz_1} + I_{yz}\omega_{Tx_1}\omega_{Tz_1} \end{cases} \tag{2-3-56}$$

动力学方程[式(2-3-55)]可写为

$$\begin{bmatrix} \dot{\omega}_{Tx_1} \\ \dot{\omega}_{Ty_1} \\ \dot{\omega}_{Tz_1} \end{bmatrix} = \begin{bmatrix} I_x & -I_{xy} & -I_{xz} \\ -I_{xy} & I_y & -I_{yz} \\ -I_{xz} & -I_{yz} & I_z \end{bmatrix}^{-1} \begin{bmatrix} d_1 \\ d_2 \\ d_3 \end{bmatrix} \tag{2-3-57}$$

将式(2－3－57)展开,可得飞行器绕质心转动的动力学方程为

$$\begin{bmatrix} \dot{\omega}_{Tx_1} \\ \dot{\omega}_{Ty_1} \\ \dot{\omega}_{Tz_1} \end{bmatrix} = \frac{1}{E} \begin{bmatrix} E_1 \\ E_2 \\ E_3 \end{bmatrix} \tag{2-3-58}$$

$$\begin{cases} E = I_x I_y I_z - 2I_{xy} I_{xz} I_{yz} - I_x I_{yz}^2 - I_y I_{xz}^2 - I_z I_{xy}^2 \\ E_1 = (I_y I_z - I_{yz}^2) d_1 + (I_z I_{xy} + I_{yz} I_{xz}) d_2 + (I_y I_{xz} + I_{xy} I_{yz}) d_3 \\ E_2 = (I_z I_{xy} + I_{yz} I_{xz}) d_1 + (I_x I_z - I_{xz}^2) d_2 + (I_x I_{yz} + I_{xy} I_{xz}) d_3 \\ E_3 = (I_y I_{xz} + I_{xy} I_{yz}) d_1 + (I_{xy} I_{xz} + I_x I_{yz}) d_2 + (I_x I_y - I_{xy}^2) d_3 \end{cases} \tag{2-3-59}$$

将 E、E_1、E_2、E_3 代入式(2－3－58)即可得到绕质心转动的动力学方程。当然式(2－3－59)是考虑惯性积均不为零的情况,实际计算可根据具体情况进行简化。例如,如果 o_1z_1 轴为惯量主轴,则 $I_{yz} = I_{xz} = 0$, 只考虑 I_{xy} 的影响即可。在理想情况下,若认为 o_1x_1、o_1y_1、o_1z_1 均为惯量主轴,则 $I_{xy} = I_{yz} = I_{xz} = 0$, 转动方程可大为简化,式(2－3－55)可简化为

$$\begin{bmatrix} I_x & 0 & 0 \\ 0 & I_y & 0 \\ 0 & 0 & I_z \end{bmatrix} \begin{bmatrix} \dot{\omega}_{Tx_1} \\ \dot{\omega}_{Ty_1} \\ \dot{\omega}_{Tz_1} \end{bmatrix} = \begin{bmatrix} d_1 \\ d_2 \\ d_3 \end{bmatrix}$$

故:

$$\begin{cases} I_x \dot{\omega}_{Tx_1} = M_{x_1\mathrm{st}} + M_{x_1d} + M_{x_1c} - (I_z - I_y) \omega_{Ty_1} \omega_{Tz_1} \\ I_y \dot{\omega}_{Ty_1} = M_{y_1\mathrm{st}} + M_{y_1d} + M_{y_1c} - (I_x - I_z) \omega_{Tz_1} \omega_{Tx_1} \\ I_z \dot{\omega}_{Tz_1} = M_{z_1\mathrm{st}} + M_{z_1d} + M_{z_1c} - (I_y - I_x) \omega_{Tx_1} \omega_{Ty_1} \end{cases} \tag{2-3-60}$$

2.3.3 返回坐标系中的运动方程组

式(2－3－39)和式(2－3－58)建立了质心动力学方程和绕质心转动的动

力学方程,为使方程闭合,还需要补充一些参数的计算公式。

1. 求欧拉角 φ、ψ、γ

绕质心动力学方程[式(2-3-58)]求出的是绝对角速度,即再入飞行器相对于平移坐标系的角速度,而求解质心运动方程需要体坐标系相对于返回坐标系的方向余弦阵 $\boldsymbol{O}_B$,也即需要已知欧拉角 φ、ψ、γ(为便于区分,可称为相对姿态角),为此需要建立相应的关系方程。下面介绍三种求解方法。

1) 欧拉角微分方程法

绝对角速度 ω_T 是飞行器相对于平移坐标系 $o_1-x_Ay_Az_A$(相当于返回惯性坐标系)的角速度,它等于返回坐标系 $o-x_oy_oz_o$ 相对于平移坐标系 $o_A-x_Ay_Az_A$ 的角速度,也就是地球自转角速度 $\boldsymbol{\omega}_E$ 加上飞行器相对于返回坐标系 $o-x_oy_oz_o$ 的角速度 $\boldsymbol{\omega}$,即

$$\boldsymbol{\omega}_T=\boldsymbol{\omega}_E+\boldsymbol{\omega} \tag{2-3-61}$$

故:

$$\boldsymbol{\omega}=\begin{bmatrix}\omega_{x_1}\\ \omega_{y_1}\\ \omega_{z_1}\end{bmatrix}=\begin{bmatrix}\omega_{Tx_1}\\ \omega_{Ty_1}\\ \omega_{Tz_1}\end{bmatrix}-\boldsymbol{B}_O\begin{bmatrix}\omega_{Ex}\\ \omega_{Ey}\\ \omega_{Ez}\end{bmatrix} \tag{2-3-62}$$

当已知 $\boldsymbol{\omega}$ 时,可以求出相对于返回坐标系的欧拉角 φ、ψ、γ,步骤如下。

假定按 3-2-1 的次序转动,因 $\boldsymbol{\omega}=\dot{\boldsymbol{\varphi}}+\dot{\boldsymbol{\psi}}+\dot{\boldsymbol{\gamma}}$,故根据图 2-5 可得

$$\begin{cases}\omega_{x_1}=\dot{\gamma}-\dot{\varphi}\sin\psi\\ \omega_{y_1}=\dot{\varphi}\cos\psi\sin\gamma+\dot{\psi}\cos\gamma\\ \omega_{z_1}=\dot{\varphi}\cos\psi\cos\gamma-\dot{\psi}\sin\gamma\end{cases} \tag{2-3-63}$$

解式(2-3-63)可得

$$\begin{cases}\dot{\varphi}=(\omega_{y_1}\sin\gamma+\omega_{z_1}\cos\gamma)/\cos\psi\\ \dot{\psi}=\omega_{y_1}\cos\gamma-\omega_{z_1}\sin\gamma\\ \dot{\gamma}=\omega_{x_1}+\tan\psi(\omega_{y_1}\sin\gamma+\omega_{z_1}\cos\gamma)\end{cases} \tag{2-3-64}$$

积分式(2-3-64)可以得到 φ、ψ、γ,再利用式(2-2-34)可得方向余弦阵 $\boldsymbol{O}_B$。

上述用欧拉角的方法求方向余弦阵,在欧拉角较小时不会出现问题,在特殊情况下,如 $\psi = 90°$, $\cos\psi = 0$ 时,式(2-3-64)是奇异的,为避免此现象,可用四元数的微分方程。

2）四元数微分方程法

当已知 $\boldsymbol{\omega}$ 时,可推导出飞行器体坐标系 $o_1 - x_1y_1z_1$ 和返回坐标系 $o - x_oy_oz_o$ 之间的转动四元数应满足如下微分方程[18]：

$$\begin{bmatrix} \dot{q}_0 \\ \dot{q}_1 \\ \dot{q}_2 \\ \dot{q}_3 \end{bmatrix} = \frac{1}{2}\begin{bmatrix} 0 & -\omega_{x_1} & -\omega_{y_1} & -\omega_{z_1} \\ \omega_{x_1} & 0 & \omega_{z_1} & -\omega_{y_1} \\ \omega_{y_1} & -\omega_{z_1} & 0 & \omega_{x_1} \\ \omega_{z_1} & \omega_{y_1} & -\omega_{x_1} & 0 \end{bmatrix}\begin{bmatrix} q_0 \\ q_1 \\ q_2 \\ q_3 \end{bmatrix} \tag{2-3-65}$$

当解出某一时刻的四元数值 q_0、q_1、q_2、q_3 后,则可求出方向余弦阵和欧拉角 φ、ψ、γ。利用式(2-2-13)可得方向余弦阵为

$$\boldsymbol{B}_O = \begin{bmatrix} q_0^2 + q_1^2 - q_2^2 - q_3^2 & 2(q_1q_2 + q_0q_3) & 2(q_1q_3 - q_0q_2) \\ 2(q_1q_2 - q_0q_3) & q_0^2 - q_1^2 + q_2^2 - q_3^2 & 2(q_0q_1 + q_2q_3) \\ 2(q_1q_3 + q_0q_2) & 2(q_2q_3 - q_0q_1) & q_0^2 - q_1^2 - q_2^2 + q_3^2 \end{bmatrix} \tag{2-3-66}$$

利用式(2-2-15)可得相应的欧拉角为

$$\begin{cases} \sin\psi = -2(q_1q_3 - q_0q_2) \\ \tan\varphi = \dfrac{2(q_1q_2 + q_0q_3)}{q_0^2 + q_1^2 - q_2^2 - q_3^2} \\ \tan\gamma = \dfrac{2(q_2q_3 + q_0q_1)}{q_0^2 - q_1^2 - q_2^2 + q_3^2} \end{cases} \tag{2-3-67}$$

四元数微分方程[式(2-3-65)]是线性微分方程,且无三角运算,便于计算,又不会出现奇异现象,因此得到了越来越广泛的应用。

3）方向余弦阵反解法

还可以通过方向余弦阵的关系求解飞行器的欧拉角 φ、ψ、γ。设 φ_T、ψ_T、γ_T（为便于区分,可称为绝对姿态角）为飞行器体坐标系 $o_1 - x_1y_1z_1$ 相对于平移

坐标系 $o_T - x_A y_A z_A$ 的三个欧拉角,且按 3-2-1 次序转动,则 φ_T、ψ_T、γ_T 可通过积分式(2-3-68)得出:

$$\begin{cases}\dot{\varphi}_T = (\omega_{Ty_1}\sin\gamma_T + \omega_{Tz_1}\cos\gamma_T)/\cos\psi_T \\ \dot{\psi}_T = \omega_{Ty_1}\cos\gamma_T - \omega_{Tz_1}\sin\gamma_T \\ \dot{\gamma}_T = \omega_{Tx_1} + \tan\psi_T(\omega_{Ty_1}\sin\gamma_T + \omega_{Tz_1}\cos\gamma_T)\end{cases} \tag{2-3-68}$$

设平移坐标系 $o_A - x_A y_A z_A$ 与飞行器体坐标系 $o_1 - x_1 y_1 z_1$ 的方向余弦阵为 $\boldsymbol{B}_A(\varphi_T, \psi_T, \gamma_T)$,而返回坐标系 $o - x_o y_o z_o$ 与飞行器体坐标系 $o_1 - x_1 y_1 z_1$ 的方向余弦阵为 $\boldsymbol{B}_O(\varphi, \psi, \gamma)$,返回坐标系与返回惯性坐标系的方向余弦阵为 $\boldsymbol{O}_A(\phi_0, A_0, \omega_E T)$,则根据方向余弦阵的传递性,有

$$\boldsymbol{B}_A(\varphi_T, \psi_T, \gamma_T) = \boldsymbol{B}_O(\varphi, \psi, \gamma) \cdot \boldsymbol{O}_A(\phi_0, A_0, \omega_E T) \tag{2-3-69}$$

即

$$\boldsymbol{B}_O(\varphi, \psi, \gamma) = \boldsymbol{B}_A(\varphi_T, \psi_T, \gamma_T) \cdot \boldsymbol{A}_O(\phi_0, A_0, \omega_E T) = \begin{bmatrix} e_{11} & e_{12} & e_{13} \\ e_{21} & e_{22} & e_{23} \\ e_{31} & e_{32} & e_{33} \end{bmatrix} \tag{2-3-70}$$

当已知 $e_{ij}(i, j = 1, 2, 3)$ 时,利用式(2-2-5)可以得到 φ、ψ、γ。显然,此方法不如直接用相对角速度 $\boldsymbol{\omega}$ 求 φ、ψ、γ 简单。

2. 速度、当地速度倾角、速度倾角和航迹偏航角的计算

式(2-3-40)建立了质心运动学方程,当已知相对速度 v_x、v_y、v_z 后,对该式积分可以求出质心的位置 x、y、z,从而求出其他需要的运动参数。

记速度的大小为 v,当地速度倾角为 Θ,则:

$$v = (v_x^2 + v_y^2 + v_z^2)^{1/2} \tag{2-3-71}$$

$$\Theta = \arcsin\frac{\boldsymbol{r}\cdot\boldsymbol{v}}{rv} = \arcsin\frac{xv_x + (y + R_o)v_y + zv_z}{rv}, \quad -\frac{\pi}{2} < \Theta \leqslant \frac{\pi}{2} \tag{2-3-72}$$

式中,r 为飞行器质心的地心距,可根据式(2-3-7)计算。

当已知 v_x、v_y 和 v_z 时,速度倾角 θ、航迹偏航角 σ 可用式(2-3-73)求出:

$$\begin{cases}\theta = \arctan(v_y/v_x) \\ \sigma = \arcsin(-v_z/v)\end{cases} \tag{2-3-73}$$

3. 地理位置的计算

地理位置包括飞行器的地心纬度 ϕ、经度 λ、地心距 r、高度 h 及星下点的大地纬度 B_S，如图 2-22 所示。

地心纬度 ϕ 是地心 O_E 与飞行器质心 o_1 的连线与赤道平面的夹角，根据几何关系有

$$\sin\phi = \frac{\boldsymbol{r}\cdot\boldsymbol{\omega}_E}{r\omega_E}$$

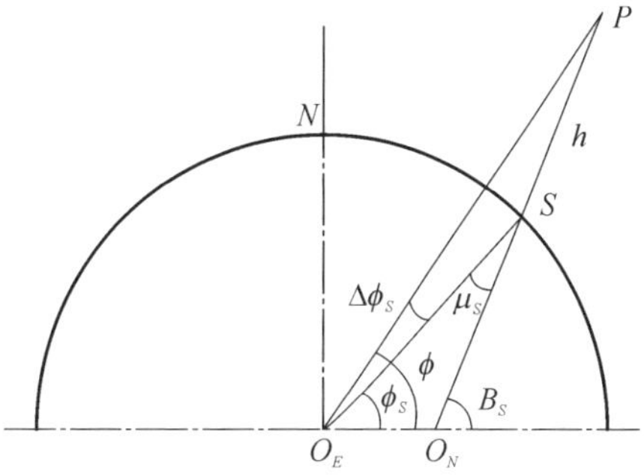

图 2-22　飞行器地心纬度 ϕ、星下点大地纬度 B_S 和高度 h 示意图

故：

$$\phi = \arcsin\left(\frac{\boldsymbol{r}\cdot\boldsymbol{\omega}_E}{r\omega_E}\right) = \arcsin\frac{x\omega_{Ex} + (y+R_o)\omega_{Ey} + z\omega_{Ez}}{r\omega_E} \tag{2-3-74}$$

经度 λ 可用式(2-3-75)求出：

$$\lambda = \lambda_0 + \arctan\frac{Y}{X} \tag{2-3-75}$$

式中，λ_0 是返回制动时刻飞行器质心的经度；X、Y、Z 是地心矢径 $\boldsymbol{r}$ 在地心固连坐标系 $O_E-X_EY_EZ_E$ 上的坐标分量：

$$\begin{bmatrix}X\\Y\\Z\end{bmatrix} = \boldsymbol{E}_O\begin{bmatrix}x\\y+R_o\\z\end{bmatrix} \tag{2-3-76}$$

下面求星下点的大地纬度、地心纬度和飞行器的飞行高度。设 P 为再入飞行器在空间的位置，则其星下点 S 是地球椭球体表面上的一点，在 S 处的铅垂线 PS 正好通过飞行器质心，S 的地心纬度为 ϕ_S，PS 的大小为飞行高度 h。星下点大地纬度 B_S、地心纬度 ϕ_S 和飞行高度 h 要通过下列方程组迭代求出：

$$\begin{cases} B_S = \arctan\left(\tan\dfrac{\phi_S}{e_E^2}\right) \\ \mu_S = B_S - \phi_S \\ R_S = \dfrac{a_E e_E}{\sqrt{\sin^2\phi_S + e_E^2\cos^2\phi_S}} \\ h = \sqrt{r^2 - R_S^2\sin^2\mu_S} - R_S\cos\mu_S \\ \Delta\phi_S = \arcsin\left(\dfrac{h\sin\mu_S}{r}\right) \\ \phi_S = \phi - \Delta\phi_S \end{cases} \tag{2-3-77}$$

式中，$e_E = b_E/a_E$；r 为飞行器质心的地心距。初次迭代时，可令 ϕ_S 等于飞行器的地心纬度 ϕ，即 $\phi_S = \phi$。

4. 欧拉角间的关系

当已知飞行器的俯仰角 φ、偏航角 ψ、滚转角 γ 和速度倾角 θ、航迹偏航角 σ 后，则半速度坐标系 $o_1-x_h y_h z_h$ 和飞行器体坐标系 $o_1-x_1y_1z_1$ 的关系确定，根据方向余弦阵的关系可以求出侧滑角 β、攻角 α 和倾侧角 χ。因为

$$\boldsymbol{B}_H(\alpha, \beta, \chi) = \boldsymbol{B}_O(\varphi, \psi, \gamma)\cdot\boldsymbol{O}_H(\theta, \sigma) \tag{2-3-78}$$

利用式(2-3-78)两侧矩阵对应元素相等可求出：

$$\begin{aligned} \sin\beta = {} & \sin\psi\cos\gamma\cos\sigma\cos(\varphi-\theta) + \sin\gamma\cos\sigma\sin(\varphi-\theta) \\ & - \cos\psi\cos\gamma\sin\sigma, \quad -\frac{\pi}{2} \leqslant \beta \leqslant \frac{\pi}{2} \end{aligned} \tag{2-3-79}$$

$$\begin{cases} \sin\alpha = -1/\cos\beta[\sin\psi\sin\gamma\cos\sigma\cos(\varphi-\theta) - \cos\gamma\cos\sigma\sin(\varphi-\theta) \\ \qquad - \cos\psi\sin\gamma\sin\sigma] \\ \cos\alpha = 1/\cos\beta[\cos\psi\cos\sigma\cos(\varphi-\theta) + \sin\psi\sin\sigma], \quad -\pi < \alpha \leqslant \pi \end{cases} \tag{2-3-80}$$

$$\begin{cases} \sin\chi = 1/\cos\beta[\sin\gamma\cos(\varphi-\theta) - \sin\psi\cos\gamma\sin(\varphi-\theta)] \\ \cos\chi = 1/\cos\beta[\sin\psi\cos\gamma\sin\sigma\cos(\varphi-\theta) + \sin\gamma\sin\sigma\sin(\varphi-\theta) \\ \qquad + \cos\psi\cos\gamma\cos\sigma], \quad -\pi < \chi \leqslant \pi \end{cases} \tag{2-3-81}$$

5. 在返回坐标系建立运动方程

综上所述,可整理得到在返回坐标系建立的运动方程:

$$
\left\{
\begin{aligned}
&\begin{bmatrix} \mathrm{d}v_x/\mathrm{d}t \\ \mathrm{d}v_y/\mathrm{d}t \\ \mathrm{d}v_z/\mathrm{d}t \end{bmatrix} = \frac{\boldsymbol{O}_B}{m}\begin{bmatrix} P_{x_1} - C_A qS \\ P_{y_1} + C_N qS\cos\beta\sin\alpha/\sin\eta \\ P_{z_1} - C_N qS\sin\beta/\sin\eta \end{bmatrix} + \frac{1}{m}\begin{bmatrix} F_{cx} \\ F_{cy} \\ F_{cz} \end{bmatrix} + \frac{g_r}{r}\begin{bmatrix} x \\ y + R_o \\ z \end{bmatrix} \\
&\qquad + \frac{g_{\omega_E}}{\omega_E}\begin{bmatrix} \omega_{Ex} \\ \omega_{Ey} \\ \omega_{Ez} \end{bmatrix} - \boldsymbol{A}\begin{bmatrix} x \\ y + R_o \\ z \end{bmatrix} - \boldsymbol{B}\begin{bmatrix} \dot{x} \\ \dot{y} \\ \dot{z} \end{bmatrix} \\
&\begin{bmatrix} \mathrm{d}x/\mathrm{d}t \\ \mathrm{d}y/\mathrm{d}t \\ \mathrm{d}z/\mathrm{d}t \end{bmatrix} = \begin{bmatrix} v_x \\ v_y \\ v_z \end{bmatrix} \\
&\begin{bmatrix} \mathrm{d}\omega_{Tx_1}/\mathrm{d}t \\ \mathrm{d}\omega_{Ty_1}/\mathrm{d}t \\ \mathrm{d}\omega_{Tz_1}/\mathrm{d}t \end{bmatrix} = \frac{1}{E}\begin{bmatrix} E_1 \\ E_2 \\ E_3 \end{bmatrix} \\
&\begin{bmatrix} \omega_{x_1} \\ \omega_{y_1} \\ \omega_{z_1} \end{bmatrix} = \begin{bmatrix} \omega_{Tx_1} \\ \omega_{Ty_1} \\ \omega_{Tz_1} \end{bmatrix} - B_O\begin{bmatrix} \omega_{Ex} \\ \omega_{Ey} \\ \omega_{Ez} \end{bmatrix} \\
&\begin{bmatrix} \dot{q}_0 \\ \dot{q}_1 \\ \dot{q}_2 \\ \dot{q}_3 \end{bmatrix} = \frac{1}{2}\begin{bmatrix} 0 & -\omega_{x_1} & -\omega_{y_1} & -\omega_{z_1} \\ \omega_{x_1} & 0 & \omega_{z_1} & -\omega_{y_1} \\ \omega_{y_1} & -\omega_{z_1} & 0 & \omega_{x_1} \\ \omega_{z_1} & \omega_{y_1} & -\omega_{x_1} & 0 \end{bmatrix}\begin{bmatrix} q_0 \\ q_1 \\ q_2 \\ q_3 \end{bmatrix} \\
&\sin\psi = -2(q_1q_3 - q_0q_2) \\
&\tan\varphi = \frac{2(q_1q_2 + q_0q_3)}{q_0^2 + q_1^2 - q_2^2 - q_3^2} \\
&\tan\gamma = \frac{2(q_2q_3 + q_0q_1)}{q_0^2 - q_1^2 - q_2^2 + q_3^2}
\end{aligned}
\right.
$$

$$
\begin{cases}
v = (v_x^2 + v_y^2 + v_z^2)^{1/2} \\
r = [x^2 + (y + R_o)^2 + z^2]^{1/2} \\
\theta = \arctan(v_y/v_x) \\
\sigma = \arcsin(-v_z/v) \\
\Theta = \arcsin \dfrac{xv_x + (y + R_o)v_y + zv_z}{rv} \\
\sin\beta = \sin\psi\cos\gamma\cos\sigma\cos(\varphi - \theta) + \sin\gamma\cos\sigma\sin(\varphi - \theta) - \cos\psi\cos\gamma\sin\sigma \\
\tan\alpha = \dfrac{-\sin\psi\sin\gamma\cos\sigma\cos(\varphi - \theta) + \cos\gamma\cos\sigma\sin(\varphi - \theta) + \cos\psi\sin\gamma\sin\sigma}{\cos\psi\cos\sigma\cos(\varphi - \theta) + \sin\psi\sin\sigma} \\
\tan\chi = \dfrac{\sin\gamma\cos(\varphi - \theta) - \sin\psi\cos\gamma\sin(\varphi - \theta)}{\sin\psi\cos\gamma\sin\sigma\cos(\varphi - \theta) + \sin\gamma\sin\sigma\sin(\varphi - \theta) + \cos\psi\cos\gamma\cos\sigma} \\
\lambda = \lambda_0 + \arctan \dfrac{Y}{X} \\
\phi = \arcsin \dfrac{x\omega_{Ex} + (y + R_o)\omega_{Ey} + z\omega_{Ez}}{r\omega_E} \\
B_S = \arctan\left(\tan \dfrac{\phi_S}{e_E^2}\right) \\
\mu_S = B_S - \phi_S \\
R_S = \dfrac{a_E e_E}{\sqrt{\sin^2\phi_S + e_E^2\cos^2\phi_S}} \\
h = \sqrt{r^2 - R_S^2\sin^2\mu_S} - R_S\cos\mu_S \\
\Delta\phi_S = \arcsin\left(\dfrac{h\sin\mu_S}{r}\right) \\
\phi_S = \phi - \Delta\phi_S \\
m = m_0 - \dot{m}t
\end{cases}
\tag{2-3-82}
$$

以上共有 35 个方程,有 35 个未知量: v_x、v_y、v_z、x、y、z、ω_{Tx_1}、ω_{Ty_1}、ω_{Tz_1}、ω_{x_1}、ω_{y_1}、ω_{z_1}、q_0、q_1、q_2、q_3、φ、ψ、γ、v、r、θ、Θ、σ、α、β、χ、λ、ϕ、B_S、h、R_S、ϕ_S、$\Delta\phi_S$、m,方程是闭合的。

上述 35 个方程是描述再入飞行器在空间飞行时应遵循的关系。但真正要求解还需明确以下两点：① 求解上述方程需给出控制力和控制力矩的变化规律，因为控制力和控制力矩不同，运动方程的解就不同，即飞行轨迹不同，而控制力和控制力矩的变化规律与再入飞行器的种类、任务要求有关，当未给定控制规律时，上述方程不可解；② 上述方程虽有 35 个，但独立的微分方程只有 12 个，所以只能给出 12 个初始条件，即 v_{x_0}、v_{y_0}、v_{z_0}、x_0、y_0、z_0、q_{10}、q_{20}、q_{30}、$\omega_{x_{10}}$、$\omega_{y_{10}}$、$\omega_{z_{10}}$，其余 23 个初始条件可以通过代数方程加以确定，并不是可以任意给出 35 个初始值。

2.4　在半速度坐标系建立运动方程

如前所述，半速度坐标系有两种定义方式，如采用第一种定义方式，即以返回坐标系为参考建立半速度坐标系，则建立运动方程的步骤及结果与文献[11]、[12]类似，此处不再重复。下面推导按第二种定义方式，即以地理坐标系为参考建立半速度坐标系下的运动方程。采用这两种定义方式得到的运动方程是不同的，前者的速度方向用速度倾角和航迹偏航角描述，后者则用飞行路径角和飞行方位角描述。

本节建立的方程，只适用于再入段，而且取再入坐标系 $o_e - x_e y_e z_e$ 为再入时刻的地理坐标系 $o_1 - x_T y_T z_T$，具体定义见 2.2.3 节。

描述半速度坐标系 $o_1 - x_h y_h z_h$ 与地理坐标系 $o_1 - x_T y_T z_T$ 的关系是按先偏航、再俯仰的次序，如图 2－15 所示，则两坐标系间的转换关系和方向余弦阵为

$$\begin{bmatrix} \boldsymbol{x}_T^0 \\ \boldsymbol{y}_T^0 \\ \boldsymbol{z}_T^0 \end{bmatrix} = \boldsymbol{T}_H \begin{bmatrix} \boldsymbol{x}_h^0 \\ \boldsymbol{y}_h^0 \\ \boldsymbol{z}_h^0 \end{bmatrix} \tag{2-4-1}$$

$$\boldsymbol{T}_H = \begin{bmatrix} \cos\sigma_T\cos\theta_T & -\cos\sigma_T\sin\theta_T & \sin\sigma_T \\ \sin\theta_T & \cos\theta_T & 0 \\ -\sin\sigma_T\cos\theta_T & \sin\sigma_T\sin\theta_T & \cos\sigma_T \end{bmatrix} \tag{2-4-2}$$

此时，$x_T o z_T$ 为当地水平面，故 θ_T 即当地速度倾角 Θ。

假设飞行器体坐标系 $o_1 - x_1 y_1 z_1$ 与再入坐标系 $e - x_e y_e z_e$ 的转动次序仍为 3－2－1 的次序，即先俯仰 φ 角、再偏航 ψ 角、后滚转 γ 角。飞行器体坐标系 $o_1 - x_1 y_1 z_1$ 与再入惯性坐标系 $e_A - x_A y_A z_A$ 的转动次序也是按 3－2－1，即先俯仰

φ_T 角、再偏航 ψ_T 角、后滚转 γ_T 角。

2.4.1 半速度坐标系中的质心动力学方程

由式(2－1－25)知,再入飞行器矢量形式的质心动力学方程为

$$m\frac{\mathrm{d}\boldsymbol{v}}{\mathrm{d}t}=\boldsymbol{P}+\boldsymbol{R}+m\boldsymbol{g}+\boldsymbol{F}_c \tag{2-4-3}$$

取再入坐标系 $o_e-x_ey_ez_e$ 为参考系,它是一个动参考系,相对于惯性坐标系以地球自转角速度 $\boldsymbol{\omega}_E$ 转动,故由式(2－4－3)可知:

$$m\frac{\delta^2\boldsymbol{r}}{\delta t^2}=\boldsymbol{P}+\boldsymbol{R}+m\boldsymbol{g}+\boldsymbol{F}_c-m\boldsymbol{a}_e-m\boldsymbol{a}_k \tag{2-4-4}$$

为在半速度坐标系中建立质心动力学方程,需要将式(2－4－4)中的各项投影到半速度坐标系。

1. 相对加速度 $\delta^2\boldsymbol{r}/\delta t^2$

设半速度坐标系 $o_1-x_hy_hz_h$ 相对于再入坐标系 $e-x_ey_ez_e$ 的角速度为 $\boldsymbol{\Omega}'$,半速度坐标系 $o_1-x_hy_hz_h$ 相对于地理坐标系 $o_1-x_Ty_Tz_T$ 的角速度为 $\boldsymbol{\Omega}$,而地理坐标系相对于再入坐标系的角速度为 $\boldsymbol{\Omega}_T$,则有

$$\boldsymbol{\Omega}'=\boldsymbol{\Omega}+\boldsymbol{\Omega}_T \tag{2-4-5}$$

由图 2－15 知:

$$\boldsymbol{\Omega}=\dot{\boldsymbol{\sigma}}_T+\dot{\boldsymbol{\theta}}_T \tag{2-4-6}$$

由图 2－16 知:

$$\boldsymbol{\Omega}_T=\dot{\boldsymbol{\lambda}}+\dot{\boldsymbol{\phi}} \tag{2-4-7}$$

为了将 $\boldsymbol{\Omega}'$ 投影到半速度坐标系,首先把 $\boldsymbol{\Omega}_T$ 投影到地理坐标系,由图 2－16 知:

$$\boldsymbol{\Omega}_T=(\dot{\lambda}\cos\phi)\boldsymbol{x}_T^0+(\dot{\lambda}\sin\phi)\boldsymbol{y}_T^0+(-\dot{\phi})\boldsymbol{z}_T^0$$

再利用地理坐标系与半速度坐标系间的方向余弦阵可得

$$\begin{bmatrix}\Omega_{Tx_h}\\ \Omega_{Ty_h}\\ \Omega_{Tz_h}\end{bmatrix}=\begin{bmatrix}\cos\sigma_T\cos\theta_T & \sin\theta_T & -\sin\sigma_T\cos\theta_T\\ -\cos\sigma_T\sin\theta_T & \cos\theta_T & \sin\sigma_T\sin\theta_T\\ \sin\sigma_T & 0 & \cos\sigma_T\end{bmatrix}\begin{bmatrix}\dot{\lambda}\cos\phi\\ \dot{\lambda}\sin\phi\\ -\dot{\phi}\end{bmatrix} \tag{2-4-8}$$

对于 Ω 在半速度坐标系的投影,由图 2－15 可知:

$$\begin{bmatrix} \Omega_{x_h} \\ \Omega_{y_h} \\ \Omega_{z_h} \end{bmatrix} = \begin{bmatrix} \dot{\sigma}_T \sin\theta_T \\ \dot{\sigma}_T \cos\theta_T \\ \dot{\theta}_T \end{bmatrix} \tag{2-4-9}$$

因此,半速度坐标系 $o_1 - x_h y_h z_h$ 对再入坐标系 $e - x_e y_e z_e$ 的角速度 Ω' 在半速度坐标系的投影为

$$\begin{bmatrix} \Omega'_{x_h} \\ \Omega'_{y_h} \\ \Omega'_{z_h} \end{bmatrix} = \begin{bmatrix} \dot{\lambda}(\cos\sigma_T \cos\theta_T \cos\phi + \sin\theta_T \sin\phi) + \dot{\phi}\sin\sigma_T \cos\theta_T + \dot{\sigma}_T \sin\theta_T \\ \dot{\lambda}(-\cos\sigma_T \sin\theta_T \cos\phi + \cos\theta_T \sin\phi) - \dot{\phi}\sin\sigma_T \sin\theta_T + \dot{\sigma}_T \cos\theta_T \\ \dot{\lambda}\sin\sigma_T \cos\phi - \dot{\phi}\cos\sigma_T + \dot{\theta}_T \end{bmatrix} \tag{2-4-10}$$

飞行器的速度 $\boldsymbol{v}$ 在地理坐标系的投影为

$$\begin{cases} v_{x_T} = v\cos\theta_T \cos\sigma_T \\ v_{y_T} = v\sin\theta_T \\ v_{z_T} = -v\cos\theta_T \sin\sigma_T \end{cases} \tag{2-4-11}$$

注意到飞行器相对于再入坐标系的运动速度与相对于地心固连坐标系的速度相同,根据质点的球坐标运动方程可得

$$\begin{cases} \dot{\phi} = \dfrac{v_{x_T}}{r} = \dfrac{v\cos\theta_T \cos\sigma_T}{r} \\ \dot{\lambda} = \dfrac{v_{z_T}}{r\cos\phi} = \dfrac{-v\cos\theta_T \sin\sigma_T}{r\cos\phi} \\ \dot{r} = v_{y_T} = v\sin\theta_T \end{cases} \tag{2-4-12}$$

将式(2-4-12)代入式(2-4-10),可得

$$\begin{cases} \Omega'_{x_h} = \dot{\sigma}_T \sin\theta_T - \dfrac{v\tan\phi \sin\theta_T \cos\theta_T \sin\sigma_T}{r} \\ \Omega'_{y_h} = \dot{\sigma}_T \cos\theta_T - \dfrac{v\tan\phi \cos^2\theta_T \sin\sigma_T}{r} \\ \Omega'_{z_h} = \dot{\theta}_T - \dfrac{v\cos\theta_T}{r} \end{cases} \tag{2-4-13}$$

因为 $\delta \boldsymbol{r}/\delta t$ 为再入飞行器相对于再入坐标系的相对速度，它在半速度坐标系的 o_1x_h 轴上，而半速度坐标系相对于再入坐标系有角速度 $\boldsymbol{\Omega}'$，所以根据矢量的微分法则，可得

$$\frac{\delta^2 \boldsymbol{r}}{\delta t^2} = \frac{\delta}{\delta t}(v\boldsymbol{x}_h^0) = \dot{v}\boldsymbol{x}_h^0 + v(\boldsymbol{\Omega}' \times \boldsymbol{x}_h^0) = \begin{bmatrix} \dot{v} \\ 0 \\ 0 \end{bmatrix} + \begin{bmatrix} 0 & -\Omega'_{z_h} & \Omega'_{y_h} \\ \Omega'_{z_h} & 0 & -\Omega'_{x_h} \\ -\Omega'_{y_h} & \Omega'_{x_h} & 0 \end{bmatrix} \begin{bmatrix} v \\ 0 \\ 0 \end{bmatrix}$$

故有

$$\frac{\delta^2 \boldsymbol{r}}{\delta t^2} = \begin{bmatrix} \dot{v} \\ v\Omega'_{z_h} \\ -v\Omega'_{y_h} \end{bmatrix} = \begin{bmatrix} \dot{v} \\ v\left(\dot{\theta}_T - \dfrac{v\cos\theta_T}{r}\right) \\ -v\left(\dot{\sigma}_T\cos\theta_T - \dfrac{v\tan\phi\cos^2\theta_T\sin\sigma_T}{r}\right) \end{bmatrix} \tag{2-4-14}$$

2. 空气动力 $\boldsymbol{R}$

设空气动力 $\boldsymbol{R}$ 沿速度坐标系分解成 X、Y、Z，则在半速度坐标系上的投影为

$$\begin{bmatrix} R_{x_h} \\ R_{y_h} \\ R_{z_h} \end{bmatrix} = \boldsymbol{H}_V \begin{bmatrix} -X \\ Y \\ Z \end{bmatrix} = \begin{bmatrix} -X \\ Y\cos\chi - Z\sin\chi \\ Y\sin\chi + Z\cos\chi \end{bmatrix} \tag{2-4-15}$$

3. 推力 $\boldsymbol{P}$

设推力在飞行器体坐标系上分解成 P_{x_1}、P_{y_1}、P_{z_1}，则：

$$\begin{bmatrix} P_{x_h} \\ P_{y_h} \\ P_{z_h} \end{bmatrix} = \boldsymbol{H}_B \begin{bmatrix} P_{x_1} \\ P_{y_1} \\ P_{z_1} \end{bmatrix} \tag{2-4-16}$$

4. 引力 $m\boldsymbol{g}$

引力加速度在 $\boldsymbol{r}$ 方向上的分量为

$$g_r = -\frac{\mu_E}{r^2}\left[1 + J\left(\frac{a_E}{r}\right)^2(1 - 5\sin^2\phi)\right]$$

$\boldsymbol{g}_r$ 方向为 oy_T 的反方向,故 $\boldsymbol{g}_r$ 在半速度坐标系上的投影为

$$\begin{bmatrix} g_{rx_h} \\ g_{ry_h} \\ g_{rz_h} \end{bmatrix} = \boldsymbol{H}_T \begin{bmatrix} 0 \\ g_r \\ 0 \end{bmatrix} = \begin{bmatrix} g_r \sin\theta_T \\ g_r \cos\theta_T \\ 0 \end{bmatrix} \tag{2-4-17}$$

引力加速度在 $\boldsymbol{\omega}_E$ 方向上的分量在地理坐标系的投影为 $[g_{\omega_E}\cos\phi,\ g_{\omega_E}\sin\phi,\quad 0]^{\mathrm{T}}$,而:

$$g_{\omega_E} = -\frac{2\mu_E}{r^2} J\left(\frac{a_E}{r}\right)^2 \sin\phi$$

再利用式(2-4-2)的方向余弦阵,可得 $\boldsymbol{g}_{\omega_E}$ 在半速度坐标系的投影:

$$\boldsymbol{g}_{\omega_E} = \boldsymbol{H}_T \begin{bmatrix} g_{\omega_E}\cos\phi \\ g_{\omega_E}\sin\phi \\ 0 \end{bmatrix} = g_{\omega_E} \begin{bmatrix} \sin\theta_T \sin\phi + \cos\sigma_T \cos\theta_T \cos\phi \\ \cos\theta_T \sin\phi - \cos\phi \cos\sigma_T \sin\theta_T \\ \sin\sigma_T \cos\phi \end{bmatrix} \tag{2-4-18}$$

5. 控制力 $\boldsymbol{F}_c$

如前所述,控制力的计算与产生控制力的设备及安装方式有关。设控制力沿 $o_1-x_1y_1z_1$ 分解,则在半速度坐标系下的分量为

$$\begin{bmatrix} F_{cx_h} \\ F_{cy_h} \\ F_{cz_h} \end{bmatrix} = \boldsymbol{H}_V \boldsymbol{V}_B \begin{bmatrix} F_{cx_1} \\ F_{cy_1} \\ F_{cz_1} \end{bmatrix} \tag{2-4-19}$$

6. 离心惯性力 $\boldsymbol{F}_e = -m\boldsymbol{a}_e$

因 $-\boldsymbol{a}_e = -\boldsymbol{\omega}_E \times (\boldsymbol{\omega}_E \times \boldsymbol{r})$,将 $\boldsymbol{\omega}_E$ 和 $\boldsymbol{r}$ 分别在地理坐标系 $o_1-x_Ty_Tz_T$ 上投影,可得 $-\boldsymbol{a}_e$ 的表达式:

$$-\boldsymbol{a}_e = \begin{bmatrix} -\omega_E^2 r\cos\phi \sin\phi \\ \omega_E^2 r\cos^2\phi \\ 0 \end{bmatrix} \tag{2-4-20}$$

则在半速度坐标系下有

$$\boldsymbol{F}_e = -m\boldsymbol{a}_e = \begin{bmatrix} F_{ex_h} \\ F_{ey_h} \\ F_{ez_h} \end{bmatrix} = \boldsymbol{H}_T \begin{bmatrix} -m\omega_E^2 r\cos\phi\sin\phi \\ m\omega_E^2 r\cos^2\phi \\ 0 \end{bmatrix} \tag{2-4-21}$$

展开式(2－4－21),得

$$\begin{cases} F_{ex_h} = m\omega_E^2 r(\cos^2\phi\sin\theta_T - \cos\phi\sin\phi\cos\sigma_T\cos\theta_T) \\ F_{ey_h} = m\omega_E^2 r(\cos^2\phi\cos\theta_T + \cos\phi\sin\phi\cos\sigma_T\sin\theta_T) \\ F_{ez_h} = -m\omega_E^2 r\cos\phi\sin\phi\sin\sigma_T \end{cases} \tag{2-4-22}$$

7. 科氏惯性力 $\boldsymbol{F}_k = -m\boldsymbol{a}_k$

$-\boldsymbol{a}_k = -2\boldsymbol{\omega}_E \times \boldsymbol{v}$, 根据半速度坐标系与地理坐标系、地理坐标系与地心固连坐标系间的转换关系,可得 $\boldsymbol{\omega}_E$ 在半速度坐标系 $o_1-x_hy_hz_h$ 上的投影为

$$\boldsymbol{\omega}_E = \begin{bmatrix} \omega_{Ex_h} \\ \omega_{Ey_h} \\ \omega_{Ez_h} \end{bmatrix} = \omega_E \begin{bmatrix} \sin\theta_T\sin\phi + \cos\sigma_T\cos\theta_T\cos\phi \\ \cos\theta_T\sin\phi - \cos\sigma_T\sin\theta_T\cos\phi \\ \sin\sigma_T\cos\phi \end{bmatrix} \tag{2-4-23}$$

则:

$$\boldsymbol{F}_k = \begin{bmatrix} F_{kx_h} \\ F_{ky_h} \\ F_{kz_h} \end{bmatrix} = -2m\boldsymbol{\omega}_E \times \boldsymbol{v} = -2m \begin{bmatrix} 0 & -\omega_{Ez_h} & \omega_{Ey_h} \\ \omega_{Ez_h} & 0 & -\omega_{Ex_h} \\ -\omega_{Ey_h} & \omega_{Ex_h} & 0 \end{bmatrix} \begin{bmatrix} v \\ 0 \\ 0 \end{bmatrix} \tag{2-4-24}$$

展开式(2－4－24)可得

$$F_k = \begin{bmatrix} F_{kx_h} \\ F_{ky_h} \\ F_{kz_h} \end{bmatrix} = 2mv \begin{bmatrix} 0 \\ -\omega_{Ez_h} \\ \omega_{Ey_h} \end{bmatrix} = 2mv\omega_E \begin{bmatrix} 0 \\ -\sin\sigma_T\cos\phi \\ \cos\theta_T\sin\phi - \cos\sigma_T\sin\theta_T\cos\phi \end{bmatrix} \tag{2-4-25}$$

8. 半速度坐标系下的质心动力学方程

将式(2－4－15)~式(2－4－19)和式(2－4－21)、式(2－4－24)代入式

(2-4-4),可得

$$m\begin{bmatrix} \dot{v} \\ v\left(\dot{\theta}_T-\dfrac{v\cos\theta_T}{r}\right) \\ -v\left(\dot{\sigma}_T\cos\theta_T-\dfrac{v\tan\phi\cos^2\theta_T\sin\sigma_T}{r}\right)\end{bmatrix}$$

$$=\boldsymbol{H}_B\begin{bmatrix}P_{x_1}\\P_{y_1}\\P_{z_1}\end{bmatrix}+\boldsymbol{H}_V\begin{bmatrix}-X\\Y\\Z\end{bmatrix}+\boldsymbol{H}_B\begin{bmatrix}F_{cx_1}\\F_{cy_1}\\F_{cz_1}\end{bmatrix}+mg_r\begin{bmatrix}\sin\theta_T\\\cos\theta_T\\0\end{bmatrix}+mg_{\omega_E}\boldsymbol{H}_T\begin{bmatrix}\cos\phi\\\sin\phi\\0\end{bmatrix}$$

$$+\boldsymbol{H}_T\begin{bmatrix}-m\omega_E^2r\cos\phi\sin\phi\\m\omega_E^2r\cos^2\phi\\0\end{bmatrix}+\begin{bmatrix}0&-\omega_{Ez_h}&\omega_{Ey_h}\\\omega_{Ez_h}&0&-\omega_{Ex_h}\\-\omega_{Ey_h}&\omega_{Ex_h}&0\end{bmatrix}\begin{bmatrix}-2mv\\0\\0\end{bmatrix}\quad(2-4-26)$$

将对应的方向余弦阵 $\boldsymbol{H}_B$、$\boldsymbol{H}_V$、$\boldsymbol{H}_T$ 的表达式代入式(2-4-26),并展开成便于积分的形式可得

$$\begin{cases}\dot{v}=\dfrac{P_{x_h}}{m}-\dfrac{C_x\rho v^2S}{2m}+\dfrac{F_{cx_h}}{m}-\dfrac{\mu_E}{r^2}\left[1+J\left(\dfrac{a_E}{r}\right)^2(1-5\sin^2\phi)\right]\sin\theta_T\\ \quad-\dfrac{2\mu_E}{r^2}J\left(\dfrac{a_E}{r}\right)^2\sin\phi(\sin\phi\sin\theta_T+\cos\phi\cos\sigma_T\cos\theta_T)\\ \quad+\omega_E^2r(\cos^2\phi\sin\theta_T-\cos\phi\sin\phi\cos\sigma_T\cos\theta_T)\\ \dot{\theta}_T=\dfrac{P_{y_h}}{mv}+\dfrac{C_y\rho vS}{2m}\cos\chi-\dfrac{C_z\rho vS}{2m}\sin\chi+\dfrac{F_{cy_h}}{mv}-\dfrac{\mu_E}{r^2}\left[1+J\left(\dfrac{a_E}{r}\right)^2\right.\\ \quad\left.(1-5\sin^2\phi)\right]\dfrac{\cos\theta_T}{v}-\dfrac{2\mu_E}{r^2}J\left(\dfrac{a_E}{r}\right)^2\sin\phi(\sin\phi\cos\theta_T\\ \quad-\cos\phi\cos\sigma_T\sin\theta_T)\dfrac{1}{v}+\dfrac{\omega_E^2r}{v}(\cos^2\phi\cos\theta_T+\cos\phi\sin\phi\cos\sigma_T\sin\theta_T)\\ \quad-2\omega_E\cos\phi\sin\sigma_T+\dfrac{v\cos\theta_T}{r}\end{cases}$$

$$
\begin{cases}
\dot{\sigma}_T = -\dfrac{P_{z_h}}{mv\cos\theta_T} - \dfrac{C_y\rho vS}{2m\cos\theta_T}\sin\chi - \dfrac{C_z\rho vS}{2m\cos\theta_T}\cos\chi - \dfrac{F_{cz_h}}{mv\cos\theta_T} \\
\quad + \dfrac{2\mu_E}{r^2}J\left(\dfrac{a_E}{r}\right)^2\sin\phi\cos\phi\dfrac{\sin\sigma_T}{v\cos\theta_T} + \omega_E^2 r\dfrac{\cos\phi\sin\phi\sin\sigma_T}{v\cos\theta_T} \\
\quad + \dfrac{2\omega_E}{\cos\theta_T}(\cos\phi\cos\sigma_T\sin\theta_T - \sin\phi\cos\theta_T) + \dfrac{v\tan\phi\cos\theta_T\sin\sigma_T}{r}
\end{cases}
\tag{2-4-27}
$$

与方程(2-3-39)相比,式(2-4-27)可看作球坐标系形式的质心动力学方程。飞行器质心的运动学方程用地心固连坐标系下球坐标的形式给出:

$$
\begin{cases}
\dot{\phi} = v\cos\theta_T\cos\sigma_T/r \\
\dot{\lambda} = -v\cos\theta_T\sin\sigma_T/(r\cos\phi) \\
\dot{r} = v\sin\theta_T
\end{cases}
\tag{2-4-28}
$$

积分式(2-4-28)可以得到飞行器的地心距、地心纬度和经度,经坐标转换即可以得到飞行器在再入坐标系中的直角坐标。

2.4.2 飞行器体坐标系下的绕质心动力学方程

绕质心转动的动力学方程仍是在飞行器体坐标系建立的,只是在2.3.2节中,参考坐标系是平移的返回惯性坐标系,现在质心运动的参考坐标系改为再入坐标系,因此绕质心运动的参考坐标系应相应地改成平移的再入惯性坐标系。除此之外,式(2-3-58)的角速度微分方程完全适用,绕质心转动的方程完全一样:

$$
\begin{bmatrix} \dot{\omega}_{Tx_1} \\ \dot{\omega}_{Ty_1} \\ \dot{\omega}_{Tz_1} \end{bmatrix} = \frac{1}{E}\begin{bmatrix} E_1 \\ E_2 \\ E_3 \end{bmatrix}
\tag{2-4-29}
$$

式中,E、E_1、E_2、E_3的表达式见式(2-3-59)。

若坐标系 $o_1-x_1y_1z_1$ 的三个坐标轴为惯量主轴,则式(2-4-29)可以大大简化:

$$
\begin{cases}
I_x\dot{\omega}_{Tx_1} = M_{x_1\mathrm{st}} + M_{x_1d} + M_{x_1c} - (I_z - I_y)\omega_{Tz_1}\omega_{Ty_1} \\
I_y\dot{\omega}_{Ty_1} = M_{y_1\mathrm{st}} + M_{y_1d} + M_{y_1c} - (I_x - I_z)\omega_{Tx_1}\omega_{Tz_1} \\
I_z\dot{\omega}_{Tz_1} = M_{z_1\mathrm{st}} + M_{z_1d} + M_{z_1c} - (I_y - I_x)\omega_{Ty_1}\omega_{Tx_1}
\end{cases}
\tag{2-4-30}
$$

式(2－4－30)是常用的形式,外力矩 $\boldsymbol{M}_{\mathrm{st}}$、$\boldsymbol{M}_d$、$\boldsymbol{M}_c$的计算见 2.3.2 节的讨论。

2.4.3　半速度坐标系下的运动方程组

由式(2－4－29)得到了飞行器的绝对角速度,如何与欧拉角、四元数、方向余弦阵建立联系,前面已有详细讨论。这里再以欧拉角的微分方程为例,讨论如何把质心运动方程与转动方程联系起来,类似的推导过程对四元数、方向余弦阵也是适用的。

设按 3－2－1 次序转动时,飞行器体坐标系 $o_1-x_1y_1z_1$ 相对于再入惯性坐标系 $e-x_Ay_Az_A$ 的三个欧拉角为 φ_T、ψ_T、γ_T,则类似式(2－3－63)可得

$$\begin{cases}\omega_{Tx_1}=\dot{\gamma}_T-\dot{\varphi}_T\sin\psi_T\\ \omega_{Ty_1}=\dot{\varphi}_T\cos\psi_T\sin\gamma_T+\dot{\psi}_T\cos\gamma_T\\ \omega_{Tz_1}=\dot{\varphi}_T\cos\psi_T\cos\gamma_T-\dot{\psi}_T\sin\gamma_T\end{cases}\tag{2-4-31}$$

解式(2－4－31)可以得欧拉角的微分方程:

$$\begin{cases}\dot{\varphi}_T=\dfrac{1}{\cos\psi_T}(\omega_{Ty_1}\sin\gamma_T+\omega_{Tz_1}\cos\gamma_T)\\ \dot{\psi}_T=\omega_{Ty_1}\cos\gamma_T-\omega_{Tz_1}\sin\gamma_T\\ \dot{\gamma}_T=\omega_{Tx_1}+\tan\psi_T(\omega_{Ty_1}\sin\gamma_T+\omega_{Tz_1}\cos\gamma_T)\end{cases}\tag{2-4-32}$$

对式(2－4－32)积分,可以求得 φ_T、ψ_T、γ_T 的值。当已知 φ_T、ψ_T、γ_T 时,如何同质心运动方程发生联系呢? 从式(2－4－26)看出,要解微分方程必须已知 $\boldsymbol{H}_B$,而 $\boldsymbol{H}_B$是攻角 α、侧滑角 β 和倾侧角 χ 的函数,因此当已知 φ_T、ψ_T、γ_T 及质心运动参数时,如何求 α、β、χ 便是下面要研究的问题。

1. 通过方向余弦阵的关系求 α、β、χ

从前面的讨论知,再入惯性坐标系 $e-x_Ay_Az_A$ 与飞行器体坐标系 $o_1-x_1y_1z_1$ 之间的转换关系为

$$\begin{bmatrix}\boldsymbol{x}_1^0\\ \boldsymbol{y}_1^0\\ \boldsymbol{z}_1^0\end{bmatrix}=\boldsymbol{B}_A(\varphi_T,\ \psi_T,\ \gamma_T)\begin{bmatrix}\boldsymbol{x}_A^0\\ \boldsymbol{y}_A^0\\ \boldsymbol{z}_A^0\end{bmatrix}\tag{2-4-33}$$

另外:

$$\begin{bmatrix} \boldsymbol{x}_1^0 \\ \boldsymbol{y}_1^0 \\ \boldsymbol{z}_1^0 \end{bmatrix} = \boldsymbol{B}_H(\alpha, \beta, \chi)\begin{bmatrix} \boldsymbol{x}_h^0 \\ \boldsymbol{y}_h^0 \\ \boldsymbol{z}_h^0 \end{bmatrix} = \boldsymbol{B}_H(\alpha, \beta, \chi)\boldsymbol{H}_T(\sigma_T, \theta_T)\begin{bmatrix} \boldsymbol{x}_T^0 \\ \boldsymbol{y}_T^0 \\ \boldsymbol{z}_T^0 \end{bmatrix}$$

$$= \boldsymbol{B}_H(\alpha, \beta, \chi)\boldsymbol{H}_T(\sigma_T, \theta_T)\boldsymbol{T}_A(\phi, \phi_0, \Delta\lambda_a)\begin{bmatrix} \boldsymbol{x}_A^0 \\ \boldsymbol{y}_A^0 \\ \boldsymbol{z}_A^0 \end{bmatrix} \quad (2-4-34)$$

式中，$\Delta\lambda_a = \Delta\lambda + \omega_E T$，故可得

$$\begin{aligned} \boldsymbol{B}_H(\alpha, \beta, \chi) &= \boldsymbol{B}_A(\varphi_T, \psi_T, \gamma_T)\boldsymbol{A}_T(\phi, \phi_0, \Delta\lambda_a)\boldsymbol{T}_H(\sigma_T, \theta_T) \\ &= \boldsymbol{E}_A(\varphi_T, \psi_T, \gamma_T, \phi, \phi_0, \Delta\lambda_a, \sigma_T, \theta_T) \\ &= \boldsymbol{E}(e_{ij}) \end{aligned}$$

即

$$\begin{bmatrix} \cos\alpha\cos\beta & \sin\alpha\cos\chi + \cos\alpha\sin\beta\sin\chi & \sin\alpha\sin\chi - \cos\alpha\sin\beta\cos\chi \\ -\sin\alpha\cos\beta & \cos\alpha\cos\chi - \sin\alpha\sin\beta\sin\chi & \cos\alpha\sin\chi + \sin\alpha\sin\beta\cos\chi \\ \sin\beta & -\cos\beta\sin\chi & \cos\beta\cos\chi \end{bmatrix}$$

$$= \begin{bmatrix} e_{11} & e_{12} & e_{13} \\ e_{21} & e_{22} & e_{23} \\ e_{31} & e_{32} & e_{33} \end{bmatrix} \quad (2-4-35)$$

利用 $\sin\beta = e_{31}$ 可得

$$\beta = \arcsin e_{31}, \quad -\pi/2 < \beta \leqslant \pi/2 \quad (2-4-36)$$

利用 $\tan\alpha = \dfrac{\cos\beta\sin\alpha}{\cos\beta\cos\alpha} = \dfrac{-e_{21}}{e_{11}}$ 可得

$$\alpha = \arctan\left(\frac{-e_{21}}{e_{11}}\right), \quad -\pi < \alpha \leqslant \pi \quad (2-4-37)$$

利用 $\tan\chi = \dfrac{\cos\beta\sin\chi}{\cos\beta\cos\chi} = \dfrac{-e_{32}}{e_{33}}$ 可得

$$\chi = \arctan\left(\frac{-e_{32}}{e_{33}}\right), \quad -\pi < \chi \leqslant \pi \quad (2-4-38)$$

2. 通过角速度的关系求 α、β、χ

设飞行器相对于再入惯性坐标系的角速度，即 $o_1 - x_1y_1z_1$ 相对于 $e - x_Ay_Az_A$ 的角速度为 $\boldsymbol{\omega}_T = [\omega_{Tx_1}, \omega_{Ty_1}, \omega_{Tz_1}]^{\mathrm{T}}$，飞行器体坐标系 $o_1 - x_1y_1z_1$ 相对于半速度坐标系的角速度 $\boldsymbol{\omega}_b = \dot{\boldsymbol{\alpha}} + \dot{\boldsymbol{\beta}} + \dot{\boldsymbol{\chi}}$，而半速度坐标系 $o_1 - x_hy_hz_h$ 相对于再入惯性坐标系 $e - x_Ay_Az_A$ 的角速度为 $\boldsymbol{\Omega}_I$，$\boldsymbol{\Omega}_I = \boldsymbol{\Omega}' + \boldsymbol{\omega}_E$。

将 $\boldsymbol{\Omega}_I$ 投影到半速度坐标系，可得

$$\begin{cases}\Omega_{Ix_h} = \Omega'_{x_h} + \omega_E(\sin\theta_T\sin\phi + \cos\sigma_T\cos\theta_T\cos\phi)\\ \Omega_{Iy_h} = \Omega'_{y_h} + \omega_E(\cos\theta_T\sin\phi - \cos\sigma_T\sin\theta_T\cos\phi)\\ \Omega_{Iz_h} = \Omega'_{z_h} + \omega_E\sin\sigma_T\cos\phi\end{cases} \tag{2-4-39}$$

故：

$$\boldsymbol{\omega}_T = \boldsymbol{\omega}_{Tx_1} + \boldsymbol{\omega}_{Ty_1} + \boldsymbol{\omega}_{Tz_1} = \boldsymbol{\omega}_b + \boldsymbol{\Omega}_I = (\dot{\boldsymbol{\alpha}} + \dot{\boldsymbol{\beta}} + \dot{\boldsymbol{\chi}}) + (\boldsymbol{\Omega}_{Ix_h} + \boldsymbol{\Omega}_{Iy_h} + \boldsymbol{\Omega}_{Iz_h}) \tag{2-4-40}$$

当已知 ω_{Tx_1}、ω_{Ty_1}、ω_{Tz_1}，且利用式(2－4－39)求出 Ω_{Ix_h}、Ω_{Iy_h}、Ω_{Iz_h} 后，原则上将式(2－4－40)投影到任一坐标系均可求出 $\dot{\alpha}$、$\dot{\beta}$、$\dot{\chi}$，但最方便的是把式(2－4－40)投影到图 2－14 中由 ox' 轴、oy_v 轴和 oz_1 轴构成的中间坐标系，因为该坐标系与体坐标系和半速度坐标系各有一个轴重合，便于 $\boldsymbol{\omega}_T$、$\boldsymbol{\Omega}_I$ 和 $\boldsymbol{\omega}_b$ 投影，最终可以得到：

$$\begin{cases}\dot{\alpha} = \omega_{Tz_1} - \omega_{Tx_1}\cos\alpha\tan\beta + \omega_{Ty_1}\sin\alpha\tan\beta + \Omega_{Iy_h}\dfrac{\sin\chi}{\cos\beta} - \Omega_{Iz_h}\dfrac{\cos\chi}{\cos\beta}\\ \dot{\beta} = \omega_{Tx_1}\sin\alpha + \omega_{Ty_1}\cos\alpha - \Omega_{Iy_h}\cos\chi - \Omega_{Iz_h}\sin\chi\\ \dot{\chi} = \omega_{Tx_1}\dfrac{\cos\alpha}{\cos\beta} - \omega_{Ty_1}\dfrac{\sin\alpha}{\cos\beta} - \Omega_{Ix_h} - \Omega_{Iy_h}\sin\chi\tan\beta + \Omega_{Iz_h}\cos\chi\tan\beta\end{cases} \tag{2-4-41}$$

得到 $\dot{\alpha}$、$\dot{\beta}$ 和 $\dot{\chi}$ 的表达式(2－4－41)后，通过积分就可以得到 α、β、χ。

3. 在半速度坐标系建立运动方程

将式(2－4－27)、式(2－4－28)、式(2－4－29)、式(2－4－32)和式(2－4－41)列写在一起可得

$$
\left\{\begin{aligned}
\dot{v} &= \frac{P_{x_h}}{m} - \frac{C_x \rho v^2 S}{2m} + \frac{F_{cx_h}}{m} - \frac{\mu_E}{r^2}\left[1 + J\left(\frac{a_E}{r}\right)^2 (1 - 5\sin^2\phi)\right]\sin\theta_T \\
&\quad - \frac{2\mu_E}{r^2} J\left(\frac{a_E}{r}\right)^2 \sin\phi(\sin\phi\sin\theta_T + \cos\phi\cos\sigma_T\cos\theta_T) \\
&\quad + \omega_E^2 r(\cos^2\phi\sin\theta_T - \cos\phi\sin\phi\cos\sigma_T\cos\theta_T) \\
\dot{\theta}_T &= \frac{P_{y_h}}{mv} + \frac{C_y \rho v S}{2m}\cos\chi - \frac{C_z \rho v S}{2m}\sin\chi + \frac{F_{cy_h}}{mv} - \frac{\mu_E}{r^2}\left[1 + J\left(\frac{a_E}{r}\right)^2\right. \\
&\quad \left.(1 - 5\sin^2\phi)\right]\frac{\cos\theta_T}{v} - \frac{2\mu_E}{r^2} J\left(\frac{a_E}{r}\right)^2 \sin\phi(\sin\phi\cos\theta_T \\
&\quad - \cos\phi\cos\sigma_T\sin\theta_T)\frac{1}{v} + \frac{\omega_E^2 r}{v}(\cos^2\phi\cos\theta_T + \cos\phi\sin\phi\cos\sigma_T\sin\theta_T) \\
&\quad - 2\omega_E\cos\phi\sin\sigma_T + \frac{v\cos\theta_T}{r} \\
\dot{\sigma}_T &= -\frac{P_{z_h}}{mv\cos\theta_T} - \frac{C_y \rho v S}{2m\cos\theta_T}\sin\chi - \frac{C_z \rho v S}{2m\cos\theta_T}\cos\chi - \frac{F_{cz_h}}{mv\cos\theta_T} \\
&\quad + \frac{2\mu_E}{r^2} J\left(\frac{a_E}{r}\right)^2 \sin\phi\cos\phi\frac{\sin\sigma_T}{v\cos\theta_T} + \omega_E^2 r\frac{\cos\phi\sin\phi\sin\sigma_T}{v\cos\theta_T} \\
&\quad + \frac{2\omega_E}{\cos\theta_T}(\cos\phi\cos\sigma_T\sin\theta_T - \sin\phi\cos\theta_T) + \frac{v\tan\phi\cos\theta_T\sin\sigma_T}{r} \\
\dot{\phi} &= \frac{v\cos\theta_T\cos\sigma_T}{r} \\
\dot{\lambda} &= -\frac{v\cos\theta_T\sin\sigma_T}{r\cos\phi} \\
\dot{r} &= v\sin\theta_T \\
\dot{\omega}_{Tx_1} &= \frac{E_1}{E} \\
\dot{\omega}_{Ty_1} &= \frac{E_2}{E} \\
\dot{\omega}_{Tz_1} &= \frac{E_3}{E}
\end{aligned}\right.
$$

$$
\begin{cases}
\dot{\varphi}_T = \dfrac{1}{\cos\psi_T}(\omega_{Ty_1}\sin\gamma_T + \omega_{Tz_1}\cos\gamma_T) \\
\dot{\psi}_T = \omega_{Ty_1}\cos\gamma_T - \omega_{Tz_1}\sin\gamma_T \\
\dot{\gamma}_T = \omega_{Tx_1} + \tan\psi_T(\omega_{Ty_1}\sin\gamma_T + \omega_{Tz_1}\cos\gamma_T) \\
\dot{\alpha} = \omega_{Tz_1} - \omega_{Tx_1}\cos\alpha\tan\beta + \omega_{Ty_1}\sin\alpha\tan\beta + \Omega_{Iy_h}\dfrac{\sin\chi}{\cos\beta} - \Omega_{Iz_h}\dfrac{\cos\chi}{\cos\beta} \\
\dot{\beta} = \omega_{Tx_1}\sin\alpha + \omega_{Ty_1}\cos\alpha - \Omega_{Iy_h}\cos\chi - \Omega_{Iz_h}\sin\chi \\
\dot{\chi} = \omega_{Tx_1}\dfrac{\cos\alpha}{\cos\beta} - \omega_{Ty_1}\dfrac{\sin\alpha}{\cos\beta} - \Omega_{Ix_h} - \Omega_{Iy_h}\sin\chi\tan\beta + \Omega_{Iz_h}\cos\chi\tan\beta \\
\Omega_{Ix_h} = \Omega'_{x_h} + \omega_E(\sin\theta_T\sin\phi + \cos\sigma_T\cos\theta_T\cos\phi) \\
\Omega_{Iy_h} = \Omega'_{y_h} + \omega_E(\cos\theta_T\sin\phi - \cos\sigma_T\sin\theta_T\cos\phi) \\
\Omega_{Iz_h} = \Omega'_{z_h} + \omega_E\sin\sigma_T\cos\phi
\end{cases}
\tag{2-4-42}
$$

上面只列写了主要的动力学方程、运动学方程和必要的补充关系，还可以写出一些补充关系，如星下点的纬度、飞行高度等，相应地就增加了方程和未知数的个数，这些前面已讨论过，这里不再重复。式（2－4－42）共有 18 个方程，含有 v、θ_T、σ_T、ϕ、λ、r、ω_{Tx_1}、ω_{Ty_1}、ω_{Tz_1}、φ_T、ψ_T、γ_T、α、β、χ、Ω_{Ix_h}、Ω_{Iy_h}、Ω_{Iz_h} 共 18 个未知数，如给出初值条件和附加条件，则可以数值积分求出空间弹道。18 个方程中虽有 15 个微分方程，但独立的方程只有 12 个，因 $\dot{\alpha}$、$\dot{\beta}$、$\dot{\chi}$ 虽是微分方程，但其初值 α_0、β_0、χ_0 不能任意给出，这点从式（2－4－35）也可以看出，当 φ_T、ψ_T、γ_T、σ_T、θ_T的初值已定时，α_0、β_0、χ_0 也唯一确定，不能任意给出。

所谓要给出附加条件才可以数值积分求出弹道，是因为只有给出控制力和控制力矩的变化规律、推力的变化规律后，运动方程才可以求解。否则解出来的弹道只能是无控制的弹道，如弹道式导弹弹头再入时的弹道。

无论是在返回坐标系列写的运动方程，还是在半速度坐标系列写的运动方程，均无法得到解析解。但上述推力、空气动力、引力、控制力等各种因素对再入飞行器运动的影响不一样，如地球旋转和扁率的影响，对短射程的弹头再入弹道可以不考虑，这样方程可以得到简化。为了简化计算，便于分析，有必要对运动方程进行简化，而且根据质心运动和姿态运动的特点，运动方程也是可以简化的，下面讨论运动方程的简化问题。

2.5 运动方程的简化

运动方程如何简化与研究的问题有关。例如,在飞行器设计的初始阶段,为了粗略地了解飞行轨迹、飞行性能,仅需要研究质心运动,且飞行器尚未设计出来,有些系统和参数未完全确定,要进行精确的弹道计算不可能也无必要。再如,对姿态控制系统进行设计分析时,它主要是研究姿态运动,质心运动的影响可以忽略。因此,简化的方法是不同的,但归纳起来有三种简化方法。

第一种简化方法是把飞行器的质心运动和绕质心运动分开,先不考虑绕质心的转动,而把飞行器当作可控制的质点,研究其质心运动,然后在此基础上研究飞行器绕质心运动对质心运动的影响。这样做的原因,如《大气飞行器姿态动力学》[21]所阐明的,质心运动和绕质心运动的运动特性是不一样的,相对而言,绕质心运动进行得快,而质心运动进行得较慢。在研究质心运动特性,如飞行速度 $\boldsymbol{v}$、位置 $\boldsymbol{r}$ 时,可以认为绕质心运动处于"瞬时平衡"或者"配平状态",这种简化方法在再入飞行器动力学与制导中得到了广泛应用。第二种简化方法是把三维的空间运动分成纵向运动和侧向运动,认为两者的交联影响可以忽略。当然这是近似的,只有在飞行器的实际运动接近平面运动时,才是正确的。如弹道式导弹主动段的运动,当控制系统设计良好时,其运动近似于平面运动,此时可将空间运动方程简化成纵向运动方程和侧向运动方程[11]。在飞行器再入动力学和制导的研究中,除空间机动飞行弹道和精确计算弹道需要考虑空间运动外,一般是简化成平面运动问题,特别是研究最佳机动弹道时多简化成平面运动。第三种简化方法是线性化运动方程,当质心和绕质心运动方程不能分开研究,又要研究其运动特性时常采用此方法。讨论问题时,在特征点附近将非线性微分方程组简化成线性微分方程组,而且常进一步又分成纵向扰动运动和侧向扰动运动[19, 21]。

本书主要讨论如何把质心运动和绕质心运动分开,在研究质心运动方程时,再进一步研究质心平面运动方程。

2.5.1 质心的空间运动方程

前面建立了质心运动方程和绕质心运动方程。从动力学方程的角度讲,共有六个微分方程,其中质心动力学方程可以确定质心的三个速度分量,或者说一个速度的大小和两个速度方向角,如果再加上质心运动学的三个关系,就可以确定质心的位置(x, y, z)或(φ, λ, r)。在飞行力学中,习惯称质心弹道计算为三自由度弹道计算或三自由度弹道仿真,它决定质心的位置和速度。而绕质心动力学方程可以决定再入飞行器绕质心转动角速度沿 $o_1-x_1y_1z_1$ 坐标系各轴分解的三个角速度分量,如果再加上三个欧拉角微分方程,就可以决定再入飞行器的姿态(φ, ψ, γ)。在飞行力学中,习惯将同时进行质心和绕质心运动的弹道计算称为六自由度弹道计算或称六自由度弹道仿真,即三个质心运动自由度、三个姿态运动自由度。

六自由度弹道计算是较烦琐的,除了微分方程个数增加外,主要在于确定控制力矩的大小时牵涉到姿态控制系统设计和误差的形成;同时,姿态运动进行得较快,为了反映真实运动的情况,仿真计算步长必须选择得较小,这样计算工作量将大大增加;而且在再入飞行器设计初始阶段,很多参数并没完全确定,进行六自由度计算不可能也无必要。同时,飞行器绕质心运动相对于质心运动进行得快得多,其动态过程对质心运动的影响并不十分明显,可以认为作用在飞行器上的力矩随时处于"瞬时平衡"或者"配平状态"。瞬时平衡状态指作用在飞行器上的力矩随时处于平衡状态,而惯性力矩和阻尼力矩可以忽略。要做到这一点,必须假设控制系统是理想工作的,即无误差、无时间延迟、随时达到要求的舵偏角,而再入飞行器又是无惯性的,当有控制力矩时,稳定力矩立刻与控制力矩达到力矩平衡,过渡到新的状态,忽略过渡过程。在这种假设下得到的质心弹道,当绕质心运动不太剧烈时,可以得到令人满意的结果;如果绕质心运动十分剧烈,就必须考虑飞行器转动对质心运动的影响,必要时必须用六自由度的弹道计算对三自由度弹道计算的结果进行验算。下面写出简化的空间质心运动方程。

1. *在返回坐标系列写的质心空间运动方程*

利用式(2-3-39)和式(2-3-40)可得

$$
\begin{bmatrix} \dot{v}_x \\ \dot{v}_y \\ \dot{v}_z \end{bmatrix} = \frac{\boldsymbol{O}_B}{m}\begin{bmatrix} P_{x_1} \\ P_{y_1} \\ P_{z_1} \end{bmatrix} + \frac{g_r}{r}\begin{bmatrix} x \\ y + R_o \\ z \end{bmatrix} + \frac{g_{\omega_E}}{\omega_E}\begin{bmatrix} \omega_{Ex} \\ \omega_{Ey} \\ \omega_{Ez} \end{bmatrix} + \frac{1}{m}\begin{bmatrix} F_{cx} \\ F_{cy} \\ F_{cz} \end{bmatrix}
$$

$$
+ \frac{\boldsymbol{O}_B}{m}\begin{bmatrix} -C_A qS \\ C_N qS\dfrac{\cos\beta\sin\alpha}{\sin\eta} \\ -C_N qS\dfrac{\sin\beta}{\sin\eta} \end{bmatrix} - \boldsymbol{A}\begin{bmatrix} x \\ y + R_o \\ z \end{bmatrix} - \boldsymbol{B}\begin{bmatrix} \dot{x} \\ \dot{y} \\ \dot{z} \end{bmatrix} \quad (2-5-1)
$$

$$\begin{bmatrix} \dot{x} \\ \dot{y} \\ \dot{z} \end{bmatrix} = \begin{bmatrix} v_x \\ v_y \\ v_z \end{bmatrix}$$

式(2-5-1)是把地球看作以角速度 $\boldsymbol{\omega}_E$ 进行自转的旋转椭球体。如果不考虑地球自转,把地球看作一圆球,且忽略姿态控制系统控制力的影响,则式(2-5-1)可进一步简化为

$$\begin{cases} \begin{bmatrix} \dot{v}_x \\ \dot{v}_y \\ \dot{v}_z \end{bmatrix} = \dfrac{\boldsymbol{O}_B}{m} \begin{bmatrix} P_{x_1} \\ P_{y_1} \\ P_{z_1} \end{bmatrix} - \dfrac{\mu_E}{r^3} \begin{bmatrix} x \\ y + R_o \\ z \end{bmatrix} + \dfrac{\boldsymbol{O}_B}{m} \begin{bmatrix} -C_A qS \\ C_N qS \dfrac{\cos\beta \sin\alpha}{\sin\eta} \\ -C_N qS \dfrac{\sin\beta}{\sin\eta} \end{bmatrix} \\ \begin{bmatrix} \dot{x} \\ \dot{y} \\ \dot{z} \end{bmatrix} = \begin{bmatrix} v_x \\ v_y \\ v_z \end{bmatrix} \end{cases} \tag{2-5-2}$$

2. 在半速度坐标系列写的质心空间运动方程

如果认为地球为不旋转的圆球,且略去控制力,则可将式(2-4-27)和式(2-4-28)简化为

$$\begin{cases} \dot{v} = \dfrac{P_{x_h}}{m} - \dfrac{C_x \rho v^2 S}{2m} - \dfrac{\mu_E}{r^2}\sin\theta_T \\ \dot{\theta}_T = \dfrac{P_{y_h}}{mv} + \dfrac{C_y \rho v S}{2m}\cos\chi - \dfrac{C_z \rho v S}{2m}\sin\chi - \dfrac{\mu_E}{r^2}\dfrac{\cos\theta_T}{v} + \dfrac{v\cos\theta_T}{r} \\ \dot{\sigma}_T = -\dfrac{P_{z_h}}{mv\cos\theta_T} - \dfrac{C_y \rho v S}{2m\cos\theta_T}\sin\chi - \dfrac{C_z \rho v S}{2m\cos\theta_T}\cos\chi + \dfrac{v\tan\phi\cos\theta_T\sin\sigma_T}{r} \end{cases} \tag{2-5-3}$$

$$\begin{cases} \dot{\phi} = \dfrac{v\cos\theta_T\cos\sigma_T}{r} \\ \dot{\lambda} = \dfrac{-v\cos\theta_T\sin\sigma_T}{r\cos\phi} \\ \dot{r} = v\sin\theta_T \end{cases} \tag{2-5-4}$$

3. 控制变量和控制关系方程

为了控制再入飞行器的运动轨迹，以满足飞行任务的要求，必须改变再入飞行器飞行速度的方向和大小。要改变速度的方向和大小，又依赖控制力产生的控制力矩改变再入飞行器的姿态，进而可改变推力或空气动力的大小和方向来产生所需要的力。

作用在再入飞行器上的力主要有推力 $\boldsymbol{P}$、空气动力 $\boldsymbol{R}$、控制力 $\boldsymbol{F}_c$ 和引力 $m\boldsymbol{g}$，现分述如下。

引力 $m\boldsymbol{g}$ 是不能任意改变其大小和方向的，所以要改变速度的大小和方向，只有利用推力、空气动力和控制力。对于再入飞行器，推力 $\boldsymbol{P}$ 主要是用于飞行器的返回制动，如卫星的返回制动、载人飞船和航天飞机的返回制动，通过姿态控制使制动推力对准要求的方向。而弹道式弹头再入、机动弹头的再入不存在推力制动。推力是否存在，以及推力是否产生力矩，用 δ_p 表示，$\delta_p = 0$，表示推力为零；否则表示发动机工作，有推力作用。

气动力 $\boldsymbol{R}$ 可以分解为阻力 $\boldsymbol{D}$ 和总升力 $\boldsymbol{L}$：

$$\boldsymbol{R} = \boldsymbol{X} + \boldsymbol{Y} + \boldsymbol{Z} = \boldsymbol{L} + \boldsymbol{D} \tag{2-5-5}$$

空气阻力可以用来减速，但不能用来加速。总升力 $\boldsymbol{L}$ 垂直于速度方向，它是用来改变飞行器速度方向的主要因素。

对于再入飞行器，产生控制力 $\boldsymbol{F}_c$ 的可以是小的火箭发动机，也可以是气动舵，前者如返回式卫星和载人飞船返回舱的姿态控制发动机，后者如再入机动弹头和航天飞机的空气舵。下面以空气舵为例对控制力 $\boldsymbol{F}_c$ 进行分析，空气舵可分为俯仰舵、偏航舵和滚转舵，相应地有等效俯仰舵偏角 δ_φ、等效偏航舵偏角 δ_ψ 和等效滚转舵偏角 δ_γ，简称俯仰舵偏角 δ_φ、偏航舵偏角 δ_ψ 和滚转舵偏角 δ_γ，它们分别产生俯仰控制力矩 M_{z_1c}、偏航控制力矩 M_{y_1c}、滚转控制力矩 M_{x_1c}。

在临界舵偏角以内的小舵偏角情况下，可以认为

$$\begin{cases} F_{cx_1} = F_{cx_1}(\delta_\varphi,\ \delta_\psi,\ \delta_\gamma) \\ F_{cy_1} = F_{cy_1}^{\delta}\delta_\varphi \\ F_{cz_1} = F_{cz_1}^{\delta}\delta_\psi \end{cases} \tag{2-5-6}$$

对于轴对称的再入飞行器，偏航舵与俯仰舵的效果相同，可认为 $-F_{cy_1}^{\delta} = F_{cz_1}^{\delta} < 0$。

相应的滚转、偏航、俯仰控制力矩分别为

$$\begin{cases} M_{x_1c} = M_{x_1c}^{\delta}\delta_{\gamma} = -2F_{cx_1}^{\delta}\delta_{\gamma}r_c \\ M_{y_1c} = M_{y_1c}^{\delta}\delta_{\psi} = -F_{cz_1}^{\delta}(x_c - x_g)\delta_{\psi} \\ M_{z_1c} = M_{z_1c}^{\delta}\delta_{\varphi} = -F_{cz_1}^{\delta}(x_c - x_g)\delta_{\varphi} \end{cases} \tag{2-5-7}$$

式中，$x_c - x_g$ 为空气舵铰链轴到质心的距离，即控制力的力臂；r_c 为空气舵压力中心到纵轴 o_1x_1 的距离。

引力 $m\boldsymbol{g}$ 通过质心不产生绕质心的力矩，在大气中飞行时会产生稳定力矩 $\boldsymbol{M}_{st}$、阻尼力矩 $\boldsymbol{M}_d$。

从式(2-3-82)或者式(2-4-42)可以看出，当已知初始条件要唯一地确定飞行器的运动时，必须给出三个舵偏角 δ_{φ}、δ_{ψ}、δ_{γ} 和判定发动机是否工作的变量 δ_p 的变化规律，否则飞行弹道不确定。如果把描述再入飞行器运动的微分方程组看成描述一个系统运动的微分方程组，则可以将速度、位置、姿态角等参数称为系统的状态变量，而三个舵偏角 δ_{φ}、δ_{ψ}、δ_{γ} 和 δ_p 称为控制变量，所以要确定系统的状态，必须给出控制规律，而 δ_{φ}、δ_{ψ}、δ_{γ} 和 δ_p 的变化规律是由控制方程确定的。

控制方程就是确定舵偏角 δ_{φ}、δ_{ψ}、δ_{γ} 和 δ_p 与运动参数之间的关系方程。在一般情况下，δ_{φ}、δ_{ψ}、δ_{γ} 和 δ_p 是再入飞行器的位置、速度、姿态角的函数，也与制导方法有密切的关系，具体方程将在后面几章讨论，现在给出其一般形式：

$$\begin{cases} F_{\varphi}(\delta_{\varphi}, x, y, z, \dot{x}, \dot{y}, \dot{z}, \varphi_T, \dot{\varphi}_T, \cdots) = 0 \\ F_{\psi}(\delta_{\psi}, x, y, z, \dot{x}, \dot{y}, \dot{z}, \psi_T, \dot{\psi}_T, \cdots) = 0 \\ F_{\gamma}(\delta_{\gamma}, x, y, z, \dot{x}, \dot{y}, \dot{z}, \gamma_T, \dot{\gamma}_T, \cdots) = 0 \\ F_p(\delta_p, x, y, z, \dot{x}, \dot{y}, \dot{z}, \varphi_T, \psi_T, \gamma_T, \cdots) = 0 \end{cases} \tag{2-5-8}$$

如上所述，对于六自由度的弹道计算，可以认为控制变量为 δ_p、δ_{φ}、δ_{ψ}、δ_{γ}。那么对于三自由度的弹道计算，其控制变量、状态变量又是什么呢？对在返回坐标系列写的运动方程[式(2-5-1)或者式(2-5-2)]，可认为状态变量为 v_x、v_y、v_z 和 x、y、z，而控制变量是什么呢？可以认为是 α、β、χ 和 δ_p。因为 α、β、χ 和 δ_p 确定了，给定式(2-5-1)的初值条件后就可以进行数值积分求解。要对式(2-5-1)作数值积分，必须已知 $\boldsymbol{O}_B(\varphi, \psi, \gamma)$ 和 F_{cx}、F_{cy}、F_{cz}。而当 α、β、χ 已知时，$\boldsymbol{O}_B$ 是可以求出来的：

$$\boldsymbol{O}_B(\varphi, \psi, \gamma) = \boldsymbol{O}_H(\sigma, \theta) \cdot \boldsymbol{H}_B(\alpha, \beta, \chi) \tag{2-5-9}$$

当 v_x、v_y、v_z 已知时，σ、θ 可以利用如下公式得出：

$$\begin{cases}\theta = \arctan(v_y/v_x) \\ \sigma = \arcsin(-v_z/v)\end{cases} \tag{2-5-10}$$

而：

$$\begin{bmatrix} F_{cx} \\ F_{cy} \\ F_{cz} \end{bmatrix} = \boldsymbol{O}_B \begin{bmatrix} F_{cx_1} \\ F_{cy_1} \\ F_{cz_1} \end{bmatrix} \tag{2-5-11}$$

从式(2－5－6)看出，F_{cx_1}、F_{cy_1}、F_{cz_1}是舵偏角δ_φ、δ_ψ、δ_γ的函数。根据瞬时平衡假设，δ_ψ、δ_φ可以计算出来，而δ_γ可近似认为等于0。当处于瞬时平衡时，控制力矩与稳定力矩相等，即

$$\begin{cases} M_{y_1c} = M_{y_1c}^{\delta}\delta_\psi = M_{y_1\mathrm{st}}(\alpha,\ \beta) \\ M_{z_1c} = M_{z_1c}^{\delta}\delta_\varphi = M_{z_1\mathrm{st}}(\alpha,\ \beta) \end{cases} \tag{2-5-12}$$

当α、β已知时，由式(2－5－12)可得出δ_φ、δ_ψ，再利用式(2－5－6)可求出F_{cx_1}、F_{cy_1}、F_{cz_1}。

但在实际工程设计中，常将上述过程省去，直接给出“瞬时平衡”下的空气动力系数，即将式(2－5－1)中的气动力与控制力项表示为

$$\boldsymbol{O}_B \begin{bmatrix} -C_A qS \\ C_N qS \dfrac{\cos\beta\sin\alpha}{\sin\eta} \\ -C_N qS \dfrac{\sin\beta}{\sin\eta} \end{bmatrix} + \begin{bmatrix} F_{cx} \\ F_{cy} \\ F_{cz} \end{bmatrix} = \boldsymbol{O}_B \begin{bmatrix} -C_A qS + F_{cx_1} \\ C_N qS \dfrac{\cos\beta\sin\alpha}{\sin\eta} + F_{cy_1} \\ -C_N qS \dfrac{\sin\beta}{\sin\eta} + F_{cz_1} \end{bmatrix}$$

$$= \boldsymbol{O}_B \begin{bmatrix} -C_{AB} qS \\ C_{NB} qS \dfrac{\cos\beta\sin\alpha}{\sin\eta} \\ -C_{NB} qS \dfrac{\sin\beta}{\sin\eta} \end{bmatrix} \tag{2-5-13}$$

式中，C_{AB}、C_{NB}为平衡状态(或者配平状态)下的空气动力系数。在有关部门给出空气动力系数时，应专门给出平衡状态下的空气动力系数，C_{AB}、C_{NB}中的下标B也常常不专门标出。如果认为给出的空气动力系数是平衡状态下的空气动

力系数,则可以认为三自由度弹道计算的控制变量为 α、β、χ。

对于在半速度坐标系下列写的运动方程,从式(2-5-3)可以看出,状态变量为 v、θ_T、σ_T、ϕ、λ、r,而控制变量可更直接地看出应为 α、β、χ 和 δ_p,当然应该用平衡状态下的空气动力系数。

因为质心空间运动方程的控制变量为 α、β、χ 和 δ_p,只要给出 α、β、χ 的变化规律就可以确定质心弹道。人们正是利用这一点,通过选择不同的 α、β、χ 来达到不同的要求。例如,对于轴对称再入飞行器,主要是研究如何控制 α、β 来满足某些主要要求,而对 χ 的要求是次要的;但对于再入飞行器中的载人飞船返回舱,主要研究 α 和 χ 的控制规律来满足某些主要要求,而对 β 的要求是次要的;又如,可以选择最佳的 α、β、χ 来使某些指标最佳,如横程最大、速度损失最小等。以上便是下面几章要研究的内容。

2.5.2 质心的平面运动方程

虽然质心的空间运动方程反映了质心在三维空间的运动,但从初步设计阶段确定飞行性能或选择最佳弹道的角度来看仍嫌复杂。当实际运动接近平面运动时,如再入弹头的弹道,因飞行时间短,可略去地球自转的影响,用平面弹道更方便。设再入弹道为平面弹道,如选用返回坐标系为计算坐标系,因再入弹道平面不与 $x_o o y_o$ 平面重合,则 x、y、z 没有一个恒为 0,达不到简化的目的。如选再入时刻的地理坐标系为再入坐标系,同样因 $x_e e y_e$ 平面不与再入弹道平面重合,虽是平面运动,方程仍然得不到进一步的简化,除非再入平面弹道在子午面内。当再入弹道为平面弹道时,应作如下假设,且再入坐标系的 ex_e 轴要重新定义,才能简化运动方程。

简化假设:

(1) 不考虑地球旋转,即 $\omega_E = 0$;

(2) 地球为一匀质圆球,即引力加速度与地心距的平方成反比,$g = \mu_E / r^2$;

(3) 认为再入飞行器的纵轴始终处于再入点速度矢量 $\boldsymbol{v}_e$ 与地心矢径 $\boldsymbol{r}_e$ 所决定的平面内,即侧滑角 β 等于 0;

(4) 无推力作用。

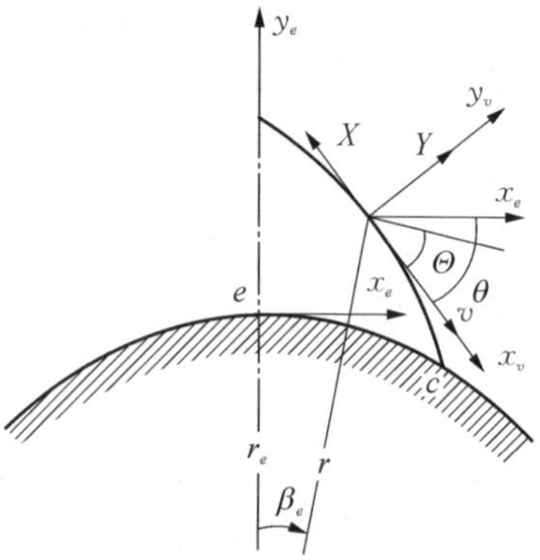

图 2-23 θ、Θ、β_e 的关系图

根据上述假设,理想条件下飞行器的运动将不存在垂直于 $\boldsymbol{v}_e$、$\boldsymbol{r}_e$ 所组成平面的侧向力,则再入段的运动为一平面运动。如图 2-23

所示，可将再入坐标系 $e-x_e y_e z_e$ 的 ex_e 轴选在由 $\boldsymbol{\nu}_e$ 和 $\boldsymbol{r}_e$ 确定的平面内，垂直于 ey_e 轴且指向运动方向为正。因无垂直于 $x_e e y_e$ 平面的侧向力，则 $x_e e y_e$ 平面即再入弹道平面。

因无侧力，$\beta = 0$，$z = 0$，则式(2－5－2)可简化为

$$m\begin{bmatrix} \dot{v}_x \\ \dot{v}_y \end{bmatrix} = -mg\begin{bmatrix} \dfrac{x}{r} \\ \dfrac{R_o + y}{r} \end{bmatrix} + \boldsymbol{O}_V\begin{bmatrix} -X \\ Y \end{bmatrix} \tag{2－5－14}$$

因 $\sigma = 0$，$\chi = 0$，$\boldsymbol{O}_V$ 可简化为

$$\boldsymbol{O}_V = \begin{bmatrix} \cos\theta & -\sin\theta \\ \sin\theta & \cos\theta \end{bmatrix} \tag{2－5－15}$$

由图 2－23 可知：

$$\begin{cases} x/r = \sin\beta_e \\ (R_o + y)/r = \cos\beta_e \end{cases} \tag{2－5－16}$$

式中，β_e 为 $\boldsymbol{r}$ 与 $\boldsymbol{r}_e$ 之间的夹角，可称为射程角，称 $R_T = \beta_e R_E$ 为再入射程。将式(2－5－15)和式(2－5－16)代入式(2－5－14)可得

$$m\begin{bmatrix} \dot{v}_x \\ \dot{v}_y \end{bmatrix} = mg\begin{bmatrix} \sin\beta_e \\ \cos\beta_e \end{bmatrix} + \begin{bmatrix} \cos\theta & -\sin\theta \\ \sin\theta & \cos\theta \end{bmatrix}\begin{bmatrix} -X \\ Y \end{bmatrix} \tag{2－5－17}$$

积分式(2－5－17)虽然可以得到速度的大小，但不清晰，可将其投影到速度坐标系。将式(2－5－17)两侧乘以矩阵 $\boldsymbol{V}_o$，可得

$$\begin{bmatrix} \cos\theta & \sin\theta \\ -\sin\theta & \cos\theta \end{bmatrix}\begin{bmatrix} \dot{v}_x \\ \dot{v}_y \end{bmatrix} = -g\begin{bmatrix} \cos\theta & \sin\theta \\ -\sin\theta & \cos\theta \end{bmatrix}\begin{bmatrix} \sin\beta_e \\ \cos\beta_e \end{bmatrix} + \frac{1}{m}\begin{bmatrix} -X \\ Y \end{bmatrix} \tag{2－5－18}$$

展开式(2－5－18)，再根据：

$$v_x = v\cos\theta, \quad v_y = v\sin\theta$$

可得

$$\begin{cases}\dot{v} = -\dfrac{X}{m} - g\sin(\theta + \beta_e) \\ v\dot{\theta} = \dfrac{Y}{m} - g\cos(\theta + \beta_e)\end{cases} \tag{2-5-19}$$

由图 2-23 可以看出，若定义飞行速度相对于当地水平线的夹角为 Θ，即当地速度倾角，则：

$$\Theta = \theta + \beta_e \tag{2-5-20}$$

故：

$$\dot{\theta} = \dot{\Theta} - \dot{\beta}_e \tag{2-5-21}$$

而：

$$\dot{\beta}_e = \frac{v\cos\Theta}{r} \tag{2-5-22}$$

将式(2-5-20)、式(2-5-21)、式(2-5-22)代入式(2-5-19)可得

$$\begin{cases}\dfrac{\mathrm{d}v}{\mathrm{d}t} = -\dfrac{X}{m} - g\sin\Theta \\ \dfrac{\mathrm{d}\Theta}{\mathrm{d}t} = \dfrac{Y}{mv} + \left(\dfrac{v}{r} - \dfrac{g}{v}\right)\cos\Theta \\ \dfrac{\mathrm{d}r}{\mathrm{d}t} = v\sin\Theta \\ \dfrac{\mathrm{d}R_T}{\mathrm{d}t} = \dfrac{R_E v\cos\Theta}{r}\end{cases} \tag{2-5-23}$$

方程(2-5-23)共有四个未知数 v、Θ、r、R_T，而控制变量为 α。给出 α 的变化规律和初值条件，积分式(2-5-23)就可以得到弹道。对于质心平面弹道，人们可以通过选择不同的 α 变化规律来达到不同的目的。如果不进行机动飞行，理论上讲 $\alpha=0$，称为零攻角再入。但如果在大气层外不对弹头进行稳定控制，即使弹头是静稳定的，由于进入大气层时攻角 α 的任意性，攻角 α 也仍有一个恢复过程，如《大气飞行器姿态动力学》[21]所讨论的。零攻角的再入又称为“弹道再入”“零升力再入”，而攻角 $\alpha\neq 0$ 时的再入称为“有升力再入”或“再入机动飞行”。

2.5.3 瞬时平衡状态下飞行器姿态角的确定

瞬时平衡(或称配平飞行)是一个很有用的假设,利用该假设可以得到质心空间运动方程,此时的控制变量为 α、β、χ,它们是已知的(人为设计量);当已知初始条件时,积分式(2-5-1)可以得到飞行器的速度 v_x、v_y、v_z,再利用式(2-5-10)又可以得 θ 和 σ。从八个欧拉角的关系知,当已知 α、β、χ、θ、σ 后,就可以求出飞行器的姿态角 φ、ψ、γ。

利用式 $\boldsymbol{O}_B(\varphi, \psi, \gamma) = \boldsymbol{O}_H(\theta, \sigma)\boldsymbol{H}_B(\alpha, \beta, \chi)$ 可得

$$\sin\psi = \sin\sigma\cos\alpha\cos\beta + \cos\sigma(\cos\alpha\sin\beta\cos\chi - \sin\alpha\sin\chi)$$
$$(-\pi/2 < \psi \leqslant \pi/2) \tag{2-5-24}$$

$$\begin{cases} \sin\varphi = [\sin\theta\cos\sigma\cos\alpha\cos\beta + (\sin\theta\sin\sigma\sin\chi + \cos\theta\cos\chi)\sin\alpha \\ \qquad - (\sin\theta\sin\sigma\cos\chi - \cos\theta\sin\chi)\cos\alpha\sin\beta]/\cos\psi \\ \cos\varphi = [\cos\theta\cos\sigma\cos\alpha\cos\beta + (\cos\theta\sin\sigma\sin\chi - \sin\theta\cos\chi)\sin\alpha \\ \qquad - (\cos\theta\sin\sigma\cos\chi + \sin\theta\sin\chi)\cos\alpha\sin\beta]/\cos\psi \\ \qquad (-\pi < \varphi \leqslant \pi) \end{cases} \tag{2-5-25}$$

$$\begin{cases} \sin\gamma = [\sin\sigma\sin\alpha\cos\beta + \cos\sigma(\cos\alpha\sin\chi + \sin\alpha\sin\beta\cos\chi)]/\cos\psi \\ \cos\gamma = [\cos\sigma\cos\beta\cos\chi - \sin\sigma\sin\beta]/\cos\psi \\ \qquad (-\pi < \gamma \leqslant \pi) \end{cases} \tag{2-5-26}$$

此时,φ、ψ、γ 的意义是,如果再入飞行器严格地按需要的 α、β、χ 飞行,则其姿态角可由式(2-5-24)、式(2-5-25)、式(2-5-26)确定。或者反过来说,如姿态角由姿态控制系统控制到上述数值,则 α、β、χ 会达到要求的值。

第3章　再入飞行器运动方程的近似解

再入飞行器从大气层外返回再入大气层的轨道形式是多种多样的，可以从不同的角度加以分类。例如，按照再入飞行器的类型，可区分为弹头、人造卫星、载人飞船、航天飞机等的返回再入；按照再入速度分，有高速再入（$v<v_{\mathrm{I}}$，v_{I} 表示当地圆周速度）、圆轨道速度再入（$v=v_{\mathrm{I}}$）、超圆轨道速度再入（$v>v_{\mathrm{I}}$）；按照有无升力分，有零升力再入（又称弹道再入）、有升力再入，其中有升力再入又细分为弹道-升力式再入（即小升阻比再入，其升阻比 $L/D\leqslant 0.5$）和升力式再入（即大升阻比再入，其升阻比 $L/D>1.0$）。再入飞行器的运动方程是高维的非线性微分方程组，不存在精确的解析解，但解析解能够给出再入期间感兴趣的物理量，如减速度、热流密度等的分析表达式，这些数据对于再入航天器的初步设计和进行任务分析、了解再入弹道的特性十分重要。

20 世纪 50 年代以来，很多研究者引入了不同的便于运动方程积分的假设条件，得到了各自的近似解。因假设条件不同，处理问题的方法不同，所得到的结果也就不完全一致，每一种解仅可用于某种特殊的轨道类型。实际使用中，所研究的问题不一样，对近似解的要求也不一样。例如，弹头总体设计中，对弹头结构所能承受的最小负加速度（有时也称最大加速度，指绝对值，下同）、热流及烧蚀问题感兴趣，对近似解的要求是计算工作量小，只要求某些值的计算误差不大，如切向加速度最大值 $|\dot{v}|_{\max}$、热流最大值 $q_{\max}$ 等，但对射程计算的精确度要求就不高。反之，对于飞船和航天飞机的再入近似解，对射程的近似计算就要求速度快一些、精度高一些。因此，评价近似解的优劣，要从各自的需求出发，并无统一的评判准则。

因再入时的当地速度倾角 Θ_e（也称再入角）和升阻比 L/D 的大小不同、近似程度不一样，再入运动方程近似解的形式是各式各样的，有简单的、稍复杂一点的，也有的虽是解析形式解，但求解公式较烦琐。在计算机运算速度不快时，求近似解得到不少学者的重视，其中弹道再入以艾伦（Allen）等[23]的近似解最为著名,对卫星、飞船的再入以查普曼(Chapman)、罗赫(Loh)、维赫(Vinh)等的近似解最为著名[24–26]。还有一些学者得到的近似解适用面广、精度高,但计算也稍微复杂。目前,计算机的速度很快、应用也很普及,计算一条三自由度的质心弹道已经不是困难的事,可以用编好的程序对某一问题进行定量分析,因此再用较复杂的近似解求解运动方程已无必要。本书研究运动方程的近似解,只讨论简单的形式,而且按弹头再入、卫星和飞船再入、有升力飞行器再入的次序来讨论问题。

热流计算和防热系统设计是再入大气层重要的问题之一,所以本书对防热系统设计的基础——热流计算也进行讨论。

3.1　弹头再入时运动方程的近似解

本节主要讨论传统的轴对称式弹头,暂不考虑新型滑翔式弹头。弹头再入的飞行时间短,可以不考虑地球旋转和扁率的影响,利用平面质心弹道作为运动方程近似解的基础。由式(2－5－23)可得运动方程如下:

$$\begin{cases} \dfrac{\mathrm{d}v}{\mathrm{d}t} = -\dfrac{D}{m} - g\sin\Theta \\ \dfrac{\mathrm{d}\Theta}{\mathrm{d}t} = \dfrac{L}{mv} + \left(\dfrac{v}{r} - \dfrac{g}{v}\right)\cos\Theta \\ \dfrac{\mathrm{d}r}{\mathrm{d}t} = v\sin\Theta \\ \dfrac{\mathrm{d}R_T}{\mathrm{d}t} = \dfrac{v\cos\Theta}{r}R_E \end{cases} \tag{3-1-1}$$

对于平面弹道,升力 $Y = L$,阻力 $X = D$。为与国外航天动力学方面的书刊符号一致,在式(3－1－1)中,升力 Y 用 L 表示,阻力 X 用 D 表示。类似地,C_x 用 C_D 表示,升阻比用 L/D 表示,航程用 R_T 表示。

弹头再入的特点是:① 在大气层外进行自旋,保持姿态稳定,使进入大气层时的攻角正好为零,所以理论上讲,它是零攻角再入,即零升力再入;② 再入时的当地速度倾角 $|\Theta_e|$ 较大,一般大于 40°。因此,弹头再入是大倾角的零升阻比再入。由式(3－1－1)知:

$$\frac{\mathrm{d}v}{\mathrm{d}t}=-\frac{C_D\rho v^2 S}{2m}-g\sin\Theta \tag{3-1-2}$$

可见,速度的变化与大气密度的变化有关,而大气密度随高度的变化有近似表达式,所以返回再入时运动方程的近似解一般不以时间 t 为自变量,而以高度 h 为自变量。

由文献[11]知,密度随高度的变化,可以通过查标准大气表得到,也可以用近似公式计算,而最简单的是在 0~86 km 范围内,取 $\rho=\rho_0\mathrm{e}^{-\beta h}$,其中 ρ_0 为 $h=0$ 处的大气密度,β 近似为一常数,通常取 $\beta=1/7\,200$ 1/m。也可以根据再入弹道高度变化范围的不同,取不同高度处的密度作为 ρ_0,并计算相应的 β 值。

因 $\mathrm{d}t=\mathrm{d}h/v\sin\Theta$,则式(3-1-2)可改写为

$$\frac{\mathrm{d}v}{\mathrm{d}h}=\frac{\mathrm{d}v}{\mathrm{d}t}\cdot\frac{\mathrm{d}t}{\mathrm{d}h}=-\frac{C_D Sv\rho_0}{2m\sin\Theta}\mathrm{e}^{-\beta h}-\frac{g}{v}$$

即

$$\frac{\mathrm{d}v^2}{\mathrm{d}h}=-\beta\frac{C_D S\rho_0}{\beta m\sin\Theta}\mathrm{e}^{-\beta h}v^2-2g \tag{3-1-3}$$

令

$$K_0=-\frac{C_D S\rho_0}{\beta m\sin\Theta}$$

则式(3-1-3)变为

$$\frac{\mathrm{d}v^2}{\mathrm{d}h}-\beta K_0\mathrm{e}^{-\beta h}v^2+2g=0 \tag{3-1-4}$$

式(3-1-4)是一阶变系数微分方程。令 $t=0$ 时,$v=v_e$, $h=h_e$, $\rho=\rho_e$,积分式(3-1-4)可得

$$v^2=v_e^2\mathrm{e}^{\int_{h_e}^{h}\beta K_0\mathrm{e}^{-\beta h}\mathrm{d}h}\left(1-\frac{2}{v_e^2}\int_{h_e}^{h}g\mathrm{e}^{-\int_{h_e}^{h}\beta K_0\mathrm{e}^{-\beta h}\mathrm{d}h}\mathrm{d}h\right) \tag{3-1-5}$$

又利用 $\mathrm{d}t=\mathrm{d}h/v\sin\Theta$ 可得

$$t=\int_{h_e}^{h}\frac{\mathrm{e}^{-\frac{1}{2}\int_{h_e}^{h}\beta K_0\mathrm{e}^{-\beta h}\mathrm{d}h}}{\sin\Theta\left(v_e^2-2\int_{h_e}^{h}g\mathrm{e}^{-\int_{h_e}^{h}\beta K_0\mathrm{e}^{-\beta h}\mathrm{d}h}\mathrm{d}h\right)^{1/2}}\mathrm{d}h \tag{3-1-6}$$

如果 v 随高度的变化已知，可以较方便地得到切向过载 $n_x = C_D\rho v^2 S/2mg_0$，热流 $q_s = K_s\sqrt{\rho}v^3$ 随高度的变化（K_s为与飞行器本体有关的常数）。

求解速度、飞行时间随高度的变化，要积分式（3－1－5）和式（3－1－6）。从某种意义上讲，以前许多学者只是采用了不同的近似假设，以便能够对上述两个方程积分，也得到了不同的结果。文献［25］曾对各种方法进行归纳整理，下面先讨论简单的情况。

3.1.1　不考虑重力作用时运动方程的近似解

弹头进入大气层时，再入角 Θ_e是在主动段根据最佳弹道原则确定的。一般的$|\Theta_e|$较大，同时弹头再入时，理论上是零攻角再入，即升力为零。作用在弹头上的外力仅有空气阻力和重力，而对于$|\Theta_e|$较大的弹道再入，除弹头刚刚进入大气层的一小段外，其空气阻力比重力要大得多，简单分析时可略去重力，由此导致的分析误差详见文献［23］。

1. C_D等于常数时运动方程的近似解

略去重力影响，弹头只受阻力作用，则弹道为直线，即 $\Theta \approx \Theta_e$近似为常数。又因弹头过载 n_x最大时，远程导弹弹头的飞行速度相当大，即飞行马赫数 Ma 很大，可以认为 C_D为常数。当 C_D和 Θ 为常数时，$K_0 = -C_D S\rho_0/\beta m\sin\Theta$ 也为常数。又因为忽略了重力影响，则式（3－1－5）变为

$$v^2 = v_e^2 e^{\beta K_0\int_{h_e}^{h} e^{-\beta h}dh} = v_e^2 e^{-K_0(e^{-\beta h}-e^{-\beta h_e})} \tag{3-1-7}$$

故：

$$v = v_e e^{-K_0(e^{-\beta h}-e^{-\beta h_e})/2} = v_e e^{-\frac{1}{2}\frac{C_D S\rho_0}{\beta m\sin\Theta}(e^{-\beta h}-e^{-\beta h_e})} = v_e e^{\frac{B(\rho-\rho_e)}{\beta\sin\Theta}} = v_e\frac{e^{B\rho/\beta\sin\Theta}}{e^{B\rho_e/\beta\sin\Theta}} \tag{3-1-8}$$

式中，$B = C_D S/2m$，在《远程火箭弹道学》[11]中称为弹道系数，主要与弹头特性有关，故：

$$K_0 = \frac{-2B\rho_0}{\beta\sin\Theta} = \frac{-C_D S\rho_0}{\beta m\sin\Theta}$$

不过要指出：不要将此处的弹道系数 B 与文献［26］中的弹道参数 $\sigma = W/C_D S = mg_0/C_D S$ 混淆了，两者的关系是 $B\sigma = g_0/2$，可见两者的意义正好相反，分析时要注意，本书中仍采用弹道系数 B。

由式(3－1－8)可以看出,v 随高度是变化的,故切向加速度随高度也是变化的:

$$\dot{v}=\frac{-C_DS}{2m}\rho v^2=\frac{-C_DS}{2m}\rho_0\mathrm{e}^{-\beta h}v^2=\frac{-C_DS}{2m}\rho_0\mathrm{e}^{-\beta h}v_e^2\frac{\exp\left(\dfrac{2B\rho_0\mathrm{e}^{-\beta h}}{\beta\sin\Theta}\right)}{\exp\left(\dfrac{2B\rho_0\mathrm{e}^{-\beta h_e}}{\beta\sin\Theta}\right)} \tag{3-1-9}$$

可见,当 B 不变时,切向加速度主要与 ρv^2 有关。

因为 $\dot{v}$ 是 h 的函数,下面可求出最小负加速度。令 $\mathrm{d}\dot{v}/\mathrm{d}h=0$,可得

$$\beta+\frac{2B\rho_0\mathrm{e}^{-\beta h}}{\sin\Theta}=\beta-K_0\beta\mathrm{e}^{-\beta h}=0 \tag{3-1-10}$$

故 $\dot{v}_{\min}$ 发生处的高度 h_{m1} 由如下公式决定:

$$h_{m1}=-\frac{1}{\beta}\ln\frac{1}{K_0}=\frac{\ln K_0}{\beta}=\frac{1}{\beta}\ln\left(-\frac{C_DS\rho_0}{m\beta\sin\Theta_e}\right) \tag{3-1-11}$$

从式(3－1－11)看出,m、$|\Theta_e|$ 越大,或 C_D、S 越小时,最小负加速度出现的高度就越低,而此高度与再入速度 v_e 的大小无关。

当 $h=h_{m1}=(\ln K_0)/\beta$ 时:

$$v_{m1}=v_e\mathrm{e}^{-1/2}/\mathrm{e}^{(B\rho_e/\beta\sin\Theta_e)} \tag{3-1-12}$$

当所取的高度 h_e 很高时,$\rho_e\to 0$,则有

$$v_{m1}=v_e\mathrm{e}^{-1/2}\approx 0.606\,5v_e \tag{3-1-13}$$

式(3－1－13)说明,在上述假设下,再入弹头出现最小负加速度时的速度大小与弹头的质量、尺寸和再入角无关,而只与再入速度大小 v_e 有关。

将此 v_{m1}、h_{m1} 代入式(3－1－9)可得

$$\dot{v}_{\min}=\frac{\beta\sin\Theta_e v_e^2}{2\mathrm{e}^{(1+2B\rho_e/\beta\sin\Theta_e)}}$$

如果 ρ_e 很小,则有

$$\dot{v}_{\min}=\frac{\beta\sin\Theta_e}{2e}v_e^2 \tag{3-1-14}$$

即在上述假设下，最小负加速度只与弹头再入时的速度倾角 Θ_e 和再入速度 v_e 有关，而与再入弹头的尺寸、质量无关，也即与弹道系数 B 无关。

从式(3－1－14)看出，再入速度 v_e 和再入角 Θ_e 的大小均影响 $\dot{v}_{\min}$ 的大小，但主要的影响参数是 Θ_e，所以减小 $|\dot{v}_{\min}|$ 最有效的方法是减小 $|\Theta_e|$。

利用式(3－1－6)不难求出从再入开始高度 h_e 飞到某一高度 h 时的飞行时间：

$$t=\int_{h_e}^{h}\frac{e^{-\frac{1}{2}\beta K_0\int_{h_e}^{h}e^{-\beta h}dh}}{v_e\sin\Theta_e}dh \tag{3-1-15}$$

当所取的高度 h_e 很高时，h_e 要远远大于 $1/\beta$，则有

$$\int_{h_e}^{h}e^{-\beta h}dh=-\frac{1}{\beta}(e^{-\beta h}-e^{-\beta h_e})\approx-\frac{e^{-\beta h}}{\beta}$$

将上式代入式(3－1－15)，则有

$$t=\frac{1}{v_e\sin\Theta_e}\int_{h_e}^{h}e^{\frac{K_0}{2}e^{-\beta h}}dh$$

令 $x=\dfrac{K_0}{2}e^{-\beta h}$，则 $dx=-\beta x dh$，代入上式，则有

$$t=-\frac{1}{v_e\beta\sin\Theta_e}\int_{x_e}^{x}\frac{e^x}{x}dx \tag{3-1-16}$$

将 e^x 展开为泰勒级数 $e^x=1+\sum\limits_{k=1}^{n}\dfrac{x^k}{k!}$，则：

$$t=-\frac{1}{v_e\beta\sin\Theta_e}\left[\ln\frac{x}{x_e}+\sum_{k=1}^{n}\frac{1}{k\cdot k!}(x^k-x_e^k)\right] \tag{3-1-17}$$

n 的大小取决于所需的计算精度。

2. C_D 等于常数时热流的计算和分析

再入飞行器再入时很重要的一个问题是防热问题。飞行器以极高的速度穿越大气层飞行时，由于它对前方空气的压缩及与周围空气的摩擦，其大部分动能会以激波及尾流涡旋的形式耗散于大气中，剩下的一部分动能则转变成空气的热能，会使空气的温度达到几千摄氏度。由于再入飞行器表面的温度低，而围绕飞行器周围的空气温度很高，空气的热能会以边界层对流加热和激波辐

射两种形式加热再入器。虽然以热形式加热再入器的能量一般不到其总动能的 1%,但如果不加以防护,也足以破坏再入器的结构。如何计算传递的热量,对再入飞行器的防热设计很重要。根据热量传递的大小,可计算烧蚀量及开展防热设计。准确确定热交换过程和结构的温度场是一个很复杂的问题,这不是本书讨论的内容,本书只讨论热流的计算公式,它是防热设计的基础。

热流计算主要有三个量:平均对流热流 q_{av}(W/m^2)、总吸热量 Q(J)和驻点对流热流 q_s(W/m^2)。需要说明的是,热流量的大小与围绕再入飞行器表面的流场性质有关,由于出现最大热流的高度较大、此时的雷诺数 Re 较小,围绕再入飞行器表面气流的流动为层流,因此下面的推导实际上仅是对层流的热流计算公式,而且主要用来比较不同弹道热流的差别,完全用其来确定结构的热环境是不够的。

1) 平均热流 q_{av}

平均热流(average heat flux)定义为单位时间单位面积上由空气传给再入飞行器的平均热量,也称平均热通量或平均热流密度:

$$q_{av} = \frac{1}{S_T}\int q(s)\,ds$$

式中,$q(s)$是再入飞行器表面面元 ds 处单位时间内由空气传给再入飞行器的热量;S_T 是飞行器的表面积。根据热力学的推导[23]可得

$$q_{av} = \frac{1}{4}C_f \rho v^3 \tag{3-1-18}$$

式中,C_f 是与再入飞行器外形等有关的常数。可见,平均热流与 ρv^3 这个量有关。

已知 $v = v_e e^{B\rho/\beta\sin\Theta_e}$,代入式(3-1-18),可得

$$q_{av} = \frac{1}{4}C_f v_e^3 \rho_0 e^{-\beta h} e^{\frac{3C_D S\rho_0}{2m\beta\sin\Theta_e}e^{-\beta h}} \tag{3-1-19}$$

由式(3-1-19)看出,q_{av}是飞行高度 h 的函数,故可以求得出现最大平均热流 $q_{av,\max}$的高度为

$$h_{m2} = \frac{1}{\beta}\ln\left(-\frac{3C_D S\rho_0}{2m\beta\sin\Theta_e}\right) \tag{3-1-20}$$

而此时的速度、最大平均热流分别为

$$v_{m2} = v_e \mathrm{e}^{-1/3} \approx 0.7165 v_e \tag{3-1-21}$$

$$q_{\mathrm{av,\,max}} = \frac{-\beta}{6e}\left(\frac{C_f}{C_D S}\right) m v_e^3 \sin\Theta_e \tag{3-1-22}$$

比较式(3-1-13)与式(3-1-21)可见,出现最大平均热流的高度要大于出现最小减速度的高度。

2）总吸热量 Q

总吸热量定义为再入过程中空气传给再入飞行器的总热量。基于平均热流 q_{av}的定义,总吸热量 Q 可用式(3-1-23)计算:

$$Q = \int_0^t q_{\mathrm{av}} S_T \mathrm{d}t = \int_0^t \frac{C_f \rho v^3 S_T}{4} \mathrm{d}t \tag{3-1-23}$$

将 ρ、v 的近似表达式代入式(3-1-23),可得

$$Q = \frac{1}{4}\frac{C_f S_T}{C_D S} m v_e^2 \left(\mathrm{e}^{\frac{2B\rho_e}{\beta\sin\Theta_e}} - \mathrm{e}^{\frac{2B\rho}{\beta\sin\Theta_e}}\right)$$

如果 h_e选择得很大,则有 $\rho_e \to 0$, $\mathrm{e}^{2B\rho_e/\beta\sin\Theta_e} \to 1$;而落点的速度 $v_f = v_e \mathrm{e}^{B\rho_f/\beta\sin\Theta_e}$,则有

$$Q = \frac{m}{4}\left(\frac{C_f S_T}{C_D S}\right)(v_e^2 - v_f^2) = \frac{C_f S_T}{2C_D S}\left(\frac{m v_e^2}{2} - \frac{m v_f^2}{2}\right) \tag{3-1-24}$$

可见,再入飞行器动能减少的部分中,有 $C_f S_T/(2C_D S)$ 的比例以热的形式加热再入器。

3）驻点热流 q_s

驻点是指空气相对于飞行器的流动速度为零的点,也是热流最大的点。驻点热流一般是指头部驻点的热流,它对应再入飞行器加热最严重的情况。对于球头,迎角为零时,驻点就是球头的顶点。球头的驻点热流与头部半径 R_N的平方根成反比,即

$$q_s \propto \frac{1}{\sqrt{R_N}}$$

因此,返回式卫星、载人飞船等常设计成大钝头体。

根据热力学推导[23],可得驻点热流 q_s的近似表达式:

$$q_s = k_s\sqrt{\rho}v^3 \tag{3-1-25}$$

式中，系数 k_s 取决于飞行器头部的形状。将 v、ρ 代入式(3－1－25)，得

$$q_s = k_s\sqrt{\rho_0}v_e^3 e^{-\frac{\beta h}{2}}\exp\left(\frac{3C_D\rho_0 S e^{-\beta h}}{2\beta m\sin\Theta_e}\right) \tag{3-1-26}$$

可见，q_s 是高度 h 的函数，故可求得出现最大驻点热流 $q_{s,\max}$ 的高度：

$$h_{m3} = \frac{1}{\beta}\ln\left(-\frac{3C_D\rho_0 S}{m\beta\sin\Theta_e}\right) \tag{3-1-27}$$

而此时的速度、最大驻点热流分别为

$$v_{m3} = v_e e^{-1/6} \approx 0.846\,5v_e \tag{3-1-28}$$

$$q_{s,\max} = k_s\sqrt{\frac{-\beta m\sin\Theta_e}{3eC_D S}}v_e^3 \tag{3-1-29}$$

对于驻点热流，更准确一点的估算公式为

$$q_s = \frac{k_s}{\sqrt{R_N}}\left(\frac{\rho}{\rho_0}\right)^n\left(\frac{v}{v_\mathrm{I}}\right)^m \tag{3-1-30}$$

式中，R_N 为头部曲率半径；$v_\mathrm{I} = \sqrt{gR_E} = 7\,905$ m/s 为地球表面的圆周速度；$\rho_0 = 1.225$ kg/m^3 为海平面的大气密度；m、n 为估算系数，对于球头类构型，$n = 1/2$，$m = 3.15$，也即驻点热流约与密度的平方根、速度的 3 次方成正比，与头部半径的平方根成反比，但对于形状复杂的再入飞行器，或对于其他行星进入的情形，n 不一定等于 1/2，m 也不一定等于 3，应该取理论计算值或者实验值[27]；k_s 为热流系数，对于球头类构型，$k_s = 1.105\times10^8$。若将上述参数代入式(3－1－30)，可得

$$q_s = K_s R_N^{-\frac{1}{2}}\rho^{\frac{1}{2}}v^{3.15}$$

式中，$K_s = k_s\rho_0^{-\frac{1}{2}}v_\mathrm{I}^{-3.15}$，$K_s \approx 5.26\times10^{-5}$。

4）对 $\dot{v}_{\min}$、$q_{\mathrm{av},\max}$、$q_{s,\max}$ 和 Q 的分析

下面将平均热流、驻点热流和最小负加速度的公式放在一起讨论其特点。

产生最小负加速度处的高度和速度为

$$h_{m1} = \frac{1}{\beta}\ln\left(-\frac{C_D S\rho_0}{m\beta\sin\Theta_e}\right),\quad v_{m1} = \mathrm{e}^{-1/2}v_e \approx 0.606\,5v_e$$

产生最大平均热流处的高度和速度为

$$h_{m2} = \frac{1}{\beta}\ln\left(-\frac{3}{2}\frac{C_D S\rho_0}{m\beta\sin\Theta_e}\right),\quad v_{m2} = \mathrm{e}^{-1/3}v_e \approx 0.716\,5v_e$$

产生最大驻点热流处的高度和速度为

$$h_{m3} = \frac{1}{\beta}\ln\left(-3\frac{C_D S\rho_0}{m\beta\sin\Theta_e}\right),\quad v_{m3} = \mathrm{e}^{-1/6}v_e \approx 0.846\,5v_e$$

从上述公式可以看出，h_{m1}、h_{m2}、h_{m3}和v_{m1}、v_{m2}、v_{m3}有类似的表达式，仅有些常数值不同。若C_D、S、Θ_e相同，则再入过程中先出现最大驻点热流点，然后出现最大平均热流点，最后才出现最小负加速度点，且共同之处是出现的高度均与再入速度无关，主要受再入角Θ_e的影响。当然，相应的出现点速度由大到小，而且出现点的速度值只与再入速度v_e有关，与飞行器的质量、尺寸及再入角Θ_e无关。

下面分析最小负加速度及最大平均热流、最大驻点热流的特点，由式(3-1-14)、式(3-1-21)和式(3-1-28)知，最小负加速度为

$$\dot{v}_{\min} = \frac{\beta\sin\Theta_e}{2\mathrm{e}}v_e^2$$

最大平均热流为

$$q_{\mathrm{av,\,max}} = \frac{-\beta}{6\mathrm{e}}\left(\frac{C_f}{C_D S}\right)mv_e^3\sin\Theta_e$$

最大驻点热流为

$$q_{s,\,\max} = k_s\sqrt{\frac{-\beta m\sin\Theta_e}{3\mathrm{e}C_D S}}v_e^3$$

可见，最小负加速度$\dot{v}_{\min}$与结构、尺寸无关，但最大驻点热流和最大平均热流与m、S、C_D、C_f、k_s等飞行器本体特征参数有关，共同的是与再入速度v_e和再入角Θ_e有关。从减小过载和热流的观点，$|\Theta_e|$较小是较合适的，另外减小$q_{\mathrm{av,\,max}}$和$q_{s,\,\max}$还可以通过增大C_D或减小m来达到。从式(3-1-30)看出，增大头部半径R_N，即钝头也可以减小热负荷，但这些显然与空气动力学要求的减

小阻力是不同的。总的来说,为减小最大驻点热流 $q_{s,\max}$ 和减小过载 $|\dot{v}|/g$,减小 $|\Theta_e|$ 是较合适的。但从总吸热量的角度看,$|\Theta_e|$ 减小过多并不合适,因为 $|\Theta_e|$ 减小则意味飞行时间增加;根据 $v_f = v_e \exp(B\rho_f/\beta \sin\Theta_e)$ 还可知,v_f 将会减小。由式(3-1-24)看出,v_f 减小会导致总吸热量增加,这是因为虽然 q_{av} 有所减小,但总的飞行时间增加,总吸热量还是增大的。因此,综合以上两方面的因素可知,合理地选择一个再入角是再入弹道设计中要解决的一个重要问题。

3. C_D 不等于常数时运动方程的近似解

上面讨论的是 C_D 等于常数的情况,它仅适用于 Ma 较大的情形,当 Ma 较小或者要求分析解更精确一些时,C_D 不能看作常数。弹头的 C_D 与马赫数 Ma 和高度 h 的关系如图 3-1 和图 3-2 所示。

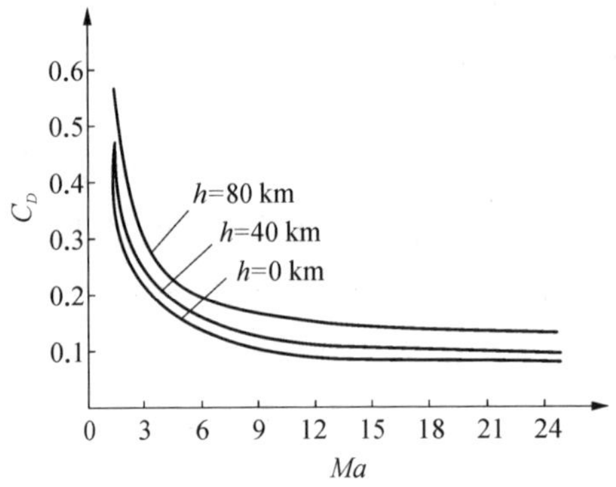

图 3-1 C_D 与 Ma 的关系

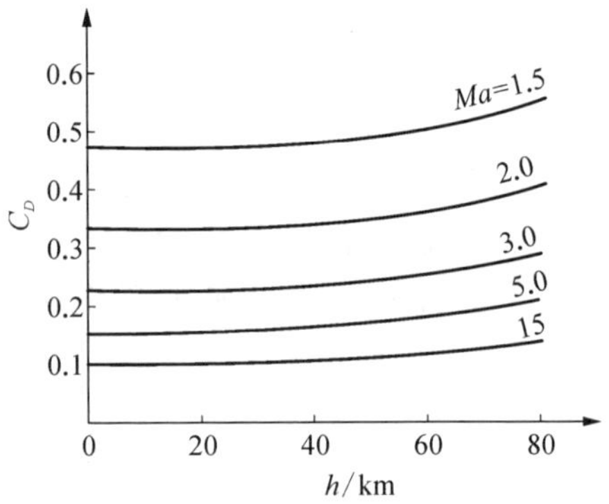

图 3-2 C_D 与 h 的关系

文献[28]指出,对一个球-锥外形的弹头,通过计算和拟合,C_D 可以拟合成如下形式:

$$C_D = C_{Df} v^n \tag{3-1-31}$$

式中,C_{Df}、n 为常数,是由阻力曲线拟合得到的,其大小与弹头的形状和速度范围有关,即在超声速和高超声速下,C_{Df} 和 n 可以取不同的值。由于 C_D 还是飞行高度的函数,文献[29]中认为取如下关系更合适:

$$C_D = C_{Df} v^n e^{-\alpha h} \tag{3-1-32}$$

式中,α 为常数。将 C_D 逼近成式(3-1-32)这种形式,是因为只有采用这种形式,式(3-1-3)在略去重力影响后才能积分得到解析解。

将式(3-1-32)代入式(3-1-3),略去重力影响,可得

$$\frac{\mathrm{d}v^2}{\mathrm{d}h}=-\frac{C_D S\rho_0}{m\sin\Theta_e}\mathrm{e}^{-\beta h}v^2=-\frac{C_{Df}v^n\mathrm{e}^{-\alpha h}\mathrm{e}^{-\beta h}\rho_0 Sv^2}{m\sin\Theta_e}$$

$$v^{-(n+1)}\mathrm{d}v=\frac{C_{Df}S\rho_0}{2m\kappa\sin\Theta_e}\mathrm{e}^{-\kappa h}\mathrm{d}(-\kappa h)=\frac{B_f\rho_0}{\kappa\sin\Theta_e}\mathrm{e}^{-\kappa h}\mathrm{d}(-\kappa h)$$

(3-1-33)

式中，$B_f=\frac{C_{Df}S}{2m}$，$\kappa=\alpha+\beta$，B_f、κ 为常数。

积分式(3-1-33)可得

$$v=\left[v_e^{-n}-\mu(\mathrm{e}^{-\kappa h}-\mathrm{e}^{-\kappa h_e})\right]^{-\frac{1}{n}} \quad (3-1-34)$$

式中，$\mu=B_f n\rho_0/\kappa\sin\Theta_e$，也是常数。

当 h_e 取值足够大时，$\mathrm{e}^{-\kappa h_e}$ 趋近于0，则式(3-1-34)可简化为

$$v=(v_e^{-n}-\mu\mathrm{e}^{-\kappa h})^{-\frac{1}{n}} \quad (3-1-35)$$

式(3-1-35)表示考虑 C_D 是速度、高度的函数时，速度相对于高度的变化关系。利用式(3-1-35)可以求 $\dot{v}$ 随高度的变化。

因 $\dot{v}=-C_D\rho v^2S/2m$，将 $\rho=\rho_0\mathrm{e}^{-\beta h}$ 和式(3-1-35)代入 $\dot{v}$ 的表达式可得

$$\dot{v}=-B_f\rho_0 v^{n+2}\mathrm{e}^{-\kappa h}=-B_f\rho_0\mathrm{e}^{-\kappa h}(v_e^{-n}-\mu\mathrm{e}^{-\kappa h})^{-\frac{n+2}{n}} \quad (3-1-36)$$

可见，$\dot{v}$ 是高度 h 的函数，可以求出最小负加速度。令 $\partial\dot{v}/\partial h=0$，可以得最小负加速度出现处的速度 v_m、高度 h_m 应满足的条件为

$$\mathrm{e}^{-\kappa h_m}=-\frac{\kappa\sin\Theta_e}{(n+2)B_f\rho_0}v_m^{-n} \quad (3-1-37)$$

将式(3-1-35)代入式(3-1-37)可得

$$h_m=\frac{1}{\kappa}\ln\left(\frac{-C_{Df}S\rho_0}{m\kappa\sin\Theta_e}v_e^{-n}\right) \quad (3-1-38)$$

将式(3-1-38)代入式(3-1-37)和式(3-1-36)可得

$$v_m=v_e\left(1+\frac{n}{2}\right)^{-\frac{1}{n}} \quad (3-1-39)$$

$$\dot{v}_{\min} = \frac{\kappa \sin \Theta_e}{n+2} v_e \left(1 + \frac{n}{2}\right)^{-\frac{2}{n}} = \frac{\kappa \sin \Theta_e}{n+2} v_m^2 \tag{3-1-40}$$

因为 $\Theta = \Theta_e =$ 常数，故也可以得到射程 R_T 的解析解：

$$R_T = R_E \tan \Theta_e \int_{h_e}^{h} \frac{\mathrm{d}h}{R_E + h} = R_E \tan \Theta_e \ln\left(\frac{r}{r_e}\right) \tag{3-1-41}$$

同理，可得到计算热流的公式：

$$q_{\text{av}} = \frac{1}{4} C_f \rho_0 \mathrm{e}^{-\beta h} (v_e^{-n} - \mu \mathrm{e}^{-\kappa h})^{-\frac{3}{n}} \tag{3-1-42}$$

$$q_s = k_s \sqrt{\rho_0}\, \mathrm{e}^{-\frac{\beta h}{2}} (v_e^{-n} - \mu \mathrm{e}^{-\kappa h})^{-\frac{3}{n}} \tag{3-1-43}$$

q_{av}、q_s 是 h 的函数，据此求出 q_{av}、q_s 最大值发生处的高度及各自的最大值。

文献[29]给出了一个例子，对近似解与数值积分的结果进行了比较，说明考虑 C_D 随高度变化时更接近数值积分的结果。

文献[28]中指出，对于 C_D 与速度的关系，以某一速度 v_B 为分界点，拟合式 $C_D = C_{Df} v^n$ 中的 C_{Df} 及 n 是不同的；而 $\rho = \rho_0 \mathrm{e}^{-\beta h}$ 也应以某一高度 h_B 为分界点，ρ_0 及 β 取不同的值，这样更符合实际情况。作者指出，这样做的结果，在 $Ma > 1$ 的情况下，其解析解都可以提供较精确的结果。

3.1.2 考虑重力作用时运动方程的近似解

1. C_D 等于常数时运动方程的近似解

考虑重力作用，Θ 就不等于常数，$K_0 = -C_D S \rho_0 / \beta m \sin \Theta$ 也就不等于常数，故不易求得近似解。为了近似求速度的大小，可以将弹道分段，认为在每一段内，K_0 是常数，又由引力加速度 $g = g_0 R_E^2 / (R_E + h)^2$，因为再入射程较短，也可以近似取 $g = g_0$，则有

$$v = v_e \mathrm{e}^{-\frac{K_0}{2}(\mathrm{e}^{-\beta h} - \mathrm{e}^{\beta h_e})} \left[1 + \frac{2g_0}{v_e^2 \beta} \int_{h_e}^{h} \frac{\mathrm{e}^{K_0 \mathrm{e}^{-\beta h}} \mathrm{d}(K_0 \mathrm{e}^{-\beta h})}{K_0 \mathrm{e}^{K_0 \mathrm{e}^{-\beta h_e}} \mathrm{e}^{-\beta h}}\right]^{\frac{1}{2}} \tag{3-1-44}$$

如果 h_e 较大，则 $\mathrm{e}^{-\beta h_e} \approx 0$，$\mathrm{e}^{K_0 \mathrm{e}^{-\beta h_e}} \approx 1$，以下推导均令 $\mathrm{e}^{K_0 \mathrm{e}^{-\beta h_e}} = 1$。令 $K_0 \mathrm{e}^{-\beta h} = y$，则：

$$\int_{h_e}^{h} \frac{\mathrm{e}^{K_0 \mathrm{e}^{-\beta h}}}{K_0 \mathrm{e}^{-\beta h}} \mathrm{d}(K_0 \mathrm{e}^{-\beta h}) = \int_{y_e}^{y} \frac{\mathrm{e}^y}{y} \mathrm{d}y = F(y) - F(y_e)$$

将 e^y 作幂级数展开，积分可得

$$\int_{y_e}^{y}\frac{e^y}{y}dy=\ln\frac{y}{y_e}+\sum_{k=1}^{n}\frac{y^k}{k\cdot k!}\Bigg|_{y_e}^{y}$$

故：

$$\begin{aligned}v&=v_e e^{-\frac{K_0}{2}(e^{-\beta h}-e^{\beta h_e})}\left\{1+\frac{2g}{v_e^2\beta}[F(y)-F(y_e)]\right\}^{1/2}\\&=v_e e^{-\frac{K_0}{2}(e^{-\beta h}-e^{\beta h_e})}\left\{1+\frac{2g}{v_e^2\beta}\left[\ln\frac{y}{y_e}+\sum_{k=1}^{n}\frac{1}{k\cdot k!}(y^k-y_e^k)\right]\right\}^{1/2}\end{aligned}\tag{3-1-45}$$

在求速度时，认为 Θ 为常数，在飞行时间长时会有较大的误差，可用动量矩定理求 Θ 的变化。飞行器对地心的动量矩为 $mvr\cos\Theta$，重力通过重心不产生力矩，阻力产生的外力矩为 $-rC_D\rho v^2S\cos\Theta/2$，由动量矩定理得

$$\frac{d}{dt}(rv\cos\Theta)=-r\frac{C_DS\rho_0}{2m}e^{-\beta h}v^2\cos\Theta$$

将自变量换成 h，有

$$\frac{d(rv\cos\Theta)}{dh}=-\frac{C_DS\rho_0}{2m\sin\Theta}e^{-\beta h}(rv\cos\Theta)$$

对上式积分，可得

$$\ln\left(\frac{rv\cos\Theta}{r_ev_e\cos\Theta_e}\right)=-\frac{K_0}{2}(e^{-\beta h}-e^{-\beta h_e})\tag{3-1-46}$$

故：

$$\cos\Theta=\frac{r_ev_e\cos\Theta_e}{rv}e^{-\frac{K_0}{2}(e^{-\beta h}-e^{-\beta h_e})}\tag{3-1-47}$$

由式(3-1-45)求出 v，代入式(3-1-47)即求得 Θ 随高度的变化。

2. C_D不等于常数时运动方程的近似解

上面的近似解虽然考虑了重力的影响，但仍然假设 C_D 为常数，而如前所述，C_D应该是速度和高度的函数。下面介绍不考虑 Θ 的变化，考虑重力作用且 C_D 为 v、h 的函数时的近似解[29]。

因：

$$\frac{\mathrm{d}v}{\mathrm{d}t}=-C_D\frac{\rho v^2 S}{2m}-g\sin\Theta \tag{3-1-48}$$

将 $\rho=\rho_0\mathrm{e}^{-\beta h}$，$C_D=C_{Df}v^n\mathrm{e}^{-\alpha h}$ 代入式(3－1－48)，且令 $B_f=C_{Df}S/2m$，$\kappa=\alpha+\beta$，可得

$$\mathrm{d}v=\left(-\frac{B_f\rho_0}{\sin\Theta}v^{n+1}\mathrm{e}^{-\kappa h}-\frac{g}{v}\right)\mathrm{d}h \tag{3-1-49}$$

令

$$\mathrm{d}v=\mathrm{d}v_1+\mathrm{d}v_2 \tag{3-1-50}$$

$$\mathrm{d}v_1=-\frac{B_f\rho_0}{\sin\Theta}v^{n+1}\mathrm{e}^{-\kappa h}\mathrm{d}h \tag{3-1-51}$$

$$\mathrm{d}v_2=-\frac{g}{v}\mathrm{d}h \tag{3-1-52}$$

则有

$$v=\int_{h_e}^{h}\mathrm{d}v_1+\int_{h_e}^{h}\mathrm{d}v_2 \tag{3-1-53}$$

一般地说，式(3－1－53)右边的积分是积不出来的，但考虑到实际中阻力产生的速度变化远大于重力产生的速度变化，为此作如下假设。

(1) 忽略重力影响求积分 $\int_{h_e}^{h}\mathrm{d}v_1$，如前所述，积分可得

$$v_1=\int_{h_e}^{h}\mathrm{d}v_1=(v_e^{-n}-\mu\mathrm{e}^{-\kappa h})^{-\frac{1}{n}} \tag{3-1-54}$$

(2) 考虑重力作用的修正。因为重力的影响小，可以把重力的影响看成对 v_1 的一个修正：

$$\Delta v=\int_{h_e}^{h}\mathrm{d}v_2=\int_{h_e}^{h}-\frac{g}{v}\mathrm{d}h=\int_0^t-g\sin\Theta\mathrm{d}t=-gt\sin\Theta \tag{3-1-55}$$

如果认为考虑重力作用且 C_D 不是常数时，飞行至某一高度的时间与不考虑重力作用且 C_D 等于常数的飞行时间相同，则式(3－1－55)中的 t 可用式(3－1－17)求出。故有

$$v = v_1 + \Delta v = (v_e^{-n} - \mu e^{-\kappa h})^{-\frac{1}{n}} - gt\sin\Theta \qquad (3-1-56)$$

$$\dot{v} = -B_f \rho_0 v^{n+2} e^{-\kappa h} - g\sin\Theta \qquad (3-1-57)$$

重力对弹头再入运动的影响,主要是在空气动力很小时的再入开始段和速度较小时的再入末端。除此之外,分析最大过载值、最大热流值时是可以不考虑重力的。

3.2　人造卫星和载人飞船再入时运动方程的近似解

除机动弹头再入外,弹头再入的特点是零攻角、大倾角$|\Theta_e|$,再入时的轴向过载很大,由于无人,再采用适当的热防护措施是可以完成任务的。对于人造卫星,一般装有回收的仪器舱,再入速度倾角$|\Theta_e|$不能过大;而载人飞船由于载人和装有仪器,受过载及热环境的限制,也不能采用大倾角$|\Theta_e|$的再入,因为随着再入角$|\Theta_e|$的加大,过载将急剧增加,热流也会急剧增加。为了减小过载和热流、增加机动能力,最好采用有升力的再入,但载人飞船是靠质心的横移来产生攻角,而质心横移不可能很大,故攻角不能很大,升阻比也就不会很大。因此,人造卫星和载人飞船的再入属于小倾角、小升阻比(或零升阻比)的再入。关于这方面的近似解有很多,本节主要介绍查普曼(Chapman)方程[24]。

3.2.1　小倾角和小升阻比再入时运动方程的简化

飞行器以小倾角再入时,不能像弹头再入那样忽略重力的影响和认为Θ为常数,因此不易得到近似解析解。研究人员另辟蹊径,在一定的假设条件下,把决定速度大小和方向的方程由两个非线性微分方程化简成一个无因次的非线性微分方程。虽然此无因次的非线性微分方程得不到解析解,但它是无因次的,可以通过数值积分得到其弹道特性,而这种特性可适应不同类型的再入飞行器,只要无因次方程相同,其弹道特性就相同。

查普曼方程不是用v和Θ表示速度向量,而是用v_β和v_r。其中,v_β表示沿当地水平方向的速度,向前为正,称为周向速度(circumferential velocity)或水平速度;v_r表示沿地心矢径$\boldsymbol{r}$方向的速度,向上为正,称为径向速度(radial velocity)。可知速度的大小为

$$v=\sqrt{v_r^2+v_\beta^2} \tag{3-2-1}$$

表示速度方向的当地速度倾角为

$$\tan\Theta=\frac{v_r}{v_\beta} \tag{3-2-2}$$

令

$$\boldsymbol{v}=v_r\boldsymbol{i}^0+v_\beta\boldsymbol{j}^0$$

式中，$\boldsymbol{i}^0$、$\boldsymbol{j}^0$分别为 v_r、v_β 方向上的单位向量。对速度表达式微分，可得

$$\begin{aligned}\frac{\mathrm{d}\boldsymbol{v}}{\mathrm{d}t}&=\dot{v}_r\boldsymbol{i}^0+\dot{v}_\beta\boldsymbol{j}^0+v_r\frac{\mathrm{d}\boldsymbol{i}^0}{\mathrm{d}t}+v_\beta\frac{\mathrm{d}\boldsymbol{j}^0}{\mathrm{d}t}\\&=\left(\frac{\mathrm{d}v_r}{\mathrm{d}t}-\frac{v_\beta^2}{r}\right)\boldsymbol{i}^0+\left(\frac{\mathrm{d}v_\beta}{\mathrm{d}t}+\frac{v_\beta v_r}{r}\right)\boldsymbol{j}^0\end{aligned} \tag{3-2-3}$$

再将空气动力 $\boldsymbol{D}$、$\boldsymbol{L}$ 和引力 $m\boldsymbol{g}$ 投影到 $\boldsymbol{i}^0$、$\boldsymbol{j}^0$方向，可得

$$\begin{cases}\dfrac{\mathrm{d}v_\beta}{\mathrm{d}t}+\dfrac{v_\beta v_r}{r}=-\dfrac{D}{m}\left(\cos\Theta+\dfrac{L}{D}\sin\Theta\right)\\[2mm]\dfrac{\mathrm{d}v_r}{\mathrm{d}t}-\dfrac{v_\beta^2}{r}=-g+\dfrac{L}{m}\cos\Theta-\dfrac{D}{m}\sin\Theta\\[2mm]\dfrac{\mathrm{d}r}{\mathrm{d}t}=v_r\\[2mm]\tan\Theta=\dfrac{v_r}{v_\beta}\end{cases} \tag{3-2-4}$$

为了简化方程(3-2-4)，查普曼作了如下两个假设。

(1) 认为在所研究的弹道段内，距离的相对变化 $\mathrm{d}r/r$ 与周向速度的相对变化 $\mathrm{d}v_\beta/v_\beta$ 相比是比较小的，即 $\mathrm{d}r/r\ll\mathrm{d}v_\beta/v_\beta$，也就是

$$\frac{|\mathrm{d}r/r|}{|\mathrm{d}v_\beta/v_\beta|}\ll 1$$

(2) 对于有升力的再入飞行器，$|\Theta|$ 足够小，使 $L\sin\Theta\ll D\cos\Theta$，即 $L/D\tan\Theta\ll 1$。

采用上述两个假设后，方程(3-2-4)可进行简化。因 $v_r=\dot{r}=\mathrm{d}r/\mathrm{d}t$，故：

$$\frac{|v_\beta v_r/r|}{|\mathrm{d}v_\beta/\mathrm{d}t|}=\frac{|v_\beta \mathrm{d}r/\mathrm{d}t|}{|r\mathrm{d}v_\beta/\mathrm{d}t|}=\frac{|\mathrm{d}r/r|}{|\mathrm{d}v_\beta/v_\beta|}$$

由假设(1)知，$\left|\frac{\mathrm{d}r}{r}\right|\Big/\left|\frac{\mathrm{d}v_\beta}{v_\beta}\right|\ll 1$，即 $\frac{|\mathrm{d}v_\beta|}{|\mathrm{d}t|}\gg\frac{v_\beta v_r}{r}$；同时由假设(2)知，$D\cos\Theta\gg L\sin\Theta$。因此,式(3-2-4)中的第一个方程可简化为

$$\frac{\mathrm{d}v_\beta}{\mathrm{d}t}=-\frac{D}{m}\cos\Theta \tag{3-2-5}$$

关于假设(1)和(2)的近似程度,文献[24]进行了分析,结论是：在人们感兴趣的弹道段,其误差是较小的,特别是分析弹道上的主要特征参数(如最大过载、最大热流等)对结构参数的影响时是可以用的。

方程(3-2-4)以时间 t 为自变量,它包含三个一阶微分方程,如果消去时间变量 t,而以其他弹道参数为自变量,可以降低其阶次。新的自变量选取应考虑自变量的单值性,例如,对有跳跃的轨道或 $|\Theta|$ 一直比较小的滑翔轨道,高度就不是单值的,这种情况就不宜将高度 h 作为自变量。查普曼是将速度(或速度的函数)作为新的自变量,它只能适用于空气动力比重力大的情况,对于再入开始的一小段不适用,因为此时的阻力小于重力,速度不仅不减小,还会增加,而且假设(1)也要求空气动力较大时才能成立,所以一般要从 $v=(0.995\sim0.99)v_e$ 时开始用查普曼方程。此外,在再入弹道的末端,此时的 $|\Theta|$ 已经较大,再采用假设(2)的 $L/D\tan\Theta\ll1$ 已不适合,故查普曼方程以 v 为自变量的适用范围在 $0.99v_e\geqslant v>(0.1\sim0.15)v_e$ 内。对于典型的再入轨迹,最大热流、最小负加速度、$-(L/D)\tan\Theta=1$ 各特征点出现的大概位置如图 3-3 所示。

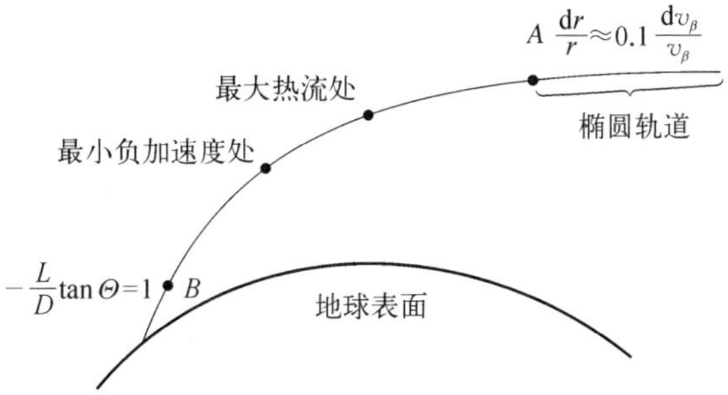

图 3-3　最大热流、最小负加速度等特征点出现的位置示意图

查普曼方程不能适用于再入弹道的全过程，是因为它作了两个近似假设，且选取速度为自变量，如果改用航程角 β 为自变量，这个缺陷是可以克服的，β 的定义为

$$\beta = \int_0^t \frac{v}{r}\cos\Theta \mathrm{d}t \tag{3-2-6}$$

只要 $|\Theta| < 90°$，则 $\cos\Theta > 0$，自变量 β 是严格递增的。对于常升阻比的飞行器，$|\Theta| < 90°$ 的条件是满足的，相应地可以推导出以 β 为自变量的微分方程，它首先是由维赫(Vinh)和布瑞斯(Brace)得到的。本书主要讨论查普曼方程，详见文献[2]。

首先引入无因次周向速度 $\bar{v}_\beta = v_\beta / v_{\beta 1} = v_\beta / \sqrt{gr}$，它表示周向速度与当地圆环绕速度之比，查普曼方程是以 $\bar{v}_\beta$ 作为自变量的。根据万有引力公式，可得 $\mathrm{d}g/g = -2\mathrm{d}r/r$，再根据假设(1)，故相对于 v_β 或 $\bar{v}_\beta$ 的微分，g 或 r 的微分都可以忽略。式(3-2-5)可改写成

$$\frac{\mathrm{d}v_\beta}{\mathrm{d}t} = \sqrt{gr}\frac{\mathrm{d}\bar{v}_\beta}{\mathrm{d}t} = -\frac{\rho_0 \mathrm{e}^{-\beta h} C_D S}{2m}\frac{v_\beta^2}{\cos\Theta} \tag{3-2-7}$$

而方程(3-2-4)的第二式变为

$$-\frac{1}{g}\frac{\mathrm{d}v_r}{\mathrm{d}t} = 1 - \bar{v}_\beta^2 + \frac{\rho_0 C_D S r \bar{v}_\beta^2 \mathrm{e}^{-\beta h}}{2m\cos^2\Theta}\left(\sin\Theta - \frac{L}{D}\cos\Theta\right) \tag{3-2-8}$$

为了把式(3-2-7)和式(3-2-8)简化成一个方程，引入新变量：

$$Z = \frac{\rho_0}{2m/(C_D S)}\sqrt{\frac{r}{\beta}}\bar{v}_\beta \mathrm{e}^{-\beta h} \tag{3-2-9}$$

变量 Z 与 h、C_D 和 $\bar{v}_\beta$ 有关。求 Z 关于 $\bar{v}_\beta$ 的导数，可得

$$\frac{\mathrm{d}Z}{\mathrm{d}\bar{v}_\beta} = Z' = \frac{Z}{\bar{v}_\beta} + \sqrt{\beta r}\sin\Theta$$

即

$$Z' - \frac{Z}{\bar{v}_\beta} = \sqrt{\beta r}\sin\Theta$$

而：

$$-\frac{1}{g}\frac{\mathrm{d}v_r}{\mathrm{d}t}=\sqrt{\frac{r}{g}}\frac{\mathrm{d}(\bar{v}_\beta\sin\Theta/\cos\Theta)}{\mathrm{d}t}=\frac{-1}{\sqrt{\beta g}}\frac{\mathrm{d}\bar{v}_\beta}{\mathrm{d}t}\left(\frac{\bar{v}_\beta Z''}{\cos\Theta}+\frac{\bar{v}_\beta\sqrt{\beta r}\sin^2\Theta}{\cos^2\Theta}\frac{\mathrm{d}\Theta}{\mathrm{d}\bar{v}_\beta}\right)\tag{3-2-10}$$

将 $\frac{\mathrm{d}\bar{v}_\beta}{\mathrm{d}t}=-\sqrt{g\beta}\frac{\bar{v}_\beta Z}{\cos\Theta}$ 代入式(3－2－10)，可得

$$\frac{\bar{v}_\beta Z}{\cos^2\Theta}\left\{\bar{v}_\beta Z''+\tan^2\Theta\left[\bar{v}_\beta\frac{\mathrm{d}}{\mathrm{d}\bar{v}_\beta}\left(Z'-\frac{Z}{\bar{v}_\beta}\right)\right]\right\}=-\frac{1}{g}\frac{\mathrm{d}v_r}{\mathrm{d}t}\tag{3-2-11}$$

式(3－2－8)可以改写为

$$1-\bar{v}_\beta^2+\frac{\bar{v}_\beta Z}{\cos^2\Theta}\left(Z'-\frac{Z}{\bar{v}_\beta}-\sqrt{\beta r}\frac{L}{D}\cos\Theta\right)=-\frac{1}{g}\frac{\mathrm{d}v_r}{\mathrm{d}t}\tag{3-2-12}$$

式(3－2－11)和式(3－2－12)比较可得

$$\bar{v}_\beta\frac{\mathrm{d}}{\mathrm{d}\bar{v}_\beta}\left(\frac{\mathrm{d}Z}{\mathrm{d}\bar{v}_\beta}-\frac{Z}{\bar{v}_\beta}\right)-\frac{1-\bar{v}_\beta^2}{\bar{v}_\beta Z}\cos^4\Theta+\sqrt{\beta r}\frac{L}{D}\cos^3\Theta=0\tag{3-2-13}$$

展开式(3－2－13)得

$$\bar{v}_\beta Z''-\left(Z'-\frac{Z}{\bar{v}_\beta}\right)=\frac{1-\bar{v}_\beta^2}{\bar{v}_\beta Z}\cos^4\Theta-\sqrt{\beta r}\frac{L}{D}\cos^3\Theta\tag{3-2-14}$$

式(3－2－14)就是查普曼方程，它是以 $\bar{v}_\beta$ 为自变量的关于 Z 的二阶变系数微分方程。对于地球再入的情形，$\sqrt{\beta r}$ 变化不大，近似有 $\sqrt{\beta r}\approx 30$，可见当再入初始条件给定后，决定方程(3－2－14)解的主要参数是飞行器的升阻比 L/D，因此升阻比是决定飞行器再入弹道特性的关键参数。

方程(3－2－14)中各项的物理意义：$\bar{v}_\beta Z''$ 相当于加速度的垂直分量；$Z'-\frac{Z}{\bar{v}_\beta}=\sqrt{\beta r}\sin\Theta$ 相当于阻力的垂直分量；$\frac{1-\bar{v}_\beta^2}{\bar{v}_\beta Z}\cos^4\Theta$ 相当于重力减去离心力；$\sqrt{\beta r}\frac{L}{D}\cos^3\Theta$ 相当于升力。

但应指出：讨论式(3－2－14)的物理意义不是指式(3－2－14)中相应的投影力和式(3－2－4)各项之间有正比关系，只是指式(3－2－14)的结构符合

式(3-2-4)中第二个方程的结构,并在此基础上导出查普曼方程。

若通过求解方程(3-2-14)得到 $Z(\bar{v}_\beta)$ 的关系,则可以较简单地用 $\bar{v}_\beta$ 和 Z 表示如下一些参数。

(1) 加速度的水平分量:

$$-\frac{\mathrm{d}v_\beta}{\mathrm{d}t}=\frac{g\sqrt{\beta r}\,\bar{v}_\beta Z}{\cos\Theta} \tag{3-2-15}$$

或者用过载的水平分量表示:

$$\frac{-(\mathrm{d}v_\beta/\mathrm{d}t)}{g}=\frac{\sqrt{\beta r}\,\bar{v}_\beta Z}{\cos\Theta}$$

对于地球再入及小再入角的情形,有 $\sqrt{\beta r}\approx 30$, $\cos\Theta\approx 1$, 故:

$$-(\mathrm{d}v_\beta/\mathrm{d}t)/g\approx 30Z\bar{v}_\beta \tag{3-2-16}$$

式(3-2-16)在有关文献中经常引用。

(2) 弹道倾角:

$$\sin\Theta=\frac{1}{\sqrt{\beta r}}\left(Z'-\frac{Z}{\bar{v}_\beta}\right) \tag{3-2-17}$$

(3) 速度 $\bar{v}_{\beta_1}$ 和 $\bar{v}_{\beta_2}$ 之间的周向距离:

$$\frac{\Delta R_T}{r}=\frac{1}{r}\int_{\bar{v}_{\beta_1}}^{\bar{v}_{\beta_2}}v_\beta\frac{\mathrm{d}t}{\mathrm{d}\bar{v}_\beta}\mathrm{d}\bar{v}_\beta=\frac{1}{\sqrt{\beta r}}\int_{\bar{v}_{\beta_2}}^{\bar{v}_{\beta_1}}\frac{\cos\Theta}{Z}\mathrm{d}\bar{v}_\beta \tag{3-2-18}$$

对于地球再入及小再入角的情形,有

$$\frac{\Delta R_T}{r}\approx\frac{1}{30}\int_{\bar{v}_{\beta_2}}^{\bar{v}_{\beta_1}}\frac{\mathrm{d}\bar{v}_\beta}{Z} \tag{3-2-19}$$

(4) 动压、密度和高度。

动压:

$$q=\frac{1}{2}\rho v^2=\frac{mg}{C_D S}\sqrt{\beta r}\,\frac{\bar{v}_\beta Z}{\cos^2\Theta} \tag{3-2-20}$$

对于地球再入及小再入角的情形,有

$$q = 30\bar{v}_\beta Z\left(\frac{mg}{C_D S}\right) \tag{3-2-21}$$

密度：

$$\frac{\rho}{\rho_0} = \mathrm{e}^{-\beta h} = \frac{2}{\rho_0}\sqrt{\frac{\beta}{r}}\left(\frac{m}{C_D S}\right)\frac{Z}{\bar{v}_\beta} \tag{3-2-22}$$

高度：

$$h = \frac{1}{\beta}\ln\frac{\rho_0}{\rho} = \frac{1}{\beta}\ln\left(\frac{\rho_0}{2}\sqrt{\frac{r}{\beta}}\frac{C_D S}{m}\frac{\bar{v}_\beta}{Z}\right) \tag{3-2-23}$$

（5）飞行时间：

$$t = \int_{R_{T_1}}^{R_{T_2}}\frac{\mathrm{d}R_T}{v_\beta} = \frac{1}{\sqrt{\beta g}}\int_{\bar{v}_{\beta_2}}^{\bar{v}_{\beta_1}}\frac{\cos\Theta}{\bar{v}_\beta Z}\mathrm{d}\bar{v}_\beta \tag{3-2-24}$$

对于地球再入及小再入角的情形，有

$$t = 27.0\int_{\bar{v}_{\beta_2}}^{\bar{v}_{\beta_1}}\frac{\mathrm{d}\bar{v}_\beta}{\bar{v}_\beta Z} \tag{3-2-25}$$

（6）驻点热流及总吸热量：

$$q_s = \frac{k_s}{\sqrt{R_N}}\left(\frac{\rho}{\rho_0}\right)^n\left(\frac{\bar{v}_\beta}{\cos\Theta}\right)^m$$

不妨假定 $n = 1/2$，$m = 3$，将 ρ 的关系式[式(3-2-22)]代入上式，可得驻点热流为

$$q_s = k_s'\bar{v}_\beta^{\frac{5}{2}}Z^{\frac{1}{2}}\frac{1}{\cos^3\Theta} \tag{3-2-26}$$

式中，$k_s' = \frac{k_s}{\sqrt{R_N}}\left[\frac{2}{\rho_0}\sqrt{\frac{\beta}{r}}\left(\frac{m}{C_D S}\right)\right]^{\frac{1}{2}}$，是不包含 $\bar{v}_\beta$、Z、Θ，由飞行器结构、外形等决定的参数。

定义：

$$\bar{q}_s = \frac{q_s}{k_s'} = \bar{v}_\beta^{\frac{5}{2}}Z^{\frac{1}{2}}\frac{1}{\cos^3\Theta}$$

则 $\bar{q}_s$ 与飞行器的结构、外形等本体参数无关。

总吸热量：

$$Q = Q_s\int_{\bar{v}_{\beta_2}}^{\bar{v}_{\beta_1}} \frac{(\bar{v}_\beta)^{3/2}}{Z^{1/2}\cos^2\Theta}\mathrm{d}\bar{v}_\beta \tag{3-2-27}$$

定义：

$$\bar{Q} = \frac{Q}{Q_s} = \int_{\bar{v}_{\beta_2}}^{\bar{v}_{\beta_1}} \frac{(\bar{v}_\beta)^{3/2}}{Z^{1/2}\cos^2\Theta}\mathrm{d}\bar{v}_\beta \tag{3-2-28}$$

式中，Q_s是不含 $\bar{v}_\beta$、Z、Θ，由结构参数、外形等决定的参数。

可见，如果已知 $Z(\bar{v}_\beta)$ 的关系，当再入初始条件、飞行器参数 C_DS/m 及升阻比 L/D 给定时，可以求出再入弹道上的特性参数。

可惜的是，方程(3-2-14)并不能求出解析解，即使令升阻比 $L/D=0$，方程(3-2-14)简化为

$$\bar{v}_\beta Z'' - \left(Z' - \frac{Z}{\bar{v}_\beta}\right) = \frac{1-\bar{v}_\beta^2}{\bar{v}_\beta Z}\cos^4\Theta \tag{3-2-29}$$

仍得不到解析解。

如果是弹道再入，不考虑重力和地球曲率的影响，$\Theta=\Theta_e=$ 常数，则式(3-2-29)变为

$$\bar{v}_\beta Z'' = Z' - \frac{Z}{\bar{v}_\beta} = \sqrt{\beta r}\sin\Theta \tag{3-2-30}$$

积分式(3-2-30)得

$$Z' = \sqrt{\beta r}\sin\Theta\ln\bar{v}_\beta + C \tag{3-2-31}$$

比较式(3-2-30)和式(3-2-31)，可得

$$\frac{Z}{\bar{v}_\beta} = Z' - \sqrt{\beta r}\sin\Theta = \sqrt{\beta r}\sin\Theta\ln\bar{v}_\beta - \sqrt{\beta r}\sin\Theta + C$$

假设当 $\bar{v}_\beta=\bar{v}_{\beta e}$ 时 $Z=0$，可得

$$C = \sqrt{\beta r}\sin\Theta - \sqrt{\beta r}\sin\Theta\ln\bar{v}_\beta$$

则有

$$\frac{Z}{\bar{v}_\beta} = \sqrt{\beta r}\sin\Theta\ln\frac{\bar{v}_\beta}{\bar{v}_{\beta e}}$$

即

$$\ln\frac{\bar{v}_\beta}{\bar{v}_{\beta e}}=\frac{Z}{\bar{v}_\beta\sqrt{\beta r}\sin\Theta}=\frac{C_D S\rho_0 \mathrm{e}^{-\beta h}}{2m\beta\sin\Theta} \tag{3-2-32}$$

即

$$v=v_e\exp\left(\frac{C_D S\rho_0 \mathrm{e}^{-\beta h}}{2m\beta\sin\Theta}\right) \tag{3-2-33}$$

式(3-2-32)就是式(3-1-8)令 $\rho_e=0$ 的简化结果。

接下来利用查普曼方程分析升阻比等于零和等于常数两类典型再入弹道的特性。

3.2.2　升阻比等于零时的弹道特性分析

当升阻比 $L/D=0$ 时，再入弹道方程如式(3-2-29)所示，它是一个二阶非齐次微分方程，要给出两个初始条件：设 $\bar{v}_\beta=\bar{v}_{\beta e}$ 时，$Z(\bar{v}_{\beta e})=Z_e$，$Z'(\bar{v}_{\beta e})=Z'_e$。如果飞行器从圆轨道以小角度 $|\Theta_e|$ 再入，则 $\bar{v}_{\beta e}=1$ 时 $Z(1)=0$，而 $Z'(1)=\sqrt{\beta r}\sin\Theta_e+\dfrac{Z(1)}{\bar{v}_{\beta e}}\approx 30\sin\Theta_e$，因 $|\Theta_e|$ 较小，故可以近似认为 $Z'(1)\approx 0$。

给定初始条件后，可以通过数值积分求解方程(3-2-29)，从而得到 $L/D=0$ 时不同初始再入角 Θ_e 对应的 $Z(\bar{v}_\beta)$ 的关系。文献[24]、[30]给出了在不同的小再入角（$-4°\leqslant\Theta_e\leqslant 0°$）下，$0.025\leqslant\bar{v}_\beta\leqslant 0.995$ 时，水平加速度 $30\bar{v}_\beta Z$、周向距离相对值 $\Delta R_T/r$、飞行时间 t、当地速度倾角 Θ 及总吸热量的相对值 $\bar{Q}$ 与 $\bar{v}_\beta$ 的关系。图3-4给出了不同的再入角 Θ_e 下，水平过载与 $\bar{v}_\beta$ 的变化曲线。

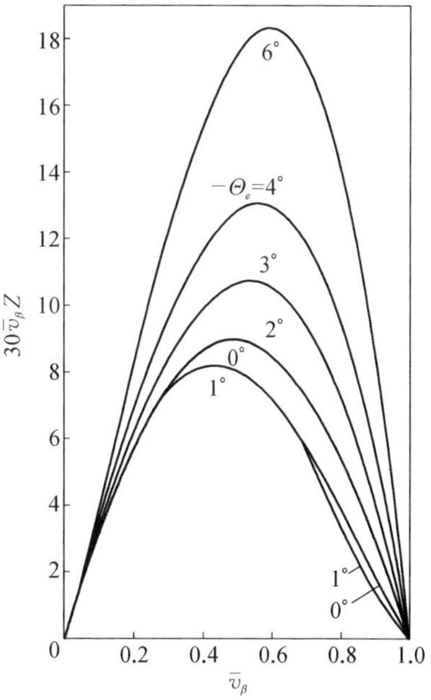

图3-4　水平过载与 $\bar{v}_\beta$ 的关系 $\left(\dfrac{L}{D}=0\right)$

从图3-4可以看出，若 $L/D=0$，在某一再入角下，再入初段过载随着速度的减小而增加，到某一高度达到最大值，而后随着速度的减小而减小。对每一个再入角 Θ_e，存在着一个过载最大值。同理，驻点热流也存在着最大值，这与3.1节的分析结果是一致的。

图3-5、图3-6给出了水平过载最大值$(30\bar{v}_\beta Z)_{max}$、落地倾角$\Theta_f$、总飞行时间$t_f$、总吸热量的相对值$\bar{Q}$、周向距离相对值$\Delta R_T/r$与再入角$\Theta_e$的关系。从图中可以看出：

（1）随着$|\Theta_e|$的增加，水平过载最大值增加，出现该值时的速度虽有变化，但变化不大；

（2）随着$|\Theta_e|$的增加，当地速度倾角Θ的变化过程不同，但落地的Θ_f基本一样；

（3）随着$|\Theta_e|$的增加，总飞行时间是减小的；

（4）随着$|\Theta_e|$的增加，总吸热量是减小的；

（5）随着$|\Theta_e|$的增加，周向距离是减小的。

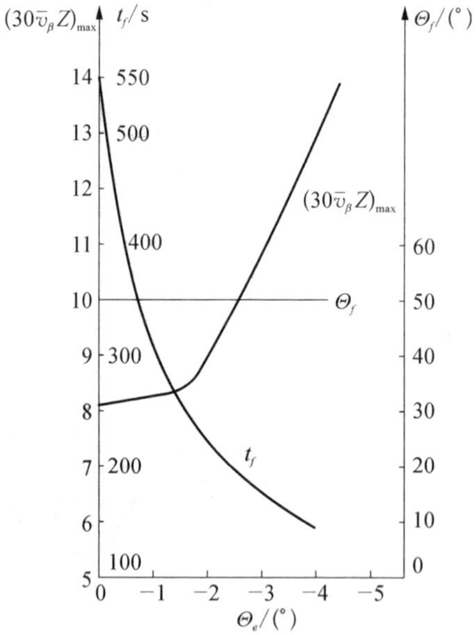

图3-5 水平过载最大值、落地倾角、总飞行时间与再入角的关系

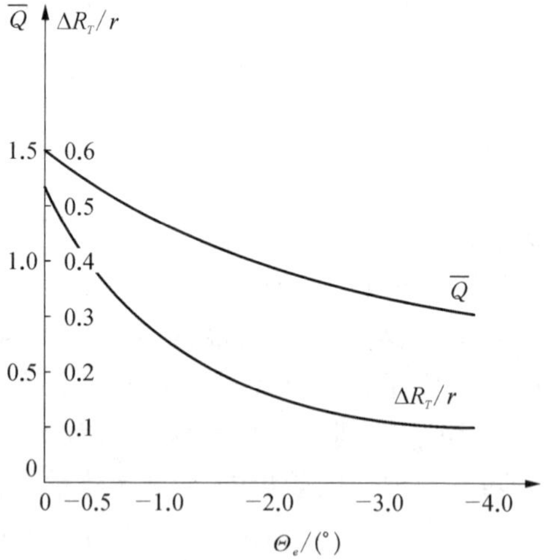

图3-6 总吸热量的相对值、周向距离相对值与再入角的关系

3.2.3 升阻比等于常数时的弹道特性分析

当升阻比$L/D\neq0$时，再入弹道方程如式(3-2-14)所示。注意到查普曼

方程的假设(2),要求 $L/D\tan\Theta \ll 1$。为了满足该假设条件,Θ 要求很小,否则计算误差会较大。当 $|\Theta|$ 较小时,为了简化,设 $\cos\Theta \approx 1$,则式(3-2-14)简化为

$$\bar{v}_\beta Z'' - \left(Z' - \frac{Z}{\bar{v}_\beta}\right) = \frac{1-\bar{v}_\beta^2}{\bar{v}_\beta Z} - \sqrt{\beta r}\,\frac{L}{D} \tag{3-2-34}$$

一般来说,升阻比 L/D 应该是马赫数 Ma、攻角 α 和高度 h 的函数。虽然取准确的 L/D 值,通过数值积分求解方程(3-2-34)可以得到数值解,但因 L/D 不是确定值,不便于分析 L/D 对再入特征参数的影响。为便于分析,在再入弹道所要研究的飞行阶段,可认为攻角一定,升阻比 L/D 为常数,即略去马赫数 Ma 和高度 h 对 L/D 的影响,这在马赫数 Ma 较大时是允许的。这样就可以分析不同常升阻比时,不同的再入角 Θ_e 对弹道特性的影响。

下面分析升阻比 L/D 对弹道上最大水平加速度和驻点热流相对值的影响。取不同的升阻比 L/D,令 $\Theta_e = 0°$、$\bar{v}_{\beta e} = 1$,计算弹道方程[式(3-2-34)]可得水平过载 $30\bar{v}_\beta Z$、驻点热流相对值 $\bar{q}_s$ 与 $\bar{v}_\beta$ 的关系,如图 3-7 和图 3-8 所示。

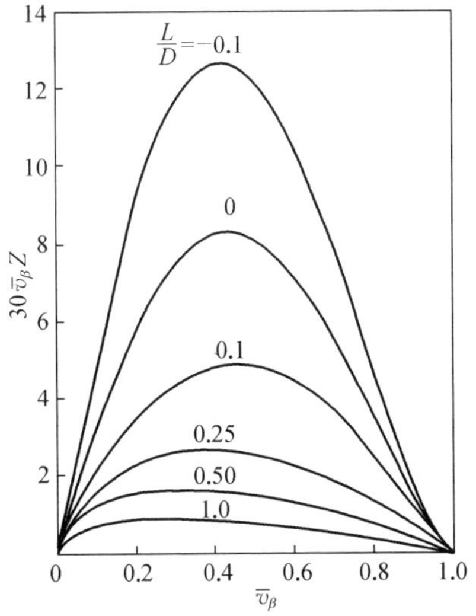

图 3-7　升阻比对水平过载的影响

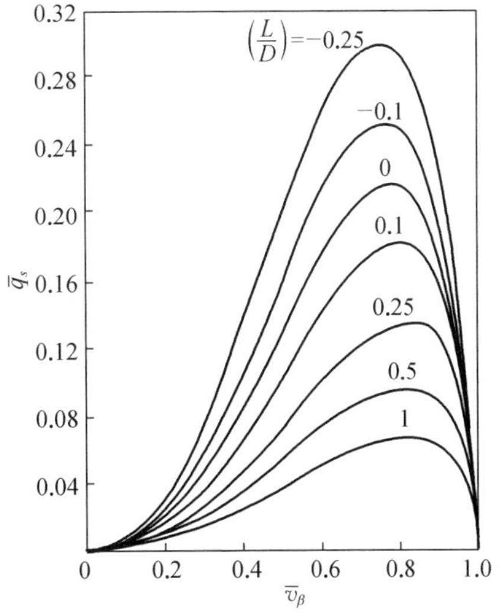

图 3-8　升阻比对驻点热流的影响

从图 3-7 和图 3-8 可以看出,随着升阻比 L/D 的增大,水平过载减小,且升阻比为负值时,水平过载急剧增加;同样,随着升阻比的增大,驻点热流是减小的,而升阻比为负值时,驻点热流增加很多。可见,增大再入飞行器的升阻

比，对降低最大减速过载、减小驻点热流峰值是有利的。

当初始再入角 Θ_e 不等于零、升阻比 L/D 也不等于零时，驻点热流最大相对值 $\bar{q}_{s,\max}$、总吸热量相对值 $\bar{Q}$ 及水平过载最大值 $(30\bar{v}_\beta Z)_{\max}$ 与再入角 Θ_e 及升阻比的关系如图 3-9~图 3-11 所示。

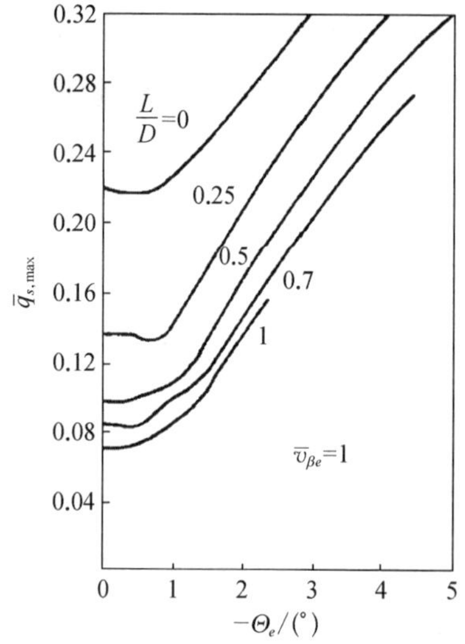

图 3-9　不同升阻比时驻点热流最大值 $\bar{q}_{s,\max}$ 与 Θ_e 的关系

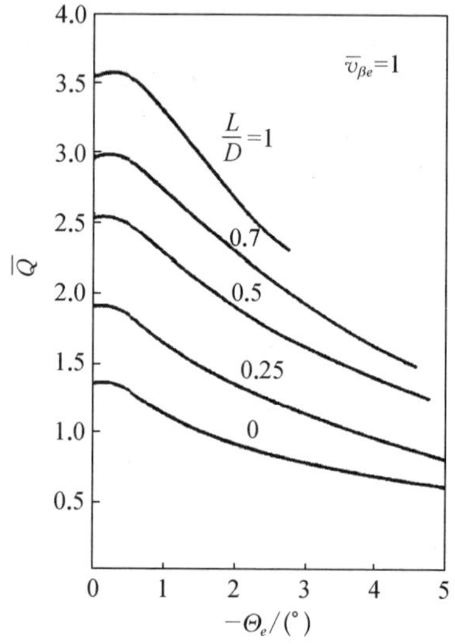

图 3-10　不同升阻比时总吸热量相对值 $\bar{Q}$ 与 Θ_e 的关系

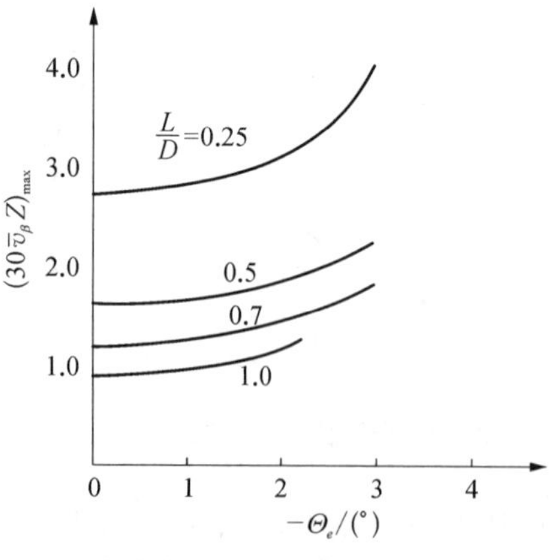

图 3-11　不同升阻比时水平过载最大值 $(30\bar{v}_\beta Z)_{\max}$ 与 Θ_e 的关系

从图 3-9~图 3-11 可以看出：在再入角 Θ_e 相同的情况下，随着升阻比 L/D 的增大，水平过载最大值、驻点热流最大值减小，但总吸热量是增加的，这是因为总的飞行时间长了，总吸热量要增加。而在升阻比一定的情况下，随着再入角 $|\Theta_e|$ 的增大，水平过载最大值、驻点热流最大值也增加，但总吸热量是减小的，这是因为虽然热流密度增加了，但总飞行时间缩短了，总吸热量减小。

这里要说明一点，上述曲线均是利用查普曼方程得到的结果，因此它只适用于满足查普曼方程两个假设条件的再入弹道段,特别是 $L/D\tan\Theta \ll 1$ 的假设。对于再入弹道末端,上述曲线不完全正确。但对于最大加速度、最大驻点热流的计算,是满足查普曼方程的假设条件的。如果不用查普曼方程,而用平面质心运动方程[式(3-2-4)]进行弹道计算,再入角 Θ_e 和升阻比 L/D 对加速度最大值、驻点热流最大值及总吸热量的影响,除了在数值的大小上有些变化外,整体变化规律同上述分析应该是一样的。

3.3 罗赫的再入运动近似解理论

前面讨论了卫星和飞船的再入运动方程近似解,它相当于小升阻比和小再入角 $|\Theta_e|$ 的情况。如果升阻比较大,再入角也较大,可以用 Loh[25] 提出的近似解理论来分析其运动特性。

由 Loh 编著的 *Dynamics and Thermodynamics of Planetary Entry* 一书于 1963 年出版,以后又陆续发表了一些文章,与其他作者得到的解进行比较后,他将得到的解分为一阶近似解、二阶近似解和高阶近似解。Loh 的二阶近似解、高阶近似解虽是解析解,但求解公式烦琐,在计算机已经很普及的情况下,这种解并不很适用,采用更多的是一阶近似解。本节介绍其求高阶近似解、二阶近似解的思路,重点讨论一阶近似解。

3.3.1 升阻比为常数时运动方程的近似解

1. 基本方程

由式(3-1-1)可得再入段的运动方程如下:

$$\begin{cases} mv\dfrac{d\Theta}{dt} + mg\cos\Theta\left(1 - \dfrac{v^2}{gr}\right) = \dfrac{C_L\rho v^2 S}{2} \\ m\dfrac{dv}{dt} + \dfrac{C_D\rho v^2 S}{2} = -mg\sin\Theta \\ \dfrac{dh}{dt} = v\sin\Theta \end{cases} \tag{3-3-1}$$

假设大气密度按指数规律变化,即 $\rho = \rho_0 e^{-\beta h}$,消去时间变量 t,以 ρ 为自变量,则式(3-3-1)可写成 Loh 采用的基本方程形式[25]:

$$\frac{\mathrm{d}\cos\Theta}{\mathrm{d}\rho}+\frac{1}{\beta R_E}\frac{\cos\Theta}{\rho}\left(\frac{gR_E}{v^2}-1\right)=\frac{1}{2}\frac{L}{D}\left(\frac{C_D S}{m\beta}\right) \tag{3-3-2}$$

$$\frac{\mathrm{d}(v^2/gR_E)}{\mathrm{d}\rho}-\left(\frac{C_D S}{m\beta}\right)\left(\frac{v^2/gR_E}{\sin\Theta}\right)=\frac{1}{\beta R_E}\frac{1}{\rho} \tag{3-3-3}$$

式(3-3-2)中,左边第一项对应于 $v\mathrm{d}\Theta/\mathrm{d}t$,它表示外力引起的当地速度倾角 Θ 的变化;而式(3-3-2)中左边的第二项表示重力和离心力引起的 Θ 的变化,很明显,这两个力的作用是相反的,即由地球曲率引起的离心力会抵消一部分重力对弹道弯曲的影响,当速度 v 接近 $\sqrt{gR_E}$ 时,这两个作用抵消。式(3-3-2)右边的项表示升力的作用,在零攻角下,该项为零。式(3-3-3)左边第一项对应于外力引起的切向加速度,而第二项对应于阻力引起的速度大小 v 的变化,式(3-3-3)右边的项表示重力分量引起的 v 的变化。

升力、阻力和重力虽然都对 $v\mathrm{d}\Theta/\mathrm{d}t$ 和 $\mathrm{d}v/\mathrm{d}t$ 有影响,但其数量级在不同情况下是不一样的,这点在求近似解中特别重要。

2. 再入运动方程的二阶近似解

对式(3-3-2)和式(3-3-3)直接积分得不到解析解,但 Loh 提出,式(3-3-2)中的如下项对 ρ 和 Θ 的积分是不敏感的:

$$\Gamma(v,\ \Theta,\ \rho)=\left(\frac{1}{\beta R_E}\right)\frac{\cos\Theta}{\rho}\left(\frac{gR_E}{v^2}-1\right)$$

因而,可以把它当作常数移到积分符号之外,这样对方程(3-3-2)积分可得到解析解。将 $\Gamma(v,\ \Theta,\ \rho)$ 称为 Loh 函数。但 Loh 强调,并不是 v、ρ、Θ 不变化,事实上这个函数也是变化的,只是在再入过程中变化不显著,可以近似看作常数;或者说,参数 v、ρ、Θ 以某种规律变化,此规律使得该项近似为常数。在积分过程中,假设 Loh 函数为常数,会便于积分,而且带来的误差不大。因为 L/D 为常数,而 $C_D S/m\beta$ 也可以认为是常数,则 μ_L 也近似为常数:

$$\frac{1}{2}\frac{L}{D}\left(\frac{C_D S}{m\beta}\right)-\frac{1}{\beta R_E}\frac{\cos\Theta}{\rho}\left(\frac{gR_E}{v^2}-1\right)=\mu_L$$

于是式(3-3-2)变为

$$\frac{\mathrm{d}\cos\Theta}{\mathrm{d}\rho}=\mu_L \tag{3-3-4}$$

对式(3－3－4)积分,并将μ_L的表达式代入,可得

$$\cos\Theta=\cos\Theta_e+\left[\frac{1}{2}\frac{L}{D}\left(\frac{C_DS}{m\beta}\right)-\frac{1}{\beta R_E}\frac{\cos\Theta}{\rho}\left(\frac{gR_E}{v^2}-1\right)\right](\rho-\rho_e) \tag{3-3-5}$$

即

$$\cos\Theta=\frac{\cos\Theta_e+\dfrac{1}{2}\dfrac{L}{D}\left(\dfrac{C_DS}{m\beta}\right)\rho\left(1-\dfrac{\rho_e}{\rho}\right)}{1+\dfrac{1}{\beta R_E}\left(\dfrac{gR_E}{v^2}-1\right)\left(1-\dfrac{\rho_e}{\rho}\right)} \tag{3-3-6}$$

式中,ρ_e、Θ_e分别为再入大气层时再入点的大气密度、再入角。

式(3－3－4)可以写成 $-\sin\Theta\mathrm{d}\Theta=\mu_L\mathrm{d}\rho$,将其代入式(3－3－3)得

$$\frac{\mathrm{d}(v^2/gR_E)}{\mathrm{d}\Theta}+\left(\frac{C_DS}{m\beta}\right)\frac{v^2/gR_E}{\mu_L}=\frac{2}{\beta R_E}\frac{\sin\Theta}{\cos\Theta_e-\cos\Theta} \tag{3-3-7}$$

式(3－3－7)是一个一阶变系数微分方程,Loh 将其展开得到高阶近似解,但其解析式很复杂,这里不讨论,具体可参考文献[25],下面仅讨论其二阶近似解。

Loh 的二阶近似解认为再入起始高度 h_e很大,$\rho_e\to0$,而且不考虑重力切向分量对速度大小的影响,则式(3－3－6)变为

$$\cos\Theta=\frac{\cos\Theta_e+\dfrac{1}{2}\dfrac{L}{D}\left(\dfrac{C_DS}{m\beta}\right)\rho}{1+\dfrac{1}{\beta R_E}\left(\dfrac{gR_E}{v^2}-1\right)} \tag{3-3-8}$$

式(3－3－7)变为

$$\frac{\mathrm{d}(v^2/gR_E)}{\mathrm{d}\Theta}=-\frac{C_DS}{m\beta}\frac{v^2/gR_E}{\mu_L} \tag{3-3-9}$$

对式(3－3－9)积分可得

$$\ln\left(\frac{v^2/gR_E}{v_e^2/gR_E}\right)=-\frac{C_DS}{m\beta}\left(\frac{\Theta-\Theta_e}{\mu_L}\right) \tag{3-3-10}$$

式中,v_e 为再入大气层时再入点的再入速度。将μ_L 代入式(3－3－10)可得

$$\ln\left(\frac{v^2/gR_E}{v_e^2/gR_E}\right)=-\frac{C_DS}{m\beta}\cdot\frac{\Theta-\Theta_e}{\frac{1}{2}\frac{L}{D}\left(\frac{C_DS}{m\beta}\right)-\frac{1}{\beta R_E}\frac{\cos\Theta}{\rho}\left(\frac{gR_E}{v^2}-1\right)} \tag{3-3-11}$$

式(3－3－8)和式(3－3－11)有三个未知量 Θ、v、ρ，当以 ρ 为自变量，即以高度为自变量时，则联立式(3－3－8)和式(3－3－11)，可以求出 v 和 Θ。

式(3－3－11)还可写成如下形式：

$$\left(\frac{C_DS}{m\beta}\right)\rho=\frac{\left(\frac{1}{\beta R_E}\right)\left(\frac{gR_E}{v^2}-1\right)\ln\left(\frac{v_e^2/gR_E}{v^2/gR_E}\right)\cos\Theta}{\frac{1}{2}\left(\frac{L}{D}\right)\ln\left(\frac{v_e^2/gR_E}{v^2/gR_E}\right)-(\Theta-\Theta_e)} \tag{3-3-12}$$

为消除 ρ，可综合式(3－3－6)和式(3－3－12)得到如下近似结果：

$$\Theta=\Theta_e-\frac{\frac{1}{2}\left(\frac{L}{D}\right)\ln\left(\frac{v_e^2/gR_E}{v^2/gR_E}\right)}{\left(\frac{1}{\beta R_E}\right)\left(\frac{gR_E/v^2-1}{\cos\Theta_e/\cos\Theta-1}\right)-1} \tag{3-3-13}$$

方程(3－3－13)给出了 Θ 和 v 的关系，当给定 v 后便可求出 Θ，反之亦然。

当 Θ 和 v 已知时，利用方程(3－3－6)可以得出大气密度 ρ 的表达式：

$$\rho=\rho_e+\frac{\left[\left(\frac{1}{\beta R_E}\right)\left(\frac{gR_E}{v^2}-1\right)-\left(\frac{\cos\Theta_e}{\cos\Theta}-1\right)\right]\cos\Theta}{\frac{1}{2}\left(\frac{L}{D}\right)\left(\frac{C_DS}{m\beta}\right)} \tag{3-3-14}$$

式(3－3－8)和式(3－3－11)便是 Loh 的二阶近似解。文献[25]中通过与数值计算的精确解比较，说明二阶近似解在各种情况下，即不同再入角、升阻比下都较为适用，只要满足 $\beta R_E>50$ 且不要求精度特别高即可，而且 Loh 把二阶近似解推广应用到了有振荡(跳跃)的再入弹道情形。

虽然二阶近似解的适用范围广，但联立式(3－3－8)和式(3－3－11)求解 Θ、v 要解超越方程，并不方便，在一定的应用范围内采用一阶近似解更方便一些。

3.3.2　再入运动方程的一阶近似解

1. 运动方程的一阶近似解

一阶近似解就是不仅忽略重力对切向加速度的影响，还忽略重力法向分量 $mg\cos\Theta$ 和离心力对速度倾角变化的影响。也可以这样说，Loh 的二阶近似解认为 Loh 函数 Γ 在积分过程中为一常数，而一阶近似解则认为该项为零，其理由是：在再入过程的初始阶段，v 较大，$gR_E/v^2\approx 1$，故 $gR_E/v^2-1\approx 0$，所以该项对 μ_L 值的影响小；再入过程中，v 减小，(gR_E/v^2-1) 的数值较初始段大一些，但此时密度随高度下降而增大，故该项 $(1/\beta R_E)(\cos\Theta/\rho)(gR_E/v^2-1)$ 的数值也不大，可以不像二阶近似解那样认为它等于常数，而是认为等于零，更直接地说，是不考虑重力和离心力对再入弹道的影响。

本书讨论一阶近似解的目的，除了上述原因外，还在于并不是用一阶近似解去计算弹道，而是用于弹道优化设计。在某一弹道集合中，重力的作用是一系统性因素，其影响相对而言是可以略去的。此时的弹道方程为

$$\frac{\mathrm{d}v}{\mathrm{d}t}=-\frac{D}{m} \tag{3-3-15}$$

$$\frac{\mathrm{d}\Theta}{\mathrm{d}t}=\frac{L}{mv} \tag{3-3-16}$$

以上两式相除得

$$\frac{\mathrm{d}v}{v}=-\frac{\mathrm{d}\Theta}{L/D}$$

故：

$$v=v_e\exp\left(-\frac{\Theta-\Theta_e}{L/D}\right) \tag{3-3-17}$$

忽略重力和离心力后，关于当地速度倾角的式(3-3-8)变为

$$\cos\Theta=\cos\Theta_e+\frac{1}{2}\frac{L}{D}\frac{C_DS}{m\beta}(\rho-\rho_e) \tag{3-3-18}$$

下面推导求射程 R_T 的公式。已知：

$$\frac{\mathrm{d}R_T}{\mathrm{d}t}=R_E\frac{v\cos\Theta}{r} \tag{3-3-19}$$

式(3－3－19)与式(3－3－16)相除得

$$\frac{\mathrm{d}R_T}{\mathrm{d}\Theta}=\frac{R_E}{r}\frac{mv^2}{L}\cos\Theta \tag{3-3-20}$$

由于再入段的高度与地球半径相比是小量(再入段高度的变化小于地球平均半径 R_E的 2%),可以认为 $r\approx R_E$,则式(3－3－20)改写为

$$\mathrm{d}R_T=\frac{\cos\Theta}{\dfrac{L}{mv^2}}\mathrm{d}\Theta=\frac{\cos\Theta}{\dfrac{1}{2}\dfrac{L}{D}\dfrac{C_DS}{m}\rho}\mathrm{d}\Theta$$

由式(3－3－18)解出 ρ,并代入上式得

$$\mathrm{d}R_T=\frac{\cos\Theta}{\beta\left(\cos\Theta+\dfrac{1}{2}\dfrac{L}{D}\dfrac{C_DS}{m\beta}\rho_e-\cos\Theta_e\right)}\mathrm{d}\Theta=\frac{\cos\Theta}{\beta(b+\cos\Theta)}\mathrm{d}\Theta \tag{3-3-21}$$

式中,$b=\dfrac{1}{2}\dfrac{L}{D}\dfrac{C_DS}{m\beta}\rho_e-\cos\Theta_e$。式(3－3－21)可改写为

$$\mathrm{d}R_T=\frac{\mathrm{d}\Theta}{\beta}-\frac{b\mathrm{d}\Theta}{\beta(\cos\Theta+b)}$$

对上式积分可得

$$S=\begin{cases}\dfrac{1}{\beta}(\Theta-\Theta_e)-\dfrac{2b}{\beta\sqrt{b^2-1}}\left[\arctan\left(\sqrt{\dfrac{b-1}{b+1}}\tan\dfrac{\Theta}{2}\right)-\arctan\left(\sqrt{\dfrac{b-1}{b+1}}\tan\dfrac{\Theta_e}{2}\right)\right], & b^2>1\\[2ex] \dfrac{1}{\beta}(\Theta-\Theta_e)+\dfrac{b}{\beta\sqrt{1-b^2}}\ln\left(\dfrac{1+b\cos\Theta-\sqrt{1-b^2}\sin\Theta}{1+b\cos\Theta_e-\sqrt{1-b^2}\sin\Theta_e}\cdot\dfrac{b+\cos\Theta_e}{b+\cos\Theta}\right), & b^2<1\\[2ex] \dfrac{1}{\beta}(\Theta-\Theta_e)-\dfrac{1}{\beta}\left(\tan^b\dfrac{\Theta}{2}-\tan^b\dfrac{\Theta_e}{2}\right), & b^2=1\end{cases} \tag{3-3-22}$$

2. 升阻比等于常数时加速度的最大值

用一阶近似解可以较方便地估算出某些特征参数,如最大加速度、最大热流等。一般出现最大加速度处的 Ma 较大,可认为 C_D、C_L为常数,故当切向加

速度最大时，法向加速度也达到最大。

$$\frac{\mathrm{d}v}{\mathrm{d}t}=-\frac{C_D S}{m}\frac{\rho v^2}{2}$$

将式(3-3-17)和式(3-3-18)中的密度ρ代入上式，得到：

$$\frac{\mathrm{d}v}{\mathrm{d}t}=-\frac{C_D S}{2m}\left(\frac{\cos\Theta-\cos\Theta_e}{\frac{1}{2}\frac{L}{D}\frac{C_D S}{m\beta}}+\rho_e\right)v_e^2\exp\left(-2\frac{\Theta-\Theta_e}{L/D}\right)\quad(3-3-23)$$

可见，$\mathrm{d}v/\mathrm{d}t$是Θ的函数，可能存在极值。

将$\mathrm{d}v/\mathrm{d}t$对Θ求微分得

$$\frac{\mathrm{d}(\mathrm{d}v/\mathrm{d}t)}{\mathrm{d}\Theta}=\frac{D}{L}\beta\left[2\frac{D}{L}\left(\cos\Theta-\cos\Theta_e+\frac{1}{2}\frac{L}{D}\frac{C_D S}{m\beta}\rho_e\right)+\sin\Theta\right]v_e^2\exp\left(-2\frac{\Theta-\Theta_e}{L/D}\right)$$
$$(3-3-24)$$

令式(3-3-24)等于零，从中解出满足极值条件的速度倾角Θ_{m4}：

$$\frac{2}{L/D}\left(\cos\Theta_{m4}-\cos\Theta_e+\frac{1}{2}\frac{L}{D}\frac{C_D S}{m\beta}\rho_e\right)=-\sin\Theta_{m4}$$

将上式两边平方，且令

$$\begin{cases}a=\dfrac{2}{L/D}\\ b=\dfrac{1}{2}\dfrac{L}{D}\dfrac{C_D S}{m\beta}\rho_e-\cos\Theta_e\\ c=a^2b^2-1\end{cases}\quad(3-3-25)$$

则可以整理得

$$(a^2+1)\cos^2\Theta_{m4}+2ba^2\cos\Theta_{m4}+c=0$$

由此可以解得

$$\cos\Theta_{m4}=\frac{-ba^2\pm\sqrt{1+a^2(1-b^2)}}{a^2+1}\quad(3-3-26)$$

参数a、b、c的值仅与结构参数m、C_D、升阻比L/D和再入角Θ_e有关，而与v_e的大小无关，故 Θ_{m4} 与 v_e 无关。

将求出的 Θ_{m4} 代入式(3-3-17)和式(3-3-18)，可得到出现切向加速度最大时的 v_{m4} 和 h_{m4}：

$$v_{m4} = v_e \exp\left(-\frac{\Theta_{m4} - \Theta_e}{L/D}\right) \tag{3-3-27}$$

$$h_{m4} = \frac{1}{\beta}\ln\left[\frac{1}{\rho_0}\left(\rho_e + \frac{\cos\Theta_{m4} - \cos\Theta_e}{\frac{1}{2}\frac{L}{D}\frac{C_D S}{m\beta}}\right)\right] \tag{3-3-28}$$

可见，v_{m4}/v_e、h_{m4} 的值同样与 v_e 无关，仅与结构参数、升阻比及再入角 Θ_e 有关。

将 Θ_{m4} 代入式(3-3-23)，可得

$$|\dot{v}|_{\max} = v_e^2 \frac{C_D S}{2m}\rho_{m4}\exp\left(-\frac{\Theta_{m4} - \Theta_e}{L/D}\right) \tag{3-3-29}$$

从式(3-3-29)看出：$|\dot{v}|_{\max}$ 的大小除了与结构参数、升阻比、再入角 Θ_e 有关外，还与 v_e^2 成正比。下面计算一个例子，其结果如图 3-12 所示。从图中可以看出，为了减小 $|\dot{v}|_{\max}$，可以通过提高升阻比 L/D 和减小再入角 Θ_e 来满足要求。

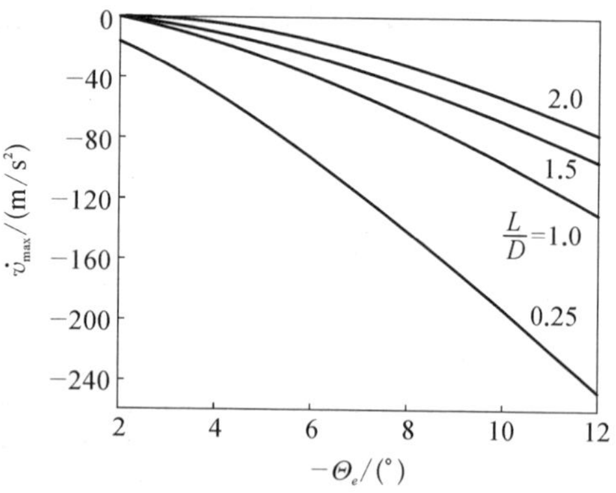

图 3-12 不同升阻比时最大加速度与 Θ_e 的关系图

3. 升阻比为常数时最大热流的计算

用 Loh 的一阶近似解也可以求出最大热流值。高空大气密度小，雷诺数 Re 较小，气流可视为层流。飞行器的驻点热流可以近似表示为

$$q_s = K_s(\rho)^{1/2} v^{3.15} \tag{3-3-30}$$

式中，已设再入飞行器头部表面的曲率半径为 1 m，ρ 的单位为 $\mathrm{kg/m^3}$，v 的单位为 m/s，热流 q_s 的单位为 $\mathrm{W/cm^2}$。将式(3-3-17)和式(3-3-18)代入式(3-3-30)，且假设 $\rho_e \approx 0$，则可以得

$$q_s = K_s\left(2\frac{\beta m}{C_D S}\frac{D}{L}\right)^{\frac{1}{2}}(\cos\Theta - \cos\Theta_e)^{\frac{1}{2}}v_e^{3.15}\cdot\exp\left[\frac{-3.15(\Theta-\Theta_e)}{L/D}\right] \tag{3-3-31}$$

为了求 q_s的极大值,令 $\mathrm{d}q_s/\mathrm{d}\Theta = 0$,可以得 q_s取极值时 Θ_{m5}应满足的条件:

$$\cos\Theta_{m5} - \cos\Theta_e = -\frac{1}{2}\frac{1}{3.15}\frac{L}{D}\sin\Theta_{m5} \tag{3-3-32}$$

可以解得

$$\sin\Theta_{m5} = \frac{\frac{1}{2}\frac{1}{3.15}\frac{L}{D}\cos\Theta_e - \sqrt{\left(\frac{1}{2}\frac{1}{3.15}\frac{L}{D}\right)^2 + \sin^2\Theta_e}}{1+\left(\frac{1}{2}\frac{1}{3.15}\frac{L}{D}\right)^2} \tag{3-3-33}$$

由式(3-3-32)及式(3-3-18)可知

$$-\frac{1}{2}\frac{1}{3.15}\frac{L}{D}\sin\Theta_{m5} = \frac{1}{2}\frac{L}{D}\frac{C_D S}{m\beta}(\rho_{m5}-\rho_e) \approx \frac{1}{2}\frac{L}{D}\frac{C_D S}{m\beta}\rho_{m5}$$

故:

$$\rho_{m5} = -\frac{1}{3.15}\frac{m\beta}{C_D S}\sin\Theta_{m5} \tag{3-3-34}$$

$$v_{m5} = v_e\exp\left(-\frac{\Theta_{m5}-\Theta_e}{L/D}\right) \tag{3-3-35}$$

将 Θ_{m5}代入式(3-3-31)可得

$$q_{s,\max} = K_s\sqrt{2\frac{\beta m}{C_D S}\frac{D}{L}}(\cos\Theta_{m5} - \cos\Theta_e)^{\frac{1}{2}}\left[v_e\exp\left(-\frac{\Theta_{m5}-\Theta_e}{L/D}\right)\right]^{3.15} \tag{3-3-36}$$

从式(3-3-33)和式(3-3-34)可以看出,最大热流处的 Θ_{m5}、ρ_{m5}与再入速度 v_e无关,而 v_{m5}与 v_e成正比。由式(3-3-36)可以看出最大热流值与升阻比 L/D 和再入角 Θ_e的关系,图 3-13 绘出了不同升阻比 L/D 时 $q_{s,\max}$与 Θ_e的关系。

从图 3－13 可以看出，当升阻比 L/D 一定时，最大热流 $q_{s,\max}$ 随 $|\Theta_e|$ 的增加而近似呈线性增加；而当 $|\Theta_e|$ 一定时，随着升阻比的增加，最大热流值减小。从最大热流 $q_{s,\max}$ 的限制来看，增加升阻比，可以放宽对 Θ_e、v_e 的限制。

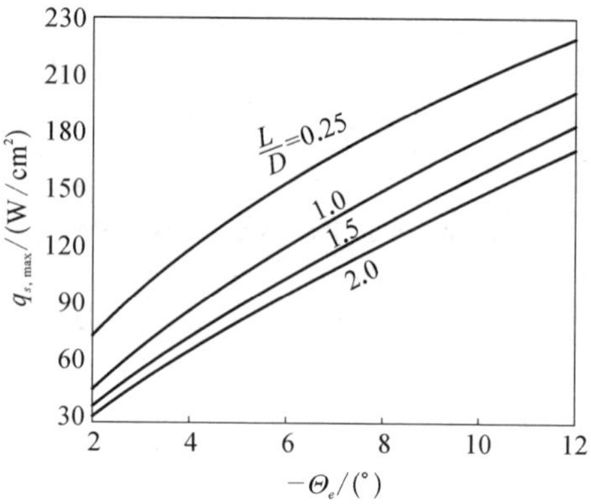

图 3－13 不同升阻比 L/D 时最大热流与 Θ_e 的关系图

3.3.3 跳跃式再入运动的近似解

式(3－3－6)和式(3－3－11)是再入运动基本方程的近似积分结果，对于任何连续型的非跳跃弹道都不会出现 $\Theta=0$ 的情况，可以从初始再入状态进行积分。但是对于非连续型的跳跃再入弹道(Loh[31] 称为振荡弹道，而把存在大气层外开普勒段的再入类型称为跳跃弹道，此处不作区分)，在弹道上会出现 $\Theta=0$ 的点，即随着 ρ 的增加，Θ 的绝对值单调减小，直至变为零，而在这点之后，直到大气层出口为止，Θ 单调增加。沿跳跃弹道上通过 $\Theta=0$ 的点的任意一个量的积分，必须按如下方式进行：

$$\int_{\Theta=\Theta_e}^{\Theta} = \int_{\Theta=\Theta_e}^{\Theta=0} + \int_{\Theta=0}^{\Theta}$$

或者可以首先从 $\Theta=\Theta_e$ 到 $\Theta=0$ 进行积分，然后利用 $\Theta=0$ 的条件作为新的初始条件，计算在 $\Theta=0$ 之后各点的参数值。

对于给定飞行器在给定初始条件下的再入运动，首先要判断再入弹道是跳跃的还是非跳跃的，这可以利用 Loh 的二阶解来判断。根据式(3－3－13)和式(3－3－14)易知：

$$\Theta-\Theta_e=-\frac{\frac{1}{2}\left(\frac{L}{D}\right)\ln\left(\frac{v_e^2/gR_E}{v^2/gR_E}\right)}{\left(\frac{1}{\beta R_E}\right)\left(\frac{gR_E/v^2-1}{\cos\Theta_e/\cos\Theta-1}\right)-1} \tag{3-3-37}$$

$$e^{-\beta h}-e^{-\beta h_e}=\frac{\cos\Theta\left[1+\left(\frac{1}{\beta R_E}\right)\left(\frac{gR_E}{v^2}-1\right)\right]-\cos\Theta_e}{\frac{1}{2}\left(\frac{L}{D}\right)\left(\frac{C_D S}{m\beta}\right)\rho_0} \tag{3-3-38}$$

如果弹道是跳跃式的，则方程组[式(3-3-37)和式(3-3-38)]至少存在一个 $\Theta=0$ 的解；如果方程组完全没有 $\Theta=0$ 的解，则弹道是非跳跃式的。令 $\Theta=0$，$h=h_{\Theta=0}$，可得

$$\Theta_e=\frac{\frac{1}{2}\left(\frac{L}{D}\right)\ln\left(\frac{v_e^2/gR_E}{v_{\Theta=0}^2/gR_E}\right)}{\left(\frac{1}{\beta R_E}\right)\left(\frac{gR_E/v_{\Theta=0}^2-1}{\cos\Theta_e-1}\right)-1} \tag{3-3-39}$$

$$e^{-\beta h_{\Theta=0}}-e^{-\beta h_e}=\frac{1+\left(\frac{1}{\beta R_E}\right)\left(\frac{gR_E}{v_{\Theta=0}^2}-1\right)-\cos\Theta_e}{\frac{1}{2}\left(\frac{L}{D}\right)\left(\frac{C_DS}{m\beta}\right)\rho_0} \tag{3-3-40}$$

如果联立解方程(3-3-39)和方程(3-3-40)存在一个解，则弹道是跳跃式的；如果方程(3-3-39)和方程(3-3-40)找不到解，那么弹道是非跳跃式的。

对于跳跃式再入弹道，每一个跳跃周期内的解可用如下方法计算。

(1) 给定初始再入角 Θ_e、初始再入高度 h_e 和初始再入速度 v_e 后，根据方程(3-3-39)和方程(3-3-40)可以直接求出弹道变成水平时的高度 $h_{\Theta=0}$ 和速度 $v_{\Theta=0}$。

(2) 令

$$N=\frac{1}{2}\frac{L}{D}\left(\frac{C_DS}{m\beta}\right)-\frac{1}{\beta R_E}\frac{\cos\Theta}{\rho}\left(\frac{gR_E}{v^2}-1\right)$$

计算在 $\Theta=0$ 点的 N 值：

$$N_{\Theta=0}=\frac{1}{2}\frac{L}{D}\left(\frac{C_DS}{m\beta}\right)-\frac{1}{\beta R_E}\frac{1}{\rho_0 e^{-\beta h_{\Theta=0}}}\left(\frac{gR_E}{v_{\Theta=0}^2}-1\right) \tag{3-3-41}$$

在 $\Theta=0$ 点两侧的跳跃周期内，可以近似认为 N 为常数，即取 $N\approx N_{\Theta=0}=\text{const}$。

(3) 将 $\Theta=0$ 的点作为新的起始条件，确定 $\Theta=0$ 处两侧的跳跃周期内任一点的高度 h、速度 v 和当地速度倾角 Θ。在方程(3-3-5)和方程(3-3-11)中，$\Theta=0$ 作为起始点，可得

$$\cos\Theta=1+N\rho_0\left(e^{-\beta h}-e^{-\beta h_{\Theta=0}}\right) \tag{3-3-42}$$

$$\ln\left(\frac{v^2/gR_E}{v_{\Theta=0}^2/gR_E}\right)=-\frac{C_DS}{m\beta N}\Theta \tag{3-3-43}$$

注意在 $\Theta=0$ 之后，弹道上点的 Θ 为正值，而在 $\Theta=0$ 之前，弹道上点的 Θ 为负值，这样可以计算在不同 v 值点处的高度 h 和当地速度倾角 Θ，从而确定一个完整的跳跃周期内弹道上的参数值。

(4) 大气出口点处参数的计算。飞行器飞出大气边界时的当地速度倾角可以由方程(3-3-42)估算出来。在出口点处，大气密度假定为 0，即

$$\rho_{\text{exit}}=\rho_0\mathrm{e}^{-\beta h_{\text{exit}}}\approx 0$$

则方程(3-3-42)可简化为

$$\cos\Theta_{\text{exit}}=1-N\rho_0\mathrm{e}^{-\beta h_{\Theta=0}} \tag{3-3-44}$$

从而可以求得 Θ_{exit}。将 Θ_{exit} 代入方程(3-3-43)可以得到出口点处的速度 v_{exit}。

需要注意的是，通常在 $\Theta=0$ 附近，N 值的变化并不明显，但在靠近出口点处，N 的变化比较显著，因此出口点附近的 N 值可取 $\Theta=0$ 的点和出口点的 N 的算术平均值。

(5) 飞行器跃出大气层后，直至再一次进入大气层前的阶段可以认为是开普勒椭圆轨道的一部分。根据二体轨道的性质易知，重新进入大气时的速度等于前一次出口点处的速度 v_{exit}，再入角 Θ 与 Θ_{exit} 大小相等、符号相反。

(6) 对于第二个跳跃周期，由于初始再入速度、高度和再入角都已知，重复前述过程，即可得到整个周期内弹道上的相关参数。

(7) 末段的状态。再入弹道的末段是非跳跃的，因此需要用基本方程[式(3-3-13)和式(3-3-14)]来计算此段弹道上的相关参数。

按照上述计算方法，表 3-1 和表 3-2 分别给出了 $L/D=1.0$，$\Theta_e=-12°$ 时，以圆速度和超圆速度(第二宇宙速度)再入的跳跃式弹道上的相关参数(引自文献[31])。

表 3-1　以圆速度再入的跳跃式弹道特性($L/D=1.0$，$\Theta_e=-12°$，$\beta R_E=900$)

$v/\sqrt{gr}$	$\Theta/(°)$	βh	$N\rho_0$
1.0	−12	15.31	—
0.985	−11.1	11.685	—

续　表

$v/\sqrt{gr}$	$\Theta/(°)$	βh	$N\rho_0$
0.95	−9.15	10.50	—
0.90	−6.1	9.88	—
0.806 5	0	9.58	311.22
0.775	2.22	9.63	—
0.707	7.3	10.07	—
0.656	11.5	12.46	—
0.625	−9.35	10.45	—
0.575	−5.18	9.70	—
0.518	0	9.48	279.0
0.50	1.715	9.50	—
0.45	7.02	9.99	—
0.41	11.65	12.975	—
0.39	−9.85	10.37	—
0.35	−5.77	9.47	—
0.30	0	9.2	209.5
0.25	6.88	9.6	—
0.22	11.6	12.38	—
0.20	−11.2	9.31	—
0.175	−9.8	8.9	—
0.10	−5.9	7.85	—
0.05	−17.2	6.68	—

表 3－2　以超圆速度再入的跳跃式弹道特性($L/D = 1.0$, $\Theta_e = -12°$, $\beta R_E = 900$)

$v/\sqrt{gr}$	$\Theta/(°)$	βh	$N\rho_0$
$\sqrt{2}$	−12	15.31	—
1.35	−8.85	10.39	—
1.20	−1.965	9.63	—
1.16	0	9.605	324.2
1.05	5.78	9.87	—
0.96	11.0	11.45	—
0.95	11.68	12.62	—

续 表

$v/\sqrt{gr}$	$\Theta/(°)$	βh	$N\rho_0$
0.90	-9.34	10.47	—
0.76	0	9.555	308.55
0.65	8.53	10.26	—
0.62	11.25	11.67	—
0.60	-11.02	11.285	—
0.48	0	9.435	273.4
0.40	8.92	10.235	—
0.38	11.4	11.77	—
0.35	-9.51	10.07	—
0.265	0	9.07	191
0.25	1.98	9.11	—
0.20	9.63	10.11	—
0.15	-9.4	8.66	—
0.10	-10	7.955	—
0.05	-20	6.74	—

前述计算跳跃式弹道参数的方法是针对跃出大气层的弹道类型的，当跳跃式弹道完全位于大气层内时，如高超声速滑翔飞行器采用的一类弹道，则需要判断 $|\Theta|_{max}$ 点，且需要根据 Θ_{exit} 与 $|\Theta|_{max}$ 的关系判断弹道是否跃出大气层。相关计算步骤可参考文献[31]，这里不再叙述。

3.4 升阻比为变数时运动方程的近似解

前面的讨论都是以再入过程中升阻比为常数进行分析的，升阻比为常数要依靠飞行器上的姿态控制系统来保证。从弹道设计的观点来看，不一定要保证飞行过程中的升阻比为常数，用变升阻比保证再入飞行满足一定要求，如过载要求、热流要求也是有意义的。

文献[25]中对变升阻比的飞行提供了几种方案：

(1) 常加速度飞行；

(2) 常空气动力过载飞行；

（3）常驻点热流或常平均热流飞行；

（4）常高度下降率飞行；

（5）常倾斜角飞行。

下面介绍 ρv^n 为常数的飞行，其中 n 为常数，n 取不同值时对应上述的一些情况。例如，由切向加速度 $\dot{v}=-C_DS\rho v^2/2m$、空气阻力 $D=C_D\rho v^2S/2$ 及升力 $L=C_L\rho v^2S/2$ 可以看出，$n=2$ 时可近似地描述等切向加速度和等空气动力过载飞行；由 $q_{av}=C_f\rho v^3/4$ 可知，$n=3$ 对应于常平均热流飞行；而由 $q_s=k_s\sqrt{\rho}v^3$ 知，$n=6$ 对应于常驻点热流飞行。记：

$$\rho v^n=\rho_e v_e^n=k_1 \tag{3-4-1}$$

下面以 n 为常数进行运动方程求解。

1）速度 v

对方程(3－4－1)求微分，可得

$$\mathrm{d}\rho=\left(-\frac{n}{2}\right)k_1\frac{\mathrm{d}v^2}{v^{n+2}} \tag{3-4-2}$$

由：

$$\frac{\mathrm{d}v}{\mathrm{d}t}=-\frac{C_DS}{2m}\rho v^2$$

可知：

$$\mathrm{d}v^2=\frac{C_DS}{m\beta}\frac{v^2}{\sin\Theta}\mathrm{d}\rho \tag{3-4-3}$$

即

$$\mathrm{d}v^2=\left(\frac{C_DS}{m\beta}\right)\left(\frac{v^2}{\sin\Theta}\right)\left(-\frac{n}{2}\right)k_1\frac{\mathrm{d}v^2}{v^{n+2}}$$

故

$$v^n=-\frac{C_DS}{m\beta}\left(\frac{k_1}{\sin\Theta}\right)\left(\frac{n}{2}\right) \tag{3-4-4}$$

2）高度 h

由 $\rho=\rho_0\mathrm{e}^{-\beta h}$，可得

$$h=\frac{1}{\beta}\ln\left(\frac{\rho_0 v^n}{k_1}\right) \tag{3-4-5}$$

3）当地速度倾角 Θ

由式(3－4－4)知：

$$\sin\Theta=-\frac{n}{2}\left(\frac{C_D S}{m\beta}\right)\left(\frac{k_1}{v^n}\right)=-\frac{n}{2}\left(\frac{C_D S}{m\beta}\right)\rho \tag{3-4-6}$$

4）切向加速度 $\dot{v}$

当不考虑重力时：

$$\dot{v}=-\frac{C_D S\rho v^2}{2m}=-\frac{1}{2}\left(\frac{C_D S}{m}\right)k_1 v^{2-n} \tag{3-4-7}$$

由式(3－4－7)可以看出，当不考虑重力影响、沿 $\rho v^n=k_1$ 飞行时，最大切向加速度不存在。当 $n>2$ 时，随 v 的减小，$|\dot{v}|$ 增加；当 $n<2$ 时，随 v 的减小，$|\dot{v}|$ 减小；当 $n=2$ 时，随 v 的减小，$|\dot{v}|$ 不变化。

5）沿轨道飞行的距离 R_{T1}

由 $\rho=\rho_0 e^{-\beta h}$ 可得

$$d\rho=-\beta\rho dh=-\beta\rho\sin\Theta dR_{T1} \tag{3-4-8}$$

将式(3－4－8)代入式(3－4－3)可得

$$dR_{T1}=\frac{-dv^2}{\left(\frac{C_D S}{m}\right)k_1 v^{2-n}}$$

积分得

$$R_{T1}-R_{T1e}=\frac{(2/n)}{\left(\frac{C_D S}{m}\right)k_1}(v_e^2-v^2) \tag{3-4-9}$$

6）射程 R_T

$$dR_T=\cos\Theta dR_{T1}=\sqrt{1-\sin^2\Theta}\,dR_{T1}$$

故：

$$\mathrm{d}R_T = \frac{-\sqrt{1 - \sin^2\Theta}}{\left(\dfrac{C_D S}{m}\right) k_1 v^{2-n}} \mathrm{d}v^2$$

将式(3－4－6)代入上式，可得

$$\mathrm{d}R_T = -\frac{\left\{v^{2n} - \left[\left(\dfrac{C_D S}{m\beta}\right) k_1 \left(\dfrac{n}{2}\right)\right]^2\right\}^{1/2}}{\dfrac{C_D S}{m} k_1 v^2} \mathrm{d}v^2$$

令

$$a = \left[\left(\frac{C_D S}{m\beta}\right)\left(\frac{n}{2}\right) k_1\right]^2, \quad b = \left(\frac{C_D S}{m}\right) k_1, \quad x = v^2$$

则有

$$\mathrm{d}R_T = -\frac{(x^n - a)^{1/2}}{b} \mathrm{d}x \tag{3-4-10}$$

n 为一般值时不易解出，可用数值解。当 $n = 2$ 时，可得

$$R_T = \frac{-1}{b\sqrt{a}}\left[\operatorname{arcsec}\left(x\sqrt{\frac{1}{a}}\right) - \operatorname{arcsec}\left(x_e\sqrt{\frac{1}{a_e}}\right)\right] \tag{3-4-11}$$

7）飞行时间

$$t = \int \frac{\mathrm{d}R_T}{v} = -\int_{v_e}^{v} \frac{\mathrm{d}v^2}{\left(\dfrac{C_D S}{m}\right) k_1 v^{2-n} v} = \frac{2m}{C_D S} \frac{1}{k_1} \frac{1}{n-1} (v_e^{n-1} - v^{n-1}) \tag{3-4-12}$$

8）沿 $\rho v^n = k_1$ 弹道飞行时所需的升阻比

由方程(3－3－2)知：

$$\frac{L}{D} = \frac{2}{\dfrac{C_D S}{m\beta}}\left[\frac{1}{\beta R_E} \frac{\cos\Theta}{\rho}\left(\frac{gR_E}{v^2} - 1\right) - \sin\Theta \frac{\mathrm{d}\Theta}{\mathrm{d}\rho}\right] \tag{3-4-13}$$

由式(3-4-3)知

$$\sin\Theta=\left(\frac{C_DS}{m\beta}\right)\left(\frac{v}{2}\right)\frac{\mathrm{d}\rho}{\mathrm{d}v} \tag{3-4-14}$$

将式(3-4-14)代入式(3-4-13)可得

$$\frac{L}{D}=\frac{2}{\dfrac{C_DS}{m\beta}}\left[\frac{1}{\beta R_E}\frac{\cos\Theta}{\rho}\left(\frac{gR_E}{v^2}-1\right)-\left(\frac{C_DS}{m\beta}\right)\left(\frac{v}{2}\right)\frac{\mathrm{d}\Theta}{\mathrm{d}v}\right] \tag{3-4-15}$$

对式(3-4-6)微分可得

$$\frac{\mathrm{d}\Theta}{\mathrm{d}v}=-\frac{n^2}{2}\frac{C_DS}{m\beta}\frac{k_1}{v^{n+1}}\frac{1}{\cos\Theta} \tag{3-4-16}$$

将式(3-4-16)代入式(3-4-15),可得

$$\frac{L}{D}=\frac{n^2}{2}\frac{C_DS}{m\beta}\left(\frac{k_1}{v^n\sqrt{1-\sin^2\Theta}}\right)+\frac{1}{\beta R_E}\cdot\frac{2\sqrt{1-\sin^2\Theta}}{\rho\left(\dfrac{C_DS}{m\beta}\right)}\left(\frac{gR_E}{v^2}-1\right) \tag{3-4-17}$$

将式(3-4-6)代入式(3-4-17),可得沿 $\rho v^n=k_1$ 飞行时所需的升阻比:

$$\frac{L}{D}=\frac{n^2}{2}\frac{C_DS}{m\beta}\frac{k_1}{\left[v^{2n}-\left(\dfrac{n}{2}\dfrac{C_DS}{m\beta}k_1\right)^2\right]^{1/2}}+\frac{1}{\beta R_E}\frac{2\left[v^{2n}-\left(\dfrac{n}{2}\dfrac{C_DS}{m\beta}k_1\right)^2\right]^{1/2}}{k_1\left(\dfrac{C_DS}{m\beta}\right)}\left(\frac{gR_E}{v^2}-1\right) \tag{3-4-18}$$

其他的情况,如保证 Θ 等于常数或者 $\mathrm{d}h/\mathrm{d}t$ 等于常数时所需的升阻比也可以求出[25]。

上面求出的是实现所希望的弹道(或者说标准弹道)的标准升阻比,制导的任务就是控制实际的升阻比接近标准升阻比,如载人飞船、航天飞机再入段的制导就是如此。

3.5 平衡滑翔弹道运动特性分析

20世纪30年代,德国火箭专家桑格尔(Saënger)在研究高速升力式飞行时最早提出了平衡滑翔的概念,它是指再入飞行器所受的升力纵平面分量、重力及离心力达到平衡,从而实现平稳滑翔的状态,其主要优点是避免轨迹跳跃。当倾侧角可变时,常称为准平衡滑翔条件(quasi-equilibrium glide condition, QEGC)。对于平衡滑翔弹道,在下降过程中当地速度倾角 Θ 近似为常数,即变化率近似为0,且一般为小量。不考虑地球旋转影响时,平衡滑翔条件可以写为

$$L\cos\chi + m\left(\frac{v^2}{r} - g\right)\cos\Theta = 0 \tag{3-5-1}$$

式中, $L\cos\chi$ 为升力的纵平面分量;g 为引力加速度; v^2/r 为离心加速度。相应地,$\chi=0$ 时称为零倾侧角平衡滑翔条件。

平衡滑翔弹道在大升阻比飞行器再入飞行中的应用非常广泛,因此本节讨论其运动特性[32, 33]。

3.5.1 飞行状态变量之间的关系

假设 Θ 一直为小量,故有 $\cos\Theta \approx 1$。对式(3-5-1)进行变换,得

$$v = \sqrt{g}\left(\frac{C_L S\rho_0 \mathrm{e}^{-\beta h}\cos\chi}{2m} + \frac{1}{r}\right)^{-1/2} \tag{3-5-2}$$

进一步展开,可以得到高度与速度的关系式:

$$v = \frac{R_E\sqrt{g_0}}{(R_E + h)}\left(\frac{C_L S\rho_0 \mathrm{e}^{-\beta h}\cos\chi}{2m} + \frac{1}{R_E + h}\right)^{-1/2} \tag{3-5-3}$$

若给定控制规律,且已知高度或速度中的任一个变量,利用式(3-5-3)可求得另一个变量。

展开式(3-5-1),可解算出在平衡滑翔弹道上的大气密度为

$$\rho = \frac{2m(gr - v^2)\cos\Theta}{SC_L v^2 r\cos\chi} \tag{3-5-4}$$

对方程(3-5-4)两边求速度 v 的微分,可得

$$\frac{\mathrm{d}\rho}{\mathrm{d}v}=-\frac{4mg\cos\Theta}{SC_L v^3\cos\chi} \tag{3-5-5}$$

代入大气密度指数模型,有

$$\frac{\mathrm{d}\rho}{\mathrm{d}t}=-\rho\beta\frac{\mathrm{d}h}{\mathrm{d}t}=-\rho\beta\frac{\mathrm{d}r}{\mathrm{d}t} \tag{3-5-6}$$

将式(3-1-1)的第三分式代入式(3-5-6),可得

$$\frac{\mathrm{d}\rho}{\mathrm{d}t}=-\rho\beta v\sin\Theta \tag{3-5-7}$$

联立式(3-1-1)的第一分式和式(3-5-7),可得

$$\frac{\mathrm{d}v}{\mathrm{d}\rho}=\frac{\mathrm{d}v}{\mathrm{d}t}\bigg/\frac{\mathrm{d}\rho}{\mathrm{d}t}=\frac{D}{\rho\beta mv\sin\Theta}+\frac{g}{\rho\beta v} \tag{3-5-8}$$

对比式(3-5-5)和式(3-5-8),得

$$\frac{D}{\rho\beta mv\sin\Theta}+\frac{g}{\rho\beta v}=-\frac{SC_L v^3\cos\chi}{4mg\cos\Theta} \tag{3-5-9}$$

等式两边同乘以 $\rho\beta v\cos\Theta$, 可得

$$\frac{D}{m\tan\Theta}+g\cos\Theta=-\frac{\beta SC_L\rho v^4\cos\chi}{4mg}=-\frac{\beta Lv^2\cos\chi}{2mg} \tag{3-5-10}$$

根据式(3-5-1),知:

$$g\cos\Theta=\frac{L\cos\chi}{m\left(1-\frac{v^2}{gr}\right)} \tag{3-5-11}$$

将式(3-5-11)代入式(3-5-10)并整理,得

$$\frac{D}{\tan\Theta}=-L\cos\chi\left[\frac{\beta v^2}{2g}+\frac{1}{1-v^2/(gr)}\right] \tag{3-5-12}$$

因此,有

$$\tan \Theta = -\left\{\frac{L}{D}\cos \chi\left[\frac{\beta v^2}{2g} + \frac{1}{1 - v^2/(gr)}\right]\right\}^{-1} \qquad (3-5-13)$$

又因为当 Θ 是小量时，$\tan \Theta \approx \Theta$，因此可得 Θ 与 v、h 的关系为

$$\Theta = \left\{-\frac{L}{D}\cos \chi\left[\frac{\beta v^2}{2g} + \frac{gr}{gr - v^2}\right]\right\}^{-1} \qquad (3-5-14)$$

由式(3-5-1)知：

$$m\left(g - \frac{v^2}{r}\right)\cos \Theta = L\cos \chi > 0 \qquad (3-5-15)$$

将式(3-5-15)代入式(3-5-14)，可得

$$\Theta = \left\{-\frac{L}{D}\cos \chi\left[\frac{\beta v^2}{2g} + \frac{gr}{gr - v^2}\right]\right\}^{-1} < 0 \qquad (3-5-16)$$

式(3-5-16)表明，在平衡滑翔弹道中，当地速度倾角恒为负值。

以某大升阻比飞行器为例，图 3-14 和图 3-15 分别给出了倾侧角为 0、30°、60°时对应的高度-速度曲线及当地速度倾角-速度曲线。

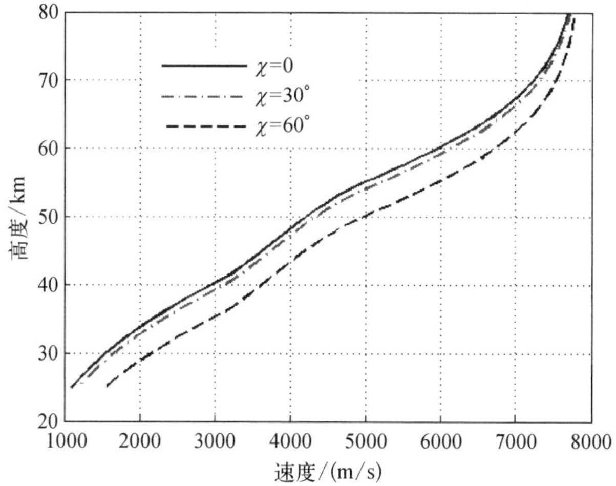

图 3-14　平衡滑翔条件下高度的变化

由图 3-14 和图 3-15 可见，由于再入飞行器的纵向受力基本平衡，飞行器的高度-速度曲线和当地速度倾角-速度曲线变化都很平缓，这也是大升阻比飞

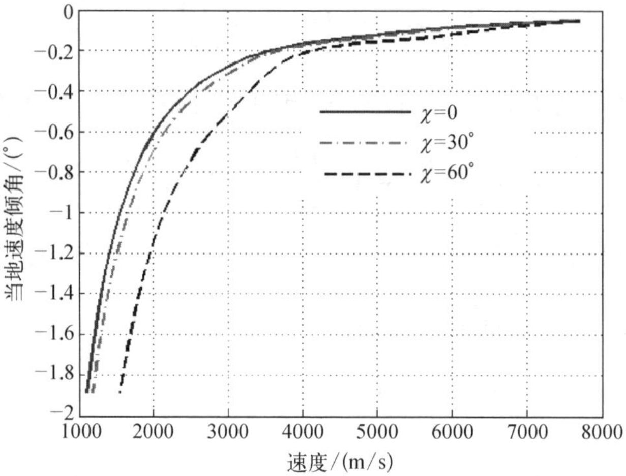

图 3-15 平衡滑翔条件下当地速度倾角的变化

行器中选择平衡滑翔弹道的原因。由图 3-14 可见,倾侧角取值越大时,达到平衡滑翔所需的总升力也越大,因此在同等升阻比和速度下要求密度越高,弹道高度就越低。图 3-15 中,平衡滑翔条件下的当地速度倾角都为负值,同等速度下,其绝对值随着倾侧角的增大而增大,但在整个平衡滑翔过程中当地速度倾角都很小,因此假设其为小量是成立的。

3.5.2 飞行弹道特性随速度的变化规律

根据动压公式 $q = 0.5\rho v^2$,将动压 q 对速度 v 求微分,可得

$$\frac{\mathrm{d}q}{\mathrm{d}v} = \frac{1}{2}\frac{\mathrm{d}\rho}{\mathrm{d}v}v^2 + \rho v \tag{3-5-17}$$

将式(3-5-5)代入式(3-5-17),并整理可得

$$\frac{\mathrm{d}q}{\mathrm{d}v} = \frac{-g\cos\Theta + L/m\cos\mathit{X}}{2mSC_L v\cos\mathit{X}} \tag{3-5-18}$$

将式(3-5-1)代入式(3-5-18),可得

$$\frac{\mathrm{d}q}{\mathrm{d}v} = \frac{-v/r\cos\Theta}{2mSC_L\cos\mathit{X}} < 0 \tag{3-5-19}$$

式(3-5-19)表明,在平衡滑翔条件下,动压是速度的单调递减函数。

由过载的定义可知:

$$n = qS\sqrt{C_L^2 + C_D^2}/mg \tag{3-5-20}$$

将式(3-5-20)两边对 v 求微分,可得

$$\frac{\mathrm{d}n}{\mathrm{d}v} = \frac{S\sqrt{C_L^2 + C_D^2}}{mg}\frac{\mathrm{d}q}{\mathrm{d}v} < 0 \tag{3-5-21}$$

因此,在平衡滑翔条件下,过载也是速度的单调递减函数。

根据式(3-1-30),驻点热流密度的计算公式可表示为

$$q_s = K_s \rho^{0.5} v^{3.15} \tag{3-5-22}$$

其中,已假设飞行器头部的曲率半径为1 m。将式(3-5-22)两边对 v 求微分,可得

$$\frac{\mathrm{d}q_s}{\mathrm{d}v} = \frac{K_s}{2\sqrt{\rho}}\frac{\mathrm{d}\rho}{\mathrm{d}v}v^{3.15} + 3.15K_s\sqrt{\rho}v^{2.15} = K_s\sqrt{\rho}v^{2.15}\left(\frac{v}{2\rho}\frac{\mathrm{d}\rho}{\mathrm{d}v} + 3.15\right) \tag{3-5-23}$$

将式(3-5-5)代入式(3-5-23),得

$$\frac{\mathrm{d}q_s}{\mathrm{d}v} = K_s\sqrt{\rho}v^{2.15}\left(-\frac{2mg\cos\Theta}{\rho S C_L v^2\cos\chi} + 3.15\right) = K_s\sqrt{\rho}v^{2.15}\left(-\frac{mg\cos\Theta}{L\cos\chi} + 3.15\right) \tag{3-5-24}$$

定义加速度差 $a_{Lg} = 3.15L\cos\chi/m - g\cos\Theta$, 可得

$$\begin{cases} \dfrac{\mathrm{d}q_s}{\mathrm{d}v} > 0, & a_{Lg} > 0 \\ \dfrac{\mathrm{d}q_s}{\mathrm{d}v} \leqslant 0, & a_{Lg} \leqslant 0 \end{cases} \tag{3-5-25}$$

可见,驻点热流密度随速度的变化规律由升力的纵向分量和引力之间的大小关系决定。当 $a_{Lg} = 0$ 时, q_s 取极值。结合式(3-5-1),有

$$\begin{cases} 3.15L\cos\chi/m = g\cos\Theta \\ L\cos\chi = m(g - v^2/r)\cos\Theta \end{cases} \tag{3-5-26}$$

解式(3-5-26),可得

$$v = 0.826\sqrt{gr}$$

即当速度和高度满足式(3-5-26)时,驻点热流密度取极值。考虑到再入过程中 r 的变化幅度相对较小,若取 $r = R_E$,则可得平衡滑翔条件下驻点热流密度取极值时的速度近似为 $v = 6\,530$ m/s。

取与 3.5.1 节同样的仿真条件,图 3-16~图 3-19 分别给出了动压、过载、驻点热流密度及加速度差 a_{Lg} 随速度变化的曲线图。

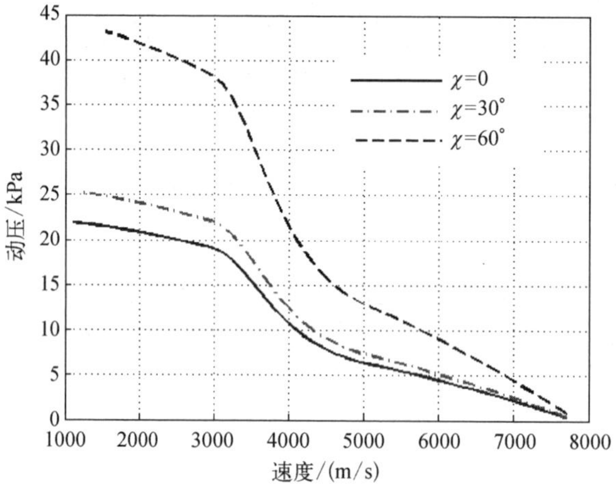

图 3-16 平衡滑翔条件下动压的变化

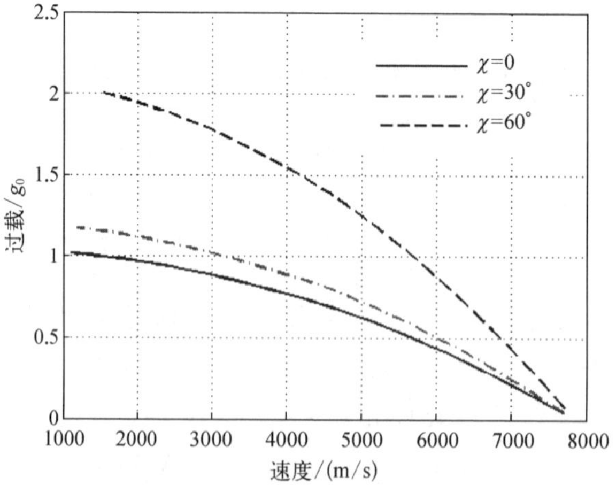

图 3-17 平衡滑翔条件下过载的变化

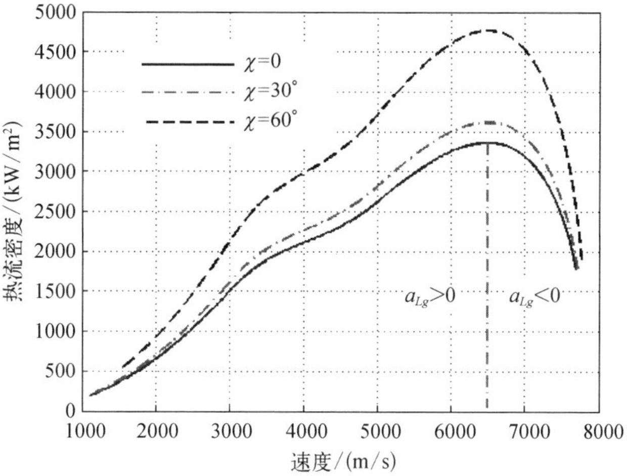

图 3-18 平衡滑翔条件下驻点热流密度的变化

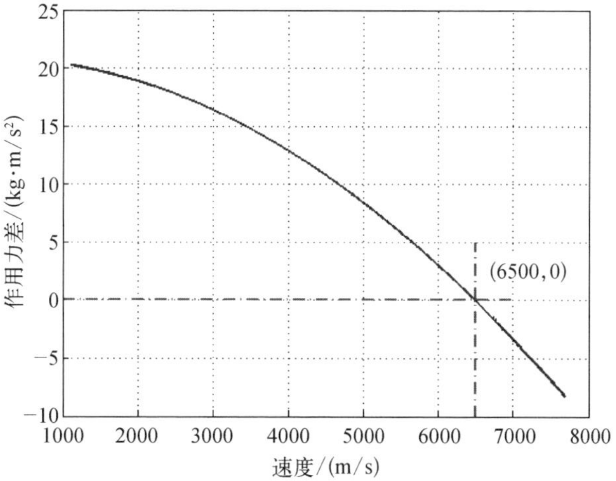

图 3-19 平衡滑翔条件下作用力差的变化

图 3-16 和图 3-17 表明,动压和过载随速度的降低而逐渐变大,验证了推导的结论。根据平衡滑翔条件可知,动压 $q=k(g-v^2/r)$,其中 $k=m\cos\Theta/(C_LS\cos\chi)$,因此 q 和 C_L 成反比关系。图 3-17 中过载的变化比较平滑,这是由于 n 与 $\sqrt{1+(D/L)^2}$ 相关,而在速度变化过程中,$\sqrt{1+(D/L)^2}$ 的变化不大。对比图 3-18 和图 3-19 可以看出,当 $a_{Lg}<0$ 时,驻点热流密度是速度的单

调递减函数,随着速度的降低,热流密度变大;当 $a_{Lg}>0$ 时,变化趋势恰好相反。

3.5.3 常升阻比下平衡滑翔弹道参数的近似关系

假设飞行器平衡滑翔时的升阻比为常值,同时假定 $\chi=0$, $\cos\Theta\approx 1$, $r\approx r_0=R_E+h_0$, $g\approx g_0$。将式(3-5-1)两边同除以 L/D,则有

$$D=\left(g_0-\frac{v^2}{r_0}\right)\frac{D}{L} \tag{3-5-27}$$

将式(3-5-27)代入式(3-1-1)的第一式,因 $\sin\Theta\approx 0$, 有 $g\sin\Theta\approx 0$, 进行变换可得

$$\frac{\mathrm{d}v}{v^2-g_0r_0}=\frac{\mathrm{d}t}{L/D\cdot r_0} \tag{3-5-28}$$

设初始时刻 $t=0$,对式(3-5-28)积分可得

$$\frac{1}{2\sqrt{g_0r_0}}\left(\ln\left|\frac{v(t)-\sqrt{g_0r_0}}{v(t)+\sqrt{g_0r_0}}\right|-\ln\left|\frac{v_0-\sqrt{g_0r_0}}{v_0+\sqrt{g_0r_0}}\right|\right)=\frac{t}{L/D\cdot r_0} \tag{3-5-29}$$

令 $a=\sqrt{g_0r_0}$, $b=\sqrt{g_0/r_0}$, 则式(3-5-29)可简化为

$$\ln\left|\frac{v(t)-a}{v(t)+a}\right|-\ln\left|\frac{v_0-a}{v_0+a}\right|=\frac{2bt}{L/D} \tag{3-5-30}$$

一般情况下 $v<a$, 因此令

$$A(t)=\frac{2bt}{L/D}+\ln\left(\frac{a-v_0}{a+v_0}\right)$$

代入式(3-5-30),可得速度的表达式为

$$v=a\left[\frac{2}{\mathrm{e}^{A(t)}+1}-1\right] \tag{3-5-31}$$

若已知终端速度 v_f, 根据式(3-5-30),可得飞行时间为

$$t_f=\frac{L}{D}\frac{1}{2b}\ln\left[\frac{(a-v_f)(a+v_0)}{(a+v_f)(a-v_0)}\right] \tag{3-5-32}$$

可见,同样的条件下,飞行器的速度由 v_0 减小到 v_f,升阻比越大,需要的时间越长。

结合式(3-5-28)与式(3-1-1)的第一分式和第四分式,有

$$\frac{\mathrm{d}R_T}{\mathrm{d}v} = \frac{v\cos\Theta}{-D - g\sin\Theta}\frac{R_E}{r} \approx \frac{v \cdot L/D}{v^2 - gr} \tag{3-5-33}$$

因此航程与速度的关系为

$$R_T = \frac{R_E}{2}\frac{L}{D}\ln\left(\frac{v^2 - a^2}{v_0^2 - a^2}\right) \tag{3-5-34}$$

式(3-5-34)表明,当初始速度和终端速度给定后,升阻比越大,航程越远。

假定 χ 和 Θ 均为0,则由式(3-5-5)和式(3-5-6)可得

$$\frac{\mathrm{d}h}{\mathrm{d}v} = \frac{4mg}{SC_L v^3 \rho\beta} = \frac{2mg}{Lv\beta} = \frac{2mg}{(g - v^2/r)v\beta} \tag{3-5-35}$$

对式(3-5-35)进行积分,可得

$$h = h_0 + \frac{2}{\beta}\int_{v_0}^{v}\frac{mg_0}{(g_0 - v^2/r)v}\mathrm{d}v = h_0 + \frac{2}{\beta}\left[\ln\frac{v}{v_0} + \frac{1}{2}\ln\left(\frac{a^2 - v_0^2}{a^2 - v^2}\right)\right] \tag{3-5-36}$$

由式(3-5-28)可得

$$\frac{\mathrm{d}v}{\mathrm{d}t} = \frac{v^2 - g_0 r_0}{L/D \cdot r_0} < 0 \tag{3-5-37}$$

结合式(3-5-27)及 a_{Lg} 的定义,有

$$\frac{\mathrm{d}a_{Lg}}{\mathrm{d}t} = 3.15m\frac{\mathrm{d}L}{\mathrm{d}t} = 3.15m\frac{L}{D}\frac{\mathrm{d}D}{\mathrm{d}t} = -\frac{6.30v}{r_0}\frac{\mathrm{d}v}{\mathrm{d}t} > 0 \tag{3-5-38}$$

因此 $a_{Lg}(t)$ 是 t 的单调递增函数,最多只有一个零点。联立式(3-5-25)与式(3-5-37),可得

$$\begin{cases} \dfrac{\mathrm{d}q_s}{\mathrm{d}t} = \dfrac{\mathrm{d}q_s}{\mathrm{d}v}\dfrac{\mathrm{d}v}{\mathrm{d}t} > 0, & a_{Lg}(t) < 0 \\ \dfrac{\mathrm{d}q_s}{\mathrm{d}t} = \dfrac{\mathrm{d}q_s}{\mathrm{d}v}\dfrac{\mathrm{d}v}{\mathrm{d}t} \leqslant 0, & a_{Lg}(t) \geqslant 0 \end{cases} \tag{3-5-39}$$

因此 $q_s(t)$ 也最多只有一个极值点，且为极大值。若 $v_0 > 0.826\sqrt{g_0 r_0}$，则 q_s 在 $v = 0.826\sqrt{gr}$ 处取极大值；若 $v_0 < 0.826\sqrt{g_0 r_0}$，则 q_s 在初始时刻取极大值。

图 3－20～图 3－23 给出了常升阻比下平衡滑翔运动方程的数值解与本小节推导的近似解的对比结果。从图中可以看出，近似解能够很好地逼近数值解。

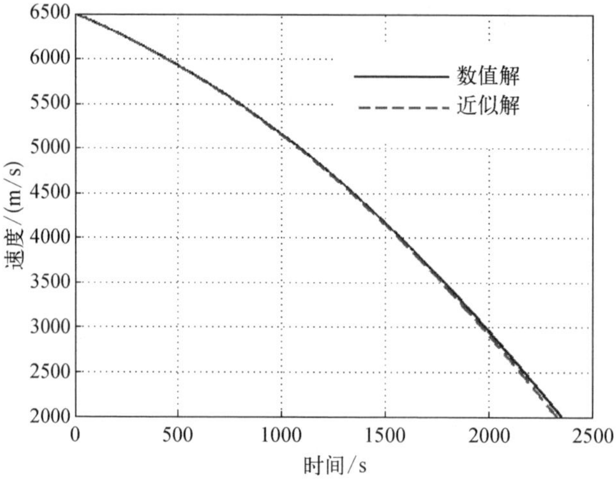

图 3－20　常升阻比下平衡滑翔速度随时间的变化

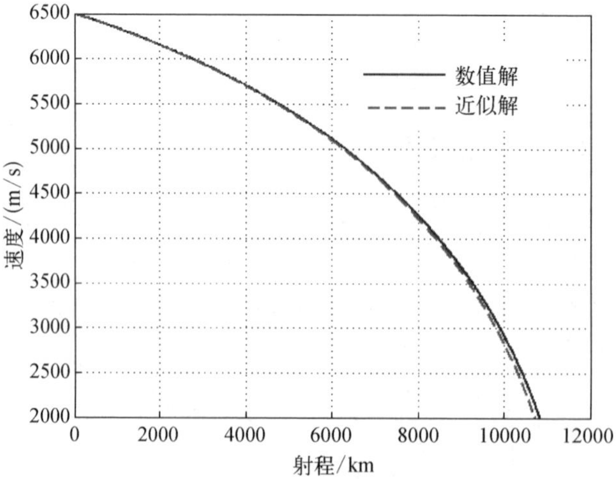

图 3－21　常升阻比下平衡滑翔速度随射程的变化

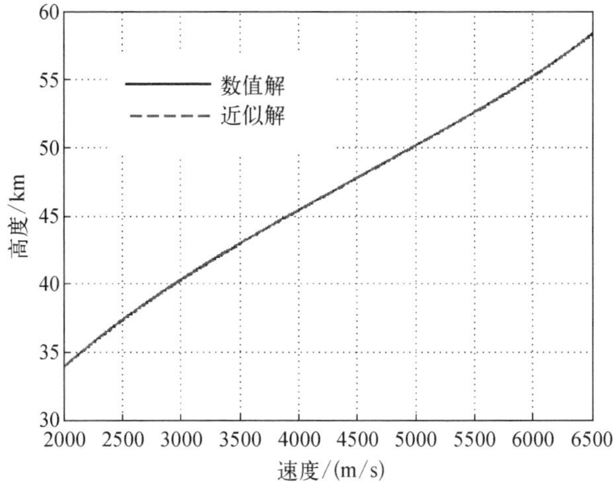

图3-22　常升阻比下平衡滑翔高度随速度的变化

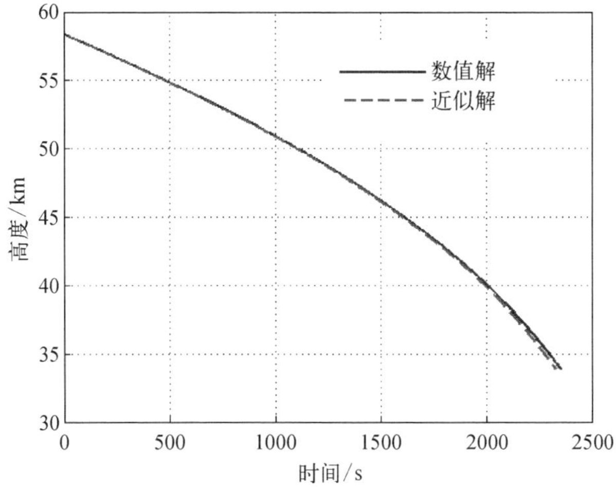

图3-23　常升阻比下平衡滑翔高度随时间的变化

3.5.4　小扰动条件下平衡滑翔弹道特性的定性分析

飞行器在飞行过程中,若不满足平衡滑翔条件[式(3-5-1)],则在升力、引力及离心力的共同作用下会偏离平衡滑翔弹道,形成跳跃滑翔弹道,下面对这类弹道的特性进行定性分析。

为便于分析,对式(3-1-1)所描述的飞行器运动方程进行处理,以速度 v 作为自变量,减少状态变量的个数。忽略重力分量 $g\sin\Theta$ 对速度的影响,同时假设倾侧角 $\chi=0$,则新的运动方程为

$$\begin{cases}\dfrac{\mathrm{d}\Theta}{\mathrm{d}v}=-\dfrac{L}{Dv}-\dfrac{2m}{C_D\rho Sv^3}\left(\dfrac{v^2}{r}-g\right)\cos\Theta\\ \dfrac{\mathrm{d}r}{\mathrm{d}v}=\dfrac{2m\sin\Theta}{C_D\rho Sv}\\ \dfrac{\mathrm{d}R_T}{\mathrm{d}v}=\dfrac{2mR_E\cos\Theta}{C_D\rho Svr}\end{cases}\tag{3-5-40}$$

假设 ρ 是高度 h(或地心距 r)的指数函数,则可用 ρ 代替 r,简化公式的表达。根据式(3-5-6)可得

$$\frac{\mathrm{d}\rho}{\mathrm{d}v}=\frac{2m\beta\sin\Theta}{C_DSv}\approx\frac{2m\beta\Theta}{C_DSv}\tag{3-5-41}$$

引入弹道系数 $B=C_DS/2m$,以简化表示,代入式(3-5-41)和式(3-5-40)的第一分式,同时令 $r\approx r_0$,$g\approx g_0$,可得

$$\begin{cases}\dfrac{\mathrm{d}\Theta}{\mathrm{d}v}=-\dfrac{L}{Dv}-\dfrac{1}{B\rho v^3}\left(\dfrac{v^2}{r_0}-g_0\right)\cos\Theta\\ \dfrac{\mathrm{d}\rho}{\mathrm{d}v}=\dfrac{\beta\Theta}{vB}\end{cases}\tag{3-5-42}$$

定义 Θ_r 和 ρ_r 分别为平衡滑翔弹道上的当地速度倾角和大气密度,则其分别满足式(3-5-14)和式(3-5-4)。若在跳跃弹道上对应的偏差分别为 $\Delta\Theta$ 和 $\Delta\rho$,则代入式(3-5-42)可得

$$\begin{cases}\dfrac{\mathrm{d}(\Theta_r+\Delta\Theta)}{\mathrm{d}v}=-\dfrac{L}{Dv}-\dfrac{1}{(\rho_r+\Delta\rho)Bv^3}\left(\dfrac{v^2}{r_0}-g_0\right)\cos(\Theta_r+\Delta\Theta)\\ \dfrac{\mathrm{d}(\rho_r+\Delta\rho)}{\mathrm{d}v}=\dfrac{\beta(\Theta_r+\Delta\Theta)}{Bv}\end{cases}\tag{3-5-43}$$

对式(3-5-43)进行泰勒级数展开,并略去高阶小量,可得

$$\begin{cases}\dfrac{\mathrm{d}\Delta\Theta}{\mathrm{d}v}=\dfrac{1}{B\rho_r^2v^3}\left(\dfrac{v^2}{r_0}-g_0\right)\cos\Theta_r\Delta\rho+\dfrac{1}{B\rho_rv^3}\left(\dfrac{v^2}{r_0}-g_0\right)\sin\Theta_r\Delta\Theta\\ \dfrac{\mathrm{d}\Delta\rho}{\mathrm{d}v}=\dfrac{\beta\Delta\Theta}{Bv}\end{cases}\tag{3-5-44}$$

令 $\boldsymbol{X}=[\Delta\Theta,\ \Delta\rho]^{\mathrm{T}}$，将式(3－5－44)写成状态空间方程的形式，有

$$\frac{\mathrm{d}\boldsymbol{X}}{\mathrm{d}v}=\boldsymbol{A}(v)\boldsymbol{X}\tag{3-5-45}$$

式中，

$$\boldsymbol{A}(v)=\begin{bmatrix}A_{11} & A_{12}\\ A_{21} & A_{22}\end{bmatrix}=\begin{bmatrix}\dfrac{1}{B\rho_rv^3}\left(\dfrac{v^2}{r_0}-g_0\right)\sin\Theta_r & \dfrac{1}{B\rho_r^2v^3}\left(\dfrac{v^2}{r_0}-g_0\right)\cos\Theta_r\\ \dfrac{\beta}{Bv} & 0\end{bmatrix}$$

根据前面的分析有 $\Theta_r<0$，$v^2<g_0r_0$，故可知 $A_{11}>0$，$A_{12}<0$，$A_{21}>0$，且矩阵 $\boldsymbol{A}$ 的行列式为

$$\det(\boldsymbol{A})=A_{11}A_{22}-A_{12}A_{21}>0\tag{3-5-46}$$

因此 $\boldsymbol{A}(v)$ 是正定矩阵，且 $\boldsymbol{X}=\boldsymbol{0}$ 是方程(3－5－45)的唯一平衡点。设 $\lambda_1=\lambda_1(v)$，$\lambda_2=\lambda_2(v)$ 是 $\boldsymbol{A}(v)$ 的特征值，则可知式(3－5－47)成立：

$$\begin{cases}\mathrm{tr}(\boldsymbol{A})=A_{11}+A_{22}=\lambda_1+\lambda_2\\ \det(\boldsymbol{A})=\lambda_1\lambda_2\end{cases}\tag{3-5-47}$$

式中，$\mathrm{tr}(\boldsymbol{A})$ 为矩阵 $\boldsymbol{A}$ 的迹。式(3－5－47)满足：

$$\begin{aligned}(\lambda_1-\lambda_2)^2&=\mathrm{tr}(\boldsymbol{A})^2-4\det(\boldsymbol{A})\\&=\frac{1}{B^2\rho_r^2v^6}\left(\frac{v^2}{r_0}-g_0\right)\left\{\left(\frac{v^2}{r_0}-g_0\right)\sin\Theta_r+4v^2\beta\cos\Theta_r\right\}<0\end{aligned}\tag{3-5-48}$$

这表明，λ_1 和 λ_2 是一对实部为正数的共轭复数，实部为 $(A_{11}+A_{22})/2$。根据线性系统理论可知，方程(3－5－45)的解是振荡的。又因 $(A_{11}+A_{22})/2>0$，因此随着速度的增大，振幅是不断增大的，也即平衡点是非稳定点，方程的解是

振荡发散的。但在实际再入过程中，速度随着时间是减小的，因此结论正好相反，方程(3-5-45)的解随着时间振荡衰减，即当存在相对于平衡滑翔条件的初始偏差时，飞行器的运动随着再入过程以振荡衰减的方式趋向于平衡滑翔状态。图3-24和图3-25的数值仿真结果验证了这一结论。

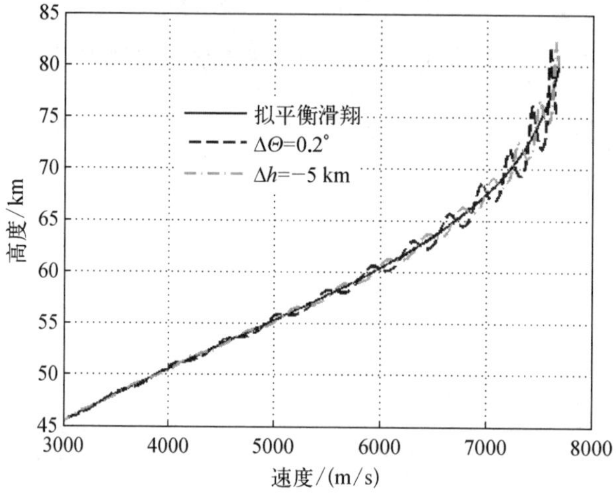

图3-24 小扰动条件下高度的变化

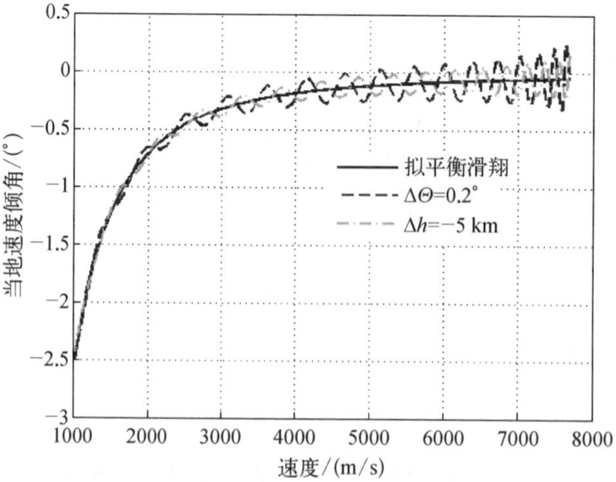

图3-25 小扰动条件下当地速度倾角的变化

第 4 章　再入飞行器的最佳弹道

再入飞行器(弹头、飞船、航天飞机)再入大气层除了满足一些限制,如攻角 α 不能超过最大值 α_{max},法向过载 n_y 不允许超过最大值 $n_{y,\max}$ 外,还可以对弹道设计提出某些性能指标最佳的要求。例如,对于再入机动弹头,希望机动后的落地速度最大;又如航天飞机、飞船再入大气层时,为了减小烧蚀的程度,减轻热负荷,往往要求输入航天飞机、飞船的总热量最少等。总之,可以归纳为一个使某一性能指标最佳的弹道设计问题。性能指标有很多,一般地,有如下几种。

(1) 落地速度 v_f 最大,或在弹道上某一点的速度最大。

(2) 再入飞行过程中总吸热量最小,即

$$Q = \int_{t_0}^{t_f} q\mathrm{d}t = \min$$

(3) 再入飞行过程中过载的积分最小,即

$$J = \int_{t_0}^{t_f} (n_x^2 + n_y^2)\mathrm{d}t = \min$$

(4) 综合指标最小,即

$$J = Q + K_1\int_{t_0}^{t_f} (n_x^2 + n_y^2)\mathrm{d}t = \min$$

(5) 横向机动距离最大,即当有横向机动飞行时,希望横向机动距离最大。

对于整个弹道的约束,除了攻角、过载外,也可以对热流及温度作出限制。

最佳的再入机动弹道既可以是空间的(三维的)、也可以是平面的(二维的),但更多的是讨论平面机动弹道问题。本章先讨论平面最佳弹道,然后讨论空间最佳弹道,并对数值求解两点边值问题的计算方法进行讨论。

4.1 平面最佳再入机动弹道的数学模型

设计最佳机动弹道一般用平面弹道模型,认为地球是不旋转的圆球,此时的弹道方程可由式(2-5-23)得到:

$$\begin{cases}\dfrac{\mathrm{d}v}{\mathrm{d}t}=-\dfrac{C_x\rho v^2 S}{2m}-g\sin\Theta=f_1(v,\ \Theta,\ h,\ \alpha)\\ \dfrac{\mathrm{d}\Theta}{\mathrm{d}t}=\dfrac{C_y\rho vS}{2m}-\dfrac{g\cos\Theta}{v}+\dfrac{v\cos\Theta}{R_E+h}=f_2(v,\ \Theta,\ h,\ \alpha)\\ \dfrac{\mathrm{d}h}{\mathrm{d}t}=v\sin\Theta=f_3(v,\ \Theta)\\ \dfrac{\mathrm{d}R_T}{\mathrm{d}t}=\dfrac{v\cos\Theta R_E}{R_E+h}=f_4(v,\ \Theta,\ h)\end{cases} \tag{4-1-1}$$

式中,大气密度ρ和引力加速度g根据近似公式计算:

$$\frac{\rho}{\rho_0}=\mathrm{e}^{-\beta h},\quad \frac{g}{g_0}=\frac{R_E^2}{(R_E+h)^2}$$

取v、Θ、h、R_T为状态变量,$\boldsymbol{x}=(v,\ \Theta,\ h,\ R_T)^{\mathrm{T}}$为状态向量,则要求从初始状态$\boldsymbol{x}(t_0)=(v_0,\ \Theta_0,\ h_0,\ R_{T0})^{\mathrm{T}}$转移到终端状态$\boldsymbol{x}(t_f)=(v_f,\ \Theta_f,\ h_f,\ R_{Tf})^{\mathrm{T}}$且使性能指标最佳。因为性能指标不一样,其最佳控制规律也不一样,下面通过几个具体例子,讨论最佳弹道的数学模型。

4.1.1 末速为最大时的数学模型

设已知初始状态$\boldsymbol{x}_0=(v_0,\ \Theta_0,\ h_0,\ R_{T0})^{\mathrm{T}}$,要求转移到终端时刻$t=t_f$时,$\Theta(t_f)=\Theta_f$, $h(t_f)=h_f$, $R_T(t_f)=R_{Tf}$,且$v(t_f)$达到最大,也即性能指标取极小值:

$$J=\phi(t_f)=-v(t_f)$$

式中,Θ_f、h_f、R_{Tf}为$t=t_f$时要求达到的状态变量值。

因为弹道方程不显含时间t,所以状态方程代表的系统为一自治系统,又仅要求$\Theta(t_f)=\Theta_f$, $h(t_f)=h_f$, $R_T(t_f)=R_{Tf}$,而t_f是不固定的,所以它是一个控制有约束、终端某些状态变量有约束、而终端时间 t_f不固定的典型最优控制问题。

根据极小值原理,令哈密顿函数为

$$H = \lambda_v f_1 + \lambda_\Theta f_2 + \lambda_h f_3 + \lambda_{R_T} f_4 \tag{4-1-2}$$

则最佳弹道应满足的条件如下。

(1) 状态变量和共轭变量应满足正则方程。

令

$$\boldsymbol{x} = (v, \boldsymbol{\Theta}, h, R_T)^{\mathrm{T}}, \quad \boldsymbol{\lambda} = (\lambda_v, \lambda_\Theta, \lambda_h, \lambda_{R_T})^{\mathrm{T}}$$

$$\dot{\boldsymbol{x}} = \frac{\partial H}{\partial \lambda} \tag{4-1-3}$$

$$\dot{\boldsymbol{\lambda}} = -\frac{\partial H}{\partial \boldsymbol{x}} \tag{4-1-4}$$

(2) 共轭变量应满足横截条件:

$$\boldsymbol{\lambda}(t_f) = \left\{\frac{\partial \phi}{\partial \boldsymbol{x}} + \left(\frac{\partial \boldsymbol{\psi}}{\partial \boldsymbol{x}}\right)^{\mathrm{T}} \boldsymbol{\nu}\right\}_{t=t_f} \tag{4-1-5}$$

式中, ϕ 为末值型指标函数; $\boldsymbol{\psi}$ 为终端边界条件; $\boldsymbol{\nu} = [\nu_1 \quad \nu_2 \quad \nu_3]^{\mathrm{T}}$ 为拉格朗日乘子,是待定的非零常向量。

(3) 哈密顿函数:

$$H(t) = H(t_0) = H(t_f) = 0 \tag{4-1-6}$$

(4) 最优控制变量 α_{opt} 应使哈密顿函数取极小值:

$$H(\alpha_{\mathrm{opt}}, \boldsymbol{x}, \boldsymbol{\lambda}) \leqslant H(\alpha, \boldsymbol{x}, \boldsymbol{\lambda}) \tag{4-1-7}$$

(5) 满足边界条件:

$$\begin{cases} \boldsymbol{x}(t_0) = \boldsymbol{x}_0 \\ \boldsymbol{\psi}[\boldsymbol{x}(t_f), t_f] = \boldsymbol{0} \end{cases} \tag{4-1-8}$$

式中,

$$\boldsymbol{\psi} = \begin{bmatrix} \psi_1 \\ \psi_2 \\ \psi_3 \end{bmatrix} = \begin{bmatrix} \boldsymbol{\Theta}(t_f) - \boldsymbol{\Theta}_f \\ h(t_f) - h_f \\ R_T(t_f) - R_{Tf} \end{bmatrix} = \boldsymbol{0} \tag{4-1-9}$$

将式(4-1-2)展开,可得哈密顿函数的具体表达式:

$$H = \lambda_v\left(-\frac{C_x \rho v^2 S}{2m} - g\sin\Theta\right) + \lambda_\Theta\left(\frac{C_y^\alpha \alpha\rho v S}{2m} + \frac{v\cos\Theta}{R_E + h} - \frac{g\cos\Theta}{v}\right) + \lambda_h v\sin\Theta + \lambda_{R_T}\frac{R_E v\cos\Theta}{R_E + h} \tag{4-1-10}$$

将式(4-1-10)代入式(4-1-3)和式(4-1-4),展开可得到:

$$\begin{cases} \dot{v} = -\dfrac{C_x \rho v^2 S}{2m} - g\sin\Theta = f_1(v, \Theta, h, \alpha) \\ \dot{\Theta} = \dfrac{C_y \rho v S}{2m} - \dfrac{g\cos\Theta}{v} + \dfrac{v\cos\Theta}{R_E + h} = f_2(v, \Theta, h, \alpha) \\ \dot{h} = v\sin\Theta = f_3(v, \Theta) \\ \dot{R}_T = \dfrac{v\cos\Theta R_E}{R_E + h} = f_4(v, \Theta, h) \end{cases} \tag{4-1-11}$$

$$\begin{cases} \dot{\lambda}_v = \lambda_v\dfrac{C_x \rho v^2 S}{2m}\left(\dfrac{2}{v} + \dfrac{C_x^{Ma}}{a}\dfrac{1}{C_x}\right) - \lambda_\Theta\left[\dfrac{C_y \rho v S}{2m}\left(\dfrac{1}{v} + \dfrac{C_y^{Ma}}{aC_y}\right)\right. \\ \qquad \left. + \left(\dfrac{g}{v^2} + \dfrac{1}{R_E + h}\right)\cos\Theta\right] - \lambda_h\sin\Theta - \lambda_{R_T}\dfrac{R_E}{R_E + h}\cos\Theta \\ \dot{\lambda}_\Theta = \lambda_v g\cos\Theta - \lambda_\Theta\left(\dfrac{g}{v} - \dfrac{v}{R_E + h}\right)\sin\Theta - \lambda_h v\cos\Theta + \lambda_{R_T} v\sin\Theta\dfrac{R_E}{R_E + h} \\ \dot{\lambda}_h = \lambda_v\left[-\dfrac{C_x \rho v^2 S}{2m}\left(\beta - \dfrac{C_x^h}{C_x}\right) - \dfrac{2g}{R_E + h}\sin\Theta\right] + \lambda_\Theta\left[C_y\dfrac{\rho v S}{2m}\left(\beta - \dfrac{C_y^h}{C_y}\right)\right. \\ \qquad \left. + \dfrac{v\cos\Theta}{(R_E + h)^2} - \dfrac{2g\cos\Theta}{(R_E + h)v}\right] + \lambda_{R_T}\dfrac{R_E v\cos\Theta}{(R_E + h)^2} \\ \dot{\lambda}_{R_T} = 0 \end{cases} \tag{4-1-12}$$

式中,C_x^{Ma}、C_y^{Ma} 分别为阻力系数、升力系数对马赫数 Ma 的偏导数;C_x^h、C_y^h 分别为阻力系数、升力系数对高度的偏导数。

初始和终端条件为

$$t = t_0 = 0,\quad \boldsymbol{x}(0) = (v_0,\ \Theta_0,\ h_0,\ R_{T_0})^{\mathrm{T}}$$

$$t = t_f,\quad \boldsymbol{\lambda}(t_f) = (1,\ \nu_1,\ \nu_2,\ \nu_3)^{\mathrm{T}}$$

根据极小值原理,最优控制变量 α_{opt} 应使哈密顿函数最小,从哈密顿函数 H 的表达式[式(4-1-10)]可以看出,其具体形式与空气动力系数的表达式有关。对于远程导弹的弹头,在小攻角高速范围内可取:

$$\begin{cases} C_x = C_{x_0} + C_x^{\alpha}\alpha^2 \\ C_y = C_y^{\alpha}\alpha \end{cases} \tag{4-1-13}$$

式中, C_{x_0}、C_y^{α}、C_x^{α} 为常数,但 $C_x^{\alpha} \neq \dfrac{\partial C_x}{\partial \alpha}$。

哈密顿函数 H 可表示为

$$H(\alpha) = H_1(\alpha) + H_2 \tag{4-1-14}$$

式中, $H_1(\alpha)$ 为与控制变量 α 有关的部分;H_2为与控制变量 α 无关的部分。为使 H 最小,即要求 $H_1(\alpha)$ 最小。而:

$$H_1(\alpha) = -\lambda_v \frac{C_x^{\alpha}\alpha^2\rho v^2 S}{2m} + \lambda_{\Theta}\frac{C_y^{\alpha}\alpha\rho v S}{2m} = \left(-\lambda_v C_x^{\alpha}\alpha^2 + \lambda_{\Theta}\frac{C_y^{\alpha}\alpha}{v}\right)\frac{qS}{m} \tag{4-1-15}$$

通过分析, α_{opt} 应满足如下条件:

$$\alpha_{\mathrm{opt}} = \begin{cases} -\alpha_{\max}\mathrm{sgn}(\lambda_{\Theta}), & \lambda_v \geqslant 0 \\ \alpha^*, & \lambda_v < 0 \text{ 且 } |\alpha^*| \leqslant \alpha_{\max} \\ -\alpha_{\max}\mathrm{sgn}(\lambda_{\Theta}), & \lambda_v < 0 \text{ 且 } |\alpha^*| > \alpha_{\max} \end{cases} \tag{4-1-16}$$

式中, α^* 由 $\partial H_1(\alpha)/\partial\alpha = 0$ 得出:

$$\alpha^* = \frac{C_y^{\alpha}\lambda_{\Theta}}{2C_x^{\alpha}v\lambda_v} \tag{4-1-17}$$

因 $\partial^2 H_1(\alpha)/\partial\alpha^2 = -2\lambda_v C_x^{\alpha}\dfrac{qS}{m}$, 当 $\lambda_v < 0$ 时:

$$\partial^2 H_1(\alpha)/\partial\alpha^2 > 0$$

故求出的 α^* 使 $H(\alpha^*)$ 为极小值。

$\alpha_{\max}$ 受两个因素约束，一个是攻角本身不能太大，设为 $\alpha_{\max1}$，另一个因素是受法向过载的限制，即

$$\alpha_{\max2}=\frac{n_{y\max}mg_0}{C_y^\alpha\times0.5\times\rho v^2S} \tag{4-1-18}$$

而 $\alpha_{\max1}$ 和 $\alpha_{\max2}$ 中的较小者，即所取的 $\alpha_{\max}$。

末速最大的最佳弹道设计中需要求解的未知数有 10 个，为 v、Θ、h、R_T、λ_v、λ_Θ、λ_h、λ_{R_T}、α 及 t_f，而式(4-1-6)、式(4-1-11)、式(4-1-12)和式(4-1-16)也共有 10 个方程，是可以解出的。不过共轭变量 $\boldsymbol{\lambda}$ 给出的是终端值 $\boldsymbol{\lambda}(t_f)$，且乘子 ν_1、ν_2、ν_3 只是确定的，其大小未知，因此待求的是两点边值问题，其解法将在后面讨论。

4.1.2 总吸热量为最小时的数学模型

飞行器再入时，有时要求综合性能指标最小，即取如下所示的指标函数：

$$J=\phi(t_f)=\mu(t_f)=\int_0^{t_f}\left[K_s\rho^{1/2}v^3+K\left(\frac{qS}{m}\right)^2(C_x^2+C_y^2)\right]\mathrm{d}t \tag{4-1-19}$$

式中，$K_s\rho^{1/2}v^3$ 表示热流；$(qS/m)^2(C_y^2+C_x^2)$ 表示空气动力产生加速度的平方；K 为热流和总加速度平方之间的加权因子。因此，$\phi=\mu(t_f)$ 最小，即总加热量和总气动过载的积分最小。如果 $K=0$，则有 $\mu(t_f)=Q(t_f)$ 最小，即总吸热量最小。

此时的状态方程如下：

$$\begin{cases}\dot{v}=-\dfrac{C_x\rho v^2S}{2m}-g\sin\Theta=f_1\\ \dot{\Theta}=C_y\dfrac{\rho vS}{2m}-\dfrac{g\cos\Theta}{v}+\dfrac{v\cos\Theta}{R_E+h}=f_2\\ \dot{h}=v\sin\Theta=f_3\\ \dot{\mu}=K_s\rho^{\frac{1}{2}}v^3+K\left(\dfrac{qS}{m}\right)^2(C_x^2+C_y^2)=f_4\\ \dot{R}_T=\dfrac{R_Ev\cos\Theta}{R_E+h}=f_5\end{cases} \tag{4-1-20}$$

控制变量为攻角 α，对 t_f 不作要求，也是一个终端状态变量有约束、终端时间自由的最优控制问题。

令哈密顿函数：

$$H = f_1\lambda_v + f_2\lambda_\Theta + f_3\lambda_h + f_4\lambda_\mu + f_5\lambda_{R_T} \tag{4-1-21}$$

式中，λ_v、λ_Θ、λ_h、λ_μ、λ_{R_T} 为共轭变量，$\boldsymbol{\lambda} = [\lambda_v,\ \ \lambda_\Theta,\ \ \lambda_h,\ \ \lambda_\mu,\ \ \lambda_{R_T}]^{\mathrm{T}}$ 为共轭向量。

根据极小值原理，最佳弹道应满足如下条件。

(1) 状态矢量 $\boldsymbol{x}$ 和共轭矢量 $\boldsymbol{\lambda}$ 应满足正则方程：

$$\dot{\boldsymbol{x}} = \frac{\partial H}{\partial \boldsymbol{\lambda}} \tag{4-1-22}$$

其展开式为式(4-1-20)，而：

$$\dot{\boldsymbol{\lambda}} = -\frac{\partial H}{\partial \boldsymbol{x}} \tag{4-1-23}$$

其展开式为

$$\begin{cases} \dot{\lambda}_v = C_x \dfrac{\rho v S}{m}\lambda_v + \left[C_y \dfrac{\rho S}{2m} + \left(\dfrac{g}{v^2} + \dfrac{1}{R_E + h}\right)\cos\Theta\right]\lambda_\Theta - \sin\Theta\lambda_h \\ \qquad - \left[3K_s\rho^{1/2}v^2 + K(C_x^2 + C_y^2)\dfrac{\rho^2S^2v^3}{m^2}\right]\lambda_\mu - \dfrac{R_E}{R_E + h}\cos\Theta\lambda_{R_T} \\ \dot{\lambda}_\Theta = g\cos\Theta\lambda_v - \left(\dfrac{g}{v} - \dfrac{v}{R_E + h}\right)\sin\Theta\lambda_\Theta - v\cos\Theta\lambda_h + v\sin\Theta\dfrac{R_E}{R_E + h}\lambda_{R_T} \\ \dot{\lambda}_h = \left(-\dfrac{C_x\rho v^2 S}{2m}\beta - \dfrac{2g}{R_E + h}\sin\Theta\right)\lambda_v + \left[C_y\dfrac{\rho v S}{2m}\beta + \dfrac{v\cos\Theta}{(R_E + h)^2}\right. \\ \qquad \left. - \dfrac{2g}{R_E + h}\cos\Theta\right]\lambda_\Theta + \left[K_s v^3\rho^{1/2}\dfrac{\beta}{2} + K\dfrac{S^2v^4}{2m^2}(C_x^2 + C_y^2)\rho^2\beta\right]\lambda_\mu \\ \qquad + \dfrac{R_E v\cos\Theta}{(R_E + h)^2}\lambda_{R_T} \\ \dot{\lambda}_\mu = 0 \\ \dot{\lambda}_{R_T} = 0 \end{cases} \tag{4-1-24}$$

推导式(4－1－24)时,假设 C_x^{Ma}、C_y^{Ma}、C_x^h、C_y^h 均为零。

(2) 共轭向量应满足横截条件:

$$\boldsymbol{\lambda}(t_f)=\left[\frac{\partial\phi}{\partial\boldsymbol{x}}+\left(\frac{\partial\boldsymbol{\psi}}{\partial\boldsymbol{x}}\right)^{\mathrm{T}}\boldsymbol{\nu}\right]_{t=t_f} \tag{4-1-25}$$

式中,ϕ 为末值型指标函数;$\boldsymbol{\psi}$ 是终端边界条件;$\boldsymbol{\nu}=[\nu_1\quad\nu_2\quad\nu_3\quad\nu_4]^{\mathrm{T}}$ 是拉格朗日乘子,是待定的非零常向量。

(3) 哈密顿函数:

$$H(t_f)=H(t_0)=H(t)=0 \tag{4-1-26}$$

(4) 最优控制 α_{opt} 应使哈密顿函数取最小值:

$$H(\alpha_{\mathrm{opt}},\ \boldsymbol{x},\ \boldsymbol{\lambda})\leqslant H(\alpha,\ x,\ \lambda) \tag{4-1-27}$$

(5) 满足边界条件:

$$\begin{cases}\boldsymbol{x}(t_0)=\boldsymbol{x}_0\\ \boldsymbol{\psi}(\boldsymbol{x}(t_f),\ t_f)=\boldsymbol{0}\end{cases} \tag{4-1-28}$$

式中,

$$\boldsymbol{\psi}=\begin{bmatrix}\psi_1\\ \psi_2\\ \psi_3\\ \psi_4\end{bmatrix}=\begin{bmatrix}v(t_f)-v_f\\ \Theta(t_f)-\Theta_f\\ h(t_f)-h_f\\ R_T(t_f)-R_{Tf}\end{bmatrix}=\boldsymbol{0}$$

式中,v_f、Θ_f、h_f、R_{Tf} 分别为终端时刻 v、Θ、h、R_T 的要求值。

最优控制变量 α_{opt} 应使 $H(\alpha)$ 最小,而 $H(\alpha)$ 可以分成与控制变量 α 有关的 $H_1(\alpha)$ 和无关的 H_2:

$$\begin{cases}H(\alpha)=H_1(\alpha)+H_2\\ H_1(\alpha)=-\lambda_v\dfrac{\rho v^2S}{2m}C_x+\lambda_\Theta\dfrac{\rho vS}{2m}C_y+\lambda_\mu K\left(\dfrac{\rho v^2S}{2m}\right)^2(C_x^2+C_y^2)\\ H_2=-\lambda_v g\sin\Theta+\lambda_\Theta\left(-\dfrac{g\cos\Theta}{v}+\dfrac{v\cos\Theta}{R_E+h}\right)+\lambda_h v\sin\Theta\\ \qquad+K_s\rho^{1/2}v^3\lambda_\mu+\lambda_{R_T}\dfrac{vR_E\cos\Theta}{R_E+h}\end{cases} \tag{4-1-29}$$

为了使 H 最小,即要求 $H_1(\alpha)$ 最小,而 $H_1(\alpha)$ 的具体形式与 C_x、C_y的表达式有关。假设对某类航天飞行器,有

$$\begin{cases} C_x = C_{x_0} + C_x^\alpha \sin^2\alpha \\ C_y = C_y^\alpha \sin\alpha\cos\alpha \end{cases} \tag{4-1-30}$$

式中, C_{x_0}、C_x^α、C_y^α 为常数,显然, $C_x^\alpha \neq \partial C_x/\partial\alpha$, $C_y^\alpha \neq \partial C_y/\partial\alpha$。将式(4-1-30)代入式(4-1-29),可以看出 $H_1(\alpha)$ 是 α 的非线性函数。找一个 $\alpha(t)$, 使 $H_1(\alpha)$ 在满足约束 $\alpha_{\min} \leqslant \alpha \leqslant \alpha_{\max}$ 的条件下最小,是一个非线性规划问题。但因为只有一个自由变量,结果较易获得。首先找极值点,对 $H_1(\alpha)$ 求偏导数,得

$$\frac{\partial H_1(\alpha)}{\partial\alpha} = \frac{qS}{m}\left[\lambda_\mu A\sin(2\alpha)\cos(2\alpha) - (\lambda_v C_x^\alpha + \lambda_\mu B)\sin(2\alpha) + \frac{\lambda_\Theta}{v}C_y^\alpha\cos(2\alpha)\right]$$

式中,

$$\begin{cases} A = -K\dfrac{qS}{m}[(C_x^\alpha)^2 - (C_y^\alpha)^2] \\ B = K\dfrac{qS}{m}(2C_{x_0} + C_x^\alpha)C_x^\alpha \end{cases}$$

令 $\partial H_1(\alpha)/\partial\alpha = 0$ 可以得到极值点(不一定是一个),但这些极值点不一定是极小值点,更不一定是最优点,为此应求出二阶偏导数:

$$\frac{\partial^2 H_1(\alpha)}{\partial\alpha^2} = \frac{qS}{m}\left[\frac{1}{2}A\lambda_\mu\cos(4\alpha) - 2(C_x^\alpha\lambda_v + \lambda_\mu B)\cos(2\alpha) - 2\frac{\lambda_\Theta}{v}C_y^\alpha\sin(2\alpha)\right]$$

如果 $\partial^2 H_1(\alpha)/\partial\alpha^2 > 0$, 则极值点是极小值点;否则为极大值点。但极小值点还应与边界点($\alpha = \alpha_{\max}$, $\alpha = \alpha_{\min}$)进行比较,找出最优点。可见,对综合性能指标找 α_{opt} 是比较烦琐的。如果只考虑总吸热量最小的问题,即 $K = 0$,则可以得到显式表达式:

$$\alpha_{\text{opt}} = \begin{cases} -\alpha_{\max}\operatorname{sgn}(\lambda_\Theta), & \lambda_v \geqslant 0 \\ \alpha^*, & \lambda_v < 0 \text{ 且 } |\alpha^*| \leqslant \alpha_{\max} \\ -\alpha_{\max}\operatorname{sgn}(\lambda_\Theta), & \lambda_v < 0 \text{ 且 } |\alpha^*| > \alpha_{\max} \end{cases} \tag{4-1-31}$$

式中, α^* 可以由 $\partial H_1(\alpha)/\partial\alpha = 0$ 得出:

$$\alpha^{*}=\frac{1}{2}\arctan\frac{C_{y}^{\alpha}\lambda_{\Theta}}{C_{x}^{\alpha}\lambda_{v}v} \tag{4-1-32}$$

而 $\alpha_{\max}$ 仍由攻角与过载的限制加以确定。

4.2 空间最佳再入机动弹道的数学模型

4.2.1 落速最大的空间再入机动弹道的数学模型

为了提高突防效果，躲避对方的拦截，以及用末制导系统修正落点的误差，提高命中精度，再入飞行器作机动飞行是必要的。为了提高突防效果和命中精度，不仅要求纵向机动，也要求横向机动，所以要建立空间最佳再入机动弹道的数学模型。

空间再入机动弹道的优化有不同的提法，一种是要求从再入点 $\boldsymbol{x}_0(r_0,\ \phi_0,\ \lambda_0)$ 转移到终端点 $\boldsymbol{x}_f(r_f,\ \phi_f,\ \lambda_f)$，且使点 $\boldsymbol{x}_f$ 的速度 v_f 最大；另外也可以要求从再入点 $\boldsymbol{x}_0$ 转移到 $\boldsymbol{x}_f$，且在纵向射程 R_L 一定（或自由）时，使横向机动射程 R_C 最大。本节讨论第一个问题，横向机动射程最大的问题放在下一节讨论。

1. 两种控制方式

由式(2-5-3)和式(2-5-4)可知，不考虑推力作用时的质心空间运动方程为

$$\begin{cases}\dot{v}=-\dfrac{C_x\rho v^2S}{2m}-g\sin\theta_T=f_1\\ \dot{\theta}_T=\dfrac{C_y\rho vS}{2m}\cos\chi-\dfrac{C_z\rho vS}{2m}\sin\chi-\dfrac{g\cos\theta_T}{v}+\dfrac{v\cos\theta_T}{r}=f_2\\ \dot{\sigma}_T=-\dfrac{C_y\rho vS}{2m\cos\theta_T}\sin\chi-\dfrac{C_z\rho vS}{2m\cos\theta_T}\cos\chi+\dfrac{v\tan\phi\cos\theta_T\sin\sigma_T}{r}=f_3\\ \dot{\phi}=\dfrac{v\cos\theta_T\cos\sigma_T}{r}=f_4\\ \dot{\lambda}=\dfrac{-v\cos\theta_T\sin\sigma_T}{r\cos\phi}=f_5\\ \dot{r}=v\sin\theta_T=f_6\end{cases} \tag{4-2-1}$$

方程(4-2-1)共有 6 个状态变量,即确定质心位置的(r, λ, ϕ)和质心速度大小及方向的(v, σ_T, θ_T),而控制变量按前面瞬时平衡假设应为α、β、χ。这是因为飞行器绕质心转动的运动要比质心运动进行得快,可以把飞行器看作一个放大环节,不把舵偏角δ_φ、δ_ψ和δ_γ当作控制变量,而把α、β、χ作为控制变量。相应地,三个控制通道分别完成δ_φ对攻角α、δ_ψ对侧滑角β、δ_γ对倾侧角χ的控制。

但这种控制方式不是唯一的。国内外文献中还常用两个控制变量,即总攻角η和倾斜角κ来完成控制,但κ不是倾侧角χ,更不是滚转角γ,它有特定的定义,显然用两个控制变量分析问题要比用三个控制变量分析问题简单。另外,为了改善战术导弹的性能,如地空导弹的性能,对倾斜转弯(bank-to-turn, BTT)技术进行了广泛研究与应用。它是用导弹绕纵轴滚转,从而使升力位于所需的法向力平面,即飞行中侧滑角$\beta\approx 0$,用俯仰和滚转通道的极坐标控制方式来代替俯仰和偏航通道的直角坐标控制方式。类似地,在航天器空间交会的末制导中有导引平面控制,即将机动力控制在导引平面内对航天器的运动进行控制[34, 35]。

对再入飞行器的空间机动弹道也有两种控制方式,一种是装有四个控制舵的直角坐标控制方式,另一种是装有两个控制舵的极坐标控制方式。从工程实现的角度来讲,第二种控制方式比较容易些,在主对称面内装两个控制舵,用它来控制总攻角、总升力,而用安装在尾部的姿态控制发动机来控制飞行器绕纵轴的滚转,以改变总升力的方向,从而实现飞行器的空间机动。装有四个控制舵的控制方式,分别在俯仰和偏航通道控制攻角α和侧滑角β,以改变升力Y和侧力Z,从而实现飞行器的空间机动,称双通道控制;当然也要采用姿态控制系统控制飞行器的滚转运动,以保证倾侧角χ满足一定的要求。

2. χ、κ_2与κ的关系

倾侧角χ是半速度坐标系和速度坐标系之间绕速度轴ox_v的转角,而滚转角γ是反映飞行器绕纵轴ox_1的滚转,实际飞行中也是通过对滚转角γ的控制来实现对倾侧角χ的控制。从坐标系间的转换矩阵可知,已知θ_T、σ_T、α、β、χ时可以算出γ的大小。但当采用总攻角η、总升力L实施控制时要引进倾斜角κ,它不是倾侧角χ,也不是滚转角γ。κ的定义如图 4-1

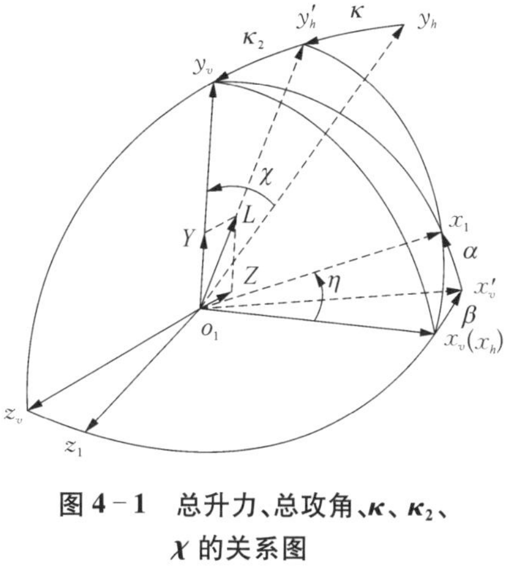

图 4-1　总升力、总攻角、κ、κ_2、χ的关系图

所示。定义总升力 L 与升力 Y(即 o_1y_v 方向)之间的夹角为 κ_2，且规定图示的 κ_2 为正角；总升力 L 与 o_1y_h 间的夹角为倾斜角 κ，且规定沿 o_1x_v 轴旋转时由 o_1y_h 转至总升力 L 的方向为正，图 4-1 中的 κ 角为正值。

已知：

$$\boldsymbol{L} = \boldsymbol{Y} + \boldsymbol{Z} \tag{4-2-2}$$

将式(4-2-2)投影到半速度坐标系的 o_1y_h 轴、o_1z_h 轴上可得

$$\begin{cases} L\cos\kappa = Y\cos\chi - Z\sin\chi \\ L\sin\kappa = Y\sin\chi + Z\cos\chi \end{cases}$$

故有

$$\tan\kappa = \frac{Y\sin\chi + Z\cos\chi}{Y\cos\chi - Z\sin\chi} \tag{4-2-3}$$

而：

$$\tan\kappa_2 = \frac{-Z}{Y} \tag{4-2-4}$$

则式(4-2-3)变为

$$\tan\kappa = \frac{\tan\chi - \tan\kappa_2}{1 + \tan\chi\tan\kappa_2} = \tan(\chi - \kappa_2) \tag{4-2-5}$$

因图 4-1 中的 κ、κ_2 和 χ 均为正值，易知：

$$\kappa = \chi - \kappa_2 \quad 或 \quad \chi = \kappa + \kappa_2 \tag{4-2-6}$$

而由式(2-3-34)知，κ_2 满足：

$$\begin{cases} \sin\kappa_2 = \dfrac{\cos\alpha\sin\beta}{\sin\eta} \\ \cos\kappa_2 = \dfrac{\sin\alpha}{\sin\eta} \end{cases} \tag{4-2-7}$$

而

$$\cos\eta = \cos\alpha\cos\beta \tag{4-2-8}$$

因此，当已知 α、β、χ 时可以求出 κ 值。

当飞行器的气动力对称(如再入弹头、飞船返回舱)，且攻角、侧滑角为小值

时,可近似认为

$$L = L^{\eta}\eta, \quad Y = Y^{\alpha}\alpha, \quad Z = Z^{\beta}\beta$$

且有

$$L^{\eta} = Y^{\alpha} = -Z^{\beta}$$

则式(4-2-3)可改写为

$$\tan\kappa = \frac{\alpha\sin\chi - \beta\cos\chi}{\alpha\cos\chi + \beta\sin\chi} = \frac{\alpha\tan\chi - \beta}{\alpha + \beta\tan\chi} \tag{4-2-9}$$

前已假定 σ_T、θ_T、χ 是地理坐标系与速度坐标系按 2-3-1 次序转动时的欧拉角,而飞行器体坐标系与地理坐标系的关系,可以按不同的次序转动,如果也按 2-3-1 的次序转动,则由矩阵关系可得

$$\tan\gamma = \frac{-\sin\beta\sin\theta_T + \cos\beta\cos\theta_T\sin\chi}{\sin\alpha\cos\beta\sin\theta_T + \cos\alpha\cos\theta_T\cos\chi - \sin\alpha\sin\beta\sin\theta_T\sin\chi} \tag{4-2-10}$$

从式(4-2-4)看出,若 $\beta = 0$, 即 $Z = 0$, $\kappa_2 = 0$, 则 $\kappa = \chi$。但由式(4-2-10)可知:

$$\tan\gamma = \frac{\cos\theta_T\sin\chi}{\sin\alpha\sin\theta_T + \cos\alpha\cos\theta_T\cos\chi} \tag{4-2-11}$$

因此 $\gamma \neq \chi$, 也即 $\gamma \neq \kappa$。只有当 $\beta = 0$ 且 $\alpha = 0$ 时,才有

$$\gamma = \chi = \kappa$$

3. 控制变量为 α、β、χ 时的最佳弹道数学模型

令 $\boldsymbol{x} = (x_1, x_2, x_3, x_4, x_5, x_6)^{\mathrm{T}} = (v, \theta_T, \sigma_T, \phi, \lambda, r)^{\mathrm{T}}$ 为状态变量, $\boldsymbol{u} = (\alpha, \beta, \chi)^{\mathrm{T}}$ 为控制变量,性能指标是 $J = -v_f$ 为最小。

哈密顿函数为

$$H = \boldsymbol{\lambda}^{\mathrm{T}}\boldsymbol{f} = \lambda_1 f_1 + \lambda_2 f_2 + \lambda_3 f_3 + \lambda_4 f_4 + \lambda_5 f_5 + \lambda_6 f_6 \tag{4-2-12}$$

式中, $\boldsymbol{f} = (f_1, f_2, f_3, f_4, f_5, f_6)^{\mathrm{T}} = (\dot{v}, \dot{\theta}_T, \dot{\sigma}_T, \dot{\phi}, \dot{\lambda}, \dot{r})^{\mathrm{T}}$; $\boldsymbol{\lambda} = (\lambda_1, \lambda_2, \lambda_3, \lambda_4, \lambda_5, \lambda_6)^{\mathrm{T}}$ 为共轭向量。

根据极小值原理,可以建立状态方程为

$$\dot{\boldsymbol{x}} = \frac{\partial H}{\partial \boldsymbol{\lambda}} = (f_1, f_2, f_3, f_4, f_5, f_6)^{\mathrm{T}} \tag{4-2-13}$$

其展开式就是式(4-2-1)。

共轭方程为

$$\dot{\boldsymbol{\lambda}} = -\frac{\partial H}{\partial \boldsymbol{x}} = -\begin{bmatrix} \frac{\partial f_1}{\partial x_1} & \frac{\partial f_2}{\partial x_1} & \cdots & \frac{\partial f_6}{\partial x_1} \\ \frac{\partial f_1}{\partial x_2} & \frac{\partial f_2}{\partial x_2} & \cdots & \frac{\partial f_6}{\partial x_2} \\ \cdots & \cdots & \cdots & \cdots \\ \frac{\partial f_1}{\partial x_6} & \frac{\partial f_2}{\partial x_6} & \cdots & \frac{\partial f_6}{\partial x_6} \end{bmatrix} \begin{bmatrix} \lambda_1 \\ \lambda_2 \\ \lambda_3 \\ \lambda_4 \\ \lambda_5 \\ \lambda_6 \end{bmatrix} \tag{4-2-14}$$

式中，$\frac{\partial f_1}{\partial x_1}$，…，$\frac{\partial f_6}{\partial x_6}$ 为式(4-2-1)右函数的偏导数，如：

$$\frac{\partial f_1}{\partial x_1} = \frac{\partial \dot{v}}{\partial v} = -C_x \frac{qS}{m}\left(\frac{2}{v} + \frac{C_x^v}{C_x}\right), \quad \frac{\partial f_6}{\partial x_6} = \frac{\partial \dot{r}}{\partial r} = 0$$

其余偏导数的表达式见本书附录 C。

为了求出最优控制矢量 $\boldsymbol{u}$，应确定 C_x、C_y、C_z 与 α 的关系，对小攻角情况可以假设：

$$\begin{cases} C_x = C_{x_0} + C_x^{\alpha}\eta^2 = C_{x_0} + C_x^{\alpha}(\alpha^2 + \beta^2) \\ C_y = C_y^{\alpha}\alpha \\ C_z = C_z^{\beta}\beta \end{cases}$$

将 C_x、C_y、C_z代入哈密顿函数的表达式[式(4-2-12)]，且将 $H(\boldsymbol{u})$分成与控制变量有关的 $H_1(\boldsymbol{u})$及无关的 H_2，其中：

$$\begin{aligned} H_1(\boldsymbol{u}) = &\left(-C_x \frac{qS}{m}\right)\lambda_1 + \left(C_y^{\alpha}\frac{qS}{mv}\alpha\cos\chi - C_z^{\beta}\frac{qS}{mv}\beta\sin\chi\right)\lambda_2 \\ &+ \left(-\frac{C_z^{\beta}qS}{mv\cos\theta_T}\beta\cos\chi - \frac{C_y^{\alpha}qS}{mv\cos\theta_T}\alpha\sin\chi\right)\lambda_3 \end{aligned} \tag{4-2-15}$$

根据极小值原理，控制变量 $\boldsymbol{u}(\alpha, \beta, \chi)$ 应满足如下方程：

$$\frac{\partial H_1(\boldsymbol{u})}{\partial \alpha}=\left(-\frac{\partial C_x}{\partial \alpha}\lambda_1+\frac{C_y^\alpha \cos \chi}{v}\lambda_2-\frac{C_y^\alpha \sin \chi}{v\cos \theta_T}\lambda_3\right)\frac{qS}{m}=0 \tag{4-2-16}$$

$$\frac{\partial H_1(\boldsymbol{u})}{\partial \beta}=\left(-\frac{\partial C_x}{\partial \beta}\lambda_1-\frac{C_z^\beta \sin \chi}{v}\lambda_2-\frac{C_z^\beta \cos \chi}{v\cos \theta_T}\lambda_3\right)\frac{qS}{m}=0 \tag{4-2-17}$$

$$\frac{\partial H_1(\boldsymbol{u})}{\partial \chi}=\left[(-\alpha\sin \chi+\beta\cos \chi)\lambda_2+\left(-\frac{\alpha\cos \chi}{\cos \theta_T}-\frac{\beta\sin \chi}{\cos \theta_T}\right)\lambda_3\right]\frac{qS}{m}=0 \tag{4-2-18}$$

由式(4－2－18)得

$$\sin \chi\left(-\alpha\lambda_2-\frac{\beta\lambda_3}{\cos \theta_T}\right)+\cos \chi\left(\beta\lambda_2-\frac{\alpha\lambda_3}{\cos \theta_T}\right)=0$$

$$\tan \chi=\frac{\sin \chi}{\cos \chi}=\frac{\beta\cos \theta_T\lambda_2-\alpha\lambda_3}{\alpha\cos \theta_T\lambda_2+\beta\lambda_3} \tag{4-2-19}$$

将 $C_x=C_{x_0}+C_x^\alpha(\alpha^2+\beta^2)$ 代入式(4－2－16)、式(4－2－17)，则该两式变为

$$-2C_x^\alpha\alpha\lambda_1+C_y^\alpha\frac{\cos \chi}{v}\lambda_2-C_y^\alpha\frac{\sin \chi}{v\cos \theta_T}\lambda_3=0 \tag{4-2-20}$$

$$-2C_x^\alpha\beta\lambda_1-C_z^\beta\frac{\sin \chi}{v}\lambda_2-C_z^\beta\frac{\cos \chi}{v\cos \theta_T}\lambda_3=0 \tag{4-2-21}$$

联立求解式(4－2－19)～式(4－2－21)，可以得到最优控制变量 α_{opt}、β_{opt}、χ_{opt}。

当然，解出的 η 应满足 $\eta\leqslant\eta_{max}$，现在可以限制：

$$|\alpha|\leqslant\frac{\sqrt{2}}{2}\eta_{max},\quad |\beta|\leqslant\frac{\sqrt{2}}{2}\eta_{max}$$

同时，求出的 α_{opt}、β_{opt} 应满足：

$$\alpha_{opt}\leqslant\alpha',\quad \beta_{opt}\leqslant\beta'$$

式中，α'、β' 由法向过载、侧向过载的限制值加以确定。

为了求解状态方程和共轭方程,还应给出如下条件。

初始条件:

$$\boldsymbol{x}(t_0)=\boldsymbol{x}_0$$

横截条件:

$$\boldsymbol{\lambda}(t_f)=\frac{\partial J}{\partial \boldsymbol{x}}+\left(\frac{\partial \boldsymbol{\psi}}{\partial \boldsymbol{x}}\right)^{\mathrm{T}}\boldsymbol{\nu}$$

终端约束:

$$\boldsymbol{\psi}(\boldsymbol{x}(t_f),\ t_f)=0$$

终端约束的具体形式与讨论的问题有关,放在后面讨论。

4. 控制变量为 η、κ 时的最佳弹道数学模型

描述飞行器运动的状态变量与控制变量为 α、β、χ 时是一样的,令 $\boldsymbol{x}=(x_1,\ x_2,\ x_3,\ x_4,\ x_5,\ x_6)^{\mathrm{T}}=(v,\ \theta_T,\ \sigma_T,\ \phi,\ \lambda,\ r)^{\mathrm{T}}$,控制变量 $\boldsymbol{u}=(\eta,\ \kappa)^{\mathrm{T}}$。

构造哈密顿函数:

$$H=\boldsymbol{\lambda}^{\mathrm{T}}\boldsymbol{f}$$

则状态方程为

$$\dot{\boldsymbol{x}}=\frac{\partial H}{\partial \boldsymbol{\lambda}}$$

其展开式可在式(4-2-1)中令 $\beta=0$、$\chi=\kappa$ 得到:

$$\begin{cases}\dot{v}=-C_x\dfrac{qS}{m}-g\sin\theta_T=f_1\\ \dot{\theta}_T=C_L^{\eta}\eta\dfrac{qS}{mv}\cos\kappa-\dfrac{g\cos\theta_T}{v}+\dfrac{v\cos\theta_T}{r}=f_2\\ \dot{\sigma}_T=-C_L^{\eta}\eta\dfrac{qS}{mv\cos\theta_T}\sin\kappa+\dfrac{v\tan\phi\cos^2\theta_T\sin\sigma_T}{r\cos\theta_T}=f_3\\ \dot{\phi}=\dfrac{v\cos\theta_T\cos\sigma_T}{r}=f_4\\ \dot{\lambda}=\dfrac{-v\cos\theta_T\sin\sigma_T}{r\cos\phi}=f_5\\ \dot{r}=v\sin\theta_T=f_6\end{cases}\tag{4-2-22}$$

共轭方程：

$$\dot{\boldsymbol{\lambda}} = -\frac{\partial H}{\partial \boldsymbol{x}} = -\begin{bmatrix} \frac{\partial f_1}{\partial x_1} & \frac{\partial f_2}{\partial x_1} & \cdots & \frac{\partial f_6}{\partial x_1} \\ \frac{\partial f_1}{\partial x_2} & \frac{\partial f_2}{\partial x_2} & \cdots & \frac{\partial f_6}{\partial x_2} \\ \cdots & \cdots & \cdots & \cdots \\ \frac{\partial f_1}{\partial x_6} & \frac{\partial f_2}{\partial x_6} & \cdots & \frac{\partial f_6}{\partial x_6} \end{bmatrix} \begin{bmatrix} \lambda_1 \\ \lambda_2 \\ \lambda_3 \\ \lambda_4 \\ \lambda_5 \\ \lambda_6 \end{bmatrix} \tag{4-2-23}$$

式中，$\frac{\partial f_1}{\partial x_1}$，…，$\frac{\partial f_6}{\partial x_6}$为$f_1$，…，$f_6$对$x_1$，…，$x_6$的偏导数，具体表达式见本书附录 D。

将$C_x = C_{x_0} + C_x^\alpha \eta^2$代入哈密顿函数$H$，且令与$\boldsymbol{u}$有关的部分为$H_1(\boldsymbol{u})$，无关的部分为$H_2$，则有

$$H_1(\boldsymbol{u}) = -\lambda_1 C_x \frac{qS}{m} + \lambda_2 C_L^\eta \eta \frac{qS}{mv}\cos\kappa - \lambda_3 C_L^\eta \eta \frac{qS}{mv\cos\theta_T}\sin\kappa \tag{4-2-24}$$

根据极小值原理，最优控制量η、κ应满足式(4-2-25)和式(4-2-26)：

$$\frac{\partial H_1}{\partial \eta} = \left(-\frac{\partial C_x}{\partial \alpha}\lambda_1 + C_L^\eta \frac{\cos\kappa}{v}\lambda_2 - \frac{C_L^\eta \sin\kappa}{v\cos\theta_T}\lambda_3\right)\frac{qS}{m} = 0 \tag{4-2-25}$$

$$\frac{\partial H_1}{\partial \kappa} = -C_L^\eta \eta \frac{qS\sin\kappa}{mv}\lambda_2 - C_L^\eta \eta \frac{qS\cos\kappa}{mv\cos\theta_T}\lambda_3 = 0 \tag{4-2-26}$$

由式(4-2-26)可得

$$\tan\kappa = \frac{\sin\kappa}{\cos\kappa} = -\frac{\lambda_3}{\lambda_2\cos\theta_T} \tag{4-2-27}$$

由式(4-2-25)和式(4-2-27)可得

$$\eta = \frac{C_L^\eta \cos\kappa\lambda_2 - \dfrac{C_L^\eta \sin\kappa}{\cos\theta_T}\lambda_3}{2C_x^\alpha v\lambda_1} = \frac{C_L^\eta \lambda_2}{2C_x^\alpha v\cos\kappa\lambda_1} \tag{4-2-28}$$

求解式(4-2-27)和式(4-2-28)可以得到最优控制变量 η_{opt}、κ_{opt}。解出的 η_{opt} 应满足 $\eta_{opt} \leqslant \eta_{max}$，同时也应满足由过载条件限制的 $\eta_{opt} \leqslant \eta'$。

两个控制变量的其他条件，如初始条件、边界条件、横截条件与以 α、β、χ 为控制变量时的情况相同。

上面已分别求出以 α、β、χ 为控制变量和以 η、κ 为控制变量的最优弹道，而 α、β、χ、η 和 κ 之间又有一定的关系，那么求出的 α_{opt}、β_{opt}、χ_{opt} 与 η_{opt}、κ_{opt} 之间是否满足这关系呢？这个问题与气动力是否对称及 α、β 的大小有关。

(1) 气动力对称，且 α、β 为小量的情况。如果已知 α_{opt}、β_{opt}、χ_{opt}，则由式(4-2-8)和式(4-2-9)可以唯一确定 η 及 κ，此时总升力 L 是一样的。又因对小角度而言，$C_x = C_{x_0} + C_x^\alpha(\alpha^2 + \beta^2)$；而对总攻角 η 而言，$\eta^2 = \alpha^2 + \beta^2$。因此，阻力系数 $C_x = C_{x_0} + C_x^\alpha \eta^2 = C_{x_0} + C_x^\alpha(\alpha^2 + \beta^2)$，即两者的阻力系数一样，故阻力也是一样的，因而弹道是唯一的，这一点也可以用下述理由阐明。

将已经求得的 χ_{opt} 的表达式[式(4-2-19)]代入式(4-2-9)，可得

$$\tan\kappa = -\frac{\lambda_3}{\lambda_2 \cos\theta_T}$$

上式与以 η、κ 为控制变量求出的 κ，即式(4-2-27)中的 κ 是一致的。

又因在 α、β 较小时，$\eta = \sqrt{\alpha^2 + \beta^2}$；气动力对称时，有 $C_z^\beta = -C_y^\alpha$。以 α、β、χ 为控制变量的 α_{opt}、β_{opt} 可以由式(4-2-20)和式(4-2-21)得到：

$$\alpha_{opt} = \frac{\lambda_2 C_y^\alpha \cos\chi - \lambda_3 C_y^\alpha \sin\chi / \cos\theta_T}{2C_x^\alpha v \lambda_1} \tag{4-2-29}$$

$$\beta_{opt} = \frac{\lambda_2 C_y^\alpha \sin\chi + \lambda_3 C_y^\alpha \cos\chi / \cos\theta_T}{2C_x^\alpha v \lambda_1} \tag{4-2-30}$$

将 α_{opt}、β_{opt} 代入 $\eta = \sqrt{\alpha^2 + \beta^2}$，可得

$$\eta_{opt} = \frac{C_y^\alpha \sqrt{\lambda_2^2 + \lambda_3^2 / \cos^2\theta_T}}{2C_x^\alpha v \lambda_1} = \frac{C_y^\alpha \lambda_2 \sqrt{1 + \tan^2\kappa_{opt}}}{2C_x^\alpha v \lambda_1} = \frac{C_y^\alpha \lambda_2}{2C_x^\alpha v \lambda_1 \cos\kappa_{opt}} \tag{4-2-31}$$

对于小攻角且气动力对称的情形，$C_y^\alpha = C_L^\eta$，故由式(4-2-31)求出的 η_{opt} 与以 η、κ 为控制变量求出的 η_{opt}，即式(4-2-28)是一致的。

但反过来,如果已知 η_{opt}、κ_{opt},能否唯一地求出 α_{opt}、β_{opt} 及 χ_{opt} 呢?因为只有两个约束方程[式(4-2-8)和式(4-2-9)],因此不能唯一地确定 α、β、χ。事实上,任意给定一合适的 α_{1opt},由式(4-2-8)可以确定 β_{1opt},再从式(4-2-9)可以确定 χ_{1opt},它显然应该是最优弹道,即由 η_{opt}、κ_{opt} 确定的一条弹道。那么再给一个 α_{2opt},利用式(4-2-8)和式(4-2-9)也可以确定 β_{2opt}、χ_{2opt},它是否是同一条最优弹道呢?答案是最佳弹道是唯一的,只是在 α、β 较小时的表现形式不同而已。

因为 η、κ 一定,则总升力大小与方向一定;又因 $C_x = C_{x_0} + C_x^{\alpha}(\alpha^2 + \beta^2)$,虽然 α、β 大小不一样,但 $\alpha^2 + \beta^2$ 的大小是一样的,所以其阻力也一样,因而最佳弹道是唯一的。

(2) 气动力对称,但 α、β、η 较大的情况。因气动力对称,仍可采用 η、κ 为控制变量,当确定了 α_{opt}、β_{opt}、χ_{opt},仍可通过式(4-2-8)和式(4-2-9)唯一地确定 η_{opt}、κ_{opt},没有多解问题。

但反过来已知 η_{opt}、κ_{opt},仍然有多解问题,因为这时仍可以在合适的范围内选择 α_{opt}、β_{opt}、κ_{opt},其弹道是相同的。问题是当 α、β、η 较大时,仍假设 $C_y = C_y^{\alpha}\alpha$, $C_z = C_z^{\beta}\beta$ 的误差会较大。一般来说,得不到 α_{opt}、β_{opt}、χ_{opt} 的显式表达式,只有用其他方法,如数值迭代法才能得到最优解。

(3) 气动力不对称,但 α、β 较小的情况。气动力不对称的情形是指像航天飞机的轨道飞行器,其外形类似飞机,显然有 $C_y^{\alpha} \neq -C_z^{\beta}$, $C_x(\alpha_1, \beta_1) \neq C_x(\alpha_2, \beta_2)$,所以一般要用三个控制变量 α、β、χ。此时利用式(4-2-8)和式(4-2-9)也可以得到 η 及 κ,但反过来由 η 和 κ 得不到唯一的 α、β 和 χ,因为选用不同的 α、β 组合,由于 $C_y^{\alpha} \neq -C_z^{\beta}$,总升力不一样;又由于 $C_x(\alpha_1, \beta_1) \neq C_x(\alpha_2, \beta_2)$,阻力也不同,因此弹道不一样,即最佳弹道不是唯一的。

但在实际应用中,当 β 较小时,可近似认为 $\beta = 0$,则 $\eta = \alpha$,可利用 κ 对运动的纵向和侧向进行控制,如载人飞船返回舱的再入便是这样。

4.2.2 横程最大的空间再入机动弹道的数学模型

对于载人飞船和航天飞机的返回再入轨道,常提出空间最佳再入机动弹道的最大横向机动距离的问题,以确定横向机动能力,如文献[36]中专门研究了该问题。因为机动飞行时间长、距离远,弹道计算中必须考虑地球的旋转和扁率的影响。

1. 纵程和横程

横程有不同的定义，如文献[11]就定义了远程火箭的横程，本章定义的纵程和横程如图4-2所示。

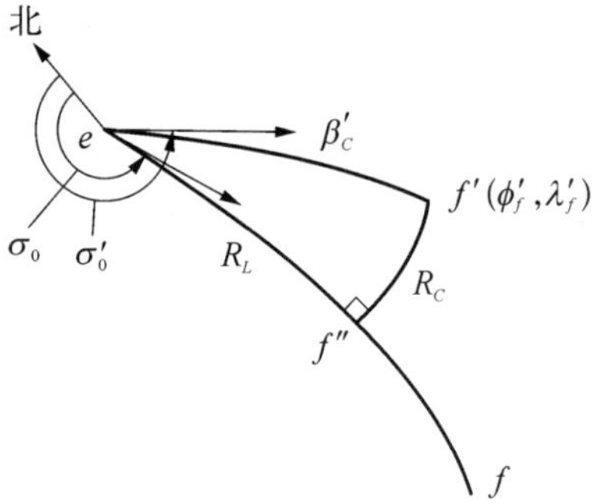

图4-2 纵程和横程示意图

设再入时刻飞行器质心与地心的连线和地球表面的交点为 e，即再入坐标系的原点 e，而预期的着陆点为 f（这里的着陆点对载人飞船来讲实际上是载人飞船返回舱的开伞点，开伞点距地球表面约10 km高度，因此点 e 是指与距地球表面10 km处地心同心的球面的交点，下同），而实际的着陆点为 f'。点 e、点 f 和点 f' 的纬度和经度分别设为 $e(\phi_0, \lambda_0)$、$f(\phi_f, \lambda_f)$、$f'(\phi'_f, \lambda'_f)$。

为便于分析，讨论纵程和横程时认为地球为圆球，图4-2中的 ef 是过 e、f 两点的大圆弧[13]，ef' 是过 e、f' 两点的大圆弧；σ_0 是点 e 处 ef 大圆弧切线与正北方向的夹角，由正北方向起逆时针度量为正，σ'_0 是点 e 处 ef' 大圆弧切线与正北方向的夹角；f'' 是过 f' 作垂直于 ef 大圆弧的垂线与 ef 的交点。ef' 称为总射程或总航程（total range），用 R_T 表示；ef'' 为从点 e 开始飞过的纵向距离，称为纵程（longitudinal range），用 R_L 表示；$f'f''$ 为偏离 ef 大圆弧的横向距离，称为横程（cross range），用 R_C 表示。

由图4-2中的球面三角形 $ef'f''$ 知：

$$\sin R_C = \sin \beta'_C \sin(\sigma_0 - \sigma'_0) \tag{4-2-32}$$

$$\cos R_L = \cos \beta'_C \cos R_C \tag{4-2-33}$$

式中，R_C 的符号由 $\sigma_0 - \sigma'_0$ 的符号确定，图4-2中所示的横程 R_C 为负值。R_C、R_L、β'_C 以地心矢径 $\boldsymbol{r}_f$ 的大小地心距 r_f 为度量单位，下同。

为了求横程，从式（4-2-32）可见需要已知 β'_C、σ_0、σ'_0 的大小，求 β'_C、σ_0、σ'_0 的方法可参考图4-3。

由图4-3知，在球面三角形 Nef 中，由球面三角公式可知[13]：

$$\cos \beta_C = \sin \phi_0 \sin \phi_f + \cos \phi_0 \cos \phi_f \cos \Delta\lambda \tag{4-2-34}$$

$$\sin(2\pi - \sigma_0) = -\sin \sigma_0 = \frac{\cos \phi_f \sin \Delta\lambda}{\sin \beta_C} \tag{4-2-35}$$

式中，$\Delta\lambda=\lambda_f-\lambda_0$。

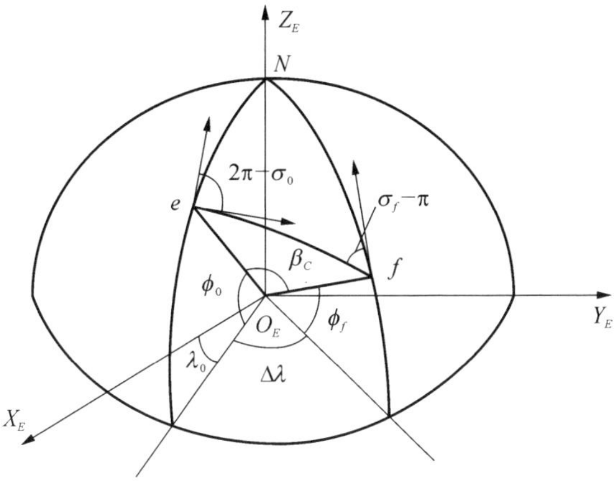

图 4－3　点 e、点 f 的经纬度和 β_C、σ' 的关系

类似地，可以得到：

$$\cos\beta'_C=\sin\phi_0\sin\phi'_f+\cos\phi_0\cos\phi'_f\cos\Delta\lambda' \tag{4-2-36}$$

$$\sin(2\pi-\sigma'_0)=-\sin\sigma'_0=\frac{\cos\phi'_f\sin\Delta\lambda'}{\sin\beta_C} \tag{4-2-37}$$

式中，$\Delta\lambda'=\lambda'_f-\lambda_0$。点 e 、点 f 的经纬度是已知的，当已知落点 f' 的经纬度后便可以求出横程 R_C，也可以写成 $R_C=R_C(\phi'_f,\ \lambda'_f)$。

2. 横程最大的机动弹道数学模型

因为要考虑地球旋转和扁率的影响，不能再用简化模型[式(2－5－3)]，而应该用式(2－4－27)。一般情况下，再入机动不采用推力，故可令式(2－4－27)中的 P_{x_h}、P_{y_h}、P_{z_h} 为零，且控制变量采用总攻角 η 和倾斜角 κ。式(2－4－27)中，令 $C_y\cos\chi-C_z\sin\chi=C_L\cos\kappa$，$C_z\cos\chi+C_y\sin\chi=C_L\sin\kappa$，则可得到描述空间机动弹道的状态方程(略去控制力 F_{cx_h}、F_{cy_h}、F_{cz_h})：

$$\begin{cases}\dot{v}=-\dfrac{C_DqS}{m}-\dfrac{\mu_E}{r^2}\left[1+J\left(\dfrac{a_E}{r}\right)^2(1-5\sin^2\phi)\right]\sin\theta_T\\ \qquad-\dfrac{2\mu_E}{r^2}J\left(\dfrac{a_E}{r}\right)^2\sin\phi(\sin\phi\sin\theta_T+\cos\phi\cos\sigma_T\cos\theta_T)\\ \qquad-\omega_E^2r(\cos\phi\sin\phi\cos\sigma_T\cos\theta_T-\cos^2\phi\sin\theta_T)=f_1\end{cases}$$

$$
\begin{cases}
\dot{\theta}_T = \dfrac{C_L qS}{mv}\cos\kappa - \dfrac{\mu_E}{r^2}\left[1 + J\left(\dfrac{a_E}{r}\right)^2(1 - 5\sin^2\phi)\right]\dfrac{\cos\theta_T}{v} \\
\qquad + \dfrac{2\mu_E}{r^2}J\left(\dfrac{a_E}{r}\right)^2\sin\phi(\cos\phi\cos\sigma_T\sin\theta_T - \sin\phi\cos\theta_T)\dfrac{1}{v} \\
\qquad + \dfrac{\omega_E^2 r}{v}(\cos\phi\sin\phi\cos\sigma_T\sin\theta_T + \cos^2\phi\cos\theta_T) \\
\qquad - 2\omega_E\cos\phi\sin\sigma_T + \dfrac{v\cos\theta_T}{r} = f_2 \\
\dot{\sigma}_T = -\dfrac{C_L qS}{mv\cos\theta_T}\sin\kappa + \dfrac{2\mu_E}{r^2}J\left(\dfrac{a_E}{r}\right)^2\sin\phi\cos\phi\dfrac{\sin\sigma_T}{v\cos\theta_T} \\
\qquad + \omega_E^2 r\dfrac{\cos\phi\sin\phi\sin\sigma_T}{v\cos\theta_T} + \dfrac{2\omega_E}{\cos\theta_T}(\cos\phi\cos\sigma_T\sin\theta_T - \sin\phi\cos\theta_T) \\
\qquad + \dfrac{v\tan\phi\cos\theta_T\sin\sigma_T}{r} = f_3 \\
\dot{\phi} = \dfrac{v\cos\theta_T\cos\sigma_T}{r} = f_4 \\
\dot{\lambda} = -\dfrac{v\cos\theta_T\sin\sigma_T}{r\cos\phi} = f_5 \\
\dot{r} = v\sin\theta_T = f_6
\end{cases}
\tag{4-2-38}
$$

令状态向量：

$$\boldsymbol{x} = (v,\ \theta_T,\ \sigma_T,\ \phi,\ \lambda,\ r)^{\mathrm{T}}$$

右函数向量：

$$\boldsymbol{f} = (f_1, f_2, f_3, f_4, f_5, f_6)^{\mathrm{T}}$$

共轭向量：

$$\boldsymbol{\lambda} = (\lambda_1,\ \lambda_2,\ \lambda_3,\ \lambda_4,\ \lambda_5,\ \lambda_6)^{\mathrm{T}}$$

状态方程可简写为

$$\dot{\boldsymbol{x}} = \boldsymbol{f}$$

哈密顿函数为

$$H = \lambda_1 f_1 + \lambda_2 f_2 + \lambda_3 f_3 + \lambda_4 f_4 + \lambda_5 f_5 + \lambda_6 f_6 \qquad (4-2-39)$$

则共轭方程为

$$\dot{\boldsymbol{\lambda}} = -\frac{\partial H}{\partial \boldsymbol{x}}$$

展开可得

$$\begin{bmatrix} \dot{\lambda}_1 \\ \dot{\lambda}_2 \\ \dot{\lambda}_3 \\ \dot{\lambda}_4 \\ \dot{\lambda}_5 \\ \dot{\lambda}_6 \end{bmatrix} = -\begin{bmatrix} \frac{\partial f_1}{\partial x_1} & \frac{\partial f_2}{\partial x_1} & \cdots & \frac{\partial f_6}{\partial x_1} \\ \frac{\partial f_1}{\partial x_2} & \frac{\partial f_2}{\partial x_2} & \cdots & \frac{\partial f_6}{\partial x_2} \\ \cdots & \cdots & \cdots & \cdots \\ \frac{\partial f_1}{\partial x_6} & \frac{\partial f_2}{\partial x_6} & \cdots & \frac{\partial f_6}{\partial x_6} \end{bmatrix} \begin{bmatrix} \lambda_1 \\ \lambda_2 \\ \lambda_3 \\ \lambda_4 \\ \lambda_5 \\ \lambda_6 \end{bmatrix} \qquad (4-2-40)$$

式中，$\partial f_i / \partial x_j$ $(i, j = 1, \cdots, 6)$ 是右函数的偏导数，可由类似附录 D 的方法求出。

最优控制变量 $\boldsymbol{u} = (\eta, \kappa)$ 应使哈密顿函数 H 最小。从哈密顿函数［式(4-2-39)］可以看出，为确定 H 的大小，应给出 C_L、C_D 与 η 的关系。因为总攻角 η 较大，$C_L = C_L^{\eta}\eta$ 的线性关系不成立，故求横程最大的最佳弹道不以 (η, κ) 为控制变量，而改为以 $\boldsymbol{u} = (C_L, \kappa)$ 为控制变量。阻力系数给出的也是 C_D 与 C_L 的关系，常用的为 $C_D = C_{D0} + K_D C_L^2$，C_L 确定后，因 C_{D0} 为常数，C_D 也随之确定。而 C_L 已知后，如何求 η 角，就需要反查空气动力系数，由 C_L 反求 η。

将 $C_D = C_{D0} + K_D C_L^2$ 代入哈密顿函数 H 的表达式［式(4-2-39)］，且将与控制变量有关的部分表示成 $H_1(\boldsymbol{u})$，无关的部分表示成 H_2，则有

$$H_1(\boldsymbol{u}) = \frac{qS}{m}\left(-\lambda_1 C_D + \lambda_2 C_L \frac{\cos\kappa}{v} - \lambda_3 C_L \frac{\sin\kappa}{v\cos\theta_T}\right) \qquad (4-2-41)$$

根据极小值原理，最优控制变量 κ_{opt} 应满足如下方程：

$$\frac{\partial H_1(\boldsymbol{u})}{\partial \kappa} = \frac{C_L qS}{mv}\left(-\lambda_2 \sin\kappa - \lambda_3 \frac{\cos\kappa}{\cos\theta_T}\right) = 0$$

故：

$$\tan \kappa_{\mathrm{opt}} = \frac{-\lambda_3}{\lambda_2 \cos \theta_T} \tag{4-2-42}$$

最优控制变量 $C_{L,\mathrm{opt}}$ 应满足如下方程：

$$\frac{\partial H_1(\boldsymbol{u})}{\partial C_L} = \frac{qS}{m}\left(-2K_D C_L \lambda_1 + \lambda_2 \frac{\cos \kappa}{v} - \lambda_3 \frac{\sin \kappa}{v\cos \theta_T}\right) = 0$$

对上式进行化简可得

$$C_{L,\mathrm{opt}} = \frac{\lambda_2}{2vK_D \lambda_1 \cos \kappa} \tag{4-2-43}$$

求出的 $C_{L,\mathrm{opt}}$、κ_{opt} 应受限制，例如可取：

$$C_{L,\mathrm{opt}} = \begin{cases} \dfrac{\lambda_2}{2vK_D \lambda_1 \cos \kappa}, & |C_L| \leqslant C_{L,\max} \\ C_{L,\max}\mathrm{sgn}(C_L), & |C_L| > C_{L,\max} \end{cases} \tag{4-2-44}$$

$\kappa_{\min} \leqslant \kappa_{\mathrm{opt}} \leqslant \kappa_{\max}$，例如可取 $\kappa_{\max} = 90°$，$\kappa_{\min} = -90°$。

若假设总攻角 η 较小，满足 $C_L = C_L^{\eta}\eta$，$C_D = C_{D0} + K_D(C_L^{\eta})^2\alpha^2 = C_{D0} + C_x^{\alpha}\alpha^2$，$K_D(C_L^{\eta})^2 = C_x^{\alpha}$，则式(4-2-43)可化为

$$\eta_{\mathrm{opt}} = \frac{\lambda_2 C_L^{\eta}}{2v\lambda_1 C_x^{\alpha} \cos \kappa} \tag{4-2-45}$$

比较式(4-2-27)和式(4-2-42)、式(4-2-28)和式(4-2-45)可见，η_{opt}、κ_{opt} 的表达式同求落速最大的空间机动弹道的 η_{opt}、κ_{opt} 的表达式一样。

为了求解状态方程、共轭方程，还应给出如下条件。

初始条件：

$$\boldsymbol{x}(t_0) = \boldsymbol{x}_0$$

横截条件：

$$\boldsymbol{\lambda}(t_f) = \frac{\partial J}{\partial \boldsymbol{x}} + \left(\frac{\partial \boldsymbol{\psi}}{\partial \boldsymbol{x}}\right)^{\mathrm{T}} \boldsymbol{\nu}$$

终端约束：

$$\boldsymbol{\psi}[\boldsymbol{x}(t_f), t_f] = 0$$

终端约束的具体形式，将放在后面的计算方法中讨论。

4.3 最佳弹道的计算方法讨论

根据前面的讨论可知,为获得最佳弹道,需求解两点边值问题,文献[37]、[38]介绍了梯度法、边值打靶法、邻近极值法等求解方法。若采用梯度法,因为控制有约束、终端有约束,要用梯度投影恢复法,会遇到步长选择、投影恢复等问题。而采用边值打靶法或邻近极值法,就计算最佳再入机动弹道而言,其计算思路明确、应用起来较方便,因此本节介绍边值打靶法及其改进方法。

边值打靶法或者邻近极值法就是采用迭代的方法来逐步改进初值条件的估值,以满足规定的终端条件。从式(4-1-20)和式(4-1-24)可以看出,只要给出一组 $\boldsymbol{\lambda}(t_0)$ 就可以得到一条弹道,但问题是积分到什么时候为止。当积分到选定的 t_f时,终端约束不一定得到满足,所以应该改变初值 $\boldsymbol{\lambda}(t_0)=\boldsymbol{\lambda}_0$,使其最后满足终端约束,这里有几种不同的处理方法。

(1) 边值打靶法。因为 $\dot{\boldsymbol{\lambda}}(t)=-\partial H/\partial \boldsymbol{x}$,对 $\boldsymbol{\lambda}$ 变量而言,它是一个线性方程组,故 $\boldsymbol{\lambda}_0$ 增加相同的倍数时,不会影响控制变量的值,也就是不影响状态方程的解。因此,在 $\boldsymbol{\lambda}_0$ 中可以对某一个 λ_{i0}取任意值,其余的 λ_i 值根据经验加以估计,并选定一个 t_f,利用 $H(t_f)=0$ 及终端约束,反复迭代找到一个满足要求的最佳弹道。

(2) 邻近极值法。边值打靶法是用逐步迭代的方法,从给定的弹道中找出满足终端约束和 $H=0$ 的最佳弹道。用边值打靶法求解两点边值问题,虽然可行,但没有充分利用极小值原理给出的必要条件。对于自治系统,采用边值打靶求解终端时间自由的最佳弹道问题是可以改进的,人们可以从最佳弹道族中找出满足终端约束的最佳弹道。这是因为 $H(t)=0$,故 $H(t_0)=0$,即

$$H(t_0)=\sum_{i=1}^{n} f_{i0}\lambda_{i0}=0 \tag{4-3-1}$$

利用式(4-3-1),可以找出某一个 λ_{j0}。可以先任意确定某一个 λ_{i0}的值,再利用关系式[式(4-3-1)]计算出一个 λ_{j0},仅估计剩下的$(n-2)$个 λ_{i0}值;且因为 $H=0$,又满足最优控制的条件,所以计算的弹道均为最佳弹道,通过反复迭代可以从最佳弹道族中找出满足终端约束的最佳弹道,这就是邻近极值法。

(3) 改进的邻近极值法。虽然邻近极值法比边值打靶法要简单一些,但实

际上还可以更简单。因为邻近极值法是从最佳弹道族中去搜索满足终端约束条件的一条最佳弹道,而 t_f是不固定的,它是从找到满足终端条件的弹道中自然确定的,因此在数值积分状态方程时,不一定取 $t = t_f$来停止运算,而是用某一终端条件得到满足来停止运算,那么选择 t_f的问题也解决了,这就是改进的邻近极值法。

因此,采用改进的邻近极值法时,对于 n 维的共轭向量的初值,可以利用共轭方程的线性性质任选一个值,再利用 $H(t_0) = 0$ 算出一个值,仅需估计($n-2$)个值,而 t_f的选择可以利用某一终端约束条件得到满足而停止运算来自动确定。这样可以降低初值估计的困难程度,特别是对低维的状态方程更是如此。

4.3.1 末速最大的平面再入机动弹道的计算方法

根据方程[式(4-1-11)和式(4-1-12)],此时要确定的是 λ_{v0}、$\lambda_{\Theta0}$、λ_{h0}、λ_{R_T0} 和 t_f 5 个值,这里分两种情况。

1. 对射程 R_{Tf}不作要求,即 R_{Tf}自由

根据极小值原理的横截条件 $\lambda_{R_T}(t_f) = 0$,而 $\dot{\lambda}_{R_T} = 0$,故 $\lambda_{R_T}(t_0) = \lambda_{R_T0} = 0$,其计算步骤如下。

(1) 任意给定 λ_{v_0}。

(2) 给出一组 $\lambda_{\Theta0}$,并根据如下公式计算 λ_{h0}:

$$\lambda_{h0} = -\frac{f_{10}\lambda_{v_0} + f_{20}\lambda_{\Theta0}}{f_{30}} \tag{4-3-2}$$

(3) 根据上述步骤,产生几组(λ_{v_0}, $\lambda_{\Theta0}$, λ_{h0}),积分状态方程和共轭方程,可以得到几组最佳弹道,但数值积分到 $\Theta(t_f) = \Theta_f$ 为止。

(4) 从满足 $\Theta(t_f) = \Theta_f$ 的最佳弹道族中找到 $h(t_f) = h_f$ 的弹道,即为所要求的最佳弹道。

可见,$R_T(t_f)$ 自由的最佳弹道实质上是一维搜索,即找一个合适的 $\lambda_{\Theta0}$ 使 $h(t_f) = h_f$,而 $\Theta(t_f) = \Theta_f$ 是通过停止运算来得到的。

2. 对射程 R_{Tf}有要求,即 R_{Tf}不自由

因 $R_T(t_f)$要等于 R_{Tf},虽然 $\dot{\lambda}_{R_T} = 0$,但 λ_{R_T} 是等于未知常数而不是 0,所以采用改进的邻近极值法仍需估计两个初值,这里有两种方法求解初值。

第一种方法是用求"转移矩阵"的方法,其计算步骤如下。

（1）给定 λ_{v_0}，再凭经验选两个 $\lambda_{\Theta 0}$、$\lambda_{R_T 0}$。

（2）由 $H(t_0)=0$，计算 λ_{h0}：

$$\lambda_{h0}=-\frac{f_{10}\lambda_{v_0}+f_{20}\lambda_{\Theta 0}+f_{40}\lambda_{R_T 0}}{f_{30}} \tag{4-3-3}$$

（3）求转移矩阵及合适的 $\lambda_{\Theta 0}$、$\lambda_{R_T 0}$。

根据给出的 λ_{v_0}、$\lambda_{\Theta 0}$、λ_{h0}、$\lambda_{R_T 0}$ 可对状态方程和共轭方程积分，且积分到 $h(t_f)=h_f$ 时停止运算，但此时 $\Theta(t_f)\neq\Theta_f$，$R_T(t_f)\neq R_{Tf}$。将 $\Theta(t_f)$、$R_T(t_f)$ 与 $\lambda_{\Theta 0}$、$\lambda_{R_T 0}$ 的关系用式(4-3-4)表示：

$$\begin{cases}\Theta(t_f)=f_\Theta(\lambda_{\Theta 0},\ \lambda_{R_T 0})\\ R_T(t_f)=f_{R_T}(\lambda_{\Theta 0},\ \lambda_{R_T 0})\end{cases} \tag{4-3-4}$$

将式(4-3-4)线性化，可得

$$\begin{bmatrix}\Delta\Theta_f\\ \Delta R_{Tf}\end{bmatrix}=\begin{bmatrix}\dfrac{\partial f_\Theta}{\partial\lambda_\Theta} & \dfrac{\partial f_\Theta}{\partial\lambda_{R_T}}\\ \dfrac{\partial f_{R_T}}{\partial\lambda_\Theta} & \dfrac{\partial f_{R_T}}{\partial\lambda_{R_T}}\end{bmatrix}\begin{bmatrix}\Delta\lambda_{\Theta 0}\\ \Delta\lambda_{R_T 0}\end{bmatrix}=\boldsymbol{B}\begin{bmatrix}\Delta\lambda_{\Theta 0}\\ \Delta\lambda_{R_T 0}\end{bmatrix} \tag{4-3-5}$$

式中，$\boldsymbol{B}$ 是偏导数矩阵，也称转移矩阵。故：

$$\begin{bmatrix}\Delta\lambda_{\Theta 0}\\ \Delta\lambda_{R_T 0}\end{bmatrix}=\boldsymbol{B}^{-1}\begin{bmatrix}\Delta\Theta_f\\ \Delta R_{Tf}\end{bmatrix}=\boldsymbol{B}^{-1}\begin{bmatrix}\Theta_f-\Theta(t_f)\\ R_{Tf}-R_T(t_f)\end{bmatrix} \tag{4-3-6}$$

则 $\lambda_{\Theta 0}$、$\lambda_{R_T 0}$ 可以通过迭代的方法求出，迭代公式如下：

$$\begin{cases}\lambda_{\Theta 0}^{(k+1)}=\lambda_{\Theta 0}^{(k)}+\Delta\lambda_{\Theta 0}\varepsilon\\ \lambda_{R_T 0}^{(k+1)}=\lambda_{R_T 0}^{(k)}+\Delta\lambda_{R_T 0}\varepsilon\end{cases} \tag{4-3-7}$$

式中，$\varepsilon>0$，但要适当取小一些。

第二种方法是用两次一维寻优的方法求最佳弹道，其计算步骤如下。

（1）任意选定 λ_{v_0}、$\lambda_{\Theta 0}$，再选择不同的 $\lambda_{R_T 0}$，数值积分状态方程可以找出使 $h(t_f)=h_f$ 的一条最佳弹道，此时的 $\Theta(t_f)=\Theta_f$ 由数值积分停止运算的条件来实现，但此时的 $R_T(t_f)\neq R_{Tf}$。

(2) 给出不同的 $\lambda_{\Theta 0}$，重复步骤(1)，直至某一 $\lambda_{\Theta 0}$，使 $R_T(t_f)=R_{Tf}$。此时的终端约束条件 $\Theta(t_f)=\Theta_f$，$h(t_f)=h_f$，$R_T(t_f)=R_{Tf}$ 均满足，又满足极小值原理的必要条件，因而就是所求的最佳弹道。

至于如何选择 $\lambda_{\Theta 0}$、$\lambda_{R_T 0}$，可先在大范围、大间距内用大的数值积分步长进行搜索，当接近所要求的终端约束条件时，再在小范围、小间距内用小的数值积分步长搜索，就可以较快地找到所需的最佳弹道。如果初始的控制变量 α_0 不在边界上，又能采用其他方法获得控制变量初值 α_0 的近似值，则可令 $\alpha^*=\alpha_0$，因 λ_{v_0} 已假设，再根据公式 $\alpha^*=C_y^\alpha\lambda_\Theta/(2C_x^\alpha v\lambda_v)$，就可以得到 $\lambda_{\Theta 0}$ 的近似估计值。

3. 最佳平面再入机动弹道计算举例

例 4-1 已知 $v_0=5\,008$ m/s，$\Theta_0=-14°$，$h_0=40\,000$ m，$R_{T0}=0$，要求转移到 $\Theta_f=0°$，$h_f=15\,000$ m，R_{Tf} 和 t_f 自由，且使性能指标 $-v(t_f)$ 最小。其他数据如下：$m=600$ kg，$S=0.754\ \text{m}^2$，$C_{x_0}=0.077\,4$，$C_x^\alpha=0.000\,84\quad 1/(°)^2$，$C_y^\alpha=0.033\,3\ 1/(°)$。

根据工程法可知 $\alpha_0\approx-4°$，由 4.4 节的讨论，可以很快找到最佳弹道的初始条件如下：$\lambda_{v_0}=0.8$，$\lambda_{\Theta 0}=-921.376$，$\lambda_{h0}=0.003\,2$，$\lambda_{R_T 0}=0$，$\alpha_0=-4.556°$。终点参数如下：$v_f=3\,758$ m/s，$\Theta_f=0.001°$，$R_{Tf}=91\,996$ m，$t_f=20.45$ s，$h_f=15\,002$ m。

图 4-4~图 4-12 所示为计算结果。其中，图 4-4 和图 4-5 表示控制变量 α_{opt} 随时间和高度的变化曲线。图 4-6 表示法向过载系数 n_y 随时间变化的曲线，图 4-7~图 4-9 分别表示状态变量 v、Θ、h 随时间的变化曲线，图 4-10~图 4-12 分别表示共轭变量 λ_v、λ_Θ、λ_h 随时间的变化曲线。从图 4-4 和图 4-5 可以看出，为了把弹道拉平(因 $\Theta_f=0°$) 且使 $v(t_f)$ 达到最大，控制变量 α_{opt} 并不总是正值，即不总是向上拉起，而是 α_{opt} 先为负值，把弹道向下压，到某一高度再向上拉起，且 α_{opt} 值越来越大，直到限值 α_{max}。由于控制过程没有对法向过载进行限制，从图 4-6 看出法向过载系数 n_y 高达 43，而一般法向过载系数的最大值 $n_{ymax}=30$。从图 4-7 和图 4-9 可以看出，速度和高度随时间单调减小，但从图 4-8 看出，Θ 不是单调变化的，开始时 $\alpha_{opt}<0$，故 $|\Theta|$ 增加，之后 α_{opt} 变为正值且迅速增加，故 $|\Theta|$ 迅速减小，直到拉平为止。图 4-10~图 4-12 分别为 λ_v、λ_Θ、λ_h 随时间的变化情况，可以看出其变化平缓。

图 4-13 是限制过载后 α_{opt} 随时间的变化情况，受过载限制 α_{opt} 不能达到 $\alpha_{max}=9°$，仅为 6°。

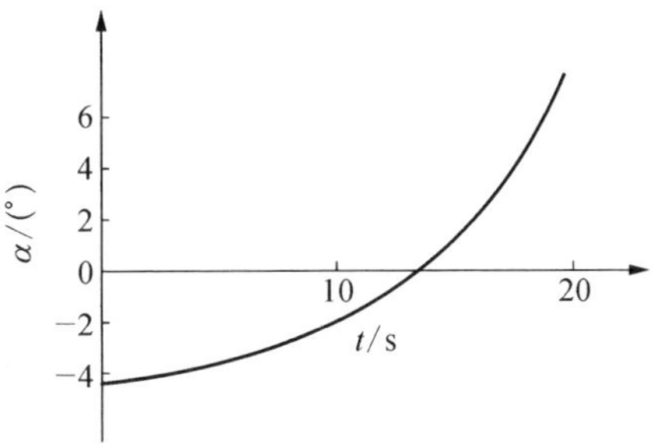

图 4-4　攻角随时间的变化

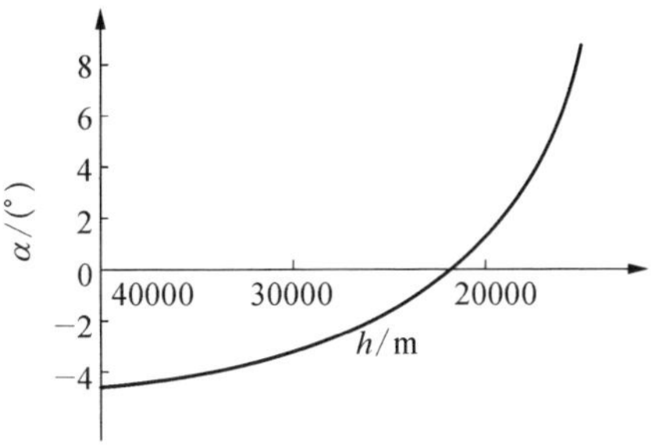

图 4-5　攻角随高度的变化

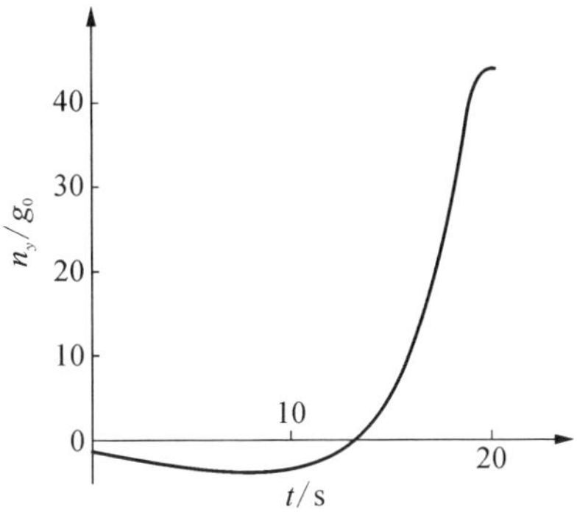

图 4-6　法向过载系数随时间的变化

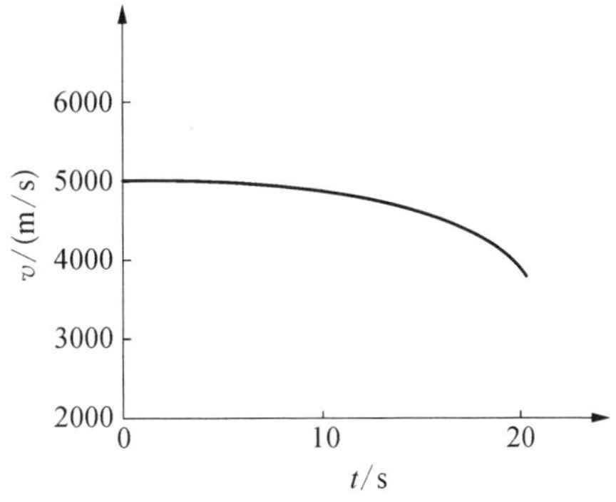

图 4-7　速度随时间的变化

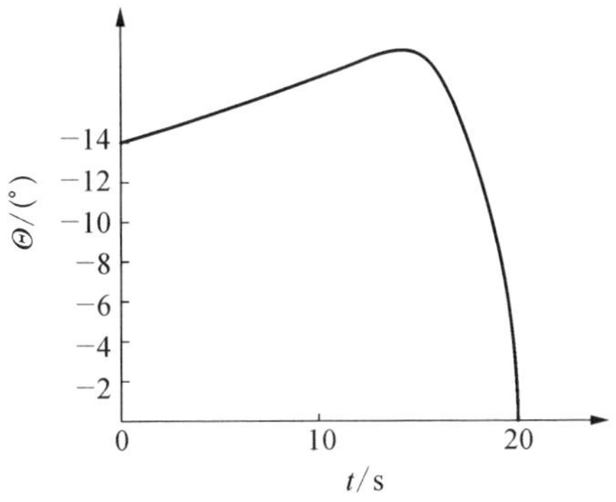

图 4-8　当地速度倾角随时间的变化

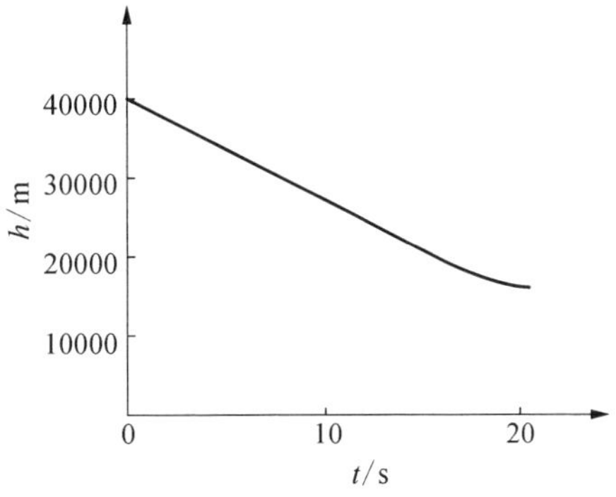

图 4-9　高度随时间的变化

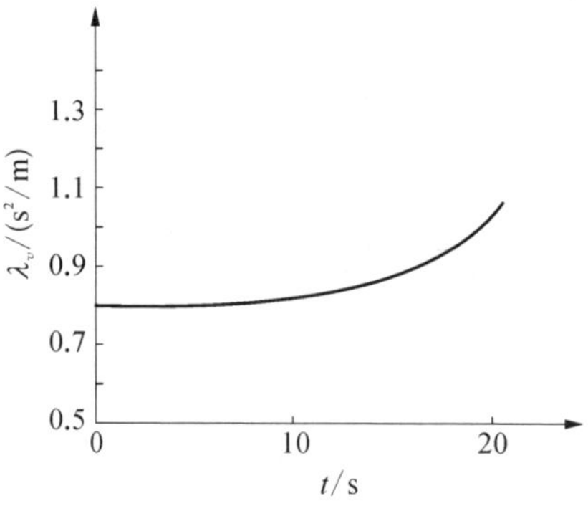

图 4-10 λ_v随时间的变化

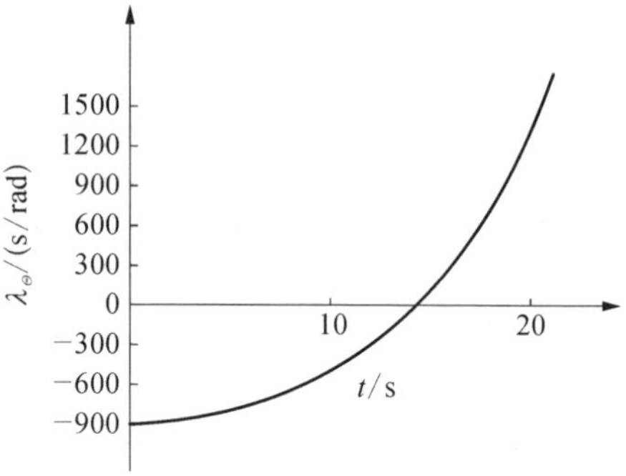

图 4-11 λ_Θ随时间的变化

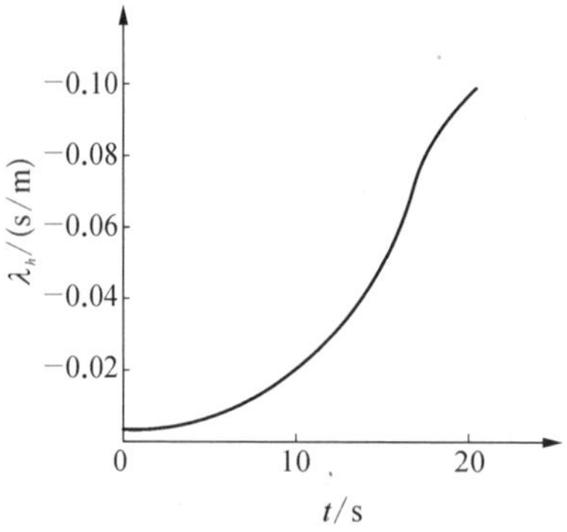

图 4-12 λ_h随时间的变化

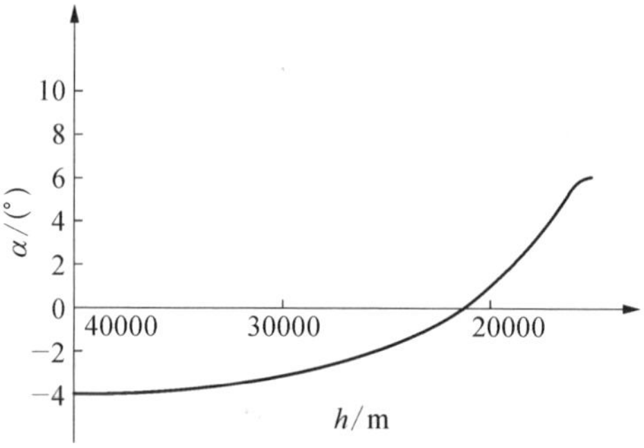

图 4-13 n_y有限制时 α 随 h 的变化

例 4-2 原始数据同例 4-1,但再入角 Θ_0和再入速度有变化:

(1) $\Theta_0 = -17°$, $v_0 = 6\ 500$ m/s, $|\alpha| \leqslant \alpha_{max}$, n_y不受限制,其 $\alpha_{opt}(h)$ 如图 4-14 所示;

(2) $\Theta_0 = -23°$, $v_0 = 6\ 699$ m/s, $|\alpha| \leqslant \alpha_{max}$, n_y不受限制,其 $\alpha_{opt}(h)$ 如图 4-15 所示。

例 4-3 原始数据同例 4-1, $\Theta_0 = -14°$, $v_0 = 5\ 008$ m/s,但 R_{Tf}有要求: $R_{Tf} = 97\ 135$ m,控制过程中 α、n_y均受限制。

因为 R_{Tf}比射程自由时求出的 $R_{Tf} = 91\ 996$ m 要大一些,故 α_0应小一些,所以 $\lambda_{\Theta 0}$ 应小一些,且 $\lambda_{R_T 0} < 0$ 不合理,故 $\lambda_{R_T 0} > 0$, 这样用二维寻优的方法可以较快找到最佳弹道,其 $\alpha_{opt}(h)$ 如图 4-16 所示。

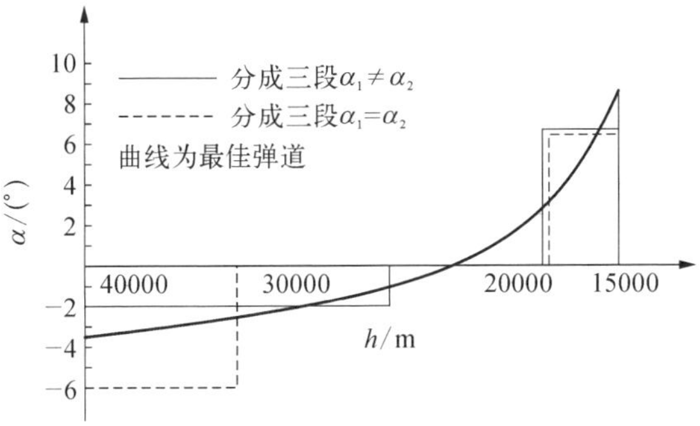

图 4 - 14　$\Theta_0 = -17°$，n_y 无限制时 α 随 h 的变化曲线

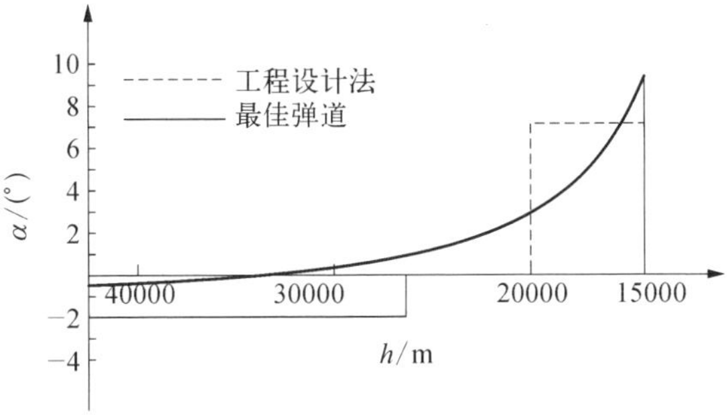

图 4 - 15　$\Theta_0 = -23°$，n_y 无限制时 α 随 h 的变化曲线

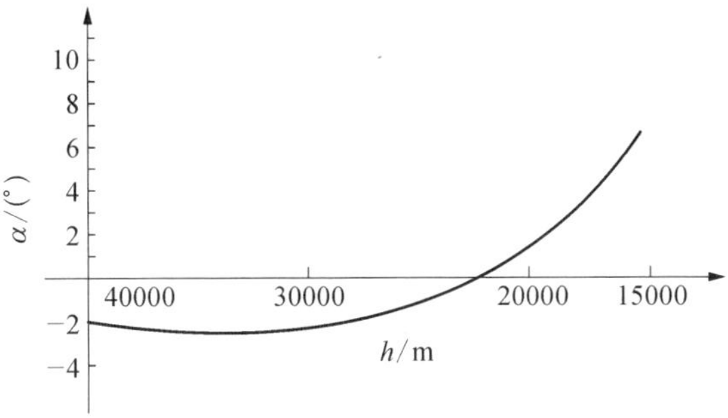

图 4 - 16　R_{Tf} 有限制，α、n_y 有限制时 α 随 h 的变化曲线

4.3.2　总吸热量为最小时平面再入机动弹道的计算方法

一般总吸热量为最小的再入机动弹道对 R_{Tf} 不作要求，因此问题便成为要

求运动状态从 $\boldsymbol{x}_0$转移到 $\boldsymbol{x}_f$,且满足:

$$\boldsymbol{\psi}=\begin{bmatrix} v(t_f)-v_f \\ \Theta(t_f)-\Theta_f \\ h(t_f)-h_f \end{bmatrix}=0 \tag{4-3-8}$$

因此,实际状态变量可取为 $\boldsymbol{x}=(v,\ \Theta,\ h,\ \mu)^{\mathrm{T}}$, μ 为总吸热量;相应的协态变量为 $\boldsymbol{\lambda}=(\lambda_v,\ \lambda_\Theta,\ \lambda_h,\ \lambda_\mu)^{\mathrm{T}}$。这样处理后,要求 $\mu(t_f)$ 最小,就与要求 $-v(t_f)$ 最小的计算方法和步骤是一样的,其计算步骤如下。

(1) 任意选定 λ_{v_0}, 因为其大小不影响状态方程的解。

(2) 因为所讨论问题的 t_f 自由,故:

$$H(t_0)=\lambda_{v_0}f_{10}+\lambda_{\Theta 0}f_{20}+\lambda_{h0}f_{30}+\lambda_{\mu_0}f_{40}=0$$

如果给出 $\lambda_{\Theta 0}$、λ_{h0} 就可以求出 λ_{μ_0}。

(3) 利用 $v(t_f)=v_f$停止运算来确定计算时间 t_f,但这样选定的 $\lambda_{\Theta 0}$、λ_{h0} 不一定使 $\Theta(t_f)=\Theta_f$, $h(t_f)=h_f$, 可以通过选择 $\lambda_{\Theta 0}$、λ_{h0} 使 $\Theta(t_f)=\Theta_f$, $h(t_f)=h_f$。具体可以通过二维搜索或者用"转移矩阵"法求出。

例如,研究一个超圆速度再入问题。已知 $v_0=10\ 773$ m/s, $h_0=121\ 978$ m, $\Theta_0=-8.09°$, $\mu_0=0$,要求转移到 $v_f=8\ 230$ m/s, $\Theta_f=0$, $h_f=76\ 196$ m 且使 $\mu=Q$ 达到最小,即总吸热量最小。已知其他原始数据如下: $m=3\ 645$ kg, $S=6.11\ \mathrm{m}^2$, $C_x=0.274+1.8\sin^2\alpha$, $C_y=1.2\sin\alpha\cos\alpha$。

经过计算, $\alpha_{\mathrm{opt}}(t)$ 和 $h(t)$ 的关系如图 4-17 所示。从图 4-17 看出,为了满

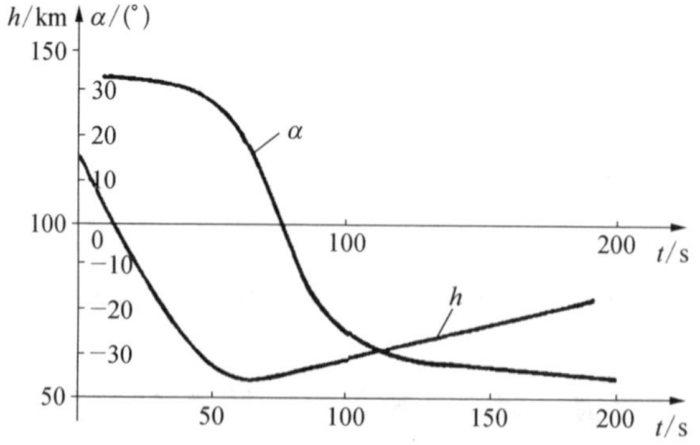

图 4-17 总吸热量最小时 α、h 随 t 的变化曲线

足终端约束，且总吸热量最小，高度不是单调变化，而是迅速下降到较稠密的大气层，使其减速，而后 α 变为负值，使弹道变平，达到 $\Theta(t_f) \approx 0$ 的要求。

4.3.3　落速最大的空间再入机动弹道的计算方法

以控制变量为 η、κ 为例进行讨论，此时的状态方程为式（4－2－22），共轭方程为式（4－2－23），而控制变量 η、κ 由式（4－2－27）和式（4－2－28）决定。从式（4－2－22）和式（4－2－23）可以看出，如果用一般的边值打靶法，需给出共轭方程 $\dot{\boldsymbol{\lambda}} = -\partial H/\partial \boldsymbol{x}$ 的六个初值和数值积分停止时间 t_f。

但如果采用改进的邻近极值法，则只需给出四个共轭方程的初值，t_f值可以用某一终端约束得到满足停止积分运算自动确定。

下面的讨论中，假设对终点的位置 $\boldsymbol{r}(\phi,\ \lambda,\ r)$ 有要求，而速度方向 θ_{Tf}、σ_{Tf} 是自由的，但速度大小要求最大，t_f是自由的。

1. 计算方法和步骤

根据邻近极值算法，共轭方程的初值 $\boldsymbol{\lambda} = (\lambda_{v_0},\ \lambda_{\theta_T 0},\ \lambda_{\sigma_T 0},\ \lambda_{\phi 0},\ \lambda_{\lambda 0},\ \lambda_{r0})^{\mathrm{T}}$ 中 λ_{v_0} 可任意选定，由 $H = \sum_{i=1}^{6} \lambda_{i0} f_{i0} = 0$ 可计算出 $\lambda_{\theta_T 0}$，可任意选定其余四个 λ 的初值 $\lambda_{\sigma_T 0}$、$\lambda_{\phi 0}$、$\lambda_{\lambda 0}$、λ_{r0}，通过数值积分到 $r(t_f) = r_f$来确定 t_f。

因对位置有要求，即要求 $\phi(t_f) = \phi_f,\ \lambda(t_f) = \lambda_f$；又因 $\sigma_{Tf},\ \theta_{Tf}$ 自由，所以 $\lambda_{\theta_T}(t_f) = 0,\ \lambda_{\sigma_T}(t_f) = 0$，故要求的终端约束是 $\boldsymbol{y} = (y_1,\ y_2,\ y_3,\ y_4)^{\mathrm{T}} = (\phi,\ \lambda,\ \lambda_{\theta_T},\ \lambda_{\sigma_T})^{\mathrm{T}}$ 为 $\tilde{\boldsymbol{y}} = (\phi_f,\ \lambda_f,\ 0,\ 0)^{\mathrm{T}}$。

记共轭向量四个可调的初值为 $\boldsymbol{Q}$：

$$\boldsymbol{Q} = (\lambda_{\sigma_T 0},\ \lambda_{\phi 0},\ \lambda_{\lambda 0},\ \lambda_{r0})^{\mathrm{T}} = (\lambda_{10},\ \lambda_{20},\ \lambda_{30},\ \lambda_{40})^{\mathrm{T}} = (q_1,\ q_2,\ q_3,\ q_4)^{\mathrm{T}} \tag{4-3-9}$$

记满足终端约束条件的 λ 的初值为 $\tilde{\boldsymbol{Q}}$：

$$\tilde{\boldsymbol{Q}} = (\tilde{\lambda}_{10},\ \tilde{\lambda}_{20},\ \tilde{\lambda}_{30},\ \tilde{\lambda}_{40})^{\mathrm{T}} \tag{4-3-10}$$

$$\Delta \boldsymbol{y} = \boldsymbol{y} - \tilde{\boldsymbol{y}},\quad \Delta \boldsymbol{Q} = \boldsymbol{Q} - \tilde{\boldsymbol{Q}} \tag{4-3-11}$$

因为 $\boldsymbol{Q}$ 给定，则 $\boldsymbol{y}$ 便确定，故：

$$\boldsymbol{y} = \boldsymbol{f}_y(\boldsymbol{Q}) \tag{4-3-12}$$

$$\tilde{\boldsymbol{y}} = \boldsymbol{f}_y(\tilde{\boldsymbol{Q}}) \tag{4-3-13}$$

将式(4-3-12)线性化,可得

$$\Delta \boldsymbol{y} = \boldsymbol{y} - \tilde{\boldsymbol{y}} \approx \left(\frac{\partial \boldsymbol{f}_y}{\partial \boldsymbol{Q}}\right)_0 \Delta \boldsymbol{Q} \triangleq \boldsymbol{G}\Delta \boldsymbol{Q} = \boldsymbol{G}(\boldsymbol{Q} - \tilde{\boldsymbol{Q}}) \tag{4-3-14}$$

式中,$\boldsymbol{G} = \partial \boldsymbol{f}_y / \partial \boldsymbol{Q}$ 是由偏导数组成的矩阵,也称“转移矩阵”,当 $\boldsymbol{G}^{-1}$ 存在时,可得

$$\Delta \boldsymbol{Q} = \boldsymbol{G}^{-1} \Delta \boldsymbol{y} \tag{4-3-15}$$

$$\Delta \boldsymbol{y} = \begin{bmatrix} \phi(t_f) - \phi_f \\ \lambda(t_f) - \lambda_f \\ \lambda_{\theta_T}(t_f) - 0 \\ \lambda_{\sigma_T}(t_f) - 0 \end{bmatrix} \tag{4-3-16}$$

这样就可以通过终端误差 $\Delta \boldsymbol{y}$ 对共轭向量的初值进行修正:

$$\boldsymbol{Q}' = \boldsymbol{Q} + \varepsilon \Delta \boldsymbol{Q} \tag{4-3-17}$$

式中,$\varepsilon > 0$,但要足够小。重复以上步骤,直到 $\boldsymbol{Q}' \to \tilde{\boldsymbol{Q}}$,终端约束条件得到满足为止。

2. 转移矩阵 $\boldsymbol{G}$ 的计算

可以用数值差分法求转移矩阵 $\boldsymbol{G}$,令

$$\boldsymbol{G} = \begin{bmatrix} g_{11} & g_{12} & g_{13} & g_{14} \\ g_{21} & g_{22} & g_{23} & g_{24} \\ g_{31} & g_{32} & g_{33} & g_{34} \\ g_{41} & g_{42} & g_{43} & g_{44} \end{bmatrix} \tag{4-3-18}$$

由式(4-3-14)知:

$$\Delta \boldsymbol{y} = \boldsymbol{G}\Delta \boldsymbol{Q}$$

当仅存在 Δq_i $(i = 1, 2, 3, 4)$时,由 Δq_i 产生的误差为 $\Delta \boldsymbol{y}^i = (\Delta y_1^i, \Delta y_2^i, \Delta y_3^i, \Delta y_4^i)^{\mathrm{T}}$,于是可得

$$\begin{bmatrix} g_{1i} \\ g_{2i} \\ g_{3i} \\ g_{4i} \end{bmatrix} = \frac{1}{\Delta q_i} \begin{bmatrix} \Delta y_1^i \\ \Delta y_2^i \\ \Delta y_3^i \\ \Delta y_4^i \end{bmatrix} \quad (i = 1, 2, 3, 4) \tag{4-3-19}$$

例如,当仅存在 Δq_1 时,终端误差为 Δy^1,则有

$$\begin{bmatrix} g_{11} \\ g_{21} \\ g_{31} \\ g_{41} \end{bmatrix} = \frac{1}{\Delta q_1} \begin{bmatrix} \Delta y_1^1 \\ \Delta y_2^1 \\ \Delta y_3^1 \\ \Delta y_4^1 \end{bmatrix} \tag{4-3-20}$$

同理,可以得到转移矩阵 $\boldsymbol{G}$ 的其他列元素。

4.3.4 横程最大空间再入机动弹道的计算方法

由 4.2.2 节可知,横程最大空间再入机动弹道的状态方程为式(4-2-38),共轭方程为式(4-2-40),控制变量为 C_L、κ,而最优控制变量 $C_{L,\,\mathrm{opt}}$、κ_{opt} 由式(4-2-44)和式(4-2-42)确定。采用一般的边值打靶法,需要给出共轭向量的初值 $\boldsymbol{\lambda}_0$和积分时间 t_f共七个量,求解是很烦琐的。如果采用邻近极值法,只需给出五个共轭变量的初值,t_f值可以通过使某一终端约束条件得到满足而停止积分来自动确定。

对于横程最大的再入机动弹道,其飞行时间 t_f是不作要求的,即是自由的,状态变量终端约束除要求 $r(t_f)=r_f$ 外,其余五个状态变量 v_f、θ_{Tf}、σ_{Tf}、ϕ_f、λ_f 均无要求,仅要求落点的横程最大。

前已说明横程 $R_C=R_C(\phi_f',\ \lambda_f')$,其中 ϕ_f'、λ_f'是落点的纬度和经度。根据极小值原理,最佳弹道的横截条件可用式(4-3-21)确定:

$$\boldsymbol{\lambda}(t_f) = \frac{\partial R_C(\phi_f',\ \lambda_f')}{\partial \boldsymbol{x}} + \left(\frac{\partial \boldsymbol{\psi}}{\partial \boldsymbol{x}}\right)^{\mathrm{T}} \boldsymbol{\nu} \tag{4-3-21}$$

现有

$$\boldsymbol{\psi} = (\boldsymbol{r}(t_f) - \boldsymbol{r}_f) = 0, \quad \boldsymbol{\nu} = \boldsymbol{\nu}_1$$

则:

$$\boldsymbol{\lambda}(t_f)=\begin{bmatrix}\lambda_1(t_f)\\\lambda_2(t_f)\\\lambda_3(t_f)\\\lambda_4(t_f)\\\lambda_5(t_f)\\\lambda_6(t_f)\end{bmatrix}=\begin{bmatrix}0\\0\\0\\\partial R_C/\partial\phi'_f\\\partial R_C/\partial\lambda'_f\\0\end{bmatrix}+\begin{bmatrix}0\\0\\0\\0\\0\\1\end{bmatrix}\nu_1=\begin{bmatrix}0\\0\\0\\k_1\\k_2\\\nu_1\end{bmatrix}\tag{4-3-22}$$

因为共轭方程为线性微分方程组，故将终端横截条件改成如下形式，不会影响最优控制变量的大小和状态方程的解：

$$\boldsymbol{\lambda}(t_f)=\begin{bmatrix}\lambda_1(t_f)\\\lambda_2(t_f)\\\lambda_3(t_f)\\\lambda_4(t_f)\\\lambda_5(t_f)\\\lambda_6(t_f)\end{bmatrix}=\begin{bmatrix}0\\0\\0\\k_1/k_2\\1\\\nu_1/k_2\end{bmatrix}\tag{4-3-23}$$

式中，$k_1=\dfrac{\partial R_C(\phi'_f,\ \lambda'_f)}{\partial\phi'_f}$，$k_2=\dfrac{\partial R_C(\phi'_f,\ \lambda'_f)}{\partial\lambda'_f}$，是落点经度、纬度的函数。

根据上述横截条件如何确定共轭向量的初值 $\boldsymbol{\lambda}_0$ 呢？λ_{10} 可选定，但应保证 $\lambda_5(t_f)=1$；而 λ_{20} 可由 $H(t_0)=\sum_{i=1}^{6}f_{i0}\lambda_{i0}=0$ 计算得到；通过数值积分，用状态变量 $r(t_f)=r_f$ 来确定 t_f；剩下还需要确定四个共轭向量的初值 λ_{30}、λ_{40}、λ_{50}、λ_{60}，可以通过迭代的方法来确定，目的是当 $t=t_f$ 时使终端约束条件得到满足，即

$$\begin{bmatrix}\lambda_1(t_f)-0\\\lambda_2(t_f)-0\\\lambda_3(t_f)-0\\\lambda_4(t_f)-k_1/k_2\end{bmatrix}=0\tag{4-3-24}$$

具体求解时，可设：

$$\boldsymbol{Q}=(\lambda_{30},\ \lambda_{40},\ \lambda_{50},\ \lambda_{60})^{\mathrm{T}}=(q_1,\ q_2,\ q_3,\ q_4)^{\mathrm{T}}$$

$$\boldsymbol{y}=[\lambda_1(t_f),\ \lambda_2(t_f),\ \lambda_3(t_f),\ \lambda_4(t_f)]^{\mathrm{T}}=(y_1,\ y_2,\ y_3,\ y_4)^{\mathrm{T}}$$

设满足终端约束的 $\boldsymbol{Q}=\tilde{\boldsymbol{Q}}$，　$\boldsymbol{y}=\tilde{\boldsymbol{y}}=(0,\ 0,\ 0,\ k_1/k_2)^{\mathrm{T}}$，因为给定 $\boldsymbol{Q}$ 后，通过积分状态方程可以得到 $\boldsymbol{y}$，则可以记为

$$\boldsymbol{y}=\boldsymbol{f}_y(\boldsymbol{Q}) \tag{4-3-25}$$

$$\tilde{\boldsymbol{y}}=\boldsymbol{f}_y(\tilde{\boldsymbol{Q}}) \tag{4-3-26}$$

将方程(4－3－25)线性化，可得

$$\Delta\boldsymbol{y}=\boldsymbol{y}-\tilde{\boldsymbol{y}}\approx\left(\frac{\partial \boldsymbol{f}_y}{\partial \boldsymbol{Q}}\right)_0\Delta\boldsymbol{Q}\triangleq\boldsymbol{G}\Delta\boldsymbol{Q}=\boldsymbol{G}(\boldsymbol{Q}-\tilde{\boldsymbol{Q}}) \tag{4-3-27}$$

式中，$\boldsymbol{G}=(\partial \boldsymbol{f}_y/\partial \boldsymbol{Q})_0$。若 $\boldsymbol{G}^{-1}$ 存在，则有

$$\Delta\boldsymbol{Q}=\boldsymbol{G}^{-1}\Delta\boldsymbol{y} \tag{4-3-28}$$

而：

$$\Delta\boldsymbol{y}=\begin{bmatrix}\lambda_1(t_f)-0\\ \lambda_2(t_f)-0\\ \lambda_3(t_f)-0\\ \lambda_4(t_f)-k_1/k_2\end{bmatrix}=0$$

若终端约束得不到满足，则可以利用 $\Delta\boldsymbol{y}$ 对共轭向量的初值进行修正：

$$\boldsymbol{Q}'=\boldsymbol{Q}+\varepsilon\Delta\boldsymbol{Q} \tag{4-3-29}$$

式中，$\varepsilon>0$，但要足够小。重复以上步骤，直到终端约束条件得到满足为止。

最后，讨论一个问题，为什么当 $\Delta\boldsymbol{y}=0$ 时，得到的弹道是所要求的最佳弹道呢？这是因为当共轭向量 $\boldsymbol{\lambda}_0$ 扩大 k_2 倍时，不影响控制变量的大小和状态方程的解；而根据共轭方程为线性微分方程的特点，当 $\boldsymbol{\lambda}_0$ 扩大 k_2 倍时，共轭向量的 $\boldsymbol{\lambda}(t_f)$ 也扩大 k_2 倍，变成 $(0,\ 0,\ 0,\ k_1,\ k_2,\ \nu_1)^{\mathrm{T}}$，因 r 的约束通过 $r(t_f)=r_f$ 停止积分运算已得到保证，C_L、κ 满足最优控制变量条件，而终端约束条件 $\boldsymbol{\lambda}(t_f)=(0,\ 0,\ 0,\ k_1,\ k_2,\ \nu_1)^{\mathrm{T}}$ 也得到满足，故其状态方程的解，即为所求横程最大的再入机动弹道。

关于最佳弹道的计算方法或者最优控制问题的计算方法，国内外有不少专著对这个问题进行了研究。例如，《最优控制问题的计算方法》[38] 是国内早期专门讨论最优控制问题计算方法的图书，研究了用梯度法解无约束和有约束的最优控制问题的数值方法，也讨论了解两点边值问题的计算方法，但大量的篇

幅是研究用梯度法及其推广方法解最优控制问题。《应用最优控制——最优化 · 估计 · 控制》[37]也讨论了最优控制问题的数值算法,讨论了邻近极值算法,但更多的也是用梯度法求解最优控制问题,说明梯度法有其优越性,得到了广泛的应用。有很多著作专门对梯度算法进行了研究,有兴趣的读者可参考。本章讨论解两点边值问题的邻近极值法主要是研究如何利用极小值原理的一些特性,使计算最佳弹道更简单一些。

4.4 再入机动弹道的工程设计法

前面讨论了用最优控制理论设计再入机动弹道的方法。如果有一个近似又十分合适的初值,采用这种方法设计与求解最佳弹道还是很方便的。人们在用优化原理设计再入机动弹道的同时,也在寻找近似的工程设计方法,它不需要数值积分,仅需求解代数方程,因此计算简便,也便于分析。采用工程设计法得到的弹道虽然不是最优的,但能够快速获得次优解,在工程中也十分有益。

下面以末速最大的平面最佳再入机动弹道为例,讨论再入机动弹道的工程设计法。

4.4.1 射程不受限制时末速最大的工程设计法

为了得到弹道方程的解析解,除了弹道方程[式(2-5-23)]所作的近似外,还要作如下假设。

(1) 因为是选择最佳弹道,在最佳弹道附近的弹道族的形状变化不大。再入过程中,大多数情况下空气动力要比重力大得多,相比较而言,重力是一个小量,在工程设计时可暂不考虑。

(2) 当 $Ma>5$ 时,一般可认为 C_x、C_y 仅是攻角 α 的函数,与马赫数 Ma、高度 h 无关。当攻角较小时,可近似取:

$$C_y = C_y^{\alpha}\alpha$$

$$C_x = C_{x_0} + C_x^{\alpha}\alpha^2$$

(3) 机动射程较短,可以忽略地球曲率的影响。

关于上述三点近似假设的合理性,可以用不考虑上述三因素得到的结果与考虑上述三因素得到的结果相比较，验证工程设计法是否可用。

考虑上述假设后，得到简化的弹道方程为

$$\begin{cases}\dot{v}=-\dfrac{\rho v^2 S}{2m}C_x\\ \dot{\Theta}=\dfrac{C_y\rho vS}{2m}\\ \dot{h}=v\sin\Theta\end{cases}\tag{4-4-1}$$

式中，大气密度 ρ 按近似假设可取 $\rho=\rho_0 e^{-\beta h}$。

在前面的讨论中，最佳弹道的 $\alpha(h)$ 的变化规律如图 4－18 所示。如果 α 不等于常数或者不是取某些特殊函数，式(4－4－1)得不到解析解。可以设想，如果 $\alpha(h)$ 由若干段 α 为常数的小段组合而成，对于每一小段，α 为常数；根据近似假设，C_x、C_y 在每一小段也为常数，则方程(4－4－1)可以解析解出。

在上述假设下，v 和 Θ 的解为

$$v=v_0\exp\left(-\frac{\Theta-\Theta_0}{k}\right)\tag{4-4-2}$$

$$\cos\Theta=\cos\Theta_0+\frac{1}{2}\left(\frac{C_y^\alpha\alpha S}{m\beta}\right)(\rho-\rho_0)\tag{4-4-3}$$

式中，$k=C_y/C_x$ 为升阻比，在每小段为常数；此处下标 0 表示初值，但 ρ_0 不是海平面的密度，而是初始点处的密度，不要混淆。

当 $\alpha=0$，$\Theta=\Theta_0$ 是常数时，由式(4－4－2)及式(4－4－3)可得

$$v=v_0\exp\left[\frac{1}{2}\frac{C_{x_0}S}{m\beta}\frac{1}{\sin\Theta}(\rho-\rho_0)\right]\tag{4-4-4}$$

原则上讲，可以把 $\alpha(h)$ 分成许多小段。如果对每一小段有 $\alpha\neq 0$，则用式(4－4－2)和式(4－4－3)求解弹道；若 $\alpha=0$，则用式(4－4－4)求解。最后求出终点速度 v_f，分析 v_f 是哪些参数的函数；再把约束条件加上，通过求解有等式约束的函数极值问题，就可以找出一个近似的最佳 $\alpha(h)$，使 v_f 次优。但对上述方法，即使 $\alpha(h)$ 只取五段，要确定的未知数也多达七个，实际上应用并不简便。现在提出一个简便的方法，即每次只分两段或三段，仅需要对两个或三个变量求解；而通过多次使用该方法，就可以获得分更多个小段的 $\alpha(h)$，这样在计算

上就简便多了。

为便于理解,下面以某段拉平弹道的机动过程为例进行讨论。在起始高度 h_0处,$\Theta=\Theta_0<0$;在终端高度 h_f处,要求 $\Theta_f\approx 0$, 即弹道处于拉平状态。

如果以三段 α 等于常数的方式进行拉平,则以图 4-19 所示的弹道形状为最优。下面介绍工程设计法选择 $\alpha(h)$ 的具体步骤。

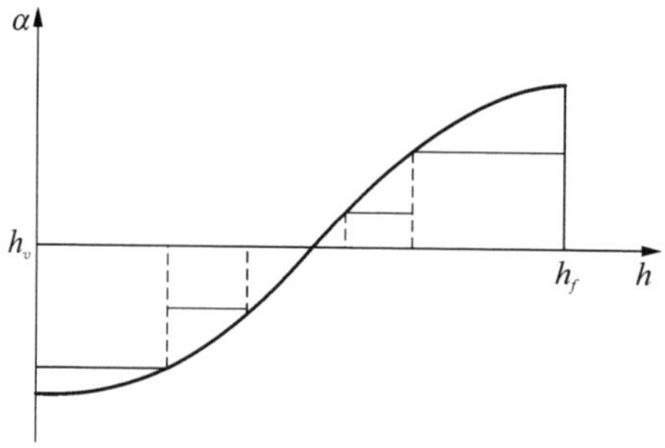

图 4-18　最佳弹道的 $\alpha(h)$

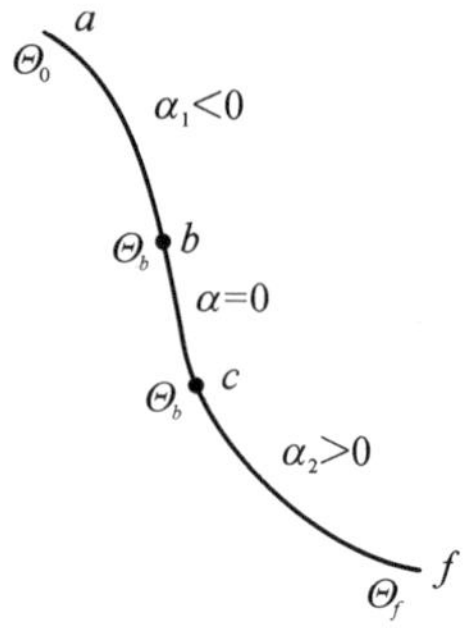

图 4-19　分段时 α 的变化

(1) 如图 4-19 所示,把弹道分成三段,求使 v_f最大的 α_1、α_2、Θ_b,其中 α_1代表 $a-b$ 段的常数值,$\alpha_1<0$; α_2代表 $c-f$ 段的常数值,$\alpha_2>0$;在 $b-c$ 段,$\alpha=0$, Θ_b表示直线段 $b-c$ 的 Θ 值。下面分 α_1 是否等于 $-\alpha_2$ 两种情况进行讨论。

a. 情况一: $\alpha_1=-\alpha_2<0$。

令 $\alpha_2=-\alpha_1=\alpha>0$, $k=-k_1=k_2>0$, $k_1=\dfrac{C_y(\alpha_1)}{C_x(\alpha_1)}<0$, $k_2=\dfrac{C_y(\alpha_2)}{C_x(\alpha_2)}>0$, 经推导可得

$$v_f=v_0\exp\left[\frac{2\Theta_b-\Theta_0-\Theta_f}{k}+\frac{1}{2}\frac{C_{x_0}S}{m\beta}\frac{1}{\sin\Theta_b}\left(\rho_f-\rho_0-\frac{\cos\Theta_f+\cos\Theta_0-2\cos\Theta_b}{B_1\alpha}\right)\right] \tag{4-4-5}$$

式中,

$$B_1=\frac{1}{2}\frac{C_y^\alpha S}{m\beta}$$

式(4-4-5)中, Θ_0、h_0、v_0、Θ_f、h_f 一定,则有

$$v_f = v(\Theta_b, \alpha) \tag{4-4-6}$$

若要使 v_f 最大,则这是一个求二元函数极值的问题,应满足:

$$\frac{\partial v_f}{\partial \alpha} = 0, \quad \frac{\partial v_f}{\partial \Theta_b} = 0 \tag{4-4-7}$$

求解方程(4-4-7),可得最优解 Θ_b^*、α^* 应该满足的条件为

$$\cos \Theta_b^* = \frac{-a_2 + \sqrt{a_2^2 - 4a_1a_3}}{2a_1} \tag{4-4-8}$$

$$\alpha^* = \sqrt{\frac{C_{x_0}}{C_x^\alpha}\left[1 - \frac{\cos\Theta_f + \cos\Theta_0 - 2\cos\Theta_b^*}{\sin\Theta_b^*(2\Theta_b^* - \Theta_0 - \Theta_f)}\right]} \tag{4-4-9}$$

式中,

$$\begin{cases} a_1 = \dfrac{2}{k} > 0 \\ a_2 = \dfrac{1}{2}\dfrac{C_{x_0}S}{m\beta}\left(\rho_f - \rho_0 - \dfrac{\cos\Theta_0 + \cos\Theta_f}{B_1\alpha^*}\right) \\ a_3 = -\dfrac{2}{k}\left(1 - \dfrac{C_{x_0}}{C_x}\right) < 0 \end{cases}$$

当然,求出的 α^*、Θ_b^* 应使 $\rho_c - \rho_b > 0$, $|\Theta_b^*| > |\Theta_0|$。

b. 情况二: $\alpha_1 \neq -\alpha_2$, $k_1 = \dfrac{C_y(\alpha_1)}{C_x(\alpha_1)} < 0$, $k_2 = \dfrac{C_y(\alpha_2)}{C_x(\alpha_2)} > 0$。

经过推导可得

$$v_f = v_0\exp\left[-\frac{(\Theta_f - \Theta_b)}{k_2} - \frac{(\Theta_b - \Theta_0)}{k_1} + \frac{1}{2}\frac{C_{x_0}S}{m\beta\cos\Theta_b}\left(\rho_f - \rho_0 - \frac{\cos\Theta_f - \cos\Theta_b}{B_1\alpha_2} - \frac{\cos\Theta_b - \cos\Theta_0}{B_1\alpha_1}\right)\right] \tag{4-4-10}$$

当 v_0、Θ_0、h_0、Θ_f、h_f 一定时,则有

$$v_f = v(\alpha_1, \alpha_2, \Theta_b) \tag{4-4-11}$$

若要使 v_f 最大,则要求三元函数的极值问题,应满足:

$$\frac{\partial v_f}{\partial \alpha_1} = 0, \quad \frac{\partial v_f}{\partial \alpha_2} = 0, \quad \frac{\partial v_f}{\partial \Theta_b} = 0 \tag{4-4-12}$$

求解式(4-4-12)可得最优解 α_1^*、α_2^*、Θ_b^* 应满足的条件:

$$\alpha_1^* = -\sqrt{\frac{C_{x_0}}{C_x^\alpha}\left[1 - \frac{\cos\Theta_0 - \cos\Theta_b^*}{\sin\Theta_b^*(\Theta_b^* - \Theta_0)}\right]} \tag{4-4-13}$$

$$\alpha_2^* = \sqrt{\frac{C_{x_0}}{C_x^\alpha}\left[1 - \frac{\cos\Theta_f - \cos\Theta_b^*}{\sin\Theta_b^*(\Theta_b^* - \Theta_f)}\right]} \tag{4-4-14}$$

$$\cos\Theta_b^* = \frac{-p_2 + \sqrt{p_2^2 - 4p_1p_3}}{2p_1} \tag{4-4-15}$$

式中,

$$\begin{cases} p_1 = -\dfrac{1}{k_1} + \dfrac{1}{k_2} \\ p_2 = \dfrac{1}{2}\dfrac{C_{x_0}S}{m\beta}\left[\rho_f - \rho_0 - \dfrac{1}{B_1}\left(\dfrac{\cos\Theta_f}{\alpha_2^*} - \dfrac{\cos\Theta_0}{\alpha_1^*}\right)\right] \\ p_3 = \dfrac{1}{2}\dfrac{C_{x_0}S}{m\beta}\dfrac{1}{B_1}\left(\dfrac{1}{\alpha_2^*} - \dfrac{1}{\alpha_1^*}\right) - \left(\dfrac{1}{k_2} - \dfrac{1}{k_1}\right) \end{cases}$$

当然求出的 α_1^*、α_2^*、Θ_b^* 应满足 $\rho_c - \rho_b > 0$, 及 $|\Theta_b^*| > |\Theta_0|$。

(2) 在第(1)步结果的基础上,继续对每一小段分段,求使 v_f 更大的 $\alpha(h)$。首先对 $b-c$ 段求最优。起始条件 $v_0 = v_b$, $\Theta_0 = \Theta_b$, $h_0 = h_b$; 终端条件 $v_f = v_c$, $\Theta_f = \Theta_c$, $h_f = h_c$。可以继续用第(1)步的方法对这一小段求最优,即将 $b-c$ 段继续分为三段,中间一段的 $\alpha = 0$, 另外两段的 α 分别取常值 α_{21}、α_{22}, 通过优化 α_{21}、α_{22} 和 Θ_b, 使得 v_f 最大。因为 $\Theta_0 = \Theta_f = \Theta_b$, 由式(4-4-13)和式(4-4-14)可知此时的 $\alpha_{22} = -\alpha_{21}$, 所以可以继续利用式(4-4-8)和式(4-4-9)求出所需的 α 及 Θ_b, 使 v_f 更大。

(3) 对 $a-b$ 段求最优。现在的条件是 h_0、Θ_0、v_0 一定,而 $h_f = h_b$, $\Theta_f = \Theta_b$, 求使 v_f 最大的 $\alpha(h)$。假设在 $a-b$ 段任取某一点,该点的 $\Theta = \Theta_1$, 使 $|\Theta_0| <$

$|\Theta_1| < |\Theta_b|$。在原来的设计结果中，$\Theta_0 \sim \Theta_1$阶段，取$\alpha = \alpha_1$，而$\Theta_1 \sim \Theta_b$阶段，也取$\alpha = \alpha_1$，现在讨论是否有可能在$\Theta_0 \sim \Theta_1$阶段取$\alpha = \alpha_{11}$，而$\Theta_1 \sim \Theta_b$阶段取$\alpha = \alpha_{12}$得到的设计结果会更好一些，这又是求函数极值的问题。

此时的k_1，k_2均小于零，故：

$$v_b = v_0 \exp\left[-\frac{(\Theta_1 - \Theta_0)}{k_{11}} - \frac{(\Theta_b - \Theta_1)}{k_{12}}\right] = F_1 \qquad (4-4-16)$$

而选择的α_{11}、α_{12}应使如下条件满足：

$$\cos\Theta_1 = \cos\Theta_0 + \frac{B_2}{2}C_y^\alpha \alpha_{11}(\rho_1 - \rho_0) \qquad (4-4-17)$$

$$\cos\Theta_b = \cos\Theta_1 + \frac{B_2}{2}C_y^\alpha \alpha_{12}(\rho_b - \rho_1) \qquad (4-4-18)$$

式中，

$$B_2 = S/(m\beta),\quad \alpha_{11} < 0,\quad \alpha_{12} < 0$$

令式(4-4-17)和式(4-4-18)中的ρ_1相等，可得α_{11}、α_{12}应满足的约束方程：

$$\frac{\cos\Theta_b - \cos\Theta_1}{\alpha_{12}} + \frac{\cos\Theta_1 - \cos\Theta_0}{\alpha_{11}} - \frac{B_2}{2}C_y^\alpha(\rho_b - \rho_0) = F_2 = 0$$

(4-4-19)

这样变成求满足约束条件$F_2 = 0$，且使$v_f = v_b$最大的函数极值问题。作辅助函数：

$$F = F_1 + F_2\lambda \qquad (4-4-20)$$

式中，λ为拉格朗日乘子，则α_{11}、α_{12}、Θ_1、λ应满足：

$$\begin{cases} \dfrac{\partial F}{\partial \alpha_{11}} = \dfrac{\partial F_1}{\partial \alpha_{11}} + \lambda\dfrac{\partial F_2}{\partial \alpha_{11}} = 0 \\ \dfrac{\partial F}{\partial \alpha_{12}} = \dfrac{\partial F_1}{\partial \alpha_{12}} + \lambda\dfrac{\partial F_2}{\partial \alpha_{12}} = 0 \\ \dfrac{\partial F}{\partial \Theta_1} = \dfrac{\partial F_1}{\partial \Theta_1} + \lambda\dfrac{\partial F_2}{\partial \Theta_1} = 0 \\ F_2 = 0 \end{cases} \qquad (4-4-21)$$

消去拉格朗日乘子,可得最优解 α_{11}^*、α_{12}^*、Θ_1^* 应满足的条件是

$$\frac{(\Theta_1^* - \Theta_0)(C_x^\alpha \alpha_{11}^{*2} - C_{x_0})}{(\Theta_b - \Theta_1^*)(C_x^\alpha \alpha_{12}^{*2} - C_{x_0})} = \frac{\cos\Theta_1^* - \cos\Theta_0}{\cos\Theta_b - \cos\Theta_1^*} \tag{4-4-22}$$

$$\frac{(\Theta_1^* - \Theta_0)(C_x^\alpha \alpha_{11}^{*2} - C_{x_0})}{-\dfrac{C_{x_0} + C_x^\alpha \alpha_{12}^{*2}}{\alpha_{12}^*} + \dfrac{C_{x_0} + C_x^\alpha \alpha_{11}^{*2}}{\alpha_{11}^*}} = \frac{\cos\Theta_1^* - \cos\Theta_b}{\sin\Theta_1^*\left(\dfrac{1}{\alpha_{11}^*} - \dfrac{1}{\alpha_{12}^*}\right)} \tag{4-4-23}$$

$$\frac{\cos\Theta_b - \cos\Theta_1^*}{\alpha_{12}^*} + \frac{\cos\Theta_1^* - \cos\Theta_0}{\alpha_{11}^*} = \frac{B_2}{2}C_y^\alpha(\rho_b - \rho_0) \tag{4-4-24}$$

求解式(4-4-22)~式(4-4-24),可以得到使 $v_f = v_b$ 更大的 α_{11}^*、α_{12}^* 和 Θ_1^*。由式(4-4-22)知 $\alpha_{11}^* = \alpha_{12}^*$ 不是极值情况,因为当 $\alpha_{11}^* = \alpha_{12}^*$ 时,由式(4-4-22)可得

$$\frac{\Theta_1^* - \Theta_0}{\Theta_b - \Theta_1^*} = \frac{\cos\Theta_1^* - \cos\Theta_0}{\cos\Theta_b - \cos\Theta_1^*} \tag{4-4-25}$$

而式(4-4-25)在一般情况下是不成立的。

(4) 对 $c-f$ 段求最优。完全类似于 $a-b$ 段,在 $c-f$ 段上任取某一点,该点的 $\Theta = \Theta_3$,可以找出使 v_f 较大时应满足的条件为

$$v_f = v_c \exp\left[\frac{-(\Theta_3 - \Theta_c)}{k_{31}} + \frac{-(\Theta_f - \Theta_3)}{k_{32}}\right] \tag{4-4-26}$$

此时的 α_{31}、α_{32} 大于零,k_{31}、k_{32} 也大于零。可得最优解 α_{31}^*、α_{32}^*、Θ_3^* 应满足的条件是

$$\frac{(\Theta_3^* - \Theta_c)(C_x^\alpha \alpha_{31}^{*2} - C_{x_0})}{(\Theta_f - \Theta_3^*)(C_x^\alpha \alpha_{32}^{*} - C_{x_0})} = \frac{\cos\Theta_3^* - \cos\Theta_c}{\cos\Theta_f - \cos\Theta_3^*} \tag{4-4-27}$$

$$\frac{(\Theta_3^* - \Theta_c)(C_x^\alpha \alpha_{31}^{*2} - C_{x_0})}{-\dfrac{C_{x_0} + C_x^\alpha \alpha_{32}^{*2}}{\alpha_{32}^*} + \dfrac{C_{x_0} + C_x^\alpha \alpha_{31}^{*2}}{\alpha_{31}^*}} = \frac{\cos\Theta_3^* - \cos\Theta_c}{\sin\Theta_3^*\left(\dfrac{1}{\alpha_{31}^*} - \dfrac{1}{\alpha_{32}^*}\right)} \tag{4-4-28}$$

$$\frac{\cos\Theta_3^* - \cos\Theta_c}{\alpha_{31}^*} + \frac{\cos\Theta_f - \cos\Theta_3^*}{\alpha_{32}^*} = \frac{B_2}{2}C_y^\alpha(\rho_f - \rho_c) \quad (4-4-29)$$

解式(4－4－27)~式(4－4－29)便可以得所需的 α_{31}^*、α_{32}^* 和 Θ_3^*。

这样便用 7 个 α 等于常数的折线来代替整个弹道的 $\alpha(h)$，其中 1 个 $\alpha = 0$。如果某一小段的高度差仍然较大，还可以再分成两段，甚至可以把每一小段都分成两段，从而把整个弹道的 $\alpha(h)$ 用 α 等于常数的 15 段折线来代替。

图 4－20 给出了 $\alpha(h)$ 分成 3 段和 7 段的情况，实线表示分成 3 段，而虚线表示分成 7 段，结果会使 v_f 增大。

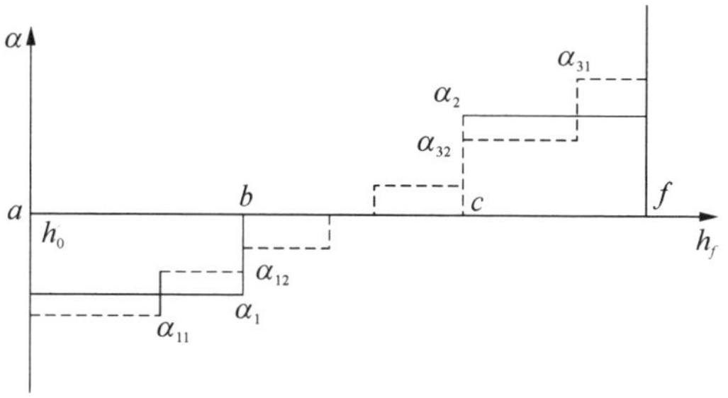

图 4－20　分 3 段或 7 段时的 $\alpha(h)$

对于这个结果，可以定性解释如下：对 $a-b$ 段，原以 $\alpha = \alpha_1$ 向下转弯，为了使弹道更陡一些，应选择按照 $|\alpha_{11}| > |\alpha_1|$，$|\alpha_{12}| < |\alpha_1|$ 飞行，这样速度损失会小一些。当然，$|\alpha_{11}|$ 也不能太大，因为若 $|\alpha_{11}|$ 太大，由 $C_x = C_{x_0} + C_x^\alpha \alpha^2$ 可知，过大的 $|\alpha_{11}|$ 会使 C_x 增大很多，速度损失反而会更大。对于 $c-f$ 段，则恰好反过来，原来以 $\alpha = \alpha_2$ 向上拉平，为了使弹头更快地通过稠密大气层，以减少速度损失，应该使开始的 $\alpha_{31} < \alpha_2$，而稍后的 $\alpha_{32} > \alpha_2$，以便更快地拉平。对于 $b-c$ 段，在同样的初始和终端条件下，要使弹道更陡一些，也应该是开始时 $\alpha_{21} < 0$，之后 $\alpha_{22} > 0$。

（5）关于 Θ_0 的分析。上面的分析结果是在 v_0、Θ_0、h_0、Θ_f、h_f 一定的情况下得到的，如果 Θ_f、Θ_0 本身可以变化，则计算方法也有些变化，下面只分析 Θ_0 的变化带来的影响。为便于说明问题，只讨论 $\alpha(h)$ 分成 3 段的情况，且设 v_0 不变化，$\alpha_1 = -\alpha_2$。

由式(4－4－5)知，$v_f = v_f(\Theta_0,\ \alpha,\ \Theta_b)$，如果 v_f 存在极值，则最优解 Θ_0^*、α^*、Θ_b^* 应由如下公式确定：

$$\begin{cases} \dfrac{\partial v_f}{\partial \Theta_b} = 0 \\ \dfrac{\partial v_f}{\partial \alpha} = 0 \\ \dfrac{\partial v_f}{\partial \Theta_0} = 0 \end{cases} \tag{4-4-30}$$

但求出的 Θ_0、Θ_b、α 应满足如下条件：

$$\rho_c > \rho_b, \quad |\Theta_b| > |\Theta_0|$$

否则，式(4－4－5)不成立。

现在分析式(4－4－30)中的第三式 $\partial v_f/\partial\Theta_0$。由式(4－4－5)可得

$$\frac{\partial v_f}{\partial \Theta_0} = v_0 e^{[\cdot]}\left[\frac{-1}{k} + \frac{1}{2}\frac{C_{x_0}S}{m\beta}\frac{1}{\sin\Theta_b}\frac{\sin\Theta_0}{B_1\alpha}\right] = v_0 e^{[\cdot]}\left[\frac{-C_x}{C_y} + \frac{C_{x_0}}{C_y}\frac{\sin\Theta_0}{\sin\Theta_b}\right] \tag{4-4-31}$$

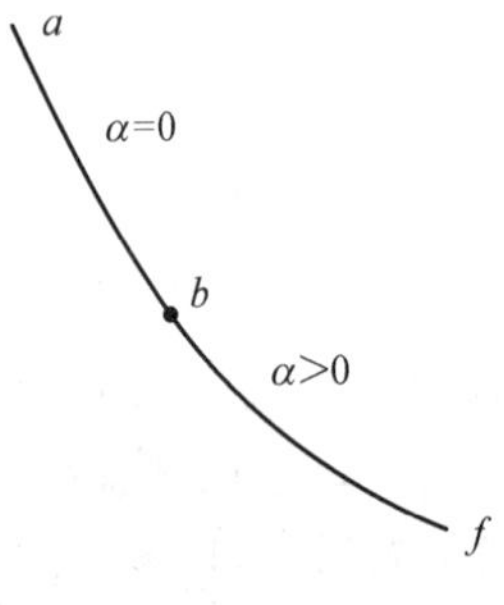

图 4－21 $|\Theta_b| \leqslant |\Theta_0|$ 时的 $\alpha(h)$

式中，$e^{[\cdot]}$ 中的方括号表示式(4－4－5)中的方括号。

因 $C_x > C_{x_0}$，$\sin\Theta_0/\sin\Theta_b < 1$，故 $\partial v_f/\partial\Theta_0 < 0$，即在满足 $\rho_c > \rho_b$，$|\Theta_b| > |\Theta_0|$ 的条件下，Θ_0越小，v_f越大。考虑到 Θ_0为负值，所以$|\Theta_0|$越大，则 v_f越大。但$|\Theta_0|$不能任意大，当 $|\Theta_0| = |\Theta_b|$ 时表示不存在 $a-b$ 段，而当求出的 $|\Theta_b| \leqslant |\Theta_0|$ 时表示最优的 $|\Theta_b|$ 比 $|\Theta_0|$ 还小，此时不应该存在 $\alpha_1 < 0$ 这一段，而应该令 $\alpha_1 = 0$，此时的弹道形状如图 4－21 所示。

此时 v_f的表达式如下：

$$v_f = v_0 \exp\left[\frac{\Theta_0 - \Theta_f}{k} + \frac{C_{x_0}S}{2m\beta\sin\Theta_b}\cdot\left(\rho_f - \rho_0 - \frac{\cos\Theta_f - \cos\Theta_0}{B_1\alpha}\right)\right] \tag{4-4-32}$$

式(4－4－32)表示 $|\Theta_b| < |\Theta_0|$ 时：

$$v_f = v(\alpha, \Theta_0)$$

令 $\frac{\partial v_f}{\partial \alpha}=0$，$\frac{\partial v_f}{\partial \Theta_0}=0$ 可得

$$\alpha^*=\sqrt{\frac{C_{x_0}}{C_x^\alpha}\left[1-\frac{\cos\Theta_f-\cos\Theta_0^*}{\sin\Theta_0^*(\Theta_0^*-\Theta_f)}\right]}=f_1(\Theta_0^*) \qquad (4-4-33)$$

$$\cos\Theta_0^*=\frac{-C_2-\sqrt{C_2^2-4C_1C_3}}{2C_1}=f_2(\alpha^*) \qquad (4-4-34)$$

式中，

$$\begin{cases} C_1=C_x/C_y \\ C_2=\dfrac{C_{x_0}S}{2m\beta}\left(\rho_f-\rho_0-\dfrac{\cos\Theta_f}{B_1\alpha^*}\right) \\ C_3=\dfrac{C_{x_0}}{C_y}-\dfrac{C_x}{C_y} \end{cases} \qquad (4-4-35)$$

联立解式(4－4－33)和式(4－4－34)，可以求出当 $|\Theta_0|>|\Theta_b|$ 时使 v_f 最大的 Θ_0^*、α^*。

若 $|\Theta_0|>|\Theta_0^*|$ 会使 v_f 下降，所以存在一个 $|\Theta|_{0\max}$，它意味着要一直取 $\alpha=\alpha_{\max}$，把弹道拉平：

$$\Theta_{0\max}=-\arccos[\cos\Theta_f-B_1\alpha(\rho_f-\rho_0)]$$

剩下的问题是如何确定使 $\Theta_0=\Theta_b$ 时 Θ_0 的值 Θ'_0。实际上只要令式(4－4－8)中的 $\Theta_b=\Theta'_0$，便可以解出 Θ'_0。根据：

$$\cos\Theta'_0=\cos\Theta_b=\frac{-a_2+\sqrt{a_2^2-4a_1a_3}}{2a_1}$$

可得

$$\cos\Theta'_0=\frac{-b_2+\sqrt{b_2^2-4b_1b_3}}{2b_1}=f_3(\alpha) \qquad (4-4-36)$$

式中，

$$
\begin{cases}
b_1 = 2\dfrac{C_x}{C_y} - \dfrac{C_{x_0}}{C_y} \\
b_2 = \dfrac{C_{x_0}S}{2m\beta}(\rho_f - \rho_0) - \dfrac{\cos\Theta_f C_{x_0}}{C_y} \\
b_3 = -\dfrac{2}{k}\left(1 - \dfrac{C_{x_0}}{C_x}\right)
\end{cases}
\tag{4-4-37}
$$

此时最佳的 α^* 应满足：

$$
\alpha^* = \sqrt{\frac{C_{x_0}}{C_x^\alpha}\left[1 - \frac{\cos\Theta_f - \cos\Theta_0^*}{\sin\Theta_b(\Theta_0^* - \Theta_f)}\right]} = f_4(\Theta_0^*) \tag{4-4-38}
$$

联立解式(4－4－36)和式(4－4－38)便可以得 $\Theta_0 = \Theta_b$ 时使 v_f 最大的 α^*。

4.4.2 工程设计法得到的弹道与最佳弹道计算结果的比较

给定如下条件：$v_0 = 5\,008$ m/s，$\Theta_0 = -14°$，$h_0 = 40\,000$ m，$\Theta_f = -2°$，$h_f = 15\,000$ m，其余的数据同4.3.1节的例4－1，求使 v_f 最大的最佳弹道。下面把用不同方法实现上述弹道拉平的计算结果进行比较：① 以 $\alpha = 3°$ 拉平，$v_f = 3\,675$ m/s；② 以 $\alpha = 6°$ 拉平，$v_f = 3\,743$ m/s；③ 以 $\alpha = 9°$ 拉平，$v_f = 3\,728$ m/s；④ 以 $\alpha_2 = -\alpha_1$ 分3段拉平，$v_f = 3\,788$ m/s；⑤ 以 $\alpha_2 \neq -\alpha_1$ 分3段拉平，$v_f = 3\,797$ m/s；⑥ 以第④种方法为基础分7段拉平，$v_f = 3\,803$ m/s；⑦ 以第⑤种方法为基础分7段拉平，$v_f = 3\,811$ m/s；⑧ 以第⑦种方法为基础分15段拉平，$v_f = 3\,814$ m/s。

从计算结果可以看出：以 $\alpha = 9° = \alpha_{max}$ 拉平(第③种方法)与第⑦种方法相比，$\Delta v = 83$ m/s；但第⑤种方法与第⑦种方法相比，$\Delta v = 14$ m/s，有改进但并不明显；而第⑧种方法与第⑦种方法相比，$\Delta v = 3$ m/s，优越性不显著，而且没有考虑过载约束，如果考虑过载限制，α 过大是不允许的。

下面把工程设计法的计算结果与最佳弹道的计算结果进行比较。为了说明工程设计法的可用性，在用最优控制理论设计最佳弹道时，也取弹道方程的最简单模型，即忽略重力影响、忽略空气动力系数随 Ma 的变化。这仅是为了在同样的条件下进行比较，这种近似对于用最优控制理论求解最佳弹道是完全没有必要的。

采取与工程设计法同样的数据，最佳弹道的 $v_{f,\,opt} = 3\,821$ m/s，可见与 $\alpha(h)$

分成 7 段折线的结果(v_f = 3 811 m/s)相差很小,两者的 $\alpha(h)$ 如图 4 - 22 所示,相差也较小,这充分说明工程设计法选择的弹道接近理论最佳弹道,是可以在工程设计中采用的。另外,也说明工程设计法的 $\alpha(h)$,特别是 $\alpha(t_0)$ 是可以作为最佳弹道的估计初值的。

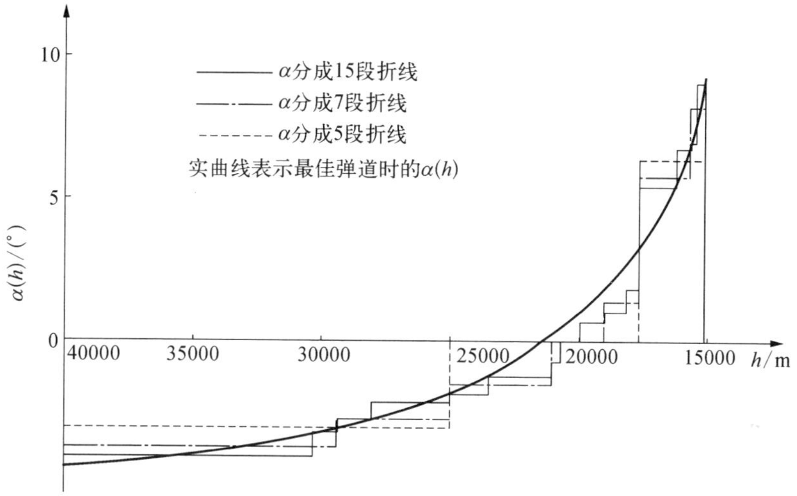

图 4 - 22　$\Theta_0 = -14°$, n_y 不受限制时最优控制方法与工程设计法 $\alpha(h)$ 的比较

4.4.3　射程受限制的工程设计法

上一小节讨论了弹道拉平段的工程设计法,其射程不受限制。下面讨论从 Θ_0 开始,在 R_{Tf}、Θ_f 一定的情况下使 v_f 最大的优化弹道。易知,为减小阻力损失,以增大 v_f,应使弹头在较高的飞行高度飞行一段,然后再以较大的负攻角再入。为此把弹道分成两大段进行设计,如图 4 - 23 所示。图中点 a 为再入开始位置,点 b 为攻角转换位置,点 f 为落点位置。设点 a 的参数为 v_0、Θ_0、h_0;点 b 的参数为 v_1、Θ_1、h_1;点 f 的参数为 v_f、Θ_f、h_f。

利用式(4 - 4 - 2)可得

$$v_1 = v_0 \exp[-(\Theta_1 - \Theta_0)/k_1] \tag{4-4-39}$$

$$v_f = v_1 \exp[-(\Theta_f - \Theta_1)/k_2] \tag{4-4-40}$$

故:

$$v_f = v_0 \exp\left(-\frac{\Theta_1 - \Theta_0}{k_1} - \frac{\Theta_f - \Theta_1}{k_2}\right) \tag{4-4-41}$$

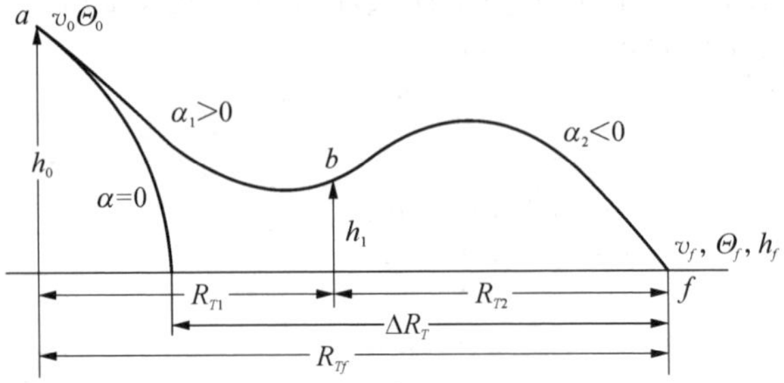

图 4-23 机动弹道示意图

由式(4-4-3)知

$$\cos\Theta_1 = \cos\Theta_0 + \frac{C_y^\alpha \alpha_1 S}{2m\beta}(\rho_1 - \rho_0)$$

$$\cos\Theta_f = \cos\Theta_1 + \frac{C_y^\alpha \alpha_2 S}{2m\beta}(\rho_f - \rho_1)$$

消去 ρ_1 可得

$$\frac{\cos\Theta_f - \cos\Theta_1}{\alpha_2} + \frac{\cos\Theta_1 - \cos\Theta_0}{\alpha_1} - \frac{B_2}{2}C_y^\alpha(\rho_f - \rho_0) = 0 \tag{4-4-42}$$

两段的总射程为

$$R_{Tf} = R_{T1} + R_{T2} \tag{4-4-43}$$

R_{T1}、R_{T2}可由式(3-3-19)和式(3-3-20)求出。

令

$$C_x = C_{x_0} + C_x^\alpha \alpha^2$$

则由式(4-4-41)~式(4-4-43)可得

$$F_1 = v_f = v_0 \exp\left[-\frac{(\Theta_1 - \Theta_0)}{k_1} - \frac{(\Theta_f - \Theta_1)}{k_2}\right]$$

$$F_2 = R_{T1} + R_{T2} - R_{Tf} = 0$$

$$F_3 = \frac{\cos\Theta_f - \cos\Theta_1}{\alpha_2} + \frac{\cos\Theta_1 - \cos\Theta_0}{\alpha_1} - \frac{B_2}{2}C_y^{\alpha}(\rho_f - \rho_0) = 0$$

问题转化为求条件极值问题。利用多元函数求极值的方法,作:

$$F = F_1 + \lambda_2 F_2 + \lambda_3 F_3 = F(\alpha_1,\ \alpha_2,\ \Theta_1) = 0$$

式中,λ_2、λ_3 为拉格朗日乘子。应有

$$\frac{\partial F}{\partial \alpha_1} = 0, \quad \frac{\partial F}{\partial \alpha_2} = 0, \quad \frac{\partial F}{\partial \Theta_1} = 0$$

故可得

$$\begin{cases} \dfrac{\partial F_1}{\partial \alpha_1} + \dfrac{\partial F_2}{\partial \alpha_1}\lambda_2 + \dfrac{\partial F_3}{\partial \alpha_1}\lambda_3 = 0 \\ \dfrac{\partial F_1}{\partial \alpha_2} + \dfrac{\partial F_2}{\partial \alpha_2}\lambda_2 + \dfrac{\partial F_3}{\partial \alpha_2}\lambda_3 = 0 \\ \dfrac{\partial F_1}{\partial \Theta_1} + \dfrac{\partial F_2}{\partial \Theta_1}\lambda_2 + \dfrac{\partial F_3}{\partial \Theta_1}\lambda_3 = 0 \end{cases} \tag{4-4-44}$$

由式(4-4-44)中的前两式可得

$$\begin{cases} \dfrac{\partial F_2}{\partial \alpha_1}\lambda_2 + \dfrac{\partial F_3}{\partial \alpha_1}\lambda_3 = -\dfrac{\partial F_1}{\partial \alpha_1} \\ \dfrac{\partial F_2}{\partial \alpha_2}\lambda_2 + \dfrac{\partial F_3}{\partial \alpha_2}\lambda_3 = -\dfrac{\partial F_1}{\partial \alpha_2} \end{cases} \tag{4-4-45}$$

解方程组得

$$\lambda_2 = \frac{B}{A}, \quad \lambda_3 = \frac{C}{A}$$

其中,

$$A = \begin{vmatrix} \dfrac{\partial F_2}{\partial \alpha_1} & \dfrac{\partial F_3}{\partial \alpha_1} \\ \dfrac{\partial F_2}{\partial \alpha_2} & \dfrac{\partial F_3}{\partial \alpha_2} \end{vmatrix}, \quad B = \begin{vmatrix} -\dfrac{\partial F_1}{\partial \alpha_1} & \dfrac{\partial F_3}{\partial \alpha_1} \\ -\dfrac{\partial F_1}{\partial \alpha_2} & \dfrac{\partial F_3}{\partial \alpha_2} \end{vmatrix}, \quad C = \begin{vmatrix} \dfrac{\partial F_2}{\partial \alpha_1} & -\dfrac{\partial F_1}{\partial \alpha_1} \\ \dfrac{\partial F_2}{\partial \alpha_2} & -\dfrac{\partial F_1}{\partial \alpha_2} \end{vmatrix}$$

故可得一组方程:

$$\begin{cases}\dfrac{\partial F_1}{\partial \Theta_1}+\dfrac{\partial F_2}{\partial \Theta_1}\dfrac{B}{A}+\dfrac{\partial F_3}{\partial \Theta_1}\dfrac{C}{A}=0=f_1\\ F_2=0=f_2\\ F_3=0=f_3\end{cases} \tag{4-4-46}$$

解上述方程可得 α_1、α_2、Θ_1 的值。其中,各偏导数的表达式为

$$\frac{\partial F_3}{\partial \alpha_1}=-\frac{\cos\Theta_1-\cos\Theta_0}{\alpha_1^2}$$

$$\frac{\partial F_3}{\partial \alpha_2}=-\frac{\cos\Theta_f-\cos\Theta_1}{\alpha_2^2}$$

$$\frac{\partial F_3}{\partial \Theta_1}=\frac{\sin\Theta_1}{\alpha_2}-\frac{\sin\Theta_1}{\alpha_1}$$

$$\frac{\partial F_1}{\partial \alpha_1}=v_0\left(-\frac{\Theta_1-\Theta_0}{C_y^\alpha}\frac{C_x^\alpha\alpha_1^2-C_{x_0}}{\alpha_1^2}\right)\exp\left(-\frac{\Theta_1-\Theta_0}{k_1}-\frac{\Theta_f-\Theta_1}{k_2}\right)$$

$$\frac{\partial F_1}{\partial \alpha_2}=v_0\left(-\frac{\Theta_f-\Theta_1}{C_y^\alpha}\frac{C_x^\alpha\alpha_2^2-C_{x_0}}{\alpha_2^2}\right)\exp\left(-\frac{\Theta_1-\Theta_0}{k_1}-\frac{\Theta_f-\Theta_1}{k_2}\right)$$

$$\frac{\partial F_1}{\partial \Theta_1}=v_0\left(-\frac{1}{k_1}+\frac{1}{k_2}\right)\exp\left(-\frac{\Theta_1-\Theta_0}{k_1}-\frac{\Theta_f-\Theta_1}{k_2}\right)$$

对于 $\dfrac{\partial F_2}{\partial \alpha_1}$、$\dfrac{\partial F_2}{\partial \alpha_2}$、$\dfrac{\partial F_2}{\partial \Theta_1}$,由于解析式的形式过于复杂,可用数值求差法获得。

第 5 章　机动弹头的弹道设计和制导方法

5.1　概述

5.1.1　弹头概述

弹头是弹道导弹的有效载荷，用于毁伤作战目标，当然也可以作为其他导弹的有效载荷。本章只讨论弹道导弹的弹头[33]。

弹头的质量、威力、命中精度和突防能力等都是弹道导弹的主要战术技术指标。减小弹头的质量是提高导弹地面机动能力的关键；足够的突防能力是弹头突破防御方拦截，保证到达目标上空，进行作战的前提；弹头的威力、命中精度决定了导弹的打击能力。

弹头是导弹武器系统的重要组成部分，它在整个导弹系统中占有重要地位。

1. 弹头的分类

弹头可以按多种方法分类。

1）按战斗部装药分类

按战斗部装药种类，弹头可分为常规弹头、核弹头和特种弹头。常规弹头主要有爆破弹头、杀伤弹头、聚能破甲弹头等。核弹头包括原子弹头、氢弹头和中子弹头等。特种弹头是装有特种装填物的各类弹头的总称，包括生物弹头、燃烧弹头、发烟弹头、干扰弹头等。

2）按一枚导弹运载的弹头数量分类

按一枚导弹运载的弹头数量，可分为单弹头和多弹头，多弹头又分为集束式、分导式和全导式三种。

集束式多弹头是一种简易的多弹头，它在母舱内装载多个子弹头，达到预定弹道参数后，一次集束释放所有子弹头，用于攻击一个目标。

分导式多弹头的母舱增加了分离释放机构，能根据需要分别释放母舱中的子弹头，使其攻击一个或多个目标，各弹头落点之间的最大距离可达数百千米。但是，分导式多弹头中其余弹头到达地面的时间(或地点)与第一个释放出的弹头是有关联的，因此其瞄准目标的灵活性不如单弹头。

全导式多弹头不仅具有分导能力，而且每个弹头都带有控制系统，可以机动飞行，从而躲避敌方反导系统的拦截。如果弹头上装有末制导装置，弹头的命中精度将比分导式多弹头提高一个数量级。

3）按飞行轨迹分类

按飞行轨迹，可分为惯性弹头和机动弹头。

惯性弹头又称无控弹头，它与弹体分离后，依赖从弹体获得的能量作惯性飞行，飞行轨迹主要取决于分离点的位置、速度大小和弹道倾角。

机动弹头在与弹体分离后，可根据需要改变飞行弹道。通过改变飞行弹道来躲避敌方拦截的机动弹头称为躲避型机动弹头；不仅改变飞行轨道，而且通过末制导装置来提高命中精度的机动弹头称为精确型机动弹头或高级机动弹头。

可以把在大气层外通过发动机推力进行变轨的弹头称为高空机动弹头，而把进入大气层后利用空气动力变轨的弹头称为再入机动弹头。

再入机动弹头技术是在惯性弹头技术基础上发展起来的，但再入机动弹头有其新问题、新特点，本章主要研究再入机动弹头带来的新问题。

2. 弹头的特点

1）弹头再入环境恶劣

弹道导弹弹头以高速进入大气层后，造成高温、高压环境，且噪声、振动、冲击、过载都十分严重。总的看来，热和力环境比主动段恶劣几倍，乃至百倍，这样的环境会产生许多极其复杂的物理现象，如空气电离产生等离子鞘套、表面防热材料烧蚀后产生沟槽花纹等，分析这些现象对弹头的影响与效应是完成弹头设计的前提。弹头外部气动加热会造成几千摄氏度的高温，如何减小弹头的防热结构质量并保证弹头不被烧毁，一直是弹头设计中的重大技术问题。

2）弹头系统难以在地面进行综合考核

由于再入段的恶劣环境，地面模拟要求的参数范围是：马赫数 10~25、雷诺数 10^7~10^9、最大过载系数 $50g_0$、气动噪声达 160 dB 等。这些参数的单项模拟有些都较难实现，全面在地面进行模拟则完全不可能，只有通过飞行试验获取弹头飞行环境参数和响应参数。

由于导弹的飞行试验费用昂贵，发展廉价的试验运载火箭或采用已退役的导弹作新研制弹头或弹头缩比模型的飞行试验，是弹头技术发展的重要技术途径。

3）弹头结构是多层复合结构

弹头结构需要完成的功能较多，如承力、防热、隔热、抗核加固、吸波隐身等，因此多为多层复合结构，即采用多功能复合材料。实际上，一种材料也难以同时完成上述各种功能，因此弹头结构必然是由多种材料互相匹配构成的复合结构。复合受力、热力耦合、外形变化、高温高压密封和局部防热等在弹头设计中成为重要问题。

4）攻防对抗使弹头技术复杂化

弹道导弹是进攻性武器，反导系统的出现和发展，使弹头在飞行过程中很可能遭到拦截。常用的拦截方法是：利用天基红外预警系统发现目标，利用预警雷达系统预测来袭弹头的飞行弹道，然后发射反导导弹将来袭弹头在到达目标之前击毁。为此，弹头设计必须要收集、分析敌方防御系统性能的情报信息，进行攻防仿真，并采取多种反识别和反拦截措施，以提高弹头的突防概率。

反识别就是设法欺骗防御方的预警探测器，使之无法发现或尽可能推迟发现的时间，使拦截器找不到目标或尽可能削弱其反应能力，从而实现进攻弹头的突防。弹头的隐身技术、电磁干扰技术、诱饵技术等都是弹头的反识别技术。

反拦截是为保护弹头不被防御方拦截毁伤所采取的对抗技术，如弹头加固技术。机动躲避也是一种有效的反拦截技术，通过机动飞行使敌方探测器无法跟踪、预报弹道，或造成末端脱靶，从而避免遭受动能武器等拦截器的攻击，如高空弹道机动、临近空间滑翔弹道、部分轨道轰炸技术等。

5）弹头设计制约条件多，协调面广

弹头既是弹道导弹的运载对象，又是内装药的运载器，同时要求提高导弹射程和装药威力是弹头设计的主要矛盾之一。

从整个导弹武器系统的角度看，弹头是一个分系统。弹头的性能要满足整个导弹武器系统的战术技术指标要求，特别是射程、威力和精度三大指标要求。威力指标要求足够当量的核装置，这要占去很大一部分弹头质量和内腔空间，在一定的核技术水平条件下，要提高威力，就要增加弹头的质量和体积，而弹头的总质量、总长度和最大直径是导弹总体严格限制的，它直接影响整个导弹武器系统的主要技术性能。例如，对于洲际射程的战略导弹，弹头质量每增加 1 kg，导弹射程缩短 10 km 左右；如保持射程不变，则起飞质量要增加 40～50 kg。因此，弹头设计不仅要和全弹总体指标协调，而且要和核装置的设计密切协调，不仅受导弹总体设计指标的限制，而且与核装置的质量、体积存在很大的矛盾，妥善解决弹头与运载火箭、核装置之间的矛盾，是制定弹头总体方案的基础，是弹头设计的技术关键。

3. 弹头的组成及功能

最简单的弹头由弹头壳体、内装药及引爆控制系统组成。随着弹头功能的增加,系统越来越多,如姿态控制系统、突防系统。而高级机动弹头还有中制导或末制导系统、动力系统等许多复杂系统,它本身就像一个小导弹。

如文献[37]所述,弹头主要由如下几部分组成: ① 防热及承载结构壳体; ② 核装置(或炸药)及其引爆系统;③ 控制系统;④ 突防系统。本节重点关注弹头的控制系统。作战过程中,弹头控制系统的任务包括以下几点。

1) 使弹头突破敌方防御系统

由于弹头和运载火箭分离时的残余角速度,弹头在真空段飞行时可能发生滚转运动,敌方雷达能较早地识别出弹头的运动状态。弹头姿态控制系统(简称弹头姿控系统)能控制弹头在中段以一定的姿态飞行,可以有效减小雷达反射截面积和降低起伏特性,缩短敌方的有效探测距离。

为了迷惑敌方,提高突防能力,弹头在中段飞行时,将释放几批轻、重诱饵,这些诱饵分布在弹头周围,对敌方探测雷达形成具有一定范围的威胁管道,而威胁管道的形成有赖于弹头在释放诱饵时的姿态和诱饵相对于弹头的速度,这都依赖于弹头姿控系统。机动弹头对弹头控制系统有更高的要求。

2) 确保弹头的可靠再入

弹头姿控系统能确保小攻角再入,使弹头免受大的法向过载;同时可提供准确的轴向过载,作为引爆控制系统的控制参数,这样既减小了弹头质量,简化了结构,又保证了可靠再入。

弹头再入大气层后发生的滚转异常现象也会使弹头的法向过载剧增,甚至导致弹头解体。为了避免滚转异常现象的出现,可以采用弹头滚转速度控制系统(简称滚控系统),把弹头再入飞行中的滚转角速度控制在一定的范围内。

3) 提高命中精度

减小再入散布是提高命中精度的途径之一。弹头的再入散布主要由配平角引起,而且随着射程的增加而增加。姿控慢旋系统保证弹头以小攻角慢旋再入,使配平角引起的散布减小。随着导弹命中精度的提高,要求发展中段制导与控制、图像匹配末制导系统和综合引爆系统,以提高对目标的杀伤效果。

4. 弹头技术的发展

导弹的发展史主要围绕着提高导弹攻击能力、突防能力和生存能力而展开,弹头技术的发展也与这三个方面相关。

1）提高导弹的攻击能力

提高导弹的攻击能力，主要是提高弹头的比威力和命中精度。导弹的作战效果既要看弹头的威力（当量），更要看命中精度。提高命中精度的主要技术包括提高主动段制导精度，减小弹头再入散布和发展中制导、末制导技术。

2）提高导弹的突防能力

提高导弹的突防能力主要表现在提高弹头的空中生存能力，即要求弹头强突防、全天候。

由于反弹道导弹防御系统的出现，弹头的突防成为重要的课题。为了提高突防概率，必须提高弹头的再入性能，特别是提高落速，这就要求在设计弹头时成倍提高其质阻比，使弹头外形朝细长体方向发展。

多弹头和机动弹头也是随着导弹突防能力的要求的提高而发展起来的。此外，还要考虑天气对弹头再入性能的影响。

3）提高导弹的地面生存能力

要求导弹实现从固定发射到机动发射的转变，提高导弹的机动能力必然要求导弹小型化，而弹头小型化是导弹小型化的关键。

5. 弹头的发展趋势

弹头技术的发展趋势是小型化、强突防、高精度、全天候和机动飞行。

1）小型化

小型化包括有效载荷的小型化、减小弹头壳体单位面积的质量、弹上仪器设备的小型化等技术。

2）强突防

强突防包括反识别（即发展隐身技术、干扰技术和诱饵欺骗技术）、反拦截（即全面均衡的加固技术、多弹头技术）和攻防对抗仿真等技术。

3）高精度

弹头的命中精度首先取决于导弹制导系统的精度，在导弹制导技术充分发展的同时，采取各种措施减小再入散布，发展中段制导和末段制导都是提高命中精度的重要途径。

减小弹头滚转异常概率，以减小再入散布，主要方法是严格控制质心偏移，选择适当的静稳定度，研究新的防热套加工工艺等。

末制导是在弹头上安装终端敏感系统，用以敏感再入段某特征区的信息，通过匹配计算与弹头上原储存信息进行比较，给出弹头偏离预定弹道和目标的误差信息，送至惯性导航系统以修正再入轨迹，从而大幅度提高精度。

4）全天候

作战中必然遇到恶劣天气的再入环境，恶劣环境会严重影响命中精度，甚至对弹头的生存能力构成威胁。为此，应加强这方面的研究，形成全天候的弹头。

5）机动飞行

弹头技术的发展已经可以实现一枚导弹运载10个以上的精确机动弹头，其命中精度呈数量级提高的趋势。

机动飞行主要依靠气动力改变惯性飞行弹道，因此复杂外形的气动力研究是机动弹头设计，特别是控制系统设计的前提条件。复杂的外形、表面三维台阶、缝隙、活动部位的出现等因素（图5－1）给机动弹头的气动热和防热研究、设计提出了许多新课题。

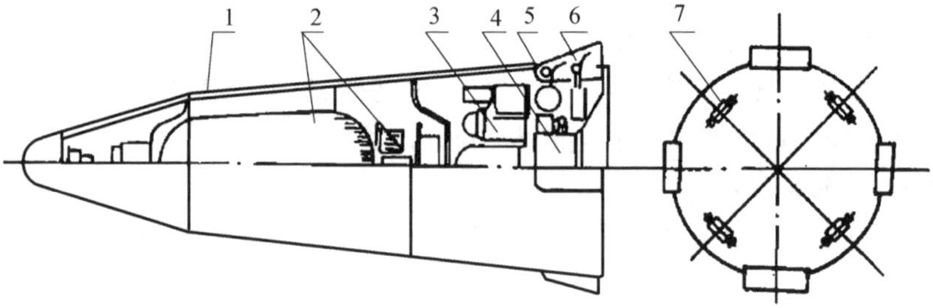

图5－1 机动弹头的基本组成示意图

1－弹头壳体；2－核装置及其引爆控制系统；3－组合式制导系统；4－能源系统；5－动力系统；6－配平翼及其执行机构；7－姿态控制发动机

再入机动控制技术涉及小型控制系统设计、灵活而能多次启动使用的能源系统和末制导技术等问题的研究。

5.1.2 机动弹头的特点及组成

从前面的叙述可以看出：针对弹头的发展趋势，无论是强突防、高精度还是机动飞行，机动弹头都是弹头的一个极重要的发展方向。

1. 机动弹头的特点

机动弹头带有控制和动力系统（或气动升力面），能改变弹头的惯性弹道，沿一条变化的弹道飞向目标。

躲避型机动弹头的主要目的是提高突防能力，弹头再入至某一高度（此时速度较高），突然改变其飞行方向来躲避反导导弹的拦截。显然，这种机动弹头有一定的局限性，因机动能力有一定的限度，反导系统的计算机仍能预测到弹头可能的机动弹道，但这种可能的机动弹道是一个不确定的范围，这就要用足够的拦截导弹发送到这个不确定的范围内，才可能摧毁机动弹头。因此，发展躲避型机动弹头可消耗敌方防御系统较多数量的拦截导弹，提高进攻方弹头的突防概率。从这点出发，躲避型机动弹头应尽可能设计为高再入速度和强机动能力，具有一定的抗核、抗碰撞加固能力。

高级机动弹头除装有惯性制导系统外还有末制导装置，这种装置要求弹头再入至某一高度时减速，并保持一定的飞行姿态，利用地图匹配或地形匹配系统实现精确命中目标。由于依靠末制导来修正飞行弹道，直至命中目标，精度很高，是打击点目标的有力武器。

2. 机动弹头的组成及其功能

高级机动弹头一般由弹头壳体、装药（常规炸药或核装置）及其引爆控制系统、组合式制导系统（包括惯性制导和末制导装置等）、动力系统（包括姿态控制发动机、液压伺服系统、配平翼及其执行机构等）和能源系统等组成，如图 5－1 所示。

机动弹头的壳体、装药及其引爆系统与惯性弹头相同，这里仅介绍不同的部分。

1）组合式制导系统

组合式制导系统一般由惯性制导系统和末制导系统组成。近年来，卫星制导、星光/惯性复合制导也在工程中得到了应用[39]。

惯性制导系统可采用捷联或平台系统方案[40]，系统从起飞开始工作，一直控制到命中目标，在再入段与末制导装置组合成组合式制导系统。该系统的功能是为弹头控制提供惯性基准，实现全程的惯性制导，确保弹头三轴姿态的稳定，并将机动飞行的规律装定在计算机内，控制弹头按预定的程序飞行。

末制导装置有雷达地形或地图匹配装置，由雷达、相关器和计算机组成。装置中可预先输入目标区的地形地貌参数或地图，将雷达测到的实际地形参数在相关器内与预先储存的数据相比较并计算，就可以确定弹头相对于地面基准系统的位置。

2）动力系统

机动弹头的动力系统一般包括姿态控制发动机、配平翼及其执行机构、液压伺服机构等组成部分。

姿态控制发动机主要提供中段与再入段的控制动力和主动段关机后的速

度误差修正动力，由装在弹头底遮板上的数台微型发动机构成俯仰、偏航和滚转的动力，通常采用挤压式输送系统，推进剂为可贮存的单组元或双组元推进剂。

配平翼是产生机动飞行控制力的机构，它根据控制指令偏转，在气流作用下产生气动控制力矩，操作弹头按预定程序飞行。配平翼一般安装在弹头尾部的锥面上，呈对称布局，位于射面方位，平时收缩附于弹头表面，机动时伸展，其伸展量取决于控制力矩的要求。

液压伺服机构根据控制指令，实时提供液压操作力，推动配平翼转动。

3）能源系统

能源系统可采用化学电池，也可以采用涡轮能源系统。涡轮能源系统是一种小型的高效率能源，它利用单组元推进剂热解时产生的高温、高压、高速燃气作为动力源，吹动燃气涡轮，涡轮再拖动高压油泵和发电机工作。涡轮能源系统有发生器、涡轮油泵、涡轮发电机等组成部分，可以作为机动弹头上的发电设备及液压伺服机构的动力源。

3. 战术导弹机动弹头举例

按射程远近，机动弹头可分为战略导弹机动弹头和战术导弹机动弹头。前者仍处于研制阶段，曾有研究人员提出过不同的控制方案：控制翼、弯头加配重块控制、舵面控制等。近年来，采用翼身融合体或乘波体构型的高超声速远程滑翔弹头成为研究的热点，它在助推段关机后不久即再次进入大气层，借助气动升力在 40~60 km 高度范围内远程滑翔，射程远、机动范围大、突防能力强，成为战略导弹机动弹头的发展方向[41, 42]。

战术导弹机动弹头的典型代表是美国在 20 世纪 70 年代研究成功的潘兴Ⅱ导弹系统，下面对其弹头、末段弹道和末制导系统作简要介绍。

1）潘兴Ⅱ弹头的组成

潘兴Ⅱ弹头呈两级锥形，长 4.2 m，底部直径 1 m，如图 5－2 所示。

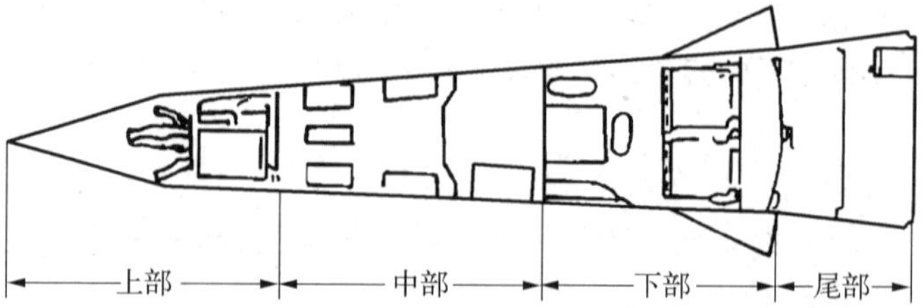

图 5－2 潘兴Ⅱ弹头结构图

潘兴Ⅱ弹头由四部分组成,上部为雷达天线、撞击引信及整流罩;中部为战斗部,壳体内装有常规战斗部 76 枚子弹,用于攻击机场跑道等;下部是制导和控制部分,内装有惯导装置、数字相关计算机、液压系统执行机构、燃气能源系统、反作用冷气姿控系统、分离机构等,在裙部外面装有四个三角形空气舵;尾部是分离环适配器和过渡段。

2）潘兴Ⅱ导弹的发射与弹道

潘兴Ⅱ导弹在起飞前必须做好诸元准备,包括飞行程序、关机参数、图像相关匹配的原图信息等应装入计算机内。潘兴Ⅱ导弹的弹道比一般弹道导弹要复杂得多,导弹起飞后,制导和控制系统保证潘兴Ⅱ导弹稳定飞行到第二级发动机关机。在第一级和第二级之间有一段滑行段,在弹头与弹体分离后,弹头由冷气反作用姿控系统对姿态进行控制,弹道最高点达 300 km 左右。再入大气层后由空气舵控制姿态,其弹道示意图见图 5－3。潘兴Ⅱ弹头的末段弹道相当复杂,当弹头到达目标上空 40 km 左右高度时,开始将弹道拉起至平飞状态,在制导系统控制下进行减速控制,又称攻角控制。平飞以后通过锥形运动进行减速,同时对速度方向进行控制,使弹道下压,接近垂直,并用锥形运动进一步减慢弹头的速度,使之满足雷达相关器工作的要求。根据要求,弹头撞击地面的速度为 410~1 070 m/s,因此在距地面 900 m 之前根据需要采用锥形运动减速。雷达区域相关器在马赫数小于 5 时开始工作,这个雷达是全天候 J 波段雷

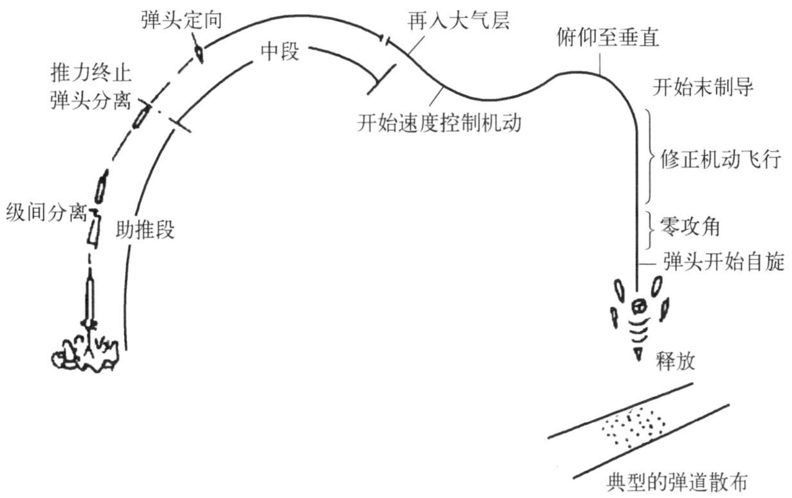

图 5－3　潘兴Ⅱ常规子母弹飞行程序

达，天线作圆形扫描。由雷达得到的实时图像与预储的目标图像进行比较，经计算处理，导引弹头飞向目标，直至最后命中。

当导弹达到 15 km 高度，雷达有足够功率测高时，天线开始向下测距，进行几次高度校正，然后雷达开始敏感地面图像。天线以 2 r/s 的速度绕垂直稳定轴旋转扫描，其中一转用于获取图像和景象匹配处理，另一转用于确定高度，以进行校正。天线扫描范围在高度 4.5 km 时为 35 km^2。计算机将经过高度校正的雷达图像回波信号转换成数字图像，经相关器信息匹配处理后，提供相对目标的位置修正指令，导引弹头飞向目标，一般要修正 3 次以上，直到距地面 900 m 高度为止，然后靠旋转抛撒子弹。

综合来看，潘兴Ⅱ导弹的弹头有如下几个特点。

(1) 采用了惯性+地图匹配的末制导系统，利用雷达区域相关器和高度表的测量信息，修正惯性导航的位置误差。

(2) 虽然目标是固定的，但弹道是非惯性的，要进行机动飞行。机动飞行的导引规律采用了最佳状态反馈导引律，该导引律既可保证较高的命中精度，又为雷达高度表和雷达区域相关器及弹头引信的正常工作创造了良好的条件(即接近垂直)。同时，保证再入过程中的速度损失较小，以利于对落速进行控制。

(3) 根据不同类型弹头的需要，可对落速进行控制，潘兴Ⅱ弹头可在 410～1 070 m/s 的范围内进行速度控制。

总之，再入机动弹头为了使雷达和区域相关器正常工作，必须减小弹头的飞行速度，否则弹头将被严重的气动加热所产生的等离子体所包围，信号无法传输；而为了保证末制导系统正常工作，需要使弹头飞行末端的速度方向基本上与地面垂直，所以速度方向也要进行控制。

实际应用中，战术导弹机动弹头又细分为穿地弹、空爆弹、地爆弹等，为保证不同类型的弹头达到最佳的杀伤效果，对末端速度方向和落速大小都有不同的要求。

本章讨论以提高精度为主，针对装有末制导系统的提高精度的再入机动弹头，讨论其速度方向和大小的控制问题。再入机动弹头一般不用大推力的发动机来减速，仅装有姿态控制系统用的小发动机，只能用增加空气阻力的方法进行减速。采用空气动力进行减速的方案有许多种，本章只讨论用攻角来控制减速的方法。

5.2　再入机动弹头速度方向的控制

躲避型机动弹头是按程序机动飞行，当有干扰使落点偏差变化时，它不能再进行修正。而对于以提高精度为主的高级机动弹头，它要同时完成两个任务：既要命中目标又要使落速方向满足设计要求。因为总是存在着干扰，要采用闭路控制，以便修正由干扰引起的误差。

对落地速度方向无要求时，可用一般的比例导引方法将弹头导引到目标，当对落速方向有要求时，用一般的比例导引方法是不行的，需要用优化原理解决此问题。

5.2.1　坐标系及其相互间的关系

为描述再入机动弹头的运动，需要定义几个坐标系并确定坐标系间的关系。

1. 坐标系定义

1）目标坐标系 o_o-xyz（简记为坐标系 O）

该坐标系的原点在目标处，取目标处的地理坐标系为目标坐标系 o_o-xyz。因为再入机动弹头飞行时间短，可以认为地球为不旋转的圆球，目标为固定点，则该坐标系为惯性系。o_oy 轴在目标与地球球心的连线上，指向上方为正，o_ox 轴在当地水平面内指向正北为正，o_oz 轴与 o_ox 轴、o_oy 轴构成右手直角坐标系。

2）视线坐标系 $o_o-\xi\eta\zeta$（简记为坐标系 S）

该坐标系的原点也在目标处，$o_o\xi$ 轴由目标指向机动弹头质心 o_1。$o_o\zeta$ 轴在目标当地水平面内，即在 o_o-xz 平面内，且与 $o_o\xi$ 轴垂直，指向右为正，$o_o\eta$ 轴与 $o_o\xi$ 轴、$o_o\zeta$ 轴组成右手直角坐标系。该坐标系也称导引坐标系。

3）地心坐标系 O_E-XYZ（简记为坐标系 E）

与第 2 章定义的坐标系基本相同，只是 O_EX_E 轴在赤道平面内指向过目标的子午线与赤道平面的交点。

讨论中还会用到半速度坐标系、速度坐标系、地理坐标系和弹体坐标系，其定义与第 2 章相同，简记的符号分别为 H、V、T 和 B。

2. 坐标系间的方向余弦阵

1）目标坐标系与视线坐标系之间的方向余弦阵 $\boldsymbol{S}$

如图 5-4，定义视线角 λ_D 和 λ_T。λ_T 是视线 $o_o\xi$ 在地平面上的投影与 o_ox 轴之间的夹角，也称方位角；λ_D 是视线 $o_o\xi$ 与地平面之间的夹角，也称高低角。

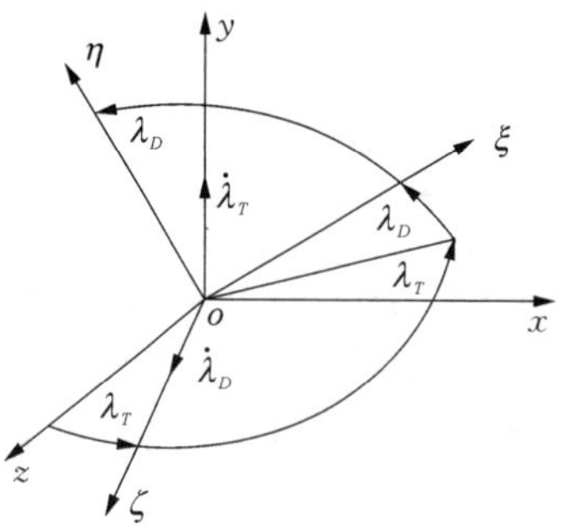

图 5-4 目标坐标系和视线坐标系的关系

视线坐标系是目标坐标系按 2-3 的次序转动两次得到的坐标系，故有

$$\begin{bmatrix}\boldsymbol{\xi}^0\\ \boldsymbol{\eta}^0\\ \boldsymbol{\zeta}^0\end{bmatrix}=\boldsymbol{S}_O\begin{bmatrix}\boldsymbol{x}_o^0\\ \boldsymbol{y}_o^0\\ \boldsymbol{z}_o^0\end{bmatrix} \tag{5-2-1}$$

$$\boldsymbol{S}_O=\begin{bmatrix}\cos\lambda_D\cos\lambda_T & \sin\lambda_D & -\cos\lambda_D\sin\lambda_T\\ -\sin\lambda_D\cos\lambda_T & \cos\lambda_D & \sin\lambda_D\sin\lambda_T\\ \sin\lambda_T & 0 & \cos\lambda_T\end{bmatrix} \tag{5-2-2}$$

2）半速度坐标系和目标坐标系之间的方向余弦阵 $\boldsymbol{H}_O$

原则上讲，$\boldsymbol{H}_O$同式(2-2-42)表示的半速度坐标系与地理坐标系间的方向余弦阵 $\boldsymbol{H}_T$相同，只是地理坐标系为动坐标系，目标坐标系为惯性坐标系。故有

$$\begin{bmatrix}\boldsymbol{x}_h^0\\ \boldsymbol{y}_h^0\\ \boldsymbol{z}_h^0\end{bmatrix}=\boldsymbol{H}_O\begin{bmatrix}\boldsymbol{x}_o^0\\ \boldsymbol{y}_o^0\\ \boldsymbol{z}_o^0\end{bmatrix} \tag{5-2-3}$$

$$\boldsymbol{H}_O=\begin{bmatrix}\cos\sigma\cos\theta & \sin\theta & -\sin\sigma\cos\theta\\ -\cos\sigma\sin\theta & \cos\theta & \sin\sigma\sin\theta\\ \sin\sigma & 0 & \cos\sigma\end{bmatrix} \tag{5-2-4}$$

式中，θ 为飞行路径角；σ 为飞行方位角。

3）地心坐标系和目标坐标系之间的方向余弦阵 $\boldsymbol{E}_O$

两个坐标系都是与地球固连的，且地心坐标系的 x 轴定义在目标所在的子午面内，故有

$$\begin{bmatrix}\boldsymbol{x}_E^0\\ \boldsymbol{y}_E^0\\ \boldsymbol{z}_E^0\end{bmatrix}=\boldsymbol{E}_O\begin{bmatrix}\boldsymbol{x}_o^0\\ \boldsymbol{y}_o^0\\ \boldsymbol{z}_o^0\end{bmatrix} \tag{5-2-5}$$

$$\boldsymbol{E}_O=\begin{bmatrix}-\sin\phi_0 & \cos\phi_0 & 0\\ 0 & 0 & 1\\ \cos\phi_0 & \sin\phi_0 & 0\end{bmatrix} \tag{5-2-6}$$

式中，ϕ_0 为目标点的地心纬度。

4）目标坐标系和地理坐标系之间的方向余弦阵 $\boldsymbol{T}_O$

$$\begin{bmatrix} \boldsymbol{x}_T^0 \\ \boldsymbol{y}_T^0 \\ \boldsymbol{z}_T^0 \end{bmatrix} = \boldsymbol{T}_O \begin{bmatrix} \boldsymbol{x}_o^0 \\ \boldsymbol{y}_o^0 \\ \boldsymbol{z}_o^0 \end{bmatrix} \tag{5-2-7}$$

$\boldsymbol{T}_O$的表达式同地理坐标系和再入坐标系的方向余弦阵完全一样，由式(2-2-44)确定。

5.2.2　机动弹头的质心运动方程

1. 在半速度坐标系列写运动方程

设地球为不旋转的圆球，故目标坐标系为惯性坐标系，将质心动力学方程投影到半速度坐标系 $o_1-x_h y_h z_h$。在三自由度弹道仿真中，设速度坐标系与半速度坐标系重合，即倾侧角$\chi=0$，且速度坐标系与目标坐标系按2-3-1的次序进行旋转。不考虑姿态控制发动机的推力，空气动力系数用配平空气动力系数，可以得质心运动方程如下：

$$\begin{cases} \dot{v} = \dfrac{R_{x_h}}{m} + g_{x_h} \\ \dot{\theta} = \dfrac{R_{y_h}}{mv} + \dfrac{g_{y_h}}{v} \\ \dot{\sigma} = -\dfrac{R_{z_h}}{mv\cos\theta} - \dfrac{g_{z_h}}{v\cos\theta} \\ \dot{x} = v\cos\theta\cos\sigma \\ \dot{y} = v\sin\theta \\ \dot{z} = -v\cos\theta\sin\sigma \end{cases} \tag{5-2-8}$$

式中，R_{x_h}、R_{y_h}、R_{z_h}为空气动力在半速度坐标系中的投影，g_{x_h}、g_{y_h}、g_{z_h}为引力加速度在半速度坐标系中的投影，其计算公式分别为

$$\begin{bmatrix} R_{x_h} \\ R_{y_h} \\ R_{z_h} \end{bmatrix} = \begin{bmatrix} -X \\ Y \\ Z \end{bmatrix} = \begin{bmatrix} -C_x \\ C_y \\ C_z \end{bmatrix} qS \tag{5-2-9}$$

$$\begin{bmatrix} g_{x_h} \\ g_{y_h} \\ g_{z_h} \end{bmatrix} = \boldsymbol{H}_O \begin{bmatrix} x \\ y + R_o \\ z \end{bmatrix} \left(-\frac{\mu_E}{r^3} \right) \tag{5-2-10}$$

2. 辅助关系方程

纬度和经度的确定:

$$\begin{cases} \phi = \arcsin\left[\dfrac{x\cos\phi_0}{r} + \dfrac{(y + R_o)\sin\phi_0}{r} \right] \\ \lambda = \lambda_0 + \arctan\left(\dfrac{Y_E}{X_E} \right) \end{cases} \tag{5-2-11}$$

式中,R_o为目标点的地心距,在圆球假设下等于地球平均半径R_E;X_E、Y_E、Z_E为地心坐标系中弹头的位置:

$$\begin{bmatrix} X_E \\ Y_E \\ Z_E \end{bmatrix} = \boldsymbol{E}_O \begin{bmatrix} x \\ R_o + y \\ z \end{bmatrix} \tag{5-2-12}$$

r为地心距:

$$r = \sqrt{x^2 + (y + R_o)^2 + z^2} \tag{5-2-13}$$

对地理坐标系的速度倾角和航迹偏航角为

$$\theta_T = \arctan\left(\frac{v_{Ty}}{\sqrt{v_{Tx}^2 + v_{Tz}^2}} \right) \tag{5-2-14}$$

$$\sigma_T = \arctan\left(\frac{-v_{Tz}}{v_{Tx}} \right) \tag{5-2-15}$$

$$\begin{bmatrix} v_{Tx} \\ v_{Ty} \\ v_{Tz} \end{bmatrix} = \boldsymbol{T}_O \begin{bmatrix} v_x \\ v_y \\ v_z \end{bmatrix} \tag{5-2-16}$$

式(5-2-8)共有六个微分方程,其中前三个用来确定再入飞行器质心运动速度的大小和方向,后三个用来确定质心的位置坐标,辅助关系用来确定几个需要的量。

式(5-2-8)是将速度坐标系按2-3-1次序由目标坐标系转动得到的。由5.1节所述可知,在接近目标时要求速度倾角θ接近90°,此时式(5-2-8)的第三式会出现分母为零的情况。为避免此现象,可按3-2-1转动次序得到速度坐标系,则式(5-2-8)改写为

$$\begin{cases}\dot{v}=\dfrac{R_{x_h}}{m}+g_{x_h}\\ \dot{\theta}=\dfrac{R_{y_h}}{mv\cos\sigma}+\dfrac{g_{y_h}}{v\cos\sigma}\\ \dot{\sigma}=-\left(\dfrac{R_{z_h}}{mv}+\dfrac{g_{z_h}}{v}\right)\\ \dot{x}=v\cos\theta\cos\sigma\\ \dot{y}=v\sin\theta\cos\sigma\\ \dot{z}=-v\sin\sigma\end{cases}\tag{5-2-17}$$

其余的关系类似。

但要求解运动方程[式(5-2-8)]或者式(5-2-17),还需要知道α、β的变化规律,故实际求解再入机动弹头的质心运动时还需要补充决定α、β大小的导引方程。

3. 导引方程

弹头速度方向的控制既要保证能在无干扰情况下命中目标,又要保证末速度指向一定的方向,这要通过导引方程确定α、β的变化规律来满足要求。关于如何从优化原理得到导引方程,放在5.2.3节来讨论,现在先把结果列出来。

为了命中目标和将末速控制在确定的方向,速度方向的变化率在视线坐标系$o_o-\xi\eta\zeta$内应满足如下条件:

$$\begin{cases}\dot{\gamma}_D=K_{GD}\dot{\lambda}_D+K_{LD}(\lambda_D+\gamma_{Df})/T_g\\ \dot{\gamma}_T=K_{GT}\dot{\lambda}_T\cos\lambda_D\end{cases}\tag{5-2-18}$$

式中,K_{GD}、K_{LD}和K_{GT}是由优化原理推导出的常数;γ_{Df}是末端所要求的速度倾角;$\dot{\gamma}_D$、$\dot{\gamma}_T$分别为弹头速度方向转动的绝对角速度在视线坐标系η轴和ζ轴上的投影;视线角λ_D、λ_T的计算公式为

$$\begin{cases}\lambda_D = \arctan\left(\dfrac{y}{\sqrt{x^2+z^2}}\right)\\ \lambda_T = \arctan\left(\dfrac{-z}{x}\right)\end{cases} \tag{5-2-19}$$

视线转率 $\dot{\lambda}_D$、$\dot{\lambda}_T$ 为

$$\begin{cases}\dot{\lambda}_D = -v_\eta/\rho\\ \dot{\lambda}_T = -v_\zeta/(\rho\cos\lambda_D)\end{cases} \tag{5-2-20}$$

待飞时间 T_g 为

$$T_g = \rho/v_\xi \tag{5-2-21}$$

弹头与目标点的距离 ρ 为

$$\rho = \sqrt{x^2+y^2+z^2} \tag{5-2-22}$$

v_ξ、v_η、v_ζ 为速度在视线坐标各轴上的投影：

$$\begin{bmatrix}v_\xi\\ v_\eta\\ v_\zeta\end{bmatrix} = \boldsymbol{S}_O\begin{bmatrix}v_x\\ v_y\\ v_z\end{bmatrix} \tag{5-2-23}$$

在弹道仿真中，当已知弹头的运动信息 x、y、z 和 v_x、v_y、v_z 时，可用式(5-2-19)~式(5-2-23)确定 $\dot{\lambda}_D$、$\dot{\lambda}_T$、λ_D 和 λ_T，再利用式(5-2-18)即可确定导引规律所要求的 $\dot{\gamma}_D$、$\dot{\gamma}_T$。

$\dot{\theta}$、$\dot{\sigma}$ 和 $\dot{\gamma}_D$、$\dot{\gamma}_T$ 的关系如下：

$$\begin{bmatrix}\dot{\gamma}_\xi\\ \dot{\gamma}_T\\ \dot{\gamma}_D\end{bmatrix} = \boldsymbol{S}_O\begin{bmatrix}-\dot{\theta}\sin\sigma\\ \dot{\sigma}\\ -\dot{\theta}\cos\sigma\end{bmatrix} \tag{5-2-24}$$

式(5-2-24)中，$\dot{\theta}$ 前面的负号是速度方向由弹头质心指向目标所引起的，将 $\boldsymbol{S}_O$ 的表达式代入式(5-2-24)可得

$$\begin{cases}\dot{\gamma}_D = -\dot{\theta}\cos(\lambda_T-\sigma)\\ \dot{\gamma}_T = \dot{\sigma}\cos\lambda_D - \dot{\theta}\sin(\lambda_T-\sigma)\sin\lambda_D\end{cases} \tag{5-2-25}$$

解式(5-2-25)可得

$$\begin{cases} \dot{\theta} = \dfrac{-\dot{\gamma}_D}{\cos(\lambda_T - \sigma)} \\ \dot{\sigma} = \dfrac{1}{\cos\lambda_D}[\dot{\gamma}_T - \dot{\gamma}_D \tan(\lambda_T - \sigma)\sin\lambda_D] \end{cases} \tag{5-2-26}$$

根据导引方程得到 $\dot{\gamma}_D$、$\dot{\gamma}_T$ 后，由式(5-2-26)可求出 $\dot{\theta}$、$\dot{\sigma}$，再利用式(5-2-8)可求出 R_{y_h}、R_{z_h}，即可求出 C_y 和 C_z。在 α、β 较小时，利用 $C_y = C_y^{\alpha}\alpha$，$C_z = C_z^{\beta}\beta$ 可求出需要的 α、β，公式为

$$\begin{cases} v\dot{\theta} = C_y^{\alpha}\alpha qS/m + g_{y_h} \\ v\cos\theta\dot{\sigma} = C_y^{\alpha}\beta qS/m - g_{y_h} \end{cases} \tag{5-2-27}$$

若 α、β 较大，则要利用 C_y、C_z 及 Ma 反查空气动力系数表得到 α、β。

5.2.3　机动弹头的最优导引规律

本节推导最优导引规律[式(5-2-18)]，并确定该式中的相关常数[43]。

1. 相对运动方程

为了简化问题，以目标和再入机动弹头质心为基准，将运动分解为俯仰平面和转弯平面，如图 5-5 所示。其中，俯仰平面定义为再入机动弹头质心 M、目标点 o 及地心 O_E 所确定的平面，转弯平面定义为过目标和再入机动弹头质心而垂直于俯冲平面的平面。

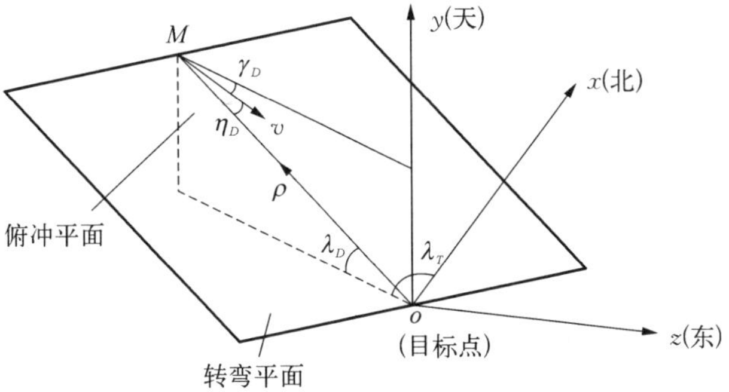

图 5-5　再入机动弹头在俯冲平面的运动示意图

基于再入机动弹头运动和控制的特点，转弯平面内的运动参数可视为小量，所以在确定再入机动弹头的再入导引规律时，可将俯冲平面和转弯平面的

运动分开研究。下面先研究再入机动弹头在俯冲平面内的运动方程。

如图 5－5，ν 为速度矢量在俯冲平面内的投影，γ_D 为速度在俯冲平面内的高低角，λ_D 为视线高低角，η_D 为速度方向与视线间的夹角，ρ 为视线距离。图 5－5 中，$\gamma_D < 0$，则有

$$\eta_D = \lambda_D + \gamma_D \tag{5-2-28}$$

由图 5－5 知：

$$\begin{cases}\dot{\rho} = -v\cos\eta_D \\ \rho\dot{\lambda}_D = v\sin\eta_D\end{cases} \tag{5-2-29}$$

由式(5－2－29)中的第二式，两边对时间 t 求导，并将式(5－2－28)和式(5－2－29)代入，即可得俯冲平面内的相对运动方程：

$$\ddot{\lambda}_D = \left(\frac{\dot{v}}{v} - \frac{2\dot{\rho}}{\rho}\right)\dot{\lambda}_D - \frac{\dot{\rho}}{\rho}\dot{\gamma}_D \tag{5-2-30}$$

同理，弹头在转弯平面内的运动如图 5－6 所示，令

$$\eta_T = \lambda_{TT} - \gamma_T$$

式中，η_T 为速度矢量在转弯平面内与俯冲平面的夹角；γ_T 为速度在转弯平面内的方位角；λ_{TT} 为视线方位角，此处的视线方位角为在转弯平面内的方位角，与前面的定义有区别。类似式(5－2－29)，有

$$\begin{cases}\dot{\rho} = -v\cos\eta_T \\ \rho\dot{\lambda}_{TT} = v\sin\eta_T\end{cases} \tag{5-2-31}$$

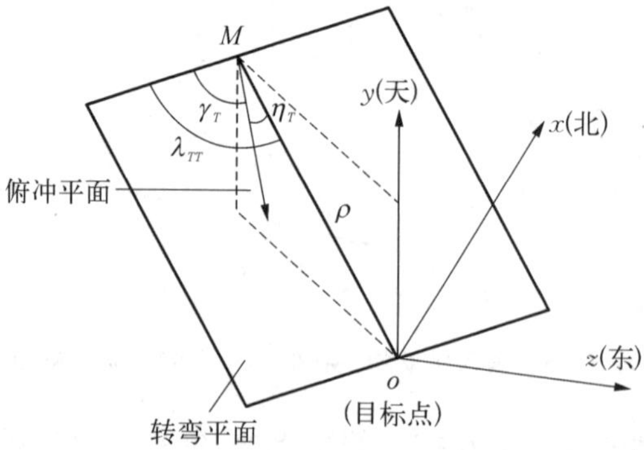

图 5－6　再入机动弹头在转弯平面内的运动示意图

同俯冲平面内运动方程的推导类似,可得到在转弯平面内的运动方程为

$$\ddot{\lambda}_{TT}=\left(\frac{\dot{v}}{v}-\frac{2\dot{\rho}}{\rho}\right)\dot{\lambda}_{TT}+\frac{\dot{\rho}}{\rho}\dot{\gamma}_{T} \tag{5-2-32}$$

综上所述,可得再入机动弹头的相对运动方程:

$$\begin{cases}\ddot{\lambda}_{D}=\left(\dfrac{\dot{v}}{v}-\dfrac{2\dot{\rho}}{\rho}\right)\dot{\lambda}_{D}-\dfrac{\dot{\rho}}{\rho}\dot{\gamma}_{D}\\ \ddot{\lambda}_{TT}=\left(\dfrac{\dot{v}}{v}-\dfrac{2\dot{\rho}}{\rho}\right)\dot{\lambda}_{TT}+\dfrac{\dot{\rho}}{\rho}\dot{\gamma}_{T}\end{cases} \tag{5-2-33}$$

2. 俯冲平面内的最优导引规律

再入机动弹头的最优导引规律是终端有约束的最优控制问题,其终端约束包括弹头的落地倾角和落地速度大小(或者是某一高度上的速度倾角和速度大小)。因为要打到目标点,对射程也有要求。为简化研究,把速度大小和速度方向的控制分开进行。速度大小的控制在后面讨论,本小节研究的是攻击固定目标的机动弹头在落地速度倾角有约束时的最优导引规律。

俯冲平面内的相对运动方程如式(5-2-30)所示,终端约束取视线角与要求的速度倾角相等,且视线转率等于零(根据比例导引原理,可确保命中目标),即

$$\begin{cases}\lambda_{D}(t_f)=-\gamma_{Df}\\ \dot{\lambda}_{D}(t_f)=0\end{cases} \tag{5-2-34}$$

该条件可保证落地时的速度倾角等于要求的落地倾角。记:

$$\begin{cases}x_1=\lambda_{D}+\gamma_{Df}\\ x_2=\dot{\lambda}_{D}\end{cases} \tag{5-2-35}$$

可得状态方程为

$$\begin{cases}\dot{x}_1=x_2\\ \dot{x}_2=\left(\dfrac{\dot{v}}{v}-\dfrac{2\dot{\rho}}{\rho}\right)x_2-\dfrac{\dot{\rho}}{\rho}\dot{\gamma}_{D}\end{cases} \tag{5-2-36}$$

终端约束条件表达式[式(5-2-34)]变为

$$\begin{cases}x_1(t_f)=0\\ x_2(t_f)=0\end{cases} \tag{5-2-37}$$

在研究导引规律时，一般假定 $\dot{v}/v \approx 0$，即速度大小的变化率相比速度大小可忽略，且定义待飞时间为弹目相对距离 ρ 与接近速度 $\dot{\rho}$ 之比，即

$$T_g = -\frac{\rho}{\dot{\rho}} \quad (\rho \neq 0) \tag{5-2-38}$$

为什么要假定 $\dot{v}/v \approx 0$，因为不这样假设，得不到导引规律的显式解，不便于分析，且导引控制为闭路控制，这样也是允许的。此时状态方程简化为

$$\begin{cases} \dot{x}_1 = x_2 \\ \dot{x}_2 = \dfrac{2}{T_g}x_2 + \dfrac{1}{T_g}\dot{\gamma}_D \end{cases} \tag{5-2-39}$$

记：

$$\begin{cases} \boldsymbol{A} = \begin{pmatrix} 0 & 1 \\ 0 & 2/T_g \end{pmatrix} \\ \boldsymbol{B} = \begin{pmatrix} 0 \\ 1/T_g \end{pmatrix} \\ \boldsymbol{x} = (x_1,\ x_2)^{\mathrm{T}} \\ \boldsymbol{u} = \dot{\gamma}_D \end{cases} \tag{5-2-40}$$

则状态方程改写为

$$\begin{cases} \dot{\boldsymbol{x}} = \boldsymbol{A}\boldsymbol{x} + \boldsymbol{B}\boldsymbol{u} \\ \boldsymbol{x}(t_f) = 0 \end{cases} \tag{5-2-41}$$

式中，t_f 为 $\rho = \rho_f$ 时的时间，ρ_f 为不等于零的小量。

式(5－2－41)是一个变系数非齐次线性微分方程组，其中 $\boldsymbol{x}$ 为状态变量，$\boldsymbol{u}$ 为控制变量。

终端约束条件是射程一定时，对落地速度倾角有要求，而性能指标该如何选取呢？因为机动弹头不仅对落角有要求，而且对落速大小也有要求，所以在满足落角约束的最优导引规律研究中应该使速度损失尽量小，否则满足了落速较小时的要求，当要求落速较大时，便不能满足要求了。落速的大小主要取决于诱导阻力的大小，而诱导阻力的大小，又近似与 α^2 成正比，攻角 α 又近似与 $\dot{\gamma}_D$ 的大小成正比，所以速度损失要小，即要求 $\int_0^{t_f}\dot{\gamma}_D^2\mathrm{d}t$ 要小，所以求最优导引规

律的性能指标可选取为

$$J = \boldsymbol{x}^{\mathrm{T}}(t_f)\boldsymbol{F}\boldsymbol{x}(t_f) + \frac{1}{2}\int_0^{t_f}\dot{\gamma}_D^2\mathrm{d}t \tag{5-2-42}$$

式中，$\boldsymbol{x}^{\mathrm{T}}(t_f)\boldsymbol{F}\boldsymbol{x}(t_f)$ 称为补偿函数；$\boldsymbol{F}$ 为一个对称半正定常值矩阵，因为要求终端时刻 $\boldsymbol{x}(t_f)=0$，所以 $\boldsymbol{F}\to\infty$。这是一个典型的二次型性能指标的最优控制问题。

根据极小值原理[44]，线性系统二次型性能指标的最优控制律为

$$\boldsymbol{u}^* = -\boldsymbol{R}^{-1}\boldsymbol{B}^{\mathrm{T}}\boldsymbol{P}\boldsymbol{x} \tag{5-2-43}$$

性能指标为式(5-2-42)时，$\boldsymbol{R}=1$，$\boldsymbol{u}^*=\dot{\gamma}_D$。于是可得

$$\dot{\gamma}_D = -\boldsymbol{B}^{\mathrm{T}}\boldsymbol{P}\boldsymbol{x} \tag{5-2-44}$$

式中，增益矩阵 $\boldsymbol{P}$ 可由逆黎卡提矩阵微分方程得到：

$$\begin{cases}\dot{\boldsymbol{P}}^{-1} - \boldsymbol{A}\boldsymbol{P}^{-1} - \boldsymbol{P}^{-1}\boldsymbol{A}^{\mathrm{T}} + \boldsymbol{B}\boldsymbol{B}^{\mathrm{T}} = 0 \\ \boldsymbol{P}^{-1}(t_f) = \boldsymbol{F}^{-1} = 0\end{cases} \tag{5-2-45}$$

为书写方便，令 $\boldsymbol{E}=\boldsymbol{P}^{-1}$，则式(5-2-45)改写为

$$\begin{cases}\dot{\boldsymbol{E}} - \boldsymbol{A}\boldsymbol{E} - \boldsymbol{E}\boldsymbol{A}^{\mathrm{T}} + \boldsymbol{B}\boldsymbol{B}^{\mathrm{T}} = 0 \\ \boldsymbol{E}(t_f) = 0\end{cases} \tag{5-2-46}$$

将式(5-2-46)展开得

$$\begin{pmatrix}\dot{E}_{11} & \dot{E}_{12} \\ \dot{E}_{21} & \dot{E}_{22}\end{pmatrix} = \begin{pmatrix}0 & 1 \\ 0 & 2/T_g\end{pmatrix}\begin{pmatrix}E_{11} & E_{12} \\ E_{21} & E_{22}\end{pmatrix} + \begin{pmatrix}E_{11} & E_{12} \\ E_{21} & E_{22}\end{pmatrix}\begin{pmatrix}0 & 0 \\ 1 & 2/T_g\end{pmatrix} - \begin{pmatrix}0 & 0 \\ 0 & 1/T_g^2\end{pmatrix} \tag{5-2-47}$$

展开式(5-2-47)得

$$\begin{cases}\dot{E}_{11} = E_{12} + E_{21} \\ \dot{E}_{12} = E_{22} + \dfrac{2}{T_g}E_{12} \\ \dot{E}_{21} = E_{22} + \dfrac{2}{T_g}E_{21} \\ \dot{E}_{22} = \dfrac{4}{T_g}E_{22} - \dfrac{1}{T_g^2}\end{cases} \tag{5-2-48}$$

由对称性知：

$$E_{12}=E_{21} \tag{5-2-49}$$

于是式(5-2-48)变为

$$\begin{cases}\dot{E}_{11}=2E_{12}\\ \dot{E}_{12}=\dot{E}_{21}=\dfrac{2}{T_g}E_{12}+E_{22}\\ \dot{E}_{22}=\dfrac{4}{T_g}E_{22}-\dfrac{1}{T_g^2}\end{cases} \tag{5-2-50}$$

终端条件为

$$E_{11}(t_f)=E_{12}(t_f)=E_{22}(t_f)=0$$

因为 t_f 是 $\rho=\rho_f$ 时的时间，而 ρ_f 为给定的终端值 ρ，T_g 又不能为零，故 ρ_f 不能取为零。而：

$$T_g=-\frac{\rho}{\dot{\rho}}=-\frac{\rho-\rho_f+\rho_f}{\dot{\rho}}=t_f-t+\Delta t_f=T_{gf}+\Delta t_f$$

式中，

$$T_{gf}=\frac{\rho-\rho_f}{-\dot{\rho}},\quad \Delta t_f=-\frac{\rho_f}{\dot{\rho}}$$

因 $T_g=t_f-t+\Delta t_f$，故有 $\mathrm{d}t=-\mathrm{d}T_g$。根据 $\mathrm{d}t=-\mathrm{d}T_g$，对式(5-2-50)的第三式积分可得

$$E_{22}=\mathrm{e}^{4\int\frac{\mathrm{d}t}{T_g}}\left(\int-\frac{1}{T_g^2}\mathrm{e}^{-4\int\frac{\mathrm{d}t}{T_g}}\mathrm{d}t+C\right)=\mathrm{e}^{-4\int\frac{\mathrm{d}T_g}{T_g}}\left(\int\frac{1}{T_g^2}\mathrm{e}^{4\int\frac{\mathrm{d}T_g}{T_g}}\mathrm{d}T_g+C\right)=\frac{1}{T_g^4}\left(\frac{1}{3}T_g^3+C\right) \tag{5-2-51}$$

将终端条件 $E_{22}(t_f)=0$，$T_g=\Delta t_f$ 代入式(5-2-51)得

$$E_{22}=\frac{1}{3T_g}-\frac{\Delta t_f^3}{3T_g^4},\quad C=-\frac{1}{3}\Delta t_f^3$$

类似地，对式(5-2-50)的第二式和第一式积分，且利用 $E_{12}(t_f)=E_{11}(t_f)=0$ 可得

$$E_{12}=-\frac{1}{6}-\frac{\Delta t_f^3}{3T_g^3}+\frac{\Delta t_f^2}{2T_g^2} \tag{5-2-52}$$

$$E_{11}=\frac{1}{3}T_g-\frac{\Delta t_f^3}{3T_g^2}+\frac{\Delta t_f^2}{T_g}-\Delta t_f \tag{5-2-53}$$

故得

$$\boldsymbol{E}=\begin{bmatrix}\dfrac{T_g}{3}-\dfrac{\Delta t_f^3}{3T_g^2}+\dfrac{\Delta t_f^2}{T_g}-\Delta t_f & -\dfrac{1}{6}-\dfrac{\Delta t_f^3}{3T_g^3}+\dfrac{\Delta t_f^2}{2T_g^2}\\ -\dfrac{1}{6}-\dfrac{\Delta t_f^3}{3T_g^2}+\dfrac{\Delta t_f^2}{2T_g^3} & \dfrac{1}{3T_g}-\dfrac{\Delta t_f^3}{3T_g^4}\end{bmatrix} \tag{5-2-54}$$

显然当 $t=t_f$时，$T_{gf}=0$，$T_g=\Delta t_f$，有

$$\boldsymbol{E}(t_f)=0$$

满足终端条件。对矩阵 $\boldsymbol{E}$，有

$$|\boldsymbol{E}|=\frac{1}{12}-\frac{\Delta t_f}{3T_g}+\frac{\Delta t_f^2}{2T_g^2}-\frac{\Delta t_f^3}{3T_g^3}+\frac{\Delta t_f^4}{12T_g^4} \tag{5-2-55}$$

当 $|\boldsymbol{E}|\neq 0$，对式(5-2-54)求逆得

$$\boldsymbol{P}=\begin{bmatrix}\dfrac{1}{3T_g}-\dfrac{\Delta t_f^3}{3T_g^4} & \dfrac{1}{6}+\dfrac{\Delta t_f^3}{3T_g^3}-\dfrac{\Delta t_f^2}{2T_g^2}\\ \dfrac{1}{6}+\dfrac{\Delta t_f^3}{3T_g^3}-\dfrac{\Delta t_f^2}{2T_g^2} & \dfrac{T_g}{3}-\dfrac{\Delta t_f^3}{3T_g^2}+\dfrac{\Delta t_f}{T_g}-\Delta t_f\end{bmatrix}\frac{1}{|\boldsymbol{E}|} \tag{5-2-56}$$

由条件 $|\boldsymbol{E}|\neq 0$ 知，须有 $T_{gf}\neq 0$，$T_g\neq \Delta t_f$。

若 Δt_f 为小量，则矩阵 $\boldsymbol{P}$ 可简化为

$$\boldsymbol{P}=12\times\begin{bmatrix}\dfrac{1}{3T_g} & \dfrac{1}{6}\\ \dfrac{1}{6} & \dfrac{T_g}{3}\end{bmatrix}=\begin{bmatrix}\dfrac{4}{T_g} & 2\\ 2 & 4T_g\end{bmatrix} \tag{5-2-57}$$

也可以这样近似求 $\boldsymbol{P}$。当上述假设成立，$T_{gf}\neq 0$，Δt_f 很小时，则式(5-2-54)可简化为

$$\boldsymbol{E}=\begin{bmatrix}\dfrac{T_g}{3} & -\dfrac{1}{6}\\ -\dfrac{1}{6} & \dfrac{1}{3T_g}\end{bmatrix} \tag{5-2-58}$$

对式(5-2-58)求逆可得

$$\boldsymbol{P}=\boldsymbol{E}^{-1}=\begin{bmatrix}\dfrac{4}{T_g} & 2\\ 2 & 4T_g\end{bmatrix} \tag{5-2-59}$$

式(5-2-54)是矩阵 $\boldsymbol{E}$ 的完整表达式,而式(5-2-58)是近似表达式。近似表达式不能在 $t=t_f$时满足 $E_{11}(t_f)=E_{12}(t_f)=E_{22}(t_f)=0$ 的条件。

将 $\boldsymbol{P}$ 矩阵代入式(5-2-44)得

$$\dot{\gamma}_D=-\boldsymbol{B}^{\mathrm{T}}\boldsymbol{P}\boldsymbol{x}=-\begin{pmatrix}0 & \dfrac{1}{T_g}\end{pmatrix}\begin{bmatrix}\dfrac{4}{T_g} & 2\\ 2 & 4T_g\end{bmatrix}\begin{pmatrix}\gamma_{Df}+\lambda_D\\ \dot{\lambda}_D\end{pmatrix}$$

即

$$\dot{\gamma}_D=-4\dot{\lambda}_D-2\frac{(\lambda_D+\gamma_{Df})}{T_g} \tag{5-2-60}$$

式(5-2-60)为机动弹头在俯冲平面内的最优再入机动导引律。从式(5-2-60)看出,为了命中目标,且减小速度损失,其最优导引规律相当于比例导航参数为 4 的比例导引。因为终端有约束,它增加了终端约束项,以保证命中点处的落速方向满足要求。

3. 转弯平面内的最优导引规律

再入机动弹头在转弯平面内的运动方程如式(5-2-32)所示。类似俯冲平面内最优导引规律的假设,仍假设 $\dot{v}/v\approx 0$, $T_g=-\rho/\dot{\rho}\,(\rho\neq 0)$,则式(5-2-32)可简化为

$$\ddot{\lambda}_{TT}=\frac{2}{T_g}\dot{\lambda}_{TT}-\frac{1}{T_g}\dot{\gamma}_T \tag{5-2-61}$$

假设在命中目标时,仅要求 $\ddot{\lambda}_{TT}(t_f)=0$ 而对 $\lambda_{TT}(t_f)$ 无要求,这是因为只要求落速方向为 γ_{Df},但对沿什么方位命中目标没要求,故 $\lambda_{TT}(t_f)$ 是自由的。取

状态变量 $\boldsymbol{x}=\dot{\lambda}_{TT}$，$\boldsymbol{u}=\dot{\gamma}_T$，可得状态方程：

$$\begin{cases}\dot{\boldsymbol{x}}=\boldsymbol{A}\boldsymbol{x}+\boldsymbol{B}\boldsymbol{u}\\ \boldsymbol{x}(t_f)=0\end{cases} \tag{5-2-62}$$

式中，

$$\boldsymbol{A}=\frac{2}{T_g},\quad \boldsymbol{B}=-\frac{1}{T_g} \tag{5-2-63}$$

t_f定义为$\rho=\rho_f$时的时间，而ρ_f为某一给定的终端值。因状态向量是一维的，下面的书写中省去向量的表示形式。与俯冲平面内的研究方法相同，取性能指标为

$$J=x(t_f)Fx(t_f)+\frac{1}{2}\int_0^{t_f}\dot{\gamma}_T^2\mathrm{d}t \tag{5-2-64}$$

要求 $x(t_f)=0$，故 $F\to\infty$，可直接由二次型性能指标得最优控制律为

$$\dot{\gamma}_T=-BPx \tag{5-2-65}$$

式中，P 由逆黎卡提方程得出：

$$\dot{P}^{-1}-AP^{-1}-P^{-1}A+B^2=0 \tag{5-2-66}$$

将 A、B 代入式(5-2-66)得

$$\dot{P}^{-1}=\frac{4}{T_g}P^{-1}-\frac{1}{T_g^2} \tag{5-2-67}$$

终端条件为

$$P^{-1}(t_f)=F^{-1}=0 \tag{5-2-68}$$

积分式(5-2-67)且注意到 $\mathrm{d}T_g=-\mathrm{d}t$，$T_g=T_{gf}+\Delta t_f$ 可得

$$P^{-1}=\mathrm{e}^{4\int\frac{\mathrm{d}t}{T_g}}\left(\int-\frac{1}{T_g^2}\mathrm{e}^{-4\int\frac{\mathrm{d}t}{T_g}}\mathrm{d}t+C\right)=\frac{1}{T_g^4}\left(\frac{1}{3}T_g^3+C\right)$$

由 $P^{-1}(t_f)=0$ 可得 $C=-\dfrac{1}{3}\Delta t_f$，代入上式可得

$$P^{-1}=\frac{1}{3T_g}-\frac{\Delta t_f^3}{3T_g^4} \tag{5-2-69}$$

当 $T_{gf} \neq 0$ 时，有

$$P = (P^{-1})^{-1} = \frac{3T_g}{\left(1 - \frac{\Delta t_f^3}{T_g^3}\right)} \tag{5-2-70}$$

当 $T_{gf} \neq 0$ 且 Δt_f 为小量时，有

$$P = 3T_g \tag{5-2-71}$$

将式(5-2-71)代入式(5-2-65)得

$$\dot{\gamma}_T = 3\dot{\lambda}_{TT} \tag{5-2-72}$$

式(5-2-72)即是再入机动弹头在转弯平面内的最优导引律。显然，对于转弯平面而言，其最优导引律相当于比例导航参数为3的比例导引。

注意到：

$$\dot{\lambda}_{TT} = \frac{-v_\zeta}{\rho} \tag{5-2-73}$$

$$\dot{\lambda}_T = \frac{-v_\zeta}{\rho\cos\lambda_D} \tag{5-2-74}$$

故有

$$\dot{\lambda}_{TT} = \dot{\lambda}_T\cos\lambda_D \tag{5-2-75}$$

则：

$$\dot{\gamma}_T = 3\dot{\lambda}_{TT} = 3\dot{\lambda}_T\cos\lambda_D \tag{5-2-76}$$

对比式(5-2-76)和式(5-2-18)可见，$K_{GT} = 3$。

5.2.4 机动弹头速度方向控制的三自由度仿真分析

1. 仿真计算条件

仿真计算时的质心运动方程为式(5-2-8)，导引方程为式(5-2-18)～式(5-2-23)。

若要通过积分方程(5-2-8)求弹道，还需要知道控制变量 α、β、χ 的变化规律。在三自由度弹道仿真时可令 $\chi = 0$，仅需求解 α、β。由导引方程求得 $\dot{\gamma}_D$、$\dot{\gamma}_T$ 后，根据式(5-2-26)可以求得需要的 $\dot{\theta}$、$\dot{\sigma}$，再利用式(5-2-8)可得 R_{y_h}、R_{z_h}，进而可得到需要的 C_y、C_z，再利用空气动力系数反查便可以得到 α、β。若

α、β 较小时，则可根据式(5－2－27)求 α、β，将得到的 α、β 代入式(5－2－8)便可以进行弹道仿真。

仿真中，假设再入机动弹头在再入点的参数为：速度 $v_e = 3\,870$ m/s，速度倾角 $\theta_e = -45°$，高度 $h_e = 45\,000$ m，其质量和横截面积均为已知常数。

要求再入机动弹头的落角 $\gamma_{Df} = -90°$，且飞行中受过程约束攻角 $\alpha \leqslant \alpha_{max}$、法向过载 $n_y \leqslant n_{ymax}$，其中 α_{max}、n_{ymax} 分别为允许的最大攻角和最大法向过载。

标准情况下导引方程中的常数值为

$$K_{GD} = -4,\quad K_{LD} = -2,\quad K_{GT} = 4$$

2. 仿真结果分析

按上述的运动方程和初值条件，根据推导的最优导引律，得到如下结果。图 5－7 表示高度 h 和射程 R_L 的关系，图 5－8 表示速度 v 和时间 t 的关系，图 5－9 表示速度倾角 θ、攻角 α 与时间 t 的关系，图 5－10 表示攻角 α、法向过载 n_y 与时间 t 的关系。

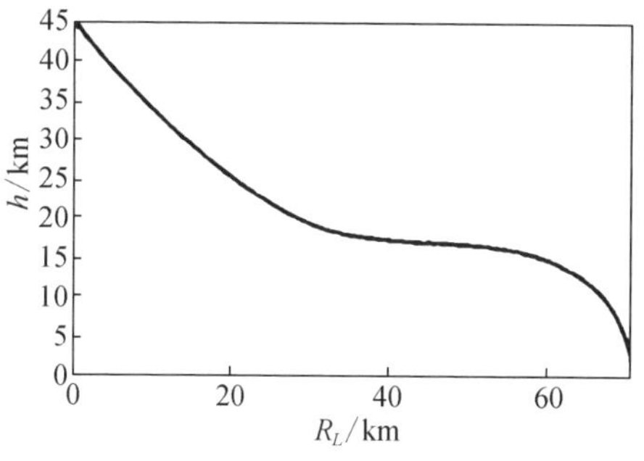

图 5－7　高度 h 和射程 R_L 间的关系

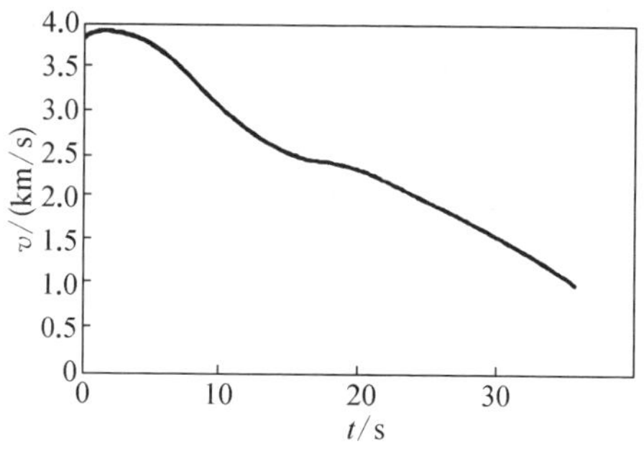

图 5－8　速度 v 和时间 t 的关系

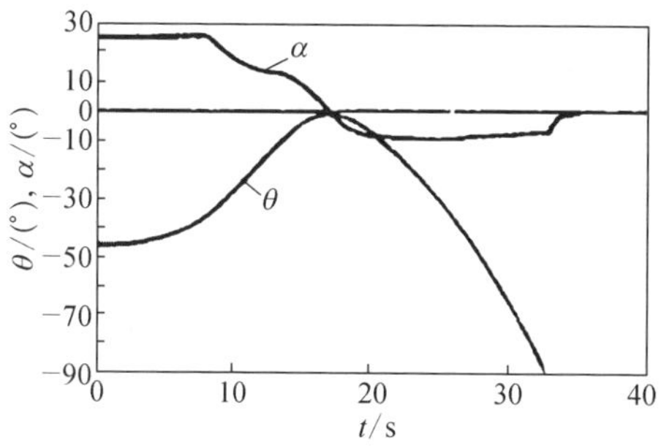

图 5－9　θ，$\alpha - t$ 曲线

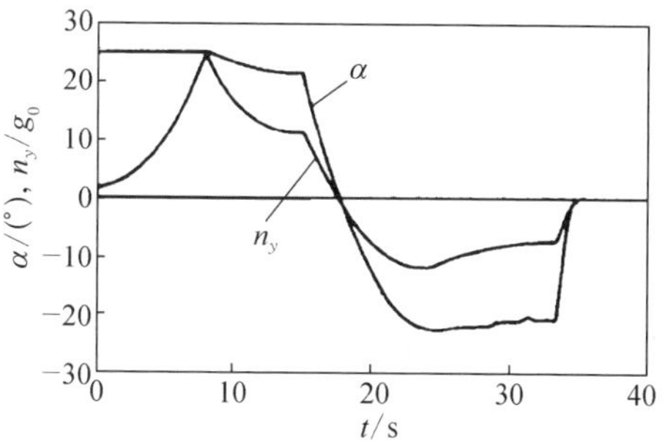

图 5－10　α，$n_y - t$ 曲线

当改变导引律中的系数时，再入机动弹头的落点参数要发生变化，表 5－1 给出了一组典型计算结果。表中，ΔR_L、$\Delta\theta_f$、$\Delta\lambda_{Df}$、v_f分别表示再入段的射程偏差、落地速度倾角偏差、落地视线角偏差和落地速度。

表 5－1 K_{GD}、K_{LD}变化时 ΔR_L、$\Delta\theta_f$、$\Delta\lambda_{Df}$、v_f的变化

K_{GD}	K_{LD}	ΔR_L/m	$\Delta\theta_f$/(°)	$\Delta\lambda_{Df}$/(°)	v_f/(m/s)
−4	−2	0	0	0	989
−3.5	−2	12	−1.9	−1.2	886
−4.5	−2	10	−2	−1.5	1 040
−4	−1.5	7	−8.4	−8.9	1 090
−4	−2.5	0	−0.01	0	856

仿真结果表明，当 $K_{GD}=-4$ 和 $K_{LD}=-2$ 时，它保证了在满足终端速度倾角（视线角与速度倾角绝对值相等）约束条件下，使再入机动弹头落速最大。而当改变 K_{GD}和 K_{LD}时，或者不能满足终端约束条件，或者不能使飞行器落地速度最大，这说明所研究的导引规律是最优的。

当再入点运动参数有偏差时，再入机动弹头落点参数的变化情况见表 5－2。从表中的结果看出，在再入点运动参数存在偏差的情况下，按给出的导引规律进行控制，仍能保证满足终端约束条件，这说明它对再入点的参数偏差有良好的修正能力。

表 5－2 再入点参数变化时 ΔR_L、$\Delta\theta_f$、$\Delta\lambda_{Df}$、v_f的变化

再入点参数偏差	ΔR_L/m	$\Delta\theta_f$/(°)	$\Delta\lambda_{Df}$/(°)	v_f/(m/s)
$\Delta v_e=10$ m/s	1.522	−0.26	−0.17	995
$\Delta v_e=-10$ m/s	1.443	−0.25	−0.16	983
$\Delta\theta_e=5°$	1.167	−0.20	−0.13	1 100
$\Delta\theta_e=-5°$	1.566	−0.27	−0.17	875

5.3 再入机动弹头落速大小的控制

按 5.2 节提供的数学模型进行仿真计算，其落速方向能满足要求，但其落速大小往往不满足要求，如表 5－1 所示落速为 989 m/s，而要求的落速大小为 410~1 070 m/s，大多数情况下的落速偏大，需要专门进行减速控制，而根据什么来进行减速呢？为此需要设计一条理想速度曲线，如果按此理想速度曲线变化，或者接近此曲线变化，则可以保证落速大小满足要求。设计好理想速度曲线后，如何把实际速度控制到理想速度曲线上，就是速度大小控制问题，简称速度控制[45]。

5.3.1　理想速度曲线的设计

设计的理想速度曲线，必须保证其落点速度近似等于要求的速度。理想速度曲线在接近目标段应该与实际情况差别较小，而高空段允许有大一些的偏差。理想速度曲线要便于计算，最好用解析表达式。

根据式(3－1－8)，在忽略重力，且认为 γ_D（即 θ）为常数时，再入段的速度与高度满足如下关系：

$$v = v_e \mathrm{e}^{-\frac{K_0(\mathrm{e}^{-\beta h} - \mathrm{e}^{\beta h_e})}{2}} \tag{5-3-1}$$

式中，$K_0 = -C_D S\rho_0/\beta m\sin\Theta$，$C_D$ 为零攻角阻力系数，m 为弹头质量，β 为 $\rho = \rho_0\mathrm{e}^{-\beta h}$ 中的常数，Θ 为当地速度倾角。在目前讨论的范围内，$\Theta \approx \gamma_D$，且为了突出俯冲平面内的高低角 γ_D 的作用，将 K_0 写成 $K_0 = -K_1/\sin\gamma_D$，$K_1 = C_D S\rho_0/\beta m$，则式(5－3－1)可写为

$$v = v_e \left[\mathrm{e}^{\frac{K_1}{2}(\mathrm{e}^{-\beta h_e} - \mathrm{e}^{-\beta h})}\right]^{-\frac{1}{\sin\gamma_D}} \tag{5-3-2}$$

对垂直降落段，$\gamma_D \approx -90°$，有

$$v = v_e \left[\mathrm{e}^{\frac{K_1}{2}(\mathrm{e}^{-\beta h_e} - \mathrm{e}^{-\beta h})}\right] \tag{5-3-3}$$

若再假设 $h_e = h_f = 0$，$v_e = v_f$，则有

$$v = v_f \left[\mathrm{e}^{\frac{K_1}{2}(1 - \mathrm{e}^{-\beta h})}\right] \tag{5-3-4}$$

将式(5－3－4)按泰勒级数展开，且只取第一项，则式(5－3－4)可近似成

$$v = v_f\left[1 + \tau(1 - \mathrm{e}^{-\beta h})\right] \tag{5-3-5}$$

若只取第一项，则 $\tau = K_1/2$，实际上式(5－3－5)中的 τ 是可以调整的，以便更符合实际情况。实际的再入机动弹道 γ_D 既不恒等于－90°，也不为常数，而是

一个变数,其变化规律由导引规律决定,且 C_D 也不全是零阻力系数,攻角也是变化的。根据设计理想速度曲线的要求,目前可以有几种方法设计理想速度曲线。

(1) 将 γ_D 逐段取常数,用式(5-3-2)进行计算。这显然很烦琐,不满足理想速度曲线设计要简单的要求。

(2) 取 $\gamma_D=-90°$,即用垂直段的近似公式[式(5-3-5)]作为理想速度曲线,通过调整 τ 和 β 来满足其他要求。

(3) 考虑 γ_D 的变化,且垂直段要准,但不是以 γ_D 为自变量,而是以 λ_D 为自变量,可采用如下经验公式:

$$v_c = v_f[1+\tau(1-e^{-\beta h})]^c \tag{5-3-6}$$

式中,参数 c 用于对 $\gamma_D \neq 90°$ 时的修正:

$$c=\begin{cases}1/[\sin\lambda_D\cos^2(\lambda_D+\gamma_{Df})], & c<2\\ 2, & c\geqslant 2\end{cases} \tag{5-3-7}$$

上述中的后两种方案均可用,第(3)种方案更接近实际情况,因此本书采用第(3)种方案。

不管采用何种方案,由于图形匹配时要对位置进行修正,为了保证有剩余的速度用于修正位置误差,实际的理想速度曲线如下:

$$v^*(h)=\begin{cases}v_c+\Delta v_p, & h\geqslant h_c\\ v_c, & h<h_c\end{cases} \tag{5-3-8}$$

式中,h_c 为图形匹配开始高度;Δv_p 根据实际情况事先选好。仿真结果的 $h-v$ 曲线变化规律如图 5-11 所示。

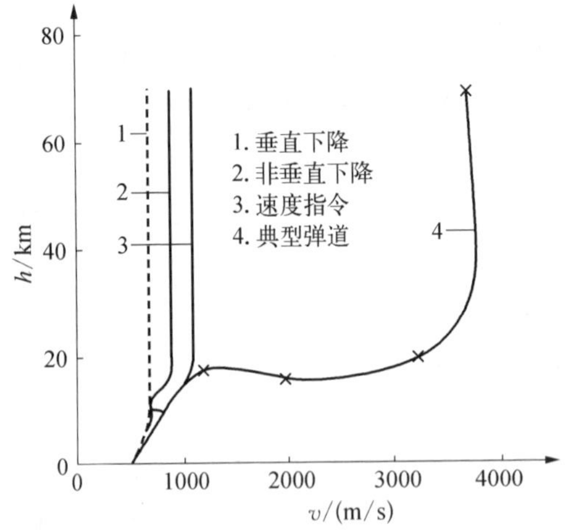

图 5-11 $h-v$ 变化规律曲线

5.3.2 速度大小控制问题

速度大小控制就是如何把实际速度控制到理想速度曲线上去。如果单纯从减速的角度出发,可以有很多方法,因为只要增大攻角,产生附加的诱导阻力使速度减下来，从原则上讲都是可以的。但如何增加攻角有不同的方法，本节介绍一种在垂直方向增加攻角的方法，仿真结果较理想，满足设计要求。

1. 附加的诱导阻力加速度

设从某一时刻算起，以后无附加的减速运动，而由导引规律确定该时刻的总攻角为 $\tilde{\eta}=\sqrt{\tilde{\alpha}^2+\tilde{\beta}^2}$，则此时的阻力加速度为

$$ma_{Dc}=-\frac{1}{2}\rho_c v_c^2 S(C_{D0}+C_{Di})=-\frac{1}{2}\rho_c v_c^2 S(C_{D0}+C_N^{\alpha}\tilde{\eta}^2) \quad (5-3-9)$$

式中，C_{D0}为 $\tilde{\alpha}=\tilde{\beta}=\tilde{\eta}=0$ 时的阻力系数；C_{Di}为由 $\tilde{\eta}$ 引起的诱导阻力系数。

若从同一时刻开始有附加的减速运动，设其总攻角为 η，且 $\eta=\sqrt{\alpha^2+\beta^2}$，但 α、β、η 均是未知的，则此时阻力加速度为

$$ma_D=-\frac{1}{2}\rho v^2 S(C_{D0}+C_N^{\alpha}\eta^2) \quad (5-3-10)$$

显然 $\eta>\tilde{\eta}$，否则不能称减速运动。由于 $\eta>\tilde{\eta}$ 会引起附加的切向加速度，在同一观察时刻以后的短时间内可近似认为 $v_c\approx v$，$\rho_c\approx\rho$，则有

$$m(a_D-a_{Dc})=-\frac{1}{2}\rho v^2(\eta^2-\tilde{\eta}^2)C_N^{\alpha}S \quad (5-3-11)$$

式中，a_D-a_{Dc}表示由附加总攻角引起的附加诱导阻力加速度，其大小由 $\eta^2-\tilde{\eta}^2$ 决定，而如何计算 $\eta^2-\tilde{\eta}^2$ 与减速运动的施加方式有关，这将放在后面讨论，下面先讨论一个近似关系。

2. α、β 与 $\dot{\gamma}_D$、$\dot{\gamma}_T$ 的近似关系

如果没有附加的减速运动，$\dot{\gamma}_D$、$\dot{\gamma}_T$ 可由导引规律确定，再通过坐标变换，可以求出 $\dot{\theta}$、$\dot{\sigma}$，再根据 $\dot{\theta}$、$\dot{\sigma}$ 与 α、β 的关系，可以求出所需的 α、β。为了方便下面讨论，认为转弯平面运动和俯冲平面运动分开，可近似认为

$$-\dot{\gamma}_D\approx\theta,\quad \dot{\theta}\approx\frac{\rho vS}{2m}C_y^{\alpha}\alpha\Rightarrow-\dot{\gamma}_D\approx K_\gamma\alpha$$

$$\dot{\gamma}_T\approx\dot{\sigma}\cos\lambda_D,\quad \dot{\sigma}=-\frac{\rho vS}{2m\cos\theta}C_z^{\beta}\beta\Rightarrow\dot{\gamma}_T\approx K_\gamma\beta$$

总之，近似地可认为

$$\dot{\gamma}_D \approx -K_\gamma \alpha \tag{5-3-12}$$

$$\dot{\gamma}_T \approx K_\gamma \beta \tag{5-3-13}$$

3. 附加攻角的计算

从式(5-3-11)可见,若已知$(a_D - a_{Dc})$和 $\tilde{\eta}$, 即可求出 η,但 $\tilde{\eta}$ 和 η 与附加攻角 α_N是什么关系尚未确定,下面从角速度关系入手,找出其关系。

按导引规律要求的速度方向的转率为

$$\begin{cases} \dot{\boldsymbol{\gamma}}_g = \dot{\boldsymbol{\gamma}}_D + \dot{\boldsymbol{\gamma}}_T \\ \dot{\gamma}_g = \sqrt{\dot{\gamma}_D^2 + \dot{\gamma}_T^2} \end{cases} \tag{5-3-14}$$

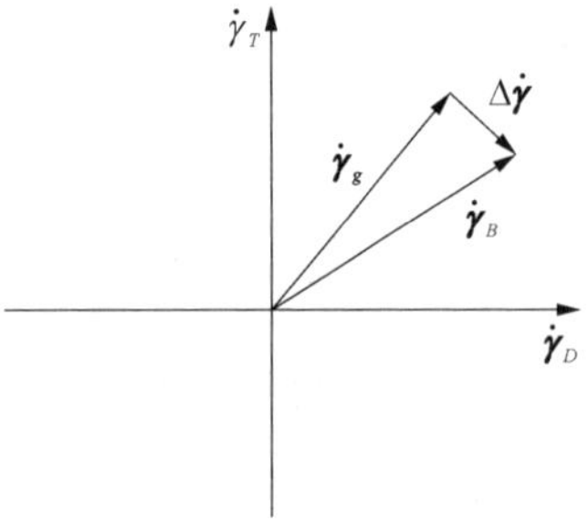

图 5-12 $\dot{\boldsymbol{\gamma}}_B$ 与 $\dot{\boldsymbol{\gamma}}_g$、$\Delta\dot{\boldsymbol{\gamma}}$ 的关系图

而由附加攻角 α_N产生的 $\Delta\dot{\boldsymbol{\gamma}}$ 是沿 $\dot{\boldsymbol{\gamma}}_g$ 的垂直方向加上去的,如图 5-12 所示。

由图 5-12 可知:

$$\begin{cases} \Delta\dot{\gamma}_D = \dfrac{\dot{\gamma}_T}{\dot{\gamma}_g}\Delta\dot{\gamma} \\ \Delta\dot{\gamma}_T = -\dfrac{\dot{\gamma}_D}{\dot{\gamma}_g}\Delta\dot{\gamma} \end{cases} \tag{5-3-15}$$

加上附加攻角后总的速度方向转动速率为

$$\dot{\gamma}_B = \sqrt{\dot{\gamma}_g^2 + \Delta\dot{\gamma}^2} \tag{5-3-16}$$

故:

$$\begin{cases} \dot{\gamma}_{BD} = \dot{\gamma}_D + \dfrac{\dot{\gamma}_T}{\dot{\gamma}_g}\Delta\dot{\gamma} \\ \dot{\gamma}_{BT} = \dot{\gamma}_T - \dfrac{\dot{\gamma}_D}{\dot{\gamma}_g}\Delta\dot{\gamma} \end{cases} \tag{5-3-17}$$

如果采用近似表达式[式(5-3-12)和式(5-3-13)],可得

$$\begin{cases} \alpha = \tilde{\alpha} + \dfrac{\tilde{\beta}}{\sqrt{\tilde{\alpha}^2 + \tilde{\beta}^2}}\alpha_N = \tilde{\alpha} + \Delta\alpha \\ \beta = \tilde{\beta} + \dfrac{\tilde{\alpha}}{\sqrt{\tilde{\alpha}^2 + \tilde{\beta}^2}}\alpha_N = \tilde{\beta} + \Delta\beta \end{cases} \tag{5-3-18}$$

故：

$$\eta^2=\alpha^2+\beta^2=\tilde{\alpha}^2+\tilde{\beta}^2+\alpha_N^2=\tilde{\eta}^2+\alpha_N^2 \tag{5-3-19}$$

即

$$\alpha_N^2=\eta^2-\tilde{\eta}^2 \tag{5-3-20}$$

即不严格地说，α_N是在垂直于 $\tilde{\eta}$ 的方向加上去的。

4. $\dot{\gamma}_B$ 公式的推导

因为 $\dot{\gamma}_g=\dfrac{\rho vS}{2m}C_y^\alpha\tilde{\eta}$，$\Delta\dot{\gamma}=\dfrac{\rho vS}{2m}C_y^\alpha\alpha_N$，所以有

$$\dot{\gamma}_B=\frac{\rho vS}{2m}C_y^\alpha(\tilde{\eta}^2+\alpha_N^2)^{1/2} \tag{5-3-21}$$

下面分析如何求 α_N及 $\tilde{\eta}$。设某一时刻实际速度 v 和理想速度 v^* 的差为 $v-v^*$，如果认为在 $T_g=-\rho/\dot{\rho}$ 时间内完成减速，则当前时刻所需的平均加速度为 $(v-v^*)/T_g$，但实际上减速并不是在 T_g时间内完成的，所以应加一修正系数 K_T，故可以认为附加的切向加速度为

$$-K_T\left(\frac{v-v^*}{T_g}\right)=a_D-a_{Dc}$$

将上式代入式(5-3-11)得

$$-K_T\left(\frac{v-v^*}{T_g}\right)=-\frac{1}{2m}\rho v^2SC_N^\alpha\alpha_N^2$$

故由上式可得

$$\alpha_N=\left[\frac{2m}{C_N^\alpha S}K_T\left(\frac{v-v^*}{v}\right)\frac{1}{T_g}\frac{1}{\rho v}\right]^{1/2} \tag{5-3-22}$$

$\tilde{\eta}$ 为无附加减速运动时，按导引规律确定的总攻角，当然可以由导引规律求出，也可以采用如下方法获得。设无附加的减速运动，则有

$$ma_{Dc}=-C_{D0}\frac{\rho v^2S}{2}-\frac{\rho v^2S}{2}C_N^\alpha\tilde{\eta}^2=ma_{D0}+ma_{Di} \tag{5-3-23}$$

式中，a_{D0} 为 $\tilde{\alpha}=\tilde{\beta}=0$ 时的阻力加速度；a_{Di}为无附加减速运动时由总攻角 $\tilde{\eta}$ 产生的诱导阻力加速度，即

$$ma_{Di} = -\frac{1}{2}\rho v^2 SC_N^{\alpha}\tilde{\eta}^2 \tag{5-3-24}$$

由式(5-3-24)可得

$$\tilde{\eta} = \left[\frac{2m}{C_N^{\alpha}S}\frac{1}{\rho v}\frac{|a_{Di}|}{v}\right]^{1/2} \tag{5-3-25}$$

将式(5-3-22)和式(5-3-25)代入式(5-3-21)可得

$$\dot{\gamma}_B = \sqrt{\frac{(C_y^{\alpha})^2 S}{2mC_N^{\alpha}}}\left\{\rho v\left[\left(\frac{v-v^*}{v}\right)K_T\left(\frac{-\dot{\rho}}{\rho}\right)+\frac{|a_{Di}|}{v}\right]\right\}^{1/2} \tag{5-3-26}$$

令 $K_2 = \sqrt{\dfrac{(C_y^{\alpha})^2 S}{2mC_N^{\alpha}}}$, $\varepsilon = \dfrac{v-v^*}{v}$,则式(5-3-26)变成

$$\dot{\gamma}_B = K_2\left\{\rho v\left[K_T\left(\frac{-\dot{\rho}}{\rho}\right)\varepsilon+\frac{|a_{Di}|}{v}\right]\right\}^{1/2} \tag{5-3-27}$$

该表达式与国外文献中的表达式一致,其中诱导阻力加速度由式(5-3-28)求出:

$$|a_{Di}| = \frac{\rho v^2 S}{2m}(C_D - C_{D0}) \tag{5-3-28}$$

5.4 再入机动弹头速度方向与大小控制的三自由度弹道仿真

5.4.1 三自由度弹道仿真的数学模型

机动弹头再入飞行时,既要有速度方向的控制,又要有速度大小的控制。进行三自由度弹道仿真的结构图如图5-13所示,图中给出了导航制导计算、运动方程及惯导误差之间的关系。图5-13中,$\Delta\dot{\boldsymbol{W}}_a$是平台惯性导航系统测量的视加速度误差,其大小由平台惯性导航系统的误差模型确定,包括加速度误差、陀螺仪的漂移和平台角误差。

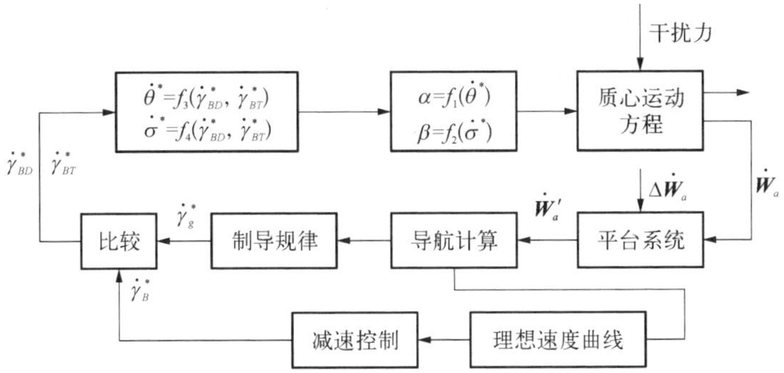

图 5－13　三自由度弹道仿真时的结构图

1）质心运动方程：

$$\begin{cases}\dot{v}=R_{x_h}/m+g_{x_h}\\ \dot{\theta}=R_{y_h}/mv+g_{y_h}/v\\ \dot{\sigma}=-R_{z_h}/(mv\cos\theta)-g_{z_h}/(v\cos\theta)\\ \dot{x}=v\cos\theta\cos\sigma\\ \dot{y}=v\sin\theta\\ \dot{z}=-v\cos\theta\sin\sigma\end{cases}\tag{5-4-1}$$

2）导引方程：

$$\begin{cases}\dot{\gamma}_D=K_{GD}\dot{\lambda}_D+K_{LD}/T_g(\lambda_D+\gamma_{Df})\\ \dot{\gamma}_T=K_{GT}\dot{\lambda}_T\cos\lambda_D\end{cases}\tag{5-4-2}$$

$$\begin{cases}\lambda_D=\arctan(y/\sqrt{x^2+z^2})\\ \lambda_T=\arctan(-z/x)\end{cases}\tag{5-4-3}$$

$$\begin{cases}\dot{\lambda}_D=v_\eta/\rho\\ \dot{\lambda}_T=-v_\zeta/\rho\cos\lambda_D\\ \rho=\sqrt{x^2+y^2+z^2}\\ T_g=\rho/v_\xi\end{cases}\tag{5-4-4}$$

$$\begin{bmatrix}v_\xi\\ v_\eta\\ v_\zeta\end{bmatrix}=\boldsymbol{S}_O\begin{bmatrix}\dot{x}\\ \dot{y}\\ \dot{z}\end{bmatrix}\tag{5-4-5}$$

3）速度控制方程

$\dot{\gamma}_B$ 的计算公式为

$$\dot{\gamma}_B = K_2\{\rho v[K_T(-\dot{\rho}/\rho)\varepsilon + |a_{Di}|/v]\}^{1/2} \tag{5-4-6}$$

式中，$\varepsilon = (v - v^*)/v$；$|a_{Di}| = \dfrac{\rho v^2 S}{2m}(C_D - C_{D0})$ 是诱导阻力产生的加速度；K_2、K_T为可调节参数。v^* 是理想速度，计算公式为

$$v^* = \begin{cases} v_c + \Delta v_p, & h \geqslant h_c \\ v_c, & h < h_c \end{cases} \tag{5-4-7}$$

式中，Δv_p 为理想速度的修正量；v_c 的表达式为

$$v_c = v_f[1 - \tau(1 - e^{-\beta h})]^c \tag{5-4-8}$$

式中，τ 为可调节参数；c 的取值为

$$c = \begin{cases} 1/[\sin\lambda_D \cos^2(\lambda_D + \gamma_{Df})], & c \leqslant 2 \\ 2, & c > 2 \end{cases} \tag{5-4-9}$$

4）求 α、β 的方程

对三自由度弹道进行仿真，为了唯一地确定弹道，需要确定 α、β 的变化规律。当不考虑减速运动时，α、β 的变化规律由导引规律确定，如式(5-2-26)或者式(5-2-27)所示。当既考虑导引规律，又考虑减速控制时，确定 α、β 的变化规律稍有不同。

首先分别由导引规律和减速规律计算出所需的速度方向变化率 $\dot{\gamma}_g$ 和 $\dot{\gamma}_B$；其次对 $\dot{\gamma}_g$ 和 $\dot{\gamma}_B$ 进行比较计算出 $\Delta\dot{\gamma}$、$\dot{\gamma}_{BD}$、$\dot{\gamma}_{BT}$：

$$\Delta\dot{\gamma} = \begin{cases} \sqrt{\dot{\gamma}_B^2 - \dot{\gamma}_g^2}, & |\dot{\gamma}_B| > |\dot{\gamma}_g| \\ 0, & |\dot{\gamma}_B| \leqslant |\dot{\gamma}_g| \end{cases} \tag{5-4-10}$$

$$\begin{cases} \dot{\gamma}_{BD} = \dot{\gamma}_D + \dfrac{\dot{\gamma}_T}{\dot{\gamma}_g}\Delta\dot{\gamma} \\ \dot{\gamma}_{BT} = \dot{\gamma}_T - \dfrac{\dot{\gamma}_D}{\dot{\gamma}_g}\Delta\dot{\gamma} \end{cases} \tag{5-4-11}$$

再由 $\dot{\gamma}_{BD}$、$\dot{\gamma}_{BT}$ 确定需要的 $\dot{\theta}$、$\dot{\sigma}$ 的大小，方法类似式(5-2-26)，但要用 $\dot{\gamma}_{BD}$、

$\dot{\gamma}_{BT}$ 代替 $\dot{\gamma}_D$、$\dot{\gamma}_T$：

$$\begin{cases} \dot{\theta} = -\dfrac{\dot{\gamma}_{BD}}{\cos(\lambda_T - \sigma)} \\ \dot{\sigma} = \dfrac{\dot{\gamma}_{BT} - \dot{\gamma}_{BD}\tan(\lambda_T - \sigma)\sin\lambda_D}{\cos\lambda_D} \end{cases} \tag{5-4-12}$$

再利用式(5 - 4 - 1)可得 R_{y_h}、R_{z_h}，进而可得 C_y、C_z，再根据空气动力系数反查便可以得到 α、β。

利用式(5 - 4 - 1) ~ 式(5 - 4 - 12)，便可以在给定初始条件和有关参数后进行弹道仿真。

5.4.2　三自由度弹道仿真计算和分析

设机动弹头在再入点的运动参数如下：$v_e = 3\,650$ m/s，$\theta_e = -44.3°$，$h_e = 45$ km，$m/S = 2\,035$ kg/m^2。

导引控制参数：$K_{GD} = -4$，$K_{GL} = -2$，$K_{GT} = 4$。

速度控制参数：$\tau = 0.412\,6$，$K_2 = 0.022\,5$，$K_T = 6.27$（当 $h > 7.2$ km 时），$K_T/T_g = 0.000\,1$（当 $h \leqslant 7.2$ km 时）。

终端约束条件：$\gamma_{Df} = -90°$，$v_f = 520$ m/s。

过程约束条件：$\alpha \leqslant \alpha_{\max}$，$n_y \leqslant n_{y\max}$。

仿真计算结果见图 5 - 14 和图 5 - 15。图 5 - 14 表示高度 h 与射程 R_L 的关系，同时给出了 α 和 n_y 随时间的变化曲线，图 5 - 15 给出了 $\dot{\gamma}_g$、$\dot{\gamma}_B$ 的变化过程。计算结果表明，落速大小误差为 1 m/s，而落速方向误差在 0.1°左右，落点位置误差在 1 m 左右。仿真结果说明，在标准情况下，最优导引规律、速度大小控制方法在导引过程中较好地满足终端约束条件和过程约束条件，确保机动弹头以要求的速度大小和方向准确命中目标，满足设计要求。

下面对减速控制中的几个参数 τ、K_2、K_T 的选择稍作说明。

(1) 理想速度调节参数 τ 的选取原则。理想速度曲线中调节参数 τ 应根据不同的飞行任务选取不同的常数。由图 5 - 11 看出，调节参数 τ 对理想速度曲线的形状有影响。

图 5 - 11 中的曲线 1 为不考虑 c 的影响和 Δv_p 的修正时的曲线，即

$$v^* = v_f[1 + \tau(1 - e^{-\beta h})]$$

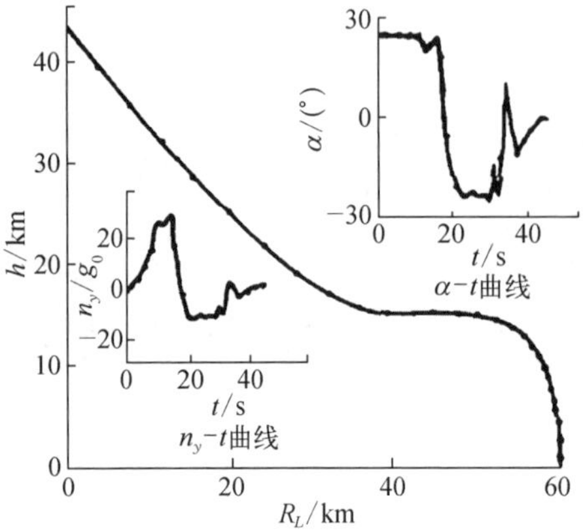

图 5-14 $h-R_L$关系曲线

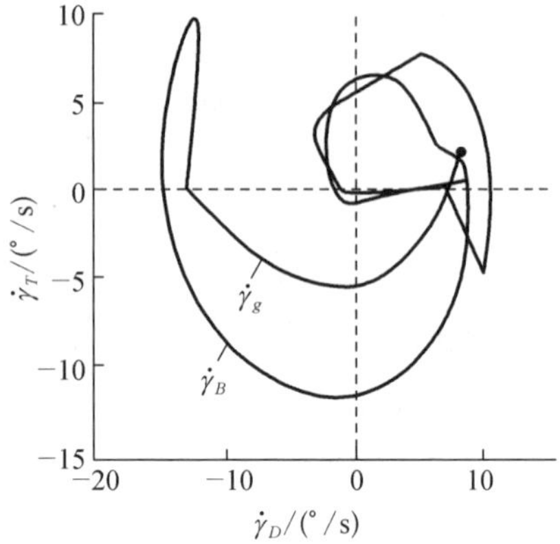

图 5-15 $\dot{\gamma}_g$、$\dot{\gamma}_B$随$\dot{\gamma}_D$和$\dot{\gamma}_T$的变化规律曲线

显然，$\tau=0$时，$v^*=v_f$，理想速度曲线为一条直线。当$\tau>0$且取常数时，τ越大，v^*也将越大。因此，若要求理想速度曲线陡一些，τ相应地应选择小一些；相反，若要求理想速度曲线平缓一些，τ相应地应选择大一些。一般说来，τ既可以以某一高度为界取分段常数，也可以整段取同一常数。图 5-11 是整个再入段取同一常数的结果。

（2）$\dot{\gamma}_B$中调节参数K_2的选取原则。根据理论分析，$\dot{\gamma}_B$中调节参数K_2的理论值为

$$K_2=\sqrt{(C_y^{\alpha})^2 S/(2mC_N^{\alpha})}$$

但实际上，它反映了增益的大小，K_2的大小反映了希望用大一些还是小一些的$\dot{\gamma}_B$来进行减速控制。本例计算的理论值$K_2\approx 0.02$，而实际取值为$K_2=0.0225$，可见两者存在一定的差别。

（3）$\dot{\gamma}_B$中调节参数K_T的选取原则。从$\dot{\gamma}_B$的表达式看出，调节参数K_T的大小有两方面的作用：一方面是对T_g的修正；另一方面，从式(5-3-27)看出，K_T的作用相当于加权因子。若其他参数不变，增大调节参数K_T的值，相当于误差项的作用加强，从而使$\dot{\gamma}_B$增大，如α和n_y不超过限制值，增大调节参数K_T的值，相当于增大α_N。

同时，K_T的选取还应考虑T_g的作用，因T_g较小时，K_T值应小一些。为了克服T_g过小带来的影响，调节参数K_T以某一高度为界分段取值为宜。

本例取：

$$\begin{cases} K_T = 6.27, & h > 7.2\ \text{km} \\ K_T/T_g = 0.000\,1, & h \leqslant 7.2\ \text{km} \end{cases}$$

（4）机动弹头的精度分析。机动弹头三自由度弹道仿真模型中，除了通过仿真对减速控制的调节参数 τ、K_2 和 K_T 进行选择，以满足导引和减速控制要求，设计出标准弹道外，还可以在标准弹道的基础上进行精度分析。在进行精度分析时应考虑如下几种干扰：① 初始条件误差，主要是主动段关机点误差引起的；② 大气密度、空气动力系数和质量误差等；③ 风的影响；④ 惯性器件的误差。

因为制导指令是由惯性器件测量和计算出来的，惯性器件有误差会导致导航计算误差，因而会引起落点误差。为了修正惯性器件计算出的位置误差，机动弹头在三个不同高度处进行三次地图匹配和误差修正，可以大大提高位置测量的精度。由于上述误差是随机误差，除了采用最大误差法分析单项误差的影响外，计算落点误差还应采用蒙特卡洛法随机抽样，求出方差，对精度进行分析。

5.5　再入机动弹头速度方向与大小控制的六自由度弹道仿真

5.5.1　六自由度弹道仿真的数学模型

1. 六自由度弹道仿真的特点

在本书的2.5.1节，已经对三自由度和六自由度弹道仿真的区别作过一些讨论，这里结合机动弹头作进一步的讨论。

三自由度弹道仿真和分析中有以下两个重要的假设。

（1）假设弹头在飞行过程中总是处在瞬时平衡状态，这体现在三自由度弹道仿真时，略去了机动弹头的转动运动方程组，采用的空气动力系数均是配平状态下的值。

（2）假设控制系统是理想的，能瞬时达到要求的舵偏角。再根据瞬时平衡假设，机动弹头能瞬时达到要求的姿态，其结构如图5-13所示。

在此假设下，研究了导引规律、减速控制规律，并分析按此导引、减速规律飞行时，攻角 α、侧滑角 β 的变化规律。这种做法在设计的初步阶段、研究标准轨道设计和初步精度分析时是允许的，也是可行的。但上述假设要以控制系统设计良好、弹头反应迅速为前提，否则不成立。因此，当进一步研究如何实现机动弹头沿标准弹道飞行时，还要解决以下关键问题：对具有临界静稳定性（即静稳定和静不稳定交替出现）的机动弹头，如何设计其控制系统，以保证稳定飞行；在考虑了机动弹头的动态平衡过程时，所设计的控制系统能否满足要求；在考虑了各种干扰情况下，其精度是否满足要求等。

总之，当进一步研究如何实现机动弹头沿标准弹道飞行时，必须把机动弹头当成一个刚体，而且要设计一个性能良好的控制系统，通过整个系统的六自由度弹道仿真，对再入后的导引规律、减速控制规律进行全面的检验。只有这样，再进行有干扰情况下的误差分析时，才更可信，更接近真实情况。进行六自由度弹道仿真，可为半实物仿真打下基础。

六自由度弹道仿真最大的特点是要设计一个控制系统，并且无论是机动弹头弹体，还是控制系统，必须考虑其动态过程，因此不能简单地认为六自由度弹道仿真就是增加了机动弹头的旋转运动，而是要复杂得多。首先必须确定误差信号，并根据此误差信号综合设计一个控制系统，因为一般控制系统是按各通道分别设计的，必须通过六自由度弹道仿真对控制系统设计进行校验，且经过几轮迭代，以达到设计要求。只有完成上述步骤后，才谈得上精度分析。

概括起来，机动弹头六自由度弹道仿真有下列特点。

(1) 作为三自由度弹道仿真的质心运动方程可以认为只要给出控制变量 α、β、χ 就可以唯一地确定弹道，且认为姿态控制理想化，其调节时间为零，超调量也为零，完全可由导引规律、减速控制规律决定 α、β、χ 的大小。但六自由度弹道仿真中，模拟机动弹头的质心和绕质心运动，只能通过广义舵偏角产生的控制力矩改变机动弹头姿态，进而改变机动弹头飞行中的攻角 α、侧滑角 β、倾侧角 χ，主要由 α、β、χ 来影响质心运动。除了姿态控制系统有动态过程外，机动弹头转动运动本身也有动态过程，控制力矩和稳定力矩并不是瞬时达到平衡。

由于要考虑舵偏角引起的机动弹头的转动运动，这给仿真带来两个困难：一是转动运动相对于质心运动进行得快，为保证计算不发散且误差较小，计算步长要比三自由度弹道仿真的计算步长小得多，这给大量的弹道仿真计算带来了困难；二是实际计算的微分方程数目也大大增加，特别是空气动力系数的计算量增加了许多倍。三自由度弹道仿真主要是计算 C_x、C_y、C_z，且它们仅为 Ma、α、β、h 的函数；而六自由度弹道仿真中，除了上述三个空气动力系数外，必须增加俯仰力矩系数、偏航力矩系数、滚转力矩系数，以及俯仰、偏航和滚转三个通道的阻尼力矩系数，更复杂的是它们均受舵偏角 δ_φ、δ_ψ、δ_γ 的影响，并且彼此有交联。因此，必须事先对空气动力系数加以处理，形成便于计算的公式，

且自变量除了 α、β、Ma、h 外还增加了 δ_φ、δ_ψ、δ_γ，这给右函数增加了许多计算量。机动弹头的飞行速度、高度变化很大，Ma 可由 12 变化到 2 左右，高度由 45 km 变化到 0，又有舵偏角的变化，这种弹头的六自由度弹道仿真是较复杂的。

（2）根据三自由度标准弹道设计，从 45 km 开始，先是以正攻角 25°拉起，飞行过程中攻角经过 0，而后又以负攻角 25°压下。目前，为了增加机动弹头的机动性，压心与质心距离很近，这种机动弹头在攻角绝对值 $|\alpha|$ 较小时为静不稳定，而当攻角绝对值 $|\alpha|$ 较大时为静稳定，也就是说机动弹头再入过程中，既有 $|\alpha|$ 较小的静不稳定状态，又有 $|\alpha|$ 较大的静稳定状态。

在三自由度弹道仿真中，α、m_z^α 的变化如图 5－16 所示，其中 $m_z^\alpha < 0$ 表示静稳定，$m_z^\alpha > 0$ 表示静不稳定。在六自由度弹道仿真中，α 不可能跃变，α、m_z^α 的变化过程如图 5－17 所示，静稳定和静不稳定交替出现。

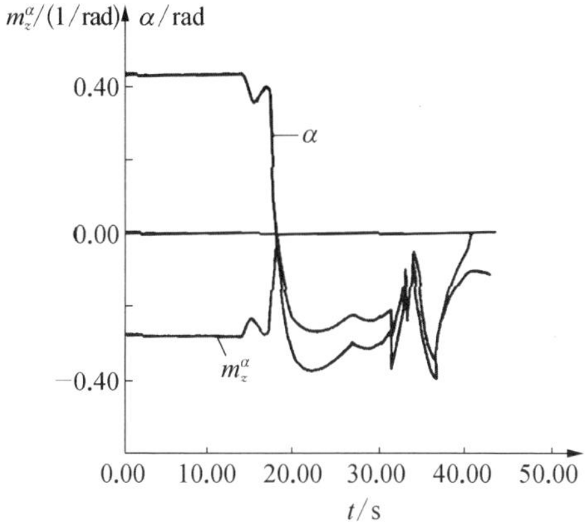

图 5－16　三自由度 m_z^α 与 α 和 t 的关系

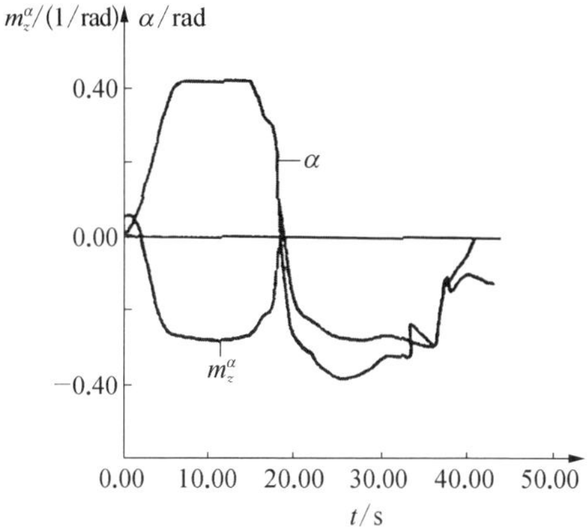

图 5－17　六自由度 m_z^α 与 α 和 t 的关系

机动弹头在飞行过程中出现两种静稳定性，其舵偏角 δ_φ、δ_ψ 和 α、β 的关系是不一样的，这给控制系统设计带来了较大的困难。设计好控制系统，使机动弹头在两种状态下都具有较好的快速性和稳定性，是机动弹头控制系统设计成败的关键。

另外，机动弹头再入过程中，速度、高度剧烈变化，使动压发生巨大变化，进而使机动弹头弹体传递函数中的放大系数和时间常数产生较大变化。对前述的例子，放大系数由 0.003 79 变化到 0.68，放大为原来的 179.4 倍；而时间常数由 138.27 变化到 2.05，缩小为原来的 1/67.4。因此，系数的剧烈变化也给控制系统校正带来了困难。

2. 姿态控制系统误差的形式及其综合设计

机动弹头六自由度弹道仿真中,控制变量为俯仰舵偏角 δ_φ、偏航舵偏角 δ_ψ 及滚转舵偏角 δ_γ,其大小和符号由误差的大小来确定。原则上讲,导引规律、减速控制规律确定的状态参数的要求值(用上标"*"号表示)与机动弹头状态参数的测量值或实际值(用上标"′"号表示)之差均可以作为姿态控制系统的误差信号,但目前常用的有以下几种。

(1) 根据导引规律、减速控制规律确定的需要的速度方向变化率与实际测量到的速度方向变化率之差形成误差,即

$$\boldsymbol{\Delta} = \dot{\boldsymbol{\gamma}}'_B - \dot{\boldsymbol{\gamma}}^*_B \tag{5-5-1}$$

(2) 根据导引规律、减速控制规律确定的需要的视加速度 $\dot{\boldsymbol{W}}^*$ 与实测的视加速度 $\dot{\boldsymbol{W}}'$ 之差形成误差,即

$$\boldsymbol{\Delta} = \dot{\boldsymbol{W}}' - \dot{\boldsymbol{W}}^* |_{y,z} \tag{5-5-2}$$

(3) 根据导引规律、减速控制规律确定的需要加速度和实测加速度之差来形成误差,即

$$\boldsymbol{\Delta} = \boldsymbol{A}' - \boldsymbol{A}^* |_{y,z} \tag{5-5-3}$$

$$\boldsymbol{A} = \dot{\boldsymbol{W}} + \boldsymbol{g} \tag{5-5-4}$$

(4) 根据导引规律、减速控制规律所确定的需要姿态角和实际姿态角之差形成误差,即

$$\boldsymbol{\Delta} = (\varphi' - \varphi^*, \psi' - \psi^*, \gamma' - \gamma^*)^{\mathrm{T}} \tag{5-5-5}$$

上述几种方法各有特色。例如,对于第四种方法,因为机动弹头虽有图像匹配末制导,但仅是通过图像匹配对惯导器件的误差进行修正,其基本控制规律仍等同于弹道式导弹;不同之处在于弹道导弹是通过飞行程序对导弹运动进行控制,而机动弹头是根据导引规律、减速控制规律,由飞行状态参数实时确定程序角(φ^*、ψ^*、γ^*)进行控制。而实际的姿态角可直接由惯性导航系统获得,不需要变换。这种误差形成方式简单,把质心控制问题变成了姿态跟踪问题,相当于引入了可变的飞行程序,概念上易于接受,且便于对攻角、过载进行限制。但在此种方法中,如何求 φ^*、ψ^*、γ^* 和利用空气动力系数反查 α、β 值较烦琐,且存在着误差。第一种方法明显是将攻击活动目标导弹的误差形成方法

借用过来,因此这种方法的特性与攻击活动目标导弹的特性差不多。第二种、第三种误差形成方法与第一种方法大同小异,因为把第一种方法的误差信号 $\boldsymbol{\Delta} = \dot{\boldsymbol{\gamma}}'_B - \dot{\boldsymbol{\gamma}}^*_B$ 乘以弹头速度 v,便可以得到第三种方法的误差信号。而第二种和第三种方法的区别在于如何处理引力加速度。第二种方法用视加速度之差作为误差信号,是把制导计算出来的需要加速度减去引力加速度,得到需要的视加速度,再求误差信号;而第三种方法是把测量出来的视加速度加上引力加速度得到误差信号。因此,原则上讲,上述几种方法均可以用,本书介绍第二种和第四种方法。

首先介绍第二种方法,即用视加速度之差作误差信号,这种方案是直接利用惯性导航系统测量出来的视加速度与需要的视加速度之差作误差信号,比较简单,其六自由度弹道仿真的结构图如图 5－18 所示。

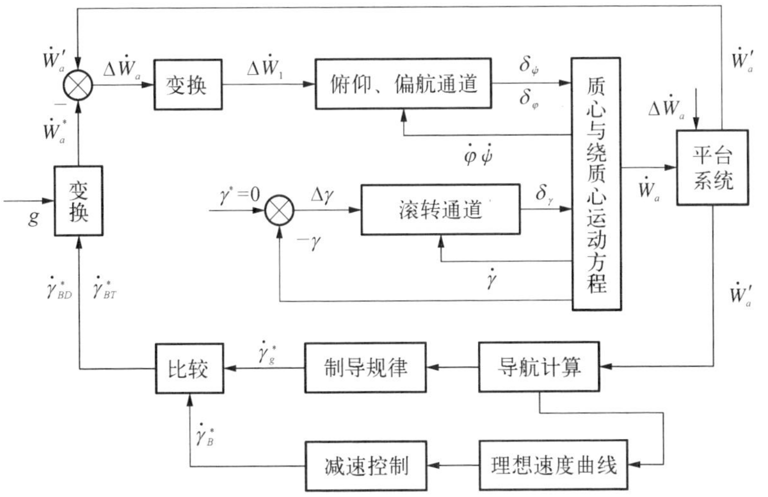

图 5－18　视加速度差作为误差信号时的六自由度仿真结构图

其次讨论第四种方法,该方法是把质心控制问题变成姿态跟踪问题,其姿态控制系统不同于其他三种,其六自由度弹道仿真结构图如图 5－19 所示。

从图 5－18 和图 5－19 可以看出,六自由度弹道仿真的数学模型与三自由度弹道仿真相比,其导航计算部分是一样的,不同的是俯仰、偏航和滚转通道的组成及部分的动力学方程。两种误差信号组成方法对应的姿态控制系统不一样,应分别进行研究。

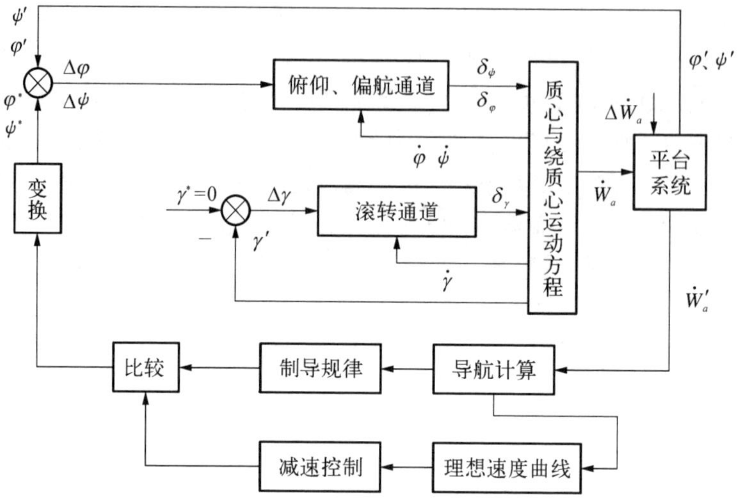

图 5-19 姿态角差作误差信号时的六自由度仿真结构图

有了误差信号,能否根据此误差信号去形成控制指令产生舵偏角呢?显然是不行的。如前所述,由于在飞行过程中静稳定度的变化和动压剧烈变化造成放大系数的剧烈变化,必须进行校正和综合。为了保证在静稳定和静不稳定时的稳定飞行和合适的过渡品质,对俯仰、偏航通道必须输入姿态角速度和其积分的反馈,而对滚转通道还需输入角加速度的反馈。为了克服动压剧烈变化带来的影响,应对放大系数进行校正,下面分两种情况分别加以讨论。

1) 以视加速度差为误差信号的姿态控制系统

根据《大气飞行器姿态动力学》[21]的研究,对于静稳定和静不稳定交替出现的机动弹头,必须加姿态角的反馈信号;而为了使机动弹头有足够的阻尼作用,应增加姿态角速度的反馈;为了适应在不同特征点弹体放大系数、时间常数的变化,应对系统的放大系数进行校正。

目前,机动弹头的姿态控制系统中,仍按俯仰、偏航和滚转三个通道分别进行设计,且每个通道的设计又选择若干个特征点,对每个特征点采用固化系数法,将运动参数加以固化,从而将系统按常系数系统进行稳定和校正。以俯仰通道为例,其结构图如图 5-20 所示。

图 5-20 中,控制量为要求的视加速度分量 $\dot{W}_{y_1}^*$,反馈的信号为俯仰角 φ 和俯仰角速度 $\dot{\varphi}$。其中,在放大环节,k_c、k_v、k_{01}、k_{02}、k_{11}、k_{12}、k_{zi}是与弹体传递函数有关的设计参数,有些是常数,有些是高度的函数,以适应动压变化

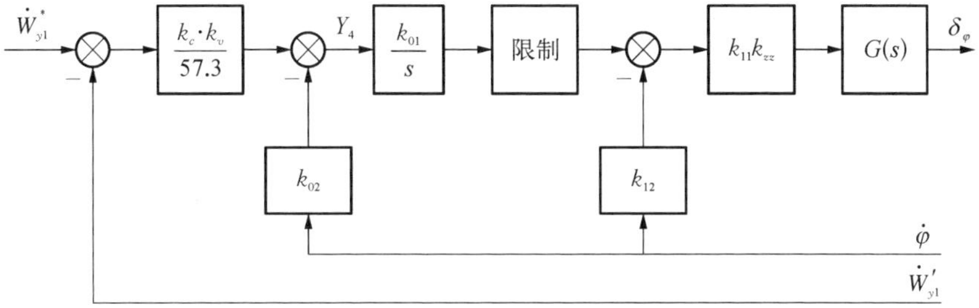

图 5-20　俯仰通道的姿态控制系统结构图

带来放大系数和时间常数的变化，保证在每个特征点均有合适的动态品质。图 5-20 中各参数的具体形式如下：$k_c = 15.4\mathrm{e}^{-0.1036(50-h)} + 0.929$，$k_v = 1.0$，$k_{01} = 1.34/[0.0000008\mathrm{e}^{0.235(50-h)} + 0.054]$，$k_{02} = 0.1$，$k_{11} = 10.0$，$k_{12} = 0.1$，$k_{zi} = 29.04\mathrm{e}^{-0.14(50-h)} + 0.191$。

考虑到舵的最大偏转限制 $\delta_{\max}$，在控制系统内部应对输入舵机的信号进行限制，以保证输出的舵偏角在允许的范围内。

同时，由于机动弹头还受到攻角与过载的限制，仿真中应对攻角、过载进行考察，以保证它们的值在允许的范围内。弹头的攻角和过载都是通过舵偏转来实现的，对攻角和过载的限制即对舵偏角 δ_φ 进行限制，因此当机动弹头总攻角 $\eta_T > \eta_{\max}$ 时，应对俯仰通道的输入信号 $\dot{W}_y^*$ 进行限制。若输入系统的视加速度误差信号使弹头总攻角继续增大，则令 $\Delta\dot{W}_y = 0$；反之，若信号 $\Delta\dot{W}_y$ 使弹头总攻角减小，则保持不变。对弹头过载的限制，与总攻角的限制相同。

由于机动弹头的对称性，弹头偏航通道的姿态控制系统与俯仰通道相似，但俯仰通道与偏航通道参数不完全相同，放大环节的数值和与高度关系不完全相同。

滚转通道是单独设计的，它要求使滚转角 γ 稳定在零，是一个角稳定系统，其结构图见图 5-21。

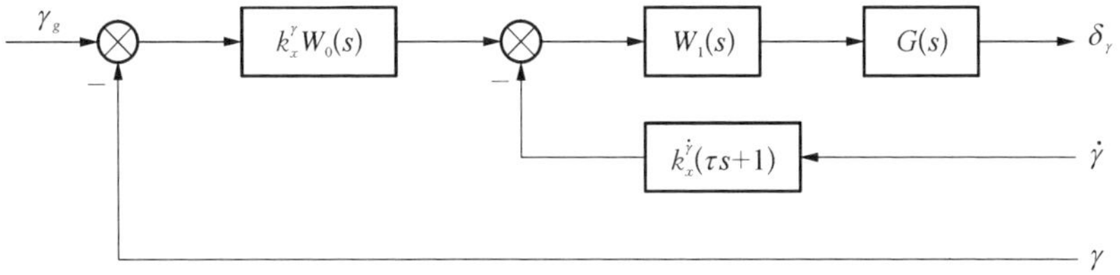

图 5-21　滚转通道的稳定回路结构图

图 5-21 中，γ_g 是所需的滚转角，其值为零，系统的反馈除了角速度 $\dot{\gamma}$ 外还有角加速度 $\ddot{\gamma}$，这一点一般不在导弹控制系统中采用。另外，为保证系统的稳定和良好的品质，设计了两个校正网络：

$$W_0(s) = 17 \times \frac{(2s+1)(0.14s+1)}{(0.00714s+1)(0.028s+1)} \tag{5-5-6}$$

$$W_1(s) = \frac{(0.05s+1)^2}{(s+1)^2} \tag{5-5-7}$$

在弹道仿真计算中，姿态控制系统的仿真单独为一个模块，有其自身的仿真结构，在整个六自由度仿真中作为一个环节，只要给出姿态控制系统所需的输入参数，通过调用控制模块，即可得到所需舵偏角 δ_φ、δ_ψ 和 δ_γ 的数值。

2）以姿态角差为误差信号的姿态控制系统

此时的姿态控制系统类似弹道式导弹的姿态控制系统，仍按俯仰通道、偏航通道和滚转通道分别进行设计，也是选取若干个特征点，用固化系数法将运动参数固化，从而将系统变成常系数系统进行设计和分析。

俯仰控制通道的结构图如图 5-22 所示。图中，φ^* 是由导引规律和减速规律确定的需要的俯仰角；而 $\dot{\varphi}$ 是实际的俯仰角速度，反馈的目的是增加机动弹头的阻尼作用；φ' 是实际的俯仰角，是保证机动弹头稳定飞行所必需的反馈。同时，作为系统的输出，通过 φ' 来实现所要求的导引和减速。放大环节中，k_{11} 为常数，k_{12}、k_{01} 为高度的函数。

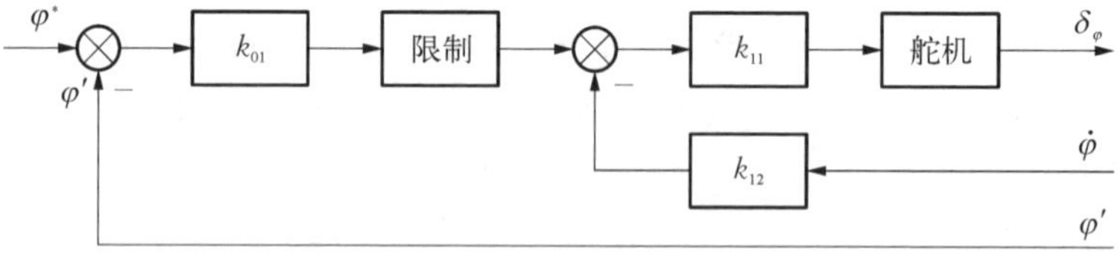

图 5-22 俯仰控制通道的结构图

由于机动弹头的轴对称性，机动弹头偏航通道的姿态控制系统与俯仰通道相似，只是放大环节的数值和与高度的关系稍有不同。

滚转通道仍然单独设计，它要求滚转角 γ 随要求的滚转角 γ^* 变化。若 $\gamma^*=0$，则是稳定系统；若 $\gamma^*=\gamma^*(t)$，则是跟踪系统。

前面讨论过，这种误差组成方式是把质心控制问题变成了姿态跟踪问题，相当于引入了可变的飞行程序。具体来讲,要求姿态角(φ, ψ, γ)跟踪可变的程序角(φ^*, ψ^*, γ^*),因此这种方法中很重要的一个问题是如何求姿态控制系统的输入量 φ^*、ψ^* 和 γ^*。求输入量 φ^*、ψ^* 和 γ^* 有两种方法,下面分别介绍。

方法 1:类似三自由度弹道仿真,令要求的倾侧角 $\chi^*=0$,求 φ^*、ψ^*、γ^*。

(1) 由导引规律和减速控制规律求出 $\dot{\gamma}_{BD}$、$\dot{\gamma}_{BT}$ 后,利用如下公式求需要的 $\dot{\theta}^*$、$\dot{\sigma}^*$:

$$\begin{cases}\dot{\theta}^*=\dfrac{-\dot{\gamma}_{BD}}{\cos(\lambda_T-\sigma)}\\ \dot{\sigma}^*=\dfrac{1}{\cos\lambda_D}[\dot{\gamma}_{BT}-\dot{\gamma}_{BD}\tan(\lambda_T-\sigma)\sin\lambda_D]\end{cases}\tag{5-5-8}$$

(2) 求需要的 Y^* 和 Z^*:

$$\begin{cases}Y^*=mv\dot{\theta}^*+mg\cos\theta\\ Z^*=-mv\cos\theta\dot{\sigma}^*\end{cases}\tag{5-5-9}$$

(3) 当已知 Y^*、Z^*,由配平升力系数求需要的 α^*、β^*。因 α^*、β^* 不一定是小量,不能用 $Y^*=C_y^\alpha\alpha^*qS$, $Z^*=C_z^\beta\beta^*qS$ 求 α^*、β^*。

(4) 由当时的速度方向 θ、σ 及 $\chi^*=0$,和需要的 α^*、β^* 可求出需要的姿态角 φ^*、ψ^*、γ^*。根据八个欧拉角的关系,利用式(2-5-24)~式(2-5-26),令 $\chi=0$ 可得 φ^*、ψ^* 及 γ^*。

此方法的特点是令 $\chi^*=0$,接近三自由度弹道仿真,求解 φ^*、ψ^*、γ^* 时,在形式上方便。但实际上,复杂的三角运算在弹头上不易实现,应进行简化。此外,$\chi^*=0$ 时,$\gamma^*\neq 0$,且是交变的,因此滚转通道不是一个稳定系统,而是一个跟踪系统,这一点会带来如下问题。

由式(2-3-64)可知,当 $\gamma=0$ 时,$\omega_{y_1}=\dot{\psi}$,$\omega_{z_1}=\dot{\varphi}\cos\psi$,$\dot{\gamma}=\omega_{x_1}+\dot{\varphi}\sin\psi$,$\omega_{y_1}$、$\omega_{z_1}$ 分别对应于 $\dot{\psi}$、$\dot{\varphi}$,相互耦合少。而当 $\gamma\neq 0$ 时,则 ω_{y_1}、ω_{z_1} 与 $\dot{\psi}$、$\dot{\varphi}$ 相互间有交连耦合,这是不利的。而且按习惯要求,滚转通道是角稳定系统,即输入量 $\gamma^*=0$,这样 χ^* 就不等于零。

方法 2:要求滚转通道是角稳定系统,即令 $\gamma^*=0$,求 φ^*、ψ^*。

(1) 由导引规律和减速规律求出 $\dot{\gamma}_{BD}$、$\dot{\gamma}_{BT}$ 后,根据式(5-5-8)求出需要的 $\dot{\theta}^*$、$\dot{\sigma}^*$。

（2）近似估出需要的 Y^* 及 Z^*。因 $\chi^* \neq 0$，故：

$$\begin{cases} mv\dot{\theta}^* = Y^*\cos\chi^* - Z^*\sin\chi^* - mg\cos\theta \\ -mv\cos\theta\dot{\sigma}^* = Y^*\sin\chi^* + Z^*\cos\chi^* \end{cases} \tag{5-5-10}$$

由式(5－5－10)得出：

$$\begin{cases} Y^* = (mv\dot{\theta}^* + mg\cos\theta)\cos\chi^* - mv\dot{\sigma}^*\cos\theta\sin\chi^* \\ Z^* = -(mv\dot{\theta}^* + mg\cos\theta)\sin\chi^* - mv\dot{\sigma}^*\cos\theta\cos\chi^* \end{cases} \tag{5-5-11}$$

因 $\gamma^* = 0$，而 χ^* 不一定等于零，所以 Y^*、Z^* 求不出。只有近似认为 $\chi^* = \chi$ 才能求解式(5－5－11)，从而近似估出需要的 Y^* 及 Z^*，χ 为倾侧角的当前实际值。

（3）已知 Y^*、Z^* 求 α^*、β^* 的问题。进行三自由度弹道仿真时，是取配平状态下的空气动力系数，已知 Y^*、Z^*，通过反查空气动力系数可以得 α^*、β^*。严格地讲，六自由度弹道仿真不能用配平空气动力系数，此时 $Y^* = Y^*(\alpha^*, \beta^*, \delta_\varphi^*, \delta_\psi^*, \delta_\gamma^*)$，$Z^* = Z^*(\alpha^*, \beta^*, \delta_\varphi^*, \delta_\psi^*, \delta_\gamma^*)$，当 δ_φ、δ_ψ、δ_γ 不同时，α^*、β^* 的解也会变化，所以通过反查确定 α^*、β^* 很困难。为了简化，仍用配平状态下的空气动力系数进行反查得 α^* 和 β^*。

（4）由当前的速度方向 θ、σ 及 $\gamma^*=0$，加上需要的 α^*、β^* 可求出需要的姿态角 φ^*、ψ^*，同时也求出 χ^*。

因为 $\boldsymbol{B}_O(\varphi, \psi, \gamma) = \boldsymbol{B}_V(\alpha, \beta)\boldsymbol{V}_O(\theta, \sigma, \chi)$，令 $\gamma = 0$，$\varphi = \varphi^*$，$\psi = \psi^*$，$\alpha = \alpha^*$，$\beta = \beta^*$，$\chi = \chi^*$，可得

$$\cos\alpha^*\cos\sigma\sin\chi^* + \sin\beta^*\sin\alpha^*\cos\sigma\cos\chi^* = -\sin\alpha^*\cos\beta^*\sin\sigma$$

可将上式写成如下形式：

$$a\sin\chi^* + b\cos\chi^* = -c \tag{5-5-12}$$

式中，$a = \cos\alpha^*\cos\sigma$，$b = \sin\beta^*\sin\alpha^*\cos\sigma$，$c = \sin\alpha^*\cos\beta^*\sin\sigma$，均已知。故：

$$\cos(\theta + \chi^*) = \frac{-c}{\sqrt{a^2 + b^2}}$$

式中，

$$\begin{cases}\sin\theta = \dfrac{-a}{\sqrt{a^2+b^2}}\\ \cos\theta = \dfrac{b}{\sqrt{a^2+b^2}}\end{cases} \tag{5-5-13}$$

由式(5－5－13)可求出 θ。

当已知 $(\theta + \chi^*) = \arccos(-c/\sqrt{a^2+b^2})$ 时,可以求出 χ^*, 而根据式(2－5－24)和式(2－5－25)又可以求出 φ^* 和 ψ^*。

上述求解过程的问题在于求 Y^*、Z^*时需知χ^*, 而求χ^*时需知 α^*、β^*, 为此需要迭代。因为 $\gamma^*=0$, 当 α、β 不大时,χ^*也不会太大,可以令$\chi_0^*=0$或等于当前的χ值,求 Y^*、Z^*, 进而求 α^*、β^*、χ_1^*, 再以χ_1^*进行迭代,直到 $|\chi_{i+1}^*-\chi_i^*|<\varepsilon$ 为止。

(5) 限幅问题。因为在计算 φ^*、ψ^*、χ^* 的过程中,$\dot{\gamma}_B^*$、η^* 均已计算出,为了对攻角、过载进行限制,使其输入量不超过允许的攻角和过载,可进行如下限幅。设需要的速度方向变化率为 $\dot{\gamma}_{BD}^*$、$\dot{\gamma}_{BT}^*$, 攻角、侧滑角为 α^*、β^*, $(\alpha^*)^2+(\beta^*)^2=(\eta^*)^2$, $(\dot{\gamma}_{BD}^*)^2+(\dot{\gamma}_{BT}^*)^2=(\dot{\gamma}_B^*)^2$。

对过载的限幅: 若 $W_N = v\dot{\gamma}_B^* \geqslant W_{N\max}$($W_{N\max}$ 为允许的最大法向加速度),计算 $\dot{\gamma}_B$ 的限幅值 $\bar{\dot{\gamma}}_B = W_{N\max}/v$, 则有

$$\begin{cases}\bar{\dot{\gamma}}_{BT}^* = \dot{\gamma}_{BT}^*\dfrac{\bar{\dot{\gamma}}_B}{\dot{\gamma}_B^*}\\ \bar{\dot{\gamma}}_{BD}^* = \dot{\gamma}_{BD}^*\dfrac{\bar{\dot{\gamma}}_B}{\dot{\gamma}_B^*}\end{cases} \tag{5-5-14}$$

若 $W_N < W_{N\max}$, 则有

$$\begin{cases}\bar{\dot{\gamma}}_{BT}^* = \dot{\gamma}_{BT}^*\\ \bar{\dot{\gamma}}_{BD}^* = \dot{\gamma}_{BD}^*\end{cases} \tag{5-5-15}$$

对攻角的限幅: 若 $\eta^* > \eta_{\max}$($\eta_{\max}$ 为总攻角的最大允许值),则有

$$\begin{cases}\alpha_c^* = \dfrac{\eta_{\max}}{\eta^*}\alpha^*\\ \beta_c^* = \dfrac{\eta_{\max}}{\eta^*}\beta^*\end{cases} \tag{5-5-16}$$

若 $\eta < \eta_{\max}$，则有

$$\begin{cases}\alpha_c^* = \alpha^* \\ \beta_c^* = \beta^*\end{cases} \tag{5-5-17}$$

限幅过程示意图如图 5－23 所示。

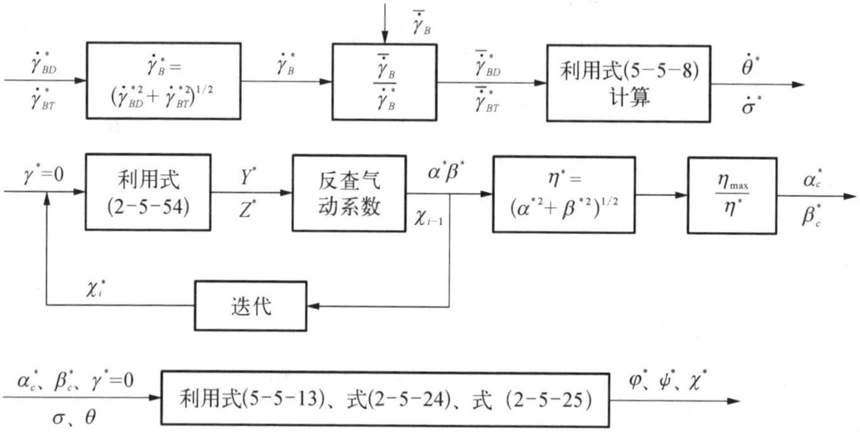

图 5－23 限幅过程示意图

3. 六自由度弹道仿真的数学模型

图 5－18 是以视加速度差作误差信号的结构图，图 5－19 是以姿态角差作误差信号的结构图，图中 $\dot{\boldsymbol{W}}_a$ 表示机动弹头实际飞行的视加速度，但由于惯性导航系统存在误差 $\Delta\dot{\boldsymbol{W}}_a$，导航计算用的视加速度 $\dot{\boldsymbol{W}}'_a$ 是由（$\dot{\boldsymbol{W}}_a + \Delta\dot{\boldsymbol{W}}_a$）两项加起来的结果。因此，在六自由度弹道仿真中，如果考虑惯性器件的误差，除了采用积分运动方程模拟机动弹头运动参数的变化外，还应进行导航计算，以求出相关的参数。例如，通过导航计算形成制导指令，计算出有惯性器件误差时的机动弹头的视加速度和姿态角测量值。

机动弹头的再入飞行弹道，既有接近水平飞行的阶段，也有接近垂直飞行的末段，因此为了更好地描述其运动，其欧拉角应有不同的转动次序，即既要建立先俯仰、再偏航、后滚转情况下的动力学方程及其辅助关系，又要建立先偏航、再俯仰、后滚转情况下的动力学方程及其辅助关系。为了简化，下面只建立先俯仰、再偏航、后滚转的动力学方程及其辅助关系。当然，也可以采用四元数描述弹头的姿态运动，避免上述切换过程。

1）质心运动方程

$$\begin{cases}\dot{v} = R_{x_h}/m + g_{x_h} \\ \dot{\theta} = (R_{y_h}/m + g_{y_h})/(v\cos\sigma) \\ \dot{\sigma} = -(R_{z_h}/m + g_{z_h})/v \\ \dot{x} = v\cos\theta\cos\sigma \\ \dot{y} = v\sin\theta\cos\sigma \\ \dot{z} = -v\sin\sigma \end{cases} \tag{5-5-18}$$

式中，R_{x_h}、R_{y_h}、R_{z_h} 是空气动力 $\boldsymbol{R}$ 在半速度坐标系上的投影；g_{x_h}、g_{y_h}、g_{z_h} 是引力加速度 $\boldsymbol{g}$ 在半速度坐标系上的投影。

2）质心转动方程

因为不考虑地球旋转，绝对角速度 $\boldsymbol{\omega}_T$ 等于相对角速度 $\boldsymbol{\omega}$，且认为 $o_1-x_1y_1z_1$ 的各轴为弹头的惯量主轴，由式（2-4-30）可得

$$\begin{cases} I_x\dot{\omega}_{x_1} = M_{x_1} - (I_z - I_y)\omega_{z_1}\omega_{y_1} \\ I_y\dot{\omega}_{y_1} = M_{y_1} - (I_x - I_z)\omega_{x_1}\omega_{z_1} \\ I_z\dot{\omega}_{z_1} = M_{z_1} - (I_y - I_x)\omega_{y_1}\omega_{x_1} \\ \dot{\varphi} = (\omega_{y_1}\sin\gamma + \omega_{z_1}\cos\gamma)/\cos\psi \\ \dot{\psi} = \omega_{y_1}\cos\gamma - \omega_{z_1}\sin\gamma \\ \dot{\gamma} = \omega_{x_1} + \tan\psi(\omega_{y_1}\sin\gamma + \omega_{z_1}\cos\gamma) \end{cases} \tag{5-5-19}$$

式中，M_{y_1}、M_{y_1}、M_{z_1} 为气动力矩和控制力矩在弹体坐标系上的投影。

3）制导方程

机动弹头制导方程由导引规律和减速规律两部分组成。

（1）导引方程：

$$\begin{cases} \dot{\gamma}_D = K_{GD}\dot{\lambda}_D + K_{LD}(\lambda_D + \gamma_{Df})/T_g \\ \dot{\gamma}_T = K_{GT}\dot{\lambda}_T\cos\lambda_D \end{cases} \tag{5-5-20}$$

$$\begin{cases} \lambda_D = \arctan(y/\sqrt{x^2 + y^2}) \\ \lambda_T = \arctan(-z/x) \end{cases} \tag{5-5-21}$$

$$\begin{cases}\dot{\lambda}_D = v_\eta/\rho \\ \dot{\lambda}_T = -v_\zeta/(\rho\cos\lambda_D) \\ \rho = (x^2 + y^2 + z^2)^{1/2} \\ T_g = \rho/v_\xi\end{cases} \tag{5-5-22}$$

$$\begin{bmatrix} v_\xi \\ v_\eta \\ v_\zeta \end{bmatrix} = \boldsymbol{S}_O \begin{bmatrix} \dot{x} \\ \dot{y} \\ \dot{z} \end{bmatrix} \tag{5-5-23}$$

（2）减速控制方程：

$$\dot{\gamma}_B = K_2\{\rho v[K_T(-\dot{\rho}/\rho)(v - v^*)/v + |a_{Di}|/v]\}^{1/2} \tag{5-5-24}$$

$$v^* = \begin{cases} v_f[1 + \tau(1 - \mathrm{e}^{-\beta h})]^c + \Delta v_p, & h \geqslant h_c \\ v_f[1 + \tau(1 - \mathrm{e}^{-\beta h})]^c, & h < h_c \end{cases} \tag{5-5-25}$$

（3）制导方程：

$$\begin{cases} \dot{\gamma}_{BD} = \dot{\gamma}_D + \dfrac{\dot{\gamma}_T}{\dot{\gamma}_g}\Delta\dot{\gamma} \\ \dot{\gamma}_{BT} = \dot{\gamma}_T - \dfrac{\dot{\gamma}_D}{\dot{\gamma}_g}\Delta\dot{\gamma} \end{cases} \tag{5-5-26}$$

$$\dot{\gamma}_g = (\dot{\gamma}_T^2 + \dot{\gamma}_D^2)^{1/2} \tag{5-5-27}$$

$$\begin{cases} \Delta\dot{\gamma} = \sqrt{\dot{\gamma}_B^2 - \dot{\gamma}_g^2}, & |\dot{\gamma}_B| \geqslant |\dot{\gamma}_g| \\ \Delta\dot{\gamma} = 0, & |\dot{\gamma}_B| < |\dot{\gamma}_g| \end{cases} \tag{5-5-28}$$

当已知导引规律和减速控制规律确定的 $\dot{\gamma}_{BD}$、$\dot{\gamma}_{BT}$，就可以确定制导规律所要求的 $\dot{\theta}^*$、$\dot{\sigma}^*$：

$$\dot{\theta}^* = -\dot{\gamma}_{BD}/\cos(\lambda_T - \sigma) \tag{5-5-29}$$

$$\dot{\sigma}^* = [\dot{\gamma}_{BT} - \dot{\gamma}_{BD}\tan(\lambda_T - \sigma)\sin\lambda_D]/\cos\lambda_D \tag{5-5-30}$$

故需要的加速度在半速度坐标系的分量为

$$\boldsymbol{A}_h^* = [\dot{v}, \quad v\cos\sigma\dot{\theta}^*, \quad -v\dot{\sigma}^*] \tag{5-5-31}$$

4）误差信号方程

按生成误差信号方法的不同，分为两种情况。

（1）以视加速度差为误差信号。首先将需要的加速度扣除引力加速度得需要的视加速度，并转换到惯性坐标系（目标坐标系），得到在惯性坐标系所需的视加速度：

$$\dot{\boldsymbol{W}}_a^* = \boldsymbol{O}_H(\boldsymbol{A}_h^* - \boldsymbol{g}_h) \tag{5-5-32}$$

式中，$\boldsymbol{O}_H$为半速度坐标系与目标坐标系间的方向余弦阵；$\boldsymbol{g}_h$为引力加速度在半速度坐标系中的表示。而弹头的视加速度，即平台系统测量到的视加速度为

$$\dot{\boldsymbol{W}}'_a = \dot{\boldsymbol{W}}_a + \Delta\dot{\boldsymbol{W}}_a \tag{5-5-33}$$

式中，$\Delta\dot{\boldsymbol{W}}_a$为根据误差模型得到的视加速度的误差值，若不计惯性器件误差，则该项为零，若计入惯性器件误差，则导航计算的参数x、y、z、$\boldsymbol{\lambda}_D$、$\boldsymbol{\lambda}_T$、$\dot{\boldsymbol{\lambda}}_D$、$\dot{\boldsymbol{\lambda}}_T$，以及由此派生的量均应加上标“′”，以便与弹头的真实运动参数区别开。

假设机动弹头采用平台惯性导航系统，将式（5-5-33）投影到平台坐标系可得

$$\begin{cases} \dot{W}'_{x_a} = \dot{W}_{x_a} + \Delta\dot{W}_{x_a} \\ \dot{W}'_{y_a} = \dot{W}_{y_a} + \Delta\dot{W}_{y_a} \\ \dot{W}'_{z_a} = \dot{W}_{z_a} + \Delta\dot{W}_{z_a} \end{cases} \tag{5-5-34}$$

视加速度误差值的计算公式为

$$\begin{pmatrix} \Delta\dot{W}_{x_a} \\ \Delta\dot{W}_{y_a} \\ \Delta\dot{W}_{z_a} \end{pmatrix} = \begin{pmatrix} C_{x_0} + C_{x_1}\dot{W}_{x_a} + C_{x_2}\dot{W}_{x_a}^2 \\ C_{y_0} + C_{y_1}\dot{W}_{y_a} + C_{y_2}\dot{W}_{y_a}^2 \\ C_{z_0} + C_{z_1}\dot{W}_{z_a} + C_{z_2}\dot{W}_{z_a}^2 \end{pmatrix} \tag{5-5-35}$$

式中，C_{x_0}、C_{y_0}、C_{z_0}是加速度表与加速度无关的误差系数；C_{x_1}、C_{y_1}、C_{z_1}是加速度表与视加速度成正比的误差系数；C_{x_2}、C_{y_2}、C_{z_2}是加速度表与视加速度平方成正比的误差系数；$\dot{W}_{x_a}$、$\dot{W}_{y_a}$、$\dot{W}_{z_a}$分别为视加速度沿平台坐标系x_a、y_a、z_a三轴的分量。

将实际测量到的视加速度$\dot{W}'_a$与需要的视加速度$\dot{W}_a^*$相减，便可以得到在平台坐标系内的误差信号。但俯仰、偏航通道要求的是在弹体坐标系$o_1-x_1y_1z_1$内的误差信号，因此要将误差信号由平台坐标系转换到弹体坐标系。

由于惯性导航系统的陀螺存在着漂移，同时平台系统存在着角误差，平台坐标系对惯性坐标系存在着角误差（可称为失准角），下面给出失准角的误差模型。

平台惯性导航系统陀螺的测角误差角速度为

$$\begin{cases}\dot{\alpha}_{nx} = C_{g_0x} + C_{g_{11}x}\dot{W}_{x_a} + C_{g_{12}x}\dot{W}_{y_a} + C_{g_{13}x}\dot{W}_{z_a} + C_{g_2x}\dot{W}_{x_a}\dot{W}_{z_a}\\ \dot{\alpha}_{ny} = C_{g_0y} + C_{g_{11}y}\dot{W}_{x_a} + C_{g_{12}y}\dot{W}_{y_a} + C_{g_{13}y}\dot{W}_{z_a} + C_{g_2y}\dot{W}_{z_a}\dot{W}_{y_a}\\ \dot{\alpha}_{nz} = C_{g_0z} + C_{g_{11}z}\dot{W}_{x_a} + C_{g_{12}z}\dot{W}_{y_a} + C_{g_{13}z}\dot{W}_{z_a} + C_{g_2z}\dot{W}_{z_a}\dot{W}_{y_a}\end{cases} \tag{5-5-36}$$

式中，C_{g_0x}、C_{g_0y}、C_{g_0z}是陀螺与视加速度无关的漂移误差系数；$C_{g_{11}x}$ ~ $C_{g_{13}z}$等9个系数是陀螺与视加速度成正比的漂移误差系数；C_{g_2x}、C_{g_2y}、C_{g_2z}是陀螺与视加速度平方成正比的漂移误差系数。

平台的漂移角误差为

$$\begin{cases}\alpha_{px} = C_{p_0x} + C_{p_{11}x}\dot{W}_{y_a} + C_{p_{12}x}\dot{W}_{z_a}\\ \alpha_{py} = C_{p_0y} + C_{p_{11}y}\dot{W}_{x_a} + C_{p_{12}y}\dot{W}_{z_a}\\ \alpha_{pz} = C_{p_0z} + C_{p_{11}z}\dot{W}_{x_a} + C_{p_{12}z}\dot{W}_{y_a}\end{cases} \tag{5-5-37}$$

式中，C_{p_0x}、C_{p_0y}、C_{p_0z}是平台与视加速度无关的漂移误差系数；$C_{p_{11}x}$ ~ $C_{p_{12}z}$等6个系数是平台与视加速度成正比的漂移误差系数。

整个平台惯性导航系统的测量角误差为

$$\begin{cases}\alpha_x = \alpha_{px} + \alpha_{nx}\\ \alpha_y = \alpha_{py} + \alpha_{ny}\\ \alpha_z = \alpha_{pz} + \alpha_{nz}\end{cases} \tag{5-5-38}$$

式中，α_{nx}、α_{ny}、α_{nz} 由式(5-5-36)积分得到。将平台惯性导航系统的测量角误差转换到弹体坐标系的角误差，可以得到：

$$\begin{cases}\Delta\varphi = \alpha_z\\ \Delta\psi = \alpha_y\cos\varphi - \alpha_x\sin\varphi\\ \Delta\gamma = \alpha_x\cos\varphi + \alpha_y\sin\varphi\end{cases} \tag{5-5-39}$$

故：

$$\begin{pmatrix}\Delta\dot{W}'_{x_1}\\ \Delta\dot{W}'_{y_1}\\ \Delta\dot{W}'_{z_1}\end{pmatrix} = \boldsymbol{B}_O(\varphi + \Delta\varphi,\ \psi + \Delta\psi,\ \gamma + \Delta\gamma)\begin{pmatrix}\Delta\dot{W}'_{x_a}\\ \Delta\dot{W}'_{y_a}\\ \Delta\dot{W}'_{z_a}\end{pmatrix} \quad (5-5-40)$$

$$\begin{pmatrix}\Delta\dot{W}'_{x_a}\\ \Delta\dot{W}'_{y_a}\\ \Delta\dot{W}'_{z_a}\end{pmatrix} = \begin{pmatrix}\dot{W}'_{x_a} - \dot{W}^*_{x_a}\\ \dot{W}'_{y_a} - \dot{W}^*_{y_a}\\ \dot{W}'_{z_a} - \dot{W}^*_{z_a}\end{pmatrix} \quad (5-5-41)$$

（2）以姿态角差为误差信号。首先求需要的姿态角。假定选取 $\gamma^* = 0$ 的方案,则根据 5.5.1 节的方法可以计算得到 φ^* 和 ψ^*, 而弹头的实际姿态角可由平台惯性导航系统测量得到。在六自由度弹道仿真中,可用姿态角的数值计算值加上误差角来生成平台惯性导航系统的测量值,即 $\varphi' = \varphi + \Delta\varphi$, $\psi' = \psi + \Delta\psi$, $\gamma' = \gamma + \Delta\gamma$, 则其误差信号为

$$\begin{cases}\Delta\varphi' = \varphi' - \varphi^*\\ \Delta\psi' = \psi' - \psi^*\\ \Delta\gamma' = \gamma' - \gamma^* = \gamma'\end{cases} \quad (5-5-42)$$

5）姿态控制方程

（1）以视加速度差为误差信号的姿态控制方程。前面已讨论了其设计方法,在六自由度弹道仿真中,姿态控制系统单独为一模块,有其自身的仿真结构,作为六自由度弹道仿真的一个环节只要给出控制系统所需的输入参量,通过调用控制模块,可以得到舵偏角的大小,其方程如下:

$$\begin{cases}\delta_\varphi = \delta_\varphi(\dot{W}^*_{y_a},\ \dot{W}'_{y_a},\ v,\ \theta,\ \sigma,\ x,\ y,\ z,\ \cdots)\\ \delta_\psi = \delta_\psi(\dot{W}^*_{z_a},\ \dot{W}'_{z_a},\ v,\ \theta,\ \sigma,\ x,\ y,\ z,\ \cdots)\\ \delta_\gamma = \delta_\gamma(\gamma^*,\ v,\ \theta,\ \sigma,\ x,\ y,\ z,\ \cdots)\end{cases} \quad (5-5-43)$$

（2）以姿态角差为误差信号的姿态控制方程:

$$\begin{cases}\delta_\varphi = \delta_\varphi(\varphi^*,\ \varphi',\ \dot{\varphi})\\ \delta_\psi = \delta_\psi(\psi^*,\ \psi',\ \dot{\psi})\\ \delta_\gamma = \delta_\gamma(\gamma^*,\ \gamma',\ \dot{\gamma},\ \ddot{\gamma})\end{cases} \quad (5-5-44)$$

6）辅助方程

六自由度弹道仿真与三自由度弹道仿真的区别在于：三自由度弹道仿真直接由导引规律、减速规律决定 α、β、χ；而六自由度弹道仿真由转动方程计算出姿态，以确定 φ、ψ、γ，加上质心运动确定的 θ、σ，由式（2－3－91）可知：

$$\boldsymbol{B}_H(\alpha, \beta, \chi) = \boldsymbol{B}_O(\varphi, \psi, \gamma)\boldsymbol{O}_H(\theta, \sigma) \tag{5-5-45}$$

由式（5－5－45）确定 α、β、χ，其具体表达式见式（2－3－92）、式（2－3－93）和式（2－3－94）。

5.5.2 六自由度弹道仿真及精度分析

1. 六自由度弹道仿真的目的

5.5.1 节已经讨论了机动弹头六自由度弹道仿真的特点，并建立了机动弹头六自由度弹道仿真的数学模型。给出必需的原始参数和误差的大小，便可以进行弹道仿真和精度分析。

机动弹头六自由度弹道仿真和精度分析可以研究两个方面的问题：一方面是验证现有系统的合理性，另一方面是对各系统参数提出指标要求。机动弹头六自由度弹道仿真的目的有以下几个方面。

1）验证姿态控制系统、舵机设计的合理性

对于机动弹头姿态控制系统（简称姿控系统，下同）的设计，目前仍采用线性化、固化系数、按三个通道分别设计的方法，而实际系统是非线性系统，且相互间有交联耦合，通过六自由度的弹道仿真可以对所设计的姿态控制系统进行检验，验证其设计的合理性，同时也可以对其设计参数进行必要的改进。

2）验证设计的导引、减速制导规律是否合理

机动弹头六自由度弹道仿真中，由于 α、β 并非像三自由度弹道仿真时随时达到要求的值，而是有延迟，要对三自由度弹道仿真得到的导引、减速制导规律进行验证，研究其在六自由度弹道仿真时是否合适，能否实现基本沿三自由度仿真确定的弹道飞行，必要时要对其参数进行改进。

3）验证匹配高度、飞行程序的合理性

为提高突防能力和命中精度，机动弹头一方面在再入大气层后会作机动飞行，根据导引和减速规律进行制导，以躲避对方的拦截，攻击目标；另一方面，在惯性导航的基础上，加上雷达匹配定位系统来实现精确定位，以减小由惯性导

航系统位置导航误差导致的落点误差。

当机动弹头再入到匹配高度时,要完成图像匹配,以获得较准确的位置参数,图像匹配精度与匹配高度有关。另外,机动弹头再入过程中还有许多约束条件,例如,飞行到某一高度时,机动弹头要基本上垂直于地面;首次匹配时,对当地俯仰角有一定的要求等。匹配高度、飞行程序等是否合理需要通过六自由度弹道仿真进行检验。

4）根据总的精度要求,在精度分析的基础上进行精度分配

机动弹头六自由度弹道仿真一方面可以根据给定的误差进行精度分析,反过来也可以根据总的落点精度要求,对各分系统进行精度分配。

5）提出姿态控制系统(包括舵机)的指标要求

采用六自由度弹道仿真可检验设计好的姿态控制系统的合理性,反过来也可以对姿态控制系统指标,包括舵机系统的指标提出要求。姿态控制系统重新设计,再通过六自由度弹道仿真进行验证,反复调整设计参数是必不可少的。

6）提出对惯导器件的误差要求

为了得到导引和减速的信号,必须进行导航计算,以确定机动弹头的位置和速度,这通常是由惯性导航系统来完成的。惯性导航的加速度表、陀螺等器件存在误差,计算由惯性器件误差引起的导航误差是机动弹头六自由度弹道仿真中十分重要的任务。反过来,也可以根据精度分配的要求,对惯性器件精度提出要求。

7）提出对总体设计参数误差和气动参数误差的反要求

机动弹头六自由度弹道仿真中,可以根据给定的总体设计参数误差、气动参数误差等,计算这些参数误差对落点运动参数的影响,特别是对落点精度的影响。反过来也可以根据总的精度要求,对总体设计参数误差和气动参数误差提出反要求,要求其参数误差限定在某一定范围之内。

从机动弹头六自由度弹道仿真的特点和目的可以看出,随着导弹技术和计算机技术的发展,设计人员已不满足只用三自由度弹道仿真进行导引和减速规律设计,也不满足对制导、导航和姿控系统分别进行设计研究,而是将动力学方程、制导方程、误差方程和姿态控制方程放在一起进行研究设计,这种设计方法在设计部门称为制导、导航和姿控系统一体化设计。随着计算机技术的发展,制导、导航和姿控系统一体化设计逐步在系统设计中得到了应用。

为了使计算收敛且得到较准确的计算结果，机动弹头六自由度弹道仿真中的计算步长要小到几毫秒（如 2 ms），但因目前的计算机速度较快，计算一条六自由度的弹道，并不是很困难，这就为将制导、导航和姿控系统进行一体化设计创造了条件。因为这种系统更接近实际情况、更可信，也为半实物仿真打下了良好的基础。

2. 六自由度弹道仿真结果

1）原始参数和初始条件

为进行六自由度弹道计算，必须确定下列参数和系数：弹头质量、弹头横截面积、弹头转动惯量、最大法向过载、最大攻角、最大舵偏角、全部气动力和力矩系数、导引和减速规律中的有关参数、姿控系统中的有关参数、各次地图匹配的高度、预存图及其分辨率、全部误差源的大小。

为了进行数值积分，必须给出与微分方程个数相同的初始条件。其中，质心运动的初始条件与三自由度弹道仿真相同，而转动方程的初始条件要另外给出，即给出三个姿态角初值（φ_0、ψ_0、γ_0）和姿态角速度初值（ω_{x_0}、ω_{y_0}、ω_{z_0}）。

2）机动弹头六自由度弹道仿真

（1）六自由度的标准弹道。六自由度的标准弹道就是不考虑任何误差的标准弹道，但要考虑机动弹头转动方程、姿态控制方程，或者简单地说要考虑系统的动态过程。实际上，达到三自由度仿真时的 α、β 值在时间上有滞后，两条弹道不完全相同，其典型的六自由度和三自由度弹道示意图如图 5-24～图 5-27 所示。

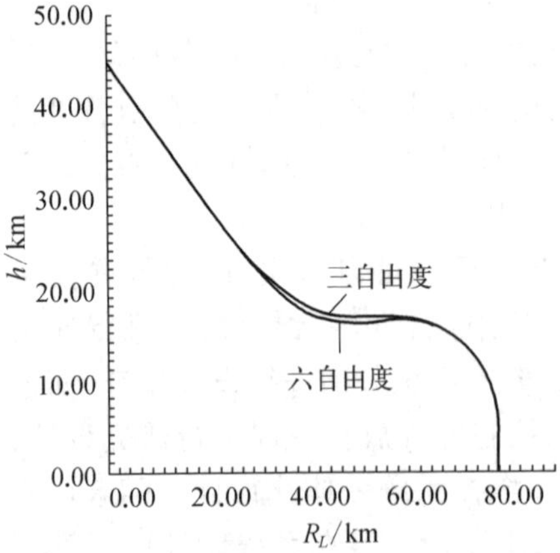

图 5-24 高度 h 与射程 R_L 的关系

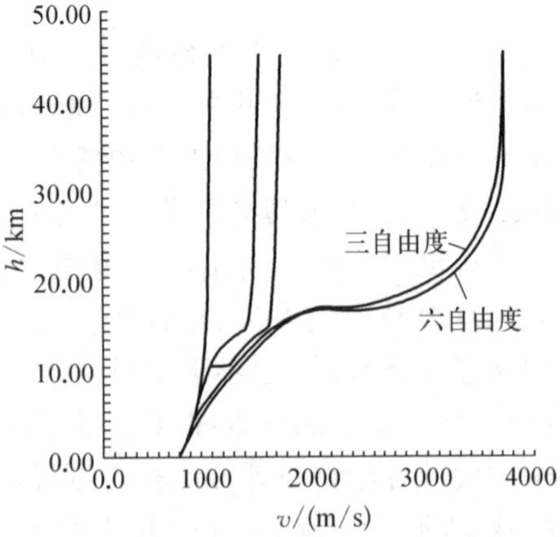

图 5-25 v 随高度 h 的变化曲线

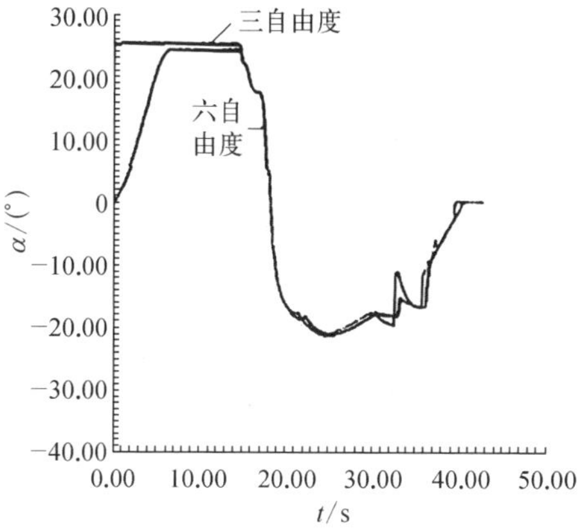

图 5－26　α 随时间 t 的变化曲线

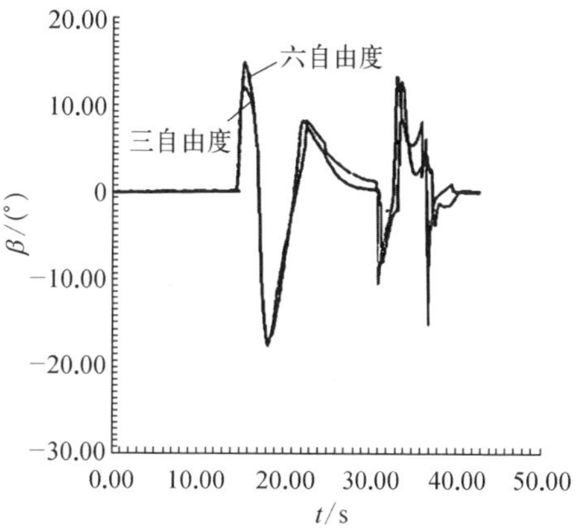

图 5－27　β 随时间 t 的变化曲线

从图 5－24 和图 5－25 可以看出，再入开始时，大攻角拉起弹道，由于六自由度弹道仿真中 α、β 的延迟，六自由度弹道和三自由弹道有小的差异，其余各段中，两者基本重合。由图 5－26 和图 5－27 看出，在三自由度和六自由度弹道仿真中，α、β 随时间的变化趋势相同，不同之处在于，进行六自由度弹道仿真时，α、β 的变化要平缓一些。从图 5－24~图 5－27 看出，机动弹头姿态控制系统有较好的动态性能、较强的信号跟踪能力。

机动弹头的六自由度运动是通过空气舵来实施控制的，弹道仿真得到的舵偏角 δ_φ 与攻角 α，舵偏角 δ_ψ 与侧滑角 β 的变化规律如图 5－28 和图 5－29 所示。

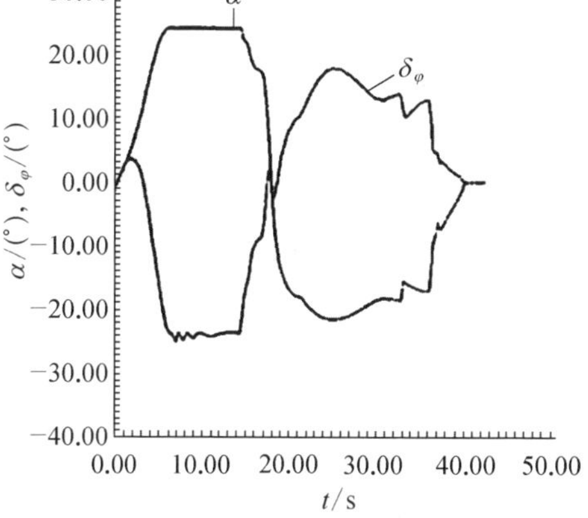

图 5－28　俯仰舵偏角 δ_φ 与攻角 α 的曲线

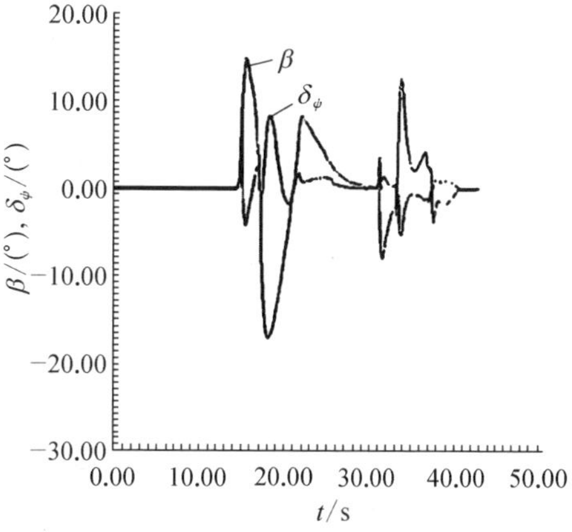

图 5－29　偏航舵偏角 δ_ψ 与侧滑角 β 的曲线

从图 5-28 可以看出,在俯仰通道内,当 $|\alpha|$ 较大时,机动弹头处于静稳定状态,舵偏角 δ_φ 与攻角 α 符号相反;而当攻角 $|\alpha|$ 较小时,弹头处于静不稳定状态,舵偏角 δ_φ 与 α 符号相同。这说明俯仰通道姿态控制系统设计合理,机动弹头处于静稳定状态和静不稳定状态,都能保证稳定飞行。同样,偏航通道内也存在着相同的情况。偏航通道设计同样合理可行、满足设计要求。

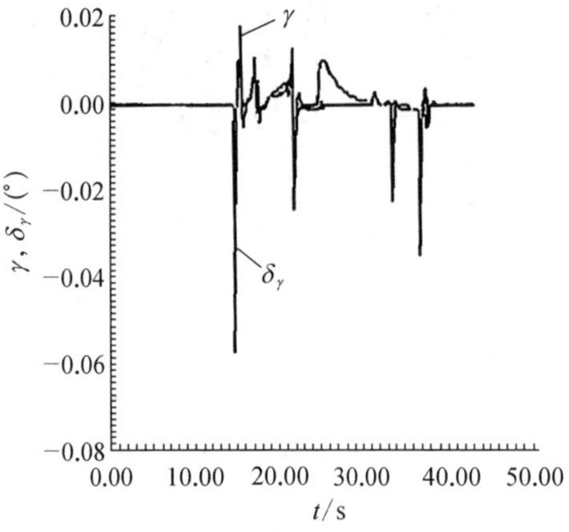

图 5-30 滚转角 γ 与舵偏角 δ_γ 的变化曲线

滚转通道控制系统是控制机动弹头的滚转角,控制所要求的弹体滚转角为零。六自由度弹道仿真如图 5-30 所示,从图中可以看出:滚转角 γ 和舵偏角 δ_γ 很小,系统控制效果很好。

(2) 减速控制参数对落点参数的影响。进行三自由度弹道仿真时,导引和减速规律要求的 α、β 立即响应出来,α 和 β 只受最大过载和最大攻角的限制;而在六自由度弹道仿真时,要考虑动态过程,α、β 在时间上有延迟,而且运动参数是连续变化的,这点与三自由度弹道仿真是不同的,两者之间的差别造成了制导系统中调节参数的不同。导引规律中参数的变化不大,主要是减速规律中参数不同,包括理想速度曲线设计参数 τ 与减速控制信号 $\dot{\gamma}_B$ 中的参数 K_2 和 K_T。

对不同组合的参数 τ、K_T 和 K_2 进行大量仿真后,可以得到如下结论:首先,调节参数 τ、K_T 和 K_2 主要影响落速的大小,对导引影响不大,机动弹头落点参数 θ_f、λ_{Df}、R_{Lf}(航程)能满足要求;其次,当调节参数 τ 变大时,理想速度 v^* 也相应变大,理想速度曲线变得较为平缓,减速控制信号 $\dot{\gamma}_B$ 相对减小,机动弹头落速增大;再次,τ、K_T 和 K_2 的选择应在三自由度弹道仿真的基础上进行修正,使其落速满足要求。

(3) 弹道计算步长的选择。机动弹头三自由度弹道仿真中只考虑机动弹头的质心运动,而质心运动参数变化较慢,计算步长可采用 10 ms,甚至 50 ms;而六自由度弹道仿真中要考虑弹头的姿态运动和姿态控制系统的动态过程,姿态运动相对于质心运动是一个快速运动,而姿态控制系统各个环节的时间常数也较小,仿真时计算步长取 10 ms 不再合适。

通过对不同的计算步长进行仿真,得到如下结论:六自由度弹道仿真时,计算步长的大小对落速的大小影响较大,而对其他参数的影响不大,能满足命中精度要求。仿真中,计算步长取 1 ms、2 ms 和 2.5 ms 时,运动参数差别不大;而当计算步长取 5 ms 时,则有明显差别,特别是侧向参数 β、δ_ψ、γ 和 δ_γ 相差较大。为了节省仿真计算时间,又不破坏机动弹道特性,机动弹头六自由度弹道仿真中,计算步长选取 2.5 ms 较为合适。

3. 六自由度弹道仿真的精度分析

机动弹头的六自由度标准弹道是在无干扰误差的情况下得到的。实际飞行中,由于存在着各种误差,实际弹道落点参数不同于标准弹道,有必要分析各种干扰因素对落点精度的影响。这样既可以分析各种误差对落点精度的影响,也可以反过来对干扰误差的大小提出量化要求。

1) 误差源的分类

误差源分类可以有不同的方法。机动弹头再入段误差源可以分成以下几种。

(1) 交班点参数误差。交班点参数误差由两部分组成,一部分是由主动段关机点运动参数误差引起的交班点运动参数误差,即交班点的速度误差(Δv_x、Δv_y、Δv_z)和位置误差(Δx、Δy、Δz);另一部分是由惯导工具误差引起的平台惯性导航系统指示参数误差,即交班点速度指示误差($\Delta v_x'$、$\Delta v_y'$、$\Delta v_z'$)和交班点位置指示误差($\Delta x'$、$\Delta y'$、$\Delta z'$)。

(2) 再入段处的干扰误差。再入段处的干扰误差主要包括大气密度误差 $\Delta\rho$ 和空气阻力系数误差 ΔC_D,一般忽略升力和侧力系数误差的影响。

(3) 侧风的影响。应给出一定的风场,以分析风对落点精度的影响。

(4) 惯导器件工具误差。对于平台惯性导航系统,惯导器件工具误差主要有加速度表测量误差、平台系统角漂移误差和陀螺角速度误差。此类误差共有 33 项,即式(5-5-35)~式(5-5-37)中各项误差系数带来的误差。

2) 落点的精度分析

落点位置和速度误差的统计分析可研究两方面的问题:一方面是各误差源的单项影响,另一方面是各误差源的综合影响,下面分别讨论。

(1) 误差源的单项影响。根据每一项误差的大小,分别加入六自由度弹道仿真数学模型中,取其误差的最大值(3σ 值)进行数值积分,再利用求差法与六自由度标准弹道进行比较,即可得到各单项误差造成落点的最大位置和速度误差,进一步利用最大误差法可以求得落点位置和速度误差分布的均方根误差为

$$\begin{cases} \sigma_v = \frac{1}{3}\left(\sum_{i=1}^{m} \Delta v_i^2\right)^{1/2}, & \sigma_\theta = \frac{1}{3}\left(\sum_{i=1}^{m} \Delta \theta_i^2\right)^{1/2} \\ \sigma_x = \frac{1}{3}\left(\sum_{i=1}^{m} \Delta x_i^2\right)^{1/2}, & \sigma_z = \frac{1}{3}\left(\sum_{i=1}^{m} \Delta z_i^2\right)^{1/2} \end{cases} \tag{5-5-46}$$

式中，Δv_i、$\Delta\theta_i$、Δx_i、Δz_i 分别为单项误差造成的落点速度大小、方向、纵程和横程误差；m 表示有 m 个单项误差。

因为对每项误差分别进行弹道计算，就可以看出每一项误差对落点运动参数影响的程度。机动弹头六自由度弹道仿真表明，惯性导航系统交班点侧向位置指示误差较大，引起的落点误差最大，应采取措施提高修正能力，如降低机动弹头要求的垂直高度，使机动弹头匹配时具有较大的剩余射程和速度倾角，即具有较大的机动能力，提高机动弹头的纠偏能力，减小落点误差。当然，减小交班点侧向位置指示误差也是途径之一，但这将对惯性导航系统器件提出更高的精度要求，不一定可行。

(2) 误差源的综合影响。首先采用蒙特卡洛法对再入段的 m 个误差源随机抽样，产生 n 组随机误差源：

$$\boldsymbol{\varepsilon}_i = [\boldsymbol{\varepsilon}_{1i},\ \boldsymbol{\varepsilon}_{2i},\ \cdots,\ \boldsymbol{\varepsilon}_{mi}] \quad (i = 1,\ \cdots,\ n) \tag{5-5-47}$$

然后，分别将 n 组误差源加入六自由度弹道仿真模型中进行数值计算，求出在随机干扰作用下的实际弹道，利用求差法与六自由度标准弹道相比较，即可确定落点位置和速度误差的大量样本 Δv_i、$\Delta\theta_i$、Δx_i、$\Delta z_i (i = 1,\ \cdots,\ n)$。

根据数理统计理论，即可确定样本的均方根误差为

$$\begin{cases} \sigma_v = \left(\frac{1}{n}\sum_{i=1}^{n} \Delta v_i^2\right)^{1/2}, & \sigma_\theta = \left(\frac{1}{n}\sum_{i=1}^{n} \Delta \theta_i^2\right)^{1/2} \\ \sigma_x = \left(\frac{1}{n}\sum_{i=1}^{n} \Delta x_i^2\right)^{1/2}, & \sigma_z = \left(\frac{1}{n}\sum_{i=1}^{n} \Delta z_i^2\right)^{1/2} \end{cases} \tag{5-5-48}$$

采用上述两种方法对某机动弹头进行仿真计算。从仿真结果可知，机动弹头落点位置误差较小，说明带图像匹配末制导系统的机动弹头对地面固定目标的命中精度较高；机动弹头的落速误差较大，其主要原因是交班点位置指示误差较大，如果能减小机动弹头惯性导航系统工具误差，即可减小机动弹头的落速大小误差，但其减速控制规律也有待改进；由于 α、β 的延迟，六自由度弹道仿真中弹头的误差修正能力低于三自由度弹道仿真时的结果。

第6章　航天器离轨制动段及卫星返回轨道设计

6.1　航天器返回再入概述

按照是否有控地进入行星大气层，可以把航天器分为进入式航天器和非进入式航天器。执行完任务后要进入行星大气并在行星着陆的航天器称为进入式航天器，否则称为非进入式航天器。把从地球上发射进入太空，完成任务后再入地球大气层并着陆在地球上的航天器称为返回式航天器，也称为再入式航天器，这是因为在地球上的人类看来，这些航天器有再回到地球上的意向。其实这样的区分并不必要，只是为了照顾历史和习惯而已。在本书中，不特别指明，在讨论返回地球大气层的问题时，"进入""返回"和"再入"三词通用，"返回"一词更多的是指返回到地球的全过程，而"再入"一词更多的是指再入大气层后的返回阶段。航天器中再入地球的部分称再入器。

再入式航天器可以有多种分类方法，例如，按是否载人可分为载人航天器和非载人航天器；按任务的不同可分为人造卫星、载人飞船和航天飞机；按用途可分为试验航天器、考察航天器和应用航天器等。再入式航天器最重要的特征是要进入大气层，根据再入式航天器进入大气层后的气动特性不同，可将其分为三类：弹道式再入航天器、弹道-升力式再入航天器和升力式再入航天器，习惯上也称为弹道式再入飞行器、弹道-升力式再入飞行器和升力式再入飞行器。

为叙述方便和统一，上述三种航天器统称为再入式航天器（返回式航天器、进入式航天器）；而称再入式航天器再入大气层的部分为再入器（返回器、进入器）；垂直降落的再入器又称为返回舱，如返回式卫星、载人飞船的返回部分；而水平着陆的再入器又称为轨道飞行器，简称轨道器。

6.1.1 航天器的返回过程

航天器从环绕地球的运行轨道到返回地面，要经历以下五个阶段，也有的分为四个阶段，其示意图如图 6－1 所示。现按五个阶段进行讨论，图 6－1 中，o' 为航天器在运行轨道上的调姿起始点，o 为制动点，P 为制动火箭工作结束点，e 为再入大气层的再入点，f 为开伞点，T 为着陆点。

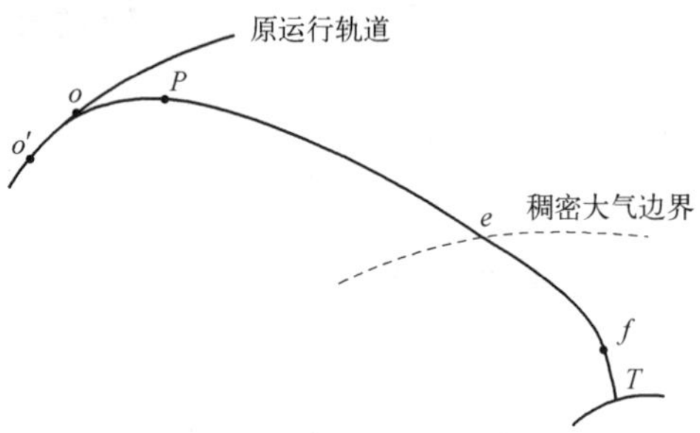

图 6－1　返回再入轨道示意图

1）制动前的调姿段

再入式航天器在地球引力作用下的运行轨道是不与地球稠密大气层相交的椭圆轨道。在运行轨道上，航天器的姿态是根据其功能需要决定的，在可能的情况下，希望保持攻角为零的状态，以减小阻力，从而减小轨道周期的变化。一般航天器的运行姿态不是制动姿态，因此在制动前的 $o'-o$ 这一飞行段要进行姿态调整，使再入式航天器在制动点 o 时的姿态为制动姿态，即制动火箭工作时要求的姿态，通常这一姿态是满足某一性能指标的最佳姿态。此外，当再入式航天器的不返回部分要留在轨道上继续运行，或扔在太空成为太空垃圾时，还要将航天器姿态调整到适合不返回部分与返回部分分离的状态，分离之后再调整到制动状态，这一过程在 $o'-o$ 这一轨道运行段完成。

2）制动段

该段也称离轨飞行段，从制动火箭发动机开始工作点 o（即制动点）起，到其工作结束点 P 止，即 $o-P$ 段。在这一段飞行时，航天器除受地球引力作用外，还受到制动火箭发动机推力的作用，从而离开原来的运行轨道进入一条与地球相交的轨道。

航天器返回地面，必须要用制动发动机产生的推力减小航天器的飞行速度，或者改变其速度方向，或者同时改变速度大小和方向。为了说明制动速度的概念，假定在制动发动机推力作用下，速度的改变是瞬时完成的，如图 6－2 所示。在图 6－2 中，由于制动火箭发动机推力的作用，航天器的速度由原来的轨道速度 v_0 改变为 v_1，Δv 为速度增量。从量值上比较，Δv 比 v_0 小得多，v_1 一般小于 v_0，所以 Δv 又称为制动速度，Δv 与当地水平面的夹角 φ_z 称为制动角，图中

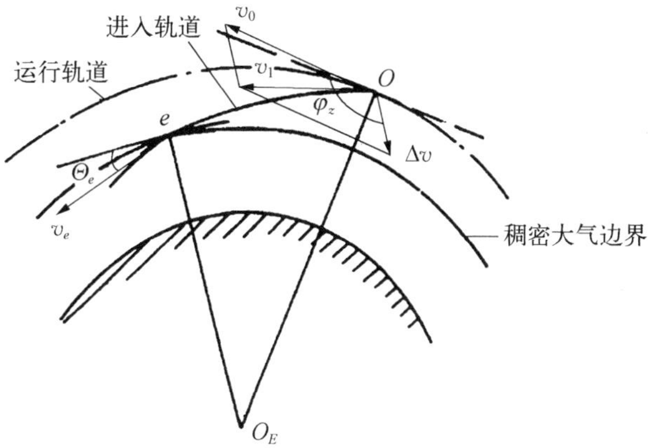

图 6-2　制动速度 Δv 概念示意图

$\varphi_z < 0$。一般情况下,制动发动机产生的推力矢量与航天器的纵轴重合,因此可以通过制动前的调姿段对航天器姿态进行调整获得制动角。

实际上,由于推力大小的限制,制动不可能瞬时完成,制动速度 Δv 的获得需要一定的发动机工作时间,只是制动火箭的工作时间相对来说很短。在有限推力作用下,制动发动机对航天器轨道的作用通常由推力的大小、推力方向和工作时间这三个因素来描述。在发动机工作期间,通过航天器的姿态控制系统或自旋稳定的方法,将推力矢量保持在制动方向上。用自旋方法维持制动姿态的航天器,在脱离运行轨道之后,还要消旋,其目的在于使再入器进入大气层后利用气动力的作用,按设计要求把防热结构稳定在朝前迎气流的姿态上。用姿态控制系统维持制动姿态的再入器,在再入大气层之前也要把姿态调整到设计的再入姿态,也就是防热结构迎气流的姿态。

制动段为返回轨道中的动力飞行段,制动段的轨道设计和制导任务有以下三个内容:

(1) 制动点位置的建立,即确定制动点的地心纬度 ϕ_0(或大地纬度 B_0)、经度 λ_0;

(2) 制动参数的选择,包括制动发动机推力矢量 $\boldsymbol{P}$ 的大小、推力方向 φ_z 和工作时间 t_p;

(3) 制动段关机方程的建立,在实际飞行中确定制动发动机的关机时刻。

3) 过渡段

该段从制动火箭发动机工作结束点 P 到再入地球大气层边界的点 e,即

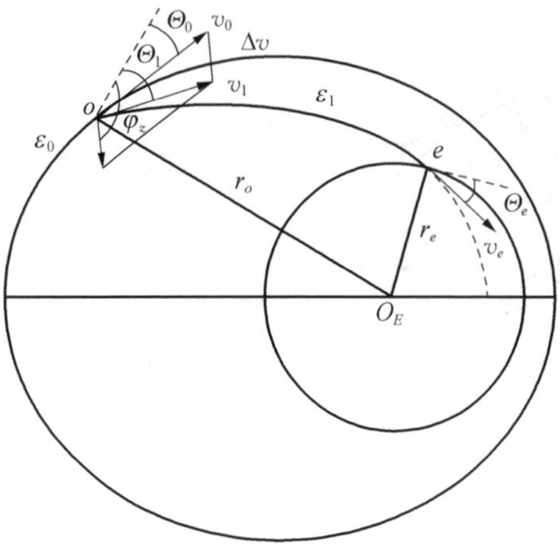

图 6-3 返回轨道的过渡段

$P-e$段，也称为大气层外自由飞行段，点 e 称为再入点。大气层边界是不存在的，只是人为地划分，一般将地球大气层边界高度取为 80~120 km。在过渡段航天器的质心轨道一般不加以控制（但姿态仍要进行控制），航天器仅在地球引力下作自由下降飞行。过渡段轨道可由航天器在点 P 的速度、位置和在地球引力作用下自由飞行段的运动规律求得，当航天器到达点 e 时，速度 $\boldsymbol{v}_e$ 称为再入速度，$\boldsymbol{v}_e$ 与当地水平面所成的夹角 Θ_e 称为再入角，如图 6-3 所示。

航天器的初始再入状态，即再入点 e 的位置、再入速度大小 v_e 和再入角 Θ_e，对航天器能否安全返回有决定性的影响。安全返回是指假定着陆系统工作正常的条件下，航天器能够在再入走廊内进入大气层，通过大气层时的最大过载及其持续时间在规定的范围之内，产生的热量不会损坏再入器，以及再入器能在指定的区域内着陆。

当给定一个适当的再入速度 v_e 或再入角 Θ_e、航程角 δ_{oe}（即给定再入点 e）时，都可以从制动点 o 算出满足安全返回条件的制动段和过渡段轨道。从前面的讨论可知，Θ_e 的大小与最大过载、最大热流和总吸热量有直接关系，要通过制动段参数的选择来满足对 Θ_e 的要求。

4）再入段

再入段是指从再入点 e 到着陆系统开始工作的起点 f 这一段轨道。再入点 e 是空气动力起明显作用的稠密大气层的最高点，从这点开始，空气动力对航天器运动的影响不能忽略。对于采用降落伞着陆系统的垂直着陆航天器，点 f 是指降落伞着陆系统开始工作的高度，一般点 f 距离地面 10~12 km。对于能够产生足够升力，机动下滑到跑道上水平着陆的航天器，点 f 选择在地面开始导航的高度，例如，美国航天飞机轨道飞行器选择在 25 km 高度处。

再入器在再入段除受地球引力外，还受到空气动力的作用，由于严重的气动加热和减速过载，以及落点精度控制这三个主要问题，使再入段成为返回轨道中环境最恶劣、情况最复杂的一段。再入段的轨道设计、制导和控制的研究是返回轨道设计、制导方法研究的重点。

再入段是航天器返回过程中最有特征的飞行段。利用地球大气层这一天然资源,使再入器在再入过程中减速下降,并消耗它具有的巨大机械能。再入器再入时,受到与其飞行速度相反的气动阻力作用而减速;减速时,再入器及其内部的航天员和有效载荷将受到减速过载作用。同时,当再入器以很高的速度穿越大气层时,其对迎面流大气进行猛烈压缩并与之摩擦,使能量一部分转换为周围空气的热能,这部分热能又以对流和激波辐射传热的方式部分地传给再入器,使其表面温度急剧升高而可能导致结构损坏。如何减小气动加热,是外形设计和防热设计要研究的课题;而如何使再入段的最大过载保持在航天员及有效载荷允许的限度之内,则是返回轨道设计和制导方法研究中要解决的重要问题。

为减小最大过载、最大热流及总吸热量,从第 3 章的讨论可知有两个途径:减小再入角 $|\Theta_e|$ 和增加升阻比 L/D。减少再入角 $|\Theta_e|$ 和增大升阻比 L/D,可以使最大过载和最大热流减小,但由于总的飞行时间增加,会使总吸热量增加。选择适当的再入角 Θ_e 和升阻比 L/D,是再入器总体设计、气动外形设计要解决的关键问题之一。

在再入段,再入器受到严重的气动加热,因此应当设法尽可能地减小再入器周围炽热气体传递给它的热量。传热的机制与再入器的形状和周围气体流动特性有关,再入器驻点区热流与驻点的曲率半径 R_N 的平方根成反比,即

$$q \propto \frac{1}{\sqrt{R_N}} \tag{6-1-1}$$

如果驻点的半径加大,则热流将减小。因此,对于热流峰值很大的再入器,一般都设计成大钝头形和轴对称的旋成体,其迎气流面是一个半径相当大的球面的一部分。

对于弹道式再入航天器,再入段比较简单,是零攻角再入,即升阻比为零的再入。在标准情况下,仅受阻力作用。在非标准情况,由再入器的静稳定性和动稳定性保证其稳定飞行。因为无制导,落点位置是不能进行控制的,其落点有较大的散布。

对于弹道-升力式再入航天器,由于具有一定的升阻比,其最大过载和最大热流可以减小,同时在再入段可以通过滚转控制改变升力的方向,从而能在一定程度上调整再入轨道,使弹道-升力式再入航天器具有一定的机动能力,这样就可以大大减小再入器的落点散布,能将再入器的着陆点控制在一定的区

域之内。

对于升力式再入航天器，由于具有足够的控制能力，能够实现可重复使用的水平着陆，从而解决垂直着陆的两大缺点：着陆时冲击过载对有效载荷的损伤和不易控制的落点散布。升力式再入航天器的机动能力很强，且可以无损地定点水平着陆，可以说解决了着陆点的精度问题。

5）着陆段

再入式航天器的着陆方式有垂直着陆和水平着陆两种。垂直着陆用降落伞系统，从降落伞系统开始工作的点到再入器软着陆点的这段轨道称着陆段，即从开伞点 f 到着陆点 T 的飞行段 $f-T$ 段。水平着陆的再入器具有足够的升力，能够下滑到跑道上着陆。在水平着陆情况下，从再入器到达着陆导引范围，并开始操纵活动的翼面控制升力和阻力分布机动飞行时起，到再入器达到着陆点的这段轨道称为着陆段，也称为导引着陆段。还有另外的分段方法，将在后面讨论。

弹道式和弹道-升力式再入航天器多采用垂直着陆的方式。一般当再入至 15 km 左右的高度时，其速度可减小到声速，再继续下降，再入器的速度将逐渐趋于稳定的下降速度，保持到 100~200 m/s。此时如果不进一步采取措施减速，再入器将以每秒一百多米的速度冲向地面而坠毁，所以在着陆之前还需要一套着陆减速装置，将再入器进一步减速到安全着陆速度，通常采用降落伞系统来实现着陆减速。

返回过程中，上述着陆前的最后减速是从弹射伞舱盖开始，直到再入器安全着陆为止。

抛伞舱盖时，再入器的飞行速度一般接近于平衡速度，而平衡速度是指再入器受到的气动阻力等于其所受重力时的速度。着陆段也就是再入器的降落伞系统工作段，降落伞着陆系统是根据这一阶段起始点的条件（主要是速度、高度和大气参数）和着陆条件（主要是着陆速度、当地风速和着陆区的地理情况）而设计的。图 6－4 是一个典型的降落伞着陆过程。

降落伞系统工作过程如下：当再入器速度下降到 200 m/s 左右时（距地面高度 20 km 以下），降落伞系统开始工作。此时，下降速度较大，为了降低伞的质量和强度标准，通常采用分步工作的程序。首先拉出引导伞，以帮助减速伞和主伞工作。然后拉出减速伞，减速伞的功能有两个：一是使再入器的速度由 200 m/s 降低到 60 m/s 左右，为主伞创造必要的开伞条件；二是对以亚声速运动的再入器的姿态起稳定作用，这时的减速伞又称为稳定伞。最后，减速伞分离并拉出主

图 6-4　降落伞着陆过程

伞,主伞的任务是完成最终的减速任务,保证再入器达到数米每秒的预定速度。

降落伞所需的伞衣面积,近似与再入器最后速度的平方成反比,即最后速度要求越小,则伞衣面积越大。降落伞是一种很有效的气动力减速装置,能够使再入器的下降速度小到 6~10 m/s。但如果再入器以这样的速度着陆,仍会产生相当大的着陆冲击过载,对航天员或有效载荷造成不利的影响。在工程设计中,如果利用降落伞系统来实现更低的着陆速度,则需要把降落伞的质量设计标准提高到非常高的等级,从而大大增加技术难度和制造成本。因此,通常采用着陆缓冲装置来满足对再入器着陆速度的要求,以减小着陆冲击过载,如缓冲火箭发动机或者气囊。

减小着陆冲击过载,可采用缓冲火箭。当再入器下降到距地面数米的高度时,着陆缓冲火箭工作,对再入器施加一负的冲量,使再入器着陆速度减小到 2 m/s 左右,大大减小着陆冲击过载。着陆缓冲火箭的主要特点是效能较高,能够在较小的过载条件下,将再入器着陆速度减小到很低水平,这对于载人航天器的返回着陆十分重要。

升力式再入航天器的导引着陆段,一般是在再入器下降到一定的高度(例如,美国航天飞机轨道器是 25 km),气动力作用大到活动翼面可以控制再入器的机动飞行和下滑状况时开始的。在这一阶段飞行中,再入器受导航系统导引下滑一面机动飞行,先机动到某准定常直线轨道并继续保持下滑,当高度降低到某一值后放下起落架准备着陆,下滑持续到拉平高度为止。之后,再入器平飞减速,到跑道上空,飘落下降到跑道上,滑跑减速停止。图 6-5 是水平着陆的再入器到达准定常直线轨道后的导引着陆段示意图。

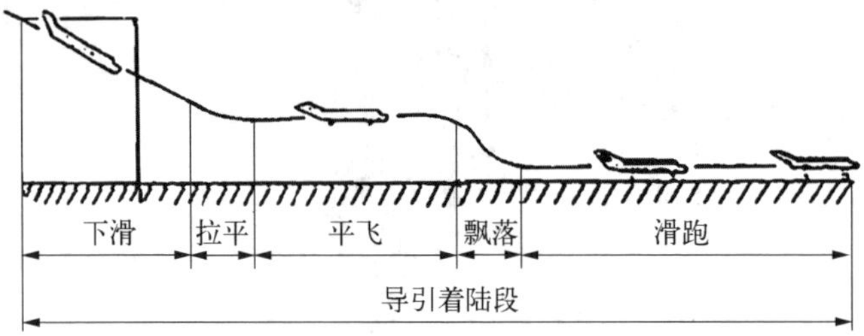

图 6-5 沿准定常直线轨道下滑的导引着陆段示意图

6.1.2 航天器再入走廊

航天器的安全返回是再入式航天器,特别是载人航天器首先要解决的问题。安全返回可以用再入走廊来描述,即为了保证过载、热流、总吸热量和着陆点精度满足要求,在再入段须保证航天器在再入走廊内飞行。

再入走廊的概念在不同的时间,对不同类型的航天器、不同的再入方式有不同的定义,下面分别加以讨论。

1. 弹道式再入航天器的再入走廊

1) 用再入角范围定义的再入走廊

弹道式再入航天器再入时所承受的最大过载、最大热流和总吸热量主要受再入角 Θ_e 的影响。若 $|\Theta_e|$ 过大,则再入轨道过陡,航天器所受到的空气动力作用过大,减速过于激烈,有可能导致航天器受到的减速过载和气动加热超过航天员和航天器结构、仪器设备所容许承受的过载,或使航天器严重烧蚀,不能正常再入,因此存在一个最大再入角 $|\Theta_e|_{max}$,其大小可以利用第 3 章的近似解,由允许的最大过载和最大热流加以确定。若 $|\Theta_e|$ 过小,则会导致飞行时间过长,使总吸热量超过允许值,这个再入角限值也可以用第 3 章的近似解得出;$|\Theta_e|$ 过小还可能使再入器进入大气层后受到的空气动力过小,不足以使其继续深入大气层,而是在稠密大气层的边缘掠过而无法再入大气层,即大气捕获失败。综合以上两个因素,为了保证航天器的正常再入,存在一个最小再入角 $|\Theta_e|_{min}$。

因此,为保证正常再入,再入角$|\Theta_e|$应满足如下公式:

$$|\Theta_e|_{min} \leqslant |\Theta| \leqslant |\Theta_e|_{max} \tag{6-1-2}$$

这个范围称为再入走廊。$\Delta\Theta_e = |\Theta_e|_{max} - |\Theta_e|_{min}$为再入走廊的宽度,如图 6-6 所示。在返回轨道设计时,可以通过数学仿真确定再入走廊的宽度。

2)用虚近地点高度差定义的再入走廊

在文献[2]和[8]中采用虚近地点高度差定义再入走廊,这最早是由查普曼提出的。在文献[46]中,给出了查普曼计算的不同再入速度、不同升阻比及不同约束下的再入走廊。

如图 6-7 所示,设再入点为 e,在再入高度一定的情况下,由过渡段开普勒轨道可以算出再入点 e 的速度大小 v_e和再入角 Θ_e,如果假设地球周围无大气,可以由过渡段的开普勒轨道算出一个近地点 P,称此近地点为过渡段开普勒轨道的虚近地点。在虚近地点 P,再入器有最小地心距 r_P和最大速度 v_P。再入器返回轨道的过渡段轨道可以是与地球大气层边界相交的一族开普勒轨道,族中的每一条轨道都有其相应的虚近地点地心距 r_P和速度 v_P,如果再入器轨道的虚近地点高度超过某一限度,使再入器进入大气层后受到的气动力过小,不足以使它继续深入大气层,这样就会出现再入后又复出大气层的情况,也就是不能实现正常再入。而当虚近地点高度低于某一限度时,再入器再入大气层的轨道过陡,受到的气动力过大,减速过于激烈,导致再入器受到的减速过载或气动加热超过规定的范围,也不能实现正常再入。有高限虚近地点的开普勒轨道称为上限轨道,相应地,有低限虚近地点的轨道称为下限轨道。

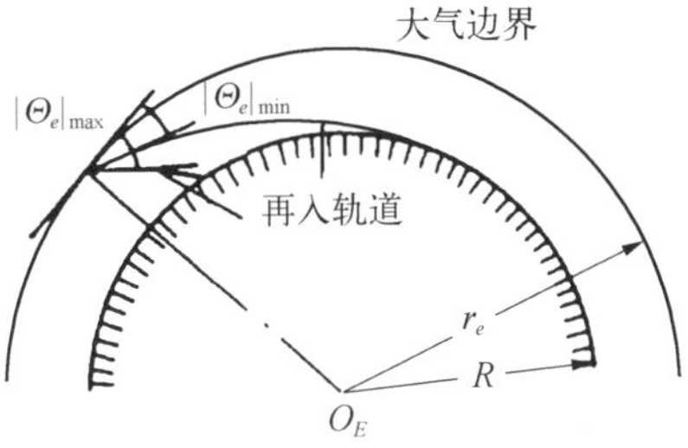

图 6-6　用再入角 Θ_e定义的再入走廊

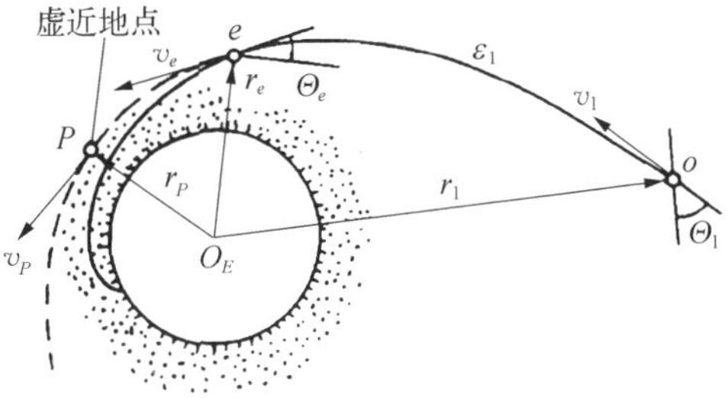

图 6-7　过渡段开普勒轨道的虚近地点

在图 6-8 中,上限轨道的虚近地点用 P_o表示,矢径用 $\boldsymbol{r}_{P_o}$表示;下限轨道的虚近地点用 P_u表示,矢径用 $\boldsymbol{r}_{P_u}$表示。上下限过渡轨道之间的通道称为再入走

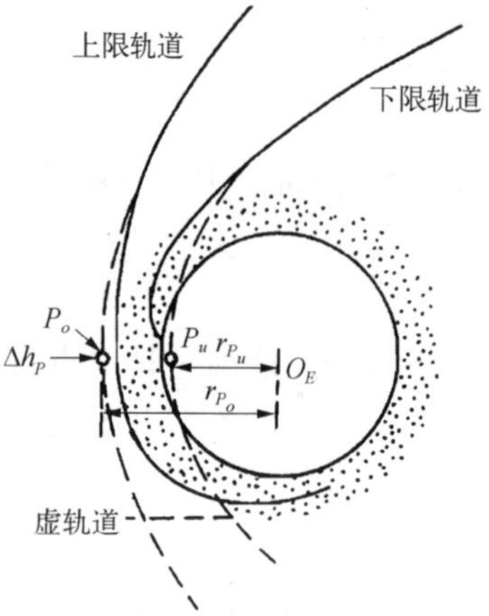

图 6-8 用虚近地点定义的再入走廊

廊，再入器再入时一定要使其过渡轨道在再入走廊之内。

上限轨道虚近地点的地心距 r_{P_o} 和下限轨道虚近地点的地心距 r_{P_u} 之差 $\Delta h = r_{P_o} - r_{P_u}$ 称为再入走廊的宽度。不同的再入器有不同的气动力特性、不同的防热结构和不同的最大允许过载值，因而有不同的再入走廊宽度。一般说来，弹道式再入航天器的再入走廊比较狭窄。

对于以第二宇宙速度再入大气层的航天器，如果最大允许过载不超过 $10g_0$，其最大走廊宽度只有 10 km。弹道式再入走廊十分狭窄的情况是可以改进的，弹道-升力式再入可以增加再入走廊的宽度。

2. 弹道-升力式再入航天器的再入走廊

若再入器在再入时具有一定的升力，则可以加宽再入走廊，改善再入情况。当再入器有一定的负升力再入大气层时，负升力使再入器的轨道向内弯曲，从而对某些因气动力过小而可能会飞出大气层的轨道，也能实现正常再入。与此类似，当再入器有一定的正升力再入大气层时，正升力使再入器轨道变得平缓，可以降低最大过载和最大热流，从而使航天器因受气动过载和气动加热限制而不能正常再入的情况变为正常再入。

弹道-升力式再入航天器由于具有一定的正升力，其再入走廊的宽度明显增加。同样，可以用再入角范围或者虚近地点高度差来确定弹道-升力式再入走廊的宽度。对于再入角 $|\Theta_e|$ 的范围，可以利用第 3 章的 $|\Theta_e|$ 与最大过载 n_{max}、最大热流 q_{max} 及总吸热量 Q 的关系加以近似确定。对于虚近地点高度差，可以先根据再入段的要求算出 Θ_e 的要求，再折算成虚近地点的范围。对于弹道-升力式再入航天器的再入走廊，可以在返回轨道设计时，通过数学仿真加以确定。

3. 升力式再入航天器的再入走廊

随着航天技术的发展，再入走廊的限制条件越来越多，仅用再入角范围和虚近地点高度差来定义再入走廊已不能满足要求，而要将再入走廊定义为一个“管道”，在此管道内飞行，对再入器的所有限制条件将得到满足。下面采用文献[47]的观点，对航天器纵向和侧向再入走廊定义如下。

定义 1：再入走廊的上边界是指航天器在各种约束条件下，最平缓的飞行轨迹，它对应着最长的航程和最大的总加热量。

定义 2：再入走廊的下边界是指航天器在各种约束条件下，最陡峭的飞行轨迹，它对应着最短的航程和最大的气动加热峰值。

定义 3：由再入走廊的上下边界之间所包含的空间构成纵向再入走廊。

定义 4：侧向走廊是指保证航天器在水平面内的飞行轨迹收敛到着陆点的包络线。

定义 5：航天器的再入走廊是指由纵向再入走廊和侧向再入走廊交叉部分形成的空间。

上述定义中的各种约束条件包括：气动加热热流约束、过载和动压约束、最大升阻比、最大（或最小）翼载荷、再入点初始与终端参数、再入运动方程等。

如果航天器在再入走廊内飞行，则航天器能在允许的气动力、气动热环境下飞行，再通过合适的制导，便能按规定的要求返回地面。

再入走廊的图形描述方法有许多种，图形的横坐标一般取相对于返回坐标系的速度，或者取机械能，而纵坐标可以取高度，也可以取阻力加速度。图 6－9 是阻力加速度-速度组成的再入走廊示意图，图 6－10 是高度-速度组成的再入走廊示意图。

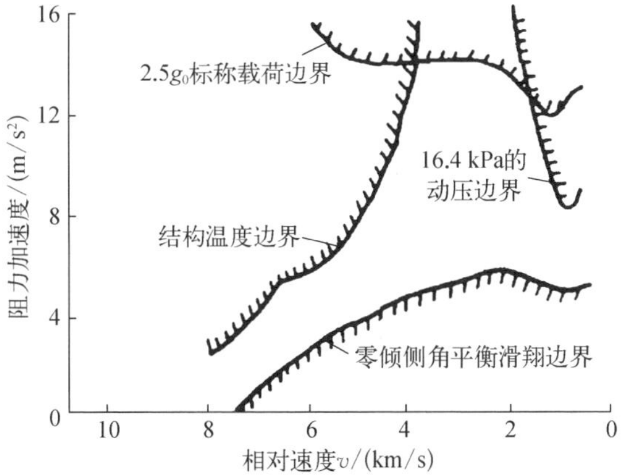

图 6－9　阻力加速度-速度组成的再入走廊

目前，对于升力式再入航天器，如美国航天飞机轨道器用的是阻力加速度-速度组成的再入走廊。它的优点是可以直接对轴向过载进行限制，同时当给定了阻力加速度-速度的关系后，可以较方便地用解析式把航程求出来。

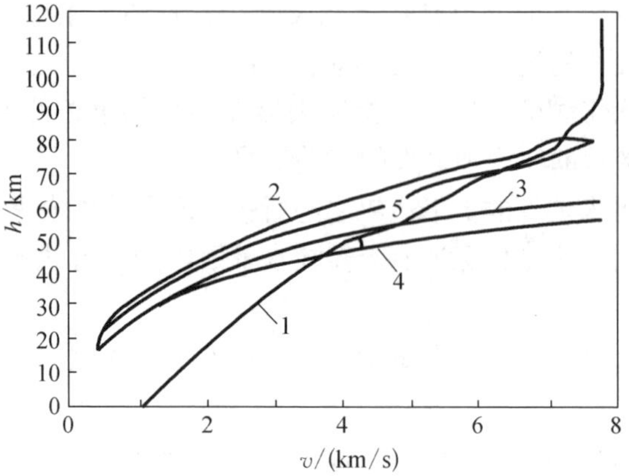

图 6-10 高度-速度组成的再入走廊

曲线 1-热流边界；曲线 2-平衡滑翔边界；曲线 3-法向过载边界；
曲线 4-动压边界；曲线 5-标准轨道曲线

如何根据给定的各种约束条件，将再入走廊画出来，使用再入走廊对标准轨道设计、制导规律实现有何便利，将放在后面第 9 章讨论。

接下来，本章主要讨论离轨制动段的轨道设计及制导问题，并以返回式卫星为例，简单讨论弹道式再入问题。第 7 章和第 8 章讨论弹道-升力式再入的轨道设计及制导方法，第 9 章讨论升力式再入问题。

6.2 航天器离轨制动段轨道设计

航天器要返回地球，需要借助火箭发动机的推力减小其飞行速度，或者改变其速度方向，或者同时改变其速度的大小和方向。从制动发动机开始工作到制动发动机停止工作的飞行段称为制动段，制动段要解决如下问题。

(1) 制动点位置选择。为了保证再入器以要求的精度着陆到预定着陆点，在返回轨道设计时必须通过迭代方法选择合适的制动点位置。

(2) 制动参数的选择，包括制动发动机推力大小、方向和工作时间的选择。

(3) 制动段关机方程的建立。在实际有干扰的情况下，如何确定发动机关机时刻，必要时还要增加导引方程。

上面的问题主要是从质心运动方面考虑需要解决的问题。如果把航天器看成刚体,则还有姿态控制问题,即如何把航天器推力方向确保在要求的方向上;当有外干扰时如何消除扰动影响,使推力基本维持在要求的方向上。

上述三个问题的讨论将在后面进行,下面首先讨论如何确定推力的方向。确定制动段推力方向是一个十分重要的问题,但因要求不同,确定方法也不同,下面分别讨论。

6.2.1　圆轨道运行且速度冲量最小时推力方向的确定

为研究方便取简化模型,假设:

(1) 地球为一不旋转的圆球,再入段以前忽略气动力的影响;

(2) 制动为冲量式变轨,即火箭发动机能够在瞬时提供速度增量 Δv。

在上述假设下,离轨制动问题实质上是一个二体模型下的轨道改变问题,也可以看作二体轨道的边值问题[13]。

制动的推力方向,即速度冲量的方向如图 6-11 所示。设推力方向与当地水平方向的夹角为 χ_z,图示 $\chi_z > 0$,该 χ_z 与图 6-2 所定义的 φ_z 有如下关系:

$$\chi_z = 180° + \varphi_z \tag{6-2-1}$$

因为假设原运行轨道为圆轨道,所以 $\boldsymbol{v}_0$ 的方向即为当地水平方向。

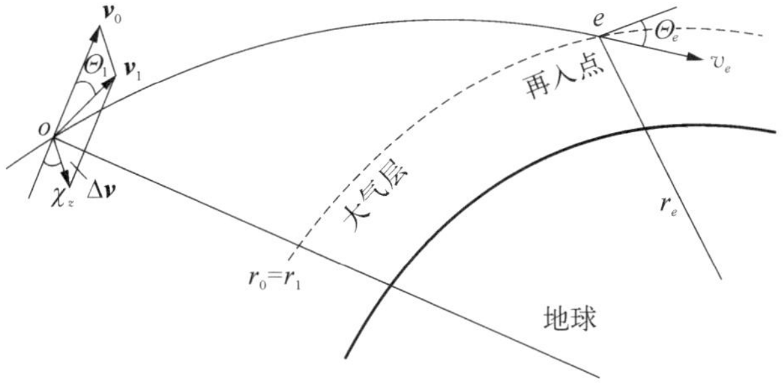

图 6-11　圆轨道时制动点与再入点的关系图

如图 6-11 所示,设 v_0、Θ_0、r_0 分别为制动点处原运行轨道的速度大小、方向和地心距,v_1、Θ_1、r_1 分别为制动后的速度大小、方向和地心距,v_e、Θ_e、r_e 分别为再入点的速度大小、方向和地心距。根据冲量假设,制动在瞬时完成,故有 $r_1 = r_0$。

从制动后到再入前的阶段为过渡段,根据假设空气动力可以略去,暂不考虑地球非球形引力的影响,则过渡段轨道为椭圆轨道。

由轨道力学理论可知,过渡轨道上制动点与再入点的机械能及角动量守

恒,故有

$$v_1^2 - \frac{2\mu_E}{r_1} = v_e^2 - \frac{2\mu_E}{r_e} \tag{6-2-2}$$

$$r_1 v_1 \cos \Theta_1 = r_e v_e \cos \Theta_e \tag{6-2-3}$$

由图 6-11 知:

$$v_1 \cos \Theta_1 = v_0 - \Delta v \cos \chi_z \tag{6-2-4}$$

$$v_1^2 = v_0^2 + \Delta v^2 - 2v_0 \Delta v \cos \chi_z \tag{6-2-5}$$

由式(6-2-2)知:

$$v_1^2 = v_e^2 - 2\mu_E\left(\frac{1}{r_e} - \frac{1}{r_1}\right) = v_e^2 - F \tag{6-2-6}$$

式中,

$$F = 2\mu_E\left(\frac{1}{r_e} - \frac{1}{r_1}\right) = 2v_0^2\left(\frac{r_1}{r_e} - 1\right) \tag{6-2-7}$$

式中, $v_0 = \sqrt{\mu_E / r_1}$ 为原运行轨道的圆周速度。

将式(6-2-4)代入式(6-2-3),可得

$$v_e = \frac{r_1(v_0 - \Delta v \cos \chi_z)}{r_e \cos \Theta_e} \tag{6-2-8}$$

将式(6-2-8)、式(6-2-5)代入式(6-2-6)得

$$v_0^2 + \Delta v^2 - 2v_0 \Delta v \cos \chi_z = \left[\frac{r_1(v_0 - \Delta v \cos \chi_z)}{r_e \cos \Theta_e}\right]^2 - F \tag{6-2-9}$$

令

$$\left(\frac{r_1}{r_e \cos \Theta_e}\right)^2 = \alpha_1 \tag{6-2-10}$$

则式(6-2-9)可写为

$$\alpha_1 (v_0 - \Delta v \cos \chi_z)^2 - F = v_0^2 + \Delta v^2 - 2v_0 \Delta v \cos \chi_z \tag{6-2-11}$$

由第 3 章的讨论可知: Θ_e 的大小对再入段的过载、热流起着十分重要的作用,应由总体设计部门根据各种因素确定,可认为是已知的。而再入点的地心

距 r_e 及制动点的地心距 $r_1 = r_0$ 也是已知的,即 $\alpha_1 > 1$ 是已知常数,F 也是常数,而对 v_e 的大小通常不作要求。由式(6-2-11)可以看出,当给定一个 χ_z,一定可以找到一个 Δv,使 Θ_e 满足要求,因此可以提出一个设计指标:找一个最佳制动角 $\chi_{z,\,\mathrm{opt}}$(或 $\varphi_{z,\,\mathrm{opt}} = \chi_{z,\,\mathrm{opt}} - 180°$)使 Δv 为最小,即燃料消耗最小,或制动发动机的工作时间最短。

为此,将式(6-2-11)对 χ_z 角求偏导数可得

$$\frac{\partial \Delta v}{\partial \chi_z} = \frac{\Delta v \sin \chi_z [\alpha_1 \Delta v \cos \chi_z - v_0(\alpha_1 - 1)]}{\alpha_1 \Delta v \cos^2 \chi_z + v_0 \cos \chi_z - \alpha_1 v_0 \cos \chi_z - \Delta v} \tag{6-2-12}$$

故出现极值的条件为

$$\sin \chi_z = 0 \quad \text{或} \quad \alpha_1 \Delta v \cos \chi_z - v_0(\alpha_1 - 1) = 0 \tag{6-2-13}$$

先分析式(6-2-13)的第二个解:

$$\cos \chi_z = \frac{v_0(\alpha_1 - 1)}{\Delta v \alpha_1} \tag{6-2-14}$$

将式(6-2-14)代入式(6-2-11)得

$$\Delta v^2 = \frac{v_0^2(\alpha_1 - 1) - \alpha_1 F}{\alpha_1} \tag{6-2-15}$$

再将式(6-2-15)代入式(6-2-14),可得

$$\cos \chi_z = \frac{v_0(\alpha_1 - 1)}{\sqrt{v_0^2(\alpha_1 - 1)\alpha_1 - \alpha_1^2 F}} \tag{6-2-16}$$

若要使式(6-2-16)有意义,需要满足:

$$v_0^2(\alpha_1 - 1)\alpha_1 - \alpha_1^2 F > 0 \tag{6-2-17}$$

且:

$$\cos \chi_z = \frac{v_0(\alpha_1 - 1)}{\sqrt{v_0^2(\alpha_1 - 1)\alpha_1 - \alpha_1^2 F}} \leqslant 1 \tag{6-2-18}$$

展开式(6-2-18)得

$$v_0^2(\alpha_1 - 1) - \alpha_1^2 F \geqslant 0 \tag{6-2-19}$$

因为 $\alpha_1 > 1$，比较式(6-2-19)和式(6-2-17)可知，式(6-2-19)的条件更严格一些。

下面分析从式(6-2-19)可以得出 r_1、r_e、Θ_e 应满足什么条件。令

$$\beta_1 = \frac{F}{v_0^2} = 2\left(\frac{r_1}{r_e} - 1\right) > 0 \tag{6-2-20}$$

则式(6-2-19)可改写为

$$\beta_1\alpha_1^2 - \alpha_1 + 1 \leqslant 0 \tag{6-2-21}$$

由 $\beta_1\alpha_1^2 - \alpha_1 + 1 = 0$ 可得

$$\alpha_1 = \frac{1}{2\beta_1}(1 \pm \sqrt{1 - 4\beta_1}) \tag{6-2-22}$$

故：

$$\frac{1 - \sqrt{1 - 4\beta_1}}{2\beta_1} \leqslant \alpha_1 \leqslant \frac{1 + \sqrt{1 - 4\beta_1}}{2\beta_1} \tag{6-2-23}$$

即

$$\frac{1 - \sqrt{1 - 4\beta_1}}{2\beta_1} \leqslant \left(\frac{r_1}{r_e\cos\Theta_e}\right)^2 \leqslant \frac{1 + \sqrt{1 - 4\beta_1}}{2\beta_1}$$

则有

$$\frac{r_1}{r_e}\frac{\sqrt{2\beta_1}}{\sqrt{1 - \sqrt{1 - 4\beta_1}}} \geqslant \cos\Theta_e \geqslant \frac{r_1}{r_e}\frac{\sqrt{2\beta_1}}{\sqrt{1 + \sqrt{1 - 4\beta_1}}} \tag{6-2-24}$$

当 r_1、r_e 和 Θ_e 满足条件[式(6-2-24)]时，则由极值条件[式(6-2-16)]可得最佳制动角 $\chi_{z,\text{opt}}$ 为

$$\chi_{z,\text{opt}} = \chi_{z,2} = \arccos\left[\frac{v_0(\alpha_1 - 1)}{\sqrt{v_0^2(\alpha_1 - 1)\alpha_1 - \alpha_1^2 F}}\right] \tag{6-2-25}$$

由式(6-2-24)看出，$\cos\Theta_e$ 要有意义必须有

$$1 - 4\beta_1 \geqslant 0 \tag{6-2-26}$$

将 β_1 的表达式[式(6-2-20)]代入式(6-2-26)，并注意到 $r_1 = r_0$ 可得

$$r_0 \leqslant \frac{9}{8} r_e = 1.125 r_e \tag{6-2-27}$$

取地球平均半径 $R_E = 6\,371.11$ km,再入点高度 $h_e = 100$ km,则由式(6-2-27)可求得 $r_0 \leqslant 7\,280$ km, 即 $h_0 \leqslant 908$ km。

现在分析极值条件[式(6-2-13)]的第一个解。当式(6-2-24)和式(6-2-27)的条件不满足时,应取 $\sin\chi = 0$ 的解,即

$$\chi_{z,\,\mathrm{opt}} = \chi_{z,\,1} = 0 \tag{6-2-28}$$

此时的 Δv 可由式(6-2-11)求得

$$\Delta v = v_0 - \sqrt{\frac{F}{\alpha_1 - 1}} \tag{6-2-29}$$

$\chi_{z,\,\mathrm{opt}} = \chi_{z,\,1} = 0$ 表示制动发动机的最佳推力方向应在圆轨道速度的反方向,即不改变速度方向,仅改变速度大小。这便是一些文献中提到的,反向制动是最佳的制动方向,其制动速度冲量 Δv 最小。

对于上述讨论,更严格地讲,还应说明当满足式(6-2-24)和式(6-2-27)时,Δv 不仅是极值,而且是极小值;当不满足式(6-2-24)和式(6-2-27)时,$\chi_z = 0$ 使 Δv 不仅为极值而且为极小值。要说明 Δv 为极小值,应求二阶偏导数并加以判断,数学上推导较烦琐,可以从物理意义上解释所求的 Δv 应为极小值。

下面举例说明最佳制动角 $\chi_{z,\,\mathrm{opt}}$ 与制动点的地心距 r_1 及再入角 Θ_e 的关系。计算取 $h_e = 100$ km, h_1 由 200 km 变化到 800 km, Θ_e 由 $-8°$ 变化到 $-1°$, 计算结果如图 6-12 和图 6-13 所示。

图 6-12 中,每条曲线代表一个确定的再入角 Θ_e。可见,当再入角 Θ_e 一定时,离轨高度超过某一值后,最佳的离轨制动角 $\chi_{z,\,\mathrm{opt}} = \chi_{z,\,1} = 0$, 且 $|\Theta_e|$ 越小,该高度值越低。因为一般制动高度 $h_0 > 300$ km,且 $|\Theta_e| < 5°$, 故有 $\chi_{z,\,\mathrm{opt}} = 0°$。这就验证了人们常说的:对于圆轨道,反向制动为最佳制动方向。

图 6-13 的横坐标为 $\Delta v_{\min}$,纵坐标为高度 h,每条曲线对应于 Θ_e 为常数。AB 线为 $\chi_{z,\,\mathrm{opt}}$ 的转折线,在 AB 线之上,其最佳制动角 $\chi_{z,\,\mathrm{opt}} = \chi_{z,\,1} = 0$; 在 AB 线之下,最佳制动角 $\chi_{z,\,\mathrm{opt}} = \chi_{z,\,2}$ 由式(6-2-25)确定。AB 线由条件 $\beta_1 \alpha_1^2 - \alpha_1 + 1 = 0$ 确定。

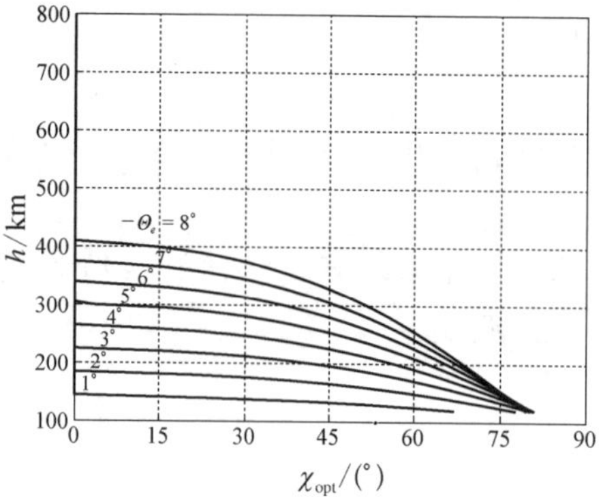

图 6-12 χ_{opt}与 h、Θ_e的关系图

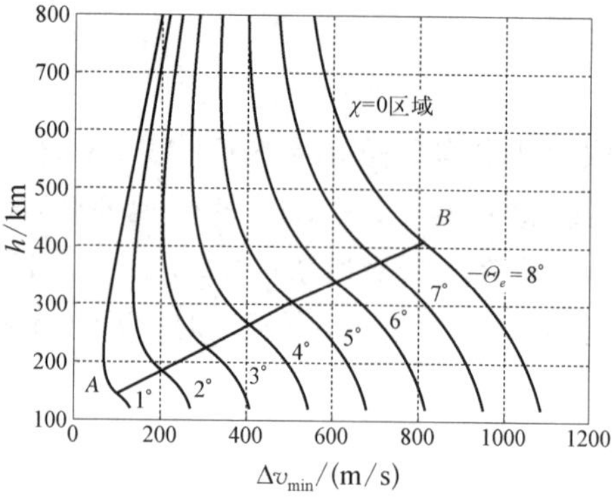

图 6-13 Δv_{min}与 h、Θ_e的关系图

6.2.2 椭圆轨道运行且速度冲量最小时推力方向的确定

上一小节讨论了运行轨道为圆轨道、离轨能量最省时,如何确定制动发动机的推力方向。如果运行轨道为椭圆轨道,用圆轨道计算会带来误差。下面介绍一种运行轨道为椭圆时,确定制动发动机推力方向的迭代方法。

如图 6-14 所示,假设原运行轨道为椭圆轨道。图 6-14 中的符号与图 6-11 中符号的意义相同,但此时 $\Theta_0 \neq 0$,且规定 Θ_0向下为负,图示的 $\Theta_0<0$。φ_z为 Δv 与当地水平面的夹角。在运行轨道为椭圆轨道时,又规定 Δv 的方向(即推力方向)与 v_0方向的夹角为 ψ_z,且规定图示的 ψ_z为负值。显然有

$$\begin{cases}\varphi_z = \psi_z + \Theta_0 \\ \chi_z = 180° + (\psi_z + \Theta_0)\end{cases}$$

下面的讨论仍假设:① 冲量假设,即瞬时获得速度增量 Δv;② 二体假设,即制动后进入大气层之前,仍按椭圆轨道飞行。

由图 6-14 中速度间的三角关系可知:

$$v_1^2 = v_0^2 + \Delta v^2 - 2v_0\Delta v\cos(180° - \psi_z) = v_0^2 + \Delta v^2 + 2v_0\Delta v\cos\psi_z \tag{6-2-30}$$

$$\Theta_1 = \Theta_0 + \Delta\Theta = \Theta_0 - \tan\left(\frac{\Delta v\sin\psi_z}{v_0 + \Delta v\cos\psi_z}\right) \tag{6-2-31}$$

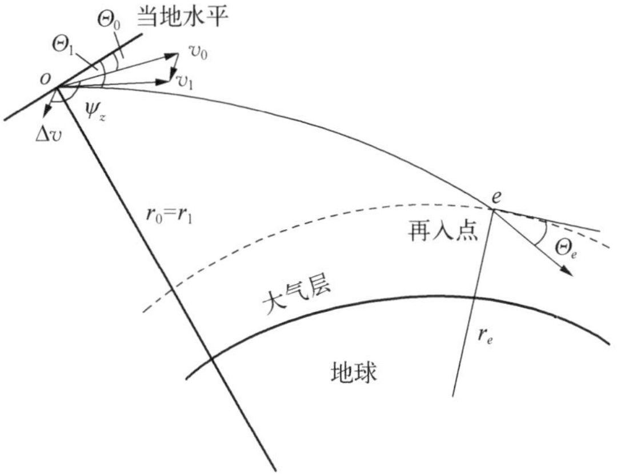

图 6－14　椭圆轨道时制动点与再入点的关系图

而根据二体轨道的机械能守恒及角动量守恒,可知:

$$v_e^2 = 2\mu_E\left(\frac{1}{r_e} - \frac{1}{r_1}\right) + v_1^2 \tag{6-2-32}$$

$$\cos \Theta_e = \frac{r_1 v_1 \cos \Theta_1}{r_e v_e} \tag{6-2-33}$$

由式(6－2－30)、式(6－2－31)可以看出,当给定一个速度增量 Δv 和制动角 ψ_z 时,可以得到 Θ_1、v_1;若 r_e 认为是已知的,则可由式(6－2－32)和式(6－2－33)得到 v_e、Θ_e。反之,当 v_e、Θ_e 确定时,可由式(6－2－30)~式(6－2－33)确定 Δv 及 ψ_z 的大小。如果 Θ_e 的大小已由再入过载和热流峰值的约束确定,且对 v_e 的大小不作要求时,则可以求得一个最佳的 ψ_z 值,使 Δv 最小。

由图 6－14 知:

$$\begin{aligned} v_1\cos \Theta_1 &= v_0\cos \Theta_0 - \Delta v\cos \chi_z \\ &= v_0\cos \Theta_0 - \Delta v\cos[180° + (\psi_z + \Theta_0)] \\ &= v_0\cos \Theta_0 + \Delta v\cos(\psi_z + \Theta_0) \end{aligned} \tag{6-2-34}$$

由式(6－2－30)和式(6－2－32)可得

$$v_e = \left[2\mu_E\left(\frac{1}{r_e} - \frac{1}{r_0}\right) + v_0^2 + \Delta v^2 + 2v_0\Delta v\cos \psi_z\right]^{1/2} \tag{6-2-35}$$

将式(6－2－34)和式(6－2－35)代入式(6－2－33)可得

$$\cos\Theta_e=\frac{r_1}{r_e}\frac{v_0\cos\Theta_0+\Delta v\cos(\psi_z+\Theta_0)}{\left[2\mu_E\left(\frac{1}{r_e}-\frac{1}{r_0}\right)+v_0^2+\Delta v^2+2v_0\Delta v\cos\psi_z\right]^{1/2}}\tag{6-2-36}$$

当 Θ_e 给定时,式(6－2－36)将 Δv 表示为 ψ_z 的隐函数。将式(6－2－36)对 ψ_z 求导,根据极值条件可得

$$\begin{aligned}\frac{\partial\Delta v/v_0}{\partial\psi_z}=&\sin(\psi_z+\Theta_0)\left(\frac{\Delta v}{v_0}\right)^2+[\sin\Theta_0+\cos\psi_z\sin(\psi_z+\Theta_0)]\left(\frac{\Delta v}{v_0}\right)\\&+\frac{2\mu_E}{v_0^2}\left(\frac{1}{r_e}-\frac{1}{r_1}\right)\sin(\psi_z+\Theta_0)+\sin\Theta_0\cos\psi_z=0\end{aligned}\tag{6-2-37}$$

解式(6－2－37)可得使 $\Delta v/v_0$ 最小时 $\Delta v/v_0$ 和 ψ_z 应满足的条件:

$$\frac{\Delta v}{v_0}=\frac{-[\sin\Theta_0+\cos\psi_z\sin(\psi_z+\Theta_0)]\pm\sqrt{S_1}}{2\sin(\psi_z+\Theta_0)}\tag{6-2-38}$$

式中,

$$\begin{aligned}S_1=&[\sin\Theta_0+\cos\psi_z\sin(\psi_z+\Theta_0)]^2\\&-4\sin(\psi_z+\Theta_0)\left[\frac{2\mu_E}{v_0^2}\left(\frac{1}{r_e}-\frac{1}{r_1}\right)\sin(\psi_z+\Theta_0)+\sin\Theta_0\cos\psi_z\right]\end{aligned}$$

当 $\Delta v/v_0$ 和 ψ_z 满足式(6－2－38)时,$\Delta v/v_0$ 是最小的。但该方程得不到显式解,可以用下述方法迭代求解。

先选 $\psi_z^{[1]}=-180°$ 作第一次估计,利用式(6－2－38)求出 Δv,然后利用式(6－2－30)~式(6－2－33)求出 Θ_e 的第一次估计值 $\Theta_e^{[1]}$。但此时的 Θ_e 不一定满足要求,可以利用偏导数 $\partial\Theta_e/\partial\psi_z$ 求出 ψ_z 的第二次近似值:

$$\psi_z^{[2]}=\psi_z^{[1]}+\Delta\psi_z\tag{6-2-39}$$

式中,

$$\Delta\psi_z=\frac{\Theta_{e,r}-\Theta_e^{[1]}}{\partial\Theta_e/\partial\psi_z}\tag{6-2-40}$$

式中，$\Theta_{e,r}$ 是再入角 Θ_e 的要求值；$\partial\Theta_e/\partial\psi_z$ 是再入角 Θ_e 对 ψ_z 的偏导数，可以通过式(6-2-33)对 ψ_z 求偏导数得到：

$$\frac{\partial\Theta_e}{\partial\psi_z}=\csc\Theta_e\left(\frac{r_1}{r_e}\right)\left\{\frac{\Delta v/v_0(\sin\psi_z\cos\Theta_0+\cos\psi_z\sin\Theta_0)}{v_e/v_0}-\frac{[(1+\Delta v/v_0\cos\psi_z)\cos\Theta_0-\Delta v/v_0\sin\psi_z\sin\Theta_0]\sin\psi_z\Delta v/v_0}{(v_e/v_0)^3}\right\} \tag{6-2-41}$$

6.2.3 返回航程最小时推力方向的确定

前面讨论了离轨能量最省时推力方向的确定问题，但在工程实践中这并不是唯一的要求。实际上，确定推力方向还可能有其他要求，较常用的是用返回航程最小来确定推力方向。

1. 弹道式再入且航程最小时推力方向的确定

仍采用瞬时冲量假设，先研究制动角和航程的关系。假设航天器的运行轨道一定，速度增量 Δv 也一定，取不同的制动角 φ_z 可得不同的航程，如图 6-15 所示。

从图 6-15 看出，当 φ_z 变化时，再入器的航程 R_T 也随之变化。当 $\varphi_z=-110°$ 时，航程 R_T 最小，且此时制动角偏差 $\Delta\varphi_z$ 所引起的航程偏差量 ΔR_T 也最小，所以称 $\varphi_z=-110°$ 为在制动速度 Δv 下的最佳制动角或最小航程制动角。按不同的制动速度 Δv 计算若干条如图 6-15 所示的曲线，一般可以从中选取一条在最佳制动角下使得返回航程、落点散布、再入过载均满足设计要求的轨道。这条轨道的制动速度 Δv 将作为制动发动机总冲选取的依据，这条曲线的最佳制动角将作为设计的制动角。

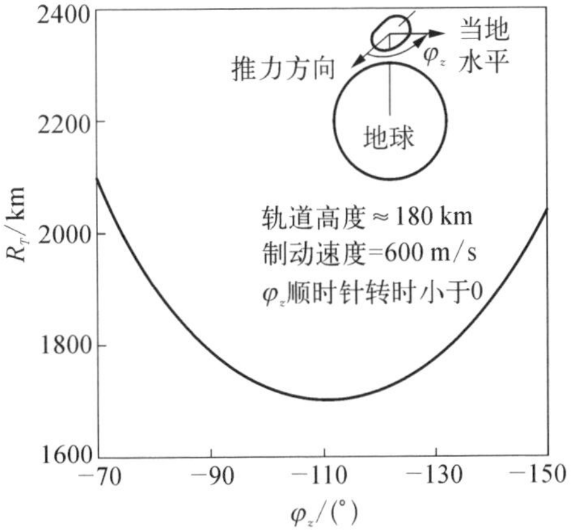

图 6-15　弹道式再入返回航程 R_T 随制动角 φ_z 的变化

2. 弹道-升力式再入且航程最小时推力方向的确定

原则上讲，弹道-升力式再入时推力方向的确定方法与弹道式再入的确定方法类似。区别在于,对飞船而言,再入时的允许过载远远小于卫星再入时的允许过载,所以一般飞船的制动速度 Δv 为 120~300 m/s,比卫星所需的制动速度要小。

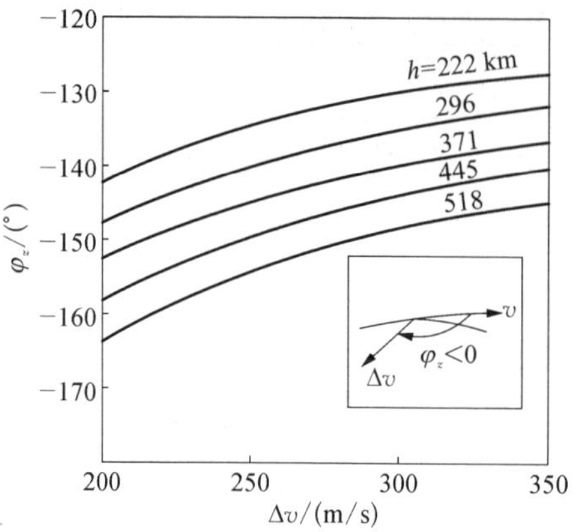

图 6-16 最小航程轨道的制动角 φ_z 随圆轨道高度 h 和制动速度 Δv 的变化

选用最小再入航程来确定制动方向,在弹道-升力式再入航天器的返回制动中得到了广泛应用。最小航程轨道是指在运行轨道和制动速度一定的情况下,改变制动角 φ_z 而使航程最短的轨道。采用最小航程轨道不但可以充分发挥制动速度的作用,使航程最小,而且可使由于制动段误差造成的着陆点误差最小。对于给定的圆轨道高度 h 和制动速度 Δv,最小航程轨道的制动角 φ_z 可借助图 6-16 所示的关系图,由作图法求出。

飞船最小航程轨道对应的再入角 Θ_e 可根据圆轨道高度 h 和制动速度 Δv 的值,借助图 6-17 求得。最小航程轨道的航程 R_T对制动速度 Δv 的偏导数随圆轨道高度 h 和制动速度 Δv 的变化关系如图 6-18 所示。

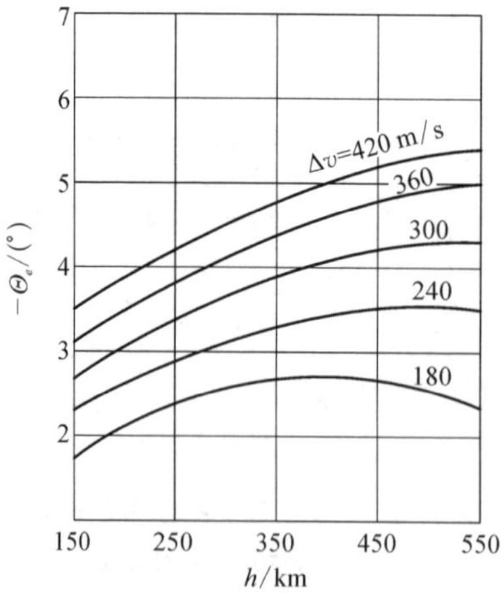

图 6-17 最小航程轨道的再入角 Θ_e 随圆轨道高度 h 和制动速度 Δv 的变化

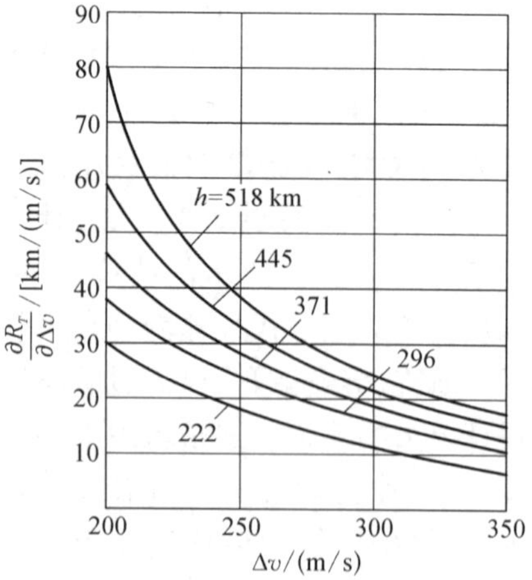

图 6-18 导数 $\partial R_T/\partial \Delta v$ 随圆轨道高度 h 和制动速度 Δv 的变化

从图 6－17 和图 6－18 可以看出：对于一个固定高度的圆轨道，制动速度越小，则再入角绝对值越小，但 $\partial R_T/\partial\Delta v$ 就越大。因此，在设计飞船返回轨道，特别是弹道式再入飞船的返回轨道时，不可将制动速度取得过小，以免落点散布过大。

如果飞船总体设计部门给定圆轨道高度 h 和再入角 Θ_e，则可根据图 6－17 确定速度增量 Δv；已知圆轨道高度 h 和制动速度增量 Δv 后，再由图 6－16 便可以确定使航程最小时的制动角 φ_z。

上述确定制动发动机推力方向的方法，均以瞬时冲量为基础。实际上，推力并非无限大，速度增量并非冲量，为了更精确地确定制动发动机推力方向，可以用数值积分方法求最佳制动方向，同时可以分析冲量法带来的误差。

不用冲量假设时，推力的大小要给定，通常推力的大小是采用现行的制动发动机的推力，可以认为是已知的。需要确定的是制动发动机推力的方向和其工作时间。优化的指标可以是燃料最省，也可以是航程最短。燃料最省在推力大小一定的条件下对应于制动发动机工作时间最短，而航程最短则需要通过计算求出其航程，选择航程最短时的制动方向为最佳制动方向。

具体算法可以先假定制动方向，通过计算得到满足再入角要求的制动发动机工作时间或者再入航程，再通过迭代的方法找出制动发动机工作时间最短或航程最小的最佳制动方向。

6.2.4　可返回圈的确定

可返回圈是指在该圈的适当位置进行制动和升力控制，即可返回预定的着陆场。对于正常飞行情况，着陆场即主着陆场或因气象等原因作为备份的副着陆场；对于异常飞行情况，着陆场为应急着陆场。

可返回圈的确定与飞行器再入过程中是否具有较大的横向机动能力有关。对于弹道式再入方式，横向机动能力接近于零；对于弹道－升力式再入方式，最大横向机动能力为 200～400 km，相比地球半径仍是小量。因此，对于这两种再入方式，一般要求可返回圈的星下点轨迹经过着陆场。对于升力式再入方式，最大横向机动能力可达数千千米，只要着陆场与星下点轨迹的最小距离在横向机动能力范围之内，就可以确定为可返回圈。

1. 弹道－升力式再入航天器可返回圈的确定

对于载人飞船这类弹道－升力式再入航天器，其运行轨道一般都设计成准回归轨道，且要求其星下点轨迹经过着陆场，这样每个回归周期内都至少有 1

次可返回机会。例如,我国的"天宫"空间站近似运行在回归周期为 3 天、回归圈次为 46 圈的准回归轨道上,这样接驳在空间站上的载人飞船每 3 天就至少有 1 次可返回的机会。下面参考文献[48],给出飞船可返回圈的确定方法。

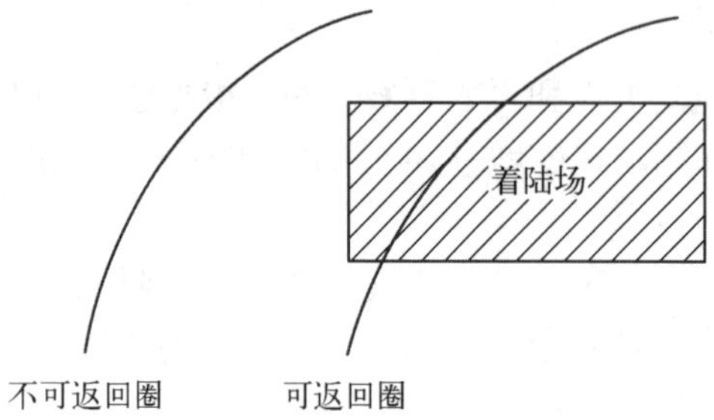

图 6-19 飞船星下点轨迹经过着陆场示意图

确定可返回圈时,首先要计算飞船的星下点轨迹,判断是否经过着陆场的范围,如果经过着陆场,则认为该圈为可返回圈,如图 6-19 所示。如果对星下点轨迹上的每个点都逐个计算,会导致计算量太大,故可先进行一次初选,排除根本不可能进入着陆场的星下点,再继续判断。

(1) 初选,即初步判断每一圈过着陆场的星下点范围,如图 6-20 所示。

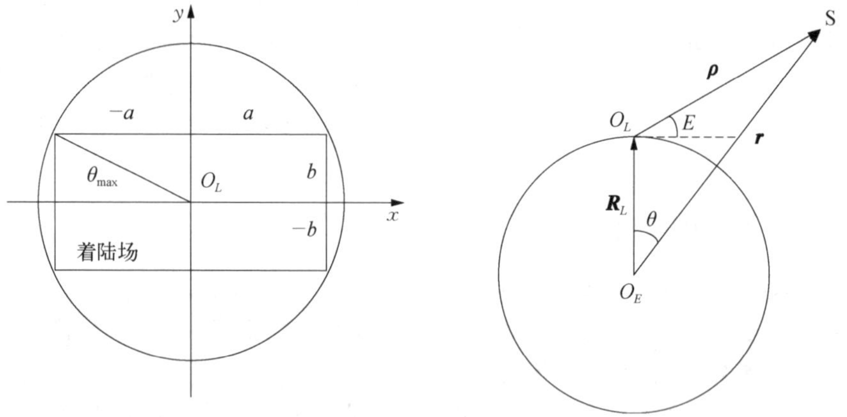

图 6-20 飞船与着陆场中心位置的关系

设着陆场的长为 $2a$、宽为 $2b$、中心为 O_L, θ_{max} 为飞船过着陆场的最大角距,即

$$\theta_{max} = \frac{\sqrt{a^2 + b^2}}{R_E} \tag{6-2-42}$$

如果已知着陆场中心 O_L在地固坐标系中的位置为 $\boldsymbol{R}_L$,飞船 S 在地固坐标系中的位置为 $\boldsymbol{r}$,则飞船与着陆场中心的地心夹角 θ 为

$$\theta = \arccos\left(\frac{\boldsymbol{R}_L \cdot \boldsymbol{r}}{R_L r}\right) \tag{6-2-43}$$

只需 $\theta \leqslant \theta_{\max}$ 即可初步认为飞船过着陆场。

（2）若经过初选，某时刻的星下点 X 可能位于着陆场内，如图 6－21 所示。由于着陆场的形状不规则，需要用如下方式加以准确判别。因为着陆场的长度与地球半径相比是一个小量，故可将地球表面看作一个平面，将其化为平面问题。将着陆场分割成 N 个三角形，判断初选后的星下点坐标是否位于其中的某个三角形内。判断方法如下：将星下点 X 与三角形的三个顶点分别相连，可组成 3 个小三角形；根据三角形 3 个顶点的坐标计算 3 个小三角形的面积和大三角形的面积，若 3 个小三角形的面积之和等于大三角形的面积，则该星下点在大三角形所在的着陆场范围之内。

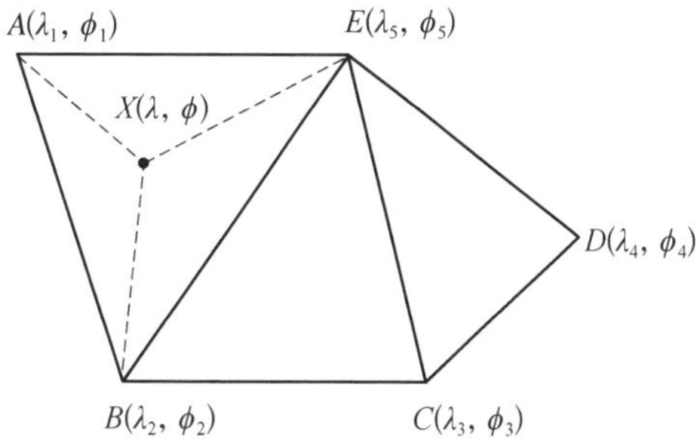

图 6－21　不规则着陆场分解示意图

如图 6－21 所示，在△ABE 中，先根据 A、B、E、X 这 4 个点的坐标分别计算出各边的长度，然后利用三边求面积公式分别计算三角形的面积 S_{ABE}、S_{AXE}、S_{ABX}、S_{BEX}，之后判断式（6－2－44）是否成立：

$$S_{AXE} + S_{ABX} + S_{BEX} = S_{ABE} \tag{6-2-44}$$

若式（6－2－44）成立，则星下点位于着陆场的△ABE 内。

上述可返回圈的确定方法，对于返回式卫星这类弹道式再入航天器同样有效。

2. 升力式再入航天器可返回圈的确定

升力式航天器具有较强的再入机动能力，不再要求星下点轨迹经过着陆场，可以大大增加离轨返回的机会。同时，足够大的升力可以使航天器能够水平着陆到指定的机场，从而实现定点着陆。

航天器的再入机动能力与其最大升阻比有关，图 6－22 给出了同样的初始条件和再入约束条件下，航天器的再入可达域范围与升阻比的近似关系。图 6－23 给出了最大横向机动能力与升阻比的近似关系。可见，当 $L/D = 1$ 时，其最大横向机动能力可达 950 km。研究表明[46]，当 $L/D \approx 3.6$ 时，航天器在任意倾角、高度约 320 km 的圆轨道上都有当圈返回地球上任意点的机会。对美国而言，若航天器运行在极轨道上，当 $L/D \approx 0.7$ 时，能够保证每天有一次返回美国本土任意一点的机会；当 $L/D \approx 0.9$ 时，能够保证每天有两次返回美国本土任意一点的机会。

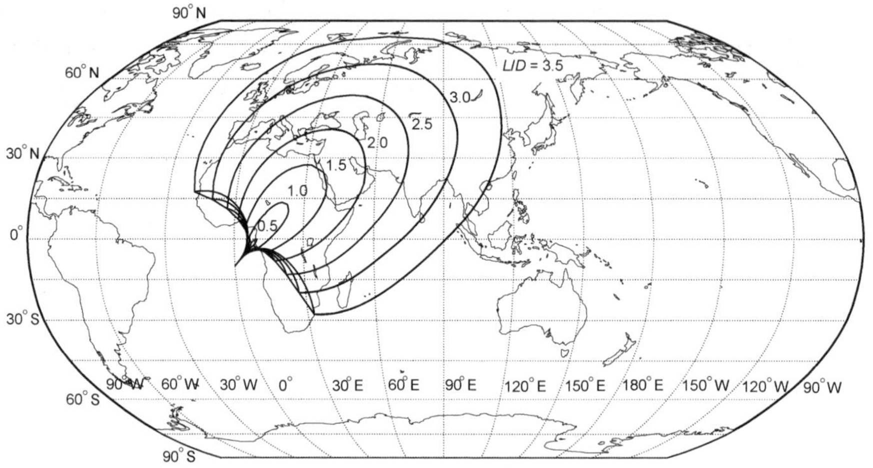

图 6-22 不同升阻比对应的可达域范围

由于航天器可以通过调整离轨点的位置来改变返回段的航程，因此对于增加离轨返回机会来说，再入纵向机动能力的意义不大。离轨返回的机会主要由横向机动能力决定，纵向机动能力可用来增加运行轨道上可制动点的弧段长度，也即制动窗口的大小。航天器运行在 300 km 高度的圆轨道上时，制动窗口的大小与纵向机动距离的关系如图 6-24 所示。可见，当纵向机动距离为 3 000 km

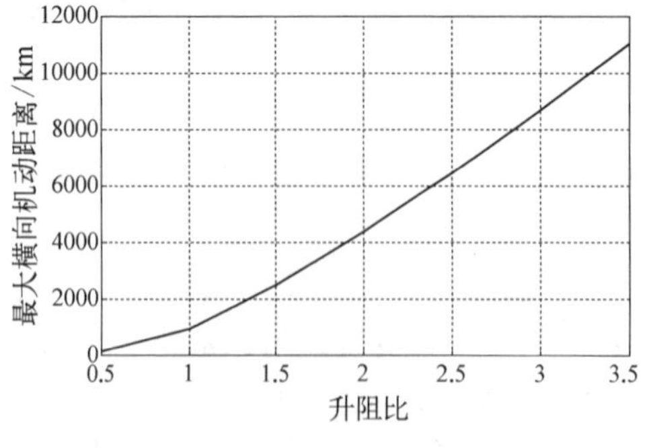

图 6-23 不同升阻比对应的最大横向机动距离

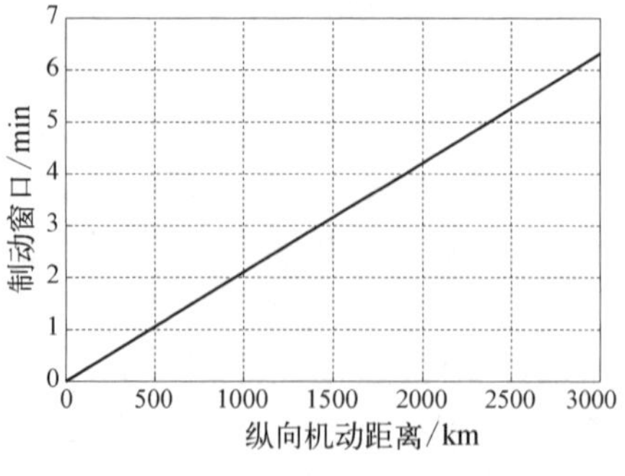

图 6-24 纵向机动距离与制动窗口的关系

时，制动窗口的大小约为 6.3 min，这主要是由于航天器在轨道上的运行速度很快，该制动窗口的大小对近地轨道而言变化不大。

当航天器再入过程中的最大横向机动能力 $R_{C,\max}$ 给定后，就可以确定可返回圈。可返回圈的准确确定要由数值方法计算获得，为减小计算量可先初步筛选。

如图 6－25 所示，假定着陆点为 T。根据航天器运行轨道的倾角和高度，改变升交点经度值，做经过点 T 的星下点轨迹，获得该轨迹的升交点经度值 $\boldsymbol{\lambda}_N$。根据航天器实际运行轨道的星下点轨迹与赤道交点的经度值 λ_k（图中 $k = a$、b、c 或 d），初步判断该圈是否为可返回圈，判断准则为

$$|\boldsymbol{\lambda}_k - \boldsymbol{\lambda}_N| R_E \leqslant k_\lambda R_{C,\max} \tag{6-2-45}$$

式中，$k_\lambda \geqslant 1$，是放大系数，可根据运行轨道特性事先计算确定。

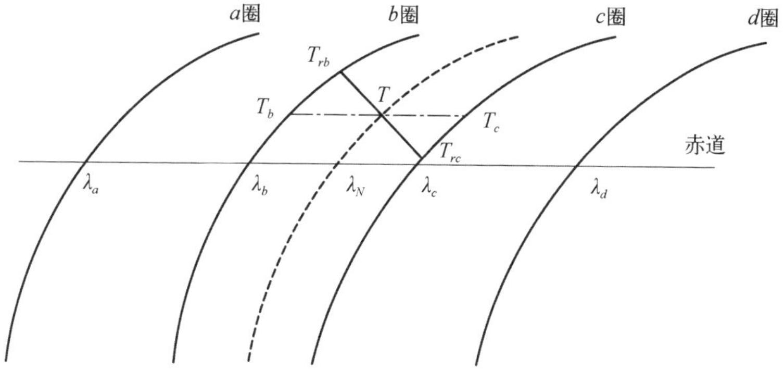

图 6－25　有再入横向机动时可返回圈的确定

初步筛选出可返回圈后，即可通过数值方法确认可返回圈是否成立，并确定可返回圈上的制动参照点 T_r，一般取 T_r 为与 T 距离最短的点。球面上两点间的距离既可以用球面距离表示，也可以用两点地心矢径的夹角 θ 表示。对于后者，若 T 的地理坐标为 $(\boldsymbol{\lambda}_T, \boldsymbol{\phi}_T)$，星下点轨迹上某点 A 的地理坐标为 $(\boldsymbol{\lambda}_A, \boldsymbol{\phi}_A)$，则有

$$\cos\theta = \boldsymbol{r}_T \cdot \boldsymbol{r}_A = \begin{bmatrix} \cos\boldsymbol{\phi}_T \cos\boldsymbol{\lambda}_T \\ \cos\boldsymbol{\phi}_T \sin\boldsymbol{\lambda}_T \\ \sin\boldsymbol{\phi}_T \end{bmatrix} \cdot \begin{bmatrix} \cos\boldsymbol{\phi}_A \cos\boldsymbol{\lambda}_A \\ \cos\boldsymbol{\phi}_A \sin\boldsymbol{\lambda}_A \\ \sin\boldsymbol{\phi}_A \end{bmatrix} \tag{6-2-46}$$

若取航天器通过当圈升交点的时刻为零，则航天器在旋转地球上的星下点坐标

可以表示为[13]

$$\begin{cases}\phi_A = \arcsin(\sin i \sin u_A) \\ \lambda_A = \arctan(\cos i \tan u_A) + \Omega - \omega_E t - \bar{S}_0\end{cases} \tag{6-2-47}$$

式中,i 为轨道倾角;u_A为点 A 的纬度幅角;Ω 为升交点赤经;$\bar{S}_0$ 为 $t=0$ 时的格林尼治平恒星时。将式(6-2-47)代入式(6-2-46),即可以得到矢径夹角 θ 关于纬度幅角 u_A的表达式。

如图6-25所示,假定 b 圈和 c 圈都满足条件[式(6-2-45)],为减小计算量,可首先确定 b 圈、c 圈上与着陆点 T 同纬度的点 T_b、T_c,并沿星下点轨迹分别向两侧取点计算与 T 的距离,从而确定距离最小的制动参照点 T_r。一般而言,点 T_r应该位于与 T 的距离逐渐减小的一侧。

6.2.5 离轨制动点的计算

离轨制动点的计算是根据航天器当前的运行轨道及目标着陆点,在制动发动机的姿态和开机时间长度给定的条件下,计算离轨制动点在运行轨道上的位置或开机时间点 t_0。下面参考文献[48]和[49],给出开机点时间的计算方法。

准确的开机时间点 t_0的计算要采用迭代算法,即先用解析公式计算出 t_0的初值,然后对航天器运动方程积分计算着陆点(或开伞点),并与要求的标称着陆点进行比较,根据比较的差值修正 t_0,经过多次迭代,直至预报的着陆点与标称着陆点的差在要求的精度范围内。下面介绍具体的计算方法。

1) t_0初值的计算

假定返回圈的升交点时刻为 t_N,升交点经度为 λ_N。t_N时刻飞船在地心固连坐标系 E 下的位置与速度为 X_N、Y_N、Z_N、$\dot{X}_N$、$\dot{Y}_N$、$\dot{Z}_N$,标称着陆点的地理坐标为 (λ_T, ϕ_T),要求计算出制动发动机开机点时刻 t_0的近似值。

为此,首先计算出 t_N时刻航天器的地心距 r_N、绝对速度 v_N及当地速度倾角 Θ_N,即

$$r_N = \sqrt{X_N^2 + Y_N^2 + Z_N^2}$$

$$\begin{cases} v_{x_N} = \dot{X}_N - \omega_E Y_N \\ v_{y_N} = \dot{Y}_N + \omega_E X_N \\ v_{z_N} = \dot{Z}_N \end{cases} \tag{6-2-48}$$

$$v_N = \sqrt{v_{x_N}^2 + v_{y_N}^2 + v_{z_N}^2}$$

$$\Theta_N = \arcsin \frac{X_N v_{x_N} + Y_N v_{y_N} + Z_N v_{z_N}}{r_N v_N} \tag{6-2-49}$$

式中，ω_E为地球自转角速度。

接着计算航天器在大气层外的射程角β_K。由于是初步估算，假定制动时采用脉冲推力，则大气层外仅有过渡段；且假设航天器按近圆轨道飞行，则在制动结束点K，航天器的地心距$r_K = r_N$，速度为

$$v_K = \sqrt{v_N^2 + \Delta v^2 - 2v_N \Delta v \cos \chi_z} \tag{6-2-50}$$

当地速度倾角为

$$\Theta_K = \arccos\left(\frac{v_N - \Delta v \cos \chi_z}{v_K}\right) \tag{6-2-51}$$

式中，Δv为制动速度增量；χ_z为制动角，如图6-11所示。

如图6-26所示，假定从制动结束点K到再入点e(地心距为r_e)，航天器按椭圆轨道飞行，则由椭圆轨道公式可得再入点的速度如式(6-2-52)所示。

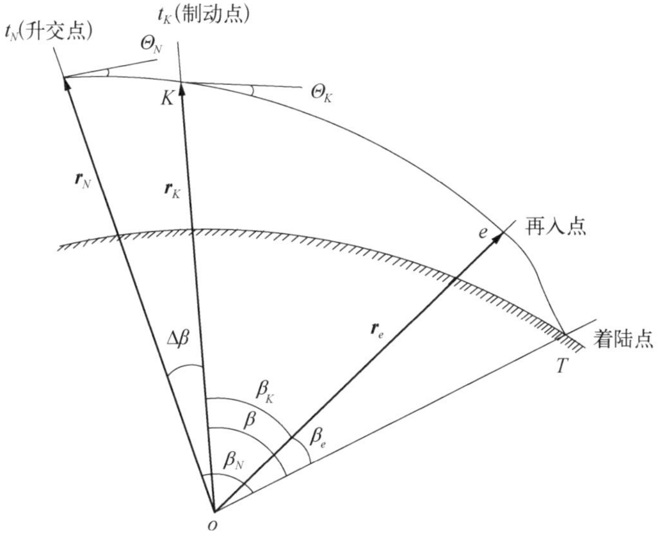

图6-26　离轨返回段航程示意图

$$v_e = \sqrt{v_K^2 - \frac{2\mu_E}{r_K} + \frac{2\mu_E}{r_e}} \tag{6-2-52}$$

再入点的当地速度倾角为

$$\Theta_e = \arccos\left(\frac{r_P v_K \cos \Theta_K}{r_e v_e}\right) \tag{6-2-53}$$

实际上,再入点的当地速度倾角(即再入角)应该是设计值,根据再入段的要求确定。由此可得过渡段的射程角 β_K 为

$$\beta_K = 2\arctan\left(\frac{r_e - r_N}{r_e \tan \Theta_N + r_N \tan \Theta_e}\right) \tag{6-2-54}$$

假设航天器由再入点 e 到着陆点 T 的再入段航程角为 β_e, β_e 可根据再入段轨道设计提前计算给出,则由制动点到着陆点的航程角为

$$\beta = \beta_K + \beta_e \tag{6-2-55}$$

下面计算由升交点到着陆点的地心角 β_N。在图 6-27 中,由球面三角公式可得

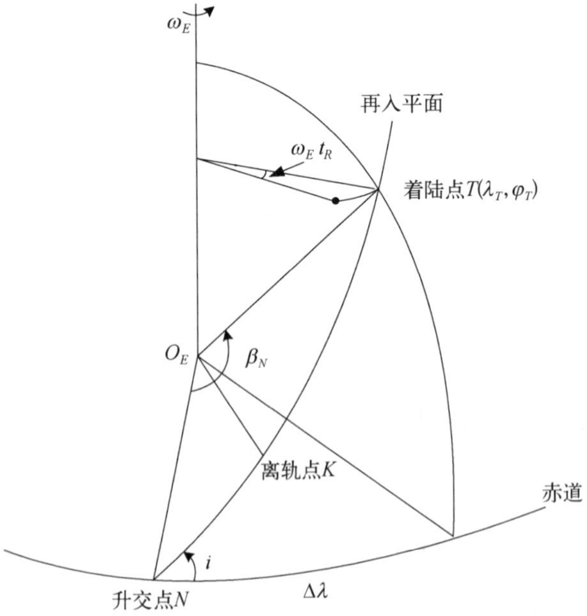

图 6-27 着陆点地心角的计算

$$\beta_N = \arctan\left(\frac{\tan \Delta\lambda}{\cos i}\right) \tag{6-2-56}$$

式中,i 为航天器运行轨道的倾角；$\Delta\lambda$ 是考虑地球自转影响后,升交点与着陆点的经度差：

$$\Delta\lambda = \lambda_T + \omega_E t_R - \lambda_N \tag{6-2-57}$$

式中，t_R 是由升交点到着陆点的时间,可由式(6-2-58)近似计算：

$$t_R = \frac{r_P \beta_K}{v_K \cos \Theta_K} + t_e \tag{6-2-58}$$

式中,t_e为航天器在大气层内的飞行时间,可由再入段轨道设计计算给出。

制动开机时间点 t_0的初始估计值为

$$t_0^{[0]} = t_N + \frac{r_N(\beta_N - \beta)}{v_N \cos \Theta_N} \tag{6-2-59}$$

2）t_0值的第一次修正值 Δt_0的计算

设以点 t_0 作为开机时刻,积分弹道方程,得到预报的着陆点为（$\lambda_T^{[1]}$，$\phi_T^{[1]}$）,将其与所要求的标称着陆点（λ_T，ϕ_T）作比较,采用式(6-2-60)计算对 t_0的第一次修正值 $\Delta t_0^{[1]}$：

$$\Delta t_0^{[1]} = \frac{\alpha_n}{\omega_n} \tag{6-2-60}$$

式中，ω_n 近似表示 $t_0^{[0]}$ 时刻航天器沿纬线圈方向的角速度,计算公式为

$$\omega_n = \frac{v(t_0^{[0]})\cos \Theta(t_0^{[0]})\sin A_n}{r(t_0^{[0]})} \tag{6-2-61}$$

式中，$r(t_0^{[0]})$ 为 $t_0^{[0]}$ 时刻的地心距；$v(t_0^{[0]})$ 为 $t_0^{[0]}$ 时刻的绝对速度；$\Theta(t_0^{[0]})$ 为 $t_0^{[0]}$ 时刻的当地速度倾角;A_n为航天器 $t_0^{[0]}$ 时刻的速度方向与着陆点的正北方向的夹角,即飞行方位角,可根据航天器在返回坐标系中的速度计算。

式(6-2-60)中，α_n 为预报着陆点（$\lambda_T^{[1]}$，$\phi_T^{[1]}$）与近似的标称着陆点（λ_T，$\phi_T^{[1]}$）之间的地心角,可根据如下公式计算：

$$\alpha_n = -\operatorname{sgn}(\Delta\lambda) \cdot \arccos(\cos^2\phi_T^{[1]} \cos \Delta\lambda + \sin^2\phi_T^{[1]}) \tag{6-2-62}$$

式中，$\Delta\lambda = \lambda_T^{[1]} - \lambda_T$。

将式(6-2-61)和式(6-2-62)代入式(6-2-60)，即可得到对 t_0 的第一次修正值 $\Delta t_0^{[1]}$，从而得到 t_0 的第一次修正值 $t_0^{[1]}$：

$$t_0^{[1]} = t_0^{[0]} + \Delta t_0^{[1]} \tag{6-2-63}$$

3）迭代计算后续的修正值 $\Delta t_0^{[i]}$ 和发动机开机时刻 $t_0^{[i]}$

对于迭代次数 $i \geqslant 2$ 的情况，基于着陆点预报结果与标称着陆点之差，由线性内插法计算开机时刻的修正值：

$$\Delta t_0^{[i]} = \frac{t_0^{[i-1]} - t_0^{[i-2]}}{\lambda_T^{[i-1]} - \lambda_T^{[i-2]}}(\lambda_T - \lambda_T^{[i-1]}) \tag{6-2-64}$$

$$t_0^{[i]} = t_0^{[i-1]} + \Delta t_0^{[i]} \tag{6-2-65}$$

反复迭代，直至 $|\Delta t_0^{[i]}| \leqslant \varepsilon$ 时停止计算，ε 为事前给定的一个小量。

6.3 航天器离轨制动制导方法

离轨制动段制导系统的任务是在标准轨道设计的基础上，考虑各种干扰和误差因素时，航天器经制动段、过渡段到达再入点时参数仍能满足要求。根据制导方法是否依赖于标称轨道，可以将其分为摄动制导和闭路制导两大类。前者是根据摄动理论设计的制导方法，目的是将航天器的实际飞行轨道控制在设计的标称轨道附近，并通过关机方程满足再入条件；后者是一种基于需要速度的显式制导方法，它通过在线求解运动方程的两点边值问题获得需要速度，并产生相应的导引信号，当航天器的当前速度等于需要速度时关机。摄动制导的在线计算量小，但只有在小扰动条件时才适用；闭路制导对弹上计算机的性能要求高，制导精度也高。下面分别介绍两种制导方案。

6.3.1 摄动制导方案

离轨制动的摄动制导方案主要由关机方程和导引方法两部分构成。关机方程是为了满足一定的终端条件，导引方法是在发动机工作过程中将实际弹道控制在标称弹道附近。导引方法可以根据航天器在制动过程中的运动状态偏差，基于比例-积分-微分(proportional-integral-derivative, PID)、线性二次调节器

(linear quadratic regulator, LQR)等控制理论设计,这里不再详细讨论,重点介绍离轨制动的关机方案。

航天器再入大气层时的飞行状态将直接影响再入段的制导精度。造成航天器在再入点处的飞行状态参数与标准飞行状态参数偏离的因素很多,如制动点飞行状态初始偏差、初始质量偏差、发动机推力偏差、制动角偏差等,而其中影响较大的主要是制动发动机的工作状态。制动发动机的主要参数有推力的大小、方向和工作时间,推力大小由总体部门选定,推力方向也可以由航程最小选定,标准返回轨道设计确定了标准情况下的发动机工作时间。而当存在偏差时,只能通过调整发动机工作时间来消除各种干扰因素的影响。发动机工作时间的确定取决于发动机的关机方案,下面介绍几种关机方案。

弹道式再入航天器也有制动段的关机方案问题,而且因其再入段不控制,将直接影响减速过载和着陆点的精度,更有其特殊性,如制动冲量要大一些,但从关机方案的原理上讲,同弹道-升力式再入航天器的制动段关机方案是一样的。升力式再入航天器的再入段较为复杂,制动段与载人飞船一样,所以下面以载人飞船为例讨论制动段的关机方案。

1. 按时间关机方案

把设计标准返回轨道得到的标准关机时间 t_{Kn} 作为制动发动机的关机时间,当当前时刻等于标准关机时刻时,制动发动机停止工作,即

$$\Delta t_K = t - t_{Kn} = 0 \tag{6-3-1}$$

此时,发动机推力大小偏差影响较大,由于推力大小存在偏差,在标准关机时刻,载人飞船速度不能达到或者大于标准的关机速度,从而引起再入点的飞行速度偏差,导致载人飞船着陆点位置偏差较大。该方案的优点在于当导航系统不能正常工作时,仍能确定关机时刻,因此可作为备选的关机方案。

2. 按增益速度关机方案

设 $\boldsymbol{v}_n(t_0)$ 为标准制动点的速度矢量, $\boldsymbol{v}_n(t_{Kn})$ 为标准关机点的速度矢量,则标准关机点的增益速度 $v_{gn}(t_{Kn})$ 可由如下公式计算:

$$v_{gn}(t_{Kn}) = |\boldsymbol{v}_n(t_{Kn}) - \boldsymbol{v}_n(t_0)| \tag{6-3-2}$$

在实际制动段飞行过程的某一时刻,若载人飞船的速度矢量为 $\boldsymbol{v}$,则载人飞船的实际增益速度 $v_g(t)$ 为

$$v_g(t) = |\boldsymbol{v}(t) - \boldsymbol{v}_n(t_0)| \tag{6-3-3}$$

当满足如下条件时,制动发动机停止工作:

$$\Delta v_{gK} = v_g(t) - v_{gn}(t_{Kn}) = 0 \tag{6-3-4}$$

由于考虑按增益速度的大小来控制制动发动机的工作时间,推力大小和方向等偏差的影响远小于按标准时间关机方案。采用此方案时,载人飞船到达大气层上界的飞行状态偏差较小,因而到达着陆点的精度也高于按时间关机方案。

此关机方案简单易行,在运算量小的情况下考虑了实际轨道与标准轨道间的偏差,在航天器返回中是常用的方法。

3. 按再入角关机方案

下面讨论另一种关机方案,选择反映关机点飞行状态参数变化的再入角 Θ_e 作为制动发动机关机特征的关机方案。

根据弹道学原理,易知载人飞船的再入角 Θ_e 可表示为载人飞船制动段结束点,即发动机关机点飞行状态的函数:

$$\Theta_e = \Theta_e(\boldsymbol{v}_K, \boldsymbol{r}_K) \tag{6-3-5}$$

式中, Θ_e 为再入角; $\boldsymbol{v}_K$、$\boldsymbol{r}_K$ 分别为航天器在制动发动机关机点的速度和位置矢量。

在一阶摄动条件下,再入角偏差 $\Delta\Theta_e$ 可表示为

$$\Delta\Theta_e = \frac{\partial\Theta_e}{\partial\boldsymbol{v}_K}\cdot\Delta\boldsymbol{v}_K + \frac{\partial\Theta_e}{\partial\boldsymbol{r}_K}\cdot\Delta\boldsymbol{r}_K \tag{6-3-6}$$

或

$$\Delta\Theta_e = \frac{\partial\Theta_e}{\partial v_{x_K}}\Delta v_{x_K} + \frac{\partial\Theta_e}{\partial v_{y_K}}\Delta v_{y_K} + \frac{\partial\Theta_e}{\partial v_{z_K}}\Delta v_{z_K} + \frac{\partial\Theta_e}{\partial x_K}\Delta x_K + \frac{\partial\Theta_e}{\partial y_K}\Delta y_K + \frac{\partial\Theta_e}{\partial z_K}\Delta z_K \tag{6-3-7}$$

式中, $\frac{\partial\Theta_e}{\partial\boldsymbol{v}_K}$、$\frac{\partial\Theta_e}{\partial\boldsymbol{r}_K}$ 为再入角 Θ_e 关于制动段发动机关机点 K 的飞行状态参数的偏导数,它反映了制动段关机点 K 的飞行状态参数的变化与再入点 e 的当地速度倾角变化间的关系,这些参数可在地面上通过计算误差轨道与标准轨道,用数值求差法得到。通过仿真计算发现,制动段关机点的速度偏差(Δv_{x_K}, Δv_{y_K}, Δv_{z_K})和位置偏差(Δx_K, Δy_K, Δz_K)引起的再入角偏差基本上是线性的,其中 x 和 v_x 的偏差对再入角的影响较大。设 $\Delta\boldsymbol{v}_K$、$\Delta\boldsymbol{r}_K$ 分别为载人飞船返回制动段实

际飞行状态参数与标准飞行状态参数在关机点的偏差：

$$\begin{cases}\Delta \boldsymbol{v}_K = \boldsymbol{v}_K - \boldsymbol{v}_{Kn} \\ \Delta \boldsymbol{r}_K = \boldsymbol{r}_K - \boldsymbol{r}_{Kn}\end{cases} \tag{6-3-8}$$

式中，$\boldsymbol{v}_{Kn}$、$\boldsymbol{r}_{Kn}$ 分别为关机点的标称速度和标称位置值。

将式(6-3-8)代入式(6-3-6)，令 $\Delta\Theta_e = 0$，即可得到载人飞船制动段的关机方程：

$$J(t) = J_n(t_{Kn}) \tag{6-3-9}$$

式中，

$$J_n(t_{Kn}) = \frac{\partial \Theta_e}{\partial \boldsymbol{v}_K}\boldsymbol{v}_{Kn} + \frac{\partial \Theta_e}{\partial \boldsymbol{r}_K}\boldsymbol{r}_{Kn} \tag{6-3-10}$$

$J_n(t_{Kn})$ 为标准关机特征量，可在地面利用标准轨道参数求出，并预先装定在飞船上。

$$J(t) = \frac{\partial \Theta_e}{\partial \boldsymbol{v}_K}\boldsymbol{v}(t) + \frac{\partial \Theta_e}{\partial \boldsymbol{r}_K}\boldsymbol{r}(t) \tag{6-3-11}$$

$J(t)$ 为实际关机特征量，可在飞船上实时计算。当 $J(t) = J_n(t_{Kn})$ 时，关闭制动发动机，载人飞船进入过渡段飞行。

仿真分析表明，该关机方案能良好地满足再入点对运动参数的要求。

6.3.2 闭路制导方案

1. 二体模型下的闭路制导方案

假设地球为匀质圆球，则制动发动机关机后航天器将沿二体轨道运行。如图 6-28 所示，建立当地水平坐标系 $O-\beta rz$，坐标系的原点位于航天器的质心，r 轴沿地心位置矢量 $\boldsymbol{r}$ 的方向；β 轴在轨道面内垂直于 r 轴，沿飞行方向为正；z 轴由右手法则确定，沿轨道角动量 $\boldsymbol{h}$ 的反方向。该坐标系可记为 LVLH 坐标系。图中点 K_0 表示离轨制动的起始点，也是地心航程角 β 的起算点，Θ 为当地速度倾角。

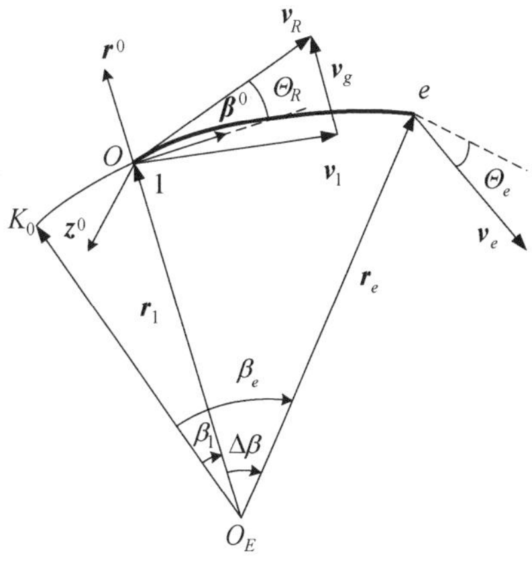

图 6-28　二体模型下的闭路制导方案示意图

将航天器的二体轨道运动方程投影到LVLH坐标系中,可得

$$
\begin{cases}
\dot{v}_r = \dfrac{v_\beta^2}{r} - \dfrac{\mu_E}{r^2} \\
\dot{r} = v_r \\
\dot{v}_\beta = -\dfrac{v_r v_\beta}{r} \\
\dot{\beta} = \dfrac{v_\beta}{r} \\
\dot{v}_z = 0 \\
\dot{z} = v_z
\end{cases}
\tag{6-3-12}
$$

式中,v_r、v_β、v_z 分别为速度矢量 $\boldsymbol{v}$ 在 r 轴、β 轴和 z 轴上的分量;z 为侧向位移;μ_E为地心引力常数。

假设在制动过程中的任一时刻,航天器位于轨道上的点1,当前的运动状态 $\boldsymbol{r}_1$、$\boldsymbol{v}_1$ 可以由导航系统提供,再入点 e 的地心距 r_e已知,则制导系统的任务是控制航天器到达再入点 e 时,满足再入角 Θ_e 和制动段航程角 $\Delta\beta$ 的要求。这是一类典型的边值问题,可以根据二体轨道边值理论来求解[10]。

下面首先推导始末点当地速度倾角的关系。根据二体轨道理论,有

$$
\begin{cases}
v_r = \dot{r} = \dfrac{\boldsymbol{r} \cdot \boldsymbol{v}}{r} = \dfrac{h}{p} e\sin f \\
v_\beta = r\dot{f} = \dfrac{h}{r} = \dfrac{h}{p}(1 + e\cos f)
\end{cases}
\tag{6-3-13}
$$

式中,f 为真近点角;p 为半通径;e 为偏心率。由式(6-3-13)可得

$$
\begin{aligned}
v_{r_1} + v_{r_e} &= 2\frac{h}{p} e\sin\left(f_1 + \frac{\Delta f}{2}\right)\cos\frac{\Delta f}{2} \\
&= \frac{h}{p}\left[e\cos f_1 - e\cos(f_1 + \Delta f)\right]\cot\frac{\Delta f}{2}
\end{aligned}
$$

注意到 $\Delta f = \Delta\beta$,并将式(6-3-13)代入,可有

$$
v_{r_1} + v_{r_e} = (v_{\beta_1} - v_{\beta_e})\cot\frac{\Delta\beta}{2} = \left(\frac{h}{r_1} - \frac{h}{r_e}\right)\cot\frac{\Delta\beta}{2} \tag{6-3-14}
$$

可知 $(v_{r_1}+v_{r_e})$ 和 $(v_{\beta_1}-v_{\beta_e})$ 成比例。而对 v_r有

$$v_r=\frac{rv_\beta}{r}\frac{v_r}{v_\beta}=\frac{h}{r}\tan\Theta \tag{6-3-15}$$

故有

$$v_{r_1}+v_{r_e}=\frac{h}{r_1}\tan\Theta_1+\frac{h}{r_e}\tan\Theta_e \tag{6-3-16}$$

将式(6-3-16)代入式(6-3-14),可得 Θ_1 与 Θ_e 的关系式:

$$r_e\tan\Theta_1+r_1\tan\Theta_e=(r_e-r_1)\cot\frac{\Delta\beta}{2} \tag{6-3-17}$$

根据式(6-3-17),就可以由 r_1、r_e、Θ_e 和 $\Delta\beta$ 确定出在当前点1处的期望速度倾角 Θ_R:

$$\Theta_R=\arctan\left[\frac{(r_e-r_1)\cot\left(\frac{\Delta\beta}{2}\right)-r_1\tan\Theta_e}{r_e}\right] \tag{6-3-18}$$

根据 Θ_R,可以确定期望离轨轨道的半通径为

$$p_R=p_m\cdot\frac{c\cos\Theta_R}{r_1\cos\Theta_R-r_e\cos(\Theta_R+\Delta\beta)} \tag{6-3-19}$$

式中,c 为弦长,计算公式为

$$c=\sqrt{r_1^2+r_e^2-2r_1r_e\cos\Delta\beta} \tag{6-3-20}$$

p_m 为最小能量椭圆的半通径:

$$p_m=\frac{r_1r_e}{c}(1-\cos\Delta\beta) \tag{6-3-21}$$

根据半通径 p_R,可求得角动量 $h_R=\sqrt{\mu_E p_R}$,由此可得到当前位置处需要速度 $\boldsymbol{v}_R$ 的径向分量和周向分量分别为

$$v_{Rr}=v_{R\beta}\tan\Theta_R,\quad v_{R\beta}=\frac{h_R}{r_1} \tag{6-3-22}$$

从而即可得到当前时刻的增益速度：

$$\boldsymbol{v}_G = \boldsymbol{v}_R - \boldsymbol{v}_1 \tag{6-3-23}$$

在制动段的每一时刻 t，由导航系统提供此时航天器的速度矢量 $\boldsymbol{v}_1$ 和地心距 r_1，然后由式(6-3-22)实时解算需要速度 $\boldsymbol{v}_R(t)$，再由式(6-3-23)求得 $\boldsymbol{v}_G(t)$。已知 $\boldsymbol{v}_G$ 后，调整航天器的姿态，使推力加速度 $\boldsymbol{a}_T$ 沿着 $\boldsymbol{v}_G$，就可以使 v_G 不断减小。随着制导的进行，不断重复上述过程，直到 $|v_G| \leqslant \varepsilon_G$ 时，发动机关机，制动段的制导结束。

仿真分析表明，上述制导方法在二体模型下具有很高的精度，且具有较强的鲁棒性，对初始误差、推力误差、姿态控制误差等有较强的适应性。但在实际制导过程中，航天器还受到摄动力的影响，包括地球非球形摄动、大气阻力摄动等，其中 J_2项(10^{-3}量级)的影响占主导地位。由于过渡段的飞行时间较短，因此可以在制导方法中仅考虑对 J_2项的修正。下面用状态空间摄动法补偿 J_2项的影响。

2. 状态空间摄动法

在 LVLH 坐标系中建立考虑 J_2项影响的摄动运动方程。为此，先根据方程(6-3-12)中的第 4 式，将自变量由 t 变换为地心角 β，可得

$$\begin{cases} \dfrac{\mathrm{d}v_r}{\mathrm{d}\beta} = v_\beta - \dfrac{\mu_E}{r v_\beta} \\ \dfrac{\mathrm{d}r}{\mathrm{d}\beta} = \dfrac{r v_r}{v_\beta} \\ \dfrac{\mathrm{d}v_\beta}{\mathrm{d}\beta} = - v_r \\ \dfrac{\mathrm{d}t}{\mathrm{d}\beta} = \dfrac{r}{v_\beta} \\ \dfrac{\mathrm{d}v_z}{\mathrm{d}\beta} = 0 \\ \dfrac{\mathrm{d}z}{\mathrm{d}\beta} = \dfrac{r v_z}{v_\beta} \end{cases} \tag{6-3-24}$$

当航天器在 LVLH 坐标系的三轴上分别有摄动加速度 δg_r、δg_β、δg_z 时，航

天器的实际运动参数将偏离二体运动参数。

根据式(6－3－24)，若取描述航天器运动的状态向量为

$$\boldsymbol{X} = [v_r \quad r \quad v_\beta \quad t \quad v_z \quad z]^{\mathrm{T}} \tag{6-3-25}$$

则二体运动方程[式(6－3－24)]可记为

$$\dot{\boldsymbol{X}}_0 = \boldsymbol{f}(\boldsymbol{X}_0, \beta) \tag{6-3-26}$$

记方程(6－3－26)的解为 $\boldsymbol{X}_0 = \boldsymbol{X}_0(\beta)$。考虑摄动影响后，方程变为

$$\dot{\boldsymbol{X}} = \boldsymbol{f}(\boldsymbol{X}, \beta) + \boldsymbol{U}(\boldsymbol{X}, \beta) \tag{6-3-27}$$

由于摄动力 $\boldsymbol{U}(\boldsymbol{X}, \beta)$ 为小量，方程(6－3－27)的解可记成

$$\boldsymbol{X} = \boldsymbol{X}_0(\beta) + \Delta\boldsymbol{X}(\beta) \tag{6-3-28}$$

将式(6－3－28)代入方程(6－3－27)，并线性化展开可得

$$\dot{\boldsymbol{X}}_0 + \Delta\dot{\boldsymbol{X}} = \boldsymbol{f}(\boldsymbol{X}_0, \beta) + \left.\frac{\partial \boldsymbol{f}}{\partial \boldsymbol{X}}\right|_{X_0} \Delta\boldsymbol{X} + \boldsymbol{U}(\boldsymbol{X}_0, \beta) + \left.\frac{\partial \boldsymbol{U}}{\partial \boldsymbol{X}}\right|_{X_0} \Delta\boldsymbol{X} \tag{6-3-29}$$

将式(6－3－26)代入式(6－3－29)，并略去二阶以上的小量，可得运动偏差量的线性化状态方程：

$$\Delta\dot{\boldsymbol{X}} = \left.\frac{\partial \boldsymbol{f}}{\partial \boldsymbol{X}}\right|_{X_0} \Delta\boldsymbol{X} + \boldsymbol{U}(\boldsymbol{X}_0, \beta) \tag{6-3-30}$$

对于离轨制动问题，可以认为到达再入点处的地心距是确定的，故需要研究两种运动的等地心距偏差 $\Delta_r\boldsymbol{X}$。将运动偏差状态向量取为

$$\Delta_r\boldsymbol{X} = [\Delta_r v_r \quad \Delta_r\beta \quad \Delta_r v_\beta \quad \Delta_r t \quad \Delta_r v_z \quad \Delta_r z]^{\mathrm{T}} \tag{6-3-31}$$

运用式(6－3－24)～式(6－3－30)，可以建立关于 $\Delta_r\boldsymbol{X}$ 的线性时变状态方程：

$$\frac{\mathrm{d}\Delta_r\boldsymbol{X}}{\mathrm{d}\beta} = \left(\boldsymbol{DC} + \frac{\mathrm{d}\boldsymbol{D}}{\mathrm{d}\beta}\right)\boldsymbol{D}^{-1} \cdot \Delta_r\boldsymbol{X} + \boldsymbol{DU} \tag{6-3-32}$$

式中，各矩阵的表达式为

$$\boldsymbol{D}=\begin{bmatrix}1 & \dfrac{\mu_E(r-p)}{r^3v_r} & 0 & 0 & 0 & 0\\ 0 & -\dfrac{\sqrt{\mu_E p}}{r^2v_r} & 0 & 0 & 0 & 0\\ 0 & \dfrac{\sqrt{\mu_E p}}{r^2} & 1 & 0 & 0 & 0\\ 0 & -\dfrac{1}{v_r} & 0 & 1 & 0 & 0\\ 0 & 0 & 0 & 0 & 1 & 0\\ 0 & 0 & 0 & 0 & 0 & 1\end{bmatrix}$$

$$\boldsymbol{C}=\begin{bmatrix}0 & \dfrac{1}{r}\sqrt{\dfrac{\mu_E}{p}} & 1+\dfrac{r}{p} & 0 & 0 & 0\\ \dfrac{r^2}{\sqrt{\mu_E p}} & \dfrac{rv_r}{\sqrt{\mu_E p}} & -\dfrac{r^3v_r}{\mu_E p} & 0 & 0 & 0\\ -1 & 0 & 0 & 0 & 0 & 0\\ 0 & \dfrac{r}{\sqrt{\mu_E p}} & -\dfrac{r^3}{\mu_E p} & 0 & 0 & 0\\ 0 & 0 & 0 & 0 & 0 & -\dfrac{1}{r}\sqrt{\dfrac{\mu_E}{p}}\\ 0 & 0 & 0 & 0 & \dfrac{r^2}{\sqrt{\mu_E p}} & 0\end{bmatrix}$$

$$\boldsymbol{U}=\frac{r^2}{\sqrt{\mu_E p}}\begin{bmatrix}\delta g_r\\ 0\\ \delta g_\beta\\ 0\\ \delta g_z\\ 0\end{bmatrix} \tag{6-3-33}$$

方程(6-3-32)的状态转移矩阵 $\boldsymbol{\Phi}_r(\beta_2,\beta_1)$ 有解析解,结果见附录 E。

根据线性系统的性质,系统的响应可以表示为零输入响应 $\Delta_{r,u_0}\boldsymbol{X}$ 和零状态

响应 $\Delta_{r,x_0}\boldsymbol{X}$ 之和,即

$$\begin{aligned}\Delta_r\boldsymbol{X}(\beta_2) &= \Delta_{r,u_0}\boldsymbol{X}(\beta_2) + \Delta_{r,x_0}\boldsymbol{X}(\beta_2)\\ &= \boldsymbol{\Phi}_r(\beta_2,\beta_1)\Delta_r\boldsymbol{X}(\beta_1) + \int_{\beta_1}^{\beta_2}\boldsymbol{\Phi}_r(\beta_2,\xi)\boldsymbol{U}(\xi)\mathrm{d}\xi\end{aligned} \quad (6-3-34)$$

式(6-3-34)展开可得

$$\begin{bmatrix}\Delta_r v_r\\ \Delta_r\beta\\ \Delta_r v_\beta\\ \Delta_r t\\ \Delta_r v_z\\ \Delta_r z\end{bmatrix} = \begin{bmatrix}\Phi_{r,11} & \Phi_{r,12} & \Phi_{r,13} & \Phi_{r,14} & \Phi_{r,15} & \Phi_{r,16}\\ \Phi_{r,21} & \Phi_{r,22} & \Phi_{r,23} & \Phi_{r,24} & \Phi_{r,25} & \Phi_{r,26}\\ \Phi_{r,31} & \Phi_{r,32} & \Phi_{r,33} & \Phi_{r,34} & \Phi_{r,35} & \Phi_{r,36}\\ \Phi_{r,41} & \Phi_{r,42} & \Phi_{r,43} & \Phi_{r,44} & \Phi_{r,45} & \Phi_{r,46}\\ \Phi_{r,51} & \Phi_{r,52} & \Phi_{r,53} & \Phi_{r,54} & \Phi_{r,55} & \Phi_{r,56}\\ \Phi_{r,61} & \Phi_{r,62} & \Phi_{r,63} & \Phi_{r,64} & \Phi_{r,65} & \Phi_{r,66}\end{bmatrix}\begin{bmatrix}\Delta_{r,u_0}v_r\\ \Delta_{r,u_0}\beta\\ \Delta_{r,u_0}v_\beta\\ \Delta_{r,u_0}t\\ \Delta_{r,u_0}v_z\\ \Delta_{r,u_0}z\end{bmatrix} + \begin{bmatrix}\Delta_{r,x_0}v_r\\ \Delta_{r,x_0}\beta\\ \Delta_{r,x_0}v_\beta\\ \Delta_{r,x_0}t\\ \Delta_{r,x_0}v_z\\ \Delta_{r,x_0}z\end{bmatrix} \quad (6-3-35)$$

上述推导摄动运动方程解的方法称为状态空间摄动法(state space perturbation method)。

3. 摄动模型下的闭路制导方案

由于在每个制导周期内,$\boldsymbol{v}_R$ 代表了三个可以自由选择的参数,因此可以满足三个终端(再入点处)条件。制动段制导的首要目的是要使再入角 Θ_e 等于给定值,另外两个条件选择为满足制动段的纵程和横程要求。对于航程的要求,考虑 J_2项的影响后,在式(6-3-35)中应有

$$\Delta_r\beta = 0,\quad \Delta_r z = 0 \quad (6-3-36)$$

对于再入角的要求,等价于要求如下公式的值不变:

$$\tan^2\Theta_e = \frac{v_{r,e}^2}{v_{\beta,e}^2 + v_{z,e}^2} \quad (6-3-37)$$

将式(6-3-35)代入式(6-3-37),可得如下等式:

$$\frac{v_{r,e}^2}{v_{\beta,e}^2 + v_{z,e}^2} = \frac{(v_{r,e} + \Delta_r v_r)^2}{(v_{\beta,e} + \Delta_r v_\beta)^2 + (v_{z,e} + \Delta_r v_z)^2} \quad (6-3-38)$$

将式(6-3-38)展开,考虑到对二体轨道有 $v_z = 0$, 略去二阶以上的小量可得

$$\frac{\Delta_r v_r}{\Delta_r v_\beta} = \frac{v_{r,e}}{v_{\beta,e}} = \tan \Theta_e \tag{6-3-39}$$

在方程(6-3-35)中,制导过程中的任一制导周期内,可以改变的量为三个速度量 $\Delta_{r,u_0}v_r$、$\Delta_{r,u_0}v_\beta$、$\Delta_{r,u_0}v_z$(代表需要速度 $\boldsymbol{v}_R$ 的三个自由参数),而对其余三个位置量有

$$\Delta_{r,u_0}\beta = 0,\quad \Delta_{r,u_0}t = 0,\quad \Delta_{r,u_0}z = 0 \tag{6-3-40}$$

故将式(6-3-35)移项并将式(6-3-36)和式(6-3-40)代入可得

$$\begin{bmatrix} \Phi_{r,11} & \Phi_{r,12} & \Phi_{r,13} & \Phi_{r,14} & \Phi_{r,15} & \Phi_{r,16} \\ \Phi_{r,21} & \Phi_{r,22} & \Phi_{r,23} & \Phi_{r,24} & \Phi_{r,25} & \Phi_{r,26} \\ \Phi_{r,31} & \Phi_{r,32} & \Phi_{r,33} & \Phi_{r,34} & \Phi_{r,35} & \Phi_{r,36} \\ \Phi_{r,41} & \Phi_{r,42} & \Phi_{r,43} & \Phi_{r,44} & \Phi_{r,45} & \Phi_{r,46} \\ \Phi_{r,51} & \Phi_{r,52} & \Phi_{r,53} & \Phi_{r,54} & \Phi_{r,55} & \Phi_{r,56} \\ \Phi_{r,61} & \Phi_{r,62} & \Phi_{r,63} & \Phi_{r,64} & \Phi_{r,65} & \Phi_{r,66} \end{bmatrix} \begin{bmatrix} \Delta_{r,u_0}v_r \\ 0 \\ \Delta_{r,u_0}v_\beta \\ 0 \\ \Delta_{r,u_0}v_z \\ 0 \end{bmatrix} = \begin{bmatrix} \Delta_r v_r - \Delta_{r,x_0}v_r \\ -\Delta_{r,x_0}\beta \\ \Delta_r v_\beta - \Delta_{r,x_0}v_\beta \\ \Delta_r t - \Delta_{r,x_0}t \\ \Delta_r v_z - \Delta_{r,x_0}v_z \\ -\Delta_{r,x_0}z \end{bmatrix} \tag{6-3-41}$$

式(6-3-41)是一个六元一次方程组,对于第 6 个方程,根据 $\Phi_{r,6i}(i=1, 2, \cdots, 6)$ 的表达式,可得

$$\frac{r_1 r_e}{\sqrt{\mu_E p}}\sin(\beta_e - \beta_1)\Delta_{r,u_0}v_z = -\Delta_{r,x_0}z$$

故有

$$\Delta_{r,u_0}v_z = -\frac{\sqrt{\mu_E p}}{r_1 r_e \sin\Delta\beta}\cdot\Delta_{r,x_0}z \tag{6-3-42}$$

根据式(6-3-41)的第 1、3 个方程,可得

$$\begin{cases} \dfrac{\sin f_1}{\sin f_e}\cdot\Delta_{r,u_0}v_r + \dfrac{r_1}{\sin f_e}\left[\dfrac{\cos f_1}{r_1}\left(1+\dfrac{r_1}{p}\right) - \dfrac{\cos f_e}{r_e}\left(1+\dfrac{r_e}{p}\right)\right]\cdot\Delta_{r,u_0}v_\beta = \Delta_r v_r - \Delta_{r,x_0}v_r \\ \dfrac{r_1}{r_e}\cdot\Delta_{r,u_0}v_\beta = \Delta_r v_\beta - \Delta_{r,x_0}v_\beta \end{cases} \tag{6-3-43}$$

将式(6-3-39)代入式(6-3-43),可得

$$\sin f_1 \cdot \Delta_{r,u_0}v_r + r_1\left[\frac{\cos f_1}{r_1}\left(1+\frac{r_1}{p}\right) - \frac{\cos f_e}{r_e}\left(1+\frac{r_e}{p}\right) - \frac{\sin f_e}{r_e}\tan\Theta_e\right]\cdot\Delta_{r,u_0}v_\beta$$
$$= \sin f_e(\Delta_{r,x_0}v_\beta\tan\Theta_e - \Delta_{r,x_0}v_r) \tag{6-3-44}$$

再根据式(6-3-41)的第2个方程可得

$$\frac{\sin(\beta_e-\beta_1)}{v_{r,e}}\Delta_{r,u_0}v_r + \frac{1}{v_{r,e}}\frac{r_1}{p}\left[\left(1+\frac{p}{r_e}\right) - \left(1+\frac{p}{r_1}\right)\cos(\beta_e-\beta_1)\right]\Delta_{r,u_0}v_\beta = \Delta_{r,x_0}\beta$$
$$\tag{6-3-45}$$

移项可得

$$\sin\Delta\beta\cdot\Delta_{r,u_0}v_r + \left[\left(\frac{r_1}{p}+\frac{r_1}{r_e}\right) - \left(1+\frac{r_1}{p}\right)\cos\Delta\beta\right]\Delta_{r,u_0}v_\beta = v_{r,e}\Delta_{r,x_0}\beta$$
$$\tag{6-3-46}$$

联立式(6-3-44)和式(6-3-46),即可解出$\Delta_{r,u_0}v_r$、$\Delta_{r,u_0}v_\beta$。将这两个量及由式(6-3-42)求得的$\Delta_{r,u_0}v_z$代入式(6-3-23),即可求得考虑J_2后的增益速度:

$$\boldsymbol{v}_{G,J_2} = \boldsymbol{v}_G + \begin{bmatrix}\Delta_{r,u_0}v_r\\ \Delta_{r,u_0}v_\beta\\ \Delta_{r,u_0}v_z\end{bmatrix} \tag{6-3-47}$$

根据上述推导过程不难发现,基于同样的原理,也可以用来设计满足再入点速度或其他要求的闭路制导方法。

4. 零状态响应计算

由上一小节的分析可知,要想求出考虑J_2项影响的需要速度,需要求得零状态响应中的$\Delta_{r,x_0}z$、$\Delta_{r,x_0}\beta$、$\Delta_{r,x_0}v_r$、$\Delta_{r,x_0}v_\beta$四项。当采用式(6-3-32)所示的线性化公式后,这四项零状态响应有解析解。由于直接积分计算等地心距摄动的零状态响应不便于确定终端的β,可先求解等角摄动的零状态响应,然后通过状态转移矩阵确定等地心距摄动的零状态响应。等角摄动的运动偏差状态向量取为

$$\Delta_\beta\boldsymbol{X} = [\Delta_\beta v_r \quad \Delta_\beta r \quad \Delta_\beta v_\beta \quad \Delta_\beta t \quad \Delta_\beta v_z \quad \Delta_\beta z]^{\mathrm{T}} \tag{6-3-48}$$

等角摄动偏差量与等地心距摄动偏差量满足如下关系式:

$$\Delta_r \boldsymbol{X}(\beta) = \boldsymbol{D}(\beta) \cdot \Delta_\beta \boldsymbol{X}(\beta) \tag{6-3-49}$$

运用式(6-3-24)~式(6-3-30),或根据线性系统的性质及式(6-3-32),可以建立关于 $\Delta_\beta \boldsymbol{X}$ 的线性时变状态方程:

$$\frac{\mathrm{d}\Delta_\beta \boldsymbol{X}}{\mathrm{d}\beta} = \boldsymbol{C} \cdot \Delta_\beta \boldsymbol{X} + \boldsymbol{U} \tag{6-3-50}$$

矩阵 $\boldsymbol{C}$、$\boldsymbol{D}$ 和 J_2项引力摄动加速度 $\boldsymbol{U}$ 的表达式见式(6-3-33)。方程(6-3-50)的状态转移矩阵 $\boldsymbol{\Phi}_\beta(\beta_2, \beta_1)$ 有解析解,结果见附录 F。

若以制动起始点 K_0 作为地心航程角的起算点,则等角摄动零状态响应可表示为

$$\Delta_{\beta, x_0} \boldsymbol{X}(\beta_2) = \int_{\beta_1}^{\beta_2} \boldsymbol{\Phi}_\beta(\beta_2, \xi) \boldsymbol{U}(\xi) \mathrm{d}\xi \tag{6-3-51}$$

求得等角摄动的零状态响应之后,根据线性系统的性质可计算得到等地心距摄动的零状态响应:

$$\Delta_{r, x_0} \boldsymbol{X}(\beta_2) = \boldsymbol{D}(\beta_2) \cdot \Delta_{\beta, x_0} \boldsymbol{X}(\beta_2) \tag{6-3-52}$$

为简化式(6-3-51)中的积分表达形式并节省计算量,以当前点 1 作为起始点,重新定义航程角:

$$\tilde{\beta} = \beta - \beta_1 \tag{6-3-53}$$

则式(6-3-51)可改写为

$$\Delta_{\beta, x_0} \boldsymbol{X}(\beta_2) = \Delta_{\beta, x_0} \boldsymbol{X}(\tilde{\beta}_2) = \int_0^{\tilde{\beta}_2} \boldsymbol{\Phi}_\beta(\tilde{\beta}_2, \xi) \boldsymbol{U}(\xi) \mathrm{d}\xi \tag{6-3-54}$$

1) J_2项摄动加速度的分解

地球扁率 J_2项的引力位为

$$U_2 = \frac{3}{2} J_2 \frac{\mu_E}{r} \left(\frac{a_E}{r}\right)^2 \left(\frac{1}{3} - \sin^2\phi\right) \tag{6-3-55}$$

采用文献[50]、[51]中给出的换极坐标系,以离轨轨道平面法线方向与地球的交点作为新的极点,可以将引力位 U_2 表示成航程角 $\tilde{\beta}$ 的函数。若设当前点 1 的地理坐标为 (ϕ_1, λ_1),ϕ 表示地心纬度,λ 表示经度;制动方位角为 A_1,

则新极点的地理坐标（ϕ_p，λ_p）为

$$\sin\phi_p = \cos\phi_1 \sin A_1 \tag{6-3-56}$$

$$\lambda_p = \lambda_1 - \Delta\lambda_1, \quad \begin{cases} \sin\Delta\lambda_1 = \cos A_1/\cos\phi_p \\ \cos\Delta\lambda_1 = -\tan\phi_1 \tan\phi_p \end{cases} \tag{6-3-57}$$

对于离轨段弹道上的任一点 $P(\phi, \lambda)$，设换极后新的纬度为 η、经度为 σ，则有

$$\begin{cases} \sin\eta = \sin\phi_p \sin\phi + \cos\phi_p \cos\phi \cos\Delta\lambda \\ \sin\sigma = \cos\phi \sin\Delta\lambda/\cos\eta \\ \cos\sigma = (\sin\phi_p \sin\eta - \sin\phi)/(\cos\phi_p \cos\eta) \end{cases} \tag{6-3-58}$$

式中，$\Delta\lambda = \lambda - \lambda_p$。忽略离轨轨道平面外的位置分量对引力的影响，则可以将 J_2项引力位表示为角度 $\tilde{\beta}$ 的函数：

$$U_2(\tilde{\beta}) = \frac{K}{r^3}[p_1 + p_2\cos(2\tilde{\beta}) + p_3\sin(2\tilde{\beta})] \tag{6-3-59}$$

式中，$K = \frac{3}{4}J_2\mu_E a_E^2$；$p_1 = \frac{2}{3} - \cos^2\phi_p$；$p_2 = -\cos^2\phi_p\cos(2\sigma_1)$；$p_3 = \cos^2\phi_p \sin(2\sigma_1)$。$\sigma_1$为当前点 1 点的新经度，可由式(6-3-58)求得。

对式(6-3-59)求梯度，即可得到 J_2项摄动加速度在 LVLH 坐标系中的分量表达式：

$$\begin{cases} \delta g_r = -\frac{3K}{r^4}[q_1 + q_2\cos(2\tilde{\beta}) + q_3\sin(2\tilde{\beta})] \\ \delta g_\beta = \frac{2K}{r^4}[-q_2\sin(2\tilde{\beta}) + q_3\cos(2\tilde{\beta})] \\ \delta g_z = \frac{2K}{r^4}(q_4\sin\tilde{\beta} + q_5\cos\tilde{\beta}) \end{cases} \tag{6-3-60}$$

式中，$q_1 = \frac{2}{3} - \cos^2\phi_p$；$q_2 = -\cos^2\phi_p\cos(2\sigma_1)$；$q_3 = \cos^2\phi_p\sin(2\sigma_1)$；$q_4 = \sin(2\phi_p)\sin\sigma_1$；$q_5 = -\sin(2\phi_p)\cos\sigma_1$。

J_2项引力摄动包含纵向摄动项和侧向摄动项，并且纵向摄动方程与侧向摄

动方程相互解耦，因此可以独立解算。

2）纵向偏差解析解

根据第 3 小节的分析及矩阵 $\boldsymbol{D}$ 的表达式可知，纵向偏差仅需计算 $\Delta_{\beta}\boldsymbol{X}$ 的第 1~3 项。将等角摄动状态转移矩阵 $\boldsymbol{\Phi}_{\beta}(\tilde{\beta}_2, \tilde{\beta}_1)$ 代入式(6-3-54)，则纵向摄动方程可统一表述为

$$\Delta_{\beta,x_0}X_i(\tilde{\beta}_2) = \frac{1}{\sqrt{\mu_E p}}\int_0^{\tilde{\beta}_2} r_{\xi}^2[\boldsymbol{\Phi}_{\beta,i1}(\tilde{\beta}_2, \xi)\delta g_r + \boldsymbol{\Phi}_{\beta,i3}(\tilde{\beta}_2, \xi)\delta g_{\beta}]\mathrm{d}\xi, \quad i=1, 2, 3 \tag{6-3-61}$$

根据 $\boldsymbol{\Phi}_{\beta,i1}(\tilde{\beta}_2, \tilde{\beta}_1)$ 和 $\boldsymbol{\Phi}_{\beta,i3}(\tilde{\beta}_2, \tilde{\beta}_1)$ 的解析表达式，即可积分求出 J_2 项影响的等角纵向偏差完整解析解，记为

$$\Delta_{\beta,x_0}X_i(\tilde{\beta}_2) = L_i\sum_{j=1}^{3}k_{ij}(\tilde{\beta}_2)q_j(\tilde{\beta}_2), \quad i=1, 2, 3 \tag{6-3-62}$$

式中，各系数的表达式见附录 G。

3）侧向偏差解析解

根据第 3 小节的分析及矩阵 $\boldsymbol{D}$ 的表达式可知，侧向仅需要计算 $\Delta_{\beta,x_0}z$ 项。将状态转移矩阵 $\boldsymbol{\Phi}_{\beta}(\tilde{\beta}_2, \tilde{\beta}_1)$ 代入，则侧向摄动方程可表述为

$$\Delta_{\beta,x_0}z(\tilde{\beta}_2) = \frac{1}{\sqrt{\mu_E p}}\int_0^{\tilde{\beta}_2} r_{\xi}^2\boldsymbol{\Phi}_{\beta,65}(\tilde{\beta}_2, \xi)\delta g_z\mathrm{d}\xi \tag{6-3-63}$$

将 $\boldsymbol{\Phi}_{\beta,65}(\tilde{\beta}_2, \tilde{\beta}_1)$ 的表达式代入，直接积分即可解出 J_2 项影响的等角侧向偏差完整解析解：

$$\Delta_{\beta,x_0}z(\tilde{\beta}_2) = L_6\sum_{j=4}^{5}k_{6j}(\tilde{\beta}_2)q_j(\tilde{\beta}_2) \tag{6-3-64}$$

式中，各系数的表达式见附录 G。

5. 仿真分析

本小节将通过数值仿真来验证离轨制动闭路制导方法的有效性，表 6-1 给出了仿真条件，表中制动角 φ_z 表示制动发动机推力方向与当地地平方向的夹角。根据表 6-1 中再入点的经度、纬度、高度、当地速度倾角及制动角、运行轨道的相关信息，可以计算出制动点 K_0 的经纬度及其在运行轨道上的位置 f_{K_0}，具体方法见 6.2.5 节。

表 6-1 仿真条件

变量	符号	数值
运行轨道高度	h_0	300 km
运行轨道倾角	i_0	45°
运行轨道偏心率	e	0
运行轨道升交点赤经	Ω_0	30°
运行轨道纬度幅角	ω_0	0°
再入点经度	λ_e	20°
再入点纬度	ϕ_e	5°
再入点高度	h_e	120 km
再入点当地速度倾角	Θ_e	-1.100°
飞行器初始质量	m_0	3 000 kg
制动发动机推力	F	1 000 N
制动发动机比冲	I_{sp}	300 s
制动角	φ_z	-170°

1）闭路制导方法可行性分析

先分析闭路制导方法的可行性,并研究离轨制动段的相关特性。离轨轨道参数基于表 6-1 中的仿真条件设计。为便于比较,仿真计算 3 种不同条件下的制导精度。算例 1 表示动力学积分与制导律设计中都不考虑 J_2项,即 6.3.2 节中第 1 小节所设计的制导律;算例 2 表示动力学积分中考虑而制导律设计中不考虑 J_2项;算例 3 表示动力学积分与制导律设计中都考虑 J_2项,即 6.3.2 节中第 3 小节设计的制导律。仿真中以高度降低到 120 km 作为结束条件,三种条件下离轨轨道的基本参数见表 6-2。

表 6-2 离轨轨道的基本参数

算例	Θ_e /(°)	v_e /(m/s)	β_e /(°)	z_e /km	t_K /s	t_f /s	Δm /kg
算例 1	-1.099 9	7 865.106	108.497	0.000	248.24	1 616.060	84.356
算例 2	-1.076 9	7 871.068	110.025	-7.965	249.52	1 638.140	84.791
算例 3	-1.099 7	7 870.159	108.507	-0.027	256.48	1 615.700	87.156

若以二体轨道动力学模型下设计得到的离轨轨道在再入点 e 处的参数作为标准参数,则三种条件下的再入点精度如表 6-3 所示。其中,纵向航程误差 $\Delta R_L = R_E \cdot \Delta\beta_2$,$R_E$ 为地球平均半径,R_E = 6 371 004 m。

表 6-3 速度增益制导再入点误差

算例	$\Delta\Theta_e$/(°)	Δv_e/(m/s)	ΔR_L/km	Δz_e/km
算例 1	-2.996×10^{-5}	0.252	-0.443	0.000
算例 2	2.314×10^{-2}	6.236	170.820	-7.969
算例 3	1.277×10^{-2}	5.305	0.656	-0.025

由表 6-2、表 6-3 中的结果可见,算例 2 有 0.02°的当地速度倾角误差,这个误差的大小与初始轨道倾角 i_0有关,最大可达 0.2°。J_2项引起的纵程误差达到 170 km,而横程误差约 8 km,因此必须在制导方法中予以修正。

由结果还可知,算例 1 和算例 3 两种条件下的闭路制导方法都有很高的精度,再入点的当地速度倾角、离轨段的纵程和横程都有很高的精度。算例 3 条件下,Δv_e 有 5.305 m/s 的误差,但这是相对于二体动力学模型下的终端速度而言的,因此是一个系统性误差,可以在再入轨道设计中予以修正。这个偏差不是由制导方法引起的,而是由是否考虑 J_2项导致的动力学模型差异引起的。算例 3 中制动发动机的工作时间 t_K要比算例 2 多 6.96 s,从而导致多出 2.365 kg 的燃料消耗。另外,算例 3 与算例 1 的离轨段总飞行时间 t_f仅相差 0.36 s,因此不会给再入点相对于地球表面的位置带来太大误差的影响。

图 6-29、图 6-30 给出了算例 1 和算例 3 两种条件下的所需速度和增益速度的变化,可见初始时刻算例 3 的增益速度要大于算例 1,在终端时刻两者都减小为 0。

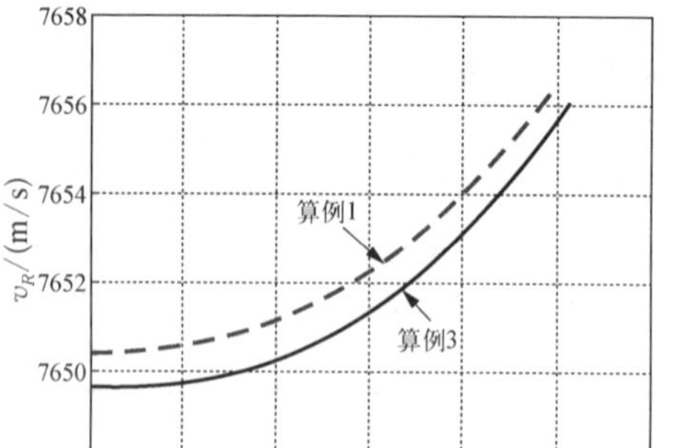

图 6-29 所需速度的变化

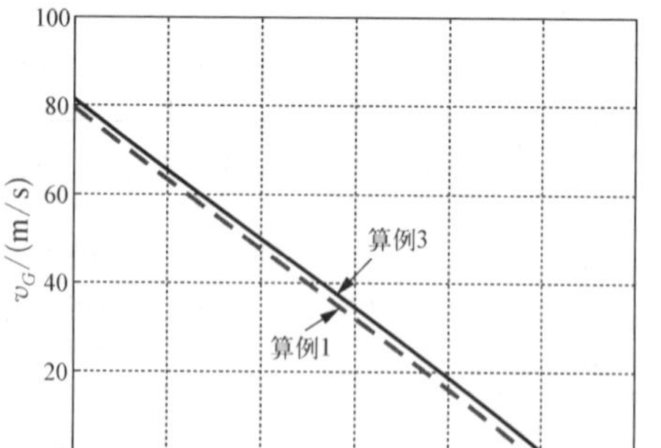

图 6-30 增益速度的变化

图 6－31～图 6－34 给出了算例 1 和算例 3 两种条件下离轨轨道的高度、速度、当地速度倾角相对于时间的变化图和星下点轨迹图，图中标注“□”处为发动机关机点。可见，除飞行速度外，其他参数对两种条件没有明显的变化。对比图 6－31、图 6－33、图 6－34，两种条件下曲线的始末点是几乎重合的。

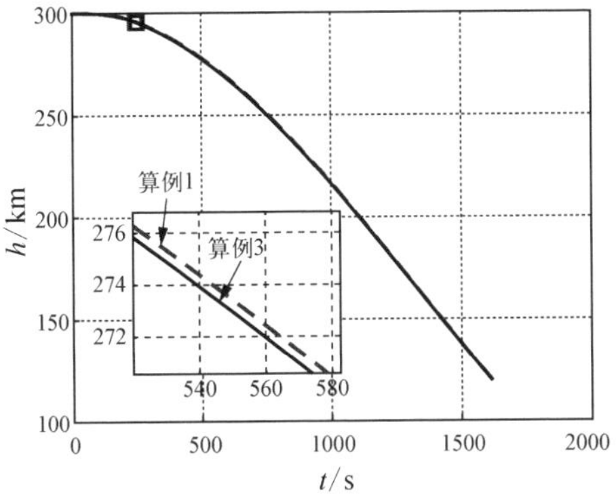

图 6－31　高度变化图

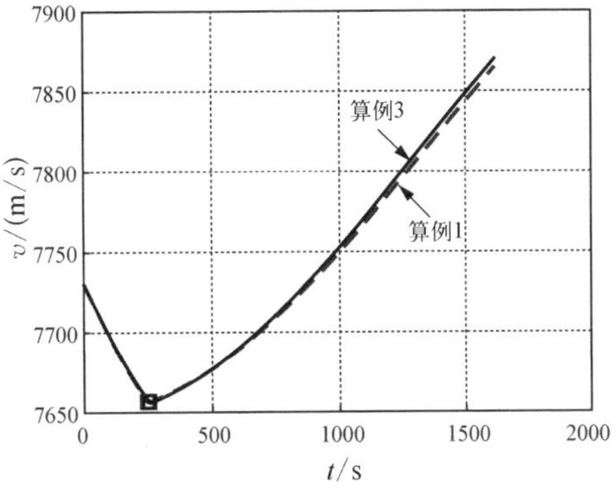

图 6－32　速度变化图

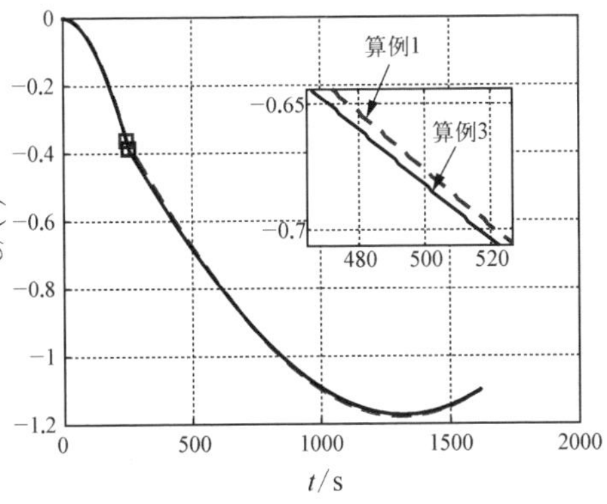

图 6－33　当地速度倾角变化图

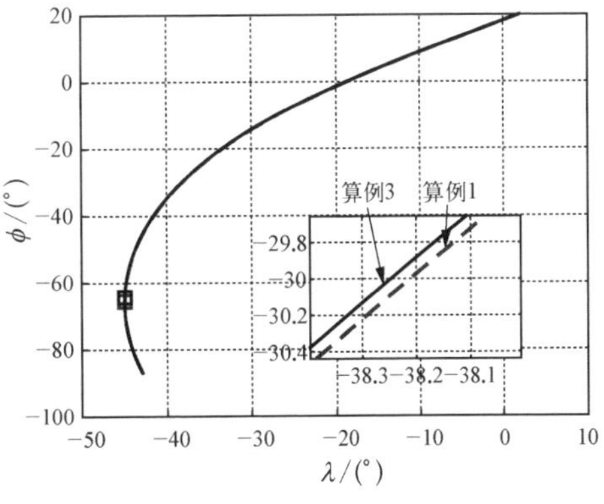

图 6－34　星下点轨迹图

表 6－4 给出了不同终端再入角约束下的仿真结果。由于要求再入角较小时（绝对值较大），弹道要快速下降，且离轨段航程较短，因此表 6－1 中的低推力发动机不能满足要求，仿真中发动机推力 F 取为 6 000 N，且计算制动点 K_0 的位置时制动角 φ_z 取不同值，如表 6－4 所示。

表 6-4　不同再入角约束下的仿真结果

Θ_2期望值/(°)	φ_z/(°)	$\Delta\Theta_e$/(°)	Δv_e/(m/s)	ΔR_L/km	Δz_e/km	β_e/(°)	t_K/s	t_f/s	Δm/kg
-0.5	-150	$1.629\,1\times10^{-3}$	4.524 4	11.353 4	-0.227 4	129.455 9	34.866	1 914.667	71.084 6
-0.8	-160	$6.933\,7\times10^{-4}$	4.649 2	4.728 6	-0.113 5	116.113 3	36.576	1 722.977	74.570 8
-1.0	-170	$2.996\,4\times10^{-4}$	4.815 6	1.690 1	-0.075 7	109.996 3	38.752	1 636.301	79.003 1
-1.5	180	$2.005\,7\times10^{-4}$	5.098 0	0.639 7	0.002 4	92.573 0	50.853	1 384.604	103.677 9
-2.0	172	$1.133\,3\times10^{-4}$	5.308 4	0.262 6	0.049 9	80.607 7	68.615	1 213.216	139.889 9
-2.5	156	$6.085\,1\times10^{-5}$	5.348 5	0.202 5	0.074 7	78.828 5	93.956	1 196.657	191.553 5
-3.0	150	$-8.460\,9\times10^{-5}$	5.409 1	0.190 6	0.092 3	74.995 7	122.15	1 147.701	249.033 6
-4.0	142	$-6.756\,9\times10^{-5}$	5.382 0	0.040 2	0.154 0	71.082 3	184.398	1 106.101	375.945
-5.0	142	$-5.272\,2\times10^{-5}$	5.452 8	-0.035 2	0.145 0	64.051 2	248.518	1 012.969	506.665
-6.0	141	$-5.425\,8\times10^{-5}$	5.438 6	0.095 2	0.128 5	60.260 1	315.469	968.572	643.160

由表 6-4 中的结果可见，在不同的再入角约束下，闭路制导方法的再入角和横程的控制精度都很高，终端速度都存在一个 5 m/s 左右的系统误差，这个误差可以在再入段轨道设计中予以修正。当再入角较大时，制动段的航程会较大、飞行时间较长，此时纵程的控制精度变差，如 -0.5° 再入角时的纵程精度为 11.353 4 km。这一方面是由于航程变大时，状态空间摄动法的线性化误差变大，即方法的模型误差增大；另一方面，航程变大会使制导算法执行过程中的截断误差、发动机后效误差等对终端精度的影响也会变大。分析表明，前一项约占总误差的 85%，后一项约占 15%。

2）闭路制导方法精度分析

本小节以算例 3 为例，针对 6.3.2 节的闭路制导方法作进一步分析。采用蒙特卡洛方法进行仿真分析，抽样次数为 500 条。仿真误差参数如表 6-5 所示，假设所有误差都是呈零均值高斯分布的。由于仿真过程中未考虑飞行器的姿态控制和导航系统，表中的俯仰角、偏航角、位置导航、速度导航的误差都是在每一个制导周期中以随机误差的形式施加的。

表 6-5　仿真误差参数

误差名称	误差标准差
初始高度	3 km
初始纵向	5 km

续　表

误差名称	误差标准差
初始横向	3 km
初始速度	3 m/s
初始倾角	0.05°
初始方位角	0.05°
初始质量	5%
发动机推力大小	5%
制动俯仰角	0.1°
制动偏航角	0.1°
位置导航	50 m
速度导航	0.05 m/s

统计结果如表6-6所示。从表中可以看出，再入点处的当地速度倾角和侧向位置都达到了很高的精度。纵向航程误差 ΔR_L 的均值接近于0 km，但标准差却达到7.461 0 km。再入点速度 v_e 的误差均值与表6-4中的误差基本相同。如前所述，这个误差不是由制导方法引起的，而是由是否考虑 J_2 项的动力学差异引起的。

表6-6　蒙特卡洛仿真分析统计结果

误差情况	统计量	$\Delta\Theta_e$/(°)	ΔR_L/km	Δz_e/km	Δv_e/(m/s)	$\Delta\phi_e$/(°)	$\Delta\lambda_e$/(°)	Δm/kg
所有误差	均值	$8.175\,6\times10^{-5}$	0.135 2	−0.013 2	5.476 6	$2.562\,0\times10^{-3}$	$9.280\,0\times10^{-4}$	88.371 8
	标准差	$1.253\,4\times10^{-3}$	7.461 0	0.115 0	1.596 9	0.043 4	0.047 5	8.232 1
不含导航误差	均值	$1.089\,4\times10^{-4}$	0.185 7	−0.021 9	5.358 1	$2.876\,0\times10^{-3}$	$1.324\,0\times10^{-3}$	88.519 5
	标准差	$4.624\,5\times10^{-5}$	0.537 6	0.121 6	1.805 9	0.004 5	0.003 4	8.806 4
不含质量与推力误差	均值	$1.033\,7\times10^{-4}$	0.172 3	−0.014 6	5.373 9	$2.780\,0\times10^{-3}$	$1.188\,0\times10^{-3}$	88.505 5
	标准差	$1.262\,6\times10^{-3}$	7.346 5	0.089 3	1.688 7	0.042 5	0.046 8	5.092 6

表6-6中还有一个需要注意的参数是制动段燃料的消耗质量 Δm，Δm 的均值与表6-2中的结果基本一致，但标准差达到8.232 1 kg。分析发现，飞行器的质量与推力误差对燃料消耗的影响最大。表6-6中给出了不考虑质量和推

力误差条件下的结果,标准差为 5.092 6 kg,减小了近 40%。燃料消耗与发动机工作时间直接相关,因此制动段发动机工作时间的散布较大。但值得注意的是,飞行器由制动点到再入点的总飞行时间变化不大,标准差仅为 1.211 s,因此再入点相对于地球的相对位置变化不大,不会给再入段带来较大的初始位置误差。

6.4 人造地球卫星返回轨道设计

弹道式再入航天器又可分为有升力而不加控制的弹道式再入航天器与升力为零的弹道式再入航天器两种。前者主要用于返回式卫星,后者用于美国的第一代载人飞船。两种航天器的返回轨道设计稍有不同,本节主要研究前者,即人造地球卫星返回轨道设计。

6.4.1 轨道设计对卫星总体设计的要求

为设计好卫星返回轨道,对卫星总体设计提出一系列要求,现分别叙述如下。

1. 再入器应具有的飞行动力学特性

返回式卫星由于不载人,其再入过载的峰值可允许达到 $20g_0$,落点精度要求也不是很高,再入飞行时间短,又不要求重复使用,其防热设计相对而言也较简单。为了降低研制和生产费用,再入时,其姿态和轨道均不加以控制,再入器(对卫星而言,更多场合称返回舱)以其自身的稳定性,维持头部朝前的姿态运动或较快地转到头部朝前的姿态运动。为实现这种再入轨道,要求再入器在大气中飞行时应具有如下特性。

(1) 再入器必须是静稳定的,且应具有足够的静稳定度。为此要适当设计再入器的外形和仪器、结构布置,以保证再入器的静稳定性。一般静稳定度在各马赫数下不小于 5%,即可保证再入器较快地恢复到头部朝前的姿态,这不但有利于防热设计,而且也满足正常开伞对再入器的姿态要求。

(2) 再入器必须是动稳定的。如图 6-35 所示,当再入器的形状为小头朝前的“球头-截锥-球尾”体时,若满足静稳定条件,再入器的运动也是动稳定的,这是因为此时的气动阻尼力矩是正的阻尼力矩,由文献[21]知,此时运动也是稳定的。相反,对于大头朝前的“球头-倒截锥-球尾”体的再入器,当满足静稳定条件时，其气动阻尼力矩往往是负的阻尼力矩，在一定的条件下，其运动是动不稳定的，而要使其运动稳定，必须要加姿态控制。这就是这类航天器的再入器一般选取小头朝前运动方式，而不取大头朝前运动方式的主要原因。

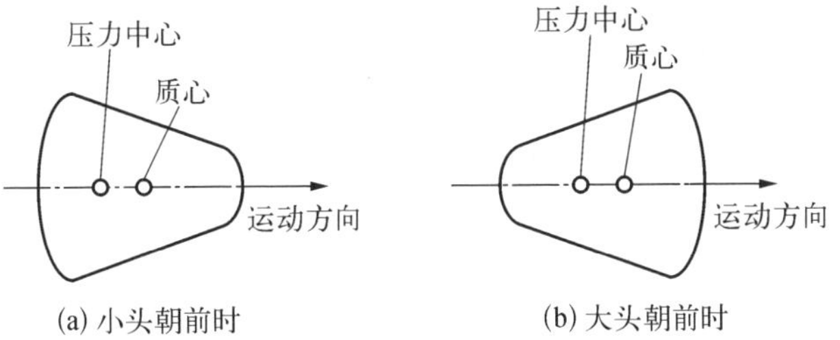

图 6－35　再入器外形（旋成体）与飞行动稳定性关系示意图

（3）再入器不具有倒向稳定性，即存在一个配平点，无第二个配平点。当采用小头朝前的"球头-截锥-球尾"体时，往往可以通过选取球尾的形状避免出现倒向稳定性。

2. *对起旋和消旋的要求*

制动段的制动参数选择除了制动速度 Δv 和制动方向外，还有起旋和消旋转速的选择。

（1）起旋转速的选择。由于再入器在制动发动机工作期间存在着推力偏斜等干扰，为了保证将制动发动机提供的速度增量稳定在所设计的方向上，再入器在制动火箭工作期间往往采用自旋稳定的方式。否则，如不采取任何稳定措施，制动时再入器姿态偏差过大，将使返回轨道偏差过大。

在再入器与航天器的非返回部分分离后，利用反作用喷气装置使再入器绕其纵轴旋转，这称为起旋。再入器自旋角速度大小由最大轨道偏差量决定，最大轨道偏差量由可能存在的最大干扰量按偏差轨道算出。一个典型例子，当再入器的自旋角速度小于 70 r/min 时，制动发动机工作期间，抗干扰能力很差，当自旋角速度大于 90 r/min 时，抗干扰能力明显增加。

（2）消旋转速的选择。采用自旋稳定的再入器在再入之前，必须将再入器消旋，即将自旋角速度减至 10 r/min 左右。如果再入器不消旋，而以高自旋角速度再入大气层，则攻角将衰减得很慢；而若将自旋角速度降到 10 r/min，则攻角很快衰减到零，有利于再入器的防热。消旋设计中，不宜使再入器消旋到自旋角速度接近于零的情况出现。因为再入器自旋角速度接近于零,它将使再入器的某一面长期对着迎面气流,引起气动加热的不均匀,也不利于消除小的不对称因素的影响。

3. 对运载火箭的要求

对于有机动变轨能力的再入式航天器,对运载火箭送卫星入轨的精度要求可以低些。这是因为利用航天器的机动变轨能力可以将其轨道周期进行适当的改变,使得返回圈的星下点轨迹正好与设计的返回圈标准星下点轨迹重合,从而消除返回时初始的横向偏差。

对于无机动变轨能力的航天器,为了保证在预定的运行期后正好经过设计的返回圈星下点轨迹,则需要运载火箭具有较高的制导精度,同时要特别精确控制航天器入轨点的初始周期和近地点高度。对于近地轨道的航天器,一般这两个参数的偏差对返回轨道制动点的横向偏差影响较大,至于因近地点高度偏差引起的返回轨道纵向着陆点偏差,可以用调整制动点位置的办法来消除。

4. 对卫星返回着陆区的要求

卫星着陆区的选择应根据各国的具体情况确定。理论上,着陆区应综合考虑以下条件: ① 地势较平坦,无大型水库和大的江河湖泊,无大森林;② 交通方便,同时便于直升机起降;③ 通信畅通;④ 没有大型工矿企业的建筑设施和重要的军事设施,避开 110 kV 以上的高压线。

6.4.2 卫星标准返回轨道设计

卫星标准返回轨道的参数,完全由制动段结束时的运动参数确定,因此卫星标准返回轨道设计实际上就是制动段制动参数的选择,以及起旋和消旋参数的选择。选择的标准返回轨道应满足如下要求: ① 制动点应在原运行轨道上,星下点轨迹应通过着陆点;② 落点(或开伞点)的偏差要小;③ 再入点倾角 Θ_e 应满足要求;④ 再入过载,特别是峰值过载应满足要求。当然,还应满足测控系统、回收着陆系统的要求。

为满足上述要求,可供调整的参数有制动点位置,即制动点的经度和纬度。但为了保证制动点的位置在原运行轨道上,实际上可选择的只有一个参数,即经度或者纬度。可调整的参数还有制动发动机推力的大小、方向和工作时间,如前所述,推力大小和方向已由其他因素确定,真正可调整的仅有制动发动机的工作时间。

标准返回轨道设计既可以采用三自由度的数学模型(初步设计用),也可以采用六自由度的数学模型,此时不考虑任何干扰因素,原始数据均采用标准值。具体步骤可先选用不同的制动发动机工作时间进行迭代,使再入角 Θ_e 满足要求,再通过制动点位置的调整,使其落点精度满足设计要求。

6.4.3　返回轨道误差量和落点误差计算

卫星标准返回轨道是在标准条件下,不考虑任何干扰因素时得到的。在实际飞行中,由于存在着各种干扰,实际飞行的轨道参数不同于标准轨道参数,其落点也不会完全落在标准着陆点,因此要讨论干扰因素的种类及其大小,计算有干扰时的轨道误差和落点误差。它既可以分析干扰因素对轨道误差量和落点误差的影响,也可以对干扰因素的大小提出量化的要求。

1. 干扰因素的分类

计算实际卫星返回轨道时应考虑各种干扰因素,据参考文献[2]介绍,飞行中考虑 13 种干扰因素。下面根据干扰因素的特点分别加以介绍,分析时以制动点为起始点。

(1) 初始条件误差。对三自由度弹道进行仿真,初始条件误差包括制动点的位置误差和速度误差,位置误差包括高度和星下点的经度、纬度误差,速度误差包括速度的大小和方向误差。初始条件误差主要由制动点以前的各种误差积累造成的,如运行轨道的入轨误差、稀薄大气的密度误差、卫星气动参数误差和测控系统的误差等。

对六自由度弹道进行仿真,除制动点的位置和速度误差外,还包括卫星的姿态角和姿态角速度误差,它主要是姿态控制系统并不能保证卫星姿态角和姿态角速度在制动点达到标准值造成的。

(2) 由制动发动机引起的误差。由制动发动机引起的误差主要有两类:一类是制动发动机性能和安装位置误差,如推力大小误差、推力偏斜、推力偏心、总冲误差等;另一类是制动发动机点火时刻的误差。

(3) 环境条件、结构参数和气动特性的误差。环境条件,如大气密度误差;结构参数误差,如质量误差、质心横移、卫星转动惯量及惯性积误差;空气动力系数误差主要指卫星再入大气层后,升力系数、阻力系数等的误差。

(4) 风的影响。再入过程中风的因素对弹道的影响。

(5) 其他干扰因素的影响。还有些干扰因素不属于上述四类,如级间分离干扰是指舱段间和暗道间的分离干扰,包括分离发动机干扰,从暗道中排出的剩余气体干扰;返回段控制发动机性能参数及安装误差,如起旋或消旋发动机的总冲误差、推力偏斜、推力横移等;还有些干扰要根据具体工程设计状态确定。

2. 用最大误差法计算运动参数最大误差及着陆点最大误差

由于有干扰作用,实际轨道的运动参数不同于标准轨道的运动参数,而如何计算运动参数的最大误差量是轨道计算和设计要解决的问题。例如,落点的最大误差对总体设计、着陆场区的选择、回收部队的部署十分重要;随高度变化的过载误差、动压误差,对控制系统和回收系统也是十分重要的;而高度误差 Δh、速度误差 Δv、马赫数误差 ΔMa、总攻角误差 $\Delta\eta$、总过载误差 Δn 随时间的变化对总体设计、结构设计、测控系统都有意义。

下面用最大误差法求参数的最大误差量,具体做法是:根据所分析的各独立干扰因素的误差量(3σ 值,σ 是均方差),按各干扰因素对应的物理量的期望值$\pm3\sigma$,分别计算出某一干扰因素下的轨道,称为干扰轨道;根据各系统的设计需要,按飞行高度或飞行时间分别对各干扰轨道参数(速度、过载、坐标等)取其误差量(干扰轨道上的值与标准值之差)的均方和,作为各轨道参数在给定高度和时间上的最大误差量。

求均方和时有两种做法:一种是取期望值$+3\sigma$ 和期望值-3σ 对应的误差量中绝对值较大的值为该干扰因素对应的最大误差量;另一种是分别按误差量的正负号求均方和。本书选用第一种做法。

1)以高度为自变量的返回轨道最大误差量的计算方法

以高度为自变量的返回轨道最大误差量的计算方法可用下列公式表达:

$$\Delta W_j = \sqrt{\sum_{i=1}^{n} (W_{ij} - W_{0j})^2} \tag{6-4-1}$$

$$\begin{cases} W_{j,\max} = W_{0j} + \Delta W_j \\ W_{j,\min} = W_{0j} - \Delta W_j \end{cases} \tag{6-4-2}$$

式中,i 指第 i 条干扰返回轨道;j 指第 j 个高度节点;W 是需要计算的返回轨道参数;W_{ij}是第 i 条干扰返回轨道在高度节点 j 处的 W 值;W_{0j}是标准返回轨道在高度节点 j 处的 W 值;$W_{j,\max}$是在高度节点 j 处返回轨道参数 W 的最大值;$W_{j,\min}$是在高度节点 j 处返回轨道参数 W 的最小值;ΔW_j是轨道参数 W 在高度节点 j 处的最大误差量。

典型返回式卫星的轴向过载系数 n_{x_1} 随高度 h 的变化曲线如图 6-36 所示。

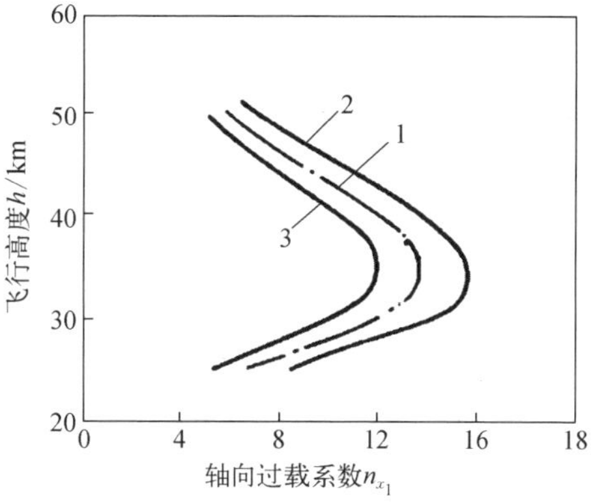

图 6-36　典型返回式卫星的轴向过载系数 n_{x_1} 随飞行高度 h 的变化曲线

1-标准的 n_{x_1} 曲线；2-上偏差的 $n_{x_1}\sim h$ 曲线；3-下偏差的 $n_{x_1}\sim h$ 曲线

2）返回轨道着陆点最大误差量的计算方法

显然，取式（6-4-1）和式（6-4-2）中的高度为着陆点的高度，即可以得到着陆点的最大误差量。这里作如下说明：在本书中，着陆点实际指开伞点，因为着陆段的运动不属于本书讨论的范畴，只计算到开伞点，或者不开伞延伸到着陆点；另外，算出落点的经纬度应换算成纵程和横程误差，如何换算放在后面讨论，这里介绍取落点坐标系的方法计算纵向误差和横向误差。

取落点坐标系 $o_L-x_Ly_Lz_L$ 如下：原点 o_L 在卫星的标准着陆点，o_Lx_L 轴在过原点 o_L 的水平面内指向卫星前进的方向，o_Ly_L 轴垂直向上，o_Lz_L 根据右手法则确定。

根据各种误差量的最大误差，分别计算各误差量产生的着陆点纵向误差 x_i 和横向误差 z_i，然后按式（6-4-3）和式（6-4-4）计算卫星着陆点的纵向最大误差和横向最大误差，即

$$x_{\max} = \sqrt{\sum_{i=1}^{n} x_i^2} \tag{6-4-3}$$

$$z_{\max} = \sqrt{\sum_{i=1}^{n} z_i^2} \tag{6-4-4}$$

式中，$x_{\max}$ 是卫星着陆点的纵向最大误差；$z_{\max}$ 是卫星着陆点的横向最大误差；x_i 是第 i 个误差量引起的着陆点纵向误差；z_i 是第 i 个误差量引起的着陆点横向误差。

根据卫星着陆点的最大误差可以确定卫星理论回收区的大小，其示意图如图 6-37 所示。

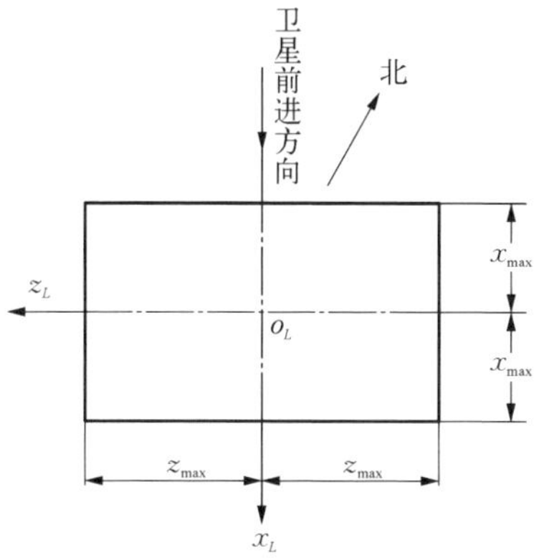

图 6-37　卫星的理论回收区示意图

3. 用蒙特卡洛法求落点误差

为了分析各项误差对落点误差的综合影响，可以采用蒙特卡洛法进行分析。首先用蒙特卡洛法对返回过程的 m 个误差源随机抽样，产生 n 组随机误差：

$$\varepsilon_i = [\varepsilon_{1i},\ \varepsilon_{2i},\ \cdots,\ \varepsilon_{mi}],\quad i = 1,\ 2,\ \cdots,\ n \tag{6-4-5}$$

然后分别加入各组随机误差，对干扰轨道进行数值积分，求出有随机干扰作用下的实际轨道，再用求差法与标准着陆点进行比较，即可求落点误差的大量样本 Δx_i，$\Delta z_i (i = 1,\ 2,\ \cdots,\ n)$。

根据数理统计理论，即可确定样本的均方根误差：

$$\sigma_x = \left(\frac{1}{n}\sum_{i=1}^{n}\Delta x_i^2\right)^{1/2} \tag{6-4-6}$$

$$\sigma_z = \left(\frac{1}{n}\sum_{i=1}^{n}\Delta z_i^2\right)^{1/2} \tag{6-4-7}$$

可以认为卫星返回轨道的落点最大误差为 $\Delta x_{\max} = 3\sigma_x$，$\Delta z_{\max} = 3\sigma_z$。

第 7 章　近地载人飞船返回轨道设计与制导方法

7.1　载人飞船返回轨道设计

载人飞船属于弹道-升力式再入航天器，它与属于弹道式再入航天器的返回式卫星明显的区别在于通过配置再入器质心的办法，使再入器再入大气层时产生一定的升力，但升力小于阻力，升阻比（L/D）小于 0.5。因为有升力作用，增加了飞船再入走廊的宽度，减小了再入大气层后的最大过载和热流峰值。又由于再入大气层后有升力，载人飞船在再入段可以通过滚转控制，改变升力矢量的方向，因而可以控制再入轨道，从而具有一定的机动能力，这样可以大大减小再入器着陆点的散布。

载人飞船保留了弹道式再入航天器结构简单和防热易于处理的优点，所以仍将得到广泛应用。在航天飞机退役后，美国又先后研制了“龙”“Starliner”等飞船用于载人航天任务。

因为飞船再入段有升力，可对其轨道进行控制，加上载人飞船上有航天员，所以其对过载、热流和着陆点的精度要求不同于返回式卫星，其轨道设计也就不同于返回式卫星的轨道设计，要复杂一些。为与一般文献统一，下面的叙述中将载人飞船的再入器称为飞船返回舱或简称返回舱。

7.1.1　载人飞船轨道设计对总体设计的要求

设计载人飞船返回轨道，也会对载人飞船总体设计提出一系列要求，现分别叙述如下。

1. 对飞船返回舱气动外形的要求

大钝头倒锥的阻力系数十分大（阻力系数高达 2 以上），因此一般弹道-升力式飞船返回舱都采用这种外形，以减小再入的过载峰值。采用大钝头倒锥的气动外形,再加上适当选择升阻比和采用弹道-升力式控制等措施,将使再入过载峰值大大减小,例如,“联盟”号飞船的再入过载峰值为 $3g\sim4g$。典型的返回舱气动外形如图 7-1 所示,图中给出了飞船返回舱大底直径 D_m 与高度 L_1 的关系及曲率半径等。

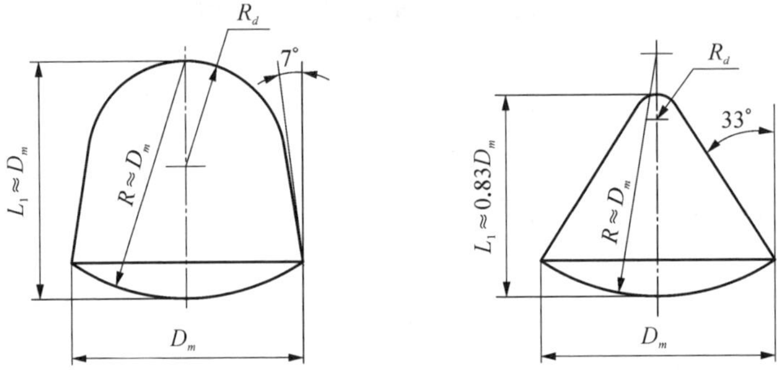

(a) “联盟”号　　(b) “阿波罗”号

图 7-1　典型的弹道-升力式返回舱气动外形理论图

2. 对飞船返回舱稳定特性的要求

要求飞船返回舱在配平攻角下是静稳定的。要保证返回过程(包括应急返回过程)中再入大气层时飞船返回舱应是大头朝前的飞行状态。

为了保证再入大气层后为大头朝前的飞行状态,以利于飞船返回舱的防热和保持正常的返回姿态,在外形设计、气动布局时应保证当出现小头朝前的状态时,能尽快调整到大头朝前的状态[3]。

3. 对飞船返回舱控制的要求

弹道-升力式载人飞船返回舱一般选取球头倒锥式外形。对于这种气动外形的飞行器,如不加姿态控制,在配平攻角点虽然是静稳定的,但却往往是动不稳定的。也就是说,当某种干扰使返回舱偏离配平攻角运动状态时,其后将在配平攻角附近产生增幅振荡,以致完全破坏配平攻角飞行状态,这是由于这种飞船返回舱的气动阻尼力矩往往是负阻尼力矩。为此,对于球头倒锥式外形的弹道-升力式载人飞船,在俯仰和偏航通道要采用速率阻尼控制,以保证载人飞船再入大气层的过程中在配平攻角附近运动。在滚转通道,通过控制飞船滚转角,从而控制飞船升力矢量在空间的方向,达到控制过载峰值和着陆点的目的,其详细情形将在后面讨论。

4. 对运载火箭的要求

因为飞船本身有机动变轨能力,对运载火箭入轨精度的要求可降低一些。可利用飞船的机动变轨能力改变飞船的运行高度,从而改变飞船的运行周期,使得返回圈的星下点轨迹刚好与设计的星下点轨迹基本重合,以消除制动点的横向偏差。

5. 对载人飞船着陆场区的要求

着陆场区的位置对返回轨道设计有较大的影响,下面进行简单介绍。

1)国外载人飞船着陆场区情况

从 20 世纪 60 年代起,美国先后发射了"水星号""双子星座号"和"阿波罗号"三种系列载人飞船,它们均在肯尼迪角发射、在海上回收。着陆场区有三处海面:大西洋海面,面积约 210 km × 460 km;北太平洋海面,面积约为 520 km × 200 km;南太平洋海面。

苏联载人飞船有"东方号""上升号"和"联盟号"系列飞船,它们都在拜科努尔航天发射场发射,均选择在陆上回收。着陆场区在卡拉干达地区,面积约为 700 km × 600 km,苏联"联盟号"系列飞船均在此回收。

2)着陆场任务

着陆场的主要任务有:① 利用各种测量设备捕获飞船返回舱,并进行跟踪测量;② 利用装有导航设备的飞机或直升机,测定飞船返回舱着陆点坐标,并将信息发送给指挥部门,以便飞机、直升机或搜索车辆赶赴现场;③ 有关人员进入现场,帮助航天员出舱,并将他们送上直升机,送往指定地点;④ 从返回舱取出有效载荷,并将返回舱送往指定地点。

3)着陆场选择及要求

载人飞船着陆场选择应综合各种因素加以权衡,主要有飞船运行轨道及机动飞行能力、各国地理特点、地面跟踪台网布局及国家综合国力等。美国的飞船着陆场选在海上,因为其在全球各地有军事基地可以依托,海军和空军力量强、机动性好,所以能根据飞船任务要求选择不同的海域作为飞船的着陆场。俄罗斯飞船着陆场选在陆地,主要是由于其具有优越的地理条件、有广阔的哈萨克斯坦草原。如果俄罗斯飞船着陆场选在海上,其困难就大得多:首先,在西部和南部缺乏地面站支持和依托;而北部和东部海域纬度过高,飞船溅落后,海水温度低,不利于航天员生存和海上作业;另外,组织庞大的海上跟踪测量和回收救援部队,投入的人力和物力远远大于陆上回收。我国的情况也是适合陆上回收。

7.1.2 载人飞船的配平飞行

1. 载人飞船以配平攻角飞行的运动特性

载人飞船同返回式卫星的一个重要区别在于再入大气层后，载人飞船在理想情况下是以配平攻角飞行，而返回式卫星是以零攻角飞行。

1）配平攻角及以配平攻角飞行的定义

如图 7－2 所示，将载人飞船返回舱的质心位置偏离纵轴 δ，则当返回舱在某马赫数 Ma 和高度 h 的飞行条件下，若以某一总攻角 η 飞行时，作用在返回舱上的空气动力对质心的力矩主矢量为零，则该总攻角 η 称为返回舱在马赫数 Ma 和高度 h 下的配平攻角，用 η_{tr} 表示。

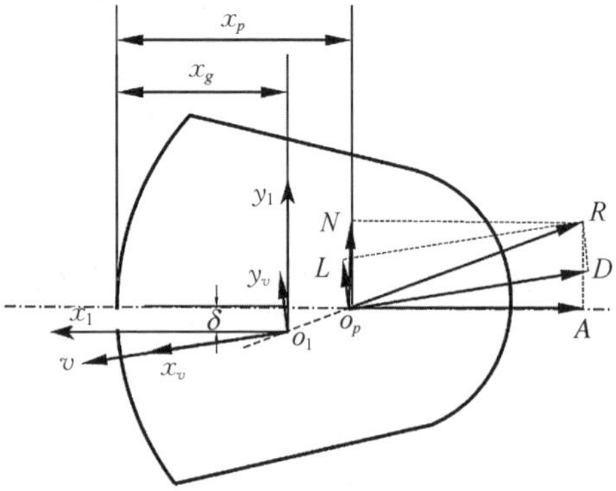

图 7－2 飞船再入时力与质心的位置关系

其实，配平攻角就是略去力矩平衡过程，最后达到总力矩为零时的攻角。当质心横移 δ 等于零时，该配平攻角为零。当质心横移不等于零时，为了达到力矩平衡，一定存在一个攻角，使其升力和阻力的力矩达到平衡，该攻角就是配平攻角。

从本质上讲，配平姿态就是弹道学中飞行器的瞬时平衡状态。只是瞬时平衡是稳定力矩和控制力矩的瞬时平衡，现在无控制力矩，但有质心横移，是稳定力矩本身的平衡而已。

以配平攻角飞行是一种理想的飞行状态，返回舱再入大气层后，在无任何外力矩和内力矩的作用下，每时每刻都保持在当前马赫数 Ma 和高度 h 下的配平攻角飞行。以配平攻角飞行是返回舱再入大气层后，实际飞行状态的一种有用的近似，它适用于研究和计算返回过程的再入段。以配平攻角飞行是一个很好的近似，其原因在于根据《大气飞行器姿态动力学》[21] 中的分析，由于绕质心运动相对而言比质心运动进行得快，在分析研究质心运动时，可略去绕质心运动，只考虑稳态情况。

2）以配平攻角飞行的特性

（1）作用在返回舱上的空气动力主矢量 $\boldsymbol{R}$ 通过返回舱的压心和质心。根据定义，$\boldsymbol{R}$ 通过返回舱的压力中心，而如果 $\boldsymbol{R}$ 不通过返回舱的质心，则 $\boldsymbol{R}$ 将对返

回舱的质心 o_1 产生力矩,这与配平攻角的定义矛盾,故 **R** 必须通过返回舱的压心和质心。

(2) o_1y_1 轴在 $x_1o_1x_v$ 平面内,即侧滑角 $\beta=0$。这是因为 **R** 通过返回舱的压心和质心,而压心在返回舱的几何轴线上,几何轴线在 $x_1o_1y_1$ 平面内,质心也在此平面内,故 **R** 必然在 $x_1o_1y_1$ 平面内,即 **R** 在 o_1z_1 轴上的分量为零,故侧滑角 $\beta=0$,也就是说 o_1y_1 轴必须在 $x_1o_1x_v$ 平面内。也可以这样理解,因为总空气动力 **R** 总是在 $x_1o_1y_1$ 平面内,所以 o_1x_v 轴也应该在 $x_1o_1y_1$ 平面内,否则会产生侧力;而 o_1x_v 轴在 $x_1o_1y_1$ 平面内,按定义应有 $\beta=0$。

(3) 轴向力系数 C_A 与总法向力系数 C_N 间满足一定关系。配平状态下,由图 7-2 可知:

$$N(x_p - x_g) = A\delta \tag{7-1-1}$$

式中,A 为轴向力;N 为总法向力;x_p、x_g 分别为压心和质心与返回舱头部(大头)的距离;δ 为质心偏移量。式(7-1-1)两侧除以 qS,可得轴向力系数 C_A 与总法向力系数 C_N 满足如下关系:

$$C_N(x_p - x_g) = C_A\delta \tag{7-1-2}$$

(4) 以配平攻角飞行时的攻角 $\alpha<0$。以配平攻角飞行时,$\beta=0$,即 o_1x_v 轴在 $x_1o_1y_1$ 平面内,此时 o_1x_v 轴的正向必须在 o_1x_1 轴正向和 o_1y_1 轴正向所夹的 90°之内,否则 **R** 不能通过质心,故由 α 的定义可知,$\alpha<0$。又因 $\beta=0$,故 $\eta_{tr}<0$。

这里要讨论一个问题,即 $\eta_{tr}=\alpha<0$,但此时的升力 L 为什么是正的?由图 7-2 可知,若总空气动力矢量 **R** 在速度反方向延长线的上方,则升力 L 为正值;当 **R** 在速度反方向延长线的下方时,升力 L 为负值;而当总空气动力矢量 **R** 与速度反方向同向时,只存在阻力,升力为零。下面求升力 $L=0$ 的条件。

设总攻角为 η^* 时 $L=0$,则有

$$L = A\sin|\eta^*| - N\cos|\eta^*| = 0$$

根据式(7-1-1)可知,$N=A\delta/(x_p - x_g)$,则有

$$\tan|\eta^*| = \frac{\delta}{x_p - x_g} \tag{7-1-3}$$

故当配平攻角为 η_{tr} 时,升力的符号由如下公式决定:

$$\begin{cases} L > 0, & |\eta_{tr}| > |\eta^*| \\ L = 0, & |\eta_{tr}| = |\eta^*| \\ L < 0, & |\eta_{tr}| < |\eta^*| \end{cases} \tag{7-1-4}$$

对于载人飞船返回舱，当 $\alpha<0$ 时，$L>0$ 必须满足 $|\alpha|=|\eta_{tr}|>|\eta^*|$。图 7-2 是满足这一条件的，因此虽然攻角为负值，但升力为正值。

3）配平攻角的求法

C_N、C_A、x_p 是总攻角 η、马赫数 Ma 和高度 h 的函数，而返回舱以配平攻角飞行时，$\eta_{tr}=\alpha_{tr}$，所以对应一定的 Ma 和 h 值，若某一 η（或 α）值对应的 C_N、C_A 和 x_p 满足式（7-1-2），则该总攻角 η（或攻角 α）就是返回舱在该 Ma 和 h 下的配平攻角。

对于一般情况，求解式（7-1-2）获得配平攻角 η_{tr} 只能通过数值方法。若近似认为当 Ma 较大时，C_A 只与 Ma、h 有关，与总攻角无关，而 $C_N = C_N^{\eta}\eta$，则由式（7-1-2）可得

$$\eta_{tr} = \frac{C_A\delta}{C_N^{\eta}(x_p - x_g)} \tag{7-1-5}$$

可见，η_{tr} 与质心横移量 δ 成线性关系，δ 越大，则 η_{tr} 越大。因为 δ 的大小受限制，所以配平攻角的大小有一定的限制。

2. 配平攻角和升阻比的选择

配平攻角的大小受到质心横移量 δ 的限制，不能过大，所以产生的升阻比一般不会超过 0.5。载人飞船返回舱的外形、配平攻角和升阻比的选取是由多种因素决定的。苏联和美国的第二代飞船（苏联的“联盟号”和“联盟 T 号”飞船，美国的“双子星座号”飞船）都选用弹道-升力式再入方式，表 7-1 列出了几种载人飞船返回舱的升阻比和最大再入过载值。

表 7-1 几种载人飞船返回舱的升阻比和最大再入过载

型　号	返回舱的升阻比 L/D	最大再入过载/g_0
“东方号”	0	9~10
“水星号”	0	7.7~8
“双子星座号”	0.10~0.22[1]	4~5
“联盟号”	0.3	3~4
“联盟 T 号”	0.3	3~4

1. 根据四次“双子星座号”飞船飞行的结果得到。

从表 7 - 1 可见,“联盟号”飞船的最大再入过载低于“双子星座号”飞船的值,其主要原因是“联盟号”飞船比“双子星座号”飞船具有更大的升阻比。

7.1.3　载人飞船标准返回轨道的设计原则

与返回式卫星相比,载人飞船标准返回轨道设计的不同之处在于返回舱在再入段的轨道可以进行控制,它既可以使轨道平缓,减小最大过载与热流峰值,还可以通过控制滚转角,改变升力在铅垂方向和水平方向的分量,控制其轨道,从而在一定范围内控制返回舱的着陆点位置。

载人飞船标准返回轨道设计是从制动点到开伞点这一飞行段的轨道设计,包括以下三个问题: ① 制动点位置的确定;② 制动参数的选择;③ 再入段运动规律的设计。

关于制动参数的选择,主要是制动发动机推力大小、方向和工作时间的选择。关于推力大小和方向的确定方法在第 6 章中已经讨论过,制动发动机工作时间要保证飞行到再入点 e 时,再入角 Θ_e 满足要求。

制动点位置的选择要与再入段运动规律设计结合起来,确保着陆点的位置满足设计要求。因此,下面主要讨论再入段的运动规律及轨道设计问题[52]。

1. 载人飞船再入段的运动特点

由 2.5.1 节的讨论知,在三自由度弹道仿真时,只要给出 α、β、χ 的变化规律便可以唯一地确定质心轨道。载人飞船标准返回轨道设计一般用三自由度弹道仿真模型,并采用配平攻角飞行的假设。返回舱按配平攻角飞行时,攻角 α 等于配平总攻角 η_{tr},而当 Ma、h 已知时,η_{tr}可以根据式(7 - 1 - 2)和空气动力系数表求出来,故可认为攻角 α 是确定的;侧滑角 $\beta = 0$,所以唯一能改变的是倾侧角χ。因此,再入段运动规律设计实际上就是倾侧角χ 的变化规律设计。

当 $\beta = 0$, $\eta = \alpha$, $L = Y$, $Z = 0$ 时,图 7 - 3 画出了返回坐标系、速度坐标系和半速度坐标系的关系。当有倾侧角χ 时,总升力 L 在铅垂面内 o_1y_h轴上的分量为 $L\cos\chi$,而在 o_1z_h 轴上的分量为 $L\sin\chi$,则在半速度坐标系内有

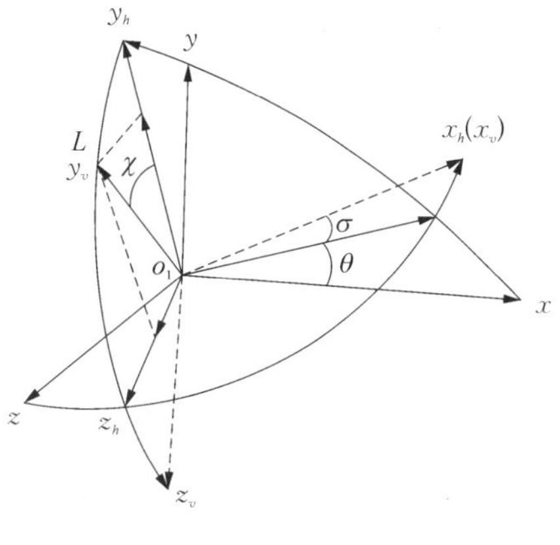

图 7 - 3　总升力 L 在 o_1y_h 轴、o_1z_h 轴上的投影

$$\begin{bmatrix} R_{x_h} \\ R_{y_h} \\ R_{z_h} \end{bmatrix} = \begin{bmatrix} -D \\ L\cos\chi \\ L\sin\chi \end{bmatrix} \tag{7-1-6}$$

利用图 7－3 和式(7－1－6)可得到如下结论。

(1) 总升力 L 在 o_1y_h 轴上的投影 $L\cos\chi$ 的大小直接与返回舱下降速度有关。若 $|\chi|$ 增大,$L\cos\chi$ 减小,则下降速度会加快,使得过载和热流增加,等效于升阻比减小,所以 $|\chi|$ 值过大是不行的。

(2) 若为了降低过载和减小热流,令倾侧角 χ 恒等于零,也是不行的。若 $\chi\equiv 0$, 则侧向力 $L\sin\chi\equiv 0$,因此无侧向机动能力。但实际飞行时,星下点轨迹不一定通过预定的着陆点,为了减小横向偏差,一定要留有横向机动能力。另外,$\chi\equiv 0$, 虽然在 oy_h 轴上的投影 $L\cos\chi$ 在标准情况下达到最大,但在实际飞行时,如果还需要增加升力,则无法提供多余的升力。为此,为了给纵向制导留有机动能力,同时给侧向留有机动能力,在标准返回轨道设计时一定要留有升力余量,即只能把升力的绝大部分用于纵向,而其余部分用于纵向制导和侧向机动。设返回舱的升力为 L,用于标准返回轨道设计的纵向升力为 $K\times L$,其中 K 为余量系数,通常取 0.6~0.8。设标准返回轨道的倾侧角为 χ_0,则 $KL=L\cos\chi_0$, 即 $K=\cos\chi_0$。习惯上,不用升力的多少来表示余量,而是用升阻比来表示,即纵向升阻比 $(L/D)_0=K(L/D)=(L/D)\cos\chi_0$,同样有 $K=\cos\chi_0$。

(3) 设计标准返回轨道应留有余量,χ_0 不等于零,则存在侧力 $L\sin\chi_0$。若在再入过程中 χ_0 不改变符号,返回舱在侧向将朝一个方向运动,这是不允许的。为此,应改变 χ_0 的符号,使不需要的侧向运动相互抵消,且改变倾侧角的符号不影响纵向升力的大小和方向。

综上所述,标准再入段运动规律设计就是设计倾侧角 $\chi_0(t)$ 的变化规律,它既不是恒等零,也不能很大(如 90°),且要正负交替。

2. 倾侧角 $\chi(t)$ 与纵程和横程的关系

为研究倾侧角 $\chi(t)$ 与纵程和横程的关系,假设原运行轨道的星下点轨迹通过预定的着陆点。取攻角为配平攻角 η_{tr}, 侧滑角 $\beta=0$, $\chi(t)$ 取不同的常数值,可以得到表 7－2 和图 7－4 所示的结果。

从表 7－2 和图 7－4 可以看出,当 χ 取常值时:

(1) $\chi=0$ 时,纵程最大,$\chi=45°$ 时,横程(或横向机动距离)最大;

表 7-2　不同 χ 值时的纵程、横程及最大过载

序号	χ/(°)	N_m/g_0	横程/km	纵程/km
1	90	−8.56	136.420	1 992.350
2	75	−5.13	179.174	2 268.140
3	60	−3.77	214.066	2 668.651
4	45	−3.12	215.285	3 132.445
5	30	−2.51	166.621	3 546.459
6	15	−2.27	96.499	3 862.355
7	0	−2.24	0	3 973.969
8	−15	−2.26	−90.719	3 871.925
9	−30	−2.47	−153.934	3 577.238
10	−45	−3.07	−177.296	3 151.910
11	−60	−3.71	−161.776	2 685.960
12	−75	−5.02	−118.753	2 280.150
13	−90	−8.41	−73.012	2 000.212

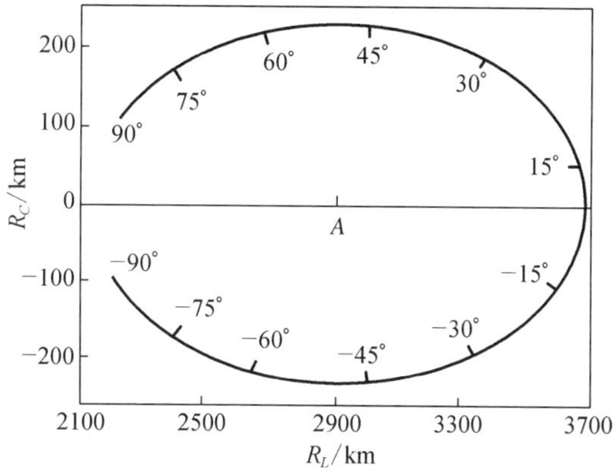

图 7-4　不同倾侧角 χ 下的纵程与横程关系图

(2) χ 值不能过大，当 χ 值超过 60°时，其最大法向过载超过 $4g_0$，这对载人任务是不允许的。

再通过计算说明倾侧角瞬时改变符号对航程的影响。该算例以制动点为地面航程的计算起点，且算例中除有倾侧角 χ 等于常值的情况外，还有按等时间间隔交替改变符号的情况。计算时再入速度 v_e、再入角 Θ_e 的取值同表 7-2，(L/D) 约为 0.3，计算结果见表 7-3 和图 7-5。

表 7-3 不同$\chi(t)$时的最大过载系数及航程

方案编号	再入过程的倾侧角 $\chi(t)/(°)$	再入过程中的最大过载系数 n_{max}	返回时刻星下点到着陆点的地面航程 R_T/km
1	0	-2.3	18 386
2	20	-2.3	18 220
3	-20	-2.4	18 228
4	20 与-20 交替	-2.3	18 230
5	40	-2.6	17 797
6	-40	-3.0	17 760
7	40 与-40 交替	-2.9	17 795
8	60	-3.4	17 230
9	-60	-3.9	17 156
10	60 与-60 交替	-3.5	17 231

从表 7-3 和图 7-5 可以看出：

(1) $\chi(t)\equiv 20°$，$\chi(t)\equiv -20°$ 和$\chi(t)$ 等于±20°交替出现三种情况，其纵向航程相差不大，约 10 km 以内，倾侧角取±40°、±60°时也有类似的结论；

(2) 当 $|\chi|$ 取值在 60°以内时，其最大过载小于 $4g_0$。

综上所述，倾侧角χ 改变符号对纵向航程影响不大，但对横程可以起到控制作用。

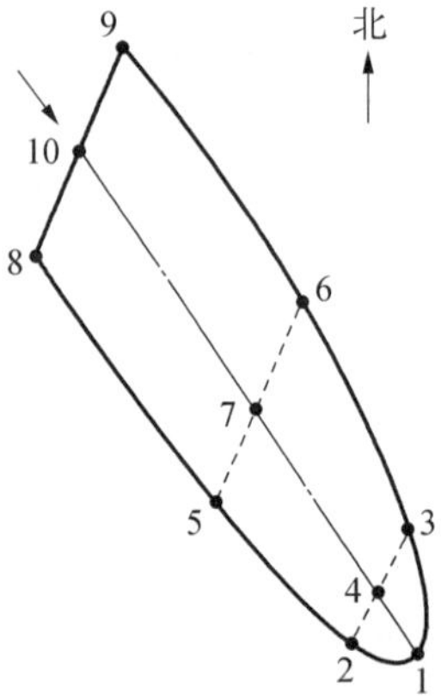

图 7-5 不同$\chi(t)$时着陆点的位置

3. 倾侧角$\chi(t)$ 大小和符号的选择

1) 倾侧角大小的选择

若$\chi(t)$ 取一常值，可取 40°左右，这样既可以保证有一定的横向机动能力，也不致使升阻比在纵向下降过多，即表 7-3 中的±40°交替出现的轨道可作为标准返回轨道。

从优化轨道的角度讲，倾侧角的大小直接影响减速过载、热流的大小和航程的远近，按过载的限制及使过载均匀化的原则，χ 的大小可以选取为随时间减小的分段常数值。在高空段，$|\chi|$ 可以大一些，因为此时动压小，过载可以迅速增加但又不致数值过大；而在低空段，$|\chi|$ 应小一些，因为此时动压大，下降过快会使过载超过允许值。

此外，$|\chi|$ 的大小选择，还受着陆场区的影响，当载人飞船控制系统在空中

运行出现故障时，返回舱不能以弹道-升力式再入。为了平衡配平升力，要改成弹道式再入，即让返回舱自旋降落，此时轨道称为自旋轨道。由于此时无升力控制，自旋轨道的航程变短，但着陆点仍应在着陆区内。因此，在设计标准返回轨道时，正常返回的着陆点与自旋轨道的着陆点不应相差过远，为此高空段的 $|\chi|$ 应大一些，以减小航程，否则着陆场区过大。

2）倾侧角符号的确定

确定 $\chi(t)$ 的符号，或者说确定 χ 角反向的时刻有不同的做法。简单的方法如表 7-3 所示：取等值的 χ，按等时间间隔反向，如时间间隔为 100 s，每过 100 s 反向一次，如图 7-6 所示。但此方法存在两个问题：一是设计标准返回轨道时，如何调整时间间隔使 $t = t_f$ 时，横程恰好在允许的误差之内，此时的纵程可以通过调整制动点的位置使之满足要求；另一个问题是，实际飞行时，由于存在着干扰，应考虑如何调整 $\chi(t)$ 使横程满足要求。

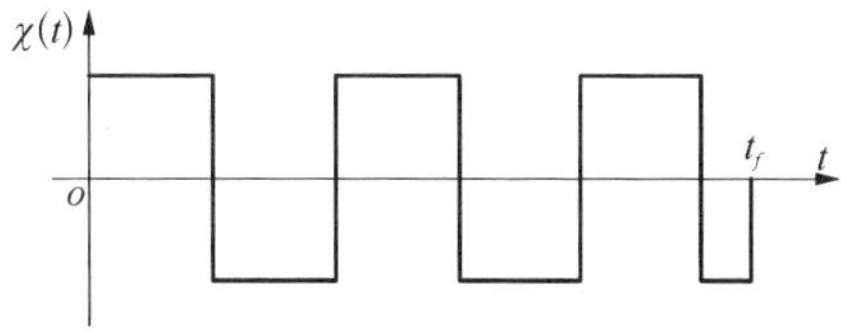

图 7-6　$\chi(t)$ 随时间等间隔反向示意图

为解决上述两个问题，简化设计过程，采用与实际飞行中确定 $\chi(t)$ 符号一致的方法来确定标准返回轨道设计时 $\chi(t)$ 的符号，即在标准返回轨道设计中引入侧向制导的思想。关于侧向制导的详细内容放在后面 7.2.3 节讨论，这里先引入其思路。

从前面的分析看出，χ 的正负号不影响升力的纵向分量 $L\cos\chi$ 的大小和方向，只影响侧力 $L\sin\chi$ 的方向，因此可以考虑设计一个侧向边界，将飞船的标准返回轨道控制在边界之内，而边界的中心线就是再入点 e 和开伞点 f 的星下点连成的大圆弧。因为再入初期的横程偏差允许大一些，而开伞点处的横程偏差要小一些，所以此边界应设计成漏斗形。注意到 $\chi(t)$ 的反号不等于侧向位移的反号，只是侧力引起的侧向加速度反号，为了防止侧向运动过调，不使飞船在侧向边界之外运动，在侧向制导规律中要加上阻尼项，用以改善侧向运动的性能。

选取的侧向制导规律为

$$\chi_0(t) = \begin{cases} -|\tilde{\chi}|\,\mathrm{sgn}(R_C + K_5\dot{R}_C), & |R_C + K_5\dot{R}_C| \geq \bar{R}_C \\ |\tilde{\chi}|\,\mathrm{sgn}[\chi_0(t - \Delta t)], & |R_C + K_5\dot{R}_C| < \bar{R}_C \end{cases} \tag{7-1-7}$$

式中，$|\tilde{\chi}|$ 为标准返回轨道倾侧角的大小，由纵向运动确定；$K_5\dot{R}_C$ 为侧向阻尼项，K_5 为阻尼系数，取为

$$K_5 = C_3 + C_4 v / v_e \tag{7-1-8}$$

$\bar{R}_C$ 为漏斗边界,取为

$$\bar{R}_C = C_1 + C_2 v / v_e \tag{7-1-9}$$

式中,v_e为再入时刻的速度;v 为飞船当前的速度;C_1、C_2、C_3和 C_4均为可调的参数。

综上所述,再入段运动规律可供调整的参数有 $\tilde{\chi}$ 的分段常数值及侧向制导中的可调参数 C_1、C_2、C_3和 C_4,这些参数的选取既要考虑χ 角的反向次数(次数不宜过多,以 3~4 次为宜),又要考虑侧向运动不过调、满足最大过载限制。在返回轨道设计、再入制导规律设计中要合理选择这些参数值。

7.1.4 标准返回轨道设计的数学模型

标准返回轨道设计采用三自由度质心运动方程,控制变量为 α、β、χ。根据配平攻角飞行假设,攻角等于配平攻角 η_{tr},侧滑角 $\beta = 0$,$\chi(t)$ 通过标准返回轨道设计原则确定,则可以写出其运动方程。

标准返回轨道的数学模型既可以在返回坐标系建立,也可以在半速度坐标系建立,下面写出在返回坐标系建立的数学模型。

1. 质心运动方程

由式(2-5-1)可以得质心运动方程如下:

$$\begin{pmatrix} \dot{v}_x \\ \dot{v}_y \\ \dot{v}_z \end{pmatrix} = \frac{\boldsymbol{O}_B}{m}\begin{pmatrix} P_{x_1} \\ P_{y_1} \\ P_{z_1} \end{pmatrix} + \frac{g_r}{r}\begin{pmatrix} x \\ y + R_o \\ z \end{pmatrix} + \frac{g_{\omega_E}}{\omega_E}\begin{pmatrix} \omega_{Ex} \\ \omega_{Ey} \\ \omega_{Ez} \end{pmatrix} + \frac{1}{m}\begin{pmatrix} F_{cx} \\ F_{cy} \\ F_{cz} \end{pmatrix}$$

$$+ \frac{\boldsymbol{O}_B}{m}\begin{pmatrix} -C_A qS \\ C_N qS \dfrac{\cos\beta \sin\alpha}{\sin\eta} \\ -C_N qS \dfrac{\sin\beta}{\sin\eta} \end{pmatrix} - \boldsymbol{A}\begin{pmatrix} x \\ y + R_o \\ z \end{pmatrix} - \boldsymbol{B}\begin{pmatrix} \dot{x} \\ \dot{y} \\ \dot{z} \end{pmatrix} \tag{7-1-10}$$

$$\begin{pmatrix} \dot{x} \\ \dot{y} \\ \dot{z} \end{pmatrix} = \begin{pmatrix} v_x \\ v_y \\ v_z \end{pmatrix} \tag{7-1-11}$$

为便于实际计算，式(7-1-10)中推力和空气动力的表达式要稍作修改。

1）推力

载人飞船的制动发动机仅在制动段才工作，为便于控制，假定制动段推力方向选择在惯性空间的固定方向，即要求推力方向在惯性空间是固定的。

设推力与返回惯性坐标系的关系如图7-7所示，推力P在惯性空间为常矢量，图中φ_P、ψ_P分别为推力姿态俯仰角、偏航角，且$\varphi_P=\varphi_z$，$\psi_P=0$。

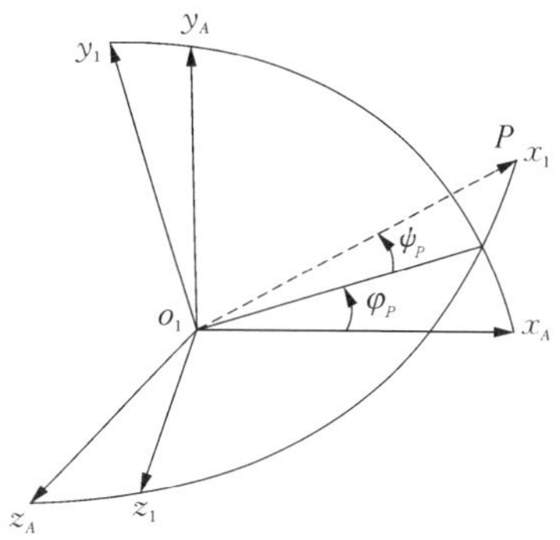

图7-7　在返回惯性坐标系中的推力矢量

设推力在飞船的纵轴方向，即沿体坐标系o_1x_1轴的方向，则有

$$\begin{pmatrix} P_{x_1} \\ P_{y_1} \\ P_{z_1} \end{pmatrix} = \begin{pmatrix} P \\ 0 \\ 0 \end{pmatrix} \tag{7-1-12}$$

在制动段，将P_{x_1}、P_{y_1}和P_{z_1}投影到返回惯性坐标系：

$$\begin{pmatrix} P_{x_A} \\ P_{y_A} \\ P_{z_A} \end{pmatrix} = \begin{pmatrix} P\cos\psi_P\cos\varphi_P \\ P\cos\psi_P\sin\varphi_P \\ -P\sin\psi_P \end{pmatrix} \tag{7-1-13}$$

将惯性空间固定的推力投影到返回坐标系，则有

$$\begin{pmatrix} P_x \\ P_y \\ P_z \end{pmatrix} = \boldsymbol{O}_A \begin{pmatrix} P_{x_A} \\ P_{y_A} \\ P_{z_A} \end{pmatrix} = \boldsymbol{O}_A \begin{pmatrix} P\cos\psi_P\cos\varphi_P \\ P\cos\psi_P\sin\varphi_P \\ -P\sin\psi_P \end{pmatrix} \tag{7-1-14}$$

式中，$\boldsymbol{O}_A$的表达式见式(2-2-32)。

2）空气动力

当空气动力系数为C_A、C_N时，可用式(7-1-10)计算空气动力在返回坐标系中的投影。为了突出倾侧角χ的作用，如果利用阻力系数C_D、总升力系数C_L和倾侧角χ表示气动力，则有

$$\begin{pmatrix} R_{x_h} \\ R_{y_h} \\ R_{z_h} \end{pmatrix} = \begin{pmatrix} -D \\ L\cos\chi \\ L\sin\chi \end{pmatrix} \tag{7-1-15}$$

投影到返回坐标系则有

$$\begin{pmatrix} R_x \\ R_y \\ R_z \end{pmatrix} = \boldsymbol{O}_H \begin{pmatrix} -D \\ L\cos\chi \\ L\sin\chi \end{pmatrix} \tag{7-1-16}$$

3）起始条件

设飞船原运行轨道为圆轨道，则有

$$\begin{pmatrix} v_x(t_0) \\ v_y(t_0) \\ v_z(t_0) \end{pmatrix} = \begin{pmatrix} \sqrt{\mu_E/r_0} \\ 0 \\ 0 \end{pmatrix} - \begin{pmatrix} \omega_E r_0 \cos\phi_0 \sin A_0 \\ 0 \\ \omega_E r_0 \cos\phi_0 \cos A_0 \end{pmatrix} \tag{7-1-17}$$

$$\begin{pmatrix} x(t_0) \\ y(t_0) \\ z(t_0) \end{pmatrix} = \begin{pmatrix} 0 \\ r_0 - R_o \\ 0 \end{pmatrix} \tag{7-1-18}$$

式中，μ_E 为地心引力常数；r_0 为飞船运行轨道的半径；ϕ_0 为制动点的纬度；A_0 为制动方位角；R_o 为制动点星下点处的地心距。因控制力 F_c 较小，在标准返回轨道设计时可略去。

2. 制导方程

设计标准返回轨道只要确定 α、β 和 χ。由于按配平攻角飞行，故 $\alpha = \eta = \eta_{tr}$，$\beta = 0$；$\chi_0$ 按式(7-1-7)确定，其中 $\tilde{\chi}$ 的大小应由设计者根据航程要求给定，再通过迭代方法加以修正。

3. 辅助计算方程

1）质量计算

在制动段，$m = m_0 - \dot{m}T$，T 为制动发动机的工作时长；在过渡段和再入段，$m = m_p$ = 常值。其中，$\dot{m}$ 为质量秒消耗量，在已知推力大小和比冲 I_{sp} 时，$\dot{m}$ 的计算式为

$$\dot{m} = \frac{P}{I_{sp} g_0} \tag{7-1-19}$$

式中,g_0为地面重力加速度。

2）地理位置

地理位置包括地心纬度 ϕ、经度 λ、地心距 r、星下点的大地纬度 B 和飞行器质心处的高度 h 等参数,其定义见图 2－22,计算公式参见 2.3.3 节。

3）过载系数

设总过载 $\boldsymbol{n}$ 在半速度坐标系中的分量为 $(n_{x_h},\ n_{y_h},\ n_{z_h})$，这里仅考虑再入段过载的计算,由过载系数的定义可知:

$$\begin{pmatrix} n_{x_h} \\ n_{y_h} \\ n_{z_h} \end{pmatrix} = \frac{1}{m_p g_0}\begin{pmatrix} -D \\ L\cos\chi \\ L\sin\chi \end{pmatrix} \tag{7-1-20}$$

$$n = (n_{x_h}^2 + n_{y_h}^2 + n_{z_h}^2)^{1/2} \tag{7-1-21}$$

总过载 $\boldsymbol{n}$ 在返回舱体坐标系中的分量 $(n_{x_1},\ n_{y_1},\ n_{z_1})$ 和速度坐标系中的分量 $(n_{xv},\ n_{yv},\ n_{zv})$ 可由坐标系间的转换关系获得。

4）以配平攻角飞行时姿态角的计算

根据 2.5.3 节的讨论,当已知标准返回轨道的攻角 α_{tr}、侧滑角 $\beta=0$ 和倾侧角 χ, 又由轨道计算可以得到速度倾角 θ 和航迹偏航角 σ 时,利用八个欧拉角间的关系,可以确定配平飞行状态时的姿态角。利用式(2－5－24)～式(2－5－26),再令 $\beta=0$,即可以得到 φ、ψ 和 γ 的值。

实际上,在数值仿真计算中,直接由方向余弦阵求 φ、ψ、γ 更方便一些。假定体坐标系与返回坐标系间的欧拉角按 3－2－1 的转动次序定义,由于:

$$\boldsymbol{B}_O(\varphi,\ \psi,\ \gamma) = \boldsymbol{B}_V(\alpha,\ \beta)\cdot \boldsymbol{V}_O(\theta,\ \sigma,\ \chi)$$

当已知上式右端矩阵中的各元素后,便可以求出 $\boldsymbol{B}_O$。若记:

$$\boldsymbol{B}_O(\varphi,\ \psi,\ \gamma) = \begin{pmatrix} b_{11} & b_{12} & b_{13} \\ b_{21} & b_{22} & b_{23} \\ b_{31} & b_{32} & b_{33} \end{pmatrix}$$

则根据式(2－2－34),可得

$$\begin{cases} \varphi = \tan(b_{12}/b_{11}) \\ \psi = -\arcsin(b_{13}) \\ \gamma = \arctan(b_{23}/b_{33}) \end{cases} \tag{7-1-22}$$

4. 飞船再入时航程、纵程和横程的计算

1) 航程、纵程和横程的定义

载人飞船返回再入时,有两种不同的纵程和横程定义方式。

(1) 基于球面定义纵程和横程。在4.2.2节已经定义了总射程、纵程和横程,总射程在航天动力学中也称为航程。定义纵程和横程时把地球近似看成圆球,点 e 是再入点的地心矢径与过标准开伞点 $\tilde{f}$ 的球面的交点。以点 e 和标准开伞点 $\tilde{f}$ 组成的大圆弧为准,沿 $e\tilde{f}$ 大圆弧飞过的距离为纵程,垂直于 $e\tilde{f}$ 大圆弧的垂线距离(也是弧线)为横程。研究载人飞船再入段的运动时常用这种定义方式。

研究整个返回段的运动时,纵程和横程的定义是以制动点的地心矢径与地球表面的交点 o(即以返回坐标系的原点)和标准开伞点的星下点 $\tilde{f}$ 组成的大圆弧为准,沿 $o\tilde{f}$ 大圆弧的纵向航程为纵程,垂直于 $o\tilde{f}$ 大圆弧的垂线距离为横程。两种定义稍有区别,其示意图如图7-8所示。图7-8中放大了横程的比例,实际上图示的 ee' 相比 oe' 是很小的。在某一真实算例中,ε_2 仅为1.4°。因再入制导需要的是以 $e\tilde{f}$ 大圆弧为准来确定纵程和横程,故下面的讨论均以点 e 为航程的计算起点。

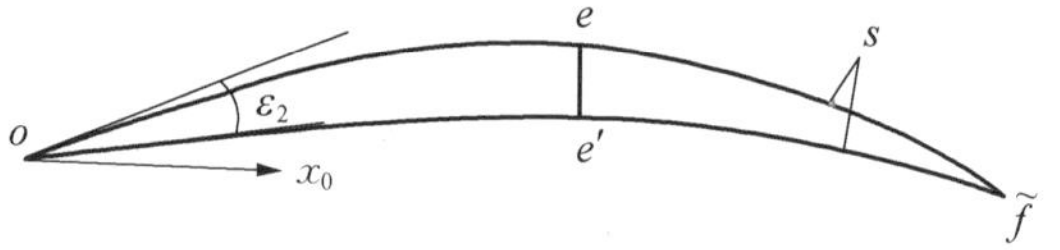

图7-8 制动点、再入点、开伞点的星下点关系图

上述纵程和横程是在球面上定义的,如图4-2所示。由式(4-2-32)和式(4-2-33)看出,求纵程和横程要用到很多三角运算,而这是在载人飞船导航和制导计算中希望避免的。

(2) 基于向量定义纵程和横程。定义由标准返回轨道再入点 e 的地心矢径 $\boldsymbol{r}_e$ 和标准开伞点 $\tilde{f}$ 的地心矢径 $\boldsymbol{r}_f$ 组成的平面为标准再入纵平面,飞船再入时在此平面内的运动为纵向运动,偏离此平面的运动为横向运动。

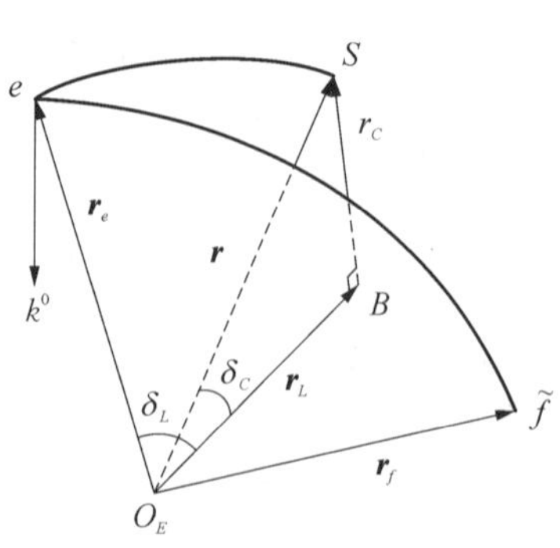

图7-9 标准再入纵平面

如图7-9所示,O_E 为地心,e 为再入点,$\tilde{f}$ 为标准开伞点,e、$\tilde{f}$ 的地心矢径分别为 $\boldsymbol{r}_e$、$\boldsymbol{r}_f$,而 S 为任一时刻飞船所在的空间位置,简称计算点或当前点,地心矢径为 $\boldsymbol{r}$。由飞船当前位

置作标准再入纵平面的垂线(直线)时,交标准再入纵平面于点 B,则可将 $\boldsymbol{r}$ 表示为

$$\boldsymbol{r}=\boldsymbol{r}_L+\boldsymbol{r}_C \tag{7-1-23}$$

式中,$\boldsymbol{r}_L$为 $\boldsymbol{r}$ 在标准再入纵平面上的投影向量;$\boldsymbol{r}_C$为 $\boldsymbol{r}$ 在垂直于标准再入纵平面方向上的投影向量,且 $\boldsymbol{r}_L$垂直于 $\boldsymbol{r}_C$。

定义 δ_L为纵程角,R_L为纵程;δ_C为横程角,R_C为横程;称 $\boldsymbol{r}$ 与 $\boldsymbol{r}_e$之间的夹角为航程角 δ_T,航程为 R_T,则纵程、横程和航程的计算公式分别为

$$\begin{cases}\delta_L=\arccos\left(\dfrac{\boldsymbol{r}_e\cdot\boldsymbol{r}_L}{r_e r_L}\right)\\ R_L=(R_E+h_f)\delta_L\end{cases} \tag{7-1-24}$$

$$\begin{cases}\delta_C=\arccos\left(\dfrac{\boldsymbol{r}\cdot\boldsymbol{r}_L}{r r_L}\right)\\ R_C=(R_E+h_f)\delta_C\end{cases} \tag{7-1-25}$$

$$\begin{cases}\delta_T=\arccos\left(\dfrac{\boldsymbol{r}_e\cdot\boldsymbol{r}}{r_e r}\right)\\ R_T=(R_E+h_f)\delta_T\end{cases} \tag{7-1-26}$$

式中,R_E为地球平均半径;h_f为标准开伞点高度(或着陆点高度)。当研究开伞点精度问题时,可取 $h_f=10\ \text{km}$。

为简化计算,也可以定义点 S 到标准再入纵平面的垂直距离为横程,即

$$R_C=r_C \tag{7-1-27}$$

这三个横程的定义稍有区别,如图 7－10 所示。SO_EB 平面垂直于标准再入纵平面,S 是计算点,f' 是计算点的地心矢径与球面的交点,$f'f''$ 是球面上定义的横程,也是由式(7－1－25)定义的横程,而 SB 则是由式(7－1－27)定义的横程。从图 7－10 可以看出,当 δ_C 较大时,圆弧 $f'f''$ 与直线段 SB 是有区别的,但当 δ_C 很小时两者区别不大;且计算点 S 离开伞点越近,两者的区别越小。

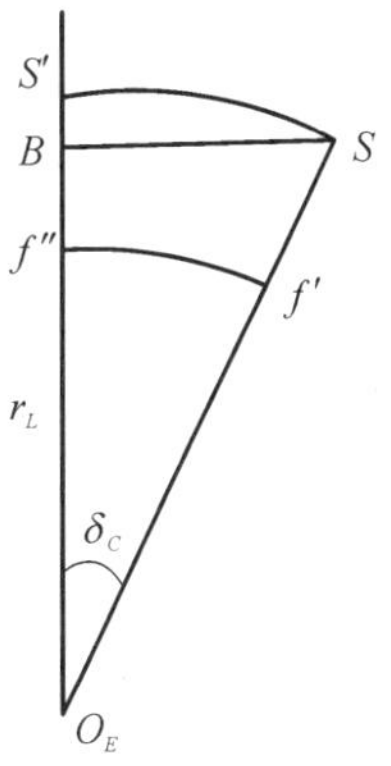

图 7－10　不同定义下的横程示意图

2）纵程、横程及其变化率的计算方法

再入制导不仅需要计算纵程和横程,而且需要求其变化率。R_L、R_C、$\dot{R}_L$、$\dot{R}_C$ 的定义不同,其计算方法也

不同。究竟采用何种定义和计算方法，要视计算精度要求和工程实现的难易程度而定。

(1) 基于球面定义的纵程、横程及其变化率的计算方法。如图 7-11，将地球近似看作半径为 R_E 的圆球，图中 e、f、s 分别为再入点、开伞点、计算点的地心矢径与过开伞点的圆球表面的交点。记大圆弧 es、ef 与正北方向的夹角分别为 σ、σ_e，则有

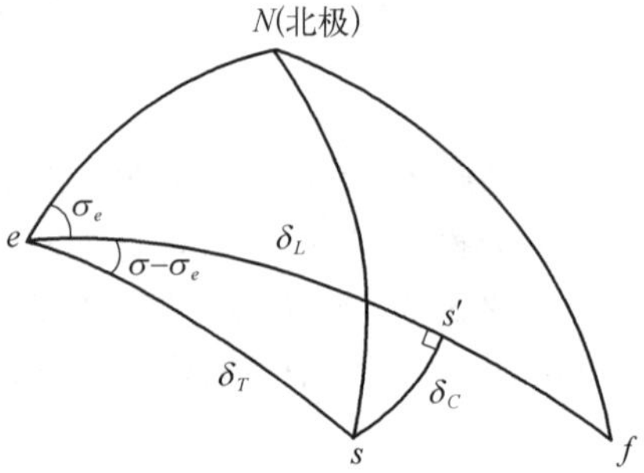

图 7-11 球面上定义的纵程和横程

$$\begin{cases} \tan\sigma = \dfrac{\sin(\lambda - \lambda_e)}{\cos\phi_e\tan\phi - \cos(\lambda - \lambda_e)\sin\phi_e} \\ \tan\sigma_e = \dfrac{\sin(\lambda_f - \lambda_e)}{\cos\phi_e\tan\phi_f - \cos(\lambda_f - \lambda_e)\sin\phi_e} \end{cases} \tag{7-1-28}$$

过 s 作 ef 的垂线(大圆弧线)交 ef 于点 s'，设 δ_C、δ_L、δ_e 分别为 ss'、es'、es 对应的地心角，则在球面三角形 ess' 中，根据球面三角形的性质可知：

$$\sin\delta_C = \sin\delta_e\sin(\sigma - \sigma_e) \tag{7-1-29}$$

$$\cos\delta_L = \cos\delta_e/\cos\delta_C \tag{7-1-30}$$

$$\cos\delta_e = \sin\phi_e\sin\phi + \cos\phi_e\cos\phi\cos(\lambda - \lambda_e) \tag{7-1-31}$$

根据横程与横程角、纵程与纵程角的关系[式(7-1-24)和式(7-1-25)]可得，横程与纵程的变化率为

$$\begin{cases} \dot{R}_C = (R_E + h_f)\dot{\delta}_C \\ \dot{R}_L = (R_E + h_f)\dot{\delta}_L \end{cases} \tag{7-1-32}$$

可见，求纵程和横程的变化率需要求 $\dot{\delta}_C$、$\dot{\delta}_L$。利用式(7-1-29)和式(7-1-30)，可得

$$\begin{cases} \dot{\delta}_C = \dfrac{\cos\delta_e\sin(\lambda - \lambda_e)\dot{\delta}_e + \sin\delta_e\cos(\sigma - \sigma_e)\dot{\sigma}}{\cos\delta_C} \\ \dot{\delta}_L = \dfrac{\cos\delta_C\sin\delta_e\dot{\delta}_e - \sin\delta_C\cos\delta_e\dot{\delta}_C}{\sin\delta_L\cos^2\delta_C} \end{cases} \tag{7-1-33}$$

由式(7－1－33)知,求$\dot{\delta}_C$、$\dot{\delta}_L$需要已知$\dot{\sigma}$、$\dot{\delta}_e$。利用式(7－1－31)和式(7－1－28),可得

$$\dot{\delta}_e = -\frac{\sin\phi_e\cos\phi\dot{\phi} - \cos\phi_e\cos(\lambda-\lambda_e)\sin\phi\dot{\phi} - \cos\phi_e\cos\phi\sin(\lambda-\lambda_e)\dot{\lambda}}{\sin\delta_e} \tag{7-1-34}$$

$$\dot{\sigma} = \frac{\cos\phi\cos(\lambda-\lambda_e)\sin\delta_e\dot{\lambda} - \sin\phi\sin(\lambda-\lambda_e)\sin\delta_e\dot{\phi} + \cos\phi\sin(\lambda-\lambda_e)\cos\delta_e\dot{\delta}_e}{\cos\sigma\sin^2\delta_e} \tag{7-1-35}$$

可见,要求$\dot{\delta}_e$、$\dot{\sigma}$又需要知$\dot{\phi}$、$\dot{\lambda}$。利用式(2－3－74)和式(2－3－75)可得

$$\dot{\phi} = \frac{(\boldsymbol{v}\cdot\boldsymbol{\omega}_E)r - (\boldsymbol{r}\cdot\boldsymbol{\omega}_E)\dot{r}}{\omega_E r^2\cos\phi} \tag{7-1-36}$$

$$\dot{\lambda} = \frac{(\dot{Y}X - \dot{X}Y)\cos^2(\lambda-\lambda_e)}{X^2} \tag{7-1-37}$$

可见,用球面三角的方法求纵程和横程要用到大量的三角运算,这种运算在船载计算机上是要尽量避免的。

(2) 基于向量定义的纵程、横程及其变化率的计算方法。记图7－9中垂直于标准再入纵平面的单位向量为$\boldsymbol{k}^0$,定义$\boldsymbol{k}^0$沿飞行方向在标准再入纵平面右侧为正,即

$$\boldsymbol{k}^0 = \frac{\boldsymbol{r}_f\times\boldsymbol{r}_e}{|\boldsymbol{r}_f\times\boldsymbol{r}_e|} \tag{7-1-38}$$

显然,$\boldsymbol{k}^0$为单位常向量。

若定义飞船计算点S的地心矢$\boldsymbol{r}$在$\boldsymbol{k}^0$方向的投影为横程R_C,则横程与横程变化率为

$$\begin{cases} R_C = \boldsymbol{r}\cdot\boldsymbol{k}^0 \\ \dot{R}_C = \dot{\boldsymbol{r}}\cdot\boldsymbol{k}^0 = \boldsymbol{v}\cdot\boldsymbol{k}^0 \end{cases} \tag{7-1-39}$$

设$\boldsymbol{r}_L$为$\boldsymbol{r}$在标准再入纵平面上的投影,则有

$$\boldsymbol{r}_L = \boldsymbol{r} - R_C\boldsymbol{k}^0 = \boldsymbol{r} - (\boldsymbol{r}\cdot\boldsymbol{k}^0)\boldsymbol{k}^0 \tag{7-1-40}$$

纵程与纵程变化率可用如下公式计算：

$$R_L=(R_E+h_f)\delta_L=(R_E+h_f)\arccos\left(\frac{\boldsymbol{r}_e\cdot\boldsymbol{r}_L}{r_e r_L}\right) \tag{7-1-41}$$

$$\dot{R}_L=(R_E+h_f)\dot{\delta}_L=(R_E+h_f)\left[\frac{-\boldsymbol{r}_e\cdot(\dot{\boldsymbol{r}}_L r_L-\boldsymbol{r}_L\dot{r}_L)}{r_e r_L^2\sin\delta_L}\right] \tag{7-1-42}$$

式中，

$$\begin{cases}\dot{\boldsymbol{r}}_L=[\boldsymbol{v}-(\boldsymbol{v}\cdot\boldsymbol{k}^0)\boldsymbol{k}^0]\\ \dot{r}_L=\dfrac{r\dot{r}-R_C\dot{R}_C}{\sqrt{r^2-R_C^2}}\\ \dot{r}=\dfrac{\boldsymbol{r}\cdot\boldsymbol{v}}{r}\end{cases} \tag{7-1-43}$$

(3) 用数值差分法近似计算 $\dot{R}_L$、$\dot{R}_C$。$\dot{R}_L$、$\dot{R}_C$ 用于再入制导律时，并不要求十分准确，因此可以用数值差分法近似计算 $\dot{R}_L$、$\dot{R}_C$，代替上述两种方法中的解析计算。

在返回轨道计算中，记录上一时刻的纵程、横程，则有

$$\begin{cases}\dot{R}_L(t)=\dfrac{R_L(t)-R_L(t-\Delta t)}{\Delta t}\\ \dot{R}_C(t)=\dfrac{R_C(t)-R_C(t-\Delta t)}{\Delta t}\end{cases} \tag{7-1-44}$$

式中，Δt 为采样步长；t 为当前时刻；$t-\Delta t$ 为上一时刻。

理论上讲，上述几种方法用于再入制导时，均能使开伞点的位置满足精度要求。计算结果也表明，得出的纵程、横程及其变化率差别不大。但从工程实现的角度来看，基于球面的定义方法涉及过多的三角运算，这将影响船载计算机实时运算的快速性，不适用。基于向量的定义方法计算推导严格，公式也较简单，矢量的运算可以写成标量形式的代数运算，便于船载计算机计算，再采用求差法求其变化率，是较好的方法。因此，下面给出适用于飞船轨道设计和制导的纵程、横程及其变化率的计算公式。

记返回坐标系中再入点 e、标准开伞点 $\tilde{f}$、计算点 S 的地心矢径分别为 $\boldsymbol{r}_e$、

$\boldsymbol{r}_f$、$\boldsymbol{r}$，则有

$$\boldsymbol{r}_e=\begin{pmatrix}x_e\\y_e+R_o\\z_e\end{pmatrix},\quad \boldsymbol{r}_f=\begin{pmatrix}x_f\\y_f+R_o\\z_f\end{pmatrix},\quad \boldsymbol{r}=\begin{pmatrix}x\\y+R_o\\z\end{pmatrix}\tag{7-1-45a}$$

$$\boldsymbol{k}=\boldsymbol{r}_f\times\boldsymbol{r}_e=\begin{pmatrix}k_x\\k_y\\k_z\end{pmatrix}=\begin{pmatrix}0&-z_f&y_f+R_o\\z_f&0&-x_f\\-(y_f+R_o)&x_f&0\end{pmatrix}\begin{pmatrix}x_e\\y_e+R_o\\z_e\end{pmatrix}\tag{7-1-45b}$$

$$\boldsymbol{k}^0=\begin{pmatrix}k_x^0\\k_y^0\\k_z^0\end{pmatrix}=\frac{1}{(k_x^2+k_y^2+k_z^2)^{1/2}}\begin{pmatrix}k_x\\k_y\\k_z\end{pmatrix}\tag{7-1-45c}$$

R_L、$\dot{R}_L$、R_C、$\dot{R}_C$ 的计算公式如下：

$$\begin{cases}R_C=\boldsymbol{r}\cdot\boldsymbol{k}^0=xk_x^0+(y+R_o)k_y^0+zk_z^0\\R_L=(R_E+h_f)\arccos(a/b)\\\dot{R}_L=\dfrac{R_L(t)-R_L(t-\Delta t)}{\Delta t}\\\dot{R}_C=\dfrac{R_C(t)-R_C(t-\Delta t)}{\Delta t}\end{cases}\tag{7-1-46}$$

式中，$a=\boldsymbol{r}_e\cdot\boldsymbol{r}_L=\boldsymbol{r}_e\cdot(\boldsymbol{r}-R_C\boldsymbol{k}^0)=x_e(x-R_Ck_x^0)+(y_e+R_o)(y+R_o-R_Ck_y^0)+z_e(z-R_Ck_z^0)$；$b=r_e[(x-R_Ck_x^0)^2+(y+R_o-R_Ck_y^0)^2+(z-R_Ck_z^0)^2]^{1/2}$。

7.1.5　载人飞船标准返回轨道设计

载人飞船标准返回轨道设计就是设计返回过程中的质心运动规律。此时，飞船不受任何外干扰作用，再入段以配平攻角飞行。

1. 标准返回轨道设计的主要要求

（1）制动点在运行轨道上。

（2）开伞点误差要求。要求的开伞点高度、大地纬度和经度分别记为（$\tilde{h}_f$、$\tilde{B}_f$、$\tilde{\lambda}_f$），实际开伞点的高度、大地纬度和经度分别为（h_f、B_f、λ_f），则开

伞点的误差 $\Delta h_f = h_f - \tilde{h}_f$, $\Delta B_f = B_f - \tilde{B}_f$, $\Delta\lambda_f = \lambda_F - \tilde{\lambda}_f$ 要小于某一数值。有时，开伞点误差用纵程偏差和横程来要求，即要求开伞点的 ΔR_{Lf}、ΔR_{Cf} 小于某一数值。

(3) 再入点当地速度倾角 $\Theta = \Theta_e$，如 $\Theta_e = -1.5°$。

(4) 再入最大过载 $n_{\max} \leqslant 4g_0$。

(5) 标准返回轨道的侧向运动不过调，即不超出漏斗边界；倾侧角符号反向次数不宜过多，以 3~4 次为宜。

(6) 测控系统对轨道的要求，如便于测控到舱间分离的情况。

(7) 对自旋轨道航程差的要求，这里的航程差是特指自旋轨道开伞点与标准轨道开伞点航程之差，由着陆场区的大小来确定。

2. 设计参数和设计步骤

1) 设计参数

在制动发动机推力 $\boldsymbol{P}$ 的大小和方向已定的条件下，要使返回轨道满足所有设计要求，可供调整的设计参数有：① 制动点的位置，即制动点的纬度或经度；② 制动发动机的工作时间 t_p；③ 再入段倾侧角 χ 的设计，包括 χ 的大小和侧向制导中漏斗边界、阻尼系数的选择，即 $\tilde{\chi}$ 的大小和 C_1、C_2、C_3、C_4 的选择。

2) 设计步骤

设计标准返回轨道的基本思路如下。

(1) 选定制动点(B_0, λ_0)，用迭代方法求满足 $\Theta = \Theta_e$ 的制动发动机工作时间 t_p。具体步骤为：① 初选制动点(B_0, λ_0)，在飞船星下点轨迹过标准开伞点 $\tilde{f}$ 的运行轨道上(第 K 圈运行轨道)，选一制动点经度 λ_0，根据第 K 圈的星下点轨迹数据表求出与 λ_0 对应的大地纬度 B_0；② 求与制动点(B_0, λ_0)相对应的制动发动机工作时间 t_p，对于选取的(B_0, λ_0)，任取一 t_p 进行制动段和过渡段的仿真计算，得到对应于(B_0, λ_0, t_p)的再入点当地速度倾角 Θ_e。

通过迭代调整 t_p，直到满足式(7-1-47)为止：

$$|\Theta_e - \tilde{\Theta}_e| \leqslant \varepsilon \tag{7-1-47}$$

式中，ε 为精度要求，如取 $\varepsilon = 0.001°$。

(2) 对于(1)已选定的(B_0, λ_0)、t_p 及由经验初定的倾侧角 $\tilde{\chi}$ 的大小、侧向制导规律等，完成整个返回轨道计算，用迭代方法求出满足开伞点误差要求的制动点(B_0, λ_0)。具体步骤为：① 由经验选取 $\tilde{\chi}$ 的大小变化规律和侧向制导的阻尼系数、漏斗边界；② 完成整个返回轨道计算，求出开伞点位置误差：

$$\Delta_f = (\Delta B_f^2 + \Delta\lambda_f^2)^{1/2} \tag{7-1-48}$$

用迭代方法修正制动点，直到满足 $\Delta_f \leqslant \varepsilon_f$ 为止，其中 ε_f 为精度要求。

(1)和(2)为不断重复的过程，每一次由 Δ_f 修正(B_0, λ_0)时，也要重复第(1)步，对 t_p 进行修正，流程示意图如图7－12。

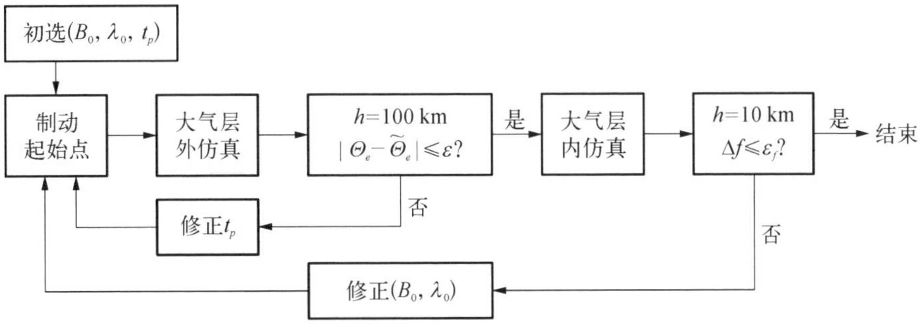

图7－12　标准返回轨道设计流程示意图

在基本确定(B_0, λ_0, t_p)后，根据过载限制且使过载均匀化的原则再对 $\chi(t)$ 进行细调。由于要考虑自旋航程差的要求，初选 $\tilde{\chi}$ 的大小时，在高空段可取得较大些。

实际上，要设计出满足各项要求的标准返回轨道，可能要经过多次调试方可得到。

3. 设计结果

在三自由度标准返回轨道仿真计算中，制动段和再入段的计算步长可取0.1 s，过渡段的计算步长取为1 s，由原始参数和选取的设计参数完成整个返回轨道仿真。图7－13~图7－15是某条标准返回轨道的设计结果。

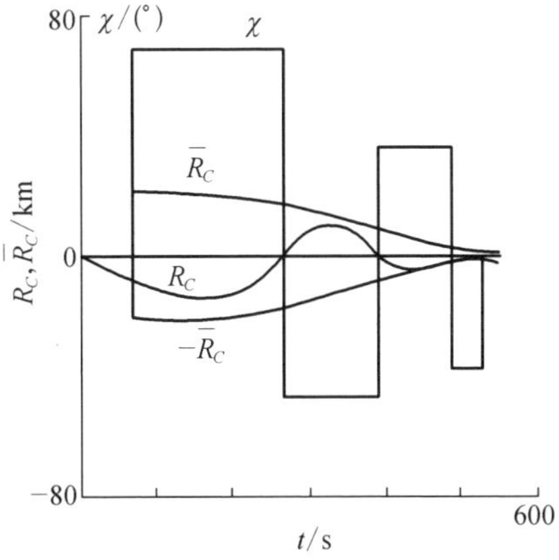

图7－13　倾侧角 χ、漏斗边界 $\bar{R}_C$ 及横程 R_C 随时间的变化

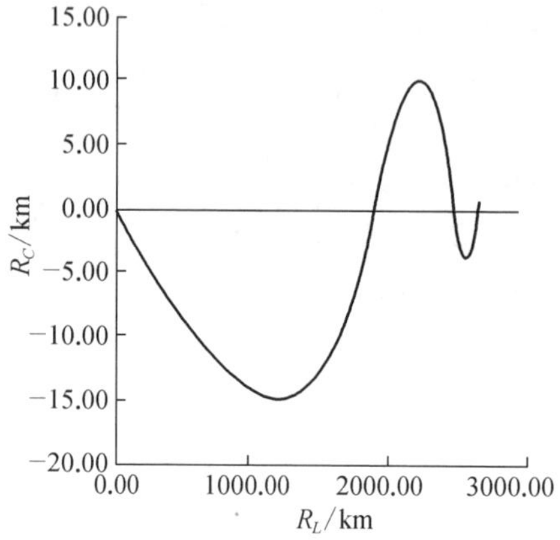

图 7-14 纵程 R_L 和横程 R_C

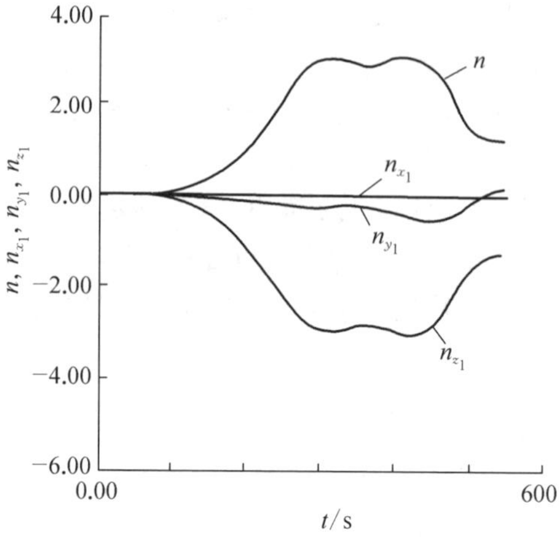

图 7-15 再入总过载 n 与过载分量 n_{x_1}、n_{y_1}、n_{z_1} 随时间的变化

7.2 载人飞船返回再入标准轨道制导方法

7.2.1 载人飞船返回再入制导方法分类

载人飞船返回再入过程中,控制系统的基本任务是使航天器脱离原来的运行轨道,建立并转入再入轨道,使再入器再入并通过大气层,安全无损地降落在预定的着陆区内。在此过程中,利用大气阻力的作用使高速运行的再入器减速,将再入器的动能和势能在通过大气层时转换成热能,大部分热量散发到稠密大气层中,其中的小部分热量使再入器表面温度急剧升高。再入过程中的总吸热量和热流峰值与再入器的结构形状、再入方式、返回轨道及再入器的姿态直接有关,因此如何控制再入轨道和再入器姿态,使再入器的表面温度和减速过载不超过允许的极限值,使再入器安全无损地降落在预定着陆区内,便是载人飞船返回再入制导和控制系统的基本任务[53-55]。

制导的作用是按一定的规律控制航天器质心按要求的轨迹运动。再入制导的目的是控制再入器在着陆点(或开伞点,下同)附近着陆,并使再入段中的过载和热环境满足要求。对于载人飞船,确定再入段运动轨迹唯一能改变的控制变量是倾侧角 χ。根据确定倾侧角 χ 的大小和符号的方法不同,载人飞船的再入制导方法可分为两类：一类是利用飞船的弹道预测能力对再入航程及落点进行预测的制导方法，称为预测制导法（或预测-校正制导法）；另一类是利用标准轨道的制导方法，称为标准轨道法。

标准轨道法是在飞船的计算机中预先装定标准再入轨道参数，它们既可以是时间 t 的函数，也可以是速度的函数，甚至是参数组合 $\bar{v}_{\beta} = v\cos\Theta/\sqrt{gr}$ 的函数。当飞船再入大气层后，由于受初始条件误差、大气密度变化、空气动力系数变化等因素的影响，实际轨道会偏离标准轨道，此时导航系统测出飞船的姿态参数和视速度增量，由计算机计算得到飞船的位置和速度等轨道参数，将实测轨道参数与标准轨道参数进行比较，得到误差信号，将误差信号输入制导方程得出飞船需要的倾侧角 χ，再换算成滚转角 γ，将需要的滚转角及滚转角速度向姿态控制系统发出控制指令，调整飞船的滚转角，从而改变倾侧角 χ，即改变升力的方向，实现飞船的再入轨道控制。

预测制导法是在飞船计算机内存储对应理论落点的特征参数，根据导航系统测量的飞船状态参数，实时进行轨道预报和落点计算，并将计算结果与理论落点进行比较，形成误差控制信号，输入计算机制导方程中，按照规定的制导规律控制飞船的滚转角和倾侧角，改变升力的方向，以实现对飞船着陆点的控制。

预测制导法与标准轨道法的比较：前者着眼于每时每刻实际轨道对应的落点与理论设计落点的误差，并根据这一误差值和过载、加热量的限制产生控制指令，对飞船再入轨道实现制导控制。预测制导法可以达到比标准轨道法更高的落点精度，并且对再入时的初始条件误差和过程误差不敏感。但是预测制导法要求飞船计算机有较快的计算速度和较大的存储容量，而且控制方案比较复杂。标准轨道法着眼于实测轨道与标准轨道参数的比较，实时形成误差，以该误差信号为输入，实现飞船的再入轨道控制，达到控制着陆点的目的。标准轨道法的优点是：控制律简单，容易实现，对计算机的速度和容量要求都可以适当降低。这种方法的缺点是：落点控制精度较低，落点控制精度受再入初始条件误差及再入过程空气动力系数误差的影响较大。

预测制导法是一种有发展潜力的制导方法，将在 7.4 节讨论，本节讨论标准轨道法。

7.2.2　无再入制导时开伞点位置误差和飞船机动能力分析

在研究标准轨道法前，首先基于设计好的标准轨道，分析无再入制导时各种干扰对开伞点位置精度的影响，评估飞船的机动能力，为制导方法设计提供参考。

1. 返回再入过程中的误差源及其分析

据文献[2]的介绍,影响再入器制导和控制系统设计的主要因素如下所述。

(1) 约束条件方面: ① 再入器加热的限度;② 航天员或仪器减速过载的限制;③ 预定落区的位置和落点精度的限制。

(2) 误差和干扰方面: ① 再入器气动力特性,如升阻比(L/D)的不确定性;② 再入器的质量特性及其变化,即质量、质心变化,转动惯量及惯量矩变化、结构的振型和频率等;③ 发动机推力变化和推力偏心;④ 再入器内外部各种扰动力矩,主要有气动扰动力矩、质量排出力矩、陀螺进动力矩及电磁干扰力矩等;⑤ 挠性体动力学对控制的影响;⑥ 推进剂晃动的影响;⑦ 初始条件变化;⑧ 再入点位置、再入角和再入角速度误差;⑨ 传输滞后和有限字长对系统的影响;⑩ 轨道和姿态敏感器测量和安装误差;⑪ 地球的大气特性。

研究结果表明[2],再入器质量特性的不确定性,特别是升阻比(L/D)的不确定性将直接影响制导导航控制系统的品质。大气密度的不确定性、制动发动机点火控制误差、陀螺和加速度计的漂移及开始进入大气层时的初始位置和初始速度误差都会使制导和控制产生误差。

上述约束条件要通过标准返回轨道设计和再入制导方法的选择,再通过大量仿真计算评估其是否满足要求。挠性体动力学对控制的影响、推进剂晃动的影响属于更专业的课题,本书不作介绍。对于其余的误差,本书将予以考虑,下面给出各种误差源的计算方法。

1) 制动点位置误差

在返回坐标系中,设制动点位置误差为

$$\Delta\boldsymbol{\rho}(t_0)=\begin{pmatrix}\Delta x(t_0)\\ \Delta y(t_0)\\ \Delta z(t_0)\end{pmatrix} \tag{7-2-1}$$

于是式(7-1-11)的初始位置矢径$\boldsymbol{\rho}(t_0)$为

$$\boldsymbol{\rho}(t_0)=\begin{pmatrix}0\\ r_0-R_o\\ 0\end{pmatrix}+\begin{pmatrix}\Delta x(t_0)\\ \Delta y(t_0)\\ \Delta z(t_0)\end{pmatrix} \tag{7-2-2}$$

式中, $\Delta x(t_0)$、$\Delta y(t_0)$、$\Delta z(t_0)$ 的取值范围一般为-1 000~1 000 m。

2）制动点速度误差

在返回坐标系中，设载人飞船相对地球运动的飞行速度误差为

$$\Delta \boldsymbol{v}(t_0) = \begin{pmatrix} \Delta v_x(t_0) \\ \Delta v_y(t_0) \\ \Delta v_z(t_0) \end{pmatrix} \tag{7-2-3}$$

于是式(7－1－10)的初始速度矢 $\boldsymbol{v}(t_0)$ 为

$$\boldsymbol{v}(t_0) = \begin{pmatrix} \sqrt{\mu_E/r_0} \\ 0 \\ 0 \end{pmatrix} - \begin{pmatrix} \omega_E r_0 \cos\phi_0 \sin A_0 \\ 0 \\ \omega_E r_0 \cos\phi_0 \cos A_0 \end{pmatrix} + \begin{pmatrix} \Delta v_x(t_0) \\ \Delta v_y(t_0) \\ \Delta v_z(t_0) \end{pmatrix} \tag{7-2-4}$$

式中，$\Delta v_x(t_0)$、$\Delta v_y(t_0)$、$\Delta v_z(t_0)$ 的取值范围一般为−0.5～0.5 m/s。

3）制动点飞行方向误差

制动点轨道运行速度（即该点绝对飞行速度）方向与返回坐标系的关系如图 7－16 所示，$\Delta\theta_v$、$\Delta\sigma_v$ 为飞行方向角误差。于是运动方程中，式(7－1－10)的初始速度 $\boldsymbol{v}(t_0)$ 为

$$\boldsymbol{v}(t_0) = \begin{pmatrix} v^A(t_0)\cos\Delta\theta_v \cos\Delta\sigma_v \\ v^A(t_0)\sin\Delta\theta_v \\ -v^A(t_0)\cos\Delta\theta_v \sin\Delta\sigma_v \end{pmatrix} - \begin{pmatrix} \omega_E r_0 \cos\phi_0 \sin A_0 \\ 0 \\ \omega_E r_0 \cos\phi_0 \cos A_0 \end{pmatrix} \tag{7-2-5}$$

式中，$v^A(t_0) = \sqrt{\mu_E/r_0}$ 为飞船制动时刻的绝对速度；$\Delta\sigma_v$ 的取值范围一般为 −0.1°～0.1°；$\Delta\theta_v$ 的取值范围一般为−0.015°～0.015°。

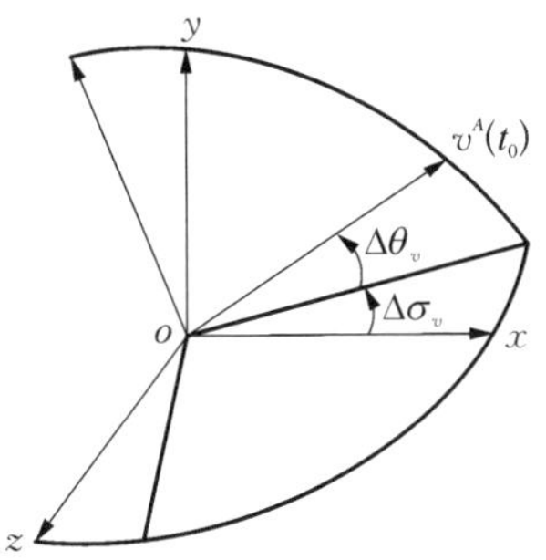

图 7－16　制动点飞行方向误差 $\Delta\theta_v$、$\Delta\sigma_v$

需要说明的是,式(7-2-4)和式(7-2-5)有些重复,式(7-2-4)主要是速度大小的误差。

4) 制动姿态角误差

制动发动机的推力方向有误差,设姿态误差角为 $\Delta\varphi_P$、$\Delta\psi_P$,此时运动方程中推力矢量 $\boldsymbol{P}$ 在返回坐标系中的三分量,即式(7-1-14)应改写为

$$\begin{pmatrix} P_x \\ P_y \\ P_z \end{pmatrix} = \boldsymbol{O}_A \begin{pmatrix} P\cos(\varphi_P + \Delta\varphi_P)\cos(\psi_P + \Delta\psi_P) \\ P\sin(\varphi_P + \Delta\varphi_P)\cos(\psi_P + \Delta\psi_P) \\ -P\sin(\psi_P + \Delta\psi_P) \end{pmatrix} \tag{7-2-6}$$

式中,$\Delta\varphi_P$、$\Delta\psi_P$ 的取值范围为-1.5°~ 1.5°。

5) 制动时初始质量误差

设制动时刻的质量相对误差为 $\Delta m_0/m_0$,则在制动段的质量计算公式为

$$m = m_0(1 + \Delta m_0/m_0) - \dot{m}T \tag{7-2-7}$$

式中,$\Delta m_0/m_0$ 的取值范围通常为1%。

6) 发动机推力值误差

设制动发动机推力大小总误差为 ΔP,则在式(7-1-10)中,推力大小为

$$P = \tilde{P} + \Delta P \tag{7-2-8}$$

式中,$\tilde{P}$ 为标准条件下的推力值;ΔP 的取值范围一般为-200~200 N。

7) 制动发动机推力偏斜 ΔA_P

标准情况下,推力矢量 $\boldsymbol{P}$ 沿飞船的纵轴 o_1x_1 方向,但实际上 $\boldsymbol{P}$ 可能偏离 o_1x_1 轴。在Ⅰ、Ⅲ象限,两台制动发动机同时工作时,由于推力偏斜,$\boldsymbol{P}$ 在船体坐标系中的三分量(P_{x_1}, P_{y_1}, P_{z_1})为

$$\begin{pmatrix} P_{x_1} \\ P_{y_1} \\ P_{z_1} \end{pmatrix} = \begin{pmatrix} P\cos\Delta A_P \\ P\sin\Delta A_P\sin 45^\circ \\ P\sin\Delta A_P\cos 45^\circ \end{pmatrix} \tag{7-2-9}$$

其示意图见图7-17。

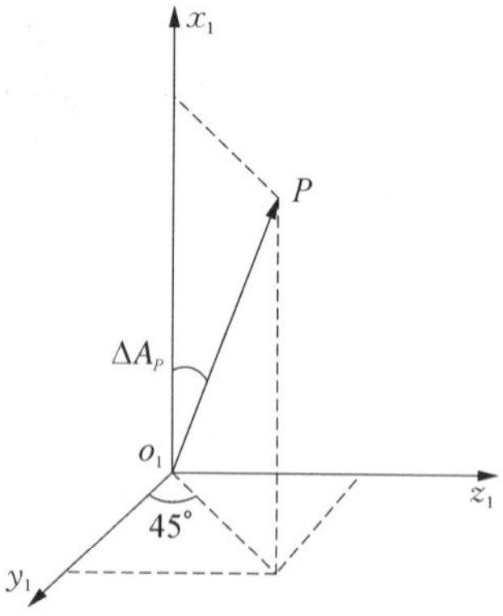

图7-17 推力偏斜 ΔA_P 示意图

假设在制动段,载人飞船姿态在惯性空间保持稳定,则有

$$\begin{pmatrix} P_{x_A} \\ P_{y_A} \\ P_{z_A} \end{pmatrix} = \boldsymbol{A}_B(\varphi_P,\ \psi_P,\ \gamma_P = 0) \begin{pmatrix} P_{x_1} \\ P_{y_1} \\ P_{z_1} \end{pmatrix} \tag{7-2-10}$$

式中,方向余弦阵 $\boldsymbol{A}_B$ 的表达式同 $\boldsymbol{O}_B$ 的表达式是一样的,见式(2-2-34),只要用 $\varphi_P,\ \psi_P,\ \gamma_P = 0$ 分别代替 φ、ψ、γ 即可。ΔA_P 的取值范围一般为 $-0.5° \sim 0.5°$。

8）空气动力系数误差

空气动力系数误差有阻力系数相对误差 $\Delta C_D/\tilde{C}_D$ 和升力系数相对误差 $\Delta C_L/\tilde{C}_L$。考虑误差时的阻力系数和升力系数为

$$\begin{cases} C_D = \tilde{C}_D(1 + \Delta C_D/\tilde{C}_D) \\ C_L = \tilde{C}_L(1 + \Delta C_L/\tilde{C}_L) \end{cases} \tag{7-2-11}$$

式中,$\tilde{C}_L$、$\tilde{C}_D$ 分别为升力系数、阻力系数的标准值;$\Delta C_D/\tilde{C}_D$、$\Delta C_L/\tilde{C}_L$ 的取值范围为 $-20\% \sim 20\%$。

9）升力控制指令延迟 $\Delta\tau$ 和倾侧角误差 $\Delta\chi$

升力控制指令延迟是指倾侧角 χ 并不能立刻反向,应有延迟时间。倾侧角大小的量测也存在着误差,倾侧角大小的误差取值范围在 $-1.5° \sim 1.5°$。倾侧角 χ 反向延迟时间的严格评估是在六自由度弹道仿真中通过滚转方程计算得到的,而且反向时角度的大小也不一样。在三自由度弹道仿真中,为了估计其影响,可认为在 6 s 内完成反号动作,且假定角度是均匀变化的。

10）大气密度误差

记大气密度相对误差为 $\Delta\rho/\tilde{\rho}$,则实际大气密度为

$$\rho = \tilde{\rho}(1 + \Delta\rho/\tilde{\rho}) \tag{7-2-12}$$

式中,$\Delta\rho/\tilde{\rho}$ 的取值可参见国家军用标准 GJB 5601—2006《中国参考大气(地面~80 km)》。

11）风干扰

设风矢量为 $\boldsymbol{W}$,$\boldsymbol{W}$ 在当地水平面内垂直于地心矢径 $\boldsymbol{r}$,$\boldsymbol{W}$ 可用风速大小 W 和风向角 α_W 来描述,定义见 2.1.2 节。于是飞船相对于大气的运动速度 $\boldsymbol{U}$ 可表示为

$$\boldsymbol{U} = \boldsymbol{v} - \boldsymbol{W} \tag{7-2-13}$$

如图 7-18 所示,从图中可以看出:风干扰的存在,不仅使飞船相对于大气

的运动速度大小发生变化，也使其方向发生变化。

严格地说，考虑风干扰对飞船运动的影响，不仅要考虑 $\boldsymbol{U}$ 大小变化引起的飞行马赫数 Ma 和动压 q 的变化，也要考虑由于 $\boldsymbol{U}$ 方向与 $\boldsymbol{v}$ 方向的误差引起的附加攻角 $\Delta\alpha$ 及附加侧滑角 $\Delta\beta$，这个工作只有在六自由度弹道仿真中才能进行，将在后面讨论。由于三自由度弹道计算的局限性，只能在某些假设条件下来考虑风干扰对飞船运动的影响，其结果也具有一定的参考价值。

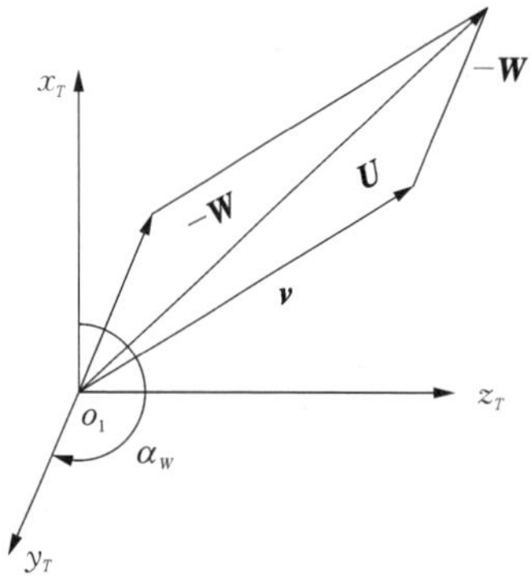

图 7－18　$\boldsymbol{U}$、$\boldsymbol{W}$、$\boldsymbol{v}$ 关系图

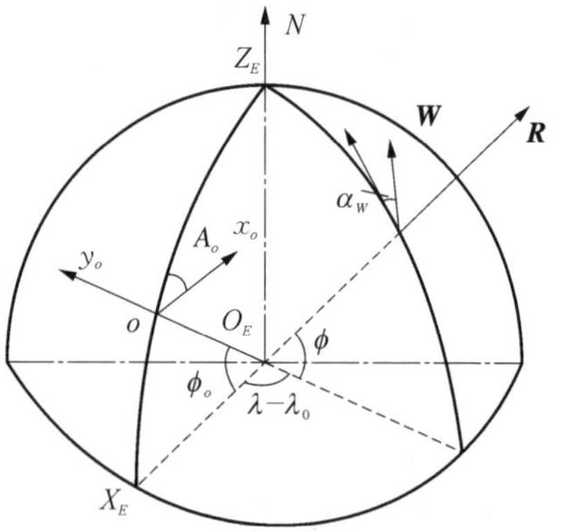

图 7－19　风矢量 $\boldsymbol{W}$ 计算图

假设在风干扰下，载人飞船仍以配平攻角飞行，即认为飞船姿态控制系统能保证飞船的姿态实时跟踪上速度 $\boldsymbol{U}$ 方向的变化，以配平状态飞行。此时，风干扰引起飞行马赫数和动压的变化：

$$\begin{cases} Ma = U/a \\ q = \dfrac{1}{2}\rho U^2 \end{cases} \tag{7-2-14}$$

式中，a 为声速；ρ 为大气密度。

根据图 7－19，风矢量 $\boldsymbol{W}$ 在地理坐标系中的三分量（W_{x_T}，W_{y_T}，W_{z_T}）为

$$\begin{pmatrix} W_{x_T} \\ W_{y_T} \\ W_{z_T} \end{pmatrix} = \begin{pmatrix} W\cos\alpha_W \\ 0 \\ W\sin\alpha_W \end{pmatrix} \tag{7-2-15}$$

设 $\boldsymbol{W}$ 在返回坐标系中的三分量为（W_x，W_y，W_z），根据坐标系间的转换关系，有

$$\begin{pmatrix} W_x \\ W_y \\ W_z \end{pmatrix} = \boldsymbol{O}_E[A_0, \phi_0] \cdot \boldsymbol{E}'_E[-(\lambda - \lambda_0)] \cdot \boldsymbol{E}'_T[\phi] \begin{pmatrix} W\cos\alpha_W \\ 0 \\ W\sin\alpha_W \end{pmatrix} \tag{7-2-16}$$

式中，$\boldsymbol{O}_E$ 为地心固连坐标系与返回坐标系的方向余弦阵，见式(2-2-27)；$\boldsymbol{E}'_T$ 为地理坐标系与当地地心固连坐标系的转换矩阵；$\boldsymbol{E}'_E$ 为当地地心固连坐标系与地心固连坐标系 E 的转换矩阵，为

$$\boldsymbol{E}'_T = \begin{pmatrix} -\sin\phi & \cos\phi & 0 \\ 0 & 0 & 1 \\ \cos\phi & \sin\phi & 0 \end{pmatrix}, \quad \boldsymbol{E}'_E = \begin{pmatrix} \cos(\lambda - \lambda_0) & -\sin(\lambda - \lambda_0) & 0 \\ \sin(\lambda - \lambda_0) & \cos(\lambda - \lambda_0) & 0 \\ 0 & 0 & 1 \end{pmatrix} \tag{7-2-17}$$

式中，ϕ、λ 为当地地心纬度和经度；λ_0 是制动时刻的经度。

于是 $\boldsymbol{U}$ 在返回坐标系中的三分量（U_x、U_y、U_z）为

$$\begin{pmatrix} U_x \\ U_y \\ U_z \end{pmatrix} = \begin{pmatrix} v_x \\ v_y \\ v_z \end{pmatrix} - \begin{pmatrix} W_x \\ W_y \\ W_z \end{pmatrix} \tag{7-2-18}$$

由于 $\boldsymbol{U}$ 和 $\boldsymbol{v}$ 的方向不同，还会使有风时的速度倾角和航迹偏航角发生变化：

$$\begin{cases} \theta_W = \arctan(U_y/U_x) \\ \sigma_W = \arcsin(-U_z/U) \end{cases} \tag{7-2-19}$$

考虑风的影响时，半速度坐标系与返回坐标系的关系应用 θ_W、σ_W 表示，它对气动力在返回坐标系的投影是有影响的。

风速 W、风向角 α_W 均随季节、高度、地理位置的不同而变化，仿真时应取模拟风场进行分析。还有一些误差，如转动惯量的误差、质心位置误差，在三自由度轨道仿真时不能进行分析，需采用六自由度轨道仿真对其影响进行分析。此外，惯性器件，如陀螺和加速度表的误差，采用三自由度轨道仿真也不便于分析其影响，也放在六自由度轨道仿真中进行。

2. 无再入制导时开伞点位置误差分析

无再入制导时开伞点位置误差分析是指在制动段采用关机方程来消除干扰因素，造成再入点的误差，但再入段不进行制导，$\chi(t)$ 仍按标准返回轨道设计

的规律变化。这种计算的目的是研究无再入制导会造成多大的误差，再与飞船再入机动能力进行比较，判断其是否可控。

采取最大误差法，求各项干扰引起的开伞点处的位置误差时，各项干扰依顺序取值，其他干扰为零，且干扰量取正、负最大值两种情况，得到干扰作用下开伞处的位置，与标准开伞点位置进行比较，便得到有各项干扰作用时，返回舱在开伞点高度上的位置误差。

计算结果如表7－4所示。计算时考虑了10项干扰，即制动点位置误差、制动点速度误差、制动点飞行方向误差、制动姿态角误差、制动初始质量误差、发动机推力值误差、发动机总推力方向偏斜、空气动力系数误差、大气密度误差、风干扰，同时分析了升力控制指令延迟和倾侧角误差的影响，表7－4还列出了自旋轨道的位置误差。计算自旋轨道时，假设$\chi(t)=\omega_\chi t$，其中ω_χ为自转角速度，计算时取$\omega_\chi=12(°)/s$。

表7－4 无再入制导时开伞点处的位置误差

序号I	误差源	符号(序号i)	量值	10 km处的位置误差	
				ΔR_{Li}/km	ΔR_{Ci}/km
1	制动点位置误差	$\Delta x(1)$	1 000 m	31.629	0.593
			−1 000 m	−31.455	−0.326
		$\Delta y(2)$	1 000 m	30.993	0.498
			−1 000 m	−29.646	−0.226
		$\Delta z(3)$	1 000 m	−1.304	−0.462
			−1 000 m	1.629	0.716
2	制动点速度误差	$\Delta v_x(4)$	0.5 m/s	3.405	0.124
			−0.5 m/s	−2.624	0.130
		$\Delta v_y(5)$	0.5 m/s	13.732	0.317
			−0.5 m/s	−13.447	−0.061
		$\Delta v_z(6)$	0.5 m/s	0.165	0.451
			−0.5 m/s	0.155	−0.201

续　表

序号 I	误差源	符号(序号 i)	量　值	10 km 处的位置误差	
				ΔR_{Li}/km	ΔR_{Ci}/km
3	制动点飞行方向误差	ΔA_v(7)	0.1°	2.099	-8.631
			-0.1°	0.996	8.896
		$\Delta\theta_v$(8)	0.015°	54.798	0.914
			-0.015°	-54.952	-0.613
4	制动姿态角误差	$\Delta\phi_P$(9)	1.5°	-65.101	-0.829
			-1.5°	65.643	1.151
		$\Delta\psi_P$(10)	1.5°	0.686	-1.766
			-1.5°	0.524	2.022
5	制动初始质量误差	$\Delta m_0/m_0$(11)	1%	12.852	0.202
6	发动机推力值误差	ΔP(12)	200 N	-30.295	-0.070
			-200 N	65.222	0.544
7	发动机总推力方向偏斜	ΔA_P(13)	0.5°	-15.247	0.343
			-0.5°	15.635	-0.083
8	空气动力系数误差	$\Delta C_D/\tilde{C}_D$(14)	20%	-185.934	-2.006
			-20%	308.552	10.023
		$\Delta C_L/\tilde{C}_L$(15)	20%	159.254	11.064
			-20%	-135.876	-6.246
9	大气密度误差	$\Delta\rho/\tilde{\rho}$(16)	GJB 366.1—87	-117.575	5.477
10	风干扰	W、α_W(17)	模拟风场	-14.866	-3.299
11	升力控制指令延迟	$\Delta\tau$(18)	6 s	8.961	3.143
	倾侧角误差	$\Delta\nu$(19)	1.5°	-31.639	-2.155
			-1.5°	32.001	2.498
12	自旋轨道		12(°)/s	-462.875	-13.789

由表 7－4 可以统计出位置误差的最大值。

$$正纵程误差: \Delta R_L^+ = \sqrt{\sum_{i=1}^{19}(\Delta R_{Li}^+)^2} = 369(\mathrm{km})$$

$$负纵程误差: \Delta R_L^- = -\sqrt{\sum_{i=1}^{19}(\Delta R_{Li}^-)^2} = -281(\mathrm{km})$$

$$正横程误差: \Delta R_C^+ = \sqrt{\sum_{i=1}^{19}(\Delta R_{Ci}^+)^2} = 19(\mathrm{km})$$

$$负横程误差: \Delta R_C^- = -\sqrt{\sum_{i=1}^{19}(\Delta R_{Ci}^-)^2} = -12(\mathrm{km})$$

式中，上标“+”与“－”分别表示干扰量取正、负最大值所得结果。

也可以不按纵程、横程的正负进行统计，而是取每一项干扰造成开伞点处误差最大值（绝对值）进行统计，即

$$纵程最大误差: \Delta R_{L\max} = \sqrt{\sum_{i=1}^{19}(\Delta R_{Li\max})^2}$$

$$横程最大误差: \Delta R_{C\max} = \sqrt{\sum_{i=1}^{19}(\Delta R_{Ci\max})^2}$$

3. 飞船机动能力分析

计算载人飞船的机动能力时，可取倾侧角 χ 恒为某一常数，算出 $n_{g,\max} < 4g_0$ 时的最大纵程和横程，即可得到机动能力。前面的表 7－2、表 7－3 就是机动能力计算，图 7－4、图 7－5 就是表示机动能力的舌形区。若取舌形区中心为标准返回轨道的开伞点，则其纵程正负方向的机动能力差不多。表 7－2 的例子中，其纵程机动能力为 ±800 km，横程为 ±230 km。实际上，当倾侧角 $|\chi|$ 在高空段较大、低空段较小时，标准开伞点在舌形区根部，此时纵程负向机动能力不大，如图 7－20 所示。图 7－20 所示的机动能力如下：纵向

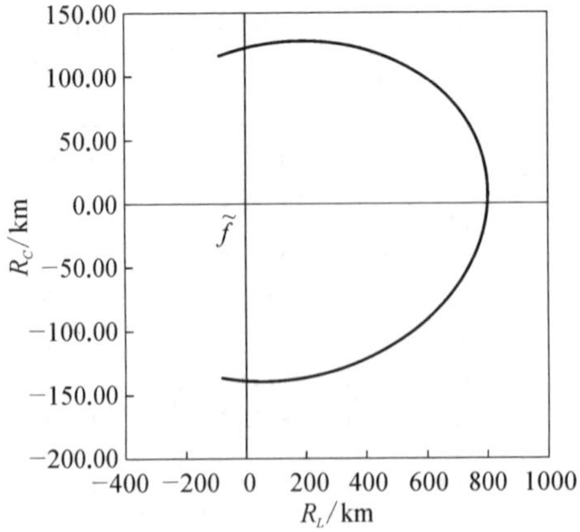

图 7－20 机动舌形区

-78.9～ 801.3 km，横向-133.4～177.7 km。造成这一现象的主要原因，是标准返回轨道要满足与自旋轨道的航程差小于某一规定值。

若飞船的星下点轨迹位于舌形机动区域内，则表示通过控制可能将飞船的开伞点控制到标准开伞点；反之，若星下点轨迹不通过舌形机动区域，则表示飞船的机动能力无法纠正横程的初始误差，这是不允许的。

是否能控制飞船到标准开伞点，可将表 7－4 中得到的正负纵程、横程误差最大值与机动能力进行比较，可见：横程机动能力足够；正纵程误差 $\Delta R_L^+ = 369$ km，而负的纵程机动能力仅为 78.9 km，相差较远；负纵程误差 $\Delta R_L^- = 281$ km，而正的纵程机动能力为 801.3 km，余量较大。这是由标准返回轨道设计的开伞点不在舌形区中央造成的。

上面的分析取的是极端情况，对于实际开伞点的位置误差，要通过有再入制导的轨道仿真才能进行分析。

7.2.3　飞船再入的标准轨道制导方法

标准轨道制导方法是事先将标准再入轨道的状态变量计算出来，存储在飞船的计算机中，然后与导航系统测得的飞船状态变量加以比较，将状态变量的增量用于制导系统，控制飞船尽量靠近标准再入轨道到达着陆点。采用这种制导方法必须选取一条标准再入轨道，标准再入轨道应满足对过载、热流的限制。

有标准轨道的制导方法，要求存储的状态变量为给定自变量的函数，在某些情况下也存储反馈增益系数。自变量可以是时间或是速度，也可以是一个状态变量或是一组状态变量[56]。

有标准轨道的再入制导的目的是使运动参数接近标准再入轨道参数，使其着陆点满足要求。标准轨道再入制导在实现中分成纵向制导和侧向制导，且以纵向制导为主。

因为总升力在半速度坐标系上投影，利用式(7－1－6)可表示为

$$\boldsymbol{L} = L\cos\chi \cdot \boldsymbol{y}_h^0 + L\sin\chi \cdot \boldsymbol{z}_h^0 \tag{7-2-20}$$

式中，$\boldsymbol{L}$ 是总升力；L 是总升力大小；χ 是倾侧角；$\boldsymbol{y}_h^0$、$\boldsymbol{z}_h^0$ 分别是半速度坐标系 y_h、z_h 方向的单位向量；$L\cos\chi$ 是总升力在纵向的投影，其大小直接影响到飞船轨道的升降速度；$L\sin\chi$ 是总升力在侧向的投影，其影响飞船的横向运动和横程。

载人飞船受到的热负荷和过载主要取决于飞船的下降速度，而下降速度又

主要取决于升力的纵向投影 $L\cos\chi$，$L\cos\chi$ 的大小取决于攻角 α 和倾侧角 χ，配平攻角不可调，所以控制 $L\cos\chi$ 的大小仅有控制变量 χ，纵向制导决定 χ 的大小，其符号由侧向制导确定。

1. 纵向制导

设标准返回轨道的纵向升阻比为 $(L/D)_0$，实际升阻比为 L/D，余量系数为 K，则倾侧角 χ_0 为

$$\cos\chi_0 = \frac{(L/D)_0}{(L/D)} = \frac{(L/D)K}{(L/D)} = K \tag{7-2-21}$$

由于存在干扰，实际的状态参数不同于标准轨道的状态参数，应改变倾侧角的大小，使实际轨道接近标准再入轨道。设有误差时实际的纵向控制升阻比为 $(L/D)_c$，则此时的倾侧角为

$$\cos\chi = \frac{(L/D)_c}{(L/D)} \tag{7-2-22}$$

令

$$(L/D)_c = (L/D)_0 + \Delta(L/D) \tag{7-2-23}$$

则如何确定升阻比增量 $\Delta(L/D)$ 是纵向制导的关键。

因为再入制导的目的是减小纵程误差，在开伞点满足精度要求，为此可令

$$\Delta(L/D) = K_3\Delta R_L \tag{7-2-24}$$

式中，$K_3<0$，为增益系数。因为当 $\Delta R_L > 0$ 时，表示飞船的实际纵程比标准轨道的纵程大，应该使飞船下降得快一些，为此应减小升阻比，使 χ 加大。

但实际上，采用式(7-2-24)进行制导，过渡过程不好。为了保证纵向制导过渡过程良好，最终的纵程偏差 ΔR_L 较小，通常采用的确定纵向控制升阻比的形式有如下几种：

$$(L/D)_c = (L/D)_0 + K_1\Delta n_x + K_2\Delta\dot{h} + K_3\Delta R_L \tag{7-2-25}$$

$$(L/D)_c = (L/D)_0 + K_1\Delta h + K_2\Delta\dot{h} + K_3\Delta R_L + K_4\Delta\dot{R}_L \tag{7-2-26}$$

$$(L/D)_c = (L/D)_0 + K_1\Delta n_x + K_2\Delta\dot{h} + K_3\Delta R_L + K_4\Delta\dot{R}_L \tag{7-2-27}$$

式中，h、n_x、R_L 分别为飞行高度、过载和纵程；$\dot{h}$ 为高度变化率；$\dot{R}_L$ 为纵程变化率；Δh、$\Delta\dot{h}$、Δn_x、ΔR_L、$\Delta\dot{R}_L$ 为相应参数的增量。计算参数增量时，自变量可以是 $\bar{v}_\beta$、v，也可以是时间 t 或机械能 E。

以式(7－2－27)为例,不难看出,制导律设计就是如何确定参数 K_1、K_2、K_3 和 K_4, K_i称为反馈增益系数,目前确定反馈增益系数 K_1、K_2、K_3和 K_4的方法主要有以下几种。

(1) 试验法。取 K_1、K_2、K_3、K_4为常数,或 K_3为分段常数,然后对初始误差及其他误差进行仿真计算,通过试验确定满足落点精度要求的 K_1、K_2、K_3和 K_4。显然,该方法理论分析不够,且与经验有关。

(2) 固化系数法。将再入飞船的制导系统简化成二阶或三阶系统,再采用固化系数法将系统看作常系数系统,对常系数系统采用古典控制理论求解反馈增益系数 K_i。例如,航天飞机的再入制导就采用了类似的方法,具体的研究将在第 9 章讨论。

(3) 性能指标最优化法。用二次型性能指标最优来选择最佳反馈增益系数,国内外有这方面的论文,将在下一节详细讨论。

2. 侧向制导

因为存在着各种干扰因素,实际轨道不可能与标准轨道一致,需要改变升阻比$(L/D)_c$,所以实际的倾侧角χ 并不总等于标准返回轨道的倾侧角χ_0, 而χ的大小由式(7－2－22)确定,即由纵向制导方程决定:

$$\cos\chi = \frac{(L/D)_c}{L/D} = \frac{(L/D)K + \Delta(L/D)}{L/D} \qquad (7-2-28)$$

式中,制导规律所要求的纵向升阻比增量 $\Delta(L/D)$ 由式(7－2－25)、式(7－2－26)或(7－2－27)决定。为提高着陆点的精度,并保证制导过渡过程良好,下面均以式(7－2－27)为例进行讨论,即

$$\Delta(L/D) = K_1\Delta n_x + K_2\Delta\dot{h} + K_3\Delta R_L + K_4\Delta\dot{R}_L \qquad (7-2-29)$$

式中, Δn_x、$\Delta\dot{h}$、ΔR_L、$\Delta\dot{R}_L$ 分别为飞船的切向过载、爬高率、纵程、纵程变化率的实际值与标准值之差;K_1、K_2、K_3、K_4为纵向制导规律的反馈增益系数。

由式(7－2－28)知,当有误差时,其倾侧角χ 同标准返回轨道的倾侧角χ_0不一样。纵向制导方程决定了χ 的大小,它满足了纵向制导的要求。此时,总升力 L 的侧向分量 $L\sin\chi$ 也就确定了,不能调整,但侧力 $L\sin\chi$ 的符号还可以改变。χ 反号时,它不影响$(L/D)_c$的大小和符号,也不影响侧力的大小,但可以改变其方向。利用这个特点可以在侧向制导中设计一个横程区间,使载人飞船在此区间内自由飞行,当碰到边界时,使χ 反号,其侧向运动朝相反方向进行,因

此侧向制导采用的是开关控制。因为横程最终要小于某一值,而开始时偏差可能很大,也允许大一些,为此将边界设计成漏斗形边界。该边界值为 $\bar{R}_C$,当横程超过边界时,χ 就反号,实现开关控制,则侧向制导方程可表示为

$$\chi(t)=\begin{cases}-|\chi|\ \mathrm{sgn}(R_C+K_5\dot{R}_C), & |R_C+K_5\dot{R}_C|\geqslant\bar{R}_C\\ |\chi|\ \mathrm{sgn}[\chi(t_{k-1})], & |R_C+K_5\dot{R}_C|<\bar{R}_C\end{cases}\tag{7-2-30}$$

式中,R_C为侧向运动参数(如可以是前面定义的横程);$\bar{R}_C$ 为侧向控制边界;K_5为阻尼系数。

$$\begin{cases}\bar{R}_C=C_1+C_2(v/v_e)\\ K_5=C_3+C_4(v/v_e)\end{cases}\tag{7-2-31}$$

由于 $\bar{R}_C$ 是速度 v 的线性函数,而再入速度基本上是递减的,侧向控制边界呈漏斗形。

在侧向制导方程[式(7-2-30)]中,引进 $K_5\dot{R}_C$ 项是为了防止侧向运动的超调。因为χ 的反号并不等于 R_C 的反号,而近似等于 $\ddot{R}_C$ 的反号,故式中加上一个微分项可以改善侧向运动性能。

系数 C_1、C_2、C_3和 C_4的选择应综合考虑各种干扰条件下飞船制导控制系统的能力,通常要反复迭代才能确定。

侧向制导中,漏斗形的中心线(面)因横程的定义不同而有不同的定义:

(1) 基于球面定义纵程和横程时,其漏斗的中心线为过再入点的星下点和开伞点的大圆弧 $e\tilde{f}$,侧向运动参数取球面上定义的横程,而 $\bar{R}_C$ 表示在球面上大圆弧 $e\tilde{f}$ 两边的边界线;

(2) 基于向量定义纵程和横程时,其漏斗的中心实际上是一个面,即过点 e、点 $\tilde{f}$ 和地心的标准再入纵平面,漏斗形边界也是在标准再入纵平面两边的两个曲面(或平面)。

7.2.4 纵向制导律最佳反馈增益系数的确定

利用标准轨道法实施再入纵向制导时,除了采用试验法和固化系数法求其反馈增益系数外,还可以从二次型性能指标最优出发,选择反馈增益系数 K_1、K_2、K_3和 K_4,从而求得最优纵向制导律。纵向制导律的自变量可以是 $\bar{v}_\beta$、v,也可以是 t。本节讨论以 t 为自变量的情况,以 $\bar{v}_\beta$、v 为自变量的情况与此类似[57]。

1. 基本假设

纵向制导律：

$$\Delta(L/D)=\Delta(C_L/C_D)=K_1\Delta n_x+K_2\Delta\dot{h}+K_3\Delta R_L+K_4\Delta\dot{R}_L \quad (7-2-32)$$

为了获取反馈增益系数 K_1、K_2、K_3 和 K_4，可采用对简化的纵平面运动方程进行摄动的方法，之后再用庞特里亚金极小值原理得到最优反馈增益系数。为便于在工程上实现，将时变的增益系数 K_1、K_2、K_3 和 K_4 逼近成常数或分段常数，得到所需的次优反馈增益系数。

为获得简化的纵平面运动方程，需作如下假设。

（1）地球形状、引力模型：不考虑地球旋转，地球为一均质圆球，即 $\boldsymbol{g}=-\mu_E\boldsymbol{r}/r^3$。

（2）大气模型：高度在 86 km 以下采用标准大气的分段函数模型，86 km 以上采用数值插值办法得到。

（3）再入过程中采用配平攻角飞行，阻力系数和升阻比仅是马赫数 Ma 的函数，$\alpha=\eta_{\mathrm{tr}}$，$\beta=0$，$C_D=C_D(Ma)$，$(C_L/C_D)=(C_L/C_D)(Ma)$。

纵向运动的升阻比 $(L/D)_0=(L/D)\cos\chi_0$，其中 χ_0 由三自由度标准返回轨道设计给出。这时，纵平面运动方程可用式（2－5－23）直接写出：

$$\begin{cases}\dfrac{\mathrm{d}v}{\mathrm{d}t}=-C_D\dfrac{\rho v^2}{2m}S-g\sin\Theta\\ \dfrac{\mathrm{d}\Theta}{\mathrm{d}t}=\left(\dfrac{C_L}{C_D}\right)_0 C_D\dfrac{\rho vS}{2m}+\left(\dfrac{v}{r}-\dfrac{g}{v}\right)\cos\Theta\\ \dfrac{\mathrm{d}r}{\mathrm{d}t}=v\sin\Theta\\ \dfrac{\mathrm{d}R_L}{\mathrm{d}t}=\dfrac{r_f v}{r}\cos\Theta\end{cases} \quad (7-2-33)$$

式中，Θ 为当地速度倾角；$r_f=R_E+h_f$，R_E 为地球平均半径，h_f 为开伞点的高度；g 为引力加速度大小：

$$g=\frac{\mu_E}{r^2}=g_0\left(\frac{R_E}{r}\right)^2$$

式（7－2－32）中，n_x 为切向过载系数：

$$n_x = \frac{C_D \rho v^2 S}{2mg_0} \tag{7-2-34}$$

2. 纵平面运动方程的线性化形式

以标准返回轨道为基准,可以将式(7-2-33)线性化,得

$$\begin{cases} \Delta\dot{v} = a_{11}\Delta v + a_{12}\Delta\Theta + a_{13}\Delta h \\ \Delta\dot{\Theta} = a_{21}\Delta v + a_{22}\Delta\Theta + a_{23}\Delta h + b\Delta(C_L/C_D) \\ \Delta\dot{h} = a_{31}\Delta v + a_{32}\Delta\Theta \\ \Delta\dot{R}_L = a_{41}\Delta v + a_{42}\Delta\Theta + a_{43}\Delta h \end{cases} \tag{7-2-35}$$

式中,

$$\begin{cases} a_{11} = -\dfrac{C_D \rho v S}{m} - \dfrac{\rho v^2 S}{2ma}\dfrac{\mathrm{d}C_D}{\mathrm{d}Ma} \\ a_{12} = -g\cos\Theta \\ a_{13} = \dfrac{\rho v^3 S}{2ma^2}\dfrac{\mathrm{d}C_D}{\mathrm{d}Ma}\dfrac{\mathrm{d}a}{\mathrm{d}h} - \dfrac{C_D v^2 S}{2m}\dfrac{\mathrm{d}\rho}{\mathrm{d}h} + \dfrac{2g}{r}\sin\Theta \\ a_{21} = \left(\dfrac{C_L}{C_D}\right)_0 \dfrac{C_D \rho v S}{2m} + \left(\dfrac{g}{v^2} + \dfrac{1}{r}\right)\cos\Theta + \left(\dfrac{C_L}{C_D}\right)_0 \dfrac{\rho v S}{2ma}\dfrac{\mathrm{d}C_D}{\mathrm{d}Ma} \\ a_{22} = \left(\dfrac{g}{v} - \dfrac{v}{r}\right)\sin\Theta \\ a_{23} = -\left(\dfrac{C_L}{C_D}\right)_0 \dfrac{\rho v^2 S}{2ma^2}\dfrac{\mathrm{d}C_D}{\mathrm{d}Ma}\dfrac{\mathrm{d}a}{\mathrm{d}h} + \left(\dfrac{C_L}{C_D}\right)_0 C_D \dfrac{vS}{2m}\dfrac{\mathrm{d}\rho}{\mathrm{d}h} + \left(\dfrac{2g}{vr} - \dfrac{v}{r^2}\right)\cos\Theta \\ b = \dfrac{C_D \rho v S}{2m} \\ a_{31} = \sin\Theta \\ a_{32} = v\cos\Theta \\ a_{41} = \dfrac{r_f}{r}\cos\Theta \\ a_{42} = -\dfrac{r_f v}{r}\sin\Theta \\ a_{43} = -\dfrac{r_f v}{r^2}\cos\Theta \end{cases} \tag{7-2-36}$$

式中，声速 $a=\sqrt{kT}=20.0468\sqrt{T}$，$k=401.8741902\ \mathrm{m^2/s^2\cdot K}$，绝对温度 $T=T(h)=T(r-R_E)$；马赫数 $Ma=v/a$；密度 $\rho=\rho(h)$。

根据式(7-2-34)，可得到过载系数的线性化表达式：

$$\Delta n_x = a_{51}\Delta v + a_{53}\Delta h \tag{7-2-37}$$

$$\begin{cases} a_{51} = -\dfrac{C_D\rho v S}{mg_0} - \dfrac{\rho v^2 S}{2mg_0 a}\dfrac{\mathrm{d}C_D}{\mathrm{d}Ma} \\ a_{53} = \dfrac{\rho v^3 S}{2mg_0 a^2}\dfrac{\mathrm{d}C_D}{\mathrm{d}Ma}\dfrac{\mathrm{d}a}{\mathrm{d}h} - \dfrac{C_D v^2 S}{2mg_0}\dfrac{\mathrm{d}\rho}{\mathrm{d}h} \end{cases} \tag{7-2-38}$$

由式(7-2-35)的后两式和式(7-2-37)可得

$$\begin{cases} \Delta v = b_{11}\Delta n_x + b_{12}\Delta\dot{h} + b_{13}\Delta R_L + b_{14}\Delta\dot{R}_L \\ \Delta\Theta = b_{21}\Delta n_x + b_{22}\Delta\dot{h} + b_{23}\Delta R_L + b_{24}\Delta\dot{R}_L \\ \Delta h = b_{31}\Delta n_x + b_{32}\Delta\dot{h} + b_{33}\Delta R_L + b_{34}\Delta\dot{R}_L \end{cases} \tag{7-2-39}$$

式中，

$$\begin{cases} b_0 = a_{31}a_{42}a_{53} - a_{32}a_{41}a_{53} + a_{32}a_{43}a_{51} \\ b_{11} = a_{32}a_{43}/b_0 \\ b_{12} = a_{42}a_{53}/b_0 \\ b_{13} = 0 \\ b_{14} = -a_{32}a_{53}/b_0 \\ b_{21} = -a_{32}a_{43}/b_0 \\ b_{22} = (a_{43}a_{51} - a_{41}a_{53})/b_0 \\ b_{23} = 0 \\ b_{24} = a_{31}a_{53}/b_0 \\ b_{31} = (1 - a_{51}b_{11})/a_{53} \\ b_{32} = -a_{51}b_{12}/a_{53} \\ b_{33} = 0 \\ b_{34} = -a_{51}b_{14}/a_{53} \end{cases} \tag{7-2-40}$$

现将式(7-2-39)记为

$$\begin{bmatrix} \Delta v \\ \Delta \Theta \\ \Delta h \end{bmatrix} = \boldsymbol{B}_{3\times4} \cdot \begin{bmatrix} \Delta n_x \\ \Delta \dot{h} \\ \Delta R_L \\ \Delta \dot{R}_L \end{bmatrix} \tag{7-2-41}$$

要求列写的方程式为

$$\begin{cases} \dfrac{\mathrm{d}\Delta n_x}{\mathrm{d}t} = \dot{a}_{51}\Delta v + a_{51}\Delta\dot{v} + \dot{a}_{53}\Delta h + a_{53}\Delta\dot{h} \\ \dfrac{\mathrm{d}\Delta\dot{h}}{\mathrm{d}t} = \dot{a}_{31}\Delta v + a_{31}\Delta\dot{v} + \dot{a}_{32}\Delta\Theta + a_{32}\Delta\dot{\Theta} \\ \dfrac{\mathrm{d}\Delta R_L}{\mathrm{d}t} = \Delta\dot{R}_L \\ \dfrac{\mathrm{d}\Delta\dot{R}_L}{\mathrm{d}t} = \dot{a}_{41}\Delta v + a_{41}\Delta\dot{v} + \dot{a}_{42}\Delta\Theta + a_{42}\Delta\dot{\Theta} + \dot{a}_{43}\Delta h + a_{43}\Delta\dot{h} \end{cases} \tag{7-2-42}$$

将式(7－2－35)中的 $\Delta\dot{v}$、$\Delta\dot{\Theta}$、$\Delta\dot{h}$ 代入式(7－2－42)，可以得到：

$$\frac{\mathrm{d}}{\mathrm{d}t}\begin{bmatrix} \Delta n_x \\ \Delta \dot{h} \\ \Delta R_L \\ \Delta \dot{R}_L \end{bmatrix} = \boldsymbol{C}_{4\times3} \cdot \begin{bmatrix} \Delta v \\ \Delta \Theta \\ \Delta h \end{bmatrix} + \begin{bmatrix} 0 \\ a_{32}b \\ 0 \\ a_{42} \end{bmatrix} \Delta\left(\frac{C_L}{C_D}\right)_0 \tag{7-2-43}$$

式中，矩阵 $\boldsymbol{C}_{4\times3}$ 中的各元素为

$$\begin{cases} c_{11} = \dot{a}_{51} + a_{51}a_{11} + a_{53}a_{31} \\ c_{12} = a_{51}a_{12} + a_{53}a_{32} \\ c_{13} = \dot{a}_{53} + a_{51}a_{13} \\ c_{21} = \dot{a}_{31} + a_{31}a_{11} + a_{32}a_{21} \\ c_{22} = \dot{a}_{32} + a_{31}a_{12} + a_{32}a_{22} \\ c_{23} = a_{31}a_{13} + a_{32}a_{23} \\ c_{31} = a_{41} \\ c_{32} = a_{42} \end{cases}$$

$$\begin{cases} c_{33} = a_{43} \\ c_{41} = \dot{a}_{41} + a_{41}a_{11} + a_{42}a_{21} + a_{43}a_{31} \\ c_{42} = \dot{a}_{42} + a_{41}a_{12} + a_{42}a_{22} + a_{43}a_{32} \\ c_{43} = \dot{a}_{43} + a_{41}a_{13} + a_{42}a_{23} \end{cases} \tag{7-2-44}$$

$$\dot{a}_{51} = \frac{\rho S}{mg_0}\left[-\left(2Ma\frac{\mathrm{d}C_D}{\mathrm{d}Ma} + C_D + \frac{Ma^2}{2}\frac{\mathrm{d}^2C_D}{\mathrm{d}Ma^2}\right)\frac{\mathrm{d}v}{\mathrm{d}t} \right.$$
$$\left. + \left(-\frac{C_D v}{\rho}\frac{\mathrm{d}\rho}{\mathrm{d}h} + \frac{3Ma^2}{2}\frac{\mathrm{d}C_D}{\mathrm{d}Ma}\frac{\mathrm{d}a}{\mathrm{d}h} - \frac{vMa}{2\rho}\frac{\mathrm{d}C_D}{\mathrm{d}Ma}\frac{\mathrm{d}\rho}{\mathrm{d}h} + \frac{Ma^3}{2}\frac{\mathrm{d}^2C_D}{\mathrm{d}Ma^2}\frac{\mathrm{d}a}{\mathrm{d}h}\right)\frac{\mathrm{d}r}{\mathrm{d}t} \right]$$

$$\dot{a}_{53} = \frac{\rho S}{mg_0}\left\{ \left(-\frac{C_D v}{\rho}\frac{\mathrm{d}\rho}{\mathrm{d}h} + \frac{3Ma^2}{2}\frac{\mathrm{d}C_D}{\mathrm{d}Ma}\frac{\mathrm{d}a}{\mathrm{d}h} + \frac{Ma^3}{2}\frac{\mathrm{d}^2C_D}{\mathrm{d}Ma^2}\frac{\mathrm{d}a}{\mathrm{d}h} - \frac{vMa}{2\rho}\frac{\mathrm{d}C_D}{\mathrm{d}Ma}\frac{\mathrm{d}\rho}{\mathrm{d}h}\right)\frac{\mathrm{d}v}{\mathrm{d}t} \right.$$
$$+ \left[-\frac{C_D v^2}{2\rho}\frac{\mathrm{d}^2\rho}{\mathrm{d}h^2} + \frac{vMa^2}{\rho}\frac{\mathrm{d}C_D}{\mathrm{d}Ma}\frac{\mathrm{d}a}{\mathrm{d}h}\frac{\mathrm{d}\rho}{\mathrm{d}h} - Ma^3\frac{\mathrm{d}C_D}{\mathrm{d}Ma}\left(\frac{\mathrm{d}a}{\mathrm{d}h}\right)^2 \right.$$
$$\left.\left. - \frac{Ma^4}{2}\frac{\mathrm{d}^2C_D}{\mathrm{d}Ma^2}\left(\frac{\mathrm{d}a}{\mathrm{d}h}\right)^2 + \frac{vMa^2}{2}\frac{\mathrm{d}C_D}{\mathrm{d}Ma}\frac{\mathrm{d}^2a}{\mathrm{d}h^2}\right]\frac{\mathrm{d}r}{\mathrm{d}t} \right\}$$

$$\dot{a}_{31} = \cos\Theta\frac{\mathrm{d}\Theta}{\mathrm{d}t}$$

$$\dot{a}_{32} = \cos\Theta\frac{\mathrm{d}v}{\mathrm{d}t} - v\sin\Theta\frac{\mathrm{d}\Theta}{\mathrm{d}t}$$

$$\dot{a}_{41} = -\frac{r_f}{r}\sin\Theta\frac{\mathrm{d}\Theta}{\mathrm{d}t} - \frac{r_f}{r^2}\cos\Theta\frac{\mathrm{d}r}{\mathrm{d}t}$$

$$\dot{a}_{42} = -\frac{r_f}{r}\sin\Theta\frac{\mathrm{d}v}{\mathrm{d}t} - \frac{r_f v}{r}\cos\Theta\frac{\mathrm{d}\Theta}{\mathrm{d}t} + \frac{r_f v}{r^2}\sin\Theta\frac{\mathrm{d}r}{\mathrm{d}t}$$

$$\dot{a}_{43} = -\frac{r_f}{r^2}\cos\Theta\frac{\mathrm{d}v}{\mathrm{d}t} + \frac{r_f v}{r^2}\sin\Theta\frac{\mathrm{d}\Theta}{\mathrm{d}t} + \frac{2r_f v}{r^3}\cos\Theta\frac{\mathrm{d}r}{\mathrm{d}t}$$

令 $\boldsymbol{X} = (\Delta n_x, \Delta\dot{h}, \Delta R_L, \Delta\dot{R}_L)^{\mathrm{T}}$，$\boldsymbol{u} = \Delta(C_L/C_D)_0$，$\boldsymbol{G}_{4\times4} = \boldsymbol{C}_{4\times3}\cdot\boldsymbol{B}_{3\times4}$，$\boldsymbol{H}_{4\times1} = (0, a_{32}b, 0, a_{42}b)^{\mathrm{T}}$，则式(7－2－43)可写为

$$\frac{\mathrm{d}\boldsymbol{X}}{\mathrm{d}t} = \boldsymbol{GX} + \boldsymbol{HU} \tag{7-2-45}$$

3. 最佳反馈增益系数的确定

经过线性化得到了纵向小扰动状态空间方程[式(7-2-45)],就可以用线性控制理论来求解使二次型性能指标最优的反馈增益系数 K_1、K_2、K_3 和 K_4。

取性能指标:

$$J=\frac{1}{2}\boldsymbol{X}^{\mathrm{T}}(t_f)\boldsymbol{F}\boldsymbol{X}(t_f)+\frac{1}{2}\int_{t_0}^{t_f}(\boldsymbol{X}^{\mathrm{T}}\boldsymbol{Q}\boldsymbol{X}+\boldsymbol{U}^{\mathrm{T}}\boldsymbol{R}\boldsymbol{U})\mathrm{d}t \tag{7-2-46}$$

式中,$\boldsymbol{F}$、$\boldsymbol{Q}$ 为非负定阵;$\boldsymbol{R}$ 为正定阵。

$\boldsymbol{F}$、$\boldsymbol{Q}$、$\boldsymbol{R}$ 的选择十分重要,下面的形式可供参考:

$$\boldsymbol{F}=\begin{pmatrix}\frac{1}{\Delta n_{xf}^2} & 0 & 0 & 0\\ 0 & \frac{1}{\Delta\dot{h}_f^2} & 0 & 0\\ 0 & 0 & \frac{1}{\Delta R_{Lf}^2} & 0\\ 0 & 0 & 0 & \frac{1}{\Delta\dot{R}_{Lf}^2}\end{pmatrix},\quad \boldsymbol{Q}=\begin{pmatrix}\frac{1}{\Delta n_{xm}^2} & 0 & 0 & 0\\ 0 & \frac{1}{\Delta\dot{h}_m^2} & 0 & 0\\ 0 & 0 & \frac{1}{\Delta R_{Lm}^2} & 0\\ 0 & 0 & 0 & \frac{1}{\Delta\dot{R}_{Lm}^2}\end{pmatrix}$$

$$\boldsymbol{R}=\frac{1}{\delta\left[\Delta\left(\frac{C_L}{C_D}\right)_0\right]_m^2}$$

式中,Δn_{xf}、$\Delta\dot{h}_f$、ΔR_{Lf}、$\Delta\dot{R}_{Lf}$ 为落点处各参数的期望精度;Δn_{xm}、$\Delta\dot{h}_m$、ΔR_{Lm}、$\Delta\dot{R}_{Lm}$ 为允许的各参数最大偏差;$\delta[\Delta(C_L/C_D)_0]_m$ 为允许的最大控制偏差。

根据极小值原理,哈密顿函数为

$$H_u=\frac{1}{2}\boldsymbol{X}^{\mathrm{T}}\boldsymbol{Q}\boldsymbol{X}+\frac{1}{2}\boldsymbol{U}^{\mathrm{T}}\boldsymbol{R}\boldsymbol{U}+\boldsymbol{\lambda}^{\mathrm{T}}\boldsymbol{G}\boldsymbol{X}+\boldsymbol{\lambda}^{\mathrm{T}}\boldsymbol{H}\boldsymbol{U} \tag{7-2-47}$$

其共轭方程及横截条件为

$$\dot{\boldsymbol{\lambda}}=-\left(\frac{\partial H_u}{\partial\boldsymbol{X}}\right)=-\boldsymbol{G}^{\mathrm{T}}\boldsymbol{\lambda}-\boldsymbol{Q}\boldsymbol{X} \tag{7-2-48}$$

$$\boldsymbol{\lambda}(t_f)=\boldsymbol{F}\boldsymbol{X}(t_f) \tag{7-2-49}$$

由极小值原理,最优控制 $\boldsymbol{U}^*$ 应使 H_u 取极小值,即

$$\left.\frac{\partial H_u}{\partial \boldsymbol{U}}\right|_{U^*} = \boldsymbol{R}\boldsymbol{U}^* + \boldsymbol{H}^{\mathrm{T}}\boldsymbol{\lambda} = 0 \tag{7-2-50}$$

因 $\boldsymbol{R}$ 是正定的,其逆必存在,故有

$$\boldsymbol{U}^* = -\boldsymbol{R}^{-1}\boldsymbol{H}^{\mathrm{T}}\boldsymbol{\lambda} \tag{7-2-51}$$

由此可得

$$\begin{cases} \dfrac{\mathrm{d}\boldsymbol{X}^*}{\mathrm{d}t} = \boldsymbol{G}\boldsymbol{X}^* - \boldsymbol{H}\boldsymbol{R}^{-1}\boldsymbol{H}^{\mathrm{T}}\boldsymbol{\lambda}^* \\ \dfrac{\mathrm{d}\boldsymbol{\lambda}^*}{\mathrm{d}t} = -\boldsymbol{G}^{\mathrm{T}}\boldsymbol{\lambda}^* - \boldsymbol{Q}\boldsymbol{X}^* \\ \boldsymbol{X}^*(t_0) = \boldsymbol{X}_0 \\ \boldsymbol{\lambda}^*(t_f) = \boldsymbol{F}\boldsymbol{X}^*(t_f) \end{cases} \tag{7-2-52}$$

注意到上述方程是线性的,且 $\boldsymbol{X}^*(t_f)$ 与 $\boldsymbol{\lambda}^*(t_f)$ 有线性关系,因此可假设 $\boldsymbol{\lambda} = \boldsymbol{P}\boldsymbol{X}$, 则有

$$\begin{aligned} \frac{\mathrm{d}\boldsymbol{\lambda}}{\mathrm{d}t} &= \frac{\mathrm{d}\boldsymbol{P}}{\mathrm{d}t}\boldsymbol{X} + \boldsymbol{P}\frac{\mathrm{d}\boldsymbol{X}}{\mathrm{d}t} = \frac{\mathrm{d}\boldsymbol{P}}{\mathrm{d}t}\boldsymbol{X} + \boldsymbol{P}(\boldsymbol{G}\boldsymbol{X} + \boldsymbol{H}\boldsymbol{U}) \\ &= \frac{\mathrm{d}\boldsymbol{P}}{\mathrm{d}t}\boldsymbol{X} + \boldsymbol{P}(\boldsymbol{G}\boldsymbol{X} - \boldsymbol{H}\boldsymbol{R}^{-1}\boldsymbol{H}^{\mathrm{T}}\boldsymbol{P}\boldsymbol{X}) \end{aligned} \tag{7-2-53}$$

综合式(7-2-52)和式(7-2-53),可得

$$\left(\frac{\mathrm{d}\boldsymbol{P}}{\mathrm{d}t} + \boldsymbol{P}\boldsymbol{G} - \boldsymbol{P}\boldsymbol{H}\boldsymbol{R}^{-1}\boldsymbol{H}^{\mathrm{T}}\boldsymbol{P} + \boldsymbol{G}^{\mathrm{T}}\boldsymbol{P} + \boldsymbol{Q}\right)\boldsymbol{X} = 0 \tag{7-2-54}$$

由 $\boldsymbol{X}$ 的任意性,可得黎卡提微分方程如下:

$$\begin{cases} \dfrac{\mathrm{d}\boldsymbol{P}}{\mathrm{d}t} = -\boldsymbol{P}\boldsymbol{G} - \boldsymbol{G}^{\mathrm{T}}\boldsymbol{P} + \boldsymbol{P}\boldsymbol{H}\boldsymbol{R}^{-1}\boldsymbol{H}^{\mathrm{T}}\boldsymbol{P} - \boldsymbol{Q} \\ \boldsymbol{P}(t_f) = \boldsymbol{F} \end{cases} \tag{7-2-55}$$

最优控制为

$$\boldsymbol{U}^* = -\boldsymbol{R}^{-1}\boldsymbol{H}^{\mathrm{T}}\boldsymbol{P}\boldsymbol{X} \tag{7-2-56}$$

最佳反馈增益系数为

$$\boldsymbol{K}=-\boldsymbol{R}^{-1}\boldsymbol{H}^{\mathrm{T}}\boldsymbol{P}\triangleq(K_1,\ K_2,\ K_3,\ K_4)^{\mathrm{T}} \tag{7-2-57}$$

由此可见,反向积分黎卡提微分方程,即可得到反馈增益系数 $\boldsymbol{K}$。因为 $\boldsymbol{G}$、$\boldsymbol{H}$、$\boldsymbol{Q}$、$\boldsymbol{R}$ 在 $(t_0,\ t_f)$ 上都是连续函数,所以黎卡提方程在 $(t_0,\ t_f)$ 上满足边界条件的解是存在的,而且是唯一的。

求出最优控制后,需要进一步验证它确实能使性能指标 J 极小。研究二次型 $\boldsymbol{X}^{\mathrm{T}}\boldsymbol{P}\boldsymbol{X}$:

$$\begin{aligned}\frac{\mathrm{d}\boldsymbol{X}^{\mathrm{T}}\boldsymbol{P}\boldsymbol{X}}{\mathrm{d}t}=&(\boldsymbol{X}^{\mathrm{T}}\boldsymbol{G}^{\mathrm{T}}+\boldsymbol{U}^{\mathrm{T}}\boldsymbol{H}^{\mathrm{T}})\boldsymbol{P}\boldsymbol{X}\\&+\boldsymbol{X}^{\mathrm{T}}(-\boldsymbol{P}\boldsymbol{G}-\boldsymbol{G}^{\mathrm{T}}\boldsymbol{P}+\boldsymbol{P}\boldsymbol{H}\boldsymbol{R}^{-1}\boldsymbol{H}^{\mathrm{T}}\boldsymbol{P}-\boldsymbol{Q})\boldsymbol{X}+\boldsymbol{X}^{\mathrm{T}}\boldsymbol{P}(\boldsymbol{G}\boldsymbol{X}+\boldsymbol{H}\boldsymbol{U})\end{aligned} \tag{7-2-58}$$

由 $t_0\sim t_f$ 对式(7-2-58)积分,则得

$$\begin{aligned}&\boldsymbol{X}^{\mathrm{T}}(t_f)\boldsymbol{F}\boldsymbol{X}(t_f)+\int_{t_0}^{t_f}(\boldsymbol{X}^{\mathrm{T}}\boldsymbol{Q}\boldsymbol{X}+\boldsymbol{U}^{\mathrm{T}}\boldsymbol{R}\boldsymbol{U})\mathrm{d}t\\&=\boldsymbol{X}_0^{\mathrm{T}}\boldsymbol{P}(0)\boldsymbol{X}_0+\int_{t_0}^{t_f}(\boldsymbol{U}+\boldsymbol{R}^{-1}\boldsymbol{H}^{\mathrm{T}}\boldsymbol{P}\boldsymbol{X})^{\mathrm{T}}\boldsymbol{R}(\boldsymbol{U}+\boldsymbol{R}^{-1}\boldsymbol{H}^{\mathrm{T}}\boldsymbol{P}\boldsymbol{X})\mathrm{d}t\end{aligned}$$

即

$$J=\frac{1}{2}\boldsymbol{X}_0^{\mathrm{T}}\boldsymbol{P}(0)\boldsymbol{X}_0+\frac{1}{2}\int_{t_0}^{t_f}(\boldsymbol{U}+\boldsymbol{R}^{-1}\boldsymbol{H}^{\mathrm{T}}\boldsymbol{P}\boldsymbol{X})^{\mathrm{T}}\boldsymbol{R}(\boldsymbol{U}+\boldsymbol{R}^{-1}\boldsymbol{H}^{\mathrm{T}}\boldsymbol{P}\boldsymbol{X})\mathrm{d}t$$

上式右边第一项与 $\boldsymbol{U}$ 的选择无关,因 $\boldsymbol{R}$ 为正定阵,所以第二项为正数,因此当如下条件满足时 J 取极小值:

$$\boldsymbol{U}=-\boldsymbol{R}^{-1}\boldsymbol{H}\boldsymbol{P}\boldsymbol{X}=\boldsymbol{K}\boldsymbol{X} \tag{7-2-59}$$

这就说明以状态反馈形式构成的控制律(7-2-56)确实能使性能指标 J 为极小。

4. 最佳反馈增益系数的仿真分析

以某载人飞船为例进行数学仿真分析。求解黎卡提微分方程的主要问题是选择性能指标中的三个权矩阵 $\boldsymbol{F}$、$\boldsymbol{Q}$、$\boldsymbol{R}$,采用经验选择法,取权矩阵 $\boldsymbol{F}$、$\boldsymbol{Q}$、$\boldsymbol{R}$ 如下:

$$\boldsymbol{F}=\mathrm{diag}[(1/0.1^2),\quad(1/250^2),\quad(1/200^2),\quad(1/500^2)]$$

$$Q = \mathrm{diag}[(1/0.5^2),\quad (1/750^2),\quad (1/7\,500^2),\quad (1/2\,000^2)]$$
$$R = 1/0.06^2$$

得到变化的最佳反馈增益系数如图 7-21~图 7-24 所示。为简化制导律,将时变的 K_1、K_2和 K_4逼近成常数,将 K_3逼近成两段常数,得到次优的反馈增益系数:

$$\begin{cases} K_1 = -0.60,\quad K_2 = -0.15\times 10^2\ \mathrm{s/m}\quad K_4 = -0.74\times 10^3\ \mathrm{s/m} \\ K_3 = \begin{cases} -0.56\times 10^{-5}\ \mathrm{m}^{-1}, & t \leqslant 400\ \mathrm{s} \\ -0.22\times 10^{-4}\ \mathrm{m}^{-1}, & t > 400\ \mathrm{s} \end{cases} \end{cases}$$

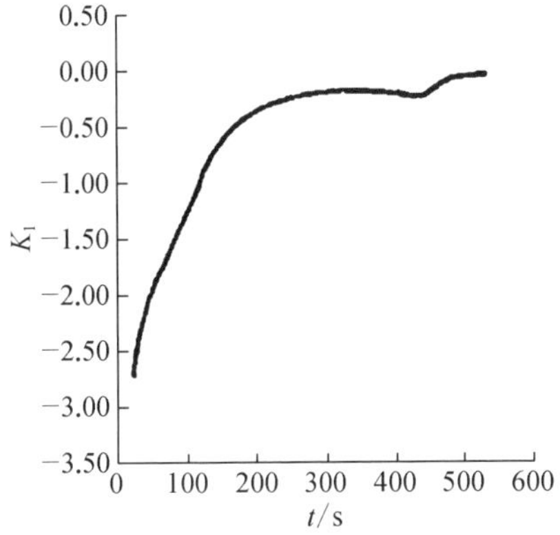

图 7-21　时变的反馈增益系数 $K_1(t)$

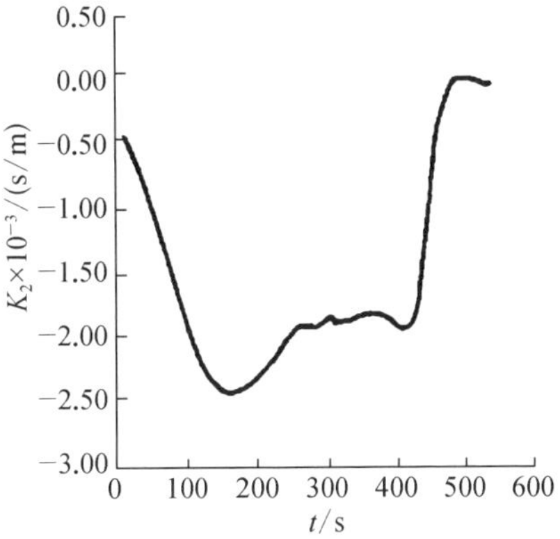

图 7-22　时变的反馈增益系数 $K_2(t)$

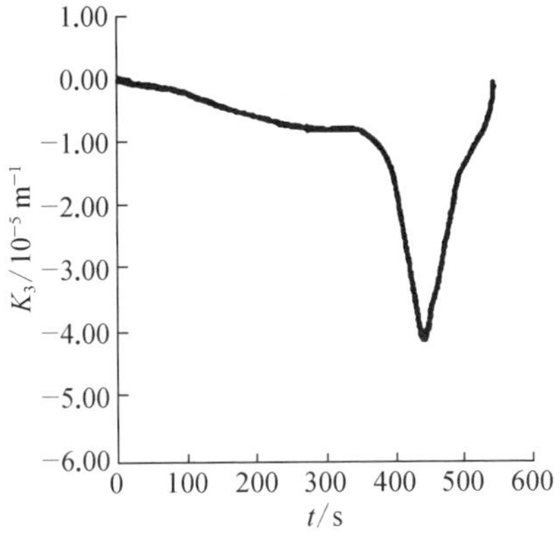

图 7-23　时变的反馈增益系数 $K_3(t)$

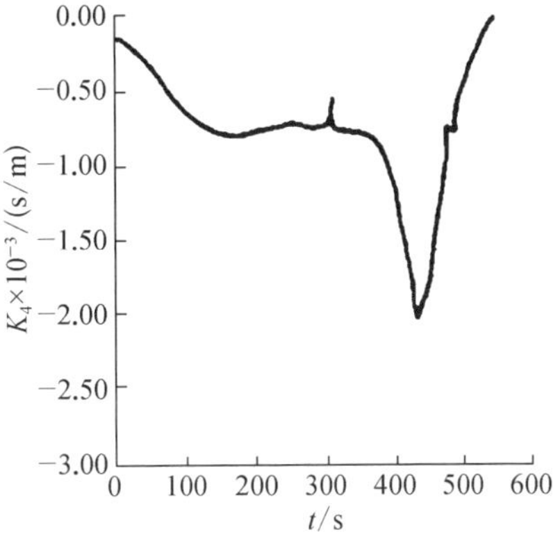

图 7-24　时变的反馈增益系数 $K_4(t)$

用求解黎卡提微分方程的方法，可得到最佳反馈增益系数 K_1、K_2、K_3 和 K_4，解决了用经验法求反馈增益系数理论依据不足的问题，但也带来如何确定权矩阵 $\boldsymbol{F}$、$\boldsymbol{Q}$、$\boldsymbol{R}$ 的问题。通过大量的数学仿真分析发现，权矩阵 $\boldsymbol{R}$ 对反馈增益系数的影响较大，但反馈增益系数对 $\boldsymbol{F}$、$\boldsymbol{Q}$ 并不很敏感。究竟怎样选择权矩阵 $\boldsymbol{F}$、$\boldsymbol{Q}$、$\boldsymbol{R}$，除了通过 $\boldsymbol{F}$、$\boldsymbol{Q}$、$\boldsymbol{R}$ 的含义进行选择外，主要是通过轨道仿真来看反馈增益系数是否满足制导要求而定，并且也要基于大量的仿真计算对 $\boldsymbol{F}$、$\boldsymbol{Q}$、$\boldsymbol{R}$ 进行适当的修正。仅靠选择权矩阵，往往很困难，权矩阵给出的是一个综合指标，各分指标之间较难协调。

用常系数来逼近时变增益系数，进行制导是可行的。经仿真验证可知，对应于 Δn_x、$\Delta\dot{h}$、$\Delta\dot{R}_L$ 的反馈增益系数，用一个常数逼近 K_1、K_2、K_4 是可行的；但对应于 ΔR_L 的反馈增益系数 K_3，应用两个常数分段逼近，原因是 K_3 这个系数较敏感，直接对应于纵程的控制。对于 K_3 的绝对值，当飞行时间较短时，ΔR_L 可能较大，K_3 的绝对值应该小一些，不致使 $\Delta(L/D)$ 过大；当飞行时间较长时，ΔR_L 可能较小，为形成一定量的 $\Delta(L/D)$ 值，K_3 的绝对值应该大一些。

前面讨论了以 t 为自变量求最佳反馈增益系数的方法，类似地可以得到以 v、$\bar{v}_\beta$ 为自变量求最佳反馈增益系数的方法。

将 t、v 和 $\bar{v}_\beta$ 为自变量求得的反馈增益系数用于同样的轨道仿真，发现无论以 t 为自变量，还是以 v、$\bar{v}_\beta$ 为自变量，均能较好地完成任务。只是以 t 为自变量的反馈增益系数变化大一些，但 t 是单调的，而以 v 和 $\bar{v}_\beta$ 为自变量的反馈增益系数变化缓慢一些，但再入过程中 v 和 $\bar{v}_\beta$ 有可能并非一直单调下降，这需要注意。

7.2.5 飞船再入标准轨道制导方法精度分析

载人飞船返回再入过程中，制导控制系统的任务是保证载人飞船在一定精度范围内，在预定的着陆区安全着陆。返回再入过程的控制如果达不到设计要求，就会使落点偏离预定区域，总吸热量超过设计限度，过载超过航天员或仪器承受的最大值，严重时可能导致载人飞船损坏或失踪，甚至还可能危及航天员的生命，因此必须充分考虑影响飞船返回再入制导的各种因素。在 7.2.2 节已经讨论了各种误差源及其计算方法，本节讨论有再入制导时载人飞船开伞点处星下点位置的误差统计分析。同时，为了解返回再入轨道运动参数的最大误差量，要进行最大误差量的计算。

前面已经讨论过无再入制导时开伞点处星下点位置的误差分析，说明无再入制导时位置误差达到 200 km 量级,满足不了开伞点精度的要求,所以再入制导是必需的。下面讨论有制导时,位置误差的计算方法。

开伞点处星下点位置误差的统计分析,需要研究两个方面的问题:一是各误差的单项影响,二是各误差的综合影响,下面分别进行讨论。

1. 误差源的单项影响分析

根据误差源的模型,分别加入飞船的运动方程中,取其误差源的最大值(3σ 值),进行数值仿真计算。利用求差法与标准返回轨道比较,即可分别确定出各单项误差源造成的载人飞船在开伞点处星下点的最大位置误差 ΔR_{Li}、ΔR_{Ci},进一步用最大误差法可求得位置误差分布的均方根误差:

$$\begin{cases} \sigma_{\Delta R_L} = \dfrac{1}{3}\sqrt{\displaystyle\sum_{i=1}^{m} \Delta R_{Li}^2} \\ \sigma_{\Delta R_C} = \dfrac{1}{3}\sqrt{\displaystyle\sum_{i=1}^{m} \Delta R_{Ci}^2} \end{cases} \tag{7-2-60}$$

2. 误差源的综合影响分析

首先用蒙特卡洛法对返回再入段的 m 个误差源进行随机抽样,产生 N 组随机误差源:

$$\boldsymbol{\varepsilon}_i = (\varepsilon_{1i},\ \varepsilon_{2i},\ \cdots,\ \varepsilon_{mi})^{\mathrm{T}},\quad i = 1,\ \cdots,\ N \tag{7-2-61}$$

然后分别进行数值计算,求出在随机干扰源作用下的误差轨道。利用求差法与标准轨道比较,即可确定出飞船在开伞点处星下点位置误差的大量样本 ΔR_{Li}、ΔR_{Ci}($i = 1,\ \cdots,\ N$)。

根据数理统计理论,即可确定样本的均方根误差:

$$\begin{cases} \sigma_{\Delta R_L} = \sqrt{\dfrac{1}{N}\displaystyle\sum_{i=1}^{N} \Delta R_{Li}^2} \\ \sigma_{\Delta R_C} = \sqrt{\dfrac{1}{N}\displaystyle\sum_{i=1}^{N} \Delta R_{Ci}^2} \end{cases} \tag{7-2-62}$$

3. 仿真分析举例

以某载人飞船为例进行仿真计算,其结果见表 7-5 和表 7-6,其中表 7-5 给出了单项误差统计分析结果,表 7-6 给出了综合误差蒙特卡洛随机抽样统计分析结果。

表 7-5 最大误差法统计得到的均方根误差

纵程误差/km	横程误差/km
5.25	2.65

表 7-6 蒙特卡洛法统计得到的均方根误差

随机抽样数 N/条	开伞点处星下点位置误差	
	纵程误差均方根误差/km	横程误差均方根误差/km
100	5.23	2.43
200	5.17	2.39
300	5.18	2.50
400	5.11	2.37
500	5.06	2.53
550	5.12	2.61

从表 7-6 看出，随机抽样数取 100 条、200 条、300 条、400 条、500 条时的统计结果均比较接近，说明随机抽样数大于等于 100 条即能满足要求。从表 7-5 和表 7-6 看出，随机抽样统计分析的结果与单项误差统计分析的结果基本接近，说明在分析讨论载人飞船开伞点位置误差时，既可采用单项误差统计分析（最大误差法），也可采用随机抽样统计分析（蒙特卡洛法），两者都能良好地反映出干扰因素对载人飞船制导精度的影响。

根据误差源的单项影响分析可以得出，影响开伞点位置精度的主要因素是空气动力系数的不确定性，阻力系数的增大或升力系数的减小将使纵程误差增大很多，占到主导地位，所以将空气动力系数测准是十分重要的；其次，大气密度的不确定性对纵程也有较大影响；制动角的误差、制动点的飞行方向误差对纵程和横程也有一定的影响。当然，也可以对空气动力系数及大气密度误差进行在线辨识，并引入制导律设计中，从而提高制导精度。

随机抽样的 500 条轨道，除个别轨道位置误差稍偏大外，一般均在 3σ 误差之内，过载绝大多数小于 $4g_0$。

7.3　载人飞船六自由度轨道仿真及精度分析

7.3.1　载人飞船从制动段到着陆段的飞行程序

载人飞船完成在轨飞行任务后就进入返回再入阶段。从飞行程序的角度讲,返回再入阶段包括返回前准备、制动段、过渡段和再入段。

(1) 返回前准备。在地面测控系统的支持下,按返回要求进行轨道调整和保持,使返回轨道满足预定的要求。为使留轨待用的轨道舱和返回推进舱分离,应使三舱的轴线方向与三舱质心运动方向垂直,为此在给定时刻偏航姿态角转 90°,之后轨道舱和返回推进舱分离。

当两舱分离后,再进行偏航、俯仰调姿,使返回推进舱的轴线方向在预定的推力方向上。

(2) 制动段。制动段按设计要求是保持推力方向在惯性空间定向。本阶段是整个再入过程非常关键的阶段,从可靠性出发,选用四个固定安装的双组元发动机分两组互为备份,每组由两个对角线上的发动机组成。制动段发动机的工作时间由制动段关机方程确定。

(3) 过渡段。当制动发动机关机后,两舱在惯性空间进行姿态保持。当飞行到高度 h = 140 km 时,推进舱和返回舱两舱分离。因为两舱轴线在惯性空间保持不动,而从制动到 h = 140 km 处的射程角接近 90°,故两舱轴线与速度方向基本垂直,便于两舱分离,不需要再进行调姿。当两舱分离后,要对返回舱进行调姿,要求在 h = 115 km 之前,将返回舱的俯仰姿态从制动段的惯性姿态转到并稳定在与当地地平线成一定角度的姿态上。

(4) 再入段。当飞行高度达到 85 km 左右,飞船轴向过载 $n_{x_1} = 0.04g_0$时,再入控制系统工作,俯仰、偏航通道采用速率阻尼策略,使飞船在配平攻角附近作小振幅振荡,而滚转角则按制导规律变化。在本阶段,导航信息来自捷联惯性导航系统,在 80~50 km 的黑障区,卫星导航接收机不能工作,出黑障区后,再由卫星导航系统修正飞船的导航数据。高度降至 10 km 左右时,回收系统工作,保证飞船安全着陆。

7.3.2　返回再入段姿态控制系统简介

1. 飞船六自由度轨道仿真的特点

飞船的三自由度轨道仿真以配平攻角飞行为基础,这是飞船真实运动的一个很好的近似,但也有其局限性。以配平攻角飞行,实际上认为飞行器是一个可控的质点,且认为飞行器的姿态控制系统是理想的,能够通过姿态运动随时保证实现要求的倾侧角χ,且达到配平状态。但实际上飞行器并非质点,而是一个刚体,达到配平状态是一个过程。姿态控制系统根据误差产生控制力矩,使姿态角逐步达到要求值,因此实际上飞行器的攻角并非完全配平状态,侧滑角也不为零,滚转角也不能完全实现要求的滚转指令角。特别是要研究和设计姿态控制系统时,必须把飞行器当作刚体,而姿态控制系统也应按实际情况进行分析和设计。六自由度轨道仿真要尽量接近实际情况,为半实物仿真打下基础,如发动机启动和关闭的延迟、惯性器件的误差、导航计算的周期、风的影响等均应考虑。六自由度轨道仿真可以验证所设计的姿态控制系统是否可行,也可以进一步对姿态控制系统的参数提出改进意见,六自由度轨道仿真得到的精度分析也更接近真实情况[58-60]。

2. 制动段和过渡段的姿态控制系统

制动段按要求是保持推力方向在惯性空间定向,例如,要求推力方向为$\varphi_P=15°$,$\psi_P=\gamma_P=0$,其中φ_P为推力在惯性空间的定向。制动之后的过渡段先是要求惯性空间的姿态保持,在两舱分离之后,为了达到配平状态,在俯仰通道要实行姿态跟踪。

总的来讲,从制动开始到再入段的$n_{x_1}=0.04g_0$之前,属于姿态跟踪和姿态保持,因此主要问题是如何计算输入量φ^*、γ^*、ψ^*。

1)控制系统结构图及各通道姿态控制方块图

图7-25给出了从制动开始到再入段的$n_{x_1}=0.04g_0$之前的控制系统结构图。图中,俯仰、偏航、滚转三个回路(通道)的姿态控制系统同航天器在轨段的

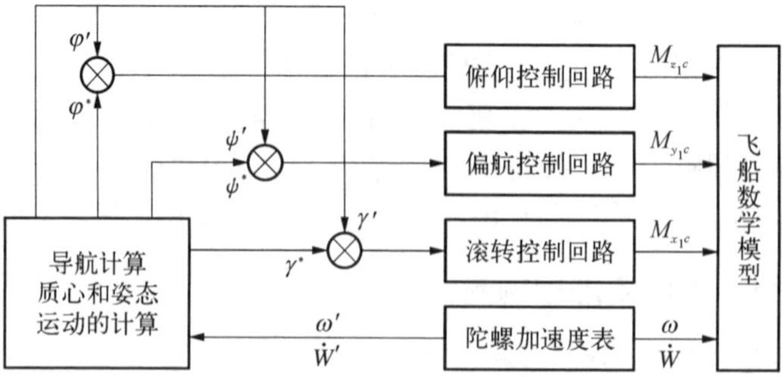

图7-25 两舱时的控制系统结构图

姿态控制系统一致，对每个轴的控制律都一样，图 7－26 以俯仰通道为例画出了姿态控制方块图。

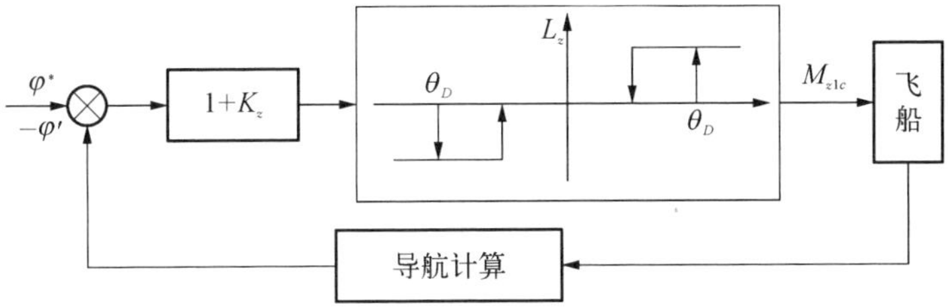

图 7－26　俯仰通道姿态控制方块图

由图 7－26 可知，控制输入量：

$$\Delta_z = \varphi^* - \varphi' + K_z(\dot{\varphi}^* - \dot{\varphi}') = \varphi^* - \varphi' + K_z\Delta\dot{\varphi} \qquad (7-3-1)$$

控制力矩 M_{zc} 可由式(7－3－2)计算：

$$M_{zc} = \begin{cases} L_z \mathrm{sgn}(\Delta_z), & |\Delta_z| \geqslant \theta_D \\ 0, & |\Delta_z| < \theta_D(1-h) \\ M_{zc}(t_{k-1}), & \theta_D(1-h) < |\Delta_z| \leqslant \theta_D \\ 0, & t = 0 \end{cases} \qquad (7-3-2)$$

式中，L_z、θ_D、h、K_z为设计参数。

M_{yc}、M_{xc} 的计算与此类似。计算 M_{yc} 时用ψ^*代替 φ^*，ψ' 代替 φ'；计算 M_{xc} 时用 γ^*代替 φ^*，γ' 代替 φ'。此外，力矩的大小不一样，要对参数 L_z 进行重新设计。

由式(7－3－1)可见，六自由度仿真计算的关键是如何计算输入量 φ^*、γ^*、ψ^*，下面分段讨论。

2）从制动到两舱分离的 φ^*、γ^*、ψ^* 的计算

因为姿控系统采用的是捷联惯性导航系统，所以 φ^*、γ^*、ψ^* 均为船体姿态对返回坐标系 $o-x_oy_oz_o$ 的角度。制动及过渡段的要求是惯性空间定向，即 $o_1-x_1y_1z_1$ 对平移坐标系三个欧拉角的期望值为

$$\varphi_A^* = 15°, \quad \psi_A^* = 0, \quad \gamma_A^* = 0$$

利用方向余弦阵之间的关系可知，体坐标系与返回坐标系间的方向余弦阵为

$$\boldsymbol{O}_B(\varphi,\gamma,\psi)=\boldsymbol{O}_A\begin{pmatrix}\cos\varphi_A & -\sin\varphi_A & 0\\ \sin\varphi_A & \cos\varphi_A & 0\\ 0 & 0 & 1\end{pmatrix}\tag{7-3-3}$$

式中，

$$\boldsymbol{O}_A=\boldsymbol{E}_O^{\mathrm{T}}\begin{pmatrix}\cos(\omega_E T) & \sin(\omega_E T) & 0\\ -\sin(\omega_E T) & \cos(\omega_E T) & 0\\ 0 & 0 & 1\end{pmatrix}\boldsymbol{E}_O\triangleq\begin{pmatrix}C_{11} & C_{12} & C_{13}\\ C_{21} & C_{22} & C_{23}\\ C_{31} & C_{32} & C_{33}\end{pmatrix}\tag{7-3-4}$$

故：

$$\begin{pmatrix}\cos\varphi\cos\psi & \cos\varphi\sin\psi\sin\gamma-\sin\varphi\cos\gamma & \cos\varphi\sin\psi\cos\gamma+\sin\varphi\sin\gamma\\ \sin\varphi\cos\psi & \sin\varphi\sin\psi\sin\gamma+\cos\varphi\cos\gamma & \sin\varphi\sin\psi\cos\gamma-\cos\varphi\sin\gamma\\ -\sin\psi & \cos\psi\sin\gamma & \cos\psi\cos\gamma\end{pmatrix}$$

$$=\begin{pmatrix}C_{11} & C_{12} & C_{13}\\ C_{21} & C_{22} & C_{23}\\ C_{31} & C_{32} & C_{33}\end{pmatrix}\begin{pmatrix}\cos\varphi_A & -\sin\varphi_A & 0\\ \sin\varphi_A & \cos\varphi_A & 0\\ 0 & 0 & 1\end{pmatrix}\tag{7-3-5}$$

从而可得

$$\begin{cases}\sin\psi^*=-(C_{31}\cos\varphi_A^*+C_{32}\sin\varphi_A^*)\\ \tan\gamma^*=\dfrac{\cos\psi^*\sin\gamma^*}{\cos\psi^*\cos\gamma^*}=\dfrac{-C_{31}\sin\varphi_A^*+C_{32}\cos\varphi_A^*}{C_{33}}\\ \tan\varphi^*=\dfrac{\sin\varphi^*\cos\psi^*}{\cos\varphi^*\cos\psi^*}=\dfrac{C_{21}\cos\varphi_A^*+C_{22}\sin\varphi_A^*}{C_{11}\cos\varphi_A^*+C_{12}\sin\varphi_A^*}\end{cases}\tag{7-3-6}$$

利用式(7-3-6)即可计算出从制动到两舱分离时的输入量 φ^*、γ^*、ψ^*。

3）从两舱分离到达到配平调姿状态的 φ^*、γ^* 及 ψ^* 的计算

假设这一阶段的姿态控制系统与前一段完全相同，不同之处在于从高度 $h=140$ km 开始到 $n_{x_1}=0.04g_0$ 之前要进行配平调姿。按要求，从 $h=135$ km 开始，令 $\psi_A^*=\gamma_A^*=0$，但 $\varphi_A^*=\varphi_{A0}^*+\dot{\varphi}_A^* t_p$，其中 $\psi_A^*=\gamma_A^*=0$ 的目的仍然是进行惯性空间姿态保持，φ_A^* 要进行变化；φ_{A0}^* 是 $h=135$ km 处的惯性空间俯仰角，$\dot{\varphi}_A^*=-4°/\mathrm{s}$；$t_p$ 是达到配平要求时俯仰角变化的时间。当 ψ_A^*、γ_A^* 及 φ_A^* 已知时，利用

式(7-3-6)可求出 φ^*、γ^* 及 ψ^*。下面讨论 t_p 的取值。

t_p 是要保证 $h=h_p$ 时姿态角满足总体提出的要求，例如，与当地的俯仰角为 $-22°$。设返回舱对称轴 o_1x_1 与当地水平的夹角为 φ_T^*，则有

$$\varphi_T^* = \arcsin\frac{\boldsymbol{r}\cdot\boldsymbol{x}_1^0}{r}$$

式中，$\boldsymbol{r}$ 为飞船的地心矢径；$\boldsymbol{x}_1^0$ 为沿 o_1x_1 轴方向的单位矢量。

记 $\boldsymbol{r}=(x,\ y+R_o,\ z)^{\mathrm{T}}$，$\boldsymbol{x}_1^0=(\cos\varphi\cos\psi,\ \sin\varphi\cos\psi,\ -\sin\psi)^{\mathrm{T}}$，则有

$$\varphi_T^* = \arcsin\frac{x\cos\varphi\cos\psi + (y+R_o)\sin\varphi\cos\psi - z\sin\psi}{[x^2+(y+R_o)^2+z^2]^{1/2}} \tag{7-3-7}$$

当 $\varphi_T^*=-22°$ 时，停止 φ_A^* 的变化。

4）配平状态飞行时 φ^*、γ^* 及 ψ^* 的计算

当 φ^*、γ^* 及 ψ^* 改由配平状态来确定时，此时 $\beta=0$，$\alpha=\alpha_{\mathrm{tr}}$，$\chi=0$，因为 θ、σ 也已知，可以由八个欧拉角的关系式确定输入量 φ^*、γ^* 及 ψ^*：

$$\begin{cases}\varphi^* = \arctan(\sin\varphi^*/\cos\varphi^*)\\ \gamma^* = \arctan(\sin\gamma^*/\cos\gamma^*)\\ \psi^* = \arcsin(\cos\alpha_{\mathrm{tr}}\sin\sigma)\end{cases} \tag{7-3-8}$$

式中，

$$\begin{cases}\sin\varphi^* = (\cos\alpha_{\mathrm{tr}}\sin\theta\cos\sigma + \sin\alpha_{\mathrm{tr}}\cos\theta)/\cos\psi^*\\ \cos\varphi^* = (\cos\alpha_{\mathrm{tr}}\cos\theta\cos\sigma - \sin\alpha_{\mathrm{tr}}\sin\theta)/\cos\psi^*\\ \sin\gamma^* = (\sin\alpha_{\mathrm{tr}}\sin\sigma)/\cos\psi^*\\ \cos\gamma^* = \cos\sigma/\cos\psi^*\end{cases} \tag{7-3-9}$$

3. 再入段的姿态控制系统

再入段的绕质心转动方程要在第二返回舱坐标系下分解。第二返回舱坐标系 $o_1-x_2y_2z_2$ 是由返回舱坐标系 $o_1-x_1y_1z_1$ 绕 o_1z_1 轴转动一个角度 α_n 得到的，如图 7-27 所示。在设计时，尽量使再入开始时第二返回舱坐标系 $o_1-x_2y_2z_2$ 的各轴接近惯量主轴，而使 o_1x_2 轴接近配平攻角的速度方向，图 7-27 所示的 α_n 为正角。

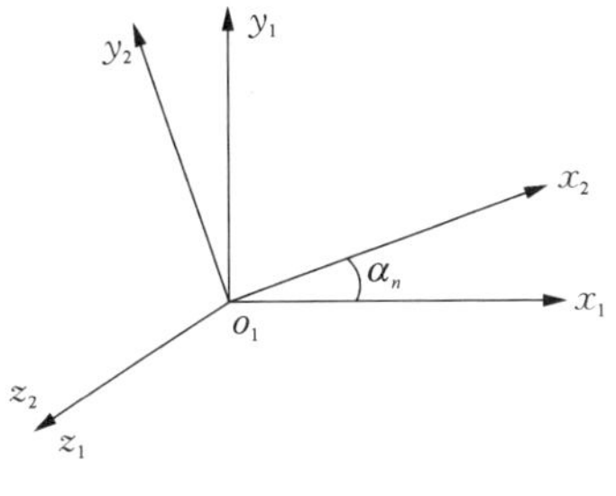

图 7-27　$o_1-x_1y_1z_1$ 与 $o_1-x_2y_2z_2$ 的关系

易知，返回舱坐标系 B 和第二返回舱坐标系 B_{2B} 的转换矩阵为

$$\begin{pmatrix} \boldsymbol{x}_2^0 \\ \boldsymbol{y}_2^0 \\ \boldsymbol{z}_2^0 \end{pmatrix} = \begin{pmatrix} \cos\alpha_n & \sin\alpha_n & 0 \\ -\sin\alpha_n & \cos\alpha_n & 0 \\ 0 & 0 & 1 \end{pmatrix} \begin{pmatrix} \boldsymbol{x}_1^0 \\ \boldsymbol{y}_1^0 \\ \boldsymbol{z}_1^0 \end{pmatrix} = \boldsymbol{B}_{2B}(\alpha_n) \begin{pmatrix} \boldsymbol{x}_1^0 \\ \boldsymbol{y}_1^0 \\ \boldsymbol{z}_1^0 \end{pmatrix} \tag{7-3-10}$$

再入段载人飞船返回舱的姿态控制系统按惯例分成三个通道。滚转通道要根据制导规律确定的在第二返回舱坐标系 $o_1-x_2y_2z_2$ 内的滚转角 γ_2^* 与实际测量到的滚转角 γ'_2 之差进行控制，产生滚转力矩消除两者之差。而俯仰通道、偏航通道是保证沿第二返回舱坐标系的俯仰角速度 ω'_{z_2} 和偏航角速度 ω'_{y_2} 趋近于零，其示意图如图 7-28～图 7-30 所示。其中，上标“ * ”表示制导要求值，上标“ ′ ”表示导航系统实际测量值，它与实际值存在偏差。

1) 滚转通道姿态控制方块图

滚转通道的控制方块图如图 7-28 所示。由图 7-28 知，控制输入量：

$$\Delta_x = \bar{\Delta}_\gamma + \Delta_{\dot{\gamma}} \tag{7-3-11}$$

式中，$\bar{\Delta}_\gamma = \begin{cases} \Delta_\gamma, & |\Delta_\gamma| \leqslant x_m \\ x_m \operatorname{sgn}(\Delta_\gamma), & |\Delta_\gamma| > x_m \end{cases}$，$\Delta_\gamma = \gamma_2^* - \gamma'_2$；$\Delta_{\dot{\gamma}} = K_x(-\omega'_{x_2} + \bar{\omega}_1)$，$\bar{\omega}_1 = \begin{cases} \omega_1 \operatorname{sgn}(\Delta_\gamma), & |\Delta_\gamma| \geqslant x_1 \\ 0, & |\Delta_\gamma| < x_1 \end{cases}$。

控制力矩可按式(7-3-12)计算。

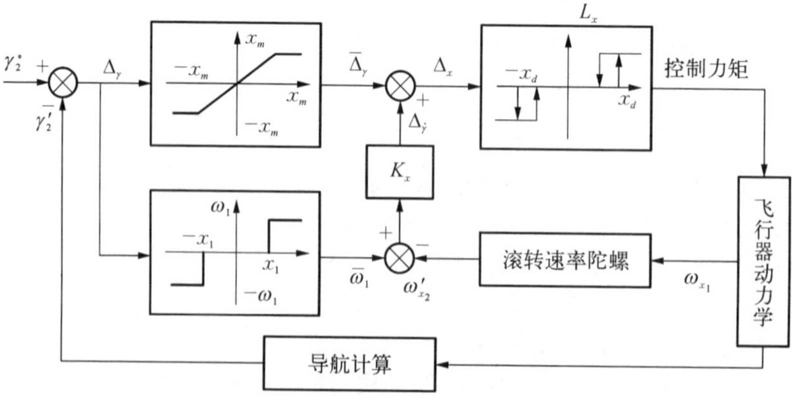

图 7-28　滚转通道控制方块图

$$M_{xc}=\begin{cases}L_x\mathrm{sgn}(\Delta_x), & |\Delta_x|\geqslant x_d\\0, & |\Delta_x|\leqslant x_d(1-h)\\M_{xc}(t_{k-1}), & x_d(1-h)<|\Delta_x|\leqslant x_d\\0, & t=0\end{cases}\tag{7-3-12}$$

式中，K_x、L_x、x_d、x_m、x_1、h 为待设计的参数。

2）俯仰通道姿态控制方块图

俯仰通道的姿态控制方块图如图 7－29 所示，俯仰通道的目的是使 $\omega_{z_2}\to 0$，迅速达到平衡状态，即达到配平状态。控制力矩可按式（7－3－13）计算：

$$M_{zc}=\begin{cases}-L_z\mathrm{sgn}(\omega'_{z_2}), & |\omega'_{z_2}|\geqslant z_d\\0, & |\omega'_{z_2}|\leqslant z_d(1-h)\\M_{zc}(t_{k-1}), & z_d\geqslant|\omega'_{z_2}|>z_d(1-h)\\0, & t=0\end{cases}\tag{7-3-13}$$

式中，L_z、z_d 为设计参数。

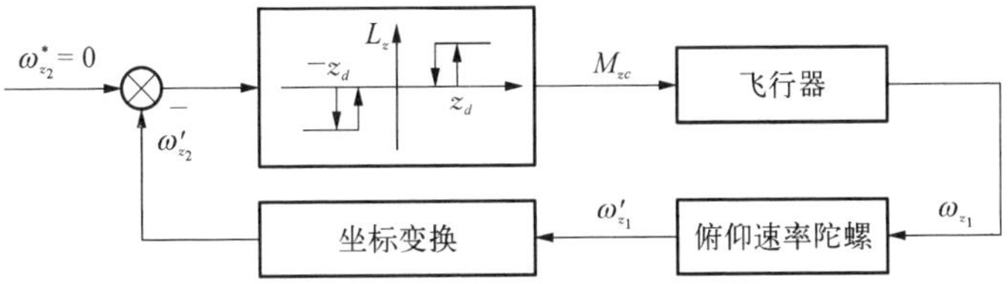

图 7－29　俯仰通道姿态控制方块图

3）偏航通道姿态控制方块图

偏航通道的姿态控制方块图与俯仰通道类似，如图 7－30 所示。偏航通道的目的是使 $\omega_{y_2}\to 0$，也就是达到平衡状态，即 $\beta\to 0$ 的状态。控制力矩可按式（7－3－14）计算：

$$M_{yc}=\begin{cases}-L_y\mathrm{sgn}(\omega'_{y_2}), & |\omega'_{y_2}|\geqslant y_d\\0, & |\omega'_{y_2}|\leqslant y_d(1-h)\\M_{yc}(t_{k-1}), & y_d>|\omega'_{y_2}|>y_d(1-h)\\0, & t=0\end{cases}\tag{7-3-14}$$

式中，L_y、y_d 为设计参数。

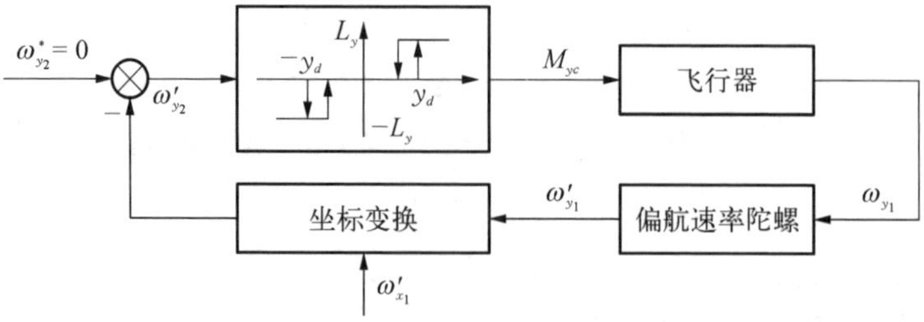

图 7-30　偏航通道姿态控制的方块图

4）再入段的控制系统结构图及输入参数计算

再入段返回舱的控制系统结构图如图 7-31 所示。因为俯仰及偏航通道为角速度 ω_{z_2}、ω_{y_2} 的稳定系统，不需专门计算欧拉角，故仅需计算 γ_2^* 及 γ_2'，这是由在第二返回舱坐标系列写转动方程带来的。

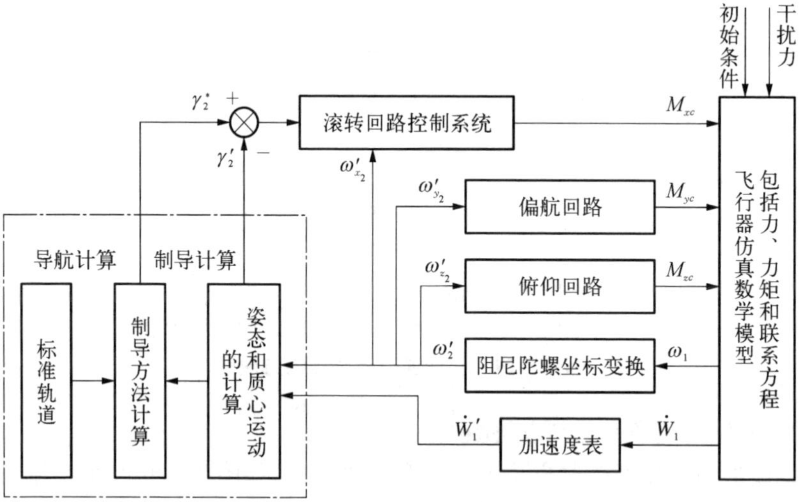

图 7-31　再入段控制系统结构图

严格地讲，进行三自由度轨道仿真时，纵向制导确定的倾侧角 χ^* 不是升力 $\boldsymbol{Y}$ 沿速度轴的滚转角，而应该是总升力 $\boldsymbol{L}$ 绕速度轴的滚转角，只是因为三自由度轨道仿真时，按配平攻角飞行假设，$\beta\equiv 0$，总升力 $\boldsymbol{L}$ 就是升力 $\boldsymbol{Y}$。进行六自由度轨道仿真时，两者不再完全一致。因为 χ 是导引所要求的值，所以应加上标为 χ^*。

设总升力 $\boldsymbol{L}$ 绕速度轴的滚转角为 κ^*（可参见 4.2 节的图 4-1），则由式 (7-3-15) 可以计算出制导规律要求的 κ^*：

$$\cos\kappa^* = \frac{(L/D)K + \Delta(L/D)}{(L/D)} \tag{7-3-15}$$

而对应于 κ^* 时升力绕速度轴的滚转角 χ^*，可以按式（7－3－16）求出。κ^*、χ^* 及 κ_2 的示意图如图7－32所示。κ^* 是根据制导要求的总升力在 oy_h 轴上的分量确定的，但在执行坐标系中，需要确定滚转通道绕 o_1x_2 轴的转角 γ_2^*，为此应找出 γ_2^* 与 κ^* 之间的关系。

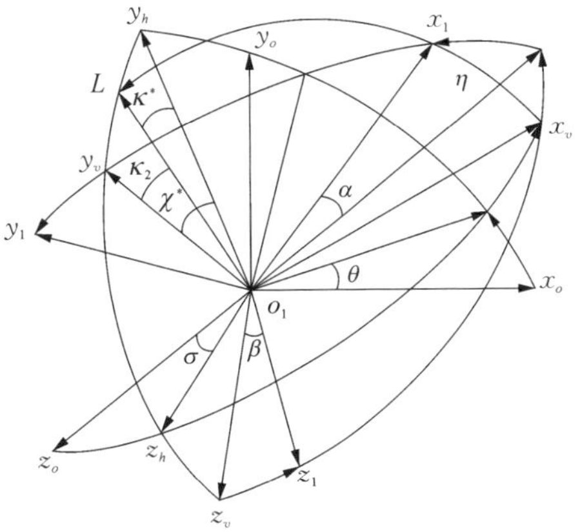

图7－32　再入段控制中各欧拉角的关系图

首先找 κ^* 与 χ^* 之间的关系，由图7－32知：

$$\chi^* = \kappa^* + \kappa_2 \tag{7-3-16}$$

且有

$$\kappa_2 = \arctan\left(\frac{-Z}{Y}\right) = \arctan\left(\frac{\sin\beta'}{\tan\alpha'}\right) \tag{7-3-17}$$

故：

$$\chi^* = \kappa^* + \arctan\left(\frac{\sin\beta'}{\tan\alpha'}\right) \tag{7-3-18}$$

接下来再找 χ^* 和 γ_2^* 的关系。当 θ'、σ'、χ^* 已知，且 α'、β' 也已知时，对应的期望姿态角 φ^*、ψ^*、γ^* 就可以求出。但因为执行坐标系为 $o_1-x_2y_2z_2$，则对应的 $\alpha_2'=\alpha'+\alpha_n$，姿态角为 φ_2^*、ψ_2^*、γ_2^*，其中 φ_2^*、ψ_2^* 在导航计算中不需要，仅需求出 γ_2^*。为此利用如下矩阵关系：

$$\begin{pmatrix} \boldsymbol{x}_2^0 \\ \boldsymbol{y}_2^0 \\ \boldsymbol{z}_2^0 \end{pmatrix} = \boldsymbol{B}_{20}(\varphi_2^*,\ \psi_2^*,\ \gamma_2^*) \begin{pmatrix} \boldsymbol{x}_o^0 \\ \boldsymbol{y}_o^0 \\ \boldsymbol{z}_o^0 \end{pmatrix}$$

$$= \begin{pmatrix} \cos\alpha_2'\cos\beta' & \sin\alpha_2' & -\cos\alpha_2'\sin\beta' \\ -\sin\alpha_2'\cos\beta' & \cos\alpha_2' & \sin\alpha_2'\sin\beta' \\ \sin\beta' & 0 & \cos\beta' \end{pmatrix} \boldsymbol{V}_O(\theta',\ \sigma',\ \chi^*) \begin{pmatrix} \boldsymbol{x}_o^0 \\ \boldsymbol{y}_o^0 \\ \boldsymbol{z}_o^0 \end{pmatrix}$$

可得

$$\begin{cases}\cos\psi_2^*\sin\gamma_2^* = \sin\alpha_2'\cos\beta'\sin\sigma' + \cos\alpha_2'\cos\sigma'\sin\chi^* + \sin\alpha_2'\sin\beta'\cos\sigma'\cos\chi^* \\ \cos\psi_2^*\cos\gamma_2^* = -\sin\beta'\sin\sigma' + \cos\beta'\cos\sigma'\cos\chi^*\end{cases}$$

即

$$\tan\gamma_2^* = \frac{\sin\alpha_2'\cos\beta'\sin\sigma' + \cos\alpha_2'\cos\sigma'\sin\chi^* + \sin\alpha_2'\sin\beta'\cos\sigma'\cos\chi^*}{-\sin\beta'\sin\sigma' + \cos\beta'\cos\sigma'\cos\chi^*} \tag{7-3-19}$$

剩下的便是如何根据 φ'、ψ'、γ' 计算出相对于 $o_1-x_2y_2z_2$ 的 γ_2'。利用坐标系之间的转换关系：

$$\boldsymbol{B}_{20}(\varphi_2', \psi_2', \gamma_2') = \begin{pmatrix}\cos\alpha_n & \sin\alpha_n & 0 \\ -\sin\alpha_n & \cos\alpha_n & 0 \\ 0 & 0 & 1\end{pmatrix}\boldsymbol{B}_O(\varphi', \psi', \gamma')$$

可得

$$\begin{cases}\sin\gamma_2' = \dfrac{1}{\cos\psi_2'}(\sin\alpha_n\sin\psi' + \cos\alpha_n\cos\psi'\sin\gamma') \\ \cos\gamma_2' = \dfrac{1}{\cos\psi_2'}(\cos\psi'\cos\gamma') \\ \tan\gamma_2' = \dfrac{\sin\alpha_n\sin\psi' + \cos\alpha_n\cos\psi'\sin\gamma'}{\cos\psi'\cos\gamma'}\end{cases} \tag{7-3-20}$$

7.3.3 返回再入段六自由度轨道仿真的数学模型

本模型应适用于制动段、过渡段和再入段，所以有些项在某些阶段应取为零。

1. 六自由度轨道仿真的动力学方程

$$\begin{pmatrix}\mathrm{d}v_x/\mathrm{d}t \\ \mathrm{d}v_y/\mathrm{d}t \\ \mathrm{d}v_z/\mathrm{d}t\end{pmatrix} = \boldsymbol{O}_B\begin{pmatrix}\dot{W}_{x_1} \\ \dot{W}_{y_1} \\ \dot{W}_{z_1}\end{pmatrix} + \frac{g_r}{r}\begin{pmatrix}x \\ y + R_o \\ z\end{pmatrix} + \frac{g_{\omega_E}}{\omega_E}\begin{pmatrix}\omega_{Ex} \\ \omega_{Ey} \\ \omega_{Ez}\end{pmatrix}$$

$$
-\begin{pmatrix} a_{11} & a_{12} & a_{13} \\ a_{21} & a_{22} & a_{23} \\ a_{31} & a_{32} & a_{33} \end{pmatrix}\begin{pmatrix} x \\ y+R_o \\ z \end{pmatrix}-\begin{pmatrix} b_{11} & b_{12} & b_{13} \\ b_{21} & b_{22} & b_{23} \\ b_{31} & b_{32} & b_{33} \end{pmatrix}\begin{pmatrix} \dot{x} \\ \dot{y} \\ \dot{z} \end{pmatrix} \quad (7-3-21)
$$

$$
\begin{pmatrix} \dot{W}_{x_1} \\ \dot{W}_{y_1} \\ \dot{W}_{z_1} \end{pmatrix}=\frac{1}{m}\begin{pmatrix} P_{x_1}+R_{x_1}+F_{cx_1} \\ P_{y_1}+R_{y_1}+F_{cy_1} \\ P_{z_1}+R_{z_1}+F_{cz_1} \end{pmatrix} \quad (7-3-22)
$$

$$
\begin{pmatrix} \mathrm{d}x/\mathrm{d}t \\ \mathrm{d}y/\mathrm{d}t \\ \mathrm{d}z/\mathrm{d}t \end{pmatrix}=\begin{pmatrix} v_x \\ v_y \\ v_z \end{pmatrix} \quad (7-3-23)
$$

$$
\begin{pmatrix} \mathrm{d}\omega_{x_1}/\mathrm{d}t \\ \mathrm{d}\omega_{y_1}/\mathrm{d}t \\ \mathrm{d}\omega_{z_1}/\mathrm{d}t \end{pmatrix}=\begin{pmatrix} I_x & -I_{xy} & -I_{xz} \\ -I_{xy} & I_y & -I_{yz} \\ -I_{xz} & -I_{yz} & I_z \end{pmatrix}^{-1}\begin{pmatrix} \mathrm{d}_1 \\ \mathrm{d}_2 \\ \mathrm{d}_3 \end{pmatrix} \quad (7-3-24)
$$

而 $\boldsymbol{\omega}_{1r}=\boldsymbol{\omega}_1-\boldsymbol{\omega}_E$，故有

$$
\begin{pmatrix} \omega_{x_1r} \\ \omega_{y_1r} \\ \omega_{z_1r} \end{pmatrix}=\begin{pmatrix} \omega_{x_1} \\ \omega_{y_1} \\ \omega_{z_1} \end{pmatrix}-\begin{pmatrix} \omega_{Ex_1} \\ \omega_{Ey_1} \\ \omega_{Ez_1} \end{pmatrix} \quad (7-3-25)
$$

$$
\begin{pmatrix} \omega_{Ex_1} \\ \omega_{Ey_1} \\ \omega_{Ez_1} \end{pmatrix}=\boldsymbol{B}_O\boldsymbol{O}_E\begin{pmatrix} 0 \\ 0 \\ \omega_E \end{pmatrix} \quad (7-3-26)
$$

当已知 ω_{x_1r}、ω_{y_1r} 和 ω_{z_1r} 时，可用四元数微分方程确定其欧拉角 φ、ψ、γ：

$$
\begin{pmatrix} \dot{q}_0 \\ \dot{q}_1 \\ \dot{q}_2 \\ \dot{q}_3 \end{pmatrix}=\frac{1}{2}\begin{pmatrix} 0 & -\omega_{x_1r} & -\omega_{y_1r} & -\omega_{z_1r} \\ \omega_{x_1r} & 0 & \omega_{z_1r} & -\omega_{y_1r} \\ \omega_{y_1r} & -\omega_{z_1r} & 0 & \omega_{x_1r} \\ \omega_{z_1r} & \omega_{y_1r} & -\omega_{x_1r} & 0 \end{pmatrix}\begin{pmatrix} q_0 \\ q_1 \\ q_2 \\ q_3 \end{pmatrix} \quad (7-3-27)
$$

且 q_0、q_1、q_2 和 q_3 的初值由式(7-3-28)决定:

$$\begin{pmatrix} q_0 \\ q_1 \\ q_2 \\ q_3 \end{pmatrix}_{t=0} = \begin{pmatrix} \cos\frac{\varphi}{2}\cos\frac{\psi}{2}\cos\frac{\gamma}{2} + \sin\frac{\varphi}{2}\sin\frac{\psi}{2}\sin\frac{\gamma}{2} \\ \cos\frac{\varphi}{2}\cos\frac{\psi}{2}\sin\frac{\gamma}{2} - \sin\frac{\varphi}{2}\sin\frac{\psi}{2}\cos\frac{\gamma}{2} \\ \cos\frac{\varphi}{2}\sin\frac{\psi}{2}\cos\frac{\gamma}{2} + \sin\frac{\varphi}{2}\cos\frac{\psi}{2}\sin\frac{\gamma}{2} \\ -\cos\frac{\varphi}{2}\sin\frac{\psi}{2}\sin\frac{\gamma}{2} + \sin\frac{\varphi}{2}\cos\frac{\psi}{2}\cos\frac{\gamma}{2} \end{pmatrix}_{t=0} \tag{7-3-28}$$

已知 q_0、q_1、q_2 和 q_3 时,欧拉角 φ、ψ 和 γ 可由式(2-2-15)求出。

两舱未分离前,转动方程投影到第一船体坐标系,其转动惯量也为第一船体坐标系的量。对于单独的返回舱,其转动方程投影到第二船体坐标系,转动惯量也是对第二船体坐标系而言的。

$$\begin{pmatrix} \omega_{x_1} \\ \omega_{y_1} \\ \omega_{z_1} \end{pmatrix} = \begin{pmatrix} \cos\alpha_n & -\sin\alpha_n & 0 \\ \sin\alpha_n & \cos\alpha_n & 0 \\ 0 & 0 & 1 \end{pmatrix} \begin{pmatrix} \omega_{x_2} \\ \omega_{y_2} \\ \omega_{z_2} \end{pmatrix} \tag{7-3-29}$$

$$\boldsymbol{B}_O(\varphi, \psi, \gamma) = \begin{pmatrix} \cos\alpha_n & -\sin\alpha_n & 0 \\ \sin\alpha_n & \cos\alpha_n & 0 \\ 0 & 0 & 1 \end{pmatrix} \boldsymbol{B}_{2O}(\varphi_2, \psi_2, \gamma_2) \tag{7-3-30}$$

2. 有关参数的计算

在制动段和过渡段,因 $\rho = 0$,故气动力 $R_{x_1} = R_{y_1} = R_{z_1} = 0$。在再入段,有风时,气动力 R_{x_1}、R_{y_1}、R_{z_1} 的计算公式为

$$\begin{pmatrix} R_{x_1} \\ R_{y_1} \\ R_{z_1} \end{pmatrix} = \begin{pmatrix} -C_A(\bar{\eta}, \overline{Ma}) \\ C_N(\bar{\eta}, \overline{Ma})(\sin\bar{\alpha}\cos\bar{\beta}/\sin\bar{\eta}) \\ -C_N(\bar{\eta}, \overline{Ma})(\sin\bar{\beta}/\sin\bar{\eta}) \end{pmatrix} \bar{q}S \tag{7-3-31}$$

式中,

$$\begin{cases} \bar{q} = 1/2\rho U^2 \\ U = (U_x^2 + U_y^2 + U_z^2)^{1/2} \\ \overline{Ma} = U/a \\ \tan\bar{\alpha} = -U_{y_1}/U_{x_1} \\ \sin\bar{\beta} = U_{z_1}/U \\ \cos\bar{\eta} = \cos\bar{\alpha}\cos\bar{\beta} \end{cases} \tag{7-3-32}$$

$$\begin{pmatrix} U_{x_1} \\ U_{y_1} \\ U_{z_1} \end{pmatrix} = \boldsymbol{B}_O \begin{pmatrix} U_x \\ U_y \\ U_z \end{pmatrix} = \boldsymbol{B}_O \begin{pmatrix} v_x - W_x \\ v_y - W_y \\ v_z - W_z \end{pmatrix} \tag{7-3-33}$$

式中，W_x、W_y、W_z 为风在返回坐标系的分量，计算公式见 7.2.2 节。

下面讨论式(7-3-24)中 d_1、d_2、d_3 的计算。对于返回舱单舱第二体坐标系：

$$\begin{cases} d_1 = M_{x_2R} + M_{x_2d} + M_{xc} + M_{x_2f} - I_{xy}\omega_{x_2}\omega_{z_2} - I_{yz}(\omega_{z_2}^2 - \omega_{y_2}^2) \\ \qquad + I_{xz}\omega_{x_2}\omega_{y_2} - (I_z - I_y)\omega_{z_2}\omega_{y_2} \\ d_2 = M_{y_2R} + M_{y_2d} + M_{yc} + M_{y_2f} - I_{yz}\omega_{x_2}\omega_{y_2} - I_{zx}(\omega_{x_2}^2 - \omega_{z_2}^2) \\ \qquad + I_{xy}\omega_{y_2}\omega_{z_2} - (I_x - I_z)\omega_{x_2}\omega_{z_2} \\ d_3 = M_{z_2R} + M_{z_2d} + M_{zc} + M_{z_2f} - I_{xz}\omega_{y_2}\omega_{z_2} - I_{xy}(\omega_{y_2}^2 - \omega_{x_2}^2) \\ \qquad + I_{yz}\omega_{x_2}\omega_{z_2} - (I_y - I_x)\omega_{x_2}\omega_{y_2} \end{cases} \tag{7-3-34}$$

$$\begin{pmatrix} M_{x_2R} \\ M_{y_2R} \\ M_{z_2R} \end{pmatrix} = \boldsymbol{B}_{2B} \begin{pmatrix} C_N\delta\sin\bar{\beta}/\sin\bar{\eta} \\ (C_A\delta/l + C_{mg})(\sin\bar{\beta}/\sin\bar{\eta})l \\ -C_A\delta + (C_A\delta/l + C_{mg})(\sin\bar{\alpha}\cos\bar{\beta}/\sin\bar{\eta})l \end{pmatrix} \bar{q}S \tag{7-3-35}$$

$$\begin{pmatrix} M_{x_2d} \\ M_{y_2d} \\ M_{z_2d} \end{pmatrix} = \boldsymbol{B}_{2B} \begin{pmatrix} K_{11} & K_{12} & K_{13} \\ K_{21} & K_{22} & K_{23} \\ K_{31} & K_{32} & K_{33} \end{pmatrix} \begin{pmatrix} \omega_{x_1r} \\ \omega_{y_1r} \\ \omega_{z_1r} \end{pmatrix} \bar{q}Sl^2/U \tag{7-3-36}$$

M_{xc}、M_{yc}、M_{zc} 的计算见式(7-3-12)~式(7-3-14)。

对于返回舱加推进舱的两舱，d_1、d_2、d_3 的计算比较简单。因在大气层外 $\rho=0$，故 $M_R=M_d=M_f=0$，则有

$$\begin{cases} d_1 = M_{xc} - I_{xy}\omega_{x_1}\omega_{z_1} - I_{yz}(\omega_{z_1}^2 - \omega_{y_1}^2) + I_{xz}\omega_{x_1}\omega_{y_1} - (I_z - I_y)\omega_{z_1}\omega_{y_1} \\ d_2 = M_{yc} - I_{yz}\omega_{x_1}\omega_{y_1} - I_{zx}(\omega_{x_1}^2 - \omega_{z_1}^2) + I_{xy}\omega_{y_1}\omega_{z_1} - (I_x - I_z)\omega_{x_1}\omega_{z_1} \\ d_3 = M_{zc} - I_{xz}\omega_{y_1}\omega_{z_1} - I_{xy}(\omega_{y_1}^2 - \omega_{x_1}^2) + I_{yz}\omega_{x_1}\omega_{z_1} - (I_y - I_x)\omega_{x_1}\omega_{y_1} \end{cases} \tag{7-3-37}$$

M_{xc}、M_{yc}、M_{zc} 的计算见式(7-3-2)。式(7-3-21)中的其他参数及相关参量的计算公式见第 2 章。

3. 制导与导航计算

1) ω'_{x_2}、ω'_{y_2}、ω'_{z_2} 的计算

陀螺仪是在第一体坐标系 $o_1-x_1y_1z_1$ 下测量得到 ω'_{x_1}、ω'_{y_1}、ω'_{z_1}，而在只有返回舱时是在第二体坐标系 $o_1-x_2y_2z_2$ 下列写方程，所以要对测量信息进行换算，即

$$\begin{pmatrix} \omega'_{x_2} \\ \omega'_{y_2} \\ \omega'_{z_2} \end{pmatrix} = \begin{pmatrix} \cos\alpha_n & \sin\alpha_n & 0 \\ -\sin\alpha_n & \cos\alpha_n & 0 \\ 0 & 0 & 1 \end{pmatrix} \begin{pmatrix} \omega'_{x_1} \\ \omega'_{y_1} \\ \omega'_{z_1} \end{pmatrix} \tag{7-3-38}$$

在仿真计算中，陀螺仪的误差模型可取为

$$\begin{cases} \omega'_{x_1} = (1 + k_{g_2x})(\omega_{x_1} + k_{g_0x} + k_{g_{11}x}\dot{W}_{x_1} + k_{g_{12}x}\dot{W}_{y_1} + k_{g_{13}x}\dot{W}_{z_1} + k_{g_3x}) \\ \omega'_{y_1} = (1 + k_{g_2y})(\omega_{y_1} + k_{g_0y} + k_{g_{11}y}\dot{W}_{x_1} + k_{g_{12}y}\dot{W}_{y_1} + k_{g_{13}y}\dot{W}_{z_1} + k_{g_3y}) \\ \omega'_{z_1} = (1 + k_{g_2z})(\omega_{z_1} + k_{g_0z} + k_{g_{11}z}\dot{W}_{x_1} + k_{g_{12}z}\dot{W}_{y_1} + k_{g_{13}z}\dot{W}_{z_1} + k_{g_3z}) \end{cases} \tag{7-3-39}$$

式中，k_{g_2x}、k_{g_0x} 等为陀螺误差系数。

返回舱的高度在下降到 100 km 之前，要利用星敏感器完成一次飞船姿态的精确测定。在仿真计算中，可以重新确定姿态角初值(考虑星敏感器的精度)进行仿真计算。

2) 加速度表敏感到的 $\dot{W}'_{x_1}$、$\dot{W}'_{y_1}$、$\dot{W}'_{z_1}$ 的计算

加速度表沿 $o_1-x_1y_1z_1$ 坐标系安装，在仿真计算中可取如下模型：

$$\begin{pmatrix} \dot{W}'_{x_1} \\ \dot{W}'_{y_1} \\ \dot{W}'_{z_1} \end{pmatrix} = \begin{pmatrix} (1+k_{a_1x})(\dot{W}_{x_1}+k_{a_0x}) \\ (1+k_{a_1y})(\dot{W}_{y_1}+k_{a_0y}) \\ (1+k_{a_1z})(\dot{W}_{z_1}+k_{a_0z}) \end{pmatrix} \tag{7-3-40}$$

式中，k_{a_1x}、k_{a_0x} 等为加速度表的误差系数。

在返回制动前，会用卫星导航系统或地面站精确测轨，所以误差是以卫星导航系统的测轨精度来确定。

在过渡段用卫星导航系统或地面站进行一次轨道参数校正，所以仿真计算中在某一高度（形成配平攻角的高度），再用卫星导航系统的测轨精度进行一次速度和位置的校正。

3）制导参数计算

纵向制导确定 κ' 的大小，由式（7－3－41）计算：

$$\kappa'_0 = \arccos\left[\frac{(L/D)K_0 + \Delta(L/D)}{(L/D)}\right] \tag{7-3-41}$$

式中，$K_0=\cos\chi_0$，$\chi_0(t)$ 由标准轨道设计给出。升阻比增量为

$$\Delta(L/D) = K_1\Delta n_x + K_2\Delta\dot{h} + K_3\Delta R_L + K_4\Delta\dot{R}_L \tag{7-3-42}$$

式中，K_1、K_2、K_3、K_4 由纵向制导律确定，是已知值。偏差量为

$$\Delta n_x = n'_x - n_{x_0},\quad \Delta\dot{h} = \dot{h}' - \dot{h}_0,\quad \Delta R_L = R'_L - R_{L_0},\quad \Delta\dot{R}_L = \dot{R}'_L - \dot{R}_{L_0}$$

式中，n'_x、$\dot{h}'$、R'_L、$\dot{R}'_L$ 分别为飞船导航计算得到的切向过载、爬高率、纵程和纵程变化率；n_{x_0}、$\dot{h}_0$、R_{L_0}、$\dot{R}_{L_0}$ 是相应的标准值。

侧向制导确定 κ' 的符号，由式（7－3－43）计算：

$$\kappa' = \begin{cases} -|\kappa'_0|, & R'_C + K_5\dot{R}'_C \geqslant \bar{R}_C \\ |\kappa'_0|, & R'_C + K_5\dot{R}'_C \leqslant -\bar{R}_C \\ |\kappa'_0|\,\mathrm{sgn}[\kappa'(t_{k-1})], & |R'_C + K_5\dot{R}'_C| < \bar{R}_C \end{cases} \tag{7-3-43}$$

式中，$\bar{R}_C = C_1 + C_2(v'/v_e)$，$K_5 = C_3 + C_4(v'/v_e)$，$\bar{R}_C$、$C_1$、$C_2$、$C_3$、$C_4$ 由标准轨道给出，v' 由导航计算给出；R'_C、$\dot{R}'_C$ 也由导航计算给出；$\kappa'(0)$ 取开始制导时的值；κ' 是导航计算出来的绕速度轴滚转角的要求值，也就是式（7－3－15）中的 κ^*。

4）输入量 φ^*、ψ^* 和 γ^* 的计算

前已叙述，从制动到 $n_{x_1}=0.04g_0$，姿态控制系统属于姿态跟踪和稳定系统；

从 $n_{x_1}=0.04g_0$ 开始，俯仰、偏航通道为角速率稳定系统，其 $\omega_{y_2}^*$、$\omega_{z_2}^*$ 为零，滚转通道跟踪制导指令 γ_2^*。姿态控制系统的输入量 φ^*、ψ^* 和 γ^* 的计算公式见 7.3.2 节，但均要以导航计算的参数为基础进行计算。

5）导航计算

为了求出制导所需的姿态角、位置和速度，需要利用加速度表和陀螺仪的信息求出飞船的姿态角和位置信息，这牵涉到导航计算系的选取问题，通常以返回坐标系为导航计算系。

前面已假定仿真计算是在返回坐标系下进行的，现导航计算中也取返回坐标系，即两者是统一的，不同的是导航计算时的视加速度、绝对角速度均取测量值，即上标带"′"的值。积分运动方程后，可以求出经纬度、高度、纵程、横程及其他运动参数。相关公式与 7.3.3 节中的第 1 小节相同，只需要将其中的参数用导航参数代替，此处不再赘述。

除了以返回坐标系作为导航计算系外，还可以用返回惯性坐标系、地心惯性坐标系作为导航计算系，其推导方法类似，这里不再重复。

4. 考虑启动和关闭延迟的控制力及控制力矩的计算

前述控制力矩的计算没有考虑控制力的延迟，如果考虑喷嘴产生的控制力有延迟，则控制力的大小不再是常值。根据资料，简化的控制力延迟规律如下所述。

1）返回舱姿控发动机推力特性分析

不失一般性，以滚转通道为例，返回舱简化的推力模型如图 7－33、图 7－34 所示。图 7－34 中，假设从下达发动机工作指令到发动机开始工作延迟时间 $\Delta t_u=20$ ms，从下达发动机工作指令到达到推力最大值的 90%需要的时间为 $t_{90}=120$ ms；从下达发动机停止工作指令到发动机推力减小所需延迟为 $\Delta t_d=20$ ms，从下达发动机停止工作指令到推力减小到最大值的 10%需要的时间为 $t_{10}=100$ ms。

根据推力曲线可以得到，由指令下达到推力达到最大值约为

$$\Delta t_1=t_{90}+\frac{t_{90}-\Delta t_u}{90\%}\times 10\%=120+\frac{100}{9}=131.1(\mathrm{ms})$$

而由发出关机指令到推力降为零的时间约为

$$\Delta t_2=t_{10}+\frac{t_{10}-\Delta t_d}{90\%}\times 10\%=100+\frac{80}{9}=108.9(\mathrm{ms})$$

当指令要求发动机工作为 t_N时，则发动机有推力的工作时间为

$$t'_N = t_N + \Delta t_2 - \Delta t_u = t_N + 88.9(\text{ms})$$

为了使推力达到最大值，指令发动机工作最小时间为

$$t_N = 120 + 100/9 = 131.1(\text{ms})$$

若发动机指令工作时间小于 131.1 ms，则推力达不到额定值。因此作如下假设：推力的下降速率与达到额定推力后的下降速率相同，且认为燃料的消耗与推力的大小成正比。此时的推力特性如图 7-35 所示，假定推力在上升过程中，控制指令要求发动机停止工作，令此刻推力为 P_{xs}，与推力最大值之比为 P_{xs}/P_{xm}，且认为有同样的延迟（20 ms）。

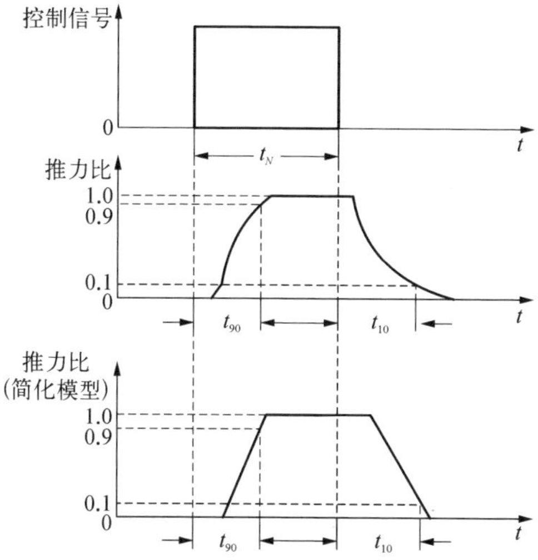

图 7-33　发动推力特性曲线

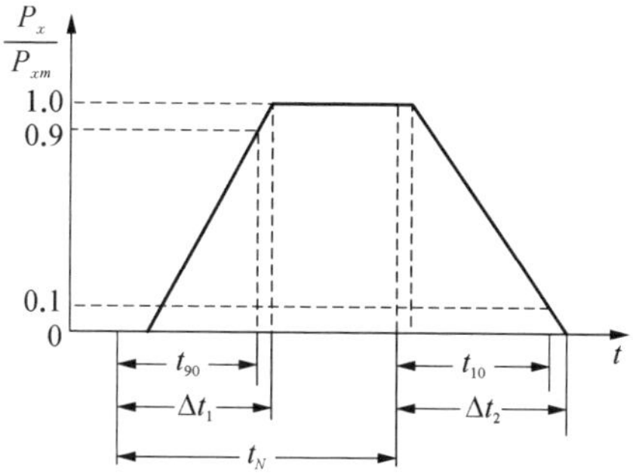

图 7-34　简化的推力特性曲线

2）考虑导航计算需要时间，制导指令步长为 ΔT 时推力（推力矩）的计算

导航计算需要时间，假定某一时刻 T 采样到参数，并由此计算出制导信号，要经过间隔 ΔT 后发出，因此 T 时刻执行的制导信号是由（$T-\Delta T$）时刻采样到的参数经过计算得到的。

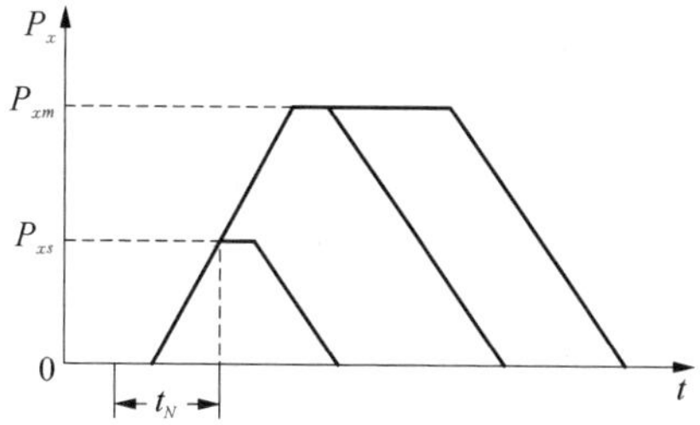

图 7-35　推力达不到额定值时简化推力特性曲线

3）考虑推力大小存在延迟时的推力（推力矩）的计算

以 P_x 为例进行说明。根据推力特性曲线，设 t_i 为指令要求的发动机工作时刻，t_j 为指令要求发动机停止工作时刻，则启动有延迟时的推力 P_{xs} 为

$$P_{xs}=\begin{cases}0, & t-t_i\leqslant 0.02\\ 9P_{xm}(t-t_i-0.02), & 0.131\geqslant t-t_i>0.02\\ P_{xm}, & t-t_i>0.131\end{cases}\tag{7-3-44}$$

发动机停止工作有延迟时的推力 P_{xc}：

$$P_{xc}=\begin{cases}P_{xs}, & t-t_j\leqslant 0.02\\ P_{xs}-(90/8)P_{xm}(t-t_j-0.02), & 0.088\,9P_{xs}/P_{xm}+0.02\geqslant t-t_j>0.02\\ 0, & t-t_i>0.088\,9P_{xs}/P_{xm}+0.02\end{cases}\tag{7-3-45}$$

式中，t 的单位为 s。

式（7－3－21）~式（7－3－45）给出了存在风、惯性器件误差和推力有延迟时六自由度轨道仿真中所需的计算公式。利用上述公式，给出初始条件和误差大小后便可以进行六自由度轨道仿真。

7.3.4 返回再入段六自由度轨道仿真及精度分析

因为制动段、过渡段与再入段的姿态控制系统不相同，而且再入段要考虑气动力和气动热的问题，所以制动段和过渡段的六自由度轨道仿真与再入段的六自由度仿真是有区别的。比较而言，再入段的六自由轨道仿真更重要一些，因为有大气的作用，涉及问题较多，是返回再入段重点要解决的问题。下面以再入段六自由度轨道计算和精度分析为例进行分析研究。

飞船再入段六自由度轨道仿真及精度分析，是在三自由度轨道设计及仿真计算基础上进行的更为全面、更接近实际情况的设计分析工作。因此，与三自由度轨道设计及仿真相比，六自由度轨道仿真既继承了三自由度的部分内容而与其相联系，同时又有它自身的特点，显示了与三自由度的差别，返回舱再入段六自由度轨道仿真是更接近半实物仿真的动态过程。

1. 六自由度标准轨道设计与分析

六自由度标准轨道是指无任何误差，但考虑了返回舱的转动运动、姿态控制系统及推力延迟性能的标准轨道。在三自由轨道仿真时，按配平状态给出了标准

状态参数。为了进行六自由度的轨道计算与精度分析，因为有姿态运动，其标准轨道参数（如 n_{x_0}、$\dot{h}_0$、R_{L_0}、$\dot{R}_{L_0}$ 等）不同于三自由度仿真时的参数，所以在进行六自由度仿真时首先要重新计算标准轨道，为此应给出计算标准轨道的初值。

v_x、v_y、v_z、x、y、z 可取三自由度仿真时的标准初始值。α、β 的初值可以取配平状态值。θ、σ 的初值可以由 v_x、v_y、v_z的初值计算出来，可以认为χ 的初值等于三自由度的仿真值，即$\chi_0 = 0$。 因为飞船在再入时，当轴向过载 $n_{x_1} \leqslant 0.04g_0$ 时，均要保持总升力 L 在再入纵平面内，倾斜角 $\kappa = 0$。再利用八个欧拉角的关系，可以得到 φ_0、ψ_0、γ_0，且认为 $\omega_{x_{10}}$、$\omega_{y_{10}}$、$\omega_{z_{10}}$ 等于 0。当然由此也就可以得到第二返回舱坐标系的姿态角 φ_{20}、ψ_{20}、γ_{20} 及姿态转动角速度在第二返回舱坐标系各轴上的分量 $\omega_{x_{20}}$、$\omega_{y_{20}}$、$\omega_{z_{20}}$，同时飞船再入时返回舱的质量 m_0也是已知的。到此为止，包括质心运动的动力学和运动学方程、绕质心转动的动力学和运动学方程，以及质量特性方程和时间变量的初值均已给出。

六自由度标准轨道设计可以参考三自由度标准轨道设计的方法，继承部分设计参数，但不能完全等同。因为仿真表明，若完全采用三自由度标准轨道设计出来的 $\kappa^*(t)$ 的变化规律，得到的标准再入轨道在开伞点高度 h_f处的纵程和横程与标准值相比差别都比较大。反过来，若六自由度标准轨道设计只吸收三自由度标准轨道设计中 $\kappa^*(t)$ 的绝对值，而何时反号则由重新设计的侧向漏斗边界决定，这样得到的六自由度标准轨道效果较好，这是经过仿真计算得到的结论。

从仿真结果可知，由于考虑了姿态控制系统和返回舱的转动运动，六自由度标准轨道的最大过载为 $3.06g_0$，与三自由度标准轨道稍有不同，但仍满足总体设计要求。

另外，若再入段完全采用三自由度再入标准轨道设计的 $\kappa^*(t)$，而不是重新设计侧向漏斗边界，此时六自由度标准轨道飞到高度为 10 km 的开伞点时，相对标准开伞点的纵程和横程偏差竟分别达到 3.6 km 和 5.5 km。

2. 基于六自由度标准轨道的导航误差计算和分析

导航误差是指基于六自由度标准轨道提供的飞船视加速度和转动角速度，根据导航计算和轨道仿真得到的由于初始点测速误差、定位误差、定向误差及惯性仪表误差（包括加速度表和陀螺仪的测量误差）等引起的落点纵程和横程误差。精度计算可采用最大误差法和蒙特卡洛随机抽样统计法。从最大偏差法的仿真结果看，在上述诸误差因素中，对导航精度影响较大的是再入点姿态角的定向精度、加速度表的零位误差精度、陀螺的零漂精度及与 $\dot{W}_{x_1}$ 有关的陀螺误差精度。

3. 无导航误差时制导方法的误差计算与分析

主要研究飞船再入点初始状态参数误差、空气动力系数误差、结构参数误差，以及风、大气环境等对落点精度的影响，并且分析选定的纵向和侧向制导规律是否合适，其制导精度是否满足要求。用单项最大误差法进行仿真，可以看出影响制导精度的因素主要是空气动力系数误差、大气密度误差及初始位置误差。

4. 导航制导控制系统工作时六自由度弹道仿真及精度分析

实际上，飞船落点精度的计算，既要考虑导航误差，也要考虑其他误差因素，同样可以用最大偏差法或蒙特卡洛法进行分析。

对某载人飞船进行六自由度轨道仿真计算的结果如表 7－7 所示。

表 7－7　10 km 开伞点处六自由度轨道仿真精度分析结果

误差因素	分析方法	纵程误差(3σ)	横程误差(3σ)	航程误差(3σ)
导航误差	最大误差法	4.35 km	2.73 km	5.14 km
所有误差	最大误差法	7.66 km	6.50 km	10.05 km
所有误差	蒙特卡洛法(200 条)	4.83 km	5.22 km	7.11 km

图 7－36 给出了再入过程中滚转角 γ_2 与总升力要求的滚转角 κ^* 的变化规律。两者很接近，说明滚转角 γ_2 能很好地跟上 κ^* 的变化。图 7－37 给出了总攻角的变化规律，最后稳定在配平攻角附近。

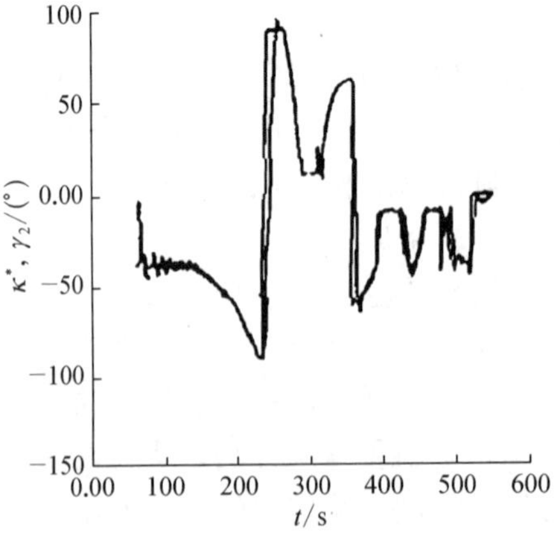

图 7－36　$\gamma_2(t)$ 与 κ^* 的比较

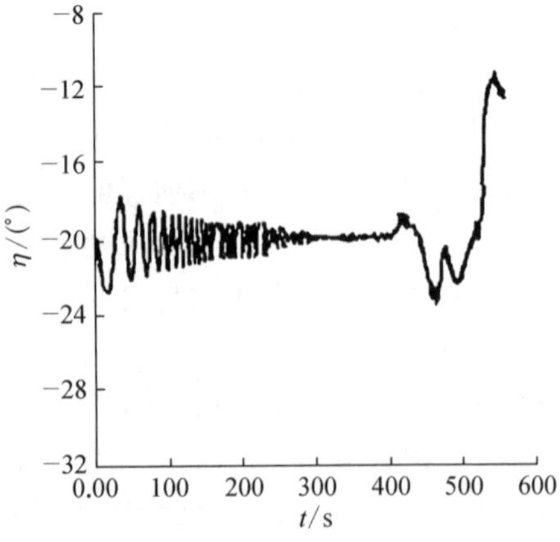

图 7－37　总攻角随时间的变化

从仿真结果可以看出：① 采用第二返回舱坐标系 $o_1-x_2y_2z_2$ 的优点是明显的，因为实际飞行中侧滑角 β 很小，故 $\kappa^* \approx \chi^* \approx \gamma_2^*$，完全可以用 κ^* 代替 γ_2^*；② 除导航误差外，影响落点精度的主要是空气动力系数误差和大气密度误差，落点误差的大小与空气动力系数和大气密度误差的取值有密切的关系，空气动力系数误差超过某一范围会导致落点误差相差很多，但由于目前理论计算和实验条件的限制，提高空气动力系数预测的准确度有一定的困难，所以载人飞船落点精度的提高受到了限制；③ 从仿真结果看，所选择的姿态控制系统方案设计合理、参数正确，提出的纵向和侧向制导规律是合理的、可行的。

7.4　载人飞船返回再入预测制导方法

预测制导方法又称预测-校正制导方法，是一种很有应用前景的制导方法。该方法的基本思想是在飞船上实时计算其再入轨道和着陆点，将计算得到的预测落点与理论落点进行比较，利用其偏差产生控制信号，在保证过载和热流满足要求的前提下，调节升力方向，改变再入轨迹，达到消除落点偏差的目的。

该方法与标准轨道制导方法的不同之处在于：它不着眼于使实际轨道接近标准返回再入轨道来消除落点偏差，而是从当前的状态出发，选择一条轨道，使飞船在理论落点附近着陆。显然，这种方法对初始条件不敏感，得到的信息多且可以达到比标准轨道制导方法更高的落点精度。

根据落点位置计算方法的不同，预测制导方法分两种，一种是数值预测法，另一种是解析预测法。

（1）数值预测法。数值预测法就是通过飞船上的计算机，实时解算飞船的运动方程以确定未来的飞行轨道和落点位置，并根据落点偏差对升力进行调整，即改变倾侧角 $\chi(t)$，以使最终的落点偏差较小。

数值预测法的主要优点是：它能处理任何可能的飞行条件，能提前预测航程、过载、热流的情况，使之具有很强的适应能力。但由于要进行快速预测，该方法对飞船上的计算机提出了严格的要求。

（2）解析预测法。解析预测法是从所有可能的飞行轨道或部分轨道中找出一个近似的解析解。大气层外可用椭圆轨道的解析解法，大气层内在某些条件下可以得到近似解，例如，通过轨道控制以保持负加速度不变的再入器，从初速 $\bar{v}_{\beta i}$ 到末速 $\bar{v}_{\beta f}$ 范围内的射程近似解为

$$\frac{R_L}{r}=\frac{\bar{v}_{\beta i}^2-\bar{v}_{\beta f}^2}{2(D/W)}$$

式中，R_L 为落点航程；r 为地心距离；D 为阻力；W 为重量。还有其他一些近似解，详见文献[2]。

因为是解析解，计算轨道和落点将十分方便。利用近似解析解进行再入制导，其优点是对船载计算机要求不太高，但其缺点是不能灵活处理脱离设计要求的情况、计算精度不高。

随着计算机技术的快速发展，在飞船上实时解算运动方程预测轨道已成为可能，也是未来的技术发展趋势，因此下面仅讨论利用数值预测轨道的预测制导方法。

7.4.1 纵程和横程同时控制的预测制导方法

预测制导是根据飞船的实际飞行状态来预测以后的飞行状态。纵程和横程同时控制就是要同时计算纵程和横程，并用它来进行控制，所以采用的运动方程是空间质心运动方程。根据前面的讨论可知，要计算轨道，除需要已知空气动力系数、质量特性和大气参数等条件外，很重要的一点是要知道控制变量 α、β 和 χ。根据配平飞行假设，$\alpha=\eta_{\mathrm{tr}}$，$\beta=0$，则 χ 便是唯一要确定的。

预测制导虽然不利用标准返回轨道，但是也需要事先设计一个 $\chi_0(t)$，所设计的 $\chi_0(t)$ 应保证在无任何误差(包括惯性器件误差)时可以飞到预计的理论落点。从某种意义上讲，这也是一个标准轨道，但控制轨道不是以标准轨道的状态参数为准，而是以 $\chi_0(t)$ 为准，所以它不同于利用标准轨道的制导。

因为采用船载计算机求解预报方程，也即数值积分运动方程需要一定的时间，而这一阶段的控制指令无法形成，所以对 $\chi_0(t)$ 的校正是有周期性的。一般可把再入飞行时间分成若干个等时间间隔的 ΔT，并称为预测周期或校正周期，它可表示成 $\Delta T=t_i-t_{i-1}$，其中 $i=1, 2, \cdots, N$。N 是时间间隔的个数，即整个飞行时间内形成控制指令的次数，也可称校正次数。ΔT 过小，预报计算难以完成，同时，ΔT 小会导致预报次数多，增加船载计算机的负担，所以 ΔT 应大一些，至少应大于预报落点所需要的时间；相反，ΔT 过大时，虽然可减少预报次数，但预报时间间隔大，可能导致 ΔT 内的偏差不能及时纠正，使预报的落点偏差过大，甚至失去控制，所以 ΔT 也不宜过大。ΔT 一般可以取 5~10 s，如果随机干扰不十分严重，控制方法选择合适，可增加到 10~30 s。

设一种事先选择的$\chi_0(t)$ 如图 7－38 所示，可以表示为

$$\chi_0(t)=\begin{cases}\chi_1(t), & t\in A\\ \chi_2(t), & t\in B\end{cases} \tag{7-4-1}$$

式中，A、B 分别对应于$\chi_1(t)>0$ 和$\chi_2(t)<0$ 的时间。

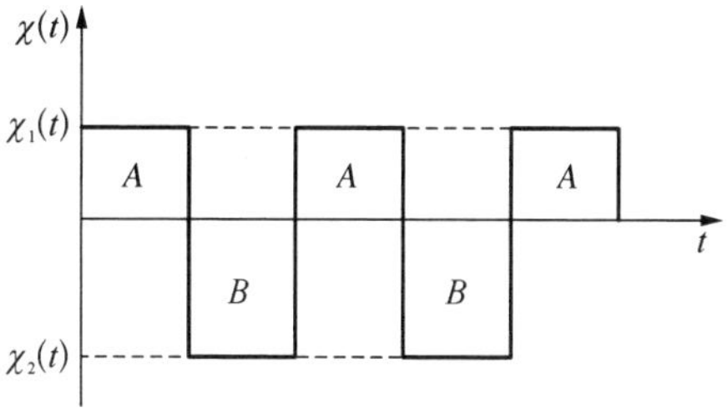

图 7－38　预测制导时的初始$\chi_0(t)$

如何校正$\chi(t)$，取决于制导方程。但选定了$\chi_0(t)$ 后，只有两种情况：改变$\chi_0(t)$的大小或改变$\chi_0(t)$ 反号的时间，或者同时改变$\chi_0(t)$ 的大小和$\chi_0(t)$ 反号的时间。可以引入修正函数 $\varphi_c(t)$和 $\psi_c(t)$实现上述目的，$\varphi_c(t)$和 $\psi_c(t)$相互独立。引入修正函数有如下两种方式。

（1）方式一。

令

$$\chi(t)=[1+\Delta W_1\varphi_c(t)]\chi_0[t+\Delta W_2\psi_c(t)] \tag{7-4-2}$$

式中，ΔW_1、ΔW_2 为调节参数。该方式的特点是通过 ΔW_1、$\varphi_c(t)$ 来调整χ_0 的大小，而通过 ΔW_2、$\psi_c(t)$ 来调整χ_0 的相位，进而控制$\chi(t)$ 反号的时间。

（2）方式二。

令

$$\chi(t)=\begin{cases}[1+\Delta W_1\varphi_c(t)]\chi_0(t), & t\in A\\ [1+\Delta W_2\psi_c(t)]\chi_0(t), & t\in B\end{cases} \tag{7-4-3}$$

即$\chi(t)$ 反号的时间不改变，或者说相位不调整，仅改变χ_0 的大小。该方式是通过调整不同区域 A、B 的$\chi_1(t)$ 和$\chi_2(t)$ 的大小来达到控制的目的。

下面以方式二为例讨论其制导方程。$\varphi_c(t)$和 $\psi_c(t)$可以取不同的形式，这里取最简单的情况，令 $\varphi_c(t)=1$，$\psi_c(t)=1$，这时的制导方程便是寻找满足一定性能指标要求的调节参数 ΔW_1、ΔW_2，使得$\chi(t)$ 能控制轨道达到预定的着陆点

附近。记：

$$W(\Delta W_1,\ \Delta W_2)=\begin{cases}1+\Delta W_1, & t\in A\\ 1+\Delta W_2, & t\in B\end{cases}\tag{7-4-4}$$

考虑到控制量倾侧角$\chi(t)$实际上是分段连续的控制序列，取t_i时刻的实际控制量为$\chi_i(t)$，t_{i-1}时刻的实际控制量为$\chi_{i-1}(t)$，则有

$$\chi_i(t)=W(\Delta W_1,\ \Delta W_2)\chi_{i-1}(t)\tag{7-4-5}$$

选择ΔW_1、ΔW_2有不同的方法，例如，可提出某一性能指标，用优化的方法选择ΔW_1、ΔW_2，使之满足要求。现分析最便捷的方法，即在线性化的基础上，选择ΔW_1、ΔW_2，使纵程偏差、横程偏差等于零。

设ΔR_{L0}和ΔR_{C0}为调节参数$\Delta W_1=\Delta W_2=0$时飞船的纵程和横程偏差，ΔR_{Lf}和ΔR_{Cf}分别为ΔW_1、ΔW_2不为零时的纵程和横程偏差，则可以得到：

$$\begin{cases}\Delta R_{Lf}=\Delta R_L(\Delta W_1,\ \Delta W_2)\\ \Delta R_{Cf}=\Delta R_C(\Delta W_1,\ \Delta W_2)\end{cases}\tag{7-4-6}$$

将式(7-4-6)进行泰勒级数展开，且只取第一项，即线性化，可得

$$\begin{cases}\Delta R_{Lf}=\Delta R_{L0}+\dfrac{\partial\Delta R_L}{\partial\Delta W_1}\Delta W_1+\dfrac{\partial\Delta R_L}{\partial\Delta W_2}\Delta W_2\\ \Delta R_{Cf}=\Delta R_{C0}+\dfrac{\partial\Delta R_C}{\partial\Delta W_1}\Delta W_1+\dfrac{\partial\Delta R_C}{\partial\Delta W_2}\Delta W_2\end{cases}\tag{7-4-7}$$

式中，$\dfrac{\partial\Delta R_L}{\partial\Delta W_1}$、$\dfrac{\partial\Delta R_L}{\partial\Delta W_2}$分别为纵向偏差对调节参数$\Delta W_1$、$\Delta W_2$的偏导数；$\dfrac{\partial\Delta R_C}{\partial\Delta W_1}$、$\dfrac{\partial\Delta R_C}{\partial\Delta W_2}$分别为横程偏差对调节参数$\Delta W_1$、$\Delta W_2$的偏导数。四个偏导数可以用数值求差法获得，它需要用三条轨道数据。

采用线性化方法选ΔW_1、ΔW_2是在线性化意义上令ΔR_{Lf}、ΔR_{Cf}等于零，从而得到ΔW_1、ΔW_2。在式(7-4-7)中，令$\Delta R_{Lf}=0$，$\Delta R_{Cf}=0$可得

$$\begin{cases}\Delta R_{L0}+\dfrac{\partial\Delta R_L}{\partial\Delta W_1}\Delta W_1+\dfrac{\partial\Delta R_L}{\partial\Delta W_2}\Delta W_2=0\\ \Delta R_{C0}+\dfrac{\partial\Delta R_C}{\partial\Delta W_1}\Delta W_1+\dfrac{\partial\Delta R_C}{\partial\Delta W_2}\Delta W_2=0\end{cases}\tag{7-4-8}$$

四个偏导数可在线求出，通过数值轨道预报获得 ΔR_{L0}、ΔR_{C0} 的值后，求解线性方程组[式(7-4-8)]即可获得 ΔW_1 和 ΔW_2，从而有

$$\chi_i(t) = \begin{cases} (1 + \Delta W_1)\chi_{i-1}(t), & t \in A \\ (1 + \Delta W_2)\chi_{i-1}(t), & t \in B \end{cases} \tag{7-4-9}$$

因为实际的轨道方程并不是线性的，所以一次校正并不会使 ΔR_{Lf}、ΔR_{Cf} 为零，而要多校正几次，才能使之趋近于零。

预测制导的一个重要问题是校正周期的选取问题。从减小船载计算机的负担来看，ΔT 应该大一些；从提高精度的角度来看，ΔT 应该小一些。但求偏导数需要计算三条轨道，所以 ΔT 最小也不能小于计算机计算三条轨道所需的时间。当然，为保证落点精度，ΔT 过大也不行。数值仿真表明：当 ΔT 在 10~60 s 时，制导规律对再入轨道控制是有效的，即预报落点后，经过控制可把落点偏差控制在一定的范围之内，称这种情况的预报是收敛的；反之则可能发散，落点偏差过大。一般为达到较快的收敛，落点偏差较小，ΔT 应取 10~30 s。

如果船载计算机的运算能力足够，也可以不用线性化的方法，而是直接用数值迭代法求解非线性方程组[式(7-4-6)]，获得调节参数 ΔW_1 和 ΔW_2。

7.4.2　纵程和横程分开的预测制导方法

为减少船载计算机的运算任务，可以采用类似标准轨道制导方法的再入制导策略，把再入制导分成纵向和侧向制导，且以纵向制导为主。侧向制导采用标准轨道制导方法中的侧向制导策略，用开关曲线进行控制，即侧向制导确定 $\chi(t)$ 的符号；预测制导仅用于纵向制导，用来确定 $\chi(t)$ 的大小。采用这种纵程和横程分开的制导策略后，可以采用简化的运动方程，以降低计算量。

1. 预报方程

为了简化，可仅采用纵平面运动方程，而最简单的是采用查普曼方程。由式(3-2-14)可得

$$\bar{v}_\beta Z'' - \left(Z' - \frac{Z}{\bar{v}_\beta}\right) = \frac{1 - \bar{v}_\beta^2}{\bar{v}_\beta Z}\cos^4\Theta - \sqrt{\beta r}\left(\frac{L}{D}\right)\cos^3\Theta \tag{7-4-10}$$

它是一个二阶非线性微分方程，当给定两个初始条件后，就可以通过数值积分得到再入轨道，再利用下面几个公式可以得到热流、过载、纵程及再入时间。

热流：

$$q_s = k'_s \bar{v}_\beta^{\frac{5}{2}} Z^{\frac{1}{2}} \left(\frac{1}{\cos\Theta} \right)^3 \tag{7-4-11}$$

过载水平分量：

$$n = \frac{\sqrt{\beta r}\,\bar{v}_\beta Z}{\cos\Theta} \tag{7-4-12}$$

纵程：

$$\Delta R_L / r = \frac{1}{\sqrt{\beta r}} \int_{\bar{v}_{\beta_2}}^{\bar{v}_{\beta_1}} \frac{\cos\Theta}{Z} \mathrm{d}\bar{v}_\beta \tag{7-4-13}$$

再入飞行时间：

$$T = \frac{1}{\sqrt{\beta g}} \int_{\bar{v}_{\beta_2}}^{\bar{v}_{\beta_1}} \frac{\cos\Theta}{\bar{v}_\beta Z} \mathrm{d}\bar{v}_\beta \tag{7-4-14}$$

2. 初始倾侧角 $\chi_0(t)$ 的确定

类似利用标准返回再入轨道制导，$\chi_0(t)$ 的选择要考虑留有余量，以便用于纵向制导和侧向机动。假设原运行轨道通过着陆点上空，选择一个合适的 $\chi_0(t)$，它可以是常值，也可以是分段常值，其符号的反号由侧向制导方程决定且使再入轨道通过着陆点上空。$\chi_0(t)$ 的选择要考虑再入过程中热流和过载的限制、自旋轨道落点和理论落点的航程差等。

3. 制导方程

实际再入飞行时，由于存在各种误差，预测的落点会偏离理论落点，产生纵程偏差。假设所需倾侧角的大小是纵向距离 ΔR_L 的二次函数，可得如下制导方程：

$$\chi(t_i) = \chi(t_{i-1}) + f(D,\ v,\ \Delta R_L)\Delta R_L(C_1 + C_2 |\Delta R_L|) \tag{7-4-15}$$

式中，$\chi(t_{i-1})$、$\chi(t_i)$ 分别为 t_{i-1} 和 t_i 时刻的制导指令倾侧角；C_1、C_2 为常数，由 C_1、C_2、$f(D,\ v,\ \Delta R_L)$ 确定的 $\chi(t_i)$ 要与指令 $\chi(t_{i-1})$ 实现平滑过渡；$f(D,\ v,\ \Delta R_L)$ 为状态增益函数，它随阻力 D、速度 v 和纵程差 ΔR_L 的变化而有所变化。

$f(D,\ v,\ \Delta R_L)$ 主要由 ΔR_L 对 v 的敏感度来确定，兼顾阻力加速度。在机动能力较强的轨道上，$f(D,\ v,\ \Delta R_L)$ 的取值要小一些，即倾侧角的变化对 ΔR_L 的影响较大时，$f(D,\ v,\ \Delta R_L)$ 的取值较小；反之，$f(D,\ v,\ \Delta R_L)$ 的取值要大一些。

仿真分析表明，采用上述方法可以完成制导任务。但由于利用了查普曼方程，而查普曼方程当 $|\Theta|$ 较大时误差大，从而会影响制导精度。为了克服全程用

查普曼方程带来的误差,可以采用分段预测制导方法。

分段预测制导时,侧向制导和纵向制导仍然分开,侧向制导用漏斗形开关曲线制导,而纵向制导分成两段进行。从再入点到高度约 40 km 的点 D_1,用查普曼方程进行预测,因为在此段,$|\Theta| \leqslant 10°$,查普曼方程的误差较小;从点 D_1 到开伞点,此段的 $|\Theta| > 10°$,最大可达 60°以上,而且变化剧烈,若仍采用查普曼方程会导致较大的预测误差,故改用精确的平面弹道方程进行预测。

由式(7－2－33)可知,精确的平面弹道方程可为

$$\begin{cases} \dfrac{\mathrm{d}v}{\mathrm{d}t} = -C_D \dfrac{\rho v^2 S}{2m} - g\sin\Theta \\ \dfrac{\mathrm{d}\Theta}{\mathrm{d}t} = \left(\dfrac{C_L}{C_D}\right)_0 C_D \dfrac{\rho v S}{2m} + \left(\dfrac{v}{r} - \dfrac{g}{v}\right)\cos\Theta \\ \dfrac{\mathrm{d}r}{\mathrm{d}t} = v\sin\Theta \\ \dfrac{\mathrm{d}R_T}{\mathrm{d}t} = \dfrac{\mathrm{d}R_L}{\mathrm{d}t} = \dfrac{r_f v}{r}\cos\Theta \end{cases} \tag{7-4-16}$$

预测轨道的热流和过载公式分别为

$$q_s = \frac{k_s}{\sqrt{R_N}}\left(\frac{\rho}{\rho_0}\right)^{0.5}\left(\frac{v}{v_0}\right)^{3.15} \tag{7-4-17}$$

$$n = \frac{D}{mg_0}\left[1 + \left(\frac{C_L}{C_D}\right)^2\right]^{1/2} \tag{7-4-18}$$

数值仿真表明:当 $|\Theta| < 6°$ 时用查普曼方程进行预报,而当 $|\Theta| > 6°$ 时用精确运动方程进行预报,可以达到较好的制导精度。

当然,如果船载计算机的运算能力足够,也可以全程采用精确运动方程进行轨道预报。

第 8 章　探月飞船跳跃式返回轨道设计与制导方法

8.1　跳跃式返回再入简介

在第 6 章中已经简单介绍了跳跃式再入的概念，本节详细讨论其再入轨道的特点及已有的制导方法。

8.1.1　跳跃式再入的概念

跳跃式再入是指航天器以较小的再入角进入大气层后，依靠升力作用再次冲出大气层，进行一段开普勒段飞行，然后再一次进入大气层的返回过程。航天器也可以多次出入大气层，每再入一次大气层就利用大气进行一次减速。这种返回轨道的高度产生较大的起伏变化，故称为跳跃式轨道，如图 8－1 所示。有的航天

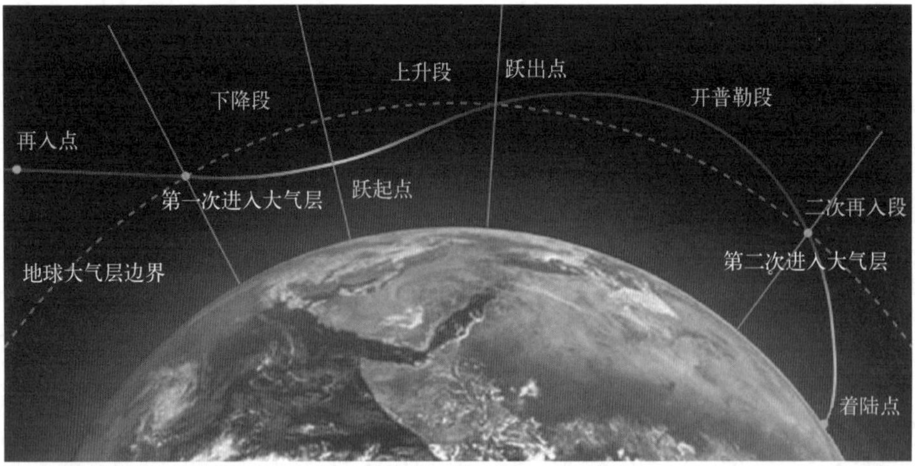

图 8－1　跳跃式返回再入示意图

器进入大气层后虽不再次跳出大气层,但靠升力作用仍会使再入轨道的高度产生较大的起伏变化,国外有的文献将这类轨道称为 loft 再入[61],为示区分,本书中将其称为踊跃式再入轨道。但在后续讨论中,为叙述简便,除必要说明外,跳跃式再入中包含踊跃式再入的方式。与跳跃式再入相对的,再入过程中轨道高度基本呈单调下降趋势的,称为直接式再入(direct reentry),如图 8－2 所示。

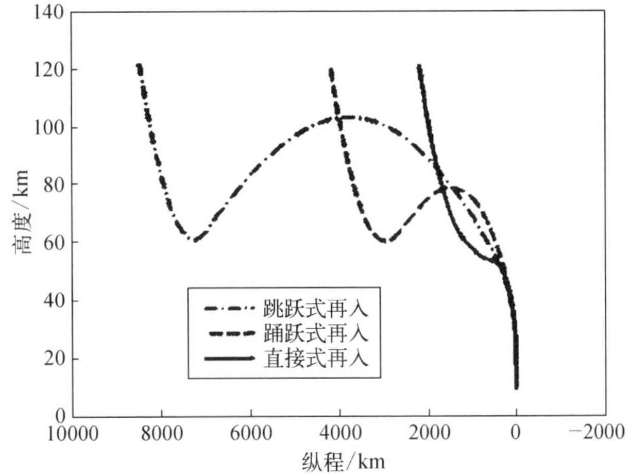

图 8－2　再入弹道类型示意图[61]

以接近第二宇宙速度再入大气层的航天器多采用跳跃式再入轨道,主要出于几个方面的目的:一是降低再入过程中的过载峰值,这对载人飞行尤其重要;二是增大航程的可调节范围,从而在更广的区域内选择着陆点,某些情况下,为了保障在本土着陆,采用跳跃式再入是必需的选择;三是降低再入过程中的热流峰值,且航天器跃出大气层外的飞行阶段有利于散热冷却,但总吸热量会增加。

跳跃式再入方式也存在一些技术难点,以探月飞船为例,主要有几个方面:① 飞船以第二宇宙速度再入,要在很短的时间内减速到开伞条件,速域变化跨度大,过程中还要满足过载、热流等约束条件,属于高动态、快时变、复杂力学和热学环境下的运动体控制问题;② 整个再入过程包括一次再入、大气层外飞行和二次再入三个阶段,航程一般超过 4 000 km,其中跃出大气层后的开普勒段无法实施升力控制,一次再入的制导误差会被放大,飞行器的运动与控制过程比较复杂;③ 飞船的一次再入段主要在 60 km 以上的大气层高层飞行,大气难以准确建模,并且飞行速度快、变化范围大,地面难以获取空气动力系数的准确值,是系统模型参数与输入参数都有强不确定性的控制问题;④ 飞船通过偏置配置质心的方式获得升力,升阻比一般不超过 0.5,与航天飞机等升力体飞行器相比,其控制能力较弱,而且再入走廊狭窄,控制可行域很小,控制要求高。

苏联于 1968 年 11 月发射的"探测器 6 号"(Zond－6)是人类历史上首个采用跳跃式再入方式重返地球的航天器[62]。"探测器 6 号"飞船为两舱结构,返回舱质量约为 2 200 kg,平均升阻比为 0.25,是从"联盟号"飞船方案衍生而来。因为从北半球上空进入时,返回轨道太短、再入过载太大,所以该返回器是从与苏联领土相距数千千米的印度洋上空进入大气层的。为了在苏联领土上着陆,就需要利用返回器的升力,控制轨道实现跳跃式再入。第一次进入大气层时,返回器的速度从 11 km/s 下降到 7.6 km/s,最大减速过载为(4~7)g_0,返回舱底部最高温度达到 3 000°C。整个再入过程中,最困难的就是第一次再入阶段的控制问题。这一阶段控制的目的是保证运动的稳定,并按给定的速度矢量准确地飞出大气层边界,出口速度相差 1 m/s 或当地速度倾角相差 0.1°,就会导致航程相差 25 km。"探测器 7 号""探测器 8 号"也分别于 1969 年、1970 年实现了跳跃式再入。

美国的"阿波罗"飞船、我国的"嫦娥五号"探月飞船在完成任务后都以跳跃式再入方式返回地球,美国的"猎户座"飞船在探月任务中也计划采用跳跃式再入方式,下面分别介绍其再入制导方案。

8.1.2 "阿波罗"飞船的再入制导方案

自 1968 年 12 月"阿波罗 8 号"的载人环月飞行,到 1972 年 12 月"阿波罗 17 号"的载人登月探测,美国在"阿波罗"登月计划中一共进行了 9 次载人月球探测,这些任务的返回阶段都采用了跳跃式再入轨道(实际上返回轨道不存在跳出大气层外的阶段,即国外文献中所述的 loft 轨道,如前所述,本章统一称为跳跃式再入轨道)。

"阿波罗"飞船(指令舱)再入地球大气时,其再入速度约为 10.97 km/s,再入角为-6.5°左右,再入走廊宽度约为 43 km,再入航程 2 500 km 为左右,不超过 3 000 km。若飞船以近第二宇宙速度采用直接再入的方式返回地球,再入过程中将产生 12g_0 左右的过载,采用跳跃式再入方式可将其减小到 6.5g_0 以下。此外,整个任务飞行方案要求飞船提供一定的再入机动能力,以避开气象条件不好的着陆点,采用跳跃式再入轨道成为自然的选择。

为了保证在不同航程下都达到预期的着陆精度要求,将"阿波罗"飞船再入阶段划分为 7 段,并分别采用不同的控制策略,如图 8－3 所示。下面简单介绍

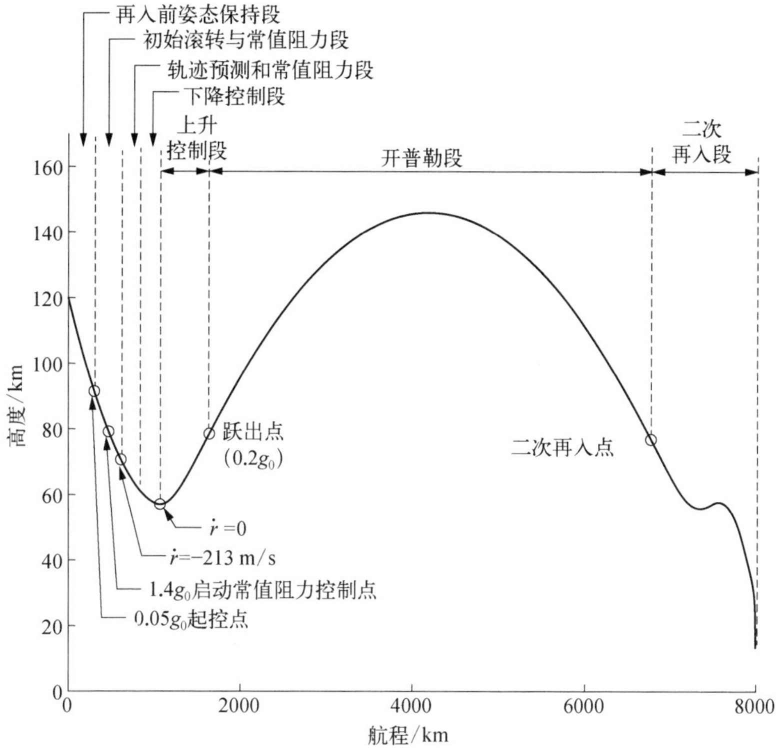

图 8-3　"阿波罗"飞船再入制导阶段划分

图中不同阶段的制导策略[63-65]。

（1）再入前姿态保持段：不施加轨道控制，以三轴姿态稳定模式飞行，将飞船姿态保持在再入后的气动配平状态。

（2）初始滚转与常值阻力段：该阶段在再入过载达到 $0.05g_0$ 时开始，俯仰与偏航方向采用速率阻尼控制，滚转方向跟踪制导指令。初始滚转段采用升力完全向上或是向下的开环控制策略，即倾侧角为 0°或 180°。升力的方向由初始再入速度和初始再入角的关系确定，目的是控制飞船轨迹趋向再入走廊的中心，以保证再入安全和大气捕获。当再入过载达到 $1.4g_0$ 时，进入常值阻力段，飞船开始跟踪一个参考阻力加速度剖面。飞船在线计算参考剖面对应的升阻比，并通过线性控制律实现对倾侧角的控制。当高度变化率达到−213 m/s 时，认为已经可以保证飞船的大气捕获，此段结束。

（3）轨迹预测和常值阻力段：在该阶段中，飞行器仍跟踪一个常值阻力加速度剖面,同时通过一个名为 HUNTEST 的程序在线规划一条满足航程和其他约束要求的参考轨迹。首先确认待飞航程确定之后的再入方式是直接再入还是跳跃式再入,如果采用跳跃式再入方式,则要采用 HUNTEST 在线规划一条可行的上升段轨迹,具体包括:计算跃起点(一次再入最低点)的运动状态;计算上升段跃出大气层时(跃出点)的运动状态;计算为获得期望的跃出点运动状态、上升段的标称参考轨迹及标称升阻比。在该阶段,HUNTEST 根据飞船的当前运动状态,通过解析算法(常值阻力或常值升阻比假设)预测跃出点的状态及飞行航程,若跃出点速度超过当地圆周速度或沿参考轨迹的飞行航程超过待飞航程,则继续跟踪常值阻力加速度剖面以耗散多余的能量;一旦沿参考轨迹的飞行航程小于待飞航程,则停止常值阻力跟踪,采用弦割法更新上升段的标称升阻比。若预测航程与目标点的距离小于 46.3 km(25 n mile),则认为找到了可行参考轨迹,转入下降控制段;若找不到可行参考轨迹或发现不需要跳跃段,则直接转入二次再入段。HUNTEST 是"阿波罗"飞船制导算法的核心,每 2 s 在线执行一次。

(4) 下降控制段:HUNTEST 收敛时,飞船的高度一般还在继续下降,自收敛时刻起至跃起点(即高度变化率 $\dot{h}=0$ 的点)的这一段称为下降控制段。在下降控制段,根据飞船的配平升阻比、当前的运动状态及期望的跃起点速度,以速度为自变量、以加速度和高度变化率为因变量,计算一条解析的参考轨迹,控制飞船的滚转角以改变纵向升阻比,跟踪这条轨迹。

(5) 上升控制段:一旦飞船开始从跃起点向上飞行,制导系统转为跟踪由 HUNTEST 生成的参考轨迹,以满足跃出点的运动状态。在上升段,采用解析方法计算该参考轨迹,以阻力加速度作为自变量、以速度和高度变化率作为因变量,控制滚转角以满足纵向升阻比要求。该段一直持续到阻力加速度小于 $0.2g_0$ 为止,转入开普勒段;若跃起后的最高点仍在大气层内,则在 $\dot{h}=0$ 时直接转入二次再入段。

(6) 开普勒段:也称弹道段、自由飞行段,由于气动力很小,该段无法控制飞船的轨迹。当阻力加速度小于 $0.05g_0$ 后,姿态控制进入三轴姿态保持模式;当阻力加速度再次大于 $0.05g_0$ 后,俯仰与偏航方向进入速率阻尼模式。当阻力加速度增大到 $0.2g_0$ 时,转入二次再入段。

(7) 二次再入段:本段的制导策略是跟踪在地面计算并存储到船载计算机的参考轨迹。参考轨迹以速度为自变量、以加速度和高度变化率为因变量,通过查表和插值生成升阻比的修正量。当飞船速度低于事前设定的阈值后,停止更新制导指令。

"阿波罗"飞船的侧向制导是通过误差走廊的方式实现的,一般翻转 4 次,具体设计方法可参见第 7 章。略有不同的是,一般倾侧角翻转时是由姿控系统按照最短路径的方式执行,但在上升控制段,不允许倾侧角由升力向下的一侧翻转。

早在"阿波罗"计划之初,研究人员就发现,若要使飞船实现较强的航程调节能力的同时保证着陆精度,必须在线设计再入轨迹。然而,当时船载计算机的能力非常有限,尽管第一次采用了小规模集成电路的计算机,但主频仅为 2.048 MHz,动态存储器(RAM)为 1 KB,只读存储器(ROM)为 12 KB。为此,再入制导算法不得不进行许多简化和近似。例如,忽略重力和离心力的影响,使用经验公式,假定某些变量为常量等;假设飞行器在常值阻力加速度段飞行时,纵向平面内的升阻比也是常值;对于超越方程,一般多采用泰勒展开式获得一阶、二阶的近似方程,以避免求解非线性方程。这些近似处理会导致上升段的出口点控制误差,还会引起航程预测方面的误差,而这些误差又会在开普勒段被进一步放大,最终导致二次再入段倾侧角指令的饱和及着陆精度的降低。表 8-1 给出了"阿波罗"制导算法与数值预测-校正(numerical predictor-corrector, NPC)制导算法的精度比较结果。

表 8-1 "阿波罗"制导算法与数值预测-校正制导算法的精度对比[61]

误差距离/km	2 500 km		3 600 km		8 400 km	
	阿波罗	NPC	阿波罗	NPC	阿波罗	NPC
均值	1.813	0.897	7.168	0.947	438.5	0.951
中值	1.768	0.865	1.852	0.914	445.9	0.967
最大值	34.45	2.97	283.5	2.059	1 478	1.632
最小值	0.922	0.089	0.263	0.158	1.034	0.081 4
标准偏离值	1.517	0.373	29.42	0.373	235.2	0.357
失败率	2%	0%	62%	0%	93.2%	0%

从表 8-1 中可以看出,当航程为 2 500 km 时,"阿波罗"飞船的再入制导算法尚能达到较高的精度和成功率;当航程为 3 600 km 时,再入制导算法的失败率已达到 62%。

8.1.3 "猎户座"飞船的再入制导方案

2004 年,美国宣布重启载人月球探测任务,并开始研制新的载人飞行器——

载人探索飞行器(crew exploration vehicle, CEV)。2005年,美国国家航空航天局(National Aeronautics and Space Administration, NASA)确定CEV采用“阿波罗”飞船的基本结构样式。2006年,NASA将CEV命名为“猎户座”飞船。根据美国的载人月球探测计划,“猎户座”飞船应具备任意地月位置关系下返回美国本土的能力,为此要求再入航程最大应达到9 800 km。对于升阻比仅有0.30~0.35的“猎户座”飞船,只有跳跃式再入才能实现这一要求。

为解决“阿波罗”飞船再入制导算法中存在的问题,美国学者在研究“猎户座”飞船的再入制导时,提出了两种有代表性的改进方法,一种是约翰逊航天中心提出的数值跳跃式再入制导(numerical skip entry guidance, NSEG)方法,另一种是麻省理工学院Draper实验室提出的预测制导(predictor guidance, PredGuid)方法。这两种方法在跳跃段(一次再入段)都采用了数值预测-校正制导方法,在第二次再入时使用“阿波罗”飞船的二次再入制导方法。由于“阿波罗”飞船的制导方法已经在历次飞行任务中得到了很好的验证,新的研究主要集中在如何实现跳跃段的制导,以满足二次再入点处的能量要求。两种制导方法都采用了大气参数与空气动力系数估计技术,因为数值预测-校正制导算法对这些参数非常敏感。[66-68]

1. 数值跳跃式再入制导(NSEG)方法

NSEG方法是NASA下属单位约翰逊航天中心开发的一套适用于从月球返回的低升阻比飞行器长航程再入任务的制导算法。NSEG的早期工作是从1992年研究用“阿波罗”飞船的制导律来计算月球返回的可达域开始的,后来针对“猎户座”飞船的再入需求加入了数值预测算法,以实现长航程跳跃式轨迹的实时计算。采用NSEG方法将飞船导引到二次再入段马赫数约23、高度约60 km的状态(记为点H_1),之后由“阿波罗”飞船的再入制导算法接班,进一步将飞船导引到马赫数约1.6、高度约24 km的位置(记为点H_3),此时距着陆点(记为点T)约为13 km。

NSEG方法主要分为四段。

(1) 数值预测-校正制导段:该段自一次再入点开始。在该段中,NSEG方法通过数值积分运动方程进行轨迹预报,积分中采用常值倾侧角剖面,积分的终端点取为二次再入段高度48.768 km处(记为点H_2)。点H_2到点T的参考射程是给定的,在每个预测周期中,数值计算点H_2到点T的预估航程,并迭代倾侧角的值,使得预估航程与给定的参考航程相匹配。在NSEG方法中,射程预报仅考虑纵平面内的运动,即用升力乘以倾侧角的余弦来获取升力在纵平面内的分量,侧向的运动通过横程走廊加以控制。由此,航程仅是倾侧角的单变量函数,NSEG 方法采用有界试位法求解射程-倾侧角方程。迭代过程中,若解超过边界约束,则改为半分法搜索。

(2) 混合制导段: 在该段中,采用一种混合倾侧角制导指令,以实现数值解与“阿波罗”二次再入段飞行解之间的过渡。

(3) “阿波罗”再入制导段: 大约在二次再入段的 60 km 高度以下,“阿波罗”制导算法开始接班,该段大约持续到飞行器与地球的相对速度减小到 487 m/s 时为止。

(4) 比例导引段: 当飞行器与地球的相对速度下降到 487 m/s 时,进入比例导引段。该段中,倾侧角指令与侧向偏差成比例,最终将飞船导引到期望的减速伞开伞“篮筐”中。

除比例导引段外,NSEG 方法的侧向制导都是通过横程走廊控制倾侧角符号的反转实现的。

2. 预测制导(PredGuid)方法

Draper 实验室曾为大气辅助变轨飞行试验设计了一种数值预测-校正制导算法。根据美国重返月球计划的需要,Draper 实验室改进了这种制导算法,并与“阿波罗”飞船的制导方案相结合形成了 PredGuid 方法。

美国重返月球计划中要求飞行器具有接近 10 000 km 航程的精确着陆能力。为实现大气层外长时间飞行的精确制导控制,PredGuid 方法用数值预测制导算法取代了“阿波罗”飞船的下降控制段、上升控制段和开普勒段的制导律,从而能够在跳跃段之后精确满足二次再入的入口条件。当飞行器的速度降低到声速以下时,PredGuid 方法采用一种简单的末端制导律来修正侧向偏差。

(1) 初始滚转段: 该段主要为了保持飞船的再入指向,以确保大气捕获,它包含“阿波罗”再入制导方案中的姿态保持和初始滚转段。该段对“阿波罗”制导算法做了改进,倾侧角的值不再仅是 0°或 180°,而是可以根据需要由设计人员指定,从而能够满足热流峰值、总加热量、过载峰值等约束。该段到高度下降率达到-213 m/s 为止。

(2) 能量管理端: 该段的制导律是在“阿波罗”飞船的轨迹预测和常值阻力段的基础上稍加改进实现的。它根据给定的再入参考航程,确定是直接再入还是跳跃式再入,并将飞船导引到要求的交班条件。对直接再入,该交班条件是最终段,对跳跃再入是上升控制段。在该段中,飞行器控制自身的能量损耗,并通过近似解析算法预测到落点的航程。若需要采用跳跃式再入,则当航程误差小于 46.3 km 时转入上升控制段;若采用直接式再入,则达到预期速度条件时转入最终段。

(3) 上升控制段：该段替代了“阿波罗”飞船制导律的下降控制段和上升控制段。在该段中，数值预测-校正制导算法开始工作，它基于常值倾侧角剖面假设并通过积分一组简化的运动方程来预测弹道，通过迭代倾侧角值来满足最终段入口处的航程和当地速度倾角要求。该段到飞行器跳出可感大气层，即阻力加速度降到约 $0.2g_0$以下为止。

(4) 开普勒段：这是跳跃式弹道的大气层以外段，对应“阿波罗”飞船制导方案中的开普勒段，该段控制系统的主要目的是保持飞行器的正常姿态。在该段中，预测-校正制导律仍然工作，但阻力加速度低于 $0.05g_0$之后便不再给姿控系统输出制导指令。此段到阻力加速度再次增大到 $0.2g_0$时为止。

(5) 最终段：PredGuid 方法将“阿波罗”飞船的二次再入制导策略用于直接再入或二次再入段，该段采用标准轨道制导方法。当飞船与地球的相对速度下降到 304.8 m/s 时，该段结束。

(6) 末端制导段：该段主要用于修正侧向偏差，它采用一种基于侧向方位角误差的简单比例导引策略。当满足减速伞开伞条件时，该段结束。

PredGuid 方法的侧向制导策略与“阿波罗”飞船一致，也是通过倾侧角符号反转实现的，只是侧向走廊的定义略有改动。

8.1.4 “嫦娥五号”飞船的再入制导方案

作为我国月球探测工程“绕、落、回”三步走战略的最后一步，“嫦娥五号”任务的工程目标是实现无人月面采样返回，返回再入任务具有以下特点[69]：

(1) 再入弹道选择在大约沿 45°倾角分布的“走廊”内，轨道要受到较为严格的月地相对位置关系的限制；

(2) 可利用的落区主要是国内有限的具备回收条件的人烟稀少区域；

(3) 月地返回的再入速度接近第二宇宙速度，对返回器的力、热、过载控制均提出较高要求。

在以上约束条件下，经分析，“嫦娥五号”返回器的再入航程需超过 5 600 km。由于返回器的平均升阻比约为 0.25，属于典型的小升阻比飞行器，采用跃出大气层的跳跃式轨道就成为必然选择。

对于接近第二宇宙速度的月地返回，地面无法进行充分的模拟验证，为降低工程实施风险，2014 年，我国发射和回收了采用自由返回轨道的“嫦娥五号”飞行试验器(CE－5T)，成功实现了我国首次跳跃式再入试验；2020 年 12 月 17

日,“嫦娥五号”返回器精准着陆于预定落区,针对跳跃式再入的控制系统设计再一次得到飞行验证。两次飞行任务在升力控制结束时的制导精度都很高,分别为 509 m 和 1 700 m,证明我国的飞船再入制导技术达到较高水平。

“嫦娥五号”的再入轨道包括滑行段、初次再入段、自由飞行段、二次再入段四个阶段,如图 8-4 所示[70,71]。

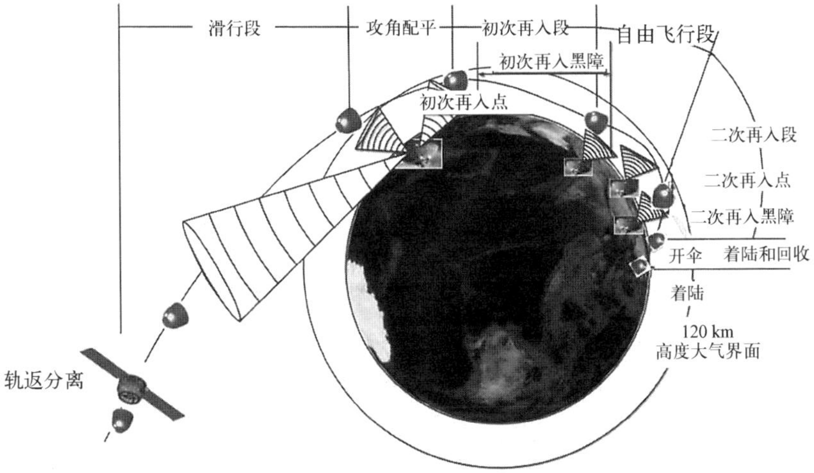

图 8-4　“嫦娥五号”跳跃式再入飞行阶段划分[70]

(1) 滑行段：返回器从轨道器-返回器分离(距离地面约 5 000 km 高度)开始进入滑行段,正常情况下,本阶段的飞行时间约为 1 200 s。到达配平攻角动作对应的高度时,控制系统需要将姿态控制到预期的配平状态,并保持至距离地面高度 120 km 的初次再入点。

(2) 初次再入段：当返回器初次下降到 120 km 高度时进入初次再入段。本段飞行时间一般不超过 300 s,最低飞行高度为 60 km 左右。当轴向过载超过 $0.04g_0$ 时,制导系统认为已经具备升力控制条件,开始利用倾侧角进行轨迹控制。在此之前,保持倾侧角为 0°的全升力向上的飞行状态。

(3) 自由飞行段：在初次再入段后期,制导系统判断气动力明显减弱(轴向过载小于 $0.1g_0$)后转入本阶段控制,本段飞行时间小于 500 s。

(4) 二次再入段：自由飞行段过程中,返回器处于下降飞行,同时轴向过载大于 $0.1g_0$ 后,则进入二次再入段控制,本段飞行时间为 400 s 左右。

再入制导系统设计中,“嫦娥五号”返回器将一种轻量化的高精度在线数值预测方法与基于一阶特征模型的自适应校正方法相结合，全程采用数值预测-校正制导技术。制导系统以全数值一阶特征模型的预测-校正制导方法为基础，结合对弹道特性及制导回路性能的分析，设计了一种双环制导体制，以提高制导回路的性能及鲁棒性。具体而言，是一种以较长周期的预测-校正为外环、以较短周期的跟踪预测-校正生成的标称弹道为内环的双环制导逻辑，如图 8-5 所示。

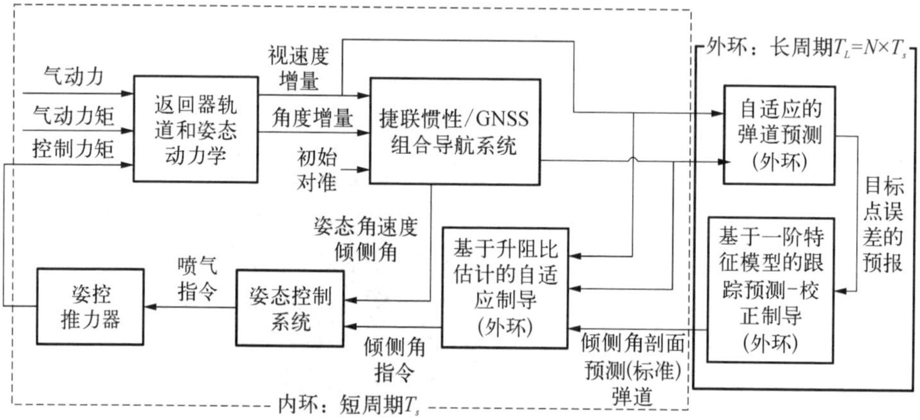

图 8-5 “嫦娥五号”的双环制导系统设计流程图[70]

再入弹道数值预测是积分三自由度质心运动方程，以简化分析和计算。考虑到姿态控制系统的跟踪带宽是有限的，因此在跟踪制导指令时会存在动态延迟，例如，倾侧角翻转时，指令倾侧角跟踪的时延会显著影响弹道形态，尤其以初次再入段最为显著。因此，系统设计时将倾侧角假设为一个惯性环节，与三自由度质心动力学方程联立，以预测返回器的终端状态。设计时，考虑到返回器制导计算机的浮点处理能力，以及制导系统稳定性和性能的要求，最终确定外环使用的预测-校正周期为 4 s。

内环跟踪回路采用了一种时变动态增益的控制变换方法，并通过自适应控制方法来确保校正过程的收敛性，以及保证多种偏差、不确定性存在下的鲁棒性和性能，这种方法就是基于一阶特征模型的全系数自适应校正方法。该方法首先针对标称的分段常值倾侧角剖面、运动状态和动力学参数等条件，以时间为自变量，利用数学仿真的方式构造从当前时刻到终端状态的时变动态增益函数；在此基础上，将控制增量与预测误差的关系看作一个时变动态系统的输入与输出，将时变动态增益函数的倒数分解为输入变换和输出变换，最终形成时变动态系统的控制回路。内环回路的控制周期为 0.16 s。

8.2　跳跃式再入弹道特性分析

8.2.1　跳跃式再入飞行阶段的划分

为便于描述,首先明确跳跃式再入飞行中各个阶段的划分。如图 8 - 6 所示,将跳跃式再入过程分为三段,即跳跃段、开普勒段和二次再入段。按照再入过程中参数的变化,又将跳跃段分为初始段、下降段和上升段。初始段从大气层边界起到轴向过载达到 $0.2g_0$ 为止;紧接其后是下降段,到跃起点(也即高度由下降转为上升的点)为止;上升段从跃起点到气动过载下降到 $0.2g_0$ 为止。二次再入段的起点也采用过载为 $0.2g_0$ 的判断准则,终点是降落伞开伞点。本章选取 10 km 高度作为开伞条件,跳跃式再入的升力控制至此结束。值得注意的是,当飞行航程较短时,跳跃式再入轨道可能不会出现上述所有阶段,如开普勒段,则相应的分段需要进行调整。

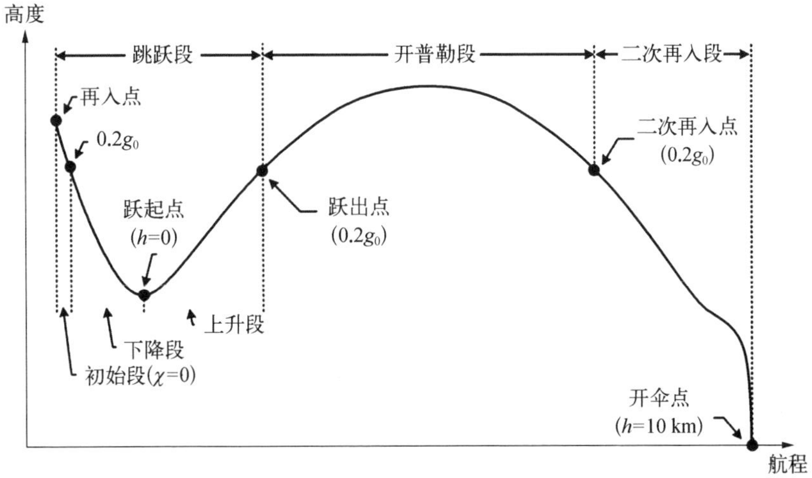

图 8 - 6　跳跃式再入过程的各阶段划分

8.2.2　跳跃式再入弹道的解析解

3.3 节已经给出了罗赫的再入运动近似解析解理论,并推导了升阻比为常数的二阶近似解和跳跃式再入运动的近似解：

$$\cos\Theta = \frac{\cos\Theta_e + \frac{1}{2}\frac{L}{D}\left(\frac{C_D S}{m\beta}\right)\rho\left(1-\frac{\rho_e}{\rho}\right)}{1+\frac{1}{\beta R_E}\left(\frac{gR_E}{v^2}-1\right)\left(1-\frac{\rho_e}{\rho}\right)} \tag{8-2-1}$$

$$\ln\left(\frac{v^2/gR_E}{v_e^2/gR_E}\right) = -\frac{C_D S}{m\beta}\cdot\frac{\Theta-\Theta_e}{\frac{1}{2}\frac{L}{D}\left(\frac{C_D S}{m\beta}\right)-\frac{1}{\beta R_E}\frac{\cos\Theta}{\rho}\left(\frac{gR_E}{v^2}-1\right)} \tag{8-2-2}$$

根据式(3-3-41)，定义：

$$N = \frac{1}{2}\frac{L}{D}\left(\frac{C_D S}{m\beta}\right)-\frac{1}{\beta R_E}\frac{\cos\Theta}{\rho}\left(\frac{gR_E}{v^2}-1\right) \tag{8-2-3}$$

若假设 N 为常数，则式(8-2-1)和式(8-2-2)变为

$$\cos\Theta = \cos\Theta_e + N(\rho-\rho_e) \tag{8-2-4}$$

$$\ln\left(\frac{v^2/gR_E}{v_e^2/gR_E}\right) = -\frac{1}{N}\frac{C_D S}{m\beta}(\Theta-\Theta_e) \tag{8-2-5}$$

由于飞船再入过程中，升阻比变化不大，可以基于罗赫的解析解理论分析跳跃式再入弹道的特性。

1. 构造整条弹道解析解的方法

再入弹道的二阶解析解以高度为自变量，对于非跳跃式弹道，不会出现 $\Theta=0$ 的情况，即 h 一直单调变化，因此可以从初始再入到终端状态一直积分。对于跳跃式弹道，再入过程中会有 $\Theta=0$，也即随着 ρ 的增加，$|\Theta|$ 单调减小，直至 $\Theta=0$；而在这点之后直到再次跃出大气层，$|\Theta|$ 单调增加。因此，沿弹道通过 $\Theta=0$ 点的积分必须按如下公式进行：

$$\int_{\Theta=\Theta_e}^{\Theta} = \int_{\Theta=\Theta_e}^{\Theta=0} + \int_{\Theta=0}^{\Theta} \tag{8-2-6}$$

对于弹道跃起后的最高点不会重新穿出大气层的弹道，只需要将整个弹道分成三段分别计算：① 再入点至跃起点的一次再入下降段；② 跃起点至跃起

后最高点的一次再入上升段;③ 二次再入段。

对于弹道跃起后最高点在大气层以外的情况,需要分成四段:① 再入点至跃起点的一次再入下降段;② 跃起点至穿出大气层处的一次再入上升段;③ 大气层外的开普勒段;④ 二次再入段。

在上述弹道分段中,一次再入下降段和二次再入段可以基于升阻比为常数的罗赫二阶解析解理论来计算;大气层外的开普勒段可以看作二体运动,因此可以近似认为二次再入段入口点和一次再入上升段出口点处的速度大小相等,当地速度倾角大小相等、方向相反。因此,整个跳跃式再入弹道的解析解主要就是分析一次再入上升段解的问题。

以跃起点处的速度 v_{skip}、当地速度倾角 $\Theta_{\text{skip}}=0$、密度 ρ_{skip} 作为起始条件,则由方程(8-2-1)和方程(8-2-2)可得计算上升段弹道参数的方程为

$$\begin{cases}\cos\Theta=\dfrac{1+\dfrac{1}{2}\left(\dfrac{L}{D}\right)\left(\dfrac{C_DS}{m\beta}\right)\rho\left(1-\dfrac{\rho_{\text{skip}}}{\rho}\right)}{1+\dfrac{1}{\beta R_E}\left(\dfrac{gR_E}{v^2}-1\right)\left(1-\dfrac{\rho_{\text{skip}}}{\rho}\right)}\\[2ex] \ln\left[\dfrac{\left(\dfrac{v^2}{gR_E}\right)}{\left(\dfrac{v_{\text{skip}}^2}{gR_E}\right)}\right]=\dfrac{-\dfrac{C_DS}{m\beta}\Theta}{\left[\dfrac{1}{2}\left(\dfrac{L}{D}\right)\left(\dfrac{C_DS}{m\beta}\right)-\dfrac{1}{\beta R_E}\dfrac{\cos\Theta}{\rho_0 e^{-\beta h}}\left(\dfrac{gR_E}{v^2}-1\right)\right]}\end{cases}\tag{8-2-7}$$

若假设式(8-2-3)中的 N 为常数,由式(8-2-4)和式(8-2-5)可以得到简化的弹道参数计算方程:

$$\begin{cases}\ln\left(\dfrac{v^2/gR_E}{v_{\text{skip}}^2/gR_E}\right)=-\dfrac{C_DS}{m\beta N}\Theta\\ \cos\Theta=1+N(\rho-\rho_{\text{skip}})\end{cases}\tag{8-2-8}$$

2. 实现跳跃式再入的条件分析

对于非跳跃式弹道,不会出现 $\Theta=0$ 的情况;而对跳跃式弹道,再入过程中会有 $\Theta=0$。因此,对式(8-2-1)、式(8-2-2),若存在着一个 $\Theta=0$ 的解,则能实现跳跃式再入;若方程无解,则再入过程不会出现跳跃。

若令 $\Theta=0$,则式(8-2-1)、式(8-2-2)可化为

$$\cos\Theta_e = 1 + \frac{1}{\beta R_E}\left(\frac{gR_E}{v_{\text{skip}}^2} - 1\right)\left(1 - \frac{\rho_e}{\rho_{\text{skip}}}\right) - \frac{1}{2}\left(\frac{L}{D}\right)\left(\frac{C_D S}{m\beta}\right)\rho_{\text{skip}}\left(1 - \frac{\rho_e}{\rho_{\text{skip}}}\right) \tag{8-2-9}$$

$$\ln\left(\frac{v_{\text{skip}}^2/gR_E}{v_e^2/gR_E}\right) = \frac{\dfrac{C_D S}{m\beta}\Theta_e}{\dfrac{1}{2}\left(\dfrac{L}{D}\right)\left(\dfrac{C_D S}{m\beta}\right) - \dfrac{1}{\beta R_E}\dfrac{1}{\rho_{\text{skip}}}\left(\dfrac{gR_E}{v_{\text{skip}}^2} - 1\right)} \tag{8-2-10}$$

若认为$\rho_e \to 0$，$\dfrac{\rho_e}{\rho} \ll 1$，则式(8－2－9)可以简化为

$$\cos\Theta_e = 1 + \frac{1}{\beta R_E}\left(\frac{gR_E}{v_{\text{skip}}^2} - 1\right) - \frac{1}{2}\left(\frac{L}{D}\right)\left(\frac{C_D S}{m\beta}\right)\rho_{\text{skip}} \tag{8-2-11}$$

即

$$\rho_{\text{skip}} = \frac{1 + \left(\dfrac{1}{\beta R_E}\right)\left(\dfrac{gR_E}{v_{\text{skip}}^2} - 1\right) - \cos\Theta_e}{\dfrac{1}{2}\left(\dfrac{L}{D}\right)\left(\dfrac{C_D S}{m\beta}\right)} \tag{8-2-12}$$

联立式(8－2－10)、式(8－2－12)，可以求得跃起时的大气密度$\rho = \rho_{\text{skip}}$和速度$v = v_{\text{skip}}$。对应的高度$h = h_{\text{skip}}$为

$$h_{\text{skip}} = \frac{1}{\beta}\ln\left[\frac{\dfrac{1}{2}\rho_0\left(\dfrac{L}{D}\right)\left(\dfrac{C_D S}{m\beta}\right)}{1 + \left(\dfrac{1}{\beta R_E}\right)\left(\dfrac{gR_E}{v_{\text{skip}}^2} - 1\right) - \cos\Theta_e}\right] \tag{8-2-13}$$

若进一步假设式(8－2－3)中的N为常数或分段常数，令$\Theta = 0$，则由式(8－2－4)、式(8－2－5)可知，实现跳跃式再入需要使下面的方程有解：

$$\begin{cases}\ln\left(\dfrac{v_{\text{skip}}^2/gR_E}{v_e^2/gR_E}\right) = \dfrac{1}{N}\dfrac{C_D S}{m\beta}\Theta_e \\ \cos\Theta_e = 1 - N\rho_0\left(\mathrm{e}^{-\beta h_{\text{skip}}} - \mathrm{e}^{-\beta h_e}\right)\end{cases} \tag{8-2-14}$$

取初始再入条件为$h_e = 86$ km，$v_e = 10.686$ km/s，$\Theta_e = -4.206°$，按照式

(8-2-4)、式(8-2-5)计算,以 $\Theta=0$ 作为结束条件,得到的速度和当地速度倾角的变化分别如图8-7和图8-8所示。计算时,以 $h=75$ km 为界,前后 N 取不同值,以便更好地拟合数值结果。

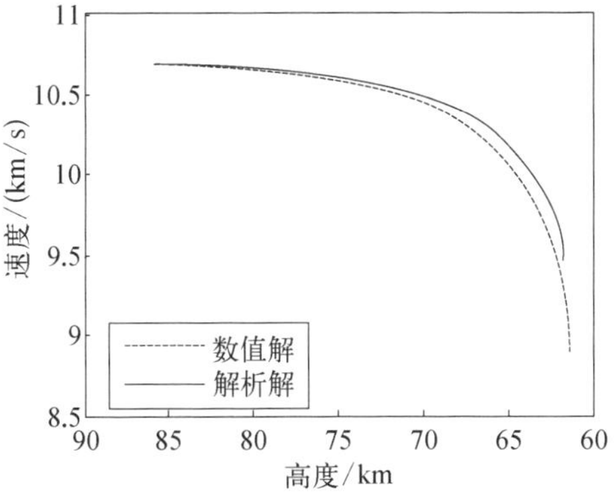

图8-7　跃起前速度的解析解与数值解比较

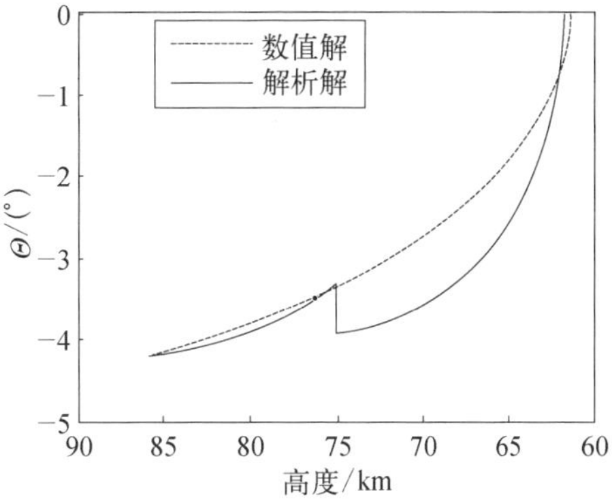

图8-8　跃起前当地速度倾角的解析解与数值解比较

由图8-7和图8-8可见,解析解能够较好地逼近数值解。比较而言,解析解计算得到的跃起高度要大于数值解,分别为 $h_{\text{skip},a}=61.640$ km, $h_{\text{skip},n}=61.357$ km;解析解的跃起点速度要高于数值解,分别为 $v_{\text{skip},a}=9.458$ km, $v_{\text{skip},n}=8.964$ km。

根据式(8-2-14)可以对弹道跃起点的特性加以分析。由式(8-2-14)的第二式可求得跃起点的高度 $h=h_{\text{skip}}$ 为

$$h_{\text{skip}}=-\frac{1}{\beta}\ln\left(\frac{1-\cos\Theta_e}{N\rho_0}+\mathrm{e}^{-\beta h_e}\right) \tag{8-2-15}$$

若认为再入起始高度 h_e 很大, $\rho_e\to 0$, 则式(8-2-15)可简化为

$$h_{\text{skip}}=\frac{1}{\beta}\ln\left(\frac{N\rho_0}{1-\cos\Theta_e}\right) \tag{8-2-16}$$

因为 N 可近似看作常数(一次再入初始阶段中, N 的迅速变化对弹道特性的影响不大),故当再入角 Θ_e 确定后,跃起点的高度是基本不变的,这与数值仿真结果是一致的。

由式(8-2-16)还可知,再入角越小, $\cos\Theta_e$ 越大,则跃起点的高度越高;

大气密度偏大,相当于β越小,$1/\beta$越大,则跃起点的高度变高。这与数值的仿真结果也是一致的。

由式(8-2-14)的第一式可以求得跃起点的速度为

$$v_{\mathrm{skip}}^2 = v_e^2 \exp\left(\frac{1}{N}\frac{C_D S}{m\beta}\Theta_e\right) \tag{8-2-17}$$

因此,跃起点的速度受再入点速度、再入角、阻力系数、大气密度等因素的影响。

根据式(8-2-17)还可以近似分析实现跃起的条件。一般而言,如要实现跃起,跃起点的速度应大于当地环绕速度,即

$$v_e^2 \exp\left(\frac{C_D S}{m\beta N}\Theta_e\right) \geqslant gR_E$$

也即

$$\Theta_e \geqslant \frac{m\beta N}{C_D S}\ln\left(\frac{gR_E}{v_e^2}\right) \tag{8-2-18}$$

因为$\Theta_e<0$,故式(8-2-18)可进一步写为

$$|\Theta_e| \leqslant \frac{m\beta N}{C_D S}\ln\left(\frac{v_e^2}{gR_E}\right) \tag{8-2-19}$$

式(8-2-19)就是实现弹道跳跃的近似条件。可见,初始再入速度增大、质量增大、阻力系数减小、大气密度减小对实现跳跃是有利的。因为常数N与升阻比有关,故调整纵平面内的升阻比,也即控制倾侧角,也可以控制弹道是否跳跃。

3. 上升段出口点参数的估算

根据方程(8-2-8),可以估算跳跃后上升段出口点的参数。在出口点处,若认为h_{exit}比较大,则可近似认为大气密度为零,即$\rho_{\mathrm{exit}} = \rho_0 \mathrm{e}^{-\beta h_{\mathrm{exit}}} \approx 0$,则由方程(8-2-8)的第二式可得

$$\cos\Theta_{\mathrm{exit}} = 1 - N\rho_0 \mathrm{e}^{-\beta h_{\mathrm{skip}}} \tag{8-2-20}$$

将式(8-2-16)代入式(8-2-20),可得到出口点处的当地速度倾角与再入角的关系。为提高估计精度,一次再入下降段与上升段的N应取不同值,若式(8-2-16)中的N用N_{down}表示,式(8-2-20)中的N用N_{up}表示,则有

$$\cos\Theta_{\mathrm{exit}} = 1 - \frac{N_{\mathrm{up}}}{N_{\mathrm{down}}}(1 - \cos\Theta_e) \tag{8-2-21}$$

可见，若认为下降段和上升段的 N 为常数，则出口点处的当地速度倾角 Θ_{exit} 仅与再入角 Θ_e 有关。再入角一定时，Θ_{exit} 基本不变，也即二次再入点处的再入角 Θ_{e2} 基本不变。

将 Θ_{exit} 代入式(8-2-8)的第一式，可以得到跃起后出口点处的速度 v_{exit}：

$$v_{\text{exit}}^2 = v_{\text{skip}}^2 \exp\left(-\frac{C_D S}{m\beta N}\Theta_{\text{exit}}\right) \tag{8-2-22}$$

若再将式(8-2-17)代入式(8-2-22)，并同样用 N_{down}、N_{up} 表示不同阶段的 N，则有

$$v_{\text{exit}}^2 = v_e^2 \exp\left[\frac{C_D S}{m\beta}\left(\frac{\Theta_e}{N_{\text{down}}} - \frac{\Theta_{\text{exit}}}{N_{\text{up}}}\right)\right] \tag{8-2-23}$$

若认为初始再入点与跃起后出口点处的高度相同，即两处的势能相等，则一次再入段机械能的衰减为

$$\Delta E = \frac{v_e^2}{2} - \frac{v_{\text{exit}}^2}{2} = \frac{v_e^2}{2}\left\{1 - \exp\left[\frac{C_D S}{m\beta}\left(\frac{\Theta_e}{N_{\text{down}}} - \frac{\Theta_{\text{exit}}}{N_{\text{up}}}\right)\right]\right\} \tag{8-2-24}$$

4. 大气捕获条件的解析分析

实现返回器的大气捕获，顺利返回地球，主要考虑两个条件：一是返回过程中的最大过载小于给定值 $n_{\max}$，二是最大跳跃高度小于给定值 $h_{\max}$。前者限制跃起段的弹道不能太陡，后者则限制弹道不能太平缓。

最大过载出现在跃起点附近，因此可以用式(8-2-8)分析满足最大过载要求的条件。在分析中，跃起点前后的 N 可以取相同的值。若计算点在跃起点之前，由式(8-2-8)的第二式可得 Θ 的计算公式为

$$\Theta = -\arccos\left[1 + N(\rho - \rho_{\text{skip}})\right] \tag{8-2-25}$$

若计算点在跃起点之后，Θ 的求解公式为

$$\Theta = \arccos\left[1 + N(\rho - \rho_{\text{skip}})\right] \tag{8-2-26}$$

再入过程中切向过载的表达式为

$$n_D = \frac{1}{2}\frac{C_D S}{m g_0}\rho v^2 \tag{8-2-27}$$

法向过载的表达式为

$$n_L = \frac{1}{2}\frac{C_D S}{m g_0}\frac{L}{D}\rho v^2 = \frac{L}{D} n_D$$

若将再入过程中的升阻比看作常数,忽略侧向过载,则总过载为

$$n = \sqrt{n_D^2 + n_L^2} = \sqrt{1 + \left(\frac{L}{D}\right)^2}\, n_D = k_{L/D} n_D \qquad (8-2-28)$$

式中, $k_{L/D} = \sqrt{L^2 + D^2}/D$, 可看作常数。将式(8-2-8)的第一式和式(8-2-27)代入式(8-2-28)可得

$$n = k_{L/D}\frac{1}{2}\frac{C_D S}{m g_0}\rho \cdot \exp\left(-\frac{C_D S}{m\beta N}\Theta\right) v_{\text{skip}}^2 \qquad (8-2-29)$$

再将密度 ρ 的表达式和跃起速度 v_{skip} 的表达式[式(8-2-17)]代入式(8-2-29)可得

$$n = k_{L/D}\frac{1}{2}\frac{C_D S}{m g_0}\rho_0 \mathrm{e}^{-\beta h} \cdot \exp\left[\frac{C_D S}{m\beta N}(\Theta_e - \Theta)\right] v_e^2 \qquad (8-2-30)$$

将式(8-2-25)或式(8-2-26)代入式(8-2-30),即可得到 n 关于 h 的表达式。

最大过载一般出现在跃起点之前,故将式(8-2-4)代入式(8-2-30)(注意 Θ 为负),并认为 $\rho_e \to 0$, 可得

$$n = k_{L/D}\frac{1}{2}\frac{C_D S}{m g_0}\rho_0 v_e^2 \cdot \exp\left\{\frac{C_D S}{m\beta N}\left[\Theta_e + \arccos(\cos\Theta_e + N\rho_0 \mathrm{e}^{-\beta h})\right] - \beta h\right\} \qquad (8-2-31)$$

将式(8-2-31)对 h 求导,并令 $\frac{\mathrm{d}n}{\mathrm{d}h} = 0$, 可得

$$\frac{C_D S}{m}\frac{\rho_0 \mathrm{e}^{-\beta h_{n,\max}}}{\sqrt{1 - (\cos\Theta_e + N\rho_0 \mathrm{e}^{-\beta h_{n,\max}})^2}} - \beta = 0 \qquad (8-2-32)$$

由式(8-2-32)解出 $h_{n,\max}$,代入式(8-2-31)即可得到 $n_{\max}$, $n_{\max}$要小于给定值。

跳出大气层后的弹道最高点可按如下方法求得。将由式(8-2-20)、式(8-2-22)求得的 Θ_{exit}、v_{exit} 作为开普勒段的起点,忽略气动力和牵连速度的影响,则后续运动满足机械能守恒定律,即

$$\frac{v_{\mathrm{exit}}^2}{2}-\frac{\mu_E}{r_{\mathrm{exit}}}=\frac{v^2}{2}-\frac{\mu_E}{r} \tag{8-2-33}$$

式中，$r_{\mathrm{exit}}=h_{\mathrm{exit}}+R_E$；$r=h+R_E$。返回器在大气层外的运动还满足动量矩守恒定律，故有

$$r_{\mathrm{exit}}v_{\mathrm{exit}}\cos\Theta_{\mathrm{exit}}=rv\cos\Theta \tag{8-2-34}$$

在开普勒段的最高点，应有

$$\Theta=0,\quad r=r_{\max}=h_{\max}+R_E \tag{8-2-35}$$

将式(8-2-35)代入式(8-2-33)、式(8-2-34)，可得

$$\begin{cases}\dfrac{v_{\mathrm{exit}}^2}{2}-\dfrac{\mu_E}{r_{\mathrm{exit}}}=\dfrac{v_{h_{\max}}^2}{2}-\dfrac{\mu_E}{(h_{\max}+R_E)}\\ r_{\mathrm{exit}}v_{\mathrm{exit}}\cos\Theta_{\mathrm{exit}}=(h_{\max}+R_E)v_{h_{\max}}\end{cases}$$

由上式可得到 $h_{\max}$ 应满足如下方程：

$$\left(v_{\mathrm{exit}}^2-\frac{2\mu_E}{r_{\mathrm{exit}}}\right)(h_{\max}+R_E)^2+2\mu_E(h_{\max}+R_E)-r_{\mathrm{exit}}^2v_{\mathrm{exit}}^2\cos^2\Theta_{\mathrm{exit}}=0 \tag{8-2-36}$$

将式(8-2-20)、式(8-2-22)代入式(8-2-36)，即可解出 $h_{\max}$，$h_{\max}$ 要小于给定值。

综合式(8-2-31)、式(8-2-36)即可估算实现大气捕获的条件。

8.2.3　跳跃式再入弹道特性的数值分析

本节将通过数值方法，分析跳跃式再入弹道的基本特性及大气捕获条件，从而了解弹道的变化规律。

分析中参考文献[67]，主要参数取值为：初始再入速度 v_e = 10.654 km/s，初始再入高度 h_e = 120 km，开伞点高度 h_f = 10 km；倾侧角剖面取为常值；再入过程中的最大过载 $n_{\max}=6.5g_0$。因为热流约束对钝头体飞行器不是特别严苛，暂不考虑。由于飞船本身的升阻比不大，倾侧角取常值对分析结论准确性的影响不大。

1. 跳跃式弹道的基本特性

首先分析一条典型跳跃式弹道的基本特性。取初始再入角 $\Theta_e=-5.75°$，倾侧角取常值 $\chi=63°$，得到的弹道基本特性如图8-9~图8-14所示。整个再

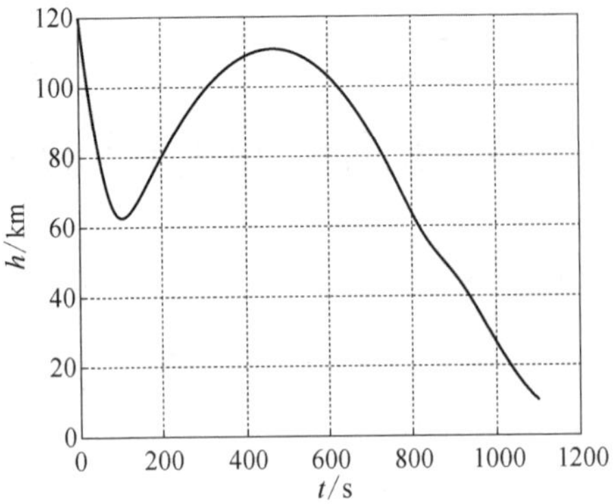

图 8-9 弹道高度随时间的变化

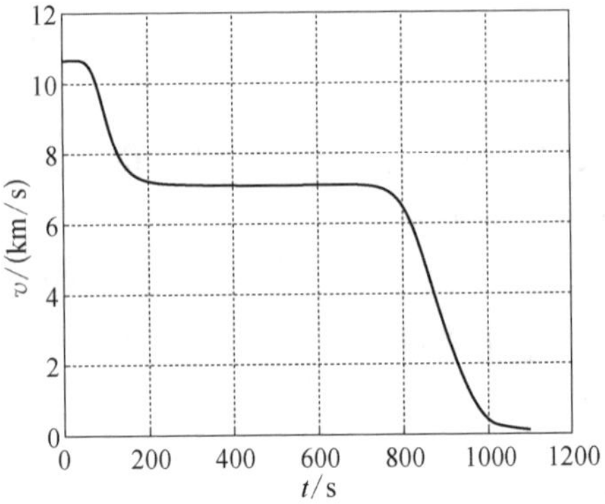

图 8-10 飞行速度随时间的变化

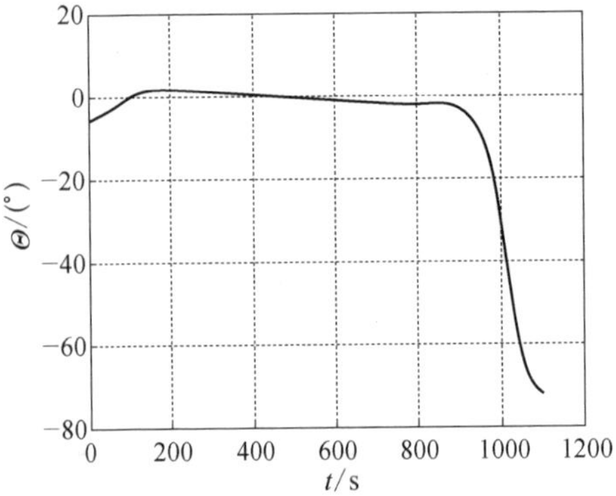

图 8-11 当地速度倾角随时间的变化

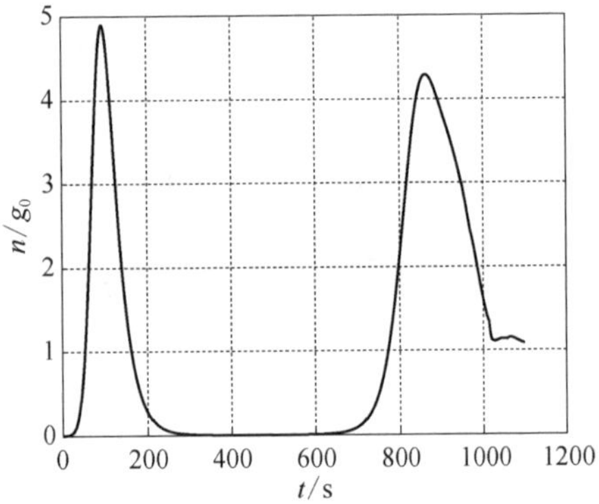

图 8-12 总过载随时间的变化

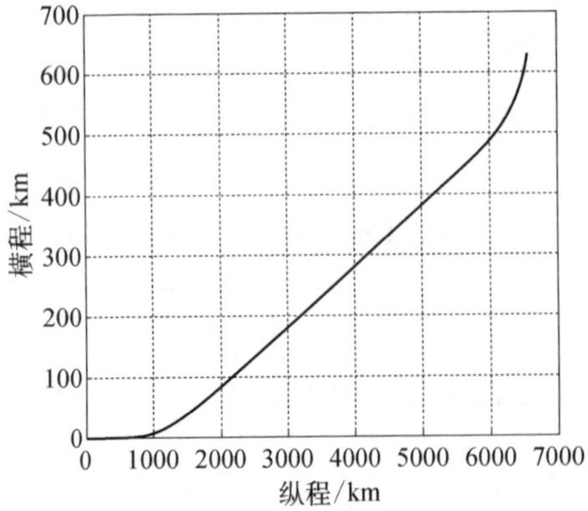

图 8-13 再入航程的变化

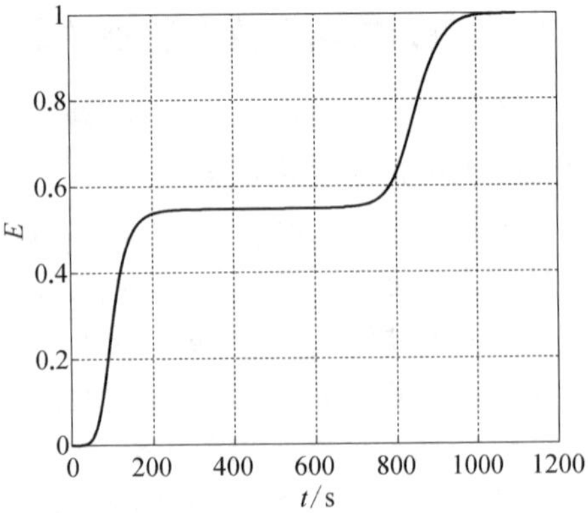

图 8-14 机械能随时间的变化

入段总飞行时间约 1 100 s，其中一次再入段(100 km 高度以下的大气层内段)飞行时间约 290 s，二次再入段飞行时间约 468 s，大气层外开普勒段飞行时间约 322 s。

图 8－9 是弹道高度随时间的变化图，从图中可以看到飞行器实现了跳跃式再入。一次再入段的最低高度(跃起点高度)为 62.618 km，由再入点到此点的飞行时间为 103 s；跃出大气后，最大高度达到 110.775 km，由再入点到此点的飞行时间为 456 s。

图 8－10 是飞行速度随时间的变化图，由图可见，大气层外段飞行速度基本不变。一次再入段跃出大气层处的速度为 7.109 km/s，也即一次再入段实现减速 3.545 km/s；终端点处的速度为 115 m/s，也即二次再入段实现减速 6.994 km/s。

图 8－11 是当地速度倾角随时间的变化图，终端点处的值为－72.042°。由图可见，再入过程中有很大的一部分，当地速度倾角的值都很小。

图 8－12 是总过载随时间的变化图，由图可见，再入过程中总过载有两个峰值：第一个峰值出现在 95 s，总过载大小为 $4.895g_0$，此时的飞行高度为 62.918 km (跃起点之前)；第二个峰值出现在 863 s，总过载大小为 $4.290g_0$，此时的飞行高度为 51.932 km。可见，跳跃式再入有效降低了过载峰值。

图 8－13 是再入航程的变化图。整个再入段的纵程为 6 563.522 km，其中由初始点到一次再入段跃出点处的航程为 2 560.788 km，开普勒段的航程为 2 238.669 km，二次再入段的航程为 1 656.599 km。再入段的横程为 630.937 km，这是倾侧角一直取正值导致的。

图 8－14 是返回器机械能随时间的变化图，图中对机械能作了归一化处理，即

$$E' = \frac{E_0 - E}{E_0 - E_f} \qquad (8-2-37)$$

式中，E、E_0、E_f 分别是当前时刻、起始时刻和终端时刻的机械能。归一化后，起始时刻的机械能为 0，终端时刻的机械能为 1，E' 实际上表示了当前时刻机械能的变化占整个再入过程中机械能变化的比例。一次再入段结束点处的机械能为 0.547，可见两个再入段返回器机械能的变化几乎相当。

2. 不同再入角下的大气捕获条件

下面基于常值倾侧角假设，针对 $-6.5° \sim -5.5°$ 范围内的初始再入角，分析大气捕获的条件。分析中，假定要求的航程范围是 $2\,500\ \text{km} \leqslant R_L \leqslant 10\,000\ \text{km}$，最大过载 $n_{max} = 6.5g_0$，最大跃起高度 $h_{max} = 250$ km，最大飞行时间 $t_{max} = 1\,800$ s。

考虑到要预留再入机动控制能力，倾侧角取值范围为 $15° \leqslant |\chi| \leqslant 165°$，只分析倾侧角取正值的情况。初始再入速度 $v_e = 10.654$ km/s，初始再入高度 $h_e = 120$ km，开伞点高度 $h_f = 10$ km。

分析发现，在上述约束条件下，当再入角 $\Theta_e \leqslant -6.3°$ 时，无法实现大气捕获。当然，能够实现大气捕获的再入角范围与飞行器的升阻比特性、约束条件有关，升阻比越大，实现捕获的再入角范围越大。$-6.3° \sim -5.5°$ 范围内的再入弹道特性如图 8－15～图 8－20 所示。

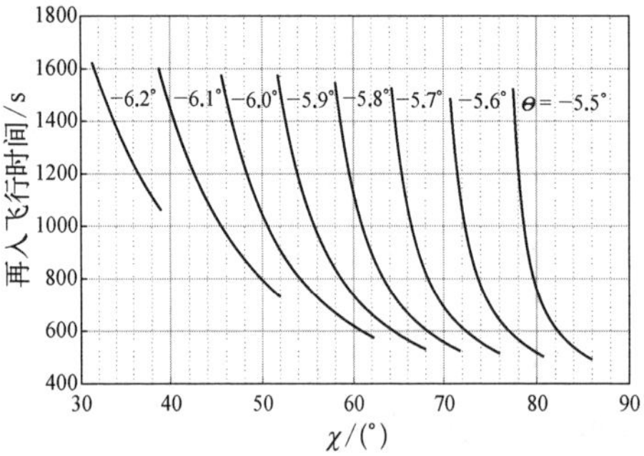

图 8－15　不同再入角下的总再入飞行时间

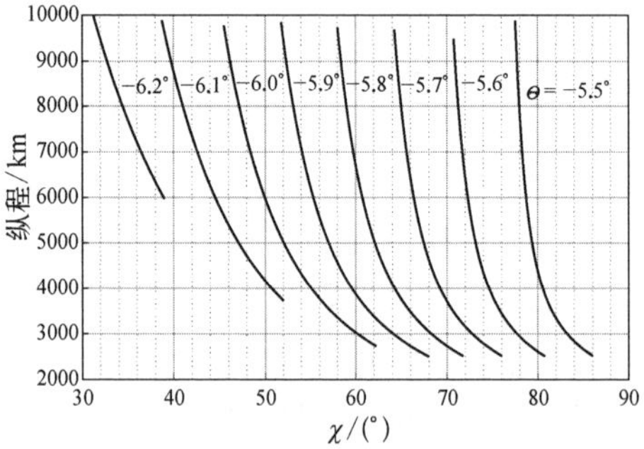

图 8－16　不同再入角下的纵程范围

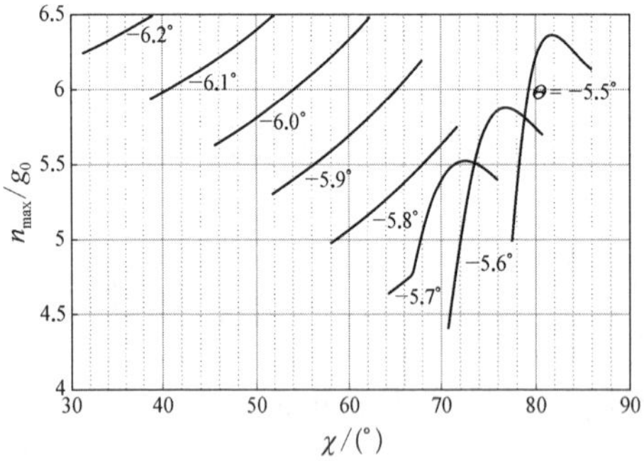

图 8－17　不同再入角下的最大过载

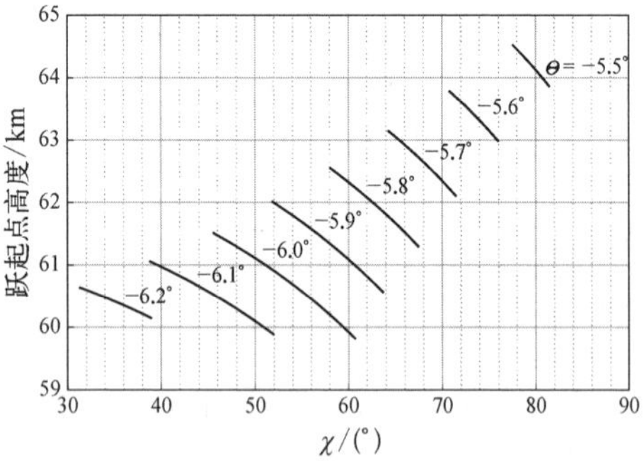

图 8－18　不同再入角下的跃起点高度

比较不同再入角下的弹道特性，可以得到以下几点结论。

(1) 当 $\Theta_e = -6.0°$ 时，能实现大气捕获的倾侧角范围最大，$45.50° \leqslant \chi \leqslant 62.25°$ 范围内都可以实现大气捕获。当 $\Theta_e = -5.5°$ 时，再入过程中的航程可调节范围最大，航程可以在 $2\,520\text{ km} \leqslant R_L \leqslant 9\,886\text{ km}$ 范围内变化；由图 8－16 可以看出，主要是最短航程变小导致的。

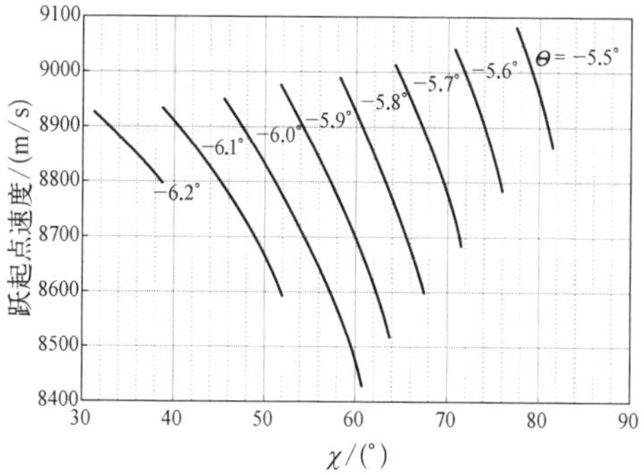

图 8-19　不同再入角下的跃起点速度

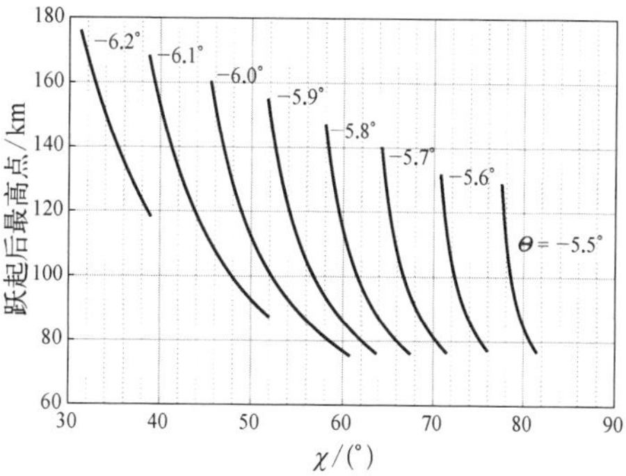

图 8-20　不同再入角下的跃起后最高点

（2）当 $\Theta_e = -6.2°$ 时，能实现大气捕获的倾侧角范围、航程可调节范围都迅速变小，且再入过程中的最大过载都在 $6g_0$ 以上。当 $\Theta_e = -5.8°$ 时，与 $\Theta_e = -5.7°$ 或 $-5.9°$ 相比，各项参数的变化不是特别显著，因此对再入角的不确定性不敏感。

（3）初始再入角越小（绝对值越大），越容易实现跳跃，但很容易出现大过载，且航程覆盖范围变小；初始再入角越大（绝对值越小），越难实现跳跃，即飞行器很容易跳出大气层外，或直接一次再入大气层，对大气捕获不利。

（4）一次再入段跃起点的高度与初始再入角、倾侧角的关系不大，基本在 62 km 左右；一次再入段跃起点的速度与初始再入角、倾侧角的关系也不大，约为 8.8 km/s。但后续弹道对跃起点的高度和速度都很敏感，跃起点参数的小扰动可能引起后续弹道较大范围的变化。

（5）二次再入点的速度与初始再入角、倾侧角的关系也不大，约为 7 000 m/s；二次再入点处的当地速度倾角一般大于 −2.5°；开伞点处的速度与初始再入角、倾侧角的关系不大，约为 110 m/s，即返回器的平衡速度。

8.3　跳跃式再入标准轨道设计及标准轨道制导方法

在第 7 章中已经介绍过，再入标准轨道设计就是设计返回器再入过程中的质心运动规律，设计中不考虑任何干扰作用，返回器处于瞬时平衡状态，以配平攻角飞行，侧滑角 $\beta = 0$。上述假设下，返回器再入过程中的控制量仅有倾侧角，标准轨道设计问题可以抽象为求解存在过程与终端约束的最优控制问题。

求解方法有间接法和直接法两大类。

间接法主要是基于庞特里亚金极小值原理,将最优控制问题转换成关于状态变量和协态变量的两点边值问题。极小值原理对于处理控制受约束的问题非常有效,在轨迹优化与制导中得到了广泛应用。两点边值问题常用数值方法求解,如打靶法、邻近值法等,第 4 章已有相关介绍。间接法具有理论意义明确、解的精度高、原理简单、易于编程实现等优点,但也存在推导最优解的过程较为烦琐、求解边值问题时的收敛域较小、协态变量的初值不易猜测等不足。

直接法无须求解最优性条件,而是将连续最优控制问题离散化,直接应用数值方法对性能指标寻优。直接法又可以分为仅离散控制变量和同时离散控制与状态变量两类,后者又常称为直接配点法。近年来,直接配点法中的伪谱法和凸优化方法得到了广泛关注和实际应用。直接配点法具有以下特点:原理简单、不需要推导最优性条件;收敛域相对于间接法更宽,对初值估计的精度要求不高;容易收敛到局部最优解,即解依赖于状态参数和控制参数的初始猜测值。

下面首先针对给定的初始再入条件,讨论返回器可达域的计算方法。返回器再入时,航程最好选择在可达域的中央,这样再入过程中的控制裕度较大。然后针对给定的航程,讨论标准再入轨道的设计方法。

8.3.1 跳跃式再入的可达域分析

可达域即可达范围,是指飞行器在一定的初始再入条件下,满足各种过程约束后的可达区域,一般用着陆点(或开伞点)的地理坐标范围表示,是飞行器机动能力的表示。确定可达域对于再入轨迹设计、应急返回轨道选择、制导方法设计与分析等具有重要意义。计算可达域的关键是确定着陆点区域的边界,由于飞行器再入过程中的运动特性和各种约束条件比较复杂,可达域的计算也比较困难,获取图 7-4 的手段可以作为计算可达域的一种方法。本小节将可达域计算问题转化为某种形式的轨迹优化问题,用数值方法求解。

在文献[72]中,针对大升阻比飞行器,作者研究了基于 Gauss 伪谱法的再入可达域计算方法,下面将其应用于跳跃式再入的可达域计算问题。

为简化轨迹优化问题,引入一个新的坐标系,称为换极坐标系,简记为 P 坐标系,如图 8-21 所示。图中,N 为北极点,O_E 为地心,I 为飞行器的起始位置,ψ_0 为起始方位角。根据再入起点 I 及方位角 ψ_0 确定一个再入大圆弧平面,作为新的"赤道"平面。P 坐标系的原点为地心 O_E, O_EX_P轴沿起始点的地心矢径方向,O_EY_P轴在再入大圆弧平面内垂直于 O_EX_P轴指向目标方向,O_EZ_P轴与 O_EX_P轴、O_EY_P轴构成右手系,指向新的极点 P,点 P 的经纬度为 (λ_P, ϕ_P)。在 P 坐标系中,飞行器的科氏加速度和牵连加速度会有相应的变化,具体可参见文献[51]。

再入可达域计算问题可转化为求解不同纵程下的最大横程问题,如图 8-22 所示。在 P 坐标系中,飞行器在起始点的经度为零,则新的经度和纬度分别描述了再入纵程和横程,故求落点的最大横程可表示为

$$J = \min(\cos\phi_{Pf}) \tag{8-3-1}$$

式中, ϕ_{Pf} 为 P 坐标系中落点的新纬度。

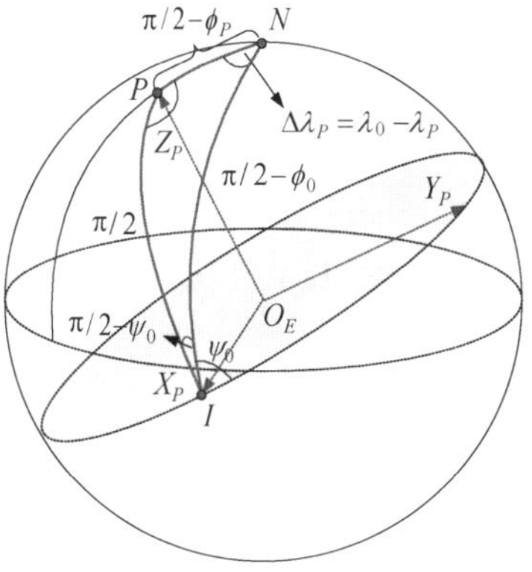

图 8-21　换极坐标系

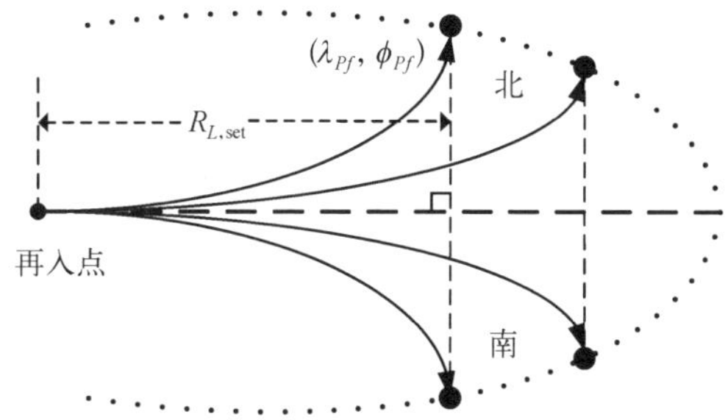

图 8-22　不同纵程下的最大横程

图 8-22 中, $R_{L,\text{set}}$ 为设定的纵程, λ_{Pf} 为落点在 P 坐标系中的经度。可以把 $R_{L,\text{set}}$ 视为终端约束,通过改变 $R_{L,\text{set}}$ 的值来得到不同纵程条件下的最大横程弹道。为了提高计算效率,计算纬度小于零的最大横程时,可以把倾侧角 χ 的寻优范围缩小为 $[-90°, 0]$;计算纬度大于零的最大横程时,可以把 χ 的寻优范围缩小至 $[0, 90°]$。

求解多组不同纵程下的最大横程,即可得到可达域的有效范围。在实际计算中,还需要确定最大纵程和最小纵程,以便确定 $R_{L,\text{set}}$ 的取值范围,这里不再详细介绍。

通过上述步骤,将再入可达域计算问题转化为固定纵程下的最大横程问

题,就可以用不同的轨迹优化方法来求解,在此采用伪谱法。伪谱法是从计算流体力学中的谱方法发展而来的,从 20 世纪 80 年代起,将此方法用于解决最优控制问题,获得了众多学者的关注,也取得了巨大成功。

伪谱法是一种直接配点法,它用全局插值多项式来近似非线性微分方程的解,即利用有限个离散配点上的插值函数来逼近状态变量和控制变量。通过对全局插值多项式求导来近似状态变量对时间的导数,从而将微分方程约束转换为一组代数方程约束。性能指标中的积分项由 Gauss 积分等来近似计算,末值项可以根据优化结果直接计算。通过上述变换,将最优控制问题转换为非线性规划(nonlinear programming, NLP)问题,并通过相应的数值算法求解。下面简单介绍其基本流程。

设最优控制问题的时间区间为 $[t_0,\ t_f]$,采用 Gauss 伪谱法需要将时间区间转换到 $[-1,\ 1]$,为此引入新的时间变量 τ,对时间变量 t 作如下变换:

$$\tau = \frac{2t}{t_f - t_0} - \frac{t_f + t_0}{t_f - t_0} \tag{8-3-2}$$

离散配点通常选择正交多项式的零点,如勒让德(Legendre)多项式、切比雪夫(Chebyshev)多项式等。设选取的 N 个配点为 $\tau_1,\ \cdots,\ \tau_N$,则在 $[-1,\ 1]$ 区间上可以用 Lagrange 插值多项式来逼近状态变量和控制变量:

$$\begin{cases} \boldsymbol{x}(\tau) = \sum\limits_{i=1}^{N} L_i(\tau)\boldsymbol{x}_i(\tau_i) \approx \boldsymbol{X}(\tau) \\ \boldsymbol{u}(\tau) = \sum\limits_{i=1}^{N} L_i(\tau)\boldsymbol{u}_i(\tau_i) \approx \boldsymbol{U}(\tau) \end{cases} \tag{8-3-3}$$

式中,$\boldsymbol{X}$、$\boldsymbol{x}$ 分别表示状态变量的精确解和逼近解;$\boldsymbol{U}$、$\boldsymbol{u}$ 分别表示控制变量的精确解和逼近解;$L_i(\tau)$ 为 Lagrange 插值基函数:

$$L_i(\tau) = \prod_{j=1,\, j\neq i}^{N} \frac{\tau - \tau_j}{\tau_i - \tau_j}$$

可以通过对式(8-3-3)求导来近似状态变量的微分:

$$\dot{\boldsymbol{x}}(\tau_n) = \sum_{i=1}^{N} \dot{L}_i(\tau_n)\boldsymbol{x}(\tau_i) = \sum_{i=1}^{N} D_{ni}(\tau_n)\boldsymbol{x}(\tau_i) \approx \dot{\boldsymbol{X}}(\tau_n) \tag{8-3-4}$$

式中,$D_{ni}(\tau_n)=\dot{L}_i(\tau_n)$,$n=1,\ \cdots,\ N$。从而将动力学微分方程约束转化为代数

方程约束：

$$\sum_{i=1}^{N} D_{ni}(\tau_n)\boldsymbol{x}(\tau_i) = \frac{t_f - t_0}{2}\boldsymbol{F}[\boldsymbol{x}(\tau_n), \boldsymbol{u}(\tau_n), \tau_n; t_0, t_f] \quad (8-3-5)$$

式中，$\boldsymbol{F}(\cdot)$ 表示微分方程的右函数，一般为非线性函数。性能指标中的积分项通过 Gauss 积分公式近似计算：

$$J = \varphi(\boldsymbol{x}_0, t_0, \boldsymbol{x}_f, t_f) + \frac{t_f - t_0}{2}\sum_{k=1}^{N} w_k \cdot g(\boldsymbol{x}_k, \boldsymbol{u}_k, \tau_k; t_0, t_f) \quad (8-3-6)$$

式中，w_k 为高斯权重；φ、g 分别为性能指标中的末值型指标函数和积分型指标函数。再入过程中的其他约束，可以通过状态变量、控制变量的拟合公式进行显式表达。

通过上述步骤，最终将原再入轨迹优化问题转化为 NLP 问题，再调用数学规划求解器（如 IPOPT、SNOPT 等）求解该 NLP 问题。实际求解时，由于轨迹优化问题的复杂性，为提高伪谱法收敛的稳定性和精度，可以自适应增加插值多项式的阶数（p 方法），也可以增加多项式的个数（h 方法），即 hp 网格细化方法。该方法将归一化后的总时间划分为多个子区间，每一个子区间中用一个低阶多项式来近似状态变量和控制变量，并根据迭代求解过程中精度的变化自适应调整区间的个数和多项式的阶数，这里不再详细介绍，具体可参考文献[73]。

利用上述方法，假定初始再入速度 v_e = 10.654 km/s，初始再入角 Θ_e = − 5.75°，初始再入高度 h_e = 120 km，开伞点高度 h_f = 10 km，初始航迹方位角为 90°（射向正东），初始经纬度为（0°, 0°），图 8 − 23 给出了跳跃式再入的可达域计算结果。

分析中，共计算了 41 组固定纵程下的最大横程弹道。可见，跳跃式再入的可达域形状与近地再入相比有很大区别，最明显的是最小横向机动能力并不对应于最大纵程。这是由于当纵程较大时，开普勒段占了整个纵程的绝大部分。开普勒段是不施加控制的，且其飞行近似服从二体运动规律，由此导致船下点与星下点轨迹的形状类似，这在初始飞行方向不沿赤道时表现更为明显（见图 8 − 24，初始航迹方位角为 45°）。分析图 8 − 23 中的数据发现，当纵向射程约为 10 028 km（即射程角约 90°）时，横向射程最大，约为±964 km。这与前述分析开普勒段的纵程占了整个纵程绝大部分的结论是一致的。

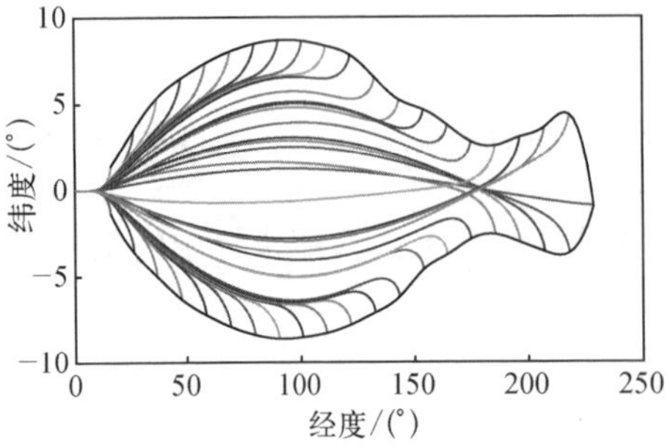

图 8-23 跳跃式再入的可达域计算结果一

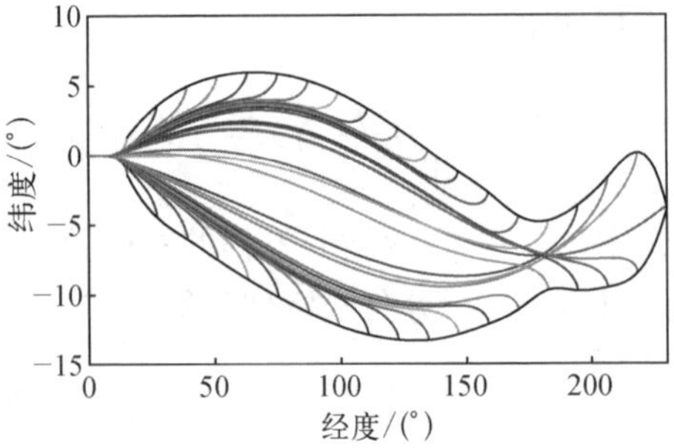

图 8-24 跳跃式再入的可达域计算结果二

需要注意的是,这里的横程并不代表横向机动能力,因为有一大部分横程是在开普勒段获得的,而这一段是不能对轨道施加控制的。相反,当一次再入出口点处存在误差时,误差在开普勒段会放大,反而给二次再入段的横向控制带来压力。

8.3.2 标准再入轨道设计

返回器再入时的标准轨道设计问题是一个带过程约束和终端约束的连续变量优化问题,若事先确定倾侧角剖面的形式,则可以转化为参数优化问题。在实际的标准再入轨道设计中,与近地飞船类似,可把横程和纵程控制分开设计。纵程控制确定倾侧角的幅值,可以先选定倾侧角剖面的构型,通过迭代或优化的方法确定倾侧角剖面的参数,得到满足航程要求的倾侧角剖面。横程控制确定倾侧角的符号,可以通过设计翻转漏斗来实现。

1. 倾侧角幅值剖面的选择

进行可达域分析或标准轨道设计时,都要首先确定倾侧角剖面,在此仅考虑倾侧角的幅值剖面。文献中用到的倾侧角幅值剖面主要有四种形式: 常值、分段常值、线性、分段常值+线性,如图 8-25 所示。

剖面自变量的选择通常有时间、航程、速度、能量等几种形式,可分别称为时间剖面、航程剖面、速度剖面和能量剖面,图 8-25 所示为能量剖面。仿真分析发现,由于飞船返回舱的升阻比较小,一定飞行状态下的配平攻角又是确定的,不同的倾侧角剖面形式对轨迹设计的影响不大。为简单起见,选用常值或分段常值的倾侧角幅值剖面即可。

在本章的研究中,选择分段常值的能量剖面,主要考虑到: 相比常值、线性剖面,分段常值剖面可设计的参数较多,能够更好地发挥返回器的控制能力,且

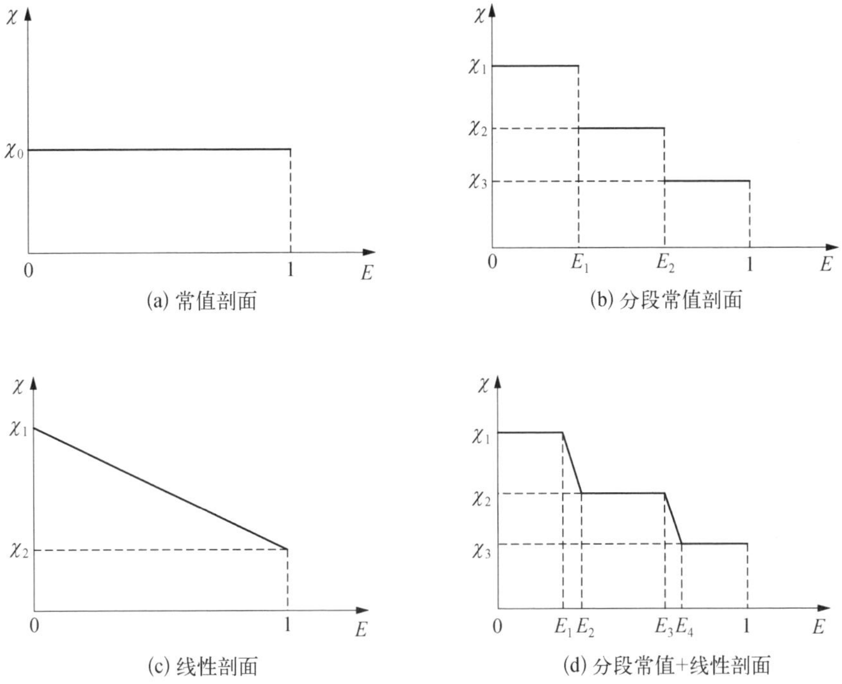

图 8 - 25　四种常用的倾侧角幅值剖面形式

设计难度小于分段常值+线性剖面;当存在干扰因素时,返回器在不同时间、不同航程下对应的状态可能会有较大变化,而能量的变化不会太大,且能量是反映返回器后续航程非常重要的特征量,因此选择能量剖面。

具体而言,采用如图 8 - 25(b)所示的剖面形式,将整个剖面取为三段常值,点 E_1、点 E_2可根据需要事先指定或者由优化得到。

2. 纵程控制方法

探月返回器再入过程中,倾侧角是唯一的控制量,它决定了升力在再入纵平面内和侧向分量的大小。返回器的纵程控制就是要确定倾侧角大小的变化规律,也即确定倾侧角的幅值剖面,从而满足再入航程的要求。

当采用图 8 - 25(b)所示的剖面形式时,设计变量中有 5 个自由参数可以选择。理论上讲,当给定航程约束和过程约束后,满足要求的自由参数组合不止一个,因此还可以通过选择参数,使得某个性能指标最优。为简化设计,给定剖面参数中 E_1和 E_2的值,令 E_1等于跃起点的能量,E_2等于上升段跃出点的能

量，这样倾侧角剖面还有3个可设计参数，即3个倾侧角值的大小，将设计变量记为

$$\boldsymbol{X} = [\chi_1 \quad \chi_2 \quad \chi_3] \tag{8-3-7}$$

考虑到标准轨道设计时，除满足过程和终端约束外，还要给制导系统留出控制余量，故将性能指标取为

$$J = K_1 | R_{L,f} - R_{L,\mathrm{std}} | + K_2 n_{\max} + K_3(\chi_{\max0} - \chi_{\max}) + K_4(\chi_{\min} - \chi_{\min0}) \tag{8-3-8}$$

式中，K_1、K_2、K_3、K_4为权重系数；$R_{L,f}$为终端时刻的航程；$R_{L,\mathrm{std}}$为给定的航程；$n_{\max}$为再入过程中的最大过载；$\chi_{\max0}$、$\chi_{\min0}$分别为事先给定的倾侧角最大、最小允许值，取为$\chi_{\max0} = 165°$，$\chi_{\min0} = 15°$；$\chi_{\max}$、$\chi_{\min}$分别为控制过程中倾侧角的最大、最小值，易知：

$$\begin{cases} \chi_{\max} = \max\{\chi_1, \ \chi_2, \ \chi_3\} \\ \chi_{\min} = \min\{\chi_1, \ \chi_2, \ \chi_3\} \end{cases} \tag{8-3-9}$$

指标[式(8-3-8)]中的第一项是为满足航程的要求；第二项是使再入过程中的过载较小；第三、四项是使优化得到的倾侧角尽可能远离允许的倾侧角上下限，从而给再入制导预留更多的余量。

3. 横程控制方法

横程控制采用简单的开关曲线控制，即漏斗控制。若横程参数触及漏斗边界，就进行倾侧角符号翻转，通过这种方式能有效地将返回器的横程参数控制在漏斗边界内。漏斗边界的表达式取为

$$\chi_0(t) = \begin{cases} -|\tilde{\chi}| \operatorname{sgn}(R_C + K_5\dot{R}_C), & |R_C + K_5\dot{R}_C| \geq \bar{R}_C \\ |\tilde{\chi}| \operatorname{sgn}[\chi_0(t - \Delta t)], & |R_C + K_5\dot{R}_C| < \bar{R}_C \end{cases} \tag{8-3-10}$$

式中，$\tilde{\chi}$为标准再入轨道中倾侧角的值；$\bar{R}_C$为侧向控制的漏斗边界，取为

$$\bar{R}_C = C_1 + C_2 v / v_e \tag{8-3-11}$$

可见，漏斗边界是利用速度的单调变化，将边界设定为速度的线性函数，以达到控制漏斗入口端和出口端横程大小的目的。式(8-3-11)中，C_1主要调控漏斗末端出口的大小，C_2主要调控入口端的大小。

式(8-3-10)中，$K_5\dot{R}_C$ 为侧向阻尼项，K_5 为阻尼系数，可取为

$$K_5 = C_3 + C_4 v/v_e \tag{8-3-12}$$

式中，v_e 为再入点速度；C_3 和 C_4 均为可调参数。

由式(8-3-10)可见，漏斗控制逻辑中采用了 PD 控制的思想，控制参数中包含了横程和横程变化率，能在一定程度上防止横程控制出现超调的现象。

4. 标准再入轨道设计算例

取初始再入速度 $v_e = 10.654$ km/s，初始再入角 $\Theta_e = -5.75°$，初始再入高度 $h_e = 120$ km，开伞点高度 $h_f = 10$ km，标准射程 $R_{std} = 7\,000$ km。为比较设计结果，式(8-3-8)中的 K_i 取两组值，分别为：① 第一组中，$K_{11} = 10^{-3}$，$K_{21} = 1$，$K_{31} = -3$，$K_{41} = -6$；② 第二组中，$K_{12} = 10^{-3}$，$K_{22} = 1$，$K_{32} = 0$，$K_{42} = 0$。第一组取值表示考虑给制导系统留出控制余量，第二组则不考虑。得到的设计结果如图 8-26～图 8-31 所示，图中弹道 1 对应第一组 K_i 值、弹道 2 对应第二组。

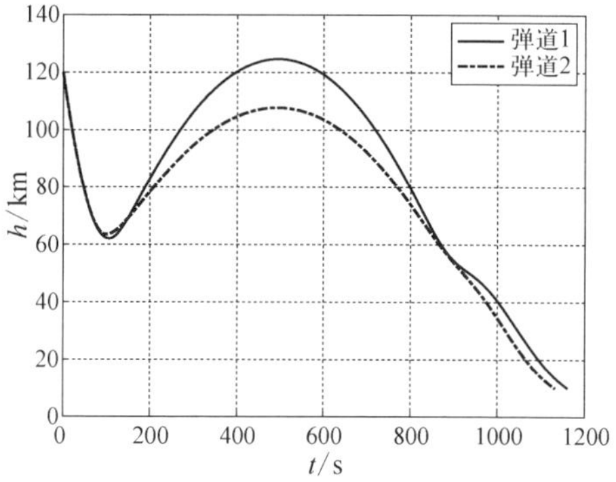

图 8-26　标称再入轨迹的高度变化图

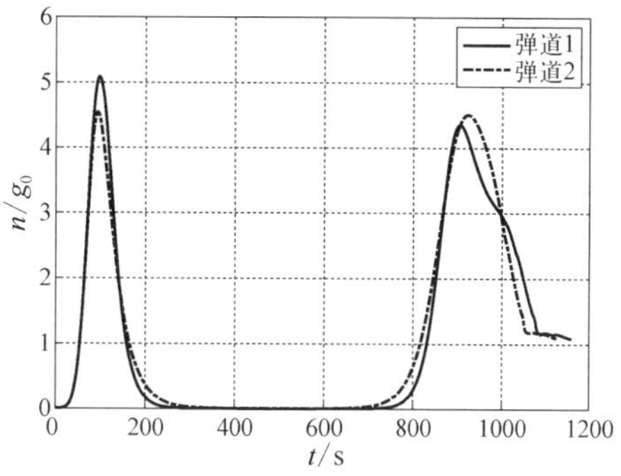

图 8-27　标称再入轨迹的过载变化图

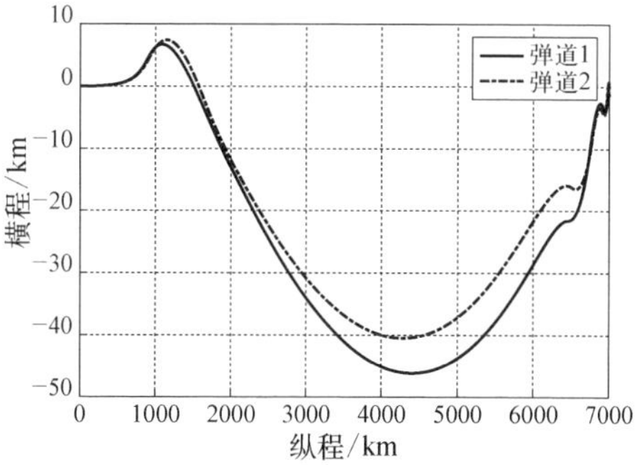

图 8-28　标称再入轨迹的航程变化图

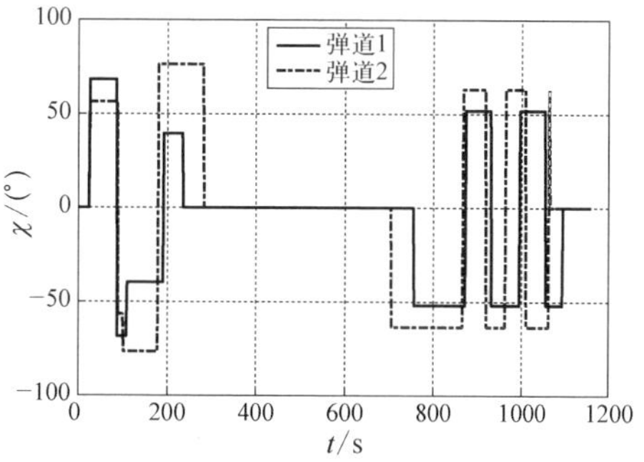

图 8-29　标称再入轨迹的倾侧角变化图

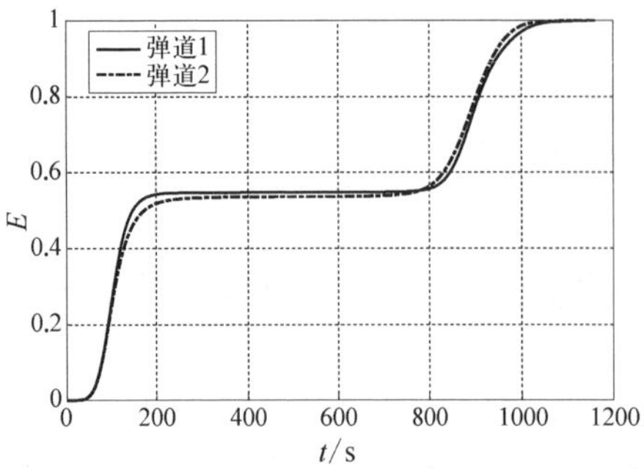

图 8－30　标称再入轨迹的机械能变化图

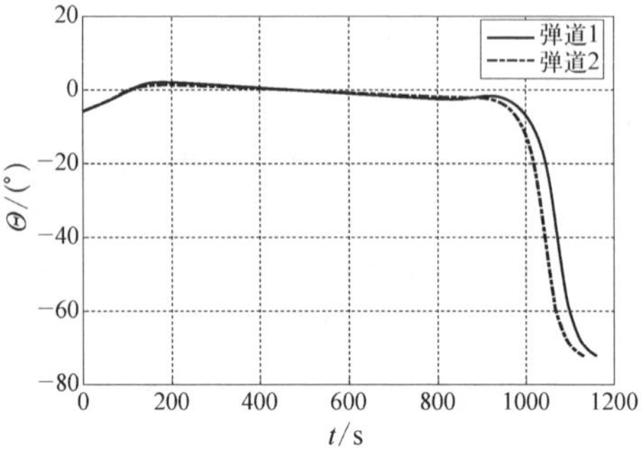

图 8－31　标称再入轨迹的当地速度倾角变化图

由图 8－26~图 8－31 中结果可得如下结论。

(1) 设计的两组弹道都满足航程和过载约束的要求。由于弹道 1 考虑了给制导系统留出控制余量,得到的倾侧角幅值更倾向于靠近“中间”值,弹道更偏向于再入走廊的中央。弹道 2 未考虑制导系统要求,因此在满足航程约束的前提下,压低了过载峰值,以降低指标函数值。弹道 1 的过载峰值为 $5.085g_0$,弹道 2 的过载峰值为 $4.545g_0$。由图 8－27 可以看出,弹道 2 两次再入过程中的过载峰值相差不大(分别为 $4.545g_0$和 $4.511g_0$),可见,为降低过载峰值,弹道倾向于将再入过载“平均化”。

(2) 由图 8－26 可以看出,两条弹道的高度形态有较明显的差异:弹道 1 的跃起点高度为62.054 km、归一化机械能为0.325、跃起后的最大高度为124.643 km;弹道 2 的跃起点高度为 63.496 km、归一化机械能为 0.266、跃起后的最大高度为107.731 km。可见,为实现不同的目的,弹道形态会有较大不同。弹道形态对跃起点的高度和机械能较敏感,是制导中需要重点控制的量。

(3) 由图 8－28 和图 8－29 可见,由于在 80 km 高度以上,气动力控制几乎不起作用,侧向航程偏差被不断放大。二次再入过程中,为消除此偏差,需要较大的 $\dot{R}_C$ 值,导致 $K_5\dot{R}_C$ 项较大,最终引起倾侧角的多次翻转,两组弹道的倾侧角都翻转 4 次以上。可见,对跳跃式再入弹道,近地飞船的侧向控制方法不能完全适用,需要加以改进。

8.3.3　开伞点位置误差分析

本节将通过数值仿真方法,分析不考虑再入制导时各种干扰因素引起的开伞点误差,为再入制导律设计提供依据,考虑的干扰因素类型及结果如表 8－2

表 8-2　7 000 km 航程标准轨道开伞点误差分析

序号	误差源	量　值	飞行时间/s	ΔR_L/km	ΔR_C/km	跃起点高度/km	跃起点速度/(km/s)	最大跃起高度/km	二次再入速度/(km/s)	最大过载/g_0	开伞点速度/(m/s)
0	标准情况	0	1 161	−0.046	−0.083	62.054	8.728	124.563	7.106	5.085	115.108
1	初始位置(纵向)	+50 km	1 139	−204.934	−0.614	62.015	8.720	122.700	7.092	5.105	114.792
		−50 km	1 166	93.033	0.131	62.089	8.736	124.960	7.110	5.071	114.956
2	初始再入角	+0.05°	1 691	3 844.087	151.527	62.788	8.885	170.792	7.306	4.754	115.176
		−0.05°	931	−1 681.963	−0.173	61.335	8.636	105.277	6.902	5.430	115.090
3	初始位置(侧向)	+50 km	1 076	−637.125	−44.312	61.945	8.714	117.000	7.055	5.130	115.162
		−50 km	1 178	109.562	292.165	62.018	8.729	126.555	7.098	5.098	114.780
4	初始速度(纵向)	+10 m/s	1 201	298.111	0.784	62.125	8.765	127.992	7.130	5.065	115.171
		−10 m/s	1 108	−381.328	−0.845	61.977	8.713	119.984	7.072	5.112	114.957
5	初始速度(侧向)	+10 m/s	1 171	59.311	176.913	62.034	8.726	125.564	7.099	5.094	115.098
		−10 m/s	1 162	9.456	−0.304	62.056	8.728	124.675	7.107	5.086	114.880
6	质量	+3%	1 231	530.640	1.431	61.983	8.767	130.370	7.147	5.010	116.896
		−3%	1 097	−477.554	−1.034	62.121	8.710	119.259	7.062	5.169	112.986
7	大气密度($\Delta\rho/\rho_0$)	+15%	933	−1 734.19	−0.217	62.391	8.632	105.694	6.897	5.463	106.713
		−15%	捕获失败								
		−8%	1 426	1 954.335	13.314	61.862	8.838	146.872	7.231	4.869	120.348
8	升力系数($\Delta C_L/C_{L0}$)	+10%	捕获失败								
		+8%	1 535	2 637.627	36.530	62.327	8.820	159.658	7.254	5.010	114.745
		−10%	792	−2 604.794	1.263	61.487	8.583	92.217	6.752	5.252	115.595
9	阻力系数($\Delta C_D/C_{D0}$)	+10%	805	−2 593.769	0.773	61.936	8.564	94.011	6.741	5.446	109.538
		−10%	捕获失败								
		−3%	1 594	3 118.320	76.040	62.112	8.855	164.078	7.275	4.904	117.956

所示。通过对表 8-2 中数据的分析，可以得到以下几点结论。

（1）初始再入角、大气密度误差、升力系数误差和阻力系数误差对开伞点误差的影响较大，其中负大气密度误差、正升力系数误差和负阻力系数误差容易导致无法实现大气捕获的情况。跃起点高度的变化范围是 61.335~62.788 km（相差 1.453 km），影响最大的因素是再入角；跃起点速度的变化范围是 8.564~8.885 km/s（相差 321 m/s），影响最大的因素是阻力系数。分析发现，返回器在跃起点之前的航程基本不变，但后续航程对跃起点的速度较为敏感，因此跃起点处的速度控制对整个返回过程至关重要。

（2）在有负的侧向初始位置误差、正的侧向初始速度误差和较大纵程偏差的情况下，横程控制容易出现较大偏差。分析表明，横程失控的主要原因是再入过程中很长一段时间内的横程变化率为正，实际上此时的倾侧角已经改为负值，但横程变化率并未变号，说明在大气层高层，科氏力对横程的影响已经超过了气动力。

（3）当存在正的质量偏差时，会导致一次再入下降段的阻力加速度减小，因此减速变慢，导致跃起点处的速度大于标准轨道，最终航程反而增加。质量偏差在一定范围内变化时，都存在这种规律。由于此时升力加速度也是减小的，说明此种情况下阻力变化对航程的影响要大于升力的变化。

（4）正的大气密度误差会使再入速度阻尼加快，因此能量衰减变快，导致航程变小。由于大气密度会同时影响阻力和升力，这说明由于返回器的升阻比较小，阻力作用对航程的影响要大于升力作用。跃起点的高度与空气动力系数的关系不大，跃起点的速度主要取决于返回器阻力的变化（包括阻力系数、速度、大气密度等），阻力增大，跃起点速度变小，阻力减小，跃起点速度变大。因为返回器的阻力系数较大，所以阻力系数变化对跃起点速度有较明显的影响。考虑到跃起点的速度对返回器后续弹道的影响较大，因此一次再入下降段制导律的设计要考虑跃起点速度的影响。

（5）返回器开伞点处的速度与重力、大气阻力的平衡有关，变化不大。该平衡速度主要与质量、密度和阻力系数有关，与初始再入速度和升力系数几乎无关。

8.3.4 标准轨道制导方法

第 7 章中已经介绍了标准轨道制导方法的基本原理。为使该方法适用于超圆速度再入的情形，需要对方法作一些改进。为简化处理，仍将再入制导区分为纵向制导和侧向制导，侧向制导律采用 8.3.2 节介绍的方法，本节主要讨论纵向制导律的设计问题[74, 75]。

1. 一次再入段下降段制导律设计

飞船初次再入地球大气层时，其速度在第二宇宙速度附近；经一次再入减速后，其速度降低到第一宇宙速度以下。分析发现，再入总航程在一定范围内变化时，跃起点的速度、高度都变化不大，也即跃起点处机械能的较小变化就会对整个航程产生明显的影响。因此，在一次再入下降段，对跃起点处机械能的管理十分重要，为此引入常值阻力加速度阻尼策略，将跃起点处的速度控制在某个期望值附近。

一次再入下降段的纵向运动可用如下简化公式描述：

$$\begin{cases} \dfrac{\mathrm{d}h}{\mathrm{d}t} = v\sin\Theta \\ \dfrac{\mathrm{d}v}{\mathrm{d}t} = -D - g\sin\Theta \\ \dfrac{\mathrm{d}\Theta}{\mathrm{d}t} = \dfrac{L\cos\chi - g\cos\Theta}{v} + \dfrac{v\cos\Theta}{r} \end{cases} \tag{8-3-13}$$

若要使阻力加速度为常值，则应有 $\dot{D}=0$。在跃起点附近可将阻力系数 C_D 近似看作常值，大气密度 $\rho=\rho_0 e^{-\beta h}$，则根据 $D=\rho v^2 S C_D/2$，有

$$\dot{D} = -D\beta\dot{h} + \frac{2\dot{v}}{v}D \tag{8-3-14}$$

取 $\dot{D}=0$，并考虑到式(8－3－13)中的第二式，则有

$$\dot{h} = \frac{2(-D_0 - g_0\sin\Theta)}{\beta v} \tag{8-3-15}$$

式中，g_0、D_0 分别为跃起点处的引力加速度和阻力加速度值。在一次再入过程中，Θ 的值较小，且在跃起点附近的值更接近于零，因此可将式(8－3－15)简化为

$$\dot{h} = \frac{-2D_0}{\beta v} \tag{8-3-16}$$

对式(8－3－16)继续求微分，并假定 $\Theta \approx 0$，可得

$$\ddot{h} = \frac{-2D_0^2}{\beta v^2} \tag{8-3-17}$$

对方程(8－3－13)的第一式求微分,可得

$$\ddot{h}=\dot{v}\sin\Theta+v\dot{\Theta}\cos\Theta \tag{8-3-18}$$

将 $\dot{v}$、$\dot{\Theta}$ 的表达式代入式(8－3－18),可得

$$\ddot{h}=-\sin\Theta(D+g\sin\Theta)+\cos\Theta\left(L\cos\chi-g\cos\Theta+\frac{v^2\cos\Theta}{r}\right) \tag{8-3-19}$$

若将跃起点附近的 Θ 看作小量,则式(8－3－19)可简化为

$$\ddot{h}=L\cos\chi-g+\frac{v^2}{r} \tag{8-3-20}$$

联立方程(8－3－17)和方程(8－3－20),有

$$L\cos\chi=g-\frac{v^2}{r}-\frac{2D_0^2}{\beta v^2} \tag{8-3-21}$$

若要使再入过程中的阻力加速度为常值,则需要同时满足式(8－3－16)、式(8－3－21)及 $D=D_0$。由于再入过程中仅有升力作为控制量,采用如下公式生成倾侧角指令:

$$\frac{L}{D}\cos\chi=\left(g-\frac{v^2}{r}\right)\cdot\frac{1}{D_0}-\frac{2D_0}{\beta v^2}+K_D(D-D_0)+K_{\dot{h}}\left(\dot{h}+\frac{2D_0}{\beta v}\right) \tag{8-3-22}$$

式中,K_D、$K_{\dot{h}}$ 为制导增益。

在一次再入下降段初期,将倾侧角固定为 180°,以有利于实现大气捕获。当过载大于 $1.5g_0$ 时开始进行常值阻力加速度制导,并不断预估跃起点速度。当预估速度小于或等于设定的期望速度时,则转入跟踪标准轨道飞行,直至 $\dot{h}=0$。

2. 一次再入段上升段制导律设计

与 7.2.3 节类似,可以将标准轨道制导的倾侧角指令求解公式写为

$$\cos\chi=\frac{(L/D)_0+\Delta(L/D)}{L/D} \tag{8-3-23}$$

再入过程中,飞船的实际升阻比与标准情况存在偏差,可以基于飞船上惯性导

航系统的测量值来获得飞船实际升阻比的估计值 $(L/D)_m$，并将该值用于飞船的制导，即

$$\cos \chi = \frac{(L/D)_0 + \Delta(L/D)}{(L/D)_m} \tag{8-3-24}$$

在一次再入上升段中，为避免飞船高度偏差太大或太小，应重点对飞船在垂直方向上的运动进行限制，因此纵向控制升阻比 $\Delta(L/D)$ 采用如下形式：

$$\Delta(L/D) = K_h \Delta h + K_{\dot{h}} \Delta \dot{h} + K_{\ddot{h}} \Delta \ddot{h} + K_{R_L} \Delta R_L \tag{8-3-25}$$

式中，K_h、$K_{\dot{h}}$、$K_{\ddot{h}}$、K_{R_L} 为制导增益系数，确定方法可参考第 7 章。

3. 二次再入段制导律设计

探月飞船二次再入段的制导律与近地飞船再入的标准轨道制导律是类似的，但跳跃式轨道中有一个不施加控制的开普勒段，飞船在一次再入出口点处的误差在开普勒段会被放大，从而在二次再入的入口点处形成较大的误差。分析发现，若二次再入段的标称倾侧角 χ_0 为常值，则在小偏差条件下，二次再入点处的速度、高度、当地速度倾角及二次再入段的倾侧角偏差与二次再入段的航程偏差存在近似的线性关系。因此，在二次再入制导开始前，通过导航系统获得二次再入点的速度、高度、当地速度倾角偏差后，可以根据倾侧角改变量与航程改变量之间的关系，对二次再入段的标准倾侧角进行修正。

假设二次再入点处的速度、高度、当地速度倾角和航程偏差分别为 Δv_{e2}、Δh_{e2}、$\Delta \Theta_{e2}$、$\Delta R_{L,e2}$ 时，则可以根据如下公式确定二次再入段标称倾侧角的修正值：

$$\Delta \chi_0 = -(K_v \Delta v + K_h \Delta h + K_\Theta \Delta \Theta + \Delta R_L)/K_\chi \tag{8-3-26}$$

式中，K_v、K_h、K_Θ、K_χ 分别为二次再入段的航程 R_L 相对于速度、高度、当地速度倾角和倾侧角的偏导数，可以用数值差分的方法离线求得。

二次再入段的制导律仍采用式(8-3-24)和式(7-2-32)的形式，只是要在标称倾侧角上加上由式(8-3-26)计算出的修正量 $\Delta \chi_0$。

4. 仿真分析

本小节通过蒙特卡洛打靶仿真的方法，分析标准轨道制导方法的精度。选取一条航程为 4 000 km 的再入轨迹，考虑的误差因素如表 8-3 所示。随机抽样 1 000 组误差因素进行打靶仿真，得到的落点精度如图 8-32 所示，由图可见，飞船的纵程误差控制在 10 km 以内，横程误差控制在 1 km 以内。

表 8-3 再入制导中考虑的误差因素

误差类型	误差分布形式	误差(3σ)
初始速度大小	高斯分布	60 m/s
初始当地速度倾角	高斯分布	0.15°
初始飞行方位角	高斯分布	0.15°
初始纵向位置	高斯分布	90 km
初始横程位置	高斯分布	90 km
升力系数	高斯分布	15%
阻力系数	高斯分布	15%
大气密度	高斯分布	20%
飞船质量	均匀分布	5%

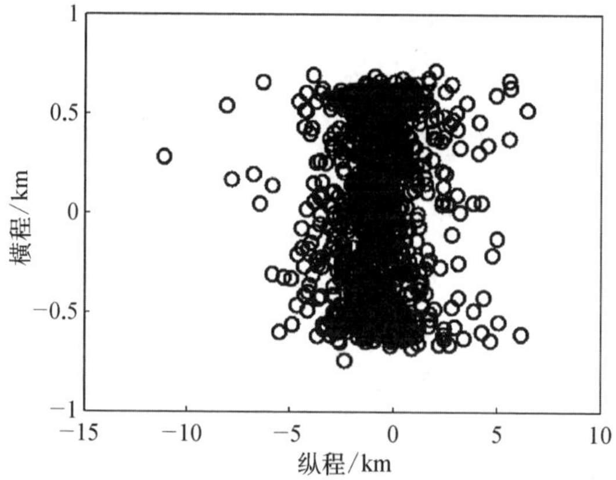

图 8-32 标准轨道制导方法的落点误差(射程 4 000 km)

通过更多的仿真发现,对于跳跃式再入飞行模式,在满足一定开伞点精度的要求下,标准轨道制导方法所能适应的航程范围是有限的,这与标称轨道制导的基本假设,即小偏差线性化假设有关。对于跳跃式再入轨迹,当航程增大时,开普勒段的飞行时间也增长,这意味着一次再入段出口点处误差的发散时间变长,也即二次再入段入口点处的误差变大。虽然根据式(8-3-26)可以作一部分修正,但式(8-3-26)也是基于小误差假设的,当再入航程过大时,会使小误差假设失效。仿真发现,当误差因素取表 8-3 中的值时,本节设计的制导律可支持的最大航程在 4 500~5 000 km。

8.4 跳跃式再入数值预测-校正制导方法

预测-校正制导方法又称预测制导方法，是在返回器的计算机内存储理论落点的特征参数，在再入过程中根据导航信息实时预报返回器的落点，并根据预报的落点偏差实施反馈控制的制导方法。它的优点是精度高、落点偏差受误差因素的影响小，但对船载计算机的计算速度和存储量要求较高。

预测-校正制导方法无须跟踪标准参考轨迹，通过实时数值积分或解析计算获得再入航程与其他运动参数，并根据反馈信息调整控制参数，给出满足精度要求的制导指令。相比标准轨道制导方法，该方法的鲁棒性更好，适应能力更强。

预测-校正制导方法由两部分组成：预测和校正。预测的关键是弹道快速预报，即在保证一定预测精度的前提下，降低单次弹道积分的时间；校正是要基于预报的落点偏差实现反馈控制，关键是如何以较快的迭代收敛速度获得满足要求的控制量。

根据弹道预报方法的不同，可以将预测-校正制导方法分为数值预测和解析预测两类。数值预测法利用船载计算机进行实时弹道积分，计算精度高，但对船载计算机的要求也高；解析预测法则利用简化的运动方程进行弹道计算，对船载计算机的要求较低，但精度也较低。本节讨论数值预测-校正制导方法[74-79]。

8.4.1 弹道预测与迭代校正算法

1. 弹道预测运动模型

为提高弹道积分的在线计算速度，将第 2 章建立的六自由度运动模型进行简化处理，采用配平攻角代替飞船的实际攻角，忽略姿态控制的响应过程，得到弹道预测的三自由度运动模型：

$$
\begin{cases}
\dot{v} = -D + g_r \sin\theta_T + g_{\omega_E}(\cos\sigma_T \cos\theta_T \cos\phi + \sin\theta_T \sin\phi) \\
\qquad - \omega_E^2 r \cos\phi(\sin\phi\cos\sigma_T \cos\theta_T - \cos\phi\sin\theta_T) \\
\dot{\theta}_T = \dfrac{L\cos\chi}{v} + g_r\dfrac{\cos\theta_T}{v} + \dfrac{g_{\omega_E}}{v}(\sin\phi\cos\theta_T - \cos\phi\cos\sigma_T \sin\theta_T) \\
\qquad + \dfrac{\omega_E^2 r}{v}\cos\phi(\sin\phi\cos\sigma_T\sin\theta_T + \cos\phi\cos\theta_T) - 2\omega_E\cos\phi\sin\sigma_T + \dfrac{v\cos\theta_T}{r}
\end{cases}
$$

$$\begin{cases}\dot{\sigma}_T = -\dfrac{L\sin\chi}{v\cos\theta_T} - g_{\omega_E}\dfrac{\cos\phi\sin\sigma_T}{v\cos\theta_T} + \dfrac{v}{r}\tan\phi\cos\theta_T\sin\sigma_T \\ \qquad + \omega_E^2 r\dfrac{\cos\phi\sin\phi\sin\sigma_T}{v\cos\theta_T} + 2\omega_E(\cos\phi\cos\sigma_T\tan\theta_T - \sin\phi) \\ \dot{r} = v\sin\theta_T \\ \dot{\lambda} = -\dfrac{v\cos\theta_T\sin\sigma_T}{r\cos\phi} \\ \dot{\phi} = \dfrac{v\cos\theta_T\cos\sigma_T}{r}\end{cases} \tag{8-4-1}$$

式中，r 为地心距；λ 为经度；ϕ 为地心纬度；v 为相对于地球的速度；θ_T 为飞行路径角（也即当地速度倾角）；σ_T 为飞行方位角，g_r 和 g_{ω_E} 分别为引力加速度在地心矢径和地球自转角速度方向上的分量；ω_E 为地球自转角速度大小；L 和 D 分别为升力和阻力加速度。再入过程中，通过调节倾侧角 χ 的大小和符号来控制升力方向，攻角由配平状态确定。由球面三角学的知识可知，飞船的纵程角 δ_L 和横程角 δ_C 满足：

$$\begin{cases}\cos\delta_T = \sin\phi_0\sin\phi + \cos\phi_0\cos\phi\cos(\lambda - \lambda_0) \\ \cos A_1 = \dfrac{\sin\phi - \sin\phi_0\cos\delta_T}{\cos\phi_0\sin\delta_T} \\ \sin\delta_C = \sin\delta_T\sin(A_1 - A_0) \\ \cos\delta_L = \dfrac{\cos\delta_T}{\cos\delta_C}\end{cases} \tag{8-4-2}$$

式中，δ_T、A_1 分别为航程角和方位角；λ_0、ϕ_0 分别为初始再入点的经度和纬度；A_0 为初始方位角。相应的纵程和横程分别为 $R_L = \delta_L R_E$ 和 $R_C = \delta_C R_E$，飞船在射面右侧时，R_C 为正。

再入过程中，大气密度、升力系数、阻力系数等参数相比标称值都存在一定的偏差，导致基于标准运动模型预测的落点相比真实情况会存在偏差，偏差较大时，甚至会影响飞船的捕获和到达目标的能力，因此有必要进行参数的在线估计和模型更新。

2. 倾侧角幅值剖面的参数化设计

倾侧角幅值剖面用于参数化倾侧角指令，剖面形状的选取是数值预测-校正方法的关键问题之一。分析跳跃式再入过程中参数的变化发现,不同航程下再入参数随归一化能量 E 的变化趋势类似,见图 8－33。

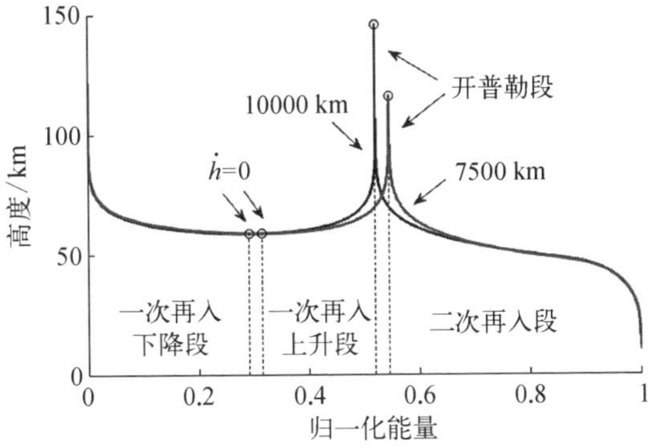

图 8－33　再入高度随能量的变化曲线

图 8－33 给出了 7 500 km 和 10 000 km 两种航程下高度随能量的变化曲线。由图可见,能量的下降主要集中在一次再入下降段、一次再入上升段和二次再入段,且各段对应的能量区间大致相同。由此,可以采用图 8－25(b)所示的剖面形式,即采用三个分段常值来描述剖面,横轴为归一化能量,各分段区间大致对应一次再入下降段、一次再入上升段和二次再入段的能量范围。分段点处的能量值可通过事先分析确定,以减少可调参数的个数。需要说明的是,图 8－25(b)所给的剖面形式兼顾跳跃式再入的飞行特征和剖面的复杂度,仅是可选的剖面形状之一,也可以采用图 8－25 的其他剖面形式。

图 8－25(b)所示剖面的待确定参数包括三个倾侧角值 χ_1、χ_2、χ_3 和两个特征能量值 E_1、E_2。根据图 8－32 中高度-能量的变化趋势,可预先设定特征能量 $E_1 = 0.3$, $E_2 = 0.8$。为简化迭代过程,设计一个参数 P_{DR} 作为描述倾侧角剖面的唯一参数,χ_1、χ_2、χ_3 的具体值由分段定义的 P_{DR} 确定。具体地,当 $E \leqslant E_2$ 时,倾侧角 χ_1、χ_2、χ_3 与参数 P_{DR} 的关系为

$$\begin{cases}\chi_1 = \chi_{max} \\ \chi_2 = \chi_{max} + \dfrac{P_{DR}}{0.25}(\chi_d - \chi_{max}), \quad 0 \leqslant P_{DR} < 0.25 \\ \chi_3 = \chi_f\end{cases} \tag{8-4-3a}$$

$$\begin{cases} \chi_1 = \chi_{\max} + \dfrac{P_{\mathrm{DR}} - 0.25}{0.5}(\chi_{\min} - \chi_{\max}) \\ \chi_2 = \chi_d \\ \chi_3 = \chi_f \end{cases}, \quad 0.25 \leqslant P_{\mathrm{DR}} < 0.75 \qquad (8-4-3\mathrm{b})$$

$$\begin{cases} \chi_1 = \chi_{\min} \\ \chi_2 = \chi_d + \dfrac{P_{\mathrm{DR}} - 0.75}{0.25}(\chi_{\min} - \chi_d), \quad 0.75 \leqslant P_{\mathrm{DR}} \leqslant 1 \\ \chi_3 = \chi_f \end{cases} \qquad (8-4-3\mathrm{c})$$

当能量 $E > E_2$ 时，倾侧角剖面退化为单常值剖面，倾侧角 χ_3 与参数 P_{DR} 的关系为

$$\chi_3 = \chi_{\max} + P_{\mathrm{DR}}(\chi_{\min} - \chi_{\max}), \quad 0 \leqslant P_{\mathrm{DR}} \leqslant 1 \qquad (8-4-4)$$

式中，$\chi_{\max}$ 和 $\chi_{\min}$ 分别为允许的最大和最小倾侧角幅值，为了给纵向和横向制导留出控制余量，本节取 $\chi_{\max} = 165°$ 和 $\chi_{\min} = 15°$。式(8-4-3)中，χ_d 和 χ_f 为两个倾侧角常值，目的是为一次再入上升段和二次再入段保留控制余量，此处取 $\chi_d = 70°$ 和 $\chi_f = 60°$。式(8-4-3)和式(8-4-4)的设计使得纵程是相对于参数 P_{DR} 单调递增的函数，即当 P_{DR} 增大时，倾侧角剖面将更靠近最小倾侧角幅值 $\chi_{\min}$。具体地，当能量 $E \leqslant E_2$ 时，采用式(8-4-3)调整 χ_1、χ_2 的值，此时 P_{DR} 被分为三个区间，即区间Ⅰ[0, 0.25]、区间Ⅱ[0.25, 0.75]、区间Ⅲ[0.75, 1]。当处于区间Ⅰ时，P_{DR} 可以通过调节 χ_2 来控制纵程；当处于区间Ⅱ时，P_{DR} 则通过调节 χ_1 来控制纵程；区间Ⅲ主要用于释放 χ_2 所保留的余量 χ_d，以应对突发情况。

根据以上描述可知：倾侧角幅值剖面被简化为一个仅与 P_{DR} 有关的单值函数，预测-校正制导算法的任务就是根据飞船当前的运动状态和动力学环境寻找合适的剖面参数 P_{DR}，使得待飞航程满足要求。上述倾侧角幅值剖面具有如下两个特点。

(1) 剖面被参数化为单值单调函数，采用分段定义的剖面参数将整个剖面分为若干区域。该策略不仅考虑了在线计算的简便性，而且在问题可解时保证能够得到满足要求的解。

(2) 飞船处于跳跃段时倾侧角剖面通常位于区间Ⅱ，对应的剖面在能量大于 E_1 时倾侧角为常值，分别由 χ_d 和 χ_f 决定。如前所述，通过设计 χ_d 与 χ_f 的合适取值，能给后续飞行阶段保留足够的余量来应对突发情况。

3. 快速弹道预报算法

数值弹道预报的实质是求解运动微分方程,可以采用定步长或变步长的数值积分方法。考虑到算法的稳定性和快速性,本节采用四阶定步长龙格-库塔法进行弹道积分,积分过程中需要选取合适的积分步长。显然,步长越小,计算精度越高,但完成一次弹道积分需要的时间也越长;步长越大,完成一次弹道积分的耗时越短,但计算精度也越低,因此步长的选择要在计算速度和计算精度之间取得平衡。

以 7 500 km 射程的再入弹道为例,图 8-34 给出了选取 1 s、5 s 和 10 s 作为积分步长时的弹道图,对应的航程结果分别为 7 500 km、7 540 km 和 7 590 km。可见,采用 10 s 与 1 s 的积分步长得到的终端航程相差小于 100 km。因此,对于大航程的再入情形,在初始阶段,待飞航程和待飞时间都比较大,数值积分的时间区间也比较长,为减少计算时间,允许采用较大的积分步长。随着再入过程的进行,飞船的速度越来越低,待飞航程与待飞时间也都越来越短,数值积分的时间区间也变短,此时允许也应该采用更小的积分步长。实际上,由于制导算法是一直执行的,前面的计算误差能够在后续制导中予以消除,从对弹道预测精度的要求来讲,前期可以低一些,后期则要高一些。

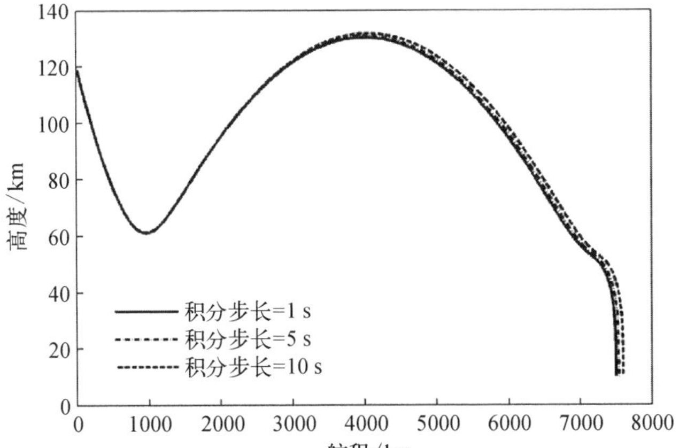

图 8-34　不同积分步长对落点航程的影响

综上,采用如下的积分步长选取策略:制导开始时刻,根据预测周期(或称校正周期)和船载计算机的运算能力,确定一个最大积分步长 Δt_{max},并由此估算出数值积分的步数 N;随着制导的进行,逐渐减小积分步长 Δt,减小的原则是保持 N 近似不变,直至减小到最小积分步长 Δt_{min}。

4. 迭代校正算法

迭代校正算法的作用是通过数值迭代确定剖面参数 P_{DR}，以满足待飞航程的要求。根据是否利用梯度信息，迭代算法可以分为两类，基于梯度的算法和不需要梯度的算法。基于梯度的迭代算法如 Newton-Raphson 方法，该类方法的收敛速度快，但需要计算梯度，因此要进行多次积分，且可能出现不收敛的情况。不需要梯度信息的迭代算法如二分法，该类方法不需要梯度信息，误差会逐步减小，在有解的情况下一般能够保证收敛性，但收敛速度较慢。考虑到预测-校正制导算法对稳定性的要求较高，本节选用不基于梯度信息的试位法(false position method)进行迭代校正。

1）试位法的基本原理

若倾侧角幅值剖面采用式(8-4-3)和式(8-4-4)所示的形式，则飞船的纵程是参数 P_{DR} 的单值函数：

$$R_L = R_L(P_{DR}) \tag{8-4-5}$$

给定要求的纵程 $R_{L,\,std}$ 后，P_{DR} 应该是如下非线性方程的解：

$$f(P_{DR}) = R_{L,\,std} - R_L(P_{DR}) = 0 \tag{8-4-6}$$

试位法的原理如图 8-35 所示。假定前期的迭代中已经获得两个 P_{DR} 的值 $P_{DR}^{(a)}$、$P_{DR}^{(b)}$，满足：

$$P_{DR}^{(a)} < P_{DR}^{(b)}, \quad f(P_{DR}^{(a)}) \cdot f(P_{DR}^{(b)}) < 0$$

迭代起步时，可令 $P_{DR}^{(a)} = 0$，$P_{DR}^{(b)} = 1$。

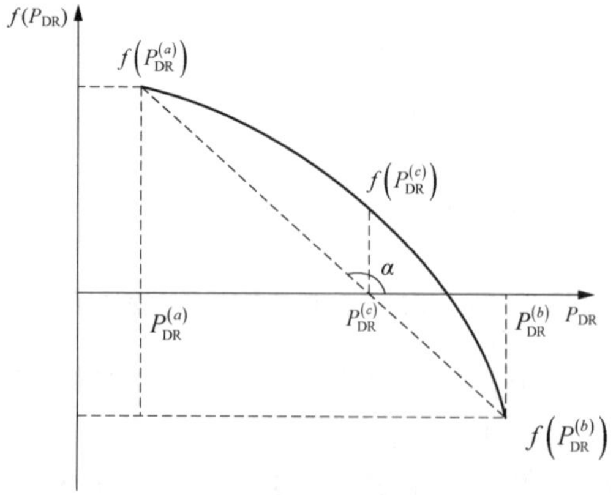

图 8-35 试位法的原理示意图

根据图8-35,新的 P_{DR} 值 $P_{DR}^{(c)}$ 应满足如下公式:

$$\begin{cases} P_{DR}^{(c)} = P_{DR}^{(a)} - \dfrac{f(P_{DR}^{(a)})}{\tan\alpha} \\ P_{DR}^{(c)} = P_{DR}^{(b)} - \dfrac{f(P_{DR}^{(b)})}{\tan\alpha} \end{cases} \tag{8-4-7}$$

在式(8-4-7)中消去 $\tan\alpha$,可得

$$P_{DR}^{(c)} = \frac{P_{DR}^{(a)} \cdot f(P_{DR}^{(b)}) - P_{DR}^{(b)} \cdot f(P_{DR}^{(a)})}{f(P_{DR}^{(b)}) - f(P_{DR}^{(a)})} \tag{8-4-8}$$

若 $f(P_{DR}^{(a)}) \cdot f(P_{DR}^{(c)}) > 0$,则 $P_{DR}^{(a)} = P_{DR}^{(c)}$;否则,$P_{DR}^{(b)} = P_{DR}^{(c)}$。重复上述步骤,直至 $|P_{DR}^{(b)} - P_{DR}^{(c)}| \leqslant \varepsilon_1$ 或 $|f(P_{DR}^{(c)})| \leqslant \varepsilon_2$,其中 ε_1、ε_2 为给定的收敛阈值。

由上述迭代步骤可见,试位法的原理与二分法类似。根据图8-35又可知:

$$\tan\alpha = \frac{f(P_{DR}^{(b)}) - f(P_{DR}^{(a)})}{P_{DR}^{(b)} - P_{DR}^{(a)}} \tag{8-4-9}$$

根据拉格朗日微分中值定理可知,必存在一点 $P_{DR}^{(\xi)} \in [P_{DR}^{(a)}, P_{DR}^{(b)}]$,使得

$$f'(P_{DR}^{(\xi)}) = \frac{f(P_{DR}^{(b)}) - f(P_{DR}^{(a)})}{P_{DR}^{(b)} - P_{DR}^{(a)}} = \tan\alpha \tag{8-4-10}$$

将式(8-4-10)代入式(8-4-7),并与牛顿迭代法的公式进行比较:

$$x^{(k+1)} = x^{(k)} - \frac{f(x^{(k)})}{f'(x^{(k)})} \tag{8-4-11}$$

可知,迭代公式[式(8-4-8)]实际上是利用了 $f'(P_{DR}^{(\xi)})$ 的梯度信息。

试位法是一种介于二分法与牛顿法之间的迭代方法,其收敛速度要比二分法快,并能在方程有解时确保算法收敛。但有些情况下,试位法会出现一个端点总是不动、近似解只从另一个端点靠近精确解的现象。为消除这种现象,可对试位法加以改进。在迭代过程中,如果某个端点重复2次或更多次作为含根区间的端点,则将这个点的函数值乘以一个因子 w $(0 < w < 1)$,从而使线性插值的解更接近于精确解,加快收敛速度。

2) 迭代参数边界的确定方法

迭代过程中,参数 P_{DR} 的上界 $P_{DR} = 1$ 对应于纵程较大的情况,此时飞船有

可能飞出大气层而无法实现大气捕获，或者虽能被捕获但飞行时间过长，上述情况都会导致迭代收敛速度过慢。此时，需要确定一个可行的迭代参数上界 $P_{\mathrm{DR}}^{(b)}$，也即要找到一条能够被捕获且飞行时间不太长的弹道，同时该弹道的落点要超过目标点(即航程大于要求的航程)。为保证试位法的运行，还要确定下边界 $P_{\mathrm{DR}}^{(a)}$，如图 8-36 所示。

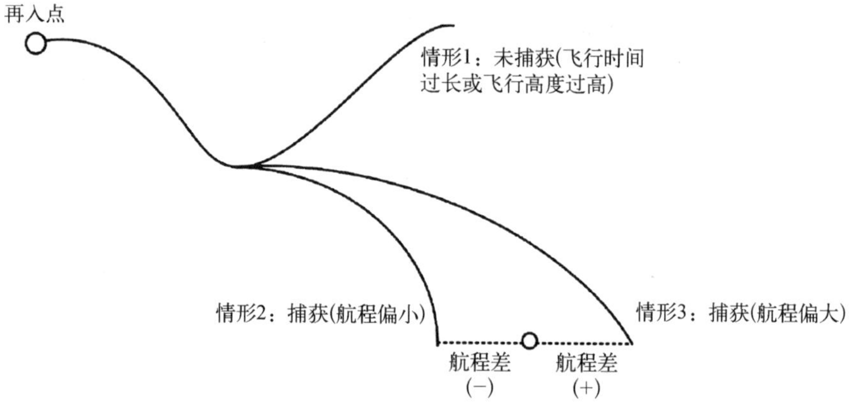

图 8-36 迭代参数边界确定示意图

可以采用黄金分割法对参数边界进行搜索，步骤如下。

步骤 1：给定一个 P_{DR} 的初值 $P_{\mathrm{DR}}^{(0)}$。首次进行预测-校正迭代时，该初值可在飞行任务前由地面试算给出；后序迭代时可取上一次迭代的收敛结果 $P_{\mathrm{DR}}^{[k]}$。

步骤 2：计算 $f(P_{\mathrm{DR}}^{(0)})$。积分过程中，要满足再入的各种约束条件，如果最大过载、最大热流密度超过给定的约束，则说明航程偏短，可提前结束积分，并令 $f(P_{\mathrm{DR}}^{(0)})=-\infty$；如果最大跃起高度、总吸热量超过给定的约束，则说明捕获失败或航程偏大，也可提前结束积分，并令 $f(P_{\mathrm{DR}}^{(0)})=+\infty$。如此处理，可缩短确定边界的耗时。

(1) 如果 $f(P_{\mathrm{DR}}^{(0)})$ 小于给定的航程误差容限 $\Delta R_{L,\mathrm{tol}}$，则 $P_{\mathrm{DR}}^{(0)}$ 即迭代结果；

(2) 如果 $f(P_{\mathrm{DR}}^{(0)})<0$，则表明 $P_{\mathrm{DR}}^{(0)}$ 的值偏小，将 $P_{\mathrm{DR}}^{(0)}$ 取为参数区间的下界，即 $P_{\mathrm{DR}}^{(a)}=P_{\mathrm{DR}}^{(0)}$；如果不是第一次运行步骤 2 且前面已经确定了下界 $P_{\mathrm{DR}}^{(a)}$，则用 $P_{\mathrm{DR}}^{(0)}$ 更新下界 $P_{\mathrm{DR}}^{(a)}$；同时，根据黄金分割率更新 $P_{\mathrm{DR}}^{(0)}$ 的值：

$$P_{\mathrm{DR}}^{(0)}=P_{\mathrm{DR}}^{(0)}+(1-0.618)(1-P_{\mathrm{DR}}^{(0)}) \tag{8-4-12}$$

（3）如果 $f(P_{DR}^{(0)}) > 0$，则表明 $P_{DR}^{(0)}$ 的值偏大，将 $P_{DR}^{(0)}$ 取为参数区间的上界，即 $P_{DR}^{(b)} = P_{DR}^{(0)}$；如果不是第一次运行步骤 2 且前面已经确定了上界 $P_{DR}^{(b)}$，则用 $P_{DR}^{(0)}$ 更新上界 $P_{DR}^{(b)}$；同时，根据黄金分割率更新 $P_{DR}^{(0)}$ 的值：

$$P_{DR}^{(0)} = P_{DR}^{(0)} - (1 - 0.618)(P_{DR}^{(0)} - 0) \tag{8-4-13}$$

步骤 3：判断参数区间的上下边界是否都已确定，若是则结束运算；否则继续执行步骤 2。

之所以采用式（8－4－12）和式（8－4－13）更新 $P_{DR}^{(0)}$，是因为根据步骤 1 中的取值原则，可以认为 $P_{DR}^{(0)}$ 已经比较靠近解的真值 $P_{DR}^{[k]}$。结果表明，采用上述方法，一般计算 2~3 次就能获得所需的控制参数区间［$P_{DR}^{(a)}$，$P_{DR}^{(b)}$］。

3）迭代精度的选取

迭代过程中，需要选取一定的迭代精度或迭代次数作为试位法的结束条件。考虑到飞船再入过程中的控制能力是不断下降的，设计一种随速度变化的迭代精度更新策略，如图 8－37 所示。图中，迭代精度边界的计算公式为

$$\Delta R_{L,\mathrm{tol}} = \Delta R_{L,0} + \left(\frac{v}{v_{\mathrm{I}}}\right)^2 \Delta R_{L,\mathrm{ref}} \tag{8-4-14}$$

式中，$\Delta R_{L,\mathrm{tol}}$ 是本次迭代校正使用的误差边界；$\Delta R_{L,0}$ 是基准误差边界，本节选取 $\Delta R_{L,0} = 1$ km；$\Delta R_{L,\mathrm{ref}}$ 是与飞行速度有关的参考误差，本节选取 $\Delta R_{L,\mathrm{ref}} = 10$ km；v 是飞船的当前速度；v_{I} 是第一宇宙速度。

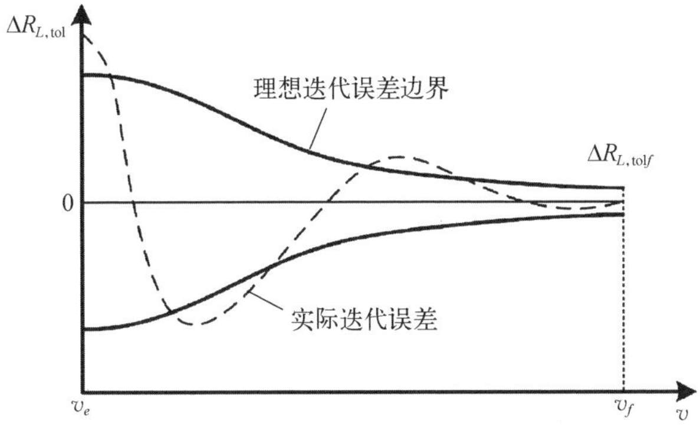

图 8－37　迭代精度的选取策略

8.4.2 横程控制方法

跳跃式再入的航程较大，包括大气层内的有控飞行段和无控制力可用的开普勒段，再像近地飞船再入时那样，通过设计漏斗边界对横程进行控制的开关曲线方法不再完全适用。仿真表明，如果跳跃段终点的横向参数不合适，可能会导致二次再入中入口点处的运动参数出现严重漂移，从而超出二次再入段的横向调节能力，因此要研究新的横程控制方法。

1. 横向运动特性分析

飞船再入时，横向运动的控制策略主要是通过与横程或航向角有关的漏斗形边界来实现的，如“阿波罗”飞船的制导算法或以其为基础的 PredGuid、NSEG 的改进算法[63, 65, 66]。具体来说，该类制导律采用航向角漏斗（前期定义在惯性坐标系中，后期切换到地球固连坐标系中）来确定倾侧角的符号，该算法在横向控制能力充足或横程控制精度要求较低时能够较好地完成侧向制导任务，但当横程偏差达到飞行器的控制极限时，横向和纵向的运动耦合效应及控制余量不足等问题将严重影响算法的制导精度，这是跳跃式再入任务场景中经常出现的情形。为使该类方法适用于跳跃式再入，Brunner 等[80]在地球固连坐标系中通过设置虚拟目标点来解决开普勒段的横向漂移问题，但该方法假设航向角在开普勒段固定，与实际情况有一定差别；另外，虚拟目标的偏移量与射向相关，依赖事前的分析经验，且需要通过数值迭代才能获得，使用不便。本节基于跳跃式再入过程中横向运动特性的分析，设计一种具有鲁棒性和自适应能力的横程控制方法[77]。

首先分析飞船的横向运动特性，建立开普勒段起点和终点横向参数之间的关系。飞船在开普勒段运动时，可以忽略所受的气动加速度 $\boldsymbol{a}_a$ 和牵连加速度 $\boldsymbol{a}_e$ 的横向分量，只考虑引力加速度 $\boldsymbol{a}_g$ 和科氏加速度 $\boldsymbol{a}_k$ 的影响，则动力学方程可以简化为

$$\ddot{\boldsymbol{r}} = \boldsymbol{a}_g + \boldsymbol{a}_k = -\frac{\mu_E}{r^3}\boldsymbol{r} - 2\boldsymbol{\omega}_E \times \boldsymbol{v} \tag{8-4-15}$$

式中，$\boldsymbol{r}$ 为地心矢径；$\boldsymbol{v}$ 为相对于地球的速度；μ_E 为地心引力常数；$\boldsymbol{\omega}_E$ 为地球自转角速度矢量。将式（8-4-15）投影到再入坐标系 $e-x_e y_e z_e$，即可得到 ez_e 轴上的引力加速度分量 a_{gz} 和科氏加速度分量 a_{kz}。引力加速度在横向的分量与地心矢径和纵平面间的夹角 $\delta = R_C/R_E$ 有关，注意到对横程近似有 $R_C = z$，而 z 相

对于地球半径 R_E 是个小量，则 δ 也是个小量，因此 a_{gz} 可表示为

$$a_{gz} = - \| a_g \| \sin\delta = -\frac{\mu_E}{r^3} z \qquad (8-4-16)$$

注意到在开普勒段中，飞船地心距 r 的变化在几十千米量级。例如，当高度在 80 ~ 150 km 变化时，地心距 r 在 6 451 ~ 6 521 km 变化，100 km 高度处的 a_{gz} 与 80 km 和 150 km 高度处的值分别相差 0.93% 和 2.28%，因此在开普勒段计算引力加速度分量时 r 可视为常值，则 a_{gz} 将随横程 z 线性变化。基于类似的分析思路，可以得到科氏加速度在 ez_e 轴上的分量的表达式：

$$a_{kz} = 2\omega_E v \sin\xi(\sin\phi\cos\theta_T - \cos\phi\cos\sigma_T\sin\theta_T) \qquad (8-4-17)$$

式中，ξ 为速度矢量与 z 轴的夹角，由于横向速度 $\dot{z}$ 远小于 v，有 $\xi \approx 90°$，$\sin\xi \approx 1$；开普勒段的飞行路径角 θ_T 的绝对值较小，为 2 ~ 3°，因此有 $\sin\theta_T \approx 0$，$\cos\theta_T \approx 1$。根据以上假设，可将式(8-4-17)简化为

$$a_{kz} = 2\omega_E v \sin\phi \qquad (8-4-18)$$

为方便描述，分别记开普勒段的起点和终点为 K_1 和 K_2，相应的地心纬度为 ϕ_1 和 ϕ_2，速度为 v_1 和 v_2。将这些参数代入式(8-4-18)，可得 K_1 和 K_2 两点处的横向科氏加速度分别为 $a_{kz_1} = 2\omega_E v_1 \sin\phi_1$ 和 $a_{kz_2} = 2\omega_E v_2 \sin\phi_2$。考虑到开普勒段的速度基本不变，有 $v_1 \approx v_2$，因此科氏加速度的横向分量只与纬度的正弦值 $\sin\phi$ 相关。纬度或纬度的正弦值是飞船在开普勒段的轨道倾角和纬度幅角的非线性函数，将 ϕ 表示为运动参数的解析形式非常复杂。考虑到开普勒段仅占再入返回轨道的一小部分，可以用一个时间的线性函数来近似 $\sin\phi$，后面的数值仿真证明了该近似的有效性。设开普勒段的总飞行时间为 T，则任意时刻 $\tau \in [0, T]$ 的横向科氏加速度 $a_{kz\tau}$ 可近似表示为

$$a_{kz\tau} = a_{kz_1} + (a_{kz_1} + a_{kz_2})\frac{\tau}{T} \qquad (8-4-19)$$

将式(8-4-19)和式(8-4-16)代入式(8-4-15)，可以得到能近似描述开普勒段横向运动的微分方程：

$$\ddot{z} + cz = a + b\tau \qquad (8-4-20)$$

式中，$a = a_{kz_1}$；$b = (a_{kz_2} - a_{kz_1})/T$；$c = \mu_E/r^3$。$a_{kz_1}$、$a_{kz_2}$、$T$ 和 r 的值可以根据

标称轨道计算得到,由此 a、b 和 c 可看作常值。根据常微分方程理论,方程(8-4-20)的解可表示为

$$z = F_1\sin(k\tau) + F_2\cos(k\tau) + A + B\tau \tag{8-4-21}$$

式中,$k=\sqrt{c}$;$A=a/c$;$B=b/c$;$F_1=(\dot{z}_1-B)/k$;$F_2=z_1-A$;参数 z_1 和 $\dot{z}_1$ 分别为点 K_1 处的横程和横程变化率。对式(8-4-21)求导,可得开普勒段的横程变化率为

$$\dot{z} = \dot{R}_C = kF_1\cos(k\tau) - kF_2\sin(k\tau) + B \tag{8-4-22}$$

式(8-4-21)和式(8-4-22)描述了开普勒段起点 K_1 和终点 K_2 处横向运动参数间的关系,基于此可设计横程控制算法。

2. 横程控制算法

基于上一小节对开普勒段横向运动特性的分析,提出一种拼接漏斗形式的横程控制算法,具体设计步骤如下[77]。

1)步骤1:设计二次再入段的横程漏斗

二次再入段的横程控制效果受二次再入段入口点(即开普勒段终点 K_2)处的横程 R_{C2} 和横程变化率 $\dot{R}_{C2}$ 的影响,最理想的状况是入口点处的横程 R_{C2} 和横程变化率 $\dot{R}_{C2}$ 均为零,但该状况很难通过跳跃段1~2次的倾侧角翻转实现,也无此必要。如果单独要求 $R_{C2}=0$ 或者 $\dot{R}_{C2}=0$,则在二次再入点处可能出现较大的横程或者横程变化率,给二次再入段的横程控制带来困难。为此,设计一个虚拟横程 Γ 来兼顾 R_C 和 $\dot{R}_C$ 的控制,Γ 的表达式如下

$$\Gamma = R_C + \lambda\dot{R}_C \tag{8-4-23}$$

式中,$\lambda=\lambda_a+\lambda_b v$,为横程变化率的放大系数,$\lambda_a>0$ 和 $\lambda_b>0$ 是需要设计的参数。由于 v 是逐渐下降的,那么 λ 也是逐渐减小的,这意味着在虚拟横程 Γ 中,$\dot{R}_C$ 的比例将逐渐降低。二次再入过程中,当虚拟横程 Γ 超过给定的横程漏斗边界 $\bar{R}_C$ 时,飞船将改变倾侧角的符号。具体控制逻辑可用式(8-4-24)描述:

$$\operatorname{sgn}(\chi_t) = \begin{cases} -\operatorname{sgn}(\Gamma), & |\Gamma| \geqslant \bar{R}_C \\ \operatorname{sgn}(\chi_{t-1}), & |\Gamma| < \bar{R}_C \end{cases} \tag{8-4-24}$$

式中,χ_t 和 χ_{t-1} 分别是当前制导周期和前一制导周期的倾侧角;$\bar{R}_C$ 为横程漏斗边界,其表达式为

$$\bar{R}_C = \lambda_c + \lambda_d v \tag{8-4-25}$$

式中，$\lambda_c > 0$ 和 $\lambda_d > 0$ 是需要设计的参数。同理，由于 v 是逐渐降低的，漏斗宽度是逐渐收窄的。

2）步骤 2：设计跳跃段的出口条件

由式(8-4-21)和式(8-4-22)可知，开普勒段终点 K_2 处的横程及横程变化率为

$$\begin{cases} R_{C2} = F_1 \sin(kT) + F_2 \cos(kT) + A + BT \\ \dot{R}_{C2} = kF_1 \cos(kT) - kF_2 \sin(kT) + B \end{cases} \tag{8-4-26}$$

将式(8-4-26)代入式(8-4-23)可得

$$\Gamma = N\dot{R}_{C1} + MR_{C1} + P \tag{8-4-27}$$

式中，$N = [\sin(kT) + k\lambda \cos(kT)]/k$；$M = \cos(kT) = k\lambda \sin(kT)$；$P = A(1 - M) + B(\lambda + T - N)$。

式(8-4-27)建立了跳跃段出口点(即开普勒段起点 K_1)的横程参数与二次再入段入口点(即开普勒段终点 K_2)的虚拟横程 Γ 之间的关系。可见，通过调节点 K_1 处的横程参数 R_{C1} 或 $\dot{R}_{C1}$ 可以使得点 K_2 处的 $\Gamma = 0$。考虑到横程变化率 $\dot{R}_{C1}$ 易于调整，因此选择 $\dot{R}_{C1}$ 作为被控参数。根据式(8-4-27)可知，要使点 K_2 处的 $\Gamma = 0$(图 8-38)，需要将 $\dot{R}_{C1}$ 控制为

$$\dot{R}_{C1} = \bar{\dot{R}}_{C10} = -(MR_{C1} + P)/N \tag{8-4-28}$$

式中，$\bar{\dot{R}}_{C10}$ 表示期望的跳跃段出口点处横向速度的平均值。

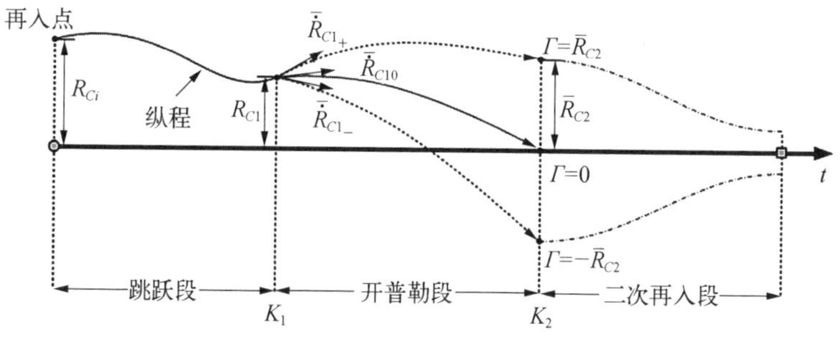

图 8-38　跳跃段分段设计的横向速度漏斗示意图

然而，要满足 $\Gamma = 0$ 这一条件需要在跳跃段执行多次倾侧角翻转。考虑到实际飞行过程中，翻转次数过多将影响飞船的纵向运动，因此可以适当放宽对

Γ 的要求，即通过控制 $\dot{R}_{C1}$ 使得 Γ 位于某一区间，即 $\Gamma \in [-\bar{R}_{C2}, \bar{R}_{C2}]$ 即可。此时，跳跃段的出口点 K_1 处的 $\dot{R}_{C1}$ 应满足：

$$-\Delta\bar{\dot{R}}_{C1} \leqslant \dot{R}_{C1} - \bar{\dot{R}}_{C10} \leqslant \Delta\bar{\dot{R}}_{C1} \tag{8-4-29}$$

式中，$\Delta\bar{\dot{R}}_{C1} = \bar{R}_{C2}/N$。

需要注意的是，式(8-4-27)中的参数 N、M 和 P 的计算需要依赖一条参考轨迹。仿真表明，不需要参考轨迹的航程严格等于要求的值，只需要与目标航程接近即可满足要求。

3）步骤 3：设计跳跃段的横向速度漏斗

考虑到跳跃段的出口条件是以横向速度 $\dot{R}_C$ 表示的，因此在跳跃段设计一个横向速度漏斗来控制横向速度 $\dot{R}_C$ 满足出口条件[式(8-4-28)或式(8-4-29)]。

观察式(8-4-27)可知，若在跳跃段横向速度 $\dot{R}_C$ 一直满足如下公式：

$$\dot{R}_C = \bar{\dot{R}}_{C0} = -\frac{MR_C + P}{N} \tag{8-4-30}$$

则在跳跃段的出口点 K_1 处，$\dot{R}_{C1}$ 将满足式(8-4-28)，从而保证二次再入段入口点 K_2 处的虚拟横程 $\Gamma = 0$。若要求横向速度一直满足 $\dot{R}_C = \bar{\dot{R}}_{C0}$ 会造成翻转次数过多，也无此必要，故可设置具有一定宽度 $\Delta\bar{\dot{R}}_C$ 的横向速度漏斗，将 $\bar{\dot{R}}_{C0}$ 作为速度漏斗的中心，使 $\dot{R}_C$ 在 $\bar{\dot{R}}_{C0}$ 附近即可。

考虑到跃起点前后的气动力作用较强，减速效果明显，对横程的控制能力也较强，因此将下降段的漏斗边界取为常值，上升段的漏斗边界设计成一个过载的线性函数。同时，根据式(8-4-29)，将上升段结束点处的漏斗边界宽度取为 $\Delta\bar{\dot{R}}_{C1}$。速度漏斗的示意图见图 8-39。

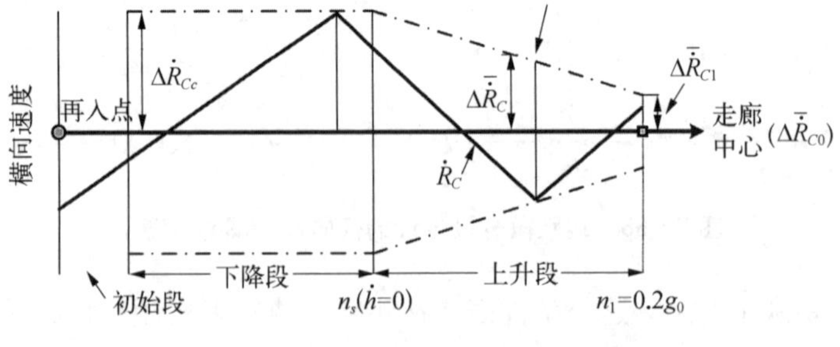

图 8-39 跳跃段横向速度漏斗示意图

根据上述原则,速度漏斗的边界 $\Delta\bar{\dot{R}}_C$ 可表示为

$$\Delta\bar{\dot{R}}_C=\begin{cases}\Delta\bar{\dot{R}}_{Cc}, & \dot{h}\leqslant 0\\ \Delta\bar{\dot{R}}_{Cc}+(\Delta\bar{\dot{R}}_{C1}-\Delta\bar{\dot{R}}_{Cc})\dfrac{n_s-n_t}{n_s-n_1}, & \dot{h}>0\end{cases}\tag{8-4-31}$$

式中,n_t 为当前的过载;n_s为跃起点处的过载;n_1 为跳跃段出口点 K_1 处的过载;$\Delta\bar{\dot{R}}_{Cc}$ 为常值段漏斗的宽度,是待设计值。确定好速度漏斗的中心和宽度后,与二次再入段类似,跳跃段倾侧角的翻转逻辑为

$$\text{sign}(\chi_t)=\begin{cases}-\text{sign}(\dot{R}_C-\bar{\dot{R}}_{C0}), & |\dot{R}_C-\bar{\dot{R}}_{C0}|\geqslant\Delta\bar{\dot{R}}_C\\ \text{sign}(\chi_{t-1}), & |\dot{R}_C-\bar{\dot{R}}_{C0}|<\Delta\bar{\dot{R}}_C\end{cases}\tag{8-4-32}$$

通过上述三个步骤,得到一个由横向速度漏斗(跳跃段)和虚拟横程漏斗(二次再入段)构成的拼接漏斗,设计参数为 $\boldsymbol{\lambda}_a$、$\boldsymbol{\lambda}_b$、$\boldsymbol{\lambda}_c$、$\boldsymbol{\lambda}_d$ 和 $\Delta\bar{\dot{R}}_{Cc}$。仿真表明,该漏斗能够很好地实现跳跃式再入的横程控制。

8.4.3 误差参数辨识方法

对于跳跃式再入返回轨道,气动参数和大气密度误差是影响再入制导精度的重要因素,特别是对于航程较大的情形,这两类误差甚至影响到大气捕获和着陆回收能否成功,因此有必要研究利用飞船自身携带的传感器辨识误差参数的方法,并将估计结果引入制导算法中,从而提高算法的精度和鲁棒性。

再入过程中,飞船受到的气动阻力加速度和升力加速度分别为

$$\begin{cases}a_D=C_D\rho v^2S/2m\\ a_L=C_L\rho v^2S/2m\end{cases}\tag{8-4-33}$$

可见,空气动力系数误差和大气密度误差是耦合在一起的。由于目前飞船上可用的测量设备主要是惯性导航系统,仅通过加速度表的测量很难将空气动力系数误差和大气密度误差分离开来,需要组合在一起进行辨识。

假定辨识过程中,通过导航系统获得的飞船当前时刻的位置为 $\boldsymbol{r}_m$、速度为 $\boldsymbol{v}_m$,由加速度表测量可以得到视加速度 $\boldsymbol{W}_m$ 的值,从而可以得到阻力加速度的测量值:

$$a_{D,m}=-\frac{\boldsymbol{v}_m}{v_m}\cdot\boldsymbol{W}_m\tag{8-4-34}$$

忽略姿控发动机推力的影响,可得升力加速度的测量值为

$$a_{L,m}=\sqrt{\boldsymbol{W}_m\cdot\boldsymbol{W}_m-a_{D,m}^2} \tag{8-4-35}$$

由此得到升阻比的测量值:

$$\left(\frac{L}{D}\right)_m=\frac{a_{L,m}}{a_{D,m}} \tag{8-4-36}$$

实际再入过程中,飞船的姿控系统将姿态稳定在配平攻角附近,但会存在一些抖动,加速度表和陀螺的测量数据也存在误差和噪声,因此采用一阶低通滤波器对测量参数进行平滑:

$$\left(\frac{L}{D}\right)_{\text{est}}^{(k)}=(1-K_{LD})\left(\frac{L}{D}\right)_m^{(k)}+K_{LD}\left(\frac{L}{D}\right)_{\text{est}}^{(k-1)} \tag{8-4-37}$$

式中,k 表示滤波估计周期的个数;K_{LD} 为滤波增益。定义升阻比比例因子 η_{LD},其在第 k 个估计周期内的值为

$$(\eta_{LD})_{\text{est}}^{(k)}=\frac{(L/D)_{\text{est}}^{(k)}}{(L/D)_0^{(k)}} \tag{8-4-38}$$

式中,$(L/D)_0^{(k)}$ 为飞船的标准升阻比,可以通过理论计算或风洞实验获得,飞行任务实施前储存在飞船的计算机中。起始时刻,可取 $(\eta_{LD})_{\text{est}}^{(0)}=1$。

下面再根据阻力加速度的测量值,估计大气密度误差。定义系数:

$$B_m=\frac{C_D\rho S}{2m}=\frac{a_{D,m}}{v_m^2} \tag{8-4-39}$$

可见,系数 B_m 中既包含了大气密度的误差,又包含了阻力系数和面质比的误差。

定义比例因子:

$$\eta_{Bm}=B_m/B_0 \tag{8-4-40}$$

式中,

$$B_0=\frac{C_{D0}S_0\rho_0}{2m_0} \tag{8-4-41}$$

式中,C_{D0}、S_0、m_0 为相应参数的标准值;ρ_0 是根据当前高度计算得到的标准大气密度。同样采用一阶低通滤波器对比例因子 η_{Bm} 进行平滑,即

$$(\eta_{Bm})_{\text{est}}^{(k)} = (1 - K_{Bm})\eta_{Bm}^{(k)} + K_{Bm}(\eta_{Bm})_{\text{est}}^{(k-1)} \tag{8-4-42}$$

式中，K_{Bm}为滤波增益，滤波起始时刻可取 $(\eta_{Bm})_{\text{est}}^{(0)} = 1$。

在每个校正周期的轨迹预测过程中，应用上述两个比例因子来更新预测模型，阻力与升力加速度的计算公式为

$$\begin{cases} a_D^{\text{pre}} = (\eta_{Bm})_{\text{est}}^{(k)} \left(\dfrac{C_D S\rho}{2m}\right) v^2 \\ a_L^{\text{pre}} = (\eta_{LD})_{\text{est}}^{(k)} a_D^{\text{pre}} \left(\dfrac{C_L}{C_D}\right) = (\eta_{LD})_{\text{est}}^{(k)} (\eta_{Bm})_{\text{est}}^{(k)} \left(\dfrac{C_L S\rho}{2m}\right) v^2 \end{cases} \tag{8-4-43}$$

上述参数辨识方法中，实际上隐含了一个假设，即 C_D、C_L、ρ 的误差在整个再入阶段都是常值，这与实际情况不符，但应用表明一般情况下上述方法都是有效的。在后面的仿真中，大气密度误差未假定为常值，仿真结果验证了参数辨识方法的有效性。

8.4.4　仿真分析

仿真条件设置与 8.3.2 节的第 4 小节相同，取标准射程 $R_{L,\text{ std}} = 7\,000$ km。仿真中的其他设置为：预测周期 5 s，即每 5 s 执行一次弹道预测及倾侧角指令校正，该周期内执行上一次校正后的指令。弹道预报中，积分步长 $\Delta t_{\max} = 5$ s，$\Delta t_{\min} = 0.5$ s。横程制导律中，$\lambda_a = 2$ s，$\lambda_b = 5$ s，$\lambda_c = 200$ m，$\lambda_d = 7\,000$ m，$\lambda = 6.5$ s，$N = 558.73$ s，$M = 0.73$，$P = 3.6 \times 10^4$ m，$\Delta \bar{\dot{R}}_{Cc} = 300$ m/s，$\Delta \bar{\dot{R}}_{C1} = 50$ m/s。

仿真中未考虑姿态控制的响应过程，即采用三自由度仿真模型，假定倾侧角翻转是在瞬间完成的。

1. 标称条件下的仿真结果

标称条件下的仿真结果如图 8－40~图 8－45 所示，制导的终端纵程偏差为 205 m，横程偏差为 49 m。

图 8－40 给出了高度随速度的变化曲线。在开普勒段，飞船的速度基本不变，因此图中出现了一个尖峰。

图 8－41 给出了高度随待飞纵程的变化曲线。跃起点的高度为 59.6 km，跃起后的最大高度为 108.4 km，二次再入时没有发生高度跳跃的现象。

图 8－42 给出了横程随时间的变化曲线。在整个飞行过程中，横程没有出现过大的偏差，基本在±20 km 范围内。二次再入段，横向速度 $\dot{z}$ 较大，而且是个快变量，为避免倾侧角翻转过于频繁，在虚拟横程 $\varGamma$ 的设计中，为 $\dot{R}_C$ 选择了较

小的权重系数,因此虚拟横程 Γ 与横程 R_C 基本重合。二次再入段中,横程相对于漏斗边界出现了较大的超调量,这主要是为提高横向控制精度,横程漏斗宽度选择较小的缘故。因为二次再入段倾侧角控制余量设置得较大(仿真中取为60°),横向控制能力较强,并且横程偏差并不太大,所以经过 3 次倾侧角翻转就成功将横程 R_C 调整到了漏斗内。

图 8-43 给出了横程变化率随时间的变化曲线。由图可见,在开普勒段,横程变化率在科氏加速度的作用下逐渐向正向偏移,说明横程正在向正向增大。跳跃段横向速度漏斗的出口正好在负侧,因此可以抵消横程正向漂移的影响,验证了横向速度漏斗设计的合理性。

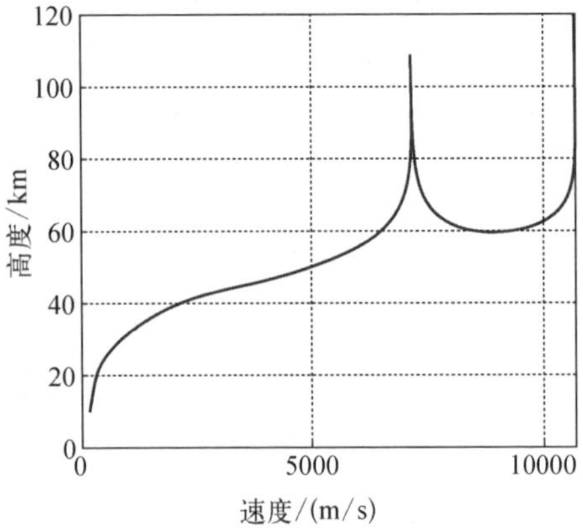

图 8-40 标称条件下的高度-速度图

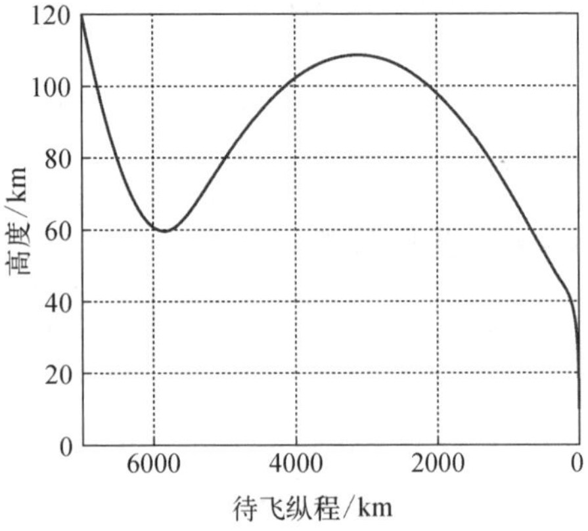

图 8-41 标称条件下的高度-待飞纵程图

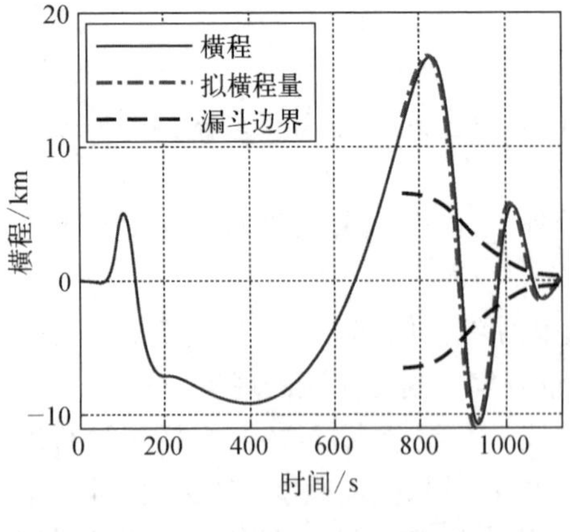

图 8-42 标称条件下的横程变化

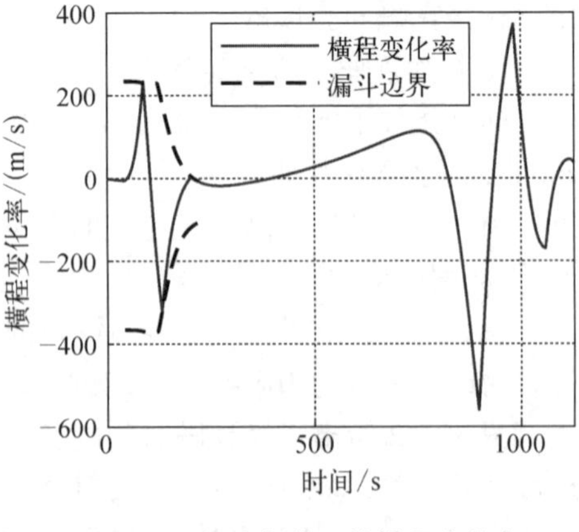

图 8-43 标称条件下的横程变化率

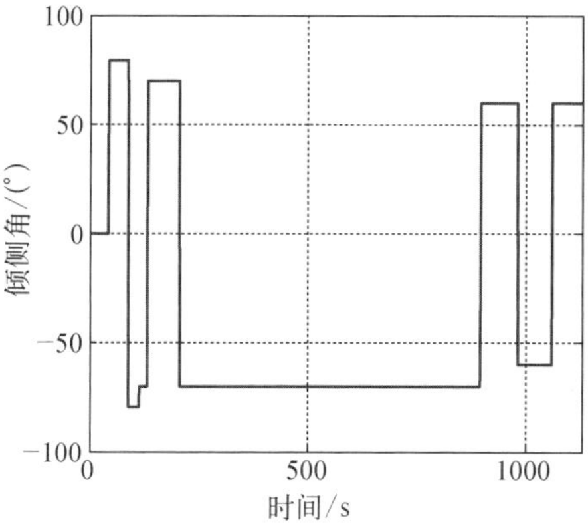

图 8－44　标称条件下的倾侧角变化

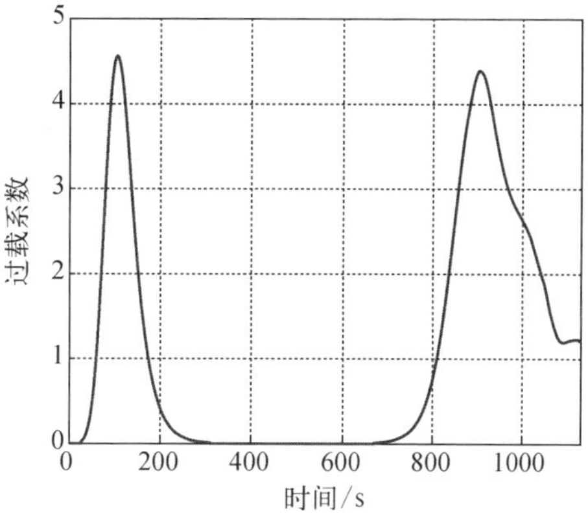

图 8－45　标称条件下的过载系数变化

图 8－44 给出了倾侧角随时间的变化曲线。由图可见，在跳跃段倾侧角翻转 2 次，在二次再入段倾侧角翻转 3 次。

图 8－45 给出了过载系数随时间的变化曲线。由图可知，跳跃段的过载峰值为 4.56g_0，二次再入段的过载峰值为 4.39g_0。

2. 蒙特卡洛打靶仿真结果

本小节通过蒙特卡洛抽样打靶的方法，对所提预测-校正制导算法的精度和鲁棒性进行验证。表 8－4 给出了仿真中考虑的误差因素的分布类型和大小，其中大气密度误差采用文献[81]中描述的解析模型，最大相对误差可达 40%。抽样次数为 1 000 组，仿真结果如表 8－5 和图 8－46~图 8－49 所示。

表 8－4　再入制导中考虑的误差因素

误 差 类 型	误 差 模 型	误 差 大 小
初始速度大小	高斯分布	100 m/s（3σ）
初始飞行路径角	高斯分布	0.1°（3σ）
初始飞行方位角	高斯分布	0.5°（3σ）
初始经度	高斯分布	1°（3σ）
初始纬度	高斯分布	1°（3σ）
升力系数	高斯分布	20%（3σ）
阻力系数	高斯分布	20%（3σ）
飞船质量	平均分布	2%（1σ）
大气密度	解析模型	40%（最大）

表 8-5 蒙特卡洛打靶的统计结果

统计值	纵程误差/km	横程误差/km	跃起高度/km	最大高度/km	最大过载/g_0
均 值	-0.031	0.013	59.540	108.070	4.919
标准差	0.534	0.237	1.155	2.418	0.709

图 8-46 给出了飞船星下点经纬度的轨迹。可见，虽然存在初始误差，但在制导系统的控制下，飞船最后都准确到达了标称开伞点附近。图 8-47 给出了开伞点经纬度的散布图，可见距离目标点均在 5 km 以内。图 8-48 和图 8-49 分别给出了高度-速度和高度-待飞纵程的变化曲线。跃起点速度在 9 038~9 113 m/s 范围内，开伞点速度在 131.2~184.3 m/s 范围内，跃起点高度在 55.9~62.3 km 范围内，跃起后最大高度在 101~114.8 km 范围内。

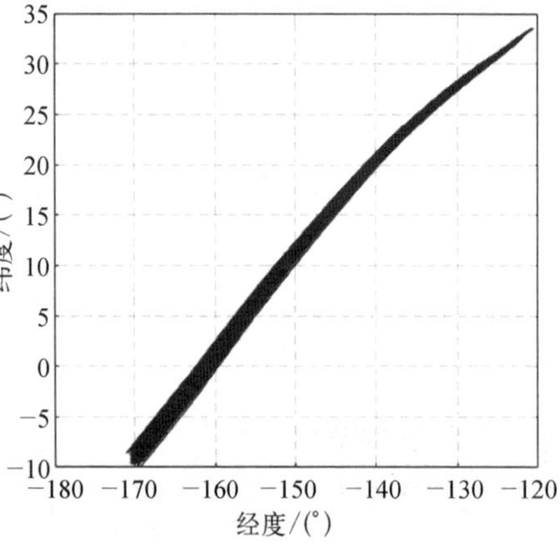

图 8-46 飞船星下点经纬度轨迹

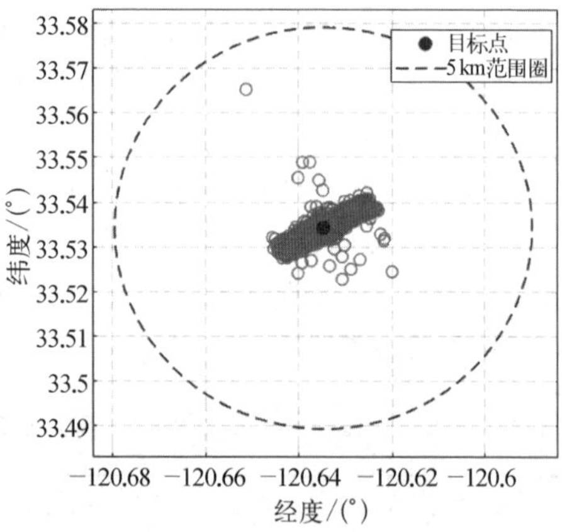

图 8-47 打靶仿真的终端经纬度

仿真结果验证了所设计横程控制方法的有效性，终端横程误差的最大值为 3.7 km。飞船在开普勒段(250~700 s)表现出先朝负方向而后朝正方向运动的特性。向负方向的运动是由跳跃段横向速度漏斗的出口设计在负侧造成的，而向正方向的运动是由科氏加速度造成的，前者能平衡后者对横向运动的影响。统计表明，在跳跃段倾侧角平均翻转 2 次，二次再入段倾侧角平均翻转 3 次。

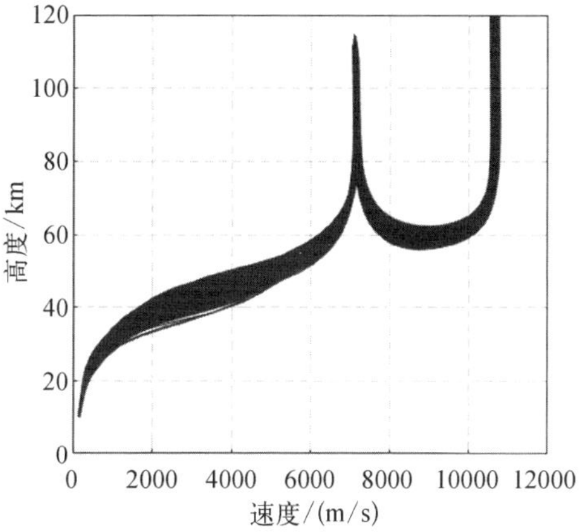

图 8-48　打靶仿真的高度-速度变化曲线

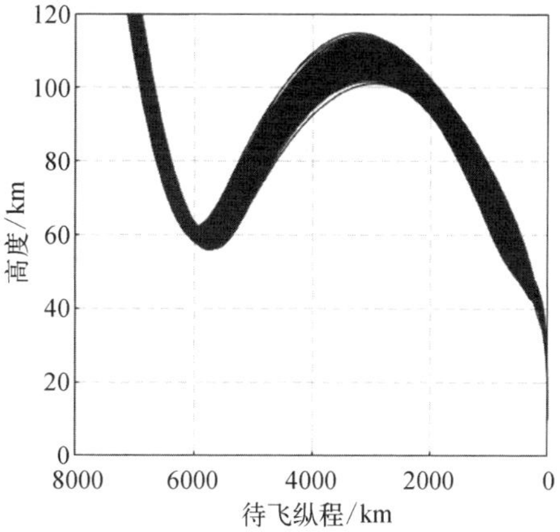

图 8-49　打靶仿真的高度-待飞纵程变化曲线

为充分验证制导方法的有效性和精度,验证设计的姿态控制系统是否可行,还需要开展六自由度弹道仿真。探月飞船六自由度弹道仿真的数学模型、姿态控制系统的设计方法、姿态控制系统输入参数的计算等内容与第 7 章中近地飞船的相关内容是相同的,因此本章不再赘述。六自由度弹道仿真的结果表明,本章设计的数值预测-校正制导方法是可行的,能够满足探月返回任务的精度要求。

第 9 章　升力式再入航天器返回轨道设计与制导方法

本书讨论的升力式再入航天器(lifting reentry vehicle)是指返回再入过程中具有足够大的气动升力,能够实现水平软着陆的返回式航天器。为实现水平着陆,一般要求航天器的升阻比大于 1,这样大的升力不能再用旋成体,只能采用不对称体[2]。升力式再入航天器又可分为带翼和不带翼两种,两种都能产生大于 1 的升阻比,本书统称为升力体航天器。对于不带翼的航天器,其升力全靠体形产生,会使外形复杂化,且会增大航天器的尺寸与质量,因此载人航天器一般不用。带翼的升力体,形状与飞机类似,主要由机翼产生和控制升力,以形成其机动飞行、下滑和水平着陆能力。

升力体航天器能够实现水平定点无损软着陆,因此具有可重复使用的能力,有的文献中也将其称为可重复使用运载器(reusable launch vehicle, RLV)[82]。20 世纪 70 年代,美国和苏联同时开展可重复使用运载器研究,设计成果为美国的航天飞机和苏联的“暴风雪号”航天飞机,可称为第一代 RLV。从 20 世纪末开始,世界各国开始研究新的可重复使用运载器,设计成果有美国的无人空天飞机 X－37B、欧洲的中间演示验证飞行器 IXV、日本的飞行验证机 HOPE－X 等。其中,美国的航天飞机轨道器是最具代表性的带翼式升力体航天器。本章就以该航天器为例,讨论升力体航天器返回再入时的特点和制导方法。

9.1　航天飞机轨道器返回再入情况简介

航天飞机返回再入地球的部分,称为轨道飞行器,简称轨道器。执行宇航飞行任务的航天员、科学工作者都在轨道器内生活和工作,需要送入太空的有效载荷也装载在轨道器的货舱内,因此轨道器是真正执行太空运输任务的部件,是航天飞机的核心部分,也是结构最复杂、设计最困难的部分。在不致引起混淆的情况下，本书中航天飞机与轨道器两个概念通用。

与卫星、载人飞船的返回再入过程相比，轨道器再入过程中的升力较充足，因此可通过机动飞行大范围调整再入轨道，并采用水平着陆方式，落点精度可达到米级，实现定点无损着陆和多次重复使用。轨道器的返回轨道具有再入过载和热流密度峰值小、机动范围大、着陆精度高等优点，但也带来一系列的复杂问题，如气动力问题、防热问题、结构问题等。轨道器的返回轨道可分为三大段：制动段、过渡段和再入着陆段。制动段和过渡段在第6章已经讨论过，下面主要讨论升力式返回的再入着陆段的特点[83]。

9.1.1 航天飞机的基本情况

美国国家航空航天局(National Aeronautics and Space Administration, NASA)于1969年2月开始包括航天飞机在内的新的空间运输系统的概念研究。1972年1月，美国正式开始航天飞机的研制工作。历经9年时间，第一架航天飞机“哥伦比亚号”于1981年4月12日完成首次空间飞行。

美国共生产过6架航天飞机轨道器，包括“哥伦比亚号”“挑战者号”“发现号”“亚特兰蒂斯号”“奋进号”和“企业号”，其中“企业号”只用于测试，一直未进入轨道飞行和执行太空任务，其余5架均执行过多次航天飞行任务。在航天飞机服役的30年时间里，共执行了135次航天任务，将852人次航天员送入太空，成功率为98.51%，各架航天飞机的应用情况见表9-1。航天飞机的出现为人类进入太空提供了一种全新的思路，并完成了哈勃太空望远镜维修、国际空间站在轨组装等多项高难度的航天任务。

表9-1 航天飞机轨道器应用情况

型号	首航时间	退役(坠毁)时间	飞行次数/次
“哥伦比亚号”	1981年4月12日	2003年2月1日(坠毁)	28
“挑战者号”	1983年4月4日	1986年1月28日(坠毁)	10
“发现号”	1984年8月30日	2011年3月9日(退役)	39
“亚特兰蒂斯号”	1985年10月3日	2011年7月21日(退役)	33
“奋进号”	1992年5月7日	2011年6月1日(退役)	25

尽管航天飞机取得了巨大的成功，但仍存在一些不足：技术保障与能力需求的匹配不够紧密，飞行器结构过于复杂，飞行器的安全性和可靠性没有达到

预期。此外,航天飞机的单次发射费用高达 4 亿~5 亿美元,也远远超出了预期。再加上 1986 年“挑战者号”和 2003 年“哥伦比亚号”的两次事故,最终促使美国作出提前结束航天飞机服役期的决定。2011 年 7 月 8 日,“亚特兰蒂斯号”航天飞机发射升空,同年 7 月 21 日在肯尼迪航天中心安全着陆,这是航天飞机服役 30 年来的第 135 次飞行,也是最后一次飞行。

航天飞机由轨道器、外贮箱和固体助推器三大主要分系统构成,这三大分系统采用了独特的并联布局,如图 9-1 所示。在这种构型下,航天飞机的芯级实际上仅是一个为主动段飞行提供全部液体推进剂的外贮箱,并没有安装主发动机。两个固体助推器采用并联捆绑的方式连接在外贮箱上,形成常规的运载火箭并联构型。芯级与轨道器也采用并联构型,并将常规运载火箭的一级发动机安装在轨道器上。采用这种总体布局后,外贮箱连接在轨道器腹部,飞行过程中通过腹部脐带向轨道器上的三台航天飞机主发动机(space shuttle main engine, SSME)输送推进剂。固体助推器位于轨道器翼下,利用外贮箱的空间和结构强度优势实现连接,主动段飞行过程中为航天飞机提供推力。航天飞机的基本技术参数见表 9-2。

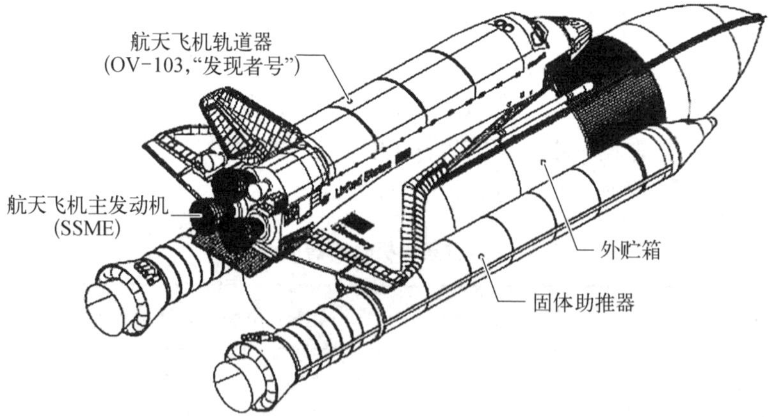

图 9-1 航天飞机的系统布局[83]

外贮箱是航天飞机上质量最大的组件,同时也是最大的不可重复使用的设备。主动段飞行过程中,固体助推器在燃料耗尽后首先分离,达到入轨高度和速度后,外贮箱与轨道器分离,最终在再入大气层时解体。

表 9－2　航天飞机的主要技术性能参数[84]

主要技术性能指标	单　位	数　值
全长	m	56.14
高度	m	23.34
起飞质量	t	2 041
起飞推力	kN	30 802.7
过载	g_0	<3
运行轨道高度	km	185.0～1 110
轨道运行时间	天	7～30
轨道机动速度增量	m/s	304～762.5
乘员数量	人	3～7(紧急情况下 10 人)
有效载荷入轨质量	t	2.95
有效载荷离轨质量	t	1.45
横向机动能力	km	≈2 000
额定地面周转时间	天	14

固体助推器并联捆绑在外贮箱两侧，与外贮箱分离后抛掉喷管延伸段并最终溅落入海中，是部分重复使用的组件。

轨道器是航天飞机的核心部分，它通过乘员舱运送航天员，通过有效载荷舱运送卫星、太空望远镜和空间站物资等。轨道器通过自身安装的轨道机动发动机和反作用控制系统(reaction control system, RCS)实现变轨、离轨及在轨机动等操作，从而实现有效载荷精确释放、与空间站对接等各项试验或运输任务，以及离轨制动和再入大气层等过程。轨道器是航天飞机唯一能全部重复使用的组件，也是截至目前世界上尺寸规模最大、运载能力最强的重复使用运载器。

轨道器采用无尾三角翼布局，机翼安装靠后，为带前缘边条的大后掠三角翼构型，采用这种布局有利于改善飞行器返回平飞时压心与质心的匹配特性。轨道器包含多个气动控制舵面，其中每侧机翼后缘各连接内外两块升降副翼，也称展开式升降副翼。副翼差动可进行滚转控制，同向偏转可实现俯仰控制；在着陆时同时向下偏转，发挥襟翼的作用增加升力。对于采用常规气动布局的飞行器，利用升降副翼作滚转控制时会产生偏航，这是有害的，可以利用反作用控制系统来补偿有害的偏航力矩，但这样会增加系统的燃料消耗。采用展开式升降副翼，则可以让两片外翼作差动偏转来提供滚转力矩，同时让两片内翼作同一方向的偏转来提供偏航力矩，以抵消外翼产生的有害的偏航力矩，这种效果是很显著的。机身背部后方设置一个垂直尾翼,由垂直安定面和方向舵组成,垂直安定面保证轨道器的方向稳定性。方向舵分为上下两组,用于在大气层内飞行时的偏航和横航向机动控制;同时,每组方向舵分为左右两片,左右同时张开的情况下可以增加飞行阻力,起到减速作用。轨道器尾部下方还安装了一块体襟翼,正常飞行中可以发挥体襟翼的纵向配平及俯仰控制作用,再入时可以为发动机喷管遮挡空气热流。轨道器的主要外形参数及技术性能参数见图 9-2 和表 9-3。

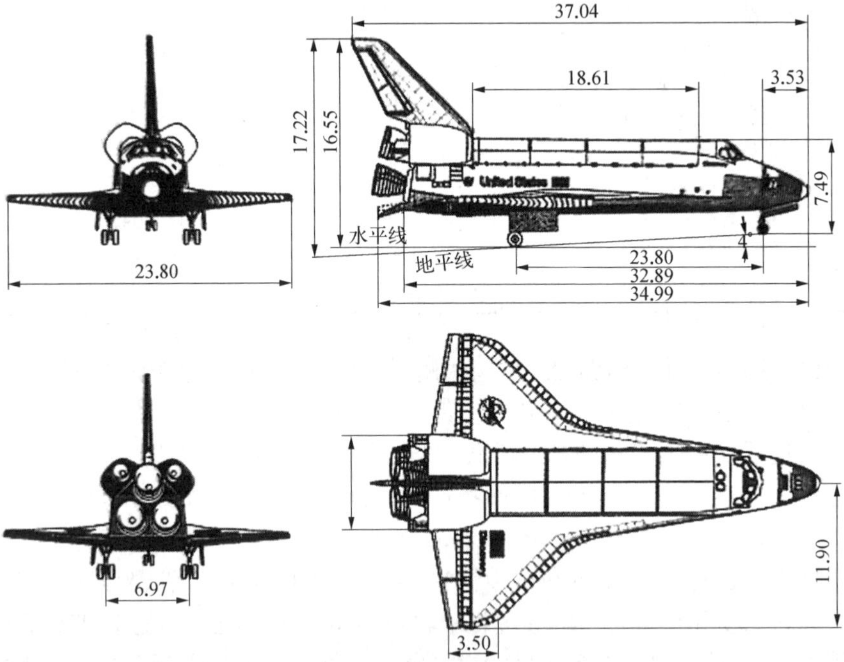

图 9-2 轨道器的主要外形参数[83](单位: m)

表 9-3 轨道器的主要技术性能参数[84]

主要技术性能指标	数 值	单 位
长度	37.04	m
高度	17.22	m
翼展	23.80	m
货舱长度	18.28	m
货舱直径	4.57	m

续　表

主要技术性能指标	数　值	单　位
乘员舱容积	70.8～80.0	m^3
满载质量	≈102	t
结构质量	68.04	t
使用寿命	100	次
主发动机	3	台
推进剂	（液氧/液氢）	—
真空推力	3×2 090.7	kN
海平面推力	3×1 668.1	kN
真空比冲	4 464.5	m/s
海平面比冲	3 552.5	m/s
轨道发动机推力	2×26.69	kN

航天飞机执行一次任务的飞行剖面由发射与上升段、在轨段和再入返回/着陆段整合而成，如图 9－3 所示。

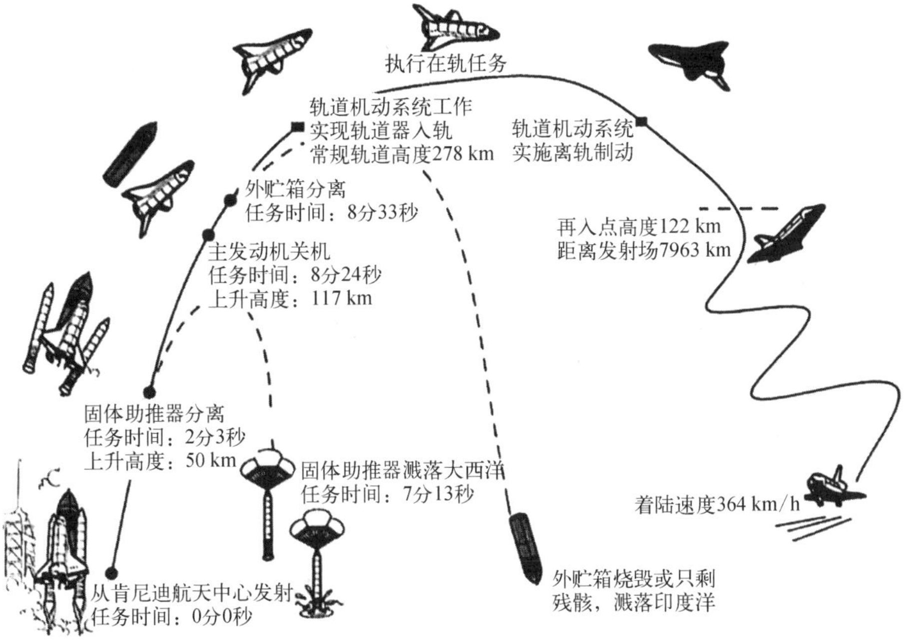

图 9－3　航天飞机的全飞行剖面参数[83]

一次典型的航天飞机发射与上升段飞行剖面如下所述。以离开发射台作为起飞零秒,主发动机在大约-6 s 时点火建立推力。航天飞机发射后,以垂直上升的姿态离开发射台;在 11~18 s 期间完成滚转和程序转弯,处于外贮箱朝上、轨道器朝下的姿态;飞行至 2 分 3 秒左右,助推器分离,此后助推器溅落在大西洋海域,轨道器与外贮箱继续加速上升;飞行至约 5 分 28 秒时,轨道器将姿态调整至轨道器朝上、外贮箱朝下的状态;8 分 24 秒和 8 分 33 秒时,由机载计算机控制分别完成主发动机关机和外贮箱分离,此后轨道器入轨,外贮箱坠落并烧毁;飞行至 38 分 14 秒时,轨道器到达远地点,并启动轨控发动机的二次点火,使轨道器进入圆轨道;发射 1 h 后,轨道器在轨稳定运行,可打开有效载荷舱舱门实施后续任务[85]。

航天飞机轨道器返回时,通过离轨制动发动机降低运行速度和飞行高度,并调整姿态实现再入和返回着陆,一次典型的再入返回/着陆飞行剖面如图 9-4 所示,典型节点及相应的运动参数在 9.1.2 节介绍。

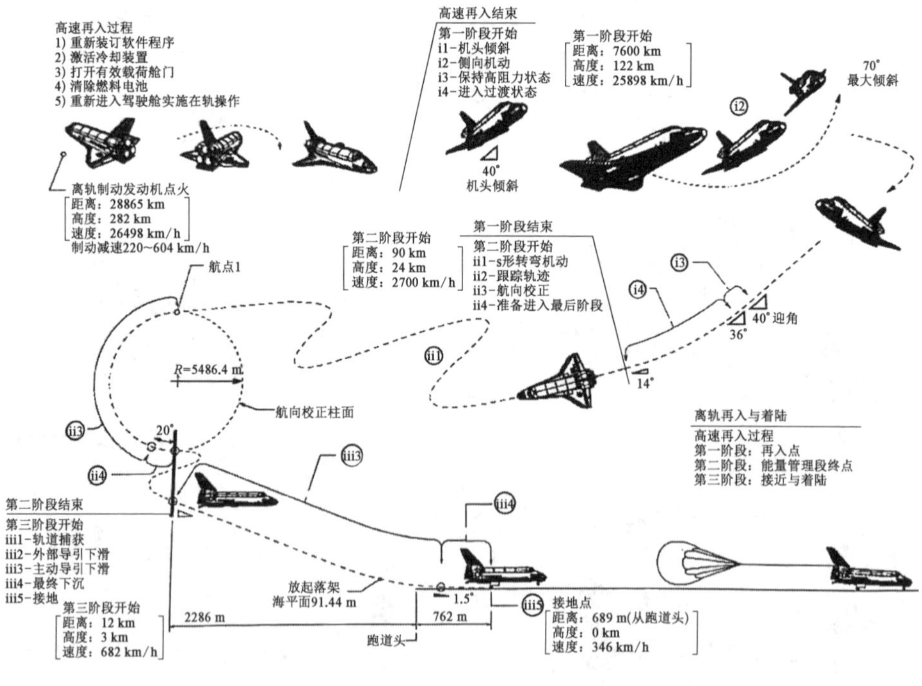

图 9-4 轨道器离轨再入与着陆过程[83]

9.1.2 航天飞机轨道器的再入特点

1. 轨道器再入的基本情况

航天飞机轨道器要像飞机一样水平着陆,且多次重复使用,这给轨道器的研制带来一系列复杂的技术问题。

轨道器的再入既不同于弹头、卫星和飞船的再入,也不同于一般飞机的进场着陆。轨道器再入的核心技术是一个质量很大的物体巨大的机械能如何处置的问题,且要保证再入时安全准确地返回地面。

轨道器的外形不同于传统的弹头、卫星和飞船的返回舱,它有复杂的外形,给空气动力学和气动热的计算与设计带来了许多新问题[86]。轨道器的再入方式也不同于弹头、卫星和飞船,弹头再入是弹道倾角很大的弹道式再入,攻角很小或者为零;卫星的再入是弹道倾角较小的平缓再入,攻角不变化;飞船返回舱的再入是小升阻比的再入,机动范围小。总之,上述飞行器的再入姿态的变化都较小。轨道器的再入方式复杂得多,攻角和姿态都要变化。轨道器的再入也不同于一般的飞机,其再入速度大,飞行高度高,且是无动力的再入着陆,不能复飞,所以对运动参数要求十分严格,必须满足设计要求,否则着陆失败导致的损失无法挽回。美国和苏联在航天飞机的设计、制造及使用过程中,都把再入技术作为高难度技术。

轨道器以升力式再入方式重返地球,再入纵程可达8 000 km,横向最大机动飞行距离超过1 000 km。轨道器的再入着陆段可细分为三段,即再入段、末端能量管理段和自动着陆段。

再入段从再入点到末端能量管理段的起点。当轨道器经过调姿段、制动段和过渡段到达120 km高度的再入点时,速度约为7 600 m/s,马赫数约为28,此时的待飞航程约为8 000 km,轨道器的攻角为40°,滚转角和偏航角保持零度。下降过程中,当高度位于93~49 km,飞行马赫数处于24~11时,轨道器处于黑障区,持续时间约16 min。当高度下降到25 km左右时,速度降至约762 m/s(即马赫数2.5左右),此时再入段结束,进入末端能量管理段。末端能量管理段起点处距离跑道约95 km,轨道器保持14°攻角飞行。

末端能量管理段是从高度 $h = 25$ km 下降到高度 $h = 3$ km 为止,该段的任务是引导轨道器与航向校正柱面相切。航向校正柱面是在跑道的延长线两侧各设置的一个半径为5 486 m的圆柱面,如图9-5所示。当轨道器的高度降至约15 km时,速度降低到亚声速,此时距离跑道约63 km。

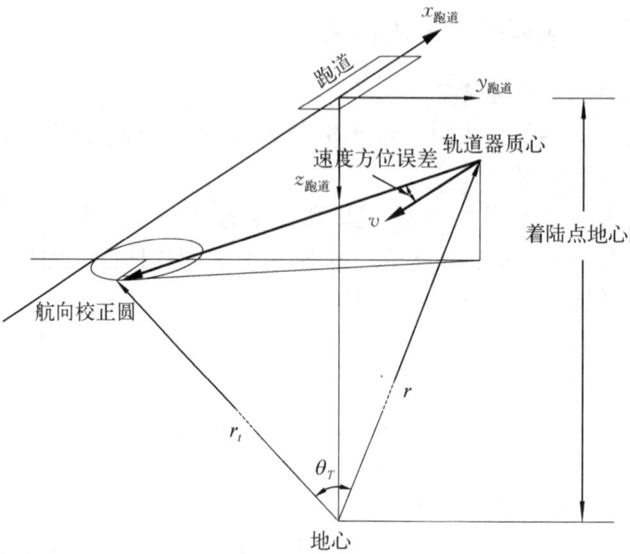

图 9-5　航向校正柱面与跑道关系示意图

自动着陆段的任务是引导轨道器在跑道上安全准确着陆。本书不讨论自动着陆段的运动,重点讨论再入段和末端能量管理段的运动特性。

轨道器有翼面,升阻比较大,可以实现水平着陆,因此其再入轨道有以下三个优点。

(1) 再入过载小:轨道器再入大气层时可以采用大攻角飞行,因此速度下降比弹道-升力式要快,当到达过载峰值区时,速度已大大降低,加上攻角可事先调整,在过载峰值区时可采用中等攻角飞行,这样可降低过载峰值。轨道器圆轨道再入的典型过载峰值只有 $2g_0$ ~ $2.5g_0$,比弹道-升力式再入的过载峰值 $3g_0$ ~ $4g_0$ 要小,这给航天员创造了更加良好的再入环境。

(2) 机动范围大:由于有翼,轨道器比弹道-升力式再入器升阻比更大,有更长的在大气层内运动的时间,因此它具有更大的活动范围,机动范围可达数千千米。

(3) 着陆精度高:轨道器比弹道-升力式的返回舱有更多的控制手段,增加了末端能量管理段和自动着陆段,落点可以控制得很准确,实现在着陆场跑道上水平着陆,精度可控制到米级。

2. 轨道器再入时的关键技术

1）轨道器再入的特点

（1）空气动力学和气动加热。轨道器的飞行速度范围从马赫数 25 变化到 0.5，要经历高超声速、超声速及跨声速区域，攻角从 40°变化到 14°，加上其外形复杂，带有很多控制面，所有这些给空气动力学带来十分复杂的理论和实验问题，包括高超声速大攻角气动力/气动热问题、反作用控制系统喷流干扰问题、边界层转捩问题、动态气动特性问题等。例如，航天飞机在首飞中出现了配平异常的现象，体襟翼偏转角几乎达到预定偏角的 2 倍才实现配平，后来分析发现真实气体效应是配平异常的原因。

再入的关键技术是如何处置巨大的能量，轨道器利用大气减速将巨大的能量（势能加动能）转换成热能，其中大部分散发到稠密大气层，实际上只有少量（约 10%）被轨道器结构或防热层吸收，然而即使这样少的热能也足以引起严重的气动加热。理论计算的轨道器头锥和机翼前缘的温度达 1 260～1 750℃，机翼表面温度达 350～750℃，操纵面和尾翼达 700～1 000℃，远远超过了普通材料的熔点，可重复使用轨道器的热防护是再入段要解决的关键问题。

（2）飞行控制系统。轨道器的再入飞行控制系统是迄今为止航天器所使用的最复杂的控制系统，其特点如下：① 飞行速度范围大，马赫数从 25 变化到 0.5，同时要求机动能力强，可在几千千米范围内作机动飞行，最佳地选择再入路线和着陆场；② 轨道器能像普通飞机那样在跑道上着陆；③ 飞行控制系统要能适应纯空间的航天器工作方式和进场着陆段纯气动的航空器工作方式，并且两种工作方式之间要适当平衡，即能适应过渡状态的工作方式；④ 由于轨道器载人，且再入段飞行时间长，对过载有更严格的要求；⑤ 控制系统应使轨道器在飞行中不断滚转，以保证机身不在一个方向上受到过度的气动加热。

基于再入飞行的上述特点，要求飞行控制系统设计为变结构型的控制系统。

2）轨道器再入时的关键技术

从轨道器再入时的特点可以看出，轨道器再入时的关键技术包括以下几个方面。

（1）高超声速气动特性分析与设计。和卫星、飞船一样，轨道器再入时的飞行速度、高度变化范围大，又像飞机那样大攻角再入且姿态变化大，再加上环境复杂，不仅有非定常分离（对不同的再入状态，非定常性的强弱还有不同），还有强烈的气动加热，所以轨道器应具备再入飞行器和飞机具备的一切品质。强烈的气动加热，严重影响着机体结构选择和机载设备的正常工作。复杂的气动特性要求决定了轨道器的外形。大攻角的高超声速空气动力学、气动加热特性分析与设计是轨道器再入的关键技术之一。

(2) 防热材料和防热系统研制。从轨道器再入时的特点可知,可供使用的没有防热材料,轨道器的设计就没有物质基础,因此防热材料和防热技术方面的突破性进展是轨道器再入成功的先决条件,也是轨道器再入的关键技术。

(3) 再入飞行控制技术。轨道器从离轨到进场着陆的整个飞行任务由轨道器的飞行控制系统保证。再入飞行控制系统要为从纯空间飞行到高超声速、超声速和亚声速飞行的各段提供制导和控制,同时控制系统在功能、性能、精度和可靠性方面要求极高,不是一般运载火箭和飞机可以相比的。大攻角的高速再入造成了速度、高度和姿态的极大变化,由空气动力和气动加热造成的极恶劣环境,再加上无动力返回再入要确保一次成功,所有这些都给再入制导和姿态控制提出了极高的要求,因此再入飞行控制技术也是轨道器再入的关键技术。

再入飞行控制技术是最复杂的关键技术,归纳起来原因如下: ① 从速度上看,马赫数从 25 变化到 0.25,有各种速度下的控制问题;② 从高度上看,从 120 km 到水平着陆,既有纯空间状态又有纯气动状态,给控制系统的适应性带来挑战;③ 从飞行状态上看,为了得到良好的轨道器气动特性和温度分布,飞行状态是大攻角飞行,攻角可从+40°变化到−5°,纵向既可以是静稳定的也可以是静不稳定的,给控制系统综合带来困难;④ 从要求上看,因为载人,要求过载峰值小,又要求在无动力状态下准确安全地着陆,这无疑给制导系统带来严重的困难,例如,要求在各种干扰下准确着陆,便要求经过大量的仿真才能验证;⑤ 从设备上看,为了完成速度、高度、姿态剧烈变化时的飞行任务,需要大量的敏感元件和执行机构,如何保证这些设备协调工作,也是一个困难问题。

上述关键技术如何解决,是各个系统的问题,但它们有一个共同点,即所有问题都与状态参数有关,而飞行状态参数与轨道设计和制导方法有密切的关系。如果能设计一条好的标准返回轨道和一种性能优异的再入制导方法,则可以降低防热要求、减小过载、减小制导误差,便于进场着陆,而且这种改进属于"软"的方面,投资不大,但效果明显。

把再入轨道设计和气动加热、防热系统设计结合起来一起进行,便是一个明显的例子。以前的再入器气动加热设计流程中,都是由弹道设计人员根据飞行任务要求选定再入轨道,气动加热设计人员根据给定的轨道计算气动热环境,再提供给防热系统设计人员作为防热设计的依据。轨道器的气动热设计却与这一流程不同，它的指导思想是让轨道器在接近允许温度的极限状况下工作，这样可减轻轨道器防热系统的重量。如果再入轨道太陡、穿越大气层太快，就会导致气动热流升高，使得防热系统的表面温度超过材料允许的温度极限。相反，如果再入轨道太平缓，会导致再入飞行时间长，总吸热量增加，热量会由热传导透过防热系统，使得结构温度超过允许极限。这两个极限形成一条"热走廊"，只要把轨道器的再入轨道设计在这条走廊内，就可以确保再入过程中温度不超过两个极限，从而确保防热系统能安全重复地使用。气动热的不确定性（即误差范围）所造成的后果，相当于把这条走廊变窄，通过对再入轨道的综合调整，也仍然能够保证轨道器安全重复地使用。美国航天飞机轨道器的设计与使用，证明了上述方法是成功的。

9.1.3　航天飞机轨道器的控制系统

1. 控制系统的基本组成

航天飞机轨道器的控制系统要保证航天飞机在上升（发射）、入轨、轨道运行、离轨再入和着陆五个阶段正常执行任务，并且要求控制系统能多次重复使用。航天飞机轨道器的控制系统包括轨道控制和姿态控制两部分：轨道控制包括导航、制导和控制三种功能；姿态控制则保证航天飞机进行轨道控制时所需要的姿态，以及轨道器执行飞行任务和空间探测时所要求的姿态。

轨道器的控制有自动和手动两种功能。整个航天飞机的控制系统具有下列控制硬件[87]：

(1) 轨道测量和姿态敏感器 40 个；

(2) 通用计算机 5 台（包括大容量存储器 2 个）；

(3) 驱动装置（控制指令与执行机构之间的接口装置）14 个；

(4) 执行机构（包括 3 台主发动机、2 台轨道机动发动机和 44 个反作用控制推力器）66 个；

(5) 轨道手动操纵器 2 个；

(6) 姿态手动操纵器 2 个；

(7) 显示设备和接口装置 4 套；

(8) 操纵台显示器 2 套。

为确定轨道器的轨道和姿态，机上采用了包括惯性测量单元、星敏感器、航天员光学瞄准具、速率陀螺、大气数据系统、战术空中导航系统、微波扫描波束着陆系统、雷达高度表等在内的导航和姿态测量设备，共 40 个敏感器。每种敏感器的用途、数量、安装位置、技术性能和工作区段可参考文献[2]和[83]。

2. 机载控制计算机

航天飞机轨道器控制系统的机载计算机最突出的特点是同时采用5台相同且各自独立的通用数字计算机。这5台计算机通过数据总线互连成一个冗余计算机组,在关键性飞行阶段(上升、再入和着陆),这5台通用数字计算机中的4台作为一个协调式冗余组来执行导航、制导和控制任务,即这4台通用数字计算机接收相同的输入数据,执行相同的计算并传送相同的输出命令,而且每1台计算机的计算都由其他3台计算机来检验。当有1台计算机发生故障时,其余3台计算机进行冗余操作。若再有1台计算机发生故障,则其余两台计算机采用比较和自检技术来检测故障,同时使航天飞机终止执行任务,立刻返航。第5台通用计算机是独立的,用于系统管理或者备份。在非关键性飞行期间(例如在轨运行段),除了1台计算机用于系统管理,1台用于导航、制导和控制任务外,其余3台计算机用于有效载荷的管理或作为备份机。采用这种多重配置结构方法,使轨道器的控制系统具有很高的可靠性和故障排除能力。5台通用计算机通过多路转换器和分配器(前后机舱各有4套)与控制系统的各个敏感器及执行机构相连接。

轨道器的每台控制计算机均由中央处理机和输入-输出处理机两部分组成,具有定点和浮点两种运算能力,采用微程序控制和高速并行处理方式。

轨道器导航、制导与控制系统的最短控制计算周期为40 ms,但对于不同的需求,计算周期均有所不同。例如,系统对舵面作动的实时响应要求较高,因此从敏感器输入信号到产生作动器指令的时间为20 μs或更短。而上升段制导参数的计算周期为2 s,导航参数的计算周期为4 s,惯性测量组件的计算周期为1 s。

3. 控制执行机构

为了执行航天飞机上升、入轨、轨道运行、离轨和再入着陆等阶段的轨道和姿态控制,航天飞机有一组庞大而复杂的执行机构[87]。

1) 轨道机动系统

轨道机动系统(orbital maneuvering system, OMS)由两台液体火箭发动机组成,安装在轨道器的尾部,其主要功能是为轨道器的入轨机动、轨道修正、轨道转移、离轨返回等飞行提供推力。轨道机动发动机是双组元火箭发动机,以N_2O_4和CH_6N_2为燃料,采用氦气挤压供应系统,真空推力为26.69 kN。发动机可重复使用100次、启动1 000次。轨道机动发动机与反作用控制系统的推进剂管路是互连的,即可从轨道机动发动机贮箱向反作用控制系统提供推进剂,也可在左右两侧的轨道机动发动机和反作用控制系统之间交叉馈给推进剂。

轨道机动发动机采用推力矢量控制,喷管装在两轴摆动框架上,每轴最大摆动角为±8°,控制推力矢量的指令由机载控制计算机发出。

2) 反作用控制系统

反作用控制系统为轨道器提供姿态控制所需的控制力矩和轨道控制所需的控制力。在航天飞机与外贮箱分离、变轨、交会对接,以及有效载荷释放及回收、离轨和再入等过程中都需要利用反作用控制系统来控制轨道器的姿态和轨道。另外,如果主发动机在工作期间因出故障而迫使轨道器紧急返回地面,也要应用反作用喷气系统来排泄主发动机系统中的推进剂,否则由于质心位置的限制,轨道器将无法作应急返回和着陆。

反作用控制系统的燃料同样采用 N_2O_4 和 CH_6N_2,采用氦气挤压式供应系统,与轨道机动系统的推进剂管路互连。它共有 44 个推力器,分为两类: 第一类为主推力器,有 38 台,每台推力为 3.88 kN;第二类为游动推力器,有 6 台,每台推力为 111.2 N。这些推力器分别配置在前后舱内,前舱有 14 台主推力器和 2 台游动推力器,后舱有左右相同的两个模块,各有 12 台主推力器和 2 台游动推力器。游动推力器主要用于轨道器的精确姿态控制,可调整±0.1°的姿态误差。所有 44 个推力器的控制指令均来自机载计算机或者由航天员进行手动操作,根据不同指令可以组合成不同的控制轨道和姿态所需的控制力和力矩。

3) 气动力控制装置

轨道器的气动力控制装置主要是机翼尾部的升降副翼和垂直尾翼上的方向舵。升降副翼位于轨道器尾部两侧,采用展开式构型,分为内翼和外翼两片。每个升降副翼的有效面积为 19.19 m^2,偏转角从−40°变化到+25°。方向舵高 8.23 m、根部翼弦长为 6.7 m、有效面积为 9.08 m^2。方向舵用作方向控制时,从机身的纵对称面向左右两侧可各转动 22.8°;在作速度制动时,可沿纵剖面对称地裂开,两半可各向一侧偏转 87.2°,总的偏转角为 174.4°。

此外,轨道器还有 1 个位于后机身尾部下侧的体襟翼,在进入大气后提供俯仰修正,减小升降副翼的转角,同时避免再入强烈加热状态时的副翼过热。减速板在再入马赫数为 10 时打开,并随着速度的变化而变化,直到马赫数为 1 为止。

4. 再入过程中的变结构控制

在轨道器初期再入阶段要保持大攻角飞行,并进行一系列的滚转机动,以调整飞行轨迹和高热流区的热载荷总量,由此导致荷兰滚的稳定性变差[21]。轨道器的横向控制偏离判据(lateral control departure parameter, LCDP)为负,存在副翼反操纵现象,衡量荷兰滚稳定性的航向静稳定导数 $C^*_{n\beta}$ 的值则较小,这些是控制系统设计中需要考虑的因素。

在轨道器再入的第一阶段,控制系统中所有的三个轴都采用反作用喷气控制。俯仰轴的控制规律用俯仰角速率反馈来维持稳定性,用俯仰制导误差实现外回路的自动控制。横侧向的控制规律是用偏航角速率反馈和滚转角速率反馈来维持稳定,并使用侧滑角反馈来实现增稳。这个控制规律使用偏航速率指令系统使偏航喷管工作,从而产生一偏航速率;偏航速率陀螺敏感到这一速率,并在航天飞机稳定坐标系中分解,用作滚转轴的指令信号。轨道器的偏航运动和滚转运动结合在一起,产生绕速度矢量的滚转姿态机动。在这一阶段,任何一次机动都只让 2 个偏航喷管点火,产生的滚转力矩不会过大,避免由此引起异常的偏航和滚转机动。

当动压增加到约 96 Pa 时,第一种飞行控制方法的重构开始,气动控制开始起作用。这时首次启动气动升降副翼和体襟翼,开始反作用喷管和气动舵面的联合控制。

当动压达到 480 Pa(过载约 0.176g)时,滚转通道的反作用喷管不再工作,因为这时滚转控制可以通过操纵升降副翼来实现,关闭喷管可以节省推进剂。

当动压达到 960 Pa(高度约 76 km、速度约 7.0 km/s)时,关闭俯仰通道的反作用喷管。从这时起,直至航天飞机着陆,俯仰控制完全依靠操纵升降副翼来实现。同时,偏航通道的控制系统用横侧向加速度反馈代替原来的侧滑角反馈。此外,考虑到副翼提供滚转力矩的能力增加,可以抵抗异常的滚转机动,所以允许同时工作的偏航推力器数目最多由 2 个增加到 4 个。

当 $Ma = 10$ 时,启动气动减速板,减速板打开至全部张开的位置,以改善横侧向的控制。打开的减速板会产生一个向上的俯仰力矩,它将被向下的升降舵产生的反方向力矩所抵消。升降舵下偏产生的力矩可以改善横侧向的控制,还可以改善副翼的滚转控制效果。

当 $Ma = 3.5$ 时,开始采用方向舵控制。因为考虑到在高超声速阶段,不确定方向舵是否有效,所以直到马赫数降至 3.5 时才开始使用方向舵。从飞行试验获得的气动数据表明,方向舵的启动时机是可以调整的。

着陆前最后一次改变控制状态发生在 $Ma \approx 1.0$ 时,此时关掉偏航通道的反作用喷管,采用副翼和方向舵控制滚转,开始作亚声速飞行,直至着陆。

航天飞机轨道器纵向与横侧向执行机构的使用情况见表 9－4 和表 9－5。

表 9－4　航天飞机轨道器纵向控制执行机构使用情况[83]

飞行阶段	RCS 使用情况	气动舵面使用情况及作用
$q<96$ Pa	俯仰 RCS	不使用舵面
96 Pa $\leqslant q<960$ Pa	俯仰 RCS	升降舵(配平与控制)、体襟翼(配平)
$q\geqslant 960$ Pa	俯仰 RCS 关闭	升降舵(配平与控制)、体襟翼(配平)
$Ma>10$	俯仰 RCS 关闭	升降舵(配平与控制)、体襟翼(配平)、减速板(减速和配平)
$Ma\leqslant 10$	俯仰 RCS 关闭	升降舵(配平与控制)、体襟翼(配平)、减速板(减速和配平)

表 9－5　航天飞机轨道器横侧向控制执行机构使用情况[83]

飞行阶段	RCS 使用情况	气动舵面使用情况及作用
$q<96$ Pa	偏航 RCS、滚转 RCS	不使用舵面
96 Pa $\leqslant q<960$ Pa	偏航 RCS、滚转 RCS	副翼(控制)
$q\geqslant 480$ Pa	偏航 RCS、滚转 RCS 关闭	副翼(控制)
$3.5\leqslant Ma\leqslant 10$	偏航 RCS、滚转 RCS 关闭	副翼(控制)、减速板(改善横侧向控制特性)
$Ma\leqslant 3.5$	偏航 RCS、滚转 RCS 关闭	副翼(控制)、减速板(改善横侧向控制特性)、方向舵(控制)
$Ma\leqslant 1$	偏航 RCS 关闭、滚转 RCS 关闭	副翼(控制)、减速板(速度控制)、方向舵(控制)

再入阶段的控制系统与其他阶段一样,都具备自动和手动两种功能。为了安全和慎重起见,飞行控制系统处在自动控制状态下,同时航天员手握操纵杆,随时做好手动控制的准备。

9.2　升力式返回再入段标准轨道设计

如图 9－4 所示,升力式返回的再入段从点 e 开始(典型状态参数为:高度 $h=120$ km,速度 $v=7\,620$ m/s,距着陆场跑道 $R_T\approx 97\,600$ km),到气动加热降至较低水平的末端能量管理段的起点(典型状态参数为:高度 $h=25$ km,速度 $v=$

762 m/s,距跑道 $R_T \approx 96$ km)为止。

再入段的轨道设计应满足如下要求:

(1) 再入期间法向过载不大于某一要求值(如美国航天飞机轨道器取为 $2.5g_0$);

(2) 再入过程中轨道器的表面温度不超过该部分温度的允许值;

(3) 对动压 q 要作一定的限制,以便保证空气动力舵面的铰链力矩不超过允许值(如美国航天飞机轨道器的动压最大值为 $q_{max} = 16.380$ kPa);

(4) 轨道器的再入轨道不能过于平缓,也就是说不能低于零倾侧角的平衡滑翔飞行轨道;

(5) 满足末端能量管理段的初始条件。

本节将研究轨道器的再入段标准轨道设计问题,首先讨论再入段飞行轨道的控制量[88]。

在第 2 章和第 7 章已有讨论,对航天飞机轨道器这类采用倾斜转弯(back to turn, BTT)控制方式的飞行器,理论上讲,其轨道设计的控制量应该是总攻角 η 和倾斜角 κ。总攻角是速度轴 o_1x_h 与机体对称轴 o_1x_1 的夹角,其与攻角 α、侧滑角 β 的关系为

$$\cos\eta = \cos\alpha\cos\beta \tag{9-2-1}$$

如图 4-1 所示,倾斜角 κ 是总升力 $\boldsymbol{L}$ 与 o_1y_h 轴之间的夹角,由式(4-2-6)、式(4-2-7)可知,κ 与倾侧角 χ 及 κ_2 有如下关系:

$$\kappa = \chi - \kappa_2 \tag{9-2-2}$$

$$\sin\kappa_2 = \frac{\cos\alpha\sin\beta}{\sin\eta}, \quad \cos\kappa_2 = \frac{\sin\alpha}{\sin\eta} \tag{9-2-3}$$

可见,如果姿态控制系统是理想的,即飞行过程中能够一直保持 $\beta = 0$,则有 $\eta = \alpha$,且 $\kappa_2 = 0$,$\kappa = \chi$。

本章主要研究轨道器的标准轨道设计与制导问题,为简化设计,采用三自由度轨道仿真的数学模型,也即将轨道器看成质点,并采用瞬时平衡假设,忽略轨道器的姿态运动过程,认为稳定力矩与控制力矩瞬间达到平衡,因此可以一直认为 $\beta = 0$。基于上述假设,在后续研究中,将轨道器再入段轨道的控制量取为攻角 α 和倾侧角 χ,且假定侧滑角 $\beta = 0$。

开展六自由度弹道仿真时,要考虑轨道器的姿态运动过程,设计姿态控制

系统，再入段轨道的控制量应该取为总攻角 η 和倾斜角 κ，相应欧拉角的转换关系可以参考 7.3.2 节。

9.2.1　再入轨道设计的数学模型

此时的质心运动方程可由式(2－4－27)和式(2－4－28)得出。由于再入段无推力作用，可令 $P_{x_h} = P_{y_h} = P_{z_h} = 0$，且略去控制力对质心运动的影响，可令 $P_{cx_h} = P_{cy_h} = P_{cz_h} \approx 0$。式(2－4－27)和式(2－4－28)改写如下：

$$\begin{cases}\dot{v} = -\dfrac{C_x \rho v^2 S}{2m} - \dfrac{\mu_E}{r^2}\left[1 + J\left(\dfrac{a_E}{r}\right)^2(1 - 5\sin^2\phi)\right]\sin\theta_T \\ \quad - \dfrac{2\mu_E}{r^2}J\left(\dfrac{a_E}{r}\right)^2\sin\phi(\cos\sigma_T\cos\theta_T\cos\phi + \sin\theta_T\sin\phi) \\ \quad - \omega_E^2 r(\cos\phi\sin\phi\cos\sigma_T\cos\theta_T - \cos^2\phi\sin\theta_T) \\ \dot{\theta}_T = \dfrac{C_y \rho v S}{2m}\cos\chi - \dfrac{C_z \rho v S}{2m}\sin\chi - \dfrac{\mu_E}{r^2}\left[1 + J\left(\dfrac{a_E}{r}\right)^2(1 - 5\sin^2\phi)\right]\dfrac{\cos\theta_T}{v} \\ \quad + \dfrac{2\mu_E}{r^2}J\left(\dfrac{a_E}{r}\right)^2\sin\phi(\cos\phi\cos\sigma_T\sin\theta_T - \sin\phi\cos\theta_T)\dfrac{1}{v} \\ \quad + \dfrac{\omega_E^2 r}{v}(\cos\phi\sin\phi\cos\sigma_T\sin\theta_T + \cos^2\phi\cos\theta_T) - 2\omega_E\cos\phi\sin\sigma_T + \dfrac{v\cos\theta_T}{r} \\ \dot{\sigma}_T = -\dfrac{C_z \rho v S}{2m\cos\theta_T}\cos\chi - \dfrac{C_y \rho v S}{2m\cos\theta_T}\sin\chi + \dfrac{2\mu_E}{r^2}J\left(\dfrac{a_E}{r}\right)^2\sin\phi\cos\phi\dfrac{\sin\sigma_T}{v\cos\theta_T} \\ \quad - \omega_E^2 r\dfrac{\cos\phi\sin\phi\sin\sigma_T}{v\cos\theta_T} - \dfrac{2\omega_E}{\cos\theta_T}(\cos\phi\cos\sigma_T\sin\sigma_T - \sin\phi\cos\theta_T) \\ \quad + \dfrac{v\tan\phi\cos^2\theta_T\sin\sigma_T}{r\cos\theta_T} \\ \dot{\phi} = \dfrac{v\cos\theta_T\cos\sigma_T}{r} \\ \dot{\lambda} = -\dfrac{v\cos\theta_T\sin\sigma_T}{r\cos\phi} \\ \dot{r} = v\sin\theta_T \end{cases} \tag{9-2-4}$$

轨道器在大气层内飞行时间长，原则上应将地球看成一个旋转的椭球体，但进行再入段轨道设计时，地球扁率的影响、旋转地球的影响可以暂时略去。此时式(9-2-4)改写成式(4-2-22)，即

$$\begin{cases}\dot{v} = -C_D\dfrac{qS}{m} - g\sin\theta_T \\ \dot{\theta}_T = C_L\dfrac{qS}{mv}\cos\chi - \dfrac{g\cos\theta_T}{v} + \dfrac{v\cos\theta_T}{r} \\ \dot{\sigma}_T = -C_L\dfrac{qS}{mv\cos\theta_T}\sin\chi + \dfrac{v\tan\phi\cos^2\theta_T\sin\sigma_T}{r\cos\theta_T} \\ \dot{\phi} = \dfrac{v\cos\theta_T\cos\sigma_T}{r} \\ \dot{\lambda} = \dfrac{v\cos\theta_T\sin\sigma_T}{r\cos\phi} \\ \dot{r} = v\sin\theta_T\end{cases} \tag{9-2-5}$$

当轨道器再入段的初始条件给定后，为实现所要求的再入轨道，可以改变攻角 α 和倾侧角 χ。有些学者试图通过优化原理来同时确定攻角 α 和倾侧角 χ，但这样做较复杂。目前常用的做法是，事先根据要求选择好攻角的程序，一般是将攻角设计成随飞行速度 v 变化的函数，这样确定再入轨道就只需要确定 χ 了。另外，从精确的返回轨道设计程序来说，在升力体航天器的总体参数确定之后，首先就是要选择好(总)攻角—速度曲线图。一种常用的攻角与速度的关系曲线如图 9-6 所示。

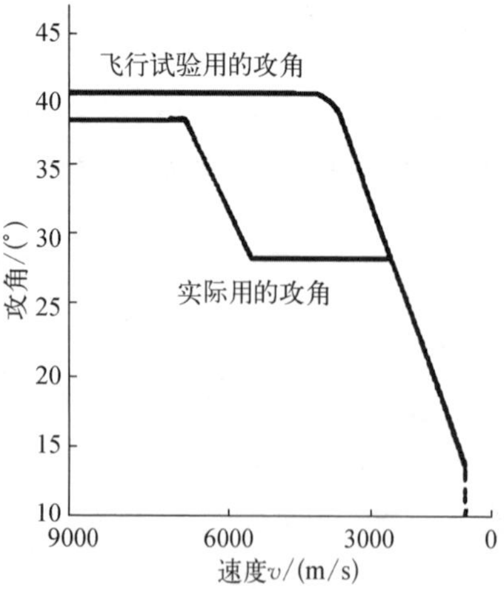

图 9-6　攻角随速度的变化

一般情况下，轨道器在再入的初始阶段以大攻角飞行，这样可以减轻防热结构系统的负担。虽然采用大攻角飞行，可能会使刚进入高热流区的热量比小攻角飞行时高，但由于其飞行速度减小得很快，能较快地通过高热流区域，这样对防热系统是有利的。在再入初期采用稍小一些的攻角，虽然在刚进入高热流区时的热流比大

攻角时低，但因为攻角小、减速慢，其再入全过程的总加热量比大攻角时大，其表面温度比大攻角时高，对防热结构系统的要求更高。但采用稍小一些的攻角时，由于减速慢、飞行时间增加，其横向机动能力也相应增加。因此，攻角要在平衡热环境和横向机动能力的要求中作出选择。

例如，美国航天飞机再入攻角的选取原则是根据飞行任务性质确定的。对于早期的试验性任务，由于防热系统没有经过实际的考验，设计的指导思想是牺牲一些横向机动能力，以改善在高速阶段的热环境。如图 9－6 所示，飞行试验采用的攻角方案为：从再入速度到 4 420 m/s，一直保持 40°的大攻角；从速度为 4 420 m/s 起，攻角开始减小，直至速度达到 762 m/s（再入段终点），终端的攻角为 14°。

但实际飞行任务中用的攻角方案有所不同。再入初期，攻角稍小，约为 38°，在离开高热流区后，相比早期飞行试验任务，更早地将攻角改变到 28°，并在 28°攻角的情况下维持较长时间，这样减速缓慢、再入飞行时间长，并且 28°攻角对应的气动特性接近飞行器的最大升阻比，因此可使横向机动能力提高。但表面温度长时间处于较高的状态，使得防热系统的要求也相应提高。

如何选择 χ 来确定标准再入轨道，从原理上讲，可以把再入时刻的初始状态选为 $\boldsymbol{X}_0$，而把末端能量管理段初始时刻的状态选为 $\boldsymbol{X}_f$（即再入段的末端状态选为 $\boldsymbol{X}_f$），在满足约束条件和边界条件的情况下，找一个使性能指标最佳的轨道作为标准再入轨道。对于轨道器，除要求 $\boldsymbol{X}(t_f)=\boldsymbol{X}_f$ 外，还要求：

（1）再入飞行中的过载不能过大；

（2）再入飞行中的动压不能过大；

（3）轨道器不同部位表面的温度不能超过对该部位的限定温度；

（4）不能超过零倾侧角的滑翔边界，也即不能超过浅再入，否则返回器可能产生跳跃，再入大气层后又会回到真空空间。

性能指标可以有不同的提法，如总吸热量最小、表面温度最低、在一定纵向航程下横程最大等，而控制变量为攻角 α 和倾侧角 χ，或者攻角 α 事前选定，控制变量仅为 χ。

但上述问题需要求解两点边值问题，不仅计算工作量大，而且初始条件有变化时，其适应能力差，使用起来不灵活。能否像载人飞船返回轨道设计时那样，凭经验确定 $\chi(t)$ 的大小呢？因为轨道器再入的约束条件多，使用中很难得到合适的结果。针对升力式再入航天器采用的方法是，根据约束条件确定一个再入走廊，然后在再入走廊内选择满足要求的轨道并加以优化，这样做的好处是只要标准再入轨道选择在再入走廊内就可以满足约束要求,适应性强。

9.2.2 瞬时平面与侧向制导

航天飞机轨道器的再入制导采用的是有标准轨道的制导方法。与载人飞船类似,将再入制导分成纵向制导和侧向制导,也是以纵向制导为主,由纵向制导确定χ的大小,侧向制导确定χ的符号。但侧向误差的定义不同于载人飞船的侧向误差。

轨道器的侧向误差是基于瞬时平面定义的。瞬时平面定义为当前时刻轨道器质心的地心矢量$\boldsymbol{r}$和航向校准柱面(heading alignment cylinder, HAC)切点组成的平面与地心矢量$\boldsymbol{r}$和速度矢量$\boldsymbol{v}$组成的平面之间的夹角,如图9-5所示。随着轨道器的运动,瞬时平面在空间中是不断旋转的,确定瞬时平面需要确定HAC上的切点,其位置可近似计算如下[89]。

设在地球固连坐标系中,两个HAC切点的单位地心矢量为$\boldsymbol{r}_A^0$,根据轨道器当前时刻的地心经纬度,可得到其在地心固连坐标系中的单位地心矢量为$\boldsymbol{r}^0$,求出:

$$\boldsymbol{h}^0=\boldsymbol{r}^0\times\boldsymbol{r}_A^0$$

因为$\boldsymbol{h}^0$与$\boldsymbol{r}_A^0$垂直,所以可认为$\boldsymbol{h}^0$在HAC的当地水平面内。

轨道器返回时,会根据自身与机场跑道的相对位置,选择一个HAC来校准航向。设该HAC的中心在地球固连坐标系中的地心矢量为$\boldsymbol{r}_H$,HAC的半径为R_H,则HAC上切点的地心位置矢量$\boldsymbol{r}_t$可近似由式(9-2-6)确定:

$$\boldsymbol{r}_t=\boldsymbol{r}_H+\boldsymbol{h}^0\cdot R_H \tag{9-2-6}$$

式中,$\boldsymbol{r}_A^0$与$\boldsymbol{r}_H$都是固定值,故根据式(9-2-6)确定切点处的地心矢量计算量较小。

实际上,当待飞航程较大时,R_H相比较而言是个小量,轨道器校准用的切点可以用两个HAC的切点或HAC的中心替代。当待飞航程较小时,再用式(9-2-6)确定HAC上切点的位置。

轨道器的侧向运动只要求速度方向在由质心地心矢量$\boldsymbol{r}$和航向校正柱面切点确定的瞬时平面内,相比较而言,载人飞船则要求速度方向在由再入点和开伞点确定的标准再入平面内,这是由两类飞行器的运动特性决定的。

载人飞船的升阻比较小,再入过程中的横向机动能力较弱,一般要求离轨圈的星下点轨迹经过着陆场,且纵程控制能力有限,因此再入时要控制在标准再入平面附近飞行。航天飞机轨道器的横向、纵向再入机动能力都很强，不要求离轨圈的星下点轨迹经过着陆场，初始再入时可能有很大的横向机动需求。考虑到轨道器在瞬时平面内的纵向机动能力也很强，因此没必要再将其控制回标准再入平面附近。与严格控制到标准再入平面附近飞行相比，采用瞬时平面确定侧向误差的方法放宽了对横向机动能力的要求，但增加了对纵向机动能力的要求。

由图 6－28 知，总升力 L 在 o_1y_h 轴上的投影 $L\cos\chi$（理论上是 $L\cos\kappa$）决定了轨道器轨迹升降的快慢，为了给侧向留有机动能力和给纵向制导留有余量，标准再入轨道的倾侧角 χ 不能等于零。实际上，用于控制纵向升降的升力只能是 $L\cos\chi$，侧力 $L\sin\chi$ 用于控制侧向运动。

为了简化，研究纵向运动时，假设速度方向总是位于瞬时平面内，其升力为 $L\cos\chi$，或者说纵向运动的升阻比（L/D）为（L/D）$\cos\chi$。此时，在瞬时平面内的运动方程为

$$\begin{cases}\dot{v} = -C_D\dfrac{\rho v^2 S}{2m} - g\sin\theta_T \\ \dot{\theta}_T = \left(\dfrac{C_L}{C_D}\right)_0 C_D\dfrac{\rho v S}{2m} - \dfrac{g\cos\theta_T}{v} + \dfrac{v\cos\theta_T}{r} \\ \dot{h} = v\sin\theta_T\end{cases} \tag{9-2-7}$$

假设质心运动方程［式（9－2－5）］的第三个方程是保证速度方向在瞬时平面内。侧向误差反映速度方向偏离瞬时平面的程度，侧向制导只能确定 χ 的符号，当侧向误差超过限定值时，令 χ 改变符号，以消除侧向误差。此时的纵向运动就是在一系列瞬时平面内的运动，可以把它假想成在一个平面内运动。纵向再入走廊就是在瞬时平面内定义的。

下面先讨论轨道器的侧向制导。轨道器侧向制导的任务是使速度方向在瞬时平面内，或者在其附近。定义瞬时平面在地球表面上截出的大圆弧与正北方向的夹角为 $\bar{\sigma}_t$，称为视线方位角，从正北方向量起顺时针为正。$\bar{\sigma}_t$ 可根据轨道器当前时刻的地理位置（λ，ϕ）与着陆场的地理位置（λ_T，ϕ_T）计算得到：

$$\tan\sigma_t = \frac{\sin(\lambda_T - \lambda)}{\cos\phi\tan\phi_T - \sin\phi\cos(\lambda_T - \lambda)} \tag{9-2-8}$$

由第 2 章内容可知，轨道器的半速度坐标系与地理坐标系间按 2－3－1 次序

旋转的飞行方位角为 σ_T，注意到 σ_T 是从正北方向量起逆时针为正，因此定义 $\bar{\sigma}_T = -\sigma_T$，则轨道器的侧向误差可定义为

$$\Delta\bar{\sigma}_T = \bar{\sigma}_T - \bar{\sigma}_t \quad (9-2-9)$$

式中，$\Delta\bar{\sigma}_T$ 称为速度方位误差。再入过程中的侧向运动不能单方向进行，否则会导致侧向误差太大。与飞船返回舱的侧向控制类似，可以给侧向误差规定一个区域，由此来控制倾侧角的符号，从而控制侧向运动，如图 9-7 所示。当 $\Delta\bar{\sigma}_T$ 大于速度方位误差的边界时，倾侧角 χ 要反号；在边界区域内，χ 保持原来的符号。

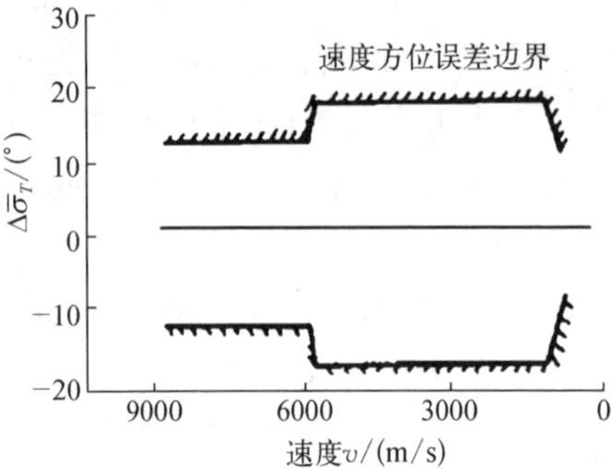

图 9-7　速度方位误差边界与相对速度的关系

9.2.3　再入走廊的确定

再入走廊就是飞行的边界，其横纵坐标可以取不同的参数。如 6.1.4 节介绍的，可以取飞行高度为纵坐标、速度为横坐标，得到高度-速度走廊，如图 6-15 所示。但轨道器的再入走廊是取阻力加(减)速度 C_DqS/m 为纵坐标、速度 v 为横坐标。选阻力加速度为纵坐标的优点是可以直接对切向过载进行限制，并回避了惯性导航系统中高度测量误差的影响；同时，当给定阻力加速度和速度的关系后，可以用解析式把航程表示出来，其示意图如图 9-8 所示。在本小节中，阻力用 C_DqS 表示，阻力加速度 C_DqS/m 用 D 表示。

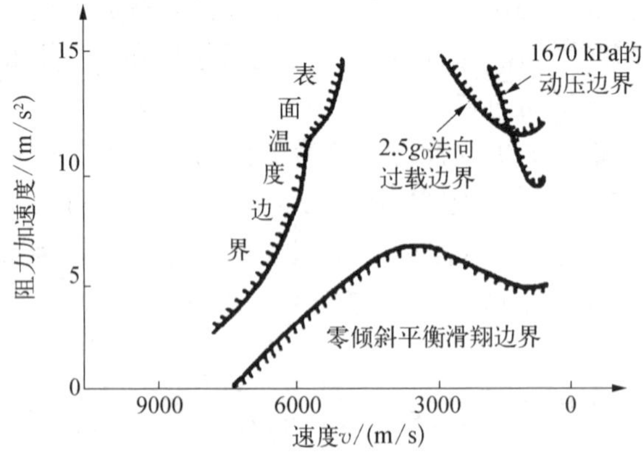

图 9-8　再入走廊

确定轨道器的再入走廊要考虑下列因素。

(1) 过载因素。轨道器载有航天员,为了在返回再入时有较舒适的环境,应对法向、轴向过载加以限制,例如,要求轴向加速度小于 $1.5g_0$,法向加速度小于 $2.5g_0$。

(2) 动压因素。轨道器要采用空气舵面,为了避免所需的铰链力矩过大,应该对动压进行限制,以减轻执行机构的重量。同时,姿态稳定性(特别是侧向稳定性)也要求动压在一定范围内,以满足飞行控制系统对稳定性的要求。

(3) 温度因素。轨道器要重复使用,为避免表面温度过高,要对下降速率加以限制,而且为了避免某一局部蒙皮表面温度过高,应该使轨道器左右摆动。

(4) 平衡滑翔因素。在轨道器返回地面的过程中,常常不希望高度再增加,也就是飞行路径角 θ_T的绝对值不要增加,为此应把 $\mathrm{d}\theta_T/\mathrm{d}t = 0$ 的边界画出作为平衡滑翔边界。

根据以上约束条件,在确定了攻角-速度曲线后,就能够精确地确定再入走廊。下面具体分析再入走廊边界的确定方法。

(1) 动压 q 约束的边界。因为已知 $\alpha(v)$,故当 v 已知时,α 也已知,因而可以求出 C_D,由:

$$D = \frac{C_D\rho v^2 S}{2m} = \frac{\rho v^2}{2}\frac{S}{m}C_D(v) \tag{9-2-10}$$

现令 $q = \rho v^2/2 = 1\,670\ \mathrm{kg/m^2}$,则可以画出 $D(q)-v$ 的曲线,如图 9-8 所示。

(2) 法向过载 n_y约束的边界。现令最大法向过载系数 $n_{y,\max} = 2.5$,则在瞬时平面内有

$$n_y = \frac{C_L\rho v^2 S}{2mg_0}$$

故有

$$\frac{\rho v^2 S}{2m} = \frac{2.5g_0}{C_L}$$

对于阻力加速度,有

$$D = C_D\frac{\rho v^2}{2}\frac{S}{m} = \frac{C_D}{C_L}2.5g_0 \tag{9-2-11}$$

当 v 已知时,α 也已知,即可求出 C_D/C_L,故可以画出 $D(n_y)-v$ 的曲线如图 9-8 所示。

(3) 最大热流约束的边界。确切地讲,应该是表面温度限制的边界,但温度的边界与材料、传热等关系很大,不易确定。在初步分析时,可以把温度的限制改成对热流的限制,经分析其变化趋势是相似的。

因为热流 $q \sim \rho^{1/2}v^3$,故可以认为 $\rho^{1/2}v^3 = C$, C 为根据最大热流约束确定的常数。对于阻力加速度,有

$$D = C_D \frac{\rho v^2 S}{2m} = \frac{C_D S}{2m} \frac{C^2}{v^4} \tag{9-2-12}$$

当 v 已知时,α 已知,C_D 可求出,可以作出 $D(T)-v$ 的关系曲线,其大致关系如图 9-8 所示。

(4) 平衡滑翔约束的边界。所谓平衡滑翔,即 $\mathrm{d}\theta_T/\mathrm{d}t = 0$,故有

$$m\left(\frac{v^2}{r} - g\right)\cos\theta_T + L = 0$$

即升力与引力、离心力的分量在轨迹的法向保持平衡。因 θ_T 较小,可假定 $\cos\theta_T \approx 1$,故有

$$\frac{v^2}{r} - g = -C_L \frac{\rho v^2}{2m} S = -C_L(\alpha) \frac{\rho v^2}{2m} S$$

对于阻力加速度,有

$$D = C_D \frac{\rho v^2}{2m} S = \frac{-\left(\frac{v^2}{r} - g\right)}{C_L} C_D = \frac{-\left(\frac{v^2}{r} - g\right)}{C_L/C_D} \tag{9-2-13}$$

如用过载系数表示,则有

$$D_g = \frac{1 - (v/v_s)^2}{C_L/C_D} \tag{9-2-14}$$

式中,$v_s = \sqrt{gr}$。初步设计时,轨道器的地心距 r 和引力加速度 g 可以按平均值计算。当 v 已知时,α 也已知,C_L/C_D 也已知,可以求出 $D(E)\sim v$ 曲线,如图 9-8 所示。

平衡滑翔边界的位置与倾侧角 χ 的取值有关,为预留一定的横向机动能力以完成飞行任务,需要确定最小的倾侧角值。美国“哥伦比亚号”航天飞机首航时所设计的再入走廊中,将最小倾侧角取为速度的函数,这是因为在再入初始阶段高度较高时,为克服较大的飞行惯性需要较大的倾侧角值。最终为了实现横向机动飞行,使用了两个不连续的最小倾侧角标准:在高速时为 37°、在低速时为 20°。

9.2.4　再入段的航程估算

确定了攻角-速度曲线后，再选取一定的倾侧角χ-速度v曲线，就可以唯一地确定再入段轨道，其对应的阻力加速度D-速度v标称曲线也随之确定。$\chi-v$的选取与再入段的标称航程和横向机动能力密切相关，且为满足各种约束条件，要求其对应的$D-v$曲线在再入走廊之内，并与再入走廊边界保持一定的距离，以便在适当调整$\chi-v$曲线进行轨道机动时，对应的$D-v$曲线仍位于再入走廊内。可见，再入走廊确定之后，通过设计$D-v$曲线来满足航程及各种约束要求更为方便。

再入走廊内满足航程要求的飞行剖面可如图9-9所示，当把轨道器控制到沿此剖面飞行时就可以达到预定的目标。飞行剖面的段数和每段的形状是根据轨道器在相应速度范围内的主要约束条件来决定的。剖面设计首先要满足航程的要求，因此通常将其设计为航程解析可积的形式。下面讨论选择好剖面后，如何用解析式估算航程R_L。

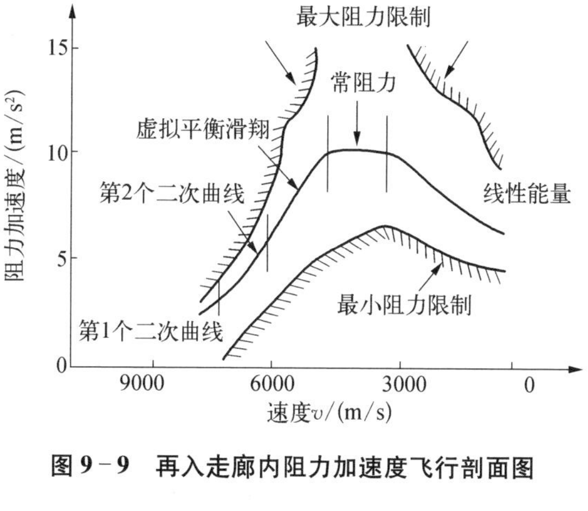

图9-9　再入走廊内阻力加速度飞行剖面图

设轨道器在瞬时平面内运动，则有

$$\begin{cases}\dfrac{\mathrm{d}v}{\mathrm{d}t}=-C_D\dfrac{\rho v^2}{2m}S-g\sin\theta_T\\[2ex]\dfrac{\mathrm{d}R_L}{\mathrm{d}t}=v\cos\theta_T\end{cases}\tag{9-2-15}$$

式(9-2-15)中消去dt，则有

$$\frac{dR_L}{dv}=-\frac{v\cos\theta_T}{D+g\sin\theta_T} \tag{9-2-16}$$

$$R_L=-\int\frac{v\cos\theta_T}{D+g\sin\theta_T}dv \tag{9-2-17}$$

对于轨道器,当 v 较大时,θ_T较小,$\cos\theta_T\approx 1$, $\sin\theta_T\approx 0$,则式(9-2-17)可以简化为

$$R_L=-\int\frac{v}{D}dv \tag{9-2-18}$$

可见,只要给出 $D-v$ 的关系,就可以确定航程。在再入走廊内,阻力加速度 D 与速度 v 的关系可以根据需要来确定,通常根据航程解析可积的要求,设计成如下三种形式。

(1) 阻力加速度与 v 成二次曲线关系:

$$D=C_1+C_2v+C_3v^2 \tag{9-2-19}$$

(2) 阻力加速度与 v 成如下关系:

$$D=\frac{g}{L/D}\left(1-\frac{v^2}{v_s^2}\right) \tag{9-2-20}$$

取 $D=\frac{g}{(L/D)}\left(1-\frac{v^2}{v_s^2}\right)$ 的意义可以这样分析:当 θ_T 较小时,$\cos\theta_T\approx 1$,令 $d\theta_T/dT=0$, θ_T 为常数,轨道器作滑翔飞行,则由式(9-2-7)可得

$$D=\frac{g(1-v^2/gr)}{L/D} \tag{9-2-21}$$

对比式(9-2-20)和式(9-2-21),可以认为此时的飞行是一个虚拟滑翔飞行,用 v_s^2 代替 gr, v_s^2 为设计参数。

(3) 阻力加速度与 v 无关,是一个常数,即常值阻力段:

$$D=C \tag{9-2-22}$$

下面分别讨论这三种情况下航程的计算。

(1) 阻力加速度 D 与 v 成二次曲线关系。将 $D=C_1+C_2v+C_3v^2$ 代入式(9-2-18),并令 $4C_3C_1-C_2^2=Q$,可得当 $Q>0$ 时:

$$R_L = \frac{-1}{2C_3}\ln\left(\frac{C_1 + C_2 v_F + C_3 v_F^2}{C_1 + C_2 v + C_3 v^2}\right) + \frac{C_2}{C_3\sqrt{Q}}\left[\arctan\left(\frac{2C_3 v_F + C_2}{\sqrt{Q}}\right) - \arctan\left(\frac{2C_3 v + C_2}{\sqrt{Q}}\right)\right] \quad (9-2-23)$$

当 $Q < 0$ 时：

$$R_L = \frac{-1}{2C_3}\ln\left(\frac{C_1 + C_2 v_F + C_3 v_F^2}{C_1 + C_2 v + C_3 v^2}\right) + \frac{C_2}{2C_3\sqrt{-Q}}\ln\left[\frac{\dfrac{2C_3 v_F + C_2 - \sqrt{-Q}}{2C_3 v_F + C_2 + \sqrt{-Q}}}{\dfrac{2C_3 v + C_2 - \sqrt{-Q}}{2C_3 v + C_2 + \sqrt{-Q}}}\right] \quad (9-2-24)$$

式中，v_F 为此段积分终端时刻的速度。

（2）阻力加速度与 v 成关系 $D = \dfrac{g}{(L/D)}\left(1 - \dfrac{v^2}{v_s^2}\right)$。将 $D = \dfrac{g}{(L/D)}\left(1 - \dfrac{v^2}{v_s^2}\right)$ 代入式(9－2－18)可得

$$R_L = \frac{1}{2}\left[\left(\frac{v_s^2 - v^2}{D}\right)\ln\left(\frac{v_F^2 - v_s^2}{v^2 - v_s^2}\right)\right] \quad (9-2-25)$$

式中，v_F 为此段飞行终端时刻的速度。得到式(9－2－25)时，假设升阻比 L/D 为常数。

（3）阻力加速度是一个与 v 无关的常数。将 $D = C_4$ 代入式(9－2－18)可得

$$R_L = \frac{v^2 - v_F^2}{2C_4} \quad (9-2-26)$$

式中，v_F 是此段终端时刻的速度。

但当轨道器的飞行速度较低时，$|\theta_T|$ 已经较大，此时再用式(9－2－18)估算航程会带来较大的误差。此时可以不用 v 为自变量，而以机械能 E 为自变量，计算误差会小一些。设单位质量的机械能为 E，则有

$$E = gh + \frac{v^2}{2}$$

对高度求微分，可得

$$\frac{\mathrm{d}E}{\mathrm{d}h}=g+v\frac{\mathrm{d}v}{\mathrm{d}h}$$

而:

$$\frac{\mathrm{d}v}{\mathrm{d}h}=-\frac{D}{v\sin\theta_T}-\frac{g}{v}$$

故有

$$\frac{\mathrm{d}E}{\mathrm{d}h}=-\frac{D}{\sin\theta_T},\quad \frac{\mathrm{d}h}{\mathrm{d}R_L}=\tan\theta_T$$

上式中的两式相乘,可得

$$\frac{\mathrm{d}R_L}{\mathrm{d}E}=-\frac{\cos\theta_T}{D}$$

对上式积分,有

$$R_L=\int\mathrm{d}R_L=-\int\frac{\cos\theta_T}{D}\mathrm{d}E \tag{9-2-27}$$

因为即使 $|\theta_T|$ 稍大,令 $\cos\theta_T\approx 1$,带来的误差也不会十分大,则可有

$$R_L=-\int\frac{\mathrm{d}E}{D} \tag{9-2-28}$$

当假设 D 是能量 E 的函数时,式(9-2-28)是可以积分的,在低速时取:

$$D=D_F-C_5(E-E_F) \tag{9-2-29}$$

则积分式(9-2-28)可得

$$R_L=\frac{E-E_F}{D-D_F}\ln\left(\frac{D}{D_F}\right) \tag{9-2-30}$$

以航天飞机轨道器为例,在再入走廊内,选择5个基本段前后连接来构成阻力加速度剖面:2个二次阻力加速度曲线段,用在高速加热段,即 $D_1=C_{11}+C_{12}v+C_{13}v^2$ 和 $D_2=C_{21}+C_{22}v+C_{23}v^2$;1个虚拟平衡滑翔段和1个常值阻力段,用在中速段,可保证轨道器有足够的纵向飞行距离和横向机动能力,同时控制轨道器在再入走廊的中心附近,即 $D=\frac{g}{(L/D)}\left(1-\frac{v^2}{v_s^2}\right)$ 和 $D=C_4$;最后一段,阻力加速度和能量成线性关系,用在低速段,即 $D=D_F-C_5(E-E_F)$。五段曲

线的示意图如图 9－9 所示,5 个阻力加速度段的连接点坐标(v, D),以及第 1 段的 C_{11}、C_{12}、C_{13},第 2 段的 C_{21}、C_{22}、C_{23},第 3 段的 v_s,第 4 段的 C_4及第 5 段的 C_5共 9 个系数,可以在满足约束条件下加以优化,并且可以在实际飞行中根据情况加以改变。

选定 5 个基本段组成的剖面后,再入过程中,理论上估计的航程与导航计算机计算出的到目标的距离可能有偏差,需要调整剖面形状使得航程偏差为零。调整的方法有两种: 一种是整体调整剖面形状,重新设计每一段的航程;另一种是局部调整剖面形状及对应段的航程。后者如图 9－10 所示,通过调整二次曲线的航程,使航程偏差为零,但阻力加速度曲线最后一段的航程不变,常值阻力段的数值也不变。当然也可以调整其他段的航程,使航程偏差为零。

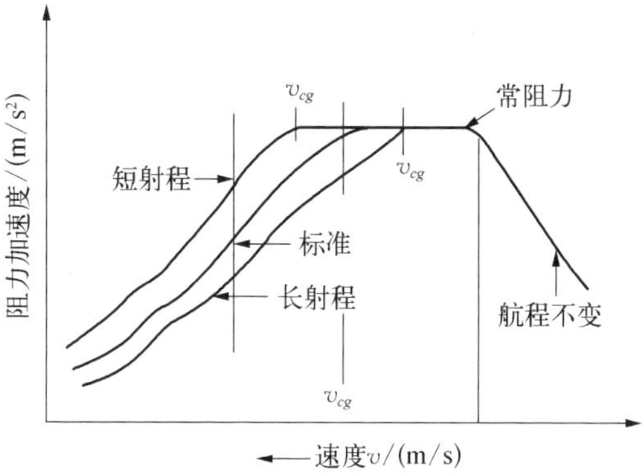

图 9－10　飞行剖面形状调整航程

9.2.5　再入段标准轨道设计

轨道器再入段标准轨道设计的实质就是选择攻角 α 和倾侧角 χ, 以满足航程和各种约束条件要求。前面已经讨论过攻角与速度的关系,可以根据热流的限制和横向机动能力的要求加以确定,因此需要确定的只有倾侧角 χ。

与载人飞船返回再入轨道设计类似,倾侧角 χ 的大小用来满足各种约束条件,且要留有余量;倾侧角 χ 的符号由侧向制导来确定。

但轨道器再入轨道设计中约束条件过多,不能像飞船返回舱那样先凭借经验选择分段常数作为 χ 的值,再通过仿真计算看约束条件是否满足来调整 χ 的大小;而是要先根据约束条件确定再入走廊,在再入走廊内选择合适的飞行剖面，通过调整剖面的形状，使其航程满足设计要求。当飞行剖面确定之后，便可以确定沿此剖面飞行时的标准升阻比$(L/D)_0$。当飞行状态确定时，即飞行速度、高度、攻角已知时，轨道器能提供的升阻比(L/D)是已知的，则标准倾侧角χ_0可由式(9－2－31)确定：

$$\cos\chi_0 = \frac{(L/D)_0}{(L/D)} \tag{9-2-31}$$

χ_0不能恒等于零，要给侧向机动和纵向制导留有余量；但$|\chi_0|$也不能过大，否则升力在纵向的分量过小，飞行轨迹下降过快。航程确定后，可以通过调整飞行剖面在再入走廊中的位置来改变χ_0的大小。

下面讨论设计好阻力加速度剖面后，沿该剖面飞行时各段标准升阻比$(L/D)_0$的计算方法。假定：

$$\rho = \rho_0 e^{-h/h_s}, \quad h_s = 1/\beta$$

根据阻力加速度的表达式：

$$D = \frac{1}{2}\frac{\rho v^2 C_D S}{m}$$

可得

$$\frac{\dot{D}}{D} = \frac{\dot{\rho}}{\rho} + \frac{2\dot{v}}{v} + \frac{\dot{C}_D}{C_D} \tag{9-2-32}$$

因为

$$\frac{\dot{\rho}}{\rho} = -\frac{\dot{h}}{h_s} \tag{9-2-33}$$

综合式(9－2－32)和式(9－2－33)，并假定$\dot{v} \approx D$，则可以得到：

$$\dot{h} = -h_s\left(\frac{\dot{D}}{D} + \frac{2D}{v} - \frac{\dot{C}_D}{C_D}\right) \tag{9-2-34}$$

又因为

$$\dot{h} = v\sin\theta_T \approx v\theta_T \tag{9-2-35}$$

故有

$$\ddot{h} = \dot{v}\theta_T + v\dot{\theta}_T \tag{9-2-36}$$

当θ_T较小时，$\cos\theta_T \approx 1$，则式(9－2－36)可以改写为

$$\ddot{h} = \left(\frac{v^2}{r} - g\right) + \left(\frac{L}{D}\right) D - D\frac{\dot{h}}{v} \tag{9-2-37}$$

再利用式(9－2－34)可得

$$\ddot{h} = -h_s\left(\frac{2\dot{D}}{v} + \frac{2D^2}{v^2} + \frac{\ddot{D}}{D} - \frac{\dot{D}^2}{D} + \frac{\dot{C}_D^2}{C_D^2} - \frac{\ddot{C}_D}{C_D}\right) \tag{9-2-38}$$

联立式(9－2－38)、式(9－2－37)、式(9－2－35)，可以解得

$$\ddot{D} - \dot{D}\left(\frac{\dot{D}}{D} - \frac{3D}{v}\right) + \frac{4D^3}{v^2} = -\frac{D}{h_s}\left(\frac{v^2}{r} - g\right) - \frac{D^2}{h_s}\frac{L}{D} - \frac{\dot{C}_D}{C_D}D\left(\frac{\dot{C}_D}{C_D} - \frac{D}{v}\right) - \frac{\ddot{C}_D}{C_D}D \tag{9-2-39}$$

式(9－2－39)给出了阻力加速度及其导数与升阻比 L/D 和 C_D、$\dot{C}_D$、$\ddot{C}_D$ 的关系。

如果已知 D 与 v 的关系，利用式(9－2－39)就可以得到所需要的标准升阻比$(L/D)_0$。例如，若设 $D = C_1 + C_2v + C_3v^2$，在 $\sin\theta_T \approx 0$ 的假设下可得

$$\left(\frac{L}{D}\right)_0 = -\frac{1}{D}\left(\frac{v^2}{r} - g\right) + \frac{4h_sC_1}{v} - \frac{h_sC_2}{v} - \frac{h_s\dot{C}_D}{C_DD}\left(\frac{\dot{C}_D}{C_D} - \frac{D}{v}\right) + \frac{h_s\ddot{C}_D}{C_DD} \tag{9-2-40}$$

对于其他形式的阻力加速度曲线，也可以得到所需的升阻比。但在实际应用中，一般略去 $\dot{C}_D$ 及 $\ddot{C}_D$，得到简化的$(L/D)_0$表达式如表 9－6 所示。在轨道器的再入制导中，需要知道沿剖面飞行时的 $\dot{h}_0$，故表 9－6 中同样列出了 $\dot{h}_0$ 的表达式。

表 9－6　$(L/D)_0$和 $\dot{h}_0$ 的表达式

状　态	D	$\dot{h}_0$	$(L/D)_0$
温度控制（热流）	$C_1 + C_2v + C_3v^2$	$-\frac{h_s}{v}\left(2C_1 + C_2v - \frac{\dot{C}_Dv}{C_D}\right)$	$\frac{g}{D}\left(1 - \frac{v^2}{gr}\right) - \frac{4h_sC_1}{v^2} - \frac{h_sC_2}{v}$
虚拟平衡滑翔	$\frac{g}{(L/D)}\left(1 - \frac{v^2}{v_s^2}\right)$	$-\frac{h_s}{v}\left[\frac{2D}{(1-v^2/v_s^2)} - \frac{\dot{C}_Dv}{C_D}\right]$	$\frac{g}{D}\left(1 - \frac{v^2}{gr}\right) - \frac{4h_sD}{v(1 - v^2/v_s^2)}$
常阻力加速度	C_4	$-h_s\left(\frac{2D}{v} - \frac{\dot{C}_D}{C_D}\right)$	$\frac{g}{D}\left(1 - \frac{v^2}{gr}\right) - \frac{4h_sD}{v^2}$

续 表

状 态	D	$\dot{h}_0$	$(L/D)_0$
转移段	$D_F + C_5(E - E_F)$	$-h_s\left(\dfrac{2Dv - C_5v^3}{v^2 + 2h_sg} - \dfrac{\dot{C}_Dv}{C_D}\right)$	$\dfrac{g}{D}\left(1 - \dfrac{v^2}{gr}\right) + \left(2v\dot{h}_0 + 2\dot{h}_0^2\dfrac{g}{D} + 2Dh_s + 2g\dot{h}_0h_s/v - h_sC_5v^2 - 3C_5vg\dot{h}_0\dfrac{h_s}{D}\right)\Big/(v^2 + 2gh_s) + \dfrac{\dot{h}_0}{v} + \dfrac{g\dot{h}_0^2}{Dv^2}$

根据式(9-2-31)确定倾侧角的大小、根据图9-7确定倾侧角的符号后，倾侧角-速度曲线就唯一确定，满足再入航程要求的飞行轨迹也唯一确定。

9.2.6 再入标准轨道设计仿真

本节以某可重复使用飞行器为例，说明升力式返回的再入走廊与标称剖面设计的方法。飞行器的初始再入速度 $v_e = 7\,600$ m/s，初始再入高度 $h_e = 120$ km，初始再入角 $\Theta_e = -1.8°$，终端高度 $h_f = 25$ km，终端速度 $v_f = 760$ m/s。再入过程中的最大法向过载系数 $n_{y,\max} = 2.5$，最大动压 $q_{\max} = 16$ kPa，最大热流约束为 $q_{s,\max} = 500$ kW/m^2，平衡滑翔的起滑点速度 $v_Q = 7\,200$ m/s，为保留横向机动能力，计算平衡滑翔边界时的最小倾侧角取为15°。

飞行器的空气动力系数采用如下拟合公式计算：

$$\begin{cases} C_L = -0.041\,065 + 0.016\,292\alpha + 0.000\,260\,24\alpha^2 \\ C_D = 0.080\,505 - 0.030\,26C_L + 0.864\,95C_L^2 \end{cases}$$

式中，攻角的单位为(°)。再入过程中的攻角剖面为

$$\alpha = \begin{cases} \alpha_1, & v_0 > v \geqslant v_1 \\ \alpha_2 + \dfrac{v - v_2}{v_1 - v_2}(\alpha_1 - \alpha_2), & v_1 > v \geqslant v_2 \\ \alpha_2, & v_2 > v \geqslant v_3 \\ \alpha_3 + \dfrac{v - v_f}{v_3 - v_f}(\alpha_2 - \alpha_3), & v_3 > v \geqslant v_f \end{cases}$$

式中, $\alpha_1 = 38°$, $\alpha_2 = 30°$, $\alpha_3 = 15°$, 其中 α_2是近似最大升阻比对应的攻角;$v_1 = 6\ 600$ m/s; $v_2 = 5\ 400$ m/s; $v_3 = 2\ 500$ m/s。根据以上两式得到的攻角剖面及对应的升阻比分别如图 9－11 和图 9－12 所示。由图可见,再入过程中的大部分阶段,飞行器的升阻比处于 1.1~1.5。

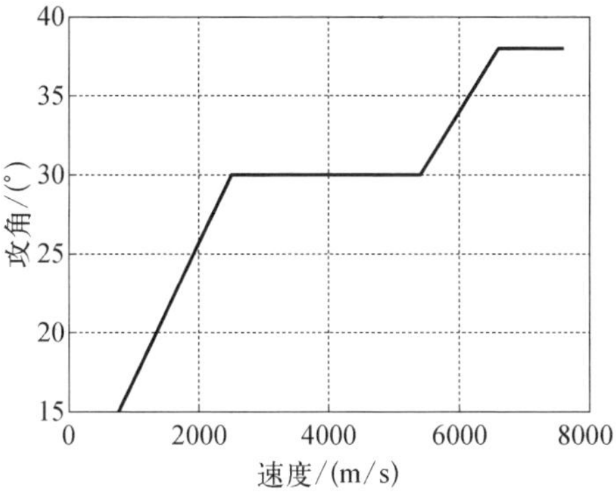

图 9－11　再入过程中的攻角剖面

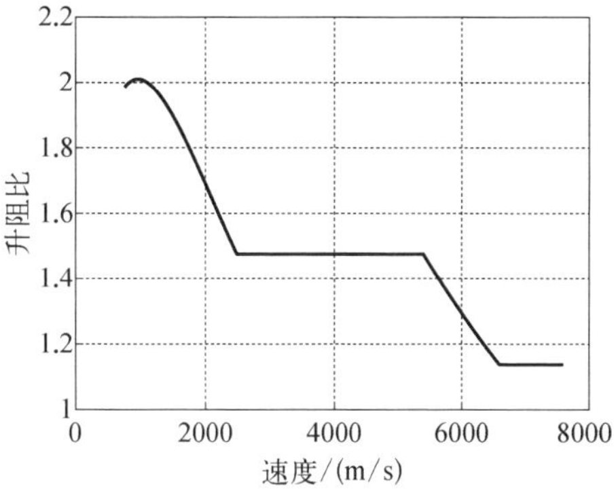

图 9－12　再入过程中的升阻比

根据 9.2.3 节所述的方法,可以获得飞行器再入过程中的阻力加速度-速度($D-v$)走廊和高度-速度($h-v$)走廊,分别如图 9－13 和图 9－14 所示。可见,在 $D-v$ 走廊中,由热流、法向过载、动压等“硬约束”构成走廊的上边界,平衡滑翔的“软约束”构成走廊的下边界。在 $h-v$ 走廊中,则是平衡滑翔约束构成上边界,其他约束构成下边界。$h-v$ 走廊看上去比较“狭窄”,说明某一飞行速度下对应的飞行高度范围相对有限。飞行器再入过程中,热流、法向过载和动压按时间先后顺序依次成为严苛约束。

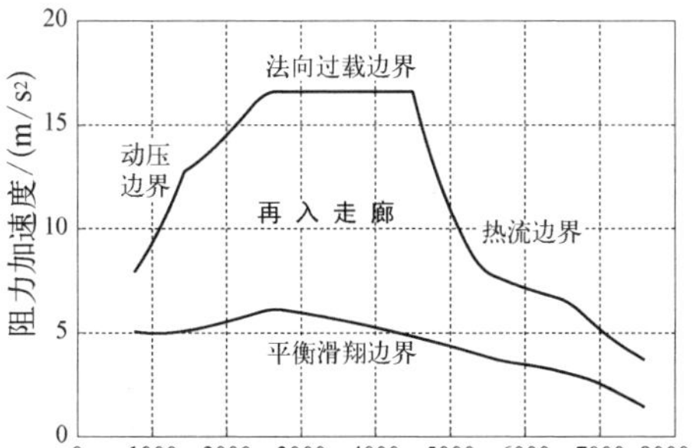

图 9－13　阻力加速度-速度再入走廊

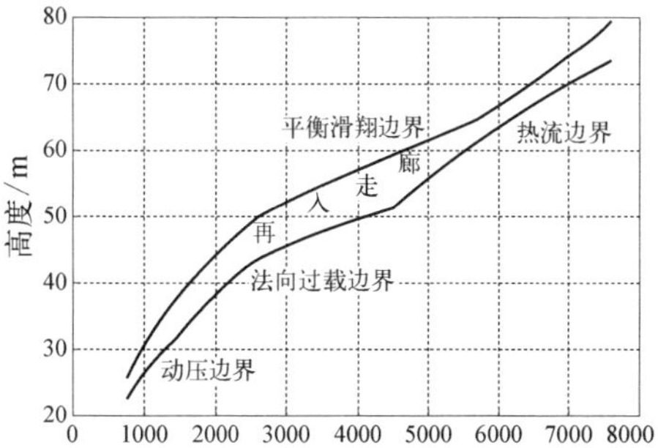

图 9－14　高度-速度再入走廊

当给定标准再入航程后,根据 9.2.5 节所述的方法,就可以设计出再入段的标准轨道。给定着陆场的经纬度为 $\lambda_f = 107°$, $\phi_f = 34°$, 标准航程 $R_{std} = 7\ 000$ km, 末端能量管理段的航程取为 95 km。设计过程中,由于再入段终端点处的速度、高度都是给定的,等于末端能量管理(terminal area energy management, TAEM)段的起点值,因此 $D-v$ 剖面最后一个节点的值是确定的;剖面第一个节点处的速度受初始再入速度和平衡滑翔要求的限制,阻力加速度受制导起始点的限制,设计中直接根据经验取为确定值。同时,要求各段在连接节点处是连续的,且要求两个温控段及平衡滑翔段连接点处的一阶导数连续。根据上述准则,得到的标称阻力加速度-速度剖面各节点处的值见表 9-7,相应的标称阻力加速度-速度剖面见图 9-15,对应的高度-速度剖面见图 9-16。

表 9-7 标称阻力加速度-速度剖面各节点处的值

参数取值	节点 1	节点 2	节点 3	节点 4	节点 5	节点 6
v_{node}/(m/s)	7 450	6 540.846	5 230.926	4 000	2 500	760
D_{node}/(m/s^2)	1.90	4.068	6.867	10.367	10.367	5.621

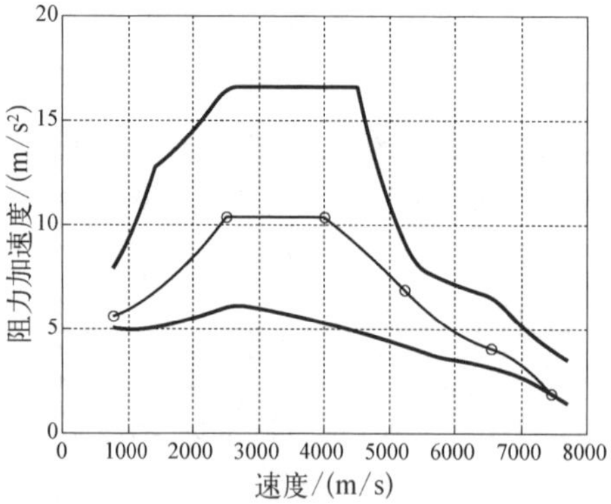

图 9-15 标称阻力加速度-速度剖面

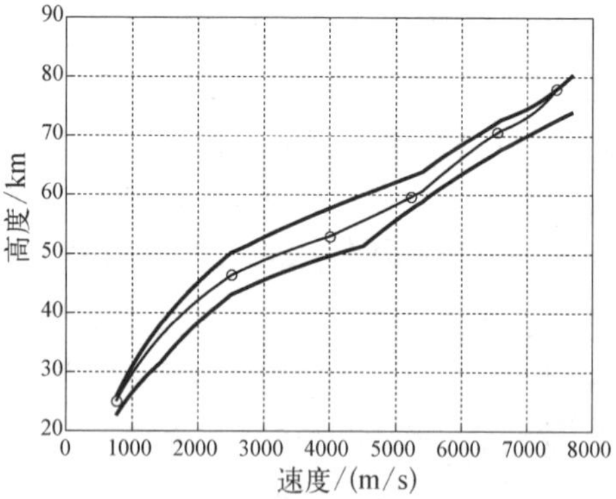

图 9-16 标称高度-速度剖面

求得各系数 C_i 后,根据表 9-6 中的公式,即可求得标称剖面对应的纵向标称升阻比 $(L/D)_0$,代入式(9-2-31)便可确定倾侧角的幅值 χ_0, 结果如图 9-17 和图 9-18 所示。再根据图 9-7 确定倾侧角的符号后,代入式(9-2-4)便可以求出三维的再入标准轨道。

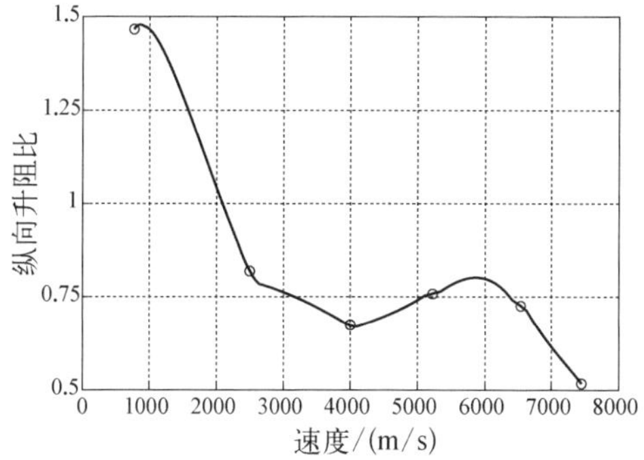

图 9-17　纵向标称升阻比

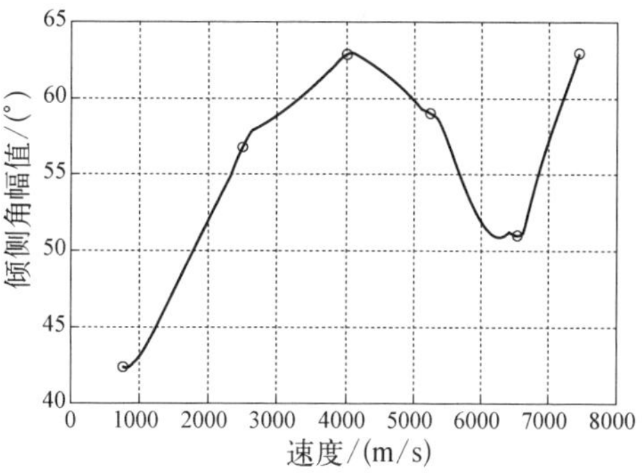

图 9-18　标称倾侧角幅值

9.3　升力式再入标准轨道制导方法

9.3.1　标准轨道跟踪制导律设计

航天飞机轨道器采用的再入制导方法是有标准轨道的制导方法。侧向制导是基于速度方位误差边界的开关控制,相对比较简单,如图 9-7 所示,因此下面主要讨论纵向制导。

轨道器的标准轨道是可以调整的,因为它的阻力加速度剖面可以改变,调整的原则是使得理论上估计的航程等于导航计算机算出的到目标的待飞航程。航天飞机轨道器的剖面调整策略如下所述。在温度控制阶段,基于解析航程相对于阻力剖面变化的偏导数,通过调整两个二次阻力加速度曲线段和虚拟平衡滑翔段来消除航程误差,而常值阻力段和过渡段的飞行剖面保持不变。在虚拟平衡滑翔段,通过调整平衡滑翔段的阻力剖面参数来消除航程误差,保持常值阻力段和过渡段剖面不变。同样,在常值阻力段,仅调整常值阻力段的剖面参数;在过渡段,仅调整过渡段的剖面参数。采用这种航程修正方法,可以使轨道器离开通信盲区(大约 45 km 高度)后,具有接近额定参数的工作状态,从而在通信恢复后具有航程修正能力。

剖面确定后,轨道器再入制导的基本思想是,在瞬时平面内控制轨道器的实际升阻比等于所选择的阻力加速度剖面确定的标准升阻比$(L/D)_0$,也即剖面跟踪的策略。

设纵向再入制导所需的升阻比为$(L/D)_c$,也即升阻比在瞬时平面内的分量

为$(L/D)_c$，制导所增加的升阻比为$\Delta(L/D)$，则有

$$(L/D)_c=(L/D)_0+\Delta(L/D) \tag{9-3-1}$$

式中，不同阶段的$(L/D)_0$已在表9-6中给出。制导的目的是使实际的飞行剖面接近所选定的飞行剖面，同时为了保证制导效果及过渡过程良好，$\Delta(L/D)$应由如下公式决定：

$$\Delta(L/D)=f'_1\Delta D+f'_2\Delta\dot{D}+f'_3\Delta v \tag{9-3-2}$$

式(9-3-2)给出了升阻比改变量$\Delta(L/D)$与阻力加速度改变量ΔD和速度改变量Δv的关系，下面将其线性化。先令

$$\begin{cases}\Delta D=D-D_0\\ \Delta\dot{D}=\dot{D}-\dot{D}_0\\ \Delta\ddot{D}=\ddot{D}-\ddot{D}_0\\ \Delta v=v-v_0\\ \Delta\left(\dfrac{L}{D}\right)=\left(\dfrac{L}{D}\right)-\left(\dfrac{L}{D}\right)_0\end{cases} \tag{9-3-3}$$

式中，D_0、$\dot{D}_0$、$\ddot{D}_0$、v_0、$(L/D)_0$分别为标准再入轨道上的阻力加速度、阻力加速度导数、阻力加速度二阶导数、飞行速度、升阻比；D、$\dot{D}$、$\ddot{D}$、v、(L/D)为实际轨道上相应参数的值，ΔD、$\Delta\dot{D}$、$\Delta\ddot{D}$、Δv和$\Delta(L/D)$为其增量。

将式(9-3-3)代入式(9-2-39)，且只保留一阶项，可得

$$\begin{aligned}&\Delta\ddot{D}+\left(\frac{3D_0}{v_0}-\frac{2\dot{D}_0}{D_0}\right)\Delta\dot{D}+\left[3\dot{D}_0\left(\frac{\dot{D}_0}{D_0^2}-\frac{1}{v_0}\right)+\frac{4D_0^2}{v_0^2}-\frac{1}{h_s}\left(\frac{v_0^2}{r_0}-g\right)\right.\\&\left.-\frac{2\ddot{D}_0}{D_0}-\frac{\dot{C}_{D0}^2}{C_{D0}^2}+\frac{\ddot{C}_{D0}}{C_{D0}}\right]\Delta D+\left(\frac{2D_0v_0}{h_sr_0}-\frac{3\dot{D}_0D_0}{v_0^2}-\frac{8D_0^3}{D^3}+\frac{\dot{C}_{D0}D_0^2}{C_{D0}v_0^2}\right)\Delta v\\&=\frac{D_0}{h_s}\Delta\left(\frac{L}{D}\right)+\frac{D_0}{C_{D0}}\Delta\ddot{C}_D+\left(\frac{D_0}{C_{D0}v_0}-\frac{2D_0\dot{C}_{D0}}{C_{D0}^2}\right)\Delta\dot{C}_D\\&\quad+\left(\frac{2\dot{C}_{D0}^2D_0}{C_{D0}^3}-\frac{\dot{C}_{D0}D_0^2}{C_{D0}^2v_0}-\frac{\ddot{C}_{D0}D_0}{C_{D0}^2}\right)\Delta C_D\end{aligned} \tag{9-3-4}$$

式中，凡带下标“0”的表示标准轨道上的值，取自变量为v，故Δv等于零。由于攻角与速度的关系是事先设计的，仅利用χ进行调整，ΔC_D、$\Delta\dot{C}_D$、$\Delta\ddot{C}_D$近似等

于零,则式(9-3-4)可改写为

$$\Delta\ddot{D}+\left(\frac{3D_0}{v_0}-\frac{2\dot{D}_0}{D_0}\right)\Delta\dot{D}+\left[3\dot{D}_0\left(\frac{\dot{D}_0}{D_0^2}-\frac{1}{v_0}\right)+\frac{4D_0^2}{v_0^2}-\frac{1}{h_s}\left(\frac{v_0^2}{r_0}-g\right)\right.$$
$$\left.-\frac{2\ddot{D}_0}{D_0}-\frac{\dot{C}_{D0}^2}{C_{D0}^2}+\frac{\ddot{C}_{D0}}{C_{D0}}\right]\Delta D=-\frac{D_0}{h_s}\Delta\left(\frac{L}{D}\right)\qquad(9-3-5)$$

将式(9-3-2)代入式(9-3-5)可得

$$\Delta\ddot{D}+\left(\frac{D_0^2}{h_s}f'_2+\frac{3D_0}{v_0}-\frac{2\dot{D}_0}{D_0}\right)\Delta\dot{D}+\left[\frac{D_0^2f'_1}{h_s}+3\dot{D}_0\left(\frac{\dot{D}_0^2}{D_0^2}-\frac{1}{v}\right)+\frac{4D_0^2}{v_0^2}\right.$$
$$\left.-\frac{1}{h_s}\left(\frac{v_0^2}{r_0}-g\right)-\frac{2\ddot{D}_0}{D_0}-\frac{\dot{C}_{D0}^2}{C_{D0}^2}+\frac{\ddot{C}_{D0}}{C_{D0}}\right]\Delta D=0\qquad(9-3-6)$$

这是一个变系数二阶系统,采用固化系数法,可将其转化成常系数二阶系统,设其解为振荡形式,则式(9-3-6)可写成标准形式:

$$\Delta\ddot{D}+2\xi\omega\Delta\dot{D}+\omega^2\Delta D=0\qquad(9-3-7)$$

对比式(9-3-6)和式(9-3-7),可得

$$f'_1=\frac{h_s}{D_0^2}\left[\omega^2+3\dot{D}_0\left(\frac{1}{v_0}-\frac{\dot{D}_0^2}{D_0}\right)+\frac{1}{h_s}\left(\frac{v_0^2}{r_0}-g\right)-\frac{4D_0^2}{v_0^2}+\frac{2\ddot{D}_0}{D_0}+\frac{\dot{C}_{D0}^2}{C_{D0}}-\frac{\ddot{C}_{D0}}{C_{D0}}\right]\qquad(9-3-8)$$

$$f'_2=\frac{h_s}{D_0^2}\left(2\xi\omega+\frac{2\dot{D}_0}{D_0}-\frac{3D_0}{v_0}\right)\qquad(9-3-9)$$

在工程应用中,为避免求 $\Delta\dot{D}$ 的困难,用 $\Delta\dot{h}$ 来代替 $\Delta\dot{D}$, $\Delta\dot{h}=\dot{h}-\dot{h}_0$。设替代后,式(9-3-2)变成如下形式:

$$\Delta(L/D)=f_1\Delta D+f_2\Delta\dot{h}+f_3\Delta v\qquad(9-3-10)$$

利用式(9-2-34):

$$\dot{h}=-h_s\left(\frac{\dot{D}}{D}+\frac{2D}{v}-\frac{\dot{C}_D}{C_D}\right)$$

可得

$$\Delta\dot{D}=-\left(\frac{\dot{h}_0}{h_s}+\frac{4D}{v_0}-\frac{\dot{C}_{D0}}{C_{D0}}\right)\Delta D-\frac{D_0}{h_s}\Delta\dot{h}+\frac{2D_0^2}{v_0}\Delta v \quad (9-3-11)$$

同样取自变量为 v，则有 $\Delta v=0$。将式(9－3－11)代入式(9－3－2)，再与式(9－3－10)比较可得

$$f_1=f_1'-f_2'\left(\frac{\dot{h}_0}{h_s}+\frac{4D_0}{v_0}-\frac{\dot{C}_{D0}}{C_{D0}}\right) \quad (9-3-12)$$

$$f_2=-f_2'\frac{D_0}{h_s} \quad (9-3-13)$$

将式(9－3－12)、式(9－3－13)代入式(9－3－8)、式(9－3－9)，可以得到 f_1、f_2 的表达式。

因此，用于纵向控制的升阻比 $(L/D)_c$ 的计算公式为

$$(L/D)_c=(L/D)_0+f_1\Delta\dot{D}+f_2\Delta\dot{h} \quad (9-3-14)$$

实际工程中轨道器用的 $(L/D)_c$ 还要增加一项：

$$(L/D)_c=(L/D)_0+f_1\Delta\dot{D}+f_2\Delta\dot{h}+f_4\int(D-D_0)\mathrm{d}t \quad (9-3-15)$$

引入最后一项的目的是避免由于导航系统确定的高度变化率不准确而引起的稳态轨道偏差。由此，实际的倾侧角 χ 由如下公式决定：

$$\cos\chi=\frac{(L/D)_c}{(L/D)} \quad (9-3-16)$$

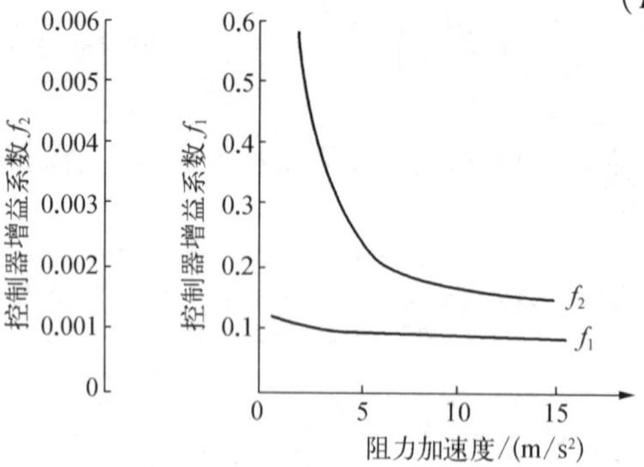

图 9－19 反馈增益系数 f_1、f_2 随阻力加速度的变化

用式(9－3－8)和式(9－3－9)计算 f_1'、f_2' 过于复杂，在实际中 f_1、f_2 往往用经验曲线加以逼近。例如，若取 $\xi=0.7$，周期取 90~200 s，则 f_1、f_2 的经验曲线如图 9－19 所示。f_1、f_2 的经验公式如下：

$$f_1=f_5D^{f_6}+f_7(D-D_0) \quad (9-3-17)$$

$$f_2=f_8D^{f_9} \quad (9-3-18)$$

式中，系数f_5、f_6、f_7、f_8、f_9可根据f_1、f_2的理论计算结果拟合而成。

9.3.2　考虑攻角调制的飞行控制

当采用式(9－3－16)进行纵向制导时，实际的阻力加速度剖面与标准阻力加速度剖面并不完全重合。这主要是因为当倾侧角反号时，反号并不能瞬间完成，在倾侧角为零前后，会使瞬时平面内的升力分量暂时增加，使阻力加速度低于要求的水平；在倾侧反向后，将稳定到要求的阻力加速度剖面，如图9－20所示。

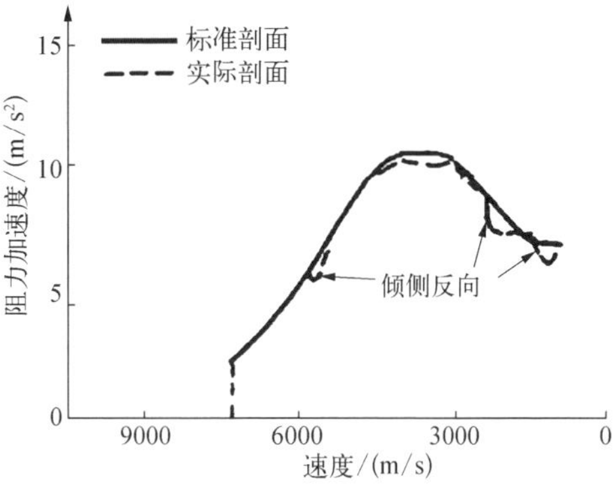

图9－20　仅有倾侧角控制时的实际剖面与标准剖面

为克服上述倾侧角反向带来的问题，可在以倾侧角为主进行控制的同时，对攻角也加以小的调制。令

$$\alpha = \alpha_0 + \frac{C_D(D - D_0)}{f_{10}} \tag{9-3-19}$$

而倾侧角的控制命令也按如下公式给出：

$$\chi = \arccos\left[\frac{(L/D)_c}{(L/D)}\right] + f_{11}\frac{C_D(D - D_0)}{f_{10}} \tag{9-3-20}$$

式中，L/D是飞行中轨道器升阻比的估计值，数据来源为惯性导航系统中加速度表的测量结果。

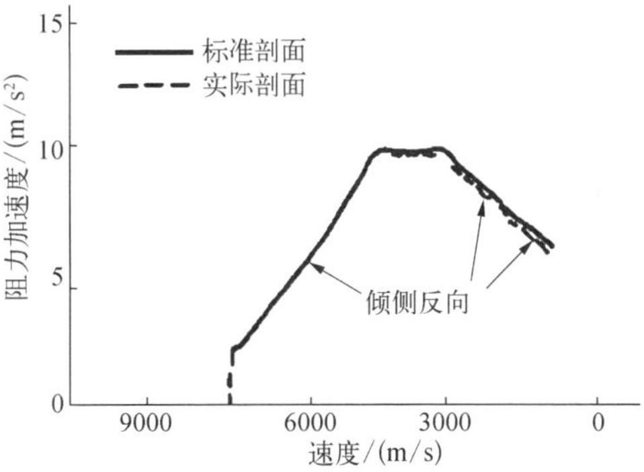

图9－21　倾侧角和攻角同时控制时的实际剖面与标准剖面

当同时采用倾侧角和攻角进行控制时，其实际的阻力加速度剖面和标准阻力加速度剖面的关系如图9－21所示。从图可以看出，仅有倾侧角控制时的倾侧反向引起的剖面跳动已得到补偿，同时还可以补偿像大气密度梯度这类短周期的干扰。实际上，通过调整攻角进行

阻力控制改变的是阻力系数,属于短周期的阻力调整;而调整倾侧角是改变轨迹的整体下降速率,即通过大气密度的长时间改变来进行阻力控制,属于长周期的阻力调整。同时采用倾侧角和攻角进行控制时,攻角与速度的关系并非完全事先确定,由式(9-3-19)确定的攻角与速度关系与图9-6所示的攻角与速度关系稍有不同,但差别不大。

9.3.3 标准轨道制导方法仿真分析

下面通过数值仿真验证升力式再入标准轨道制导方法的效果。仿真条件同9.2.5节,标称航程 $R_{\text{std}} = 7\ 000$ km,末端能量管理段的航程取为95 km。

侧向制导采用9.2.2节中的方法。侧向速度方位误差的上边界采用如下形式:

$$\Delta\bar{\sigma}_T = \begin{cases} \Delta\bar{\sigma}_{T1}, & v \geqslant v_1 \\ \Delta\bar{\sigma}_{T2}, & v_1 > v \geqslant v_2 \\ \Delta\bar{\sigma}_{T2} + \dfrac{v - v_2}{v_2 - v_3}(\Delta\bar{\sigma}_{T2} - \Delta\bar{\sigma}_{T3}), & v_2 > v \geqslant v_3 \\ \Delta\bar{\sigma}_{T3}, & v_3 > v \geqslant v_f \end{cases}$$

式中,$\Delta\bar{\sigma}_{T1} = 30°$;$\Delta\bar{\sigma}_{T2} = 40°$;$\Delta\bar{\sigma}_{T3} = 15°$;$v_1 = 5\ 500$ m/s;$v_2 = 3\ 000$ m/s;$v_3 = 1\ 000$ m/s;$v_f = 760$ m/s。速度方位误差走廊的上下边界相对于 $\Delta\bar{\sigma}_T = 0$ 对称。

纵向 $D-v$ 标称剖面采用9.2.5节的设计结果,纵向制导律采用9.3.2节的设计方法。为了消除 $D-v$ 剖面的跟踪误差,参考式(9-3-15)引入了积分项。需要注意的是,必须合理设计积分项增益系数 f_4,该系数不能过大,否则会影响式(9-3-15)中其余部分的瞬态跟踪特性,进而影响轨迹跟踪的整体性能。

1. 标称条件下的仿真结果

标称条件下的仿真结果如图9-22~图9-25所示。制导的终端纵程误差为953.7 m,横程误差为370.6 m,高度误差为15.4 m。

图9-22所示是标称条件下的剖面跟踪结果。图中虚线为设计的标称剖面,实线为飞行器的实际剖面。可见,两个剖面之间存在一定的偏离,这是由于制导过程中采用9.2.3节中的剖面更新策略。

图9-23给出了高度随速度的变化曲线。可见,由于再入初始段的气动阻力较小,高度降低时,速度基本不变;满足平衡滑翔条件之后,高度平缓下降,未发生跳跃,速度随之降低。

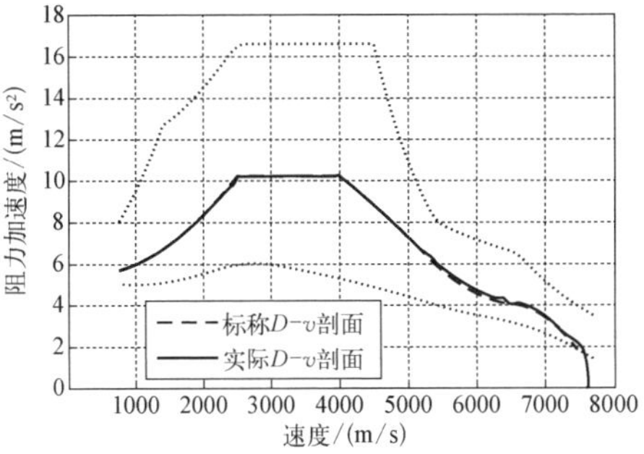

图 9-22　标称条件下的 $D-v$ 剖面跟踪情况

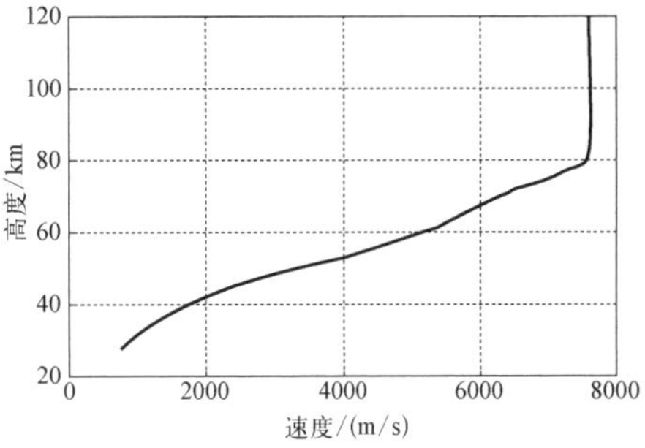

图 9-23　标称条件下的高度-速度变化图

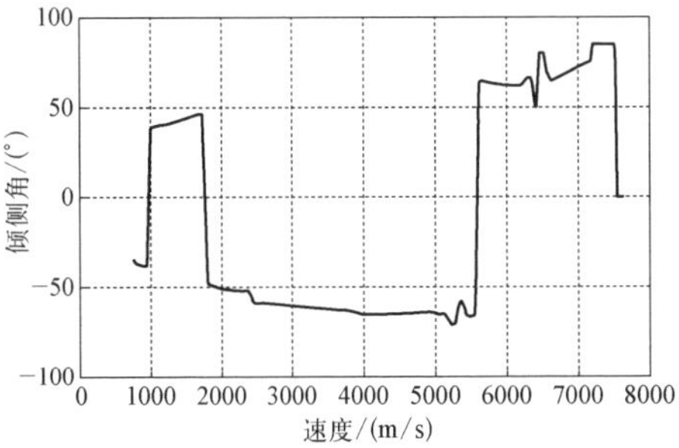

图 9-24　标称条件下的倾侧角变化曲线

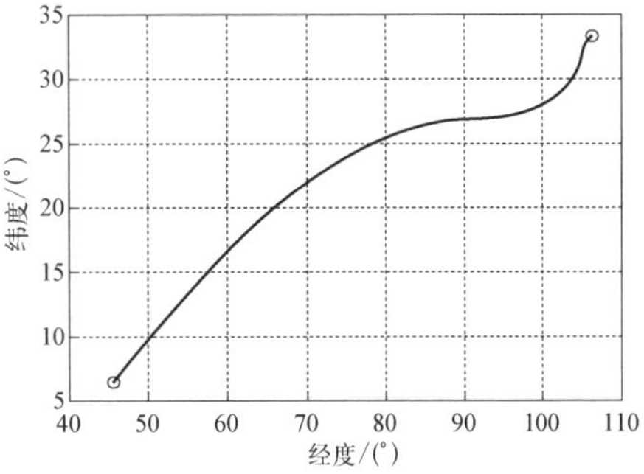

图 9-25　标称条件下的纬度-经度变化图

图 9-24 给出了倾侧角随速度的变化曲线。可见,倾侧角幅值与图 9-18 中的倾侧角幅值基本相当。为满足侧向制导要求,倾侧角符号反向 3 次。

图 9-25 给出了飞行器星下点的纬度-经度变化曲线。可见,飞行器有一定的侧向机动,说明标称航程未达到最大航程,仍有机动余量。

图 9-26 为标称条件下的过载-时间变化图,最大过载为 $2.1g_0$,在约束允许范围以内(低于 $2.5g_0$);图 9-27 为标称条件下的动压-时间图,最大动压为 11.310 kPa, 在约束允许范围以内(低于 16 kPa);图 9-28 为标称条件下的热流-时间图,最大热流为

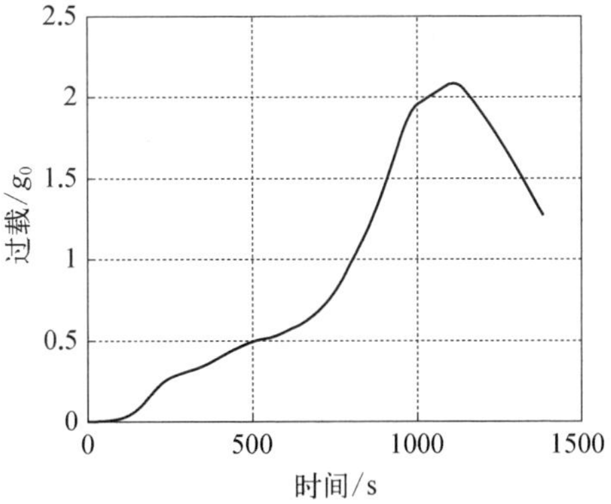

图 9-26　标称条件下的过载-时间变化图

378.9 kW/m², 也在约束允许范围以内(低于 500 kW/m²)。由变化曲线可以看到,三者均在约束允许范围内,且有一定的裕度,说明所设计的制导律在标称状况下满足约束要求。

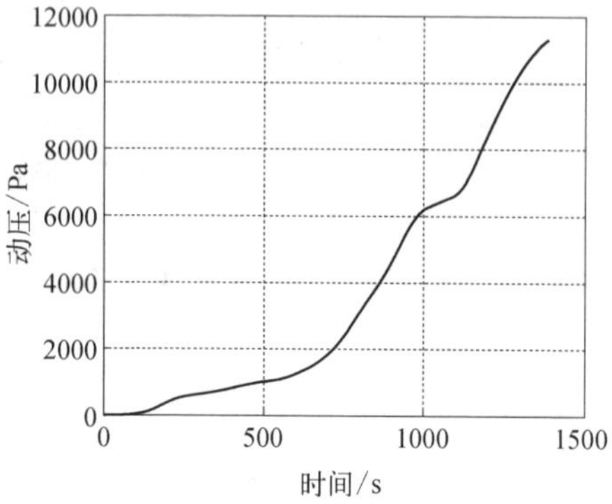

图 9-27 标称条件下的动压-时间变化图

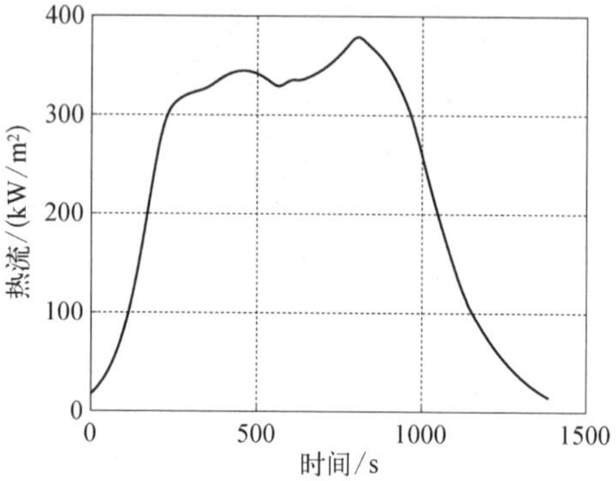

图 9-28 标称条件下的热流-时间变化图

2. 蒙特卡洛打靶仿真结果

本小节通过蒙特卡洛随机抽样打靶仿真的方法,分析标准轨道制导方法的精度和鲁棒性。飞行器再入过程中受到诸多不确定性和干扰的影响,主要包括:升力和阻力系数误差,大气密度、压力、温度误差,惯性器件误差,初始条件误差,风的干扰等。在本节的仿真中,考虑误差因素的分布类型和大小如表 9-8 所示。

表 9-8 标准轨道制导精度分析中考虑的误差因素

误差类型	误差模型	误差
初始速度	高斯分布	30 m/s (3σ)
初始飞行路径角	高斯分布	0.1°(3σ)
初始飞行方位角	高斯分布	1.0°(3σ)
初始高度	高斯分布	1 km(3σ)
初始经度	高斯分布	1°(3σ)
初始纬度	高斯分布	1°(3σ)
升力系数	高斯分布	20%(3σ)
阻力系数	高斯分布	20%(3σ)
大气密度	高斯分布	20%(3σ)
飞行器质量	平均分布	1%(1σ)

根据蒙特卡洛原理抽样 500 次，得到的仿真结果如表 9－9 和图 9－29～图 9－32 所示。表 9－9 中，虽然横程误差的散布较大，但纵程误差较小，再入段结束点大致分布在以着陆机场为圆心、95 km 为半径的圆上。统计结果表明，当以速度 v_f = 760 m/s 为参考来结束再入段制导时，最大航程误差为 4.49 km，在允许的误差范围以内，最大终端高度误差为 428.6 m，也在允许的误差范围（±680 m）以内。

表 9－9　标准轨道制导蒙特卡洛打靶的统计结果

统计值	纵程误差/m	横程误差/m	高度误差/m	最大过载/g_0	最大动压/kPa	最大热流密度/(kW/m^2)
均　值	804.38	−364.64	72.7	2.15	11.48	385.7
标准差	1 227.95	3 359.72	176.7	0.06	0.28	6.1

图 9－29～图 9－32 分别给出了打靶仿真得到的高度-速度、星下点经纬度、倾侧角-速度和速度-阻力加速度变化曲线。由图可以看出，高度-速度变化曲线中，高度平缓下降，均未产生跳跃现象；星下点经纬度变化曲线说明，虽然存在初始误差和过程干扰，但飞行弹道的整体形态未有大的变化，最终都到达目标点附近；倾侧角变化曲线说明，误差因素主要影响了倾侧角的幅值，对倾侧角符号的翻转次数及翻转时机影响不大，抽样样本都是翻转 3 次；阻力加速度-速度曲线都在再入走廊以内，飞行过程中根据飞行状况会有剖面更新。

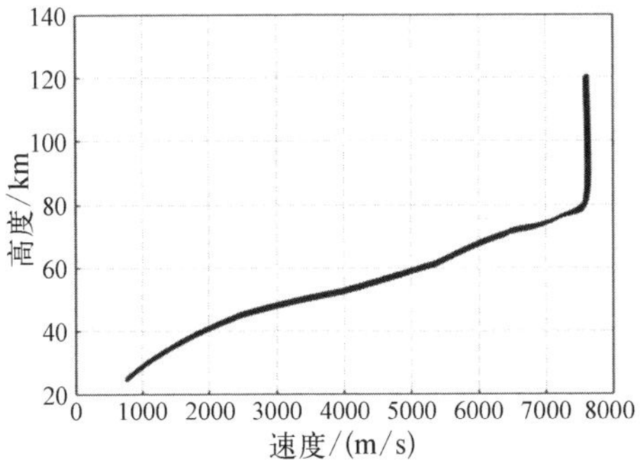

图 9－29　标准轨道制导打靶仿真的高度-速度曲线

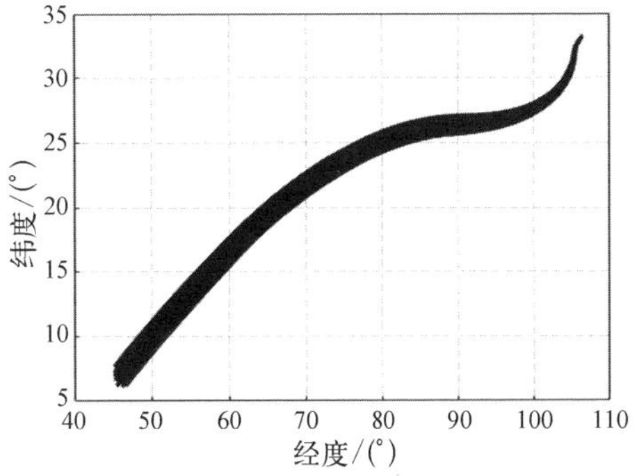

图 9－30　标准轨道制导打靶仿真的星下点轨迹图

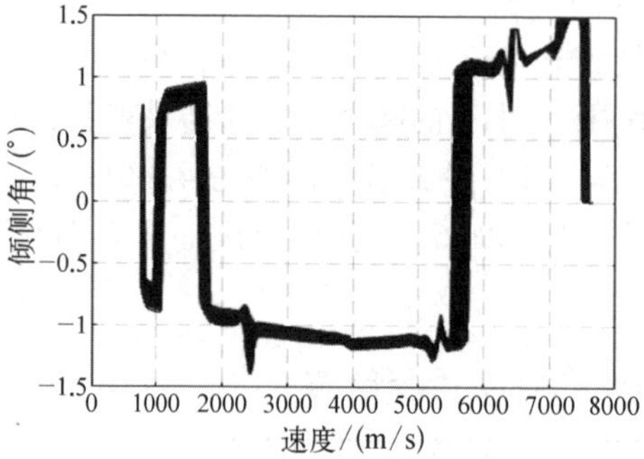

图 9-31 标准轨道制导打靶仿真的倾侧角-速度曲线

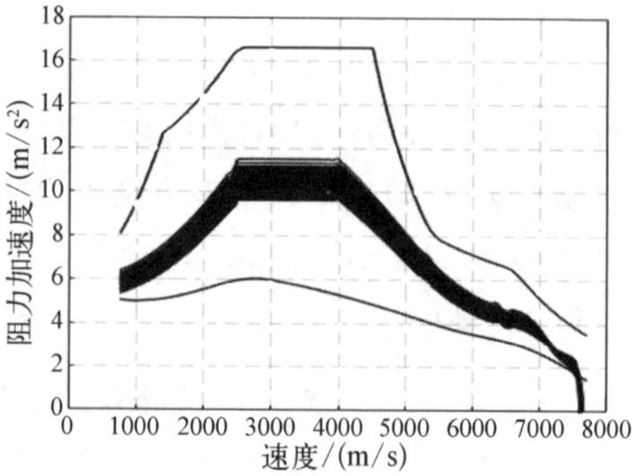

图 9-32 标准轨道制导打靶仿真的速度-阻力加速度曲线

仿真数据表明，抽样弹道的热流、动压和过载也都在约束范围之内，说明标准轨道制导方法在考虑干扰情况下能够满足约束要求。上述结果与文献[90]的结果基本一致，轨道器的飞行试验也证明了该再入制导方法的性能十分优良。

9.4 升力式再入预测-校正制导方法

本节讨论升力式再入的预测-校正制导方法。根据轨道器再入过程中的高度-速度变化特性，将再入过程分为初始下降段和平衡滑翔段，如图 9-33 所示。

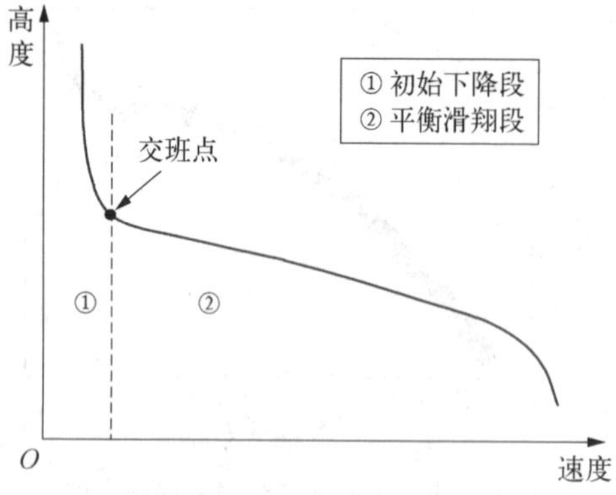

图 9-33 再入过程的阶段划分

在初始下降段，轨道器的高度 h 比较大，飞行环境的大气比较稀薄，轨道控制能力较差，能量耗散较慢，其高度-速度曲线下降较快。基于以上原因，初始下降段的制导律可以设计得比较简单。在平衡滑翔段，轨道器的机动能力较强，再入能量耗散快，可以设计复杂的制导律来完成能量耗散，满足再入终端约束，从而实现精确制导，本节采用预测-校正制导方法对滑翔段进行弹道控制[91, 92]。

9.4.1　初始下降段制导方法

由于在初始下降段轨道器的轨道控制能力较弱,采用简单的标称倾侧角修正的方法进行制导。再入前,根据飞行任务设计初始下降段的常值标称倾侧角,再入过程中根据参数偏差对倾侧角加以修正。攻角与设计的标称模型保持一致,不作修正。标称攻角模型的设计方法见 9.2 节。

初始下降段与平衡滑翔段的交班点在 $h-v$ 剖面上定义。为提高交班点精度,首先要根据轨道器本身和飞行任务的特性,分析参数偏差和不确定项对交班点精度的影响。另外,考虑到在交班点附近轨道器的热流出现峰值,为防止热流超出约束,还要分析误差项对热流的影响。分析发现,对飞行任务影响较大的误差项有初始速度误差、初始飞行路径角误差、大气密度误差(即高度误差)、升阻比误差,因此可以将初始下降段倾侧角幅值的控制规律设计为

$$|\chi_{\text{ini}}| = |\chi_{\text{ini}}|_0 + k_{10}\Delta v + k_{20}\Delta\theta_T + k_{30}\Delta(L/D) + k_{40}\Delta h \quad (9-4-1)$$

式中,$|\chi_{\text{ini}}|_0$ 为标称倾侧角幅值;k_{10}、k_{20}、k_{30}、k_{40} 为制导增益,可以采用试凑法获得。实际上,由于初始下降段的大气很稀薄,轨道器的控制能力有限,制导律[式(9-4-1)]只能在一定程度上抑制各种干扰,交班点状态很难达到较高的精度。但仿真表明,该方法可将热流限制在约束范围之内,且能够分担平衡滑翔段的制导压力。

倾侧角的符号由初始飞行方位角和初始视线方位角决定:

$$\text{sgn}(\chi_{\text{ini}}) = -\text{sgn}(\bar{\sigma}_{T,0} - \bar{\sigma}_{t,0}) \quad (9-4-2)$$

式中,$\bar{\sigma}_{T,0}$ 为初始飞行方位角(注意与第 2 章定义的飞行方位角符号相反),即飞行速度方向与正北方向的夹角;$\bar{\sigma}_{t,0}$ 为初始视线方位角,即再入点与着陆场的连线与正北方向间的夹角,可根据式(9-2-8)计算。

采用式(9-4-1)和式(9-4-2)确定的制导律进行制导,当飞行状态满足初始下降段与平衡滑翔段的交班条件时,初始下降段结束。交班条件由如下公式确定:

$$\left|\frac{\mathrm{d}r}{\mathrm{d}v} - \left(\frac{\mathrm{d}r}{\mathrm{d}v}\right)_Q\right| < \varepsilon \quad (9-4-3)$$

式中,ε 为事先设定的交班阈值;$\mathrm{d}r/\mathrm{d}v \approx -v\sin\theta_T/(D + g\sin\theta_T)$;$(\mathrm{d}r/\mathrm{d}v)_Q$ 为平衡滑翔轨迹在高度-速度剖面上对应的斜率。当轨道器的运动状态满足平衡

滑翔条件时，存在：

$$\left(g-\frac{v^2}{r}\right)\cos\theta_T-(C_{\theta_1}+C_{\theta_2})v-L\cos\chi_{\text{ini}}=0 \tag{9-4-4}$$

式中，

$$\begin{cases}C_{\theta_1}=2\omega_E\sin\psi\cos\phi\\ C_{\theta_2}=\dfrac{\omega_E^2 r}{v}\cos\phi(\sin\phi\cos\psi\sin\theta_T+\cos\phi\cos\theta_T)\end{cases}$$

可通过对方程(9-4-4)求关于 v 的微分得到 $(\mathrm{d}r/\mathrm{d}v)_Q$。考虑到平衡滑翔时满足 $\dot{\theta}_T\approx 0$，则 $(\mathrm{d}r/\mathrm{d}v)_Q$ 的表达式可近似为

$$\left(\frac{\mathrm{d}r}{\mathrm{d}v}\right)_Q=\frac{\dfrac{2}{v}L\cos\chi_{\text{ini}}+\dfrac{2v}{r}+(C_{\theta_1}+C_{\theta_2})}{\left(-\dfrac{2g}{r}+\dfrac{v^2}{r}\right)\cos\theta_T+\dfrac{1}{h_s}L\cos\chi_{\text{ini}}} \tag{9-4-5}$$

式中，h_s 为指数大气模型中的密度标高。

交班点的倾侧角采用平衡滑翔方程计算：

$$|\chi_{\text{tran}}|=|\chi_Q|=\arccos\frac{gr-v^2-(C_{\theta_1}+C_{\theta_2})vr}{rL} \tag{9-4-6}$$

9.4.2 平衡滑翔段制导方法

平衡滑翔段是实现能量耗散和精确返回的重要阶段。设计过程中，先借助平衡滑翔飞行条件将热流、过载、动压等约束转化为倾侧角幅值约束，确定倾侧角约束走廊；然后设计倾侧角的幅值剖面和符号控制方法，幅值剖面采用分段线性函数的形式，符号控制通过设计倾侧角的翻转时机来实现。再入过程中，通过调整攻角维持轨道器的平衡滑翔飞行，使轨道器平稳下降。下面分几小节分别讨论。

1. 倾侧角幅值约束走廊确定

下面借助平衡滑翔条件，将热流、过载、动压等过程约束转化为倾侧角幅值约束。

已知再入过程中的平衡滑翔飞行方程为

$$D = \frac{(g - v^2/r)\cos\theta_T + (C_{\theta_1} + C_{\theta_2})v}{C_L/C_D\cos\chi} \tag{9-4-7}$$

令 $K = (C_{\theta_1} + C_{\theta_2})v$，将方程(9－4－7)代入 9.2.3 节再入走廊的边界约束方程中，可将阻力加速度约束边界转化为倾侧角幅值的约束边界：

$$\begin{cases} |\chi| \leqslant \chi_{Q,\max} = \dfrac{2[(g - v^2/r) + K]mR_N^2 v^{2m_q-2}}{C_L S Q_{\max}^2} \\ |\chi| \leqslant \chi_{q,\max} = \dfrac{[(g - v^2/r) + K]m}{C_L q_{\max} S} \\ |\chi| \leqslant \chi_{n,\max} = \dfrac{[(g - v^2/r) + K]\sqrt{1 + (C_D/C_L)^2}}{n_{\max} g_0} \end{cases} \tag{9-4-8}$$

式中，R_N 为轨道器的头部半径；m_q 一般取为 3.15。根据约束方程[式(9－4－8)]，可绘出倾侧角约束的上边界，约束的下边界由平衡滑翔条件确定，如图 9－34 所示。

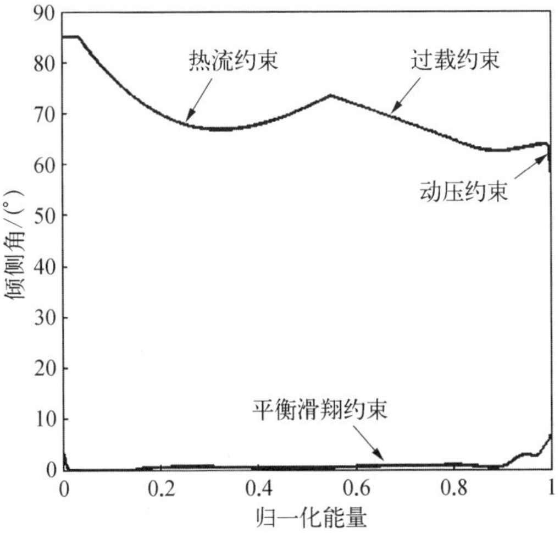

图 9－34 倾侧角约束边界

实际再入过程中，轨道器的运动不可能严格满足平衡滑翔条件，此时图 9－34 中的边界就不准确，存在运动超约束的风险。为此，可引入参数 k_l，对倾侧角的上边界进行修正：

$$|\chi|_{\max} \leqslant k_l |\chi'|_{\max} \tag{9-4-9}$$

式中，$|\chi'|_{\max}$ 为图 9－34 中倾侧角上边界的值；k_l 的变化范围可设置为[0.95，1]，当热流、过载、动压等约束要求较宽松时，倾侧角离边界较远，可设置 $k_l=1$；当各约束要求比较苛刻时，可设置 $k_l=0.95$ 甚至更小，来满足过程约束。

2. 倾侧角幅值的迭代校正

在本节的预测-校正制导方法中，仍采用数值积分运动方程的方法进行轨迹预测。为此，需要建立飞行器的运动方程，选择数值积分方法及积分步长，为提高预报精度，还需要在线辨识空气动力系数及大气密度误差，这些内容与第 8 章类似，在此不再赘述。为对运动方程积分，需要设计攻角和倾侧角的变化规律，攻角的设计方法与 9.2 节相同，下面重点讨论倾侧角的设计问题。

通常将倾侧角幅值设计成随归一化能量变化的分段线性函数。在文献[93]、[94]中，倾侧角幅值采用两段线性函数表示，如图 9－35 所示。图中倾侧角剖面的表达式为

$$|\chi| = \begin{cases} \dfrac{|\chi_m| - |\chi_c|}{E_m - E_c}(E - E_c) + |\chi_c|, & E_c \leqslant E \leqslant E_m \\ \dfrac{|\chi_f| - |\chi_m|}{E_f - E_m}(E - E_m) + |\chi_m|, & E_m < E \leqslant E_f \end{cases} \tag{9-4-10}$$

当前时刻的归一化能量为 E_c，对应的倾侧角幅值为 $|\chi_c|$，剖面的终端值 $|\chi_f|$ 可根据终端状态由简化的平衡滑翔条件得到：

$$|\chi_f| \approx \arccos \frac{g - v_f^2/r_f}{L_f} \tag{9-4-11}$$

式中，r_f、v_f 分别为再入段终点（与 TAEM 段的交点）处的地心距和速度；L_f 为再入段终点的升力加速度，由攻角模型、r_f 及 v_f 确定。

在式（9－4－10）和图 9－35 中，E_m、$|\chi_m|$ 为事前设计中确定的节点，迭代变量是当前的倾侧角值 $|\chi_c|$。当飞行任务严苛、仅调整 $|\chi_c|$ 无法完成任务时，也可调整 $|\chi_m|$，以充分发挥后半段的制导能力。迭代过程中，如果剖面上的 $|\chi|$ 超出倾侧角边界 $|\chi|_{\max}$，则用边界值代替超出的部分。

实际任务中，为充分发挥轨道器的再入机动能力，倾侧角模型应根据轨道器特性和任务要求进行专门设计。对某些再入任务，初始下降段和平衡滑翔段交班点处的倾侧角幅值较大，而热流约束使得前半段的倾侧角边界过于弯曲，

此时再采用图 9－35 中的模型很容易导致热流超限，可改用三段线性倾侧角模型，如图 9－36 所示，图中倾侧角剖面的表达式见式(9－4－12)：

$$|\chi|=\begin{cases}\dfrac{|\chi_{m1}|-|\chi_c|}{E_{m1}-E_c}(E-E_c)+|\chi_c|, & E_c\leqslant E\leqslant E_{m1}\\ \dfrac{|\chi_{m2}|-|\chi_{m1}|}{E_{m2}-E_{m1}}(E-E_{m1})+|\chi_{m1}|, & E_{m1}\leqslant E\leqslant E_{m2}\\ \dfrac{|\chi_f|-|\chi_{m2}|}{E_f-E_{m2}}(E-E_{m2})+|\chi_{m2}|, & E_{m2}<E\leqslant E_f\end{cases} \tag{9-4-12}$$

方程(9－4－12)中，当前的倾侧角幅值 $|\chi_c|$ 是主要的迭代变量，对航程有较强的调节能力。$|\chi_{m1}|$、$|\chi_{m2}|$ 是辅助迭代变量，通过调节 $|\chi_{m1}|$ 可使轨道器满足热流约束，调节 $|\chi_{m2}|$ 能充分发挥轨道器的再入纵程机动能力。

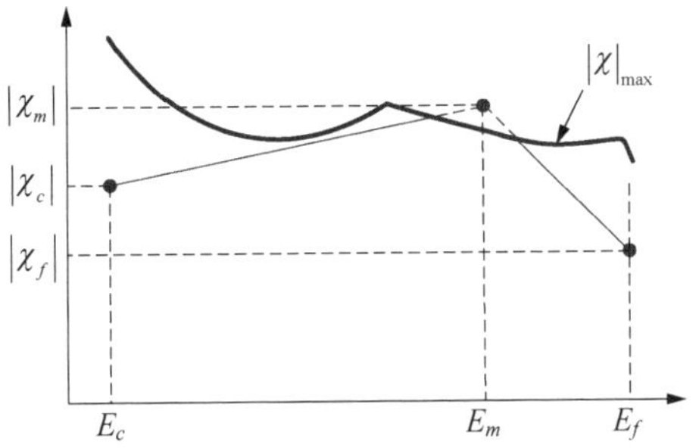

图 9－35　两段线性函数描述的倾侧角模型

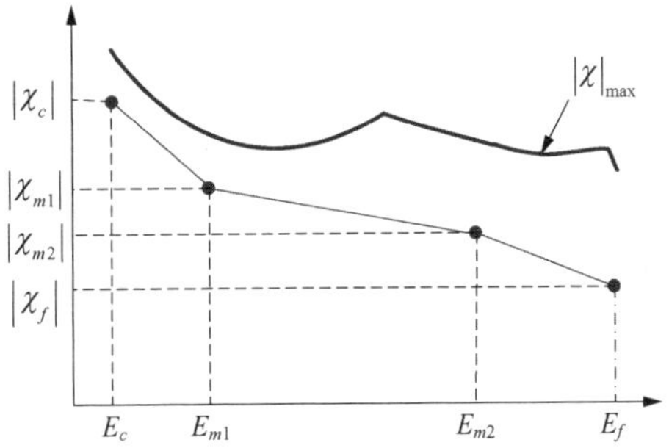

图 9－36　三段线性函数描述的倾侧角模型

迭代 $|\chi_c|$ 的目的是满足再入任务纵程要求，也即积分运动方程得到的预测纵程应等于从当前位置到着陆场的实际待飞纵程。在本节中，用终端剩余纵程 $R_{L,f}$ 来实施迭代。终端剩余纵程 $R_{L,f}$ 定义为再入轨迹的终点与着陆机场跑道起点间沿地球大圆弧的距离，根据 $R_{L,f}$ 的误差对倾侧角进行校正。例如，可以采用牛顿迭代法：

$$|\chi_c|^{(i+1)}=|\chi_c|^{(i)}-\frac{|\chi_c|^{(i)}-|\chi_c|^{(i-1)}}{R_{L,f}^{(i)}-R_{L,f}^{(i-1)}}(R_{L,f}^{(i)}-\tilde{R}_{L,f}) \tag{9-4-13}$$

式中，$|\chi_c|^{(i)}$ 为第 i 次倾侧角迭代值；$R_{L,f}^{(i)}$ 为第 i 次终端剩余纵程预测值；$\tilde{R}_{L,f}$

为 TAEM 段的标准航程。牛顿迭代法的收敛速度较快,一般 2~3 次即可收敛。

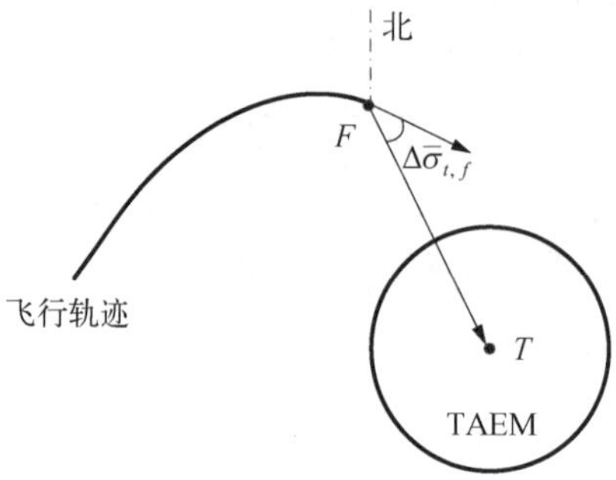

图 9-37 再入飞行轨迹终端的剩余航程

需要注意的是,轨道器再入段轨迹终端的剩余纵程和横程是耦合在一起的,如图 9-37 所示。一般情况下,终端 F 处的剩余纵程是指点 F 与着陆场 T 之间沿地球大圆弧的距离。这段距离可以通过调整再入倾侧角幅值(纵程)进行控制,也可以通过调整倾侧角的翻转时机(横程)进行控制。为协调横纵程之间的制导任务,采用式(9-4-14)计算终端剩余纵程:

$$R_{L,f}=R_{FT}\cos(\Delta\bar{\sigma}_{t,f}) \tag{9-4-14}$$

式中,R_{FT} 为点 F 和点 T 沿大圆弧的距离;$\Delta\bar{\sigma}_{t,f}$ 为终端飞行方位角与视线方位角之差。当 $\Delta\bar{\sigma}_{t,f}=0°$ 时,$R_{L,f}=R_{FT}$,此时仅对再入纵程进行调整;当 $\Delta\bar{\sigma}_{t,f}=90°$ 时,$R_{L,f}=0$,此时仅对再入横程进行控制。

设 $|\chi_c|_0$ 是当前时刻校正前的倾侧角指令,可由式(9-4-12)求得。根据式(9-4-13)迭代得到校正后的倾侧角指令 $|\chi_c|_1$ 后,为避免指令振荡,采用低通滤波的方法平滑倾侧角指令:

$$|\chi_c|=k_\chi|\chi_c|_1+(1-k_\chi)|\chi_c|_0 \tag{9-4-15}$$

式中,$k_\chi\in[0,1]$ 为低通滤波器参数。当预测-校正制导的指令校正周期较长时,为了使倾侧角连续变化,校正量可以以线性变化的形式施加,斜率为

$$k_\chi=\frac{|\chi_c|-|\chi_c|_0}{\Delta t_\chi} \tag{9-4-16}$$

式中,Δt_χ 为设计的指令过渡周期,应大于制导周期而小于指令校正周期。

为充分发挥飞行器的再入轨迹调整能力,倾侧角模型[式(9-4-12)]中的参数 $|\chi_{m1}|$ 和 $|\chi_{m2}|$ 也可以进行相应的调整:

$$\begin{cases}|\chi_{m1}|=|\chi_{m1}|_{\text{pre}}+k_{m1}(|\chi_c|-|\chi_c|_0)\\|\chi_{m2}|=|\chi_{m2}|_{\text{pre}}+k_{m2}(|\chi_c|-|\chi_c|_0)\end{cases} \tag{9-4-17}$$

式中,$|\chi_{m1}|_{\text{pre}}$ 和 $|\chi_{m2}|_{\text{pre}}$ 是上一指令校正周期的参数值;$k_{m1}\in[0,1]$,$k_{m2}\in$

[0, 1]，是设计参数。这实际上是一种整体调整倾侧角剖面的方法，与 $D-v$ 剖面的更新思路类似。

3. 倾侧角符号翻转设计

在再入轨迹控制中，除了需要确定倾侧角的幅值外，还需要确定倾侧角的符号，也即确定倾侧角的翻转时机。在预测-校正制导中，仍然可以采用速度方位误差走廊的方法来控制倾侧角翻转，具体方法见 9.2 节。此处再介绍另外一种控制倾侧角翻转的方法，即通过数值迭代确定倾侧角翻转时机，以消除航向误差。

已知速度方位误差的表达式为

$$\Delta\bar{\sigma}_T = \bar{\sigma}_T - \bar{\sigma}_t \tag{9-4-18}$$

式中，$\bar{\sigma}_T$ 为速度方位角的相反数；σ_t 为视线方位角。由轨道器的运动方程可知，当倾侧角 χ 为正值时，$\dot{\bar{\sigma}}_T > 0$，轨道器顺时针转弯；当倾侧角 χ 为负值时，$\dot{\bar{\sigma}}_T < 0$，轨道器逆时针转弯。

若终端速度方位误差用 $\Delta\bar{\sigma}_{T,f}$ 表示，倾侧角翻转时机用翻转时的归一化能量 E_{rev} 表示，则 $\Delta\bar{\sigma}_{T,f}$ 与 E_{rev} 有关。假设轨道器具有足够的侧向机动能力，可以证明[91]，在给定初始速度方位角的条件下，通过改变倾侧角的符号一定能使轨道器穿越瞬时平面，实现 S 转弯飞行。

图 9-38 给出了终端航向角误差随倾侧角翻转时机变化的示意图。若在 $E_{\mathrm{rev},1}$ 处翻转，即翻转时机较早，则终端航向角误差大于零；若在 $E_{\mathrm{rev},3}$ 处翻转，即翻转时机较晚，则终端航向角误差会小于零；若能选择恰当的翻转时机，在 $E_{\mathrm{rev},2}$ 处翻转，则终端航向角误差可以等于零。

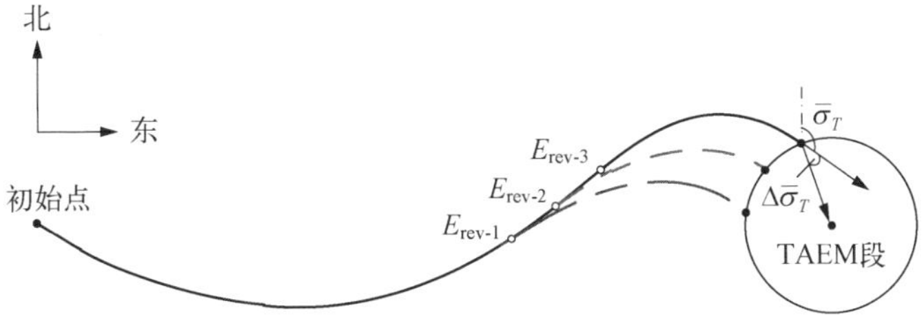

图 9-38　倾侧角翻转时机与终端航向角误差的关系

从控制的角度讲，倾侧角翻转次数越少越好。但在实际再入过程中，仅用一次倾侧角翻转是很难完全消除终端侧向误差，满足约束要求的，因为侧向还会受到倾侧角幅值变化的影响。在预测-校正制导过程中，要不断校正倾侧角幅值以消除纵程预测误差，尽管在某一时刻，能够设计出满足终端侧向约束要求的倾侧角翻转时机，但当执行倾侧角翻转后，为满足纵程约束倾侧角幅值，仍要不断调整，由此会带来新的终端侧向误差。

基于上述分析，设计两次倾侧角翻转以满足再入终端的侧向要求。第二次翻转时机应离再入终端时刻足够近，使翻转后倾侧角幅值的调整对侧向的影响小一些，一般设置翻转时的归一化能量值大于0.95。由于后续飞行时间短，第二次倾侧角翻转对侧向的调整能力要比第一次翻转的调整能力小。

再入过程中，要对两次倾侧角翻转时机进行迭代校正。第一次翻转发生前，只对第一次翻转时机进行校正，第二次翻转时机保持不变。第一次翻转发生后，对第二次翻转时机进行迭代校正。迭代可通过牛顿迭代法实现，迭代公式与式(9-4-13)类似，迭代的目标是使终端速度方位误差为零。

终端航向误差定义为

$$S_{\psi,f} = R_{L,f} \cdot \Delta\bar{\sigma}_{T,f} = R_{L,f}(\bar{\sigma}_{T,f} - \bar{\sigma}_{t,f}) \qquad (9-4-19)$$

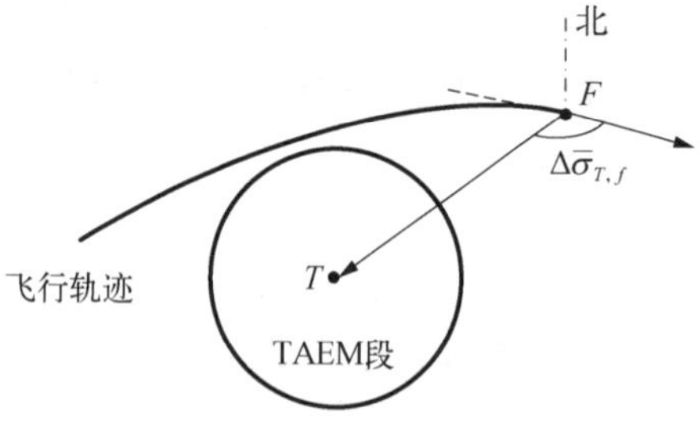

图9-39 再入终端的航向角误差

式中，$\Delta\bar{\sigma}_{T,f}$ 是预测的终端航向角误差。考虑到可能会发生图9-39中的情况，即再入纵程过长导致终端航向角误差较大，此时应通过调整倾侧角的幅值以减小再入纵程，而不是调整飞行器的飞行航向。为应对这种情况，当 $\Delta\bar{\sigma}_{T,f}$ 的幅值大于90°时，对 $\Delta\bar{\sigma}_{T,f}$ 进行如下处理：

$$\Delta\sigma'_{T,f} = \operatorname{sgn}(\Delta\bar{\sigma}_{T,f})\pi - \Delta\bar{\sigma}_{T,f}, \quad |\Delta\bar{\sigma}_{T,f}| > \pi/2 \qquad (9-4-20)$$

式中，$\Delta\bar{\sigma}'_{T,f} \in [-\pi/2, \pi/2]$ 为处理后的终端航向角误差。如果 $\Delta\bar{\sigma}_{T,f} = \pi$，则 $\Delta\bar{\sigma}'_{T,f} = 0$，此时不对航向进行调整，仅校正再入纵程。

迭代求出翻转时机的校正量 ΔE_{rev} 之后，采用如下公式对倾侧角翻转时机进行更新：

$$E_{rev,1} = E_{rev,pre} + S_n \cdot \Delta E_{rev} \qquad (9-4-21)$$

式中，$E_{rev,pre}$ 是前一指令校正周期的 E_{rev}；$E_{rev,1}$ 是更新后倾侧角翻转处的能量；S_n 是考虑到存在从正到负和从负到正两种翻转方式而引入的一个新的符号参数：

$$S_n = \begin{cases} -1, & \operatorname{sgn}(\chi_c) = 1 \\ 1, & \operatorname{sgn}(\chi_c) = -1 \end{cases}$$

当飞行器当前时刻的能量等于 $E_{\text{rev},1}$ 时，执行翻转机动。

4. 攻角调制策略

在方程(9-4-8)中，倾侧角的边界是基于平衡滑翔条件推导出来的，如果轨道器的飞行状态不满足平衡滑翔要求，则倾侧角的边界将不准确。虽然采用式(9-4-9)中的方法，引入参数 k_l 可以将热流、过载、动压等控制在约束范围内，但也限制了轨道器的能力。若能控制轨道器基本按平衡滑翔条件飞行，则将有利于得到更精确的倾侧角边界，同时也能充分利用平衡滑翔飞行的良好特性。

若不考虑地球自转，则平衡滑翔条件为

$$L\cos\chi - (g - v^2/r)\cos\theta_T = 0 \tag{9-4-22}$$

由式(9-4-22)可求出满足平衡滑翔的飞行路径角：

$$\theta_{T,Q} = -\arccos\left(\frac{L\cos\chi}{g - v^2/r}\right) \tag{9-4-23}$$

由轨道器的动力学方程可知，纵向的控制加速度为 $L\cos\chi$，因此可以通过调节 $L\cos\chi$ 维持平衡滑翔飞行，设计跟踪控制律为

$$\Delta(L\cos\chi) = k_Q(\dot{h} - \dot{h}_Q) = k_Q(V\sin\theta_T - V\sin\theta_{T,Q}) \tag{9-4-24}$$

式中，k_Q 为控制增益。

方程(9-4-24)中，$\Delta(L\cos\chi)$ 不是直接的控制量，可以通过两种方式来实现：一种是调节倾侧角的大小，将升力 L 看作不变量，将控制量 $\Delta(L\cos\chi)$ 转化为 $\Delta\cos\chi$；另一种是调节攻角的大小，将倾侧角 χ 看作不变量，将控制量 $\Delta(L\cos\chi)$ 转化为 ΔL，再根据空气动力系数由 ΔL 求出 $\Delta\alpha$。在本节的制导方法中，需要实时校正倾侧角的大小，以满足再入纵程要求，若采用第一种方法会降低纵向的制导精度，因此采用第二种方法，即通过调制攻角的大小以维持平衡滑翔飞行。

求出 $\Delta\alpha$ 之后，用来校正当前攻角产生攻角指令 α：

$$\alpha = \alpha_0 + \Delta\alpha \tag{9-4-25}$$

式中，α_0 由设计的攻角模型计算得到。

在平衡滑翔段末期，不必再严格保持平衡滑翔飞行，此时可以用攻角来校正再入终端高度，即

$$\alpha_f = \alpha_{f,\text{pre}} + k_h(h_f - \tilde{h}_f) \tag{9-4-26}$$

式中，k_h为反馈系数；h_f为预测终端高度；$\tilde{h}_f$为终端高度约束；$\alpha_{f,\,\text{pre}}$为前一制导周期α_f的值，由攻角剖面模型计算得到。

给定攻角模型、倾侧角幅值模型和两次倾侧角翻转的初始时机后，即可开始对轨道器的轨迹进行数值预测；根据预测结果不断校正倾侧角幅值和翻转时机，根据平衡滑翔要求微调攻角，最终应满足各种再入约束和航程要求。

9.4.3 预测-校正制导方法仿真分析

下面通过数值仿真验证预测-校正制导方法的性能。仿真条件参照 9.3.3 节，同样分析标称条件与考虑误差影响两种情况。

1. 标称条件下的仿真分析

首先分析标称条件下预测-校正制导方法的性能，结果如图 9－40～图 9－46 所示。制导的终端速度误差为 0.75 m/s、高度误差为 60.6 m、纵程误差为 218.9 m、横程误差为 435.4 m。

图 9－40 给出了再入过程中高度-速度的变化曲线。可见，在初始下降段，由于气动阻力较小，高度下降时的速度基本不变。进入滑翔段后，高度平缓下降。当滑翔段末期速度较低时，平衡滑翔条件很难满足，高度下降开始变快，直至再入段飞行结束。

图 9－41 给出了轨道器星下点的地理位置变化曲线。可以看出，轨道器仍然有侧向机动，说明标称航程未达到最大航程，仍然有机动余量。

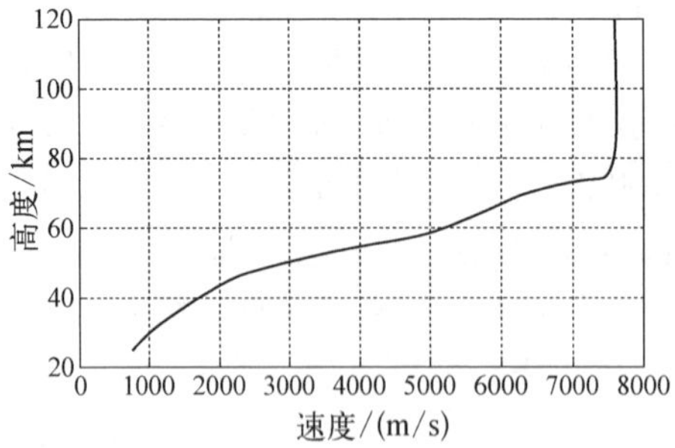

图 9－40 标称条件下的高度-速度变化图

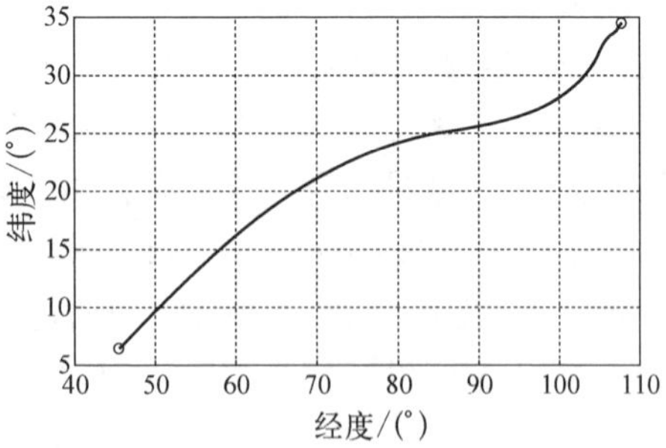

图 9－41 标称条件下的星下点经纬度变化图

图 9－42 和图 9－43 分别给出了控制量倾侧角和攻角的变化曲线，图中实线是无平衡滑翔控制时的结果，虚线是有平衡滑翔控制时的结果。由图可见，

控制量的变化曲线比较平滑,再入过程中,倾侧角仅翻转了两次。当采用攻角控制维持平衡滑翔飞行时,攻角相比标称模型会有明显的调整,同时攻角的变化会引起倾侧角的变化。

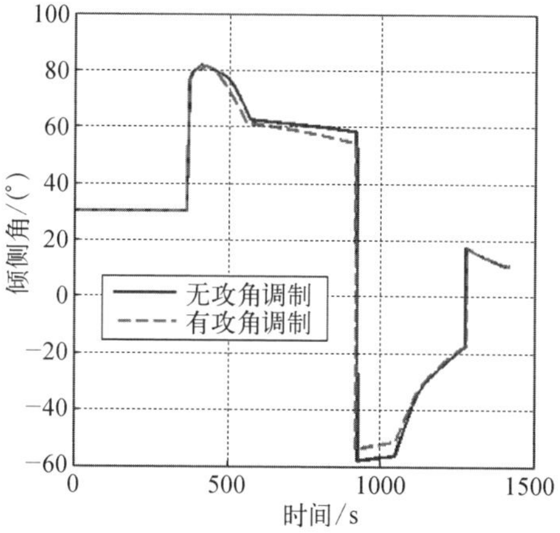

图 9－42　标称条件下的倾侧角变化图

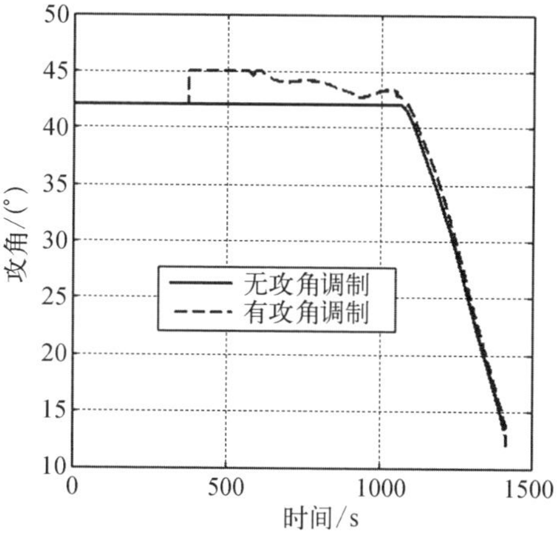

图 9－43　标称条件下的攻角变化图

图 9－44～图 9－46 分别给出了过载、动压和热流随时间的变化曲线。其中,最大过载为 1.55g_0,在约束允许范围以内(低于 2.5g_0);最大动压为 11.648 kPa,在约束允许范围以内(低于 16 kPa);最大热流为 412.1 kW/m^2,也在约束允许范围以内(低于 500 kW/m^2)。由变化曲线可以看到,三者均在约束允许范围内,且有一定的裕度,说明设计的制导律在标称状况下满足约束要求。

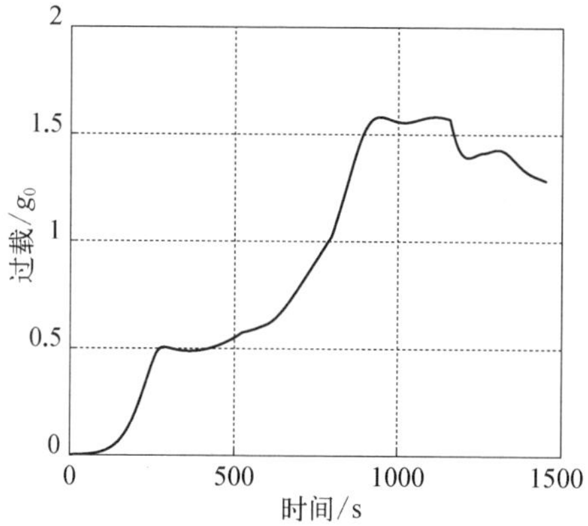

图 9－44　标称条件下的过载-时间变化图

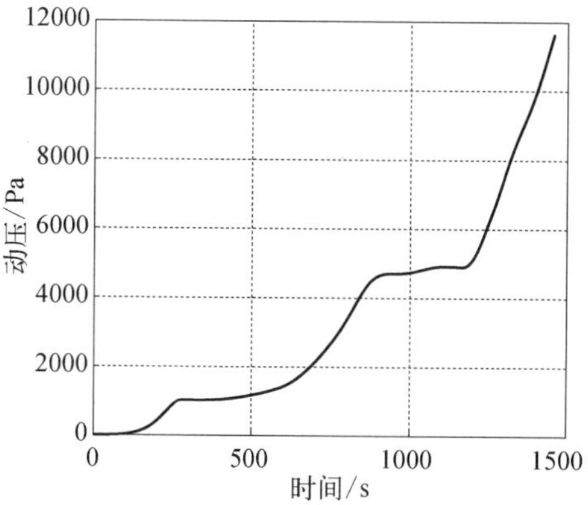

图 9－45　标称条件下的动压-时间变化图

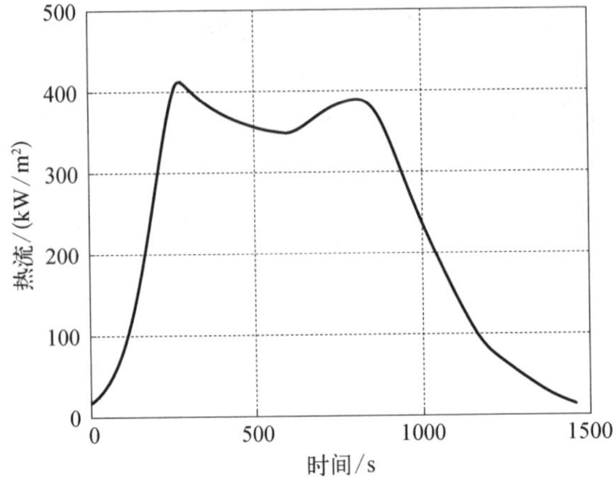

图 9-46　标称条件下的热流-时间变化图

2. 蒙特卡洛打靶仿真分析

为验证预测-校正制导算法的鲁棒性和精度,进行蒙特卡洛随机抽样打靶仿真分析。仿真中考虑的误差因素与 9.3.3 节相同,共抽样 500 次,结果如图 9-47 和图 9.48 及表 9-10 所示。

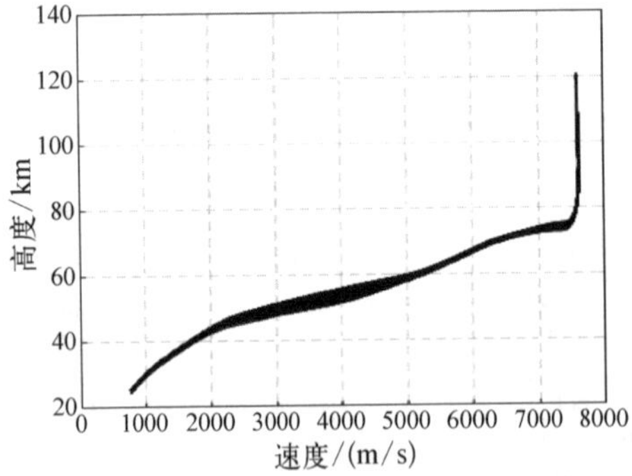

图 9-47　预测-校正制导打靶仿真的高度-速度曲线

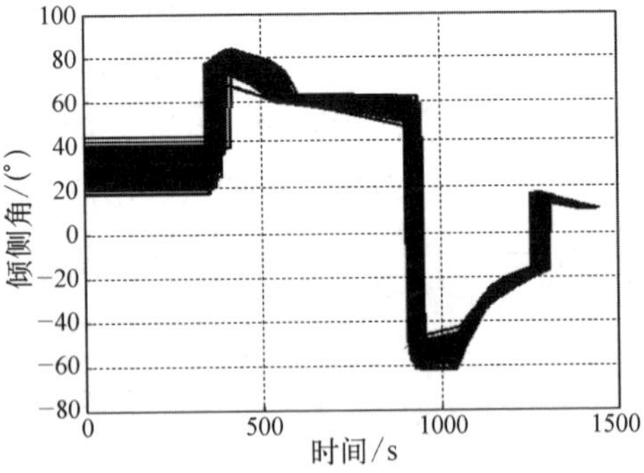

图 9-48　预测-校正制导打靶仿真的倾侧角变化

图 9-47 给出了打靶仿真的高度-速度变化曲线,由图可见,曲线下降平缓,未发生跳跃。接近终端时,曲线收敛到满足终端高度约束要求。图 9-48 给出了打靶仿真分析的倾侧角变化曲线,由图可见,通过两次翻转满足了航向控制要求。

表 9-10　预测-校正制导蒙特卡洛打靶的统计结果

统计值	纵程误差/km	横程误差/km	速度误差/(m/s)	高度误差/m	最大过载/g_0	最大动压/kPa	最大热流密度/(kW/m²)
均　值	0.22	0.81	0.29	-23.2	1.68	11.5	412.5
标准差	1.31	1.75	3.35	261.4	0.22	0.14	11.2

仿真数据表明,抽样弹道的热流、动压和过载也都在约束范围之内,说明预测-校正制导方法在考虑干扰情况下能够满足约束要求。

制导结束时的终端误差统计结果如表 9-10 所示。统计结果表明,最大航程误差为 8.3 km,在允许的误差范围(±10 km)以内,最大终端高度误差为 408.6 m,也在许可范围(±680 m)以内。

无论是标准轨道制导方法还是预测-校正制导方法,完成制导律设计后,都需要开展六自由度弹道仿真,以充分验证所设计制导方法的有效性、精度和鲁棒性,以及设计的姿态控制系统是否可行。由于航天飞机轨道器是面对称飞行器,姿态控制要采用 BTT 的控制策略,其六自由度弹道仿真要比飞船复杂得多。控制系统设计除要完成六自由度运动建模、姿态控制律设计、姿态控制系统输入参数计算等工作外,还包括航向与横侧向的稳定性分析、控制指令在异构执行器间的分配等任务,具体步骤和方法可参考文献[17]、[91]、[95],本书不再介绍。

9.5　末端能量管理段制导方法

9.5.1　末端能量管理段对制导系统的要求

末端能量管理段是轨道器再入返回的一段,只是因制导方法是通过能量-航程剖面设计与实施的,并对能量加以控制,故名为末端能量管理(terminal area energy management, TAEM)段。

TAEM 段的开始是再入段的结束,此时飞行状态是图 9-5 的点 A,其参数 h = 25 298 m±608 m, v = 762 m/s±30 m/s, α = 10°±3°, θ_T = -11°±4°, $\Delta\sigma_T$ = ±10°, 可以看出对飞行状态参数的准确度要求并不高,允许有一定的偏差。因而,TAEM 制导系统也应适应这一情况,对 TAEM 制导系统的要求是: ① 轨道器再入结束时的状态变量有 3σ 的误差时仍能实施控制；② 在有风和严重干扰下，系统仍然能正常工作；③ 在飞行过程中不超过对轨道飞行器的约束条件，例如，要求法向过载处于 $(-0.75\sim2.75)g_0$、侧向过载不超过 $0.5g_0$、动压处于 684~1 465 kg/m^{2}等；④ 轨道器在 TAEM 段结束时的状态参数应满足自动着陆的要求。

一般认为轨道器在 $h=3\,408$ m 时，满足下述要求的典型自动着陆条件即可以保证一个安全的自动着陆：

(1) 相对于跑道的航向为±10°；

(2) 相对于地面的飞行路径角为 21°±4°；

(3) 动压为 1 392 kg/m^2±117 kg/m^2；

(4) 高度为 3 048 m±305 m；

(5) 相对于跑道的横向位置为±305 m；

(6) 等效的空气速度为 149 m/s±6 m/s。

可见，虽然末端能量管理段是通过能量对飞行进行控制，但最终仍对结束点的高度、横向偏差、速度大小和方向等有要求。因为还有自动着陆段，所以对状态参数的要求并不很高，在允许的偏差范围内仍可成功着陆。

9.5.2 末端能量管理段的分段

TAEM 段的目的是消耗和控制能量(机械能)，而能量随距离的变化可由式(9-5-1)决定。已知单位质量的机械能为 E，则有

$$E=\frac{v^2}{2}+hg \tag{9-5-1}$$

故：

$$\frac{\mathrm{d}E}{\mathrm{d}R}=\frac{-C_D qS}{\cos\theta_T} \tag{9-5-2}$$

由式(9-5-2)可以看出，要消耗多余的能量可以有三种方法：① 增加飞行距离，比如进行 S 形的机动飞行；② 调整动压 q 的大小；③ 调整阻力系数 C_D 的大小。

为了进行控制和制动，轨道器有七个空气舵面：四个安装在机翼后缘的称为升降副翼，其综合了飞机的升降舵和副翼的作用，上下偏转控制俯仰，两边朝相反方向偏转时，则起副翼作用；还有一个机体襟翼，再入时提供热防护且进行

控制微调;剩余两个是方向舵和制动板,位于垂直稳定尾翼后部,同时朝一个方向摆动,起方向舵作用,左右同时展开,则起制动作用。

在同样条件下进行 S 形转弯飞行,增大航程,显然可使能量消耗增加。而动压 q 的增加可增加阻力并使弹道变陡。当然,调整攻角的大小也可以达到同样的目的,但攻角的调整还应考虑其他因素,所以在 TAEM 段,攻角的调整未被采用。垂直尾翼的速度制动角 δ_s 的大小直接影响阻力的大小和弹道的倾角,所以也可以用来调整能量的消耗率。

可以用升降副翼和速度制动板的偏转来调整轨道器的高度、速度(通过动压)、滚转角、横向距离等。具体而言,动压和速度的调整可以同时通过改变升降副翼的偏转角 δ_B 和垂直尾翼的速度制动角 δ_s 来实现;飞行高度可以通过调整升降副翼 δ_B 来实现;而滚转角和横向偏差可以通过升降副翼的差动偏转来实现,其详细方块图可参考文献[89]。

根据飞行轨迹和制导的特点,TAEM 段的飞行可以分成四小段,其示意图如图 9-49 所示。

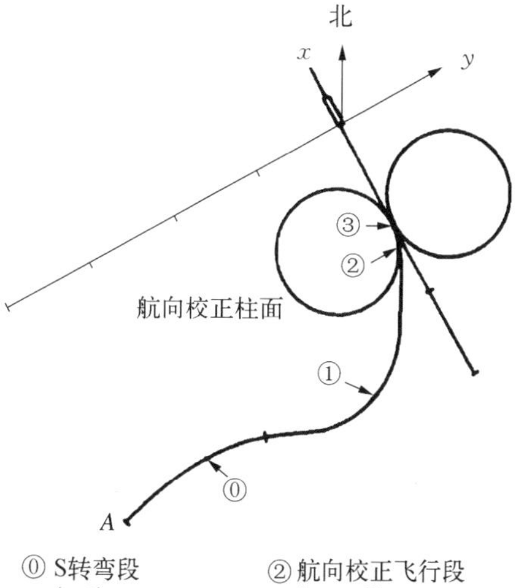

图 9-49　TAEM 的分段示意图

S 转弯段:此段的特点在于消耗更多的能量,使飞行状态处在最大动压 $q_{max} = 1\,465\ \mathrm{kg/m^2}$ 及最大速度制动角 $(\delta_s)_{max}$ 下飞行。

搜索飞行段:此段飞行的目的是控制轨道器朝 HAC 飞行,以便于和 HAC 的某一切点接近,此时的特点是对纵向和横向都要进行控制。

航向校正飞行段:此段飞行的目的是控制轨道器沿 HAC 飞行,也是利用动压和速度制动来控制轨道器的能量。为了形成沿航向校正柱面作转弯飞行,理论上讲,轨道器应作 $\gamma = 30°$ 的倾斜,当航向角等于 20°时,可认为该段结束。

着陆前飞行段:此段飞行的目的是进一步校正航向,同时对高度和动压进行控制,以便满足自动着陆的要求。当飞行高度 $h = 3\,048$ m 时,认为该段结束,也即 TAEM 段结束。

9.5.3 末端能量管理段的制导方法

TAEM 段的制导是通过在能量-航程平面上设置几条边界线(也可称转换曲线)来实现的,如图 9-50 所示。图中,纵坐标为轨道器单位质量的能量 E,横坐标为轨道器的预测航程 R(待飞距离)。

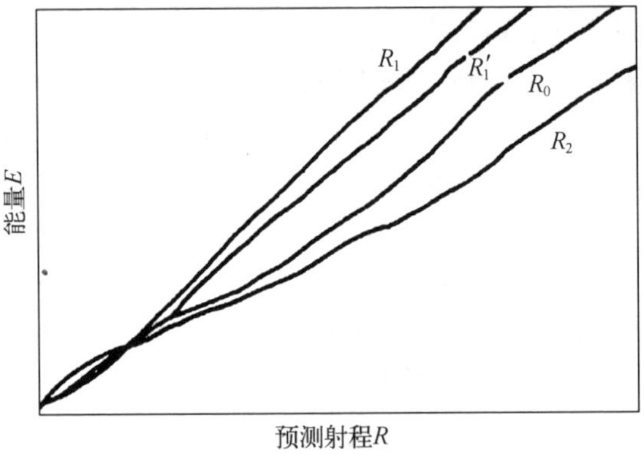

图 9-50 TAEM 段的制导边界

(1) R_0。在中等动压和中等速度制动,以及在平静的大气中,理论上算出 $E-R$ 的关系,称为标准的 $E-R$ 曲线,简称 R_0。

(2) R_1。设轨道飞行器初始时具有高能量,在大的能量消耗率下算出 $E-R$ 的关系,称为高能量的 $E-R$ 曲线,简称 R_1。

(3) R_1'。在 R_0 和 R_1 之间设计一条 R_1',它是为了由 S 转弯段平滑过渡到搜索飞行段而引进的。

(4) R_2。若轨道器初始时刻具有低能量,R_2 是要重新选择航向校正柱面的分界线。当能量状态低于 R_2 时,给航天员发送信号,要重新选择航向校正柱面的分界线。

1. S 转弯段的制导方法

当轨道飞行器处在能量-航程曲线 R_1' 之上时,就认为轨道器处在 S 转弯段(一般保守的设计,也应该使再入段结束时的轨道器处于高能量状态,以便航天员有机会通过多消耗能量来实施应急控制)。为了更有效地消耗能量,应该使轨道器的滚转角 $\gamma = 50°$,以便作 S 形飞行,增加航行距离,并在 q_{max} 及 δ_{smax} 下实施飞行，增大能量消耗率。当实际的 $E-R$ 曲线与 R_1' 曲线相交时，认为 S 转弯段结束，开始搜索飞行段，如图 9-51 所示。

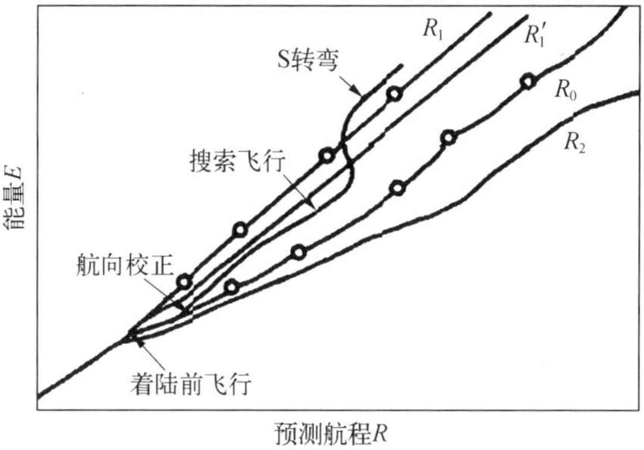

图 9-51　TAEM 段的制导过程

2. 搜索飞行段的制导方法

搜索飞行段制导的目的是使轨道器接近航向校正柱面，此时制导分成纵向和侧向两个通道：侧向制导使滚转角指令正比于航向偏角，目的是消除航向偏差；纵向制导的目的是通过动压和速度制动的控制使得轨道器接近航向校正柱面。

3. 航向校正飞行段的制导方法

航向校正飞行段制导的目的是使轨道器沿航向校正圆飞行。侧向制导的目的是使轨道器沿航向校正柱面飞行，航向校正圆的半径约为 5 486 m，在标准情况下，滚转角 γ 为 30°，而滚转角的指令为

$$\gamma^*=(30°+G_1\Delta R+G_2\Delta\dot{R}) \tag{9-5-3}$$

式中，ΔR 是对航向校正柱面的偏差；G_1、G_2为增益。纵向制导的目的是使轨道器的能量按标准情况变化，其制导方法与搜索飞行段一样。当航向角偏差（相对于最后的接近平面）小于 20°时，认为航向校正飞行段结束。

4. 着陆前飞行段的制导方法

着陆前飞行段制导的目的是使轨道器的飞行状态参数满足自动着陆的要求，而自动着陆段起点处的飞行状态要求如前所述。为此，侧向制导的目的是保证航向误差角在 10°之内，可以根据侧向偏差的大小生成滚转信号。

纵向制导是为了保证高度和速度满足自动着陆的要求，可通过保证动压和

高度满足要求来使速度满足要求。高度的控制是通过调整升降副翼 δ_B 来控制法向加速度来实现的;动压的控制是通过调整速度制动角 δ_s 来实现的。

9.5.4 TAEM 的仿真

对 TAEM 制导系统最重要的要求是在各种情况下(如有风干扰)仍然能够正常地工作。为此应对各种情况进行仿真,如不同的初始位置(相对于跑道)、不同的航向、不同的风场(顺风或逆风)和不同的干扰等,以便考核系统的适应能力。文献[89]对上述条件组合成 23 种情况进行了仿真,除了 4 种风速特别大的情况会使动压不合乎着陆要求外,其余均满足自动着陆要求。

第 10 章　运载火箭垂直回收着陆返回轨迹设计与制导方法

当前，绝大部分太空任务都依靠一次性运载火箭将有效载荷送入太空。一次性运载火箭存在以下不足：① 生产和测试周期长，导致发射周期长，无法适应快速响应和高密集度发射的需求；② 抛弃发动机、导航设备等关键零部件，导致发射成本昂贵，难以适应航天运输低成本的发展趋势；③ 火箭残骸落点散布大，威胁落区范围内居民的生命财产安全。一次性火箭的以上不足制约了航天技术的快速发展和进一步推广应用。随着推进技术、制导控制技术、新材料技术的发展，研制低成本、高可靠、快速响应的可重复使用运载器成为各国的发展目标，技术途径之一是运载火箭一子级的垂直着陆回收与重复利用。

2015 年 12 月 21 日，SpaceX 公司发射的"猎鹰 9 号"火箭在佛罗里达州卡纳维拉尔角成功实现了第一级火箭的软着陆，发动机、推进剂贮箱、电气系统等均实现复用，大幅降低了发射成本。截至 2022 年底，SpaceX 公司已实现近 200 次陆地或海上回收，表明运载火箭一子级复用技术已经成熟。"猎鹰 9 号"火箭的成功，证明了运载火箭一子级垂直着陆回收在技术上是可行的，也因此带动相关制导控制问题成为航天技术领域的研究热点。本章讨论垂直着陆回收过程中的轨迹设计与制导方法。

10.1　垂直起降运载火箭及试验飞行器发展现状

本节将简要介绍垂直起降运载火箭及试验飞行器的发展现状，旨在了解其技术发展脉络及未来趋势[96, 97]。

10.1.1　垂直起降运载火箭的工程实践

垂直起降运载器的概念起源于 20 世纪 60 年代的可回收一子级轨道货车

(Recoverable One Stage Orbital Space Truck, ROOST)和可重复使用轨道舱、上升级及多用途班机(Reusable Orbital Module, Booster, and Utility Shuttle, ROMBUS),相关技术在“阿波罗”登月任务中得到验证和使用。20 世纪 90 年代,NASA 与麦克唐纳-道格拉斯公司联合研制了“三角快帆”试验火箭 DC-X 及其改进型 DC-X A,并开展了多次飞行试验,验证了起飞、悬停、机动、着陆等关键技术[98, 99]。1998 年,日本宇宙航空研究开发机构提出了可重复使用飞行器测试(Reusable Vehicle Testing, RVT)项目,共开展了 14 次测试试验,对发动机、快速复用、轻量化结构和材料等关键技术进行了验证[100, 101]。进入 21 世纪,以 SpaceX 为代表的私营航天公司迅速发展,为降低发射成本、提高发射市场竞争力,研制了多种典型垂直起降可重复使用运载火箭及试验飞行器,以验证垂直起降的关键技术,下面对一些典型飞行器加以介绍。

1. Xombie 试验飞行器

Xombie 系列试验飞行器是由美国麦斯腾(Masten)空间系统公司开发的可重复使用垂直起飞-垂直着陆飞行器。2009 年 10 月,Masten 开发的 Xombie/Xoie 垂直起降火箭试验平台在由 NASA 组织的“月球着陆器挑战赛”中获得第一名,着陆精度达到 16 cm,推力调节范围为 1 115~3 718 N[102]。在此基础上,Masten 开发了 XA-0.1 Xombie 亚轨道火箭,成功搭载NASA 自主上升与下降动力飞行验证平台(Autonomous Ascent and Descent Powered-Flight Testbed, ADAPT)。在 2014 年 12 月的一次试飞中,Xombie 达到了 325 m 的目标高度;在另一次试飞期间,在 190 m 处对 Xombie 进行了轨迹校正,然后成功降落,如图 10-1 所示。

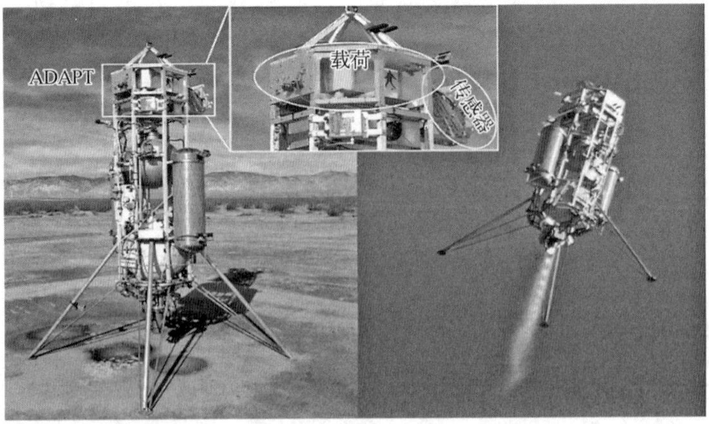

图 10-1 搭载 ADAPT 的 Xombie 火箭[103]

试飞中,Xombie 搭载了地形相对导航系统,该系统包括两部分:一部分是视觉导航系统,用于确定飞行器与着陆点的相对位置;另一部分是制导系统,能够利用大范围机动燃料最优制导(guidance for fuel-optimal large diverts, G-FOLD)算法将飞行器移动至目标着陆点[103]。G-FOLD 算法中采用的无损凸优化技术日后成为一类重要的在线轨迹规划方法。

2. “新谢泼德号”火箭

“新谢泼德号”火箭是美国蓝色起源公司研制的一款完全可重复使用的亚轨道两级垂直起降式火箭,如图 10-2 所示。“新谢泼德号”火箭采用 BE-4 液氧/甲烷火箭发动机,最大推力为 490 kN,能够在 18%~100%范围内连续调节推力,主要用于亚轨道商业太空旅游[104]。2015 年 11 月 23 日,“新谢泼德号”火箭到达 100.5 km 高空后,成功实现了垂直软着陆,成为历史上第一枚成功从太空垂直降落的火箭。截至 2019 年 10 月,“新谢泼德号”火箭成功完成 9 次回收,其中“新谢泼德-2 号”的重复使用次数多达 5 次,标志着蓝色起源公司掌握了火箭垂直回收技术。

图 10-2　“新谢泼德号”火箭[104]

3. “猎鹰 9 号”火箭

“猎鹰 9 号”火箭是美国 SpaceX 公司设计和制造的两级运载火箭,最初计划采用伞降方案回收一子级。在最早的两次飞行试验中,由于箭体无法承受无控再入大气的气动载荷而导致开伞前解体,SpaceX 放弃了伞降方案并转向垂直起降技术。2011 年,该公司宣布计划实现火箭一、二子级的垂直回收,并在数小时内再次发射。

"蚱蜢"(Grasshopper)是 SpaceX 公司为验证垂直起降技术而专门研发的试验飞行器,采用 1 台 Merlin - 1D 发动机[105]。"蚱蜢"于 2012 年 9 月 ~ 2013 年 10 月共进行了 8 次飞行试验,最大飞行高度 744 m,最大横移 100 m,测试了火箭垂直起降的变推力控制,精确导航、制导和控制等技术。2014 年 4 月,改进版的垂直起降试验飞行器 F9R Dev 首飞,并在第 3 次飞行试验中安装了栅格舵。截至 2014 年 8 月,F9R Dev 共进行 4 次飞行试验,最大高度达到 1 000 m。在开展 F9R Dev 试验的同时,SpaceX 开始进行"猎鹰 9 号"火箭的飞行试验。图 10 - 3 所示即"蚱蜢"和 F9R Dev。

图 10 - 3 "蚱蜢"(左)和 F9R Dev(右)[105]

2015 年 12 月,"猎鹰 9 号"火箭第一次成功实现了陆地回收试验,成为第一个能够回收的轨道级运载火箭。2016 年 4 月,"猎鹰 9 号"火箭第一次成功实现了海上平台回收试验,图 10 - 4 展示了"猎鹰 9 号"火箭海上回收的全过程。截至 2022 年底,SpaceX 公司共完成了 200 次火箭一子级的回收和复用,说明其已经完全掌握了运载火箭一子级回收与重复使用技术。

为能实现可控回收,"猎鹰 9 号"火箭采取了许多独特设计,如多台并联的冗余发动机设计,助推器外侧安装栅格翼作为气动控制机构,增加着陆腿作为

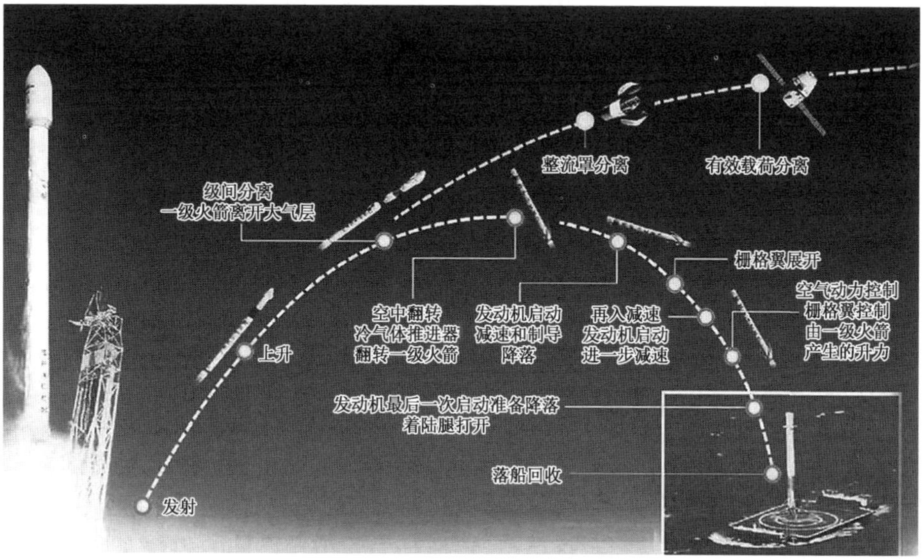

图 10-4 "猎鹰 9 号"火箭发射回收全过程[106]

着陆缓冲机构等。"猎鹰 9 号"火箭有原场返回和前场返回两种返回方式,其中原场返回主要用于陆上回收,前场返回用于海上回收。原场返回的轨迹可以分为调姿段、减速转弯段、高空再入段、动力减速段、气动减速段和动力着陆段六个阶段。前场返回的轨迹相比原场返回方式少了"减速转弯段",其他各段都与原场返回方式一致。

目前,SpaceX 公司正在研制完全可重复使用的"星舰"运载系统[106]。"星舰"运载系统由超重(super heavy)助推器和"星舰"飞船(starship)组成,"猛禽"发动机采用了全流量分级燃烧循环技术,使用液氧甲烷作为推进剂。超重助推器的回收借助名为 Mechazilla 的发射回收塔来实现,该塔的核心是 145 m 高的钢结构,有 3 个机械臂:一个是快速断开臂,用于发射前快速摆开脐带连接等加注设备,并充当中部稳定结构;另外两个机械臂用于捕获助推器,并可沿发射塔主结构上下移动。按照设想,助推器垂直降落到一定高度后,将顶部的 4 个栅格舵锁定在水平位置,然后通过发动机的摆动和推力调节靠近发射塔,达到悬停状态后,机械臂展开并接触栅格舵,将助推器吊挂在发射回收塔上。随后机械臂移动,将助推器放到发射架上,实现快速复用。

"星舰"飞船的回收过程采用"腹部拍水式俯冲"(belly flop)的方式下降,下降过程中,反推力矩逐渐摆正飞船姿态,使着陆前恰好垂直。

10.1.2 运载火箭垂直回收的关键技术

文献[107]、[108]总结了运载火箭垂直回收的关键技术,现综述如下。

1. 高精度自主导航、制导与控制技术

火箭返回与垂直着陆过程中,需要实现高精度的导航、制导与控制。一般采用组合导航系统,即将惯性导航系统及导航精度与时间无关的其他导航系统组合起来使用,以克服惯导误差随时间累积的缺点,常用的导航设备有全球导航卫星系统接收机、大气数据系统、雷达高度表、激光测距仪、视觉导航系统等。

与运载火箭主动段相比,回收段对制导控制技术提出了更高的要求:一方面,回收的落点精度和着陆速度要求很高,控制误差仅允许在米级,且着陆姿态要求竖直;另一方面,火箭子级返回需要进行大的姿态翻转机动,飞行空域、速域跨度大,气动参数误差和干扰严重,还面临大长细比箭体的弹性变形及由推进剂消耗带来的质量特性时变等问题。因此,运载火箭回收的过程需要更精细化的控制,以实现回收过程的路径规划最优、能量分配最优和控制品质最优。"猎鹰 9 号"火箭采用了基于凸优化的预测制导技术,能够根据火箭的当前运动状态实时生成可行的着陆轨迹,轨迹生成周期仅百毫秒量级。在返回过程中,火箭通过栅格舵、摇摆发动机和反作用控制系统(RCS)的联合控制实现姿态的稳定与制导指令跟踪。增益调度 PID 控制技术是目前飞行控制工程领域应用最广泛的控制系统设计方法,可以借鉴;同时,还要解决气动力控制、反作用控制系统和推力矢量控制等异构多类执行机构复合控制的协调分配与管理问题。

2. 先进变推力火箭发动机技术

反推火箭发动机要具备大范围连续变推力调节能力,这是实现火箭垂直回收的关键。对于通过垂直回收重复使用的运载火箭,只有实现变推力,火箭才能有控回收。SpaceX 公司使用的 Merlin - 1D 发动机,通过 57%~100%的变推力能力满足了火箭垂直回收要求,实现了火箭的重复使用。

相比现有的固定推力或小范围挤压式变推力液体火箭发动机,大范围连续变推力技术涉及燃烧、流动、热防护、自适应控制等多方面技术要求,对发动机系统及其关键组件均提出了更高的要求。推力调节需要控制系统与发动机系统协同工作,与此同时,发动机的推力室、涡轮泵等组件必须适应推力调节过程中的工况变化，能够在全推力范围内稳定工作；另外，还需要保证燃气发生器燃烧温度不产生大幅波动、喷注器有效雾化、维持燃烧效率，以及保证推力室再生冷却的有效性等，技术难度大。

3. 垂直着陆缓冲支撑装置

着陆支撑是火箭垂直返回的最后一个步骤，也是决定回收能否成功的关键所在。运载火箭垂直着陆过程中，在一定落地速度、姿态偏斜等因素影响下会产生冲击载荷，因此需要安装着陆缓冲装置，使着陆过程中产生的冲击能量耗散到缓冲器内部，以降低对箭体的冲击。着陆缓冲装置应尽量轻质并具有一定的刚度，对箭体起到良好的支撑作用，保证箭体的稳定性，使箭体在极端工况下不会发生倾倒。同时，在火箭飞行过程中，着陆缓冲装置应尽量避免对火箭的气动布局造成影响。

目前，常用的着陆支撑系统有气囊式和支架式两类。气囊式系统的缓冲吸能元件为充气气囊，在着陆过程中通过排气孔排气，以耗散冲击能量。气囊式着陆支撑系统的吸能效果好，能够缓解较大冲击，但着陆姿态不易控制，可靠性不够。着陆支架由着陆腿、缓冲器、足垫、展开锁定机构等组成，工作时通过着陆腿内部缓冲器的压缩变形来吸收冲击能量，着陆后不反弹，具有着陆姿态稳定、可靠性高等优点。“猎鹰9号”火箭的着陆缓冲装置选用支架式系统，采用保形覆盖加伸缩杆的设计方案，在起飞和再入阶段处于折叠状态，使箭体保持良好的气动外形，在着陆前展开并触地支撑。

4. 气动力与气动热问题

可重复使用火箭再入过程中需要进行气动减速，并利用火箭发动机反向喷流进行制动，火箭头部存在脱体激波并与发动机喷流相互干扰，气动力热环境非常复杂。为此，需要研究气动力热精确预示理论及试验方法，掌握回收过程中的气动力热规律，为实现精准着陆与设计有效的热防护措施提供可靠的数据支撑。

5. 火箭检测、评估与维护技术

运载火箭回收后，需要在仅部分拆卸的前提下检测出潜在风险，并进行合理的评估，根据评估结果对火箭进行维护。合理有效的检测、评估和维护手段是火箭能够安全复用的保障，也是火箭可靠性的保障。检测、评估与维护的时间决定了火箭再次复用的周期，是火箭发射成本的重要组成部分，因此可重复使用火箭的检测、评估与维护需要兼具准确和快速的特点。另外，火箭的模块化设计、可重复拆卸设计是实现检测、评估与维护的重要保障。

10.2 运载火箭垂直回收返回再入标准轨道设计

运载火箭垂直回收返回再入标准轨道设计是指：从火箭助推段的一二级分离点开始，设计一条某个性能指标最优的飞行轨迹，使火箭安全经过外太空、穿过大气层，最终定点着陆到预定着陆场。标准轨道是制导系统设计、分析与评估的基础，因此本节将基于运载火箭的三自由度运动模型，采用优化方法完成标准轨道设计。运载火箭一子级的返回再入从火箭助推段的一二级分离点开始，到以零相对速度垂直着陆到着陆点结束。为便于分析和设计，根据火箭受力与控制规律的不同，将整个过程划分为 5 个阶段：调姿段、高空再入段、动力减速段、气动减速段和动力着陆段，如图 10－5 所示。动力减速段和气动减速段又可以合称为减速段，每一段的描述如表 10－1 所示。

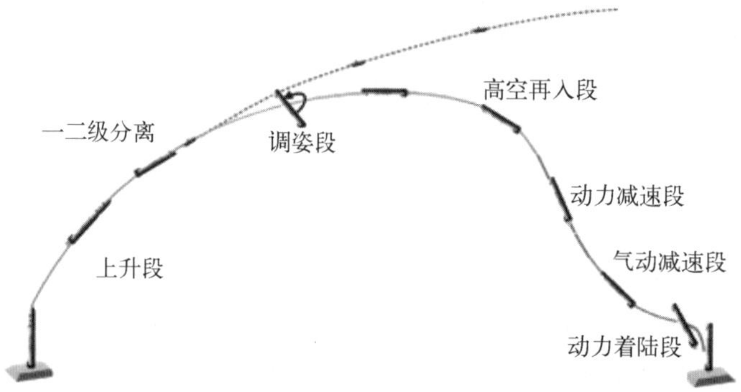

图 10－5 运载火箭一子级返回轨迹阶段划分

表 10－1 运载火箭一子级返回飞行阶段描述

序号	阶段	主要任务
1	调姿段	调整火箭飞行姿态，使火箭发动机喷口朝向前进方向
2	高空再入段	无动力自由飞行
3	动力减速段	开启发动机反推减速，降低再入大气时的速度，并修正轨迹偏差
4	气动减速段	依靠气动阻力降低飞行速度，修正轨迹偏差
5	动力着陆段	开启发动机反推减速，以零相对速度着陆到预定地点

调姿段和高空再入段的主要任务是为后续火箭减速及精准着陆做好准备，火箭处于无动力飞行状态，主要进行姿态控制，不进行轨迹控制，因此轨迹设计与控制主要针对后三个阶段。

动力减速段和气动减速段的主要任务是实现火箭减速，并适当修正轨迹偏差，以满足与动力着陆段的交接班条件，因此又可称为动力减速段和气动减速段。

动力着陆段又称末端动力着陆段，是火箭垂直回收的最后一段，也是最关键的阶段。运载火箭要依赖变推力火箭发动机的控制，实现精准软着陆，要求末端相对位置和相对速度都接近于零，从动力学上可以看作与着陆点的交会控制问题。着陆过程中，要克服风、推力误差、气动力误差等不确定性因素的影响，还要适应可能存在的与减速段较恶劣的交接班误差，还有燃料消耗、液体晃动、弹体变形等不利因素的影响，是一个非常复杂的控制问题。

本节首先完成返回再入标准轨道的设计，明确各飞行阶段的基本状态及交班条件。10.3 节讨论减速段的制导律设计问题；10.4 节和 10.5 节讨论动力着陆段的制导律设计问题。

10.2.1　质心运动方程的建立

文献[11]中详细讨论了远程火箭运动建模的原理及过程，为简化叙述，本节将直接引用相关结论，具体推导过程及坐标系的定义、坐标系间的转换关系、运动参数的计算等予以省略。与文献[11]不同的是，本节将在发射惯性坐标系中建立质心运动方程，因此不用考虑惯性力的影响。

运载火箭返回减速段的末端状态，也即动力着陆段终点的状态在着陆坐标系中描述比较方便，定义如下。着陆坐标系的原点位于标准着陆点 O_R，O_Rx 轴垂直于着陆点处的水平面指向上方，O_Ry 轴在着陆点水平面内指向火箭发射时的瞄准方向，O_Rz 轴与其他两轴构成右手直角坐标系。着陆坐标系与地球固连，随地球一起转动，是一动参考系。

由定义可见，可以把着陆坐标系看作原点移动到着陆点的返回坐标系，或者看作原点移动到着陆点的发射坐标系[11]，这三个坐标系都是与地球固连的。运载火箭着陆时，在着陆坐标系建立的运动方程与第 2 章中在返回坐标系建立的再入器运动方程类似，都描述了飞行器相对于地球的运动。

1. *动力学方程*

根据弹道学原理[11]，运载火箭在发射惯性坐标系中的质心动力学方程为

$$m\frac{\mathrm{d}^2\boldsymbol{r}}{\mathrm{d}t^2}=\boldsymbol{P}+\boldsymbol{R}+m\boldsymbol{g} \tag{10-2-1}$$

式中,$\boldsymbol{r}$ 为火箭相对于地心的位置矢量;m 为火箭的质量;$\boldsymbol{g}$ 为引力加速度;$\boldsymbol{R}$ 为气动力;$\boldsymbol{P}$ 为发动机推力。由于是三自由度标准轨道设计,方程(10-2-1)忽略了控制力和附加科氏力的影响。下面将矢量方程[式(10-2-1)]在发射惯性坐标系中投影,主要是右侧三个力的投影。

气动力 $\boldsymbol{R}$ 在箭体坐标系中表示为

$$\begin{bmatrix} R_{x_1} \\ R_{y_1} \\ R_{z_1} \end{bmatrix}=qS\begin{bmatrix} -C_{x_1}(Ma,\ \alpha,\ \beta) \\ C_{y_1}(Ma,\ \alpha) \\ C_{z_1}(Ma,\ \beta) \end{bmatrix} \tag{10-2-2}$$

式中,q 为动压;S 为火箭的特征面积;Ma 为马赫数;C_{x_1}、C_{y_1}、C_{z_1} 分别为火箭的轴向力系数、法向力系数和横向力系数。

设火箭箭体坐标系 B 到发射惯性坐标系 A 的转换矩阵为 $\boldsymbol{A}_B$,则气动力在发射惯性坐标系中的分量为

$$\begin{bmatrix} R_{x_A} \\ R_{y_A} \\ R_{z_A} \end{bmatrix}=\boldsymbol{A}_B qS\begin{bmatrix} -C_{x_1}(Ma,\ \alpha,\ \beta) \\ C_{y_1}(Ma,\ \alpha) \\ C_{z_1}(Ma,\ \beta) \end{bmatrix} \tag{10-2-3}$$

假设推力 $\boldsymbol{P}$ 一直沿着火箭的纵对称轴,大小为 P_e,则推力在发射惯性坐标系中的分量为

$$\begin{bmatrix} P_{x_A} \\ P_{y_A} \\ P_{z_A} \end{bmatrix}=\boldsymbol{A}_B\begin{bmatrix} P_e \\ 0 \\ 0 \end{bmatrix} \tag{10-2-4}$$

由于返回着陆过程时间较短,且一直存在控制作用,地球引力计算仅考虑非球形部分的 J_2 项即可,引力加速度可表示为

$$\boldsymbol{g}=g_r\boldsymbol{r}^0+g_{\omega_E}\boldsymbol{\omega}_E^0 \tag{10-2-5}$$

式中,$\boldsymbol{r}^0$ 为火箭地心矢径方向的单位矢量;$\boldsymbol{\omega}_E^0$ 为地球自转角速度方向的单位矢量;g_r 和 g_{ω_E} 的表达式如下:

$$\begin{cases} g_r = -\dfrac{\mu_E}{r^2}\left[1 + \dfrac{3}{2}J_2\left(\dfrac{a_E}{r}\right)^2(1 - 5\sin^2\phi)\right] \\ g_{\omega_E} = -\dfrac{3\mu_E}{r^2}J_2\left(\dfrac{a_E}{r}\right)^2\sin\phi \end{cases} \tag{10-2-6}$$

式中，μ_E 为地心引力常数；J_2为二阶带谐项系数；ϕ 为火箭的地心纬度。

设火箭质心相对于发射惯性坐标系原点 O_A的位置矢量为$\boldsymbol{\rho} = [\rho_{x_A} \quad \rho_{y_A} \quad \rho_{z_A}]^{\mathrm{T}}$，点 O_A的地心矢径为$\boldsymbol{R}_{oA} = [0 \quad R_{oA} \quad 0]^{\mathrm{T}}$，$R_{oA}$ 为发射点的地球半径，则根据$\boldsymbol{r} = \boldsymbol{R}_{oA} + \boldsymbol{\rho}$ 可知，火箭相对于地心的位置矢量 $\boldsymbol{r}$ 的坐标为

$$\begin{bmatrix} x_A \\ y_A \\ z_A \end{bmatrix} = \begin{bmatrix} \rho_{x_A} \\ \rho_{y_A} + R_{oA} \\ \rho_{z_A} \end{bmatrix} \tag{10-2-7}$$

根据火箭的位置矢量 $\boldsymbol{r}$ 和地球的自转角速度矢量 $\boldsymbol{\omega}_E$，可以求得当前时刻的地心纬度 ϕ：

$$\sin\phi = \frac{\boldsymbol{r} \cdot \boldsymbol{\omega}_E}{r\omega_E} = \frac{x_A\omega_{ExA} + y_A\omega_{EyA} + z_A\omega_{EzA}}{r\omega_E} \tag{10-2-8}$$

式中，ω_{ExA}、ω_{EyA}、ω_{EzA} 为地球自转角速度矢量在发射惯性坐标系中的分量，可以根据地心固连坐标系 E 与发射惯性坐标系 A 之间的方向余弦阵求得；r 为地心距。

将式(10－2－3)～式(10－2－8)代入式(10－2－1)，可得发射惯性坐标系中标量形式的质心动力学方程：

$$\begin{bmatrix} \dfrac{\mathrm{d}v_{x_A}}{\mathrm{d}t} \\ \dfrac{\mathrm{d}v_{y_A}}{\mathrm{d}t} \\ \dfrac{\mathrm{d}v_{z_A}}{\mathrm{d}t} \end{bmatrix} = \boldsymbol{A}_B\left(qS\begin{bmatrix} -C_{x_1}(Ma,\alpha,\beta) \\ C_{y_1}(Ma,\alpha) \\ C_{z_1}(Ma,\beta) \end{bmatrix} + \begin{bmatrix} P_e \\ 0 \\ 0 \end{bmatrix}\right) + \frac{g_r}{r}\begin{bmatrix} \rho_{x_A} \\ \rho_{y_A} + R_{oA} \\ \rho_{z_A} \end{bmatrix} + \frac{g_{\omega_E}}{\omega_E}\begin{bmatrix} \omega_{ExA} \\ \omega_{EyA} \\ \omega_{EzA} \end{bmatrix} \tag{10-2-9}$$

2. 运动学方程

在发射惯性坐标系中，火箭质心运动的速度与位置的关系为

$$\begin{bmatrix} \dot{\rho}_{x_A} \\ \dot{\rho}_{y_A} \\ \dot{\rho}_{z_A} \end{bmatrix} = \begin{bmatrix} v_{x_A} \\ v_{y_A} \\ v_{z_A} \end{bmatrix} \tag{10-2-10}$$

3. 补充方程

1）质量计算

$$\dot{m} = -P_e/(I_{sp}g_0) \tag{10-2-11}$$

式中，I_{sp} 为发动机比冲；g_0 为海平面平均重力加速度。

2）发射坐标系中火箭速度的计算

根据矢量的导数法则，火箭质心在发射坐标系 G 中的速度为

$$\begin{bmatrix} v_x \\ v_y \\ v_z \end{bmatrix} = \boldsymbol{G}_A\left(\begin{bmatrix} v_{x_A} \\ v_{y_A} \\ v_{z_A} \end{bmatrix} - \begin{bmatrix} v_{exA} \\ v_{eyA} \\ v_{ezA} \end{bmatrix}\right) \tag{10-2-12}$$

式中，牵连速度的计算公式为

$$\begin{bmatrix} v_{exA} \\ v_{eyA} \\ v_{ezA} \end{bmatrix} = \boldsymbol{\omega}_E \times \boldsymbol{r} = \begin{bmatrix} 0 & -\omega_{EzA} & \omega_{EyA} \\ \omega_{EzA} & 0 & -\omega_{ExA} \\ -\omega_{EyA} & \omega_{ExA} & 0 \end{bmatrix}\begin{bmatrix} x_A \\ y_A \\ z_A \end{bmatrix} \tag{10-2-13}$$

发射坐标系中火箭速度的大小为

$$v = \sqrt{v_x^2 + v_y^2 + v_z^2} \tag{10-2-14}$$

式(10-2-14)所得的 v 也即火箭相对于地球速度的大小。计算气动力 $\boldsymbol{R}$ 时，动压 q 中的速度应该是 v(不考虑风的影响)。

3）高度计算

火箭的飞行高度 h 可以用下述近似公式计算：

$$h = r - R_S \tag{10-2-15}$$

式中，R_S为火箭弹下点处的地球半径，计算公式为

$$R_S = \frac{a_E b_E}{\sqrt{a_E^2\sin^2\phi + b_E^2\cos^2\phi}} \tag{10-2-16}$$

式中,地球参考椭球体的长半轴 $a_E = 6\ 378\ 140\ \text{m}$, 短半轴 $b_E = 6\ 356\ 755\ \text{m}$。

4) 马赫数计算

马赫数为

$$Ma = \frac{v}{a} \tag{10-2-17}$$

式中, a 为声速,表达式为

$$a = a_0 \sqrt{\frac{p/p_0}{\rho/\rho_0}} \tag{10-2-18}$$

式中, p_0、ρ_0、a_0 分别为海平面的平均大气压、大气密度和声速; p、ρ 分别为当前高度 h 处的大气压强、大气密度,可通过公式计算或查标准大气表获得。

上述动力学方程、运动学方程和补充方程组成了描述运载火箭运动的基本方程组。与 2.5 节中的讨论类似,为使该方程组闭合,从而计算出一条三维运动轨迹,还需要给出控制量的变化规律。根据 2.5 节的讨论,运载火箭是轴对称体,通常采用侧滑转弯(skid to turn, STT)控制策略,因此可以认为倾侧角 $\chi = 0$。运载火箭返回再入过程中,动力减速段和动力着陆段的控制力是推力,设计中仅需适当兼顾气动力的影响,因此这两段的控制量是发动机的开机时刻、关机时刻及推力方向,推力方向可以用俯仰角 φ 和偏航角 ψ 描述,也可以用攻角 α 和侧滑角 β 描述。气动减速段的控制力是气动力,控制量可选择火箭的攻角 α 和侧滑角 β。

根据上述分析,为设计简便,可以将运载火箭返回再入的控制量取为动力减速段的开机时刻与关机时刻、动力着陆段的开机时刻与关机时刻,以及减速段、动力着陆段的攻角与侧滑角。已知 α、β 和 $\chi = 0$, 根据火箭的飞行速度可以计算出 θ、σ, 根据欧拉角间的关系就可以计算出相对姿态角 φ、ψ、γ 和绝对姿态角 φ_T、ψ_T、γ_T, 就可以闭合运动方程,从而积分得到火箭的空间运动轨迹。

10.2.2 轨迹设计问题建模

运载火箭返回再入的标准轨道设计问题是一个典型的带约束的最优控制问题,约束条件包括运动方程约束、过程约束、终端约束及控制量约束,控制量为推力大小、攻角和侧滑角。在运载火箭发射、航天器轨道机动等涉及火箭发动机工作的最优控制问题中,优化指标通常选取燃料消耗最少,或称燃料最省最优控制问题。本节同样选择燃料消耗最少为指标来优化火箭回收轨迹,这样可使因火箭回收而导致的入轨有效载荷损失最小。目标函数可写为

$$J = -m_f(\boldsymbol{u}) \tag{10-2-19}$$

式中，m_f表示火箭在末端时刻 t_f的质量；$\boldsymbol{u}$ 表示控制量。

1. 轨迹优化问题的参数化表示

运载火箭返回再入运动方程的维数多、非线性程度高，约束条件也很多，特别是还涉及推力控制和气动力控制两种特性差异较大的控制策略，因此用极小值原理虽然可以在理论上得到最优解的表达式，但最优解的具体形式与协态变量有关，求解过程将非常复杂。考虑到再入过程的末端动力着陆段采用基于凸优化的预测制导方法，不依赖于标准轨道，且对与减速段的交接班误差有较强的适应能力，因此采用工程中常用的参数化方法来求解轨迹优化问题，即将返回过程中每个阶段的控制量用若干个参数表示，从而将无穷维最优控制问题转化为有限维的数学规划问题。

经设计与验证，优化变量包括两组参数：一组是后三段每段开始和结束的时间节点，记为 t_1、t_2、t_3、t_4，有 4 个变量；另一组是 5 个离散点 $(t_1+t_2)/2$、t_2、$(t_2+t_3)/2$、t_3、$(t_3+t_4)/2$ 上的攻角与侧滑角值，共 10 个变量。假定 t_1与 t_4时刻的攻角与侧滑角为零，离散点之间的攻角和侧滑角值用随时间线性变化的函数表示。图 10-6 以攻角为例，给出了示意图。

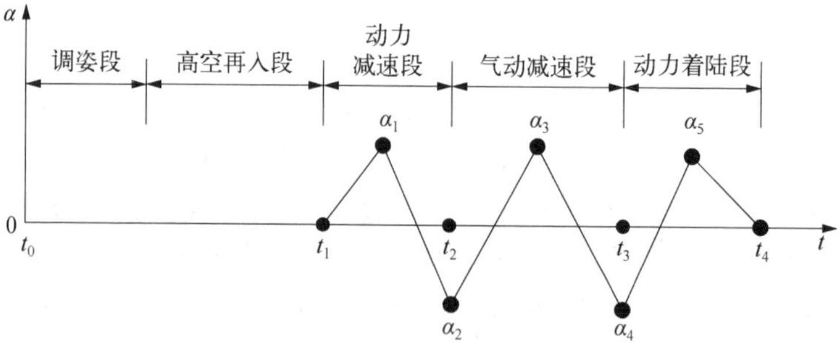

图 10-6 攻角曲线

1）动力减速段

火箭经过高空再入段之后，开始进入大气层，为防止进入稠密大气时的速度过快，需要开启发动机进行减速。在此段中，设计的控制变量如式(10-2-20)~式(10-2-22)所示：

$$P(t) = P_{\mathrm{ed1}}, \quad t_1 \leqslant t < t_2 \tag{10-2-20}$$

$$
\alpha(t)=\begin{cases}\dfrac{2\alpha_1}{t_2-t_1}(t-t_1), & t_1\leqslant t<\dfrac{t_2+t_1}{2}\\[2ex] \alpha_1+\dfrac{\alpha_2-\alpha_1}{t_2-t_1}(2t-t_2-t_1), & \dfrac{t_2+t_1}{2}\leqslant t<t_2\end{cases}
\tag{10-2-21}
$$

$$
\beta(t)=\begin{cases}\dfrac{2\beta_1}{t_2-t_1}(t-t_1), & t_1\leqslant t<\dfrac{t_2+t_1}{2}\\[2ex] \beta_1+\dfrac{\beta_2-\beta_1}{t_2-t_1}(2t-t_2-t_1), & \dfrac{t_2+t_1}{2}\leqslant t<t_2\end{cases}
\tag{10-2-22}
$$

式中，t_1、t_2分别表示动力减速段开始和结束的时间。式(10-2-20)表示此段的推力为常值T_{ed1}，式(10-2-21)~式(10-2-22)是攻角和侧滑角的表达式。

2）气动减速段

在这一阶段，火箭的飞行速度还比较快，而且大气逐渐稠密，所以气动阻力很大，主要靠气动阻力实现减速，为节省燃料，将推力取为0。与动力减速段控制变量的设计类似，该段控制变量的形式为

$$
P(t)=0,\quad t_2\leqslant t<t_3 \tag{10-2-23}
$$

$$
\alpha(t)=\begin{cases}\alpha_2+2\dfrac{\alpha_3-\alpha_2}{t_3-t_2}(t-t_2), & t_2\leqslant t<\dfrac{t_3+t_2}{2}\\[2ex] \alpha_3+\dfrac{\alpha_4-\alpha_3}{t_3-t_2}(2t-t_3-t_2), & \dfrac{t_3+t_2}{2}\leqslant t<t_3\end{cases}
\tag{10-2-24}
$$

$$
\beta(t)=\begin{cases}\beta_2+2\dfrac{\beta_3-\beta_2}{t_3-t_2}(t-t_2), & t_2\leqslant t<\dfrac{t_3+t_2}{2}\\[2ex] \beta_3+\dfrac{\beta_4-\beta_3}{t_3-t_2}(2t-t_3-t_2), & \dfrac{t_3+t_2}{2}\leqslant t<t_3\end{cases}
\tag{10-2-25}
$$

式中，t_3表示气动减速段结束的时间。

3）动力着陆段

动力着陆段是整个返回过程的最后阶段,需要开启发动机并实时调整推力大小,将火箭的速度减小到零,同时实现定点着陆。动力着陆段的控制变量设置为如下形式:

$$P(t) = P_{\mathrm{ed2}}, \quad t_3 \leqslant t < t_4 \tag{10-2-26}$$

$$\alpha(t) = \begin{cases} \alpha_4 + \dfrac{\alpha_5 - \alpha_4}{(t_4 + t_4)/2 - t_3}(t - t_3), & t_3 \leqslant t < \dfrac{t_4 + t_3}{2} \\ \alpha_5 + \dfrac{-\alpha_5}{(t_4 - t_3)}(2t - t_4 - t_3), & \dfrac{t_4 + t_3}{2} \leqslant t < t_4 \end{cases} \tag{10-2-27}$$

$$\beta(t) = \begin{cases} \beta_4 + \dfrac{\beta_5 - \beta_4}{(t_4 + t_4)/(2 - t_3)}(t - t_3), & t_3 \leqslant t < \dfrac{t_4 + t_3}{2} \\ \beta_5 + \dfrac{-\beta_5}{(t_4 - t_3)}(2t - t_4 - t_3), & \dfrac{t_4 + t_3}{2} \leqslant t < t_4 \end{cases} \tag{10-2-28}$$

式中,t_4表示动力着陆段结束的时间;T_{ed2}是该段推力的大小,由于是标准轨道设计,仍取常值。

经过上述参数化过程,轨迹设计问题转化为参数优化问题,待优化参数包括4个时间节点、10个攻角与侧滑角值、2个推力大小值,共16个变量,将这些待优化参数用向量$\boldsymbol{\zeta}$表示。

2. 约束条件

运载火箭返回着陆过程中,设计的标准轨道要满足若干约束条件。

1）终端约束

终端约束主要按照定点软着陆到指定点的要求产生,包括终端高度约束$g_1(\boldsymbol{\zeta})$、终端水平位置约束$g_2(\boldsymbol{\zeta})$、垂直速度约束$g_3(\boldsymbol{\zeta})$和水平速度约束$g_4(\boldsymbol{\zeta})$。终端约束函数$g_i(i=1,\cdots,4)$是通过积分非线性运动学方程得到的:

$$\begin{cases} g_1(\boldsymbol{\zeta}) = | x_f(\boldsymbol{\zeta}) | \leqslant x_{f\max} \\ g_2(\boldsymbol{\zeta}) = \sqrt{y_f^2(\boldsymbol{\zeta}) + z_f^2(\boldsymbol{\zeta})} \leqslant r_{yzf\max} \\ g_3(\boldsymbol{\zeta}) = | v_{xf}(\boldsymbol{\zeta}) | \leqslant v_{xf\max} \\ g_4(\boldsymbol{\zeta}) = \sqrt{v_{yf}^2(\boldsymbol{\zeta}) + v_{zf}^2(\boldsymbol{\zeta})} \leqslant v_{yzf\max} \end{cases} \tag{10-2-29}$$

式中，$x_f(\boldsymbol{\zeta})$、$y_f(\boldsymbol{\zeta})$、$z_f(\boldsymbol{\zeta})$ 和 $v_{xf}(\boldsymbol{\zeta})$、$v_{yf}(\boldsymbol{\zeta})$、$v_{zf}(\boldsymbol{\zeta})$ 分别表示终端时刻火箭在着陆坐标系中的位置分量和速度分量；$x_{f\max}$、$r_{yzf\max}$、$v_{xf\max}$、$v_{yzf\max}$ 分别表示允许的终端最大高度偏差、终端最大水平距离偏差、终端最大垂直速度偏差、终端最大水平速度偏差。

2）过程约束

过程约束包括考虑箭体结构安全导致的过载约束、考虑箭体热环境安全导致的气动热约束和考虑栅格舵的铰链力矩限制导致的动压约束等。运载火箭返回再入过程中，火箭发动机要工作，导致气动热的计算和描述非常复杂，在此暂不考虑气动热约束。过载约束包括法向过载约束和轴向过载约束，法向过载约束主要与攻角、动压有关，因此将其转化为动压约束和攻角约束。此处主要考虑轴向过载约束 $g_5(\boldsymbol{\zeta})$ 和动压约束 $g_6(\boldsymbol{\zeta})$：

$$g_5(\boldsymbol{\zeta}) = \| n_{x_1}(\boldsymbol{\zeta}, t) \| \leqslant n_{x_1\max}, \quad t \in [t_1, t_4] \qquad (10-2-30)$$

$$g_6(\boldsymbol{\zeta}) = \| q(\boldsymbol{\zeta}, t) \| \leqslant q_{\max}, \quad t \in [t_1, t_4] \qquad (10-2-31)$$

式中，$\| \cdot \|$ 表示函数的最大值范数；n_{x_1} 为轴向过载；$n_{x_1\max}$ 为最大轴向过载限制；$q_{\max}$ 为最大动压限制；轴向过载 n_{x_1} 的计算公式为

$$n_{x_1}(\boldsymbol{\zeta}, t) = \frac{| X_1(\boldsymbol{\zeta}, t) + P_{x_1}(\boldsymbol{\zeta}, t) |}{m(\boldsymbol{\zeta}, t) g_0}, \quad t \in [t_1, t_4] \quad (10-2-32)$$

式中，X_1 为轴向气动力；P_{x_1} 为火箭发动机推力的轴向分量，三自由度仿真中可直接取发动机推力值。

轴向过载和动压约束函数 $g_i(i = 5, 6)$ 同样需要积分非线性运动方程得到，因此也是非线性不等式约束。

3）控制量约束

标准轨道设计时，控制量攻角和侧滑角不能超过给定的最大值，推力要在给定的最大值和最小值范围内，由此产生控制量约束。此外，在运载火箭的实际再入过程中，存在各种干扰和不确定因素，需要制导系统加以克服，因此要给推力、攻角、侧滑角等控制量留出余量。在各段中，控制量约束可表示为

$$g_{i+6}(\boldsymbol{\zeta}) = | \alpha_i | \leqslant K_1 \alpha_{\max}, \quad i = 1, \cdots, 5 \qquad (10-2-33)$$

$$g_{i+11}(\boldsymbol{\zeta}) = | \beta_i | \leqslant K_2 \beta_{\max}, \quad i = 1, \cdots, 5 \qquad (10-2-34)$$

$$g_{i+16}(\boldsymbol{\zeta}) = | P_{\mathrm{ed}i} | \leqslant K_3 P_{\max}, \quad i = 1, 2 \qquad (10-2-35)$$

$$g_{i+18}(\boldsymbol{\zeta}) = P_{\max} - P_{\mathrm{ed}i} \leqslant P_{\max} - K_4 P_{\min}, \quad i = 1, 2 \tag{10-2-36}$$

式中，$\alpha_{\max}$、$\beta_{\max}$、$P_{\max}$、$P_{\min}$ 分别为攻角最大值、侧滑角最大值、推力最大值、推力最小值；$K_1 \sim K_4$ 为控制余量系数，可根据干扰情况，在 0.7~0.9 取值。

将原轨迹优化问题参数化，并给出目标函数、控制量及约束条件后，运载火箭的返回再入轨迹设计问题可以表示成如下参数优化问题：

$$J = f(\boldsymbol{\zeta}) = - m_f(\boldsymbol{\zeta}) \tag{10-2-37}$$

满足如下不等式约束：

$$g_i(\boldsymbol{\zeta}) \leqslant 0, \quad j = 1, \cdots, 20 \tag{10-2-38}$$

针对该参数优化问题，可以用不同的最优化方法来求解，如拟牛顿法、共轭梯度法、序列二次规划法、进化算法、蚁群算法等，具体算法可参考文献[109]~[112]。本节仿真中采用序列二次规划法与进化算法的混合优化策略来获取最优解。

10.2.3 仿真分析

本节通过仿真来说明前述设计方法获得的返回减速段轨迹的特性。假定运载火箭一二级分离后一子级的初始质量为 40 t、额定推力为 400 kN、发动机比冲为 280 s。终端着陆时，最大高度误差为 5 m、最大水平位置误差为 15 m、最大垂直速度误差为 1 m/s、最大水平速度误差为 0.05 m/s。实际上，这组误差并不能满足精确定点软着陆的要求，但因为有动力着陆段制导，仿真表明，在轨迹设计时可以放宽对终端状态精度的要求，以改进优化算法的收敛性。最大轴向过载为 $12g_0$、最大动压为 180 kPa，攻角和侧滑角的最大值为 10°。

在着陆坐标系中，得到的运载火箭返回再入的标准轨道如图 10－7 所示。图中的轨迹从动力减速段开始，"○"处表示分段点。动力减速段起始点的位置为[82.91，－108.80，0.05]km，距离着陆点约 136 km；气动减速段起始点的位置为[24.7，－23.51，－0.11]km，距离着陆点约 34 km；动力着陆段起始点的位置为[3.589，－1.10，－0.008]km，也即在高度约 3.5 km 处进入动力着陆段。从动力着陆段的局部放大图可以看出，后期的飞行轨迹基本垂直于地面。

返回减速段关键飞行参数的变化曲线如图 10－8~图 10－15 所示。

从图 10－8、图 10－9 可以看到，攻角和侧滑角均在±10°约束范围内，而且在减速段和动力着陆段均只发生了一次符号的变化。实际上，攻角的变化范围为±5°、侧滑角为±3°。从图 10－10 看出，质量只在动力再入段和动力着陆段有消耗。从图 10－11 看出，动力减速段的高度范围为 30~80 km、气动减速段的高

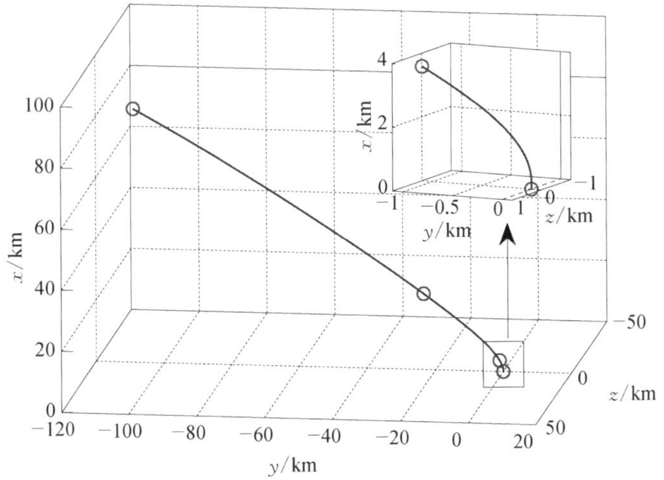

图 10－7　运载火箭返回的三维轨迹图

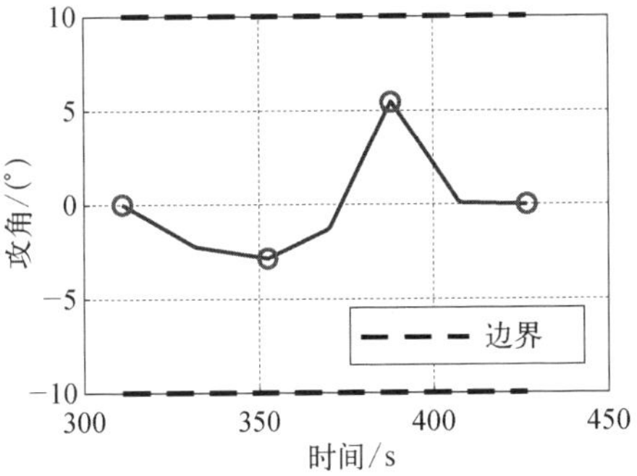

图 10－8　攻角变化曲线

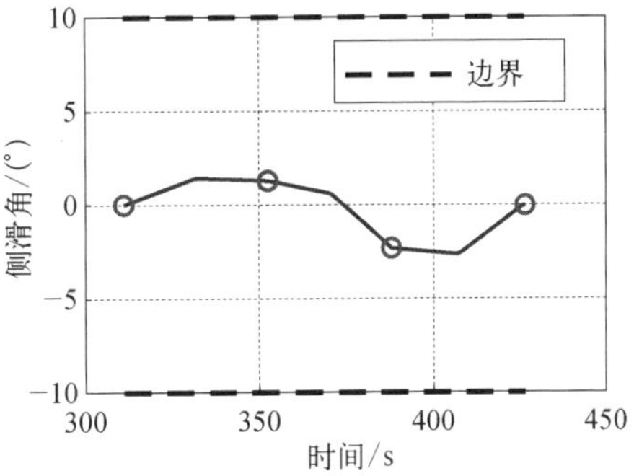

图 10－9　侧滑角变化曲线

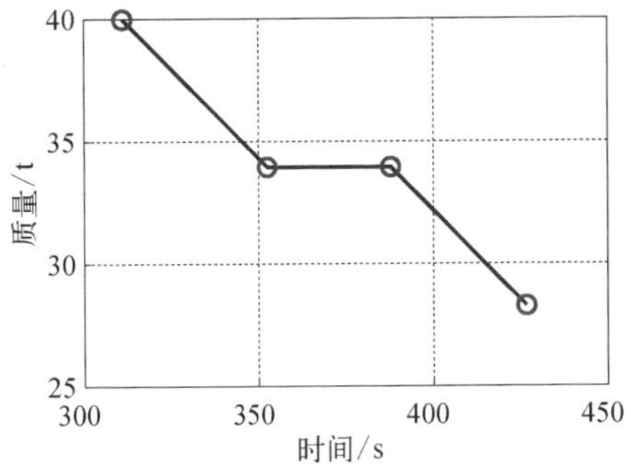

图 10－10　质量变化曲线

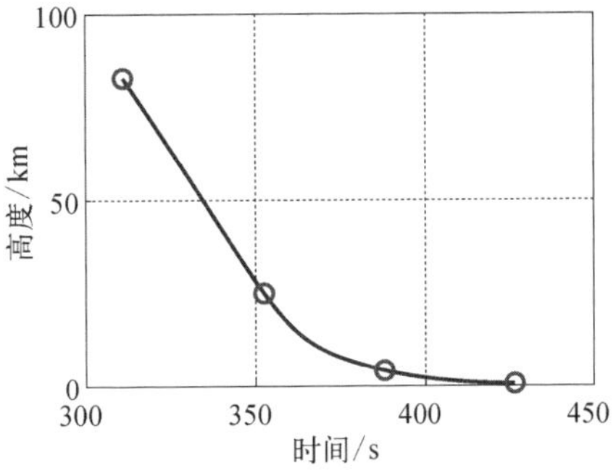

图 10－11　高度变化曲线

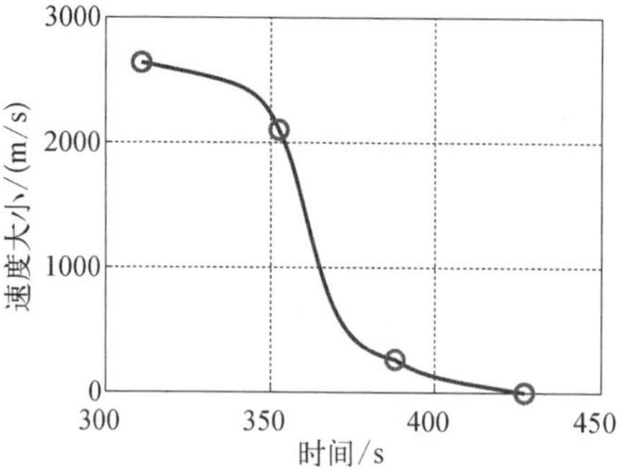

图 10-12 速度大小变化曲线

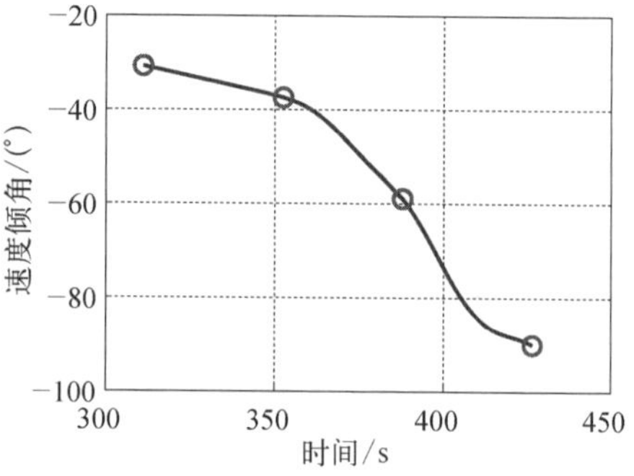

图 10-13 速度倾角变化曲线

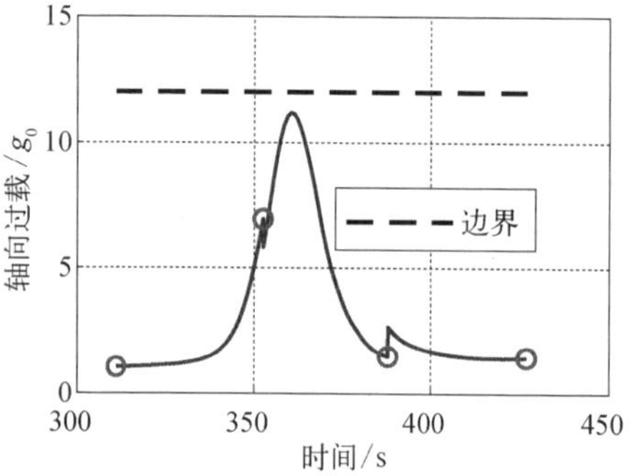

图 10-14 轴向过载变化曲线

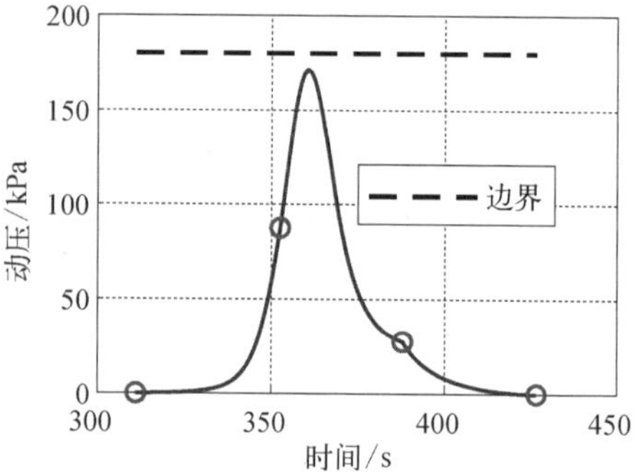

图 10-15 动压变化曲线

度范围为 4~30 km,这一范围内的地球大气较为稠密,能充分利用气动阻力减速。从图 10-12 看出,在气动减速段中,减速最为明显,因为火箭飞行速度快且大气非常稠密,产生的气动阻力非常大。从图 10-13 看出,在着陆时刻,速度倾角非常接近 90°,符合垂直着陆要求。从图 10-14 和图 10-15 可以看出,轴向过载和动压两个参数几乎同时达到峰值,且峰值均出现在气动减速段。在这一时间段,攻角与侧滑角都接近于零,因此法向过载较小。

10.3 运载火箭垂直回收减速段制导方法

运载火箭垂直回收过程中,减速段包括动力减速段和气动减速段,这两段的主要任务是实现火箭减速,并修正轨迹偏差,以满足与着陆段的交接班条件。

由于着陆段采用基于凸优化的预测制导方法，对交班状态偏差的适应能力较强，减速段制导方法的精度要求可以适当放宽。本节采用标准轨道跟踪的策略来设计减速段的制导律，首先根据减速段高度单调下降的特点，建立以高度为自变量的摄动运动方程，在此基础上设计跟踪制导律。基于标准轨道的跟踪制导是一种摄动制导方法，其设计思路可以参考文献[113]和[11]中运载火箭主动段的摄动制导方法，也可以参考载人飞船或航天飞机轨道器的轨迹跟踪制导方法。不论采取哪种具体的制导方程形式，它都是在小偏差假设下通过线性化运动方程得到的，都避免不了摄动制导存在的普遍性问题，如偏差适应能力弱、制导精度低等。在运载火箭垂直回收减速段制导任务中，为提高摄动制导的精度和适应性，可以在调姿段结束后的高空再入段，根据火箭的实时运动状态和着陆点位置，在线更新标准参考轨迹。更新轨迹，既可以采用 10.2 节的参数优化方法，也可以在射前生成多条参考轨迹，通过插值的方法获得。实践表明，这种策略能大幅提高减速段轨迹跟踪制导方法的性能。

10.3.1　摄动运动方程的建立

摄动运动方程是标准轨道跟踪制导律设计的基础。本节将运载火箭在着陆坐标系中的运动方程投影到半速度坐标系，以此为基础建立摄动运动方程。着陆坐标系中运动方程的建立过程及结果与第 2 章中返回坐标系中运动方程建模的过程类似，因此下面直接引用方程(2-4-42)的相关结果。

为简化制导律设计，假设地球引力加速度为常值，并忽略惯性力的影响，得到的运动方程如下：

$$
\begin{cases}
\begin{bmatrix} \dot{v} \\ v\dot{\theta}_T\cos\sigma_T \\ -v\dot{\sigma}_T \end{bmatrix} = \dfrac{1}{m}\begin{bmatrix} \cos\alpha\cos\beta & -\sin\alpha\cos\beta & \sin\beta \\ \sin\alpha & \cos\alpha & 0 \\ -\cos\alpha\sin\beta & \sin\alpha\sin\beta & \cos\beta \end{bmatrix}\begin{bmatrix} -P_e-X_1 \\ Y_1 \\ Z_1 \end{bmatrix} \\
\qquad + \begin{bmatrix} \cos\theta_T\cos\sigma_T & \sin\theta_T\cos\sigma_T & -\sin\sigma_T \\ -\sin\theta_T & \cos\theta_T & 0 \\ \cos\theta_T\sin\sigma_T & \sin\theta_T\sin\sigma_T & \cos\sigma_T \end{bmatrix}\begin{bmatrix} 0 \\ -g_0 \\ 0 \end{bmatrix} \\
\begin{bmatrix} \dot{x} \\ \dot{y} \\ \dot{z} \end{bmatrix} = \begin{bmatrix} v\sin\theta_T\cos\sigma_T \\ v\cos\theta_T\cos\sigma_T \\ -v\sin\sigma_T \end{bmatrix}
\end{cases}
\tag{10-3-1}
$$

式中，x、y、z 是着陆坐标系中火箭的位置分量；v、θ_T、σ_T 分别表示速度大小、飞行路径角和飞行方位角；α、β 分别表示攻角和侧滑角；P_e 表示推力；X_1、Y_1、Z_1 分别表示气动力在箭体坐标系中的轴向、法向和横向分量；g_0 表示平均引力加速度大小。假设 α、β 和 σ_T 是小量，略去高阶小量后，式(10－3－1)可简化为

$$\begin{cases}\dot{v} = \dfrac{(-P_e - X_1) - \alpha Y_1 + \beta Z_1}{m} - g_0 \sin\theta_T \\ \dot{\theta}_T = \dfrac{(-P_e - X_1)\alpha + Y_1 - m g_0 \cos\theta_T}{mv} \\ \dot{\sigma}_T = \dfrac{(-P_e - X_1)\beta - Z_1 + m g_0 \sin\theta_T \sigma_T}{mv} \\ \dot{x} = v\sin\theta_T \\ \dot{y} = v\cos\theta_T \\ \dot{z} = -v\sigma_T \end{cases} \tag{10-3-2}$$

火箭在减速段的高度 h 是单调下降的，且高度与气动力、动压、热流等密切相关，因此以高度 h 为自变量设计制导律会比较方便。注意到航程较小时，有 $h \approx x$，则定义等高偏差：

$$\begin{cases}\delta v = v(x) - v_0(x) \\ \delta\theta_T = \theta_T(x) - \theta_{T0}(x) \\ \delta\sigma_T = \sigma_T(x) - \sigma_{T0}(x) \\ \delta y = y(x) - y_0(x) \\ \delta z = z(x) - z_0(x) \end{cases} \tag{10-3-3}$$

式中，下标 0 表示标准轨道上相关参数的值。

再入过程中，x 方向的速度小于 0，因此可以将方程(10－3－2)中的各式乘以 $\mathrm{d}t/\mathrm{d}x = 1/(v\cos\theta_T)$，从而得到：

$$\begin{cases}\dfrac{\mathrm{d}v}{\mathrm{d}x} = \dfrac{(-P_e - X_1) - \alpha Y_1 + \beta Z_1 - m g_0 \sin\theta_T}{mv\sin\theta_T} \\ \dfrac{\mathrm{d}\theta_T}{\mathrm{d}x} = \dfrac{(-P_e - X_1)\alpha + Y_1 - m g_0 \cos\theta_T}{mv^2 \sin\theta_T} \\ \dfrac{\mathrm{d}\sigma_T}{\mathrm{d}x} = \dfrac{(-P_e - X_1)\beta - Z_1 + m g_0 \sin\theta_T \sigma_T}{mv^2 \sin\theta_T} \end{cases}$$

$$\begin{cases}\dfrac{\mathrm{d}y}{\mathrm{d}x}=\dfrac{\cos\theta_T}{\sin\theta_T}\\ \dfrac{\mathrm{d}z}{\mathrm{d}x}=\dfrac{-\sigma_T}{\sin\theta_T}\end{cases}\tag{10-3-4}$$

将非线性状态方程[式(10－3－4)]在标准轨道附近作一阶泰勒展开,并考虑到 $Y_{10}^{\alpha}=-Z_{10}^{\beta}$,可得到线性化的状态方程:

$$\begin{cases}\dfrac{\mathrm{d}}{\mathrm{d}x}\delta v=\dfrac{-X_{10}^{v}v_0+(P_{e0}+X_{10}+m_0g_0\sin\theta_{T0})}{m_0v_0^2\sin\theta_{T0}}\delta v\\ \qquad+\dfrac{(P_{e0}+X_{10})\cos\theta_{T0}}{m_0v_0\sin^2\theta_{T0}}\delta\theta_T-\dfrac{1}{m_0v_0\sin\theta_{T0}}\delta P_e\\ \dfrac{\mathrm{d}}{\mathrm{d}x}\delta\theta_T=\dfrac{2g_0\cos\theta_{T0}}{v_0^3\sin\theta_{T0}}\delta v+\dfrac{g_0}{v_0^2\sin^2\theta_{T0}}\delta\theta_T-\dfrac{P_{e0}+X_{10}-Y_{10}^{\alpha}}{m_0v_0^2\sin\theta_{T0}}\delta\alpha\\ \dfrac{\mathrm{d}}{\mathrm{d}x}\delta\sigma_T=\dfrac{g_0}{v_0^2}\delta\sigma_T-\dfrac{P_{e0}+X_{10}-Y_{10}^{\alpha}}{m_0v_0^2\sin\theta_{T0}}\delta\beta\\ \dfrac{\mathrm{d}}{\mathrm{d}x}\delta y=\dfrac{-1}{\sin^2\theta_{T0}}\delta\theta_T\\ \dfrac{\mathrm{d}}{\mathrm{d}x}\delta z=\dfrac{-1}{\sin\theta_{T0}}\delta\sigma_T\end{cases}\tag{10-3-5}$$

式中, X_{10}^{v} 是轴向力关于速度的偏导数; Y_{10}^{α} 是法向力关于攻角的偏导数:

$$\begin{cases}X_{10}^{v}=C_{x_{10}}^{v}\dfrac{1}{2}\rho v^2S+\dfrac{2X_{10}}{v}\\ Y_{10}^{\alpha}=C_{y_{10}}^{\alpha}\dfrac{1}{2}\rho v^2S\end{cases}\tag{10-3-6}$$

高度在减速段是单调下降的,而一般情况下自变量是单调增加的,因此要进行变量替换。令 x_0 表示减速段的初始高度,定义 $\tau=x_0-x$, 得

$$\frac{\mathrm{d}\boldsymbol{X}}{\mathrm{d}x}=\frac{\mathrm{d}\boldsymbol{X}}{\mathrm{d}\tau}\frac{\mathrm{d}\tau}{\mathrm{d}x}=\boldsymbol{A}(x)\boldsymbol{X}+\boldsymbol{B}(x)\boldsymbol{u}\tag{10-3-7}$$

式中,$\boldsymbol{X}$ 表示状态向量,由式(10－3－7)可得

$$\frac{\mathrm{d}\boldsymbol{X}}{\mathrm{d}\tau}=\left(\frac{\mathrm{d}\tau}{\mathrm{d}x}\right)^{-1}[\boldsymbol{A}(x)\boldsymbol{X}+\boldsymbol{B}(x)u]=-\boldsymbol{A}(x)\boldsymbol{X}-\boldsymbol{B}(x)\boldsymbol{u} \quad (10-3-8)$$

于是对式(10－3－5)有

$$\begin{cases}\dfrac{\mathrm{d}}{\mathrm{d}\tau}\delta v=-\dfrac{-X_{10}^{v}v_0+(P_{e0}+X_{10}+m_0g_0\sin\theta_{T0})}{m_0\sin\theta_{T0}v_0^2}\delta v\\ \qquad+\dfrac{1}{m_0v_0\sin\theta_{T0}}\delta P_e-\dfrac{(P_{e0}+X_{10})\cos\theta_{T0}}{m_0v_0\sin^2\theta_{T0}}\delta\theta_T\\ \dfrac{\mathrm{d}}{\mathrm{d}\tau}\delta\theta_T=-\dfrac{2g_0\cos\theta_{T0}}{v_0^3\sin\theta_{T0}}\delta v-\dfrac{g_0}{v_0^2\sin^2\theta_{T0}}\delta\theta_T+\dfrac{P_{e0}+X_{10}-Y_{10}^{\alpha}}{m_0v_0^2\sin\theta_{T0}}\delta\alpha\\ \dfrac{\mathrm{d}}{\mathrm{d}\tau}\delta\sigma_T=-\dfrac{g_0}{v_0^2}\delta\sigma_T+\dfrac{P_{e0}+X_{10}-Y_{10}^{\alpha}}{m_0v_0^2\sin\theta_{T0}}\delta\beta\\ \dfrac{\mathrm{d}}{\mathrm{d}\tau}\delta y=\dfrac{1}{\sin^2\theta_{T0}}\delta\theta_T\\ \dfrac{\mathrm{d}}{\mathrm{d}\tau}\delta z=\dfrac{1}{\sin\theta_{T0}}\delta\sigma_T\end{cases}$$

(10－3－9)

为书写简便,下面将 $\mathrm{d}(\delta v)/\mathrm{d}\tau$ 记为 $\delta\dot{v}$,其他状态变量也采用类似记法。

为简化制导律设计,将摄动运动方程分为纵向、侧向和速度三个通道。纵向通道的摄动运动方程为

$$\begin{cases}\delta\dot{\theta}_T=-\dfrac{g_0}{v_0^2\sin^2\theta_{T0}}\delta\theta_T-\dfrac{2g_0\cos\theta_{T0}}{v_0^3\sin\theta_{T0}}\delta v+\dfrac{P_{e0}+X_{10}-Y_{10}^{\alpha}}{m_0v_0^2\sin\theta_{T0}}\delta\alpha\\ \delta\dot{y}=\dfrac{1}{\sin^2\theta_{T0}}\delta\theta_T\end{cases}$$

(10－3－10)

侧向通道的摄动运动方程为

$$\begin{cases}\delta\dot{\sigma}_T=-\dfrac{g_0}{v_0^2}\delta\sigma_T+\dfrac{P_{e0}+X_{10}-Y_{10}^{\alpha}}{m_0v_0^2\sin\theta_{T0}}\delta\beta\\ \delta\dot{z}=\dfrac{1}{\sin\theta_{T0}}\delta\sigma_T\end{cases} \quad (10-3-11)$$

速度通道的摄动运动方程为

$$\delta\dot{v} = -\frac{-X_{10}^{v}v_0 + (P_{e0} + X_{10} + m_0 g_0 \sin\theta_{T0})}{m_0 \sin\theta_{T0} v_0^2}\delta v + \frac{2}{m_0 v_0 \sin\theta_{T0}}\delta P_e - \frac{(P_{e0} + X_{10})\cos\theta_{T0}}{m_0 v_0 \sin^2\theta_{T0}}\delta\theta_T \quad (10-3-12)$$

在纵向通道中,可以用攻角来控制纵程偏差;侧向通道中,可以用侧滑角来控制横程偏差;速度通道中,如果火箭处于动力减速段,可以通过调整推力大小来控制速度偏差,如果处于气动减速段时,则速度处于无控状态。

从式(10-3-10)和式(10-3-11)可以发现,纵向通道和侧向通道的控制量 $\delta\alpha$、$\delta\beta$ 前的系数 $P_{e0} + X_{10} - Y_{10}^{\alpha}$ 的符号会发生改变,相应的控制量产生的控制效果也会发生改变,在制导律设计中要注意这一问题。

10.3.2　轨迹跟踪制导律设计

1. 纵向通道的跟踪制导律

为提高制导律的响应特性,将纵向通道分为内外两个回路来设计。外回路为纵程偏差控制回路,产生期望飞行路径角偏差 $\delta\theta_{Tc}$;内回路为飞行路径角偏差控制回路,控制输入为攻角增量 $\delta\alpha$。制导律的具体形式为

$$\begin{cases} \delta\theta_{Tc} = \sin^2\theta_{T0}[-K_y(\delta y - \delta y_c)] \\ \delta\alpha = \dfrac{m_0 v_0^2 \sin\theta_{T0}}{P_{e0} + X_{10} - Y_{10}^{\alpha}}\left[-K_{\theta_T}(\delta\theta_T - \delta\theta_{Tc}) + \dfrac{2g_0\cos\theta_{T0}}{v_0^3\sin\theta_{T0}}\delta v + \dfrac{g_0}{v_0^2\sin^2\theta_{T0}}\delta\theta_T\right] \end{cases} \quad (10-3-13)$$

式中,$\delta y_c = 0$ 为期望的纵程偏差;K_y、K_{θ_T} 为设计参数,均取正值。

2. 侧向通道的跟踪制导律

侧向通道的制导律与纵向通道类似,采用如下形式:

$$\begin{cases} \delta\sigma_{Tc} = \sin\theta_{T0}[-K_z(\delta z - \delta z_c)] \\ \delta\beta = \dfrac{m_0 v_0^2 \sin\theta_{T0}}{P_{e0} + X_{10} - Y_{10}^{\alpha}}\left[-K_{\sigma_T}(\delta\sigma_T - \delta\sigma_{Tc}) + \dfrac{g_0}{v_0^2}\delta\sigma_T\right] \end{cases} \quad (10-3-14)$$

式中,$\delta z_c = 0$ 为期望的横程偏差;K_z、K_{σ_T} 为设计参数,均取正值。

3. 速度通道的跟踪制导律

速度通道是一阶的，只需要设计一个控制回路，其具体形式为

$$\Delta P_e = m_0 v_0 \sin \theta_{T0} [- K_v(\delta v - \delta v_c)] - \frac{X_{10}^v v_0 - P_{e0} - X_{10} - m_0 g_0 \sin \theta_{T0}}{v_0} \delta v + \frac{(P_{e0} + X_{10}) \cos \theta_T}{\sin \theta_{T0}} \delta \theta_T \tag{10-3-15}$$

式中，$\delta v_c = 0$ 为期望的速度偏差；K_v 为设计参数，取正值。

10.3.3 仿真分析

本节仿真中用到的相关参数如表 10-2 所示，表中的位置和速度均是相对于着陆坐标系的。仿真中，按照标准开关机速度启动和关闭火箭发动机，按照标准高度结束减速段飞行。

表 10-2 减速段标准轨道跟踪制导仿真相关参数

参数名称	数值及单位
初始质量	35 395 kg
减速段初始位置 $[x_0, y_0, z_0]$	[105 769, −210 687, 741] m
减速段初始速度 $[v_{x_0}, v_{y_0}, v_{z_0}]$	[−695, 256, −6] m/s
动力减速段结束位置 $[x_k, y_k, z_k]$	[23 000, −23 278, −85] m
动力减速段结束速度 $[v_{xk}, v_{yk}, v_{zk}]$	[−965, 1 426, −6] m/s
减速段结束位置 $[x_f, y_f, z_f]$	[3 656, −769, 1] m
减速段结束速度 $[v_{xf}, v_{yf}, v_{zf}]$	[−208, 90, 0] m/s
额定推力	285 kN
控制变量约束	$-15\ \text{kN} \leqslant \delta P_e \leqslant 15\ \text{kN}$, $-10° \leqslant \delta\alpha \leqslant 10°$, $-10° \leqslant \delta\beta \leqslant 10°$

火箭飞行过程中考虑的误差影响因素如表 10-3 所示，表中 $W(h)$ 表示风速关于高度的函数，根据相关模型计算得到。误差项 1~15 均从火箭发射点施加，但由于减速段只考虑了火箭的三自由度运动，误差项 2~7 只会造成初始位置和速度误差。误差项 1、8~15 不仅会造成减速段的初始位置和速度误差，还会影响整个减速段的飞行。

表 10-3　减速段标准轨道跟踪制导考虑的误差因素

序　号	项 目 名 称	单　位	偏差大小
1	起飞质量误差	kg	±1 500
2	y 向质心横移	mm	±50
3	z 向质心横移	mm	±50
4	y 向发动机推力线横移	mm	±5
5	z 向发动机推力线横移	mm	±5
6	y 向发动机推力线偏斜	(′)	±15
7	z 向发动机推力线偏斜	(′)	±15
8	发动机比冲误差	m/s	±20
9	发动机秒耗量误差	—	±3%
10	轴向空气动力系数	—	±10%
11	法向空气动力系数	—	±10%
12	大气密度误差	—	±10%
13	大气压力误差	—	±10%
14	纵风干扰	m/s	$\pm W(h)$
15	横风干扰	m/s	$\pm W(h)$

根据表 10-3 中的数值设定，采用最大误差法进行仿真，表 10-4 给出了正负两种误差情况下减速段轨迹跟踪制导律的终端误差。结果表明，纵程误差的最大值约 150 m，横程误差的最大值约 3.5 m，速度误差的最大值约 50 m/s。仿真发现，对纵程和速度影响较大的是轴向力空气动力系数误差、大气密度误差和纵风干扰，对横程影响较大是横风干扰，而且正负误差对于纵程和速度误差的影响均不对称，正误差的影响整体要大一些。

表 10-4　减速段轨迹跟踪制导律的终端误差

序　号	纵程误差/m		横程误差/m		速度误差/(m/s)	
	正误差	负误差	正误差	负误差	正误差	负误差
1	−0.2	−0.4	0	0	1.6	−3
2	0.2	−0.6	0.1	−0.1	0.2	−1.2
3	−0.3	−0.2	0.2	−0.2	−0.2	−0.2
4	−0.2	−0.3	0	0	0	−0.2

续 表

序 号	纵程误差/m		横程误差/m		速度误差/(m/s)	
	正误差	负误差	正误差	负误差	正误差	负误差
5	-0.3	-0.3	0	0	-0.1	-0.1
6	0.5	0.3	0.1	-0.1	-0.2	-0.2
7	-0.5	-0.2	-0.1	0.1	-0.9	0.2
8	-0.1	-0.6	0	0	2.3	-4.7
9	-0.2	-0.5	0.1	0	0.5	-0.6
10	-106.9	0.8	-0.4	0	-44.6	15.6
11	-0.3	-0.3	0	0	-0.1	-0.1
12	-151.8	1.6	-0.4	0	-51.1	21.8
13	-0.6	-0.1	0	0	-2	1.1
14	-139.8	3.5	-0.2	-0.2	-32.8	2.1
15	-0.5	-0.4	-3.5	3.5	-2.2	-2.2

10.4 基于凸优化的运载火箭动力着陆段轨迹规划方法

动力着陆段(以下简称着陆段)是运载火箭垂直回收最关键的阶段,火箭要通过变推力火箭发动机的控制,实现精准软着陆。着陆过程中,要克服风、推力误差、气动力误差、燃料消耗等各种不确定因素的影响,还要适应与减速段的交接班误差,是一个非常复杂的制导问题。仿真与工程实践都表明,标准轨道跟踪制导、多项式制导[114]等算法都无法满足运载火箭着陆段的制导要求,需要采用基于轨迹在线规划的预测制导算法。

轨迹在线规划又称轨迹在线生成或轨迹在线优化,是指基于飞行器上的软硬件计算资源,能在较短时间内设计一条由当前运动状态转移至终端运动状态,且满足各种过程约束的可行轨迹。轨迹在线生成的本质是在线快速求解一个非线性微分方程组的两点边值问题,可以通过打靶法、配点法等方法求解。广义上,预测-校正制导过程也可以看作一种轨迹在线生成方法,它是通过数值打靶法来求解微分方程的边值问题。最优控制理论也可以作为轨迹在线生成的一种方法,只是大多数情况下无法直接快速求解原问题,必须作一些简化假设,如迭代制导算法。配点法是通过离散化的手段将微分方程边值问题转化为数学规划问题,并通过数学规划算法求解,现有不同的商用或开源的数学规划求解器可供直接调用。配点法在获得可行轨迹的基础上,一般还要求某些性能指标最优。将轨迹在线规划算法与模型预测控制框架相结合,就可以设计出具有强抗干扰能力、满足复杂过程约束条件的预测制导算法。为保证制导系统的稳定性,要求轨迹在线规划算法必须具备可靠、稳定、快速收敛的特性,凸优化方法是满足这些条件的一种性能优异的数学规划算法。

近年来,箭载软硬件环境快速发展,使得基于数学规划的轨迹在线生成算法成为可能,"猎鹰"火箭的着陆段制导中就采用了基于凸优化的预测制导技术,本章的着陆段制导中就来讨论相关问题。

10.4.1　凸优化方法简介

在文献[115]和[116]中详细讨论了凸优化的理论基础和使用方法,本节仅简单介绍其基本原理。一般形式的优化问题可以表示为

$$\begin{cases}\min\limits_{X} J = f_0(\boldsymbol{X}) \\ \text{s.t.} \quad \begin{cases} f_i(\boldsymbol{X}) \leqslant 0, & i = 1, \cdots, m \\ h_i(\boldsymbol{X}) = 0, & i = 1, \cdots, p \end{cases}\end{cases} \tag{10-4-1}$$

凸优化问题是定义在凸集合上的、目标函数为凸函数的优化问题,即目标函数与不等式约束 $f_i(\boldsymbol{X})$ $(i = 0, 1, \cdots, m)$ 是凸函数;等式约束 $h_i(\boldsymbol{X}) = 0$ $(i = 1, \cdots, p)$ 是仿射函数。

凸优化问题有三个优良性质:强对偶性、局部最优即全局最优、能快速可靠地求解。常见的凸优化问题或凸优化模型包括:线性规划问题、二次规划问题、二次规划二次约束问题、二阶锥规划问题、半定规划问题等,其相互关系见图 10-16。二阶锥规划问题比二次规划问题、二次规划二次约束问题的建模误差更小,且二阶锥规划问题能够由内点法高效求解,因此在实际应用中常将待求解问题建模为二阶锥规划问题。

二阶锥规划问题定义为:目标函数是线性的、不等式约束是二阶锥约束、等式约束是线性约束,即

$$\begin{cases}\min\limits_{X} J = \boldsymbol{C}^{\mathrm{T}}\boldsymbol{X} \\ \text{s.t.} \quad \| \boldsymbol{A}_i\boldsymbol{X} + \boldsymbol{b}_i \|_2 \leqslant \boldsymbol{X}_i^{\mathrm{T}}\boldsymbol{X} + d_i, \quad i = 1, \cdots, m \\ \qquad \boldsymbol{A}\boldsymbol{X} = \boldsymbol{B}\end{cases} \tag{10-4-2}$$

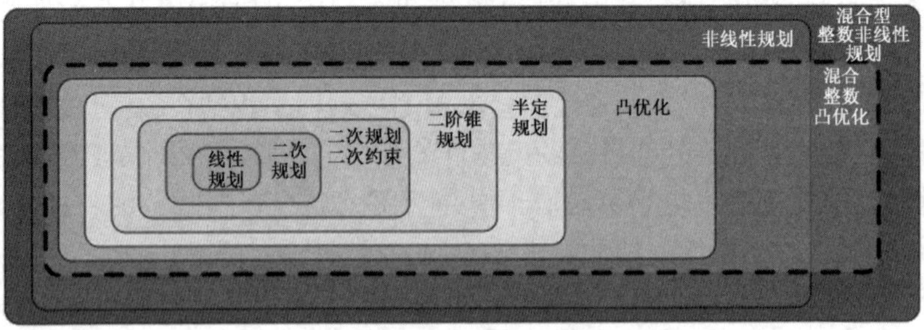

图 10-16 数学规划问题的相互关系[117]

二阶锥约束是一种重要的凸集合，其三维外形如同冰激凌。

10.4.2 着陆段轨迹优化问题描述

1. 着陆段的运动方程

着陆段一般从高度相对较低的 3 km 左右开始，运载火箭一子级要在几十秒内迅速完成动力减速和定点软着陆任务。由于飞行高度变化不大，飞行时间较短，引力加速度 $\boldsymbol{g}$ 和大气密度 ρ 可以假定为常数，并忽略地球自转对火箭运动的影响。暂不考虑火箭的姿态运动过程，将其视为瞬时配平的、仅有三自由度运动的质点，推力矢量 $\boldsymbol{T}(t)$ 始终沿着火箭纵轴的方向。

基于上述假设，在着陆坐标系（图 10-17）中，火箭的运动方程可以表示为

$$\dot{\boldsymbol{r}} = \boldsymbol{v} \tag{10-4-3}$$

$$\dot{\boldsymbol{v}}(t) = \frac{\boldsymbol{P}(t)}{m(t)} + \frac{\boldsymbol{D}(t)}{m(t)} + \boldsymbol{g} \tag{10-4-4}$$

$$\dot{m}(t) = -\alpha \| \boldsymbol{P}(t) \| \tag{10-4-5}$$

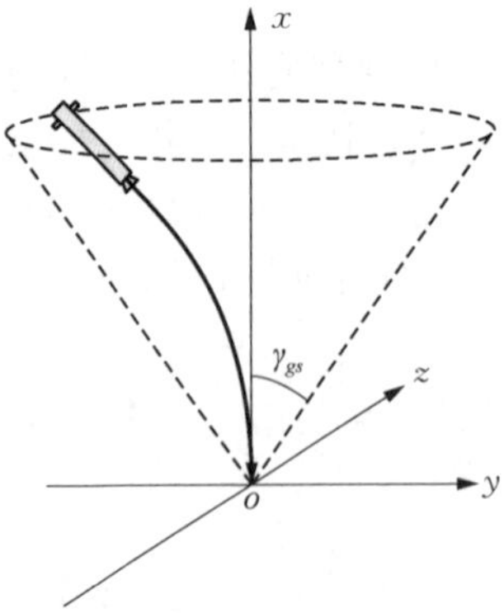

图 10-17 着陆坐标系中火箭运动示意图

式中，$\|\cdot\|$ 表示向量的 2 范数（后同）；$\alpha = 1/(I_{sp}g_0)$，g_0 是海平面平均引力加速度，I_{sp} 是发动机比冲，假定不随推力大小变化，因此 α 也是常值；$\boldsymbol{D}(t)$ 是气动阻力，计算公式为

$$\boldsymbol{D} = -\frac{1}{2}\rho S C_D v \boldsymbol{v} \tag{10-4-6}$$

2. 约束条件

在着陆段飞行中,火箭运动的约束包括边界约束、状态约束和控制约束。

1) 边界约束

火箭在初始时刻与终端时刻的位置、速度,以及初始质量、终端推力方向等有如下约束要求:

$$\begin{cases} \boldsymbol{r}(t_0)=\boldsymbol{r}_0, \quad \boldsymbol{v}(t_0)=\boldsymbol{v}_0, \quad m(t_0)=m_0, \quad m_{\mathrm{dry}} \leqslant m(t_f) \\ \boldsymbol{r}(t_f)=\boldsymbol{0}, \quad \boldsymbol{v}(t_f)=\boldsymbol{0}, \quad \boldsymbol{P}(t_f)=\|\boldsymbol{P}(t_f)\| \cdot \hat{\boldsymbol{n}}_f \end{cases} \tag{10-4-7}$$

式中, $\hat{\boldsymbol{n}}_f$ 为着陆时刻推力方向的单位矢量,一般要求沿着陆坐标系 O_RX 轴的方向。

2) 状态约束

火箭下降过程中为防止提前触地,要增加下滑角约束,如图 10-17 中的虚线部分所示,可表示为

$$\|\boldsymbol{r}(t)\| \cos(\gamma_{gs}) \leqslant \hat{\boldsymbol{e}}_u^{\mathrm{T}} \cdot \boldsymbol{r}(t), \quad \forall t \in [0, t_f] \tag{10-4-8}$$

式中, γ_{gs} 是给定的下滑角值; $\hat{\boldsymbol{e}}_u^{\mathrm{T}}=[1, 0, 0]$。

3) 控制量约束

着陆段的控制量为火箭发动机推力的大小和方向,均存在约束:

$$0 \leqslant P_{\min} \leqslant \|\boldsymbol{P}(t)\| \leqslant P_{\max}, \quad \forall t \in [0, t_f] \tag{10-4-9}$$

$$\|\boldsymbol{P}(t)\| \cos(\theta_{\max}) \leqslant \hat{\boldsymbol{e}}_u^{\mathrm{T}} \cdot \boldsymbol{P}(t), \quad \forall t \in [0, t_f] \tag{10-4-10}$$

$$\dot{P}_{\min} \leqslant \frac{\mathrm{d}\|\boldsymbol{P}(t)\|}{\mathrm{d}t} \leqslant \dot{P}_{\max}, \quad \dot{P}_{\min} < 0, \quad 0 < \dot{P}_{\max}, \quad \forall t \in [0, t_f] \tag{10-4-11}$$

式中, $\theta_{\max}$ 是推力与垂直方向的最大允许夹角。定义推力与垂直方向的夹角为推力指向角,则 $\theta_{\max}$ 是最大允许推力指向角。式(10-4-11)表示推力大小的变化速率约束。

综合上述火箭运动方程和相关约束,燃料最优火箭动力减速软着陆问题可以描述为如下有约束的最优控制问题。

问题Ⅰ：

$$\min J = -m(t_f) \tag{10-4-12}$$

满足：

$$\begin{cases}\dot{\boldsymbol{r}}=\boldsymbol{v}, \quad \dot{\boldsymbol{v}}(t)=\dfrac{1}{m(t)}[\boldsymbol{P}(t)+\boldsymbol{D}(t)]+\boldsymbol{g}, \quad \dot{m}(t)=-\alpha\|\boldsymbol{P}(t)\| \\ P_{\min}\leqslant\|\boldsymbol{P}(t)\|\leqslant P_{\max}, \|\boldsymbol{P}(t)\|\cos(\theta_{\max})\leqslant\hat{\boldsymbol{e}}_u^{\mathrm{T}}\boldsymbol{P}(t) \\ \dot{P}_{\min}\leqslant\dfrac{\mathrm{d}\|\boldsymbol{P}(t)\|}{\mathrm{d}t}\leqslant\dot{P}_{\max}, \|\boldsymbol{r}(t)\|\cos(\gamma_{gs})\leqslant\hat{\boldsymbol{e}}_u^{\mathrm{T}}\boldsymbol{r}(t) \\ \boldsymbol{r}(t_0)=\boldsymbol{r}_0, \boldsymbol{v}(t_0)=\boldsymbol{v}_0, m(t_0)=m_0, m_{\mathrm{dry}}\leqslant m(t_f) \\ \boldsymbol{r}(t_f)=\boldsymbol{0}, \boldsymbol{v}(t_f)=\boldsymbol{0}, \boldsymbol{P}(t_f)=\|\boldsymbol{P}(t_f)\|\hat{\boldsymbol{n}}_f\end{cases} \tag{10-4-13}$$

最优控制问题[式(10－4－12)和式(10－4－13)]存在非凸项,若要用凸优化方法求解,先要进行相关处理。

10.4.3 原问题的凸化处理与离散化

1. 推力约束的凸化处理

推力不等式约束[式(10－4－9)]是非凸的,如图 10－18 所示。采用无损凸优化方法[118－121],能够将其松弛成凸约束,如图 10－19 所示。在该方法中,将推力的模 $\|\boldsymbol{P}(t)\|$ 当成一个独立的控制变量 $\Gamma(t)$。将问题Ⅰ中的 $\|\boldsymbol{P}(t)\|$ 全部替换为 $\Gamma(t)$,得到如下松弛问题。

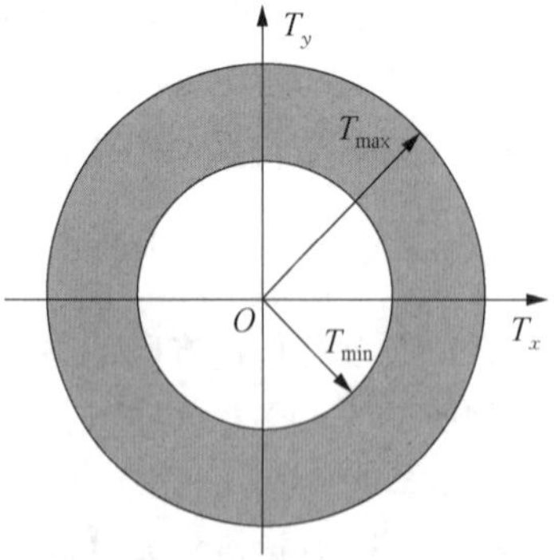

图 10－18 非凸推力约束

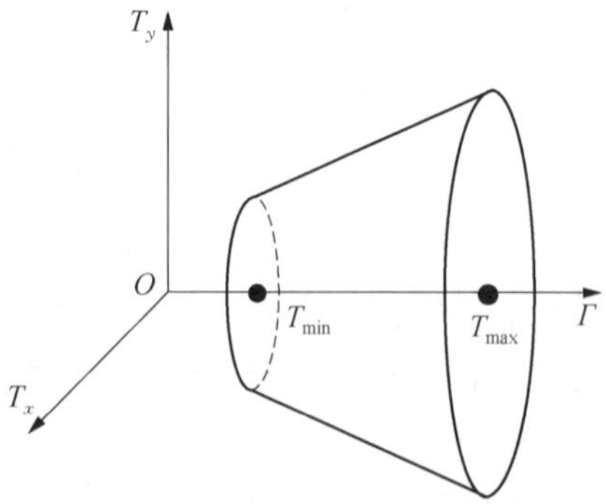

图 10－19 松弛后的推力约束

问题Ⅱ：

$$\min J = -m(t_f) \tag{10-4-14}$$

满足：

$$\begin{cases} \dot{\boldsymbol{r}} = \boldsymbol{v}, \quad \dot{\boldsymbol{v}}(t) = \dfrac{1}{m(t)}[\boldsymbol{P}(t) + \boldsymbol{D}(t)] + \boldsymbol{g}, \quad \dot{m}(t) = -\alpha\Gamma(t) \\ P_{\min} \leqslant \Gamma(t) \leqslant P_{\max}, \quad \Gamma(t)\cos(\theta_{\max}) \leqslant \hat{\boldsymbol{e}}_u^{\mathrm{T}}\boldsymbol{P}(t) \\ \dot{P}_{\min} \leqslant \dot{\Gamma}(t) \leqslant \dot{P}_{\max}, \quad \|\boldsymbol{r}(t)\|\cos(\boldsymbol{\gamma}_{gs}) \leqslant \hat{\boldsymbol{e}}_u^{\mathrm{T}}\boldsymbol{r}(t) \\ m_{\mathrm{dry}} \leqslant m(t), \quad \boldsymbol{r}(t_0) = \boldsymbol{r}_0, \quad \boldsymbol{v}(t_0) = \boldsymbol{v}_0, \quad m(t_0) = m_0 \\ \boldsymbol{r}(t_f) = \boldsymbol{0}, \quad \boldsymbol{v}(t_f) = \boldsymbol{0}, \quad \boldsymbol{P}(t_f) = \Gamma(t_f)\hat{\boldsymbol{n}}_f \end{cases} \tag{10-4-15}$$

后续研究中，考虑到实际飞行中火箭基本不会一直贴着最大滑坡角和推力指向角约束边界飞行，而且设计中燃料会留有余量，不会完全耗尽，因此可以假设滑坡角 $\|\boldsymbol{r}(t)\|\cos(\boldsymbol{\gamma}_{gs}) < \hat{\boldsymbol{e}}_u^{\mathrm{T}}\boldsymbol{r}(t)$，推力指向角 $\Gamma(t)\cos(\theta_{\max}) < \hat{\boldsymbol{e}}_u^{\mathrm{T}} \cdot \boldsymbol{P}(t)$ 和终端质量约束 $m_{\mathrm{dry}} < m(t)$ 是成立的。根据极小值原理可以证明问题Ⅱ的最优解 $\boldsymbol{P}^*(t)$ 和 $\Gamma^*(t)$ 满足 $\|\boldsymbol{P}^*(t)\| = \Gamma^*(t)$ [122]。

2. 离散化

问题Ⅱ是连续时间优化问题，理论上有无穷维，为了能够用数学规划算法求解，必须通过离散化手段将其转化为参数优化问题。将时间区间 $[0, t_f]$ 等间隔划分成 $N-1>0$ 段，则每个时间间隔长度为 $\Delta t = t_f/(N-1)$。为了简便表示，定义：

$$k_f \triangleq N-1 \tag{10-4-16}$$

$$t_f \triangleq k_f\Delta t \tag{10-4-17}$$

在后面的求解过程中，将直接优化求解 Δt 而不是 t_f。当 Δt 是确定值时，就可以用 $k \in [0, k_f]$ 等价代替时间节点 $t_k = k\Delta t$，后续描述中就用 k 来代替时间节点。

为保证离散精度，采用一阶保持离散方法，即假设推力大小 $\Gamma(t)$ 和加速度 $\boldsymbol{a}(t)$ 在相邻的两个离散点间随时间线性变化，即

$$\Gamma(t) = \Gamma(k) + \frac{\Gamma(k+1) - \Gamma(k)}{\Delta t}(t - t_k), \quad t \in [t_k, t_{k+1}] \tag{10-4-18}$$

$$\boldsymbol{a}(t)=\boldsymbol{a}(k)+\frac{\boldsymbol{a}(k+1)-\boldsymbol{a}(k)}{\Delta t}(t-t_k),\quad t\in[t_k,t_{k+1}] \tag{10-4-19}$$

式中，$\boldsymbol{a}(t)$ 的具体表达式为

$$\boldsymbol{a}(t)=\frac{\boldsymbol{P}(t)+\boldsymbol{D}(t)}{m(t)}+\boldsymbol{g} \tag{10-4-20}$$

各离散点上的状态变量 $\boldsymbol{r}(t)$、$\boldsymbol{v}(t)$、$m(t)$ 可以通过如下积分公式得到：

$$m(k+1)=m(k)+\int_{t_k}^{t_{k+1}}[-\alpha\Gamma(t)]\mathrm{d}t \tag{10-4-21}$$

$$\boldsymbol{r}(k+1)=\boldsymbol{r}(k)+\int_{t_k}^{t_{k+1}}\int_{t_k}^{t}\boldsymbol{a}(\tau)\mathrm{d}\tau\mathrm{d}t \tag{10-4-22}$$

$$\boldsymbol{v}(k+1)=\boldsymbol{v}(k)+\int_{t_k}^{t_{k+1}}\boldsymbol{a}(t)\mathrm{d}t \tag{10-4-23}$$

将推力和加速度的表达式[式(10-4-18)和式(10-4-19)]代入式(10-4-21)~式(10-4-23)中，可以得到：

$$m(k+1)=m(k)-\left\{\frac{\alpha}{2}[\Gamma(k)+\Gamma(k+1)]\right\}\Delta t \tag{10-4-24}$$

$$\boldsymbol{r}(k+1)=\boldsymbol{r}(k)+\boldsymbol{v}(k)\Delta t+\left[\frac{1}{3}\boldsymbol{a}(k)+\frac{1}{6}\boldsymbol{a}(k+1)\right]\Delta t^2 \tag{10-4-25}$$

$$\boldsymbol{v}(k+1)=\boldsymbol{v}(k)+\frac{1}{2}[\boldsymbol{a}(k)+\boldsymbol{a}(k+1)]\Delta t \tag{10-4-26}$$

在上述运动方程离散化过程中，只对推力大小 $\Gamma(t)$ 和加速度 $\boldsymbol{a}(t)$ 进行了离散化，其余状态变量均是通过方程积分得到的，故该方法具有较高的离散精度。

经过上述处理，得到如下的离散化轨迹优化问题Ⅲ。

问题Ⅲ：

$$\min J=-m(t_f) \tag{10-4-27}$$

满足：

$$
\begin{cases}
m(k+1)=m(k)-\left\{\dfrac{\alpha}{2}[\Gamma(k)+\Gamma(k+1)]\right\}\Delta t \\
\boldsymbol{r}(k+1)=\boldsymbol{r}(k)+\boldsymbol{v}(k)\Delta t+\left[\dfrac{1}{3}\boldsymbol{a}(k)+\dfrac{1}{6}\boldsymbol{a}(k+1)\right]\Delta t^2 \\
\boldsymbol{v}(k+1)=\boldsymbol{v}(k)+\dfrac{1}{2}[\boldsymbol{a}(k)+\boldsymbol{a}(k+1)]\Delta t \\
\boldsymbol{a}(k)=\dfrac{1}{m(k)}[\boldsymbol{P}(k)+\boldsymbol{D}(k)]+\boldsymbol{g}
\end{cases}
\tag{10-4-28}
$$

其中，$k\in[0,\ k_f)$。

$$
\begin{cases}
\dot{P}_{\min}\leqslant\dfrac{\Gamma(k+1)-\Gamma(k)}{\Delta t}\leqslant\dot{P}_{\max}, \\
P_{\min}\leqslant\Gamma(k)\leqslant P_{\max} \\
\Gamma(k)\cos(\theta_{\max})\leqslant\hat{\boldsymbol{e}}_u^{\mathrm{T}}\cdot\boldsymbol{P}(k),\quad k\in[0,\ k_f) \\
\|\boldsymbol{r}(k)\|\cos(\gamma_{gs})\leqslant\hat{\boldsymbol{e}}_u^{\mathrm{T}}\cdot\boldsymbol{r}(k) \\
m_{\mathrm{dry}}\leqslant m(k) \\
\boldsymbol{r}(0)=\boldsymbol{r}_0,\quad \boldsymbol{v}(0)=\boldsymbol{v}_0,\quad m(0)=m_0 \\
\boldsymbol{r}(k_f)=\boldsymbol{0},\quad \boldsymbol{v}(k_f)=\boldsymbol{0},\quad \boldsymbol{P}(k_f)=\Gamma(k_f)\hat{\boldsymbol{n}}_f
\end{cases}
\tag{10-4-29}
$$

3. 非线性等式约束的凸化处理

在离散化后的问题[式(10-4-27)~式(10-4-29)]中，等式约束仍然是非线性的、非凸的，不能直接用凸优化方法求解。

问题Ⅲ的等式约束中主要有三个非线性项：① 时间间隔 Δt，要与其他变量作乘法；② 气动阻力项 $\boldsymbol{D}(t)$，其表达式含有非线性项；③ 质量反比项 $1/m(t)$ 是非线性的，且要与其他变量作乘法。

可以采用线性化的方法将非线性方程转化为线性方程，从而使其凸化，即在第 i 次迭代中，问题Ⅲ的非线性等式约束由其在第 $i-1$ 次迭代结果处的一阶泰勒展开式代替，从而将原问题转化为一系列子问题，通过迭代求解子问题获得原问题的解。但是，该线性化过程可能会造成两个问题：子问题无界或子问题不可行。这两个问题可以通过信赖域约束方法和松弛加速度方法来解决[123]。

1）信赖域约束

信赖域是当前迭代点的一个小邻域，施加信赖域约束的主要目的是使子问题的解充分靠近参考轨迹，从而控制线性化误差，提高算法的收敛性。为方便描述，定义两次迭代之间各优化变量之差为

$$\delta x_i(k) \triangleq x_i(k) - x_{i-1}(k), \quad i > 1 \tag{10-4-30}$$

式中，x_i 代指变量 $\boldsymbol{r}$、$\boldsymbol{v}$、$\boldsymbol{m}$、$\boldsymbol{P}$、$\boldsymbol{\Gamma}$、Δt。实际上，研究表明并不需要对每一个变量都施加信赖域约束，只要对离散时间间隔 Δt 和推力 $\boldsymbol{P}$ 施加信赖域约束即可。施加的信赖域约束如下：

$$\| \delta \Delta t_i \| \leqslant \eta_{\Delta t}, \quad i > 1 \tag{10-4-31}$$

$$\| \delta \boldsymbol{P}_i(k) \| \leqslant \eta_P(k), \quad i > 1 \tag{10-4-32}$$

将式(10－4－31)和式(10－4－32)中的变量 $\eta_{\Delta t}$ 和 η_P 添加到子问题的目标函数[式(10－4－27)]中作为惩罚项。

2）松弛加速度

线性化会在原问题与子问题间产生间隙，可能会导致原问题是可行的但子问题不可行，而子问题不可行会造成迭代中断。例如，若初始离散时间间隔的猜测值过小，则子问题很可能不可行，这是由不合理的参数猜测值造成的，并不能说明原问题不可行。为避免此现象，提高求解算法的鲁棒性，可以通过在问题Ⅲ的加速度项中添加松弛加速度 $\boldsymbol{a}_R(k)$ 来解决。添加松弛加速度后，火箭的加速度表示为

$$\boldsymbol{a}(k) = \frac{\boldsymbol{P}(k) + \boldsymbol{D}(k)}{m(k)} + \boldsymbol{g} + \boldsymbol{a}_R(k) \tag{10-4-33}$$

可见，加入松弛加速度意味着人为地增强了火箭的控制能力，从而提高了子问题是可行性，使得迭代继续下去。但是，松弛加速度是虚拟的，只有 $\boldsymbol{a}_R(k) = 0$ 时得到的最优解才是准确的，因此要对 $\boldsymbol{a}_R(k)$ 的大小进行限制，故施加如下约束：

$$\| \boldsymbol{a}_R(k) \| \leqslant \kappa_{a,R}(k) \tag{10-4-34}$$

将式(10－4－34)中的 $\kappa_{a,R}$ 加到子问题的目标函数(10－4－27)中作为惩罚项。

将问题Ⅲ中的非线性等式约束线性化后，就转化为如下凸优化问题Ⅳ。

问题Ⅳ：

目标函数为

$$\min J = -w_{m,f}m(k_f) + w_{\kappa,a,R}\sum_{k=0}^{k_f}\boldsymbol{\kappa}_{a,R}(k) + w_{\eta,P}\sum_{k=0}^{k_f}\boldsymbol{\eta}_P(k) + w_{\eta,\Delta t}\boldsymbol{\eta}_{\Delta t} \tag{10-4-35}$$

式中，$w_{m,f}$，$w_{\kappa,a,R}$，$w_{\eta,P}$，$w_{\eta,\Delta t}$ 是权重系数。

优化问题的边界条件：

$$m(0)=m_0,\quad \boldsymbol{r}(0)=\boldsymbol{r}_0,\quad \boldsymbol{v}(0)=\boldsymbol{v}_0,\quad \boldsymbol{P}(0)=\Gamma(0)\hat{\boldsymbol{n}}_0,\quad \Gamma(0)=\Gamma_0 \tag{10-4-36}$$

$$\boldsymbol{r}(k_f)=\boldsymbol{0},\quad \boldsymbol{v}(k_f)=\boldsymbol{0},\quad \boldsymbol{P}(k_f)=\Gamma(k_f)\hat{\boldsymbol{n}}_f \tag{10-4-37}$$

动力学约束：

$$\begin{cases} m(k+1)=m(k)+f_m[\boldsymbol{\Psi}_{i-1}(k)]+\left.\dfrac{\partial f_m}{\partial \boldsymbol{\Psi}}\right|_{\boldsymbol{\Psi}_{i-1}[k]}\delta\boldsymbol{\Psi}_i(k) \\ \boldsymbol{r}(k+1)=\boldsymbol{r}(k)+f_r[\boldsymbol{\Psi}_{i-1}(k)]+\left.\dfrac{\partial \boldsymbol{f}_r}{\partial \boldsymbol{\Psi}}\right|_{\boldsymbol{\Psi}_{i-1}[k]}\delta\boldsymbol{\Psi}_i(k) \\ \boldsymbol{v}(k+1)=\boldsymbol{v}(k)+f_v[\boldsymbol{\Psi}_{i-1}(k)]+\left.\dfrac{\partial \boldsymbol{f}_v}{\partial \boldsymbol{\Psi}}\right|_{\boldsymbol{\Psi}_{i-1}[k]}\delta\boldsymbol{\Psi}_i(k) \end{cases} \tag{10-4-38}$$

式中，

$$\begin{cases} \boldsymbol{\Psi}_x(k) \triangleq [x^{\mathrm{T}}(k)\quad x^{\mathrm{T}}(k+1)]^{\mathrm{T}},\quad x=\boldsymbol{r},\boldsymbol{v},m,\boldsymbol{P},\Gamma,\boldsymbol{a}_R \\ \boldsymbol{\Psi}(k) \triangleq [\Delta t\quad \boldsymbol{\Psi}_m^{\mathrm{T}}(k)\quad \boldsymbol{\Psi}_\Gamma^{\mathrm{T}}(k)\quad \boldsymbol{\Psi}_v^{\mathrm{T}}(k)\quad \boldsymbol{\Psi}_P^{\mathrm{T}}(k)\quad \boldsymbol{\Psi}_{a,R}^{\mathrm{T}}(k)]^{\mathrm{T}} \\ f_m[\boldsymbol{\Psi}(k)] \triangleq -\left\{\dfrac{\alpha}{2}[\Gamma(k)+\Gamma(k+1)]\right\}\Delta t \\ f_r[\boldsymbol{\Psi}(k)] \triangleq \boldsymbol{v}(k)\Delta t+\left[\dfrac{1}{3}\boldsymbol{a}(k)+\dfrac{1}{6}\boldsymbol{a}(k+1)\right]\Delta t^2 \end{cases}$$

$$\begin{cases} f_v(\boldsymbol{\Psi}(k)) \triangleq \dfrac{1}{2}[\boldsymbol{a}(k) + \boldsymbol{a}(k+1)]\Delta t \\ \boldsymbol{a}(k) = \dfrac{1}{m(k)}\left[\boldsymbol{P}(k) - \dfrac{1}{2}\rho SC_D \| \boldsymbol{v}(k) \| \boldsymbol{v}(k)\right] + \boldsymbol{a}_R(k) + \boldsymbol{g} \end{cases} \tag{10-4-39}$$

过程约束：

$$\begin{cases} m_{\text{dry}} \leqslant m(k) \\ \| \boldsymbol{r}(k) \| \cos(\gamma_{gs}) \leqslant \hat{\boldsymbol{e}}_u^{\mathrm{T}} \cdot \boldsymbol{r}(k) \\ \| \boldsymbol{P}(k) \| \leqslant \Gamma(k) \\ P_{\min} \leqslant \Gamma(k) \leqslant P_{\max} \\ \Gamma(k)\cos\theta_{\max} \leqslant \hat{\boldsymbol{e}}_u^{\mathrm{T}} \cdot \boldsymbol{P}(k) \\ \dot{P}_{\min}\Delta t \leqslant \Gamma(k) - \Gamma(k) \leqslant \dot{P}_{\max}\Delta t \end{cases} \tag{10-4-40}$$

松弛加速度与信赖域约束：

$$\| \boldsymbol{a}_R(k) \| \leqslant \kappa_{a,R}(k), \quad \| \delta\Delta t_i \| \leqslant \eta_{\Delta t}, \quad \| \delta\boldsymbol{P}_i(k) \| \leqslant \eta_P(k) \tag{10-4-41}$$

10.4.4 序列凸优化求解算法

原问题经过离散化与凸化处理后，转化为凸优化问题[式(10－4－35)～式(10－4－41)]，然而该问题只是原问题的近似，因为离散化和凸化都会导致与原问题的不一致，因此需要采用序列凸优化算法[123-125]，通过迭代求解一系列原问题的近似凸子问题，逐步逼近原问题的近似最优解。

1. 初始参考轨迹生成

在启动序列凸优化算法时，需要一条初始参考轨迹，本节通过求解原问题的一个近似凸优化问题得到初始参考轨迹。

在该近似凸优化问题中，先根据 10.2 节中返回标准轨道的着陆段飞行时间确定初次迭代的飞行时间 $t_{f,s}$，从而确定初始离散步长：

$$\Delta\tau = t_{f,s}/k_f \tag{10-4-42}$$

将质量和速度引起的非线性项都看作按照某种规律随时间变化的独立变量，即将这些非线性项中的质量和速度分别表示为随时间独立变化的变量 $\mu(k)$ 和 $s(k)$。例如，可假定其按照线性变化，即

$$\begin{cases}\mu(k)=\left(\dfrac{k_f-k}{k_f}\right)m_0+\left(\dfrac{k}{k_f}\right)m_{\mathrm{dry}}\\ s(k)=\left(\dfrac{k_f-k}{k_f}\right)\|\boldsymbol{v}_0\|\end{cases}\tag{10-4-43}$$

则问题Ⅲ中的阻力加速度和总加速度可近似表示为

$$\boldsymbol{D}(k)=-\frac{1}{2}\rho SC_D s(k)\boldsymbol{v}(k)\tag{10-4-44}$$

$$\boldsymbol{a}(k)=\frac{\boldsymbol{P}(k)+\boldsymbol{D}(k)}{\mu(k)}+\boldsymbol{a}_R(k)+\boldsymbol{g}\tag{10-4-45}$$

经过上述近似之后,原始问题转化为如下凸问题Ⅴ。

问题Ⅴ:

目标函数为

$$\min J=-w_{m,f}m(k_f)+w_{\kappa,a,R}\sum_{k=0}^{k_f}\boldsymbol{\kappa}_{a,R}(k)\tag{10-4-46}$$

优化问题的边界条件:

$$\begin{cases}m(0)=m_0,\quad \boldsymbol{r}(0)=\boldsymbol{r}_0,\quad \boldsymbol{v}(0)=\boldsymbol{v}_0,\quad \boldsymbol{P}(0)=\Gamma(0)\hat{\boldsymbol{n}}_0,\ \Gamma(0)=\Gamma_0\\ \boldsymbol{r}(k_f)=0,\quad \boldsymbol{v}(k_f)=0,\quad \boldsymbol{P}(k_f)=\Gamma(k_f)\hat{\boldsymbol{n}}_f\end{cases}\tag{10-4-47}$$

动力学约束:

$$\begin{cases}m(k+1)=m(k)-\left\{\dfrac{\alpha}{2}[\Gamma(k)+\Gamma(k+1)]\right\}\Delta\tau\\ \boldsymbol{r}(k+1)=\boldsymbol{r}(k)+\boldsymbol{v}(k)\Delta\tau+\dfrac{1}{3}\left[\boldsymbol{a}(k)+\dfrac{1}{2}\boldsymbol{a}(k+1)\right]\Delta\tau^2\\ \boldsymbol{v}(k+1)=\boldsymbol{v}(k)+\dfrac{1}{2}[\boldsymbol{a}(k)+\boldsymbol{a}(k+1)]\Delta\tau\\ \boldsymbol{a}(k)=\dfrac{1}{\mu(k)}\left[\boldsymbol{P}(k)-\dfrac{1}{2}\rho SC_D s(k)\boldsymbol{v}(k)\right]+\boldsymbol{a}_R(k)+\boldsymbol{g}\end{cases}\tag{10-4-48}$$

过程约束:

$$
\begin{cases}
m_{\mathrm{dry}} \leqslant m(k) \\
\| \boldsymbol{r}(k) \| \cos(\gamma_{gs}) \leqslant \hat{\boldsymbol{e}}_u^{\mathrm{T}} \cdot \boldsymbol{r}(k) \\
\| \boldsymbol{P}(k) \| \leqslant \Gamma(k), \quad P_{\min} \leqslant \Gamma(k) \leqslant P_{\max}, \quad \Gamma(k)\cos\theta_{\max} \leqslant \hat{\boldsymbol{e}}_u^{\mathrm{T}} \cdot \boldsymbol{P}(k) \\
\| \boldsymbol{a}_R(k) \| \leqslant \kappa_{a,R}(k)
\end{cases}
\tag{10-4-49}
$$

2. 迭代求解算法

基于问题Ⅳ和问题Ⅴ,可以设计针对原问题的迭代求解算法,即序列凸优化算法,具体步骤叙述如下。

(1) 设置飞行器的参数、飞行任务参数和序列凸优化算法的参数。

(2) 根据式(10-4-44)计算 $\mu(k)$ 和 $s(k)$,构造近似凸优化问题Ⅴ,调用凸优化求解器求解问题Ⅴ,获得初始参考轨迹。

(3) 计算与当前参考轨迹有关的参数,利用得到的参数生成子问题Ⅳ,调用凸优化求解器求解问题Ⅳ,获得当前子问题的最优轨迹。

(4) 判断步骤(3)中获得的最优轨迹与其参考轨迹是否足够接近,若是,则终止计算;否则,转步骤(5)。

(5) 判断迭代次数是否大于给定的上限值,若是则认为迭代不收敛,终止计算;否则,将步骤(4)中获得的最优轨迹作为新的参考轨迹,转步骤(3)。

10.4.5 仿真分析

本节通过数值仿真说明着陆段轨迹凸优化生成方法的设计结果及使用情况,仿真参数设置如表 10-5 所示。仿真中,利用凸优化建模工具箱 CVX 和凸优化求解器 MOSEK 实现序列凸优化算法,所得结果如图 10-20~图 10-32 所示。仿真中,迭代 7 次后得到收敛解,最优飞行时间为 41.67 s,燃料消耗 3 686 kg。

表 10-5 着陆段轨迹规划仿真相关参数

参 数	取 值	单 位	参 数	取 值	单 位
ρ	1.225	$\mathrm{kg/m^3}$	m_0	26 139	kg
m_{dry}	18 000	kg	$\boldsymbol{r}_0$	[3 543, -721, 100]	m
I_{sp}	280	s	$\boldsymbol{v}_0$	[-207, 88, -0.1]	m/s
$P_{\max}$	300	kN	Γ_0	150	kN
$P_{\min}$	150	kN	$\hat{\boldsymbol{n}}_0$	$-\boldsymbol{v}_0/\|\boldsymbol{v}_0\|$	—

续　表

参　数	取　值	单　位	参　数	取　值	单　位
$\dot{P}_{max}$	50	kN/s	$\hat{\boldsymbol{n}}_f$	[1, 0, 0]	—
$\dot{P}_{min}$	-50	kN/s	N	40	—
θ_{max}	40	(°)	$w_{m,f}$	1	—
γ_{gs}	70	(°)	$w_{\kappa,a,R}$	2.2	—
C_D	2.2	—	$w_{\eta,P}$	100 000	—
$t_{f,s}$	40	s	$w_{\eta,\Delta t}$	100 000	—

着陆段位置与速度分量的变化如图 10－20~图 10－25 所示,由图可见,垂向和射向位置均单调递减地趋于 0,垂向速度大致按照线性变化趋势趋于 0,射向速度在前期下降较快,而后期则较为缓慢地趋于零。终端的位置与速度均满足约束要求。

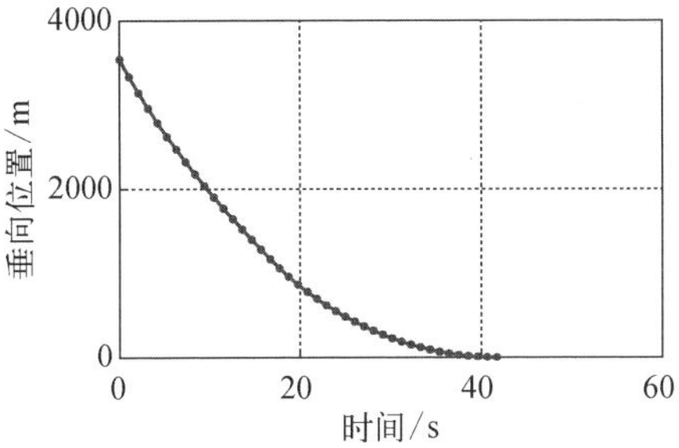

图 10－20　着陆段垂向位置随时间的变化曲线

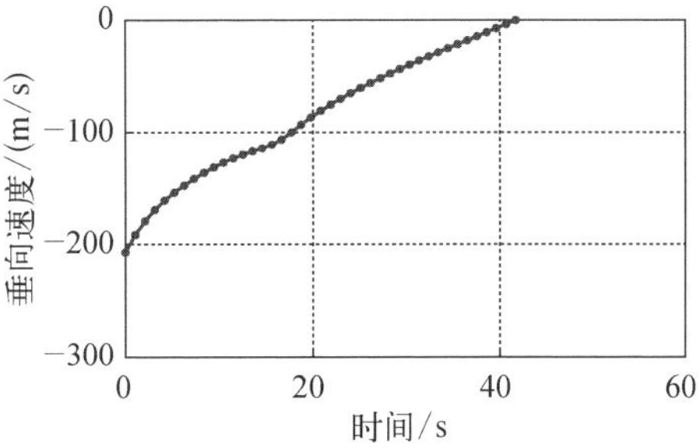

图 10－21　着陆段垂向速度随时间的变化曲线

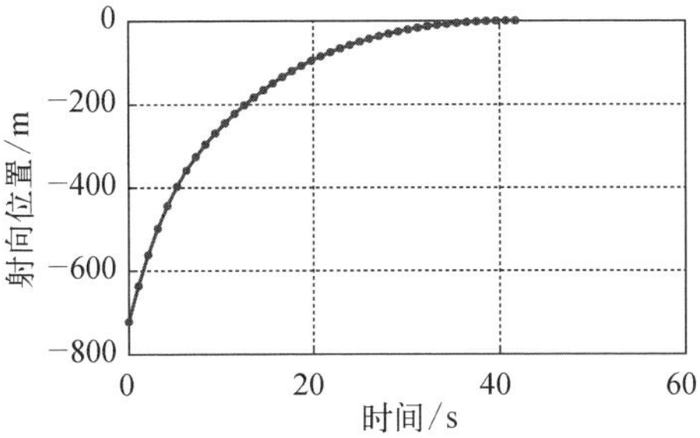

图 10－22　着陆段射向位置随时间的变化曲线

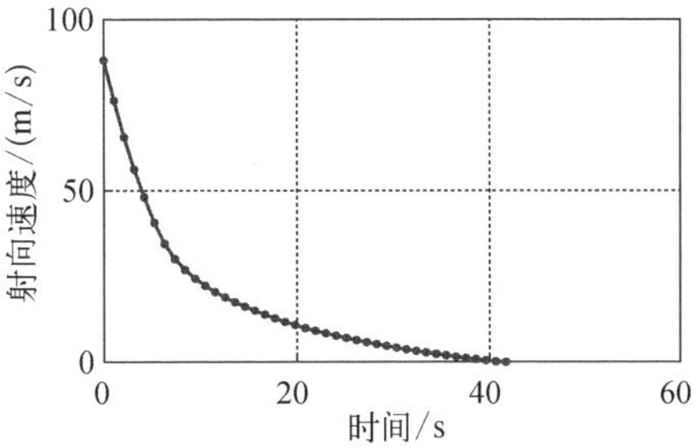

图 10－23　着陆段射向速度随时间的变化曲线

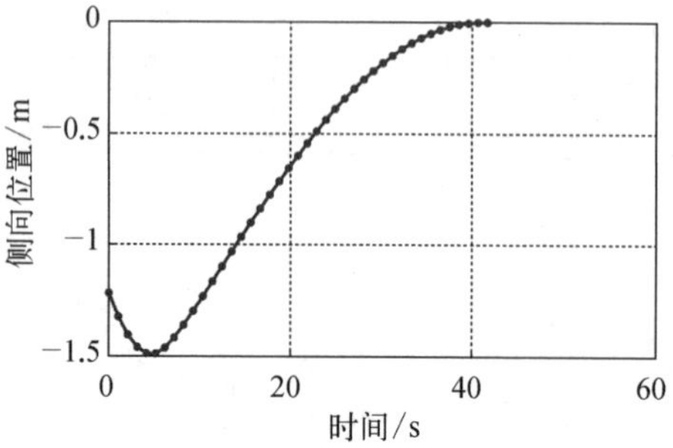

图 10-24 着陆段侧向位置随时间的变化曲线

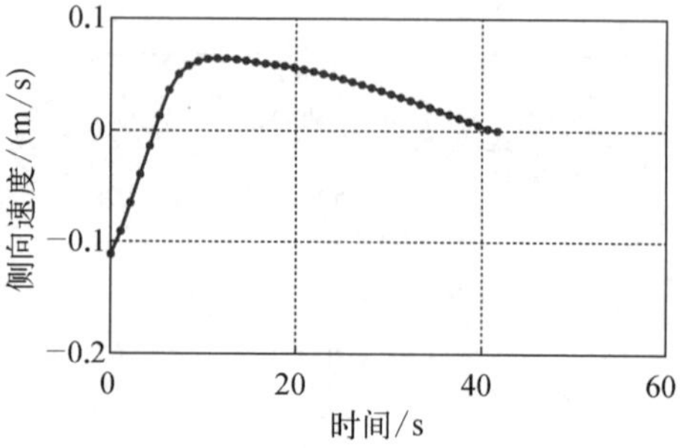

图 10-25 着陆段侧向速度随时间的变化曲线

图 10-26~图 10-29 给出了推力大小、各分量、变化速率和指向角随时间的变化曲线。

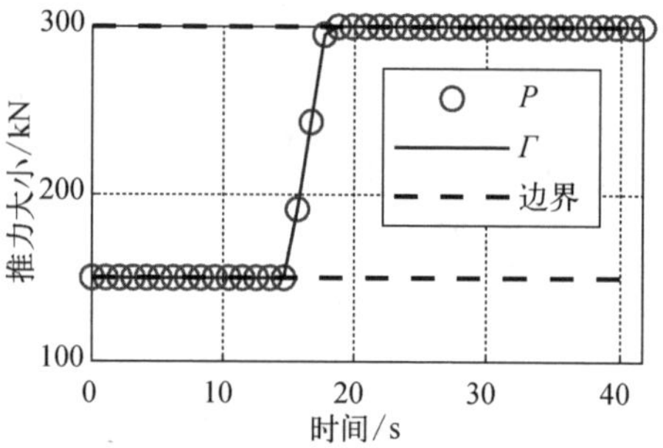

图 10-26 着陆段推力大小随时间的变化曲线

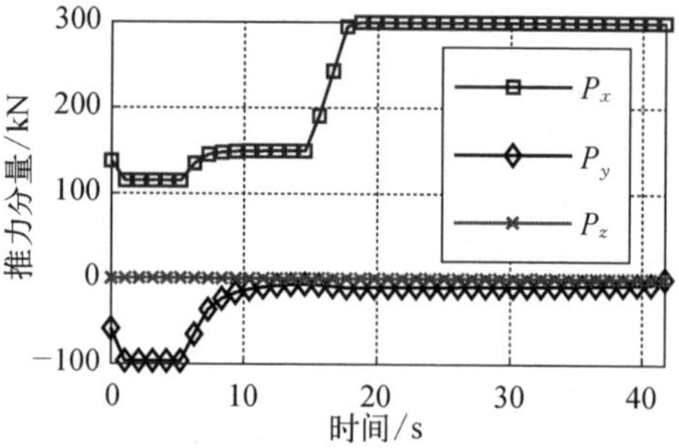

图 10-27 着陆段推力分量随时间的变化曲线

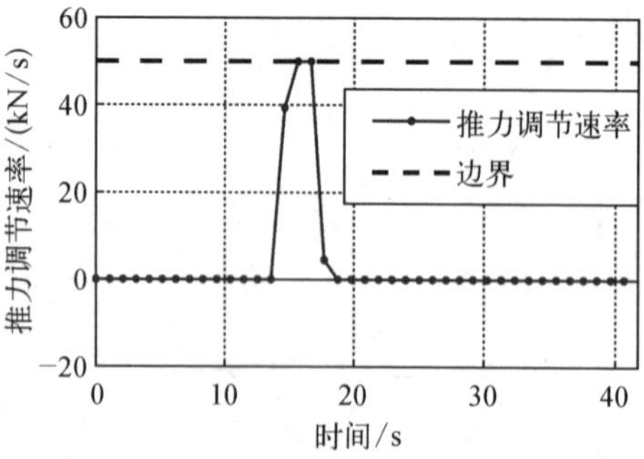

图 10-28 着陆段推力调节速率随时间的变化曲线

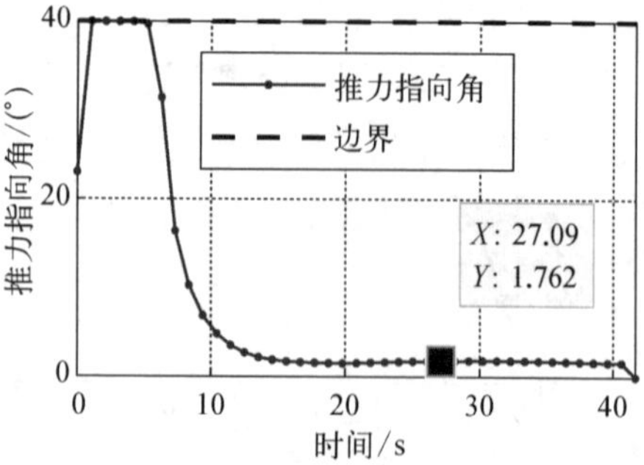

图 10-29 着陆段推力指向角随时间的变化曲线

从图 10－26 可以看出，最优推力大小的变化大致遵照 Bang-Bang 控制的方式。这是因为优化的指标选择燃料最省，火箭在着陆段前期的速度较大，因此阻力加速度也较大，此时选择较小的推力减速，能够更充分地利用大气阻力的减速作用，从而节省燃料消耗。

从图 10－27 所示的推力分量图可以看出，垂向和射向的推力分量表现出完全不一样的变化规律：垂向推力先小后大，而射向推力则先大后小。从图 10－28 所示的推力调节速率可以看出，从最小推力过渡到最大推力的时间段内，推力调节速率处于最大值状态。从图 10－29 所示的推力指向角变化曲线可以看出，飞行前期按照最大允许推力指向角飞行，然后迅速调整到接近垂直的状态飞行。

图 10－30 给出了迭代过程中相邻轨迹的迭代误差随迭代次数的变化规律。可见，迭代开始时的误差均较大；但从第二次迭代开始，迭代误差迅速减小；到第四次迭代时，位置、速度和推力的迭代误差基本同时接近于 0。这说明序列凸优化算法具有较好的收敛性，状态量与控制量均能够在较少迭代次数内实现收敛。

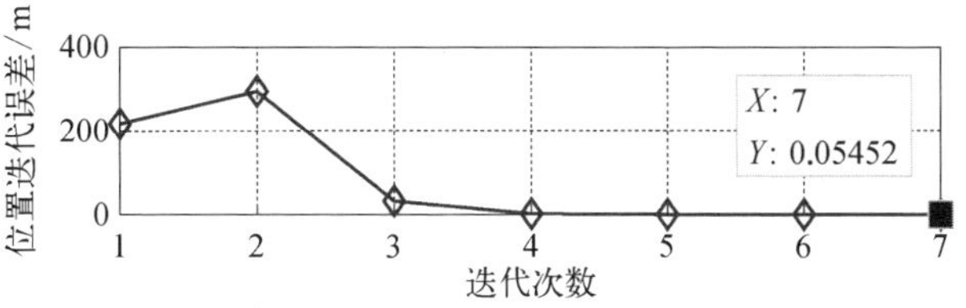

(a) 位置迭代误差

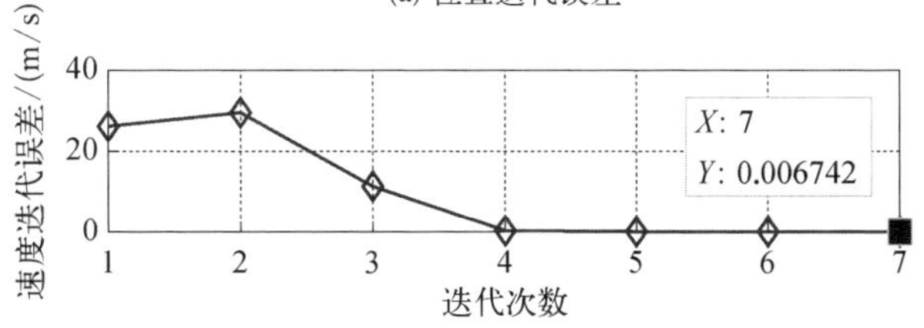

(b) 速度迭代误差

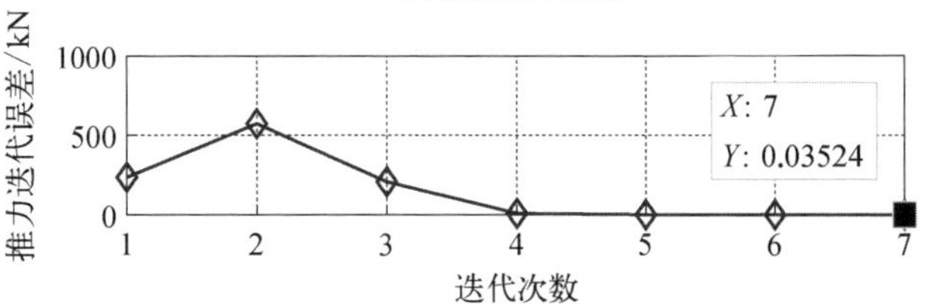

(c) 推力迭代误差

图 10－30　序列凸优化算法的迭代误差随迭代次数的变化曲线

图 10－31 给出了迭代过程中松弛加速度的变化曲线。可见,整个迭代过程中松弛加速度的量级为 10^{-6},基本接近于 0,说明原问题及序列凸化后得到的子问题均是可行的,最终的收敛解也是可行解,即火箭一子级具备将其控制到着陆点的能力。

图 10－32 给出了迭代过程中燃料消耗的变化曲线。由于原始问题以燃料最省为优化指标,因此该图实际反映了目标函数在迭代过程中的变化情况。可以看出,燃料消耗经过 4 次迭代即达到了收敛条件,收敛值为 3 686 kg。

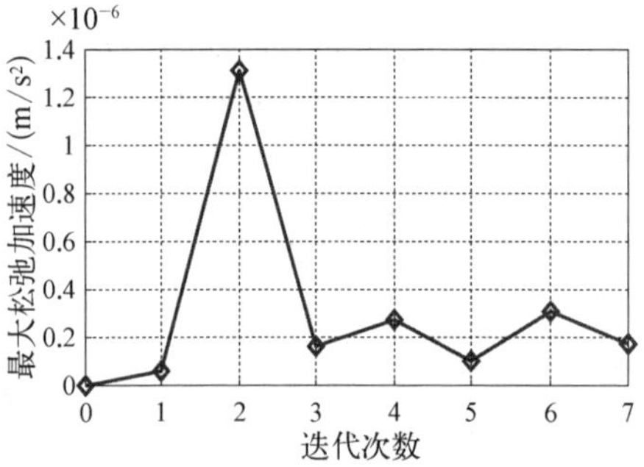

图 10－31 最大松弛加速度随迭代次数的变化曲线

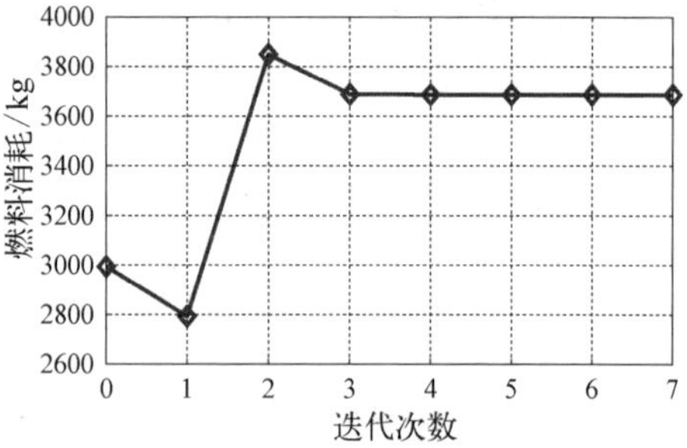

图 10－32 燃料消耗随迭代次数的变化曲线

10.5 基于轨迹在线生成的动力着陆段预测制导方法

在着陆段起始时刻,火箭的飞行状态可能与标准轨道存在较大的位置和速度偏差,而且着陆段飞行时间较短,利用轨迹跟踪制导算法,很难保证位置和速度偏差在指定的时间内同时收敛到零,相关仿真分析与飞行试验已经验证了这一结论。因此,针对着陆段初始状态偏差大和着陆精度要求高的特点,借鉴模型预测控制(model predictive control, MPC)的思路,研究基于轨迹在线生成的着陆段预测制导方法[126]。该方法利用凸优化技术在线生成可行轨迹,获得制导指令;设计合适的火箭发动机开机策略,确保着陆段起始处的轨迹规划问题是可行的;设计基于视加速度补偿的轨迹跟踪方法,提高制导算法的抗干扰能力。

基于凸优化的着陆段轨迹生成方法在 10.4 节已有阐述,用于预测制导还需要解决算法的在线应用问题,包括算法的快速性、稳定性、异常处理等。除此之外,还有发动机开机策略、误差补偿等问题需要处理,下面分别加以讨论。

10.5.1　轨迹在线生成算法设计

基于轨迹在线生成的着陆段预测制导算法框架如图 10－33 所示。该框架包括两个回路,外环为轨迹在线生成回路,内环为跟踪制导回路。导航系统测量得到飞行器的运动状态 $\hat{\boldsymbol{x}}(t)$,并传递给轨迹规划模块,该模块根据当前飞行状态和着陆要求在线生成一条可行的轨迹,并将规划的最优状态 $\boldsymbol{x}^*(t)$ 和最优控制量 $\boldsymbol{u}^*(t)$ 传递给轨迹跟踪模块。轨迹跟踪模块根据跟踪制导律计算出制导指令 $\boldsymbol{u}(t)$,并将其传递给执行机构,以实现该指令。本节主要讨论轨迹规划外环回路的设计问题,目的是提高轨迹规划的快速性和成功率。

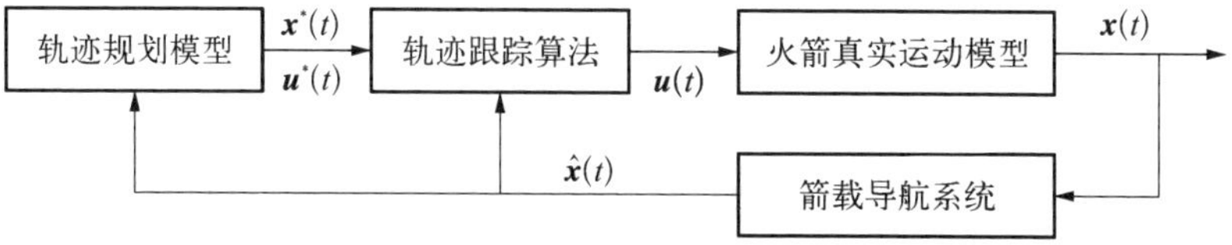

图 10－33　基于轨迹在线生成的着陆段制导算法框架图

1. 初始参考轨迹生成

根据 10.4 节中序列凸优化轨迹规划算法的描述可知,启动该算法需要一条初始参考轨迹。对轨迹在线生成而言,初始参考轨迹的选取有两种方案。一种方案是,每次规划时均先执行一次初始轨迹生成算法,获得一条初始参考轨迹,再执行迭代求解算法。另一种方案是,仅在着陆段起始点的轨迹规划过程中执行一次初始轨迹生成算法,得到收敛解并保存收敛解;执行下一次轨迹规划时,直接取出保存的上一次收敛解,并通过插值构造初始参考轨迹,得到收敛解后更新上次的存储结果。

显然,第二种方案更优,主要表现在如下两点: ① 仅需要执行一次初始参考轨迹生成算法,减少了运算量,提高了运算效率;② 相比近似问题产生的初始结果,由上一次轨迹规划结果插值产生的轨迹应该更接近收敛解,因此能提高收敛速度。

2. 推力逐级调节

在基于轨迹在线生成的预测制导方法中,轨迹规划问题属于燃料最优控制问题,此类问题的最优控制曲线一般是类似 Bang-Bang 形式的,如图 10－34 所示,t_k 为推力大小切换时刻。Bang-Bang 形式的控制曲线虽然可以使得消耗的燃料最少,但是这样的曲线是饱和曲线,抗干扰能力差。在$[t_0, t_k]$时间区间内,如果火箭由于模型误差和外界干扰产生状态偏差,轨迹规划算法仍能通过改变推力大小或方向产生新的最优解。然而,在$[t_k, t_f]$时间区间,推力已经是最大值,轨迹规划算法只能通过减小推力或者改变推力方向来产生新的最优解,抗干扰能力变差。如果状态偏差较大,就可能导致轨迹规划问题在物理上不可行,数值仿真验证了这一点。这可以看作轨迹规划问题与制导问题的要求或目标不一致导致的:轨迹规划问题只考虑燃料最优,而没有考虑制导的鲁棒性要求。

为解决 Bang-Bang 控制曲线给制导带来的问题,设计一种推力逐级调节的抗饱和方法。在该方法中,将整个着陆段分为两个阶段,在每一个阶段,分别设置最大推力的上限值,并逐级递增,如图 10-35 所示。

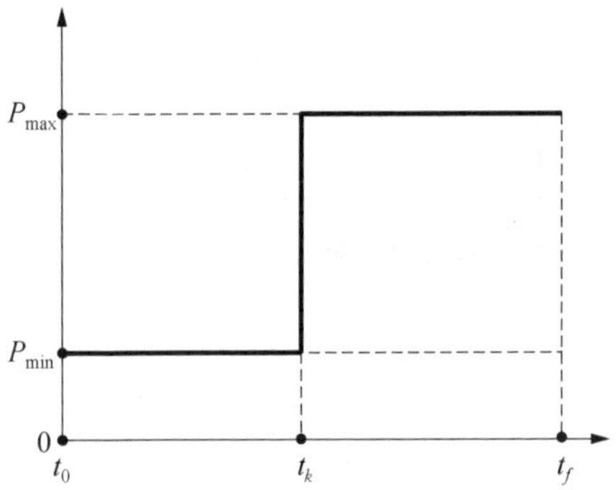

图 10-34 Bang-Bang 推力控制曲线

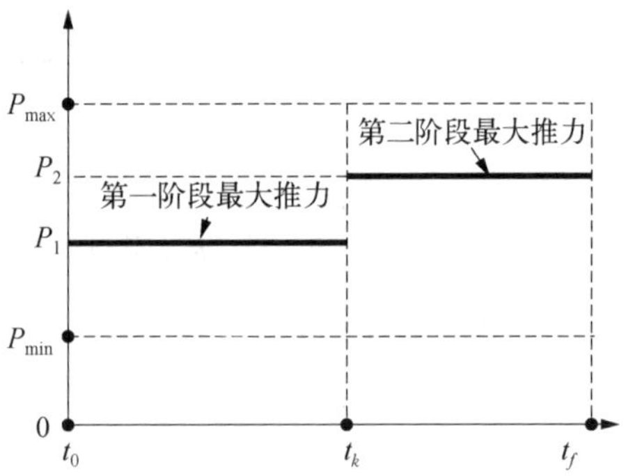

图 10-35 推力逐级调节示意图

(1) 第一阶段为t_k之前,火箭一般按照最小推力飞行。采用轨迹规划算法能通过改变推力大小、方向或者切换时间t_k来产生新的最优解,因此轨迹规划问题的解空间是比较大的。这一阶段可将最大推力设置得较小,如 90% P_{max},为后续飞行阶段留出设计余量。

(2) 第二阶段为t_k之后,推力会从最小值切换到最大值,切换后由于控制量饱和、抗干扰能力差,可能会导致问题不可行,此时需要进行推力调节,逐级放开。

在第一阶段$[t_0, t_k]$中,如果第k次轨迹规划失败,那么下次轨迹规划(第$k+1$次)的最大可用推力P'_{max}按如下公式调整:

$$\begin{cases} P'_{max}(k+1) = P'_{max}(k) + \Delta P_1, & P'_{max}(k) \leqslant P_1 - \Delta P_1 \\ P'_{max}(k+1) = P_1, & P'_{max}(k) > P_1 - \Delta P_1 \end{cases} \quad (10-5-1)$$

式中，ΔP_1 为第一阶段最大可用推力的调整增量；P_1 为第一阶段最大可用推力的上限。

同样，在第二阶段$[t_k, t_f]$中，最大可用推力 P'_{max} 的调整公式为

$$\begin{cases} P'_{max}(k+1) = P'_{max}(k) + \Delta P_2, & P'_{max}(k) \leqslant P_2 - \Delta P_2 \\ P'_{max}(k+1) = P_2, & P'_{max}(k) > P_2 - \Delta P_2 \end{cases} \quad (10-5-2)$$

式中，ΔP_2 为第二阶段最大可用推力的调整增量；P_2 为第二阶段最大可用推力的上限，一般可取为变推力火箭发动机的最大推力，即 $P_2 = P_{max}$。为提高末端着陆的制导精度，在接近着陆时，直接令 $P'_{max} = P_{max}$。

10.5.2　发动机开机策略的选择

基于轨迹在线生成的着陆段制导律，需要在 10.4 节算法的基础上保证轨迹规划问题的可行性，因为规划问题的不可行将直接导致制导指令的中断。问题的不可行可以分为算法不可行和物理不可行两类。算法不可行是指轨迹规划问题存在最优解，但是采用优化算法无法求得该最优解；物理不可行是指轨迹规划问题不存在最优解，甚至不存在可行解，是必须充分验证的问题。由于前述凸优化轨迹规划方法的鲁棒性较强，此处不讨论算法不可行的问题，主要讨论物理不可行。

减速段结束、着陆段开始时，选择合适的开机策略，主要是开机时间，是保证轨迹规划问题可行的第一步。虽然在预先设计的标准轨道中，着陆段开机时间是确定的，但在飞行过程中各种干扰的影响可能会使火箭较大程度地偏离标准轨道，此时若仍按标准高度或速度开机，可能会造成着陆段初始位置和速度偏差过大，导致起始点到着陆点的可行轨迹不存在，也即物理不可行。

为解决这一问题，设计一种速度偏差-高度开机策略。该策略的主要思想是根据速度偏差来调整开机高度，速度偏差越大，开机高度越高，设计的开机曲线如图 10-36 所示。

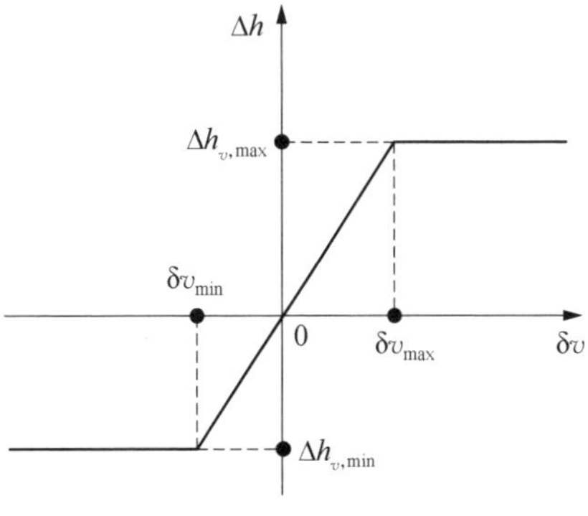

图 10-36　着陆段发动机速度偏差-高度开机曲线

图 10-36 中，横轴 Δv 表示等高条件下的速度偏差，即

$$\delta v = v - v_0(h) \tag{10-5-3}$$

式中，h 和 v 表示飞行器当前的高度和速度；$v_0(h)$ 表示当前高度 h 对应的标准轨道上速度的大小。开机曲线可用式(10－5－4)表示：

$$\Delta h_v = \begin{cases} \Delta h_{v,\max}, & \delta v > \delta v_{\max} \\ \dfrac{\Delta h_{v,\max} - \Delta h_{v,\min}}{\delta v_{\max} - \delta v_{\min}}\delta v, & \delta v_{\min} < \delta v \leqslant \delta v_{\max} \\ \Delta h_{v,\min}, & \delta v \leqslant \delta v_{\min} \end{cases} \tag{10-5-4}$$

式中，$\delta v_{\min}$ 和 $\delta v_{\max}$ 分别表示开机曲线线性变化段等高速度偏差的下限和上限，是待设计参数；$\Delta h_{v,\min}$ 是最小开机高度降低量；$\Delta h_{v,\max}$ 是最大开机高度增加量。

根据开机曲线计算出 Δh_v 之后，即可计算出开机高度 $h_{v,\mathrm{on}}$：

$$h_{v,\mathrm{on}} = \Delta h_v + h_{0,\mathrm{on}} \tag{10-5-5}$$

式中，$h_{0,\mathrm{on}}$ 是标准轨道中的开机高度。如果实际高度 h 等于或小于开机高度 h_{on}，则开机。

式(10－5－4)中四个参数 $\delta v_{\min}$、$\delta v_{\max}$、$\Delta h_{v,\min}$ 和 $\Delta h_{v,\max}$ 的值，需要根据火箭的具体参数通过数值仿真来确定。取值时要注意，$\Delta h_{v,\max}$ 不宜过大，否则会造成过早开机，浪费燃料；$\Delta h_{v,\min}$ 不宜过小，否则会导致火箭飞行后段的抗干扰能力减弱。

10.5.3 基于视加速度补偿的跟踪制导方法

运载火箭一子级着陆过程中，运动方程是非线性的，而且会受到很多不确定因素的干扰。建立轨迹规划的数学模型时，为提高计算速度和收敛稳定性，忽略了一些非线性项和不确定因素，包括无法获得的未建模动态及模型参数的变化、外界扰动等，由此导致轨迹规划使用的数学模型和火箭的真实运动模型不一致。在跟踪制导中，需要解决这一问题，否则会导致预测制导算法的精度降低乃至制导失败。下面将规划用的数学模型和真实的物理模型的不一致性用总扰动 $\boldsymbol{d}$ 表示，并通过视加速度补偿的方法来克服这一扰动的影响。

凸优化中，运载火箭飞行轨迹的数学规划模型可表示为

$$\begin{cases} \dot{\boldsymbol{r}}_N(t) = \boldsymbol{v}_N(t) \\ \dot{\boldsymbol{v}}_N(t) = \dfrac{\boldsymbol{T}'_N(t)}{m_N(t)} + \dfrac{\boldsymbol{D}_N(t)}{m_N(t)} + \boldsymbol{g}_N \end{cases} \tag{10-5-6}$$

式中,带下标 N 的运动状态表示轨迹规划使用的标称参数值,由导航系统或发射前的装定数据获得; $\boldsymbol{g}_N$ 取常值; $\boldsymbol{D}_N$ 根据运动速度 $\boldsymbol{v}_N$、装定的阻力系数计算得到; $m_N(t)$ 是真实质量的估计值; $\boldsymbol{T}'_N(t)$ 是轨迹规划算法生成的推力指令。

为克服总扰动 $\boldsymbol{d}(t)$ 的影响,确保制导算法的鲁棒性,设计一种视加速度补偿器来修正推力指令 $\boldsymbol{T}'_N(t)$。补偿后的制导指令包括两部分:轨迹规划算法生成的指令 $\boldsymbol{T}'_N(t)$ 和补偿指令 $\boldsymbol{T}_\Delta$:

$$\boldsymbol{T}_N = \boldsymbol{T}'_N + \boldsymbol{T}_\Delta \tag{10-5-7}$$

下面讨论补偿指令 $\boldsymbol{T}_\Delta$ 的获取问题。考虑视加速度补偿后,运载火箭的真实运动模型可表示为

$$\begin{cases} \dot{\boldsymbol{r}}(t) = \boldsymbol{v}(t) \\ \dot{\boldsymbol{v}}(t) = \dfrac{\boldsymbol{T}_N(t)}{m_N(t)} + \dfrac{\boldsymbol{D}_N(t)}{m_N(t)} + \boldsymbol{g}_N + \boldsymbol{d}(t) \end{cases} \tag{10-5-8}$$

式中,总扰动 $\boldsymbol{d}(t)$ 包含了由火箭本体参数、推力、气动力、引力、风场等各种因素导致的总干扰加速度。

定义火箭的运动状态偏差:

$$\begin{cases} \boldsymbol{e}_r = \boldsymbol{r}(t) - \boldsymbol{r}_N(t) \\ \boldsymbol{e}_v = \boldsymbol{v}(t) - \boldsymbol{v}_N(t) \end{cases} \tag{10-5-9}$$

则根据式(10-5-6)~式(10-5-8),可以得到描述运动状态偏差变化的微分方程:

$$\begin{cases} \dot{\boldsymbol{e}}_r = \boldsymbol{e}_v \\ \dot{\boldsymbol{e}}_v = \dfrac{\boldsymbol{T}_N(t) - \boldsymbol{T}'_N(t)}{m_N(t)} + \boldsymbol{d}(t) = \dfrac{\boldsymbol{T}_\Delta(t)}{m_N(t)} + \boldsymbol{d}(t) \end{cases} \tag{10-5-10}$$

总干扰 $\boldsymbol{d}(t)$ 的估计值 $\hat{\boldsymbol{d}}(t)$ 既可以通过干扰观测器估计得到[96],也可以通过箭载加速度计的测量值估计得到。若用加速度计的测量值获得,且暂不考虑测量误差,则干扰 $\boldsymbol{d}(t)$ 应重写为

$$\boldsymbol{d}(t) = \boldsymbol{W}(t) - \left[\frac{\boldsymbol{T}'_N(t) + \boldsymbol{T}_\Delta(t)}{m_N(t)} + \frac{\boldsymbol{D}_N(t)}{m_N(t)}\right] \tag{10-5-11}$$

等式右侧第一项为测量得到的视加速度,即

$$\boldsymbol{W}(t)=\frac{\boldsymbol{T}_N(t)}{m_N(t)}+\frac{\boldsymbol{D}_N(t)}{m_N(t)}+\boldsymbol{d}(t) \tag{10-5-12}$$

考虑到测量的滞后性,干扰的估计值 $\hat{\boldsymbol{d}}(t)$ 可以表示为

$$\hat{\boldsymbol{d}}(t)=\boldsymbol{W}(t-\Delta t_G)-\frac{\boldsymbol{T}'_N(t-\Delta t_G)+\boldsymbol{T}_\Delta(t-\Delta t_G)}{m_N(t-\Delta t_G)}-\frac{\boldsymbol{D}_N(t-\Delta t_G)}{m_N(t-\Delta t_G)} \tag{10-5-13}$$

式中, Δt_G 为制导周期。补偿指令 $\boldsymbol{T}_\Delta$ 为

$$\boldsymbol{T}_\Delta=-m_N(t)\cdot\hat{\boldsymbol{d}}(t) \tag{10-5-14}$$

10.5.4 仿真分析

本节通过数值仿真来说明着陆段预测制导方法的效果,仿真参数设置如表 10-6 所示。

表 10-6 仿真参数设置

参数名称	数值
轨迹规划周期	4 s
制导周期	0.1 s
发动机开机策略参数	$\Delta h_{v,\max}=1\,000$ m, $\Delta h_{v,\min}=-300$ m, $\delta v_{\max}=20$ m/s, $\delta v_{\min}=-6$ m/s $\Delta P_1=0.03P_{\max}$, $\Delta P_2=0.03P_{\max}$, $P_1=0.96P_{\max}$, $P_2=0.99P_{\max}$
动态逆控制器参数	$k_r=0.4$, $k_v=0.8$
着陆位置精度要求	$0\leqslant x_f\leqslant 1$ m, $\sqrt{y_f^2+z_f^2}\leqslant 10$ m
着陆速度精度要求	$0\leqslant v_{x,f}\leqslant 2$ m/s, $\sqrt{v_{y,f}^2+v_{z,f}^2}\leqslant 0.1$ m/s

制导过程中,在一个轨迹规划周期内,一直采用上次的轨迹规划结果来生成制导指令,其余仿真条件设置与 10.4.5 节相同。

1. 开机策略分析

以两种误差情况为例,检验所提开机策略的有效性,并与按照标准高度、标准速度开机策略进行对比。

(1) 情况 1: 垂直方向初始速度误差设置为-100 m/s。按照标准高度开机的初始状态为 $\boldsymbol{r}_0=[3\,543,\ -712,\ 1]^{\mathrm{T}}$ m, $\boldsymbol{v}_0=[-307,\ 88,\ 0.1]^{\mathrm{T}}$ m/s; 按照设计

的速度-高度偏差曲线开机的初始状态为 $\boldsymbol{r}_0=[4\,535,\ -1\,193,\ 0]^{\mathrm{T}}$ m, $\boldsymbol{v}_0=[-315,\ 113,\ 0.2]^{\mathrm{T}}$ m/s。首次执行轨迹规划算法时,按照速度-高度偏差曲线开机的方式能够规划成功,而按照标准高度开机的方式规划失败。

如果速度比标准速度偏大,按照标准开机高度开机时,留给火箭的制导时间就会缩短,可能使火箭没有能力在相同的初始高度下将速度减小到零,从而导致首次轨迹规划失败。按照速度-高度偏差曲线开机,当速度有较大误差时,开机高度会相应提高,从而增加火箭的制导时间,保证了轨迹规划的物理可行性。

(2) 情况 2: 加-10%的大气密度误差。按照标准速度开机的初始状态为 $\boldsymbol{r}_0=[3\,017,\ -516,\ -1]^{\mathrm{T}}$ m, $\boldsymbol{v}_0=[-212,\ 74,\ 0.2]^{\mathrm{T}}$ m/s; 按照速度-高度偏差曲线开机的初始状态为 $\boldsymbol{r}_0=[4\,327,\ -1\,084,\ 0]^{\mathrm{T}}$ m, $\boldsymbol{v}_0=[-229,\ 116,\ -0.2]^{\mathrm{T}}$ m/s。首次执行轨迹规划算法时,按照速度-高度曲线开机的方式能够规划成功,而按照标准速度开机则规划失败。情况 2 的分析与情况 1 类似,不再赘述。

从以上两种情况可以看出,按照速度-高度偏差曲线开机的策略比按照标准高度或标准速度开机的策略适应性要好,后续仿真采用这一开机方式。

2. *初始参考轨迹生成策略分析*

对 10.5.1 节所述的两种初始参考轨迹生成方案进行比较,仿真结果如表 10-7 所示。表中,方案 1 中的 $X+1$ 表示初始轨迹生成算法执行 1 次,序列凸化算法迭代 X 次。方案 2 中不需要执行初始轨迹生成算法,因此第 1 次之后的规划中仅有序列凸化算法的迭代次数。

表 10-7 两种初始参考轨迹生成方案的迭代次数

规划序号	方案 1	方案 2	规划序号	方案 1	方案 2
1	1+1	1+1	8	4+1	1
2	4+1	3	9	4+1	1
3	4+1	1	10	4+1	1
4	4+1	1	11	5+1	1
5	4+1	1	12	5+1	1
6	4+1	1	总数	59	17
7	4+1	1			

由表 10-7 可以看出,对每次轨迹规划,方案 2 的迭代次数均不大于方案 1 的迭代次数,总迭代次数减少了 71.2%,这说明采用上一次轨迹规划结果作为

初始参考轨迹能大幅提高规划的收敛速度。

图 10－37 给出了两种方案在第三次轨迹规划时得到的推力曲线结果。由图可以看出，方案 1 的初始解与收敛解相差比较大，因此需要更多的迭代次数才能收敛；而方案 2 的初始解与最终收敛解非常接近，因此很快就满足了收敛条件。

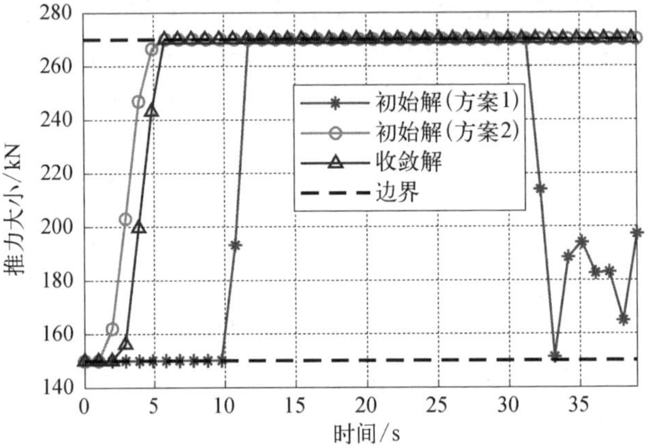

图 10－37　初始解与收敛解的推力大小随时间的变化曲线

3. 推力逐级调节策略分析

以考虑初始质量、大气密度、气动阻力三种误差为例，统计是否采用推力逐级调节策略对轨迹规划结果的影响，见表 10－8、表 10－9。

表 10－8　无推力逐级调节策略的规划结果统计表

规划序号	初始质量误差		大气密度误差		气动阻力误差	
	+500 kg	−500 kg	+15%	−15%	+10%	−10%
1	成功	成功	成功	成功	成功	成功
2	成功	成功	成功	成功	成功	成功
3	成功	成功	成功	成功	成功	成功
4	成功	成功	成功	成功	成功	成功
5	成功	成功	成功	成功	成功	成功
6	失败	失败	成功	失败	成功	失败
7	失败	失败	失败	失败	失败	失败

续　表

规划序号	初始质量误差		大气密度误差		气动阻力误差	
	+500 kg	-500 kg	+15%	-15%	+10%	-10%
8	失败	失败	失败	失败	失败	失败
9	失败	失败	失败	失败	失败	失败
10	—	失败	失败	—	失败	—

表 10-9　有推力逐级调节策略的规划结果统计表

规划序号	质 量 误 差		大气密度误差		气动阻力误差	
	+500 kg	-500 kg	+15%	-15%	+10%	-10%
1	成功	成功	成功	成功	成功	成功
2	成功	成功	成功	成功	成功	成功
3	成功	成功	成功	成功	成功	成功
4	成功	成功	成功	成功	成功	成功
5	成功	成功	成功	成功	成功	成功
6	成功	成功	成功	成功	成功	成功
7	成功	成功	成功	成功	成功	成功
8	成功	成功	成功	成功	成功	成功
9	成功	成功	成功	成功	成功	成功
10	成功	成功	成功	成功	成功	成功
11	成功	成功	成功	成功	成功	成功
12	成功	成功	成功	成功	成功	成功

从结果可以看出，采用推力逐级调节策略后，考虑偏差影响时规划仍均能成功。未使用推力逐级调节策略时，三种情况下的第 6 次或第 7 次规划出现了失败的情况。可以用着陆段起始点处轨迹规划的推力曲线对表 10-8 和表 10-9 中数据进行解释，如图 10-38 所示。从该推力曲线可以看出，在 20 s 后，推力由最小值过渡到最大值，而 20 s 正好对应第 6 次规划的起始时间，这表明规划失败是在推力饱和时出现的。造成这种现象的原因是推力饱和后，相当于推力大小仅能单方向变化，轨迹规划的解空间变小，因此对状态偏差的适应能力变弱，且推力大小无法改变会降低跟踪制导的效果，这两方面的原因导致在推力饱和时极容易出现规划失败的情况。

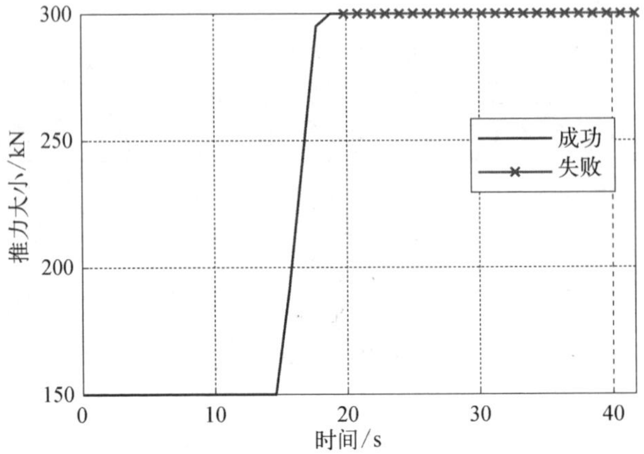

图 10-38 推力随时间变化曲线

4. 视加速度补偿策略分析

为验证 10.5.3 节跟踪制导律的有效性，对比分析了有是否有加速度补偿策略的制导结果，仿真中设置了+500 kg 的初始质量偏差，表 10-10 给出了规划结果的统计情况。

表 10-10 有无视加速度补偿策略的规划结果统计表

规划序号	无补偿	有补偿	规划序号	无补偿	有补偿
1	成功	成功	7	失败	成功
2	成功	成功	8	—	成功
3	失败	成功	9	—	成功
4	失败	成功	10	—	成功
5	失败	成功	11	—	成功
6	失败	成功	12	—	成功

由表 10-10 中结果可以看出，如果未对干扰采取补偿措施，从第 3 个规划周期开始会出现轨迹规划失败的情况，这必然会影响后续制导精度。采用视加速度补偿策略后，轨迹规划始终是成功的，这说明该策略不仅对制导精度，而且对提高轨迹规划的成功率有明显的改善作用。

图 10-39~图 10-44 给出了有视加速度补偿的制导结果，制导过程中轨迹

规划均能成功。可以看出，采用补偿方法后，实际飞行轨迹与规划轨迹十分接近，末端着陆制导精度很高。

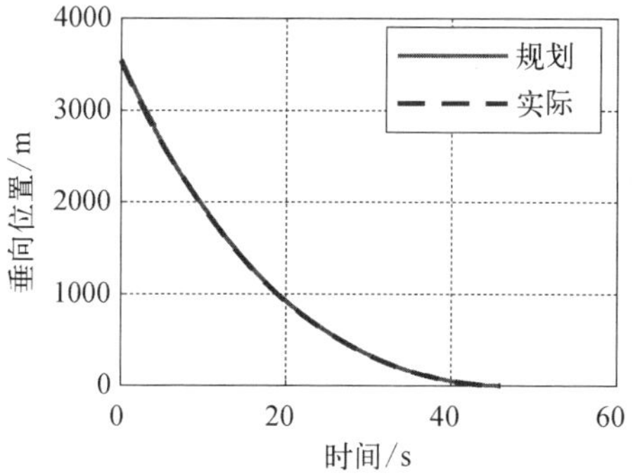

图 10-39　垂向位置变化曲线

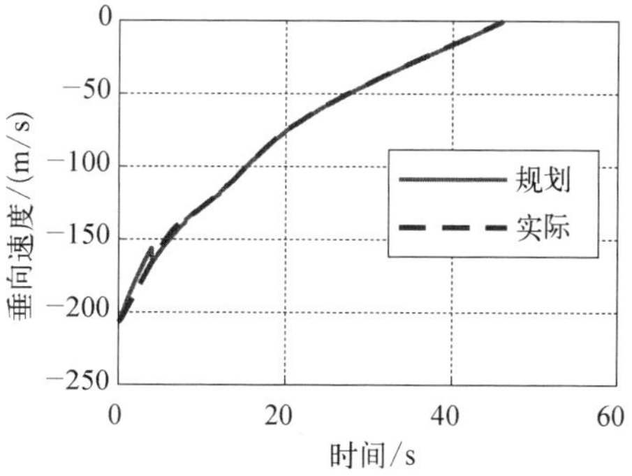

图 10-40　垂向速度变化曲线

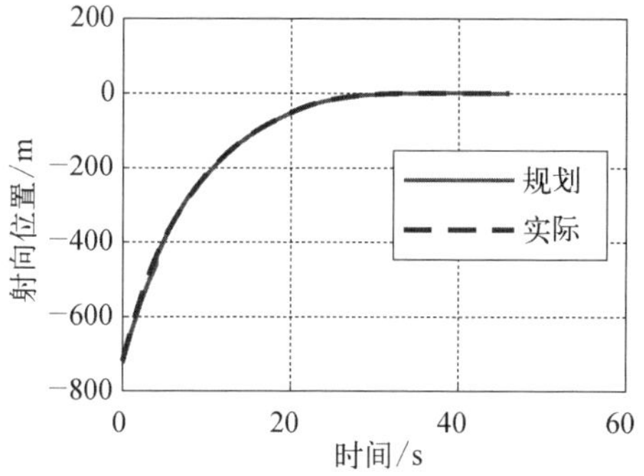

图 10-41　射向位置变化曲线

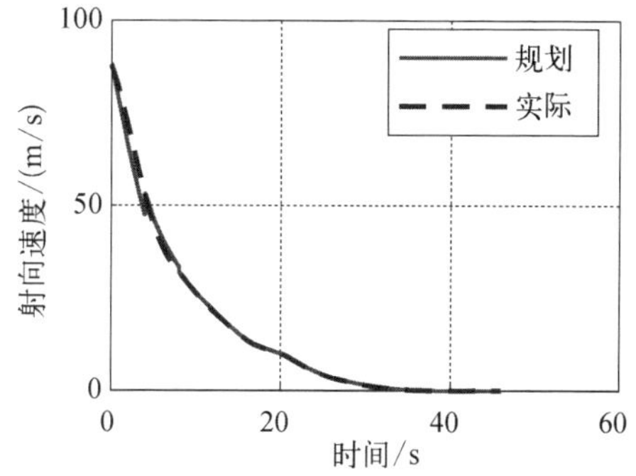

图 10-42　射向速度变化曲线

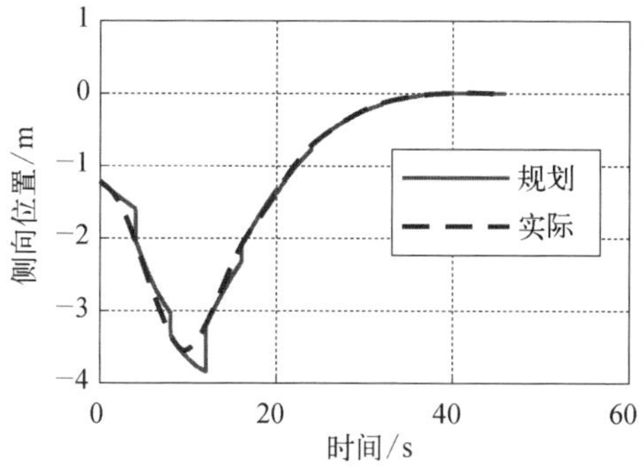

图 10-43　侧向位置变化曲线

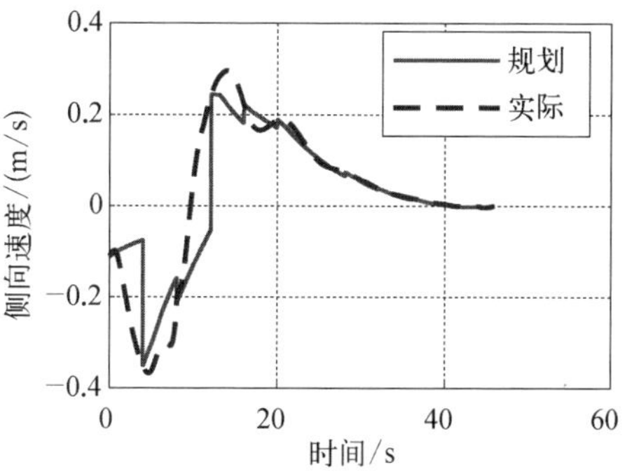

图 10-44　侧向速度变化曲线

图10－45给出了采用视加速度补偿策略后推力大小随时间的变化，图10－46是相应的推力指令在三个方向的分量。由图10－45和图10－46可以看出，着陆段前期补偿的推力（视加速度）相对较大，这是因为飞行前期的气动力较大，数学规划模型中的气动力建模不够准确，造成规划模型与真实模型之间的偏差

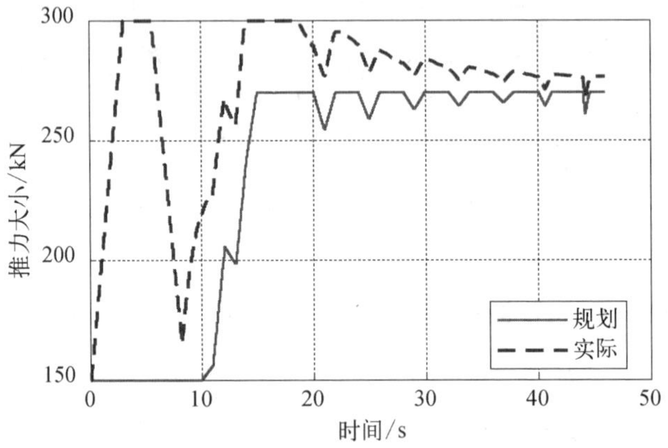

图 10－45 有视加速补偿的推力大小随时间变化

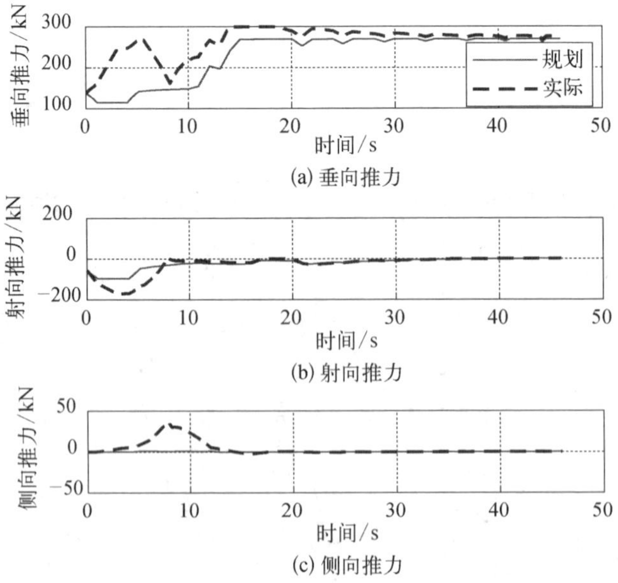

图 10－46 有视加速补偿的推力分量随时间变化

较大。为了保证同样的视加速度，需要补偿很大的推力。在飞行后期，尽管气动力已经很小，但是实际推力仍然大于规划推力，主要原因在于实际质量要大于规划模型用的质量，为保证同样的视加速度，需要更大的推力。

5. 全程飞行蒙特卡洛打靶仿真分析

本小节进行运载火箭一子级垂直着陆回收制导方法的全程飞行打靶仿真分析，包括上升段、减速段和着陆段，主要考核减速段和着陆段制导方法的精度。在飞行过程中加入表 10－3 所示的各项误差，采用蒙特卡洛方法随机抽样 500 次。减速段采用 10.3 节的跟踪制导方法，着陆段采用 10.5 节的预测制导方法。

表 10－11 给出了打靶统计结果。从表中可以看出，末端着陆位置、速度的精度很高，满足垂直着陆回收要求。

表 10－11　火箭着陆回收全程飞行制导精度打靶结果统计表

统计值	x_f/m	y_f/m	z_f/m	v_{xf}/(m/s)	v_{yf}/(m/s)	v_{zf}/(m/s)
均值	0.035	−0.003	-6.7×10^{-5}	−0.081	−0.005	-2.4×10^{-5}
标准差	0.025	0.009	0.007	0.103	0.007	0.003
绝对值最大值	0.144 4	0.050 5	0.025 8	0.324	0.057 8	0.010 1

参 考 文 献

[1] 关世义. 有控飞行力学在无人飞行器研制和使用中的作用[J]. 宇航学报，1995，16(4)：7.

[2] 王希季，林华宝，李颐黎. 航天器进入与返回技术(上)[M]. 北京：中国宇航出版社，1991.

[3] 杨嘉墀. 航天器轨道动力学与控制[M]. 北京：中国宇航出版社，1995.

[4] Kaplan M H. 空间飞行器动力学与控制[M]. 北京：科学出版社，1981.

[5] 屠善澄，陈义庆，邹广瑞. 卫星姿态动力学与控制[M]. 北京：中国宇航出版社，1999.

[6] 黄圳圭，赵志建. 大型航天器动力学与控制[M]. 长沙：国防科学技术大学出版社，1990.

[7] 王国雄. 弹头技术(上)[M]. 北京：中国宇航出版社，1993.

[8] В. И. 列凡托夫斯基. 宇宙飞行力学基础[M]. 凌福根，谢治权，马宗诚，等译. 北京：国防工业出版社，1979.

[9] Tomayko J E. Computers in spaceflight：the NASA experience[R]. NASA Contractor Report 182505，1988.

[10] 袁少钦，于晓洲，周军，等. 基于国产 CPU 的立方星星载计算机系统设计[J]. 计算机工程，2014，40(6)：16－19.

[11] 贾沛然，陈克俊，何力. 远程火箭弹道学[M]. 长沙：国防科学技术大学出版社，1993.

[12] 陈克俊，刘鲁华，孟云鹤. 远程火箭动力学与制导[M]. 北京：国防工业出版社，2013.

[13] 张洪波. 航天器轨道力学理论与方法[M]. 北京：国防工业出版社，2015.

[14] 孔祥元，郭际明，刘宗泉. 大地测量学基础(第二版)[M]. 武汉：武汉大学出版社，2010.

[15] 盛裴轩，毛节泰，李建国，等. 大气物理学[M]. 北京：北京大学出版社，2009.

[16] National Oceanic and Atmospheric Administration. U. S. Standard Atmosphere 1976[R]. NASA－TM－X－74335，1976.

[17] 曲延禄. 外弹道气象学概论[M]. 北京：气象出版社，1987.

[18] 程国采. 四元数法及其应用[M]. 长沙：国防科学技术大学出版社，1991.

[19] 肖业伦. 飞行器运动方程[M]. 北京：航空工业出版社，1987.
[20] 方振平，陈万春，张曙光. 航空飞行器飞行动力学[M]. 北京：北京航空航天大学出版社，2005.
[21] 赵汉元. 大气飞行器姿态动力学[M]. 长沙：国防科学技术大学出版社，1987.
[22] 钱杏芳，张鸿端，林端雄. 导弹飞行力学[M]. 北京：北京工业学院出版社，1987.
[23] Allen H J, Eggers A J. A study of the motion and aerodynamic heating of missiles entering the earth's atmosphere at high supersonic speeds[R]. NACA TN 4047, 1957.
[24] Chapman D R. An approximate analytical method for studying entry into planetary atmospheres[R]. NASA TR R-11, 1959.
[25] Loh W H T. Dynamics and Thermodynamics of Planetary Entry[M]. Englewood Cliffs: Prentice-Hall, Inc., 1963.
[26] Busemann A, Vinh N X, Culp R D. Optimum three-dimensional atmospheric entry from the analytical solution of chapman's exact equations[R]. NASA CR-132571, 1975.
[27] 严重中. 航天再入与回收[M]. 北京：中国宇航出版社，1996.
[28] Barbera F J, 杨炳尉. 弹道导弹弹头运动的解析解[J]. 国外导弹技术，1981，12：47-57.
[29] 张毅，陈炳林，范景祥，等. 弹道导弹弹头再入参数的解析解[C]. 南京：国际弹道学会议(ICB)，1988.
[30] 钱学森. 星际航行概论[M]. 北京：科学出版社，1963.
[31] Loh W H T. Extension of second-order theory of entry mechanics to oscillatory entry solutions[J]. AIAA Journal, 1965, 3(9): 1688-1691.
[32] 李广华. 高超声速滑翔目标运动特性分析及弹道跟踪预报方法研究[D]. 长沙：国防科学技术大学，2016.
[33] Li G, Zhang H, Tang G. Maneuver characteristics analysis for hypersonic glide vehicles [J]. Aerospace Science and Technology, 2015 (43): 321-328.
[34] B. 埃特肯. 大气飞行动力学[M]. 何植岱，许佩扬，周士林，等译. 北京：科学出版社，1979.
[35] 胡兆丰，何植岱，高浩. 飞行动力学——飞机的稳定性和操纵性[M]. 北京：国防工业出版社，1985.
[36] 阮春荣. 大气中飞行的最优轨迹[M]. 北京：中国宇航出版社，1987.
[37] 布赖森 A E, 何毓奇. 应用最优控制——最优化·估计·控制[M]. 北京：国防工业出版社，1982.
[38] 宫锡芳. 最优控制问题的计算方法[M]. 北京：科学出版社，1979.
[39] 张洪波，赵依，吴杰. 弹道导弹星光-惯性复合制导技术[M]. 北京：科学出版社，2021.
[40] 秦永元. 惯性导航(第三版)[M]. 北京：科学出版社，2022.

[41] 谢愈. 复杂约束条件下高超声速滑翔飞行器弹道规划方法研究[D]. 长沙：国防科学技术大学，2012.
[42] 徐明亮. 高超声速滑翔飞行器制导方法研究[D]. 长沙：国防科学技术大学，2012.
[43] 陈克俊，赵汉元. 一种适用于攻击地面固定目标的最优再入机动制导律[J]. 宇航学报，1994，15(1)：1-7.
[44] 程国采. 弹道导弹制导方法与最优控制[M]. 长沙：国防科学技术大学，1987.
[45] 赵汉元，陈克俊. 再入机动弹头的速度控制[J]. 国防科技大学学报，1993(2)：11-17.
[46] Loh W H T. Re-entry and Planetary Entry Physics and Technology [M]. New York: Springer-Verlag Inc., 1968.
[47] 南英，吕学富，陈士橹. 航天器再入走廊及其计算方法[J]. 飞行力学，1993，11(2)：34-43.
[48] 汤锡生，陈贻迎，朱民才. 载人飞船轨道确定和返回控制[M]. 北京：国防工业出版社，2002.
[49] Zhang H, Wang T, Tang G. Deorbit options for a low lift-to-drag ratio space emergency rescue vehicle [J]. Transactions of Japan Society for Aeronautical and Space Sciences, 2017, 60(1): 35-44.
[50] Zhang H, Li B. Velocity-to-be-gained deorbit guidance law using state space perturbation method[J]. Journal of Aerospace Engineering, 2018, 31(2): 1-11.
[51] Xie Y, Liu L, Liu J, et al. Rapid generation of entry trajectories with waypoint and no-fly zone constraints[J]. Acta Astronautica, 2012, 77: 167-181.
[52] 何力，赵汉元. 载人飞船标准返回轨道设计[J]. 国防科技大学学报，1996，18(3)：63-67.
[53] 赵汉元. 航天器再入制导方法综述[J]. 航天控制，1994，15(1)：14-22.
[54] 赵汉元，谢晓全. 载人飞船再入制导方法研究[J]. 宇航学报，1992(1)：8-14.
[55] 陈克俊. 飞船返回再入制导方法研究[C]. 成都：中国 1995 年飞行力学学术年会暨国防口飞行力学协作攻关办公室成立大会，1995.
[56] Zhao H, Zhu L. The research of reentry guidance law of the manned spacecraft and numerical simulation[R]. AAS 91-650, 1991.
[57] 汤国建，赵汉元. 再入纵向制导最佳反馈增益系数规律的研究[C]. 成都：中国 1995 年飞行力学学术年会暨国防口飞行力学协作攻关办公室成立大会，1995.
[58] 冯书兴，张守信. 载人航天器返回舱落点预报及精度分析[M]. 长沙：国防科学技术大学出版社，1996.
[59] 赵汉元，陈克俊，汤国建，等. 飞行器再入时 GNC 系统一体化仿真研究[J]. 飞行力学，1997，15(1)：12-17.
[60] 赵汉元，陈克俊，郭振云，等. 再入机动飞行器数学仿真研究[J]. 宇航学报，1997，

18(1): 96-99.

[61] 陆平，敬忠良，胡士强. 载人航天持续发展所需的先进制导控制关键技术[J]. 载人航天，2011(5): 25-32.

[62] 左光，侯砚泽，陈冲，等. 载人航天器月地返回再入问题研究[J]. 航天器工程，2013，22，6: 112-118.

[63] Graves C A, Harpold J C. Re-entry targeting philosophy and flight results from Apollo 10 and 11[C]. New York: AIAA 8th Aerospace Sciences Meeting, 1970.

[64] Graves C A, Harpold J C. Apollo experience report - mission planning for Apollo entry [R]. Houston: NASA TN D-6725, 1972.

[65] Levin G M. Apollo guidance, navigation, and control: guidance system operations plan for manned CM earth orbital and lunar missions using program COLOSSUS 3, section 5, guidance equations (Rev 15)[R]. Cambridge: MIT-Charles Stark Draper Laboratory, 1972.

[66] Putnam R, Braun R D, Bairstow S H, et al. Improving lunar return entry footprints using enhanced skip trajectory guidance[C]. San Jose: Space 2006 Proceedings, 2006.

[67] Rea J R, Putnam Z R. A comparison of two orion skip entry guidance algorithms[C]. Hilton Head: AIAA Guidance, Navigation and Control Conference and Exhibit, 2007.

[68] Christopher W, Brunner C M, Lu P. Comparison of numerical predictor-corrector and Apollo skip entry guidance algorithms[C]. Toronto: AIAA Guidance, Navigation, and Control Conference, 2010.

[69] 胡浩，裴照宇，李春来，等. 无人月球采样返回工程总体设计——嫦娥五号任务[J] 中国科学: 技术科学，2021，51(11): 1275-1286.

[70] 王勇，杨鸣，于丹，等. 嫦娥五号跳跃式再入制导、导航与控制技术[J]. 中国科学: 技术科学，2021，51(7): 799-812.

[71] 胡军，张钊. 载人登月飞行器高速返回再入制导技术研究[J]. 控制理论与应用，2014，21(12): 1678-1685.

[72] 王涛，张洪波，李永远，等. Gauss 伪谱法的再入可达域计算方法[J]. 国防科学技术大学学报，2016，38(3): 75-80.

[73] Christopher L, Darby, William W, et al. An hp-adaptive pseudospectral method for solving optimal control problems[J]. Optimal Control Applications and Methods, 2011, 32: 476-502.

[74] 曾亮. 探月飞船跳跃式返回再入制导方法研究[D]. 长沙: 国防科学技术大学，2012.

[75] 王帅帅. 探月飞船跳跃式再入参数在线估计与先进制导方法研究[D]. 长沙: 国防科学技术大学，2016.

[76] 罗宗富. 复杂力场天体探测器捕获轨道设计与大气进入制导研究[D]. 长沙: 国防科学技术大学，2012.

[77] Luo Z F, Zhang H B, Tang G J. Patched corridor: a novel lateral logic for skip entry

guidance[J]. Journal of Guidance, Control and Dynamics, 2014, 37(5): 1651-1658.
[78] Luo Z F, Zhang H B, Tang G J. Blended skip entry guidance for low-lifting lunar return vehicles[J]. Acta Mechanica Sinica, 2014, 30(6): 973-982.
[79] 张洪波，曾亮. 一种跳跃式返回再入的预测-校正制导方法[J]. 飞行器测控学报，2014, 33(1): 82-87.
[80] Brunner C W, Lu P. Skip trajectory planning and guidance[J]. Journal of Guidance, Control, and Dynamics, 2008, 31(5): 1210-1219.
[81] Brunner C W. Skip entry trajectory planning and guidance[D]. Ames: Iowa State University, 2008.
[82] 胡建学. 可重复使用跨大气层飞行器再入制导技术研究[D]. 长沙：国防科学技术大学，2007.
[83] 彭小波. 美国航天飞机的设计与实现[M]. 北京：中国宇航出版社，2015.
[84] 鲁宇. 世界航天运载器大全(第2版)[M]. 北京：中国宇航出版社，2007.
[85] David Baker. 美国航天飞机大揭秘[M]. 祝加琛，杨鹏源，于明岩,译. 北京：机械工业出版社，2013.
[86] 张鲁民，叶友达，纪楚群，等. 航天飞机空气动力学分析[M]. 北京：国防工业出版社，2009.
[87] Glenn M M. Space shuttle digital flight control system[R]. NASA Technical Report, N76-31146, 1976.
[88] 邹毅. 升力体航天器离轨再入轨迹设计与制导方法研究[D]. 长沙：国防科学技术大学，2014.
[89] Kraemer J W, Ehlers H L. Shuttle orbiter guidance system for the terminal flight phase [R]. International Federation of Automatic Control, 1975.
[90] Horpold J C, Graves C A. Shuttle entry guidance[J]. The Journal of the Astronautical Sciences, 1979, 27(3): 239-269.
[91] 王涛. 天地往返飞行器再入预测-校正制导与姿态控制方法研究[D]. 长沙：国防科技大学，2017.
[92] 曾亮. 基于解析理论的飞行器再入制导方法研究[D]. 长沙：国防科技大学，2018.
[93] Shen Z J, Lu P. On-board entry trajectory planning expanded to sub-orbit flight[C]. Austin: AIAA Guidance, Navigation, and Control Conference, 2003.
[94] 王青，冉茂鹏，赵洋. 基于预测校正法的高超声速飞行器再入制导[J]. 北京航空航天大学学报，2013, 39(12): 1563-1567.
[95] 包为民. 高超声速飞行器制导控制理论与方法[M]. 北京：科学出版社，2021.
[96] 谢磊. 运载火箭一子级动力回收轨迹规划与制导方法[D]. 长沙：国防科技大学，2019.
[97] 吴荣. 垂直起降可重复使用火箭返回制导与控制方法研究[D]. 哈尔滨：哈尔滨工业

大学，2019.
[98] Copper J A. Single stage rocket concept selection and design[C]. Huntsville：AIAA Space Programs and Technologies Conference，1992.
[99] Freeman D C，Talay T A，Austin R E. Reusable launch vehicle technology program[J]. Acta Astronautica，1997，41(11)：777－790.
[100] Inatani Y，Naruo Y，Yonemoto K. A concept and flight testing of fully reusable rocket vehicle[C]. Norfolk：AIAA 9th International Space Planes and Hypersonic Systems and Technologies Conference，1999.
[101] Inatani Y，Naruo Y，Yonemoto K. Concept and preliminary flight testing of a fully reusable rocket vehicle[J]. Journal of Spacecraft and Rockets，2001，38(1)：36－42.
[102] Frampton R V，Ball J，Masten D，et al. Planetary lander testbed for technology demonstration[C]. San Diego：AIAA SPACE 2013 Conference and Exposition，2013.
[103] Scharf D P，Regehr M W，Vaughan G M，et al. ADAPT demonstrations of onboard large-divert guidance with a VTVL rocket[C]. Big Sky：2014 IEEE Aerospace Conference，2014.
[104] 杨开，才满瑞. 蓝色起源公司“新谢泼德”飞行器及其未来发展分析[J]. 国际太空，2018(7)：18－24.
[105] 张雪松. 艾伦·马斯克的终极梦想——可重复使用运载火箭[J]. 太空探索，2014(7)：28－31.
[106] 齐环环，郝京辉，韩虹，等. 可重复使用运载技术分析与建议[J]. 中国航天，2022(5)：64－70.
[107] 郑雄，杨勇，姚世东，等. 法尔肯9可重复使用火箭发展综述[J]. 导弹与航天运载技术，2016(2)：39－46.
[108] 李志洪，彭小波，谢红军，等. 可重复使用商业运载火箭的发展与展望[J]. 中国航天，2022(7)：27－33.
[109] 李敏强，寇纪淞，林丹，等. 遗传算法的基本理论与应用[M]. 北京：科学出版社，2002.
[110] 袁亚湘，孙文瑜. 最优化理论与方法[M]. 北京：科学出版社，2016.
[111] Nocedal J，Wright S J. Numerical Optimization[M]. 2nd ed. Berlin：Springer，2006.
[112] 包子阳. 智能优化算法及其MATLAB实例[M]. 北京：电子工业出版社，2018.
[113] 龙乐豪. 总体设计(中)[M]. 北京：中国宇航出版社，1989.
[114] 孙军伟，崔平远. 月球软着陆多项式制导控制方法[J]. 宇航学报，2007，28(5)：1171－1174.
[115] Rockafellar R T. Convex Analysis[M]. Princeton：Princeton University Press，1997.
[116] Boyd S. Convex Optimization[M]. Cambridge：Cambridge University Press，2004.
[117] Malyuta D，Yu Y，Elango P，et al. Advances in trajectory optimization for space vehicle

control[J]. Annual Reviews in Control, 2021, 52: 282 - 315.

[118] Harris M W, Açikmese B. Lossless convexification of a class of optimal control problems with non-convex control constraints.[J]. Automatica, 2011, 47(2): 341 - 347.

[119] Blackmore L, Acikmese B, Scharf D P. Minimum-landing-error powered-descent guidance for mars landing using convex optimization [J]. Journal of Guidance, Control, and Dynamics, 2010, 33(4): 1161 - 1171.

[120] Blackmore L, Behçet A. Lossless convexification of control constraints for a class of nonlinear optimal control problems[C]. Montreal: American Control Conference, IEEE, 2012.

[121] Acikmese B, Carson J M, Blackmore L. Lossless convexification of nonconvex control bound and pointing constraints of the soft landing optimal control problem[J]. IEEE Transactions on Control Systems Technology, 2013, 21(6): 2104 - 2113.

[122] Acikmese B, Ploen S R. Convex programming approach to powered descent guidance for mars landing[J]. Journal of Guidance, Control, and Dynamics, 2007, 30(5): 1353 - 1366.

[123] Szmuk M, Acikmese B, Berning A W. Successive convexification for fuel-optimal powered landing with aerodynamic drag and non-convex constraints [C]. Grapevine: AIAA Guidance, Navigation, and Control Conference, 2015.

[124] Szmuk M, Eren U, Acıkmese B A. Successive convexification for mars 6 - DoF powered descent landing guidance [C]. Grapevine: AIAA Guidance, Navigation, and Control Conference, 2017.

[125] Szmuk M, Acikmese B. Successive convexification for 6 - DoF mars rocket powered landing with free-final-time[C]. Grapevine: AIAA Guidance, Navigation, and Control Conference, 2018.

[126] 胡军. 载人飞船全系数自适应再入升力控制[J]. 宇航学报, 1998, 19(1): 8 - 12.

附录A 相关常数

符号	物理意义	数值	单位
G	万有引力常数	$6.674\ 28\times10^{-11}$	$m^3\cdot kg^{-1}\cdot s^{-2}$
μ_E	地心引力常数	$3.986\ 004\ 418\times10^{14}$	$m^3\cdot s^{-2}$
a_E	地球赤道平均半径	6 378 137	m
b_E	地球两极平均半径	6 356 752	m
R_E	地球平均半径	6 371 004	m
α_E	地球扁率	1/298.257 222 101	
ω_E	地球自转角速度	$7.292\ 115\times10^{-5}$	$rad\cdot s^{-1}$
J_2	地球非球形二阶带谐项	$1.082\ 635\ 5\times10^{-3}$	
J_3	地球非球形三阶带谐项	$-2.532\ 410\ 5\times10^{-6}$	
J_4	地球非球形四阶带谐项	$-1.619\ 897\ 6\times10^{-6}$	
g_E	地球赤道正常重力加速度	9.780 327 8	$m\cdot s^{-2}$
g_0	地球海平面平均重力加速度	9.806 65	$m\cdot s^{-2}$

附录 B　标准大气表(0~120 km)

高　度		温　度		密　度		压　力		重力加速度	压力标高	分子量	声　速
h/m	H/m	T/K	t/℃	ρ/(kg/m^3)	ρ/ρ_0	p/Pa	p/p_0	g/(m/s^2)	H_p/m	M/(kg/kmol)	c_s/(m/s)
0	0	288.150	15.000	$1.225\,0 \times 10^{0}$	$1.000\,0 \times 10^{0}$	$1.013\,25 \times 10^{5}$	$1.000\,00 \times 10^{0}$	9.806 6	8 434.5	28.964	340.29
500	500	284.900	11.750	$1.167\,3 \times 10^{0}$	$9.528\,8 \times 10^{-1}$	$9.546\,10 \times 10^{4}$	$9.421\,2 \times 10^{-1}$	9.805 1	8 340.7	28.964	338.37
1 000	1 000	281.651	8.501	$1.111\,7 \times 10^{0}$	$9.074\,8 \times 10^{-1}$	$8.987\,60 \times 10^{4}$	$8.870\,0 \times 10^{-1}$	9.803 6	8 246.9	28.964	336.43
1 500	1 500	278.402	5.252	$1.058\,1 \times 10^{0}$	$8.637\,6 \times 10^{-1}$	$8.455\,90 \times 10^{4}$	$8.345\,3 \times 10^{-1}$	9.802 0	8 153.0	28.964	334.49
2 000	1 999	275.154	2.004	$1.006\,6 \times 10^{0}$	$8.216\,8 \times 10^{-1}$	$7.950\,10 \times 10^{4}$	$7.846\,1 \times 10^{-1}$	9.800 5	8 059.2	28.964	332.53
2 500	2 499	271.906	−1.244	$9.569\,5 \times 10^{-1}$	$7.811\,9 \times 10^{-1}$	$7.469\,10 \times 10^{4}$	$7.371\,5 \times 10^{-1}$	9.798 9	7 965.3	28.964	330.56
3 000	2 999	268.659	−4.491	$9.092\,5 \times 10^{-1}$	$7.422\,5 \times 10^{-1}$	$7.012\,10 \times 10^{4}$	$6.920\,4 \times 10^{-1}$	9.797 4	7 871.4	28.964	328.58
3 500	3 498	265.413	−7.737	$8.634\,0 \times 10^{-1}$	$7.048\,2 \times 10^{-1}$	$6.578\,00 \times 10^{4}$	$6.492\,0 \times 10^{-1}$	9.795 9	7 777.5	28.964	326.59
4 000	3 997	262.166	−10.984	$8.193\,5 \times 10^{-1}$	$6.688\,5 \times 10^{-1}$	$6.166\,00 \times 10^{4}$	$6.085\,4 \times 10^{-1}$	9.794 3	7 683.6	28.964	324.59
4 500	4 497	258.921	−14.229	$7.770\,4 \times 10^{-1}$	$6.343\,2 \times 10^{-1}$	$5.775\,20 \times 10^{4}$	$5.699\,7 \times 10^{-1}$	9.792 8	7 589.7	28.964	322.57
5 000	4 996	255.676	−17.474	$7.364\,3 \times 10^{-1}$	$6.011\,7 \times 10^{-1}$	$5.404\,80 \times 10^{4}$	$5.334\,1 \times 10^{-1}$	9.791 2	7 495.7	28.964	320.55
5 500	5 495	252.431	−20.719	$6.974\,7 \times 10^{-1}$	$5.693\,6 \times 10^{-1}$	$5.053\,90 \times 10^{4}$	$4.987\,8 \times 10^{-1}$	9.789 7	7 401.8	28.964	318.50
6 000	5 994	249.187	−23.963	$6.601\,1 \times 10^{-1}$	$5.388\,7 \times 10^{-1}$	$4.721\,70 \times 10^{4}$	$4.660\,0 \times 10^{-1}$	9.788 2	7 307.8	28.964	316.45
6 500	6 493	245.943	−27.207	$6.243\,1 \times 10^{-1}$	$5.096\,4 \times 10^{-1}$	$4.407\,50 \times 10^{4}$	$4.349\,9 \times 10^{-1}$	9.786 6	7 213.8	28.964	314.39
7 000	6 992	242.700	−30.450	$5.900\,2 \times 10^{-1}$	$4.816\,5 \times 10^{-1}$	$4.110\,50 \times 10^{4}$	$4.056\,7 \times 10^{-1}$	9.785 1	7 118.3	28.964	312.31
7 500	7 491	239.457	−33.693	$5.571\,9 \times 10^{-1}$	$4.548\,5 \times 10^{-1}$	$3.829\,90 \times 10^{4}$	$3.779\,8 \times 10^{-1}$	9.783 5	7 024.1	28.964	310.21
8 000	7 990	236.215	−36.935	$5.257\,9 \times 10^{-1}$	$4.292\,1 \times 10^{-1}$	$3.565\,10 \times 10^{4}$	$3.518\,5 \times 10^{-1}$	9.782 0	6 929.8	28.964	308.11
8 500	8 489	232.974	−40.176	$4.957\,6 \times 10^{-1}$	$4.074\,0 \times 10^{-1}$	$3.315\,40 \times 10^{4}$	$3.272\,0 \times 10^{-1}$	9.780 4	6 835.5	28.964	305.98
9 000	8 987	229.733	−43.417	$4.670\,6 \times 10^{-1}$	$3.812\,8 \times 10^{-1}$	$3.080\,00 \times 10^{4}$	$3.039\,7 \times 10^{-1}$	9.778 9	6 741.2	28.964	303.85
9 500	9 486	226.492	−46.658	$4.396\,6 \times 10^{-1}$	$3.589\,1 \times 10^{-1}$	$2.858\,40 \times 10^{4}$	$2.821\,0 \times 10^{-1}$	9.777 4	6 646.9	28.964	301.70

续 表

高 度		温 度		密 度		压 力		重力加速度	压力标高	分子量	声 速
h/m	H/m	T/K	t/℃	ρ/(kg/m^3)	ρ/ρ_0	p/Pa	p/p_0	g/(m/s^2)	H_p/m	M/(kg/kmol)	c_s/(m/s)
10 000	9 984	223.252	−49.898	$4.135\ 1\times10^{-1}$	$3.375\ 6\times10^{-1}$	$2.649\ 90\times10^{4}$	$2.615\ 3\times10^{-1}$	9.775 8	6 552.5	28.964	299.53
10 500	10 483	220.013	−53.137	$3.885\ 7\times10^{-1}$	$3.172\ 0\times10^{-1}$	$2.454\ 00\times10^{4}$	$2.421\ 9\times10^{-1}$	9.774 3	6 458.1	28.964	297.35
11 000	10 981	216.774	−56.376	$3.648\ 0\times10^{-1}$	$2.978\ 0\times10^{-1}$	$2.269\ 90\times10^{4}$	$2.240\ 3\times10^{-1}$	9.772 7	6 363.6	28.964	295.15
12 000	11 977	216.650	−56.500	$3.119\ 4\times10^{-1}$	$2.546\ 4\times10^{-1}$	$1.939\ 90\times10^{4}$	$1.914\ 5\times10^{-1}$	9.769 7	6 365.6	28.964	295.07
13 000	12 973	216.650	−56.500	$2.666\ 0\times10^{-1}$	$2.176\ 3\times10^{-1}$	$1.657\ 90\times10^{4}$	$1.636\ 2\times10^{-1}$	9.766 6	6 367.6	28.964	295.07
14 000	13 969	216.650	−56.500	$2.278\ 6\times10^{-1}$	$1.860\ 1\times10^{-1}$	$1.417\ 00\times10^{4}$	$1.398\ 5\times10^{-1}$	9.763 5	6 369.6	28.964	295.07
15 000	14 965	216.650	−56.500	$1.947\ 6\times10^{-1}$	$1.589\ 8\times10^{-1}$	$1.211\ 10\times10^{4}$	$1.195\ 3\times10^{-1}$	9.760 4	6 371.7	28.964	295.07
16 000	15 960	216.650	−56.500	$1.664\ 7\times10^{-1}$	$1.358\ 9\times10^{-1}$	$1.035\ 20\times10^{4}$	$1.021\ 7\times10^{-1}$	9.757 3	6 373.7	28.964	295.07
17 000	16 955	216.650	−56.500	$1.423\ 0\times10^{-1}$	$1.161\ 6\times10^{-1}$	$8.849\ 70\times10^{3}$	$8.734\ 0\times10^{-2}$	9.754 3	6 375.7	28.964	295.07
18 000	17 949	216.650	−56.500	$1.216\ 5\times10^{-1}$	$9.930\ 4\times10^{-2}$	$7.565\ 20\times10^{3}$	$7.466\ 3\times10^{-2}$	9.751 2	6 377.7	28.964	295.07
19 000	18 943	216.650	−56.500	$1.040\ 0\times10^{-1}$	$8.489\ 4\times10^{-2}$	$6.467\ 40\times10^{3}$	$6.382\ 9\times10^{-2}$	9.748 1	6 379.7	28.964	295.07
20 000	19 937	216.650	−56.500	$8.891\ 0\times10^{-2}$	$7.258\ 0\times10^{-2}$	$5.529\ 30\times10^{3}$	$5.457\ 0\times10^{-2}$	9.745 0	6 381.7	28.964	295.07
21 000	20 931	217.581	−55.569	$7.571\ 5\times10^{-2}$	$6.180\ 8\times10^{-2}$	$4.728\ 90\times10^{3}$	$4.667\ 1\times10^{-2}$	9.742 0	6 413.2	28.964	295.70
22 000	21 924	218.574	−54.576	$6.451\ 0\times10^{-2}$	$5.266\ 1\times10^{-2}$	$4.047\ 50\times10^{3}$	$3.994\ 5\times10^{-2}$	9.738 9	6 444.7	28.964	296.38
23 000	22 917	219.567	−53.583	$5.500\ 6\times10^{-2}$	$4.490\ 3\times10^{-2}$	$3.466\ 80\times10^{3}$	$3.421\ 5\times10^{-2}$	9.735 8	6 476.2	28.964	297.05
24 000	23 910	220.560	−52.590	$4.693\ 8\times10^{-2}$	$3.831\ 7\times10^{-2}$	$2.971\ 70\times10^{3}$	$2.932\ 8\times10^{-2}$	9.732 7	6 507.8	28.964	297.72
25 000	24 902	221.552	−51.598	$4.008\ 4\times10^{-2}$	$3.272\ 2\times10^{-2}$	$2.549\ 20\times10^{3}$	$2.515\ 8\times10^{-2}$	9.729 7	6 539.3	28.964	298.39
26 000	25 894	222.544	−50.606	$3.425\ 7\times10^{-2}$	$2.796\ 5\times10^{-2}$	$2.188\ 30\times10^{3}$	$2.159\ 7\times10^{-2}$	9.726 6	6 570.9	28.964	299.06
27 000	26 886	223.536	−49.614	$2.929\ 8\times10^{-2}$	$2.391\ 7\times10^{-2}$	$1.879\ 90\times10^{3}$	$1.855\ 3\times10^{-2}$	9.723 5	6 602.5	28.964	299.72
28 000	27 877	224.527	−48.623	$2.507\ 6\times10^{-2}$	$2.047\ 0\times10^{-2}$	$1.616\ 10\times10^{3}$	$1.595\ 0\times10^{-2}$	9.720 4	6 634.1	28.964	300.39
29 000	28 868	225.518	−47.632	$2.147\ 8\times10^{-2}$	$1.753\ 3\times10^{-2}$	$1.390\ 40\times10^{3}$	$1.372\ 2\times10^{-2}$	9.717 4	6 665.7	28.964	301.05
30 000	29 859	226.509	−46.641	$1.841\ 0\times10^{-2}$	$1.502\ 9\times10^{-2}$	$1.197\ 00\times10^{3}$	$1.181\ 3\times10^{-2}$	9.714 3	6 697.4	28.964	301.71
31 000	30 850	227.500	−45.650	$1.579\ 2\times10^{-2}$	$1.289\ 1\times10^{-2}$	$1.031\ 20\times10^{3}$	$1.017\ 7\times10^{-2}$	9.711 2	6 729.1	28.964	302.37
32 000	31 840	228.490	−44.660	$1.355\ 5\times10^{-2}$	$1.106\ 5\times10^{-2}$	$8.890\ 60\times10^{2}$	$8.774\ 3\times10^{-3}$	9.708 2	6 760.8	28.964	303.02

续 表

高度		温度		密度		压力		重力加速度	压力标高	分子量	声速
h/m	H/m	T/K	t/℃	ρ/(kg/m^3)	ρ/ρ_0	p/Pa	p/p_0	g/(m/s^2)	H_p/m	M/(kg/kmol)	c_s/(m/s)
34 000	33 819	233.743	−39.407	$9.887\,4\times10^{-3}$	$8.071\,4\times10^{-3}$	$6.634\,10\times10^{2}$	$6.547\,3\times10^{-3}$	9.702 0	6 930.7	28.964	306.49
36 000	35 797	239.282	−33.868	$7.257\,9\times10^{-3}$	$5.924\,8\times10^{-3}$	$4.985\,20\times10^{2}$	$4.920\,0\times10^{-3}$	9.695 9	7 100.9	28.964	310.10
38 000	37 774	244.818	−28.332	$5.366\,6\times10^{-3}$	$4.380\,9\times10^{-3}$	$3.771\,30\times10^{2}$	$3.722\,0\times10^{-3}$	9.689 8	7 271.3	28.964	313.67
40 000	39 750	250.350	−22.800	$3.995\,7\times10^{-3}$	$3.261\,8\times10^{-3}$	$2.871\,40\times10^{2}$	$2.833\,8\times10^{-3}$	9.683 6	7 441.9	28.964	317.19
42 000	41 724	255.878	−17.272	$2.994\,8\times10^{-3}$	$2.444\,7\times10^{-3}$	$2.199\,60\times10^{2}$	$2.170\,9\times10^{-3}$	9.677 5	7 612.7	28.964	320.67
44 000	43 698	261.403	−11.747	$2.258\,9\times10^{-3}$	$1.844\,0\times10^{-3}$	$1.694\,90\times10^{2}$	$1.672\,8\times10^{-3}$	9.671 4	7 783.8	28.964	324.12
46 000	45 669	266.925	−6.225	$1.714\,2\times10^{-3}$	$1.339\,3\times10^{-3}$	$1.313\,40\times10^{2}$	$1.296\,2\times10^{-3}$	9.665 2	7 955.0	28.964	327.52
48 000	47 640	270.650	−2.500	$1.316\,7\times10^{-3}$	$1.074\,9\times10^{-3}$	$1.022\,90\times10^{2}$	$1.009\,5\times10^{-3}$	9.659 1	8 043.3	28.964	329.80
50 000	49 610	270.650	−2.500	$1.026\,9\times10^{-3}$	$8.382\,7\times10^{-4}$	$7.977\,90\times10^{1}$	$7.873\,5\times10^{-4}$	9.653 0	8 048.4	28.964	329.80
55 000	54 528	260.771	−12.379	$5.681\,0\times10^{-4}$	$4.637\,6\times10^{-4}$	$4.252\,50\times10^{1}$	$4.196\,9\times10^{-4}$	9.637 7	7 727.6	28.964	323.72
60 000	59 439	247.021	−26.129	$3.096\,8\times10^{-4}$	$2.528\,0\times10^{-4}$	$2.195\,80\times10^{1}$	$2.167\,1\times10^{-4}$	9.624 1	7 367.8	28.964	315.07
65 000	64 342	233.292	−39.858	$1.632\,1\times10^{-4}$	$1.332\,3\times10^{-4}$	$1.092\,90\times10^{1}$	$1.078\,6\times10^{-4}$	9.609 1	6 969.1	28.964	306.19
70 000	69 238	219.585	−53.565	$8.282\,9\times10^{-5}$	$6.761\,6\times10^{-5}$	$5.220\,90\times10^{0}$	$5.152\,6\times10^{-5}$	9.594 2	6 569.9	28.964	297.06
75 000	74 125	208.399	−64.751	$3.992\,1\times10^{-5}$	$3.258\,9\times10^{-5}$	$2.388\,10\times10^{0}$	$2.356\,9\times10^{-5}$	9.579 3	6 244.9	28.964	289.40
80 000	79 006	198.639	−74.511	$1.845\,8\times10^{-5}$	$1.506\,8\times10^{-5}$	$1.052\,40\times10^{0}$	$1.038\,7\times10^{-5}$	9.564 4	5 961.7	28.964	282.54
85 000	83 878	188.893	−84.257	$8.219\,6\times10^{-6}$	$6.709\,9\times10^{-6}$	$4.456\,80\times10^{-1}$	$4.398\,5\times10^{-6}$	9.549 6	5 678.0	28.964	275.52
90 000	88 744	186.87	−86.280	3.416×10^{-6}	2.789×10^{-6}	$1.835\,90\times10^{-1}$	$1.811\,9\times10^{-5}$	9.534 8	5 636	28.91	
95 000	93 601	188.42	−84.730	1.393×10^{-6}	1.137×10^{-6}	$7.596\,60\times10^{-2}$	$7.497\,3\times10^{-7}$	9.520 0	5 727	28.73	
100 000	98 451	195.08	−78.070	5.604×10^{-7}	4.575×10^{-7}	$3.201\,10\times10^{-2}$	$3.159\,3\times10^{-7}$	9.505 2	6 009	28.40	
110 000	108 129	240.00	−33.150	9.708×10^{-8}	7.925×10^{-8}	$7.104\,20\times10^{-3}$	$7.011\,3\times10^{-8}$	9.475 9.	7 723	27.27	
120 000	117 777	360.00	86.850	2.222×10^{-8}	1.814×10^{-8}	$2.538\,20\times10^{-3}$	$2.505\,0\times10^{-8}$	9.446 6	12 091	26.20	

说明：① h 为几何高度，H 为地势高度；

② 压力标高 H_p，指随着高度的增加，气压减小到起始高度气压的 1/e(e ≈ 2.718)时的高度增量。

附录 C 控制变量为 α、β、χ 时的偏导数

$$\frac{\partial f_1}{\partial x_1}=\frac{\partial \dot{v}}{\partial v}=-C_x\frac{qS}{m}\left(\frac{2}{v}+\frac{C_x^v}{C_x}\right),\quad \frac{\partial f_1}{\partial x_2}=\frac{\partial \dot{v}}{\partial \theta_T}=-g\cos\theta_T$$

$$\frac{\partial f_1}{\partial x_3}=\frac{\partial \dot{v}}{\partial \sigma_T}=0,\quad \frac{\partial f_1}{\partial x_4}=\frac{\partial \dot{v}}{\partial \phi}=0,\quad \frac{\partial f_1}{\partial x_5}=\frac{\partial \dot{v}}{\partial \lambda}=0$$

$$\frac{\partial f_1}{\partial x_6}=\frac{\partial \dot{v}}{\partial r}=\frac{\partial \dot{v}}{\partial h}=\frac{2g}{r}\sin\theta_T-C_x\frac{qS}{m}\left(\beta-\frac{C_x^h}{C_x}\right)$$

$$\frac{\partial f_2}{\partial x_1}=\frac{\partial \dot{\theta}_T}{\partial v}=\frac{C_y\rho vS}{2m}\left(\frac{1}{v}+\frac{C_y^v}{C_y}\right)\cos\chi+\left(\frac{g}{v^2}+\frac{1}{r}\right)\cos\theta_T$$

$$-\frac{C_z\rho vS}{2m}\left(\frac{1}{v}-\frac{C_z^v}{C_z}\right)\sin\chi$$

$$\frac{\partial f_2}{\partial x_2}=\frac{\partial \dot{\theta}_T}{\partial \theta_T}=\left(\frac{g}{v}+\frac{v}{r}\right)\sin\theta_T,\quad \frac{\partial f_2}{\partial x_3}=\frac{\partial \dot{\theta}_T}{\partial \sigma_T}=0$$

$$\frac{\partial f_2}{\partial x_4}=\frac{\partial \dot{\theta}_T}{\partial \phi}=0,\quad \frac{\partial f_2}{\partial x_5}=\frac{\partial \dot{\theta}_T}{\partial \lambda}=0$$

$$\frac{\partial f_2}{\partial x_6}=\frac{\partial \dot{\theta}_T}{\partial r}=\frac{\partial \dot{\theta}_T}{\partial h}=\left[C_y\frac{\rho vS}{2m}\left(\beta+\frac{C_y^h}{C_y}\right)\right]\cos\chi+\frac{v\cos\theta_T}{r^2}-\frac{2g}{r}\cos\theta_T$$

$$-\left[\frac{C_z\rho vS}{2m}\left(\beta+\frac{C_z^h}{C_z}\right)\right]\sin\chi$$

$$\frac{\partial f_3}{\partial x_1}=\frac{\partial \dot{\sigma}_T}{\partial v}=-\left[\frac{C_y\rho vS}{2m\cos\theta_T}\left(\frac{1}{v}+\frac{C_y^v}{C_y}\right)\right]\sin\chi+\frac{\tan\phi\cos\theta_T\sin\sigma_T}{r}$$

$$-\frac{C_y\rho vS}{2m\cos\theta_T}\left(\frac{1}{v}+\frac{C_z^v}{C_z}\right)\cos\chi$$

$$\frac{\partial f_3}{\partial x_2} = \frac{\partial \dot{\sigma}_T}{\partial \theta_T} = -C_y \frac{\rho v S}{2m} \sin \chi \frac{\sin \theta_T}{\cos^2 \theta_T} - \frac{v \tan \phi \sin \sigma_T}{r} \sin \theta_T$$

$$- C_z \frac{\rho v S}{2m} \cos \chi \frac{\sin \theta_T}{\cos^2 \theta_T}$$

$$\frac{\partial f_3}{\partial x_3} = \frac{\partial \dot{\sigma}_T}{\partial \sigma_T} = \frac{v \tan \phi \cos \theta_T}{r} \cos \sigma_T$$

$$\frac{\partial f_3}{\partial x_4} = \frac{\partial \dot{\sigma}_T}{\partial \phi} = \frac{v \cos \theta_T \cos \sigma_T}{r} \frac{1}{\cos^2 \phi}, \quad \frac{\partial f_3}{\partial x_5} = \frac{\partial \dot{\sigma}_T}{\partial \lambda} = 0$$

$$\frac{\partial f_3}{\partial x_6} = \frac{\partial \dot{\sigma}_T}{\partial r} = \frac{\partial \dot{\sigma}_T}{\partial h} = -\frac{C_y \rho v S}{2m \cos \theta_T}\left(\beta + \frac{C_y^h}{C_y}\right) \sin \chi - \frac{v \tan \phi \cos \theta_T \sin \sigma_T}{r^2}$$

$$- C_z \frac{\rho v S}{2m \cos \theta_T}\left(\beta + \frac{C_z^h}{C_z}\right) \cos \chi$$

$$\frac{\partial f_4}{\partial x_1} = \frac{\partial \dot{\phi}}{\partial v} = \frac{\cos \theta_T \cos \sigma_T}{r}, \quad \frac{\partial f_4}{\partial x_2} = \frac{\partial \dot{\phi}}{\partial \theta_T} = \frac{-v \sin \theta_T \cos \sigma_T}{r}$$

$$\frac{\partial f_4}{\partial x_3} = \frac{\partial \dot{\phi}}{\partial \sigma_T} = -\frac{v \cos \theta_T \sin \sigma_T}{r}, \quad \frac{\partial f_4}{\partial x_4} = \frac{\partial \dot{\phi}}{\partial \phi} = 0$$

$$\frac{\partial f_4}{\partial x_5} = \frac{\partial \dot{\phi}}{\partial \lambda} = 0, \quad \frac{\partial f_4}{\partial x_6} = \frac{\partial \dot{\phi}}{\partial r} = \frac{-v \cos \theta_T \cos \sigma_T}{r^2}$$

$$\frac{\partial f_5}{\partial x_1} = \frac{\partial \dot{\lambda}}{\partial v} = -\frac{\cos \theta_T \sin \sigma_T}{r \cos \phi}, \quad \frac{\partial f_5}{\partial x_2} = \frac{\partial \dot{\lambda}}{\partial \theta_T} = \frac{v \sin \theta_T \sin \sigma_T}{r \cos \phi}$$

$$\frac{\partial f_5}{\partial x_3} = \frac{\partial \dot{\lambda}}{\partial \sigma_T} = \frac{-v \cos \theta_T \cos \sigma_T}{r \cos \phi}, \quad \frac{\partial f_5}{\partial x_4} = \frac{\partial \dot{\lambda}}{\partial \phi} = \frac{v \cos \theta_T \sin \sigma_T \sin \phi}{r \cos^2 \phi}$$

$$\frac{\partial f_5}{\partial x_5} = \frac{\partial \dot{\lambda}}{\partial \lambda} = 0, \quad \frac{\partial f_5}{\partial x_6} = \frac{\partial \dot{\lambda}}{\partial r} = \frac{v \cos \theta_T \sin \sigma_T}{r^2 \cos^2 \phi}$$

$$\frac{\partial f_6}{\partial x_1} = \frac{\partial \dot{r}}{\partial v} = \sin \theta_T, \quad \frac{\partial f_6}{\partial x_2} = \frac{\partial \dot{r}}{\partial \theta_T} = v \cos \theta_T$$

$$\frac{\partial f_6}{\partial x_3} = \frac{\partial \dot{r}}{\partial \sigma_T} = 0, \quad \frac{\partial f_6}{\partial x_4} = \frac{\partial \dot{r}}{\partial \phi} = 0$$

$$\frac{\partial f_6}{\partial x_5} = \frac{\partial \dot{r}}{\partial \lambda} = 0, \quad \frac{\partial f_6}{\partial x_6} = \frac{\partial \dot{r}}{\partial r} = 0$$

附录 D 控制变量为 η、κ 时的偏导数

$$\frac{\partial f_1}{\partial x_1}=\frac{\partial \dot{v}}{\partial v}=-C_x\frac{qS}{m}\left(\frac{2}{v}+\frac{C_x^v}{C_x}\right),\quad \frac{\partial f_1}{\partial x_2}=\frac{\partial \dot{v}}{\partial \theta_T}=-g\cos\theta_T$$

$$\frac{\partial f_1}{\partial x_3}=\frac{\partial \dot{v}}{\partial \sigma_T}=0,\quad \frac{\partial f_1}{\partial x_4}=\frac{\partial \dot{v}}{\partial \phi}=0,\quad \frac{\partial f_1}{\partial x_5}=\frac{\partial \dot{v}}{\partial \lambda}=0$$

$$\frac{\partial f_1}{\partial x_6}=\frac{\partial \dot{v}}{\partial r}=\frac{\partial \dot{v}}{\partial h}=\frac{2g}{r}\sin\theta_T-C_x\frac{qS}{m}\left(\beta-\frac{C_x^h}{C_x}\right)$$

$$\frac{\partial f_2}{\partial x_1}=\frac{\partial \dot{\theta}_T}{\partial v}=\frac{C_y\rho vS}{2m}\left(\frac{1}{v}+\frac{C_y^v}{C_y}\right)\cos\kappa+\left(\frac{g}{v^2}+\frac{1}{r}\right)\cos\theta_T$$

$$\frac{\partial f_2}{\partial x_2}=\frac{\partial \dot{\theta}_T}{\partial \theta_T}=\left(\frac{g}{v}+\frac{v}{r}\right)\sin\theta_T,\quad \frac{\partial f_2}{\partial x_3}=\frac{\partial \dot{\theta}_T}{\partial \sigma_T}=0$$

$$\frac{\partial f_2}{\partial x_4}=\frac{\partial \dot{\theta}_T}{\partial \phi}=0,\quad \frac{\partial f_2}{\partial x_5}=\frac{\partial \dot{\theta}_T}{\partial \lambda}=0$$

$$\frac{\partial f_2}{\partial x_6}=\frac{\partial \dot{\theta}_T}{\partial r}=\frac{\partial \dot{\theta}_T}{\partial h}=C_y\frac{\rho vS}{2m}\left(\beta+\frac{C_y^h}{C_y}\right)\cos\kappa+\frac{v\cos\theta_T}{r^2}-\frac{2g}{r}\cos\theta_T$$

$$\frac{\partial f_3}{\partial x_1}=\frac{\partial \dot{\sigma}_T}{\partial v}=-\frac{C_y\rho vS}{2m\cos\theta_T}\left(\frac{1}{v}+\frac{C_y^v}{C_y}\right)\sin\kappa+\frac{\tan\phi\cos\theta_T\sin\sigma_T}{r}$$

$$\frac{\partial f_3}{\partial x_2}=\frac{\partial \dot{\sigma}_T}{\partial \theta_T}=-C_y\frac{qS}{mv}\sin\kappa\frac{\sin\theta_T}{\cos^2\theta_T}-\frac{v\tan\phi\sin\sigma_T\sin\theta_T}{r}$$

$$\frac{\partial f_3}{\partial x_3}=\frac{\partial \dot{\sigma}_T}{\partial \sigma_T}=\frac{v\tan\phi\cos\theta_T\cos\sigma_T}{r}$$

$$\frac{\partial f_3}{\partial x_4}=\frac{\partial \dot{\sigma}_T}{\partial \phi}=\frac{v\cos\theta_T\sin\sigma_T}{r\cos^2\phi},\quad \frac{\partial f_3}{\partial x_5}=\frac{\partial \dot{\sigma}_T}{\partial \lambda}=0$$

$$\frac{\partial f_3}{\partial x_6}=\frac{\partial \dot{\sigma}_T}{\partial r}=\frac{\partial \dot{\sigma}_T}{\partial h}=-C_y\frac{\rho v S}{2m\cos\theta_T}\left(\beta+\frac{C_y^h}{C_y}\right)\sin\kappa-\frac{v\tan\phi\cos\theta_T\sin\sigma_T}{r^2}$$

$$\frac{\partial f_4}{\partial x_1}=\frac{\partial \dot{\phi}}{\partial v}=\frac{\cos\theta_T\cos\sigma_T}{r},\quad \frac{\partial f_4}{\partial x_2}=\frac{\partial \dot{\phi}}{\partial \theta_T}=\frac{-v\sin\theta_T\cos\sigma_T}{r}$$

$$\frac{\partial f_4}{\partial x_3}=\frac{\partial \dot{\phi}}{\partial \sigma_T}=\frac{-v\cos\theta_T\sin\sigma_T}{r},\quad \frac{\partial f_4}{\partial x_4}=\frac{\partial \dot{\phi}}{\partial \phi}=0$$

$$\frac{\partial f_4}{\partial x_5}=\frac{\partial \dot{\phi}}{\partial \lambda}=0,\quad \frac{\partial f_4}{\partial x_6}=\frac{\partial \dot{\phi}}{\partial r}=\frac{-v\cos\theta_T\cos\sigma_T}{r^2}$$

$$\frac{\partial f_5}{\partial x_1}=\frac{\partial \dot{\lambda}}{\partial v}=\frac{-\cos\theta_T\sin\sigma_T}{r\cos\phi},\quad \frac{\partial f_5}{\partial x_2}=\frac{\partial \dot{\lambda}}{\partial \theta_T}=\frac{v\sin\theta_T\sin\sigma_T}{r\cos\phi}$$

$$\frac{\partial f_5}{\partial x_3}=\frac{\partial \dot{\lambda}}{\partial \sigma_T}=\frac{-v\cos\theta_T\cos\sigma_T}{r\cos\phi},\quad \frac{\partial f_5}{\partial x_4}=\frac{\partial \dot{\lambda}}{\partial \phi}=\frac{v\cos\theta_T\sin\sigma_T\sin\phi}{r\cos^2\phi}$$

$$\frac{\partial f_5}{\partial x_5}=\frac{\partial \dot{\lambda}}{\partial \lambda}=0,\quad \frac{\partial f_5}{\partial x_6}=\frac{\partial \dot{\lambda}}{\partial r}=\frac{v\cos\theta_T\sin\sigma_T}{r^2\cos^2\phi}$$

$$\frac{\partial f_6}{\partial x_1}=\frac{\partial \dot{r}}{\partial v}=\sin\theta_T,\quad \frac{\partial f_6}{\partial x_2}=\frac{\partial \dot{r}}{\partial \theta_T}=v\cos\theta_T$$

$$\frac{\partial f_6}{\partial x_3}=\frac{\partial \dot{r}}{\partial \sigma_T}=0,\quad \frac{\partial f_6}{\partial x_4}=\frac{\partial \dot{r}}{\partial \phi}=0$$

$$\frac{\partial f_6}{\partial x_5}=\frac{\partial \dot{r}}{\partial \lambda}=0,\quad \frac{\partial f_6}{\partial x_6}=\frac{\partial \dot{r}}{\partial r}=0$$

附录 E　等地心距摄动状态转移矩阵的解析解

$$\Phi_{r,11} = \frac{\sin f_1}{\sin f_2}$$

$$\Phi_{r,13} = \frac{r_1}{\sin f_2}\left[\frac{\cos f_1}{r_1}\left(1 + \frac{r_1}{p}\right) - \frac{\cos f_2}{r_2}\left(1 + \frac{r_2}{p}\right)\right]$$

$$\Phi_{r,21} = -\frac{\sin(\beta_2 - \beta_1)}{v_{r,2}}$$

$$\Phi_{r,22} = 1$$

$$\Phi_{r,23} = -\frac{1}{v_{r,2}}\frac{r_1}{p}\left[\left(1 + \frac{p}{r_2}\right) - \left(1 + \frac{p}{r_1}\right)\cos(\beta_2 - \beta_1)\right]$$

$$\Phi_{r,33} = \frac{r_1}{r_2}$$

$$\Phi_{r,41} = \frac{p^2}{\mu_E}\sin f_1\{[\cot f_2 \cdot T_2(f_2) - T_1(f_2)] - [\cot f_1 \cdot T_2(f_1) - T_1(f_1)]\}$$

$$\Phi_{r,43} = \frac{1}{e}\frac{p^2}{\mu_E}\frac{p}{r_1}\{\cot f_2 \cdot [T_2(f_2) - T_2(f_1)] - [T_1(f_2) - T_1(f_1)]\}$$

$$\Phi_{r,44} = 1$$

$$\Phi_{r,55} = 1 - \frac{r_1}{p}[1 - \cos(\beta_2 - \beta_1)]$$

$$\Phi_{r,56} = \frac{1}{p}\sqrt{\frac{\mu_E}{p}}[e(\sin f_1 - \sin f_2) - \sin(\beta_2 - \beta_1)]$$

$$\Phi_{r,65}=\frac{r_1r_2}{\sqrt{\mu_E p}}\sin(\beta_2-\beta_1)$$

$$\Phi_{r,66}=1-\frac{r_2}{p}[1-\cos(\beta_2-\beta_1)]$$

其余未列出各项均为0。

式中,

$$T_1(f)=\frac{1}{1-e^2}\left[\frac{\sin f}{(1+e\cos f)^2}+\frac{1+2e^2}{1-e^2}\frac{\sin f}{1+e\cos f}-\frac{3e}{(1-e^2)^{\frac{3}{2}}}E\right]$$

$$T_2(f)=\frac{1}{e(1+e\cos f)^2}$$

式中,$E=2\arctan\left(\sqrt{\frac{1-e}{1+e}}\tan\frac{f}{2}\right)$ 为与f对应的偏近点角。

附录 F　等角摄动状态转移矩阵的解析解

$$\Phi_{\beta,11} = \cos(\beta_2 - \beta_1)$$

$$\Phi_{\beta,12} = \sqrt{\frac{\mu_E}{p}} \frac{1}{r_1} \sin(\beta_2 - \beta_1)$$

$$\Phi_{\beta,13} = \left(1 + \frac{r_1}{p}\right) \sin(\beta_2 - \beta_1)$$

$$\Phi_{\beta,21} = \frac{r_2^2}{\sqrt{\mu_E p}} \sin(\beta_2 - \beta_1)$$

$$\Phi_{\beta,22} = \frac{r_2}{r_1}\left\{1 + \frac{r_2}{p}[1 - \cos(\beta_2 - \beta_1)]\right\}$$

$$\Phi_{\beta,23} = \frac{r_2^2}{\sqrt{\mu_E p}} \frac{r_1}{p}\left[\left(1 + \frac{p}{r_2}\right) - \left(1 + \frac{p}{r_1}\right)\cos(\beta_2 - \beta_1)\right]$$

$$\Phi_{\beta,31} = -\sin(\beta_2 - \beta_1)$$

$$\Phi_{\beta,32} = \sqrt{\frac{\mu_E}{p}} \frac{1}{r_1}[\cos(\beta_2 - \beta_1) - 1]$$

$$\Phi_{\beta,33} = \frac{r_1}{p}\left[\left(1 + \frac{p}{r_1}\right)\cos(\beta_2 - \beta_1) - 1\right]$$

$$\Phi_{\beta,41} = -\frac{p^2}{\mu_E}\{\sin f_1 [T_1(f_2) - T_1(f_1)] - \cos f_1 [T_2(f_2) - T_2(f_1)]\}$$

$$\Phi_{\beta,42} = \frac{p}{r_1}\sqrt{\frac{p}{\mu_E}}\left\{-\frac{1}{e}\frac{p}{r_1}[T_1(f_2) - T_1(f_1)] - T_2(f_1)\sin f_1 \frac{p}{r_1} + T_2(f_2)\left[\sin f\left(1 + \frac{p}{r}\right) - \sin f_1\right]\right\}$$

$$\Phi_{\beta,43}=\frac{p}{\mu_E}r_1\left\{-\frac{1}{e}\left(\frac{p}{r_1}\right)^2[T_1(f_2)-T_1(f_1)]+T_2(f_2)\left[\sin f_2\left(1+\frac{p}{r_2}\right)\right.\right.$$
$$\left.\left.-\left[\sin f_1\left(1+\frac{p}{r_1}\right)\right]\right]\right\}$$

$$\Phi_{\beta,44}=1$$

$$\Phi_{\beta,55}=1-\frac{r_1}{p}[1-\cos(\beta_2-\beta_1)]$$

$$\Phi_{\beta,56}=\frac{1}{p}\sqrt{\frac{\mu_E}{p}}[e(\sin f_1-\sin f_2)-\sin(\beta_2-\beta_1)]$$

$$\Phi_{\beta,65}=\frac{r_1r_2}{\sqrt{\mu_E p}}\sin(\beta_2-\beta_1)$$

$$\Phi_{\beta,66}=1-\frac{r_2}{p}[1-\cos(\beta_2-\beta_1)]$$

$$\Phi_{65,\beta}=\frac{r_2r_1}{\sqrt{\mu_E p}}\sin(\beta_2-\beta_1)$$

$$\Phi_{66,\beta}=1-\frac{r_2}{p}[1-\cos(\beta_2-\beta_1)]$$

其余未列出各项均为0。

附录 G　状态响应解析解的系数

（1）$\Delta_{\beta,\,x_0} v_r$。

$$L_1 = \frac{K}{p^2\sqrt{\mu_E p}}$$

$$k_{11} = \left[\frac{3}{4}\sin(\tilde{\beta}_2 + 2f_1) - \frac{3}{2}\sin\tilde{\beta}_2 - \frac{1}{4}\sin(\tilde{\beta}_2 - 2f_1) - \sin(2\tilde{\beta}_2 + 2f_1)\right]e^2$$
$$- 3[\sin\tilde{\beta}_2\cos f_1 + \tilde{\beta}_2\cos(\tilde{\beta}_2 + f_1)]e - 3\sin\tilde{\beta}_2$$

$$k_{12} = \left[\frac{1}{2}\sin(2f_1) - \frac{2}{3}\sin(2\tilde{\beta}_2) - \frac{1}{6}\sin(4\tilde{\beta}_2 + 2f_1) - \frac{1}{6}\sin\tilde{\beta}_2 - \frac{1}{4}\sin(\tilde{\beta}_2 - 2f_1)\right.$$
$$\left. - \frac{7}{12}\sin(\tilde{\beta}_2 + 2f_1)\right]e^2 - \left[\frac{3}{2}\sin(\tilde{\beta}_2 + f_1) + \frac{9}{4}\sin(\tilde{\beta}_2 - f_1)\right.$$
$$\left. + \frac{3}{4}\sin(3\tilde{\beta}_2 + f_1)\right]e - \frac{2}{3}\sin(2\tilde{\beta}_2) - \frac{5}{3}\sin\tilde{\beta}_2$$

$$k_{13} = \left[\frac{2}{3}\cos(2\tilde{\beta}_2) + \frac{1}{2}\cos(2f_1) + \frac{1}{6}\cos(4\tilde{\beta}_2 + 2f_1) - \frac{2}{3}\cos\tilde{\beta}_2\right.$$
$$\left. - \frac{2}{3}\cos(\tilde{\beta}_2 + 2f_1)\right]e^2 + \frac{3}{2}\cos(\tilde{\beta}_2 + f_1)(\cos 2\tilde{\beta}_2 - 1)e$$
$$+ \frac{2}{3}(\cos 2\tilde{\beta}_2 - \cos\tilde{\beta}_2)$$

（2）$\Delta_{\beta,\,x_0} r$。

$$L_2 = \frac{Kr_1}{\mu_E p^3}$$

$$k_{21} = \left[\frac{1}{2}\cos(2\tilde{\beta}_2 + 2f_1) + \frac{3}{2}\cos\tilde{\beta}_2 + \frac{1}{4}\cos(\tilde{\beta}_2 - 2f_1) - \frac{3}{4}\cos(\tilde{\beta}_2 + 2f_1)\right.$$

$$
-\frac{3}{2}\Big]e^2+3[\sin\tilde{\beta}_2\sin f_1-\tilde{\beta}_2\sin(\tilde{\beta}_2+f_1)]e+3\cos\tilde{\beta}_2-3
$$

$$
\begin{aligned}
k_{22}=&\Big[\frac{1}{2}\cos(2\tilde{\beta}_2)-\frac{1}{4}\cos(2f_1)+\frac{1}{12}\cos(4\tilde{\beta}_2+2f_1)-\frac{1}{2}\cos\tilde{\beta}_2\\
&+4\cos(\tilde{\beta}_2-2f_1)-\frac{1}{12}\cos(\tilde{\beta}_2+2f_1)\Big]e^2+\Big[\frac{1}{2}\cos(\tilde{\beta}_2+f_1)\\
&-\frac{8}{3}\cos f_1+\frac{7}{4}\cos(\tilde{\beta}_2-f_1)+\frac{5}{12}\cos(3\tilde{\beta}_2+f_1)\Big]e\\
&+\frac{1}{3}\cos(2\tilde{\beta}_2)+\frac{5}{3}\cos\tilde{\beta}_2-2
\end{aligned}
$$

$$
\begin{aligned}
k_{23}=&\Big[\frac{1}{2}\sin 2\tilde{\beta}_2+\frac{1}{4}\sin 2f_1+\frac{1}{12}\sin(4\tilde{\beta}_2+2f_1)-\sin\tilde{\beta}_2\\
&-\frac{1}{3}\sin(\tilde{\beta}_2+2f_1)\Big]e^2+\Big[\frac{4}{3}\sin f_1-\frac{3}{2}\sin(\tilde{\beta}_2+f_1)\\
&+\frac{1}{4}\sin(\tilde{\beta}_2-f_1)+\frac{5}{12}\sin(3\tilde{\beta}_2+f_1)\Big]e+\frac{1}{3}\sin 2\tilde{\beta}_2-\frac{2}{3}\sin\tilde{\beta}_2
\end{aligned}
$$

（3）$\Delta_{\beta,x_0}v_\beta$。

$$
L_3=\frac{K}{p^2\sqrt{\mu_E p}}
$$

$$
\begin{aligned}
k_{31}=&\Big[\frac{3}{4}\cos(\tilde{\beta}_2+2f_1)-\frac{1}{2}\cos(2\tilde{\beta}_2+2f_1)-\frac{3}{2}\cos\tilde{\beta}_2-\frac{1}{4}\cos(\tilde{\beta}_2-2f_1)\\
&+\frac{3}{2}\Big]e^2+3[\tilde{\beta}_2\sin(\tilde{\beta}_2+f_1)-\sin\tilde{\beta}_2\sin f_1]e-3\cos\tilde{\beta}_2+3
\end{aligned}
$$

$$
\begin{aligned}
k_{32}=&\Big[\frac{1}{6}\cos 2\tilde{\beta}_2+\frac{3}{4}\cos 2f_1+\frac{1}{12}\cos(4\tilde{\beta}_2+2f_1)-\frac{1}{6}\cos\tilde{\beta}_2\\
&-\frac{1}{4}\cos(\tilde{\beta}_2-2f_1)-\frac{7}{12}\cos(\tilde{\beta}_2+2f_1)\Big]e^2+\Big[\frac{4}{3}\cos f_1-\frac{3}{2}\cos(\tilde{\beta}_2+f_1)\\
&-\frac{1}{4}\cos(\tilde{\beta}_2-f_1)+\frac{5}{12}\cos(3\tilde{\beta}_2+f_1)\Big]e+\frac{2}{3}\cos(2\tilde{\beta}_2)-\frac{5}{3}\cos\tilde{\beta}_2+1
\end{aligned}
$$

$$k_{33}=\left[\frac{1}{6}\sin(2\tilde{\beta}_2)-\frac{3}{4}\sin 2f_1+\frac{1}{12}\sin(4\tilde{\beta}_2+2f_1)+\frac{2}{3}\sin\tilde{\beta}_2\right.$$

$$\left.+\frac{2}{3}\sin(\tilde{\beta}_2+2f_1)\right]e^2+\left[\frac{3}{2}\sin(\tilde{\beta}_2+f_1)-\frac{2}{3}\sin f_1\right.$$

$$\left.+\frac{5}{4}\sin(\tilde{\beta}_2-f_1)+\frac{5}{12}\sin(3\tilde{\beta}_2+f_1)\right]e+\frac{2}{3}\sin(2\tilde{\beta}_2)+\frac{2}{3}\sin\tilde{\beta}_2$$

（4）$\Delta_{\beta,x_0}z$。

$$L_6=\frac{2Kr_1}{\mu_E p^2}$$

$$k_{61}=-\frac{1}{3}(\cos\tilde{\beta}_2-1)[\sin(\tilde{\beta}_2+f_1)-\sin f_1]e+\frac{1}{2}\sin\tilde{\beta}_2-\frac{1}{2}\tilde{\beta}_2\cos\tilde{\beta}_2$$

$$k_{62}=\left[\frac{1}{2}\cos f_1-\frac{1}{3}\cos(\tilde{\beta}_2-f_1)-\frac{1}{6}\cos(2\tilde{\beta}_2+f_1)\right]e+\frac{1}{2}\tilde{\beta}_2\sin\tilde{\beta}_2$$

附录 H　有状态约束的最优控制问题的最优性条件

考虑下面有状态约束的最优控制问题：

$$\min J = m[\boldsymbol{x}(t_f), t_f] + \int_0^{t_f} F[\boldsymbol{x}(t), \boldsymbol{u}(t), t]\mathrm{d}t \tag{H-1}$$

满足：

$$\begin{cases} \dot{\boldsymbol{x}}(t) = f[\boldsymbol{x}(t), \boldsymbol{u}(t), t], & \boldsymbol{x}(0) = a \\ \boldsymbol{g}[\boldsymbol{x}(t), \boldsymbol{u}(t), t] \leqslant 0, & \boldsymbol{h}[\boldsymbol{x}(t), t] \leqslant 0 \\ \boldsymbol{b}[\boldsymbol{x}(t_f), t_f] = 0, & \boldsymbol{c}[\boldsymbol{x}(t_f), t_f] \leqslant 0 \end{cases} \tag{H-2}$$

假设上述问题中每一个函数对于状态变量和控制变量都是连续可微的。并且还假设所有活跃的约束 $\boldsymbol{g}[\boldsymbol{x}(t), \boldsymbol{u}(t), t] \leqslant 0$ 关于 $\boldsymbol{u}$ 的梯度是线性无关的。

在给出必要性条件前，先定义以下三个函数。

（1）哈密顿函数：

$$H[\boldsymbol{x}(t), \boldsymbol{u}(t), p_0, \boldsymbol{p}(t), t] = p_0F[x(t), u(t), t] + \boldsymbol{p}(t)^{\mathrm{T}}\boldsymbol{f}[\boldsymbol{x}(t), \boldsymbol{u}(t), t] \tag{H-3}$$

（2）拉格朗日函数：

$$\begin{aligned} L[\boldsymbol{x}(t), \boldsymbol{u}(t), p_0, \boldsymbol{p}(t), \boldsymbol{\lambda}(t), \boldsymbol{v}(t), t] = H[\boldsymbol{x}(t), \boldsymbol{u}(t), p_0, \boldsymbol{p}(t), t] \\ + \boldsymbol{\lambda}(t)^{\mathrm{T}}\boldsymbol{g}[\boldsymbol{x}(t), \boldsymbol{u}(t), t] \\ + \boldsymbol{v}(t)^{\mathrm{T}}\boldsymbol{h}[\boldsymbol{x}(t), t] \end{aligned} \tag{H-4}$$

（3）终端函数：

$$\begin{aligned} G[t_f, x(t_f), p_0, \xi, \mu] = p_0m[x(t_f), t_f] + \xi b[x(t_f), t_f] \\ + \varsigma c[x(t_f), t_f] + \mu h[x(t_f), t_f] \end{aligned} \tag{H-5}$$

定理: 如果 $\boldsymbol{u}^*(\cdot)$ 为问题[式(H-1)~式(H-2)]在 $[0, t_f]$ 上的最优解,它使得 $\boldsymbol{x}^*(\cdot)$ 的连接点个数是有限的,那么下列条件几乎处处满足。

(1) 一般性条件:

$$p_0^* \leqslant 0 \tag{H-6}$$

(2) 非平凡条件:

$$[p_0, \boldsymbol{p}(t)] \neq 0 \tag{H-7}$$

(3) 微分方程:

$$\begin{cases} \dot{\boldsymbol{x}}^* = \partial_p L^* \\ \dot{\boldsymbol{p}}^* = -\partial_x L^* \\ \dot{\boldsymbol{H}}^* = \partial_t L^* \end{cases} \tag{H-8}$$

(4) 逐点取最大条件:

$$\boldsymbol{u}^* = \arg \max_{\boldsymbol{u} \in \Omega(\boldsymbol{x}^*, t)} H^* \tag{H-9}$$

(5) 状态条件:

$$\partial_u L^* = 0 \tag{H-10}$$

(6) 互补松弛条件:

$$\begin{cases} \lambda^* \leqslant 0, & \lambda^* g^* = 0 \\ \nu^* \leqslant 0, & \nu^* h^* = 0 \\ \varsigma^* \leqslant 0, & \varsigma^* c^* = 0 \\ \mu \leqslant 0, & \mu^* h^* = 0 \end{cases} \tag{H-11}$$

(7) 跳变条件:

$$\begin{cases} p(\tau_-^*) = p(\tau_+^*) + \eta^* \partial_x h^*, \quad \forall \tau^* \\ H(\tau_-^*) = H(\tau_+^*) - \eta^* \partial_t h^*, \quad \forall \tau^* \\ \eta^*(\tau^*) \leqslant 0, \quad \eta^*(\tau^*) h^*(\tau^*) = 0 \end{cases} \tag{H-12}$$

(8) 边界条件:

$$\begin{cases} x(t_0) = a, \quad b[x(t_f^*), t_f^*] = 0, \quad c[x(t_f^*), t_f^*] \leqslant 0 \\ p^*(t_f^*) = \partial_x G^*, \quad H^*(t_f^*) = -\partial_t G^* \end{cases} \tag{H-13}$$

式(H-6)~式(H-13)就是有状态约束的最优控制问题的必要性条件。